CONVERSION FACTORS

Dimension	Metric	Metric/English
Acceleration	$1\ m/s^2 = 100\ cm/s^2$	$1\ m/s^2 = 3.2808\ ft/s^2$ $1\ ft/s^2 = 0.3048^*\ m/s^2$
Area	$1\ m^2 = 10^4\ cm^2 = 10^6\ mm^2 = 10^{-6}\ km^2$	$1\ m^2 = 1550\ in^2 = 10.764\ ft^2$ $1\ ft^2 = 144\ in^2 = 0.09290304^*\ m^2$
Density	$1\ g/cm^3 = 1\ kg/L = 1000\ kg/m^3$	$1\ g/cm^3 = 62.428\ lbm/ft^3 = 0.036127\ lbm/in^3$ $1\ lbm/in^3 = 1728\ lbm/ft^3$ $1\ kg/m^3 = 0.062428\ lbm/ft^3$
Energy, heat, work, and specific energy	$1\ kJ = 1000\ J = 1000\ N{\cdot}m = 1\ kPa{\cdot}m^3$ $1\ kJ/kg = 1000\ m^2/s^2$ $1\ kWh = 3600\ kJ$	$1\ kJ = 0.94782\ Btu$ $1\ Btu = 1.055056\ kJ$ $= 5.40395\ psia{\cdot}ft^3 = 778.169\ lbf{\cdot}ft$ $1\ Btu/lbm = 25{,}037\ ft^2/s^2 = 2.326^*\ kJ/kg$ $1\ kWh = 3412.14\ Btu$
Force	$1\ N = 1\ kg{\cdot}m/s^2 = 10^5\ dyne$ $1\ kgf = 9.80665\ N$	$1\ N = 0.22481\ lbf$ $1\ lbf = 32.174\ lbm{\cdot}ft/s^2 = 4.44822\ N$ $1\ lbf = 1\ slug{\cdot}ft/s^2$
Length	$1\ m = 100\ cm = 1000\ mm = 10^6\ \mu m$ $1\ km = 1000\ m$	$1\ m = 39.370\ in = 3.2808\ ft = 1.0926\ yd$ $1\ ft = 12\ in = 0.3048^*\ m$ $1\ mile = 5280\ ft = 1.6093\ km$ $1\ in = 2.54^*\ cm$
Mass	$1\ kg = 1000\ g$ $1\ metric\ ton = 1000\ kg$	$1\ kg = 2.2046226\ lbm$ $1\ lbm = 0.45359237^*\ kg$ $1\ ounce = 28.3495\ g$ $1\ slug = 32.174\ lbm = 14.5939\ kg$ $1\ short\ ton = 2000\ lbm = 907.1847\ kg$
Power	$1\ W = 1\ J/s$ $1\ kW = 1000\ W = 1\ kJ/s$ $1\ hp^{\ddagger} = 745.7\ W$	$1\ kW = 3412.14\ Btu/h = 1.341\ hp$ $= 737.56\ lbf{\cdot}ft/s$ $1\ hp = 550\ lbf{\cdot}ft/s = 0.7068\ Btu/s$ $= 42.41\ Btu/min = 2544.5\ Btu/h$ $= 0.74570\ kW$ $1\ Btu/h = 1.055056\ kJ/h$
Pressure or stress, and pressure expressed as a head	$1\ Pa = 1\ N/m^2$ $1\ kPa = 10^3\ Pa = 10^{-3}\ MPa$ $1\ atm = 101.325\ kPa = 1.01325\ bar$ $= 760\ mm\ Hg\ at\ 0°C$ $= 1.03323\ kgf/cm^2$ $1\ mm\ Hg = 0.1333\ kPa$	$1\ Pa = 1.4504 \times 10^{-4}\ psi$ $= 0.020886\ lbf/ft^2$ $1\ psi = 144\ lbf/ft^2 = 6.894757\ kPa$ $1\ atm = 14.696\ psi$ $= 29.92\ inches\ Hg\ at\ 30°F$ $1\ inch\ Hg = 13.60\ inches\ H_2O = 3.387\ kPa$
Specific heat	$1\ kJ/kg{\cdot}°C = 1\ kJ/kg{\cdot}K$ $= 1\ J/g{\cdot}°C$	$1\ Btu/lbm{\cdot}°F = 4.1868\ kJ/kg{\cdot}°C$ $1\ Btu/lbmol{\cdot}R = 4.1868\ kJ/kmol{\cdot}K$ $1\ kJ/kg{\cdot}°C = 0.23885\ Btu/lbm{\cdot}°F$ $= 0.23885\ Btu/lbm{\cdot}R$
Specific volume	$1\ m^3/kg = 1000\ L/kg$ $= 1000\ cm^3/g$	$1\ m^3/kg = 16.02\ ft^3/lbm$ $1\ ft^3/lbm = 0.062428\ m^3/kg$
Temperature	$T(K) = T(°C) + 273.15$ $\Delta T(K) = \Delta T(°C)$	$T(R) = T(°F) + 459.67 = 1.8T(K)$ $T(°F) = 1.8\ T(°C) + 32$ $\Delta T(°F) = \Delta T(R) = 1.8\Delta T(K)$
Velocity	$1\ m/s = 3.60\ km/h$	$1\ m/s = 3.2808\ ft/s = 2.237\ mi/h$ $1\ mi/h = 1.46667\ ft/s$ $1\ mi/h = 1.6093\ km/h$
Viscosity, dynamic	$1\ kg/m{\cdot}s = 1\ N{\cdot}s/m^2 = 1\ Pa{\cdot}s = 10\ poise$	$1\ kg/m{\cdot}s = 2419.1\ lbm/ft{\cdot}h$ $= 0.020886\ lbf{\cdot}s/ft^2$ $= 0.67197\ lbm/ft{\cdot}s$

*Exact conversion factor between metric and English units.

‡Mechanical horsepower. The electrical horsepower is taken to be exactly 746 W.

Dimension	Metric	Metric/English
Viscosity, kinematic	$1\ m^2/s = 10^4\ cm^2/s$ 1 stoke $= 1\ cm^2/s = 10^{-4}\ m^2/s$	$1\ m^2/s = 10.764\ ft^2/s = 3.875 \times 10^4\ ft^2/h$ $1\ m^2/s = 10.764\ ft^2/s$
Volume	$1\ m^3 = 1000\ L = 10^6\ cm^3$ (cc)	$1\ m^3 = 6.1024 \times 10^4\ in^3 = 35.315\ ft^3$ $= 264.17$ gal (U.S.) 1 U.S. gallon $= 231\ in^3 = 3.7854$ L 1 fl ounce $= 29.5735\ cm^3 = 0.0295735$ L 1 U.S. gallon = 128 fl ounces
Volume flow rate	$1\ m^3/s = 60{,}000\ L/min = 10^6\ cm^3/s$	$1\ m^3/s = 15{,}850$ gal/min $= 35.315\ ft^3/s$ $= 2118.9\ ft^3/min$ (CFM)

Some physical constants

Physical Constant	Metric	English
Standard acceleration of gravity	$g = 9.80665\ m/s^2$	$g = 32.174\ ft/s^2$
Standard atmospheric pressure	$P_{atm} = 1$ atm $= 101.325$ kPa $= 1.01325$ bar $= 760$ mm Hg (0°C) $= 10.3323$ m H_2O (4°C)	$P_{atm} = 1$ atm $= 14.696$ psia $= 2116.2\ lbf/ft^2$ $= 29.9213$ inches Hg (32°F) $= 406.78$ inches H_2O (39.2°F)
Universal gas constant	$R_u = 8.31447$ kJ/kmol·K $= 8.31447$ kN·m/kmol·K	$R_u = 1.9859$ Btu/lbmol·R $= 1545.37$ ft·lbf/lbmol·R

Commonly used properties

Property	Metric	English
Air at 20°C (68°F) and 1 atm		
Specific gas constant*	$R_{air} = 0.2870$ kJ/kg·K $= 287.0\ m^2/s^2 \cdot K$	$R_{air} = 0.06855$ Btu/lbm·R $= 53.34$ ft·lbf/lbm·R $= 1716\ ft^2/s^2 \cdot R$
Specific heat ratio	$k = c_p/c_v = 1.40$	$k = c_p/c_v = 1.40$
Specific heats	$c_p = 1.005$ kJ/kg·K $= 1005\ m^2/s^2 \cdot K$ $c_v = 0.718$ kJ/kg·K $= 718\ m^2/s^2 \cdot K$	$c_p = 0.240$ Btu/lbm·R $= 187$ ft·lbf/lbm·R $= 6009\ ft^2/s^2 \cdot R$ $c_v = 0.171$ Btu/lbm·R $= 133$ ft·lbf/lbm·R $= 4281\ ft^2/s^2 \cdot R$
Speed of sound	$c = 343.2$ m/s $= 1236$ km/h	$c = 1126$ ft/s $= 767.7$ mi/h
Density	$\rho = 1.204\ kg/m^3$	$\rho = 0.07518\ lbm/ft^3$
Viscosity	$\mu = 1.825 \times 10^{-5}$ kg/m·s	$\mu = 1.227 \times 10^{-5}$ lbm/ft·s
Kinematic viscosity	$\nu = 1.516 \times 10^{-5}\ m^2/s$	$\nu = 1.632 \times 10^{-4}\ ft^2/s$
Liquid water at 20°C (68°F) and 1 atm		
Specific heat ($c = c_p = c_v$)	$c = 4.182$ kJ/kg·K $= 4182\ m^2/s^2 \cdot K$	$c = 0.9989$ Btu/lbm·R $= 777.3$ ft·lbf/lbm·R $= 25{,}009\ ft^2/s^2 \cdot R$
Density	$\rho = 998.0\ kg/m^3$	$\rho = 62.30\ lbm/ft^3$
Viscosity	$\mu = 1.002 \times 10^{-3}$ kg/m·s	$\mu = 6.733 \times 10^{-4}$ lbm/ft·s
Kinematic viscosity	$\nu = 1.004 \times 10^{-6}\ m^2/s$	$\nu = 1.081 \times 10^{-5}\ ft^2/s$

*Independent of pressure or temperature

Çengel의

6th Edition

알기 쉬운 열전달

Fundamentals of

HEAT TRANSFER

6th Edition

Çengel의

알기 쉬운 열전달

김택영 · 김덕종 · 김중배 · 김혜민 · 성연모 · 이무연 공역

Fundamentals of

HEAT TRANSFER

McGraw Hill

YUNUS A. **ÇENGEL**, JOHN M. **CIMBALA**, AFSHIN J. **GHAJAR**

McGraw Hill

Fundamentals of Heat Transfer, Sixth Edition

1 2 3 4 5 6 7 8 9 10 MHE-KOREA 20 23

Original: Fundamentals of Thermal-Fluid Sciences, Sixth Edition
By Yunus A. Çengel, John M. Cimbala, Afshin J. Ghajar
ISBN 978-1-260-71697-9

Korean ISBN 979-11-321-1283-9 93550

Printed in Korea

Çengel의 알기 쉬운 열전달 6th Edition

발 행 일: 2023년 2월 17일
저 자: Yunus A. Çengel, John M. Cimbala, Afshin J. Ghajar
역 자: 김택영, 김덕종, 김중배, 김혜민, 성연모, 이무연
발 행 처: 맥그로힐에듀케이션코리아 유한회사
발 행 인: SHARALYN YAP LUYING(샤랄린얍루잉)
등록번호: 제2013-000122호(2012.12.28)
주 소: 서울시 마포구 양화로 45, 8층 801호
(서교동, 메세나폴리스)
전 화: (02)325-2351
편집·교정: (주)우일미디어디지텍
인 쇄: (주)성신미디어

I S B N: 979-11-321-1283-9

판 매 처: 한빛아카데미(주)
문 의: 02)336-7112
가 격: 34,000원

저자 소개

ABOUT THE AUTHORS

Yunus A. Çengel은 University of Nevada, Reno의 기계공학과 명예교수이다. 학사는 Istanbul Technical University의 기계공학과에서, 그리고 석사와 박사는 North Carolina State University에서 취득하였다. 그의 연구분야는 재생에너지, 에너지 효율, 에너지 정책, 열전달 촉진, 그리고 공학교육이고, 1996년에서 2000년까지 University of Nevada, Reno에서 Industrial Assessment Center (IAC)의 소장을 역임하였다. 또한 그는 공과대학생으로 구성된 팀을 이끌고 Northern Nevada와 California 지역의 수많은 제조업체들에 대한 평가를 실시한 후, 이들 업체들의 에너지 절약, 폐기물 최소화 그리고 생산성 향상을 위한 보고서를 작성하였고, 여러 정부 조직과 회사의 고문으로도 근무하였다.

Çengel 박사는 교재로 널리 사용되고 있는 *Thermodynamics: An Engineering Approach* (7판, 2011), *Heat and Mass Transfer: Fundamentals and Application* (4판, 2011), *Introduction to Thermodynamics ND Heat Transfer* (2판, 2008), *Fluid Mechanics: Fundamentals and Applications* (2판, 2010), *Essentials of Fluid Mechanics: Fundamentals and Applications* (1판, 2008)의 저자 또는 공동 저자이고, 이들 교과서는 모두 McGraw Hill Education에서 출간되었다. 그리고 그의 저서 중 일부는 중국, 일본, 한국, 태국, 스페인, 포르투갈, 터키, 이탈리아, 그리스, 그리고 프랑스어로 번역되었다.

Çengel 박사는 여러 번 최고의 교수로 선정되었으며, 1992년과 2000년에는 최고의 저자에게 수여되는 ASEE Meriam/Wiley Distinguished Author Award를 수상하였다. Çengel 박사는 Nevada 주의 전문 공학자로 등록되었으며, 미국기계학회(ASME)와 미국공업교육학회(ASEE)의 회원이다.

John M. Cimbala는 Pennsylvania State University, University Park의 기계공학과 교수이다. 학사는 Penn State의 항공우주공학과에서, 석사는 California Institute of Technology (CalTech)의 항공학과에서, 박사는 1984년 CalTech의 항공학과에서 취득하였으며, 지도교수는 그가 늘 감사하게 여기는 Anatol Roshko 교수이다. 그의 연구분야는 실험 및 전산 유체역학, 열전달, 난류, 난류모델링, 터보기계, 실내공기정화, 그리고 공기오염제어이다. Cimbala 교수는 학부시절인 1993~1994년 안식년 기간 동안 대학을 떠나 NASA Langley Research Center에서 근무했으며, 여기서 전산유체역학(CFD)과 난류모델링에 관한 지식을 키워나갔다.

Cimbala 박사는 다음 4개 교재의 공동 저자이다: *Fluid Mechanics: Fundamentals and Applications* (2010)와 *Essentials of Fluid Mechanics: Fundamentals and Applications* (2008)은 McGraw-Hill Education에서 출간되었고, *Indoor Air Quality Engineering: Enviromental Health and*

Control of Indoor Pollutants (2003)는 Marcel-Dekker에 출간되었다. 또한 그는 다른 교재의 제작에도 기여하였으며, 다수의 저널과 학회논문의 저자 및 공동저자이다. 더 많은 정보는 www.mne.psu.edu/cimbala를 참조하기 바란다.

Cimbala 교수는 최고의 교수로 여러 번 선정되었으며, 그는 책을 쓰는 것을 교육열의 연장선으로 생각한다. 그는 American Institute of Aeronautics and Astronautics (AIAA), American Society of Mechanical Engineers (ASME), American Society for Engineering Education (ASEE), 그리고 American Physical Socity (APS)의 회원이며, 2009년에 ASME Fellow로 뽑혔다.

Afshin J. Ghajar는 Oklahoma State University의 기계항공학부의 Regents 교수이자 John Brammer 교수이다. 동시에 Xi'an Jiaotong university의 명예교수이다. 그는 Oklahoma State University에서 기계공학 학사, 석사, 박사 학위를 취득하였다. 그는 열전달 및 유체역학 실험에 대한 전문가이며 이론-실용 간의 상관관계를 개발하는 것에 기여하였다. Ghajar 박사는 실험 및 수치해석적 열전달 분야에서 상당한 기여를 하였으며 현열저장시스템, non-Newtonian fluid의 열전달, 천이영역에서의 열전달, 2상유동에서의 열전달에 대해 연구하였다. 현재 그는 관내 다상유동/ mini-micro 채널에서의 열전달 및 압력강하, 혼합대류열전달 및 천이영역에서의 열전달 및 압력강하에 대한 연구를 진행중이다. Ghajar 박사는 Wright Patterson AFB(Dayton, Ohio) 및 Dow Chemical Company에서 Summer Research Fellow를 수행했다. 그와 그의 공동연구자들은 200편 이상의 논문을 게재하였으며 수 많은 학술대회 및 기관에서 초청강연과 기조연설을 하였다.

그는 Oklahoma State University의 공과대학으로부터 우수 강의, 우수 연구, 우수 상담 및 봉사 상을 수상하였다. 최근 그의 중요 수상은 2013년에ASME 열전달부문에서 그의 열전달 분야에서의 공로와 노고를 인정받아 받은 75주년 기념 메달이다. 그는 2016년 ASME ICNMM (International Conference on Nanochannels, Microchannels, and Minichannels) 우수 리더십상을 수상하였다. 또한 그는 열교환기 및 이상유동 분야에서 뛰어난 리더십 및 학술, 연구의 공로를 인정받아 Donald Q. Kern 상도 수상하였다. Ghajar 박사는 ASME의 Fellow이자 CRC Press/Taylor & Francis의 열전달 시리즈 편집자이며, Taylor & Francis가 발행하는 열전달 전문가 대상의 학술지의 편집장이다. Ghajar 박사는 *Heat and Mass Transfer: Fundamentals and Applications* (6th ed., 2020, McGraw-Hill)의 공동저자이자 *Two-Phase Gas-Liquid Flow in Pipes with Different Orientations* (2020, Springer)의 주저자이다.

저자 서문

PREFACE

배경

본 교재는 공학자에게 전공분야에서 꼭 필요한 내용을 포함하는 열전달 교재의 요약본으로 Yunus A. Çengel과 A. J. Ghajar가 저술한 Heat and Mass Transfer: Fundamentals and Applications (McGraw-Hil)을 기초로 하였다. 교재 대부분의 장(chapter)들은 사실상 서로 독립적이므로 순서와 상관없이 적절히 조합하여 강의할 수 있으며, 열전달의 일반기초과정에 해당하는 교육과정에 아주 적합하다.

열전달의 모든 주제를 주당 한 시간씩 한 학기 동안 강의하는 일반적인 과정 내에 마친다는 것은 불가능하며, 심도 있는 학습이 되기 어렵다. 강사들에게도 적절한 주제와 학습의 깊이를 선택하는 것이 매우 어렵다. 따라서 본 교재는 이러한 어려운 선택에 대한 적절한 기준을 제공하고자 한다.

목표

본 교재는 미적분학, 물리학 그리고 공업 역학에 대한 기본 지식을 가지고 있는 학부 2, 3학년 또는 초급 엔지니어의 열전달 첫 교과과정 교과서 혹은 참고서를 목적으로 한다. 이 교재의 목표는

- 열전달의 **기본 원리**를 다루고
- 다양한 실제 **공학적 응용 예시**를 제시하여 학생들에게 열전달이 실제 공학에서 어떻게 적용되는지에 대한 감각을 얻도록 하며
- 물리학과 물리학적 토론을 통해 열전달의 **직관적 이해**를 증진시키는 것이다.

본 교재는 강사들에게 유연성을 부여하고 그들의 선호에 따라 적절한 강의 구성이 가능하도록 충분한 자료를 포함한다. 본 교재를 통한 신중한 주제 선정으로 강사들은 그들의 교과과정을 효과적으로 설계할 수 있다.

철학과 목적

본 교재의 초판에서 많은 호응을 받은 철학은 여전히 변하지 않았다. 즉 공학 교재로서 본 교재가 추구하는 목적은

- 단순하지만 정확한 방식으로 미래의 엔지니어와 직접 소통하고
- 학생들에게 열전달의 기본 원리를 분명하고 확실하게 이해시키며
- 열전달에 대해 직관적 감각과 깊은 이해 그리고 창의적인 사고를 장려하여
- 학생들에게 문제를 풀기 위해 활용되기보다는 흥미와 열정을 갖고 읽히는 것이다.

독자에게 자연스럽게 궁금증을 유발하고 학생들로 하여금 흥미로운 열전달의 여러 분야를 탐험하는 데 도움이 될 수 있도록 특별히 유의하였다. 초판 독자들의—전 세계의 크고 작은 대학들로부터—열광적인 호응은 우리들의 목적이 상당히 성취되었음을 의미한다. 배우기 위한 최선의 길은 연습이라는 것이 우리들의 철학이다. 그러므로 교재 전반에 걸쳐 앞서 언급된 자료의 보강을 위해 특별히 노력하였다.

이전의 공학자들은 공식에 수치를 대입하여 수치적 결과를 구하는 데 많은 시간을 소비하였다. 그러나 이제는 공식을 다루고 수치를 구하는 것은 컴퓨터의 몫이다. 앞으로 공학자는 기본 원리에 대한 확실한 이해를 통해 보다 복잡한 문제를 이해하고, 공식화하며, 그 결과들을 해석할 수 있어야 한다. 본 교재에서는 기본 원리를 강조하면서 현대 기술들이 공학 문제에 어떻게 적용되는지를 학생들에게 전달하도록 노력하였다.

개정판의 새로운 점

이전 판의 모든 장점은 그대로 유지하며 새로운 것들을 추가하였다. 본문의 주된 부분은 크게 바뀌지 않았고, 명료성과 가독성을 위한 업데이트와 변경이 있었다. 교재의 많은 문제가 수정되고 새로운 문제로 교체되었다. 또한 풀이가 표시된 예제들도 새로운 예제로 교체되었다.

학습도구

물리적 의미의 강조

본 교재의 특징은 사물에 대한 수학적 표현이나 계산과 더불어 물리적 측면을 강조한 것이다. 저자는 학부과정 교육이 저변에 있는 물리적 메커니즘에 대한 감각을 발달시키고 엔지니어가 실제로 당면할 문제를 풀 수 있는 능력을 배양해야 한다고 믿고 있다. 직관적인 이해 능력의 배양은 학생들에게 과목에 대한 동기를 부여하고 가치 있는 경험을 줄 것이다.

관련성의 효과적인 이용

공학을 이해하기 위해서는 주의 깊은 태도가 필요하다. 결국 공학의 원리는 우리가 매일 경험한 것과 실험적 관찰을 기반으로 한다. 본 교재에서는 보다 물리적이고 직관적인 접근법이 사용될 것이다. 종종 학생들의 일상 경험과 주어진 문제 사이에 평행선을 그을 수 있어 주어진 문제를 학생들이 이미 알고 있는 사실과 연관시킬 수 있다.

자습

본 교재의 내용은 평균 정도의 학생이 어렵지 않게 따라갈 수 있는 정도이다. 본 교재는 학생들에게 너무 과도하지 않고, 학생들과 눈높이를 맞추고 있어 자습이 가능하다. 과학의 기본은 실험적 관찰을 기반으로

하며, 교재에서 유도된 식들의 대부분이 물리적 증명에 근거한다는 사실을 인지함으로써 학생들은 쉽게 이해할 수 있다.

광범위한 그림의 사용

그림은 학생들이 "상황을 이해"하는 데 중요한 학습도구이다. 본 교재는 시각 자료를 효과적으로 사용하고, 많은 그림과 삽화를 수록하고 있다. 그림은 주위를 이끌고 호기심과 흥미를 유발한다. 본 교재의 그림은 놓치기 쉬운 중요한 개념을 강조하고, 또한 페이지 요약을 위해 사용되었다.

장의 도입과 요약

각 장은 전반적인 내용의 개요와 학습목표를 제시하는 것으로 시작한다. 기초개념과 중요한 관계에 대한 요약이 각 장의 마지막에 위치하여 빠른 시간 내에 복습할 수 있도록 한다.

다수의 예제 문항

모든 장은 내용을 명확히 하고 기본 원리를 활용할 수 있도록 예제를 수록하였다. 예제의 풀이에는 직관적이고 체계적인 접근법이 사용되었고 특히 적합한 단위 사용에 주의하였다.

풍부한 장 끝 문제들

장 끝 문제들은 강사와 학생들이 문제를 쉽게 선택할 수 있도록 그룹별로 배치하였다. 그룹별 문제에는 학생들의 기본 개념에 대한 이해를 점검하기 위해 "C"로 표시한 개념문제들이 있다. 복습문제에 있는 문제들은 보다 포괄적이며 해당 장의 특정 내용과 직접적인 관계는 없다. 하지만 종종 이전 장에서 배운 내용을 요구하기도 한다. 설계 및 서술형 문제는 학생들이 공학적 판단을 하고 흥미 있는 주제에 대해 독립적인 탐구를 하며 얻어진 결과를 전문적 방법으로 토론할 수 있도록 하였다. 공학도들에게 비용과 안전에 대한 인식을 향상시키기 위해 경제 및 안전 관련 문제를 수록하였다. 학생 편의를 위하여 선택된 문제에 대한 답은 문제 이후 바로 배치하였다.

체계적인 풀이 과정

문제풀이 과정에는 대화의 형식을 취하면서 체계적으로 구성된 접근법이 사용되었다. 먼저 문제를 제시하고 목표를 정의한 후 가정과 이의 타당성을 설명하였다. 문제풀이와 관련된 물성치는 별도로 수록했다. 단위가 없는 숫자는 의미가 없고, 단위를 다루는 것은 계산기로 계산하는 것만큼 중요하다는 것을 강조하기 위해 수치는 단위와 함께 나타냈다. 해답의 중요성은 풀이에 이어 설명하였다. 이러한 접근법은 강사들의 해답지에도 동일하게 적용했다.

완화된 부호 표시

열과 일에 대해 일반적으로 사용하던 부호 규약은 때로는 그것이 의도와 반대되는 결과를 초래할 수 있어 사용하지 않는다. 기계적인 접근 대신에 물리적으로 의미 있고 검증된 접근법이 상호작용을 위해 사용된다. 플러스(+)와 마이너스(−) 부호보다는 하첨자 "in"과 "out"이 상호작용의 방향을 표시하기 위해 사용된다.

환산계수

자주 사용되는 환산계수와 물리적 상수는 쉽게 참조할 수 있도록 표지 안쪽에 열거하였다.

원격 감독 및 브라우저 잠금 기능 connect + proctorio

Connect의 Proctorio에서 초대하는 새로운 원격 감독 및 브라우저 잠금 기능은 보안 옵션 활성화와 학생 신원을 확인하여 평가 환경을 제어할 수 있다. Connect로 통합된 이 서비스를 통해 강사는 학생들이 그들의 활동을 수행하는 동안 브라우저 활동 제한, 활동 기록 그리고 신분 확인을 통해 학생 평가를 제어할 수 있다. 즉각적이고 상세한 보고는 강사에게 잠재적인 학업 청렴 문제를 한눈에 볼 수 있게 하여 개인에 대한 편견을 피하고 근거를 기반으로 하는 주장을 할 수 있도록 한다.

강사용 자료

Connect를 통해 강사에게는 수많은 부가자료가 제공될 수 있다. PowerPoint 포맷의 본문 이미지와 해답 그리고 강의 PowerPoint가 제공된다.

감사의 글

많은 귀중한 의견, 제안, 비평과 격려를 해주신 다음의 학계 평가자들에게 감사를 드리고 싶다:

Alexis Abramson
Case Western Reserve University

James Patrick Abulencia
Manhattan College

Suresh Chandra
North Carolina A&T State University

Michael Costarell
Youngstown State University

Robert Edwards
Penn State Erie

Gregory Falabella
Wagner College

Paul Gannon
Montana State University

Andrew Jason Hill
University of Southern Indiana

Bill Hutzel
Purdue University

Thomas M. Kiehne
University of Texas at Austin

James Mayhew
Rose-Hulman Inst of Tech

David Novo
McMaster University

Mariano Olmos
El Paso Community College

Mahadevan Padmanabhan
Worcester Polytechnic Institute

Narender P. Reddy
University of Akron

Brian Sangeorzan
Oakland University

Udyavar Satyanand
University of Texas at Arlington

Mark Snyder
Illinois Institute of Technology

Robert Steele
Thomas Edison State University

Kambiz Vafai
University of California, Riverside

이들의 제안은 교재의 질을 향상시키는 데 큰 도움이 되었다. 특히 원고에 대한 비판적 검토와 정확성과 세부사항에 대한 특별한 관심으로 귀중한 공헌을 해주신 University of Gaziantep, Turkey의 Mehmer Kanoğlu에게 감사를 드린다. 또한 학생의 관점에서 피드백을 해준 우리의 학생들에게 감사를 표한다. 마지막으로 이 교재를 준비하는 동안 끊임없는 인내와 이해, 그리고 도움을 준 우리의 아내와 자녀들에게 감사를 표하고 싶다.

Yunus A. Çengel
John M. Cimbala
Afshin J. Ghajar

역자 소개

김택영 한국공학대학교 기계공학과 교수

김덕종 경상국립대학교 기계공학부 교수

김중배 국립 공주대학교 기계자동차공학부 교수

김혜민 한국교통대학교 기계자동차항공공학부 교수

성연모 경상국립대학교 스마트에너지기계공학과 교수

이무연 동아대학교 기계공학과 교수

역자 서문

이 책은 Yunus A. Çengel, John M. Cimbala, Afshin J. Ghajar의 저서인 "FUNDAMENTALS OF THERMAL-FLUID SCIENCES" 6판의 열전달 부분을 번역한 것으로, 대학의 열전달 교재로써 적절한 내용을 담고 있다. 이 교재의 가장 큰 특징은 일반적인 열전달 교재와 달리 "내부강제대류"와 "외부강제대류"로 나누어 설명하는 대류열전달 부분을 통합하여 제 6장 "강제대류"에서 알기 쉽게 설명한 것이다. 또한 Yunus A. Çengel의 저서인 "HEAT AND MASS TRANSFER : Fundamentals & Applications"에서 "열전도 방정식"을 가져와 2장에 배치하여 총 8장으로 구성하였다. 이러한 재편집 과정을 통해 실무적인 내용뿐 아니라 이론적인 내용을 보강하였다.

역자들은 이 책이 열전달의 기초를 다지는 학생들에게 매우 유용하고, 강사들에게도 한 학기 용의 강의교재로써 선호도에 따라 자유롭게 장을 선택할 수 있는 아주 편리한 교재임을 확신한다.

번역 과정에서 영어식 표현을 우리말의 어법에 맞는 표현으로 번역하기 위해 노력하였으나, 잘못된 표현이나 미흡한 부분이 있을 것이라 생각한다. 잘못되고 미흡한 부분을 지적해주면 개선하여 보다 완벽한 번역서가 될 수 있도록 노력하겠다. 독자들의 애정 어린 충고와 끊임없는 관심을 기대한다.

2023. 2.

역자 일동

McGraw Hill connect®

맥그로힐Connect®: 학생들의 성적향상을 위한 3년 연속 US CODiE 수상에 빛나는 가장 안정적이고 사용하기 편리한 개인맞춤형 학습

Adaptive Learning(개인 맞춤형 솔루션)

- Connect를 통한 과제 수행은 내용과 연관 있는 내용부터 적용 할 수 있게 함으로써 내용 이해와 비판적 사고를 도와줍니다.
- Connect는 SmartBook 2.0® 을 통해 각각의 개인에 맞추어진 개별화된 학습 방향을 제시합니다.
- SmartBook 2.0® 의 개인 맞춤 하이라이팅과 연습문제 출제는 학생들로 하여금 양방향 학습경험을 제공하여 더욱 효율적인 학습을 도와줍니다.

Connect를 이용한 후 학생들의 성적향상

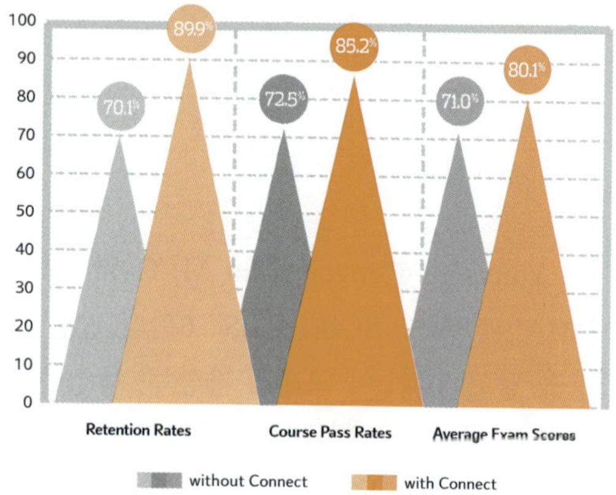

학생들이 대답한 **70억 개가 넘는 연습문제**의 방대한 데이터는 Mcgrawhill의 Connect를 보다 지능적이고, 믿을 수 있고 정확한 제품으로 만들어줍니다.

Connect를 활용한 학생들의 평균 **10% 이상**의 코스 합격률과 성적 향상

Connect를 사용한 73%의 교수님들의 강의평가가 평균 28% **향상**되었습니다.

양질의 최신 강의자료

- Connect 안에는 강의를 위한 자료가 단순하고 직관적인 인터페이스로 구성이 되어 있습니다.
- Connect의 smartbook 2.0은 모바일과 태블릿PC에 최적화되어 있어, 어디서나 인터넷 환경에 구애받지 않고 접속하여 공부할 수 있습니다.
- Connect에는 동영상, 시뮬레이션, 게임 등과 같이 학생들의 비판적 사고를 길러줄 수 있는 다양한 콘텐츠가 있습니다.

Connect Insight: 강력한 분석과 리포트

- Connect Insight는 개별 학생들의 분석과 성취도를 전체 또는 특정 과제로 분류하여 한눈에 보기 쉬운 형태로 보고서를 작성합니다.
- Connect Insight는 학생들의 과제 소요 시간, 개별학습 태도, 성취도 등의 모든 데이터를 대시 보드로 제공합니다. 교수님들은 어떤 학생이 어떤 분야에 취약한지 바로 알아볼 수 있습니다.
- Connect을 통해 과제와 퀴즈의 자동 성적 평가가 가능하며, 개별 그리고 전체 반 학생들의 성취도를 한눈에 알아볼 수 있는 보고서로 제공됩니다.

©Hero Images/Getty Images RF

학생들은 Connect로
강의를 들을 때,
더 많은 A와 B를 취득합니다.

신뢰할 수 있는 서비스와 기술지원

- Connect는 대학 학사관리시스템(LMS)과 통합로그인(Single Sign On)으로 접속하며 성적평가도 자동으로 연동됩니다.
- Connect는 종합적인 서비스와 기술지원 그리고 솔루션 사용을 위한 각 단계에 맞는 사용법 트레이닝을 제공합니다.
- Connect 사용법에 대해 궁금하다면 주소창에 https://www.mheducation.com/highered/connect.html을 쳐보세요.

www.mheducation.com/connect

간략 차례

차례

CHAPTER 01

열전달 메커니즘

MECHANISMS OF HEAT TRANSFER

열역학(thermodynamics)은 시스템이 한 평형 상태에서 다른 평형 상태로 변화할 때 전달된 **열량**을 다루는 학문이며, 그 과정에 **어느 정도의 시간**이 걸릴지에 대해서 언급하지 않는다. 그러나 공학분야에서, 우리는 열전달률에 관심을 가질 때가 있는데, 이러한 주제를 다루는 과학이 **열전달**(*heat transfer*)이다.

이 장의 시작부분에서 열전달의 세 가지 기본 메커니즘인 전도, 대류, 복사에 대해 간략히 설명할 것이다. **전도**는 물체에서 입자들의 상호작용에 의해 보다 활동적인 입자로부터 주위의 덜 활동적인 입자로의 에너지의 전달이다. **대류**는 고체 표면과 그 주위에 움직이는 액체 또는 기체와의 열전달 형태이며, 전도와 유체 운동의 복합적인 효과를 포함한다. **복사**는 원자나 분자에서의 전자 배치의 변화로 인해 물체로부터 방사되는 전자기파(또는 광자) 형태의 에너지이다. 이 장의 마지막 부분에서는 복합 열전달에 대해 논의할 것이다.

학습목표

이 장의 목적은 다음과 같다.

1. 열전달의 기본 메커니즘인 전도, 대류, 복사에 대해 이해하고 Fourier 전도법칙, Newton의 냉각법칙, Stefan-Boltzmann의 복사법칙을 이해한다.
2. 실제 상황에서 동시에 발생하는 복합 열전달의 메커니즘을 분석한다.
3. 열손실과 관련된 비용에 대한 인식을 확립한다.
4. 실제 상황에서 만나는 다양한 열전달 문제를 해결한다.

1-1 ▪ 서론

열은 온도 차이에 의해 한 시스템에서 다른 시스템으로 전달될 수 있는 에너지 형태로 정의된다. 열역학 해석은 한 평형 상태에서 다른 평형 상태로 변화할 때 전달된 **열량**에 관심을 가진다. 이러한 에너지의 **전달률**을 다루는 과학이 바로 **열전달**이다. 열 형태의 에너지는 항상 고온 물체에서 저온 물체로 전달되고, 두 물체가 동일한 온도가 되면 열전달은 멈춘다.

열은 **전도, 대류, 복사**의 세 가지 다른 형태로 전달될 수 있다. 이 모든 형태의 열전달이 발생하기 위해서는 온도 차가 필요하며, 언제나 고온물체에서 저온 물체로 열전달이 일어난다. 이 장에서는 각 열전달 모드에 대해 간략히 설명할 것이며, 각 열전달 모드에 대한 상세한 설명은 이 책의 다른 장에서 다룰 것이다.

1-2 ▪ 전도

전도(conduction)는 물체에서 입자들의 상호작용에 의해 보다 활동적인 입자로부터 이웃의 덜 활동적인 입자로의 에너지의 전달이다. 전도는 고체, 액체 및 기체에서 생길 수 있다. 기체나 액체에서의 전도는 분자의 불규칙적인 운동에 의한 **충돌** 및 **확산**에 의한 것이다. 고체에서의 전도는 격자에서의 분자 진동과 **자유전자**의 에너지 이송의 복합적인 방식에 의한 것이다. 예를 들어, 따뜻한 방에 있는 차가운 캔 음료수는 오랜 시간 후 결국 방 내부의 온도와 동일해지는데, 이는 알루미늄 캔에서의 전도에 의한 열전달이 일어나기 때문이다.

물체를 통한 전도 **열전달률**은 물체의 **온도 차이**뿐만 아니라 **형상, 두께, 재질**에 따라서도 달라진다. 우리는 고온의 물탱크를 유리섬유(단열재)로 감싸면 탱크로부터의 열손실률을 줄일 수 있다는 것을 알고 있다. 우리는 또한 온수 탱크가 있는 방의 온도가 낮아지면 온수 탱크의 열손실이 증가한다는 사실도 알고 있다. 또한 온수 탱크가 클수록 표면적이 커져 열손실이 증가하게 된다.

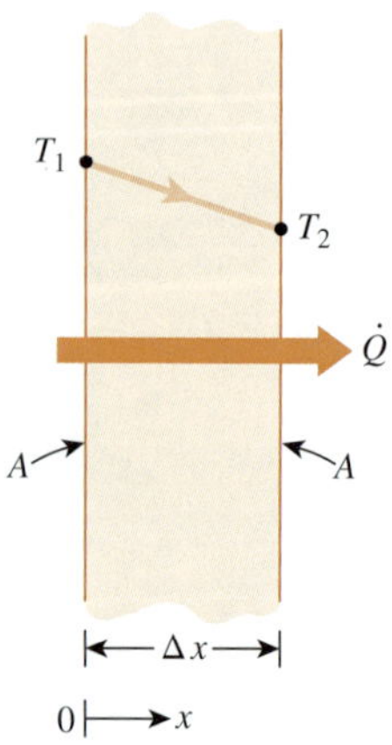

그림 1-1
두께 Δx이고 면적 A인 큰 평면 벽을 통한 열전도

그림 1-1의 그림과 같이 벽면 두께가 $\Delta x = L$이고 면적이 A인 커다란 평면 벽을 통해 발생하고 있는 정상 열전도를 고려해 보자. 벽 사이의 온도 차이는 $\Delta T = T_2 - T_1$이다. 벽 사이의 온도차 ΔT가 2배가 되거나 열전달방향과 수직인 면적 A가 두 배가 되면 벽을 통한 열전달률 $\dot{Q}$은 두 배가 되고, 반면 벽 두께 L이 두 배가 되면 열전달률은 반으로 된다는 것을 실험을 통하여 확인되었다. 따라서 우리는 **평면 층을 통한 열전도율은 층 사이의 온도 차이와 열전달 면적에 비례하고, 층의 두께에 반비례한다**고 결론을 내릴 수 있다. 즉

$$\text{열전도율} \propto \frac{(\text{면적})(\text{온도차})}{\text{두께}}$$

또는

$$\dot{Q}_{\text{cond}} = kA\frac{T_1 - T_2}{\Delta x} = -kA\frac{\Delta T}{\Delta x} \quad (\text{W}) \tag{1-1}$$

이다. 이때 비례상수 k는 물질의 **열전도도**(thermal conductivity)이며, 어떤 물질이 열을 얼마나 잘 전도하는가를 나타내는 척도이다(그림 1-2). $\Delta x \to 0$인 경우, 식 (1-1)은 다음의 미분 형태로 표기된다.

$$\dot{Q}_{\text{cond}} = -kA\frac{dT}{dx} \quad \text{(W)} \tag{1–2}$$

위 식은 **Fourier의 열전도 법칙**(Fourier's law of heat conduction)이라고 부르며, 1822년 열전달 교재에서 위 식을 처음으로 표현한 J. Fourier의 이름을 붙였다. 여기서 dT/dx는 **온도구배**(temperature gradient)이고, T-x 선도에서의 온도 곡선(x에 따른 T의 변화)에서 위치 x에서의 기울기를 나타낸다. 식 (1-2)는 어떤 방향으로의 열전도율은 그 방향의 온도구배에 비례한다는 것을 나타내고 있다. 열은 온도가 감소하는 방향으로 전도되고, x가 증가함에 따라 온도가 감소하면 온도구배는 음이 된다. 따라서 양의 x방향으로의 열전달이 양의 값을 가지도록 하기 위해 식 (1-2)에서 음의 부호가 사용되었다.

열전달 면적 A는 항상 열전달방향과 수직이다. 예를 들어, 길이 5 m, 높이 3 m, 두께 25 cm인 벽을 통한 열손실이 일어난다고 할 때, 열전달 면적은 A = 15 m^{2}이다. 벽의 두께와 면적 A는 아무런 관계가 없음에 주의하라(그림 1-3).

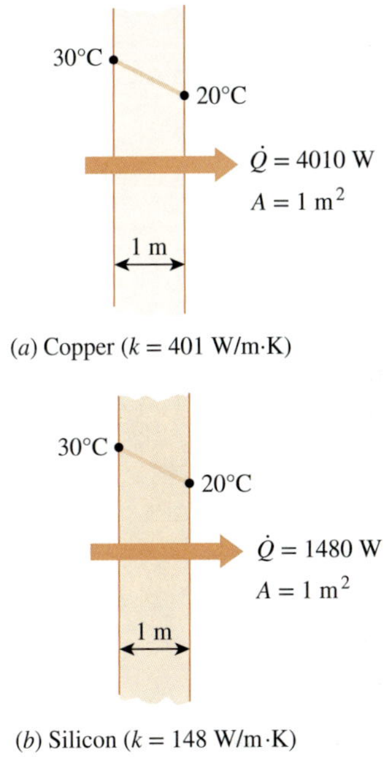

그림 1-2
고체를 통한 전도 열전달률은 고체의 열전도도에 비례한다.

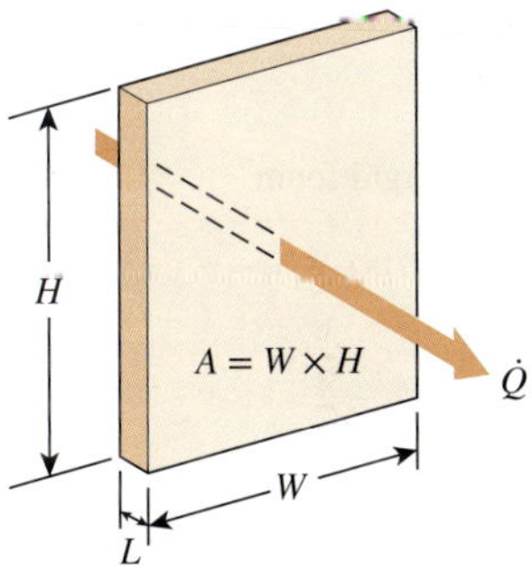

그림 1-3
열전도 해석에서 A는 열전달방향에 수직인 면적을 나타낸다.

예제 1-1 지붕을 통한 열 손실 비용

전기로 난방하는 집의 지붕은 길이 6 m, 폭 8 m, 두께 0.25 m이고, k = 0.8 W/m·K인 콘크리트로 되어 있다(그림 1-4). 어느 날 밤에 지붕의 내부 및 외부 표면온도가 10시간 동안 각각 15°C, 4°C로 측정되었다. (a) 그날 밤 지붕을 통한 열손실률을 구하라. (b) 전기료가 $0.08/kWh인 경우 열 손실에 대한 비용을 구하라.

풀이 전기로 난방을 하는 주택에서 지붕의 콘크리트 내부 및 외부 표면은 일정한 온도로 유지되었다. 지붕을 통한 열 손실과 비용을 구하여야 한다.

가정 **1.** 지붕의 표면온도가 주어진 온도로 일정하였기 때문에 그날 정상 운전 조건을 유지하였다. **2.** 지붕에 대해 일정한 물성값을 사용할 수 있다.

물성값 지붕의 열전도도는 k = 0.8 W/m·K로 주어졌다.

해석 (a) 지붕을 통한 열전달은 전도이고 지붕의 면적은 48 m^{2}이기 때문에 지붕을 통한 열전달률은

$$\dot{Q} = kA\frac{T_1 - T_2}{L} = (0.8\ \text{W/m·K})(48\ \text{m}^2)\frac{(15-4)\text{°C}}{0.25\ \text{m}} = \mathbf{1690\ W = 1.69\ kW}$$

이다.

(b) 10시간 동안 지붕을 통한 열 손실과 비용은 다음과 같다.

$$Q = \dot{Q}\,\Delta t = (1.69\ \text{kW})(10\ \text{h}) = 16.9\ \text{kWh}$$

$$\text{Cost} = (\text{에너지 양})(\text{단위에너지당 비용})$$
$$= (16.9\ \text{kWh})(\$0.08/\text{kWh}) = \mathbf{\$1.35}$$

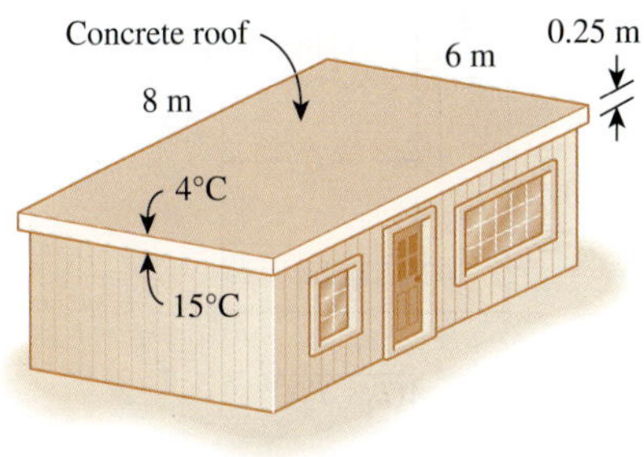

그림 1-4
예제 1-1의 개략도

검토 지붕을 통한 열 손실에 대한 비용은 $1.35이었다. 이 계산에서 벽을 통한 열손실을 고려하지 않았기 때문에 전체 난방 비용은 훨씬 많이 들 것이다.

열전도도

우리는 서로 다른 물질은 열을 저장하는 정도가 다르며, 물질이 열에너지를 저장하는 능력의 척도를 비열 c_p로 정의한다는 것을 열역학에서 살펴보았다. 예를 들어, 상온에서 물의 비열이 c_p = 4.18 kJ/kg·°C, 철의 비열이 c_p = 0.45 kJ/kg·°C라는 것은 단위 질량당 물이 철보다 거의 10배의 에너지를 저장할 수 있다는 것을 나타낸다. 마찬가지로 열전도도 k는 물질이 열을 전도할 수 있는 능력을 나타낸다. 예를 들어, 상온에서 물의 열전도도가 k = 0.607 W/m·K, 철의 열전도도가 k = 80.2 W/m·K라는 것은 철이 물보다 거의 100배 빨리 열을 전도할 수 있다는 것을 나타낸다. 따라서 물은 열에너지를 저장하기에는 아주 좋은 재질이지만 철에 비해서 나쁜 열전도체라고 할 수 있다.

정상 상태에서의 열전도율에 관한 식 (1-1)은 열전도도의 정의식이라고 보아도 된다. 따라서 물질의 **열전도도**(thermal conductivity)는 **단위면적, 단위온도 차이당 물질의 단위 두께를 통한 열전달률**로 정의될 수 있다. 물질에서의 열전도도는 그 물질이 얼마나 빨리 열을 전도시킬 수 있는지를 나타내는 척도이다. 열전도도가 큰 물질은 좋은 열전도체임을 나타내고 작은 열전도도를 가진 물질은 나쁜 열전도체, 또는 **단열재**(*insulator*)임을 나타낸다. 상온에서 일반적인 물질의 열전도도가 표 1-1에 나와 있다. 상온에서의 순수 구리의 열전도도는 401 W/m·K인데, 이것은 1 m 두께의 구리 벽은 1 m^{2}의 면적, 1 K의 온도 차이 조건에서 401 W의 열을 벽을 통과하여 전도시킨다는 것을 나타낸다. 구리나 알루미늄 같은 전기적 도체는 또한 좋은 열전도체여서 열전도도의 값이 크다. 고무, 나무 스티로폼 같은 물질은 나쁜 열전도체이고 작은 열전도도의 값을 가진다.

표 1-1

상온에서 여러 물질의 열전도도

Material	k, W/m·K*
Diamond	2300
Silver	429
Copper	401
Gold	317
Aluminum	237
Iron	80.2
Mercury (l)	8.54
Glass	0.78
Brick	0.72
Water (l)	0.607
Human skin	0.37
Wood (oak)	0.17
Helium (g)	0.152
Soft rubber	0.13
Glass fiber	0.043
Air (g)	0.026
Urethane, rigid foam	0.026

*Multiply by 0.5778 to convert to Btu/h·ft·°F.

두께와 면적을 알고 있는 어떤 물질의 한쪽을 발열량을 알고 있는 전열선으로 가열한다. 전열기의 바깥쪽이 잘 단열되어 있다면 전열선에서 발생되는 모든 열은 열전도도를 구하고자 하는 물질을 통과할 것이다. 정상 상태에 도달했을 때 물질의 양쪽 표면온도를 측정하고, 알고 있는 다른 값들을 식 (1-1)에 대입하여 열전도도를 구할 수 있다(그림 1-5).

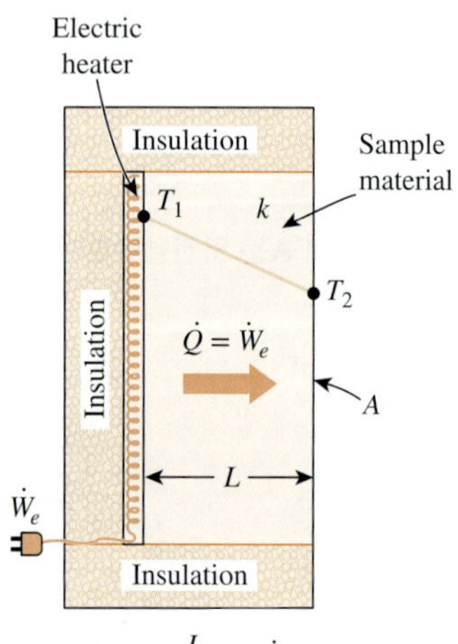

$$k = \frac{L}{A(T_1 - T_2)}\dot{Q}$$

그림 1-5

물질의 열전도도를 구하는 간단한 실험장치

그림 1-6에서 보여 주듯이 물질의 열전도도는 광범위한 값을 가진다. 공기 같은 기체와 구리 같은 순수 금속의 열전도도는 10^4배 정도 차이가 난다. 순수 결정이나 금속의 열전도도가 가장 크고 기체나 단열재의 열전도도는 아주 작음에 주목하라.

온도는 물질의 분자 또는 원자와 같은 입자들의 운동에너지를 나타내는 척도이다. 액체 또는 기체에서 분자의 운동 에너지는 불규칙한 병진 및 진동, 회전 운동에서 기인한다. 서로 다른 에너지를 가지는 두 분자가 충돌할 때, 보다 활동적인(고

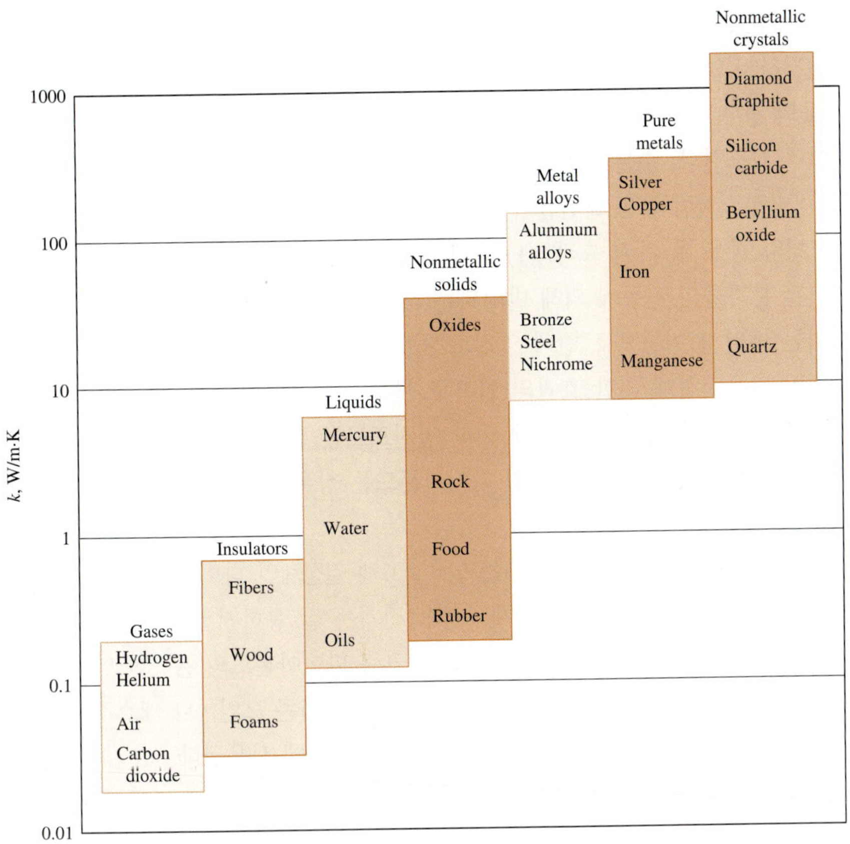

그림 1-6
상온에서 여러 가지 물질의 열전도도 범위

온) 분자의 운동에너지 일부가 덜 활동적인(저온) 분자에 전달된다. 이는 서로 다른 속도를 가지는 두 개의 같은 질량 탄성체 공이 충돌할 때, 빠른 공의 운동에너지 일부가 느린 공으로 전달되는 것과 같다. 온도가 높을수록 분자는 더 빨리 움직이고 이러한 충돌 횟수가 많아져 열전달은 더 잘 이루어진다.

기체 운동 이론에서 기체의 열전도도는 **절대온도 T의 제곱근**에 비례하고, **분자량 M의 제곱근**에 반비례한다는 것을 예측하였고, 이는 실험적으로도 입증되었다. 따라서 분자량이 M인 특정한 기체의 열전도도는 온도가 상승함에 따라 증가하고, 온도가 일정한 경우 열전도도는 M이 증가함에 따라 감소한다. 예를 들면, 1000 K의 고정된 온도에서 헬륨($M = 4$)의 열전도도는 0.343 W/m·K인 반면, 공기($M = 29$)의 열전도도는 0.0667 W/m·K로 헬륨의 열전도도에 비해 매우 낮다.

1기압에서 기체의 열전도도는 Table A-23에 주어져 있다. 그러나 우리가 실제로 경험하는 넓은 범위의 압력 조건에서 기체의 열전도도는 **압력에 무관**하기 때문에 Table A-23의 값은 1기압이 아닌 다른 압력에서도 사용될 수 있다.

액체의 열전도 메커니즘은 액체 분자가 밀접해 있고 훨씬 강한 분자간의 힘들이 작용하고 있기 때문에 복잡하다. 액체의 열전도도는 보통 고체와 기체 열전도도의 사이에 위치한다. 물질의 열전도도는 일반적으로 고체 상태에서 가장 크고 기체 상

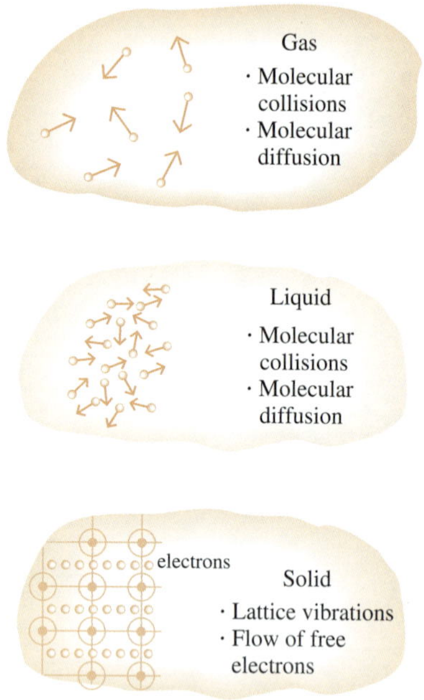

그림 1-7
서로 다른 상(phase)에서의 열전도 메커니즘

표 1-2

합금의 열전도도는 각 금속의 열전도도보다 일반적으로 훨씬 작다.

Pure metal or alloy	k, W/m·K, at 300 K
Copper	401
Nickel	91
Constantan (55% Cu, 45% Ni)	23
Copper	401
Aluminum	237
Commercial bronze (90% Cu, 10% Al)	52

표 1-3

물질의 열전도도는 온도에 따라 변한다.

	k, W/m·K	
T, K	Copper	Aluminum
100	482	302
200	413	237
300	401	237
400	393	240
600	379	231
800	366	218

태에서 가장 작다. 액체의 열전도도는 일반적으로 임계점 근처를 제외하고는 압력에 민감하지 않다. 기체와 달리 액체의 열전도도는 온도가 증가함에 따라 감소하는데, 물의 경우는 예외이다. 기체와 마찬가지로 액체의 열전도도는 분자량이 증가함에 따라 감소한다. 수은이나 나트륨 같은 액체 금속은 큰 열전도도를 가지고 있어, 원자력발전소처럼 높은 열전달이 요구되는 응용분야에 적합하다.

고체의 경우 두 가지 효과: (1) 격자라 불리는, 비교적 주기적으로 고정 배열되어 있는 분자들의 진동에 의해 발생되는 **격자진동파**와, (2) 고체 내의 **자유전자유동**에 의한 에너지 이동으로 인해 열전도가 일어난다(그림 1-7). 고체의 열전도도는 격자 및 자유전자에 의한 효과의 합으로 구해진다. 순수 금속의 높은 열전도도는 주로 전자에 의한 것이다. 격자에 의한 열전도도는 분자의 배열에 큰 영향을 받는다. 예를 들어 잘 배열된 결정체인 다이아몬드는 상온에서 알려진 것들 중 가장 큰 열전도도를 가진다.

전기 및 열의 양도체인 금속과는 달리, **고체 결정체**인 다이아몬드나 실리콘 등의 반도체 물질은 양호한 열전도체이지만 전기는 잘 통하지 않아, 전자 산업분야에 널리 사용되고 있다. 다이아몬드 히트싱크는 다이아몬드의 훌륭한 열전도도 덕분에 민감한 전자 부품의 냉각에 사용되고 있다. 실리콘 오일이나 개스킷은 양호한 열전도 및 전기적 절연성 때문에 전자 부품의 패키지에 사용된다.

순수 금속의 열전도도가 크기 때문에 **금속의 합금**도 큰 열전도도를 가질 것으로 생각할 수 있다. 열전도도가 k_1과 k_2인 두 금속의 합금은 k_1과 k_2 사이의 열전도도를 가질 것으로 생각할 수 있지만 실제로는 그렇지 않다. 표 1-2에서 보여주고 있듯이 두 금속 합금의 열전도도는 각 금속의 열전도도보다 훨씬 작다. 순수 금속에 열전도도가 좋은 "다른" 물질이 아주 조금만 첨가되어도 이 금속에서의 열 흐름은 상당히 방해받는다. 예를 들어, 철과 크롬의 열전도도는 각각 83 및 95 W/m·K이지만, 1%의 크롬을 함유한 철의 열전도도는 62 W/m·K이다.

물질의 열전도도는 온도에 따라 변한다(표 1-3). 그림 1-8에 보여주듯 어떤 물질에서는 어느 정도 온도범위에서의 열전도도 변화를 무시할 수 있지만 다른 어떤 물질에서는 그렇지 않다. 특정한 고체의 열전도도는 절대온도 0 K 부근에서 **초전도체**가 되면 급속하게 증가한다. 예를 들어, 구리의 열전도도는 20 K에서 20,000 W/m·K인데, 이는 상온에서의 열전도도의 50배이다. 여러 물질의 열전도도 및 다른 열물성치가 부록 Table A-15에서 A-25에 주어져 있다.

표 1-1과 그림 1-8에서 볼 수 있듯, 대부분의 액체는 고체에 비해 상대적으로 낮은 열전도도를 가진다. 일반적인 열전달 유체(물, 오일 등)의 열전도도는 유체에 작은 고체 입자를 혼합하여 상당히 증가시킬 수 있다. **나노유체**(nanofluid)는 나노입자로 불리는 나노미터 크기의 입자를 (일반적 크기 범위 1~100 nm) 일반적인 유체 내에 분산시킨 유체를 뜻한다. 나노유체에 사용되는 나노입자는 일반적으로 금속, 산화물, 카바이드, 또는 탄소 나노튜브 등으로 만들어지며, 베이스 유체로는

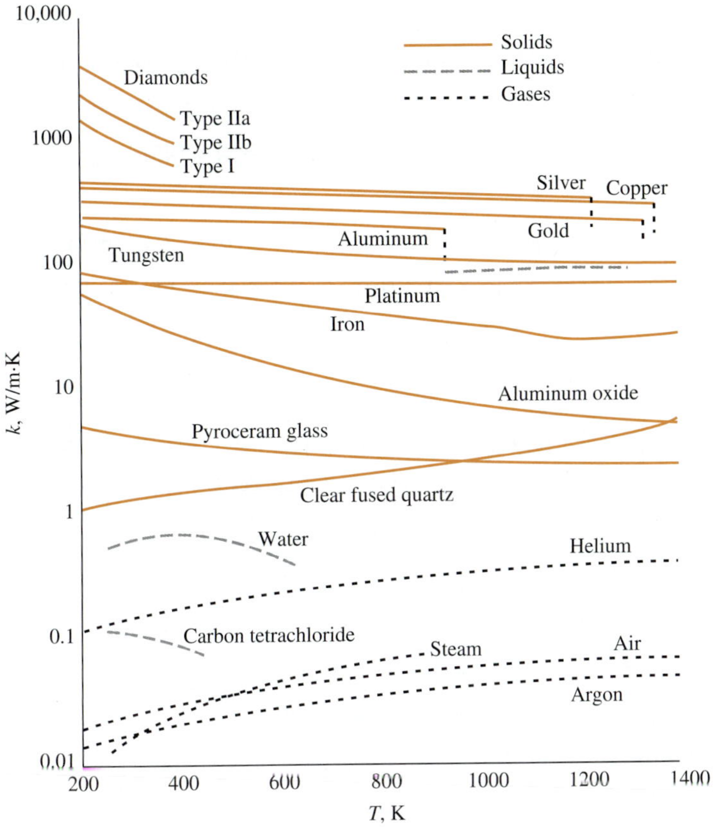

그림 1-8
여러 가지 고체, 액체 및 기체의 열전도도의 변화

일반적으로 물, 에틸렌글리콜, 오일 등이 사용된다. 나노유체는 작동유체의 열전도율 및 열대류 성능 향상을 보여주었다.

Table A-15에서 A-25에 주어진 열전도도의 값은 고려하는 물질의 물리적 크기가 상대적으로 클 때 적합하다. 마이크로일렉트로닉스와 같은 유망한 기술분야에서 물리적 크기는 일반적으로 마이크로 또는 나노미터의 크기이다. 이러한 응용분야에서 작은 물리적 크기는 고체와 액체의 열전도도에 분명히 영향을 미칠 것이다. 이러한 상태에서, 물리적 크기의 감소는 에너지 이송체의 정미평균거리를 감소시키고 열전도도를 감소시킨다.

열전도도의 온도 의존성은 열전도 해석을 상당히 복잡하게 만든다. 따라서 **평균 온도**에서 열전도도 k를 구한 후 계산과정에서 열전도도를 **일정**하다고 가정하는 것이 일반적인 관행이다.

열전달 해석에서 물질은 보통 모든 방향으로 균일한 성질을 가지는 **등방성**(*isotropic*)이라고 가정한다. 이러한 가정은 다층으로 되어 있는 복합재나 나무와 같이 방향에 따라 다른 구조를 가지고 있는 물질을 제외한 대부분의 물질에 대해서 타당하다. 예를 들어, 나무의 결을 가로지르는 방향으로의 열전도도와 나뭇결과 평행한 방향의 열전도도는 차이가 있다.

표 1-4

상온에서 여러 물질의 열확산율

Material	α, m²/s*
Silver	149×10^{-6}
Gold	127×10^{-6}
Copper	113×10^{-6}
Aluminum	97.5×10^{-6}
Iron	22.8×10^{-6}
Mercury (*l*)	4.7×10^{-6}
Marble	1.2×10^{-6}
Ice	1.2×10^{-6}
Concrete	0.75×10^{-6}
Brick	0.52×10^{-6}
Heavy soil (dry)	0.52×10^{-6}
Glass	0.34×10^{-6}
Glass wool	0.23×10^{-6}
Water (*l*)	0.14×10^{-6}
Beef	0.14×10^{-6}
Wood (oak)	0.13×10^{-6}

*Multiply by 10.76 to convert to ft²/s.

열확산율

열전달 해석에서 자주 나타나는 ρc_p는 물질의 **열용량**(heat capacity)이라 한다. 비열 c_p와 열용량 ρc_p는 모두 물질의 열 저장 능력을 나타낸다. 그러나 비열과 열용량의 단위 J/kg·K, J/m³·K로부터 알 수 있듯이 c_p는 **단위 질량당**, ρc_p는 **단위 부피당**으로 표현된다.

열전도 해석에서 나타나는 또 다른 물성값으로 열이 물질로 얼마나 빨리 확산하는지를 나타내는 **열확산율**(thermal diffusivity)이 있으며, 다음과 같이 정의된다.

$$\alpha = \frac{\text{Heat conduction}}{\text{Heat storage}} = \frac{k}{\rho c_p} \quad (\text{m}^2/\text{s}) \tag{1–3}$$

열전도도 k는 물질이 열을 얼마나 잘 전도시키는가를 나타내고, 열용량 ρc_p는 단위 부피당 얼마나 많은 에너지를 저장하는 가를 나타낸다. 따라서 열확산율은 물질을 통해 **전도된 열**과 단위 부피당 **저장된 열**의 비를 나타낸다고 볼 수 있다. 큰 열전도도 또는 작은 열용량을 가지는 물질의 열확산율은 당연히 크다. 열확산율이 클수록 열은 빨리 물질 내에 전파된다. 열확산율이 작다는 것은 대부분의 열이 물질에 의해 흡수되고 작은 비율만 전도된다는 것을 의미한다.

일반적인 물질의 20°C에서의 열확산율은 표 1-4와 같다. 물의 열확산율 $\alpha = 0.14 \times 10^{-6}$ m²/s과 은의 열확산율 149×10^{-6} m²/s이 1000배 이상의 차이가 나는 것에 주목하라. 또한 쇠고기와 물의 열확산율이 같음에 주목할 필요가 있는데, 신선한 야채와 육류의 성분은 대부분 물이기 때문에 물과 같은 열확산율을 가지는 것이 이상한 것이 아니다.

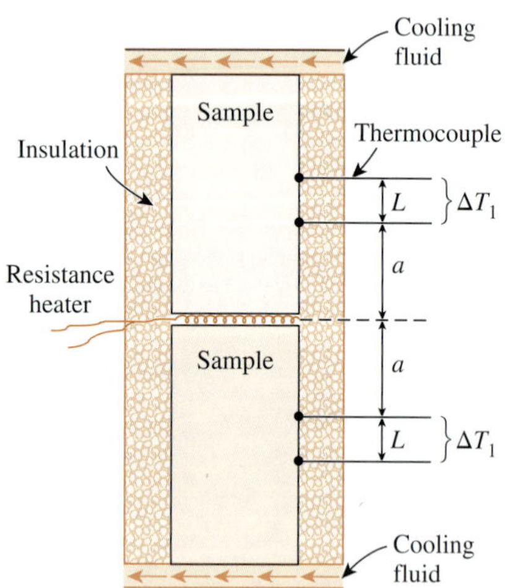

그림 1-9

동일한 두 샘플과 얇은 전열기를 사용하여 물질의 열전도도를 측정하기 위한 장치(예제 1-2)

예제 1-2 물질의 열전도도 측정

그림 1-9에 보여주고 있는 것처럼 동일한 두 샘플 사이에 얇은 전열판을 장착하여 물질의 열전도도를 일반적으로 측정한다. 얇은 실리콘 고무로 만든 피복을 포함한 전기가열기의 두께는 보통 0.5 mm보다 작다. 수돗물 같은 유체를 순환시켜 노출된 표면의 온도를 일정하게 유지한다. 샘플의 측면을 잘 단열시켜 샘플을 통한 열전달이 1차원이 되도록 한다. 각각의 샘플에서 길이 L만큼 떨어진 곳에 두 개의 열전대를 부착하여 온도 차이 ΔT를 측정한다. 정상 상태에 도달하면 두 샘플을 통한 열전달률은 전류와 전압의 곱으로 표기되는 전열기의 전기 동력과 동일하다.

어떤 실험에 직경 5 cm, 길이 10 cm의 원통형 샘플이 사용되었고 두 샘플에서의 열전대 간격은 3 cm이다. 정상 상태에 도달한 후 110 V 전압에 0.4 A의 전류가 흐르고 있을 때, 각 샘플에서의 열전대의 온도 차이가 모두 15°C였다. 샘플의 열전도도를 구하라.

풀이 물질의 열전도도는 1차원 열전도가 이루어지게 하고 정상 운전 조건에 도달했을 때 온도를 측정하여 구한다.

가정 **1.** 온도가 시간에 따라 변하지 않을 때가 정상 운전 조건이다. **2.** 장치의 옆면은

단열이 잘 되어 열손실이 없고 전열기에 의해 발생한 전체 열은 샘플을 통하여 전도에 의해 전달된다. **3.** 장치는 대칭을 유지하고 있다.

해석 전열기에 의해 소비되는 전력은 다음과 같다.

$$\dot{W}_e = \mathbf{V}I = (110\ \mathrm{V})(0.4\ \mathrm{A}) = 44\ \mathrm{W}$$

전체 장치의 측면은 잘 단열되어 있으므로 전열기에 의해 발생된 열은 모두 샘플을 통하여 전도된다고 가정한다. 대칭이기 때문에 발생된 열의 반이 각 샘플을 통하여 흐르므로, 각각의 샘플을 통한 열전달률은

$$\dot{Q} = \frac{1}{2}\dot{W}_e = \frac{1}{2} \times (44\ \mathrm{W}) = 22\ \mathrm{W}$$

이다. 두 개의 샘플에서의 온도 차이가 같다는 것은 장치가 열적으로 대칭이라는 것을 의미한다. 열전달 면적은 열이 흐르는 방향에 직각인 면적 즉, 이 경우에는 원통의 단면적이다.

$$A = \frac{1}{4}\pi D^2 = \frac{1}{4}\pi(0.05\ \mathrm{m})^2 = 0.001963\ \mathrm{m}^2$$

열전달방향의 3 cm에 대해 15°C의 온도가 떨어지므로 샘플의 열전도도는 다음과 같이 구해진다.

$$\dot{Q} = kA\frac{\Delta T}{L} \rightarrow k = \frac{\dot{Q}L}{A\,\Delta T} = \frac{(22\ \mathrm{W})(0.03\ \mathrm{m})}{(0.001963\ \mathrm{m}^2)(15°\mathrm{C})} = \mathbf{22.4\ W/m{\cdot}K}$$

검토 두 번째 샘플에서의 측정값으로 추가적인 정보를 얻는 것이 아니기 때문에, 이 장치에 두 샘플이 정말로 필요한가 하는 의문을 가질 수 있다. 사실 두 번째 샘플은 필요하지 않을 수도 있지만 샘플의 온도 측정값을 검증하고 실험오차를 줄이는 열적 대칭을 보상한다.

예제 1-3 SI 단위와 영국 단위 사이의 환산

벽돌 건물에 관한 열전달 해석을 하는 엔지니어가 영국 단위로 된 벽돌의 열전도도가 필요하다. 그러나 그가 알아낸 열전도도는 SI 단위로 된 0.72 W/m·°C이다. 이 엔지니어는 열전도도에 대한 두 단위 사이의 환산표를 가지고 있지 않다. 어떻게 환산하면 되겠는가?

풀이 이러한 상황은 종종 일어날 수 있다. 단위를 환산할 때 흔히 범하기 쉬운 실수를 하여 비용 손실을 초래할 수 있는 실수를 피하여야 한다. 단위 환산은 단순한 과정이지만 세심한 주의와 사고가 필요하다.

W와 m은 단순하게 보통 환산표에 주어져 있고 다음과 같다.

$$1\ \mathrm{W} = 3.41214\ \mathrm{Btu/h}$$
$$1\ \mathrm{m} = 3.2808\ \mathrm{ft}$$

그러나 °C와 °F는 환산표에 주어져 있지 않으므로 주의하지 않으면 에러가 생길 우려가 있다. 아마도 맨 먼저 생각하는 것은 $T(°\mathrm{C}) = [T(°\mathrm{F}) - 32]/1.8$이기 때문에 °C를 (°F − 32)/1.8로 바꾸면 될 것이라고 생각할 것이다. 그러나 W/m·°C에 있는 °C는 온도 차

이를 나타내는 것이기 때문에 이것은 옳지 않다. 온도 변화 1°C 는 1.8°F에 해당되기 때문에 옳은 환산인자는

$$1°\text{C} = 1.8°\text{F}$$

이다. 이를 대입하면

$$1\ \text{W/m}\cdot°\text{C} = \frac{3.41214\ \text{Btu/h}}{(3.2808\ \text{ft})(1.8°\text{F})} = 0.5778\ \text{Btu/h}\cdot\text{ft}\cdot°\text{F}$$

이고, 이것이 우리가 원하는 환산인자이다. 따라서 영국 단위로 된 열전도도는 다음과 같다.

$$\begin{aligned} k_{\text{brick}} &= 0.72\ \text{W/m}\cdot°\text{C} \\ &= 0.72 \times (0.5778\ \text{Btu/h}\cdot\text{ft}\cdot°\text{F}) \\ &= \mathbf{0.42\ Btu/h\cdot ft\cdot °F} \end{aligned}$$

검토 영국 단위로 된 물질의 열전도도는 SI 단위의 절반 정도임에 주목하라(그림 1-10). 또한 반올림하여 유효숫자 2자리까지만 표시하였음을 주목하라. 이는 원래 데이터가 두 자리이므로 0.42 대신에 0.4160처럼 보다 많은 숫자로 나타내면 더 정확하게 나타낸다고 잘못 인식할 수 있기 때문이다.

그림 1-10
SI 단위로 된 열전도도에 0.5778을 곱하면 영국 단위를 얻을 수 있다.

1–3 ▪ 대류

대류(convection)는 고체 표면과 표면 근처의 움직이는 액체 또는 기체와의 열전달 형태이며, 전도와 유체 유동의 복합적인 효과를 포함한다. 유체유동이 빠를수록 대류 열전달은 커진다. 집단적 유체 유동이 없을 때 고체 표면과 이웃하고 있는 유체와의 열전달은 온전히 전도에 의한 것이다. 집단적 유체 유동은 고체 표면과 유체와의 열전달을 증가시키지만, 열전달률의 예측을 어렵게 한다.

뜨거운 블록 위에 찬 공기를 불어 냉각시키는 경우를 생각해보자(그림 1-11). 처음에는 블록에 인접한 공기층에 전도에 의한 열전달이 일어난다. 그 다음 이 열은 대류에 의해 표면에서 제거되는데, 이러한 대류는 공기 내에서의 분자들의 무질서한 운동에 의한 전도와 표면 부근의 더워진 공기를 밀어내고 찬 공기로 채우는 집단적 유체 유동의 혼합 효과이다.

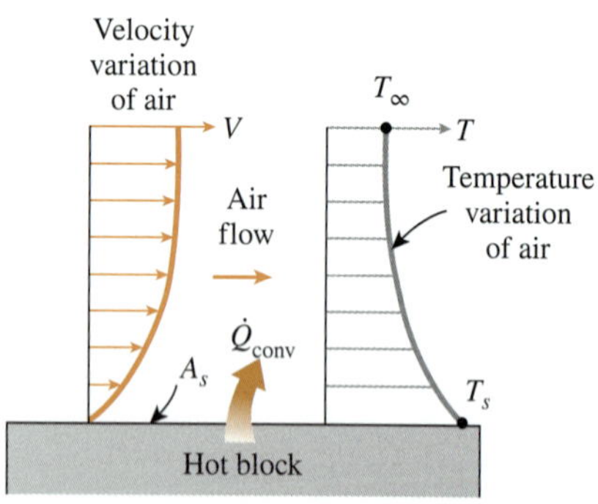

그림 1-11
뜨거운 표면에서 공기로의 대류에 의한 열전달

송풍기, 펌프 또는 바람 등의 외부 수단에 의해 표면 위의 유동이 강제적으로 생길 때의 대류를 **강제대류**(forced convection)라고 한다. 이와 달리 유체의 온도 차이에 의한 밀도 차이에 의해 발생하는 부력이 유체의 유동을 발생시킬 때의 대류를 **자연대류**(natural convection) 또는 **자유대류**(free convection)라고 한다(그림 1-12). 예를 들어, 송풍기가 없는 경우에 그림 1-11에서의 뜨거운 블록에서의 열전달은 자연대류에 의한 것이다. 왜냐하면 이 경우의 모든 유체 유동은 표면 부근의 더워진(따라서 가벼워진) 공기의 상승과, 그 빈 자리를 채우는 차가운(따라서 무거운) 공기의 하강으로 인한 것이기 때문이다. 공기의 유동 저항을 극복하고 자연대류 유동을 시작할 만큼 공기와 블록의 온도 차이가 크지 않다면 둘 사이에는 전도에 의한 열전달이 일어나게 된다.

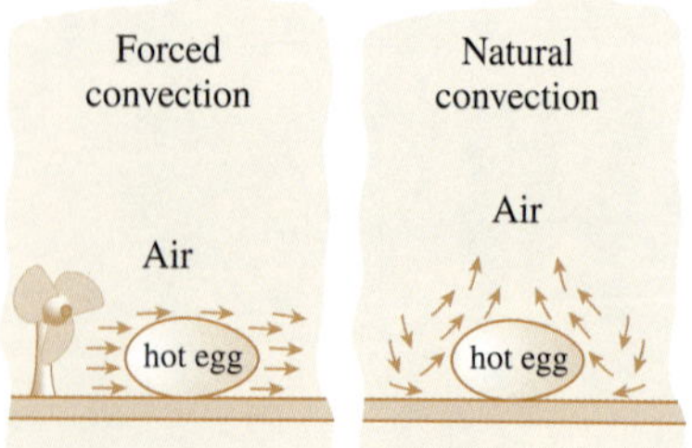

그림 1-12
강제대류와 자연대류에 의해 냉각되는 달걀

상변화를 포함하는 열전달도 대류로 간주되는데, 비등 중의 증기 방울의 상승과 응축 중 물방울의 하강 등과 같은 유체 유동이 발생하기 때문이다.

대류의 복잡함에도 불구하고 **대류 열전달률**은 온도 차이에 비례하는 것으로 관찰되어, 다음과 같은 **Newton의 냉각법칙**(Newton's law of cooling)으로 표현된다.

$$\dot{Q}_{\text{conv}} = hA_s(T_s - T_\infty) \quad \text{(W)} \tag{1-4}$$

여기서 h는 **대류 열전달계수**(*convection heat transfer coefficient*)라고 하며 W/m^2·K 또는 Btu/h·ft^2의 단위를 가지고, A_s는 대류 열전달이 일어나는 표면의 면적, T_s는 표면의 온도이고 T_∞는 표면에서 충분히 멀리 떨어진 곳에서의 유체온도이다. 표면에서 유체의 온도는 고체표면의 온도와 같음에 주의하라.

대류 열전달계수 h는 유체의 물성값이 아니다. 이는 실험에 의해 구해지는 값으로 표면의 형상, 유체운동의 특성, 유체의 물성값 및 유체 속도 등 대류에 영향을 주는 모든 변수에 따라 달라진다. 일반적인 h의 값들은 표 1-5에 주어져 있다.

대류는 근본적으로 유체 유동이 존재할 때의 전도이므로 일부 사람들은 대류를 열전달의 기본 메커니즘으로 생각하지 않는다. 그러나 이 복합적인 현상을 "유체 유동 중의 전도"라고 하지 않는 한 어차피 별도의 이름이 필요하다. 따라서 논란의 여지는 있지만 대류를 별도의 열전달 메커니즘으로 인식하는 것은 실용적이다.

표 1-5

열전달계수의 전형적인 값

Type of convection	h, W/m^2·K*
Free convection of gases	2–25
Free convection of liquids	10–1000
Forced convection of gases	25–250
Forced convection of liquids	50–20,000
Boiling and condensation	2500–100,000

*Multiply by 0.176 to convert to Btu/h·ft^2·°F.

예제 1-4 대류 열전달계수의 측정

그림 1-13처럼 길이 2 m, 직경 0.3 cm의 전선이 15°C인 방에 놓여 있다. 전기저항에 의해 열이 발생하여 정상 상태에서 전선의 온도가 152°C로 일정하게 측정되었다. 또한 전선을 통한 전압 강하와 전류는 60 V와 1.5 A로 나타났다. 복사에 의한 열전달을 무시하고 전선의 표면과 방 안의 공기 사이의 열전달에 대한 대류 열전달계수를 구하라.

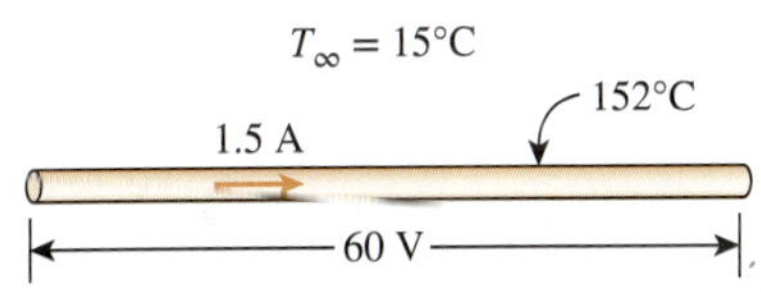

그림 1-13

예제 1-4에 대한 개략도

풀이 전선의 표면과 방 안의 공기 사이의 열전달에 대한 대류 열전달계수는 정상 작동 조건에 도달했을 때 온도와 전력소비를 측정하여 구할 수 있다.

가정 **1.** 온도가 시간에 따라 변하지 않았으므로 정상 상태에 도달하였다. **2.** 복사 열전달은 무시한다.

해석 정상 상태에 도달했을 때, 전선을 통한 열손실률은 전기저항에 의한 열발생률과 같다. 즉

$$\dot{Q} = \dot{E}_{\text{generated}} = \mathbf{V}I = (60\text{ V})(1.5\text{ A}) = 90\text{ W}$$

전선의 표면적은 다음과 같다.

$$A_s = \pi DL = \pi(0.003\text{ m})(2\text{ m}) = 0.01885\text{ m}^2$$

대류에 대한 Newton의 냉각법칙은 다음과 같이 표기된다.

$$\dot{Q}_{\text{conv}} = hA_s(T_s - T_\infty)$$

복사에 의한 열전달을 무시하고 전선에서의 모든 열손실은 대류에 의한 것이라 가정하면 대류 열전달계수는 다음과 같이 계산된다.

$$h = \frac{\dot{Q}_{conv}}{A_s(T_s - T_\infty)} = \frac{90\ \text{W}}{(0.01885\ \text{m}^2)(152 - 15)°\text{C}} = \mathbf{34.9\ W/m^2 \cdot K}$$

검토 위에 설명된 과정은 공기 중 여러 표면에서의 평균 대류 열전달계수를 구하는 데 사용될 수 있다. 또한 둘러싸고 있는 방의 벽면 온도를 전선과 같은 온도로 유지하면 복사에 의한 열전달을 제거할 수 있다.

1–4 ▪ 복사

복사(radiation)는 원자나 분자에서의 전자 배치 변화로 인해 물체로부터 **전자기파**(*electromagnetic wave*) 또는 **광자**(*photon*)의 형태로 방사되는 에너지이다. 전도나 대류와는 달리 복사에 의한 에너지 전달은 **매개체**가 필요하지 않다. 사실 복사에 의한 에너지 전달은 가장 빠르고(빛의 속도) 진공 중에서 강도가 약해지지 않는다. 태양의 에너지가 지구에 도달하는 바로 그 방식이다.

열전달에서는 물체의 온도에 의해 물체로부터 복사의 형태로 방출하는 **열복사**(*thermal radiation*)를 주로 취급한다. 이는 온도와 무관한 X선, 감마선, 마이크로웨이브, 라디오 전파, 텔레비전 전파 등의 전자기파의 형태와 다른 것이다. 절대온도 0 이상의 모든 물체는 열복사를 방출한다.

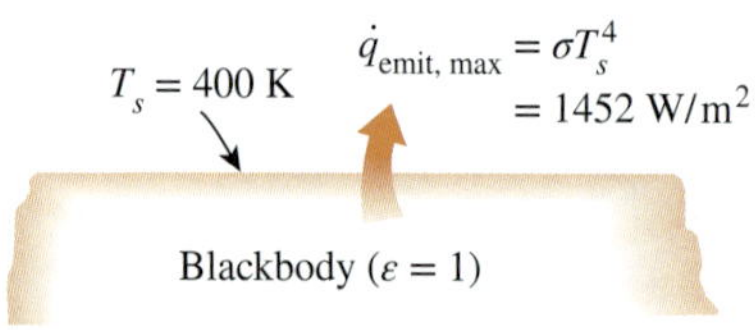

그림 1-14
흑체의 복사는 어떤 온도의 표면에서 방사되는 최대의 복사를 나타낸다.

표 1-6
300 K에서의 여러 물질의 방사율

Material	Emissivity
Aluminum foil	0.07
Anodized aluminum	0.82
Polished copper	0.03
Polished gold	0.03
Polished silver	0.02
Polished stainless steel	0.17
Black paint	0.98
White paint	0.90
White paper	0.92–0.97
Asphalt pavement	0.85–0.93
Red brick	0.93–0.96
Human skin	0.95
Wood	0.82–0.92
Soil	0.93–0.96
Water	0.96
Vegetation	0.92–0.96

복사는 **체적현상**이고 고체, 액체, 기체 모두 정도는 다르지만 복사에너지를 방출, 통과, 흡수한다. 그러나 금속, 바위, 나무 등과 같은 고체 내부에서 발생한 복사는 결코 표면에 도달할 수 없고, 또한 표면에 입사되는 복사는 표면에서 수 마이크론 이내에 흡수되기 때문에 이러한 복사에 불투명한 고체에서 복사는 보통 **표면현상**으로 간주된다. 절대온도 T_s인 표면으로부터 방사될 수 있는 최대 복사율은

$$\dot{Q}_{emit,\,max} = \sigma A_s T_s^4 \quad (\text{W}) \tag{1-5}$$

로 표기되는 **Stefan–Boltzmann 법칙**(Stefan–Boltzmann law)으로 주어진다. 이때, $\sigma = 5.670 \times 10^{-8}$ W/m$^2\cdot$K^4 또는 0.1714×10^{-8} Btu/h·ft$^2\cdot$R^{4}는 Stefan–Boltzmann 상수이다. 최대로 복사에너지를 방사하는 이상적인 표면을 **흑체**(blackbody)라고 하고 흑체에 의해 방출되는 복사를 **흑체복사**(blackbody radiation)라 한다(그림 1-14). 실제 표면에서 방사되는 복사는 동일한 온도의 흑체 표면에서 방사되는 복사보다 작고, 다음과 같이 표시된다.

$$\dot{Q}_{emit} = \varepsilon \sigma A_s T_s^4 \quad (\text{W}) \tag{1-6}$$

이때, ε은 표면의 **방사율**(emissivity)이다. 방사율은 $\varepsilon = 1$ 인 흑체와 얼마나 유사한지를 나타내며 $0 \le \varepsilon \le 1$사이의 값을 가진다. 일부 표면에서의 방사율은 표 1-6에 주어져 있다.

또 다른 중요한 복사 물성치는 표면에 입사한 복사 에너지 중 표면에 의해 흡수

된 에너지 비율을 나타내는 **흡수율**(absorptivity) α이다. 방사율과 마찬가지로 흡수율은 $0 \le \alpha \le 1$의 값을 가진다. 흑체는 입사된 복사를 전부 흡수한다. 즉 흑체는 완전한 방사체($\varepsilon = 1$)일 뿐 아니라 완전한 흡수체($\alpha = 1$)이다.

일반적으로 표면의 ε과 α는 온도와 복사 파장에 따라 다르다. 주어진 온도와 파장에서의 방사율과 흡수율이 같다는 것이 **Kirchhoff의 복사법칙**(Kirchhoff's law of radiation)이다. 많은 실제 문제에서 표면 온도와 입사되는 복사의 원천 온도는 같은 크기 정도(order of magnitude)를 가지고, 표면의 평균 흡수율은 평균 방사율과 같다고 둘 수 있다. 단위시간당 흡수하는 복사는 다음으로 구해진다(그림 1-15).

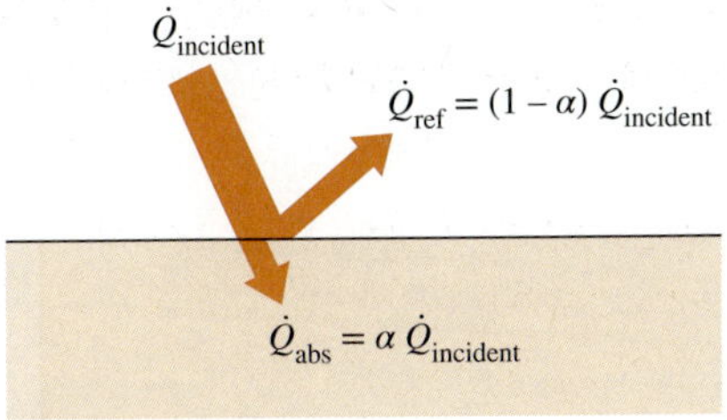

그림 1-15
흡수율 α인 표면에 입사되는 복사의 흡수

$$\dot{Q}_{\text{absorbed}} = \alpha\,\dot{Q}_{\text{incident}} \quad \text{(W)} \tag{1-7}$$

여기서 $\dot{Q}_{\text{incident}}$은 단위시간당 표면에 입사하는 복사 에너지이고 α는 표면의 흡수율이다. 불투명(투과성이 없는) 표면에서 흡수되지 않은 복사는 표면에서 반사된다.

표면에서 방사되는 복사와 흡수되는 복사의 차이는 정미 복사 열전달이다. 만약 흡수되는 복사 열전달률이 방사되는 복사 열전달률보다 크다면 표면은 복사에 의해 에너지를 얻는다. 반대인 경우는 복사에 의해 에너지를 잃는다고 할 수 있다. 일반적으로 두 표면 사이에 복사에 의한 순 열전달률을 구하는 것은 매우 복잡한데, 그 이유는 표면들의 물성값, 두 표면의 상대적인 방향 및 표면 사이 물질의 복사 상호작용 등에 따라 그 값이 달라지기 때문이다.

방사율이 ε이고 표면적이 A_s이며, 절대온도가 T_s인 표면이 절대온도 T_{surr}의 아주 큰 (또는 흑체) 표면에 완전히 둘러싸여 있고, 그 사이에는 복사에 관여하지 않는 기체(공기 등)로 채워져 있을 때, 두 표면 사이의 순 복사 열전달률은 다음으로 주어진다(그림 1-16).

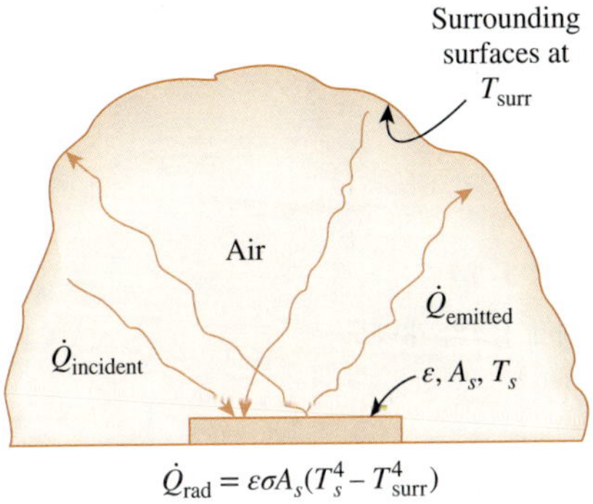

그림 1-16
한 표면과 표면을 둘러싸고 있는 다른 표면 사이의 복사 열전달

$$\dot{Q}_{\text{rad}} = \varepsilon\sigma A_s(T_s^4 - T_{\text{surr}}^4) \quad \text{(W)} \tag{1-8}$$

이러한 특별한 경우에는 주위 표면의 방사율과 면적은 정미 복사 열전달에 전혀 영향을 주지 못한다.

어떤 표면과 공기와 같은 기체 사이에는 복사 열전달과 함께 전도 열전달(집단적 유체 유동이 있다면 대류 열전달)이 동시에 발생한다. 따라서 전체 열전달은 두 열전달 메커니즘의 효과를 더하여 구하게 된다. 이러한 경우, 일반적으로 편의상 대류와 복사의 효과를 더한 **복합 열전달계수**(combined heat transfer coefficient) h_{combined}를 정의하여 사용한다. 그러면 표면으로부터 또는 표면으로의 대류 및 복사에 의한 전체 열전달률은 다음과 같이 표현된다.

$$\begin{aligned} \dot{Q}_{\text{total}} &= \dot{Q}_{\text{conv}} + \dot{Q}_{\text{rad}} = h_{\text{conv}}A_s(T_s - T_{\text{surr}}) + \varepsilon\sigma A_s(T_s^4 - T_{\text{surr}}^4) \\ \dot{Q}_{\text{total}} &= h_{\text{combined}}A_s(T_s - T_{\text{surr}}) \quad \text{(W)} \\ h_{\text{combined}} &= h_{\text{conv}} + h_{\text{rad}} = h_{\text{conv}} + \varepsilon\sigma(T_s + T_{\text{surr}})(T_s^2 + T_{\text{surr}}^2) \end{aligned} \tag{1-9}$$

복합 열전달계수는 근본적으로는 복사효과를 포함한 대류 열전달계수임에 주의하라.

일반적으로 복사는 전도나 자연대류와 비교할 때는 중요하지만 강제대류와 비교하면 무시할 수 있다. 따라서 강제대류의 응용에서는 보통 복사를 무시하는데, 특히 표면의 방사율이 낮거나, 온도가 그렇게 높지 않을 때 그러하다.

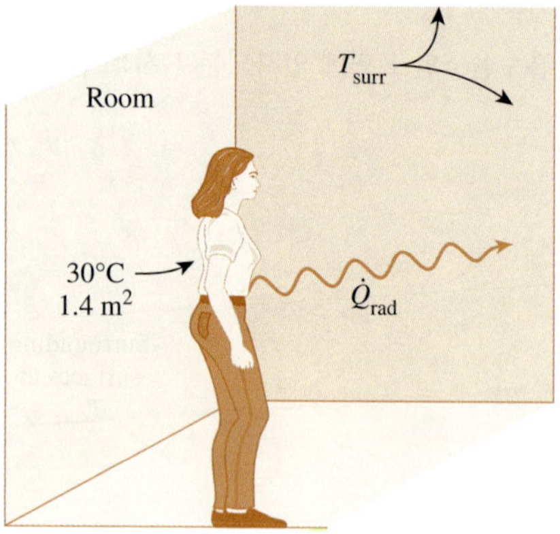

그림 1-17
예제 1-5의 개략도

예제 1-5 온도관련 쾌적함에 대한 복사 효과

방 안의 온도가 동일하게 유지된다고 해도 겨울에는 춥게 느껴지고 여름에는 덥게 느껴지는 것을 경험하였을 것이다. 이것은 우리의 몸과 벽 및 천장 사이의 복사 열전달에 의한 복사 효과 때문이다.

사람이 22°C로 유지된 방 안에 서 있는 경우를 고려하자. 방의 벽, 마루, 천장의 내부 표면 평균온도가 겨울에는 10°C이고 여름에는 25°C로 측정되었다고 하자. 사람의 평균 외부 표면온도가 30°C이고 표면적이 1.4 m²인 경우, 복사 열전달률을 구하라(그림 1-17).

풀이 여름과 겨울에 주어진 온도에서 사람과 주위 표면과의 복사 열전달률을 구해야 한다.

가정 **1.** 정상 상태가 존재한다. **2.** 대류에 의한 열전달은 고려하지 않는다. **3.** 사람은 방의 내부 표면에 완전하게 둘러싸여 있다. **4.** 주위 표면의 온도는 균일하다.

물성값 사람의 방사율 $\varepsilon = 0.95$이다(표 1-6 참조).

해석 겨울과 여름에, 사람과 주위 벽, 마루, 천장 표면과의 순 복사 열전달률은 다음과 같다.

$$\begin{aligned}\dot{Q}_{\text{rad, winter}} &= \varepsilon\sigma A_s\,(T_s^4 - T_{\text{surr, winter}}^4)\\ &= (0.95)(5.67\times10^{-8}\ \text{W/m}^2\cdot\text{K}^4)(1.4\,\text{m}^2)\\ &\quad\times[(30+273)^4-(10+273)^4]\ \text{K}^4\\ &= \mathbf{152\ W}\end{aligned}$$

그리고

$$\begin{aligned}\dot{Q}_{\text{rad, summer}} &= \varepsilon\sigma A_s\,(T_s^4 - T_{\text{surr, summer}}^4)\\ &= (0.95)(5.67\times10^{-8}\ \text{W/m}^2\cdot\text{K}^4)(1.4\,\text{m}^2)\\ &\quad\times[(30+273)^4-(25+273)^4]\text{K}^4\\ &= \mathbf{40.9\ W}\end{aligned}$$

검토 복사 열전달의 계산에서는 절대온도를 사용해야만 한다. 겨울에 사람으로부터의 복사에 의한 열손실은 여름에 비해 거의 4배 정도이므로, 온도가 동일하더라도 겨울에 춥게 느껴지는 것이다.

1-5 ▪ 복합 열전달 메커니즘

열전달의 세 가지 메커니즘이 있지만 한 물체 내에서 세 가지가 동시에 발생하지는 않는다. 예를 들어, **불투명 고체**에서는 오직 전도에 의해, **반투명 고체**에서는 전도와 복사에 의해 열전달이 이루어진다. 따라서 고체에서 전도와 복사는 일어날 수 있지만 대류는 일어날 수 없다. 그러나 유체 또는 다른 표면에 노출되어 있는 경우의 고체표면에서는 대류와 복사가 동시에 또는 둘 중 하나가 관계될 수 있다. 예를 들어, 주위가 따뜻한 경우 차가운 바위의 겉 표면은 대류(주위의 공기로부터)와, 복사(태양 또는 따뜻한 주위 표면으로부터)에 의해 데워진다. 그러나 바위의 내부는 이 열이 전도에 의해 전달됨에 따라 데워진다.

정지 유체(집단적인 유동이 없는 경우)에서는 전도 및 복사에 의해 열전달이 이루어지고, **운동하는 유체**에서는 대류와 복사에 의해 열전달이 이루어진다. 복사가 없는 경우 유체를 통한 열전달은 집단 유동의 유무에 따라 전도 또는 대류에 의해 이루어진다. 대류를 전도와 유체 유동의 조합으로 생각할 수 있고, 전도를 집단적 유체 유동이 없는 특별한 형태의 대류라고 생각할 수 있다(그림 1-18).

따라서 **유체**를 통한 열전달을 다룰 때 **전도나 대류** 둘 중 하나를 다루며 둘 다 취급하지는 않는다. 또한 일부 기체가 특별한 파장에서 복사를 강하게 흡수하는 것으로 알려져 있을 뿐, 실질적으로 대부분의 기체는 복사를 투과 시킨다. 예를 들어, 오존은 자외선 복사를 강하게 흡수한다. 그러나 대부분의 경우, 두 고체 사이의 기체는 진공처럼 복사에 관여하지 않는다. 반면, 액체는 강한 복사 흡수체이다.

마지막으로 전도 또는 대류는 매개 물질이 필요하기 때문에, **진공**을 통해서는 오직 복사에 의해 열전달이 이루어진다.

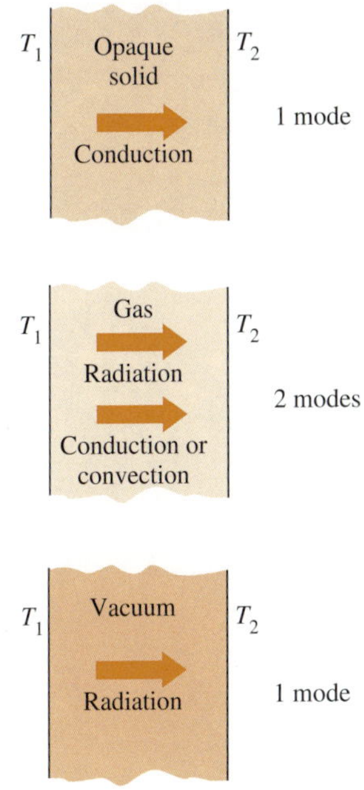

그림 1-18
세 가지 열전달 메커니즘이 있지만 한 매체에서는 동시에 두 가지만 관계될 수 있다.

예제 1-6 사람으로부터의 열 손실

사람이 20°C로 유지된 방 안에 서 있는 경우를 고려하자. 사람의 평균 외부 표면온도가 29°C, 표면적이 1.6 m^2이고, 대류 열전달계수가 6 $W/m^2{\cdot}K$일 때 사람으로부터의 총 열전달률을 구하라(그림 1-19).

풀이 사람으로부터 주위 표면과 주위 공기로의 대류와 복사에 의한 총 열전달률을 구해야 한다.

가정 **1.** 정상 상태가 존재한다. **2.** 사람은 방의 내부 표면에 완전하게 둘러싸여 있다. **3.** 주위 표면의 온도와 방의 공기온도는 동일하다. **4.** 발을 통한 바닥으로의 열전도는 무시한다.

물성값 사람의 방사율 $\varepsilon = 0.95$이다(표 1-6 참조).

해석 사람과 방 안 공기 사이의 열전달은 대류(전도보다는)에 의한 것이다. 왜냐하면 피부나 옷의 주위에 있는 공기는 사람으로부터의 열전달로 인해 데워져서 위로 상승하여 대류 유동이 시작되기 때문이다. 이 경우에 실험을 통해 얻어진 사람과 사람에게서 멀어지는 공기 사이에서의 대류 열전달률은 단위 표면적(m^2) 및 단위 온도차(K 또는 °C)당 6 W였다. 따라서 사람으로부터 방 안 공기 사이의 대류 열전달률은 다음과 같다.

$$\begin{aligned}\dot{Q}_{conv} &= hA_s(T_s - T_\infty)\\ &= (6\ W/m^2{\cdot}K)(1.6\ m^2)(29 - 20)°C\\ &= 86.4\ W\end{aligned}$$

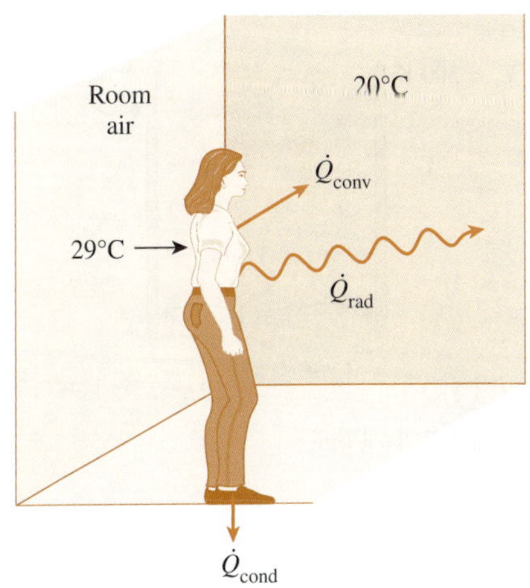

그림 1-19
예제 1-6에 설명된 사람으로부터의 열전달

또한 사람으로부터 주위 표면으로 복사에 의해 열이 전달된다. 이 경우에는 벽, 천장, 바닥의 온도를 공기 온도와 같다고 했지만 항상 그런 것은 아니다. 바깥 조건과 벽의 구조 등에 따라 벽의 온도는 공기 온도보다 높을 수도 낮을 수도 있다. 공기는 복사에 관여하지 않고 사람은 완전히 주위에 둘러싸여 있으므로 사람으로부터 방 안 공기 사이의 복사 열전달률은 다음과 같다.

$$\begin{aligned}\dot{Q}_{\text{rad}} &= \varepsilon\sigma A_s\,(T_s^4 - T_{\text{surr}}^4)\\ &= (0.95)(5.67\times10^{-8}\ \text{W/m}^2\cdot\text{K}^4)(1.6\,\text{m}^2)\\ &\quad\times[(29+273)^4-(20+273)^4]\text{K}^4\\ &= 81.7\ \text{W}\end{aligned}$$

복사 열전달의 계산에서는 **절대온도**를 사용해야 한다는 것에 주의하라. 방사율은 약간 높은 온도에서는 크게 변하지 않으므로 피부와 옷에 대한 방사율을 방의 공기 온도에서의 값을 사용하였다.

그러면 사람으로부터의 총 열전달률은 그 둘을 더하여 구한다.

$$\dot{Q}_{\text{total}} = \dot{Q}_{\text{conv}} + \dot{Q}_{\text{rad}} = (86.4 + 81.7)\ \text{W} \cong \mathbf{168\ W}$$

검토 사람이 옷을 입지 않았다면 노출된 표면의 온도가 높기 때문에 열전달률은 더 클 것이다. 따라서 옷의 중요한 기능은 열전달에 대한 방지일 것이다.

이 계산에서 발을 통한 바닥으로의 열전도는 보통 아주 작기 때문에 무시하였다. 땀에 의한 피부로부터의 열전달은 더운 환경에서는 아주 지배적인 열전달 현상이지만 여기서는 고려되지 않았다.

또한 W/m²·°C와 W/m²·K는 동일하여 서로 바꾸어 사용할 수 있다.

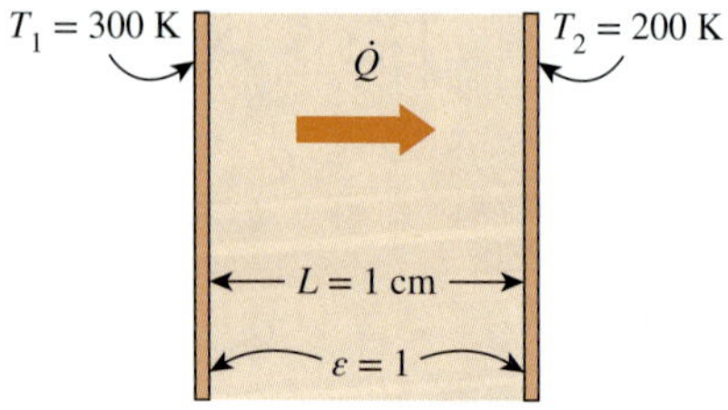

그림 1-20
예제 1-7의 개략도

예제 1-7 두 평판 사이의 열전달

그림 1-20에 보여주고 있는 것과 같이 간격 $L = 1$ cm, 온도 $T_1 = 300$ K, $T_2 = 200$ K인 두 개의 큰 평행 평판 사이의 정상 열전달을 고려하자. 표면을 흑체(방사율 $\varepsilon = 1$)라고 가정하여 두 개의 평판 사이에 (*a*) 대기 상태의 공기, (*b*) 진공, (*c*) 단열재인 우레탄, (*d*) 열전도도가 0.00002 W/m²·K인 초단열재로 채워져 있을 때, 단위면적당 두 평판 사이의 열전달률을 각각 구하라.

풀이 네 가지 경우에 대해 온도가 주어진 두 큰 평행 평판 사이의 열전달을 구해야 한다.

가정 **1.** 정상 상태가 존재한다. **2.** 평판과 공기 사이의 자연대류는 없다. **3.** 표면은 흑체이고 따라서 $\varepsilon = 1$이다.

물성값 평균 온도인 250 K에서의 공기의 열전도도는 0.0219 W/m·K(Table A-22), 우레탄의 열전도도는 0.026 W/m·K이고, 초단열재의 열전도도는 0.00002 W/m·K이다.

해석 (*a*) 공기 중에서 일어날 수도 있는 자연대류를 무시하면, 두 평판 사이의 공기층을 통한 전도 및 복사 열전달은 다음과 같다.

$$\dot{Q}_{\text{cond}} = kA\frac{T_1 - T_2}{L} = (0.0219\ \text{W/m}\cdot\text{K})(1\ \text{m}^2)\frac{(300-200)\text{K}}{0.01\ \text{m}} = 219\ \text{W}$$

그리고

$$\dot{Q}_{\text{rad}} = \varepsilon\sigma A(T_1^4 - T_2^4)$$
$$= (1)(5.67 \times 10^{-8}\ \text{W/m}^2\cdot\text{K}^4)(1\ \text{m}^2)[(300\ \text{K})^4 - (200\ \text{K})^4] = 369\ \text{W}$$

그러므로

$$\dot{Q}_{\text{total}} = \dot{Q}_{\text{cond}} + \dot{Q}_{\text{rad}} = 219 + 369 = \mathbf{588\ W}$$

이다. 실제의 경우에는 두 평판 사이의 공기층에서 자연대류가 일어나기 때문에 열전달률은 이보다 클 것이다.

(*b*) 평판 사이가 진공이라면 전도나 대류가 일어나지 않기 때문에 평판 사이의 열전달은 오직 복사에 의한 것이다. 따라서 다음과 같다.

$$\dot{Q}_{\text{total}} = \dot{Q}_{\text{rad}} = \mathbf{369\ W}$$

(*c*) 두 평판 사이의 비 투과성 고체는 평판 사이의 복사 열전달을 차단한다. 또한 단열재의 열전도도는 단열 재질의 비어 있는 틈들을 통해 일어날 수 있는 복사도 고려한 것이다. 우레탄 단열재를 통한 열전달률은 다음과 같다.

$$\dot{Q}_{\text{total}} = \dot{Q}_{\text{cond}} = kA\frac{T_1 - T_2}{L} = (0.026\ \text{W/m}\cdot\text{K})(1\ \text{m}^2)\frac{(300 - 200)\ \text{K}}{0.01\ \text{m}} = \mathbf{260\ W}$$

단열재의 열전도도가 공기의 열전도도보다 훨씬 크지만 우레탄을 통한 열전달이 (*a*)에서 구한 공기를 통한 열전달보다 작음에 주목하라. 공기는 복사를 통과시키지만 단열재는 복사를 차단하기 때문이다.

(*d*) 초단열재 층이 직접적인 복사 열전달을 방지한다. 그러나 초단열재의 얇은 판 사이에서는 복사 열전달이 일어나는데 초단열재의 열전도도는 이러한 효과를 포함한 것이다. 따라서,

$$\dot{Q}_{\text{total}} = kA\frac{T_1 - T_2}{L} = (0.00002\ \text{W/m}\cdot\text{K})(1\ \text{m}^2)\frac{(300 - 200)\ \text{K}}{0.01\ \text{m}} = \mathbf{0.2\ W}$$

이고, 이것은 진공을 통한 열전달의 1/1845이다. 이 예제의 결과를 그림 1-21에 도시하고 있다.

검토 초단열재의 유용함과, 비용이 많이 드는데도 불구하고 중요한 응용 부분에 왜 초단열재가 사용되는가를 이 예제가 잘 보여주고 있다.

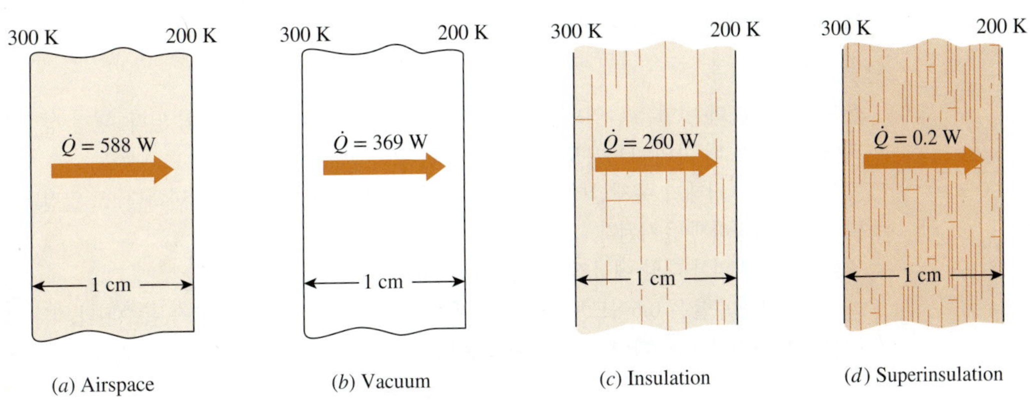

그림 1-21
두 등온 평판 사이의 열전달을 감소시키는 여러 방법과 그 효과

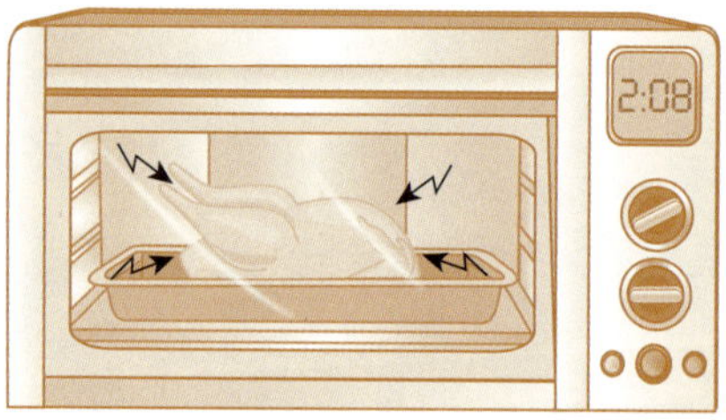

그림 1-22
전자레인지에서 요리되고 있는 닭(예제 1-8)

예제 1-8 일반적인 오븐과 전자레인지의 열전달

빠르고 효율적인 요리 방식으로 인하여 전자레인지는 현대의 주방에서 필수품이 되었다(그림 1-22). 전자레인지와 재래식 오븐에서의 닭의 요리와 관련된 열전달 메커니즘을 설명하고 왜 전자레인지에서의 요리가 더 효율적인지 설명하라.

풀이 전자레인지에서는 마그네트론(magnetron)이라고 하는 마이크로웨이브 튜브에서 발생되는 전자기 복사에너지를 흡수하여 음식이 조리된다. 마그네트론에서 방출되는 복사에너지는 온도에 의한 것이 아니라, 전기에너지가 특정한 파장의 전자기 복사로 변환되어 이루어지는 것이기 때문에 마그네트론에서 방출되는 복사는 열복사가 아니다. 마이크로웨이브의 복사 파장은 금속 표면에 의해 **반사**되고, 유리, 세라믹, 플라스틱으로 만들어진 조리 기구를 **투과**하여, 음식물(특히 물, 설탕 및 지방)의 분자에 의해 **흡수**되어 내부에너지로 변환된다.

전자레인지에서 닭에 도달된 **복사**는 닭의 껍질 및 표피층에 의해 흡수된다. 결과적으로 껍질 및 그 부근에서의 온도가 상승하게 된다. 그리고 닭의 바깥 부분으로부터 안쪽으로 열이 **전도**된다. 물론 닭의 바깥 표면에 흡수된 열의 일부는 전자레인지의 공기로 **대류**에 의해 손실된다.

재래식 오븐에서는 전기 또는 가스 가열에 의해 오븐의 공기가 먼저 원하는 온도로 가열된다. 이 예열 과정은 몇 분 정도 걸린다. 대부분의 오븐에서는 **자연대류**에 의해, 그리고 공기 유동 장치(air mover)가 있는 새로운 오븐에서는 **강제대류**에 의해 공기로부터 닭의 껍질에 열이 전달된다. 대류 오븐에서의 공기 유동은 대류 열전달계수를 증가시키고 따라서 요리 시간을 줄인다. 그리고 전자레인지에서와 마찬가지로 닭의 바깥 부분으로부터 안쪽으로 열이 **전도**된다.

재래식 오븐에서 느리게 이루어지는 대류 열전달 과정이 전자레인지에서는 순간적인 복사 열전달로 대체되기 때문에, 전자레인지를 켜는 순간부터 최대의 용량으로 에너지가 음식으로 전달되기 때문에 적은 에너지가 소모되면서 빨리 조리된다.

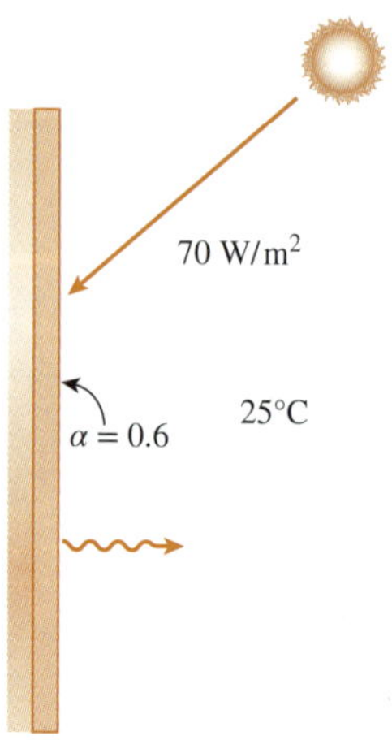

그림 1-23
예제 1-9의 개략도

예제 1-9 태양 에너지에 의한 평판의 가열

얇은 금속판의 뒷면은 단열되어 있고 앞면은 태양의 복사에 노출되어 있다(그림 1-23). 노출된 표면의 흡수율은 0.6이다. 표면에 입사하는 태양 복사에너지는 700 W/m^{2}이고, 주위 공기 온도는 25°C이다. 판으로부터의 대류 및 복사 열손실이 판에 흡수된 태양 에너지와 같을 때 판의 온도를 구하라. 대류와 복사의 복합 열전달계수가 50 W/m^2·K라고 가정하라.

풀이 얇은 판의 뒷면은 단열되어 있고 앞면은 태양의 복사에 노출되어 있다. 평형 상태에 도달했을 때 판의 표면온도를 구하여야 한다.

가정 **1.** 정상 상태가 존재한다. **2.** 단열된 쪽을 통한 열전달은 무시할 만하다. **3.** 열전달계수는 일정하게 유지된다.

물성값 판에 의한 태양 에너지의 흡수율 $\alpha = 0.6$이다.

해석 판의 흡수율은 0.6이므로 입사하는 태양 복사에너지의 60%는 계속 흡수된다. 따라서 판의 온도가 상승하여 판과 주위의 온도 차이는 증가한다. 이 온도 차이의 증가가

판으로부터 주위로의 열전달률을 증가시킨다. 어떤 시점에 판으로부터의 열손실률과 태양 에너지의 흡수율이 같아지면 판의 온도는 더 이상 변하지 않는다. 정상 조건에 도달했을 때의 판의 온도는 다음과 같이 구해진다.

$$\dot{E}_{\text{gained}} = \dot{E}_{\text{lost}} \quad \text{또는} \quad \alpha A_s \dot{q}_{\text{incident, solar}} = h_{\text{combined}} A_s (T_s - T_\infty)$$

Ts에 대해 풀어 대입하면 판의 온도는 다음과 같다.

$$T_s = T_\infty + \alpha \frac{\dot{q}_{\text{incident, solar}}}{h_{\text{combined}}} = 25°\text{C} + \frac{0.6 \times (700 \text{ W/m}^2)}{50 \text{ W/m}^2\cdot\text{K}} = 33.4°\text{C}$$

검토 열 손실 때문에 판의 온도가 33.4°C 이상 되지 않는다는 것에 주목하라. 또한 복합 열전달계수는 대류와 복사 효과를 모두 고려한 것이어서 적당하게 정확한 값이 알려져 있다면 열전달 계산에 매우 편리하게 사용될 수 있다.

요약 | SUMMARY

열은 전도, 대류, 복사의 세 가지 형태로 전달될 수 있다. **전도**는 물체에서 입자들의 상호작용에 의해 보다 활동적인 입자로부터 이웃의 덜 활동적인 입자로 열이 전달되는 것이며, 다음과 같은 Fourier의 **열전도 법칙**으로 표시된다.

$$\dot{Q}_{\text{cond}} = -kA\frac{dT}{dx}$$

여기서 k는 물질의 **열전도도**로 W/m·K, 또는 Btu/h·ft·R의 단위를 가지고, A는 열전달방향에 직각인 면적, dT/dx는 **온도구배**이다. 두께 L인 평판을 통한 열전도도의 크기는

$$\dot{Q}_{\text{cond}} = kA\frac{\Delta T}{L}$$

이고, ΔT는 평판을 통한 온도 차이이다.

대류는 고체 표면과 움직이는 액체 또는 기체와의 열 전달 형태이며, 전도와 유체 운동의 복합적인 효과를 포함한다. 대류는 다음과 같은 Newton의 **냉각법칙**(*Newton's law of cooling*)으로 표현된다.

$$\dot{Q}_{\text{conv}} = hA_s(T_s - T_\infty)$$

이때, h는 **대류 열전달계수**(*convection heat transfer coefficient*)이고 W/m²·K 또는 Btu/h·ft²·R의 단위를 가지며, A_s는 대류 열전달이 일어나는 표면의 면적, T_s는 **표면온도**, T_∞는 표면으로부터 멀리 떨어진 **유체의 온도**이다.

복사는 원자나 분자에서의 전자 배치의 변화로 인하여 전자기파(또는 광자)의 형태로 물체로부터 방사되는 에너지이다. 절대온도 T_s인 표면에서 방사하는 최대의 복사에너지는 Stefan–Boltzman 법칙에 따라 $\dot{Q}_{\text{emit, max}} = \sigma A_s T_s^4$로 주어지고, 이때 Stefan–Boltzman 상수는 $\sigma = 5.67 \times 10^{-8}$ W/m²·K⁴ 또는 0.1714×10^{-8} Btu/h·ft²·R⁴이다.

방사율 ε, 표면적 A_s, 온도 T_s인 표면이 T_{surr}인 큰 (또는 흑체) 표면에 완전히 둘러싸여 있고 그 사이에 복사에 관여하지 않는 기체(예: 공기)가 있을 때, 이 두 표면에서의 정미 복사 열전달률은 다음으로 주어진다.

$$\dot{Q}_{\text{rad}} = \varepsilon\sigma A_s(T_s^4 - T_{\text{surr}}^4)$$

이 경우 주위 표면의 방사율(ε)과 면적은 복사 열전달에 전혀 영향을 주지 못한다.

표면이 흡수하는 복사율은 $\dot{Q}_{\text{absorbed}} = \alpha\dot{Q}_{\text{incident}}$로부터 구해진다. 여기서, $\dot{Q}_{\text{incident}}$는 표면에 도달하는 복사율이고, α는 표면의 흡수율이다.

참고문헌 | REFERENCES AND SUGGESTED READINGS

1. Y. A. Çengel and A. J. Ghajar. *Heat and Mass Transfer: Fundamentals and Applications*, 6th ed. New York: McGraw-Hill, 2020.
2. Y. A. Çengel, M. A. Boles, and M. Kanoğlu. *Thermodynamics: An Engineering Approach*. 9th ed. New York: McGraw-Hill, 2019.

3. R. J. Ribando. *Heat Transfer Tools*. New York: McGraw-Hill, 2002.

연습문제* | PROBLEMS

열전달 메커니즘

1-1C 열전도도를 정의하고 열전달에서의 중요성을 설명하라.

1-2C 다이아몬드와 은 중 어떤 것이 더 좋은 열전도물질인가?

1-3C 온도에 따라 기체와 액체의 열전도도는 어떻게 변하는가?

1-4C 초단열재의 열전도도가 일반 단열재의 열전도도보다 왜 훨씬 더 작은가?

1-5C 단열재의 열전도 능력을 왜 일반적인 열전도도로 나타내지 않고 겉보기 열전도도로 나타내는가?

1-6C 열전달 메커니즘은 무엇인가? 각각을 어떻게 구별할 수 있는가?

1-7C 열전달 각 모드를 지배하는 물리적 법칙을 표현하고 각 관계에 관련된 변수를 정의하라.

1-8C 열전도는 대류와 어떻게 다른가?

1-9C 태양으로부터 지구로 도달하는 에너지는 전도에 의한 것인가 복사에 의한 것인가?

1-10C 자연대류와 강제대류는 어떻게 다른가?

1-11C 고체, 액체 및 기체에서의 열전도와 관련된 물리적 메커니즘은 무엇인가?

1-12C 겨울에 집의 창문이 없는 벽을 통한 열전달을 생각해보자. 벽을 통한 전도 열전달률에 영향을 주는 파라미터에 대해 논의하라.

1-13C 겨울에 집의 두 벽을 통한 열전달을 고려하자. 두 벽은 하나의 벽에는 유리창이 끼워져 있을 뿐 나머지 모든 것은 동일하다. 어느 벽을 통한 열손실이 더 큰지 설명하라.

1-14C 한 집의 벽은 벽돌로 되어 있고 다음 집은 나무로 되어 있는 것 외에는 완전히 같은 두 집을 고려하자. 벽돌로 된 집의 벽 두께가 나무 집의 벽 두께보다 두 배인 경우 어느 집이 에너지 손실이 적겠는가?

1-15C 하나의 벽은 10 cm 두께의 나무로 되어 있으며 다른 벽은 25 cm 두께의 벽돌로 되어 있고 다른 모든 것은 동일한 두 벽을 고려하자. 어느 벽을 통한 열손실이 더 큰지 설명하라. 겨울에 어느 벽을 통한 열손실이 더 클까?

1-16C 방사율과 흡수율을 정의하라. Kirchhoff의 복사법칙은 무엇인가?

1-17C 흑체는 무엇인가? 실제 물체는 흑체와 어떻게 다른가?

1-18 두께가 0.05인 목재 슬래브에 40 W/m^{2}의 열유속이 흐르고 있다. 목재 슬래브의 왼쪽과 오른쪽 온도는 각각 40°C와 20°C로 일정하게 유지되고 있다. 목재 슬래브의 열전도도는 얼마인가?

1-19 두께가 30 cm이고 4 m × 7 m, 열전도도가 0.69 W/m·K인 벽돌벽의 내/외부 표면 온도가 20°C와 5°C로 유지되고 있다. 벽을 통한 열전달률을 W 단위로 구하여라.

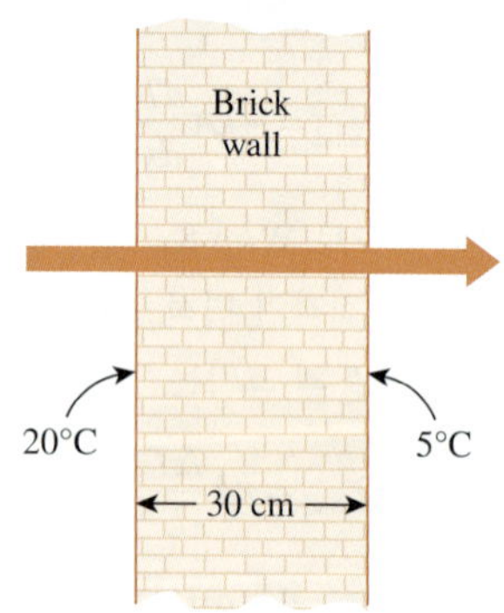

그림 P1-19

1-20E 4 ft × 4 ft의 크기인 이중창의 안쪽과 바깥쪽 온도는 각각 60°F와 48°F이다. 만약 두 유리 사이의 0.25 in 공간이 공기로 채워진다면 창문을 통해 전달되는 열전달률을 구하여라. *답*: 131 Btu/h

1-21 겨울에 두께 0.5 cm인 2 m × 2 m 창문의 유리 내부와 외부 표면온도가 각각 10°C와 3°C이다. 유리의 열전도도 0.78 W/m·K일 때, 5시간 동안 유리를 통한 열손실량을 구하라. 유리의 두께가 1 cm일 때는 어떻게 될까? *답*: 78.6 MJ, 39.3 MJ

1-22 [컴퓨터 아이콘] 문제 1-21을 다시 고려하라. 적절한 소프트웨어를 사용하여 유리의 두께 0.1 cm~1 cm 사이에서 열손실을 두께의 함수 형태로 그래프를 그려라. 결과를 논하라.

*"C"로 표시된 문제는 개념에 관한 문제들이며, 학생들은 모든 문제를 풀어보는 것을 권장한다. "E" 로 표시된 문제는 영국 단위로 되어 있으며 SI 단위 사용자들은 무시할 수 있다. "[컴퓨터 아이콘]" 아이콘이 있는 문제는 그대로 풀기는 어려우며, 적절한 프로그램을 사용하여 풀어야 한다.

1-23 열전도도가 237 W/m·K인 알루미늄 팬의 바닥은 직경이 15 cm이고 두께가 0.4 cm이다. 냄비의 바닥으로부터 끓는 물에 800 W로 열이 전달된다. 냄비 바닥의 내부 표면온도가 105°C일 때, 냄비 바닥의 외부 표면온도를 구하라.

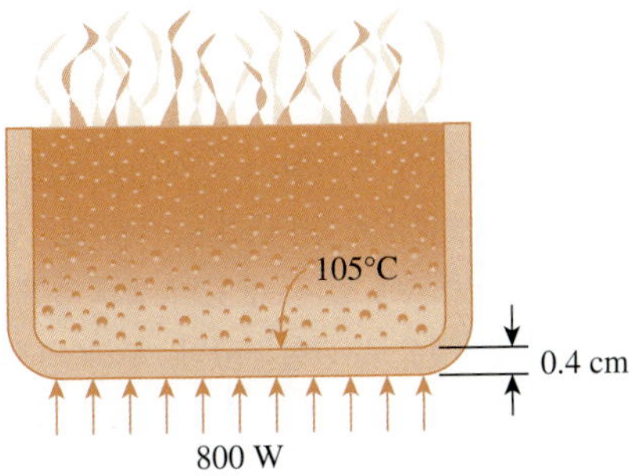

그림 P1-23

1-24E 전기로 가열되는 집의 북쪽 벽은 길이 20 ft, 높이 10 ft, 그리고 두께 1 ft이며 열전도도가 $k = 0.42$ Btu/h·ft·°F인 벽돌로 만들어졌다. 한 겨울 밤에 벽의 내 외부 온도는 8시간 동안 각각 60°F와 25°F로 측정되었다. (*a*) 밤중 벽을 통해 발생된 열손실률 (*b*) 전기료가 \$0.07/kWh라고 할 때 집 주인에게 부과될 전기료를 구하여라.

1-25 어떤 실험에 직경 4 cm 길이 7 cm인 원통형 샘플이 사용된다(그림 1-9 참조). 각 샘플에 두 개의 열전대가 3 cm 떨어져 부착되어 있다. 과도상태가 지난 후, 전기 가열기의 전류와 전압은 0.6 A와 110 V이고, 온도 차이는 10°C로 나타났다. 샘플의 열전도도를 구하라. *답*: 78.8 W/m·K

1-26 열전도도를 측정하는 한 방법은 그림에서 보여주는 바와 같이 동일한 재질의 두 사각판 모양의 샘플 사이에 얇은 막 모양의 히터를 넣고 네 외부 표면을 아주 많이 단열하는 것이다. 샘플의 내 외부 표면에 부착한 열전대로 온도를 기록한다.

실험에 두께 0.5 cm인 10 cm × 10 cm인 샘플 두 개를 사용한다. 정상 상태에 도달했을 때, 소비 전력은 25 W이고, 각 샘플의 온도는 내부 표면에서 82°C이고 외부 표면에서 74°C이었다. 평균 온도에서 이 재질의 열전도도를 구하라.

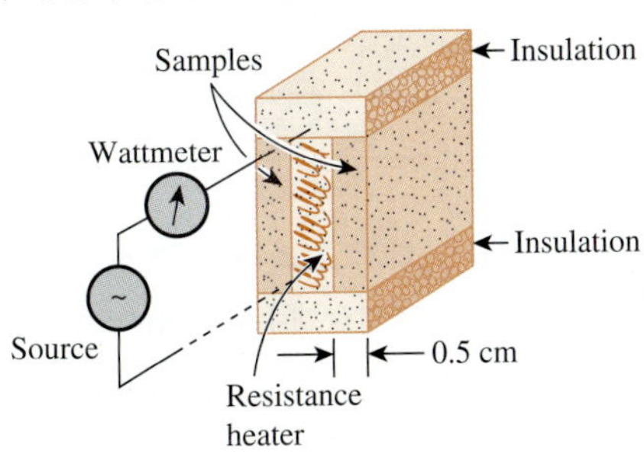

그림 P1-26

1-27 표면적이 20 m^2이고 두께가 0.30 m인 콘크리트 벽이 방과 주위 공기를 분리하고 있다. 벽의 안쪽 표면 온도(T_1)는 25°C로 유지되고 있다. (*a*) 열전도도가 각각 0.75, 1, 1.25 W/m·K이고 벽의 외부 표면온도가 각각 $T_2 = -15, -10, -5, 0, 5, 10, 15, 20, 25, 30, 38$°C (하나의 열전도도 값당 총 11개 지점)일 때 콘크리트 벽을 통한 열손실 $\dot{Q}$(W)을 구하라. 세 가지 경우에 대한 결과를 하나의 표로 만들어라. 또한 컴퓨터를 통해 결과를 그래프로 [열손실, $\dot{Q}$(W) vs. 외부 벽 온도 T_2(°C)] 그려라. 세 가지 경우는 하나의 그래프에 동시에 그려야 한다. (*b*) 세 가지 경우의 결과에 대해 토의하라.

1-28 외경 20 cm, 두께 0.2 cm인 중앙이 빈 구형의 철 용기에 0°C의 얼음물이 채워져 있다. 외부 표면온도가 5°C인 경우 구로부터의 열손실률을 kW 단위로 구하고, 용기 내의 얼음이 녹는 속도를 구하라. 융해열은 333.7 kJ/kg이다. 구형 껍데기를 평면 벽으로 취급하고 외부 면적을 사용하라.

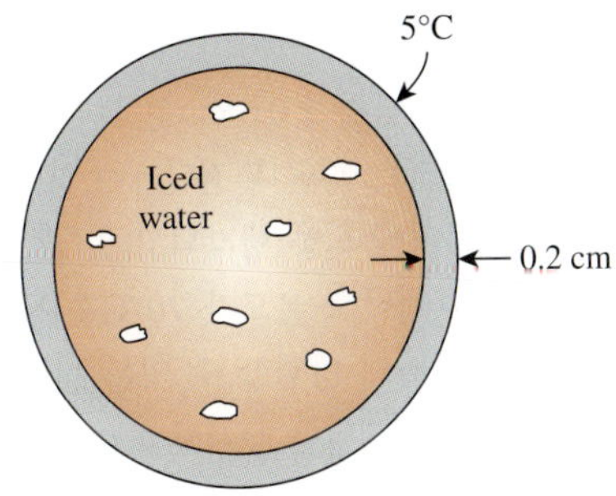

그림 P1-28

1-29 문제 1-28을 다시 고려하라. 적절한 프로그램을 사용하여 얼음이 녹는 속도를 0.1 cm에서 1.0 cm 범위에서 용기 두께의 함수 형태로 그래프를 그려라. 결과를 논하라.

1-30E 건물의 열전달 해석을 영국 단위로 하는 엔지니어에게 건물의 외벽에서의 대류 열전달계수가 필요하다. 그러나 책에서 찾아낸 값은 SI 단위로 된 14 W/m^2·K이다. 이 엔지니어는 대류 열전달계수에 대한 두 단위 사이의 환산표를 가지고 있지 않다. W와 Btu/h, m와 ft, °C와 °F 사이의 환산인자를 사용하여 주어진 대류 열전달계수를 Btu/h/ft^2·°F로 나타내어라. *답*: 2.47 Btu/h/ft^2·°F

1-31 대류열전달계수가 20W/m^2·K인 20°C 공기가 연못 위를 지나가고 있다. 연못의 표면 온도는 40°C이다. 연못 표면과 공기 사이의 열유속을 구하라.

1-32 화력발전소에서 과열 증기를 이송시키는 파이프를 흔히 볼 수 있다. 길이 10 m, 직경 5 cm인 파이프 내에 0.3/kg의 율로 과열 증기가 흐른다. 파이프는 20°C인 화력발전소 안에 설치되어 있

고, 파이프의 표면온도는 균일하게 100°C를 유지한다. 파이프의 입구 온도와 출구 온도의 차가 30°C이고, 증기의 비열이 2190 J/kg·K이라면, 파이프의 표면과 주위 사이에 일어나는 대류의 열전달계수를 구하라.

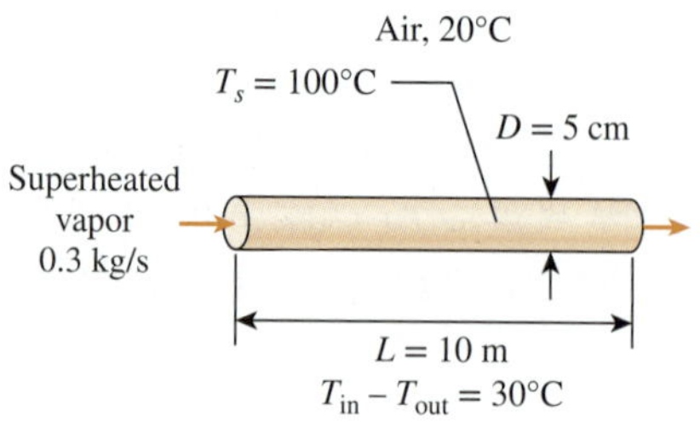

그림 P1-32

1-33 전류 5 A가 흐르고 전압 6 V가 걸려 있는 저항선이 있다. 저항선은 길이가 15 cm, 직경이 2.5 cm인 원통형이며, 90°C의 일정한 표면온도를 가지고 있다. 실내 공기의 온도가 20°C일 때, 대류에 의한 열전달계수를 구하라.

1-34 높이가 0.4 cm이고 직경이 0.6 cm인 트랜지스터가 기판에 부착되어 있다. 트랜지스터는 평균 열전달계수 30 W/m^2·K로 트랜지스터 위를 흐르는 공기에 의해 냉각되고 있다. 공기의 온도가 55°C이고 트랜지스터의 케이스 온도가 70°C를 넘지 않도록 할 때, 이 트랜지스터가 안전하게 방열할 수 있는 동력을 구하라. 트랜지스터 밑면으로부터의 열전달을 무시하라.

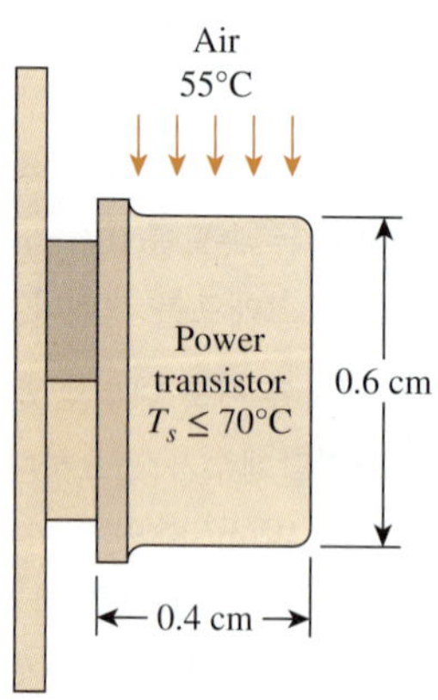

그림 P1-34

1-35E 길이가 200 ft이고 외경 4 in인 수증기 파이프가 50°F의 열린 공간을 지나고 있다. 파이프 외부의 평균 표면 온도는 280°F로 측정되었고, 표면의 평균 열전달 계수는 6 Btu/h·ft^2·°F이다. (*a*) 수증기 파이프로부터의 열손실률, (*b*) 수증기가 천연가스 연소로에서 86퍼센트의 효율로 만들어지고 천연가스의 가격이 $1.10/therm (1 therm = 100,000 Btu)일 때, 이러한 열손실에 따른 연간 비용을 구하라. *답*: (*a*) 289,027 Btu/h, (*b*) $32,384/yr.

1-36 대기압(1기압)에서 질소의 끓는 온도는 −196°C이다. 액화질소가 완전히 없어지기 전까지 탱크 속의 액화질소 온도는 −196°C로 일정하므로 질소는 저온과학에 흔히 사용된다. 탱크로의 열전달은 1기압에서 증발열이 198 kJ/kg이고 밀도가 810 kg/m^{3}인 액화질소의 일부를 증발시킨다.

초기에 1기압, −196°C인 액화질소로 채워진 직경 4 m의 구형 탱크를 고려하자. 탱크는 온도가 20°C이고 대류 열전달계수 25 W/m^2·K인 주위 공기에 노출되어 있다. 구형의 탱크 온도는 내부의 질소 온도와 거의 동일한 것으로 관찰되었다. 복사 열전달을 무시하고 주위 공기로의 열전달로 인한 액화 질소의 증발률을 구하라.

그림 P1-36

1-37 길이 1.4 m, 직경 0.2 cm의 전열선이 208°C인 방 안에 노출되어 있다. 전기저항에 의한 가열로 열이 방출되고 있으며, 전열선의 표면온도는 240°C으로 일정하게 작동하고 있다. 전선을 통한 압력 강하 및 전류는 각각 110 V, 3 A이다. 복사에 의한 열전달을 무시하고 전선 표면과 공기 사이의 대류 열전달계수를 구하라. *답*: 170.5 W/m^2·K

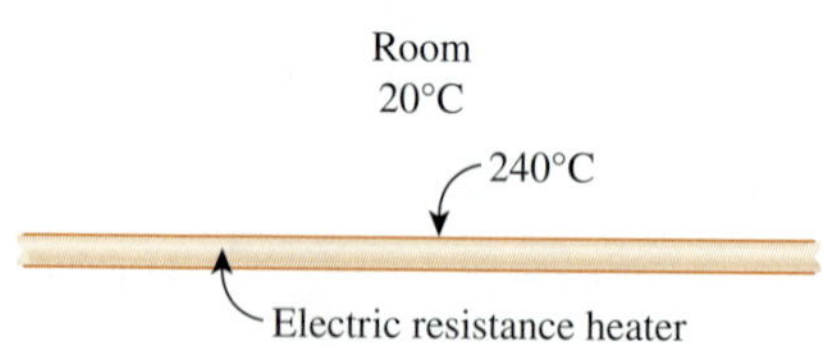

그림 P1-37

1-38  문제 1-37을 다시 고려하라. 적절한 프로그램을 사용하여 대류 열전달계수를 100°C에서 300°C의 범위에서 전열선 표면 온도의 함수 형태로 그래프를 그려라. 결과를 논하라.

1-39E W와 Btu/h, m와 ft, 그리고 K와 R의 변환 계수를 이용하여 Stefan-Boltzmann 상수 $\sigma = 5.67 \times 10^{-8}$ W/m²·K⁴를 영국 단위인 Btu/h·ft²·R⁴로 변환하라.

1-40 우주공간에 있는 우주선의 바깥 표면의 방사율은 0.8 그리고 태양 흡수율은 0.3이다. 태양 복사가 950 W/m²로 우주선에 투사된다면, 복사 방사량과 태양 에너지 흡수량이 같을 때 우주선의 표면온도를 구하라.

1-41 노출표면적 1.7 m², 방사율 0.5, 표면온도가 32°C인 사람을 고려하자. 다음의 벽 온도를 가지는 큰 방에서 사람의 복사 열손실률을 구하여라. (*a*) 300 K, (*b*) 280 K *답:* (*a*) 26.7 W, (*b*) 121 W

1-42 밑면이 40 cm × 40 cm이고 높이 20 cm인 전자상자(electronic box)가 진공 방에 놓여 있다. 이 상자 외부 표면의 방사율은 0.95이다. 상자 내의 전자부품이 100 W의 열을 방출하고 상자의 외부 표면온도가 55°C일 때, 상자가 오직 복사에 의해 냉각되는 경우 주위를 둘러싸고 있는 면의 온도는 얼마로 유지되어야 하는가? 상자의 밑면에서 받침대로 전달되는 열은 무시하라.

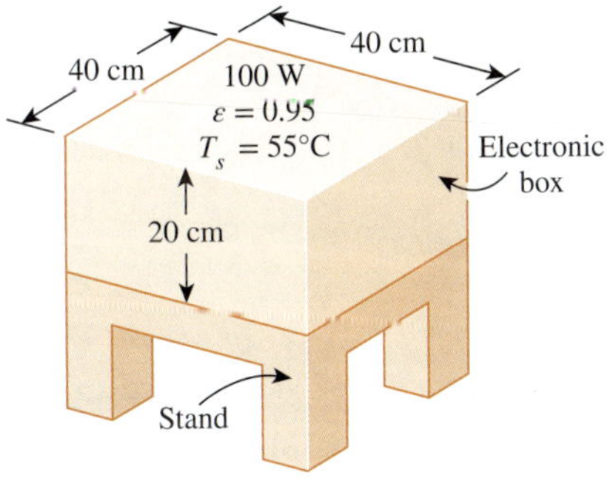

그림 P1-42

1-43 정교하게 광택을 낸 표면과 산화가 심하게 일어난 표면이 단위 면적당 동일한 에너지를 방출하고 있다. 정교하게 광택을 낸 표면의 방사율은 1070°C에서 0.1이고 심하게 산화가 일어난 표면은 0.78이다. 산화가 심하게 일어난 표면의 표면 온도를 구하여라.

1-44 직경 2 m인 구형의 행성간 탐사선이 태양계에 보내졌다. 탐사선 표면은 방사율이 0.9, 흡수율이 0.1인 물질로 만들어졌다. 우주온도 0 K에서 탐사선 표면의 온도를 측정하는 센서는 탐사선 평균 온도를 −40°C로 보내왔다. 만약 탐사선 내부의 전자장비들이 100 W/m³의 열을 발생시킨다면 탐사선 표면으로 들어오는 복사율을 구하라.

1-45 외경 100 mm인 구형의 전자장비 패키지가 큰 실험실에 놓여 있다. 패키지의 표면 방사율은 3개의 서로 다른 값(0.2, 0.25, 0.3)으로 추정할 수 있다. 방의 벽면 온도는 77 K로 일정하게 유지된다. 패키지 내의 전자장비는 표면 온도 범위 40°C ≤ T_s ≤ 85°C 에서만 작동 가능하다. 세 개의 표면 방사율(ε) 조건, 이 온도범위에서 전자장비의 동력 소산(W) 범위를 구하라. 40에서 85°C 온도 범위에서 5°C 간격으로 세 개의 방사율 값에서의 $\dot{W}$(W) vs. T_s(°C) 결과를 그래프로 나타내라. 결과를 나타내기 위해 컴퓨터를 이용해 그래프로 그리고 그래프에 사용된 데이터를 표로 만들어라. 얻은 결과에 대한 의견을 제시하라.

복합 열전달 메커니즘

1-46C 세 가지 열전달 형태가 한 매질 내에서 동시에 일어날 수 있는가?

1-47C 한 물체에서 (*a*) 전도와 대류, (*b*) 전도와 복사, (*c*) 대류와 복사가 동시에 일어날 수 있는가? “예”라고 답한 경우 예를 들어 보라.

1-48C 주위의 온도와 습도가 시간에 따라 바뀌더라도 건강한 사람의 심부 체온은 37°C로 일정하다. 여름과 겨울에 사람의 몸과 주위와의 열전달 메커니즘에 대해 논하고, 어떻게 여름에는 시원하게 그리고 겨울에는 따뜻하게 유지할 수 있는지 설명하라.

1-49C 우리는 보통 여름에 시원해지기 위해 선풍기를 켠다. 선풍기가 여름에 어떻게 우리를 시원하게 할 수 있는지를 설명하라. 왜 일부 사람들은 겨울에 천장의 팬을 사용하는지 설명하라.

1-50 열전도도가 2.79W/m·K인 20 cm 두께의 화강암 벽이 있다. 벽의 왼쪽편의 표면온도는 50°C로 일정하게 유지되고 있으며, 오른쪽 벽은 15 W/m²·K의 대류열전달 계수를 가지는 22°C의 공기 흐름에 노출되어 있다. 복사에 의한 열전달을 무시할 때, 오른쪽 벽의 온도와 벽을 통한 열 유속을 구하라.

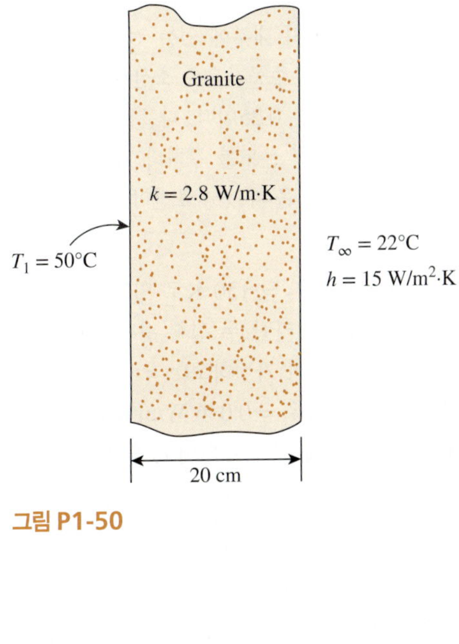

그림 P1-50

1-51 두께 15 cm이고 열전도율이 80 W/m·K인 고체 판의 윗 부분이 공기에 의해 냉각되고 있다. 공기의 온도는 10°C이고 판의 위, 아래의 표면 온도는 각각 50, 60°C이다. 판 윗 부분 공기의 대류열전달 계수를 구하고, 구한 값이 공기의 강제 대류 값으로 합리적인지 토의하라.

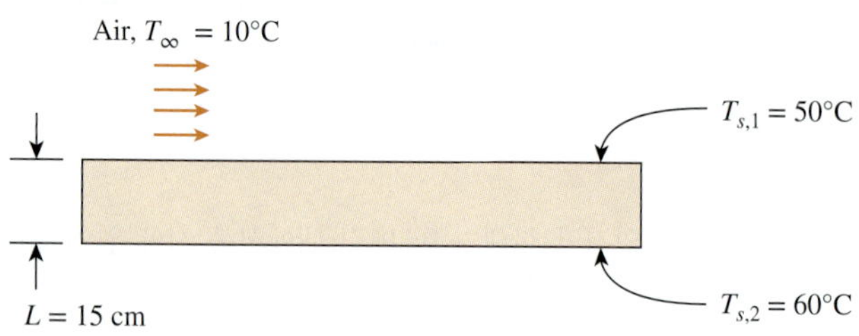

그림 P1-51

1-52 20°C, 대류열전달 계수가 25 W/m²·K인 공기가 뜨거운 평면 철판 위에 흐르고 있다(k = 43 W/m·K). 판의 표면적은 0.38m² 이고 두께는 2 cm이다. 판 표면의 온도는 T_s = 250°C로 일정하게 유지되고 있고 복사로 인해 300 W의 열을 잃고 있다. 판의 내부 온도(T_i)를 계산하라.

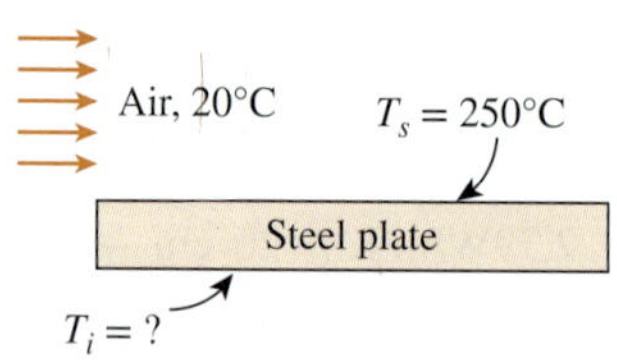

그림 P1-52

1-53 우주정거장에 있는 표면적이 1 m²인 전자제품 패키지가 우주에 노출되어 있다. 패키지 내부에 있는 전자제품은 노출된 표면을 통해 1 kW의 파워를 우주공간으로 소산시킨다. 노출된 표면의 방사율은 1.0이고 흡수율은 0.25이다. 다음 조건에서 전자제품 패키지 노출 표면의 정상상태 온도를 구하라. (*a*) 표면이 750 W/m²의 태양 열유속에 노출되었을 때, (*b*) 표면이 태양에 노출되지 않았을 때.

1-54 T_1 = 290 K이고 T_2 = 150 K로 일정한 온도를 유지하고 있고 2 cm 떨어져 있는 커다란 두 평행 평판 사이의 정상 열전달을 고려하라. 표면을 흑체라 가정하고(ε = 1), 평판 사이가 (*a*) 대기, (*b*) 진공, (*c*) 유리섬유(k = 0.036 W/m·K), (*d*) 겉보기 열전도도 0.00015 W/m·K인 초단열재로 되어 있을 때, 단위 표면적당 평행 평판 사이의 열전달률을 구하라.

1-55 사람이 23°C로 유지된 방 안에 서 있는 경우를 고려하자. 사람의 평균 외부 표면온도가 32°C이고 표면적이 1.7 m²이며 대류 열전달계수가 5 W/m²·K일 때 사람으로부터의 전체 열전달률을 구하라. 피부와 옷의 방사율은 0.9이고 방의 내부 표면온도는 공기의 온도와 같다고 가정하라.

1-56E 표면온도가 170°F인 직경 2 in의 공이 온도 70°F인 방 안에 매달려 있다. 대류 열전달계수가 15 Btu/h·ft²·°F 이고 표면의 방사율이 0.8일때 공으로부터 열전달률을 구하라.

1-57 1000 W의 다리미가 다리미판 위에서 밑면이 20°C인 공기에 노출되어 있다. 밑면과 주위 공기 사이의 대류 열전달계수는 35 W/m²·K이다. 밑면의 방사율이 0.6이고 면적이 0.02 m²인 경우 다리미 밑면의 온도를 구하라. *답*: 674°C

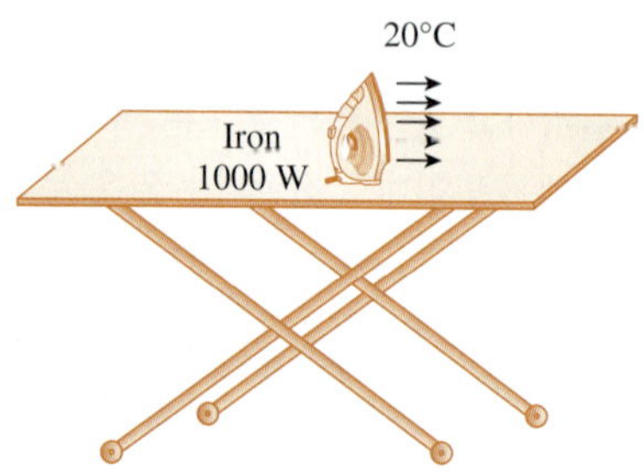

그림 P1-57

1-58 내경 3 m, 두께 1 cm의 강으로 만들어진 구형의 용기에 0°C의 얼음물을 보관하고 있다. 이 용기는 외부 온도가 25°C인 곳에 위치하고 있다. 용기 전체의 온도는 0°C로 가정한다. 용기에서의 열저항을 무시할 경우, (*a*) 얼음물로의 열전달률, (*b*) 24시간 동안 녹는 얼음의 양을 구하라. 대기압에서의 얼음의 융해열은 333.7 kJ/kg이다. 용기 외벽의 방사율은 0.75이고 대류 열전달계수는 30 W/m²·K이다. 복사에 대한 주위 표면의 평균 온도는 15°C이다. *답*: (*a*) 23.1 kW, (*b*) 5980 kg

1-59 금속 공정산업에서 금속의 열처리는 일반적으로 배치 전기로를 통해 이루어진다. 주위 공기 온도가 30°C이고 평균 열대류 계수는 12 W/m²·K인 방 안에 위치한 전기로를 고려하자. 전기로의 앞부분은 두께 20 mm이고 열전도도가 25 W/m·K인 철판으로 만들어졌다. 전기로 앞부분 바깥 표면의 방사율은 0.23이고 안쪽 표면으로는 8 kW/m²의 열유속이 들어오고 있다. 전기로 앞부분 바깥 표면의 온도를 구하라.

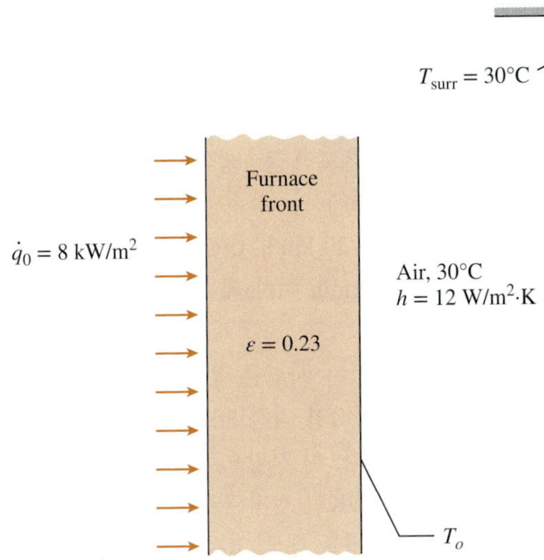

그림 P1-59

1-60 태양 복사가 5 m²의 태양열 흡수판에 800 W/m²으로 들어오고 있다. 93%의 태양 복사는 흡수판에 흡수되고, 남은 7%는 반사되어 나간다. 태양열 흡수 판의 표면온도는 40°C이고 방사율은 0.9이며 −5°C인 주위와 복사 교환이 발생한다. 또한 흡수판 표면과 20°C의 주위 공기와는 대류 열전달이 발생하며 이때 대류열전달 계수는 7 W/m²·K이다. 입사되는 태양 복사와 흡수판에 의해 모아진 유용한 열의 비로 정의되는 태양열 흡수 판의 효율을 구하라.

1-61 평판 태양열 집열판은 얇은 태양열 흡수판 뒤쪽에 부착된 튜브에 물을 흘려보내 가열하는 데 사용된다. 흡수판의 표면 면적은 2 m²이고 방사율과 흡수율은 0.9이다. 흡수판의 표면온도는 35°C이고, 주위 온도가 0°C일 때 흡수판으로 500 W/m²의 태양 복사가 입사된다. 주위 온도가 25°C일 때 흡수판 표면의 대류 열전달계수는 5 W/m²·K이다. 태양열 집광기에 흡수된 정미열은 물의 온도를 입구 온도에서(T_{in}) 출구 온도까지(T_{out}) 가열한다. 물의 유량이 5 g/s이고 비열이 4.2 kJ/kg·K일 때 물의 상승 온도를 구하라.

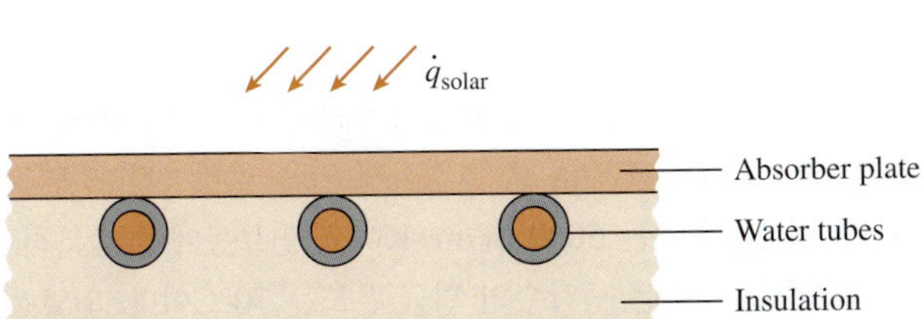

그림 P1-61

1-62E 집의 평평한 지붕에 설치된 평판형 태양 집열판을 고려하라. 집열판은 길이 15 ft, 폭 5 ft이고, 집열판 노출된 부분의 평균 표면온도는 100°F이다. 집열판의 노출된 표면의 방사율은 0.9이다. 어느 맑은 날 외부 온도는 70°F이고 복사 열전달에 대한 유효 하늘 온도는 50°F일 때, 대류와 복사에 의한 집열판으로 부터의 열손실을 구하라. 노출표면에서의 대류 열전달계수는 2.5 Btu/h·ft²·°F이다.

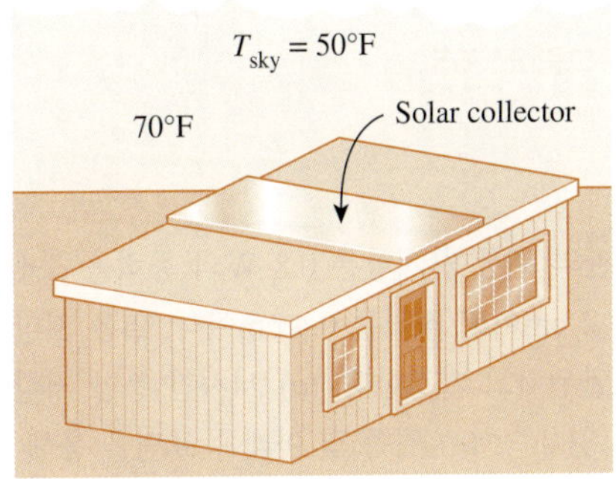

그림 P1-62

1-63 AISI 304 스테인리스 강판이 전기 가열 오븐 내에서 어닐링 공정을 거치고 있다. 오븐 내부의 공기 온도는 600°C이고 주위 오븐 표면 온도는 750°C이다. 스테인리스 강판의 방사율이 0.40이고 평균 대류열전달 계수가 10 W/m²·K일 때, 스테인리스 강판의 온도를 구하라.

1-64 어떤 집의 지붕은 폭 15 m, 길이 20 m, 두께 15 cm인 콘크리트 슬래브(k = 2 W/m·K)로 되어 있다. 지붕의 외부 표면의 방사율은 0.9이고 대류 열전달계수는 15 W/m²·K이다. 지붕의 내부 표면의 온도는 15°C를 유지한다. 어느 쾌청한 겨울날 외부 온도는 10°C이고 복사 열전달에 대한 먼 하늘의 온도는 255 K로 생각한다. 대류와 복사를 모두 고려하여 지붕의 외부 표면 온도와 지붕을 통한 열전달률을 구하라.

만약 집이 효율 85%의 천연가스로 연소되는 노로 가열되고, 천연가스의 단가가 $0.60/therm (1 therm = 105,500 KJ)일 때 밤 14시간 동안 지붕을 통해 손실되는 경비를 구하라.

1-65 여름에 25 cm 두께의 벽의 내 외부 표면이 27°C와 44°C이다. 벽의 외부 표면은 40°C인 주위 표면과 복사에 의해, 40°C인 공기와 대류 열전달계수 8 W/m²·K로 대류에 의해 열전달이 이루어진다. 태양 복사는 150 W/m²로 표면에 입사한다. 바깥 표면의 흡수율 및 방사율이 0.8인 경우 벽의 유효 열전도도를 구하라.

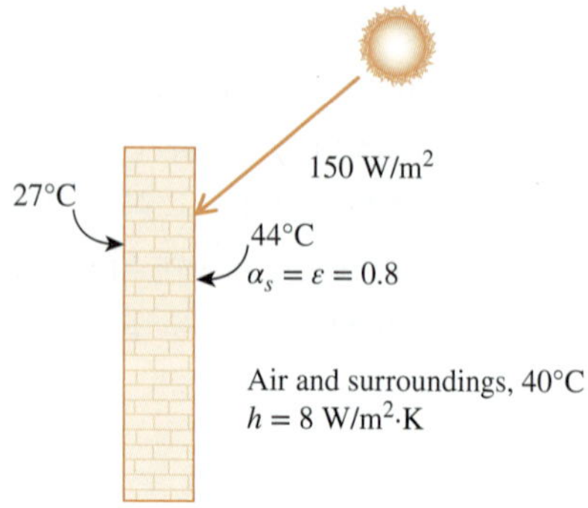

그림 P1-65

복습문제

1-66 회로판의 원통형 저항은 0.8 W의 동력을 소산 시킨다. 저항의 길이는 2 cm이고 직경은 0.4 cm이다. 열은 저항의 표면에서 균일하게 전달된다고 가정한다. (*a*) 24시간 동안 저항에서 소산된 열의 양, (*b*) 열유속, (*c*) 위쪽 및 아래쪽 표면을 통해 소산된 열의 비율을 구하라.

1-67 실리콘 칩(k = 130 W/m·K) 표면의 회로에서 발생된 열은 부착되어 있는 세라믹 기판으로 전도된다. 칩은 크기 6 mm × 6 mm, 두께 0.5 mm이고 3 W의 열을 방출한다. 0.5 mm인 옆면에서의 열전달을 무시하고, 정상 작동 조건에서 칩의 앞면과 뒷면의 온도 차이를 구하라.

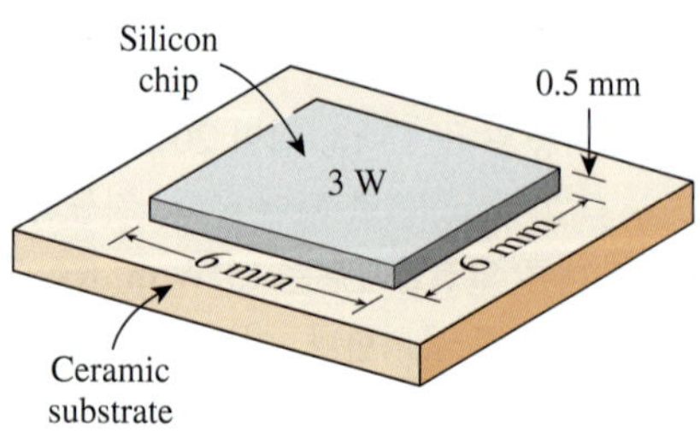

그림 P1-67

1-68 두께 0.3 cm, 높이 12 cm, 길이 18 cm인 회로기판의 한쪽 면에는 각각 0.06 W의 열을 소산하는 칩 80개가 밀집하게 놓여 있다. 구리로 채워진 이 기판의 열전도도는 16 W/m·K이다. 칩 내부에서 발생한 모든 열은 기판을 통하여 전도되고 반대쪽 면을 통하여 주위 공기에 방출된다. 회로 기판 양쪽 면의 온도 차이를 구하라. *답*: 0.042°C

1-69 길이 40 cm, 직경 0.5 cm이고 800 W인 전기 저항 히터가 초기 온도 20°C인 75 kg의 물에 잠겨 있다. 이 히터로 물의 온도가 80°C가 될 때까지 걸리는 시간을 구하라. 또한 가열의 시작과 끝 지점에서의 대류열전달 계수를 각각 구하라.

1-70 **풍속냉각**(*wind chill*) **효과**로 인하여 바람이 찬 공기를 더욱 더 차게 느끼게 한다는 것은 잘 알려져 있다. 풍속냉각효과는 노출된 피부가 느끼는 겉보기 온도인 **풍속냉각온도**(WCT)로 표시된다. 예를 들어 풍속이 20 km/h에서는 풍속냉각온도는 −5°C이고, 60 km/h에서는 −9°C이다. 즉 20 km/h, 0°C에 노출된 사람은 −5°C, 잔잔한 공기(공기 속도 5 km/h 이하)에 노출된 사람과 같은 온도를 체감하게 된다.

열전달 문제에서, 서 있는 사람은 위와 아래가 단열되어 있고, 옆면의 평균온도가 34°C인 직경 30 cm, 길이 170 cm의 수직 원통으로 생각할 수 있다. 이 사람으로부터 온도 20°C이고 대류 열전달계수가 15 W/m²·K인 정지된 주위 공기로의 대류 열전달률을 구하라. 바람의 효과로 대류 열전달계수가 30 W/m²·K로 증가했다면 답은 어떻게 될까? 이 경우 풍속냉각온도는 얼마인가? *답*: 336 W, 672 W, 6°C

1-71 표면적이 0.95 m²로 측정된 엔진 블록은 35%의 효율로 50 kW의 출력을 낼 수 있다. 엔진 블록은 157°C, 평균 대류열전달 계수 50W/m²·K인 구역 내에서 작동한다. 대류만이 발생하는 유일한 열전달 메커니즘일 때 엔진 블록 표면의 온도를 구하라. *답*: 841°C

1-72 대기상태에서 물 속에 잠겨있는 전열선을 고려하자. 선은 직경 1 mm이고 길이는 15 cm이다. 선을 통과하는 전류는 물의 온도가 100°C가 될 때까지 증가하였다. 이 상황에서의 계산을 위해(끓는 물) 대류열전달 계수로 표 1-5에 주어진 값의 최대값과 최소값의 평균을 사용하라. 선 표면 온도는 115°C에서 유지되었다. 이러한 경우 얼마나 많은 전기 동력이 필요한가?

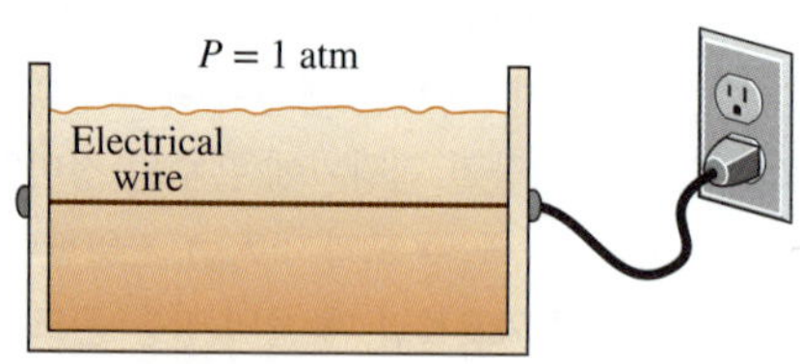

그림 P1-72

1-73 2 cm 직경의 원통형 연료봉이 이중관에 쌓여있고 물로 냉각된다. 연료는 15 MW/m³로 일정하게 열을 발생시킨다. 연료봉의 대류 열전달계수는 5000 W/m²·K이고 연료봉에서 충분히 먼 거리에 위치하고 있는 냉각수의 평균 온도는 70°C이다. 연료봉의 표면온도를 구하고 문제에서 주어진 연료봉의 대류 열전달계수가 적절한지 논의하라.

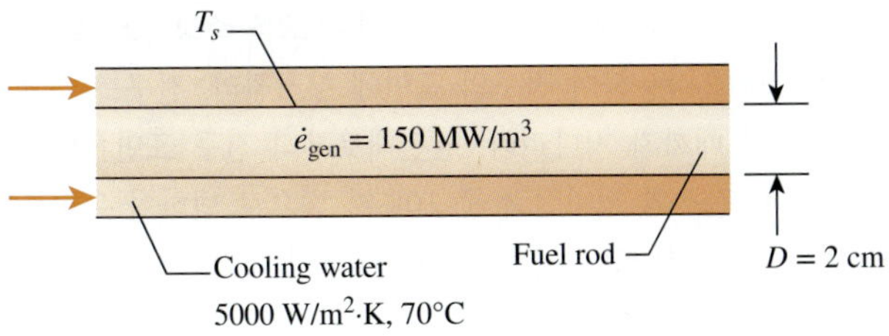

그림 P1-73

1-74 사람이 20°C로 유지된 방 안에 서 있는 경우를 고려하자. 방의 벽, 마루, 천장의 내부 표면 평균온도가 겨울에는 12°C이고 여름에는 23°C로 측정되었다. 사람의 노출 표면적이 1.6 m^2이고 방사율은 0.95, 평균 외부 표면온도가 32°C일 때 여름과 겨울 조건에서 사람과 주위의 복사 열전달률을 구하라.

1-75 3 m × 3 m × 3 m 크기의 정육면체형 노의 위와 옆면은 흑체인 표면이고 1200 K이다. 밑면의 방사율은 0.7이고 800 K를 유지하고 있다. 위와 옆면으로부터 밑면으로의 순 복사 열전달률을 구하라. *답*: 594 kW

1-76 용접봉은 직경 2.5 mm, 길이 20 mm인 원통 팁을 가지고 있다. 오래되거나 사용하지 않으면 팁은 산화되어 방사율이 0.8이 된다. 용접봉 팁의 평균 대류 열전달계수가 25 W/m^2·K이고, 주위 온도가 20°C일 때 팁의 온도가 400°C를 유지하기 위해 필요한 동력을 구하라.

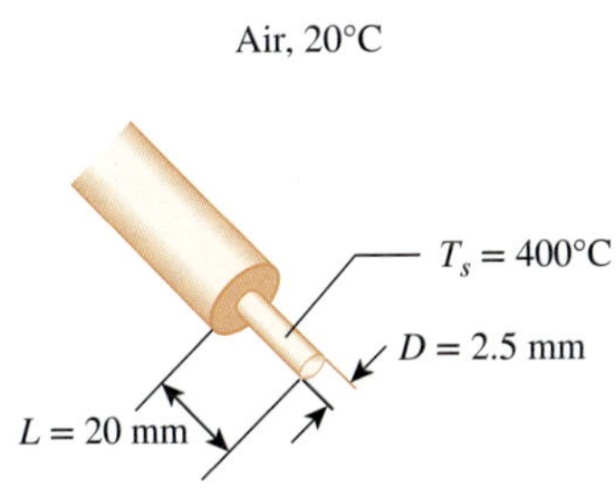

그림 P1-76

1-77 얇은 금속판의 뒷면은 단열되어 있고 앞면은 태양의 복사에 노출되어 있다. 노출된 표면의 흡수율은 0.7이다. 표면에 입사하는 태양 복사에너지는 550 W/m^2이고, 주위 공기 온도는 10°C인 경우 판으로부터의 대류 및 복사 열손실이 판에 흡수된 태양 에너지와 같을 때 판의 온도를 구하라. 대류열전달 계수는 25 W/m^2·K라고 가정하고 복사를 통한 열손실은 무시하라.

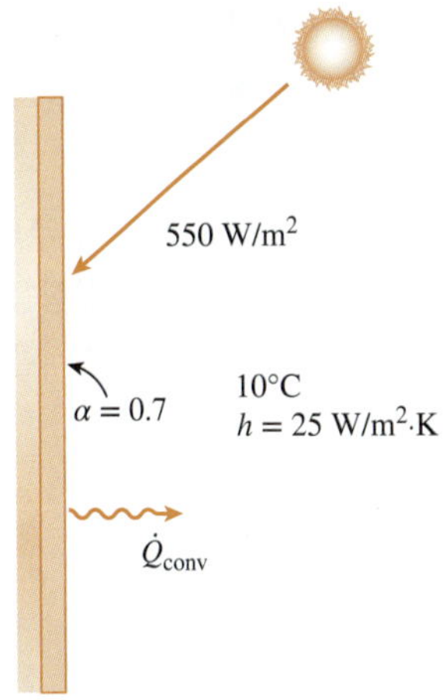

그림 P1-77

1-78 집의 평평한 지붕에 설치된 평판형 태양 집열판을 고려하라. 덮개 유리의 내부 및 외부 표면온도는 각각 28°C 및 25°C이다. 유리 덮개의 면적은 2.5 m^2이고 두께는 0.6 cm, 열전도도는 0.7 W/m·K이다. 대류와 복사에 의해 덮개로부터 열손실이 생기는데, 이때 공기 온도는 15°C이고 대류 열전달계수가 10 W/m^2·K이다. 유리 덮개의 복사에 의한 열 손실의 비율을 구하라.

1-79 전체 면적 0.25 m^2이고 방사율이 0.75인 전기히터가 공기 온도 20°C이고 벽의 온도 10°C인 방에 놓여 있다. 히터가 500 W를 소모할 때 히터 정상 표면온도가 120°C이다. 히터가 700 W를 소모할 때 히터 표면온도를 구하라. (*a*) 복사를 무시하고, (*b*) 복사를 고려하여 문제를 풀어라. 계산 결과를 가지고 (*a*)의 가정에 대해 논하라.

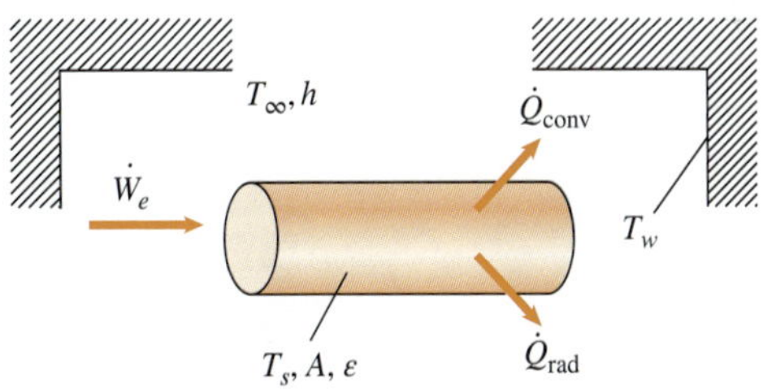

그림 P1-79

설계 및 에세이 문제

1-80 전자레인지가 어떻게 작동하는지 그리고 어떻게 일반 오븐보다 빨리 요리되는지를 논하라. 동일한 작업에 대해 일반 전기 오븐과 전자레인지 중 어느 것이 더 많은 전력을 소비하는지 설명하라.

1-81 지난해 가장 추운 달 당신 집의 난방비로부터 그 달 당신 집의 평균 열손실을 추정하라. 분석에서 사람, 전등, 전기제품 등

의 내부 열원의 영향을 고려하라. 여러분 집의 열 손실의 주된 요인이 무엇인지 알아내어 집의 에너지 효율을 높이는 방법을 제안하라.

1-82 60 W의 백열전구를 가지고 전구와 주위 공기 및 주위 표면과의 복합 열전달계수를 구하기 위한 실험을 하여라. 열전대와 금속 접착제가 필요할 것이며, 전구의 표면적을 구하기 위해 줄과 자가 필요할 것이다. 먼저 방 안의 공기 온도를 측정하고 열전대를 금속 접착제를 사용하여 전구의 표면에 부착하라. 전구를 켜고 온도가 일정할 때까지 기다려라. 열전대로부터 전구 표면온도를 얻을 수 있다. 전구의 소비전력 중 10%가 빛으로 변하여 유리를 통하여 밖으로 나간다고 가정하여, Newton의 냉각법칙으로부터 열전달계수를 구하라.

열전도 방정식*

HEAT CONDUCTION EQUATION

CHAPTER 02

학습목표

이 장의 목적은 다음과 같다.

1. 열전달 현상의 다차원성과 시간과의 연관성, 그리고 열전달 문제를 1차원으로 단순화할 수 있는 조건에 대해 이해한다.
2. 다양한 좌표계에서 열전도 미분방정식을 도출하는 과정을 살펴보고, 1차원 정상상태 방정식으로 단순화하는 과정을 이해한다.
3. 표면의 열적 조건을 정의하고 이를 수학적 표현을 통해 경계조건과 초기조건으로 나타내는 방법을 이해한다.
4. 1차원 열전도 문제를 풀어보고, 매질 내에서 열유속 조건에 따른 온도분포를 구한다.
5. 열원이 고체 내부에 존재하는 경우 1차원 열전도 문제를 풀어본다.
6. 온도에 따라 고체 내부의 열전도도가 바뀌는 경우에 대한 열전도를 평가한다.

열전달은 크기와 방향을 갖는다. 특정 방향으로의 단위 길이당 온도변화율을 의미하는 온도구배의 정도에 비례하여 열전도율을 표현할 수 있다. 일반적으로 매질 내에서 열전도는 3차원적으로 발생하여, 시간에 따라 변화한다. 즉, 시간과 위치에 따라 변화하며, 온도는 $T = T(x, y, z, t)$로 표현된다. 매질 내에서 온도가 시간에 따라 변화하지 않는 경우 정상상태(steady) 열전도라 하며, 시간에 따라 변화할 때를 비정상상태(또는 과도상태, transient) 열전달이라 한다. 매질 내에서 오직 한 방향으로의 열전도가 두드러지며, 다른 두 방향으로의 열전도는 무시할 수 있는 경우 1차원 열전도라 하며, 두 방향으로의 열전도를 고려하고 나머지 한 방향을 무시하는 경우 2차원 열전도, 세 방향 모두를 고려하는 경우 3차원 열전도라 한다.

이 장에서는 정상상태, 비정상상태, 그리고 다차원 열전도에 대해 다루고자 한다. 그리고 큰 평면벽, 긴 원통과 구에 대한 열전도 미분방정식을 유도하고, 직각, 원통, 구좌표계를 이용하여 3차원 일반 지배방정식을 구해보도록 한다. 이어서 경계조건에 대해 살펴본 후, 열전도 문제를 설정하고 그에 대한 해를 구해보도록 한다. 마지막으로 열전도도가 변하는 경우에 대한 열전도 문제를 살펴보도록 한다.

이 장에서는 이론적이고 수학적인 측면에서 열전도 현상을 다루어보고, 필요하다면 내용에 대한 일관성을 유지하는 선에서 선택적으로 다루어보고자 한다. 좀 더 실제적인 열전달 현상에 관한 내용은 뒤이은 두 장에서 자세히 설명하도록 한다.

* 맥그로힐코리아에서 출간한 [Çengel의 열전달 6판]에 있는 '2장 열전도방정식' p.65~129 부분을 가져왔음.

2-1 ▪ 서론

매질 내의 고에너지 입자가 인접해 있는 더 낮은 에너지의 입자로 열에너지를 전달하는 현상을 열전도라 1장에서 정의하였다. 액체나 기체에서 체적 유동의 거동을 고려하지 않는다면, 전도는 고체뿐만 아니라 액체와 기체에서도 발생할 수 있다는 점도 언급하였다.

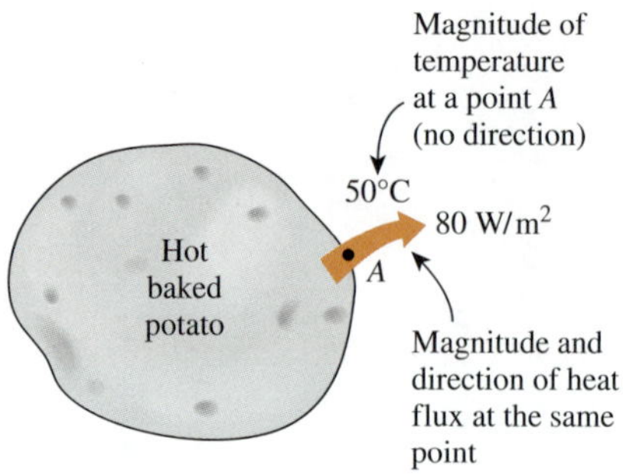

그림 2-1

열전달은 크기뿐만 아니라 방향성을 갖는다. 그러므로 이는 벡터 양이다.

비록 열전달과 온도는 밀접한 관련이 있지만 본질적으로는 다르다. 온도와 달리 열전달은 크기뿐만 아니라 방향성을 가지며, 이에 벡터 양으로 나타낸다(그림 2-1). 따라서 어느 지점에서 열전달을 완벽하게 설명하기 위해서는 방향과 크기 모두를 구체적으로 명기해야 한다. 예를 들어, 벽면 내부의 온도가 18°C라고 얘기하는 것은 그 위치에서의 온도를 설명하는 것이다. 그러나 그 벽면에서 열유속이 50 W/m^{2}이라 얘기할 때에는 "어떤 방향으로?"라는 즉각적인 의문을 갖게 한다. 이 의문에 대한 대답으로는 벽면의 안쪽(열을 얻음)으로 또는 바깥쪽(열을 잃음)으로 열전도가 일어난다고 말할 수 있을 것이다.

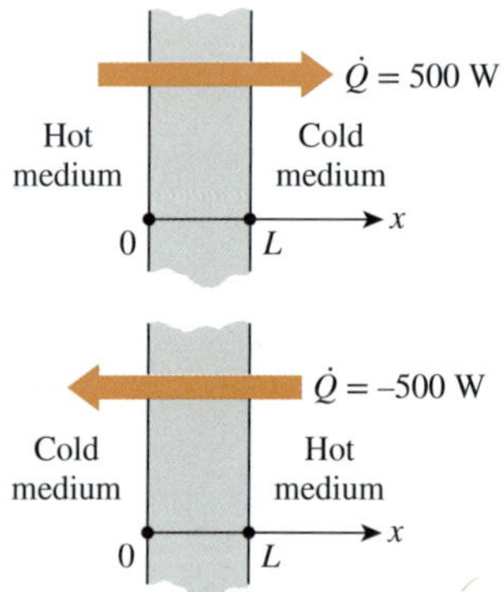

그림 2-2

열전달의 방향 표시(양의 방향으로는 양수, 음의 방향으로는 음수)

하지만, 이러한 번거로운 질문과 대답의 과정을 피하고자 좌표계에 따른 양(+) 또는 음(–)의 표시로 방향을 표기한다. 일반적으로 열전달에서 사용되는 약속 기호는 좌표축의 양의 방향으로는 양수 값을, 반대 방향은 음수 값을 이용하여 표기한다. 따라서 양의 방향의 열전달은 양수(+) 값으로 나타내고, 음의 방향의 열전달은 음수(–) 값으로 나타낸다(그림 2-2).

열전달이 어떠한 형태로 발생하든지 간에, 열전달을 일으키는 원동력은 바로 온도차이며 온도차가 클수록 열전달률(rate of heat transfer)이 증가한다. 공학 분야에서 다뤄지는 일부 열전달 문제에서는 매질 전반에 걸쳐 온도분포(온도의 변화, termperature distribution)가 어떠한지를 살펴볼 필요가 있다. 이는 어느 특정 시간 때의 중요 위치에서 국소적인 열전달률, 열팽창, 열응력과 같은 양을 계산하기 위해 필요하다. 한 지점의 온도를 알아내기 위해서는 해당 위치를 특정하여야 한다. 대상의 형상과 적절한 기준점(원점)에 따라 직교(rectangular), 원통(cylindrical), 또는 구형(spherical) 좌표계를 이용함으로써 해당 위치 정보를 특정할 수 있다.

한 점의 위치 정보는 직교좌표계에서는 (x, y, z), 원통좌표계에서는 (r, ϕ, z), 구좌표계에서는 (r, ϕ, θ)로 나타낼 수 있다. 그림 2-3에 표시된 바와 같이 거리는 x, y, z, r, 그리고 각도는 ϕ, θ를 이용하여 나타낸다. 여기서 시간이 t일 때 직교좌표계에서 한 점(x, y, z)의 온도는 $T(x, y, z, t)$로 표시된다. 제시된 형상을 가장 효과적으로 표현할 수 있는 좌표계를 최적의 좌표계로 사용하면 된다. 예를 들어 평행육면체는 각각의 면을 고정된 x, y, z 축의 값으로 나타낼 수 있으므로 직교좌표계가 가장 적합하다. 원통 구조 형상은 측면을 일정한 반경 값으로 나타낼 수 있으므로 원통좌표계가 가장 적합하다. 마찬가지로 구의 외부표면은 구좌표계에서 특정된 반경 값으로 나타낼 수 있다. 임의의 형상에 대해서는 거리를 표현하는 것이 각도를 표현하는 것보다 쉬우므로, 일반적으로 직교좌표계를 사용

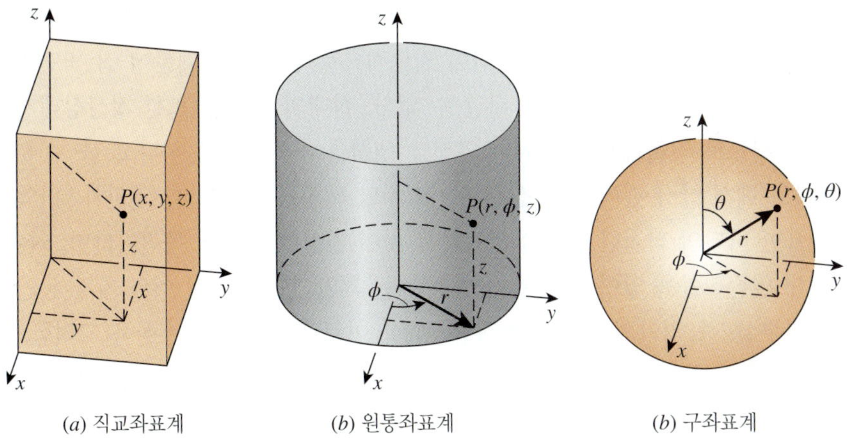

그림 2-3

각기 다른 좌표계에서 위치를 나타내기 위해 사용하는 거리와 각도

한다.

앞서 설명한 기호 표시는 열전달 문제에서 연관된 변수를 규정하기 위해서도 사용된다. 예를 들어 기호 $T(x, y, z, t)$는 시간뿐만 아니라 공간을 표현하는 변수 x, y, z에 따라 온도가 변화한다는 것을 의미한다. 반면에 $T(x)$는 온도는 오로지 x에 따라서만 변화한다는 것을 나타내며, 다른 두 방향 축과 시간에 따른 변화는 없다는 것을 의미한다.

정상상태 대 비정상상태 열전달

열전달 문제들은 **정상상태**(또는 정상, steady) 또는 **비정상상태**(또는 비정상, 과도, unsteady)로 종종 분류된다. 정상상태는 매질 내 임의의 지점에서 시간에 따른 변화가 없음을 의미하지만, 비정상상태는 시간에 따라 변화한다는 것 또는 시간 종속을 의미한다. 그러므로 정상상태에서는 온도 또는 열유속이 비록 위치에 따라서는 상이할지라도(그림 2-4), 한 지점에서 시간에 따른 변화는 없다. 예를 들어 집의 내부와 외부의 조건이 몇 시간 동안 일정하다면 집의 벽면을 통한 열전달은 정상상태이다. 그러나 이러한 경우라도 집안과 바깥 온도가 같지 않으면 벽의 내부와 외부 온도는 서로 다를 것이다. 반면에 냉장고 안에서 사과가 냉장되는 동안 사과 내부의 임의의 한 지점의 온도는 시간에 따라 변화되므로 이는 비정상상태 열전달 과정이라 할 수 있다. 비정상상태 열전달이 일어나는 동안에 온도는 일반적으로 시간 및 위치에 따라 변한다. 위치에 따른 변화 없이 시간에 따라서만 변하는 특별한 경우, 매질 온도는 공간적으로는 균일하게(uniformly) 시간에 따라 변한다. 이러한 열전달계(heat transfer system)를 **집중계**(lumped system)라 한다. 열전대(thermocouple)의 접합점, 얇은 구리도선과 같이 작은 금속 물체의 경우 가열하거나 냉각시키는 과정에서 집중계 문제로 간주할 수 있다.

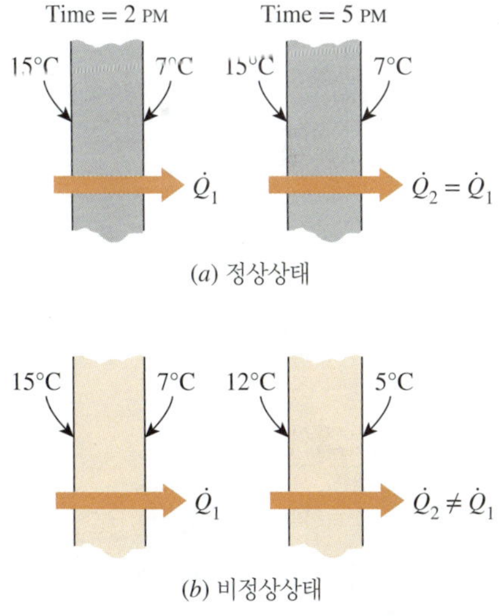

그림 2-4

평면벽에서 비정상상태 열전달 및 정상상태 열전달

실생활에서 접하게 되는 열전달 문제는 비정상상태인 경우가 대다수이지만 해석의 용이성과 그에 대한 답을 구하기 쉽다는 이유로 많은 경우 정상상태 조건으

로 추정하여 다루어진다. 예를 들어, 일반적인 집의 경우 온도, 바람의 속도와 방향, 태양의 위치 등과 같은 외부조건이 지속적으로 변화하기 때문에 집 벽면과 천장을 통한 열전달은 결코 정상상태일 수 없다. 실내의 조건들 또한 정상상태가 아니다. 그러므로 건물에서의 정확한 열전달 해석은 거의 불가능하다고 볼 수 있다. 그렇다고 해서 항상 깊이 있고 심층적인 열전달 해석을 해야만 할 것인가? 만약 집에 필요한 히터의 적절한 크기를 결정하는 것이 열전달 해석의 목적이라면, 외부로의 최대 열손실률을 알아낼 필요가 있다. 이는 최악의 조건에서 어느 기간 동안 발생한 열손실, 즉 최악의 조건에서 정상상태에 이르렀을 때의 열손실을 고려함으로써 계산할 수 있다. 그러므로 정상상태 조건에서 열전달 해석을 통해 질문에 대한 답을 얻을 수 있다. 가정된 최악의 조건에서도 집을 따뜻하게 난방시킬 수 있는 충분한 크기의 히터라면 다른 모든 조건에서도 히터의 크기는 충분하다고 볼 수 있다. 이상에서 살펴본 접근방법은 실제 공학 문제에도 동일하게 적용된다.

다차원 열전달

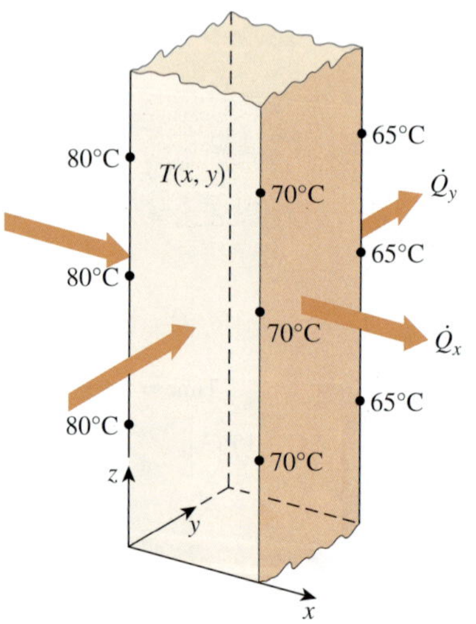

그림 2-5

긴 직사각형 막대에서의 2차원 열전달

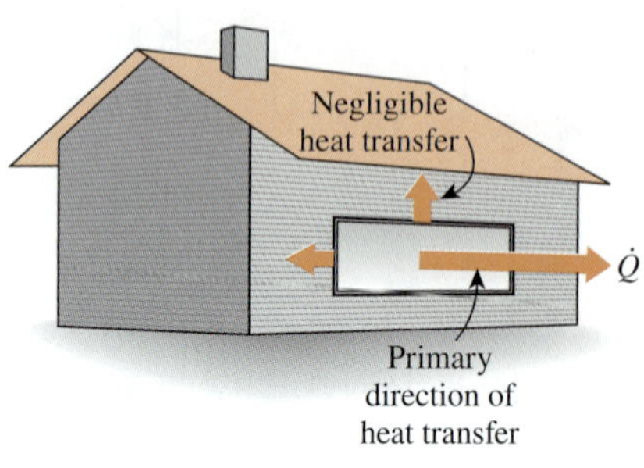

그림 2-6

집의 유리창을 통과하는 열전달은 1차원 문제로 간주할 수 있다.

열전달 문제는 방향에 따라 상이한 상대적인 열전달률의 크기, 요구되는 정확도의 정도에 따라 1차원, 2차원 또는 3차원 문제로 구분된다. 대부분의 일반적인 경우 매질을 통한 열전달은 **3차원**으로 이루어진다. 이는 열전달 과정 동안 매질 내에서의 온도가 각기 다른 세 방향으로 변화한다는 것을 의미한다. 이러한 일반적인 경우, 어느 특정 지점에서의 열전달률뿐만 아니라 특정 시간 때 매질을 통한 온도분포는 세 축 좌표계를 이용해서 설명할 수 있다. 즉, 직교좌표계에서는 x, y, z축, 원통좌표계에서는 r, ϕ, z축, 그리고 구형 좌표계에서는 r, ϕ, θ축을 이용하여 기술하게 된다. 이때 각 좌표계에서 온도분포는 $T(x, y, z, t)$, $T(r, \phi, z, t)$, $T(r, \phi, \theta, t)$로 표현된다.

매질 내 온도가 두 방향으로만 주로 변화하고 나머지 한 방향으로의 온도변화는 무시할 수가 있다. 이 경우의 열전달 문제는 **2차원** 문제라 한다. 예를 들어 직사각형 단면의 긴 기둥에서 z 방향(기둥의 길이방향)으로의 온도변화는 무시할 만하고 시간에 따른 온도변화가 없다면, 정상상태 온도분포는 $T(x, y)$로 나타낼 수 있다(그림 2-5).

매질 내 온도가 단지 한 방향으로만 변화하고, 이에 따라 열이 한 방향으로만 전달되며 다른 방향으로의 온도변화나 열전달은 무시할 수 있거나 0이라 한다면 열전달 문제는 **1차원**으로 간주할 수 있다. 예를 들어 유리창에서 열전달은 명확하게 한 방향으로만 발생한다(유리표면의 수직방향). 다른 방향(한쪽 모서리에서 다른 쪽까지, 그리고 윗모서리에서 아래까지)으로의 열전달은 무시할 수 있으므로 유리창에서 열전달 문제는 1차원으로 간주한다(그림 2-6). 이와 유사하게 온수 배관에서 열전달은 온수로부터 배관 내 반경 방향으로 주로 발생한다. 배관의 길이방향과 단면의 주변부(z와 ϕ 방향) 방향으로의 변화는 일반적으로 무시할 수 있으므로, 온수 배관의 열전달은 1차원으로 고려할 수 있다. 끓는 물에 잠겨있는 계란에서 발생하는 열전달도 그 대칭성을 고려하여 1차원으로 간주할 수 있다. 이 경우 계란으로 전달되는 열은 반경 방향, 즉 계란의 중심을 향하는 직선 방향으로 전달된다.

1장에서 언급한 바와 같이, 매질 내에서 특정 방향(x 방향)으로의 열전도율은 매질을 가로지르는 방향으로 나타나는 온도차와 열전달 방향에 수직인 방향으로의 면적에 비례한다. 하지만 그 방향으로의 거리에는 반비례한다. 이것은 1차원 열전도에 대한 **Fourier 열전도 법칙**에 따라 다음과 같은 미분 형태의 식으로 표현되었다.

$$\dot{Q}_{\text{cond}} = -kA\frac{dT}{dx} \quad \text{(W)} \tag{2-1}$$

여기서 k는 재질의 열전도 능력을 나타내는 열전도도(thermal conductivity)를 의미하며, dT/dx는 T-x 선도에서 온도 곡선의 기울기를 나타내는 온도구배(temperature gradient)를 의미한다(그림 2-7). 일반적으로 물질의 열전도도는 온도에 따라 변한다. 하지만 평균온도에서의 일정 열전도도 값을 사용하여도 충분히 정확한 결과를 얻을 수 있다.

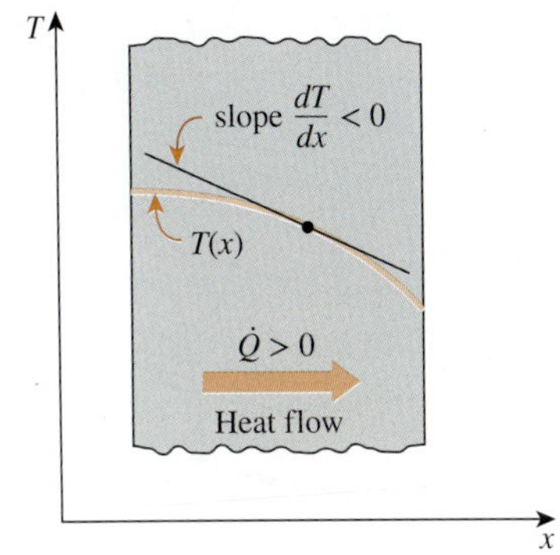

그림 2-7

온도구배 dT/dx는 T-x 온도 곡선 상에서 단순한 기울기를 의미한다.

온도가 감소하는 방향으로 열이 전도되기에, 양의 x 방향으로 열이 전도될 때 온도구배는 음(−)이다. 식 (2-1)의 음수(−) 표시는 양의 x 방향으로 열전달이 양의 값을 갖도록 하기 위함이다.

Fourier 열전노 법칙의 일반적인 관계를 살펴보기 위해 3차원적으로 온도가 분포된 매질을 떠올려 보자. 그림 2-8은 이 매질에서의 등온면(isothermal surface)을 보여주고 있다. 이 면의 위에 위치한 P 지점에서의 열전달 벡터는 그 표면이 법선 방향을 가리키며, 온도가 감소하는 방향이어야 한다. 만약 n이 P 지점의 등온면에 수직을 이룬다면, 그 지점에서의 열전도율은 Fourier의 법칙으로부터 다음과 같이 표현될 수 있다.

$$\dot{Q}_n = -kA\frac{\partial T}{\partial n} \quad \text{(W)} \tag{2-2}$$

직교좌표계에서 열전도 벡터는 각 성분의 항을 이용하여 다음과 같이 표현할 수 있다.

$$\vec{\dot{Q}}_n = \dot{Q}_x\vec{i} + \dot{Q}_y\vec{j} + \dot{Q}_z\vec{k} \tag{2-3}$$

여기서 $\vec{i}, \vec{j}, \vec{k}$는 각각 x, y, z 방향으로의 단위 벡터를 의미하며, $\dot{Q}_x, \dot{Q}_y, \dot{Q}_z$는 각각 x, y, z 방향으로의 열전달률을 의미한다. 이들 항은 Fourier의 법칙을 이용하여 다음과 같이 나타낼 수 있다.

$$\dot{Q}_x = -kA_x\frac{\partial T}{\partial x}, \quad \dot{Q}_y = -kA_y\frac{\partial T}{\partial y}, \quad \text{and} \quad \dot{Q}_z = -kA_z\frac{\partial T}{\partial z} \tag{2-4}$$

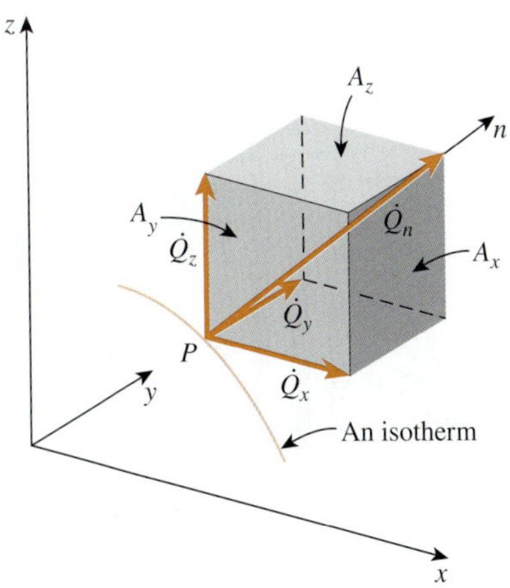

그림 2-8

열전달 벡터는 등온면에 항상 법선 방향을 가리키며, 다른 방향의 벡터 성분으로 분해되어 표기할 수 있다.

여기서 A_x, A_y, A_z는 각각 x, y, z의 법선 방향으로의 열전도 면적을 의미한다(그림 2-8).

대부분의 공학 물질들은 등방성(isotropic) 물질이기에 모든 방향으로 동일한 물성을 갖는다. 이러한 물질에 대해서는 방향에 따른 물성 변화를 고려할 필요가 없다. 하지만 섬유질, 복합재료와 같은 이방성(anisotropic) 물질의 경우에는 방향에 따라 물성이 다를 수 있다. 나무의 경우를 예를 들면, 나뭇결에 수평방향으로의 물성과 수직방향으로의 물성은 서로 다르다. 이럴 때 열전도도는 방향에 따른 변화를 고려하여 텐서량(tensor quantity)으로 나타낼 필요가 있다. 이와 같은 고차원적인 내용은 이 책에서 다루고자 하는 범위를 벗어나기에, 여기서는 방향의 영향을 받지 않는 물질의 열전도도만을 다루고자 한다.

그림 2-9

전기 레인지의 가열 코일에서는 전기에너지가 열로 변환되는 과정을 통해 열이 발생한다.

열발생

열이 전도되어 통과하는 매질에서는 기계적 에너지, 전기적 에너지, 핵에너지 또는 화학적 에너지가 열에너지로 변환되는 현상이 수반될 수 있다. 열전도 해석에서는 이와 같은 변환과정을 **열**(또는 **열에너지**)**발생**이라 부른다.

예를 들면, 전선에 흐르는 전류가 I, 저항이 R인 경우 I^2R만큼의 전기에너지가 열로 변환되고, 이로 인해 전선 온도는 급격히 상승하게 된다(그림 2-9). 전기회로에서 발생하는 열을 안전하고 효과적으로 제거하기 위해 전자제품의 냉각 기술이 필요하며, 이는 현대의 대표적인 열전달 응용 분야 중의 하나로 꼽힌다.

마찬가지로 원자로에서는 핵분열에 의하여 연료로부터 상당한 열이 발생하며, 이는 원자력 발전소의 열원(heat source)이 된다. 원자력 발전에서 발생한 방사화 폐기물 또는 방사성 물질이 자연적으로 붕괴할 때에도 또한 열발생이 존재한다. 태양에서는 수소를 헬륨으로 변화시키는 핵융합 반응을 통해 열을 발생시키며, 태양은 지구에 열을 공급하는 거대한 원자로로 간주할 수 있다.

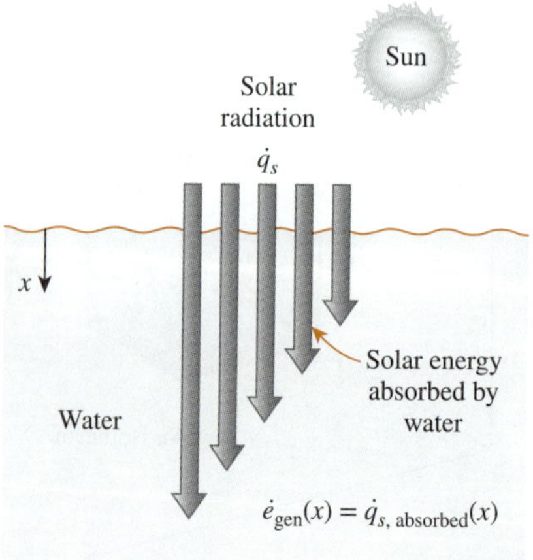

그림 2-10

물에 의한 태양 복사에너지 흡수는 열발생 모델로 간주할 수 있다.

발열 화학반응은 매질에서 또 다른 형태의 열발생 현상으로 볼 수 있다. 이 경우 화학반응을 통해 매질에 열을 공급하게 된다. 하지만 흡열반응의 경우, 반응이 일어나는 동안에 열을 발생시키는 것이 아니라 흡수하기 때문에 이때의 화학반응은 열 흡수원(또는 방열판, heat sink) 역할을 한다. 이 경우 열발생 항은 음의 값을 갖는 것으로 간주할 수 있다.

태양에너지나 감마선과 같은 복사에너지가 흡수되는 과정에서 물체에 깊숙이 침투되는 복사에너지의 흡수도 물체로부터의 열발생으로 단순화하여 모델링할 수 있다. 예를 들어 다량의 물이 태양에너지를 흡수하는 것은 복사 흡수율과 동일한 비율로 물에서 열발생이 이루어지는 것으로 간주할 수 있다. 여기서 실제 복사 흡수율은 물속 깊이에 따라 다르다(그림 2-10). 하지만 불투명한 물체에서는 태양에너지 흡수가 표면에서 수 마이크로미터 내에서 대부분 이루어지므로, 이런 경우 매질로 입사되는 태양에너지는 매질 내에서의 열발생 모델 대신 표면에 가해지는 열유속 모델로 간주할 수 있다.

열발생은 체적과 관련된 현상(volumetric phenomenon)이라는 점에 주목하자. 이는 매질의 전체에 고루 발생한다는 것을 의미한다. 그러므로 매질의 열발생률(rate of heat generation)은 항상 단위 체적당 값으로서 $\dot{e}_{gen}$으로 표기하며, 단위는 W/m^3 또는 $Btu/h \cdot ft^3$이다.

매질 내 열발생률은 매질 안에서의 위치뿐만 아니라 시간에 따라서도 변화할 수 있다. 위치에 따른 열발생의 변화를 알고 있는 경우, 체적 V인 매질에서의 총 열발생률은 다음과 같이 구해진다.

$$\dot{E}_{gen} = \int_V \dot{e}_{gen} \, dV \quad (W) \tag{2-5}$$

균질한 물질에서 전기저항 가열과 같은 방법을 통해 균일하게 열발생이 발생하는 특수한 경우, 식 (2-5)의 관계는 $\dot{E}_{gen} = \dot{e}_{gen} V$로 간단하게 표현할 수 있다. 여기서 $\dot{e}_{gen}$는 단위 체적당 일정한 열발생량을 의미한다.

예제 2-1 헤어드라이어에서의 열발생

1200-W 헤어드라이어에 사용되는 저항선의 길이는 80 cm, 지름은 D = 0.3 cm이다(그림 2-11). 저항선의 단위 체적당 열발생률(W/m^3)을 구하여라. 그리고 이 열발생에 따른 저항선 바깥 표면에서의 열유속을 구하여라.

풀이 헤어드라이어기의 저항선에 의한 소비전력이 주어졌다. 열발생과 열유속을 구해야 한다.

가정 저항선에서 열이 균일하게 발생한다.

해석 1200-W 헤어드라이어는 저항선에서 1200 W의 전기에너지를 열에너지로 변환시킨다. 따라서 저항선 내부에서의 열발생률은 전열기의 전력과 같다. 저항선의 단위 체적당 열발생률은 전열기의 소비 전력과 같다. 저항선의 단위 체적당 열발생률은 총 열발생률을 체적으로 나누어 구할 수 있다.

$$\dot{e}_{gen} = \frac{\dot{E}_{gen}}{V_{wire}} = \frac{\dot{E}_{gen}}{(\pi D^2/4)L} = \frac{1200 \text{ W}}{[\pi(0.3 \text{ cm})^2/4](80 \text{ cm})} = \mathbf{212 \ W/cm^3}$$

마찬가지로, 열발생에 의한 저항선 표면에서의 열유속은 총 열발생률을 표면적으로 나누어 구한다.

$$\dot{Q}_s = \frac{\dot{E}_{gen}}{A_{wire}} = \frac{\dot{E}_{gen}}{\pi DL} = \frac{1200 \text{ W}}{\pi(0.3 \text{ cm})(80 \text{ cm})} = \mathbf{15.9 \ W/cm^2}$$

토의 열발생은 단위 체적당 값으로, 단위는 W/cm^3 또는 $Btu/h \cdot ft^3$을 사용한다. 반면에 열유속은 단위 면적에 대한 값으로서 W/cm^2로 표시된다.

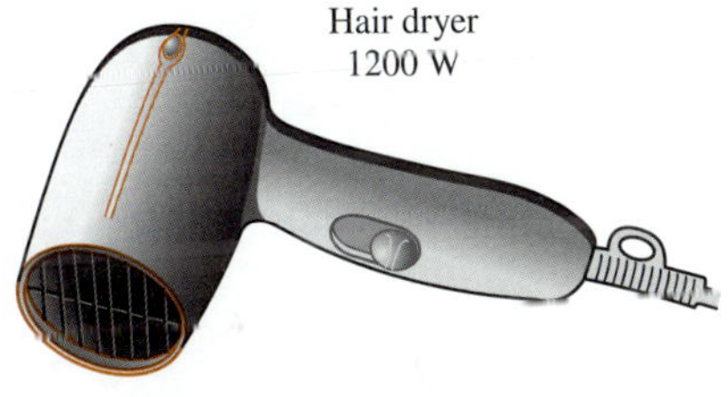

그림 2-11

예제 2-1의 개략도

2-2 ▪ 1차원 열전도 방정식

집의 평면벽, 단일 유리창과 같은 넓은 면, 다리미 바닥의 금속판, 주철 증기배관, 원통형의 핵연료봉, 전기저항선, 구형 수조의 표면 또는 급랭되거나 담금질되는 구형 금속구 등에서의 열전도 현상을 생각해 보자. 이와 같은 다양한 기하학적 형상에서의 열전도는 오직 한 방향으로만 두드러진 변화를 보이고 다른 방향으로의 열전도는 무시할 수 있기에, 1차원적 현상으로 가정할 수 있다. 다음에는 1차원 열전도 방정식을 직교좌표계, 원통좌표계, 구좌표계를 이용하여 표현해 보도록 한다.

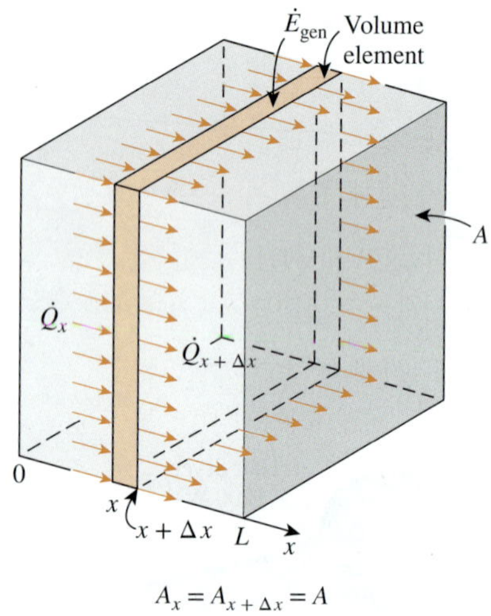

그림 2-12

넓은 벽의 체적 요소를 통과하는 1차원 열전도

넓은 평면벽에 대한 열전도 방정식

그림 2-12와 같은 넓은 평면벽에서 얇은 두께 Δx를 갖는 유한요소를 살펴보자. 벽의 밀도는 ρ, 비열은 c, 열전달 방향에 수직방향으로의 면적은 A라고 가정한다. 미소 시간 Δt 동안 앞서 살펴본 얇은 유한요소에서의 에너지 평형은 다음과 같이 나타낼 수 있다.

$$\begin{pmatrix} x\text{에서의} \\ \text{열전도율} \end{pmatrix} - \begin{pmatrix} x+\Delta x\text{에서의} \\ \text{열전도율} \end{pmatrix} + \begin{pmatrix} \text{유한요소} \\ \text{내부에서의} \\ \text{열발생률} \end{pmatrix} = \begin{pmatrix} \text{유한요소의} \\ \text{에너지 변화율} \end{pmatrix}$$

또는

$$\dot{Q}_x - \dot{Q}_{x+\Delta x} + \dot{E}_{\text{gen, element}} = \frac{\Delta E_{\text{element}}}{\Delta t} \quad \textbf{(2-6)}$$

유한요소의 에너지양 변화와 유한요소의 열발생률은 다음과 같이 나타낼 수 있다.

$$\Delta E_{\text{element}} = E_{t+\Delta t} - E_t = mc(T_{t+\Delta t} - T_t) = \rho c A \Delta x (T_{t+\Delta t} - T_t) \quad \textbf{(2-7)}$$

$$\dot{E}_{\text{gen, element}} = \dot{e}_{\text{gen}} V_{\text{element}} = \dot{e}_{\text{gen}} A \Delta x \quad \textbf{(2-8)}$$

이를 식 (2-6)에 대입하면, 다음의 식을 도출할 수 있다.

$$\dot{Q}_x - \dot{Q}_{x+\Delta x} + \dot{e}_{\text{gen}} A \Delta x = \rho c A \Delta x \frac{T_{t+\Delta t} - T_t}{\Delta t} \quad \textbf{(2-9)}$$

위의 식을 $A\Delta x$로 나누면 다음 식이 얻어진다.

$$-\frac{1}{A}\frac{\dot{Q}_{x+\Delta x} - \dot{Q}_x}{\Delta x} + \dot{e}_{\text{gen}} = \rho c \frac{T_{t+\Delta t} - T_t}{\Delta t} \quad \textbf{(2-10)}$$

여기서 $\Delta x \to 0$과 $\Delta t \to 0$으로 극한을 취하면, 다음의 식을 도출할 수 있다.

$$\frac{1}{A}\frac{\partial}{\partial x}\left(kA\frac{\partial T}{\partial x}\right) + \dot{e}_{\text{gen}} = \rho c \frac{\partial T}{\partial t} \quad \textbf{(2-11)}$$

이는 아래와 같은 도함수의 정의와 Fourier의 열전도 법칙으로부터 얻어진 것이다.

$$\lim_{\Delta x \to 0} \frac{\dot{Q}_{x+\Delta x} - \dot{Q}_x}{\Delta x} = \frac{\partial \dot{Q}}{\partial x} = \frac{\partial}{\partial x}\left(-kA\frac{\partial T}{\partial x}\right) \quad \textbf{(2-12)}$$

면적 A가 상수라는 점을 감안한다면, 평면벽의 1차원 비정상 열전도 방정식은 다음과 같다.

열전도도가 변수인 경우: $$\frac{\partial}{\partial x}\left(k\frac{\partial T}{\partial x}\right) + \dot{e}_{gen} = \rho c \frac{\partial T}{\partial t} \quad \textbf{(2-13)}$$

일반적으로 물질의 열전도도 k는 온도 T(그러므로 x)에 따라 변하므로, 도함수 밖으로 나올 수 없다. 그러나 대부분의 실제 적용에서 열전도도는 어떤 평균값으로 가정할 수 있다. 이 경우 식 (2-13)은 다음과 같이 단순히 표현된다.

열전도도가 상수인 경우: $$\frac{\partial^2 T}{\partial x^2} + \frac{\dot{e}_{gen}}{k} = \frac{1}{\alpha}\frac{\partial T}{\partial t} \quad \textbf{(2-14)}$$

여기서 물성치 $\alpha = k/\rho c$는 물질의 열확산율(thermal diffusivity)이며, 물질을 통하여 열이 얼마나 빨리 전파되는지를 나타낸다. 열전도 방정식은 특정 조건하(그림 2-13)에서 아래와 같은 형태들로 단순하게 유도된다.

(1) 정상상태:
$(\partial/\partial t = 0)$ $$\frac{d^2 T}{dx^2} + \frac{\dot{e}_{gen}}{k} = 0 \quad \textbf{(2-15)}$$

(2) 비정상상태, 열발생 없음:
$(\dot{e}_{gen} = 0)$ $$\frac{\partial^2 T}{\partial x^2} = \frac{1}{\alpha}\frac{\partial T}{\partial t} \quad \textbf{(2-16)}$$

(3) 정상상태, 열발생 없음:
$(\partial/\partial t = 0$ 및 $\dot{e}_{gen} = 0)$ $$\frac{d^2 T}{dx^2} = 0 \quad \textbf{(2-17)}$$

한 개의 변수[이 경우 $T = T(x)$]에만 종속된 함수일 때 함수의 편미분과 상미분은 서로 동일하므로, 1차원 정상 열전도인 경우에 편도함수를 상도함수로 대체하였음에 주의하자. 이 장의 마지막 부분에 제시된 관심 주제("미분방정식에 관한 간략한 복습")에서 식 (2-15)과 (2-17)의 일반해에 대해서 살펴보도록 한다.

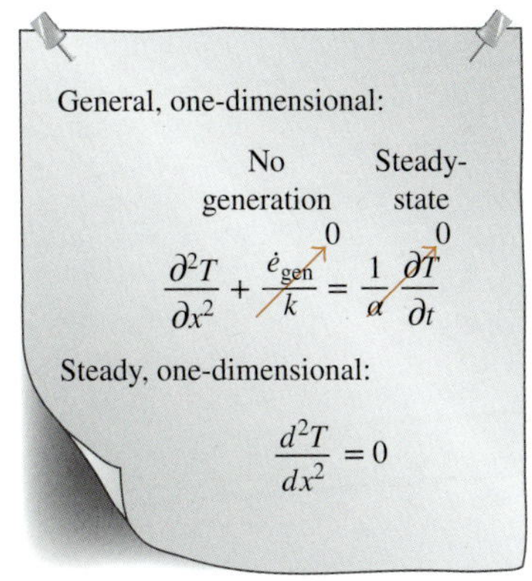

$$\frac{\partial^2 T}{\partial x^2} + \frac{\dot{e}_{gen}}{k} = \frac{1}{\alpha}\frac{\partial T}{\partial t}$$

$$\frac{d^2 T}{dx^2} = 0$$

그림 2-13
정상상태, 일정 열전도도, 열발생이 없는 경우 평면벽에서의 1차원 열전도 방정식 단순화

긴 원통에 대한 열전도 방정식

그림 2-14에 나타낸 것과 같이 긴 원통 구조에서 두께 Δr의 얇은 쉘(shell) 유한요소를 살펴보자. 원통의 밀도는 ρ, 비열은 c, 길이는 L이라 가정하자. 임의의 위치에서 열전달 방향에 수직방향으로의 원통 면적은 $A = 2\pi rL$이며, 여기서 r은 해당 위치에서의 반경을 의미한다. 이 경우 열전달 면적 A는 r에 따라 변하며, 이는 결국 위치에 따라 면적이 변한다는 것을 의미한다. 미소 시간 Δt 동안 얇은 원통 쉘에서의 에너지 평형은 다음과 같이 표현된다.

$$\left(\begin{array}{c} r\text{에서의} \\ \text{열전도율} \end{array}\right) - \left(\begin{array}{c} r+\Delta r\text{에서의} \\ \text{열전도율} \end{array}\right) + \left(\begin{array}{c} \text{유한요소} \\ \text{내부에서의} \\ \text{열발생률} \end{array}\right) = \left(\begin{array}{c} \text{유한요소의} \\ \text{에너지 변화율} \end{array}\right)$$

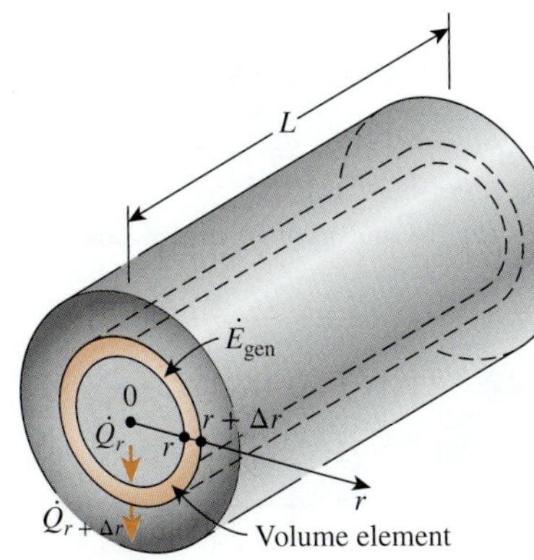

그림 2-14
긴 원통의 체적 요소에서 발생하는 1차원 열전도

또는

$$\dot{Q}_r - \dot{Q}_{r+\Delta r} + \dot{E}_{\text{gen, element}} = \frac{\Delta E_{\text{element}}}{\Delta t} \tag{2-18}$$

유한요소의 에너지양 변화와 유한요소의 열발생률은 다음과 같이 나타낼 수 있다.

$$\Delta E_{\text{element}} = E_{t+\Delta t} - E_t = mc(T_{t+\Delta t} - T_t) = \rho c A \Delta r (T_{t+\Delta t} - T_t) \tag{2-19}$$

$$\dot{E}_{\text{gen, element}} = \dot{e}_{\text{gen}} V_{\text{element}} = \dot{e}_{\text{gen}} A \Delta r \tag{2-20}$$

이를 식 (2-18)에 대입하면, 다음의 식을 도출할 수 있다.

$$\dot{Q}_r - \dot{Q}_{r+\Delta r} + \dot{e}_{\text{gen}} A \Delta r = \rho c A \Delta r \frac{T_{t+\Delta t} - T_t}{\Delta t} \tag{2-21}$$

여기서 $A = 2\pi rL$이다. 이때 유한요소 중간에서의 평균반경을 사용하여 면적을 $A = 2\pi(r + \Delta r/2)$로 표현할 수도 있다. 하지만 아래에서 자세히 다루겠지만, $\Delta r \to 0$ 극한을 취하게 되면 결국 $\Delta r/2$ 항은 소거되기 때문에 굳이 이렇게 복잡하게 살펴볼 필요가 없다. 위의 식 (2-21)을 $A\Delta r$로 나누면 다음의 수식을 얻는다.

$$-\frac{1}{A}\frac{\dot{Q}_{r+\Delta r} - \dot{Q}_r}{\Delta r} + \dot{e}_{\text{gen}} = \rho c \frac{T_{t+\Delta t} - T_t}{\Delta t} \tag{2-22}$$

$\Delta r \to 0$과 $\Delta t \to 0$으로 극한을 취하면 다음의 식을 도출할 수 있다.

$$\frac{1}{A}\frac{\partial}{\partial r}\left(kA\frac{\partial T}{\partial r}\right) + \dot{e}_{\text{gen}} = \rho c \frac{\partial T}{\partial t} \tag{2-23}$$

이는 아래와 같은 도함수의 정의와 Fourier의 열전도 법칙으로부터 얻어진 것이다.

$$\lim_{\Delta r \to 0} \frac{\dot{Q}_{r+\Delta r} - \dot{Q}_r}{\Delta r} = \frac{\partial \dot{Q}}{\partial r} = \frac{\partial}{\partial r}\left(-kA\frac{\partial T}{\partial r}\right) \tag{2-24}$$

이 경우 열전달 면적이 $A = 2\pi rL$라는 점을 고려하였을 때 원통에서의 1차원 비정상 열전도 방정식은 다음과 같다.

열전도도가 변수인 경우: $$\frac{1}{r}\frac{\partial}{\partial r}\left(rk\frac{\partial T}{\partial r}\right) + \dot{e}_{\text{gen}} = \rho c \frac{\partial T}{\partial t} \tag{2-25}$$

열전도도가 상수인 경우, 위 수식은 다음과 같이 단순하게 표현된다.

열전도도가 상수인 경우: $$\frac{1}{r}\frac{\partial}{\partial r}\left(r\frac{\partial T}{\partial r}\right) + \frac{\dot{e}_{\text{gen}}}{k} = \frac{1}{\alpha}\frac{\partial T}{\partial t} \tag{2-26}$$

여기서 물성치 $\alpha = k/\rho c$는 물질의 열확산율이다. 식 (2-26)은 특정 조건하(그림 2-15)에서 아래와 같은 형태들로 단순하게 유도된다.

(1) 정상상태:
($\partial/\partial t = 0$) $$\frac{1}{r}\frac{d}{dr}\left(r\frac{dT}{dr}\right) + \frac{\dot{e}_{\text{gen}}}{k} = 0 \tag{2-27}$$

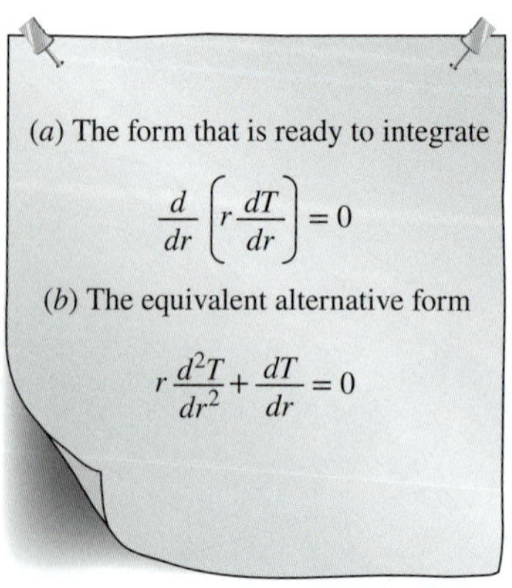

그림 2-15

긴 원통에서 열발생이 없는 경우 1차원 정상상태 열전달의 두 가지 동일한 미분방정식

(2) 비정상상태, 열발생 없음: ($\dot{e}_{gen}$ = 0)
$$\frac{1}{r}\frac{\partial}{\partial r}\left(r\frac{\partial T}{\partial r}\right)=\frac{1}{\alpha}\frac{\partial T}{\partial t} \quad \textbf{(2-28)}$$

(3) 정상상태, 열발생 없음: ($\partial/\partial t$ = 0 및 $\dot{e}_{gen}$ = 0)
$$\frac{d}{dr}\left(r\frac{dT}{dr}\right)=0 \quad \textbf{(2-29)}$$

한 개의 변수[이 경우 $T = T(x)$]에만 종속된 함수일 때 편미분과 상미분은 서로 동일하므로, 1차원 정상상태 열전도인 경우에 편미분을 상미분으로 대체하였음에 다시 한번 주의하자. 이 장의 마지막 부분에 제시된 관심 주제("미분방정식에 관한 간략한 복습")에서 식 (2-27)과 (2-29)의 일반해에 대해 살펴보도록 한다.

구에 대한 열전도 방정식

밀도 ρ, 비열 c, 바깥 반경 R인 구를 살펴보자. 임의의 위치에서 열전달 방향에 수직인 구의 면적은 $4\pi r^2$이며, 여기서 r은 해당 위치에서의 반경을 의미한다. 이 경우 또한 열전달 면적 A는 r에 따라 변하며, 이는 위치에 따라 변한다는 것을 의미한다. 앞서 원통을 살펴본 것과 동일한 방식으로 두께 Δr인 얇은 구형 셸을 떠올려보자. 다만, 면적을 $A = 2\pi rL$ 대신 $A = 4\pi r^2$로 대체하면, 구에 대한 1차원 비정상 열전도 방정식은 다음과 같이 표현된다(그림 2-16).

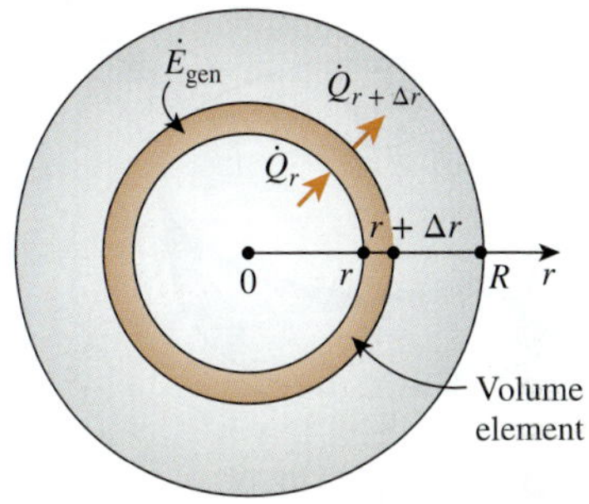

그림 2-16
구의 체적 요소에 대한 1차원 열전도

열전도도가 변수인 경우:
$$\frac{1}{r^2}\frac{\partial}{\partial r}\left(r^2k\frac{\partial T}{\partial r}\right)+\dot{e}_{gen}=\rho c\frac{\partial T}{\partial t} \quad \textbf{(2-30)}$$

열전도가 상수인 경우, 위 수식은 다음과 같이 단순하게 표현된다.

열전도도가 상수인 경우:
$$\frac{1}{r^2}\frac{\partial}{\partial r}\left(r^2\frac{\partial T}{\partial r}\right)+\frac{e_{gen}}{k}=\frac{1}{\alpha}\frac{\partial T}{\partial t} \quad \textbf{(2-31)}$$

여기서 물성치 $\alpha = k/\rho c$는 물질의 열확산율이다. 위 수식은 특정 조건하에서 아래와 같은 형태들로 단순하게 유도된다.

(1) 정상상태: ($\partial/\partial t$ = 0)
$$\frac{1}{r^2}\frac{d}{dr}\left(r^2\frac{dT}{dr}\right)+\frac{\dot{e}_{gen}}{k}=0 \quad \textbf{(2-32)}$$

(2) 비정상상태, 열발생 없음: ($\dot{e}_{gen}$ = 0)
$$\frac{1}{r^2}\frac{\partial}{\partial r}\left(r^2\frac{\partial T}{\partial r}\right)=\frac{1}{\alpha}\frac{\partial T}{\partial t} \quad \textbf{(2-33)}$$

(3) 정상상태, 열발생 없음: ($\partial/\partial t$ = 0 및 $\dot{e}_{gen}$ = 0)
$$\frac{d}{dr}\left(r^2\frac{dT}{dr}\right)=0 \quad \text{or} \quad r\frac{d^2T}{dr^2}+2\frac{dT}{dr}=0 \quad \textbf{(2-34)}$$

1차원 정상상태 열전도인 경우에 편미분을 상미분으로 다시 한번 대체하였다. 이 장의 마지막 부분에 제시된 관심 주제("미분방정식에 관한 간략한 복습")에서 식 (2-32)와 (2-34)의 일반해에 대해 살펴보도록 한다.

복합 1차원 열전도 방정식

평면벽, 원통 및 구에 대해 유도된 1차원 비정상 열전도 방정식을 자세히 살펴보면, 세 수식 모두 다음과 같은 간단한 형태로 표현할 수 있다는 점을 알 수 있다.

$$\frac{1}{r^n}\frac{\partial}{\partial r}\left(r^n k\frac{\partial T}{\partial r}\right)+\dot{e}_{\text{gen}}=\rho c\frac{\partial T}{\partial t} \quad (2\text{-}35)$$

여기서 평면벽의 경우 $n = 0$, 원통은 $n = 1$, 구는 $n = 2$이다. 평면벽의 경우 변수 r을 x로 치환하여 일반적으로 사용한다. 이 식은 정상상태 또는 열발생이 없는 경우에 앞서서 살펴본 바와 같이 더 단순하게 표현될 수 있다.

그림 2-17

예제 2-2의 개략도

예제 2-2　냄비 바닥을 통한 열전도

스파게티를 요리하기 위해 전기 가열기 위에 놓인 스틸 재질의 냄비를 살펴보자(그림 2-17). 냄비 바닥부의 두께는 0.4 cm이고 지름은 18 cm이다. 전기 가열기의 발열부는 요리를 하는 중에 800 W를 소모하고, 그중 80%의 열이 냄비에 균일하게 전달된다. 열전도도는 상수라 가정할 때, 정상상태인 경우 냄비 바닥면의 온도변화를 나타내는 미분방정식을 구하여라.

풀이　스틸냄비가 전기 가열기 위에 있다고 간주한다. 냄비 바닥의 온도변화에 대한 미분방정식을 얻을 수 있다.

해석　냄비의 바닥면 두께에 비하여 바닥면 표면적은 훨씬 크다. 그러므로 바닥면은 넓은 평면벽으로 가정할 수 있다. 열유속은 바닥 표면에 균일하게 가해진다. 그리고 내부면의 조건도 역시 균일하다. 그러므로 냄비 바닥부의 바닥 표면으로부터 위 표면으로 열전달이 이루어진다고 볼 수 있으며, 이러한 경우 1차원 문제로 간주해 볼 수 있다. 냄비의 바닥 표면에 수직인 방향을 x축으로 간주하면, 정상상태에서 온도 $T = T(x)$는 오직 x에만 의존한다.

매질(냄비의 바닥부)에서 열발생은 없고 열전도도는 상수로 주어졌다. 그러므로 냄비 바닥부의 온도변화를 나타내는 미분방정식은 단순히 식 (2-17)과 같이 된다.

$$\frac{d^2T}{dx^2}=0$$

이 식은 열전도도가 상수이고 열발생이 없는 조건에서 직교좌표계를 이용한 1차원 정상 열전도 방정식이다.

토의　매질의 표면 조건은 미분방정식에 아무런 영향을 주지 않는다.

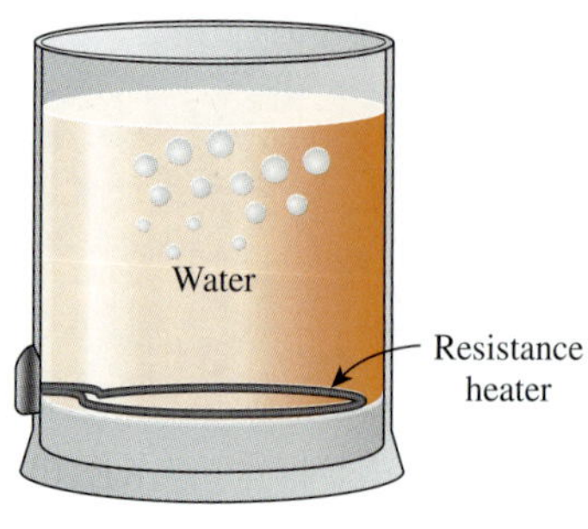

그림 2-18

예제 2-3의 개략도

예제 2-3　전열기에서의 열전도

열전도도 k = 15 W/m·K, 지름 D = 0.4 cm, 길이 L = 50 cm의 2 kW 전열기가 물속에 잠겨서 물을 끓이는 데 사용되고 있다(그림 2-18). 저항선의 온도에 따른 열전도도의 변화를 고려하지 않는다고 가정할 때, 정상상태에서 저항선의 온도변화를 나타내는 미분방정식을 구하여라.

풀이 물을 가열하기 위한 저항선이 있다. 저항선의 온도변화에 대한 미분방정식을 구할 수 있다.

해석 저항선의 길이가 저항선 지름의 100배 이상이므로, 저항선은 매우 긴 원통으로 간주할 수 있다. 또한, 저항선 내부에서 열이 균일하게 발생하고, 저항선 외부표면 조건은 균일하다. 그러므로 저항선 내부에서 온도는 반경 r 방향으로만 변한다고 할 수 있고, 열전달은 1차원 문제로 살펴볼 수 있다. 그렇다면 온도는 r에만 의존하기 때문에 $T = T(r)$로 나타낼 수 있다.

전선의 단위 체적당 열발생률은 다음 식과 같이 구해진다.

$$\dot{e}_{\text{gen}} = \frac{\dot{E}_{\text{gen}}}{V_{\text{wire}}} = \frac{\dot{E}_{\text{gen}}}{(\pi D^2/4)L} = \frac{2000\,\text{W}}{[\pi(0.004\,\text{m})^2/4](0.5\,\text{m})} = 0.318 \times 10^9\ \text{W/m}^3$$

열전도도는 상수이기에, 온도변화를 나타내는 미분방정식은 간단하게 식 (2-27)와 같다.

$$\frac{1}{r}\frac{d}{dr}\left(r\frac{dT}{dr}\right) + \frac{\dot{e}_{\text{gen}}}{k} = 0$$

이 식은 열전도도가 상수이고 열발생이 없는 조건에서 원통좌표계를 이용한 1차원 정상 열전도 방정식이다.

토의 다시 한번 말하지만, 저항선의 표면 조건은 미분방정식에 아무런 영향을 주지 않는다.

예제 2-4 공기 중에서 뜨거운 금속구의 냉각

반경 R인 금속구를 오븐 안에서 600°F로 가열시킨 후 오븐에서 꺼내 T_∞ = 75°F의 공기 중에서 대류와 복사를 통해 냉각시키고 있다(그림 2-19). 금속구의 열전도도는 온도에 따라 선형적으로 변한다. 금속구는 바깥 표면으로부터 균일하게 냉각된다고 가정하고, 냉각이 진행되는 동안 금속구의 온도변화를 나타내는 미분방정식을 구하여라.

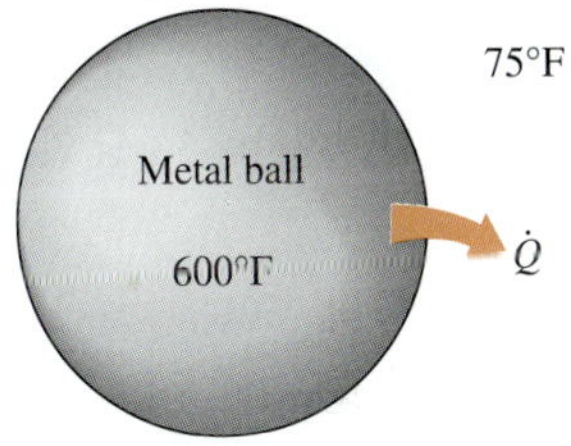

그림 2-19
예제 2-4의 개략도

풀이 가열된 금속구는 주변 공기에 의해 냉각된다. 구의 온도변화에 대한 미분방정식을 구할 수 있다.

해석 초기에 구는 등온도 상태이며, 바깥 표면에서부터 균일하게 냉각된다. 또한, 구 내부 임의의 지점에서의 온도는 냉각되는 동안 시간에 따라 변한다. 구 내부의 온도는 반경 r과 시간 t에 따라 변하기 때문에 이 문제는 1차원 비정상 열전도 문제로 간주할 수 있다. 즉, $T = T(r, t)$이다.

열전도도는 상수가 아닌 변수이며, 구에서 열발생은 없다. 그러므로 식 (2-30)에서 열발생 항을 0으로 간주하여, 구 내부의 온도변화를 설명하는 미분방정식은 다음과 같이 구할 수 있다.

$$\frac{1}{r^2}\frac{\partial}{\partial r}\left(r^2 k\frac{\partial T}{\partial r}\right) = \rho c\frac{\partial T}{\partial t}$$

위의 식은 열전도도가 변수이고 열발생이 없는 조건에서, 구좌표계를 이용한 1차원 비정상 열전도 방정식이다.

토의 구의 겉표면 조건은 미분방정식에 아무런 영향을 주지 않는다는 점에 주의하자.

2-3 ▪ 일반적인 열전도 방정식

앞의 2.2절에서는 1차원 열전도를 살펴보았다. 1차원 열전도에서는 한 방향을 제외한 나머지 방향으로의 열전도는 무시한다고 가정하였다. 실제로 대부분의 열전달 문제는 1차원으로 모사할 수 있기에, 주로 이러한 문제를 이 책에서 다룰 것이다. 그러나 모든 경우가 그러한 것은 아니고, 때로는 다른 방향으로의 열전달을 고려해야 할 필요가 있다. 이러한 열전도를 다차원 열전도라 한다. 이 절에서는 직교좌표계, 원통좌표계, 구좌표계를 이용하여 다차원 문제의 지배 미분방정식을 전개해 보도록 한다.

직교좌표계

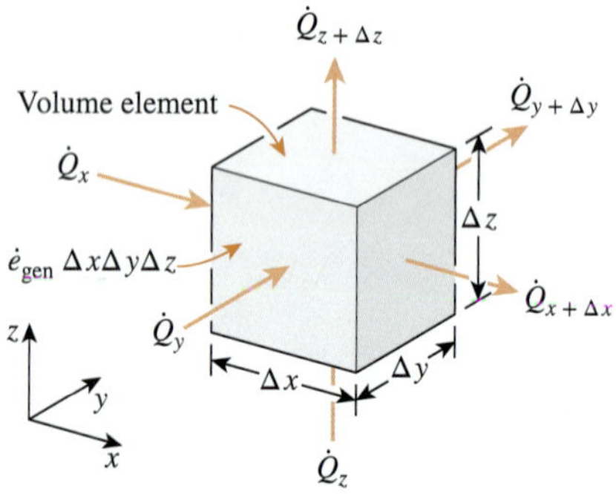

그림 2-20

직사각형 체적 요소에서의 3차원 열전도

그림 2-20에서 나타낸 것과 같이 길이 Δx, 폭 Δy, 높이 Δz인 직육면체 유한요소를 살펴보자. 물체의 밀도는 ρ이고 비열은 c라 가정하자. 미소 시간 Δt 동안 이 유한요소에서의 에너지 평형은 다음과 같이 표현된다.

$$\begin{pmatrix} x,y,z\text{에서의} \\ \text{열전도율} \end{pmatrix} - \begin{pmatrix} x+\Delta x,\, y+\Delta y, \\ z+\Delta z\text{에서의} \\ \text{열전도율} \end{pmatrix} + \begin{pmatrix} \text{유한요소} \\ \text{내부에서의} \\ \text{열발생률} \end{pmatrix} = \begin{pmatrix} \text{유한요소의} \\ \text{에너지 변화율} \end{pmatrix}$$

또는

$$\dot{Q}_x + \dot{Q}_y + \dot{Q}_z - \dot{Q}_{x+\Delta x} - \dot{Q}_{y+\Delta y} - \dot{Q}_{z+\Delta z} + \dot{E}_{\text{gen, element}} = \frac{\Delta E_{\text{element}}}{\Delta t} \tag{2-36}$$

유한요소의 체적은 $V_{\text{emelement}} = \Delta x\Delta y\Delta z$인 점을 고려하여, 유한요소 내에서의 에너지 변화와 열발생률은 다음과 같이 나타낼 수 있다.

$$\Delta E_{\text{element}} = E_{t+\Delta t} - E_t = mc(T_{t+\Delta t} - T_t) = \rho c\Delta x\Delta y\Delta z(T_{t+\Delta t} - T_t)$$
$$\dot{E}_{\text{gen, element}} = \dot{e}_{\text{gen}} V_{\text{element}} = \dot{e}_{\text{gen}}\Delta x\Delta y\Delta z$$

이를 식 (2-36)에 대입하면, 다음의 식을 도출할 수 있다.

$$\dot{Q}_x + \dot{Q}_y + \dot{Q}_z - \dot{Q}_{x+\Delta x} - \dot{Q}_{y+\Delta y} - \dot{Q}_{z+\Delta z} + \dot{e}_{\text{gen}}\Delta x\Delta y\Delta z = \rho c\Delta x\Delta y\Delta z\frac{T_{t+\Delta t} - T_t}{\Delta t}$$

얻어진 수식을 Δx Δy Δz로 나누면,

$$-\frac{1}{\Delta y\Delta z}\frac{\dot{Q}_{x+\Delta x} - \dot{Q}_x}{\Delta x} - \frac{1}{\Delta x\Delta z}\frac{\dot{Q}_{y+\Delta y} - \dot{Q}_y}{\Delta y} - \frac{1}{\Delta x\Delta y}\frac{\dot{Q}_{z+\Delta z} - \dot{Q}_z}{\Delta z} + \dot{e}_{\text{gen}} =$$

$$\rho c\frac{T_{t+\Delta t} - T_t}{\Delta t} \tag{2-37}$$

유한요소의 x, y, z 방향으로의 열전달 면적은 각각 $A_x = \Delta y\Delta z$, $A_y = \Delta x\Delta z$, $A_z = \Delta x\Delta y$이다. 여기서 Δx, Δy, Δz, $\Delta t \rightarrow 0$으로 극한을 취하면 다음과 같은 수식을

얻을 수 있다.

$$\frac{\partial}{\partial x}\left(k\frac{\partial T}{\partial x}\right)+\frac{\partial}{\partial y}\left(k\frac{\partial T}{\partial y}\right)+\frac{\partial}{\partial z}\left(k\frac{\partial T}{\partial z}\right)+\dot{e}_{\text{gen}}=\rho c\frac{\partial T}{\partial t} \tag{2-38}$$

이는 아래와 같은 도함수의 정의와 Fourier의 열전도 법칙으로부터 얻어진 것이다.

$$\lim_{\Delta x\to 0}\frac{1}{\Delta y\Delta z}\frac{\dot{Q}_{x+\Delta x}-\dot{Q}_x}{\Delta x}=\frac{1}{\Delta y\Delta z}\frac{\partial Q_x}{\partial x}=\frac{1}{\Delta y\Delta z}\frac{\partial}{\partial x}\left(-k\Delta y\Delta z\frac{\partial T}{\partial x}\right)=-\frac{\partial}{\partial x}\left(k\frac{\partial T}{\partial x}\right)$$

$$\lim_{\Delta y\to 0}\frac{1}{\Delta x\Delta z}\frac{\dot{Q}_{y+\Delta y}-\dot{Q}_y}{\Delta y}=\frac{1}{\Delta x\Delta z}\frac{\partial Q_y}{\partial y}=\frac{1}{\Delta x\Delta z}\frac{\partial}{\partial y}\left(-k\Delta x\Delta z\frac{\partial T}{\partial y}\right)=-\frac{\partial}{\partial y}\left(k\frac{\partial T}{\partial y}\right)$$

$$\lim_{\Delta z\to 0}\frac{1}{\Delta x\Delta y}\frac{\dot{Q}_{z+\Delta z}-\dot{Q}_z}{\Delta z}=\frac{1}{\Delta x\Delta y}\frac{\partial Q_z}{\partial z}=\frac{1}{\Delta x\Delta y}\frac{\partial}{\partial z}\left(-k\Delta x\Delta y\frac{\partial T}{\partial z}\right)=-\frac{\partial}{\partial z}\left(k\frac{\partial T}{\partial z}\right)$$

식 (2-38)은 직교좌표계에서 일반적인 열전도 방정식을 보여준다. 열전도도가 상수일 때 다음과 같이 단순히 표현된다.

$$\frac{\partial^2 T}{\partial x^2}+\frac{\partial^2 T}{\partial y^2}+\frac{\partial^2 T}{\partial z^2}+\frac{\dot{e}_{\text{gen}}}{k}=\frac{1}{\alpha}\frac{\partial T}{\partial t} \tag{2-39}$$

여기서 $\alpha = k/\rho c$는 물성치로서 물질의 열확산계수이다. 식 (2-39)는 **Fourier-Biot 식**이라 하며, 특정 조건으로는 다음과 같이 간략히 표현된다.

(1) 정상상태:
(Poisson 방정식)

$$\frac{\partial^2 T}{\partial x^2}+\frac{\partial^2 T}{\partial y^2}+\frac{\partial^2 T}{\partial z^2}+\frac{\dot{e}_{\text{gen}}}{k}=0 \tag{2-40}$$

(2) 비정상상태, 열발생 없음:
(확산 방정식)

$$\frac{\partial^2 T}{\partial x^2}+\frac{\partial^2 T}{\partial y^2}+\frac{\partial^2 T}{\partial z^2}=\frac{1}{\alpha}\frac{\partial T}{\partial t} \tag{2-41}$$

(3) 정상상태, 열발생 없음:
(Laplace 방정식)

$$\frac{\partial^2 T}{\partial x^2}+\frac{\partial^2 T}{\partial y^2}+\frac{\partial^2 T}{\partial z^2}=0 \tag{2-42}$$

x 방향으로의 1차원 열전달만을 고려하는 경우, y와 z에 대한 도함수 항들은 소거되어 앞 절에서 살펴본 평면벽에서의 열전달 방정식으로 유도된다는 점을 살펴볼 수 있다(그림 2-21).

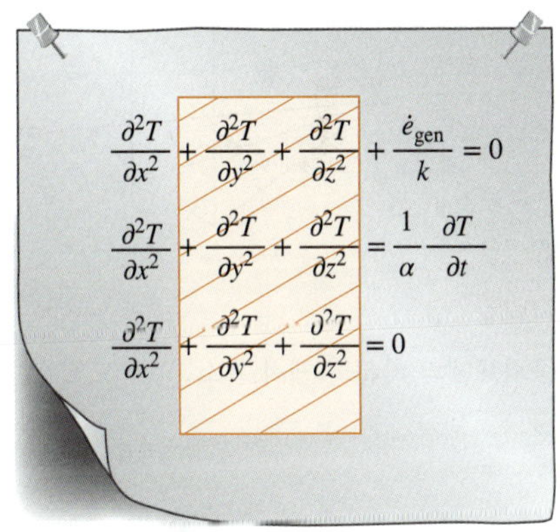

그림 2-21

3차원 열전도 방정식은 온도가 한 방향으로만 변화할 때 1차원 열전도 방정식으로 단순화된다.

원통좌표계

원통좌표계에서 일반적인 열전도 방정식은 그림 2-22에 나타낸 것과 같은 체적 요소에서의 에너지 평형으로부터 유도할 수 있다. 아래의 과정에서 요약하여 살펴볼 수 있다. 또한, 직교좌표계와 원통좌표계 사이의 다음과 같은 관계 수식을 이용하여 식 (2-38)로부터 좌표 변환을 통해 직접 구할 수 있다:

$$x = r\cos\phi, \quad y = r\sin\phi, \quad z = z$$

일련의 수식 정리를 통해 다음의 식을 얻는다.

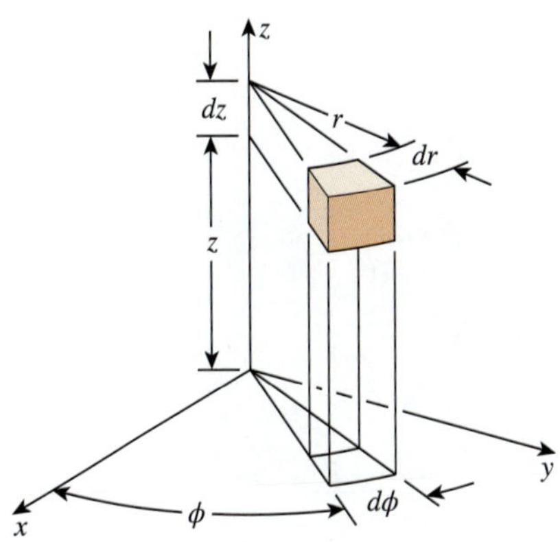

그림 2-22

원통좌표계의 차분화 체적 요소

$$\frac{1}{r}\frac{\partial}{\partial r}\left(kr\frac{\partial T}{\partial r}\right)+\frac{1}{r^2}\frac{\partial}{\partial \phi}\left(k\frac{\partial T}{\partial \phi}\right)+\frac{\partial}{\partial z}\left(k\frac{\partial T}{\partial z}\right)+\dot{e}_{\text{gen}}=\rho c\frac{\partial T}{\partial t} \tag{2-43}$$

여기서 반경(r, radial) 방향, 원주(ϕ, circumferential) 방향, 축(z, axial) 방향으로의 열유속은 각각 다음과 같다:

$$\dot{q}_r=-k\frac{\partial T}{\partial r},\quad \dot{q}_\phi=-\frac{k}{r}\frac{\partial T}{\partial \phi},\quad \dot{q}_z=-k\frac{\partial T}{\partial z}$$

구좌표계

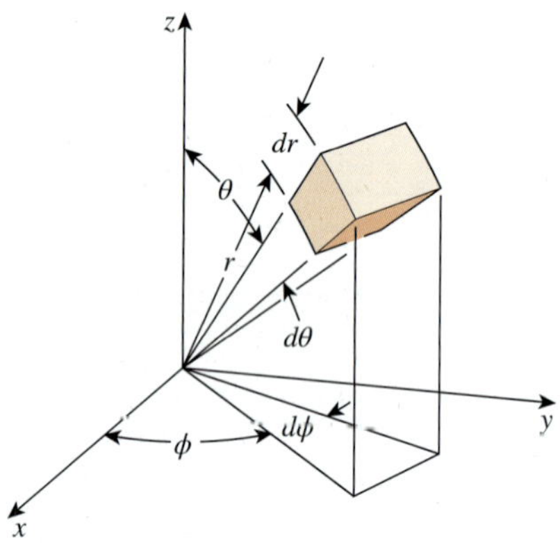

그림 2-23

구좌표계의 차분화 체적 요소

구좌표계에서 일반적인 열전도 방정식은 그림 2-23에 나타낸 것과 같은 체적 요소에서의 에너지 평형으로부터 구할 수 있다. 유도되는 아래의 과정에서 요약하여 살펴볼 수 있다. 또한, 직교좌표계와 구좌표계 사이의 다음과 같은 관계 수식을 이용하여 식 (2-38)로부터 좌표 변환을 통해 직접 구할 수 있다:

$$x=r\cos\phi\,\sin\theta,\quad y=r\sin\phi\,\sin\theta,\quad z=r\cos\theta$$

일련의 수식 정리를 통해 다음의 식을 얻는다.

$$\frac{1}{r^2}\frac{\partial}{\partial r}\left(kr^2\frac{\partial T}{\partial r}\right)+\frac{1}{r^2\sin^2\theta}\frac{\partial}{\partial \phi}\left(k\frac{\partial T}{\partial \phi}\right)+\frac{1}{r^2\sin\theta}\frac{\partial}{\partial \theta}\left(k\sin\theta\frac{\partial T}{\partial \theta}\right)+\dot{e}_{\text{gen}}=\rho c\frac{\partial T}{\partial t} \tag{2-44}$$

여기서 반경(r, radial) 방향, 극(θ, polar) 방향, 방위각(ϕ, azimuthal) 방향으로의 열유속은 각각 다음과 같다:

$$\dot{q}_r=-k\frac{\partial T}{\partial r},\quad \dot{q}_\theta=-\frac{k}{r}\frac{\partial T}{\partial \theta},\quad \dot{q}_\phi=-\frac{k}{r\sin\theta}\frac{\partial T}{\partial \phi}$$

위 미분방정식에 대한 해석 해를 얻기 위해서는 편미분방정식의 해를 구하는 해법 지식이 필요하지만, 이는 이 책에서 다루고자 하는 내용의 범위를 벗어난다. 여기서는 상미분방정식으로 도출되는 1차원 정상상태의 경우에 한정하여 논의하도록 하자.

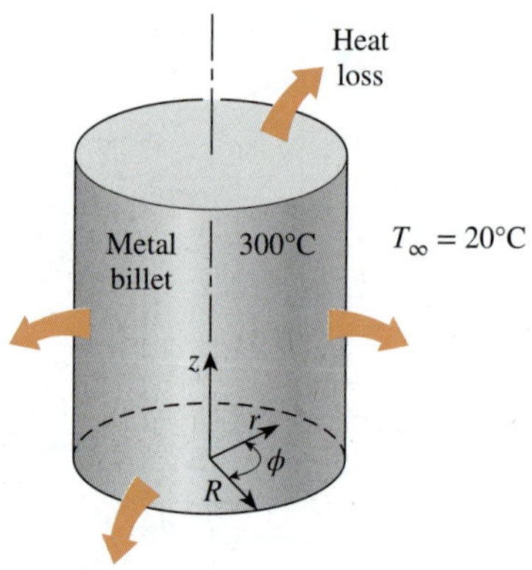

그림 2-24

예제 2-5의 개략도

예제 2-5 짧은 원통에서의 열전도

반경 R, 높이 h인 짧은 원통형 금속 막대를 오븐에 넣어 온도 300°C로 가열한 후, 밖으로 꺼내 대기온도 T_∞ = 20°C에서 대류와 복사를 통해 냉각시키고 있다. 금속 막대의 바깥 표면에서부터 균일하게 냉각되며, 온도에 따른 금속 막대의 열전도도 변화는 무시할 수 있다고 가정한다. 이 경우 냉각이 진행되는 과정에서 금속 막대의 온도변화를 나타내는 미분방정식을 구하여라.

풀이 짧은 원통 형태의 금속 막대는 주위 공기에 의해 냉각된다. 온도변화에 대한 미분방정식을 구할 수 있다.

해석 그림 2-24에 나타낸 것과 같이 초기 금속 막대의 온도는 균일하다. 가로 방향으

로는 반경 r 방향으로, 그리고 상부와 하부 면으로부터는 z 방향으로 균일하게 냉각된다. 또한, 금속 막대 내부 임의의 지점에서는 냉각이 진행되는 도중 시간에 따라서도 온도가 변화한다. 그러므로 반경 방향 r, 축 방향 z, 시간 t에 따라 금속 막대 내부의 온도가 변하는 2차원 비정상 열전도 문제라 할 수 있다. 즉, $T = T(r, z, t)$이다.

열전도도는 일정하고 금속 막대 내에서의 열발생은 없다. 그러므로 금속 막대의 온도 변화를 나타내는 미분방정식은 식 (2-43)에서 열발생 항과 ϕ와 관련된 편미분 항을 0으로 두고서, 다음의 식을 도출할 수 있다.

$$\frac{1}{r}\frac{\partial}{\partial r}\left(kr\frac{\partial T}{\partial r}\right) + \frac{\partial}{\partial z}\left(k\frac{\partial T}{\partial z}\right) = \rho c\frac{\partial T}{\partial t}$$

열전도도가 일정한 경우, 다음과 같이 단순히 표현된다.

$$\frac{1}{r}\frac{\partial}{\partial r}\left(r\frac{\partial T}{\partial r}\right) + \frac{\partial^2 T}{\partial z^2} = \frac{1}{\alpha}\frac{\partial T}{\partial t}$$

토의 경계조건과 초기조건이 미분방정식에 아무런 영향을 주지 않는다는 점에 주의하자.

2-4 ▪ 경계조건과 초기조건

앞서 살펴본 열전도 방정식들은 매질 내 미소체적에 대한 에너지 평형으로부터 전개되었고, 그 식들은 매질 표면에서의 열적 조건에 상관없이 동일하게 적용된다. 즉 미분방정식들은 표면온도 또는 열유속과 같은 표면조건과 관련된 어떠한 정보와도 연관되지 않는다. 그러나 매질 내의 열유속과 온도분포는 표면조건과 관련되어 있다는 점, 매질의 경계면에서 열 조건이 완벽하게 설명되지 않고서는 열전달 문제를 완전히 기술할 수 없다는 점을 우리는 잘 알고 있다. 이러한 경계면에서의 열 조건을 수학식으로는 **경계조건**(boundary conditions)이라 표현한다.

수학적 관점에서 보면, 미분방정식을 풀이한다는 것은 근본적으로 도함수를 제거하는 과정 또는 적분 과정이며, 그러하기에 미분방정식의 해는 일반적으로 임의의 상수를 포함하고 있다(그림 2-25). 문제의 유일해를 얻기 위해서는 지배방정식 이외의 다른 것을 규정해야 할 필요가 있다. 우리는 몇몇 조건(예를 들어 함수의 값 또는 독립변수가 어떤 값일 때 그 미분 값)을 정의해 줌으로써, 특정 지점에서 이들 조건을 충족케 하는 해가 미분방정식에 사용된 임의의 상수 값을 특정지을 수 있도록 한다. 이 경우의 해는 유일해가 된다. 그러나 미분방정식 자체에는 부가적인 정보나 조건에 대한 설명이 없으므로, 경계조건 또는 초기조건의 형태로 이러한 정보를 제공해 줄 필요가 있다.

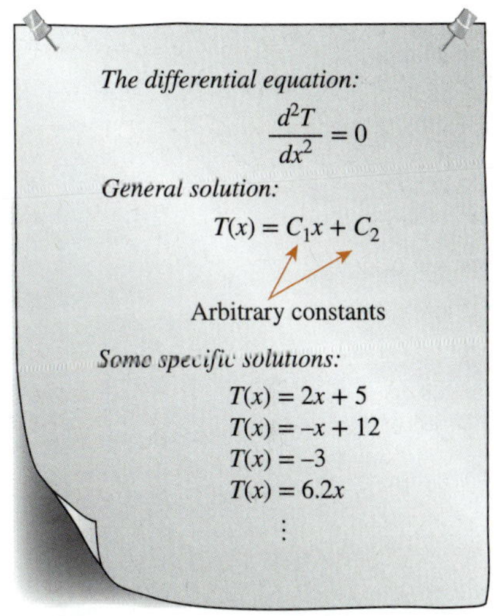

그림 2-25
미분방정식의 일반해는 임의의 상수를 포함하고 있다. 그러므로 무수히 많은 해를 갖는다.

한겨울 벽돌집 벽면에서의 온도변화를 생각해 보자. 벽 임의의 지점에서 온도는 집 안의 공기온도, 바람의 속도와 방향, 외부 벽면에 입사되는 태양에너지와 같은 내부, 외부 두 벽면의 조건과 같은 것들과 관련되어 있다. 즉, 매질 내부 온도분포는 매질 내부 열전달 메커니즘뿐만 아니라 매질 경계면의 조건들에도 의존한다

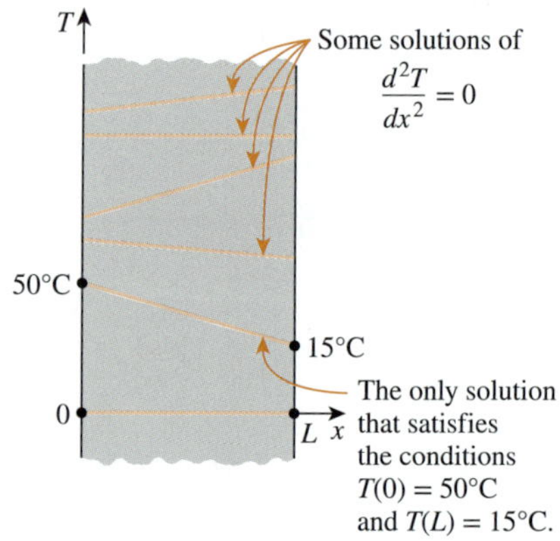

그림 2-26

열전달 문제를 완벽히 기술하기 위해서는 열전달이 발생하는 각 방향마다 2개의 경계조건이 주어져야 한다.

는 것이다. 열전달 문제를 완전히 기술하기 위해서는, 열전달이 일어나는 좌표계 상의 방향마다 두 개의 경계조건이 반드시 제시되어야 한다(그림 2-26). 그러므로 1차원 문제에서는 두 개의 경계조건, 2차원 문제에서는 네 개의 경계조건, 3차원 문제에서는 여섯 개의 경계조건을 규정할 필요가 있다. 예를 들어, 집 벽면의 경우 1차원 열전달 문제로 간주할 시 벽의 두 지점(내부 벽면과 외부 벽면)에서 조건을 규정지을 필요가 있다. 한편 평행육면체에서 3차원 모든 방향으로의 열전달이 중요한 경우에는 총 여섯 개의 경계조건이 주어져야 한다.

살펴본 이러한 물리적 특징은 해당 문제의 수학적 특성과 부합한다. 이는 열전도 방정식은 열전달이 일어나는 모든 방향으로 2계 방정식(즉, 공간적으로 2계 도함수를 포함)으로 나타내지며, 2계 선형 미분방정식의 일반해는 각 방향으로 두 개의 임의의 상수를 포함하기 때문이다. 즉, 한 방향으로 특정하는 데 필요한 경계조건의 수는 해당 방향으로의 미분방정식의 계수(order)와 같다.

앞서 살펴보았던 벽돌 벽면을 다시 생각해 보자. 특정된 시간에 벽면의 한 지점에서의 온도는 열전도가 시작되는 초기의 벽면 조건의 영향을 받는다. 이처럼 $t = 0$일 때 주어지는 조건을 **초기조건**(initial condition)이라 한다. 이는 매질의 초기 온도분포를 수학적으로 표현하는 것이다. 열전도 방정식은 시간에 대해서는 1계(order) 미분식(시간에 대해 온도의 1계 도함수를 포함하고 있다)이기 때문에, 열전도 문제에서는 공간적인 차원과 상관없이 오직 한 개의 초기조건이 필요하다는 점을 참고하자.

직교좌표계에서 초기조건은 일반적으로 다음과 같이 표시된다.

$$T(x, y, z, 0) = f(x, y, z) \tag{2-45}$$

여기서 함수 $f(x, y, z)$는 $t = 0$일 때 매질의 온도분포를 의미한다. 매질의 초기온도가 T_i로 균일하다면 식 (2-45)의 초기조건은 $T(x, y, z, 0) = T_i$로 나타낼 수 있다. 정상상태의 경우, 열전도 방정식은 시간에 대한 어떠한 도함수도 포함하지 않기 때문에 초기조건을 규정할 필요가 없다.

열전도 방정식은 시간에 대해서는 1계 미분방정식이므로 초기조건은 어떠한 도함수도 포함하지 않는다(이는 온도가 규정된 경우에 한정된다). 그러나 열전도 방정식은 공간좌표에 대해서는 2계 미분방정식이므로, 경계조건은 경계면에서 1계 도함수를 포함하거나 주어진 온도 값을 가질 수 있다. 주어진 온도, 주어진 열유속, 대류 및 복사 경계조건이 실제로 가장 흔하게 접하게 되는 경계조건들이다.

1 주어진 온도 경계조건

노출된 표면의 온도는 직접적으로 쉽게 측정할 수 있다. 그러므로 표면의 열 조건을 규정하는 가장 쉬운 방법은 온도를 제시하는 것이다. 예를 들어 두께 L인 평면벽을 통과하는 1차원 열전달의 경우, 지정된 온도 경계조건은 다음과 같이 표현할 수 있다(그림 2-27).

$$T(0, t) = T_1$$
$$T(L, t) = T_2 \quad \textbf{(2-46)}$$

여기서 T_1과 T_1는 각각 $x = 0$, $x = L$에서의 표면온도이다. 주어진 온도는 정상 열전도인 경우에는 상수일 수 있으며, 또는 시간에 따라 변할 수도 있다.

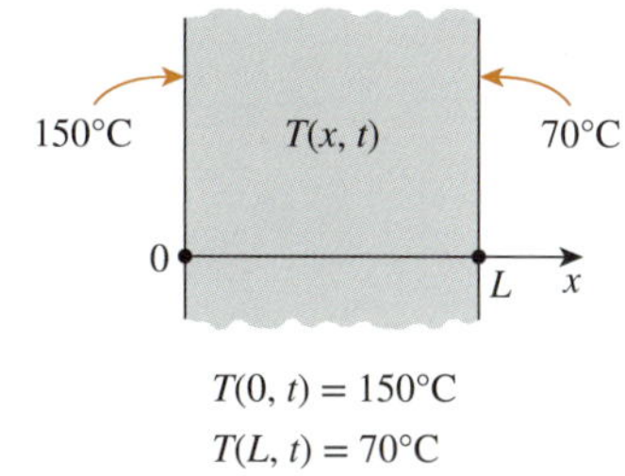

그림 2-27

평면벽 양쪽 표면에서 제시된 온도 경계조건

2 주어진 열유속 경계조건

표면에서 에너지의 상호작용에 관한 충분한 정보가 있는 경우 열전달률, 즉 열유속 $\dot{q}$(단위 면적당 열전달률, W/m²)를 규정하는 것이 가능하며, 이 정보는 경계조건 중의 하나로 사용될 수 있다. 매질의 경계를 포함한 내부 어느 위치에서라도 양의 x 방향으로의 열유속은 Fourier의 열전도 법칙에 따라 다음과 같이 나타낼 수 있다.

$$\dot{q} = -k\frac{\partial T}{\partial x} = \left(\begin{array}{c}\text{양의 } x \text{ 방향으로의} \\ \text{열유속}\end{array}\right) \quad (\text{W/m}^2) \quad \textbf{(2-47)}$$

경계면에서 경계조건은 $-k(\partial T/\partial x)$와 동일한 크기의 열유속을 제시함으로써 규정할 수 있다. 열유속에 대한 부호는 열유속이 좌표축을 따라 증가하는 방향이면 양(+), 반대 방향이면 음(−)의 값을 갖는다. 제시된 열유속에 대해 정확한 부호를 사용하는 것은 매우 중요하다는 점에 유의하자. 잘못된 부호의 사용은 열전달의 방향을 반대로 만들거나, 열 획득을 열손실로도 해석할 수 있기 때문이다(그림 2-28).

예를 들어 두께 L인 평판의 양쪽 면에 50 W/m²의 열유속이 가해지는 경우, 주어진 열유속 경계조건은 다음과 같이 표현할 수 있다.

$$-k\frac{\partial T(0, t)}{\partial x} = 50 \quad \text{그리고} \quad -k\frac{\partial T(L, t)}{\partial x} = -50 \quad \textbf{(2-48)}$$

$x = L$ 지점에서 열유속은 음의 x 방향이고, 그 값은 −50 W/m²임에 유의하자. 이 경우 그림 2-28에서 $x = L$ 지점의 열유속 방향은 화살표의 반대 방향이다.

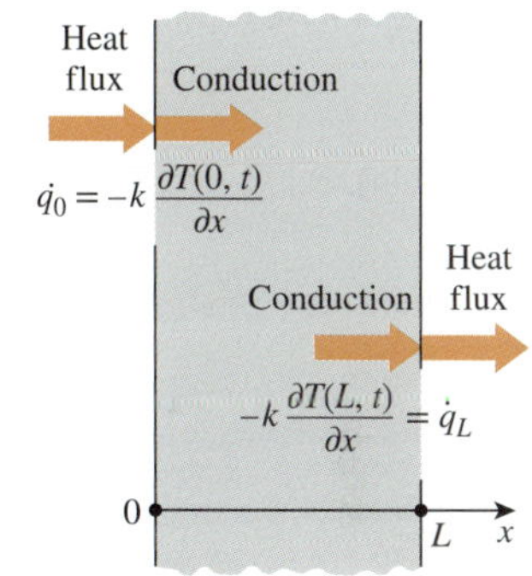

그림 2-28

평면벽 양쪽 표면에 제시된 열유속 경계조건

특수한 경우: 단열 경계

실제로 어떤 표면은 열손실(또는 열획득)을 최소화하기 위해 때때로 단열을 시키기도 한다. 단열은 열전달을 감소시키지만, 두께가 무한대가 되지 않는 한 열전달을 완전히 제거할 수는 없다. 그러나 적절한 단열 면을 통한 열전달은 0으로 취할 수 있다. 왜냐하면, 충분한 단열을 통해서 열전달을 거의 무시할 수 있을 정도로 감소시킬 수는 있기 때문이다. 그러므로 잘 단열된 표면은 열유속을 0인 표면으로 규정할 수 있다. 완벽히 단열된 표면(예를 들면 $x = 0$에서)의 경계조건은 다음과 같이 나타낼 수 있다(그림 2-29).

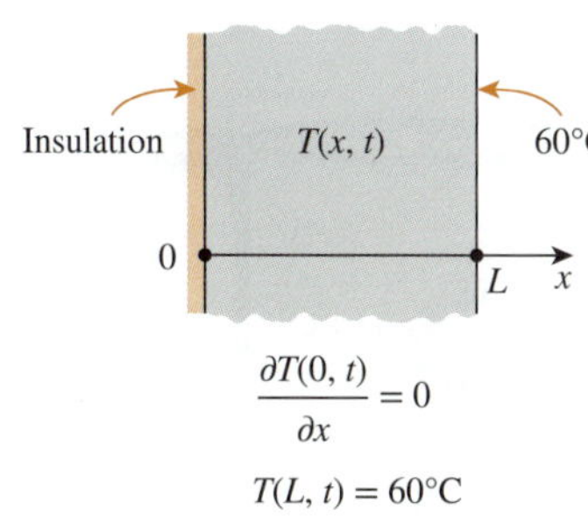

그림 2-29

단열 평면에 제시된 온도 경계조건

$$k\frac{\partial T(0, t)}{\partial x} = 0 \quad \text{or} \quad \frac{\partial T(0, t)}{\partial x} = 0 \qquad \text{(2-49)}$$

즉, 단열 면에서는 그 면에 수직방향으로 공간 변수에 관한 온도의 1계 도함수(온도구배)는 0이다. 단열 면에서 온도의 변화율이 0이 되므로, 온도함수는 단열 면에 수직을 이룬다는 것을 의미하기도 한다.

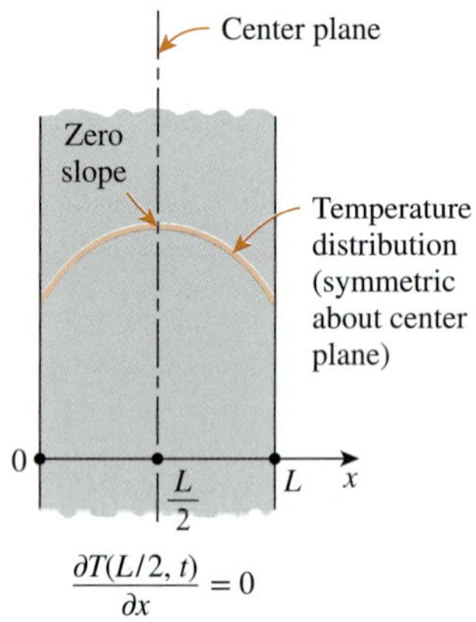

그림 2-30

평면벽 중심 면에서의 열적 대칭 경계조건

또 다른 특수한 경우: 열적 대칭성

어떤 열전달 문제는 대칭적인 열적 조건으로 인해 열적 대칭성을 보이기도 한다. 예를 들면 두께 L인 크고 뜨거운 평판이 공기 중에 수직으로 매달려 있을 때 양쪽 두 표면은 동일한 열적 조건에 놓여있다. 이 경우, 평판의 반쪽은 나머지 다른 반쪽과 동일한 온도분포를 갖게 된다. 즉, 이 평판의 열전달 문제는 $x = L/2$인 중심 면을 기준으로 열적 대칭성을 보이게 된다. 또한, 평판의 임의의 지점에서 열 유동은 표면을 향하는 방향으로 흐르고, 중심 면에서는 열 유동이 존재하지 않는다. 그러므로 평판의 중심 면은 단열 면으로 간주할 수 있고, 이와 같은 대칭면에서의 열적 조건은 다음과 같이 표시할 수 있다(그림 2-30).

$$\frac{\partial T(L/2, t)}{\partial x} = 0 \qquad \text{(2-50)}$$

이는 단열 또는 열유속이 0인 경계조건과 흡사하다. 이 결과는 중심 면에서 극점(최대점)에서의 온도 분포곡선으로부터 유도될 수 있고, 결국 기울기가 0인 것을 의미하기도 한다.

원통형(또는 구형) 물체가 중심선(또는 중심점)에 대해 열적 대칭성을 갖는 경우, 반경 r에 대한 온도의 1계 도함수가 중심선(또는 중심점)에서 0이 되어야 한다는 것이 열적 대칭 경계조건임을 의미한다.

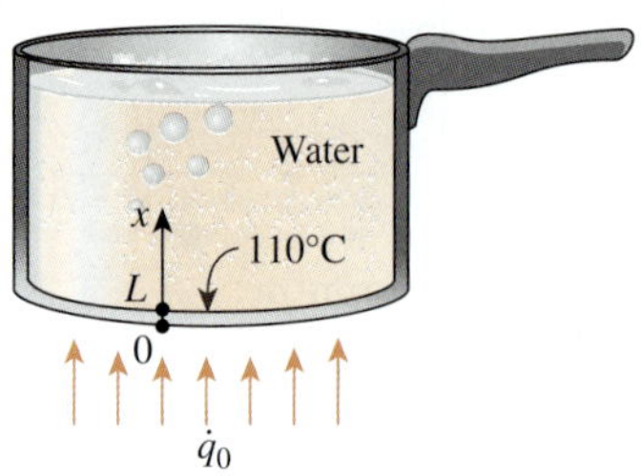

그림 2-31

예제 2-6 개략도

예제 2-6 열유속 경계조건

전기 가열기 위에서 쇠고기 스튜를 조리하기 위해 알루미늄 냄비가 놓여있다. 냄비 바닥면의 지름은 $D = 20$ cm이고 두께는 $L = 0.3$ cm이다. 전기 가열기의 가열부는 조리 중에 800 W의 전력을 소비하며, 발생된 열의 90%가 냄비에 전달된다. 정상상태에 이르렀을 때 냄비 안쪽 면의 온도는 110°C로 측정되었다. 조리하는 동안 냄비 바닥면의 경계조건을 나타내라.

풀이 알루미늄 냄비가 전기 가열기 위에 놓여있다. 냄비 바닥면에 대한 경계조건을 구할 수 있다.

해석 냄비의 바닥면을 통한 열전달은 밑바닥에서 위쪽으로 향하고, 1차원 열전달로 간주할 수 있다. 그림 2-31에서와 같이 냄비 바닥면에 원점을 잡고, 그 수직인 방향으로 x축을 잡는다. 그러면 바닥의 바깥 면과 안쪽 표면은 각각 $x = 0$, $x = L$로 나타낼 수 있

다. 정상상태에서 온도는 x에만 의존하며, $T = T(x)$로 나타낼 수 있다.

냄비 바닥의 바깥 면에서 800 W 중 90%(즉, 720 W)가 팬으로 전달된다고 하였으므로, 냄비 바닥 $x = 0$인 바깥 면에서의 경계조건은 열유속이 주어진 조건으로 간주할 수 있다. 그러므로,

$$-k\frac{dT(0)}{dx} = \dot{q}_0$$

이며, 여기서

$$\dot{q}_0 = \frac{\text{열전달률}}{\text{바닥 표면적}} = \frac{0.720 \text{ kW}}{\pi(0.1 \text{ m})^2} = 22.9 \text{ kW/m}^2$$

이다. 냄비 바닥의 안쪽 면은 110°C로 주어졌으므로, 이 표면의 경계조건은 다음과 같이 표현할 수 있다.

$$T(L) = 110°\text{C}$$

여기서 $L = 0.003$ m이다.

토의 경계조건을 규정할 때에는 약간의 논리적 사고와 추정이 필요하다는 점에 유의하자.

3 대류 경계조건

열전달이 일어나는 대부분 표면은 특정한 온도의 대기에 노출되어 있기 때문에 실제로 가장 흔히 접하는 경계조건은 바로 대류 조건이다. 대류 경계조건은 다음과 같은 표면에서의 에너지 평형에 근거를 두고 있다.

$$\begin{pmatrix}\text{표면에서}\\ \text{지정된 방향으로의}\\ \text{열전도}\end{pmatrix} = \begin{pmatrix}\text{표면에서}\\ \text{동일 방향으로의}\\ \text{대류}\end{pmatrix}$$

두께 L의 평판에서 x 방향으로서의 1차원 열전달의 경우, 평판 양쪽 표면에서의 대류 경계조건은 다음과 같다.

$$-k\frac{\partial T(0, t)}{\partial x} = h_1[T_{\infty 1} - T(0, t)] \quad \textbf{(2-51a)}$$

그리고

$$-k\frac{\partial T(L, t)}{\partial x} = h_2[T(L, t) - T_{\infty 2}] \quad \textbf{(2-51b)}$$

여기서 그림 2-32에 나타낸 것과 같이 h_1과 h_1는 대류열전달계수이고, $T_{\infty 1}$과 $T_{\infty 2}$는 평면벽 양쪽 표면을 에워싸고 있는 주변부 온도를 의미한다.

대류 경계조건에 관한 식 (2-51)을 표기할 때, 양쪽 표면에서 열전달의 방향을 양의 x 방향으로 잡았다. 그러나 이러한 표기는 한쪽 또는 양쪽 표면에서 열전달의 방향이 반대일 때도 동일하게 적용할 수 있다. 표면에서 열전달 방향을 반대로 바꾸는 것은 표면에서 전도 및 대류 항 모두 단순히 부호가 반대로 바뀌는 것을 의미

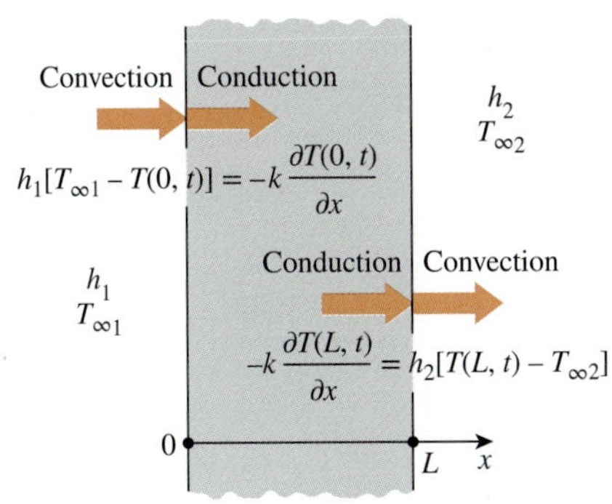

그림 2-32
평면벽의 두 표면에 제시된 대류 경계조건

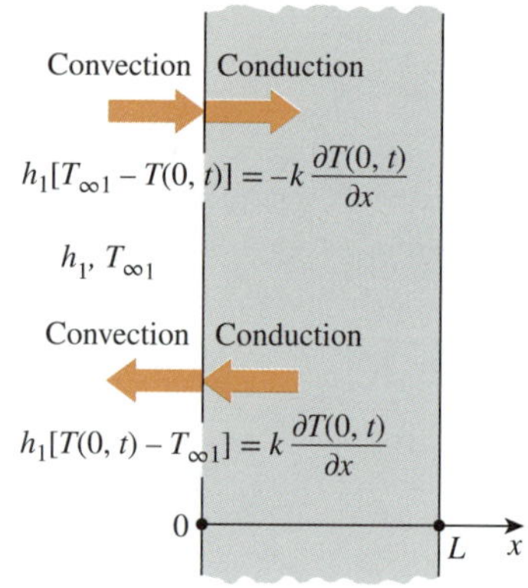

그림 2-33

경계면에서 가정한 열전달 방향은 경계조건 표현에 아무런 영향을 주지 않는다.

한다. 이는 식에 −1을 곱하는 것과 같으며, 등식 자체에는 아무런 영향을 미치지 않는다(그림 2-33). 열전달의 방향을 어느 한 방향으로 선택할 수 있다는 것이 그나마 다행인데, 표면에서 온도와 열전달의 방향을 모를 때가 종종 있다. 이러한 점은 추후 간략하게 살펴볼 복사조건, 복합 경계조건과 같은 다른 형태의 경계조건들을 살펴볼 때도 유효하다.

두께가 0인 표면은 질량이 없으므로 에너지를 저장할 수 없다. 그러므로 한쪽 면으로부터 유입되는 총 열량은 다른 쪽 면으로 반드시 빠져나가야만 한다. 대류 경계조건은 열이 물체로부터 주변 대기로 고정된 비율로 계속해서 흐르는 상태를 의미하며, 전도에 의해 표면까지 전달된 열이 주변 대기로 전달되기 위하여 대류의 형태로 그 전달 수단이 바뀐 것이다(그 반대의 경우에도 적용된다). 이것은 사람들이 육지에서 버스로 여행하다가 부두에서 배로 갈아타는 것과 유사하다. 만약 부두 주위에서 별도로 떠돌아다니는 사람이 없다면, 해변에서 버스에서 하차한 사람의 비율과 배에 탑승한 사람의 비율은 동일해야 한다. 우리는 이를 "사람의 보존" 원칙이라 부를 수 있을 것이다.

또한, 표면의 온도 $T(0, t)$와 $T(L, t)$는 알지 못한다는 점에 유의하자(만약 이들 표면온도를 알 수 있다면, 주어진 온도를 경계조건으로 사용할 수 있을 것이다. 이 경우 굳이 대류에 대해 신경 쓸 필요가 없다). 한편, 해 $T(x, t)$가 구해지기만 한다면 x 대신 표면에 해당하는 값을 대입하여 표면온도 값을 구할 수 있다.

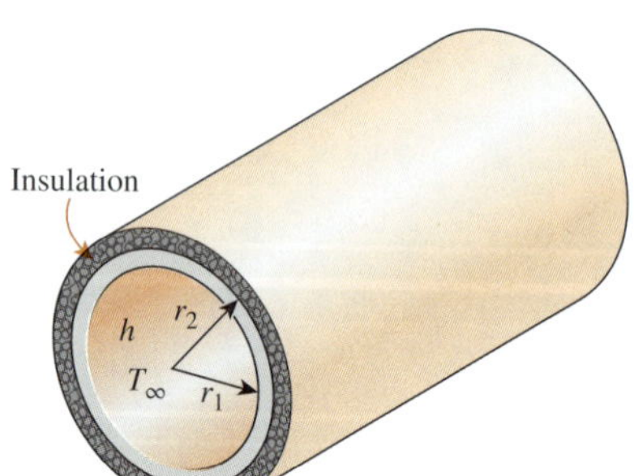

그림 2-34

예제 2-7의 개략도

예제 2-7　　대류와 단열 경계조건

그림 2-34과 같이 평균온도 $T_\infty = 200°C$인 증기가 배관 내부를 흐르고 있다. 배관의 내부 반경과 외부 반경은 각각 $r_1 = 8$ cm, $r_2 = 8.5$ cm이며, 배관의 외부표면은 잘 단열되어 있다. 배관 내부표면에서 대류열전달계수 $h = 65$ W/m²·K일 때, 비정상상태 과정 중 배관 내부표면과 외부표면의 경계조건을 설명하여라.

풀이 증기는 단열된 배관을 통해 흐르고 있다. 배관 내부와 외부표면에서 경계조건을 구할 수 있다.

해석 비정상상태 과정 초기에 배관을 통한 열전달은 반경 방향으로 지배적으로 발생하므로, 이는 1차원 문제로 다룰 수 있다. 그렇다면 배관 내부의 온도는 반경 r과 시간 t에 따라 변한다. 즉, $T = T(r, t)$이다.

배관 내부표면과 증기 사이에 일어나는 열전달은 대류에 의해 이루어진다. 여기서 열전달의 방향을 양의 반경 r 방향으로 잡게 되면, 내부표면에서의 경계조건은 다음과 같이 나타낼 수 있다.

$$-k\frac{\partial T(r_1, t)}{\partial r} = h[T_\infty - T(r_1)]$$

배관의 외부표면은 잘 단열되었다고 하였으므로, 배관 외부표면을 통한 열전달은 무시된다고 볼 수 있다. 그렇다면 외부표면의 경계조건은 다음 식과 같이 표시된다.

$$\frac{\partial T(r_2, t)}{\partial r} = 0$$

토의 배관 외부표면에서는 시간에 무관하게 항상 온도구배가 0임에 유의하자.

4 복사 경계조건

우주 및 극저온 분야의 일부 응용에서는 열전달 표면이 진공상태에 놓인 경우를 찾아볼 수 있다. 이로 인하여 표면과 주위 매질 간의 대류열전달은 존재하지 않는다. 그러한 경우 표면과 주위 사이의 유일한 열전달 메커니즘은 복사이다. 에너지 평형에 따라, 표면에서의 복사 경계조건을 다음과 같이 나타낼 수 있다.

$$\begin{pmatrix} \text{표면에서} \\ \text{지정된 방향으로의} \\ \text{열전도} \end{pmatrix} = \begin{pmatrix} \text{표면에서} \\ \text{같은 방향으로의} \\ \text{복사 열교환} \end{pmatrix}$$

두께 L인 평판에서 x 방향으로의 1차원 열전달의 경우, 평판의 양쪽 표면에서의 복사 경계조건은 다음과 같이 나타낼 수 있다(그림 2-35).

$$-k\frac{\partial T(0, t)}{\partial x} = \varepsilon_1\sigma[T^4_{\text{surr, 1}} - T(0, t)^4] \quad \text{(2-52a)}$$

$$-k\frac{\partial T(L, t)}{\partial x} = \varepsilon_2\sigma[T(L, t)^4 - T^4_{\text{surr, 2}}] \quad \text{(2-52b)}$$

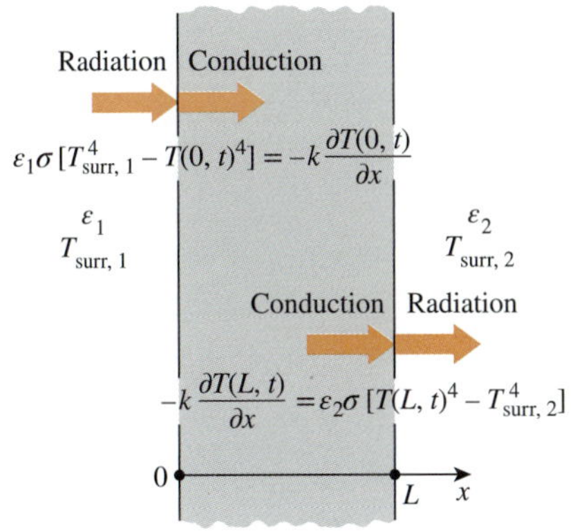

그림 2-35

평면벽 양쪽 표면의 복사 경계조건

여기서 ε_1과 ε_2는 각 경계 표면에서의 방사율(emissivity), $\sigma = 5.67 \times 10^{-8}$ W/m² K⁴는 Stefan-Boltzmann 상수, $T_{\text{surr, 1}}$과 $T_{\text{surr, 2}}$는 평판의 양쪽으로 둘러싸고 있는 외부표면의 평균온도를 의미한다. 복사열전달의 계산 온도는 반드시 절대온도 K(°C가 아님)로 사용된다는 점에 유의하자.

복사 경계조건은 온도의 4제곱 항을 포함하고 있으므로 비선형 조건이다. 그 결과로 미지의 계수에 대한 거듭제곱을 가지므로 이러한 경계조건의 적용 시에는 미지의 계수 값들을 구하기가 매우 어렵다. 그러므로 비선형으로 인해 수반되는 난해함을 피하기 위해 열전달 해석 과정에서 표면에서의 복사 열교환을 무시할 때가 있다. 다만 표면에서의 복사 열전달은 미미하고, 대류에 의한 열전달이 지배적인 특수한 경우일 때 유효하다.

5 접촉면 경계조건

어떤 물체는 서로 다른 물질의 층상구조로 이루어진 경우가 있다. 이러한 매질에 대한 열전달 문제를 풀기 위해서는 각 층에 대한 열전달 문제의 해를 구할 필요가 있다. 즉, 각 계면에서 순차적으로 경계조건을 규정할 필요가 있다.

계면(interface)에서의 경계조건은 다음의 조건들을 충족시키는 경우에 기초한다. (1) 접촉한 두 물체는 반드시 접촉면에서 동일한 온도를 갖는다. (2) 접촉면은

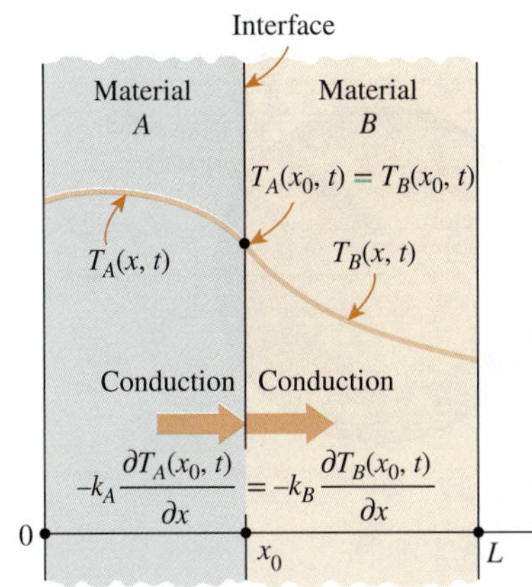

그림 2-36

두 물체가 완벽한 접촉을 하고 있는 계면의 경계조건

에너지를 저장할 수 없으며, 그렇기에 접촉면 양쪽에서의 열유속은 반드시 같아야 한다. 두 물체 A와 B가 완벽히 접촉해 있는 접촉면 $x = x_0$에서 경계조건은 다음과 같이 표현할 수 있다(그림 2-36).

$$T_A(x_0, t) = T_B(x_0, t) \tag{2-53}$$

그리고

$$-k_A \frac{\partial T_A(x_0, t)}{\partial x} = -k_B \frac{\partial T_B(x_0, t)}{\partial x} \tag{2-54}$$

여기서 k_A와 k_B는 각각 층 A와 B의 열전도도를 의미한다. 불완전한 접촉인 경우에 발생하는 열접촉저항에 대해서는 3장에서 다루도록 한다.

6 일반화된 경계조건

지금까지 우리는 열유속, 대류, 또는 복사와 같은 조건 중 하나의 단일 모드만이 단순하게 규정된 표면에서의 열전달을 다루어보았다. 그러나 일반적으로 표면에서의 열전달은 대류, 복사 및 열유속 등이 동시에 존재한다. 이러한 경우의 경계조건 또한 표면에서의 에너지 평형을 통해 설명할 수 있다.

$$\begin{pmatrix}\text{모든 모드를 통해}\\ \text{표면으로 들어오는}\\ \text{열전달}\end{pmatrix} = \begin{pmatrix}\text{모든 모드를 통해}\\ \text{표면에서 방출되는}\\ \text{열전달}\end{pmatrix} \tag{2-55}$$

예제 2-8과 2-9에서 그림을 통해 나타내었다.

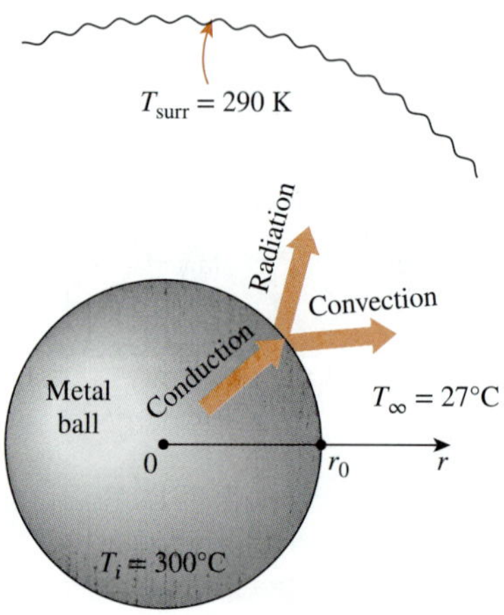

그림 2-37

예제 2-8의 개략도

예제 2-8　　대류와 복사의 복합 조건

반경 r_0인 금속구를 오븐에서 균일하게 300°C로 가열시킨다. 가열 후 금속구를 오븐에서 꺼내어 그림 2-37과 같이 온도 T_∞ = 27°C인 공기 중에서 냉각시킨다. 구의 열전도도는 k = 14.4 W/m·K이고, 구의 바깥 표면에서 평균 대류열전달계수는 h = 25 W/m²·K이다. 구 바깥 표면의 방사율은 ε = 0.6이고, 구를 둘러싸고 있는 주변부 표면의 평균온도는 T_{surr} = 290 K이다. 구는 바깥 표면에서부터 전체적으로 균일하게 냉각된다고 가정할 때, 냉각과정 동안 금속구의 초기조건과 경계조건을 설명하여라.

풀이　뜨거운 금속구의 냉각과정을 떠올려 보자. 초기조건과 경계조건을 구하고자 한다.

해석　금속구는 초기에 온도가 균일하고, 전체 바깥 표면부터 균일하게 냉각된다. 그러므로 구 온도는 반경 r과 시간 t에 따라서만 변하게 되므로, 이 문제는 1차원 비정상 열전달 문제로 다룰 수 있다. 즉, $T = T(r, t)$이다. 금속구를 오븐에서 꺼내는 순간을 시간 t = 0으로 본다면, 초기조건은 다음과 같이 나타낼 수 있다.

$$T(r, 0) = T_i = 300°\text{C}$$

구 안에서 등온선은 중심을 공유하는 구의 형태로 형성되기 때문에, 중심(r = 0)에 대하여 대칭을 이룬다. 그러므로 구의 중심을 통과하는 열은 존재하지 않는다. 이에 구 중심의 경계조건은 다음과 같이 나타낼 수 있다.

$$\frac{\partial T(0, t)}{\partial r} = 0$$

금속구의 표면으로 전도된 열은 대류와 복사에 의해 주위로 전달된다. 양의 r 방향으로 열전달 방향을 잡는다면, 구의 바깥 표면에서의 경계조건은 다음과 같이 나타낼 수 있다.

$$-k\frac{\partial T(r_0, t)}{\partial r} = h[T(r_0) - T_\infty] + \varepsilon\sigma[T(r_0)^4 - T_{surr}^4]$$

토의 위의 관계식에서 $r = 0$와 r_0에서의 온도 및 도함수 값을 제외한 모든 값을 알고 있다. 또한, 식을 단순화시키기 위하여 경계조건에서 복사의 영향을 가끔 배제하기도 한다. 이 경우 복사가 영향을 미치는 정도만큼을 대류열전달계수에 보상하여 수식을 나타내기도 한다. 이때의 대류열전달계수 h는 복합열전달계수가 된다.

예제 2-9 대류, 복사 및 열유속 복합 조건

남향의 집에서 벽의 두께는 L = 0.2 m이다. 집의 외벽은 태양 복사에너지에 노출되어 있고, 태양복사에 대한 흡수율은 α = 0.5이다. 집 내부의 온도는 $T_{\infty1}$ = 20°C이며, 집 외부의 공기온도는 $T_{\infty2}$ = 5°C이다. 집 외벽 표면에서의 복사 열교환을 고려하기 위하여 하늘과 지면, 그리고 집 주위 건축물 등을 유효온도 T_{sky} = 255 K인 하나의 표면으로 단순화하여 간주한다. 내벽과 외벽, 내벽과 바닥, 내벽과 천장 간의 복사는 무시한다. 내벽과 외벽의 대류열전달계수는 각각 h_1 = 6 W/m²·K, h_2 = 25 W/m²·K이다. 벽 재질의 열전도도는 k = 0.7 W/m·K이고, 외벽의 방사율은 ε_2 = 0.9이다. 벽을 통한 열전달은 1차원 정상상태라고 가정할 때, 내벽과 외벽의 경계조건을 설명하여라.

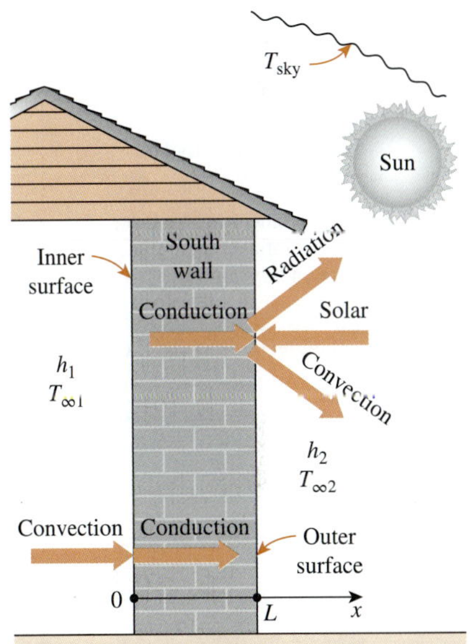

그림 2-38
예제 2-9의 개략도

풀이 태양복사에 노출된 집 외벽을 떠올려 보자. 벽의 내벽과 외벽 표면에서의 경계조건을 구해보도록 한다.

해석 그림 2-38에 나타낸 바와 같이 벽의 안쪽 표면에 원점을 잡고 벽에 수직인 방향으로 x축을 잡는다. 벽을 통한 열전달은 1차원 정상상태라 하였기에 온도는 시간과 무관하며, 오로지 x에만 의존한다. 즉, $T = T(x)$이다.

$x = 0$인 내벽에서는 어떠한 복사 또는 규정된 열유속과도 연관되지 않았기 때문에, 전형적인 대류 조건이다. 열전달의 방향을 양의 x 방향으로 잡게 되면, 내벽의 경계조건은 다음과 같이 나타낼 수 있다.

$$-k\frac{dT(0)}{dx} = h_1[T_{\infty1} - T(0)]$$

$x = L$인 외벽은 보다 일반적인 조건으로서 전도, 대류, 복사 및 규정된 열유속 등을 포함하고 있다. 열전달의 방향을 양의 x 방향으로 잡게 되면, 외벽의 경계조건은 다음과 같이 나타낼 수 있다.

$$-k\frac{dT(L)}{dx} = h_2[T(L) - T_{\infty2}] + \varepsilon_2\sigma[T(L)^4 - T_{sky}^4] - \alpha\dot{q}_{solar}$$

여기서 $\dot{q}_{solar}$는 태양으로부터 입사되는 열유속이다.

토의 열전달의 방향을 반대 방향으로 삼는다면, −1을 곱한 것과 같은 결과를 얻게 되며 위에서 살펴본 관계식과 동일하다. 이 관계에서 온도와 두 경계에서의 도함수들을 제외한 나머지 수치들에 대해서는 모두 알고 있다.

열전달 문제는 각기 다른 표면에서 서로 다른 종류의 경계조건을 갖는다는 사실에 유의하자. 예를 들면, 한 평판이 다른 표면으로부터 대류에 의해 열을 잃거나 얻는 동안에 열유속 조건과 연관될 수도 있다. 또한, 동일 경계에서 한 방향으로 두 개의 경계조건이 규정될 수도 있고 다른 경계에서는 어떠한 경계조건도 정의되지 않을 수 있다. 예를 들면, 두께 L인 평판의 $x = 0$ 지점에서 온도와 열유속을 규정하게 되면 $x = L$인 지점에서의 온도를 포함하여, 1차원 정상상태 온도분포에 대한 유일해를 도출할 수 있다. 굳이 필요한 것은 아니지만 지정된 방향으로 두 개 이상의 경계조건을 규정하는 것이 잘못된 것은 아니다. 이러한 경우 추가로 제시된 조건은 결과를 재차 확인하기 위해 사용될 수 있다.

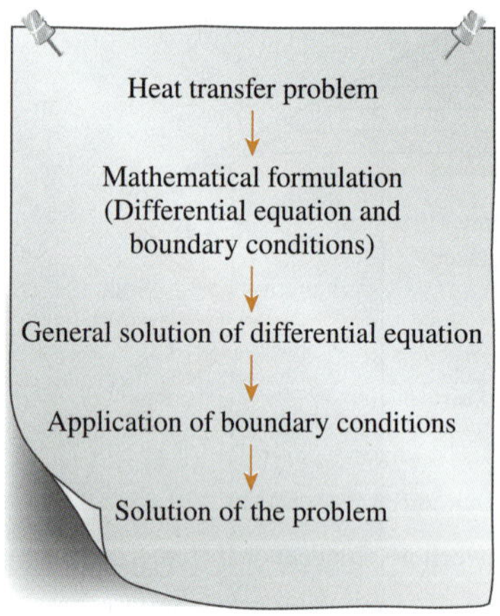

그림 2-39
열전달 문제를 풀이하기 위한 기본적인 과정

2-5 ▪ 1차원 정상 열전도 문제의 해

지금까지 우리는 다양한 좌표계에 따라 열전도 미분방정식을 유도해보고, 경계조건들에 대하여 논의해 보았다. 열전도 문제는 적절한 미분방정식과 경계조건들의 조합을 규정함으로써 수식화하여 표현할 수 있다.

이 절에서는 직교좌표계, 원통좌표계 및 구좌표계를 이용하여 다양한 열전도 문제를 풀어 볼 것이다. 다만 1차원 정상 열전도 문제와 같이 상미분방정식으로 도출되는 문제에 한하여 다루어보고자 한다. 또한, 열전도도가 일정하다고 가정하여 문제를 다루어보고자 한다. 이 장의 후반부에서는 열전도도가 변하는 경우에 대해서도 다루어 볼 것이다. 만약 아직 미분방정식에 대한 개념을 파악하지 못했더라도 당황할 필요는 없다. 1차원 정상 열전도 문제를 해결하는 데는 간단한 적분만 알면 충분하다.

열전도 문제를 풀이하는 절차는 다음과 같이 요약할 수 있다. (1) 가장 단순한 형태로 적합한 미분방정식을 표현하고, 경계조건을 규정하여 문제를 수식화한다. (2) 미분방정식의 일반해를 구한다. (3) 경계조건을 적용하여 일반해에 포함된 임의의 상수 값을 얻어낸다(그림 2-39). 다음의 예제들을 통해 살펴보도록 하자.

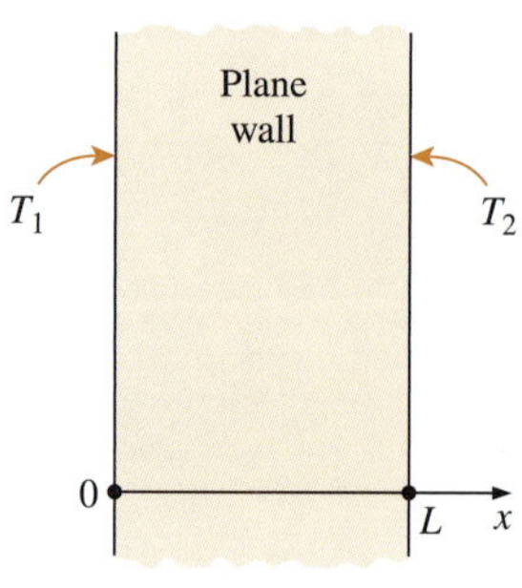

그림 2-40
예제 2-10의 개략도

예제 2-10 평면벽에서의 열전도

두께 $L = 0.2$ m, 열전도도 $k = 1.2$ W/m·K, 면적 $A = 15$ m^{2}인 평면벽이 있다. 평면벽의 양쪽 면은 그림 2-40과 같이 각각 $T_1 = 120°C$와 $T_2 = 50°C$로 일정하게 유지되고 있다. (*a*) 평면벽 내부에서의 온도분포와 함께 $x = 0.1$ m 지점에서의 온도를 구하고, (*b*)

정상상태 조건에서 평면벽을 통과하는 열전도율을 구하여라.

풀이 평면벽 표면에서의 온도 값이 제시되었다. 온도변화와 열전달률을 구해야 한다.

가정 **1.** 열전도는 정상상태이다. **2.** 평면벽은 두께에 비하여 매우 크므로 1차원 열전도이고, 양 표면의 열 조건은 균일하다. **3.** 열전도도는 일정하다. **4.** 열발생은 없다.

물성치 열전도도 $k = 1.2$ W/m·K가 제시되었다.

해석 (*a*) 표면에 수직인 방향을 x 방향으로 잡으면, 이 문제의 미분방정식은 다음과 같이 나타낼 수 있다.

$$\frac{d^2T}{dx^2} = 0$$

경계조건은 다음과 같다.

$$T(0) = T_1 = 120°\text{C}$$
$$T(L) = T_2 = 50°\text{C}$$

미분방정식은 2계 선형이며, 간단히 살펴보면 도함수를 포함한 한 개의 항만을 갖고 있으며 미지 함수 T를 포함한 항은 추가로 존재하지 않는다. 그러므로 직접 적분에 의해 위의 식을 풀 수가 있다. 적분은 도함수의 계수를 하나씩 낮추므로, 위의 식의 일반해는 간단히 두 번 연속해서 적분함으로써 얻을 수 있다. 적분을 한 번 하면서 적분상수가 하나씩 늘어난다는 점에 유의하자.

미분방정식을 x에 대하여 한 번 적분하면 다음과 같다.

$$\frac{dT}{dx} = C_1$$

여기서 C_1은 임의의 상수이다. 적분에 의해 미분의 계수가 1계로 줄어들었음에 유의하자. 이를 확인하기 위하여 위의 식을 미분하면, 원래의 미분방정식을 얻을 수 있다는 점을 확인할 수 있다. 이 식은 도함수를 포함하고 있으므로 구하고자 하는 해를 얻은 것은 아직 아니다.

적분을 한 번 더하면, 다음의 식을 얻는다.

$$T(x) = C_1x + C_2$$

이것이 미분방정식의 일반해이다(그림 2-41). 이 경우 일반해는 기울기가 C_1이고, $x = 0$에서 C_2인 값을 갖는 직선의 일반적인 형태를 보인다. 2계 도함수는 함수 기울기의 변화를 나타내고, 2계 도함수가 0이라는 점은 기울기가 일정한 상수 값임을 의미하므로 이것은 놀랄 만한 일이 아니다. 그러므로 임의의 직선은 이 미분방정식의 해이다.

일반해는 두 개의 미지의 상수 C_1, C_2를 포함하고 있으므로, 특수해를 구하기 위해서는 두 개의 식이 필요하다. 이 수식들은 일반해가 주어진 경계조건을 만족하도록 함으로써 얻을 수 있다. 각 조건의 적용은 하나의 수식을 도출하기 때문에, C_1, C_2를 구하기 위해서는 두 개의 조건이 필요하다.

식에 경계조건을 적용하면 모든 독립변수, 종속변수 및 도함수는 특정 값으로 대치된다. 따라서 결과적으로 얻어지는 수식의 유일한 미지수는 임의의 상수이다.

첫 번째 경계조건은 일반해에서 모든 x를 0으로 대치하고 $T(x)$를 T_1으로 대치하여 얻을 수 있다. 이는 다음과 같다(그림 2-42).

$$T(0) = C_1 \times 0 + C_2 \quad \rightarrow \quad C_2 = T_1$$

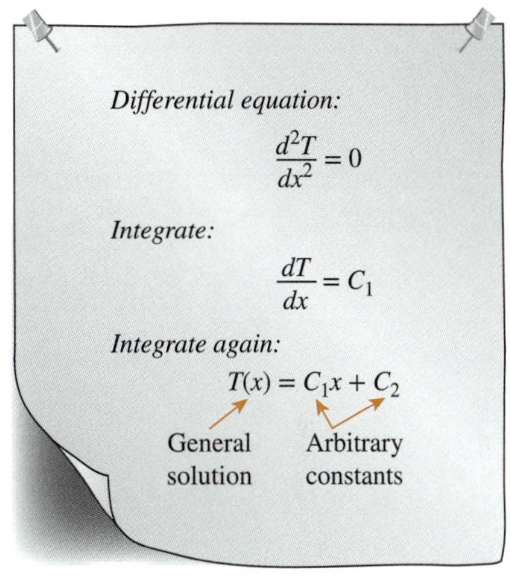

그림 2-41

적분을 통한 단순 2계 미분방정식의 일반해 구하기

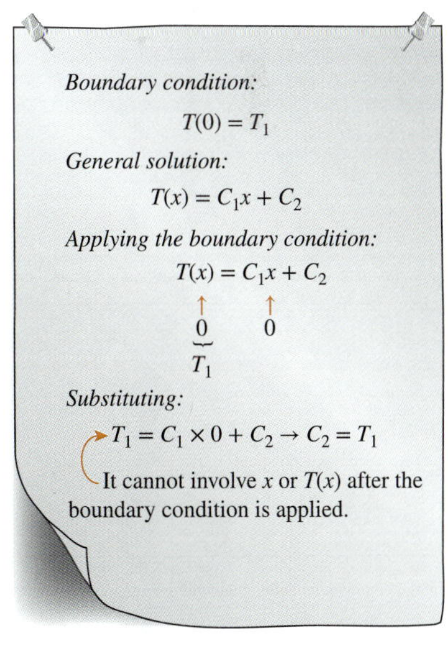

그림 2-42

특정 지점에서 일반해에 경계조건을 적용하게 되면, 해당 지점에서 모든 독립변수와 종속변수 항은 주어진 값으로 대체된다.

두 번째 경계조건은 일반해에서 모든 x를 L로, 그리고 $T(x)$를 T_1로 대치하는 것으로 얻을 수 있다.

$$T(L) = C_1L + C_2 \quad \rightarrow \quad T_2 = C_1L + T_1 \quad \rightarrow \quad C_1 = \frac{T_2 - T_1}{L}$$

C_1, C_2값을 일반해에 대입하여 다음 식을 얻는다.

$$T(x) = \frac{T_2 - T_1}{L}x + T_1 \tag{2-56}$$

이는 구하고자 하였던 해로서, 미분방정식과 두 개의 주어진 경계조건을 모두 만족한다. 즉, 식 (2-56)을 x에 대하여 두 번 미분하면 원래의 미분방정식 d^2T/dx^2가 되고, $x = 0$과 $x = L$을 식 (2-56)에 각각 대입하면 주어진 경계조건에 해당하는 $T(0) = T_1$과 $T(L) = T_2$가 된다.

문제에서 주어진 정보를 입력하면, $x = 0.1$에서의 온도 값은 다음과 같이 계산할 수 있다.

$$T(0.1\text{ m}) = \frac{(50 - 120)°\text{C}}{0.2\text{ m}}(0.1\text{ m}) + 120°\text{C} = \mathbf{85°C}$$

(*b*) 평면벽 어디에서라도 열전도율은 Fourier의 법칙에 기인하여 다음과 같이 표현할 수 있다.

$$\dot{Q}_{\text{wall}} = -kA\frac{dT}{dx} = -kAC_1 = -kA\frac{T_2 - T_1}{L} = kA\frac{T_1 - T_2}{L} \tag{2-57}$$

평면벽을 통한 열전도율 값은 주어진 수치들을 대입함으로써 구할 수 있다.

$$\dot{Q} = kA\frac{T_1 - T_2}{L} = (1.2\text{ W/m·K})(15\text{ m}^2)\frac{(120 - 50)°\text{C}}{0.2\text{ m}} = \mathbf{6300\ W}$$

토의 정상상태 조건에서는 평면벽을 통한 열전도율이 일정하다는 사실에 유의하자.

예제 2-11 평면벽의 다양한 경계조건

두께 L, 일정한 열전도도 k, 열발생이 없는 넓은 평면벽에서 1차원 정상 열전도를 생각해 보자. 다음의 경계조건들을 고려하여 벽 내부에서의 온도변화를 구하여라(그림 2-43).

$$(a)\ -k\frac{dT(0)}{dx} = \dot{q}_0 = 40\text{ W/cm}^2 \quad \text{및} \quad T(0) = T_0 = 15°\text{C}$$

$$(b)\ -k\frac{dT(0)}{dx} = \dot{q}_0 = 40\text{ W/cm}^2 \quad \text{및} \quad -k\frac{dT(L)}{dx} = \dot{q}_L = -25\text{ W/cm}^2$$

$$(c)\ -k\frac{dT(0)}{dx} = \dot{q}_0 = 40\text{ W/cm}^2 \quad \text{및} \quad -k\frac{dT(L)}{dx} = \dot{q}_L = \dot{q}_0 = 40\text{ W/cm}^2$$

풀이 넓은 평면벽에서의 1차원 정상 열전도를 살펴본다. 온도의 변화는 각기 다른 경계조건에 따라 결정된다.

해석 매질 내 열발생이 없고 일정한 열전도도를 가지는 1차원 정상 열전도 문제이며, 이 경우 열전도 방정식은 다음과 같이 표현된다[식 (2-17)].

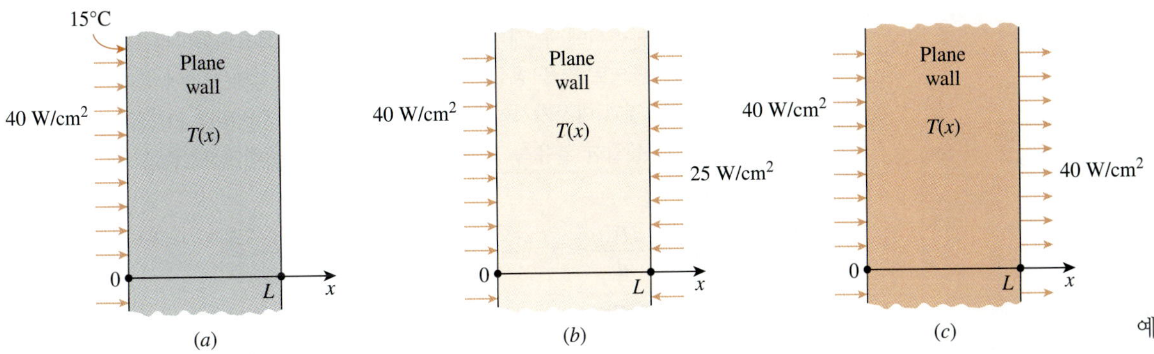

그림 2-43

예제 2-11의 개략도

$$\frac{d^2T}{dx^2} = 0$$

위 식의 일반해는 앞서 살펴본 예제와 같이 직접 적분을 통하여 얻을 수 있다.

$$T(x) = C_1x + C_2$$

여기서 C_1과 C_2는 임의의 적분상수이다. 각각의 쌍으로 주어진 경계조건에 만족하는 특수해는 다음과 같이 결정될 수 있다.

(*a*) 이 경우, 두 경계조건은 경계 $x = 0$에서만 주어졌고, $x = L$에서의 경계조건은 없다. 다음을 참고하면,

$$\frac{dT}{dx} = C_1$$

경계조건을 적용하여 다음을 얻을 수 있다.

$$-k\frac{dT(0)}{dx} = \dot{q}_0 \quad \rightarrow \quad -kC_1 = \dot{q}_0 \quad \rightarrow \quad C_1 = -\frac{\dot{q}_0}{k}$$

그리고 나머지는 다음과 같다.

$$T(0) = T_0 \quad \rightarrow \quad T_0 = C_1 \times 0 + C_2 \quad \rightarrow \quad C_2 = T_0$$

얻어진 적분상수를 대입하여, 이 경우의 특수해는 다음과 같이 구해진다.

$$T(x) = -\frac{\dot{q}_0}{k}x + T_0$$

두 개의 경계조건이 같은 경계에서 주어질 수 있으며, 반드시 다른 위치에서 각기 제시될 필요는 없다. 사실 같은 위치에서 두 조건이 주어질 때도 유일해가 존재한다는 점은 선형 상미분방정식들의 기초 이론이 보증하고 있다. 그러나 두 조건이 서로 다른 경계에서 주어질 때 이러한 보증이 유효하지 않다는 점을 아래에서 살펴볼 수 있다.

(*b*) 이 경우, 두 개의 경계에서 서로 다른 열유속 조건이 주어졌다. 경계조건을 적용하면 다음과 같이 표현된다.

$$-k\frac{dT(0)}{dx} = \dot{q}_0 \quad \rightarrow \quad -kC_1 = \dot{q}_0 \quad \rightarrow \quad C_1 = -\frac{\dot{q}_0}{k}$$

그리고 나머지는 다음과 같다.

$$-k\frac{dT(L)}{dx} = \dot{q}_L \quad \rightarrow \quad -kC_1 = \dot{q}_L \quad \rightarrow \quad C_1 = -\frac{\dot{q}_L}{k}$$

$\dot{q}_0 \neq \dot{q}_L$이고 상수 C_1은 동시에 두 개의 다른 값을 가질 수 없으므로, 이 경우에는 해가 없다. 이것은 벽의 양면으로 열을 공급하면서 벽 온도가 정상상태(시간에 따라 변하지 않음)이기를 기대하는 것과 마찬가지이므로, 이것은 불가능한 조건임을 이해할 수 있다.

(*c*) 이는 두 경계에서 동일한 열유속 값이 주어지는 경우이다. 경계조건을 적용하면 다음과 같이 표현된다.

$$-k\frac{dT(0)}{dx} = \dot{q}_0 \quad \rightarrow \quad -kC_1 = \dot{q}_0 \quad \rightarrow \quad C_1 = -\frac{\dot{q}_0}{k}$$

그리고 나머지는 다음과 같다.

$$-k\frac{dT(L)}{dx} = \dot{q}_0 \quad \rightarrow \quad -kC_1 = \dot{q}_0 \quad \rightarrow \quad C_1 = -\frac{\dot{q}_0}{k}$$

두 경계조건을 통해서 동일하게 상수 C_1을 얻을 수 있었으나, C_2를 얻을 수 없다. 이 경우, 얻은 결과를 대입하여 특수해를 다음과 같이 구할 수 있다.

$$T(x) = -\frac{\dot{q}_0}{k}x + C_2$$

여기서 C_2는 임의의 상수이므로, 얻어진 해는 유일해가 아니다.

토의 마지막 경우에 얻어진 해는 기울기 $-\dot{q}_0/k$를 갖는 직선 군을 의미한다. 물리적으로, 이 문제는 $x = 0$인 면에 공급된 열전달률과 $x = L$인 면에서 소실되는 열전달률이 같다는 것을 의미한다. 그러나 이 경우는 벽을 통한 열전도가 정상상태로 유지되는 조건의 결과로, 두 번째 경계조건은 어떤 새로운 정보도 제공하지 않는다. 그래서 유일해가 아니라는 점이 명확하다. 위의 세 가지 경우는 그림 2-44를 통해 요약할 수 있다.

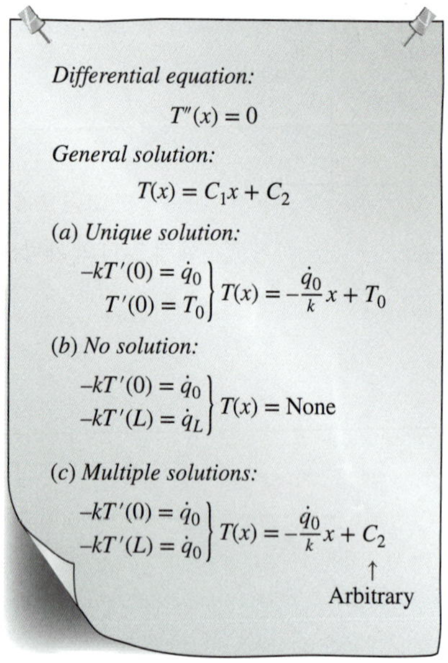

그림 2-44

경계 값 문제는 유일해 또는 무수히 많은 해를 갖는 경우와 해가 전혀 없는 경우로 나뉜다.

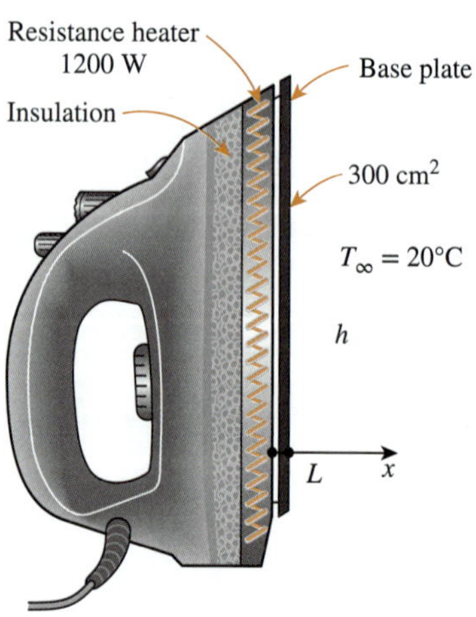

그림 2-45

예제 2-12의 개략도

예제 2-12 다리미 바닥 판에서의 열전도

두께 $L = 0.5$ cm, 바닥면적 $A = 300$ cm^2, 열전도도 $k = 15$ W/m·K인 1200 W의 가정용 다리미의 바닥 판에 대해 생각해 보자. 그림 2-45에 나타낸 바와 같이, 바닥 판의 안쪽 면은 열저항 코일 히터에 의해 면 전체에 균일하게 열유속이 가해지며, 바닥 판의 바깥 면은 $T_\infty = 20°$인 주위로 대류열전달을 통해 열을 빼앗긴다. 대류열전달계수 $h = 80$ W/m^2·K이며 복사에 의한 열손실을 무시할 때, 바닥면의 온도변화에 대해 수식적으로 설명하고 바닥 판 안쪽 면과 바깥 면의 온도를 구하여라.

풀이 다리미의 바닥 판의 온도변화와 판 안팎 표면온도를 구해야 한다.

가정 **1** 시간에 따른 변화가 없는 정상상태 열전달이다. **2** 바닥 판 두께에 비해 판 바닥 표면이 아주 크므로 1차원 열전달이며, 열적 조건은 판의 양면에서 각각 균일하다. **3** 열전도도는 일정하다. **4** 매질에서 열발생은 없다. **5** 복사열전달은 무시할 만하다. **6** 다리미 상부는 잘 단열되어 있고, 저항코일에 의해 발생되는 모든 열은 안쪽 면을 통해 바닥 판으로 전달된다.

물성치 열전도도 $k = 15$ W/m·K로 제시되었다.

해석 바닥 판 안쪽 면에 가해지는 균일한 열유속은 다음과 같다.

$$\dot{q}_0 = \frac{\dot{Q}_0}{A_{\text{base}}} = \frac{1200 \text{ W}}{0.03 \text{ m}^2} = 40{,}000 \text{ W/m}^2$$

바닥 판의 바깥 면은 대류 조건이다. 안쪽 면을 원점으로 하여 면의 수직방향을 x축으로 설정하면, 이 문제에 대한 미분방정식을 다음과 같이 표현할 수 있다(그림 2-46).

$$\frac{d^2T}{dx^2} = 0$$

경계조건들은 다음과 같다.

$$-k\frac{dT(0)}{dx} = \dot{q}_0 = 40{,}000 \text{ W/m}^2$$

$$-k\frac{dT(L)}{dx} = h[T(L) - T_\infty]$$

두 번 연속 적분하여 미분방정식의 일반해를 구하면 다음과 같다.

$$\frac{dT}{dx} = C_1$$

$$T(x) = C_1x + C_2 \qquad (a)$$

여기서 C_1과 C_2는 임의의 상수이다. 첫 번째 경계조건을 적용하면 다음과 같다.

$$-k\frac{dT(0)}{dx} = \dot{q}_0 \quad \rightarrow \quad -kC_1 = \dot{q}_0 \ \rightarrow \ C_1 = -\frac{\dot{q}_0}{k}$$

$dT/dx = C_1$과 $T(L) = C_1L + C_2$임을 감안하여, 두 번째 경계조건을 적용하면 다음과 같다.

$$-k\frac{dT(L)}{dx} = h[T(L) - T_\infty] \quad \rightarrow \quad -kC_1 = h[(C_1L + C_2) - T_\infty]$$

$C_1 = -\dot{q}_0/k$를 대입하여 C_2를 구하면 다음과 같다.

$$C_2 = T_\infty + \frac{\dot{q}_0}{h} + \frac{\dot{q}_0}{k}L$$

이제 C_1과 C_2를 일반해 (a)에 대입하면 다음의 식을 얻을 수 있다.

$$T(x) = T_\infty + \dot{q}_0\left(\frac{L - x}{k} + \frac{1}{h}\right) \qquad (b)$$

이 식은 바닥 판의 온도변화를 나타내는 해이다. (b) 식에 각각 $x = 0$과 $x = L$을 대입하여 바닥 판의 안쪽 면과 바깥 면의 온도를 구할 수 있다:

$$T(0) = T_\infty + \dot{q}_0\left(\frac{L}{k} + \frac{1}{h}\right)$$

$$= 20°\text{C} + (40{,}000 \text{ W/m}^2)\left(\frac{0.005 \text{ m}}{15 \text{ W/m·K}} + \frac{1}{80 \text{ W/m}^2\text{·K}}\right) = 533°\text{C}$$

그리고

$$T(L) = T_\infty + \dot{q}_0\left(0 + \frac{1}{h}\right) = 20°\text{C} + \frac{40{,}000 \text{ W/m}^2}{80 \text{ W/m}^2\text{·K}} = 520°\text{C}$$

토의 정상상태에 도달하였을 때, 다리미 바닥 판의 안쪽 면 온도는 바깥 면보다 13°C 만큼 더 높다는 점에 주목하자. 또한, 열전달 해석을 통해서 우리가 직접 확인할 수 없는 위치의 온도를 계산할 수 있다는 점에 주목하자. 이 예제는 열유속과 대류 경계조건들이 어떻게 열전달 문제에 적용되는지를 보여준다.

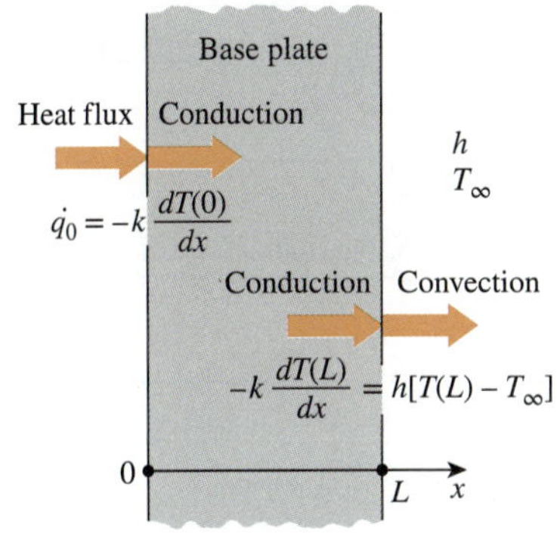

그림 2-46

예제 2-12에서 다룬 다리미 바닥 판의 경계조건

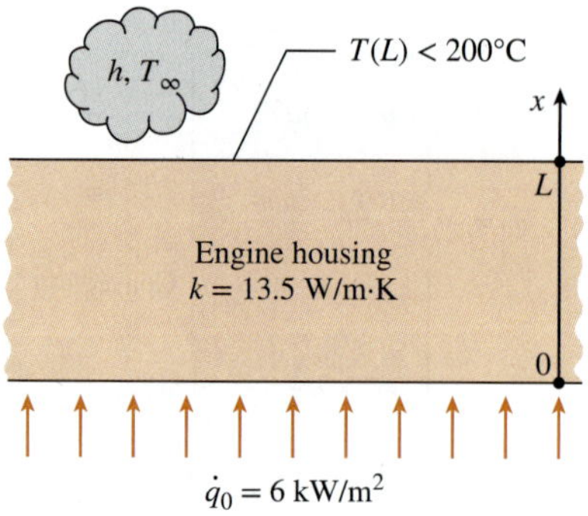

그림 2-47

예제 2-13의 개략도

예제 2-13　고온 엔진 표면에서 오일 누설에 따른 발화 억제

엔진의 외부표면에 오일 누설이 발생하는 경우가 있다. 어떤 오일의 경우 약 250°C에 다다르면 자연 발화가 일어난다. 자연 발화점 이상의 고온으로 가열된 고온의 엔진 표면에 오일이 접촉하게 될 때, 오일이 자발적으로 점화될 수 있다. 그림 2-47에 나타낸 바와 같이 엔진 덮개를 평면벽으로 간주하였을 때, 안쪽 표면($x = 0$)에는 6 kW/m²의 열유속이 가해진다. 엔진 덮개(열전도도 k = 13.5 W/m·K)의 두께는 1 cm이며, 외부표면($x = L$)에서 대류열전달계수는 20 W/m²·K, 주변 공기의 온도는 35°C이다. 오일이 누설되어 발화가 시작되는 것을 방지하기 위해, 엔진 표면의 온도는 200°C 아래로 유지되어야 한다. 엔진 덮개의 온도변화를 평가해 보고, 덮개 내부와 외부표면의 온도를 구해보아라. 엔진 외부표면의 온도는 자연 발화점보다 낮은가?

풀이　이 예제에서, 1차원 정상 열전도 문제의 해법을 안전을 위한 설계(prevention through design) 개념을 통해 구해보고자 한다. 엔진 외부표면에서 대류열전달계수는 20 W/m²·K이며, 주변 공기의 온도는 35°C이다. 엔진 내부표면은 6 kW/m²의 열유속 조건에 놓여있다. 엔진 덮개 내부의 온도변화와 엔진 내부, 외부표면의 온도를 구해야 한다. 고온의 엔진 표면에 오일이 누설되는 사고 시 발생될 수 있는 화재를 방지하기 위해, 엔진 외부표면의 온도는 200°C 아래에서 유지되어야 한다.

가정　**1** 열전도는 1차원 정상상태이다. **2** 열전도도는 일정하다. **3** 엔진 덮개(평면벽) 내부에서의 열발생은 없다. **4** $x = 0$인 내부표면은 균일한 열유속 조건에 놓여있고, $x = L$인 외부표면은 대류 조건에 노출되어 있다.

물성치　엔진 덮개의 열전도도는 k = 13.5 W/m·K로 주어졌다.

해석　덮개의 내부표면을 원점으로 삼아 벽면의 수직방향을 x축으로 잡으면, 이 문제는 다음의 수식적인 형태로 표현할 수 있다.

$$\frac{d^2T}{dx^2} = 0$$

경계조건들은 다음과 같다.

$$-k\frac{dT(0)}{dx} = \dot{q}_0$$

$$-k\frac{dT(L)}{dx} = h[T(L) - T_\infty]$$

위의 미분방정식을 x에 관해 두 번 적분하면 다음과 같다.

$$\frac{dT}{dx} = C_1$$

$$T(x) = C_1x + C_2$$

여기서 C_1과 C_2는 임의의 상수이다. 첫 번째 경계조건을 적용하면 다음과 같다.

$$-k\frac{dT(0)}{dx} = \dot{q}_0 \quad \rightarrow \quad -kC_1 = \dot{q}_0 \quad \rightarrow \quad C_1 = -\frac{\dot{q}_0}{k}$$

두 번째 경계조건을 적용하면 다음과 같다.

$$-k\frac{dT(L)}{dx} = h[T(L) - T_\infty] \quad \rightarrow \quad -kC_1 = h(C_1L + C_2 - T_\infty)$$

$C_1 = -\dot{q}/k$를 대입하여 C_2를 풀면 다음을 얻을 수 있다.

$$C_2 = -C_1\left(\frac{k}{h}+L\right)+T_\infty = \frac{\dot{q}_0}{k}\left(\frac{k}{h}+L\right)+T_\infty$$

C_1과 C_2를 앞서 구한 일반해에 대입하여, 온도변화를 설명하는 수식을 얻을 수 있다.

$$T(x) = \frac{\dot{q}_0}{k}\left(\frac{k}{h}+L-x\right)+T_\infty$$

$x = 0$ (덮개 내부표면) 위치에서의 온도는 다음과 같다:

$$T(0) = \frac{\dot{q}_0}{k}\left(\frac{k}{h}+L\right)+T_\infty = \frac{6000\ \text{W/m}^2}{13.5\ \text{W/m·K}}\left(\frac{13.5\ \text{W/m·K}}{20\ \text{W/m}^2\text{·K}}+0.010\ \text{m}\right)+35°\text{C}$$

$$= \mathbf{339°C}$$

$x = L = 0.01$ m(외부표면) 위치에서의 온도는 다음과 같다:

$$T(L) = \frac{\dot{q}_0}{h}+T_\infty = \frac{6000\ \text{W/m}^2}{20\ \text{W/m}^2\text{·K}}+35°\text{C} = \mathbf{335°C}$$

토의 엔진 바깥 표면의 온도는 안전을 확보하기 위한 온도 200°C보다도 135°C만큼 더 높다. 오일 누설이 발생하는 경우 화염이 일어나는 것을 방지하기 위하여 단열 덮개를 씌울 필요가 있다.

예제 2-14 태양열로 가열된 평면벽에서의 열전도

두께 $L = 0.06$ m, 열전도도 $k = 1.2$ W/m·K인 대형 평면벽에 대해 생각해 보자. 벽은 그림 2-48에 나타낸 것과 같이 방사율 $\varepsilon = 0.85$, 태양 흡수율 $\alpha = 0.26$인 백자 타일로 덮여 있다. 벽의 외부는 $\dot{q}_{solar} = 800$ W/m²로 입사되는 태양복사에 노출되어 있고, 벽 내부는 $T_1 = 300$ K로 항상 유지된다. 외부는 또한 0 K의 우주 공간으로 복사에 의해 열손실이 발생하고 있다. 정상상태 조건에서 벽 외부의 온도와 벽을 통한 열전달률을 구해보자. 만약 표면에 입사되는 태양복사가 없다면 어떤 일이 일어날지에 대해서도 살펴보자.

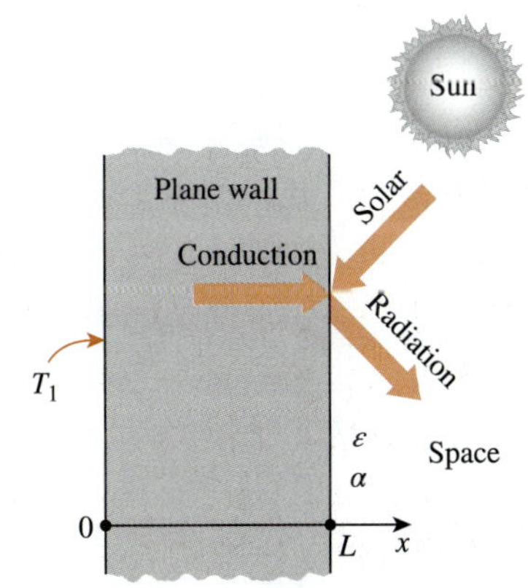

그림 2-48

예제 2-14의 개략도

풀이 평면벽 내부는 특정 온도로 주어져 있고, 다른 외부표면은 태양복사에 의한 열전달이 일어나고 있다. 이 경우 외부표면의 온도와 열전달률을 구해야 한다.

가정 **1** 열전달은 시간에 무관한 정상상태이다. **2** 벽 두께에 비해 벽이 아주 넓으므로 열전달은 1차원이고, 벽의 양면에는 각각 열적 조건이 적용되어 있다. **3** 열전도도는 일정하다. **4** 열발생은 없다.

물성치 열전도도 $k = 1.2$ W/m·K가 주어졌다.

해석 벽의 내부표면을 원점으로 하여 면에 수직을 이루는 방향을 x축으로 삼으면, 이 문제는 아래의 미분방정식과 같이 나타낼 수 있다.

$$\frac{d^2T}{dx^2} = 0$$

경계조건들은 다음과 같다.

$$T(0) = T_1 = 300\ \text{K}$$

$$-k\frac{dT(L)}{dx} = \varepsilon\sigma[T(L)^4 - T_{space}^4] - \alpha\dot{q}_{solar}$$

여기서 $T_{space} = 0$이다. 이 미분방정식을 두 번 적분하여 다음과 같은 일반해를 구할 수 있다.

$$T(x) = C_1 x + C_2 \tag{a}$$

여기서 C_1과 C_2는 임의의 상수이다. 이 식에 첫 번째 경계조건을 적용하면 다음과 같다.

$$T(0) = C_1 \times 0 + C_2 \rightarrow C_2 = T_1$$

$dT/dx = C_1$과 $T(L) = C_1L + C_2 = C_1L + T_1$임을 기억하고, 두 번째 경계조건을 적용하면 다음과 같다.

$$-k\frac{dT(L)}{dx} = \varepsilon\sigma T(L)^4 - \alpha\dot{q}_{solar} \quad \rightarrow \quad -kC_1 = \varepsilon\sigma(C_1L + T_1)^4 - \alpha\dot{q}_{solar}$$

비록 C_1이 식에서 유일한 미지수이지만, 이 식은 비선형이므로 미지수에 대한 명확한 표현을 얻을 수는 없다. 그러므로 온도분포에 대한 표현 또한 명확하게 얻어낼 수가 없다. 이와 같은 복사와 관련된 경우에서, 우리가 왜 해석상의 비선형성을 피하고자 최선을 다해야 하는가를 이 문제에서 살펴볼 수 있다.

조금 되돌아가서, 외부표면의 온도를 $T(L) = C_1L + T_1$이 아니라 $T(L) = T_L$이라 해보자. 이 경우에 두 번째 경계조건을 적용하면 다음과 같다.

$$-k\frac{dT(L)}{dx} = \varepsilon\sigma T(L)^4 - \alpha\dot{q}_{solar} \rightarrow -kC_1 = \varepsilon\sigma T_L^4 - \alpha\dot{q}_{solar}$$

C_1에 대해서 풀어보면 다음과 같다.

$$C_1 = \frac{\alpha\dot{q}_{solar} - \varepsilon\sigma T_L^4}{k} \tag{b}$$

얻어진 C_1과 C_2를 일반해 (a)에 대입하면 다음의 결과를 얻는다.

$$T(x) = \frac{\alpha\dot{q}_{solar} - \varepsilon\sigma T_L^4}{k}x + T_1 \tag{c}$$

이것은 미지의 외부표면온도 T_L을 이용하여 벽 내부의 온도변화를 해로 나타낸 것이다. $x = L$에서는 다음과 같다.

$$T_L = \frac{\alpha\dot{q}_{solar} - \varepsilon\sigma T_L^4}{k}L + T_1 \tag{d}$$

외부표면온도 T_L은 주어진 값들을 대입하여 다음과 같이 구할 수 있다.

$$T_L = \frac{0.26 \times (800\ \text{W/m}^2) - 0.85 \times (5.67 \times 10^{-8}\ \text{W/m}^2\cdot\text{K}^4)T_L^4}{1.2\ \text{W/m}\cdot\text{K}}(0.06\ \text{m}) + 300\ \text{K}$$

이를 간단히 정리하면 다음과 같다.

$$T_L = 310.4 - 0.240975\left(\frac{T_L}{100}\right)^4$$

여러 비선형방정식 해석프로그램(Solver) 중 활용 가능한 방법을 통해[예, 고전적인 시행착오 기법(trial-and-error method)] 이 식을 풀 수 있다(그림 2-49). 결과는 다음과 같다.

$$T_L = \mathbf{292.7\ K}$$

외부표면의 온도 값을 알아내었고, 이 값이 정상상태 조건 하에서 일정하게 유지되어야 한다는 점을 알고 있기에, 이제 벽의 온도분포는 식 (c)에 값 T_L을 대입하여 구할 수 있다:

(1) *Rearrange the equation to be solved:*

$$T_L = 310.4 - 0.240975\left(\frac{T_L}{100}\right)^4$$

The equation is in the proper form since the left side consists of T_L only.

(2) *Guess the value of T_L, say 300 K, and substitute into the right side of the equation. It gives*

$$T_L = 290.2\ \text{K}$$

(3) *Now substitute this value of T_L into the right side of the equation and get*

$$T_L = 293.1\ \text{K}$$

(4) *Repeat step (3) until convergence to desired accuracy is achieved. The subsequent iterations give*

$$T_L = 292.6\ \text{K}$$
$$T_L = 292.7\ \text{K}$$
$$T_L = 292.7\ \text{K}$$

Therefore, the solution is $T_L = 292.7$ K. The result is independent of the initial guess.

그림 2-49

비선형 문제를 풀기 위한 단순한 방법으로는, 우선 미지수를 왼편에 홀로 남겨두고 나머지 항들을 모두 등식의 오른쪽으로 옮겨둔다. 그리고 초기 값을 추정하여 입력한 후 수렴에 이를 때까지 반복적인 계산을 수행한다.

$$T(x) = \frac{0.26 \times (800\ \text{W/m}^2) - 0.85 \times (5.67 \times 10^{-8}\ \text{W/m}^2\cdot\text{K}^4)(292.7\ \text{K})^4}{1.2\ \text{W/m}\cdot\text{K}} x + 300\ \text{K}$$

이를 간단히 정리하면 다음과 같다.

$$T(x) = (-121.5\ \text{K/m})x + 300\ \text{mK}$$

여기서 외부표면온도는 내부표면 온도보다 낮다는 점을 살펴보자. 그러므로 벽 외부표면에서 태양복사열의 흡수가 이루어짐에도 불구하고, 벽에서의 열전달은 내부에서 외부표면 쪽으로 이루어진다. 벽의 내부, 외부표면의 온도를 모두 구하였으므로, 벽을 통과하는 정상상태 열전도율을 다음과 같이 구할 수 있다.

$$\dot{q} = k\frac{T_1 - T_L}{L} = (1.2\ \text{W/m}\cdot\text{K})\frac{(300 - 292.7)\ \text{K}}{0.06\ \text{m}} = \mathbf{146\ W/m^2}$$

토의 입사되는 태양복사가 없는 경우에는 식 (*d*)에 $\dot{q}_{\text{solar}} = 0$을 대입하여 외부표면온도 T_L = **284.3 K**를 구할 수 있다. 내부 벽면의 온도가 300 K로 유지되는 동안, 입사되는 태양 복사에너지는 단지 8 K 정도의 표면온도 증가밖에 유발하지 못한다는 점이 흥미로운 부분이다.

예제 2-15 증기배관을 통한 열손실

그림 2-50과 같이 길이 L = 20 m, 내부 반경 r_1 = 6 cm, 외부 반경 r_1 = 8 cm, 열전도도 k = 20 W/m·K인 증기배관을 살펴보자. 배관의 내부표면, 외부표면의 평균온도는 각각 T_1 = 150°C와 T_1 = 60°C이다. 정상상태에서 배관 내부의 온도분포에 대한 일반 관계식을 구하고, 증기로부터 관을 통해 발생하는 열손실 비율을 구하여라.

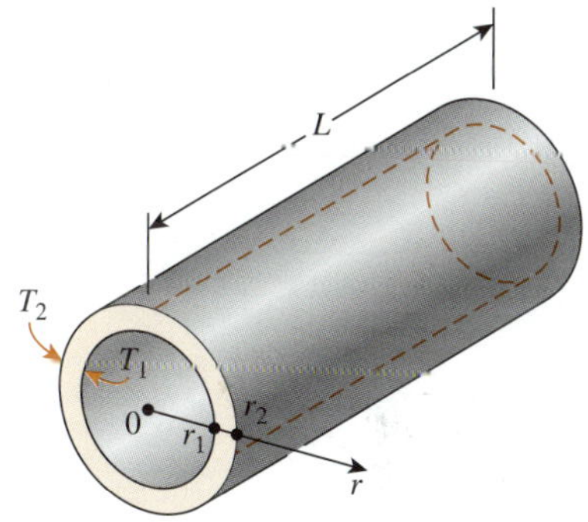

그림 2-50

예제 2-15의 개략도

풀이 증기배관 내, 외부표면온도가 제시되었다. 온도변화와 열전달률을 구해야 한다.

가정 **1** 열전달은 시간에 무관한 정상상태이다. **2** 중심선에 대해 열적으로 대칭을 이루고, 축 방향으로는 변화가 없으므로 열전달은 1차원, 즉 $T = T(r)$이다. **3** 열전도도는 일정하다. **4** 열발생은 없다.

물성치 열전도도 k = 20 W/m·K가 제시되었다.

해석 이 문제의 수학적인 식을 다음과 같이 표현할 수 있다.

$$\frac{d}{dr}\left(r\frac{dT}{dr}\right) = 0$$

경계조건들은 다음과 같다.

$$T(r_1) = T_1 = 150°\text{C}$$
$$T(r_2) = T_2 = 60°\text{C}$$

위의 미분방정식을 r에 대하여 한 번 적분하면 다음과 같다.

$$r\frac{dT}{dr} = C_1$$

여기서 C_1은 임의의 상수이다. 이 식의 양변을 r로 나누어 적분이 용이한 형태로 나타내면 다음과 같다.

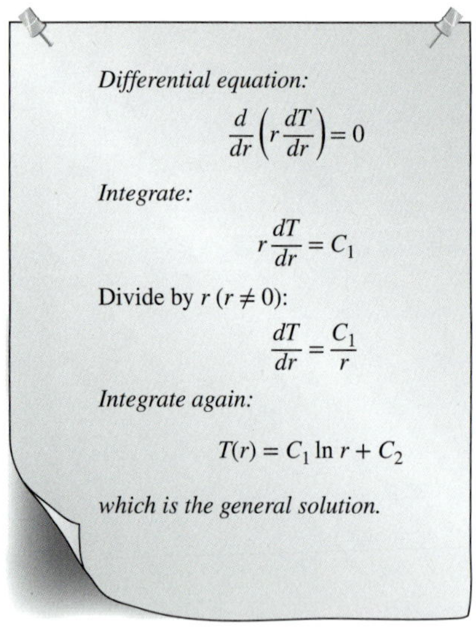

그림 2-51

원통좌표계에서 1차원 정상 열전도 방정식의 해를 구하기 위한 기본적인 과정

$$\frac{dT}{dr}=\frac{C_1}{r}$$

위의 식을 다시 r에 대해 적분하면 다음과 같다(그림 2-51).

$$T(r) = C_1 \ln r + C_2 \tag{a}$$

두 개의 경계조건들을 적용하여 경계에서의 특정 값들을 식 (a)의 r과 $T(r)$ 대신에 대입하면 다음 식을 얻는다.

$$T(r_1) = T_1 \quad \rightarrow \quad C_1 \ln r_1 + C_2 = T_1$$
$$T(r_2) = T_2 \quad \rightarrow \quad C_1 \ln r_2 + C_2 = T_2$$

위와 같이 두 개의 미지수 C_1, C_2를 포함한 두 개의 식을 얻을 수 있다. 이들을 연립하여 풀면 다음의 결과를 얻을 수 있다.

$$C_1 = \frac{T_2 - T_1}{\ln(r_2/r_1)} \quad \text{과} \quad C_2 = T_1 - \frac{T_2 - T_1}{\ln(r_2/r_1)}\ln r_1$$

이 값들을 식 (a)에 대입하고 정리하면, 배관 내에서의 온도변화를 다음과 같이 구할 수 있다.

$$T(r) = \frac{\ln(r/r_1)}{\ln(r_2/r_1)}(T_2 - T_1) + T_1 \tag{2-58}$$

증기로부터의 열손실률은 단순하게 관을 통해 전달되는 총 열전도율로 볼 수 있으므로, Fourier의 법칙으로부터 다음과 같이 살펴볼 수 있다.

$$\dot{Q}_{\text{cylinder}} = -kA\frac{dT}{dr} = -k(2\pi rL)\frac{C_1}{r} = -2\pi kL\,C_1 = 2\pi kL\frac{T_1 - T_2}{\ln(r_2/r_1)} \tag{2-59}$$

배관을 통해 전달되는 열전도율 값은 주어진 수치들을 대입하여 구할 수 있다.

$$\dot{Q} = 2\pi(20 \text{ W/m·K})(20 \text{ m})\frac{(150 - 60)°\text{C}}{\ln(0.08/0.06)} = \mathbf{786\ kW}$$

토의 배관을 통해 전달되는 총 열전달률은 일정하지만, 열유속 $\dot{q} = \dot{Q}/(2\pi rL)$은 일정하지 않다. 반경이 커질수록 열전달 방향으로 열유속 값은 감소하기 때문이다.

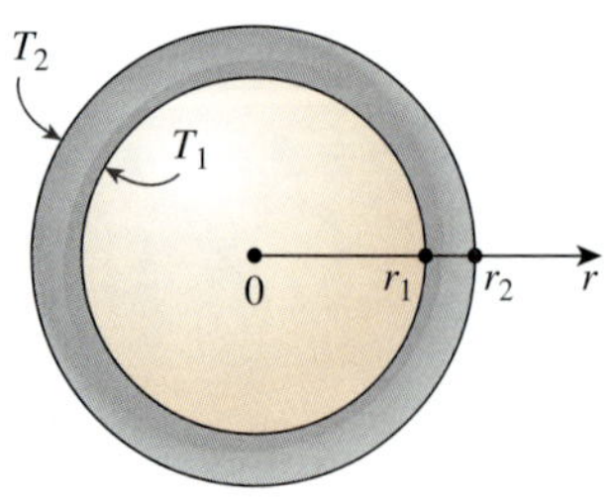

그림 2-52

예제 2-16의 개략도

예제 2-16 구형 용기에서의 열전도

그림 2-52와 같이 내부 반경 r_1 = 8 cm, 외부 반경 r_1 = 10 cm, 열전도도 k = 45 W/m·K인 구 형상의 용기가 있다. 용기 내에서 발생하는 화학반응에 의해 용기의 내부와 외부표면의 온도는 각각 T_1 = 200°C와 T_1 = 80°C로 일정하게 유지된다. 이 경우 정상상태 하에서 용기 내부의 온도분포에 대한 일반 관계식을 구하고, 용기로부터의 열손실률을 구하여라.

풀이 구형 용기의 내부와 외부의 온도가 제시되었다. 이때 온도변화와 열전달률을 구해야 한다.

가정 **1** 열전달은 시간에 무관한 정상상태이다. **2** 중심점에 대해 열적으로 대칭이므로 열전달은 1차원, 즉 $T = T(r)$이다. **3** 열전도도는 일정하다. **4** 열발생은 없다.

물성치 열전도도는 k = 45 W/m·K로 제시되었다.

해석 이 문제의 수학적인 식을 다음과 같이 표현할 수 있다.

$$\frac{d}{dr}\left(r^2\frac{dT}{dr}\right) = 0$$

경계조건들은 다음과 같다.

$$T(r_1) = T_1 = 200°\text{C}$$
$$T(r_2) = T_2 = 80°\text{C}$$

위의 미분방정식을 r에 대하여 한 번 적분하면 다음과 같다.

$$r^2\frac{dT}{dr} = C_1$$

여기서 C_1은 임의의 상수이다. 이 식의 양변을 r^2로 나누어 적분이 용이한 형태로 나타내면 다음과 같다.

$$\frac{dT}{dr} = \frac{C_1}{r^2}$$

위의 식을 다시 r에 대해 적분하면 다음과 같다(그림 2-51).

$$T(r) = -\frac{C_1}{r} + C_2 \qquad (a)$$

두 개의 경계조건들을 적용하여 경계에서 특정된 값들을 앞서 구한 식의 r과 $T(r)$에 대입하면 다음의 관계식을 얻는다.

$$T(r_1) = T_1 \quad \rightarrow \quad -\frac{C_1}{r_1} + C_2 = T_1$$

$$T(r_2) = T_2 \quad \rightarrow \quad -\frac{C_1}{r_2} + C_2 = T_2$$

위와 같이 두 개의 미지수 C_1, C_2를 포함한 두 개의 식을 얻을 수 있다. 이들을 연립하여 풀면 다음의 결과를 얻을 수 있다.

$$C_1 = -\frac{r_1r_2}{r_2 - r_1}(T_1 - T_2) \quad \text{과} \quad C_2 = \frac{r_2T_2 - r_1T_1}{r_2 - r_1}$$

이 값들을 식 (a)에 대입하고 정리하면, 구형 용기 내에서의 온도변화를 다음과 같이 구할 수 있다.

$$T(r) = \frac{r_1r_2}{r(r_2 - r_1)}(T_1 - T_2) + \frac{r_2T_2 - r_1T_1}{r_2 - r_1} \qquad (2\text{-}60)$$

증기로부터의 열손실률은 단순하게 용기를 통과하여 전달되는 총 열전도율로 볼 수 있으므로, Fourier의 법칙으로부터 다음과 같이 살펴볼 수 있다.

$$\dot{Q}_{\text{sphere}} = -kA\frac{dT}{dr} = -k(4\pi r^2)\frac{C_1}{r^2} = -4\pi kC_1 = 4\pi kr_1r_2\frac{T_1 - T_2}{r_2 - r_1} \qquad (2\text{-}61)$$

용기를 통한 열전도율 값은 주어진 수치들을 대입하여 구할 수 있다.

$$\dot{Q} = 4\pi(45\text{ W/m·K})(0.08\text{ m})(0.10\text{ m})\frac{(200 - 80)°\text{C}}{(0.10 - 0.08)\text{ m}} = \mathbf{27.1\ kW}$$

토의 구형 용기를 통한 총 열전달률은 일정하지만, 열유속 $\dot{q} = \dot{Q}/4\pi r^2$은 일정하지 않

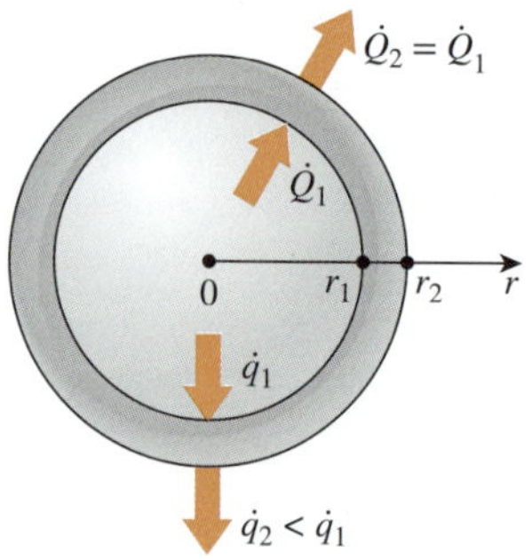

$$\dot{q}_1 = \frac{\dot{Q}_1}{A_1} = \frac{27.1 \text{ kW}}{4\pi(0.08 \text{ m})^2} = 337 \text{ kW/m}^2$$

$$\dot{q}_2 = \frac{\dot{Q}_2}{A_2} = \frac{27.1 \text{ kW}}{4\pi(0.10 \text{ m})^2} = 216 \text{ kW/m}^2$$

그림 2-53

구(또는 원통) 형상의 용기 내에서 1차원 정상 열전달이 발생하게 되면, 총 열전달률은 반경에 무관하게 일정하게 유지된다. 하지만 열유속은 반경에 따라 감소한다.

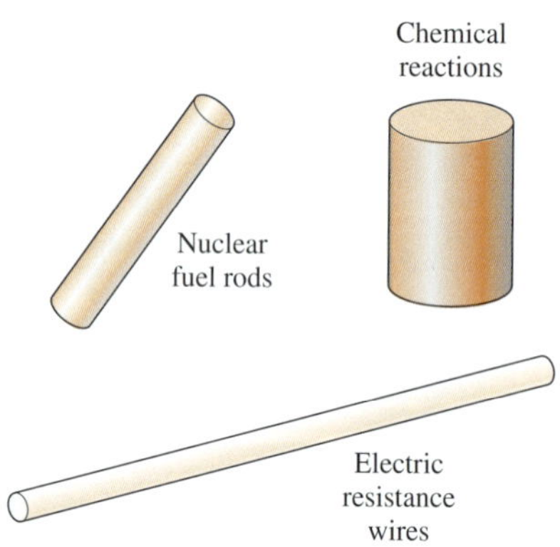

그림 2-54

고체 내부의 열발생 현상을 일반적인 실생활에서 접할 수 있다.

다. 그림 2-53에서 볼 수 있듯이 반경이 커질수록 열전달 방향으로 열유속 값은 감소하기 때문이다.

2-6 ■ 고체 내부의 열발생

실제의 많은 열전달 현상들은 매질 내에 존재하는 여러 형태의 에너지가 열에너지로 변환되는 과정과 밀접하게 연관되어 있다. 이러한 매질은 내부에서 열발생을 수반한다고 말하며, 열발생은 매질 전반에 걸쳐서 온도상승을 유발시킨다. 이러한 열발생의 예로 전선에서 저항에 의한 가열, 고체 내부의 발열반응, 핵 연료봉의 핵반응 등이 있다. 이들은 각기 전기에너지, 화학에너지, 핵에너지를 열의 형태로 변환시킨다(그림 2-54). 물과 같이 반투명한 매질에서의 복사 흡수 또한 앞서 설명한 것과 같이 열발생 현상으로 간주할 수도 있다.

매질의 열발생은 단위 체적당의 단위로 항상 표현하며, 기호로는 $\dot{e}_{gen}$, 단위는 W/m^3를 사용한다. 예를 들어 외부 반경 r_0, 길이 L인 전선에서 일어나는 열발생은 다음과 같이 표현할 수 있다.

$$\dot{e}_{gen} = \frac{\dot{E}_{gen,\ electric}}{V_{wire}} = \frac{I^2 R_e}{\pi r_o^2 L} \qquad (W/m^3) \tag{2-62}$$

여기서 I는 전류, R_e는 전선의 전기저항을 의미한다.

열발생 초기에 매질은 발생된 열을 흡수하기 때문에 매질 온도는 상승한다. 매질 온도가 상승하게 되면, 매질에서 주변부로의 열전달이 일어나게 된다. 이 과정은 매질의 열발생률과 주변부로의 열전달량이 같아지는 정상상태에 이를 때까지 지속된다. 일단 정상상태에 도달하게 되면, 매질에 어느 곳에서도 더 이상 온도는 변하지 않는다.

매질 내에서 균일하게 열발생이 존재하고 고체의 외부표면이 일정 온도 T_s로 유지되는 경우, 고체의 최대온도 T_{max}는 외부표면으로부터 가장 멀리 떨어진 곳에서 발생된다. 예를 들면, 평면벽의 경우에는 중심면, 긴 원통의 경우에는 중심선, 구의 경우에는 중심점에서 최대온도 지점이 존재한다. 이러한 고체 형상 내에서의 온도 분포는 축 또는 점을 기준으로 대칭을 이룬다.

열발생이 존재하는 매질 내에서 주로 관심을 갖게 되는 값들로는 표면온도 T_s와 정상상태에서 매질 내의 최대온도 T_{max}이 있다. 후속되는 내용에서는 매질 내에서 균일한 열발생($\dot{e}_{gen}$ = 상수)이 존재하는 경우, 일반적인 기하학적 형체에 대해 이 두 가지 값들을 도출해 보도록 하자.

단위 체적당 $\dot{e}_{gen}$으로 일정하게 열발생이 존재하는 고체 매질에 대해 생각해 보자. 고체의 표면적은 A_s, 체적은 V, 열전도도는 k로 일정하다. 열이 고체로부터 온도 T_∞인 주위로 전달되며, 이때 표면의 열전달계수는 h로 일정하다. 고체의 표면은 온도 T_s로 유지된다. 정상상태 조건에서 이 고체에 대한 에너지 평형은 다음과 같이 표현할 수 있다(그림 2-55).

$$\begin{pmatrix} \text{고체에서} \\ \text{빠져나가는} \\ \text{열전달률} \end{pmatrix} = \begin{pmatrix} \text{고체} \\ \text{내부에서의} \\ \text{열발생률} \end{pmatrix} \tag{2-63}$$

또는

$$\dot{Q} = \dot{e}_{gen}V \qquad (W) \tag{2-64}$$

복사를 무시한다면(또는 열전달계수 h에 복사의 영향을 반영시킴), 열전달률은 Newton의 냉각법칙으로부터 다음과 같이 표현할 수 있다.

$$\dot{Q} = hA_s(T_s - T_\infty) \qquad (W) \tag{2-65}$$

식 (2-64)와 (2-65)를 합친 후 표면온도 T_s에 대해 풀이하면 다음과 같다.

$$T_s = T_\infty + \frac{\dot{e}_{gen}V}{hA_s} \tag{2-66}$$

양면의 온도가 동일하게 T_s로 유지되는 두께 $2L$ ($A_s = 2A_{wall}$, $V = 2LA_{wall}$)의 넓은 평면벽, 반경 r_o ($A_s = 2\pi r_o L$, $V = \pi r_o^2 L$)인 긴 원통, 반경 r_o ($As = 4\pi r_o^2$, $V = \frac{4}{3}\pi r_o^3$)인 구에 대해서 식 (2-66)은 다음과 같이 정리된다.

$$T_{s,\text{ plane wall}} = T_\infty + \frac{\dot{e}_{gen}L}{h} \tag{2-67}$$

$$T_{s,\text{ cylinder}} = T_\infty + \frac{\dot{e}_{gen}r_o}{2h} \tag{2-68}$$

$$T_{s,\text{ sphere}} = T_\infty + \frac{\dot{e}_{gen}r_o}{3h} \tag{2-69}$$

여기서 고체 내부에서의 열발생에 의해 표면온도 T_s가 상승한다는 점에 주목하자.

열발생이 있는 긴 원통에서의 열전달을 다시 생각해 보자. 앞서 살펴본 바와 같이, 정상상태에서 매질 내부에서 발생한 모든 열은 원통의 외부표면을 통해 전도된다. 다시 이 원통 내부에 위치하는 반경 r인 가상의 내부 원통을 고려해 보자(그림 2-56). 이 내부 원통에서 발생하는 열은 이 원통의 바깥 표면으로 전도되는 열과 같아야 한다. 즉, Fourier의 열전도 법칙으로부터 다음을 살펴볼 수 있다.

$$-kA_r\frac{dT}{dr} = \dot{e}_{gen}V_r \tag{2-70}$$

여기서 임의의 위치 r에서 $A_r = 2\pi rL$, $V_r = \pi r^2 L$이다. 이들을 식 (2-70)에 대입한 후, 변수 분리를 하면 다음과 같다.

$$-k(2\pi rL)\frac{dT}{dr} = \dot{e}_{gen}(\pi r^2 L) \quad \rightarrow \quad dT = -\frac{\dot{e}_{gen}}{2k}rdr$$

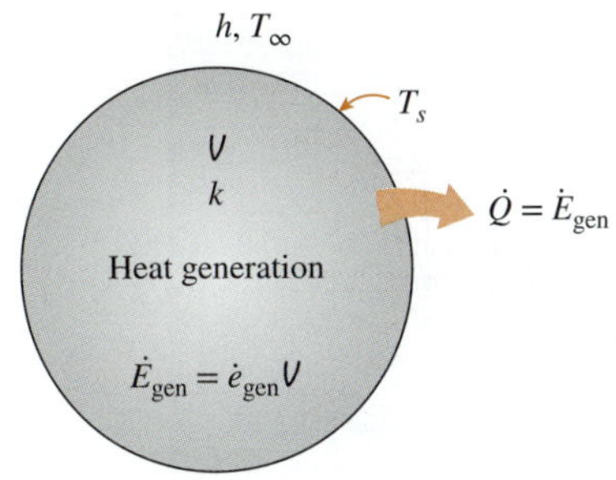

그림 2-55

정상상태에 이르게 되면, 고체 내부에서 발생한 열은 모두 외부표면을 통해 고체 밖으로 전달되어야 한다.

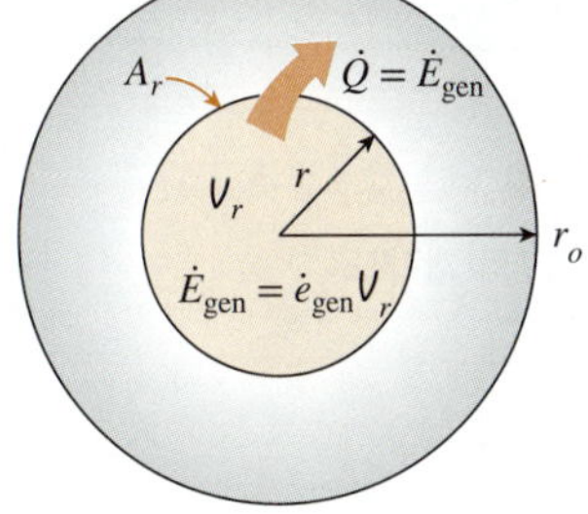

그림 2-56

반경 r인 구형 쉘을 통해 전도되는 열은 쉘 내부에서 발생한 열량과 동일하다.

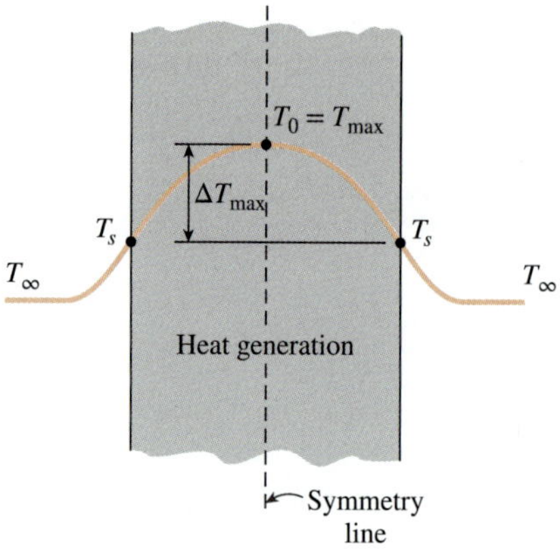

그림 2-57

균일하게 열발생이 일어나는 대칭 구조의 고체 내부에서는 중심부에서 최대온도가 나타난다.

$T(0) = T_0$인 $r = 0$에서부터 $T(r_o) = T_s$인 $r = r_o$까지 적분을 하면, 다음의 수식을 얻는다.

$$\Delta T_{max,\ cylinder} = T_0 - T_s = \frac{\dot{e}_{gen} r_o^2}{4k} \tag{2-71}$$

여기서 T_0는 원통 중심선의 온도로서 최대온도이며, ΔT_{max}는 원통의 중심선 온도와 바깥 표면온도 간의 차이로서 최대온도 증가(편차) 값을 의미한다. ΔT_{max}를 이용하여 중심선 온도를 다음과 같이 쉽게 표현할 수 있다(그림 2-57).

$$T_{center} = T_0 = T_s + \Delta T_{max} \tag{2-72}$$

여기서 기술한 방법을 통해서, 두께가 $2L$이고 양면의 온도가 T_s인 평면벽, 반경 r_o인 구에 대해서도 최대온도 증가(편차) 값을 구할 수 있다:

$$\Delta T_{max,\ plane\ wall} = \frac{\dot{e}_{gen} L^2}{2k} \tag{2-73}$$

$$\Delta T_{max,\ sphere} = \frac{\dot{e}_{gen} r_o^2}{6k} \tag{2-74}$$

중심에서의 최대온도 값은 식 (2-72)에 나타낸 것과 같이 최대온도 증가(편차) 값과 표면 온도 값을 더하여 알아낼 수 있다.

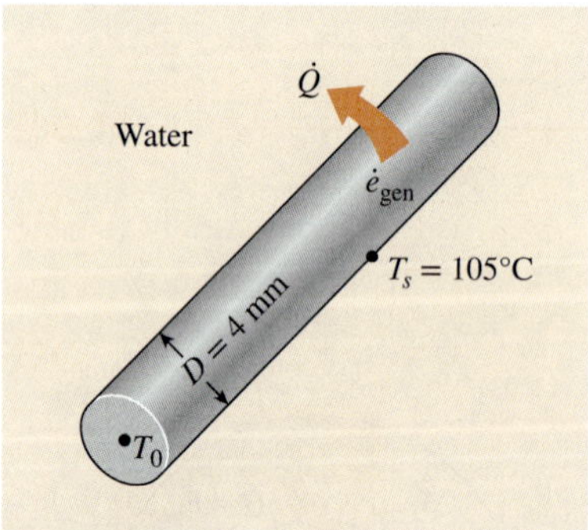

그림 2-58

예제 2-17의 개략도

예제 2-17 전열기 중심선의 온도

열전도도 $k = 15$ W/m·K이고, 지름 $D = 4$ mm, 길이 $L = 0.5$ m인 2 kW 전열기를 사용하여 물을 가열하고 있다(그림 2-58). 저항선의 외부표면온도가 $T_s = 105°C$일 때, 저항선 중심의 온도를 구하여라.

풀이 물에 잠긴 전열기의 표면온도를 구해야 한다.

가정 **1.** 열전달은 시간과 무관한 정상상태이다. **2.** 중심선에 대해 열적으로 대칭을 이루고, 축 방향으로는 변화가 없으므로 열전달은 1차원이다. **3.** 열전도도는 일정하다. **4.** 전열기에서의 열발생은 균일하다.

물성치 열전도도는 $k = 15$ W/m·K로 주어졌다.

해석 2 kW의 전열기는 전기에너지를 2 kW의 열로 변환시킨다. 저항선의 단위 체적당 열발생률은 다음과 같다.

$$\dot{e}_{gen} = \frac{\dot{E}_{gen}}{V_{wire}} = \frac{\dot{E}_{gen}}{\pi r_o^2 L} = \frac{2000\text{ W}}{\pi(0.002\text{ m})^2(0.5\text{ m})} = 0.318 \times 10^9\text{ W/m}^3$$

그리고 저항선 중심의 온도는 식 (2-71)을 통해 구할 수 있다.

$$T_0 = T_s + \frac{\dot{e}_{gen} r_o^2}{4k} = 105°\text{C} + \frac{(0.318 \times 10^9\text{ W/m}^3)(0.002\text{ m})^2}{4 \times (15\text{ W/m·°C})} = \mathbf{126°C}$$

토의 저항선의 중심과 표면 간의 온도차가 21°C임에 주목하자. 또한, 열전도도의 단위 W/m°C와 W/m·K는 같다.

직관적으로 에너지 평형을 이용하여 위의 관계식들을 도출하였다. 그러나 살펴본 예제 2-18과 2-19에서처럼 적절한 미분방정식을 구하고 이들의 해를 구해서도 동일한 관계식들을 얻을 수 있다.

예제 2-18 전열기의 온도변화

그림 2-59에 나타낸 바와 같이 반경 $r_o = 0.5$ cm, 열전도도 $k = 13.5$ W/m·°C인 균질한 재질의 긴 저항선에 전류를 흘려 대기압 조건의 물을 끓이는 데 사용하고 있다. 열발생률 $\dot{e}_{gen} = 4.3 \times 10^7$ W/m³로 저항선에서는 균일하게 열이 발생한다. 저항선의 외부표면온도가 $T_s = 108$°C로 측정되었을 때, 온도분포에 대한 관계식을 구하고 정상상태에 도달하였을 때 중심선의 온도를 구하여라.

풀이 이 열전달 문제는 예제 2-17과 유사하다. 다만 저항선 내부에서 r 방향으로의 온도변화에 대한 관계식을 구해야 한다는 점이 다르다. 이를 위해서는 미분방정식을 활용하는 것이 적합하다.

가정 **1** 열전달은 시간에 무관한 정상상태이다. **2** 중심선에 대해 열적으로는 대칭을 이루고 축 방향으로는 변화가 없으므로 열전달은 1차원이다. **3** 열전도도는 일정하다. **4** 저항선의 열발생은 균일하다.

물성치 열전도도는 $k = 13.5$ W/m·°C로 주어졌다.

해석 저항선의 온도변화를 설명하는 미분방정식은 간단히 식 (2-27)과 같다.

$$\frac{1}{r}\frac{d}{dr}\left(r\frac{dT}{dr}\right) + \frac{\dot{e}_{gen}}{k} = 0$$

이것은 2계 선형 상미분방정식이기에 일반해는 두 개의 임의 상수를 포함한다. 이 상수값들을 구하기 위해서는 두 개의 경계조건들이 필요하며, 이들은 아래와 같다.

$$T(r_o) = T_s = 108°\text{C}$$

그리고

$$\frac{dT(0)}{dr} = 0$$

첫 번째 경계조건은 단순히 저항선의 외부표면온도가 108°C라는 것을 의미한다. 두 번째 경계조건은 중심선에서 대칭을 나타내는 것으로, 최고온도는 중심선에서 나타나고 이때 $r = 0$에서의 온도 기울기가 0이라는 것을 의미한다(그림 2-60). 이제 주어진 문제에 대해 수학적인 표현을 완성하였다.

비록 즉시 해를 얻을 수는 없지만, 이 미분방정식은 직접 적분에 의해 풀 수 있는 형태이다. 식의 양변에 r을 곱한 후 다시 정리하면 다음과 같다.

$$\frac{d}{dr}\left(r\frac{dT}{dr}\right) = -\frac{\dot{e}_{gen}}{k}r$$

r에 대해 적분하면 다음과 같다.

$$r\frac{dT}{dr} = -\frac{\dot{e}_{gen}}{k}\frac{r^2}{2} + C_1 \quad \text{(a)}$$

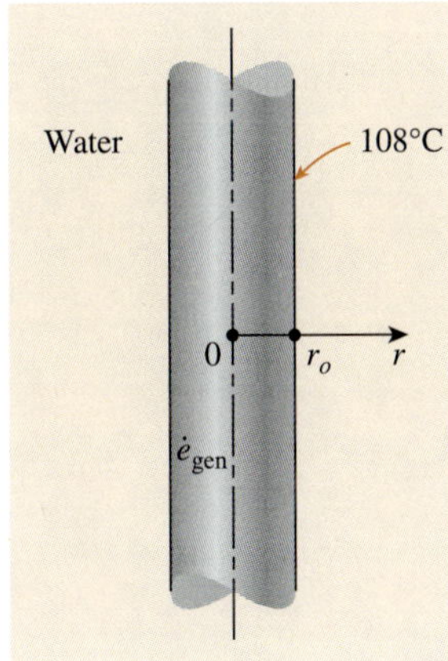

그림 2-59
예제 2-18의 개략도

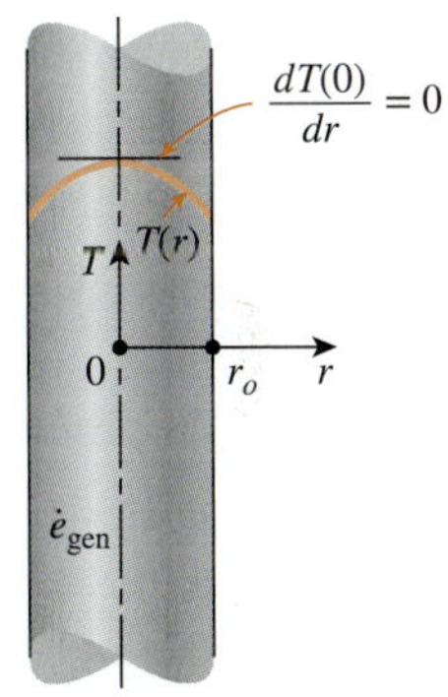

그림 2-60
열이 균일하게 발생하고 있는 전선의 중심선에서는 열적 대칭 조건이 성립한다.

이는 열발생 항이 상수이기 때문에 가능하다. 그리고 함수의 도함수를 적분하는 것은 함수 그 자체를 의미한다. 즉, 적분은 도함수를 소거한다. 위의 식 (*a*)는 온도의 1계 도함수를 포함하고 있기에, 여기서 편의를 위해 두 번째 경계조건을 적용한다. 즉, 식 (*a*)의 r과 dT/dr을 모두 0으로 대치하면 다음의 관계를 얻는다.

$$0 \times \frac{dT(0)}{dr} = -\frac{\dot{e}_{gen}}{2k} \times 0 + C_1 \rightarrow C_1 = 0$$

이와 같이 C_1은 제거된다. 이제 식 (*a*)를 r로 나누고 쉽게 적분 가능한 상태로 바꾸면 다음과 같다.

$$\frac{dT}{dr} = -\frac{\dot{e}_{gen}}{2k} r$$

다시 r에 대해 적분하면 다음과 같다.

$$T(r) = -\frac{\dot{e}_{gen}}{4k} r^2 + C_2 \qquad (b)$$

이제 첫 번째 경계조건을 적용하여 r은 r_0로, T는 T_s로 치환하면 다음의 식을 얻는다.

$$T_s = -\frac{\dot{e}_{gen}}{4k} r_o^2 + C_2 \quad \rightarrow \quad C_2 = T_s + \frac{\dot{e}_{gen}}{4k} r_o^2$$

얻어진 C_2를 식 (*b*)에 대입하여 다시 정리하면 다음과 같다.

$$T(r) = T_s + \frac{\dot{e}_{gen}}{4k}(r_o^2 - r^2) \qquad (c)$$

이 식은 r에 대한 함수로서 저항선의 온도분포에 대해 구하고자 한 해이다. 중심선(r = 0)의 온도는 식 (*c*)에서 r에 0을 대입하여 얻을 수 있다. 제시된 수치들을 모두 대입하여 다음과 같이 계산된다.

$$T(0) = T_s + \frac{\dot{e}_{gen}}{4k} r_o^2 = 108°\text{C} + \frac{4.3 \times 10^7\ \text{W/m}^3}{4 \times (13.5\ \text{W/m}\cdot°\text{C})}(0.005\ \text{m}) = \mathbf{128°C}$$

토의 저항선 중심선 온도는 외부표면온도에 비해 20°C만큼 더 높다. 위에서 살펴본 중심선 온도에 대한 표현은 식 (2-71)과 동일하다는 점에 주목하자. 식 (2-71)은 검사체적에 대해 에너지 평형을 이용하여 도출된 식이다.

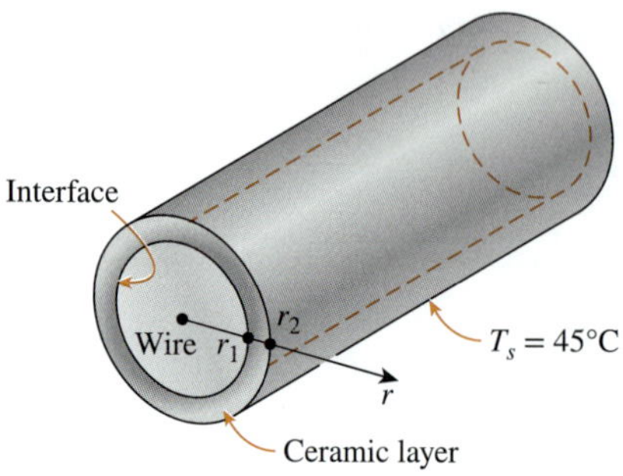

그림 2-61

예제 2-19의 개략도

예제 2-19 두 층으로 구성된 매질 내부에서의 열전도

그림 2-61에 나타낸 것과 같이 반경 r_1 = 0.2 cm, 열전도도 k_{wire} = 15 W/m·K인 긴 저항선에서 일정한 열발생률 $\dot{e}_{gen}$ = 50 W/cm³로 균일하게 열이 발생하고 있다. 저항선은 열전도도 $k_{ceramic}$ = 1.2 W/m·K, 두께 0.5 cm의 세라믹 피복으로 둘러싸여 있다. 만일 세라믹층의 외부표면온도가 T_s = 45°C인 경우, 정상상태에서 저항선의 중심선 온도, 저항선과 세라믹 접촉면에서의 온도를 구하여라.

풀이 세라믹층으로 덮인 저항선의 접촉면과 표면온도를 구해야 한다.

가정 **1** 열전달은 시간에 무관한 정상상태이다. **2** 두 층으로 구성된 매질에서 발생하는 열전달은 중심선에 대해 대칭을 이루고, 축 방향으로는 변화가 없으므로 1차원으로 간

주할 수 있다. 즉 $T = T(r)$이다. **3** 열전도도는 일정하다. **4** 저항선에서 균일한 열발생이 존재한다.

물성치 저항선과 세라믹 피복의 열전도도는 각각 $k_{\text{wire}} = 15$ W/m·K와 $k_{\text{ceramic}} = 1.2$ W/m·K로 제시되었다.

해석 접촉면에서의 온도를 아직 값을 알지 못하는 T_1이라 한다면, 저항선의 열전달 문제는 아래와 같이 수식적으로 표현할 수 있다.

$$\frac{1}{r}\frac{d}{dr}\left(r\frac{dT_{\text{wire}}}{dr}\right) + \frac{\dot{e}_{\text{gen}}}{k} = 0$$

여기서 경계조건들은 다음과 같다.

$$T_{\text{wire}}(r_1) = T_1$$
$$\frac{dT_{\text{wire}}(0)}{dr} = 0$$

이 문제는 예제 2-18에서 다루어진 바 있다. 구하였던 해는 다음과 같다.

$$T_{\text{wire}}(r) = T_1 + \frac{\dot{e}_{\text{gen}}}{4k_{\text{wire}}}(r_1^2 - r^2) \qquad (a)$$

세라믹층에서는 어떠한 열발생도 없으며, 그 외부표면온도는 특정 값으로 주어져 있음을 기억하자. 이 층에서의 열전도 문제는 다음과 같이 표현할 수 있다.

$$\frac{d}{dr}\left(r\frac{dT_{\text{ceramic}}}{dr}\right) = 0$$

그리고

$$T_{\text{ceramic}}(r_1) = T_1$$
$$T_{\text{ceramic}}(r_2) = T_s = 45°\text{C}$$

이 문제는 예제 2-16에서 다루어진 바 있다. 구하였던 해는 다음과 같다.

$$T_{\text{ceramic}}(r) = \frac{\ln(r/r_1)}{\ln(r_2/r_1)}(T_s - T_1) + T_1 \qquad (b)$$

접촉면 $r = r_1$에서, 저항선과 세라믹층 온도가 T_1으로 같다는 첫 번째 접촉면 조건을 사용하였다. $r = r_1$의 접촉면에서, 저항선과 세라믹층의 열유속이 같아야 한다는 두 번째 접촉면 조건을 이용하여 접촉면 온도 T_1을 구할 수 있다:

$$-k_{\text{wire}}\frac{dT_{\text{wire}}(r_1)}{dr} = -k_{\text{ceramic}}\frac{dT_{\text{ceramic}}(r_1)}{dr} \quad \rightarrow \quad \frac{\dot{e}_{\text{gen}}r_1}{2} = -k_{\text{ceramic}}\frac{T_s - T_1}{\ln(r_2/r_1)}\left(\frac{1}{r_1}\right)$$

주어진 값들을 대입하여 T_1에 대해 풀면 접촉면 온도를 다음과 같이 구할 수 있다.

$$T_1 = \frac{\dot{e}_{\text{gen}}r_1^2}{2k_{\text{ceramic}}}\ln\frac{r_2}{r_1} + T_s$$

$$= \frac{(50 \times 10^6\ \text{W/m}^3)(0.002\ \text{m})^2}{2(1.2\ \text{W/m·K})}\ln\frac{0.007\ \text{m}}{0.002\ \text{m}} + 45°\text{C} = \mathbf{149.4°C}$$

접촉면 온도를 구하였기에, 알고 있는 값들을 식 (*a*)에 대입하여 중심선($r = 0$)에서의 온도를 구할 수 있다.

$$T_{wire}(0) = T_I + \frac{\dot{e}_{gen} r_1^2}{4k_{wire}} = 149.4°C + \frac{(50 \times 10^6\ W/m^3)(0.002\ m)^2}{4 \times (15\ W/m\cdot K)} = 152.7°C$$

이처럼 중심선에서의 온도는 접촉면 온도보다 약간 높게 나타난다.

토의 이 예제는 정상상태에서 복합매질의 1차원 열전도 문제들을 해결하는 방법을 보여준다. 또한, 이 문제에서는 접촉면에서 열유속을 구하여 문제를 해결할 수 있다. 이 열유속은 저항선에서의 총 열발생량을 저항선의 표면적으로 나누어 구할 수 있으며, 이 값을 저항선과 세라믹층 모두에 특정 열유속 경계조건으로 적용한다. 이러한 방식을 통하여 두 개의 문제를 서로 분리하여 개별적으로 풀 수 있다.

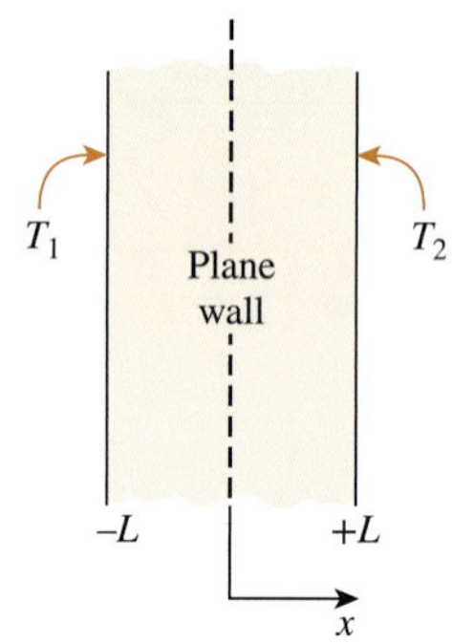

그림 2-62

예제 2-20의 개략도

예제 2-20 열발생이 존재하는 평면벽에서의 열전도

그림 2-62에 나타낸 것과 같이 두께 $2L$의 넓은 평면벽에서 균일하게 열이 발생한다. (*a*) $T_1 > T_2$와 (*b*) $T_1 = T_2$인 경우에 대하여 벽 내부의 온도변화를 표현하여라.

풀이 넓은 평면벽에서 균일하게 열이 발생한다. $T_1 > T_2$인 경우와 $T_1 = T_2$인 경우에 대해 벽 내부에서의 온도변화를 설명하는 식을 구하여야 한다.

가정 **1** 열전도는 정상상태이다. **2** 열전도는 1차원이다. **3** 열전도도는 일정하다. **4** 열발생은 균일하다.

해석 직교좌표계에서 열발생이 있는 경우, 열전도 방정식은 다음과 같다.

$$\frac{\partial}{\partial x}\left(k\frac{\partial T}{\partial x}\right) + \frac{\partial}{\partial y}\left(k\frac{\partial T}{\partial y}\right) + \frac{\partial}{\partial z}\left(k\frac{\partial T}{\partial z}\right) + \dot{e}_{gen} = \rho c\frac{\partial T}{\partial t}$$

1차원 정상 열전도에서 열전도도가 일정할 때, 일반적인 열전도 방정식은 간략하게 다음과 같이 나타낼 수 있다.

$$\frac{d^2T}{dx^2} + \frac{\dot{e}_{gen}}{k} = 0$$

이를 두 번 적분하면 다음 식과 같이 2계 미분방정식의 일반해를 구할 수 있다.

$$T(x) = -\frac{\dot{e}_{gen}}{2k}x^2 + C_1x + C_2$$

(*a*) $T_1 > T_2$의 비대칭 경계조건의 경우, 이를 적용하면 다음과 같다.

$$x = -L: \quad T(-L) = T_1 = -\frac{\dot{e}_{gen}}{2k}L^2 - C_1L + C_2$$

$$x = L: \quad T(L) = T_2 = -\frac{\dot{e}_{gen}}{2k}L^2 + C_1L + C_2$$

이 문제에서 좌표계와 관련하여 $x = 0$ 위치를 평면벽의 중심선에 위치하도록 하였고, 중심선에서 오른쪽을 양(+), 왼쪽을 음(−)의 방향으로 설정하였다. 평면벽에서 열발생이 존재하는 경우, 이러한 좌표의 설정을 통해서 열발생이 온도 이력에 미치는 영향을 보다 효과적으로 살펴볼 수 있다. 상수 C_1과 C_2에 대해 풀이하면 다음과 같다.

$$C_1 = \frac{T_2 - T_1}{2L} \quad 과 \quad C_2 = \frac{\dot{e}_{gen}}{2k}L^2 + \frac{T_1 + T_2}{2}$$

C_1과 C_2를 일반해에 대입하면, 벽 내부의 온도변화를 다음과 같이 표현할 수 있다.

$$T(x) = \frac{\dot{e}_{gen}L^2}{2k}\left(1 - \frac{x^2}{L^2}\right) + \frac{T_2 - T_1}{2}\left(\frac{x}{L}\right) + \frac{T_1 + T_2}{2} \qquad (a)$$

(*b*) 대칭 경계조건의 경우, 식 (*a*)에 $T_2 = \mathrm{T}_1$를 대입하면 다음을 얻을 수 있다.

$$T(x) = \frac{\dot{e}_{gen}L^2}{2k}\left(1 - \frac{x^2}{L^2}\right) + T_1 \qquad (b)$$

토의 식 (*a*)는 $T_1 > T_2$인 비대칭 경계조건의 경우에 벽 내부 온도변화가 대칭이 아니라는 것과 함께 최고 온도점이 중심선 왼쪽에 위치한다는 것을 보여준다. 열발생이 없는($\dot{e}_{gen} = 0$) 평면벽에서의 열전도 문제의 경우, 식 (*a*)는 적절한 좌표 변환을 통해 예제 2-10[식 (2-56)]과 같이 단순하게 표현할 수 있다. 대칭 경계조건($T_1 = T_2$)의 경우, 식 (*b*)는 벽 내부 온도변화가 대칭이라는 것과 함께 최고온도가 중심선에서 발생한다는 것을 보여준다. 이는 예제 2-17에서 원통 형태의 전열기에서의 온도변화를 평가해 본 결과와 비슷한 형태임을 의미한다.

2-7 ▪ 가변 열전도도, *k*(*T*)

1장에서 일반적으로 물질의 열전도도가 온도에 따라 변화한다는 점을 다루었던 내용을 다시 기억해 보자(그림 2-63). 그러나 물질 대부분에서 실제 관심 범위 내에서 이러한 변화는 미미하므로 무시할 수 있다. 이 같은 경우에는 지금까지 우리가 해 왔던 것처럼, 열전도도의 평균값을 상수의 형태로 사용할 수 있다. 밀도나 비열과 같이 온도에 따라 변화하는 다른 물성치들에도 이러한 접근 방식을 적용할 수 있다.

그러나 주어진 온도 범위에서 온도에 따른 열전도도의 변화가 큰 경우, 계산 오차를 최소화하기 위하여 이러한 변화를 고려할 필요가 있다. 온도에 따른 열전도도의 변화를 고려한 계산은 일반적으로 해석이 복잡하다. 그러나 단순한 1차원 문제의 경우, 간단한 방법으로 열전달 관계식을 도출할 수 있다.

열전도도의 변화가 온도의 함수 $k(T)$로 알려져 있을 때, 온도 범위 T_1과 T_2 사이에서 열전도도의 평균값은 다음과 같이 구할 수 있다.

$$k_{avg} = \frac{\int_{T_1}^{T_2} k(T)dT}{T_2 - T_1} \qquad (2\text{-}75)$$

이 관계식은 상수인 평균 열전도도 k_{avg}를 갖는 매질에서의 열전달률과 가변 열전도도 $k(T)$의 매질을 통한 열전달률이 같다는 것에 기초를 두고 있다. 열전도도가 상수 $k(T) = k$인 경우, 식 (2-75)는 예상대로 $k_{avg} = k$로 간단히 표현된다.

가변 열전도도의 경우 평면벽, 원통 층, 또는 구형 층을 통과하는 정상상태 열전달률은 각각 식 (2-57), (2-59), (2-61)에서 열전도도 k를 식 (2-75)로부터 얻은

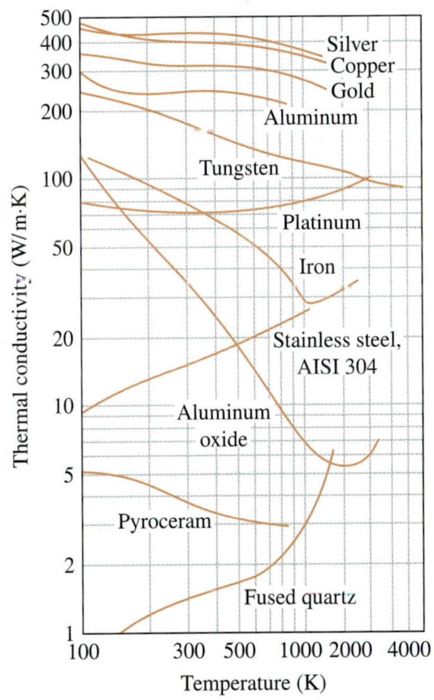

그림 2-63

일부 고체 재료에서 볼 수 있는 온도에 따른 열전도도의 변화

k_{avg}로 치환함으로써 아래의 식들과 같이 나타낼 수 있다.

$$\dot{Q}_{\text{plane wall}} = k_{avg} A \frac{T_1 - T_2}{L} = \frac{A}{L}\int_{T_2}^{T_1} k(T)dT \tag{2-76}$$

$$\dot{Q}_{\text{cylinder}} = 2\pi k_{avg} L \frac{T_1 - T_2}{\ln(r_2/r_1)} = \frac{2\pi L}{\ln(r_2/r_1)}\int_{T_2}^{T_1} k(T)dT \tag{2-77}$$

$$\dot{Q}_{\text{sphere}} = 4\pi k_{avg} r_1 r_2 \frac{T_1 - T_2}{r_2 - r_1} = \frac{4\pi r_1 r_2}{r_2 - r_1}\int_{T_2}^{T_1} k(T)dT \tag{2-78}$$

관심 온도 영역에서 온도에 따른 물질의 열전도도 변화는 종종 다음의 선형함수 형태로 근사적으로 표시할 수도 있다.

$$k(T) = k_0(1 + \beta T) \tag{2-79}$$

여기서 β는 열전도도의 온도계수(temperature coefficient of thermal conductivity)라 한다. 이 경우 T_1과 T_2의 온도 범위에서 열전도도의 평균값은 다음과 같이 표현할 수 있다.

$$k_{avg} = \frac{\int_{T_1}^{T_2} k_0(1 + \beta T)dT}{T_2 - T_1} = k_0\left(1 + \beta\frac{T_2 + T_1}{2}\right) = k(T_{avg}) \tag{2-80}$$

여기서 평균 열전도도가 평균온도에서의 열전도도 값과 같다는 점에 주목하자.

열전도도가 상수일 때 1차원 정상 열전도가 일어나는 동안 평면벽 내부의 온도는 선형적으로 변한다는 것을 앞서 살펴보았다. 그러나 그림 2-64에 나타낸 바와 같이 열전도도가 온도에 따라 변화하는 경우, 비록 열전도도가 선형적으로 변화하는 경우라 할지라도, 온도분포는 더 이상 선형적으로 나타나지 않는다.

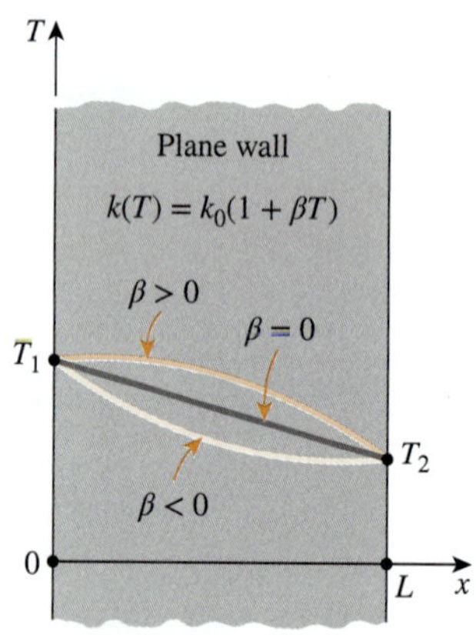

그림 2-64

평면벽에서 1차원 정상 열전도가 발생할 때 열전도도가 상수인 경우와 변수인 경우의 온도변화

예제 2-21 $k(T)$인 벽에서의 온도변화

길이 L인 평면벽에서 주어진 온도 영역 내에서 열전도도는 $k(T) = k_0(1 + \beta T)$의 형태로 온도에 따라 선형적으로 변한다. 여기서 k_0와 β는 상수이다. 그림 2-65에 나타낸 바와 같이 $x = 0$ 위치에서 온도는 T_1, $x = L$ 위치에서 온도는 T_2로 유지되고 있다. 1차원 정상 열전달 문제로 가정할 때, (*a*) 벽을 통과하는 열전달률과 (*b*) 벽 내부에서의 온도분포 $T(x)$를 구하여라.

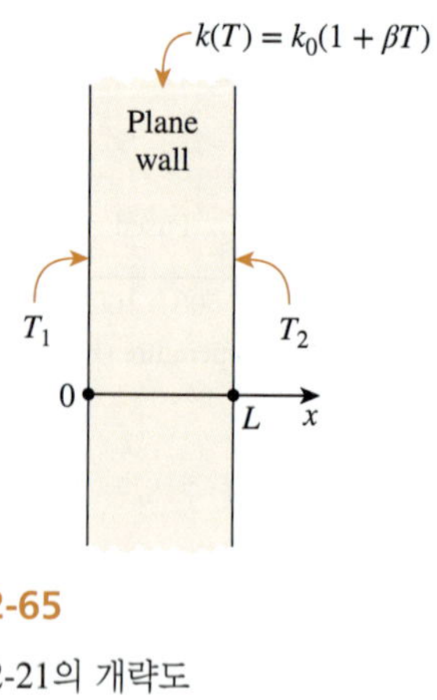

그림 2-65

예제 2-21의 개략도

풀이 열전도도가 변화하는 평판의 양쪽 면에 특정 온도 값이 제시되었다. 온도변화와 열전달률을 구하여야 한다.

가정 **1** 열전달은 1차원 정상상태이다. **2** 열전도도는 선형적으로 변한다. **3** 열발생은 없다.

물성치 열전도도는 $k(T) = k_0(1 + \beta T)$로 제시되었다.

해석 (*a*) 벽을 통과하는 열전달률은 다음과 같이 구할 수 있다.

$$\dot{Q} = k_{avg} A \frac{T_1 - T_2}{L}$$

여기서 A는 열전도가 이루어지는 벽의 면적이고,

$$k_{avg} = k(T_{avg}) = k_0\left(1 + \beta \frac{T_2 + T_1}{2}\right)$$

는 평균 열전도도이다[식 (2-80)].

(*b*) 벽에서의 온도분포를 구하기 위해서, Fourier의 열전도 법칙으로부터 아래와 같이 표현할 수 있다.

$$\dot{Q} = -k(T)\,A\frac{dT}{dx}$$

여기서 열전달률 $\dot{Q}$와 열전도 면적 A는 상수이다. 변수 분리를 한 후, $T(0) = T_1$을 만족하는 $x = 0$에서부터 임의의 지점 x까지 적분을 하면 다음의 수식을 얻을 수 있다.

$$\int_0^x \dot{Q}dx = -A\int_{T_1}^{T} k(T)dT$$

여기서 $k(T) = k_0(1 + \beta T)$를 대입한 후, 적분하면 다음과 같다.

$$\dot{Q}x = -Ak_0[(T - T_1) + \beta(T^2 - T_1^2)/2]$$

여기에 (*a*)에서 표현한 $\dot{Q}$를 대입한 후, 이를 다시 정리하면 다음과 같다.

$$T^2 + \frac{2}{\beta}T + \frac{2k_{avg}}{\beta k_0}\frac{x}{L}(T_1 - T_2) - T_1^2 - \frac{2}{\beta}T_1 = 0$$

이 수식은 미지의 온도 T에 관한 2차 방정식이다. 2차 방정식이므로 벽의 온도분포 $T(x)$는 나음과 깉이 구힐 수 있다.

$$T(x) = -\frac{1}{\beta} \pm \sqrt{\frac{1}{\beta^2} - \frac{2k_{avg}}{\beta k_0}\frac{x}{L}(T_1 - T_2) + T_1^2 + \frac{2}{\beta}T_1}$$

토의 매질 내부 임의의 지점에서 온도가 T_1과 T_2 사이에 있어야 한다는 조건을 고려하여 근호의 부호(+ 또는 −)를 결정할 수 있다. 위의 결과는 온도에 따라 열전도도가 변하는 경우 평면벽 내부의 온도분포가 더 이상 직선의 형태가 아니라는 것을 설명하고 있다.

예제 2-22 열전도도가 $k(T)$인 벽에서의 열전도

두께 0.1 m, 높이 2 m, 폭 0.7 m인 황동 재질의 판이 있다. 그림 2-66에 표시한 바와 같이, 판의 한쪽 면의 온도는 400 K이고, 다른 한 면의 온도는 600 K이다. 주어진 온도 범위에서 황동 판의 열전도도는 $k(T) = k_0(1 + \beta T)$의 형태로 온도에 따라 선형적으로 변한다고 가정할 수 있다. 여기서 k_0 = 38 W/m·K, $\beta = 9.21 \times 10^{-4}$ K^{-1}이다. 가장자리 효과를 무시할 수 있고 1차원 정상 열전달 문제라 할 때, 평판을 통해 전달되는 열전도율을 구하여라.

풀이 열전도도가 변화하는 평판의 양면 온도가 제시되었다. 이때 열전달률을 구하여야 한다.

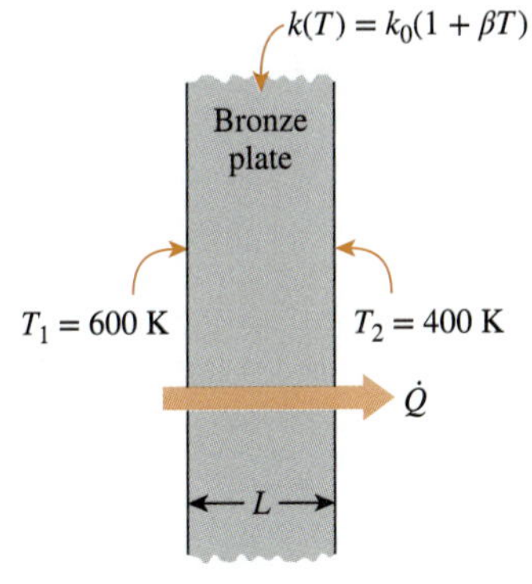

그림 2-66

예제 2-22의 개략도

가정 **1** 열전달은 정상상태이고 1차원이다. **2** 열전도도는 선형적으로 변한다. **3** 열발생은 없다.

물성치 열전도도는 $k(T) = k_0(1 + \beta T)$로 제시되었다.

해석 매질의 평균 열전도도는 단순히 평균온도에서의 열전도도 값으로 나타낼 수 있다. 이는 다음과 같다.

$$k_{avg} = k(T_{avg}) = k_0\left(1 + \beta\frac{T_2 + T_1}{2}\right)$$
$$= (38\ \text{W/m·K})\left[1 + (9.21 \times 10^{-4}\,\text{K}^{-1})\frac{(600 + 400)\,\text{K}}{2}\right]$$
$$= 55.5\ \text{W/m·K}$$

이에, 식 2-76으로부터 평판을 통해 전달되는 열전도율을 다음과 같이 나타낼 수 있다.

$$\dot{Q} = k_{avg}A\frac{T_1 - T_2}{L}$$
$$= (55.5\ \text{W/m·K})(2\ \text{m} \times 0.7\ \text{m})\frac{(600 - 400)\text{K}}{0.1\ \text{m}} = \mathbf{155\ kW}$$

토의 제시된 $k(T)$의 관계를 식 (2-76)의 두 번째 항에 대입한 후 적분을 수행하면 동일한 결과를 얻을 수 있다.

특별 관심 주제* _Topics of special interest

미분방정식에 관한 간략한 복습

대부분 과학적 문제를 설명하는 것은 몇몇 중요한 변수들 서로 간의 변화와 관련된 관계식과 연관되어 있다. 변수의 증분(increment)이 작을수록, 보다 일반적이고 정확한 기술이 가능하다. 변수의 변화가 극미하거나 미분 변화량이 제한된 경우, 미분방정식을 도출할 수 있다. 변화율을 도함수로 나타냄으로써 미분방정식을 물리적 원칙과 법칙을 수학적으로 정확히 표현하는 데 사용할 수 있다. 그러므로 미분방정식은 열전달을 포함한 폭넓은 과학 기술 분야의 문제들을 분석하는 데 사용된다.

관련된 물리적인 법칙과 원리들이 관심 변수들의 극미한 변화를 고려하는 문제를 다루고 있을 때 미분방정식을 사용한다. 그러므로 어떤 문제의 지배 미분방정식을 구하기 위해서는 신중한 해석이 필요하며, 이 외에도 문제와 관련된 자연법칙, 관련된 변수들, 적절한 가정 조건 및 적용 가능한 물리적 원칙과 법칙들에 대한 충분한 지식이 필요하다.

일반적으로 하나의 방정식은 하나 이상의 변수를 포함한다. 명칭이 의미하는 바와 같이 **변수**(variable)는 분석을 하는 중에 여러 값으로 상정될 수 있는 양을 의미한다. 분석 중에 고정된 값을 가지는 양을 **상수**(constant)라 한다. 상수는 보통 알파벳 앞부분의 문자들, 즉 a, b, c, d와 같은 문자들을 이용하여 표기하는 반면, 변수는 항상 알파벳 뒷부분의 문자들, 즉 t, x, y, z와 같은 문자들을 이용하여 표기한다. 임의적으로

*이 부분은 내용의 연속성을 고려하여 건너뛰어도 무방하다.

값이 바뀔 수 있는 변수는 **독립변수**(independent variable 또는 argument)라 한다. 한편 다른 변수들의 값에 종속되어 독립적으로 바뀔 수 없는 값을 갖는 변수를 **종속변수**(dependent variable) 또는 함수(function)라고 한다.

변수 x에 의존하는 종속변수 y는 일반적으로 그 명확성을 위해 $y(x)$로 표기한다. 그러나 y가 표현상 여러 번 반복적으로 사용되는 경우 이러한 표기는 매우 번거롭고 불편하다. y가 x의 함수라는 것이 명확하다면, $y(x)$를 간략히 y로 표기하는 것이 바람직하다. 이런 간략한 표기는 수식의 표기와 해석을 쉽게 한다. 고정된 값 a에서의 y의 값을 $y(a)$로 표기한다.

임의의 지점에서 함수 $y(x)$의 **도함수**(derivate)는 해당 지점에서 함수 곡선의 접선 기울기를 의미하며, 다음과 같이 정의된다(그림 2-67).

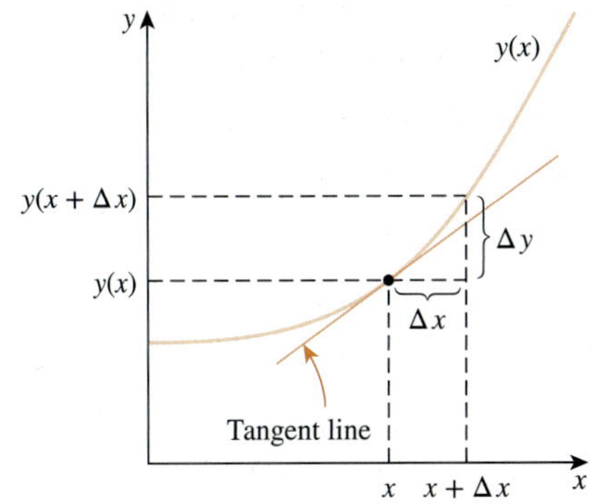

그림 2-67

임의의 지점에서 함수의 도함수는 해당 지점에서 함수 곡선의 접선 기울기를 의미한다.

$$y'(x) = \frac{dy(x)}{dx} = \lim_{\Delta x \to 0} \frac{\Delta y}{\Delta x} = \lim_{\Delta x \to 0} \frac{y(x + \Delta x) - y(x)}{\Delta x} \tag{2-81}$$

여기서 Δx는 독립변수 x의 (미미한) 변화를 나타내며, 이를 x의 증분이라 한다. 이에 상응하는 함수 y의 변화량은 y의 증분이며, Δy로 표기한다. 그러므로 함수의 도함수는 독립변수의 증분 Δx (Δx가 매우 작을 때) 대비 함수의 증분 Δy의 비로 나타낼 수 있다. x의 변화에 따라 y가 변하지 않는다면 Δy, 결국 $y'(x)$가 0이라는 것을 유념하도록 하자.

실제로 대부분 문제에서는 시간에 따라 변하는 값을 다루며, 시간에 대한 이들의 1계 도함수는 시간에 따른 해당 값들의 변화율을 의미한다. 예를 들어 $N(t)$가 박테리아 군체의 개체 수라 한다면, 1계 도함수 $N' = dN/dt$는 개체 수의 변화율을 나타낸다. 이는 단위 시간당 개체 수의 증가량 또는 감소량을 의미한다.

함수 y의 1계 도함수의 도함수를 y의 2계 도함수라 하며, y'' 또는 d^2y/dx^2으로 표기한다. 일반적으로 y의 $(n-1)$번째 도함수의 도함수는 y의 n계 도함수라고 하며, $y^{(n)}$ 또는 d^ny/dx^n으로 표기한다. 여기서 n은 양의 정수이며, 도함수의 계수라 부른다. 계수 n을 도함수의 지수(또는 차수, degree)와 혼동해서는 안 된다. 예를 들면, y'''는 y의 3계 도함수이지만, $(y')^3$은 y의 1계 도함수의 3제곱을 의미한다. 어떤 함수의 1계 도함수는 독립변수에 대한 함수의 기울기 또는 변화율을 나타내며, 2계 도함수는 독립변수에 대한 함수 기울기의 변화율을 나타낸다.

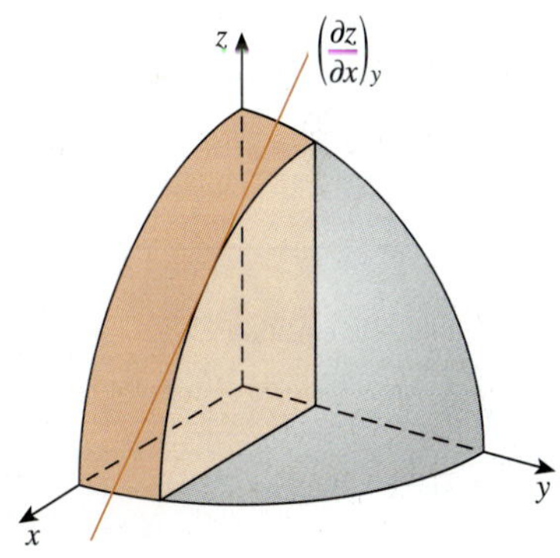

그림 2-68

그림으로 나타낸 $\partial z/\partial x$의 의미

어떤 함수 y가 x와 t와 같은 두 개 또는 그 이상의 독립변수에 종속된 경우, 때때로 변수 중 하나의 변수에 대한 의존성만을 살펴보고자 할 때가 있다. 이 경우, 다른 모든 변수를 상수로 둔 채 살펴보고자 하는 변수에 대해서만 함수의 도함수를 구하여 살펴볼 수 있다. 이러한 경우의 도함수를 **편도함수**(partial derivatives)라 한다. 변수 x와 t에 대한 함수 $y(x, y)$의 편도함수는 각각 다음과 같이 정의된다(그림 2-68).

$$\frac{\partial y}{\partial x} = \lim_{\Delta x \to 0} \frac{y(x + \Delta x, t) - y(x, t)}{\Delta x} \tag{2-82}$$

$$\frac{\partial y}{\partial t} = \lim_{\Delta x \to 0} \frac{y(x, t + \Delta t) - y(x, t)}{\Delta t} \tag{2-83}$$

$\partial y/\partial x$를 구할 때 t는 상수로 취급하고 y를 x에 대하여 미분한다. 같은 방법으로 $\partial y/\partial t$를 구할 때 x를 상수로 취급하고 y를 t에 대하여 미분한다.

적분(integration)은 미분의 반대과정으로 볼 수 있다. 미분방정식을 푸는 것은 기본적으로 방정식의 도함수를 소거하는 것이기에, 미분방정식을 푸는 과정에서 일반적으로 적분을 사용한다. 어떤 함수 $y(x)$가 주어졌을 때 $y'(x)$를 구하는 과정이 미분이며, 도함수 $y'(x)$가 주어졌을 때 함수 $y(x)$를 구하는 과정이 적분이다. 이 도함수의 적분은 다음과 같이 표시한다.

$$\int y'(x)dx = \int dy = y(x) + C \tag{2-84}$$

이는 $y'(x)\, dx = dy$이고 함수의 미분을 적분하는 것은 본래의 함수를 의미(물론 여기에는 상수가 추가되어야 한다)하기 때문이다. 식 (2-84)에서 x는 적분변수이고, C는 임의의 상수, 즉 **적분상수**(integration constant)라 부른다.

상수 C가 어떤 값이든지 간에, $y(x) + C$의 도함수는 $y'(x)$이다. 그러므로 상수만 다른 두 함수는 같은 도함수를 가지며, 미분할 때 소거된 이 상수는 적분하면서 다시 더하여진다. 식 (2-84)에서 사용된 적분은 임의의 상수 C가 정의되지 않았으므로 이를 **부정적분**(indefinite integral)이라 한다. 앞서 설명한 과정은 고계(high-order) 도함수에도 적용될 수 있다(그림 2-69). 예를 들면 다음과 같다.

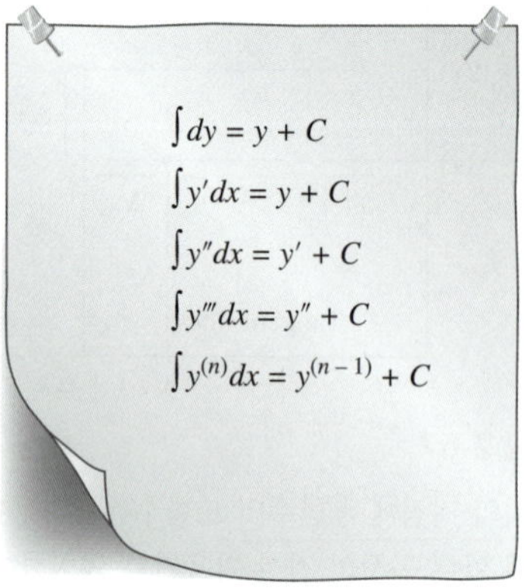

그림 2-69

도함수를 포함하는 부정적분의 예

$$\int y''(x)\, dx = y'(x) + C \tag{2-85}$$

새로운 변수 $u(x) = y'(x)$를 정의한 후 이를 미분하여 $u'(x) = y''(x)$를 얻고, 식 (2-84)에 적용하여 이를 증명할 수 있다. 그러므로 적분을 한 번 할 때마다 도함수의 계수는 하나씩 감소한다.

미분방정식의 구분

상도함수(상미분항)만을 가진 미분방정식을 **상미분방정식**(ordinary differential equation)이라 하고, 편도함수(편미분항)를 가진 미분방정식은 **편미분방정식**(partial differential equation)이라 한다. 여기서 한 개의 독립변수만을 포함하고 있는 문제는 상미분방정식이 되고, 두 개 또는 그 이상의 독립변수를 포함하는 문제는 편미분방정식이 된다. 어떤 미분방정식은 미지 함수에 관한 다양한 계수의 도함수를 여럿 포함하고 있을 수 있다. 미분방정식의 최고 고계 도함수의 계수가 이 방정식의 계수가 된다. 예를 들면 $y''' + (y'')^4 = 7x^5$에서 계수는 3이다. 왜냐하면, 4계 또는 그 이상의 계수를 갖는 도함수가 없기 때문이다.

우리는 대수학에서 식 $3x - 5 = 0$을 식 $x^4 + 3x - 5 = 0$보다 훨씬 쉽게 풀 수 있다는 것을 알고 있다. 첫 번째 방정식은 선형이지만, 두 번째 식은 비선형이기 때문이다. 이러한 관계는 미분방정식에도 그대로 적용된다. 이에 미분방정식을 풀기 전에 항상 선형성을 먼저 살펴보게 된다. 종속변수와 종속변수의 모든 도함수 항들이 1차이고, 그들의 계수가 오로지 독립변수에만 종속되어 있다면, 이 미분방정식은 **선형**(linear)이라고 한다. 다시 표현하자면, 미분방정식이 (1) y^3 또는 $(y')^2$와 같은 종속변수 또는 종속변수의 도함수에 대한 지수, (2) yy' 또는 $y'y'''$과 같이 종속변수 또는 종속변수의 도함수와의 곱, (3) $\sin y$ 또는 e^y와 같은 종속변수의 비선형함수 등을 모두 포함하지 않을 때, 미분방정식은 선형이다. 만약 이들 중 어떤 조건이라도 해당한다면, **비선형**(nonlinear)이다(그림 2-70).

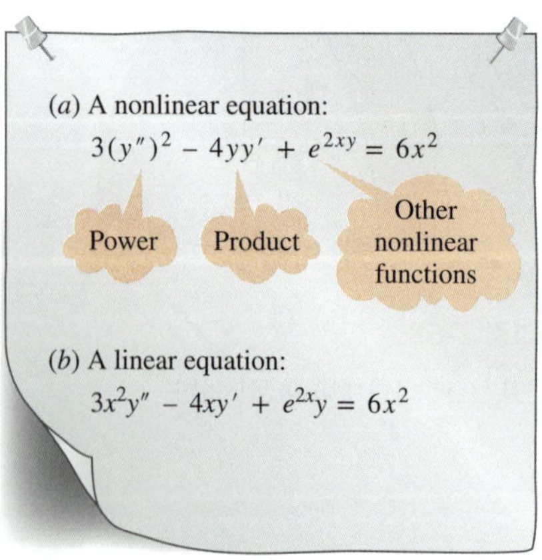

그림 2-70

(a) 비선형 미분방정식과 (b) 선형 미분방정식. 선형성을 확인할 때에는 종속변수만을 살펴보도록 한다.

그러나 선형 미분방정식은 (1) x^2과 $\cos x$과 같은 독립변수의 지수 또는 독립변수의 비선형함수를 포함하거나, (2) x^3y', x^2y 및 $e^{-2x}y''$와 같이 종속변수(또는 종속변수의 도함수)와 독립변수 간의 곱을 포함할 수는 있다. n계 선형 미분방정식은 다음과 같이 가장 일반적인 형태로 표현할 수 있다.

$$y^{(n)} + f_1(x)y^{(n-1)} + \cdots + f_{n-1}(x)y' + f_n(x)y = R(x) \tag{2-86}$$

비선형의 경우에는 이런 형태로 미분방정식을 표기할 수 없다. y에 관한 선형 미분방정식이 $R(x) = 0$이라면 이를 **제차**(homogeneous)라 부른다. 그렇지 않은 경우에는 비제차(nonhomogeneous)라 한다. 즉, 선형 제차 미분방정식의 각 항은 미분방정식에서 공통인수를 모두 소거한 후에, 종속변수들 또는 종속변수들의 도함수들 중 하나를 포함한다. $R(x)$항은 비제차 항이라 한다.

미분방정식은 종속변수 및 종속변수의 도함수에 대한 계수(coefficient)의 특성에 의해서도 구분된다. 종속변수 또는 종속변수의 도함수를 포함한 모든 항의 계수들이 상수인 경우, 미분방정식은 **상수 계수**(constant coefficients)를 갖고 있다고 한다. 모든 공통인수를 소거한 후에 종속변수 또는 종속변수의 도함수 중 어느 하나라도 독립변수를 계수로 포함하고 있다면, 미분방정식은 **변수 계수**(variable coefficients)를 갖고 있다고 한다(그림 2-71). 상수 계수를 갖는 미분방정식은 변수 계수를 갖는 식에 비해 훨씬 풀이하기가 쉽다.

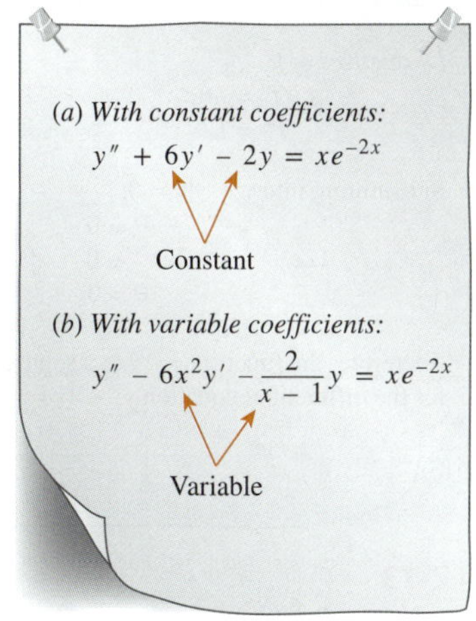

그림 2-71

(a) 상수 계수를 갖는 미분방정식, (b) 변수 계수를 갖는 미분방정식

미분방정식의 해

미분방정식의 해를 한두 번의 적분만으로도 구할 수 있지만, 그런 간단한 미분방정식은 매우 예외적인 경우에 불과하다. 모든 미분방정식에 적용되는 단일 일반해법은 존재하지 않는다. 다양한 미분방정식의 종류에 따라 각기 다른 해법이 존재한다. 종종 미분방정식의 풀이를 위해서는 해법의 창의력과 익숙함뿐만 아니라 두 가지 이상의 풀이 기법 적용을 필요로 하기도 한다. 몇몇 미분방정식은 아주 명확한 기법을 사용한 방법만으로 풀 수 있기도 하다. 해석적으로는 도저히 풀 수 없는 일부 식들도 존재한다.

대수학(algebra)에서는 $x^2 - 7x - 10 = 0$과 같은 대수방정식(algebraic equation)을 충족시키는 명확한 값을 항상 찾으려고 한다. 그러나 미분방정식을 다룰 때에는 정해진 구간 내에서 방정식을 만족하는 함수를 찾고자 한다. 예를 들면, 대수방정식 $x^2 - 7x - 10 = 0$은 오로지 2와 5라는 두 값이 명확한 해가 된다. 그러나 미분방정식 $y' - 7y = 0$은 어떠한 x 값이 되더라도 함수 e^{7x}가 식을 충족시킨다(그림 2-72).

대수방정식 $x^3 - 6x^2 + 11x - 6 = 0$을 살펴보자. 명백하게도 $x = 1$은 이 방정식을 만족시키는 해가 된다. 하지만 이것만이 이 식의 해는 아니다. $x = 2$와 $x = 3$을 직접 대입해 봄으로써 이들 또한 이 방정식의 해가 된다는 것을 확인할 수 있다. 이들 외에 또 다른 해는 존재하지 않는다. 그러므로 1, 2, 3은 이 대수방정식을 충족시키는 완벽한 해라고 할 수 있다.

미분방정식에도 같은 방법으로 논리가 적용된다. 일반적으로 미분방정식은 최소한 한 개의 임의의 상수를 포함하는 여러 개의 해를 갖는다. 임의의 구간에서 어떠한 함수라도 미분방정식을 만족시키기만 한다면 해당 구간에서 미분방정식의 해가 된다. 하나 이상의 임의의 상수를 포함하는 해는 미분방정식을 충족시키는 함수들의 집합을 이루

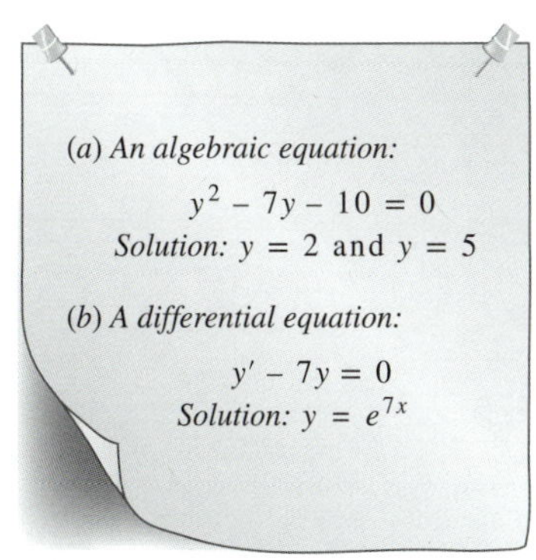

그림 2-72

대수방정식과는 달리 미분방정식의 해는 특정한 값이 아닌 일반적인 함수의 형태를 갖는다.

Function: $f = 3e^{-2x}$

Differential equation: $y'' - 4y = 0$

Derivatives of f:

$$f' = -6e^{-2x}$$
$$f'' = 12e^{-2x}$$

Substituting into $y'' - 4y = 0$:

$$f'' - 4f \stackrel{?}{=} 0$$
$$12e^{-2x} - 4 \times 3e^{-2x} \stackrel{?}{=} 0$$
$$0 = 0$$

Therefore, the function $3e^{-2x}$ is a solution for the differential equation $y'' - 4y = 0$.

그림 2-73

제시된 함수가 미분방정식의 해가 된다는 것을 확인하는 과정

며, 이러한 경우를 **일반해**(general solution)라 부른다. 당연하게도 미분방정식은 하나 이상의 일반해를 가질 수 있다. 일반해로부터 방정식의 모든 해를 구할 수 있는 특별한 경우에는 이를 **일반해** 또는 **완전해**(complete solution)라 한다. 일반해로부터 임의의 상수 값을 별도로 지정함으로써 얻을 수 있는 해를 **특수해**(specific solution)라 한다.

대수방정식에서는 수식을 만족시키는 어떠한 숫자가 해당 식의 해가 된다는 것을 알고 있다. 예를 들어 $x^3 - 8 = 0$ 식의 경우, x에 2를 대입하면 식을 만족시키기에 결국 2가 해가 된다. 이와 유사하게, 미분방정식에서도 어떠한 함수가 미분방정식을 만족시킨다면, 그 함수는 미분방정식의 해가 된다. 즉, 해가 되는 함수를 미분방정식에 대입하면 항등식으로 표현된다. 예를 들어, 함수 $3e^{-2x}$가 $y'' - 4y = 0$의 한 해가 된다는 것을 직접 대입해 봄으로써 확인할 수 있다(그림 2-73).

특정한 미분방정식의 일반해

여기서는 2장과 3장에서 다룬 미분방정식의 일반해에 대해 살펴보도록 한다. 먼저 정상상태, 1차원 열전도, 고정된 물성치, 열발생의 유무를 고려하였을 때 세 가지 좌표계(직교, 원통, 구)에 대한 열전도 방정식의 일반해를 2장에서 다루어보았다. 더 나아가서 휜(fin)과 생체열전달(bioheat transfer) 문제에 대한 열전도 방정식의 일반해는 3장에서 다루어질 예정이다.

- 1-D 정상 열전도 방정식, 일정 열발생 직교좌표계[식 (2-15)]

$$\frac{d^2y}{dx^2} + S = 0$$

해: $y(x) = C_1x + C_2 - \frac{1}{2}Sx^2$

- 1-D 정상 열전도 방정식, 열발생 없음—직교좌표계[식 (2-17)]

$$\frac{d^2y}{dx^2} = 0$$

해: $y(x) = C_1x + C_2$

- 1-D 정상 열전도 방정식, 일정 열발생—원통좌표계[식 (2-27)]

$$\frac{1}{r}\frac{d}{dr}\left(r\frac{dy}{dr}\right) + S = 0$$

해: $y(r) = C_1 \ln r + C_2 - \frac{1}{4}Sr^2$

- 1-D 정상 열전도 방정식, 열발생 없음—원통좌표계[식 (2-29)]

$$\frac{1}{r}\frac{d}{dr}\left(r\frac{dy}{dr}\right) = 0$$

해: $y(r) = C_1 \ln r + C_2$

- 1-D 정상 열전도 방정식, 일정 열발생—구좌표계[식 (2-32)]

$$\frac{1}{r^2}\frac{d}{dr}\left(r^2\frac{dy}{dr}\right) + S = 0$$

해: $y(r) = -\frac{C_1}{r} + C_2 - \frac{1}{6}Sr^2$

- 1-D 정상 열전도 방정식, 열발생 없음—구좌표계[식 (2-34)]

$$\frac{d}{dr}\left(r^2\frac{dy}{dr}\right)=0$$

해: $y(r)=-\frac{C_1}{r}+C_2$

- 1-D 정상 휜 또는 생체열전달 방정식, 균일 단면적, 상수 계수—직교좌표계(식 3-56 또는 식 3-88)

$$\frac{d^2y}{dx^2}-\lambda^2y=0$$

해: $y(x)=C_1e^{+\lambda x}+C_2e^{-\lambda x}$

- 상수 계수를 갖는 0차 변형 Bessel 방정식(생체열전달 방정식)—원통좌표계(식 3-90)

$$\frac{1}{r}\frac{d}{dr}\left(r\frac{dy}{dr}\right)-B^2y=0$$

해: $y(r)=C_1I_0(Br)+C_2K_0(Br)$

여기서 I_0와 K_0는 각각 1종 및 2종 0차 Bessel 함수를 의미한다. I_0와 K_0의 값은 표 3-4에 제시되어 있다.

요약 SUMMARY

이 장에서는 열전도 방정식과 그 해들을 살펴보았다. 매질 내에서의 열전도는 시간에 따라 온도가 변화하지 않으면 정상상태라 하며, 시간에 따라 온도가 변화하는 경우 비정상상태 또는 과도상태라 한다. 매질 내에서 한 방향의 열전도가 주를 이루고, 다른 두 방향으로의 열전도를 무시할 수 있으면 1차원이라 한다. 또한, 세 번째 방향에 대한 열전도만을 무시할 수 있는 경우 2차원이라 하며, 모든 방향에 대해서 열전도가 중요한 경우에는 3차원이라 한다. 전기에너지, 화학에너지 또는 원자력 에너지의 변환을 열전달 해석과정에서는 열발생으로 특정한다.

열전도 방정식은 미소체적 요소에서 에너지 평형을 고려함으로써 유도할 수 있다. 열전도도가 일정한 경우 직교좌표계, 원통좌표계, 구좌표계에서 1차원 열전도 방정식은 다음과 같이 나타낼 수 있다.

$$\frac{\partial^2T}{\partial x^2}+\frac{e_{\text{gen}}}{k}=\frac{1}{\alpha}\frac{\partial T}{\partial t}$$

$$\frac{1}{r}\frac{\partial}{\partial r}\left(r\frac{\partial T}{\partial r}\right)+\frac{\dot{e}_{\text{gen}}}{k}=\frac{1}{\alpha}\frac{\partial T}{\partial t}$$

$$\frac{1}{r^2}\frac{\partial}{\partial r}\left(r^2\frac{\partial T}{\partial r}\right)+\frac{\dot{e}_{\text{gen}}}{k}=\frac{1}{\alpha}\frac{\partial T}{\partial t}$$

여기서 물성치 $\alpha=k/\rho c$는 물질의 열확산율이다.

열전도 문제의 해는 표면의 조건에 따라 결정되며, 경계에서의 열적 조건을 수학적으로 표기할 때 경계조건이라 한다. 비정상상태 열전도 문제의 해는 열전도 과정의 초기 매질 조건들에 따라서도 영향을 받는다. 일반적으로 시간 $t=0$일 때 특정된 조건을 초기조건이라 하며, 이는 매질의 초기 온도분포를 수학적으로 표현한 것이다. 열전도 문제를 완벽히 수학적으로 표기하기 위해서는 열전도가 중요하게 다루어지는 방향에 대해 두 개의 경계조건이 규정되어야 하며, 비정상 열전도 문제에서는 초기조건이 함께 규정되어야 한다. 가장 일반적인 경계조건의 형태로는 특정 온도, 특정 열유속, 대류, 복사조건을 들 수 있다. 일반적인 표면에서 경계조건은 특정 열유속, 대류, 그리고 복사를 동시에 포함한다.

두께 L인 평판을 통한 1차원 정상 열전달의 경우, $x = 0$과 $x = L$에서 다양한 형태의 표면 경계조건을 다음과 같이 나타낼 수 있다.

특정 온도:

$$T(0) = T_1 \quad \text{및} \quad T(L) = T_2$$

여기서 T_1과 T_2는 각각 $x = 0$과 $x = L$에서 특정된 표면온도를 의미한다.

특정 열유속:

$$-k\frac{dT(0)}{dx} = \dot{q}_0 \quad \text{및} \quad -k\frac{dT(L)}{dx} = \dot{q}_L$$

여기서 $\dot{q}_0$와 $\dot{q}_L$은 각각 $x = 0$과 $x = L$에서 특정된 열유속을 의미한다.

단열 또는 열적 대칭:

$$\frac{dT(0)}{dx} = 0 \quad \text{및} \quad \frac{dT(L)}{dx} = 0$$

대류:

$$-k\frac{dT(0)}{dx} = h_1[T_{\infty 1} - T(0)] \quad \text{및} \quad -k\frac{dT(L)}{dx} = h_2[T(L) - T_{\infty 2}]$$

여기서 h_1과 h_2는 각각 평판 양면의 대류열전달계수를 의미하고, $T_{\infty 1}$과 $T_{\infty 2}$는 각각 평판 양면의 주위 매질 온도를 의미한다.

복사:

$$-k\frac{dT(0)}{dx} = \varepsilon_1\sigma[T^4_{\text{surr},1} - T(0)^4] \quad \text{및}$$

$$-k\frac{dT(L)}{dx} = \varepsilon_2\sigma[T(L)^4 - T^4_{\text{surr},2}]$$

여기서 ε_1과 ε_2는 경계 표면의 방사율, $\sigma = 5.67 \times 10^{-8}$ W/m²·K⁴는 Stefan-Boltzmann 상수, $T_{\text{surr},1}$과 $T_{\text{surr},2}$는 각각 평판 양쪽을 에워싸고 있는 외부표면의 평균온도를 의미한다. 복사열전달 계산에서 온도는 반드시 절대온도 K(또는 R) 값을 사용해야 한다.

$x = x_0$에서 완벽히 접촉하고 있는 두 물체의 접촉면:

$$T_A(x_0) = T_B(x_0) \qquad -k_A\frac{dT_A(x_0)}{dx} = -k_B\frac{dT_B(x_0)}{dx}$$

여기서 k_A와 k_B는 각각 A와 B층의 열전도도를 의미한다.

열발생은 항상 매질의 단위 체적당 값을 사용하여 $\dot{e}_{\text{gen}}$로 표기하고, 그 단위는 W/m³이다. 정상상태에서 주위온도가 T_s일 때, 두께 $2L$인 평면벽, 외부 반경 r_0인 원통, 반경 r_0인 구에서 단위 체적당 $\dot{e}_{\text{gen}}$의 일정한 발열이 존재한다면 각 대상의 표면온도 T_∞는 다음과 같이 표현된다.

$$T_{s,\text{plane wall}} = T_\infty + \frac{\dot{e}_{\text{gen}}L}{h}$$

$$T_{s,\text{cylinder}} = T_\infty + \frac{\dot{e}_{\text{gen}}r_o}{2h}$$

$$T_{s,\text{sphere}} = T_\infty + \frac{\dot{e}_{\text{gen}}r_o}{3h}$$

여기서 h는 대류열전달계수를 의미한다. 매질 표면과 매질 중앙부 간의 최대온도 상승(편차) 값은 다음과 같이 표현된다.

$$\Delta T_{\text{max, plane wall}} = \frac{\dot{e}_{\text{gen}}L^2}{2k}$$

$$\Delta T_{\text{max, cylinder}} = \frac{\dot{e}_{\text{gen}}r_o^2}{4k}$$

$$\Delta T_{\text{max, sphere}} = \frac{\dot{e}_{\text{gen}}r_o^2}{6k}$$

온도에 따라 변화하는 열전도도 $k(T)$를 알고 있을 때, T_1과 T_2 온도 사이에서 평균 열전도도는 다음과 같이 나타낼 수 있다.

$$k_{\text{avg}} = \frac{\int_{T_1}^{T_2} k(T)dT}{T_2 - T_1}$$

평면벽, 원통 층, 구 형상의 층을 통한 정상상태 열전달률은 다음과 같이 표시된다.

$$\dot{Q}_{\text{plane wall}} = k_{\text{avg}}A\frac{T_1 - T_2}{L} = \frac{A}{L}\int_{T_2}^{T_1} k(T)dT$$

$$\dot{Q}_{\text{cylinder}} = 2\pi k_{\text{avg}}L\frac{T_1 - T_2}{\ln(r_2/r_1)} = \frac{2\pi L}{\ln(r_2/r_1)}\int_{T_2}^{T_1} k(T)dT$$

$$\dot{Q}_{\text{sphere}} = 4\pi k_{\text{avg}}r_1r_2\frac{T_1 - T_2}{r_2 - r_1} = \frac{4\pi r_1r_2}{r_2 - r_1}\int_{T_2}^{T_1} k(T)dT$$

온도에 따라 변화하는 물질의 열전도도는 종종 다음과 같은 선형함수로 근사화되기도 한다.

$$k(T) = k_0(1 + \beta T)$$

여기서 β는 열전도도의 온도계수라 한다.

참고문헌 및 권장도서 | References and Suggested Readings

1. W. E. Boyce and R. C. Diprima. *Elementary Differential Equations and Boundary Value Problems*, 4th ed. New York: John Wiley & Sons, 1986.
2. S. S. Kutateladze. *Fundamentals of Heat Transfer*. New York: Academic Press, 1963.

연습문제* PROBLEMS

서론

2-1C 열전달은 스칼라 양인가? 아니면 벡터 양인가? 이에 관해 설명하여라. 온도에 대해서도 이 질문에 관해 설명하여라.

2-2C 매질 내부의 등온선 상에 놓여있는 임의의 지점 *P*에서의 열유속은 해당 지점에서의 표면에 수직방향인가? 이에 관해 설명하여라.

2-3C 등방성 물질과 비등방성 물질 간에는 열전달의 관점에서 무슨 차이가 있는가?

2-4C 고체 내부에서의 열발생은 무엇을 의미하는가? 예를 들어 설명하여라.

2-5C 열발생(heat generation)은 에너지 발생(energy generation) 또는 열에너지 발생(thermal energy generation)으로도 지칭한다. 이러한 표현에 대해 어떻게 생각하는가?

2-6C 새로운 냉장고의 압축기 크기를 결정하기 위하여, 냉장이 이루어질 공간으로 유입되는 부엌의 공기로부터 냉장고의 측면, 문, 상부와 바닥으로의 열진딜률을 실퍼볼 필요가 있다. 이 문제를 살펴보기 위해서 정상상태 열전달로 고려할 것인가? 또는 비정상상태 열전달로 고려할 것인가? 또한 1차원 문제로 바라볼 것인지 또는 다차원 문제로 바라볼 것인지에 대해서도 설명하여라.

2-7C 새로운 오븐의 가열부의 크기를 정하기 위해서는 오븐의 측면, 문, 상부와 바닥으로의 열손실률을 살펴볼 필요가 있다. 이 문제를 살펴보기 위해서 정상상태 열전달로 고려할 것인가? 또는 비정상상태 열전달로 고려할 것인가? 또한, 1차원 문제로 바라볼 것인지 또는 다차원 문제로 바라볼 것인지에 대해서도 설명하여라.

2-8C 오븐을 이용하여 둥근 감자를 굽고 있다. 이 감자에서의 열전달 문제를 살펴보고자 할 때, 1차원, 2차원, 3차원 중 어떤 모델을 사용할 것인가? 이 열전달을 정상상태와 비정상상태 중 어느 것으로 살펴볼 것인가? 또한, 어떤 좌표계를 사용하여 이 열전달 문제를 해석할 것인가? 좌표의 중심을 어디로 삼을 것인가? 이에 관해 설명하여라.

2-9C 팬 안의 끓는 물 속에 담겨있는 달걀을 생각해 보자. 이 달걀로의 열전달 해석에 1, 2, 또는 3차원 중 어떤 모델을 사용할 것인가? 이 열전달은 정상상태 또는 비정상상태 중 어느 것으로 살펴볼 것인가? 또한, 어떤 좌표계를 사용하여 이 열전달 문제를 해석할 것인가? 좌표의 중심을 어디로 삼을 것인가? 이에 관해 설명하여라.

2-10C 팬 안의 끓는 물 속에 담겨있는 핫도그를 생각해 보자. 이 핫도그로의 열전달 해석에 1, 2, 또는 3차원 중 어떤 모델을 사용할 것인가? 이 열전달은 정상상태 또는 비정상상태 중 어느 것으로 살펴볼 것인가? 또한, 어떤 좌표계를 사용하여 이 열전달 문제를 해석할 것인가? 좌표의 중심을 어디로 삼을 것인가? 이에 관해 설명하여라.

2-11C 오븐 안에서 소고기가 구워지고 있다. 이 조리 과정에서 열전달은 정상상태 또는 비정상상태 중 어느 것으로 살펴볼 것인가? 또한, 열전달은 1, 2, 또는 3차원 중 어떤 모델을 사용할 것인가? 이에 관해 설명하여라.

2-12C 집 안에 놓여있는 200-L의 원통형 온수 탱크에서 열손실이 발생하고 있다. 이 문제에서 열전달은 정상상태 또는 비정상상태 중 어느 것으로 살펴볼 것인가? 또한, 열전달은 1, 2, 또는 3차원 중 어떤 모델을 사용할 것인가? 이에 관해 설명하여라.

2-13C 저녁 식탁 위에 차가운 캔 음료가 놓여있다. 이 캔 음료로의 열전달에 1, 2, 또는 3차원 중 어떤 모델을 적용할 것인가? 이 열전달은 정상상태 또는 비정상상태 중 어느 것으로 살펴볼 것인가? 또한, 어떤 좌표계를 사용하여 이 열전달 문제를 해석할 것인가? 그리고 좌표의 중심을 어디로 삼을 것인가? 이에 관해 설명하여라.

2-14 열유속 측정기들은 캡톤(kapton)(k = 0.345 W/m·K) 재질로 만들어진 얇은 열전도성 필름의 표면온도차를 측정하여 열유속을 측정한다. 여기서 표면온도차를 측정하기 위해 고안된 써모파일(또는 열전대쌍, thermopile)을 사용한다. 써모파일을 이용하여 0.1°C 또는 그 이상의 온도 차이를 측정할 수 있고, 필름의 두께가 2 mm일 때, 이 열유속 측정기를 통해 측정 가능한 최소 열유속 값이 얼마인가? *답*: 17.3 W/m^2

2-15 지름 D = 18 mm, 길이 L = 110 mm의 스테인리스 재질의 원통형 막대가 놓여있다. 이 막대의 양 끝단을 제외하고는 나머지 외부표면은 모두 단열처리 되어있다. 이 막대의 질량은 0.221 kg이다. 이 막대 내부에서 정상상태 1차원 온도분포는 $T(x)$ = 310 K − 20 K(x/L)로 표현된다. 이 막대를 따라 흐르는

---

*"C"로 표시된 문제는 개념에 관한 문제들이며, 학생들은 모든 문제를 풀어보는 것을 권장한다. "E" 로 표시된 문제는 영국 단위로 되어 있으며 SI 단위 사용자들은 무시할 수 있다. 아이콘이 있는 문제는 그대로 풀기는 어려우며, 적절한 프로그램을 사용하여 풀어야 한다.

열유속을 계산하여라.

2-16 5×10^6 W/m^{3}으로 균일하게 열을 발생시키는 두께 3 cm인 넓은 스테인리스강판이 있다. 강판의 양면을 통해서 열이 손실되고 있다고 할 때, 정상상태에서 판 표면에서의 열유속을 구하여라. *답*: 75 kW/m^2

2-17 원자로 내부에서, 지름 5 cm의 원통형 우라늄 봉이 7×10^7 W/m^{3}의 열을 발생시키고 있다. 만약 봉의 길이가 1 m라면, 각각의 봉의 열발생률은 얼마인가? *답*: 137 KW

2-18 태양열 수조에서 태양에너지를 흡수하는 과정을 열발생으로 모델화할 수 있다. 이 열발생 모델은 $\dot{e}_{gen} = \dot{e}_0 \dot{e}^{-bx}$로 근사화되며, 여기서 $\dot{e}_0$는 단위 체적당 윗면의 열 흡수율이고, b는 상수이다. 태양열 수조 위로부터의 두께가 L, 물 표면의 면적이 A인 영역에서의 전체 열발생률 관계식을 구하여라.

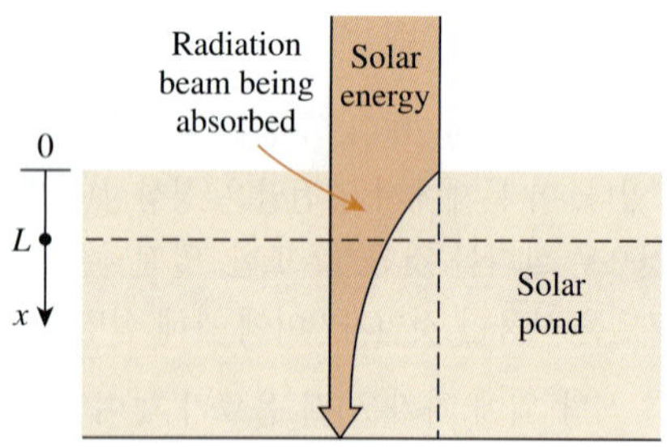

그림 P2-18

열전도 방정식

2-19C 평면벽에서 열전도도와 열발생이 일정할 때, 1차원 비정상 열전도 방정식을 기술하여라. 이 식의 변수들은 각각 무엇을 의미하는가?

2-20C 긴 원통에서 열전도도와 열발생이 일정할 때, 1차원 비정상 열전도 방정식을 기술하여라. 이 식의 변수들은 각각 무엇을 의미하는가?

2-21 평면벽에서 열전도도가 일정하고 열발생이 없을 때, 육면체 체적 요소의 에너지 평형을 이용하여 1차원 비정상 열전도 방정식을 유도하여라.

2-22 긴 원통에서 열전도도가 일정하고 열발생률 $\dot{e}_{gen}$이 있을 때, 원통형 쉘 체적 요소의 에너지 평형을 이용하여 1차원 비정상 열전도 방정식을 유도하여라.

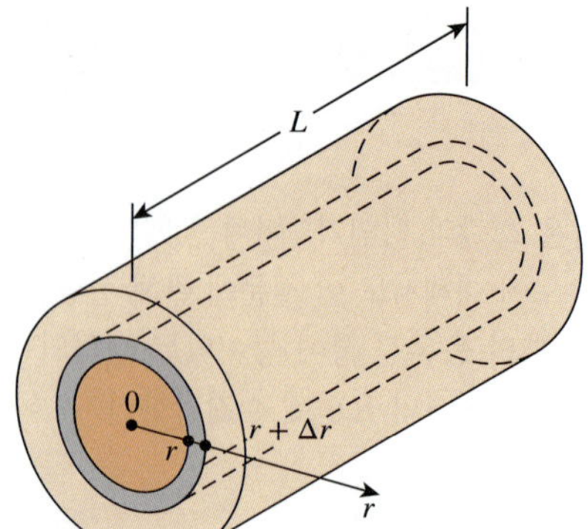

그림 P2-22

2-23 구에서 열전도도가 일정하고 열발생이 없을 때, 구형 쉘 체적 요소의 에너지 평형을 이용하여 1차원 비정상 열전도 방정식을 유도하여라.

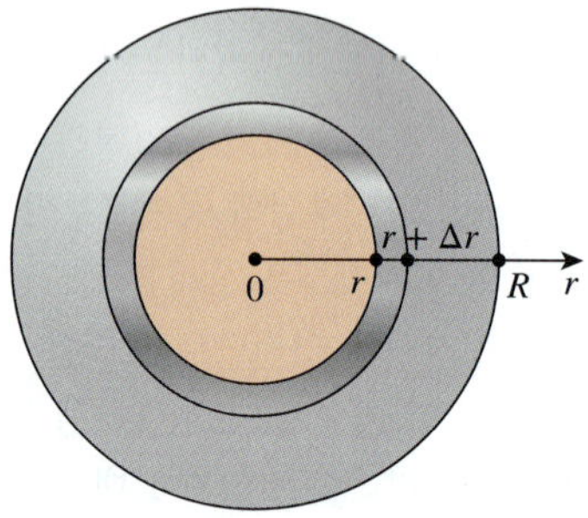

그림 P2-23

2-24 다음과 같이 간단한 형태의 열전도 방정식이 제시된 매질에 대해 생각해 보자.

$$\frac{\partial^2 T}{\partial x^2} = \frac{1}{\alpha}\frac{\partial T}{\partial t}$$

(*a*) 정상, 비정상 열전달 중 어느 것인가?
(*b*) 1, 2, 3차원 열전달 중 어느 것인가?
(*c*) 매질 내 열발생이 존재하는가?
(*d*) 매질의 열전도도는 상수인가, 변수인가?

2-25 다음과 같이 간단한 형태의 열전도 방정식이 제시된 매질에 대해 생각해 보자.

$$\frac{\partial^2 T}{\partial x^2} + \frac{\partial^2 T}{\partial y^2} = \frac{1}{\alpha}\frac{\partial T}{\partial t}$$

(*a*) 정상, 비정상 열전달 중 어느 것인가?
(*b*) 1, 2, 3차원 열전달 중 어느 것인가?
(*c*) 매질 내 열발생이 존재하는가?
(*d*) 매질의 열전도도는 상수인가, 변수인가?

2-26 다음과 같이 간단한 형태의 열전도 방정식이 제시된 매질에 대해 생각해 보자.

$$\frac{1}{r}\frac{d}{dr}\left(rk\frac{dT}{dr}\right) + \dot{e}_{\text{gen}} = 0$$

(*a*) 정상, 비정상 열전달 중 어느 것인가?
(*b*) 1, 2, 3차원 열전달 중 어느 것인가?
(*c*) 매질 내 열발생이 존재하는가?
(*d*) 매질의 열전도도는 상수인가, 변수인가?

2-27 다음과 같이 간단한 형태의 열전도 방정식이 제시된 매질에 대해 생각해 보자.

$$\frac{1}{r}\frac{\partial}{\partial r}\left(kr\frac{\partial T}{\partial r}\right) + \frac{\partial}{\partial z}\left(k\frac{\partial T}{\partial z}\right) + \dot{e}_{\text{gen}} = 0$$

(*a*) 정상, 비정상 열전달 중 어느 것인가?
(*b*) 1, 2, 3차원 열전달 중 어느 것인가?
(*c*) 매질 내 열발생이 존재하는가?
(*d*) 매질의 열전도도는 상수인가, 변수인가?

2-28 다음과 같이 간단한 형태의 열전도 방정식이 제시된 매질에 대해 생각해 보자.

$$r\frac{d^2T}{dr^2} + 2\frac{dT}{dr} = 0$$

(*a*) 정상, 비정상 열전달 중 어느 것인가?
(*b*) 1, 2, 3차원 열전달 중 어느 것인가?
(*c*) 매질 내 열발생이 존재하는가?
(*d*) 매질의 열전도도는 상수인가, 변수인가?

2-29 다음과 같이 간단한 형태의 열전도 방정식이 제시된 매질에 대해 생각해 보자.

$$\frac{1}{r^2}\frac{\partial}{\partial r}\left(r^2\frac{\partial T}{\partial r}\right) = \frac{1}{\alpha}\frac{\partial T}{\partial t}$$

(*a*) 정상, 비정상 열전달 중 어느 것인가?
(*b*) 1, 2, 3차원 열전달 중 어느 것인가?
(*c*) 매질 내 열발생이 존재하는가?
(*d*) 매질의 열전도도는 상수인가, 변수인가?

2-30 다음과 같이 간단한 형태의 열전도 방정식이 제시된 매질에 대해 생각해 보자.

$$\frac{1}{r^2}\frac{\partial}{\partial r}\left(r^2\frac{\partial T}{\partial r}\right) + \frac{1}{r^2\sin^2\theta}\frac{\partial^2 T}{\partial \phi^2} = \frac{1}{\alpha}\frac{\partial T}{\partial t}$$

(*a*) 정상, 비정상 열전달 중 어느 것인가?
(*b*) 1, 2, 3차원 열전달 중 어느 것인가?
(*c*) 매질 내 열발생이 존재하는가?
(*d*) 매질의 열전도도는 상수인가, 변수인가?

2-31 열전도도가 일정하고 열발생이 없는 경우, 직교좌표계에서 임의의 체적 요소에 대한 에너지 평형을 이용하여 $T(x, y, t)$를 설명하는 2차원 비정상 열전도 방정식을 유도하여라.

2-32 열전도도가 일정하고 열발생이 없는 경우, 원통좌표계에서 링 형태의 체적 요소에 대한 에너지 평형을 이용하여 $T(r, z)$를 설명하는 2차원 정상 열전도 방정식을 유도하여라.

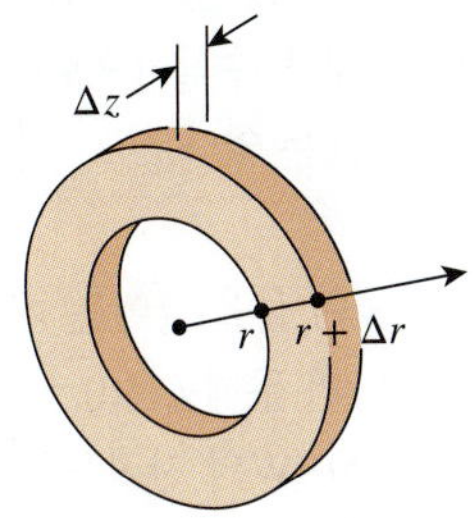

그림 P2-32

2-33 열전도도가 일정하고 열발생이 없는 경우, 원판 형태의 체적 요소에 대한 에너지 평형을 이용하여 지름 D인 원통에 대해 $T(z, t)$를 설명하는 1차원 비정상 열전도 방정식을 유도하여라. 원통의 측면 표면은 단열이 되어있다.

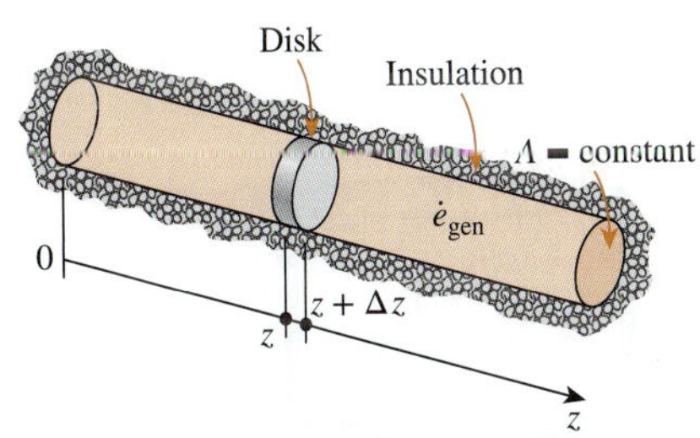

그림 P2-33

경계조건과 초기조건; 열전도 문제의 수식화

2-34C 경계조건이란 무엇인가? 2차원 열전달 문제를 규정하기 위해서는 얼마나 많은 경계조건이 필요한가?

2-35C 초기조건이란 무엇인가? 2차원 열전달 문제를 규정하기 위해서는 얼마나 많은 초기조건이 필요한가?

2-36C 열 대칭 경계조건이란 무엇인가? 이를 수학적으로는 어떻게 나타내는가?

2-37C 단열 표면의 경계조건은 수학적으로 어떻게 나타내는가?

2-38C 매질 내의 온도분포는 단열된 표면에 수직이어야 한다고 주장하고 있다. 이것은 적절한 주장인가? 설명하여라.

2-39C 열전달 해석에서 왜 우리는 복사 경계조건의 사용을 피하려 하는가?

2-40 전기 가열기 위에 놓여 스튜 요리에 사용되고 있는 알루미늄 냄비를 생각해 보자. 냄비 바닥의 두께 L은 0.25 cm이고, 지름 D는 18 cm이다. 전기 가열기는 요리를 하는 동안 900 W의 전력을 소비하며, 가열부에서 발생된 열의 90%가 냄비로 전달된다. 정상상태에서 냄비의 안쪽 표면의 온도는 108°C로 측정되었다. 열전도도는 온도에 의존하며 1차원 열전달이라 가정할 때, 정상상태에서 이에 대한 열전도 문제를 수식적으로(미분방정식과 경계조건) 나타내라. 풀이를 할 필요는 없다.

2-41 전기 가열기 위에 놓여 물을 끓이는 데 사용되고 있는 강철 냄비를 생각하자. 냄비 바닥의 두께 L은 0.5 cm이고, 지름 D는 20 cm이다. 전기 가열기는 1250 W의 전력을 소비하며, 가열부에서 발생된 열의 85%가 냄비로 균일하게 전달된다. 바닥 면의 위쪽 표면과 물 사이에는 대류를 통해 열전달이 일어나며, 이때의 대류열전달계수는 h이다. 열전도도는 일정하고 1차원 열전달이라 가정할 때, 정상상태에서 이 열전도 문제를 수식적으로(미분방정식과 경계조건) 나타내라. 풀이를 할 필요는 없다.

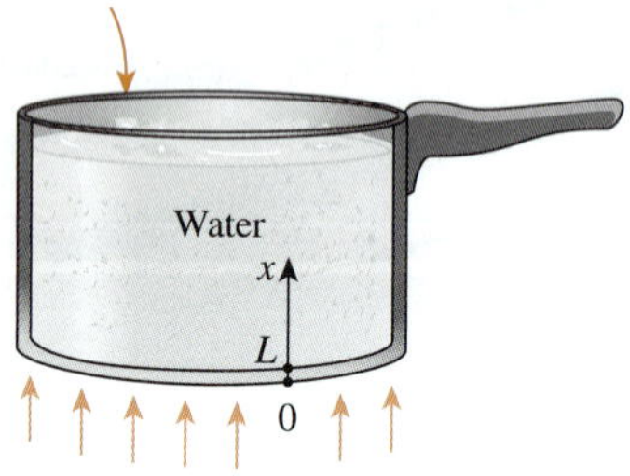

그림 P2-41

2-42 집의 동쪽 벽면의 두께는 L이다. 이 벽의 바깥 표면에서는 대류와 복사를 통해 열교환이 이루어지고 있다. 집 내부는 온도 $T_{\infty 1}$, 집 외부의 공기는 $T_{\infty 2}$로 유지되고 있다. 하늘, 지면, 주변부 건물들은 유효온도 T_{sky}을 갖는 임의의 표면으로 간주하여 집 외부표면과의 복사 열교환이 일어나고 있다고 본다. 벽 안쪽 표면과 벽 표면, 바닥, 천장 등과의 사이에 발생할 수 있는 복사 열교환은 무시한다. 벽의 안쪽과 바깥 표면에서의 대류열전달계수는 각각 h_1과 h_2이다. 벽 재질의 열전도도는 k이고, 바깥 표면의 방사율은 ε_2이다. 벽을 통한 열전달을 1차원 정상상태로 가정할 때, 이 열전도 문제를 수식적으로(미분방정식과 경계조건, 초기조건) 나타내라. 풀이를 할 필요는 없다.

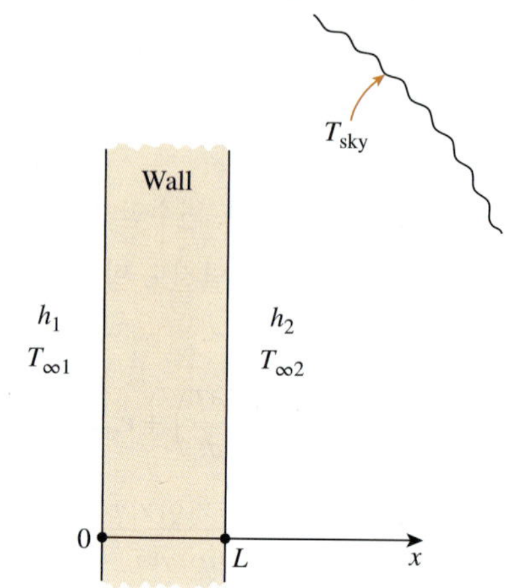

그림 P2-42

2-43 반경이 r_o인 긴 전선에서 단위 체적당 $\dot{e}_{gen}$으로 일정한 열이 발생되고 있다. 이 전선의 바깥은 플라스틱으로 단열되어 있다. 접촉면에서의 열유속 경계조건을 열발생 항에 관해 표시하여라.

2-44 내부 반경 r_1, 외부 반경 r_2, 열전도도가 k인 긴 배관을 생각하자. 배관의 외부표면은 다른 매질과 T_∞에서 대류 조건에 노출되어 있으며, 대류열전달계수는 h이다. 하지만 이때 열전달의 방향을 모른다. 배관 외부표면에서의 대류 경계조건을 표현하여라.

2-45 공기를 데우기 위한 2 kW의 저항선이 있다. 이 선의 열전도도는 k = 18 W/m K, 반경은 r_o = 0.15 cm, 길이는 L = 40 cm이다. 열전도도가 일정하고 1차원 열전달이라 가정할 때, 정상상태에서의 열전도 문제를 수식적으로(미분방정식과 경계조건) 나타내라. 풀이를 할 필요는 없다.

2-46 평균온도 T_∞ = 70°C인 물이 배관 안으로 흐르고 있다. 배관의 내부 반경과 외부 반경은 각각 r_1 = 6 cm, r_2 = 6.5 cm이다. 배관의 외부는 관의 단위 길이(m)당 300 W를 소비하는 얇은 전기 가열기로 둘러싸여 있다. 그리고 전기 가열기의 외부는 두껍게 단열되어 있기 때문에 발생된 열은 완전히 배관으로만 전달된다. 배관의 안쪽 표면에서 물로의 열전달은 대류에 의해 이루어지며, 열전달계수는 h = 85 W/m²·K이다. 열전도도가 일정하고, 1차원 열전달이라 가정할 때, 정상상태에서 배관의 열전도를 수식적으로(미분방정식과 경계조건) 나타내라. 풀이를 할 필요는 없다.

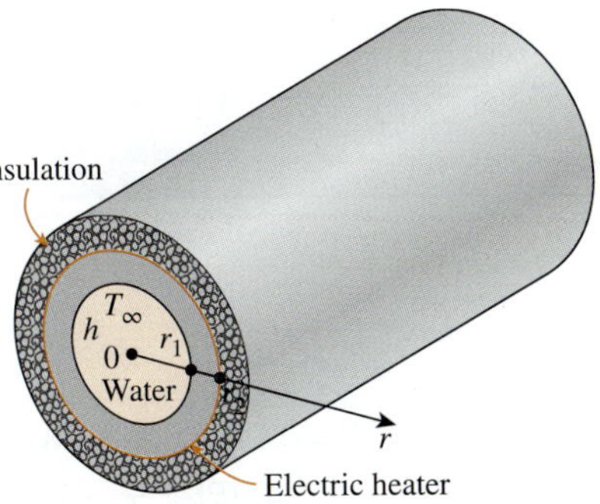

그림 P2-46

2-47 내부 반경 r_1, 외부 반경 r_2이고, 열전도도가 k인 구형 수조가 있다. 1차원 정상 열전도인 경우, 각각 다음의 경우에 대하여 수조 내부표면의 경계조건을 나타내라. (*a*) 온도가 50°C로 규정된 경우, (*b*) 중심을 향한 방향으로 열유속 30 W/m²일 때, (*c*) T_∞인 매질로 대류열전달계수 h로 대류가 존재할 때.

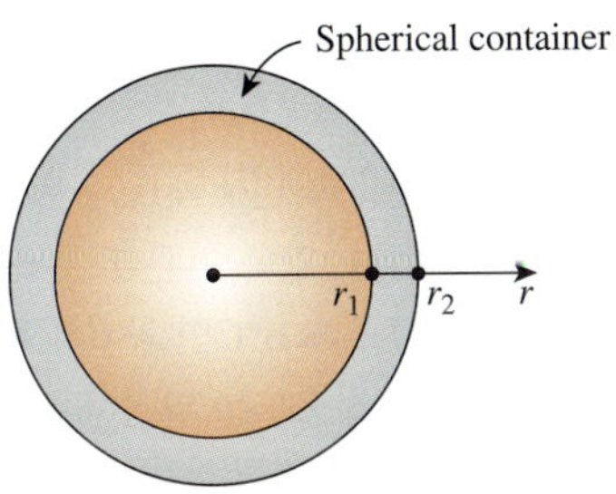

그림 P2-47

2-48 내부 반경 r_1, 외부 반경 r_2, 열전도도 k, 방사율이 ε인 구형 쉘을 살펴보자. 쉘의 바깥 표면은 이를 둘러싸고 있는 T_{surr}인 표면으로의 복사에 노출되어 있다. 단, 열전달의 방향을 알지는 못한다. 쉘 바깥 표면에서의 복사 경계조건을 표현하여라.

2-49 하나의 용기가 A와 B의 두 개의 구형 층으로 구성되어 있으며, 이 두 층은 완벽히 접촉하고 있다. 접촉면의 반경이 r_o일 때, 이 접촉면에서의 경계조건을 표현하여라.

2-50 반경 r_o인 금속 재질의 구를 오븐에서 온도 T_i로 가열하였다. 그 후 오븐에서 구를 꺼내어 T_∞인 물속에 집어넣었다. 구는 평균 열전달계수 h로 물속에서 대류에 의해 냉각된다. 열전도도는 일정하고 1차원 비정상 열전달이라 가정할 때, 이 열전도 문제를 수학적으로(미분방정식, 경계조건, 초기조건) 나타내라. 풀이를 할 필요는 없다.

2-51 오븐에서 온도 T_i로 반경 r_o인 금속구를 가열한 후, 이를 꺼내어 그 주위온도 T_∞인 공기에 의한 대류와 복사를 통해 금속구를 냉각시키고 있다. 구 표면의 방사율은 ε, 주위온도는 T_{surr}이며, 평균 대류열전달계수는 h이다. 열전도도가 변하고 1차원 비정상 열전달이라 가정할 때, 이 열전도 문제를 수식적으로(미분방정식, 경계조건, 초기조건) 나타내라. 풀이를 할 필요는 없다.

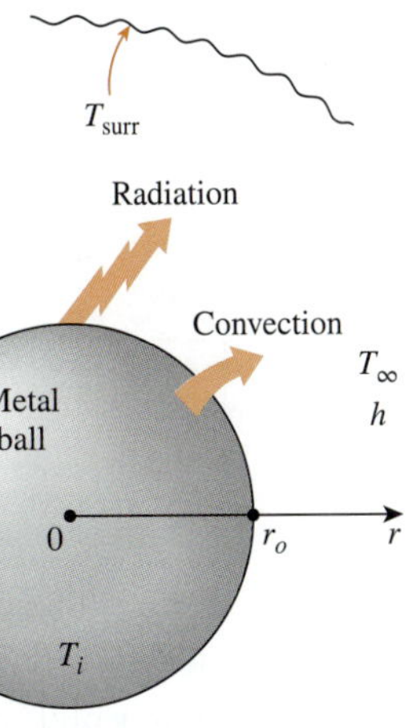

그림 P2-51

1차원 정상 열전도 문제의 해

2-52C 열전도도가 일정하고 열발생이 없는 평면벽에서 1차원 정상 열전도가 일어나는 동안 온도가 선형적으로 변한다. 표면으로부터 복사로 인한 열손실이 있을 때, 이러한 변화가 지속될까?

2-53C 1차원 열전도가 발생하는 넓은 평면벽에서 열발생이 없고, 한쪽 면은 완벽히 단열이 되어있다. 다른 한쪽 면은 대류와 복사가 일어나고 있다. 어떤 이는 이러한 경우 정상상태에서 평면벽 온도는 균일(모든 위치에서 같은 온도)하나고 주장하고 있다. 당신은 이 주장에 동의하는가? 그 이유는 무엇인가?

2-54C 원통형 봉의 측면은 일정한 온도가 유지되고, 양쪽 끝은 완전히 단열되어 있다. 이 봉의 열전도도는 상수이며 열발생은 없다. 어떤 이는 이 봉에 대해서 정상상태 열전도가 일어날 때 봉의 반경 방향으로는 온도의 변화가 없다고 주장하고 있다. 당신은 이 주장에 동의하는가? 그 이유는 무엇인가?

2-55C 원통형 봉의 양쪽 끝은 온도가 일정하지만 각기 다른 온도로 유지되고 있고, 봉의 측면은 완전 단열되었다. 봉 내부에서 열발생은 없다. 어떤 이는 이 봉에 대해서 정상상태 열전도가 일어날 때 봉의 축 방향으로 온도가 선형적으로 변화한다고 주장하고 있다. 당신은 이 주장에 동의하는가? 그 이유는 무엇인가?

2-56 두께 $L = 0.3$ m, 열전도도 $k = 2.5$ W/m·K, 표면적 $A = 12$ m²인 대형 평면벽이 있다. $x = 0$인 왼쪽 면은 총 열유속 $\dot{q}_0 = 700$ W/m²이고, 표면온도는 $T_1 = 80°C$로 측정되었다. 열전도도가 일정하고 평면벽에서 열발생이 없다고 가정할 때, (*a*) 1차원 정상 열전도 조건에서 평면벽을 통한 열전도에 대한 미분방정식과 경계조건들을 설명하여라. (*b*) 평면벽에 대한 미분방정식을 풀어서 평

면벽 내부의 온도변화 관계식을 구하여라. (*c*) $x = L$인 오른쪽 면의 온도를 계산하여라. 답: (c) –4°C

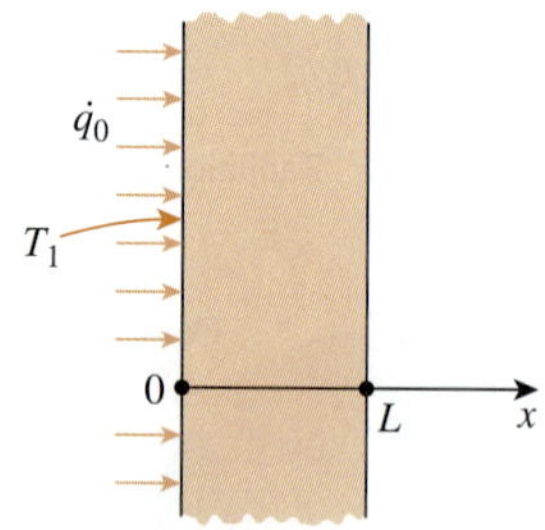

그림 P2-56

2-57 800-W 다리미의 바닥 판은 두께 $L = 0.6$ cm, 면적 $A = 160\ \text{cm}^2$, 열전도도 $k = 20$ W/m·K이다. 이 판의 안쪽 면은 내부의 저항가열부로부터 일정한 열유속 조건에 놓여있다. 정상상태에 도달하였을 때, 판의 외부표면의 온도는 85°C로 측정되었다. 다리미의 상부 쪽으로의 열손실을 무시할 때, (*a*) 판을 통한 1차원 정상 열전도의 미분방정식과 경계조건을 표시하여라. (*b*) 판에 대한 미분방정식을 풀어서 판 내부의 온도변화 관계식을 구하여라. (*c*) 판의 안쪽 면 온도를 계산하여라. 답: (c) 100°C

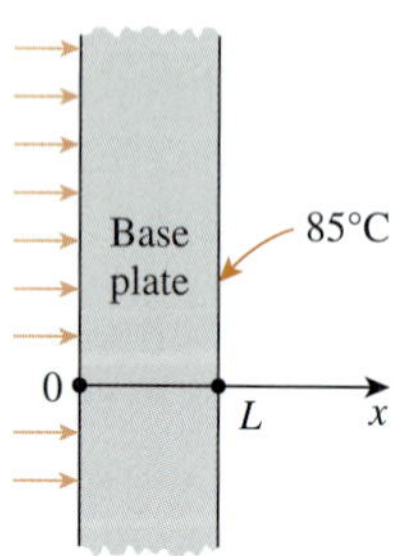

그림 P2-57

2-58 눈이 쌓이는 것을 방지하기 위하여, 콘크리트 층 내부에 가열선이 설치되어 있다. Joule heating을 통해 가열선은 전기적으로 발열을 하며, 콘크리트 층으로 균일하게 1200 W/m²의 열을 공급하고 있다. 콘크리트의 열전도도는 1.4 W/m·K이다. 콘크리트의 응력을 최소화하기 위하여 가열선 표면의 온도(T_1)와 콘크리트 층 표면온도(T_2) 간의 온도차는 21°C 내에서 유지되어야 한다(2015 ASHRAE Handbook-HVAC Application, Chap. 51). 콘크리트 층 내부에서의 온도분포를 수식적으로 표현하고, 온도차 조건 $T_1 - T_2 \le 21$°C를 유지하기 위한 콘크리트 층의 두께를 결정하여라.

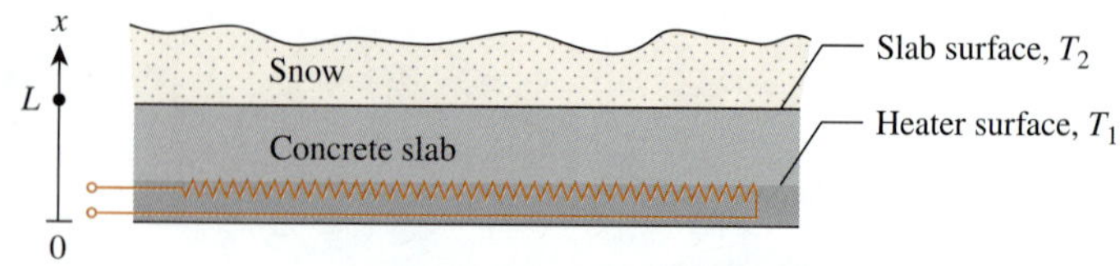

그림 P2-58

2-59 두께 $L = 0.4$ m, 열전도도 $k = 2.3$ W/m·K, 표면적 $A = 30\ \text{m}^2$인 대형 평면벽이 있다. 좌측 벽면의 온도는 $T_1 = 90$°C로 일정하게 유지되고 있고, 우측 벽면은 $T_\infty = 25$°C인 주위 공기로 열전달계수 $h = 24$ W/m²·K인 대류에 의해 열손실이 발생하고 있다. 열전도도가 일정하고 벽 내부에서는 열발생이 없다고 가정할 때, (*a*) 벽을 통한 1차원 정상 열전도에 대한 미분방정식과 경계조건을 표시하여라. (*b*) 미분방정식을 풀어서 벽 내부의 온도변화 관계식을 구하여라. (*c*) 벽을 통과하는 열전달률을 계산하여라.
답: (c) 9045 W

2-60 20 cm 두께의 콘크리트 벽면($k = 0.77$ W/m·K)의 양쪽 면이 대류 조건에 노출되어 있다. 안쪽 면은 $T_{\infty 1} = 27$°C인 공기에 $h_1 = 5$ W/m²·K, 바깥 면은 $T_{\infty 2} = 8$°C인 공기에 $h_2 = 12$ W/m²·K의 대류 조건을 갖고 있다. 열전도도는 일정하고 열발생은 없으며 복사는 무시할 만하다고 가정할 때, (*a*) 벽을 통한 1차원 정상 열전도에 대한 미분방정식과 경계조건들을 나타내라. (*b*) 미분방정식을 풀어서 벽 내부의 온도변화 관계식을 구하여라. (*c*) 안쪽 면과 바깥 면의 온도를 계산하여라.

2-61 금속처리 공정에서 작업자들은 종종 고온의 금속 표면 근처에서 작업할 때가 있다. 고온의 금속 표면은 사람 피부를 녹일 수 있는 위험성을 갖고 있다. 70°C 이상의 금속 표면온도는 고온으로 간주되며, 이 온도의 금속 표면에 순간적으로 닿기만 하더라도 피부 손상을 유발한다. 금속처리 공정 중에 강판은 컨베이어 벨트를 통해 이동하며 직렬로 놓인 팬에 의해 30°C의 주위 공기로 냉각된다. 강판의 두께는 25 mm이며 열전도도는 13.5 W/m²·K이다. 강판의 바닥 면 온도는 적외선 측정기를 통해 관측되고 있다. 강판 내부의 온도변화를 나타내는 수식을 유도하여라. 적외선 측정기를 통해 강판 바닥의 온도가 60°C로 측정되었다면, 상부 표면의 온도를 47°C 이하로 유지하고자 할 때 필요한 최소 대류열전달계수 값을 계산하여라.

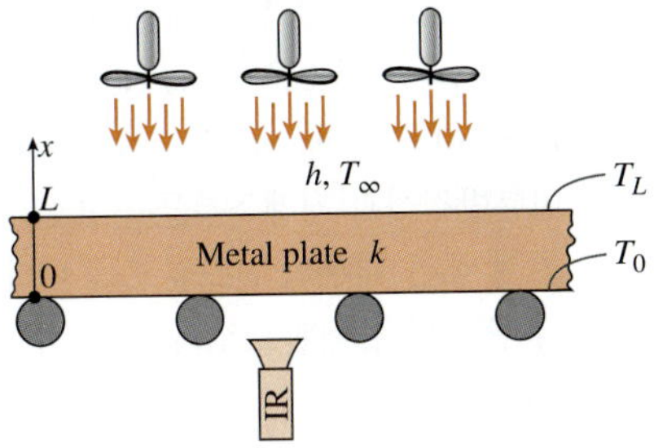

그림 P2-61

2-62 두께 5 cm, 열전도도 15 W/m·K인 금속판의 바닥부는 2250 W/m²의 균일한 열유속 조건에 노출되어 있다. 상부는 대류 조건에 노출되어 있으며, 외부 공기의 온도는 30°C이고 대류열전달계수는 10 W/m²·K이다. 일련의 ASME SA-193 탄소강 볼트가 금속판 상부에 체결되어 있다. ASME 보일러 및 압력용기 규격(ASME Boiler and Pressure Vessel Code, ASME BPVC.IV-2015, HF-300)에서는 SA-193 볼트 사용 시 사용 가능한 최대 온도를 260°C로 제한하고 있다. 금속판의 온도분포를 수식적으로 나타내고, 판에서 260°C 이상의 온도가 발생되는 위치를 추정하여라. 볼트 체결 시 삽입된 길이가 1 cm인 경우, SA-193 볼트가 ASME 규격에 부합하는가?

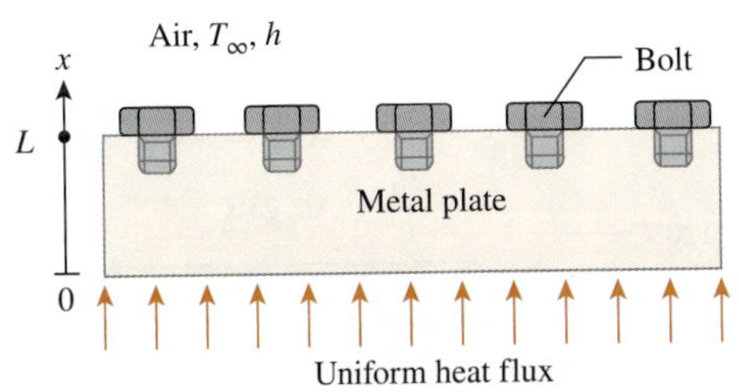

그림 P2-62

2-63 두께 $L = 50$ cm, 열전도도 $k = 25$ W/m·K인 넓은 평면이 있다. 좌측 표면($x = 0$)은 균일 열유속 $\dot{q}_0$ 조건에서 노출되어 있으며, 표면 온도는 T_0로 유지되고 있다. 우측 표면은 대류와 복사 조건에 노출되어 있으며, 표면온도는 $T_L = 225$°C, 주변부 온도는 25°C이다. 우측 표면의 방사율은 0.7, 대류열전달계수는 15 W/m²·K이다. (*a*) 평면 내부의 온도변화가 $T(x) = (\dot{q}_0/k)(L - x) + T_L$로 표현될 수 있음을 보여라. (*b*) 좌측 표면에서의 열유속 $\dot{q}_0$를 계산하여라. (*c*) $x = 0$인 좌측 표면에서의 온도를 계산하여라.

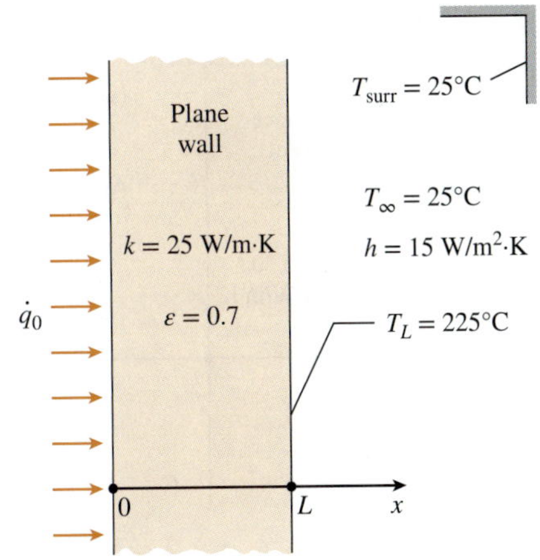

그림 P2-63

2-64 반듯한 평판 형태의 태양 집열기가 있다. 얇은 태양 집열판 뒷면에는 물을 가열시키는 데 사용되는 배관이 부착되어 있다. 집열판의 방사율과 흡수율은 0.9이다. 집열판 상부($x = 0$)의 온도는 $T_0 = 35$°C이며, 주변 온도는 0°C인 곳으로부터 태양열 500 W/m²가 입사되고 있다. 집열판 표면의 대류열전달계수는 5 W/m²·K이고 공기의 온도는 25°C이다. 집열판 내의 온도분포가 $T(x) = -(\dot{q}_0/k)x + T_0$로 표현될 수 있음을 보여라. 그리고 집열판에 흡수되는 총 열유속(net heat flux) $\dot{q}_0$를 계산하여라.

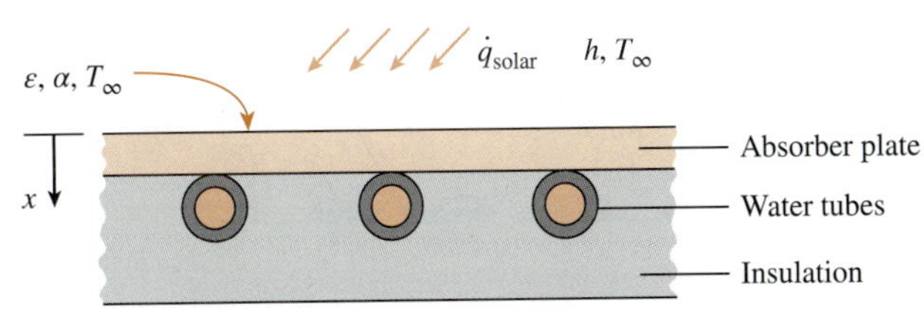

그림 P2-64

2-65 전기로 가열하는 배치 타입의 로(furnace)는 일반적으로 열처리 산업에 사용된다. 두께 20 mm, 열전도도 25 W/m·K인 강판으로 만든 배치 타입 로의 정면을 떠올려 보자. 로는 주위 공기의 온도가 20°C인 공간 내부에 위치해 있고, 평균 대류열전달계수는 10 W/m²·K이다. 로 정면의 안쪽 표면으로는 열유속이 균일하게 5 kW/m²로 유입되고 있으며 바깥 표면은 방사율이 0.30이라 할 때, 로 정면의 내부표면의 온도를 구하여라.

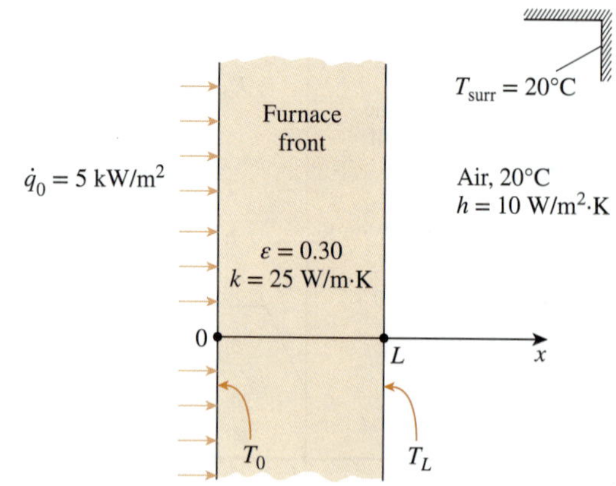

그림 P2-65

2-66 평판의 상부 표면은 주위온도 50°C인 공기와 대류열전달계수 2 $W/m^2·K$의 대류 조건에 노출되어 있다. 평판 상부 표면과 이를 둘러싸고 있는 주변부(온도 200°C)와는 복사를 통한 열교환이 일어나고 있다. 평판의 하부 표면은 완벽히 단열되어 있다. 상부 표면에는 ASTM B21 황동 볼트가 체결되어 있다. 평면벽과 볼트의 방사율은 0.3이다. ASME 공정배관 규격(ASME Code for Process Pipng, ASME B31.3-2014)에서는 B21 볼트의 사용온도를 최대 149°C로 제한하고 있다. 평판 내부의 온도분포를 설명하여라. 평판에 사용된 B21 볼트는 ASME 규격에 부합하는가? 부합하지 않는다면, 최대 허용온도 이하로 평판 온도를 유지하기 위한 적절한 대안을 제시하여라.

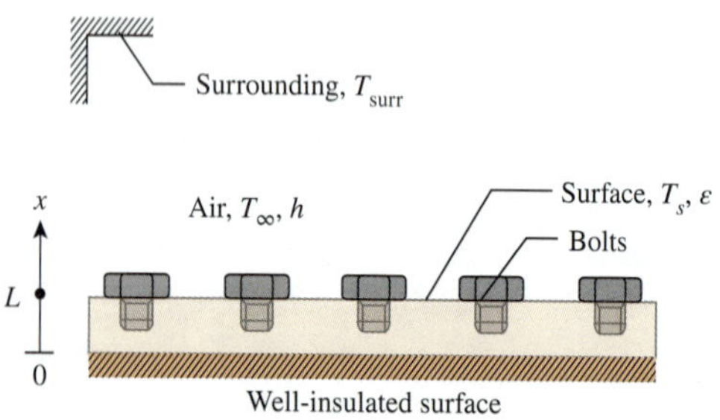

그림 P2-66

2-67 길이 L, 내부 반경 r_1, 외부 반경 r_2, 열전도도 k인 냉각수 배관이 있다. 배관 내부로는 온도 T_f인 물이 흐르고 있으며, 배관 내부표면상에서 열전달계수는 h이다. 배관의 외부표면이 잘 단열되어 있다고 할 때, (*a*) 배관에서의 1차원 정상 열전도에 대한 미분방정식과 경계조건들을 표현하여라. (*b*) 미분방정식 풀이를 통해 배관 내부의 온도분포를 나타내는 관계식을 도출하여라.

2-68 길이 $L = 9$ m, 내부 반경 $r_1 = 5$ cm, 외부 반경 $r_2 = 6$ cm, 열전도도 $k = 12.5$ W/m·K인 증기 배관이 있다. 배관 내부로는 평균온도 150°C인 증기가 흐르고 있으며, 배관 내부표면에 대한 평균 대류열전달계수는 $h = 70\ W/m^2·°C$로 주어졌다. 배관 외부표면의 평균온도가 $T_2 = 80°C$일 때, (*a*) 배관에서의 1차원 정상 열전도를 설명하는 미분방정식과 경계조건들을 표현하여라. (*b*) 미분방정식 풀이를 통해 배관 내부의 온도분포를 나타내는 관계식을 도출하여라. (*c*) 증기에서 배관으로의 열손실률을 계산하여라. *답*: (*c*) 13, 180 W

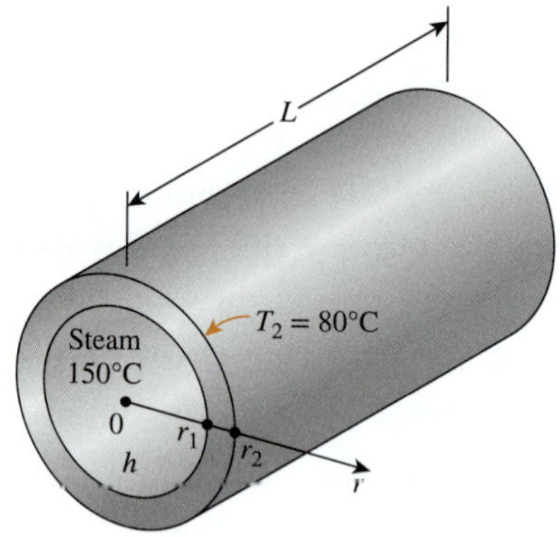

그림 P2-68

2-69 공정 플랜트에 사용되는 배관에는 질량유량이 0.3 kg/s로 과열증기가 공급되고 있다. 배관의 길이는 10 m, 내부 직경은 5 cm, 그리고 두께는 6 mm이다. 배관의 열전도도는 17 W/m·K이고, 배관 내부표면 온도는 120°C로 균일하다. 배관 입구와 출구 사이에서 발생하는 온도 강하는 7°C이고, 수증기의 정압비열은 2190 J/kg·°C이다. 공정 플랜트 내부의 주위 공기 온도가 25°C라 할 때, 배관 외부표면과 주위 공기 간의 열전달계수를 구하여라.

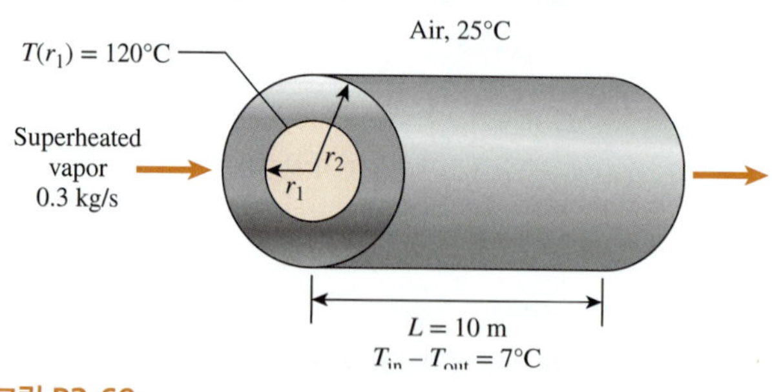

그림 P2-69

2-70 해저에서 석유와 천연가스를 생산할 때 탄화수소 유체는 70°C의 저장고에서 흘러나가고, 5°C인 해저에서 흐른다. 저장고와 해저 주위의 온도차 때문에, 가스 수화물과 침전물로 인한 막힘을 방지하는 데는 열전달 지식이 매우 중요하다. 내부 직경 0.5 m, 관 두께 8 mm인 수송관이 평균온도 70°C의 액화탄화수소를 이송하기 위해 사용된다고 생각하자. 관 내부표면의 평균 대류열

전달계수는 250 W/m²·K이다. 해저 수온은 5°C이고, 관 외부표면의 평균 대류열전달계수는 150 W/m²·K로 추정된다. 수송관이 열전도도가 60 W/m·K인 재질로 만들어졌다면, 열전도 방정식을 이용하여 (*a*) 수송관 벽 내부의 온도변화를 구하여라. (*b*) 수송관 내부표면의 온도를 구하여라. (*c*) 수송관 내부의 액화탄화수소의 열손실률을 수식적으로 나타내라. (*d*) 수송관 외부표면을 통한 열유속을 구하여라.

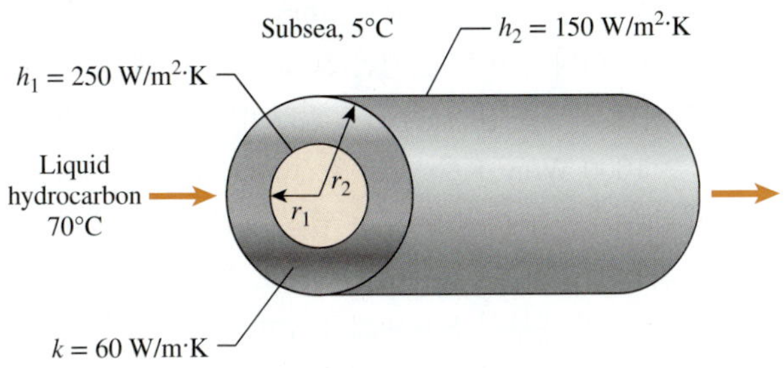

그림 P2-70

2-71 액체 에탄올은 가연성 유체로서 인화점은 16.6°C이다. 인화점 이상의 온도에서 에탄올은 폭발을 유발할 수 있는 증기를 만들게 되고, 발화요인이 존재하게 될 때 점화가 이뤄진다. 화학 플랜트에서 내부 반경 3 cm, 두께 3 mm인 배관(k = 15 W/m·K)을 통해 에탄올을 공급하고 있다. 배관은 발화요인이 때때로 생성되는 공간을 통과하고 있으며, 이곳에서 배관 외부표면으로의 열유속은 1 kW/m²에 이른다. 배관 내부에 흐르는 에탄올의 평균온도는 10°C이고, 내부표면에서 평균 대류열전달계수는 50 W/m²·K이다. 당신의 임무는 에탄올이 안전하게 공급되도록 하면서 화재 발생의 위험을 방지하는 것이다. 배관 내부에서의 온도변화를 구하고, 배관 내부와 외부표면의 온도를 계산하여라. 이 두 표면온도는 모두 액체 에탄올의 인화점 이하에서 안전하게 유지되는가?

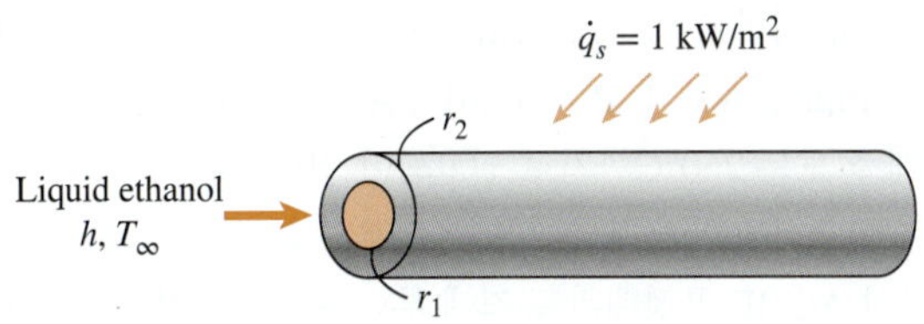

그림 P2-71

2-72 배관 내부에 물이 흐르고 있다. 배관의 내부표면은 polyvinylidene chloride (PVDC) 재질로 처리되어 있다. 배관의 내부 지름은 24 mm이고, 벽 두께는 5 mm이다. 배관의 열전도도는 15 W/m·K이다. 배관 내부에 흐르는 물의 온도는 20°C이고, 배관 내부표면의 대류열전달계수는 50 W/m²·K이다. 배관 외부표면은 2300 W/m²의 균일한 열유속에 노출되어 있다. ASME 공정배관 규격(ASME Code for Process Pipng, ASME B31.3-2014, A323)에 따르면, PVDC 재질의 최대 온도는 79°C까지로 권고되어 있다. 배관 내부에서의 온도분포를 수식적으로 나타내라. 온도분포 분석을 통해서, 배관 내부표면이 ASME 공정배관 규격에 부합하는지를 평가하여라.

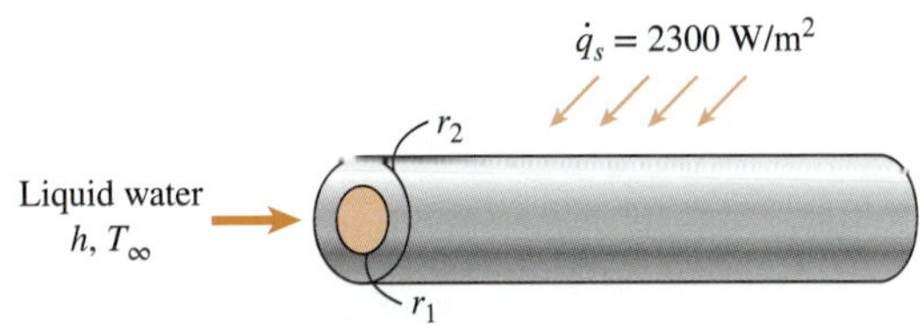

그림 P2-72

2-73 배관 내부에 물이 흐르고 있다. 배관의 내부표면은 polytetrafluoroethylene (PTFE) 재질로 처리되어 있다. 배관의 내부 지름은 24 mm이고, 벽 두께는 5 mm이다. 배관의 열전도도는 15 W/m·K이다. 배관 내부에 흐르는 물의 온도는 50°C이고, 배관 내부표면의 대류열전달계수는 50 W/m²·K이다. 배관 외부표면은 600°C인 과열증기에 노출되어 열전달계수 50 W/m²·K으로 대류

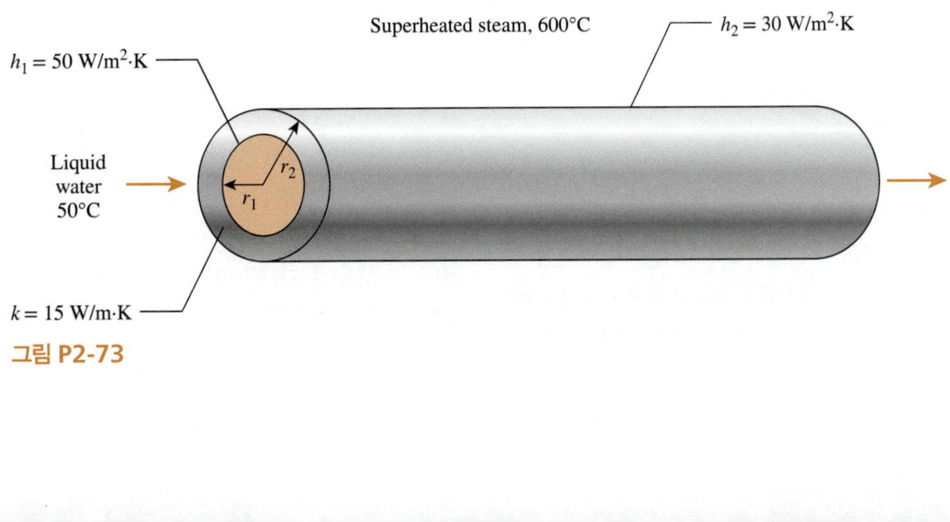

그림 P2-73

열전달이 발생하고 있다. ASME 공정배관 규격(ASME Code for Process Pipng, ASME B31.3-2014, A323)에 따르면, PTFE 재질의 최대 온도는 260°C까지로 권고되어 있다. 배관 내부에서의 온도분포를 수식적으로 나타내라. 온도분포 분석을 통해서, 배관 내부표면이 ASME 공정배관 규격에 부합하는지를 평가하여라.

2-74 내부 반경 $r_1 = 1$ m, 외부 반경 $r_2 = 1.05$ m인 구형 컨테이너의 내부표면은 균일한 열유속 $\dot{q}_1 = 7$ kW/m²에 노출되어 있다. 컨테이너의 외부표면은 $T_2 = 25$°C이며, 컨테이너 재질의 열전도도는 $k = 1.5$ W/m·K이다. 컨테이너 벽 내부의 온도변화가 $T(r) = (\dot{q}_1 r_1^2/k)(1/r - 1/r_2) + T_2$로 표현될 수 있다는 것을 보이고, $r = r_1$ 지점인 내부표면에서의 온도를 구하여라.

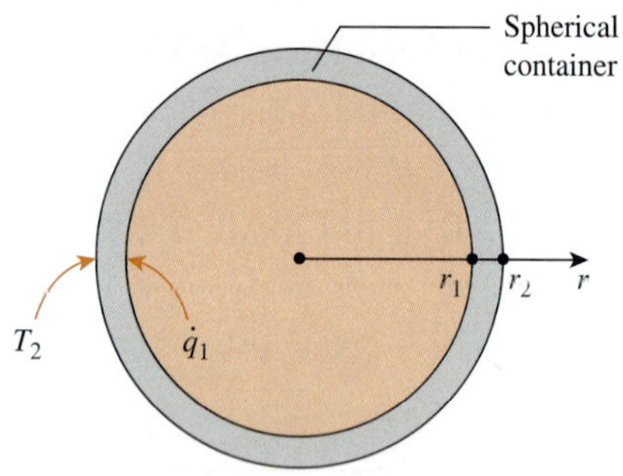

그림 P2-74

2-75 내부 반경과 외부 반경이 각각 r_1, r_2이고 열전도도가 k인 구형 쉘이 있다. 쉘의 내부표면은 균일한 열유속 $\dot{q}_1$에 노출되어 있고, 외부표면은 외기 온도 T_∞, 대류열전달계수 h인 대류 조건에 노출되어 있다. 쉘 벽 내부에서의 온도변화를 구하고, 쉘 외부표면의 온도가 $T(r_2) = (\dot{q}_1/h)(r_1/r_2)^2 + T_\infty$로 표현될 수 있음을 보여라.

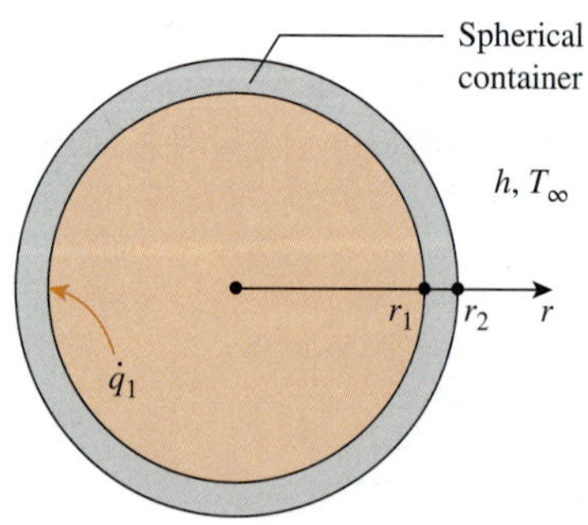

그림 P2-75

2-76 내부 반경 $r_1 = 2$ m, 외부 반경 $r_2 = 2.1$ m, 열전도도 $k = 30$ W/m·K인 구형 컨테이너의 내부에 0°C의 얼음물이 채워져 있다. $T_\infty = 25$°C인 주위 공기로부터 대류열전달계수 $h = 18$ W/m²·K에 의해 컨테이너는 열을 흡수하고 있다. 컨테이너 내부표면의 온도를 0°C라 할 때, (*a*) 컨테이너를 통한 1차원 정상 열전도를 설명하는 미분방정식과 경계조건들을 표현하여라. (*b*) 미분방정식 풀이를 통해 컨테이너 내부의 온도변화 관계식을 도출하여라. (*c*) 얼음물의 열흡수율을 평가하여라.

2-77 열전도도 $k = 15$ W/m·K인 재질의 구형 컨테이너가 발열반응을 하는 화학물질을 보관하는 데 사용되고 있다. 이 화학반응은 컨테이너의 내부표면으로 60 kW/m²의 열유속을 균일하게 발생시킨다. 컨테이너의 내부 반경은 50 cm, 벽 두께는 5 cm이며, 23°C의 대기가 외부를 감싸고 있다. 컨테이너의 외부표면은 대류열전달계수 1000 W/m²·K로 대류 조건에 노출되어 있다. 컨테이너 주위의 작업자들에 미칠 수 있는 열적인 위험을 방지하기 위해 컨테이너 외부표면의 온도는 50°C 이하로 유지되어야 할 필요가 있다. 컨테이너 벽 내부의 온도변화를 구하고, 내부표면과 외부표면의 온도를 구하여라. 열적인 피해를 미치지 않을 정도로 외부표면의 온도는 충분히 낮게 유지되는가?

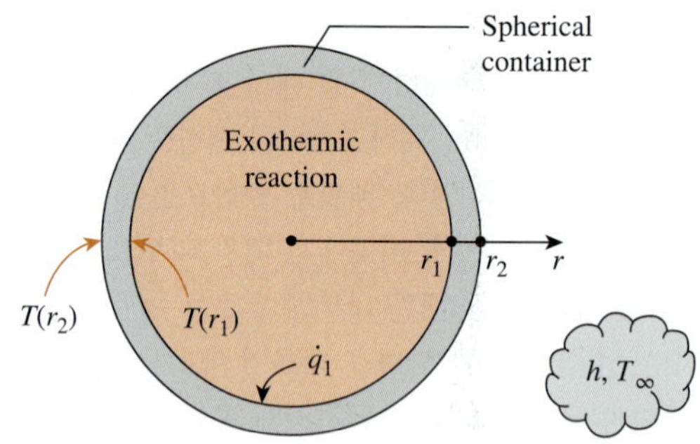

그림 P2-77

2-78 식품 가공설비 내에서, 내부 반경 $r_1 = 40$ cm, 외부 반경 $r_2 = 41$ cm, 열전도도 $k = 1.5$ W/m·K의 구형 컨테이너는 항상 100°C로 유지되는 뜨거운 물을 저장하고 있다. 물의 온도를 유지하기 위해서 컨테이너 표면은 500 W의 전열기로 둘러싸여 있으며, 그 외부는 단열되어 있다. 컨테이너 내부표면의 온도는 항상 거의 100°C를 유지한다. 전열기로부터 발생된 열의 10%가 단열층을 통해 손실된다고 가정할 때, (*a*) 컨테이너를 통한 1차원 정상 열전도에 관한 미분방정식과 경계조건들을 표시하여라. (*b*) 미분방정식 풀이를 통해서 컨테이너 재질 내부에서의 온도변화 관계식을 구하여라. (*c*) 컨테이너 외부표면의 온도를 구하여라. 또한, 20°C의 냉수가 컨테이너로 유입된다고 할 때, 얼마나 많은 양의 100°C 물을 지속해서 공급할 수 있는지를 계산하여라.

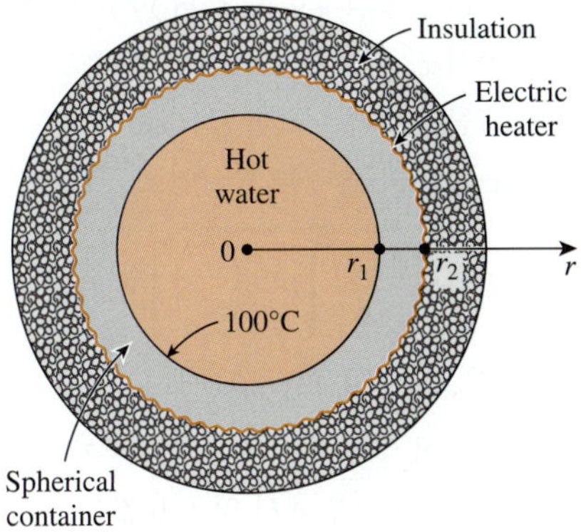

그림 P2-78

고체 내부의 열발생

2-79C 열발생이란 무엇인가? 예를 들어 설명하여라.

2-80C 고체 내에서의 열발생은 에너지는 생성되거나 소멸될 수 없다는 열역학 제1법칙을 위배하는가? 설명하여라.

2-81C 반경이 서로 같은 원통과 구에서 균일한 열발생을 하고 있다. 이 두 물체는 동일한 재질로 만들어졌고, 동일한 환경에 놓여있다. 둘 중 어느 형상이 물체에서 중심의 온도가 더 높을까? 그 이유는 무엇인가?

2-82C 다리미가 방치되어 있다. 내부 저항 히터로 인해 다리미의 바닥 온도가 상승하고 있다. 다리미 내부의 열발생률과 다리미의 열손실은 언제 같아지는가?

2-83C 주위온도가 일정한 상태에서 균일하게 가열되는 평판이 있다. 평판의 왼쪽 절반부에서 발생한 열의 일부가 평판의 오른쪽 표면을 통해 빠져나갈 수 있는가? 설명하여라.

2-84 5 cm 두께의 넓은 황동 판(k = 111 W/m·K)에서 2 × 10^5 W/m^3의 비율로 균일하게 열이 발생하고 있다. 판의 한쪽은 단열되어있고, 나머지 한쪽은 열전달계수 44 W/m·K로 25°C의 공기에 노출되어 있다. 최고온도와 최저온도가 발생하는 지점이 어디인지를 설명하고, 각 온도 값을 구하여라.

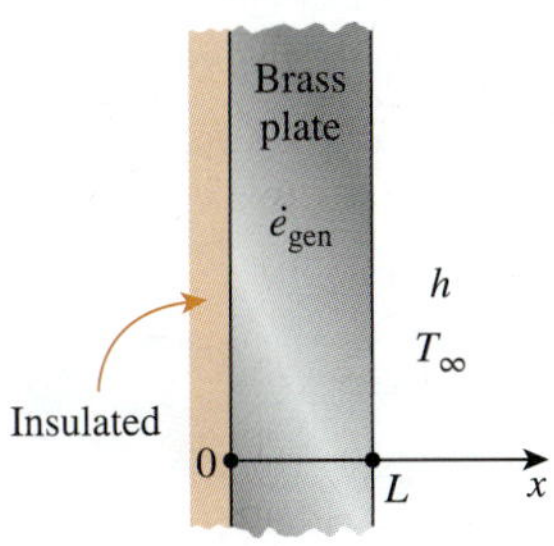

그림 P2-84

2-85 문제 2-84를 다시 살펴보자. 적절한 소프트웨어를 사용하여, 열전달계수가 최고온도와 최저온도에 미치는 영향을 분석하여라. 열전달계수가 20 W/m^2·K에서 100 W/m^2·K까지 변화한다고 하자. 최고온도와 최저온도를 열전달계수의 함수로 표현하여 그래프로 나타내고, 그 결과를 토의하여라.

2-86 3 cm 두께의 넓은 강철판(k = 15.1 W/m·K)에서 5 × 10^5 W/m^3의 비율로 균일하게 열이 발생하고 있다. 판의 양쪽 모두 열전달계수 60 W/m·K로 30°C의 공기에 노출되어 있다. 최고온도와 최저온도가 발생하는 지점이 어디인지를 설명하고, 각 온도 값을 구하여라.

2-87 두께 L, 열전도도 k인 넓은 평판에서 균일하게 $\dot{e}_{gen}$의 비율로 열이 발생하고 있다. 평판의 한쪽 면은 단열되어있고, 나머지 면은 열전달계수 h를 갖고서 온도 T_∞인 대기에 노출되어 있다. (a) 평판을 통한 1차원 정상 열전도에 대해 미분방적식과 경계조건들을 표현하여라. (b) 평판 내부의 온도변화를 평가하여라. (c) 주어진 인자들을 이용하여 양면의 온도와 최고온도 상승 값에 대한 관계식을 도출하여라.

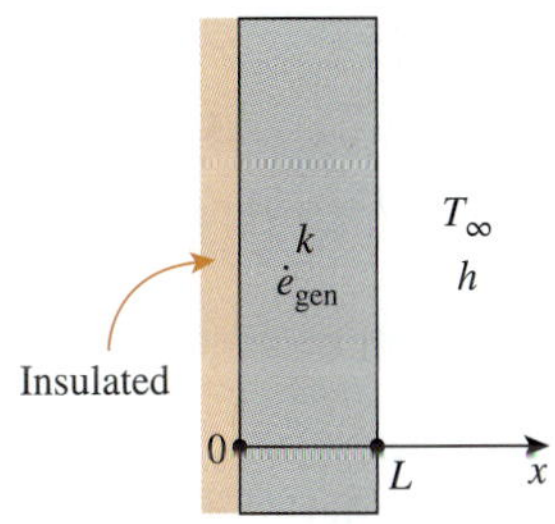

그림 P2-87

2-88 두께 L, 열전도도 k인 넓은 평면벽이 있다. 평면벽의 왼쪽 면(x = 0)은 일정 온도 T_0로 유지되고 있고, x = L에 위치한 오른쪽 면은 단열되어있다. 벽 내부에서는 $\dot{e}_{gen} = ax^2$ W/m^3으로 열이 발생하고 있다. 1차원 정상 열전달을 가정할 때, (a) 벽을 통한 열전도에 대해 미분방정식과 경계조건들을 표현하여라. (b) 미분방정식 풀이를 통해, 벽 내부의 온도변화 $T(x)$를 x, L, k, a 및 T_0를 이용하여 나타내라. (c) L = 0.3 m, k = 9 W/m·°C, a = 135 kW/m^5, T_0 = 400°C인 경우, 벽에서 최고온도는 몇 도(°C)인가?

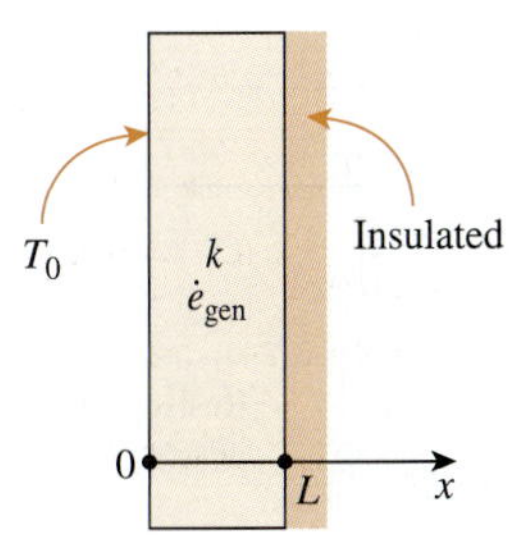

그림 P2-88

2-89 두께 $L = 0.05$ m의 넓은 평면벽이 있다. $x = 0$ 위치의 벽 표면은 단열되어있고, $x = L$ 위치의 표면은 30°C로 온도가 유지되고 있다. 벽의 열전도도는 $k = 30$ W/m·K이고 열발생률은 $\dot{e}_{gen} = \dot{e}_0 e^{-0.5x/L}$ W/m³이다. 여기서 $\dot{e}_{gen} = 8 \times 10^6$ W/m³이다. 1차원 정상 열전달이라 가정할 때, (*a*) 벽을 통한 열전도에 관해 미분방정식과 경계조건들을 표현하여라. (*b*) 미분방정식 풀이를 통해, 벽 내부의 온도변화에 관한 관계식을 구하여라. (*c*) 벽에서 단열된 표면의 온도를 계산하여라. *답: (c) 314°C*

2-90 문제 2-89를 다시 살펴보자. 벽 내부의 열발생에 대해 주어진 관계를 이용하여, $x = 0$에서 $x = L$ 사이에서의 열발생을 거리 x에 대한 함수로서 그래프로 나타내라. 그리고 결과에 대해 토의하여라. 적절한 소프트웨어를 사용하여라.

2-91 원자로 내부에서 연료로 사용되는 지름 1 cm인 원통형 핵연료봉이 외부로부터 공급되는 물에 의해 냉각되고 있다. 연료봉($k = 29.5$ W/m·K)에서는 4×10^7 W/m³의 비율로 열이 균일하게 발생한다. 연료봉 외부표면의 온도가 220°C일 때, 중심부에서의 온도를 계산하여라.

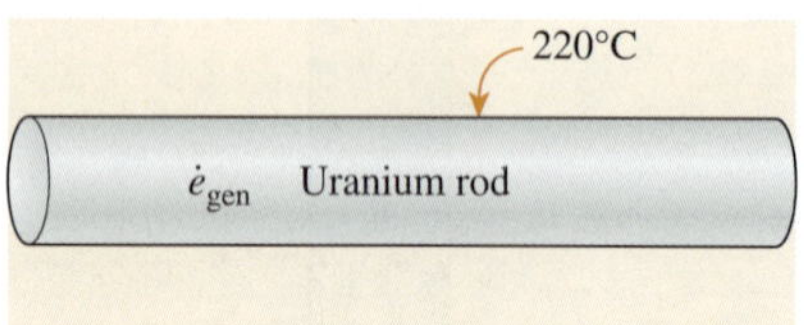

그림 P2-91

2-92 니켈강($k = 10$ W/m·K) 재질로 만들어진 0.2 cm 지름의 전기저항선에서 단위 미터당 10 *k*W의 비율로 균일하게 열이 발생한다. 중심선과 선 외부표면 간의 온도차를 계산하여라.

2-93 열전도도 $k = 20$ W/m·K, 지름 $D = 4$ mm, 길이 $L = 0.9$ m인 2 kW의 전열선을 이용하여 물을 끓이고 있다. 전열선 외부표면의 온도가 $T_s = 110$°C라고 할 때, 선 중심에서의 온도를 구하여라.

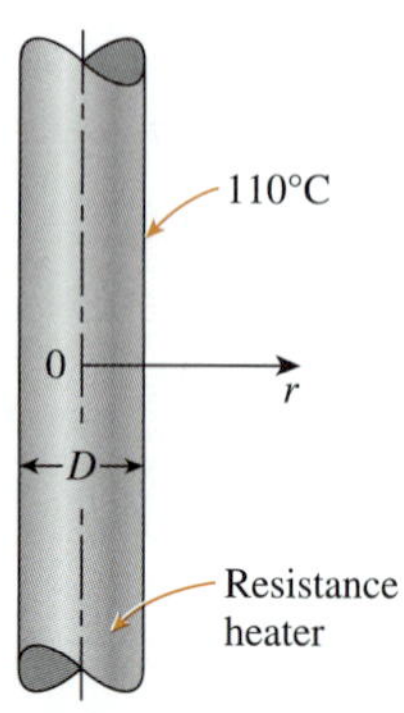

그림 P2-93

2-94 반경 $r_o = 4$ cm, 열전도도 $k = 25$ W/m·K인 긴 고체 원통이 있다. 이 원통에서 $\dot{e}_{gen} = 35$ W/cm³의 비율로 균일하게 열이 발생한다. 원통의 측면 표면온도가 $T_s = 80$°C로 유지되고 있다. 원통 내부에서의 온도변화는 다음과 같이 표현된다.

$$T(r) = \frac{\dot{e}_{gen} r_o^2}{k}\left[1 - \left(\frac{r}{r_o}\right)^2\right] + T_s$$

이 관계식을 토대로 (*a*) 열전도가 정상상태인지, 비정상상태인지를 판단하여라. (*b*) 이 문제가 1, 2, 3차원 문제인지를 판단하여라. (*c*) $r = r_o$ 위치의 측면 표면에서 열유속 값을 계산하여라.

2-95 문제 2-94를 다시 살펴보자. 원통 내부에서의 온도변화에 대해 도출된 관계식을 이용하여, $r = 0$에서 $r = r_o$ 사이에서의 온도를 반경 r에 대한 함수로서 그래프로 나타내고 결과에 대해 토의하여라. 적절한 소프트웨어를 사용하여라.

2-96 원자로에서 사용되는 지름 1 cm의 연료봉은 지름 2 cm의 동심원 튜브로 덮여 있다. 연료봉($k = 30$ W/m·K)과 이 튜브 사이의 링 형태의 공간을 통해서는 냉각수가 흐르는 구조를 갖는다. 연료봉에서는 50 MW/m³의 비율로 균일하게 열이 발생한다. 동심원 튜브의 표면에서는 대류열전달계수가 2000 W/m²·K이다. 이 튜브 표면의 온도가 40°C라 할 때, 냉각수의 평균온도를 계산하여라. 주어진 정보를 통해서 연료봉 표면의 온도를 평가할 수 있는가? 이에 대해 설명하여라. *답: 71.3°C*

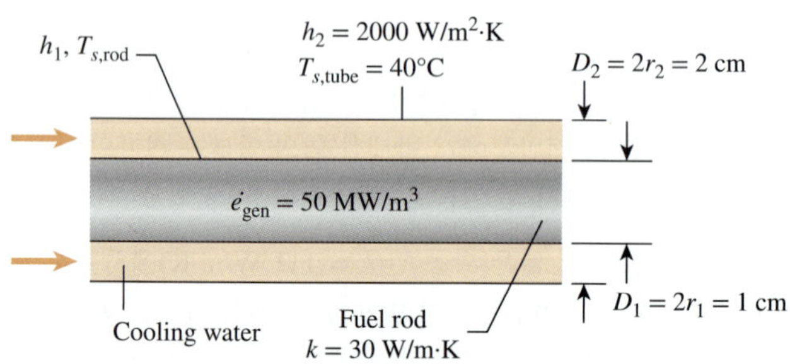

그림 P2-96

2-97 열전도도가 14 W/m·K인 강철 재질로 만들어진 선이 있다. 이 선의 지름은 1 mm이고, 전기저항은 45×10^{-8} m, 흐르는 전류는 120 A이다. (*a*) 선 내부의 열발생률(W/m³)을 구하여라. (*b*) 선 내부에서 최대 온도 상승(편차) 값을 계산하여라.

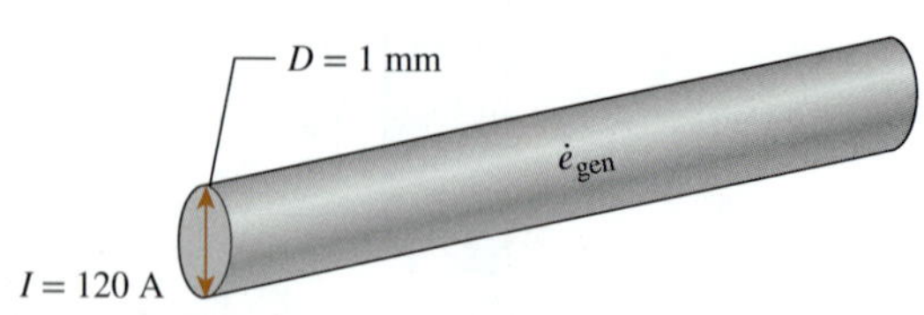

그림 P2-97

2-98 균질 재질로 만들어진 반경 r_o = 5 mm의 긴 저항선에 전류를 흘려 공기를 가열하는 데 사용하고 있다. 저항에 의한 가열로 인해 5 × 10⁷ W/m³의 비율로 균일하게 선에서 열이 발생한다. 선의 외부표면의 온도가 180°C로 유지된다고 할 때, 정상상태에 도달하였을 때 r = 3.5 mm 지점에서의 온도를 구하여라. 전선의 열전도도는 k = 8 W/m·K이다. *답*: 200°C

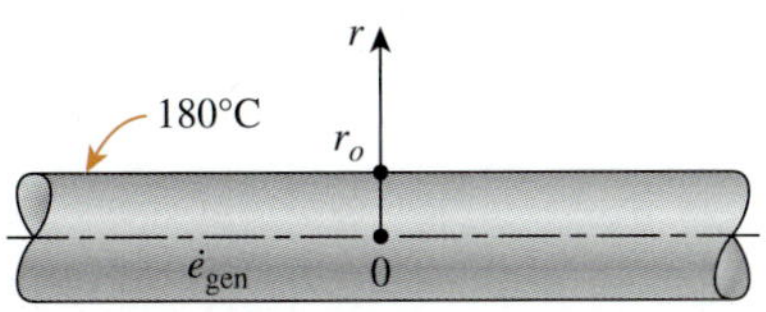

그림 P2-98

2-99 반경 r_o = 0.6 cm, 열전도도 k = 15.2 W/m·K인 긴 저항선에 전류를 흘려 대기압 상태의 물을 끓이는 데 사용하고 있다. 저항에 의한 가열로 인해 균일하게 16.4 W/cm³의 열이 발생한다. 발생한 열은 100°C인 물로 평균 열전달계수 h = 3200 W/m²·K인 대류를 통해 전달된다. 1차원 정상 열전달이라 가정할 때, (*a*) 선을 통한 열전도에 대한 미분방정식과 경계조건들을 표시하여라. (*b*) 미분방정식을 풀이하여 선의 온도변화 관계식을 구하여라. (*c*) 선 중심선의 온도를 구하여라. *답*: (*c*) 125°C

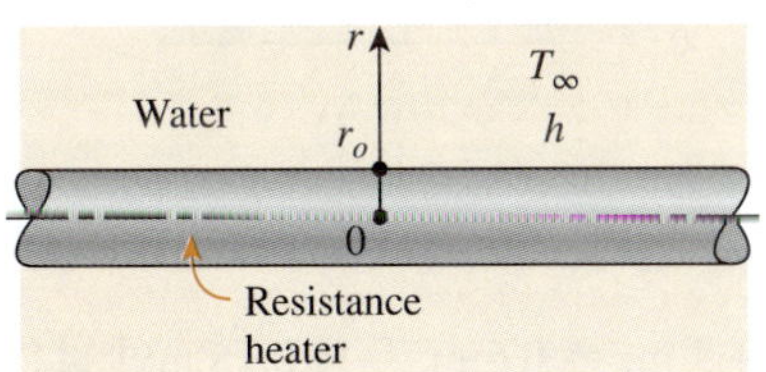

그림 P2-99

2-100 길이 6 m의 2 kW 전기저항선이 0.2 cm 지름의 강철(k = 15.1 W/m·K)로 제작되었다. 이 저항선을 외기 온도 20°C, 외부표면의 열전달계수 175 W/m²·K의 조건에서 사용한다. (*a*) 활용가능한 관계식을 이용하여 전선 표면의 온도를 구하여라. (*b*) 적절한 미분방정식을 설정 후 풀이하여 전선 표면의 온도를 구하여라. *답*: (*a*) 323°C, (*b*) 323°C

2-101 동심형 튜브 내에 있는 지름 2 cm의 원통형 연료봉(k = 30 W/m·K)이 물에 의해 냉각되고 있다. 연료봉은 100 MW/m³ 비율로 균일하게 열을 발생하고 있으며, 냉각수의 평균온도는 75°C, 대류열전달계수는 2500 W/m²·K이다. 냉각수의 작동 압력 조건에서 임계열유속(critical heat flux, CHF)에 도달하는 것을 방지하기 위해 연료봉 표면의 온도는 200°C 아래에서 유지되어야 한다. 여기서 임계열유속은 비등이 임계에 달하여 연료봉 표면의 과열을 유발하고, 손상을 발생하게 하는 한계점을 의미한다. 연료봉 내부의 온도변화를 구하고, 연료봉 표면의 온도를 계산하여라. 연료봉 표면은 충분히 냉각되는가?

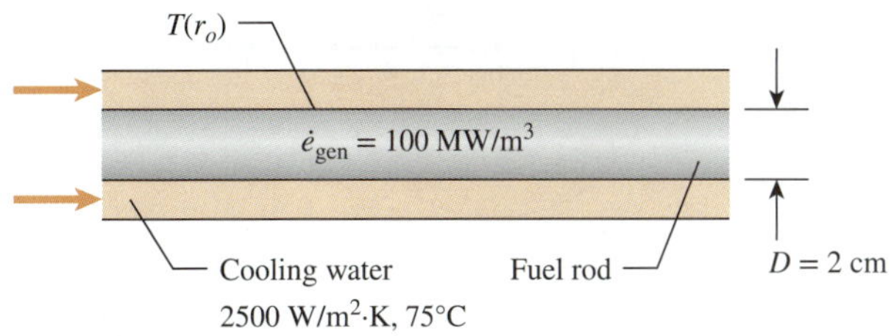

그림 P2-101

2-102 반경 r_1 = 0.2 cm, 열전도도 k_{wire} = 15 W/m·K의 긴 저항선이 있다. 1.2 W/cm³의 비율로 균일하게 저항선에서 열이 발생하고 있다. 이 저항선은 두께 0.5 cm, 열전도도 k_{ins} = 0.4 W/m·K의 polyethylene 단열재로 피복되어 있다. 단열재 외부표면은 대류 조건 및 20°C 외부표면과의 복사 조건에 노출되어 있다. 대류와 복사의 영향을 반영한 복합열전달계수는 7 W/m²·K이다. 저항선과 단열재에 대한 온도변화를 수식적으로 표현하여라. 이 온도변화 관계식을 이용하여 저항선과 단열재 접촉면의 온도를 계산하고, 저항선 중심의 온도를 계산하여라. ASTM D1351 표준에서는 전선의 피복 용도로 열소성 polyethylene 단열재를 대략 75°C까지 사용 적합하다고 규정하고 있다. 이러한 조건하에서 polyethylene 단열재가 ASTM D1351 표준에 부합하는가?

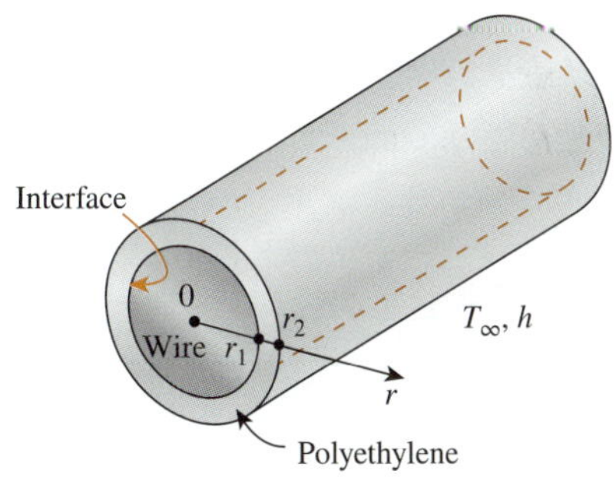

그림 P2-102

2-103 반경 r_o = 0.04 m의 균질 재질의 구형 방사화 물질에서 $\dot{e}_{gen}$ = 4 × 10⁷ W/m³의 일정한 비율로 열이 발생되고 있다. 발생된 열은 주변부로 지속적으로 방출되고 있다. 구의 열전도도는 k = 15 W/m·K이며, 외부표면의 온도는 80°C로 균일하게 유지되고 있다. 1차원 정상 열전달이 일어나고 있다고 할 때, (*a*) 구를 통한 열전도에 대해 미분방정식과 경계조건들을 표현하여라. (*b*) 미분방정식 풀이를 통해 구 내부의 온도변화 관계식을 도출하여라. (*c*) 구 중심에서의 온도를 계산하여라.

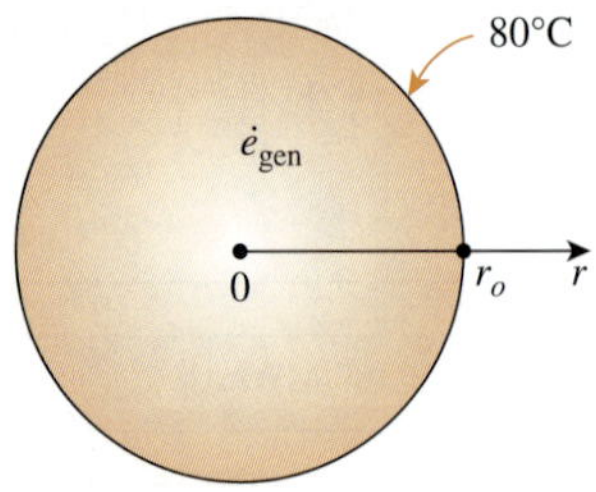

그림 P2-103

2-104 문제 2-103을 다시 살펴보자. 도출한 구 내부의 온도변화에 대한 관계식을 이용하여, $r = 0$과 $r = r_o$ 사이의 구간에서 온도를 반경 r의 함수로서 그래프로 나타내라. 또한, 열전도도가 10 W/m·K에서 400 W/m·K까지 변화한다고 할 때, 구 중심의 온도를 열전도도의 함수로서 그래프로 나타내고 결과에 대해 토의하여라. 적절한 소프트웨어를 사용하여라.

2-105 지름 2.5 m인 구 형상의 통신 인공위성이 지구 주위를 돌고 있다. 우주 공간에서 위성 외부표면의 방사율은 0.75이고, 태양 흡수율은 0.10이다. 위성에 입사되는 태양에너지는 1000 W/m²이다. 위성은 평균 열전도도 5 W/m·K인 재질로 제작되었고 중심부 온도는 0°C라 할 때, 열발생률과 위성 표면에서의 온도를 각각 구하여라.

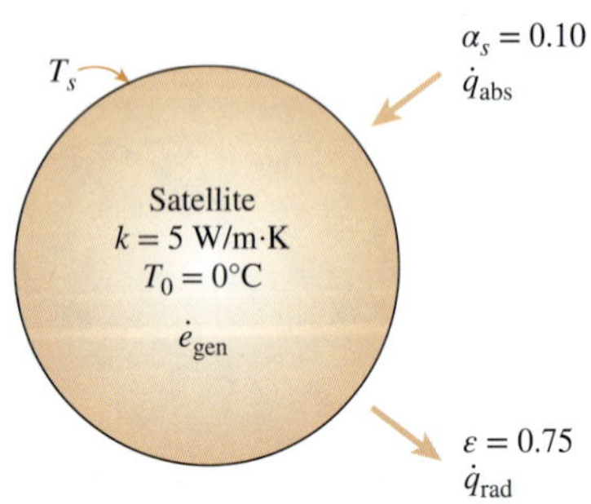

그림 P2-105

가변 열전도도

2-106C 일반적으로 매질의 열전도도는 일정한가, 아니면 온도에 따라 변하는가?

2-107C 매질의 열전도도가 온도에 따라 선형적으로 변화할 때, 평균 열전도도는 평균온도에서의 열전도도와 항상 동일한가?

2-108C 열전도도가 상수일 때, 1차원 정상 열전도가 일어나는 평면벽의 온도가 선형적으로 변한다. 만약 열전도도가 온도에 따라 선형적으로 변화한다면, 여전히 평면벽의 온도가 선형적으로 변화할까?

2-109C 열전도도가 선형적으로 변화하는 평면벽에서 1차원 정상 열전도가 발생하고 있다. 평균온도에서 구한 열전도도를 이용하여 열전달 계산을 함에 따라 유발되는 오차는 어떠할까? (*a*) 없다. (*b*) 적다. 또는 (*c*) 분명하게 있다.

2-110C 일정한 열전도도를 가지며 열발생이 없는 평면벽, 긴 원통, 그리고 구가 1차원 정상 열전도 상태에 놓여있다. 이들 중 어느 것이라도 내부에서 온도가 선형적으로 변화하는가? 설명하여라.

2-111 두께 925 μm인 실리콘 웨이퍼의 하부 표면에서 균일한 열유속을 공급하여 가열하고 있다. 실리콘 웨이퍼의 열전도도는 $k(T) = (a + bT + cT^2)$W/m·K의 형태로 온도에 따라 변한다. 여기서 $a = 437$, $b = -1.29$, $c = 0.00111$이다. 웨이퍼의 휨을 방지하기 위하여 웨이퍼 양면의 온도차는 2°C를 초과하지 않아야 한다. 실리콘 웨이퍼 상부 표면온도가 600 K로 균일하다 할 때, 허용 가능한 최대 열유속을 구하여라.

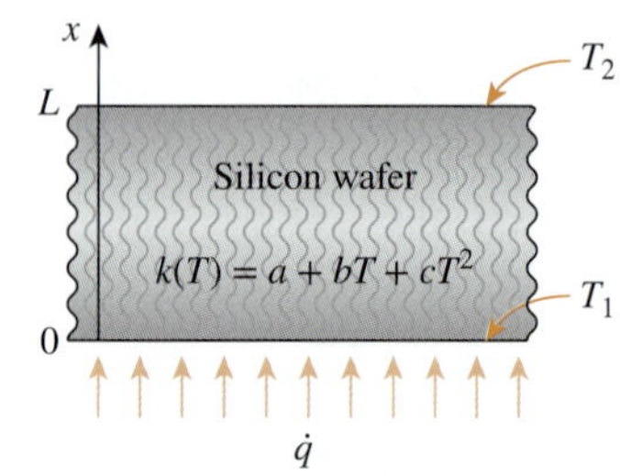

그림 P2-111

2-112 높이 1.5 m, 폭 0.6 m, 두께 0.15 m인 넓은 평판이 있다. 평판의 한쪽 면의 온도는 500 K이고 다른 한쪽 면은 350 K이다. 평판의 열전도도는 이 온도 범위 내에서 $k(T) = k_0(1 + \beta T)$의 형태로 선형적으로 변화한다고 가정한다. 여기서 $k_0 = 25$ W/m·K, $\beta = 8.7 \times 10^{-4}$K^{-1}이다. 가장자리 효과를 무시하고 1차원 정상 열전달이라 가정할 때, 평판을 통한 열전도율을 구하여라. *답*: 30.8 kW

2-113 강판의 왼쪽 면은 50 kW/m²의 균일한 열유속에 노출되어 있고 800 K의 온도를 유지하고 있다. 오른쪽 면은 600 K를 유지하고 있다. 강판의 열전도도는 $k(T) = k_0(1 + \beta T)$이며, 여기서 $k_0 = 9.14$ W/m·K, $\beta = 0.0023$ K^{-1}이고 온도 T는 절대온도 값(K)이다. 이때 강판의 두께(m)를 구하여라.

2-114 주어진 온도 범위에서 열전도도가 $k(T) = k_0(1 + \beta T^2)$로 변화하는 두께 L인 평면벽이 있다. 여기서 k_0와 β는 주어진 상수이다. $x = 0$ 위치의 벽면 온도는 T_1으로 일정하게 유지되며, $x = L$ 위치의 벽면 온도는 T_2로 유지되고 있다. 1차원 정상 열전달이라

가정할 때, 벽을 통한 열전달률에 대한 관계식을 구하여라.

2-115 $273 < T < 1500$ K의 온도 영역에서 강철의 열전도도는 $k(T) = 9.14 + 0.021T$라는 것을 실험적으로 규명하였다. 여기서 k와 T의 단위는 각각 W/m·K과 K이다. 300 K와 1200 K 온도 구간에서 평균 열전도도를 구하고, $k(T)$를 $k(T) = k_0\ (1 + \beta T)$의 형태로 나타내라. 여기서 k_0와 β의 단위는 각각 W/m·K과 K^{-1}이다.

2-116 원형 금속 배관의 두께는 10 mm이고 내부 지름은 10 cm이다. 배관의 외부표면으로는 5 kW/m^{2}의 균일한 열유속이 가해지고 있으며, 온도는 500°C이다. 금속 배관의 열전도도는 $k(T) = k_0\ (1 + \beta T)$로 주어졌으며, 여기서 k_0 = 7.5 W/m·K, β = 0.0012 K^{-1}이고, 온도 T는 절대온도 값(K)이다. 배관 내부표면온도를 구하여라.

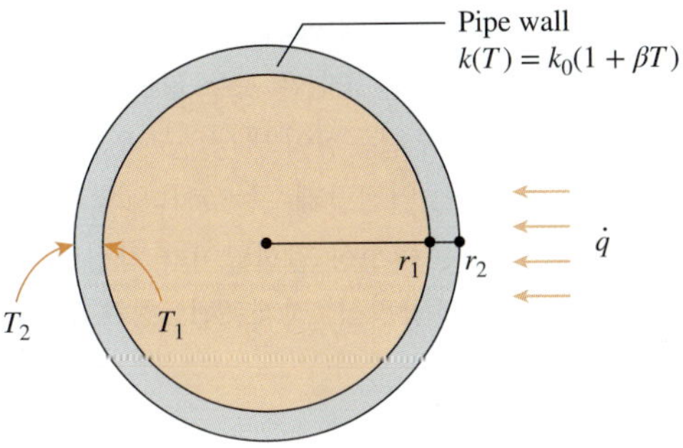

그림 P2-116

2-117 끓는 물을 공급하기 위해 사용되는 배관의 내부표면온도가 100°C이다. 배관은 외기 온도 10°C이고 대류열전달계수가 70 W/m^2·K인 환경에 놓여있다. 배관의 두께는 3 mm이고, 내부 지름은 30 mm이다. 배관의 열전도도는 $k(T) = k_0(1 + \beta T)$이며, 여기서 k_0 = 1.23 W/m·K, β = 0.002 K^{-1}이고 온도 T는 절대온도 값(K)이다. 고온으로 인한 안전상의 이유와 작업자 보호를 위해, 배관 외부표면의 온도는 50°C 아래로 유지되어야 한다. 배관 외부표면온도가 열적인 위험을 방지할 수 있을 정도로 충분히 낮게 유지되는지를 평가하여라.

2-118 고온의 유체를 공급하기 위한 배관의 내부표면온도가 150°C이다. 배관의 벽 두께는 5 mm이고 내부 지름은 15 cm이다. 배관의 열전도도는 $k(T) = k_0(1 + \beta T)$이며, 여기서 k_0 = 8.5 W/m·K, β = 0.001 K^{-1}이고 온도 T는 절대온도 값(K)이다. 배관은 외기 0°C의 공기와 대류열전달계수 60 W/m^2·K인 조건에 설치되어 있다. 배관 외부표면으로는 100 W/m^{2}의 태양복사가 입사하고 있으며, 외부표면에서 방사율과 흡수율은 모두 0.9이다. 배관 외부표면의 온도를 구하여라.

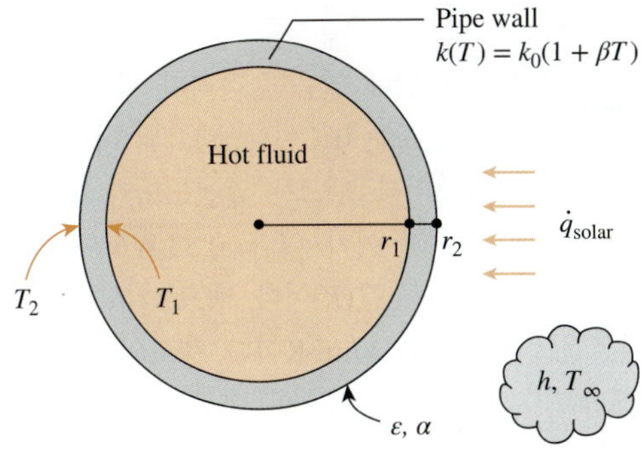

그림 P2-118

2-119 내부 반경 1 m, 벽 두께가 5 mm인 구형 컨테이너의 내부표면에 7 kW/m^{2}의 열유속이 가해지고 있다. 컨테이너 외부표면은 20°C로 유지되고 있다. 컨테이너 벽의 열전도도는 $k(T) = k_0(1 + \beta T)$이며, 여기서 k_0 = 1.33 W/m·K, β = 0.0023 K^{-1}이고 온도 T는 절대온도 값(K)이다. 컨테이너 벽을 통한 온도 차이가 얼마나 발생하는지 구하여라.

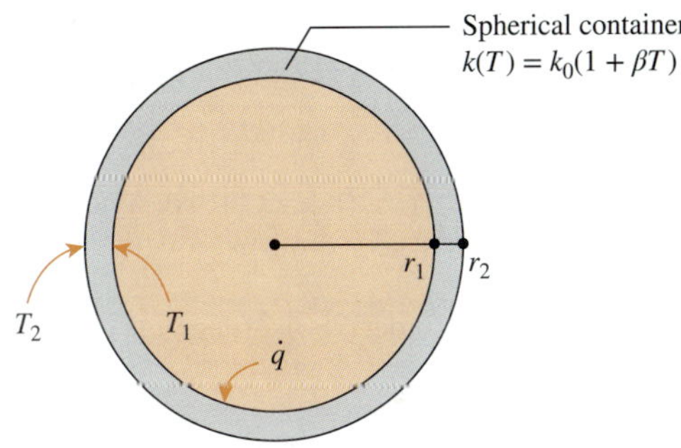

그림 P2-119

2-120 내부 반경 r_1, 외부 반경 r_2인 구형 쉘의 열전도도는 주어진 온도 범위에서 $k(T) = k_0(1 + \beta T)$과 같이 선형적으로 변화한다. 여기서 k_0와 β는 주어진 상수이다. 쉘의 내부표면온도는 T_1이며, 외부표면의 온도는 T_2이다. 1차원 정상 열전달이라 할 때, (*a*) 쉘을 통한 열전달률에 대한 관계식을 구하고, (*b*) 쉘 내부에서 온도분포 $T(r)$을 구하여라.

2-121 구 형태의 용기 안에 발열반응을 하는 화학물질이 담겨있다. 화학반응을 통해 용기의 내부표면에는 균일한 열유속이 가해진다. 용기의 내부 지름은 5 m이고, 내부표면온도는 120°C이다. 용기 벽의 열전도도는 $k(T) = k_0(1 + \beta T)$이며, 여기서 k_0 = 1.01 W/m·K, β = 0.0018 K^{-1}이고 온도 T는 절대온도 값(K)이다. 이 용기는 15°C의 외기와 대류열전달계수 80 W/m^2·K의 조건에 노출되어 있다. 작업자가 이 용기에 접촉할 때 발생할 수 있는 열적 위험을 방지하기 위해, 용기의 외부표면온도는 50°C 아래로 유지되어야 한다. 외부표면온도가 50°C 이하로 유지되기 위한 용기의

최소 벽면 두께를 구하여라.

2-122 구형 탱크 안에 얼음 슬러리가 채워져 있다. 탱크 내부표면온도는 0°C이다. 탱크의 내부 지름은 9 m이고, 벽 두께는 20 mm이다. 탱크는 열전도도가 $k(T) = k_0(1 + \beta T)$인 재질로 만들어졌으며, 여기서 $k_0 = 0.33$ W/m·K, $\beta = 0.0025$ K^{-1}이고 온도 T는 절대온도 값(K)이다. 탱크 외부의 온도는 35°C이고, 대류열전달계수는 70 $W/m^2 \cdot K$이다. 탱크의 외부표면에 150 W/m^2의 태양복사가 입사되고 있으며, 외부표면의 방사율과 흡수율은 0.75이다. 탱크 외부표면의 온도를 구하여라.

특별 관심 주제: 미분방정식의 복습

2-123C 미분방정식을 유도할 때 왜 우리는 종종 단순화한 가정들을 사용하는가?

2-124C 변수란 무엇인가? 문제에서 종속변수와 독립변수를 어떻게 구분하는가?

2-125C 하나의 미분방정식에서 하나 이상의 독립변수가 있을 수 있는가? 또한, 하나 이상의 종속변수가 포함될 수 있는가? 예를 들어 설명하여라.

2-126C 기하학적으로 도함수가 갖는 의미는 무엇인가? 그리고 편도함수와 상도함수의 차이는 무엇인가?

2-127C 도함수에서 계수(order)와 차수(degree)의 차이점은 무엇인가?

2-128C 함수 $f(x, y)$와 그 편도함수 $\partial f/\partial x$를 생각해 보자. 여기서 이 편도함수와 상도함수 df/dx는 어떤 조건에서 서로 같아지는가?

2-129C 함수 $f(x)$와 도함수 df/dx를 생각해 보자. 이 도함수는 x의 함수여야 하는가?

2-130C 미분과 적분은 어떤 관계가 있는가?

2-131C 대수방정식과 미분방정식의 차이는 무엇인가?

2-132C 상미분방정식과 편미분방정식의 차이는 무엇인가?

2-133C 미분방정식의 계수(order)는 어떻게 결정되는가?

2-134C 비선형 미분방정식과 선형 미분방정식은 어떻게 구분할 수 있는가?

2-135C 선형 제차(homogeneous) 미분방정식이란 무엇인가? 예를 들어 설명하고, 왜 선형 제차인지 설명하여라.

2-136C 상수 계수를 갖는 미분방정식과 변수 계수 미분방정식은 어떻게 다른가? 각각에 대해 예를 들어 설명하여라.

2-137C 직접 적분을 통해 해를 구할 수 있는 미분방정식은 어떤 종류인가?

2-138C 3계 선형 제차 미분방정식을 생각해 보자. 이 방정식의 일반해는 얼마나 많은 수의 임의 상수를 포함하고 있는가?

복습문제

2-139 두께 L, 열전도도 k인 넓은 평면벽의 좌측 표면($x = 0$)이 균일한 열유속 $\dot{q}_0$에 노출되어 있다. 우측 표면($x = L$)에는 대류와 함께 주변부 온도가 T_∞인 복사열전달도 존재한다. 우측 표면의 방사율은 ε, 대류열전달계수는 h이다. 정상상태에서 이 열전도 문제에 대한 경계조건과 미분방정식을 나타내라.

2-140 x 방향으로의 길이 a, y 방향으로의 폭 b인 직사각형 형태의 긴 봉이 있다. 이 봉은 초기에 균일하게 T_i의 온도로 유지되고 있다. $x = 0$인 표면과 $y = 0$인 표면은 모두 단열되어있고, 나머지 두 표면으로는 대류를 통해 열손실이 발생하고 있다. 대류를 일으키는 외기 온도는 T_∞이고, 열전달계수는 h이다. 열전도도는 일정하고 열발생이 없는 2차원 비정상 열전달이라 가정할 때, 이 열전달 문제에 관한 수식(미분방정식, 경계조건, 초기조건)을 표현하여라. 풀이를 할 필요는 없다.

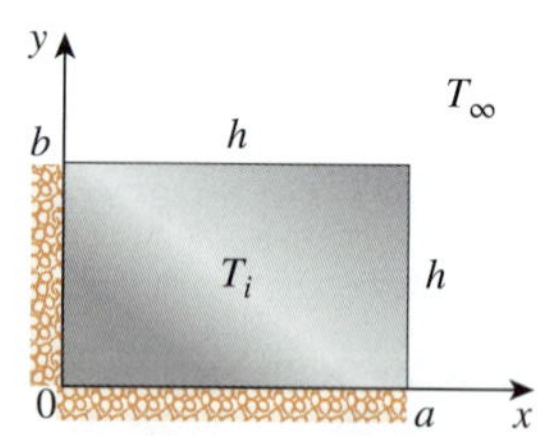

그림 P2-140

2-141 내부 반경은 r_1이고 외부 반경이 r_2인 구형 용기가 있다. 용기의 내부표면($r = r_1$)에는 $\dot{q}_1$의 균일한 열유속이 가해지고 있다. 외부표면($r = r_2$)은 대류와 함께, T_∞의 주변부와의 복사열전달이 존재한다. 외부표면의 방사율과 대류열전달계수는 각각 ε과 h이다. 정상상태에서 이 열전도 문제에 대한 경계조건과 미분방정식을 나타내라.

2-142 내부 반경 r_o, 높이 H인 짧은 원통에서 균일하게 $\dot{e}_{gen}$의 열발생이 일어나고 있다. $r = r_o$ 위치의 원통 표면에서는 대류를 통해 열손실이 발생하며, 이때 대류를 일으키는 외기 온도는 T_∞이고 열전달계수는 h이다. $z = 0$인 원통의 바닥 면은 단열되어있으며, $z = H$인 원통의 상부 표면은 $\dot{q}_H$의 균일한 열유속에 노출되어 있다. 열전도도가 일정한, 2차원 정상 열전달이라 가정할 때, 이

열전도 문제를 수식적(미분방정식, 경계조건)으로 표현하여라. 풀이를 할 필요는 없다.

2-143 질량 m, 비열 c인 고온의 금속 물체가 초기에 T_i로 가열되어 있다. 온도 T_∞인 주위 공기에 의해 대류 냉각이 되고 있으며, 열전달계수는 h이다. 냉각되는 동안 금속 물체의 온도가 균일하게 변화하고 있다. 전체 금속 물체에 대해 에너지 평형을 이용하여, 시간에 따라 금속구의 온도변화 $T(t)$를 나타내는 미분방정식을 유도하여라. 물체의 열전도도는 일정하고, 열발생은 없다. 풀이를 할 필요는 없다.

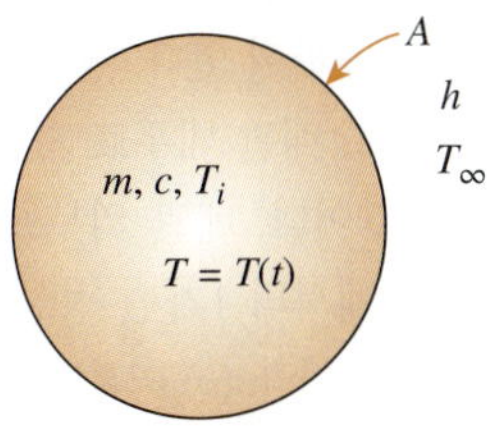

그림 P2-143

2-144 20 cm 두께의 넓은 콘크리트 벽(k = 0.77 W/m·K)의 양면은 대류를 통해 냉각되고 있다. 내부 면의 대류 조건은 $T_{\infty 1}$ = 22°C, h_1 = 8 W/m²·K이고, 외부 면의 대류 조건은 $T_{\infty 2}$ = 8°C, h_2 = 12 W/m²·K이다. 열전도도는 일정하고 내부의 열발생은 없으며 복사는 무시할 수 있다고 가정할 때, (*a*) 벽을 통한 1차원 정상 열전도에 관한 미분방정식과 경계조건들을 표현하여라. (*b*) 미분방정식 풀이를 통해 벽 내부의 온도변화에 관한 관계식을 도출하여라. (*c*) 내부표면과 외부표면의 온도를 계산하여라.

2-145 1000 W의 다리미가 다리미 받침에 놓여있다. 다리미 바닥은 26°C의 주위 공기에 노출되어 있다. 다리미 바닥 판의 두께는 L = 0.5 cm, 면적은 A = 150 cm², 열전도도는 k = 18 W/m·K이다. 바닥 판의 내부표면으로는 내부 저항 가열기에 의해서 발생되는 일정한 열유속이 공급된다. 방사율 ε = 0.7인 바닥 판의 외부표면은 평균온도 T_{surr} = 295 K인 주변부 표면과 복사를 통해, 그리고 평균 대류열전달계수 h = 30 W/m²·K인 대류를 통해서 열을 빼앗기고 있다. 다리미의 윗부분을 통한 열손실을 무시한다고 할 때, (*a*) 바닥 평판을 통한 1차원 정상 열전도에 대한 미분방정식과 경계조건을 표시하여라. (*b*) 미분방정식 풀이를 통해 바닥 평판의 외부표면온도변화 관계식을 구하여라. (*c*) 평면벽 외부표면의 온도를 계산하여라.

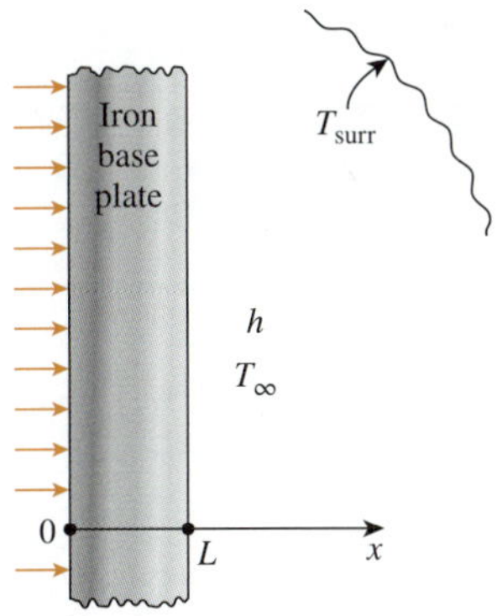

그림 P2-145

2-146 30 m²의 면적 위에 쌓인 눈을 녹이기 위해 열선이 콘크리트 층 내부에 매립되어 있다. 열선은 전류를 통한 joule heating에 의해 가열된다. 표면이 눈으로 덮여 있을 때, 열선에서 발생한 열을 통해 눈을 0.1 kg/s의 속도로 녹일 수 있다. 국가전기규격(National Electrical Code, NFPA 70)에 따르면, 제설용 열원의 밀도는 1300 W/m²을 초과해서는 안 된다. 콘크리트 층 내부의 온도분포를 눈이 녹는 속도를 이용하여 수식적으로 나타내라. 눈이 녹는 속도 0.1 kg/s가 NFPA 70 규격에 부합하는지를 평가하여라.

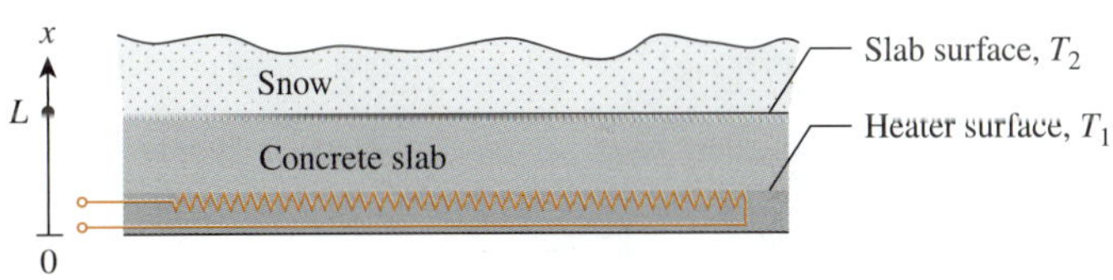

그림 P2-146

2-147 금속판 상부에 ASME SA-193 탄소강 재질의 볼트가 체결되어 있다. 금속판의 두께는 3 cm이며, 열전도도는 15 W/m·K이다. 금속판 하부 표면으로는 5 kW/m²의 열유속이 공급되고 있다. 판 상부는 30°C의 주위 공기에 노출되어 대류열전달계수 10 W/m²·K로 대류를 통해 냉각되고 있다. ASME 보일러 및 압력 용기 규격(ASME BPVC.IV-2015, HF-300)에서는 SA-193 볼트의 최대 허용온도를 260°C로 제한하고 있다. 금속판 내부의 온도변화를 수식적으로 나타내고, x = 0, 1.5, 3.0 cm의 위치에서 각각 온도를 구하여라. SA-193 볼트는 ASME 규격에 부합하는가?

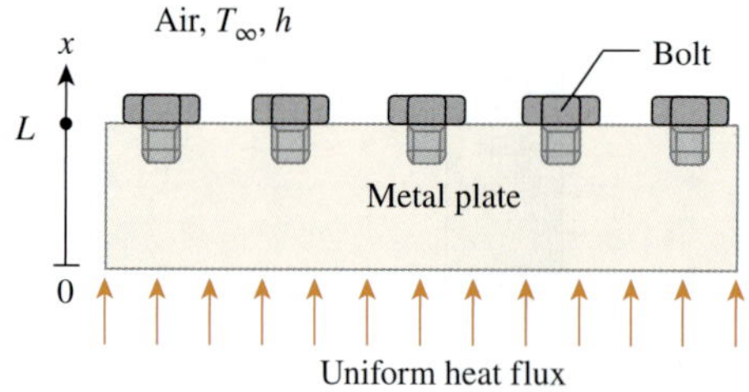

그림 P2-147

2-148 길이 L, 내부 반경 r_1, 외부 반경 r_2, 열전도도 k인 증기 배관이 있다. 평균온도 T_i인 증기가 배관 내부를 흐르고 있으며, 대류열전달계수는 h_i이다. 배관 외부표면은 온도 T_0인 공기에 노출되어 대류열전달계수 h_o로 냉각되고 있다. 배관에서 1차원 정상 열전도가 이뤄지고 있다고 가정할 때, (*a*) 배관을 통한 열전도를 나타내는 미분방정식과 경계조건을 표현하여라. (*b*) 미분방정식 풀이를 통해 배관 내부의 온도변화를 설명하는 관계식을 도출하여라. (*c*) 배관 외부표면의 온도를 나타내는 관계식을 도출하여라.

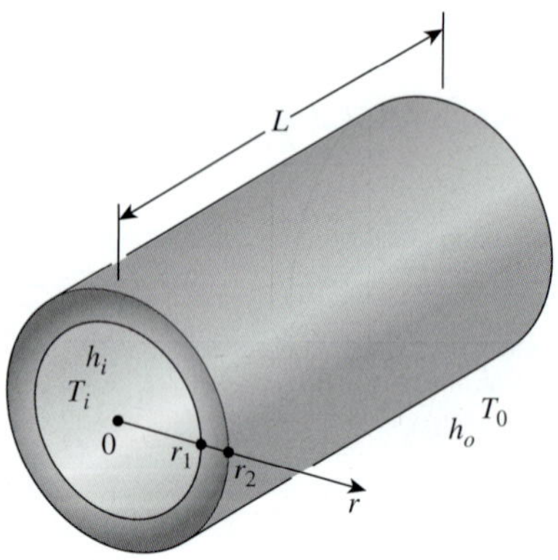

그림 P2-148

2-149 제조 공장에서 배기가스가 굴뚝을 통해 배출되고 있다. 굴뚝의 길이는 10 m, 외부 지름은 1 m, 열전도도는 40 W/m·K이다. 배출가스는 1.2 kg/s의 속도로 배출되며, 굴뚝의 입구와 출구에서 배출가스는 30°C의 온도 차이가 관측된다. 배출가스의 정압비열은 1600 J/kg·K이다. 굴뚝의 외부표면은 27°C의 주변부와 복사열교환을 하며, 또한 27°C의 외기와 평균 대류열전달계수 8 W/m²·K로 대류열교환도 발생한다. 굴뚝의 외부표면으로는 태양복사를 통해 150 W/m²의 에너지가 입사한다. 굴뚝 외부표면의 방사율과 태양흡수율은 0.9이다. 1차원 열전달이라 가정할 때, (*a*) 굴뚝 내부에서의 온도분포를 나타내라. (*b*) 굴뚝 내부표면의 온도를 구하여라.

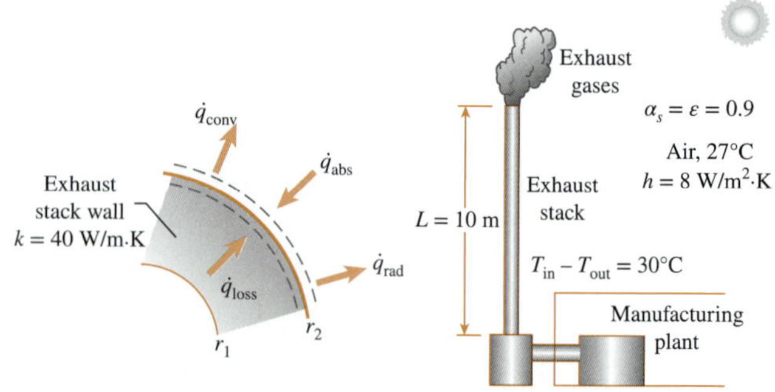

그림 P2-149

2-150 길이 $L = 10$ m, 내경 $r_1 = 5$ cm, 외경 $r_2 = 6$ cm, 열전도도 $k = 14$ W/m°C인 증기 배관이 있다. 평균온도 120°C의 증기가 배관 내부에 흐르고 있으며, 배관 내부표면에서의 평균 대류열전달계수는 $h = 85$ W/m²·°C이다. 배관 외부표면의 평균온도가 $T_2 = 70$°C라 할 때, (*a*) 배관에서의 1차원 정상 열전도에 대한 미분방정식과 경계조건을 표현하여라. (*b*) 미분방정식 풀이를 통해, 배관 내부의 온도변화를 설명하는 관계식을 구하여라. (*c*) 증기에서 배관으로의 열손실량을 계산하여라.

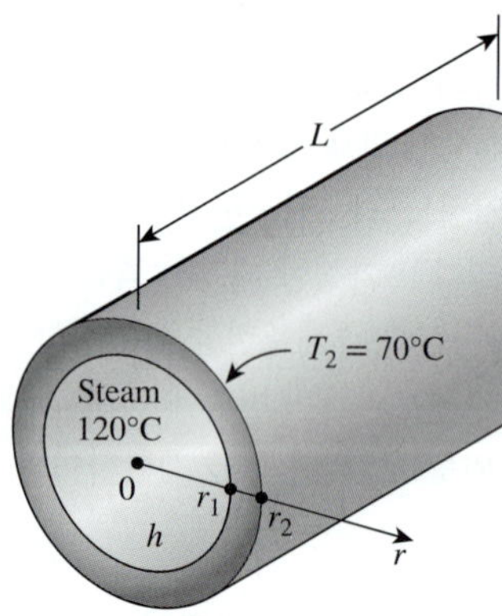

그림 P2-150

2-151 추운 날씨에 외부에 설치된 압축공기 배관에서는 압축공기 내에 포함되어 있던 습기가 얼어붙어 배관의 공기 흐름을 완전히 막는 현상이 발생하곤 한다. 이러한 문제가 발생하는 것을 방지하고자, 배관 외부를 전열 히터로 감은 후 단열을 하도록 하였다. 압축공기 배관의 길이는 $L = 6$ m, 내경은 $r_1 = 3.7$ cm, 외경은 $r_2 = 4.0$ cm, 열전도도는 $k = 14$ W/m·K이고, 300 W의 전열 히터를 사용하고 있다. 평균온도 −10°C의 압축공기가 배관을 흐르고 있으며, 배관 내부표면에서 평균 대류열전달계수는 $h = 30$ W/m²·K이다. 전열 히터에서 발생한 열의 15%가 단열층을 통해 손실된다고 할 때, (*a*) 배관을 통한 1차원 정상 열전도에 대한 미분방정식과 경계조건을 표현하여라. (*b*) 미분방정식 풀이를 통해,

배관 내부의 온도변화 관계식을 구하여라. (*c*) 배관의 내부와 외부표면의 온도를 각각 구하여라.

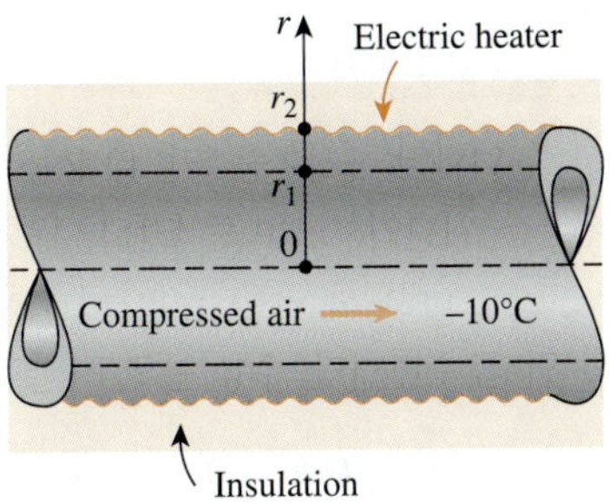

그림 P2-151

2-152 길이 $L = 17$ m, 내경 $r_1 = 15$ cm, 외경 $r_2 = 20$ cm, 열전도도 $k = 14$ W/m·K의 물 수송관이 있다. 25 kW의 전열 히터에 의해 배관 내부에서는 균일하게 열이 발생하고 있다. 배관의 내부, 외부표면의 온도는 각각 $T_1 = 60°C$와 $T_2 = 80°C$이다. 정상상태에서 배관 내부의 온도분포에 대한 일반 관계식을 도출하여라. 그리고 배관 중심 면에서의 온도를 구하여라.

2-153 반경 $r_1 = 0.25$ cm, 열전도도 $k_{wire} = 15$ W/m·K인 긴 전열선이 있나. 전열신에시는 0.5 W/cm³의 비율로 균일하게 열이 발생한다. 전열선은 두께 0.25 cm, 열전도도 $k_{ins} = 0.4$ W/m·K의 폴리에틸렌 단열재로 피복되어 있다. 단열재 외부표면은 20°C의 공기와 대류열전달계수 2 W/m²·K로 냉각되고 있다. 전열선과 폴리에틸렌 단열재에서의 온도분포에 대해 수식적으로 나타내라. 온도분포 결과를 이용하여, 전열선과 피복재 접촉면의 온도와 전열선 중심의 온도를 구하여라. ASTM D1351 표준은 열소성 폴리에틸렌 단열재를 대략 75°C 정도까지 사용하도록 규정하고 있다. 주어진 조건에서 이 폴리에틸렌 단열재는 ASTM D1351 표준을 준수하는가?

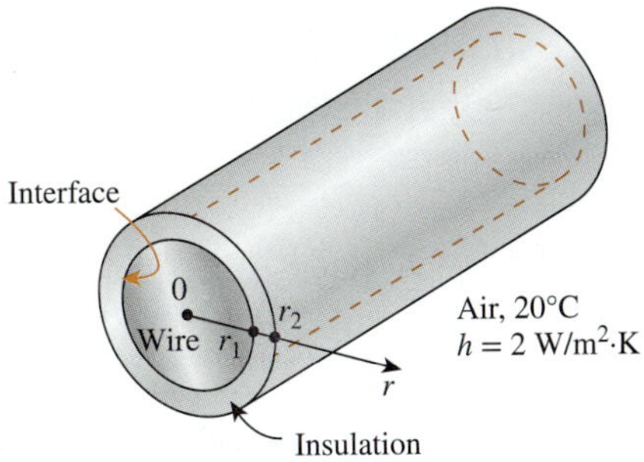

그림 P2-153

2-154 제조 공장에서 직경 25 mm의 강철 볼 베어링($c = 500$ J/kg K, $k = 60$ W/m·K, $\rho = 7900$ kg/m³)을 담금질을 통해 경화 처리하고 있다. 규정된 온도로 가열한 후, 강철 볼 베어링을 담금질한다. 순간적인 담금질 과정에서 50 K/s의 속도로 볼 베어링의 온도가 감소할 때 열손실률이 얼마인지 구하여라. *답*: 1.62 kW

2-155 지름 5 cm의 구형 반응로가 있다. 정상상태 조건에서 온도변화는 $T(r) = a - br^2$으로 표현된다. 여기서 $a = 850°C$, $b = 5 \times 10^5$ K/m²이다. 반응로는 $c = 200$ J/kg C, $k = 40$ W/m·K, $\rho = 9000$ kg/m³의 재질로 만들어졌다. 9 MW/m³의 열발생이 반응로에서 갑자기 일어났을 때, 반응로의 온도변화 속도를 구하여라. 반응로에서의 열발생은 정상 작동 상태에서 갑자기 9 MW/m³로 증가 또는 감소하는가?

2-156 길이 L, 내경 r_1, 외경 r_2인 원통형 쉘이 있다. 이 쉘의 열전도도는 주어진 온도 영역에서 $k(T) = k_0(1 + \beta T^2)$으로 변화한다. 여기서 k_0와 β는 상수이다. 쉘의 내부표면과 외부표면의 온도는 각각 T_1과 T_2로 일정하게 유지된다. 1차원 정상 열전달이라 가정할 때, 쉘을 통한 열전달률 관계식을 도출하여라.

2-157 끓는 물을 수송하는 관 내부표면의 온도가 100°C로 유지되고 있다. 배관은 20°C의 외기에 대류열전달계수 50 W/m²·K의 조건에 노출되어 있다. 배관의 두께는 3 mm이고, 내부 지름은 25 mm이다. 배관의 열전도도는 $k(T) = k_0(1 + \beta T)$이며, $k_0 = 1.5$ W/m·K, $\beta = 0.003$ K⁻¹이다. 여기서 온도는 절대온도 K이다. 배관 외부표면의 온도를 구하여라.

2-158 금속 재질의 구형 수조의 내부에는 발열반응을 일으키는 화학물질로 채워져 있다. 이 화학반응은 수조의 내부표면에 균일한 열유속을 가한다. 수조의 내부 지름은 5 m이며, 벽 두께는 10 mm이다. 수조 재질의 열전도도는 $k(T) = k_0(1 + \beta T)$로 주어졌으며, 여기서 $k_0 = 9.1$ W/m·K, $\beta = 0.0018$ K⁻¹이다. 탱크 주변의 외기 온도는 15°C이고, 탱크 외부표면의 대류열전달계수는 80 W/m²·K이다. 만약 내부표면의 온도가 120°C라 할 경우, 수조 내부표면에 가해지는 열유속을 구하여라.

공학 기본개념 관련 문제들

2-159 매질 내에서 열전도 방정식은 다음과 같은 간단한 형태로 주어진다고 생각하자.

$$\frac{1}{r}\frac{d}{dr}\left(rk\frac{dT}{dr}\right) + \dot{e}_{gen} = 0$$

이 중 틀린 문장을 고르도록 하여라.

(*a*) 매질은 원통 형상이다.
(*b*) 매질의 열전도도는 일정하다.

(*c*) 매질을 통한 열전달은 정상상태이다.
(*d*) 매질 내부에서 열발생이 존재한다.
(*e*) 매질을 통한 열전도는 1차원이다.

2-160 매질 내에서 열전도 방정식은 다음과 같은 간단한 형태로 주어진다고 생각하자.

$$\frac{1}{r^2}\frac{\partial}{\partial r}\left(r^2\frac{\partial T}{\partial r}\right)=\frac{1}{\alpha}\frac{\partial T}{\partial t}$$

(*a*) 열전달은 정상상태인가? 비정상상태인가?
(*b*) 열전달은 1차원인가? 2차원인가? 3차원인가?
(*c*) 매질 내부에 열발생이 있는가?
(*d*) 매질의 열전도도는 일정한가? 변화하는가?
(*e*) 매질은 평면벽인가? 원통인가? 구형인가?
(*f*) 이 열전도 미분방정식은 선형인가? 비선형인가?

2-161 두께 L, 열전도도 k, 표면적 A인 넓은 평면벽이 있다. 벽의 좌측면은 T_∞의 대기에 열전달계수 h인 조건에 노출되어 있고, 우측면은 단열되어있다. 열발생이 없는 1차원 정상 열전도 조건에서 온도변화는 다음 중 어느 것에 해당하는가?

(*a*) $T(x)=\dfrac{h(L-x)}{k}T_\infty$ (*b*) $T(x)=\dfrac{k}{h(x+0.5L)}T_\infty$
(*c*) $T(x)=\left(1-\dfrac{xh}{k}\right)T_\infty$ (*d*) $T(x)=(L-x)T_\infty$
(*e*) $T(x)=T_\infty$

2-162 태양으로부터 열유속 $\dot{q}_s$가 인도에 입사되고 있다. 이 인도의 열전도도는 k, 태양흡수율은 α_s, 대류열전달계수는 h이다. 하늘을 향한 방향을 양의 x 방향으로 설정하고, 주위와의 복사열교환은 무시할 수 있다고 할 때, 이 인도 표면의 경계조건에 해당하는 것은 무엇인가?

(*a*) $-k\dfrac{dT}{dx}=\alpha_s\dot{q}_s$ (*b*) $-k\dfrac{dT}{dx}=h(T-T_\infty)$
(*c*) $-k\dfrac{dT}{dx}=h(T-T_\infty)-\alpha_s\dot{q}_s$ (*d*) $h(T-T_\infty)=\alpha_s\dot{q}_s$
(*e*) 해당 없음

2-163 두께 L인 평면벽의 양쪽 표면은 모두 대류 조건에 노출되어 있다. 내부표면에는 대기온도 $T_{\infty1}$과 열전달계수 h_1, 외부표면에는 대기온도 $T_{\infty2}$와 열전달계수 h_2의 조건을 갖고 있다. 내부표면으로부터 외부표면 방향을 양의 x 방향으로 설정할 때, 대류경계조건에 해당하는 것은 무엇인가?

(*a*) $k\dfrac{dT(0)}{dx}=h_1[T(0)-T_{\infty1}]$ (*b*) $k\dfrac{dT(L)}{dx}=h_2[T(L)-T_{\infty2}]$
(*c*) $-k\dfrac{dT(0)}{dx}=h_1(T_{\infty1}-T_{\infty2})$ (*d*) $-k\dfrac{dT(L)}{dx}=h_2(T_{\infty1}-T_{\infty2})$
(*e*) 해당 없음

2-164 균일한 두께와 일정한 열역학적 물성을 갖는 평면벽, 원통형 쉘, 구형 쉘에서 1차원 정상 열전도를 고려해 보자. 열발생은 존재하지 않는다. 이들 중 열전달 방향으로 온도의 변화가 선형적으로 나타나는 형상은 무엇인가?

(*a*) 평면벽 (*b*) 원통형 쉘 (*c*) 구형 쉘
(*d*) 모든 형상 (*e*) 해당 없음

2-165 표면에 수직(n 방향)인 단열 표면에서 열전도 방정식의 경계조건은 다음 중 어느 것인가?

(*a*) $T=0$ (*b*) $dT/dn=0$ (*c*) $d^2T/dn^2=0$
(*d*) $d^3T/dn^3=0$ (*e*) $kdT/dn=1$

2-166 평면벽의 온도변화가 $T(x)=65x+25$로 주어졌다. 여기서 x는 길이 m이며, T는 온도 °C를 나타낸다. 한 표면의 온도가 38°C라 한다면, 벽의 두께는 얼마인가?

(*a*) 2 m (*b*) 0.4 m (*c*) 0.2 m
(*d*) 0.1 m (*e*) 0.05 m

2-167 평면벽의 온도변화가 $T(x)=110x-48x$로 주어졌다. 여기서 x는 길이 m이며, T는 온도 °C를 나타낸다. 벽의 두께가 0.75 m라 할 때, 양쪽 벽면의 온도차는 얼마인가?

(*a*) 110°C (*b*) 74°C (*c*) 55°C
(*d*) 36°C (*e*) 18°C

2-168 15 cm 두께의 평면벽의 내부와 외부표면온도는 각각 40°C와 28°C로 측정되었다. 정상상태일 때, 벽 내부의 1차원 온도변화는 다음 중 어느 것인가?

(*a*) $T(x)=28x+40$ (*b*) $T(x)=-40x+28$
(*c*) $T(x)=40x+28$ (*d*) $T(x)=-80x+40$
(*e*) $T(x)=40x-80$

2-169 평면 고체 재질의 열전도도는 재질의 온도 T에 따라 대상의 열전도도가 $k=aT+b$로 주어졌다. 여기서 a와 b는 상수이다. 이 재질로 만들어진 평면벽에서 열전달에 따른 온도를 나타낸 것은 다음 중 어느 것인가?

(*a*) $aT+b=x+C_2$ (*b*) $aT+b=C_1x^2+C_2$
(*c*) $aT^2+bT=C_1x+C_2$ (*d*) $aT^2+bT=C_1x^2+C_2$
(*e*) 해당 없음

2-170 뜨거운 물이 내부 지름 2 cm, 외부 지름 2.5 cm인 PVC 관($k=0.092$ W/m·K)을 통해 흐르고 있다. 이 관의 내부표면온도는 35°C이고, 외부표면온도는 20°C이다. 배관의 단위 길이당 열전달률은 얼마인가?

(*a*) 22.8 W/m (*b*) 38.9 W/m (*c*) 48.7 W/m
(*d*) 63.6 W/m (*e*) 72.6 W/m

2-171 지름 0.3 cm의 원통형 전기 히터에서 150 W/m³의 비율로 열이 발생하고 있다. 정상상태 조건에서 히터 표면의 열유속은 얼마인가?

(*a*) 42.7 W/m² (*b*) 159 W/m² (*c*) 150 W/m²
(*d*) 10.6 W/m² (*e*) 11.3 W/m²

2-172 지름 4 cm, 길이 16 cm인 긴 고체 봉(k = 2.4 W/m·K)에서 균일하게 열이 발생하고 있다. 이 봉의 중심과 표면에서 온도가 각각 210°C와 45°C로 측정되었다. 이 봉 내부에서의 열발생률은 얼마인가?

(*a*) 240 W (*b*) 796 W (*c*) 1013 W
(*d*) 79, 620 W (*e*) 3.96 106 W

2-173 지름 8 cm, 열전도도 25 W/m·K의 구 형상의 방사성 물질이 있다. 이 물체에서는 균일하게 15 W/cm³의 비율로 열이 발생하고 있다. 표면온도가 120°C로 측정되었다면, 정상상태에서 이 물체의 중심의 온도는 얼마인가?

(*a*) 160°C (*b*) 280°C (*c*) 212°C
(*d*) 360°C (*e*) 600°C

2-174 지름 3 cm의 구 형상의 방사성 물질에서 균일하게 15 W/cm³의 비율로 열이 발생하고 있다. 생성된 열은 25°C의 외기로 대류열전달계수 120 W/m²·K를 통해 확산된다. 정상상태에서 이 물체의 표면온도는 얼마인가?

(*a*) 56°C (*b*) 84°C (*c*) 494°C
(*d*) 650°C (*e*) 108°C

설계 및 에세이 문제

2-175 원자로 연료봉의 열발생에 대해 기술하여라. 열발생 범위, 연료봉 내 위치에 따른 열발생의 변화, 냉각수가 흡수하는 연료봉으로부터의 복사열 등에 대한 정보를 구하여라.

2-176 1차원 정상 열전도 조건에서, 긴 원통형 쉘 내부 어느 곳에서든 열전달률과 온도를 계산할 수 있는 프로그램을 만들어라. 지정된 온도, 지정된 열유속 및 대류 조건이 임의로 동시에 고려되었을 때 계산을 가능하도록 구현하여라. 서로 다른 다섯 가지의 경계조건에 대해 실제로 수치계산을 수행해 보아라.

2-177 1차원 정상 열전도 조건에서, 구 형상의 쉘 내부 어느 곳에서든 열전달률과 온도를 계산할 수 있는 프로그램을 만들어라. 지정된 온도, 지정된 열유속 및 대류 조건이 임의로 동시에 고려되었을 때 계산을 가능하도록 구현하여라. 서로 다른 다섯 가지의 경계조건에 대해 실제로 수치계산을 수행해 보아라.

CHAPTER 03

정상 열전도

STEDY HEAT CONDUCTION

열전달 해석에서, 정상 상태이고 표면 온도가 주어진 물체를 통한 열전달률을 구하고자 할 때가 있다. 이런 경우에는 전기회로와 유사한 **열저항 개념**(*thermal resistance concept*)을 도입하여 미분방정식을 사용하지 않고 쉽게 문제를 해결할 수 있다. 이 경우, 열저항은 전기저항에, 온도 차이는 전압에, 열전달률은 전류에 해당된다.

이 장에서는 평면 벽, 원통 및 구의 **1차원 정상 열전도**(*one-dimensional steady heat conduction*)를 설명하고, 주어진 형상에서 **열저항**(*thermal resistances*) 개념을 소개한다. 또한, 경계에서 대류 및 복사경계조건에 대한 열저항 관계식을 구한다. 이 개념을 **여러 층**의 평면 벽, 원통 및 구의 열전도 문제에 적용하고, 2차원 또는 3차원 열전달을 포함하는 시스템까지 일반화한다. 또한 **접촉 열저항**(*thermal contact resistance*) 및 **총 열전달계수**(*overall heat transfer coefficient*)에 대해 설명하고 원통 및 구의 임계 단열반경에 대해 설명한다. 마지막으로, **휜**(*fin*)을 가진 **표면**의 정상 열전달에 관하여 논의한다.

학습목표

이 장의 목적은 다음과 같다.

1. 열저항의 개념과 그 제약조건을 이해하고, 실용적인 열전도 문제에 대한 열저항 네트워크를 만든다.
2. 여러 층의 직사각형, 원통형 또는 구형 형상을 포함하는 정상 열전도 문제를 푼다.
3. 접촉 열저항 및 접촉 열저항이 필요한 경우에 대한 직관력을 증진시킨다.
4. 단열이 실제로 열전달을 증가시키는 경우를 구별한다.
5. 휜이 부착된 표면을 분석하고, 휜이 얼마나 효율이고 효과적으로 열전달을 증가시키는지 평가한다.

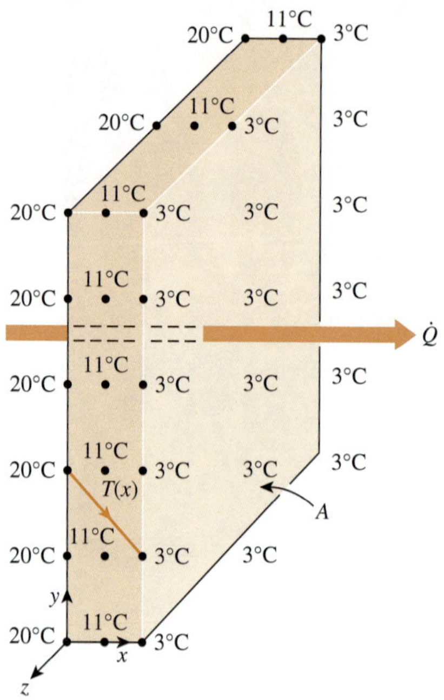

그림 3-1

벽의 온도가 한 방향으로만 변할 때 벽을 통한 열전달은 1차원이다.

3-1 ■ 평면 벽에서의 정상 열전도

겨울철에 집의 벽을 통한 정상열전도를 고려하자. 벽을 통하여 열은 계속 바깥으로 손실된다는 것을 알고 있다. 벽을 통한 열전달은 벽면에 **직각인 방향**(*normal direction*)으로 일어나고 다른 방향으로는 잘 일어나지 않는다는 것을 직관적으로 알고 있다(그림 3-1).

특정 방향으로의 열전달은 해당 방향의 **온도구배**(*temperature gradient*)에 의해서 이루어진다는 것을 상기하라. 온도 변화가 없는 방향으로는 열전달이 일어나지 않는다. 내부 또는 외부 벽면의 여러 개소에서 온도를 측정해 보면 벽면이 거의 **등온**(*isothermal*)임을 알 수 있을 것이다. 즉, 벽면의 위아래와 좌우 끝의 온도가 거의 같다. 따라서 벽의 위에서 아래로 또는 좌에서 우로는 벽을 통한 열전달이 일어나지 않는다. 그러나 벽의 내 · 외부면의 온도 차이가 커서 내부 벽면에서 외부 벽면으로 상당한 열전달이 이루어진다.

벽 두께가 얇으면 해당 방향의 온도구배가 크게 된다. 집의 안쪽 및 바깥쪽 공기의 온도가 일정하다면 벽을 통한 열전달은 **정상**(*steady*) **1차원**(*one-dimensional*)이라고 가정할 수 있다. 이 경우 온도는 오직 한 방향(x-방향이라 하자)만의 함수이고 $T(x)$로 표시할 수 있다.

열발생이 없고 에너지의 상호작용에 의한 열전달만이 있는 경우, 벽의 에너지 평형은 다음과 같이 표현된다.

$$\begin{pmatrix}\text{벽으로}\\\text{열전달률}\end{pmatrix} - \begin{pmatrix}\text{벽으로부터}\\\text{열전달률}\end{pmatrix} = \begin{pmatrix}\text{벽의}\\\text{에너지변화률}\end{pmatrix}$$

또는

$$\dot{Q}_{\text{in}} - \dot{Q}_{\text{out}} = \frac{dE_{\text{wall}}}{dt} \tag{3-1}$$

정상상태에서는 어느 지점에서도 시간에 따른 벽의 온도 변화가 없으므로 정상 $dE_{\text{wall}}/dt = 0$이다. 따라서 벽으로 유입되는 열전달률은 벽으로부터 유출되는 열전달률과 같아야만 한다. 다르게 표현하면 **벽을 통한 열전달률은 일정하여야 한다**. 즉, $\dot{Q}_{\text{cond, wall}}$ = 일정 이다.

두께가 L이고 평균 열전도도가 k인 평면 벽을 고려하자. 벽의 두 표면은 T_1, T_2의 일정한 온도로 유지되고 있다. 벽을 통한 1차원 정상 열전도에 대해 온도는 $T(x)$이다. 벽에 대한 Fourier의 열전도 법칙은 다음과 같다.

$$\dot{Q}_{\text{cond, wall}} = -kA\frac{dT}{dx} \quad \text{(W)} \tag{3-2}$$

여기서 전도 열전달률 $\dot{Q}_{\text{cond, wall}}$와 표면적 A는 일정하다. 따라서 dT/dx = 일정 이 되며, 이는 **벽을 통하여 온도는 x에 따라 선형적으로 변한다**는 것을 의미한다. 즉 정상 상태에서 벽의 온도분포는 직선이다(그림 3-2).

앞의 식을 변수 분리하고 $T(0) = T_1$, $T(L) = T_2$를 이용하여, $x = 0$에서 $x = L$까지 적분하면 다음을 얻는다.

$$\int_{x=0}^{L} \dot{Q}_{\text{cond, wall}}\, dx = -\int_{T=T_1}^{T_2} kA\, dT$$

적분을 수행하고 정리하면 식 (1-1)과 동일한 다음 식을 얻을 수 있다.

$$\dot{Q}_{\text{cond, wall}} = kA\frac{T_1 - T_2}{L} \quad \text{(W)} \tag{3-3}$$

다시 말해, **평면 벽을 통한 전도 열전달률은 열전도도, 면적, 온도 차이에 비례하고 벽의 두께에 반비례한다.** 또한, 전도 열전달률이 구해지면, 임의의 위치 x에서의 온도 $T(x)$는 식 (3-3)에서 T_2를 T로, L을 x로 바꾸어 구할 수 있다.

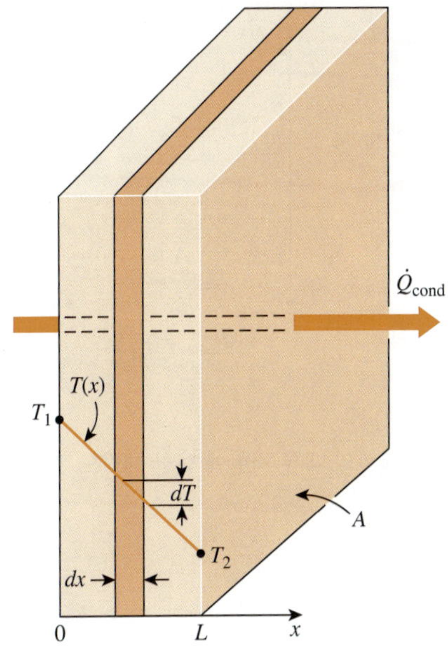

그림 3-2
정상 상태에서 평면 벽의 온도분포는 직선이다.

열저항 개념

평면 벽에 대한 열전도에 관한 식 (3-3)은 다음과 같이 표현할 수 있다.

$$\dot{Q}_{\text{cond, wall}} = \frac{T_1 - T_2}{R_{\text{wall}}} \quad \text{(W)} \tag{3-4}$$

여기서

$$R_{\text{wall}} = \frac{L}{kA} \quad \text{(K/W)} \tag{3-5}$$

식 (3-5)는 열전도에 대한 **열저항**(*thermal resistance*) 또는 단순하게 **전도 저항**(conduction resistance)이라 한다. 매질의 열저항은 **기하학적 형상과 매개체의 물성값의 함수**임에 주의하라. 매질의 열저항은 기하학적 형상과 매질의 열물성치에 의존한다. 열저항은 $R_{\text{wall}} = \Delta T/\dot{Q}_{\text{cond, wall}}$으로 표현할 수 있고, 여기서 R_{wall}은 온도차 ΔT 대 전도 열전달률 $\dot{Q}_{\text{cond, wall}}$의 비이다.

열전달 방정식은 다음과 같이 표현되는 **전류 I**와 유사하다.

$$I = \frac{\mathbf{V}_1 - \mathbf{V}_2}{R_e} \tag{3-6}$$

여기서 $R_e = L/\sigma_e A$은 **전기저항**이고 $\mathbf{V}_1 - \mathbf{V}_2$는 저항에 대한 **전압차**이다($\sigma_e$: 전기전도도). 따라서 층을 통한 **열전달률은 전류, 열저항은 전기저항, 온도 차이는 전압 차이**에 대응된다(그림 3-3).

면적이 A_s이고 온도가 T_s인 고체 표면으로부터 멀리 떨어진 곳의 온도가 T_∞이고 대류 열전달계수가 h인 유체로의 대류 열전달을 고려하자. 대류열전달률 $\dot{Q}_{\text{conv}} = hA_s(T_s - T_\infty)$에 관한 Newton의 냉각법칙은 다음과 같이 표현할 수 있다.

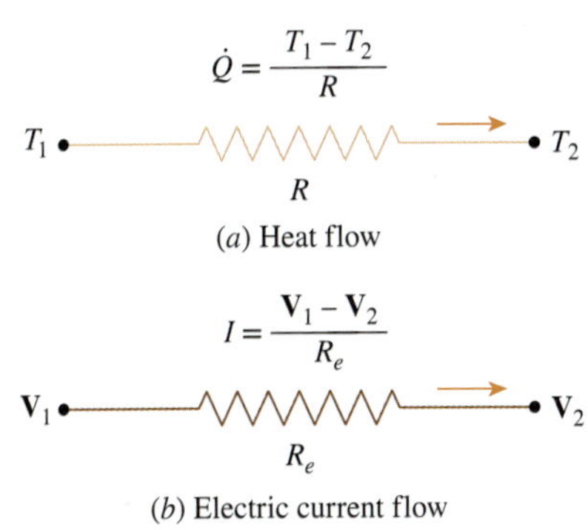

그림 3-3
열저항과 전기저항의 유사성

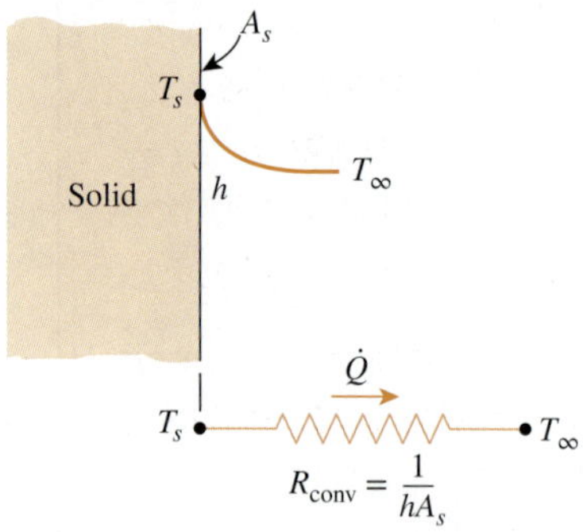

그림 3-4
표면에서의 대류 저항에 대한 개략도

$$\dot{Q}_{conv} = \frac{T_s - T_\infty}{R_{conv}} \quad \text{(W)} \tag{3-7}$$

여기서

$$R_{conv} = \frac{1}{hA_s} \quad \text{(K/W)} \tag{3-8}$$

식 (3-8)은 대류에 대한 표면의 **열저항**(*thermal resistance*) 또는 단순하게 표면의 **대류 저항**(convection resistance)이라 한다(그림 3-4). 대류 열전달계수가 매우 크게 되면($h \to \infty$) 대류 저항은 0이 되고 $T_s \approx T_\infty$가 된다. 즉, 표면은 **대류에 대해 전혀 저항이 없게 되고** 열전달 과정을 지연시키지 못한다. 비등 및 응축이 일어나는 표면이 이 경우에 가깝다. 표면이 평면에만 국한되는 것은 아니다. 대류 저항에 관한 식 (3-8)은 h가 일정하고 균일한 조건에서는 어떠한 형상의 표면에 대해서도 성립한다.

벽이 기체로 둘러싸여 있을 때, 지금까지는 무시했지만 **복사효과**(*radiation effects*)가 중요할 수 있고 고려해야 할 수도 있다. 방사율 ε, 면적 A_s이고 온도 T_s인 표면과 평균 온도가 T_{surr}인 주위와의 복사 열전달률은 다음과 같이 표현된다.

$$\dot{Q}_{rad} = \varepsilon\sigma A_s(T_s^4 - T_{surr}^4) = h_{rad} A_s(T_s - T_{surr}) = \frac{T_s - T_{surr}}{R_{rad}} \quad \text{(W)} \tag{3-9}$$

여기서

$$R_{rad} = \frac{1}{h_{rad}A_s} \quad \text{(K/W)} \tag{3-10}$$

식 (3-10)은 복사에 대한 표면의 **열저항** 또는 단순하게 표면의 **복사 저항**(radiation resistance)이라 한다. 그리고

$$h_{rad} = \frac{\dot{Q}_{rad}}{A_s(T_s - T_{surr})} = \varepsilon\sigma(T_s^2 + T_{surr}^2)(T_s + T_{surr}) \quad \text{(W/m}^2\cdot\text{K)} \tag{3-11}$$

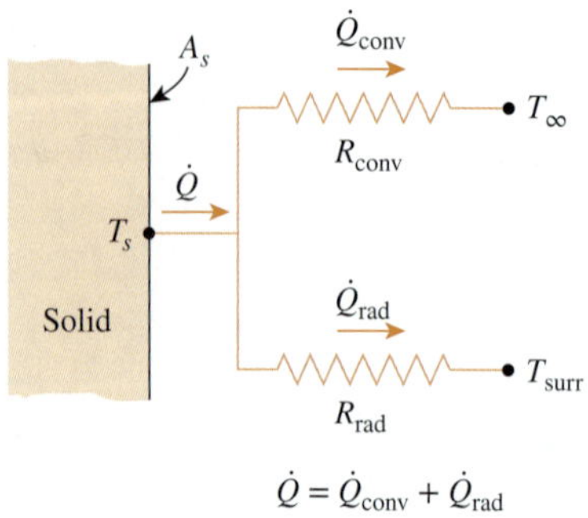

그림 3-5
표면에서의 대류 및 복사 저항에 대한 개략도

식 (3-11)은 **복사 열전달계수**(radiation heat transfer coefficient)이다. h_{rad}을 구할 때 T_s와 T_{surr}는 절대온도(K)여야 한다. 복사 열전달계수를 정의하면 대류와 비슷하게 복사를 온도 차이의 함수 형태로 표현할 수 있다. 그러나 h_{rad}은 h_{conv}와 달리 온도에 따라 그 값이 많이 달라진다.

주위 공기에 노출된 표면은 대류와 복사를 동시에 포함하며 표면에서의 총 열전달은 대류와 복사 성분을 더하여(또는 반대 방향인 경우 빼기) 구한다. 그림 3-5에 나타낸 것처럼 대류와 복사 저항은 병렬이고, 열저항 회로에서 다소 복잡하게될 수 있다. $T_{surr} \approx T_\infty$일 때는 복사 효과는 h 대신에 다음의 대류저항 관계[식 (3-8)]를 이용하여 표현할 수 있다.

$$h_{combined} = h_{conv} + h_{rad} \quad \text{(W/m}^2\cdot\text{K)} \tag{3-12}$$

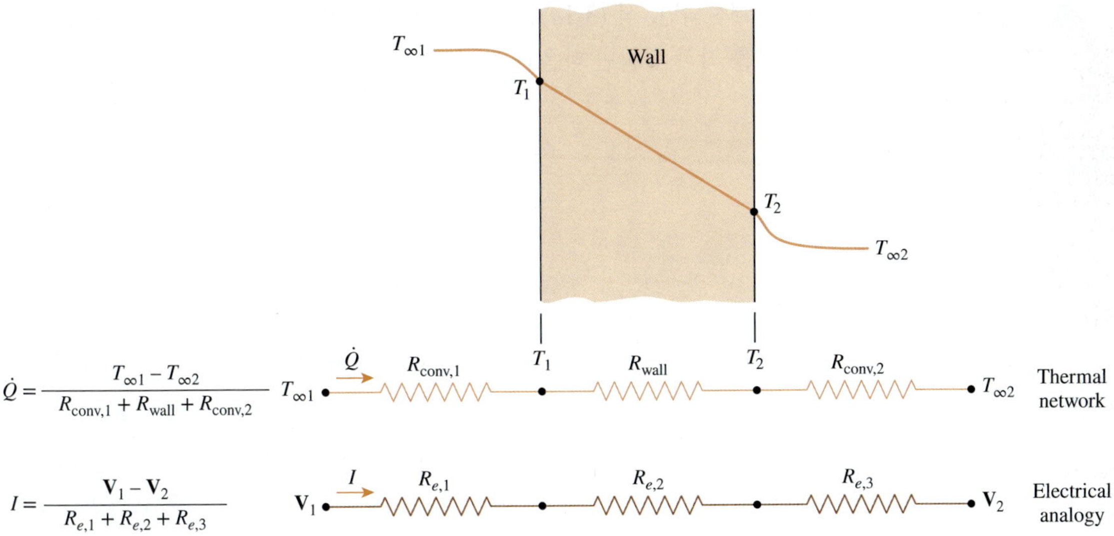

그림 3-6
양쪽 면이 대류에 노출된 경우 평면 벽을 통한 열전달 관련 열저항 회로 및 전기저항과의 상사성

여기서 $h_{combined}$는 1장에서 확인했던 **복합 열전달계수**(combined heat transfer coefficient)이다. 이렇게 하면 복사와 관련된 복잡함을 피할 수 있다.

열저항 회로

그림 3-6과 같이 두께 L, 면적 A 및 열전도도 k인 평면 벽의 양쪽에 온도 $T_{\infty 1}$, $T_{\infty 2}$인 유체가 있고 그 열전달계수가 각각 h_1, h_2인 대류열전달이 있는 경우의 1차원 열전달을 고려하자. $T_{\infty 2} < T_{\infty 1}$라 가정하면, 온도 변화는 그림과 같이 나타날 것이다. 벽에서의 온도는 선형적으로 변하고 벽에서 멀어질수록 유체의 온도는 점차적으로 $T_{\infty 1}$과 $T_{\infty 2}$에 접근한다.

정상 상태에서

$$\begin{pmatrix} \text{벽으로의} \\ \text{대류 열전달률} \end{pmatrix} = \begin{pmatrix} \text{벽을 통한} \\ \text{전도 열전달률} \end{pmatrix} = \begin{pmatrix} \text{벽으로부터의} \\ \text{대류 열전달률} \end{pmatrix}$$

또는

$$\dot{Q} = h_1 A(T_{\infty 1} - T_1) = kA\frac{T_1 - T_2}{L} = h_2 A(T_2 - T_{\infty 2}) \tag{3-13}$$

다시 정리하면

$$\dot{Q} = \frac{T_{\infty 1} - T_1}{1/h_1 A} = \frac{T_1 - T_2}{L/kA} = \frac{T_2 - T_{\infty 2}}{1/h_2 A}$$

$$= \frac{T_{\infty 1} - T_1}{R_{conv,\,1}} = \frac{T_1 - T_2}{R_{wall}} = \frac{T_2 - T_{\infty 2}}{R_{conv,\,2}} \tag{3-14}$$

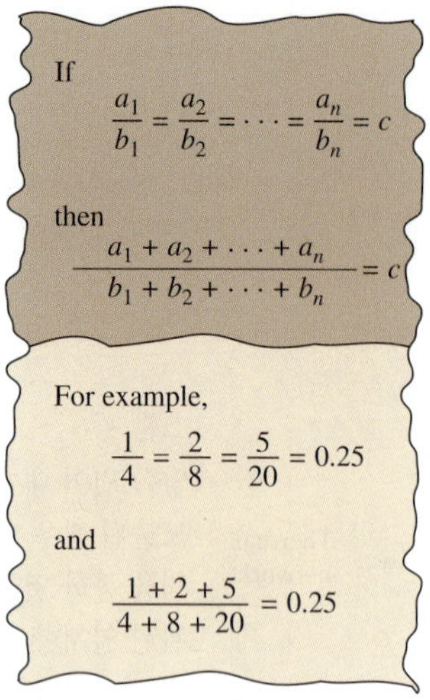

그림 3-7
유용한 수학 항등식

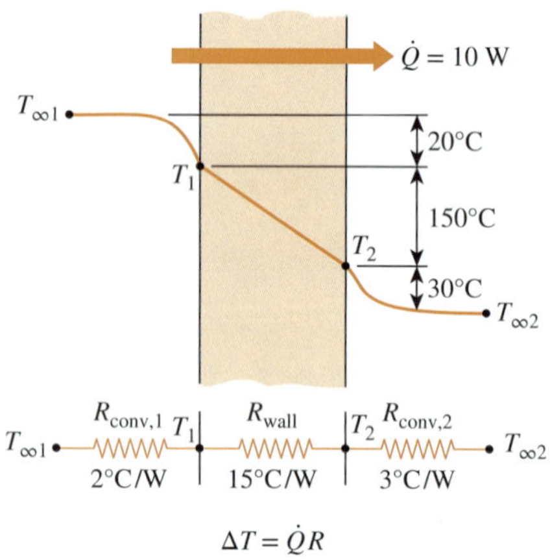

그림 3-8
어떤 층에서의 온도 강하는 그 층의 열저항에 비례한다.

열전달률이 계산되면, 식 (3-14)는 중간 온도 T_1 또는 T_2를 결정하는 데 사용된다. 분모와 분자를 각각 합하면 다음과 같이 된다(그림 3-7).

$$\dot{Q} = \frac{T_{\infty 1} - T_{\infty 2}}{R_{\text{total}}} \quad \text{(W)} \tag{3-15}$$

여기서

$$R_{\text{total}} = R_{\text{conv, 1}} + R_{\text{wall}} + R_{\text{conv, 2}} = \frac{1}{h_1 A} + \frac{L}{kA} + \frac{1}{h_2 A} \quad \text{(K/W)} \tag{3-16}$$

평면 벽에서는 열전달 면적 A는 일정하고, 두 개의 매질로 분리된 벽을 통한 열전달률은 온도 차이($T_{\infty 1} - T_{\infty 2}$)를 총 열저항으로 나눈 것과 같다는 것에 주목하라. **직렬로 연결된 전기저항과 마찬가지로 등가 열저항은 단순히 개개의 열저항을 더하여 구할 수 있다.** 따라서 전기적인 유사성은 계속 적용된다. 요약하면, **두 표면 사이의 정상 열전달률은 온도 차이를 두 표면 사이의 총 열저항으로 나눈 것과 같다.**

식 (3-15)로부터 어떤 층을 통한 열저항에 대한 온도 강하의 비는 일정하고, 따라서 어떤 층을 통한 온도 강하는 그 층의 열저항에 비례한다는 것도 알 수 있다. 저항이 커질수록 온도 강하는 커진다. 수식 $\dot{Q} = \Delta T/R$는 다음과 같이 다시 정리될 수 있다.

$$\Delta T = \dot{Q}R \quad \text{(°C)} \tag{3-17}$$

이는 어떤 층을 통한 **온도 강하**(*temperature drop*)는 **열전달률**(*rate of heat transfer*)과 그 층에서의 **열저항**(*thermal resistance*)의 곱과 같다는 것을 의미한다(그림 3-8). 전류가 일정할 때 전기저항과 관련된 전압 강하도 비슷하게 표현되는 것을 기억하라.

물체를 통한 열전달을 구할 때 다음과 같이 Newton의 냉각법칙과 비슷한 형태로 표기하면 편할 때가 있다.

$$\dot{Q} = UA\,\Delta T \quad \text{(W)} \tag{3-18}$$

여기서 U는 단위가 W/m²·K인 **총 열전달계수**(overall heat transfer coefficient)이다. 총 열전달계수는 9장 열교환기에서 열전달 계산에 이용된다. 또한 7장에서 창문을 통한 열전달 계산에 이용되며, 일반적으로 U-계수라고도 한다. 식 (3-15)와 식 (3-18)을 비교하면 다음과 같다.

$$UA = \frac{1}{R_{\text{total}}} \quad \text{(W/K)} \tag{3-19}$$

그러므로, 단위면적에 대해 총 열전달계수는 총 열저항의 역수이다.

벽을 통한 정상 열전달률을 구하기 위해 벽의 표면온도를 알 필요는 없다는 것에 유의하라. 우리가 알아야 하는 것은 대류 열전달계수와 벽의 양쪽 유체의 온도이다. 온도를 알고자 하는 벽의 표면을 한쪽 끝의 표면으로 생각해서 위에서 언급한 열저항 개념을 이용하여 **표면의 온도**(*surface temperature*)를 구할 수 있다. 예를 들어 $\dot{Q}$이 구해지면 표면온도 T_1은 식 (3-20)으로부터 구해진다.

$$\dot{Q} = \frac{T_{\infty 1} - T_1}{R_{\text{conv, 1}}} = \frac{T_{\infty 1} - T_1}{1/h_1 A} \tag{3-20}$$

다층 평면 벽

실제로 우리는 서로 다른 재질의 여러 층으로 이루어진 평면 벽을 접할 때가 많다. **복합** 벽을 통한 정상 열전달률을 구할 때 열저항 개념을 사용할 수가 있다. 각 벽의 전도 저항 *L/kA*가 직렬로 연결되어 있음에 주목하여 전기 유사성을 쉽게 적용할 수 있다. 즉 온도가 주어진 두 표면의 **온도 차이**를 **전체 열저항**으로 나누어 구할 수 있다.

단열층을 가지는 벽돌 벽과 같이 두 개의 층으로 구성된 평면 벽을 고려하자. 이러한 이중 복합 벽을 통한 정상 열전달률은 다음과 같다(그림 3-9).

$$\dot{Q} = \frac{T_{\infty 1} - T_{\infty 2}}{R_{\text{total}}} \tag{3-21}$$

여기서 R_{total}은 다음으로 표기되는 **총 열저항**(*total thermal resistance*)이고, 다음과 같이 표현할 수 있다.

$$\begin{aligned} R_{\text{total}} &= R_{\text{conv, 1}} + R_{\text{wall, 1}} + R_{\text{wall, 2}} + R_{\text{conv, 2}} \\ &= \frac{1}{h_1 A} + \frac{L_1}{k_1 A} + \frac{L_2}{k_2 A} + \frac{1}{h_2 A} \end{aligned} \tag{3-22}$$

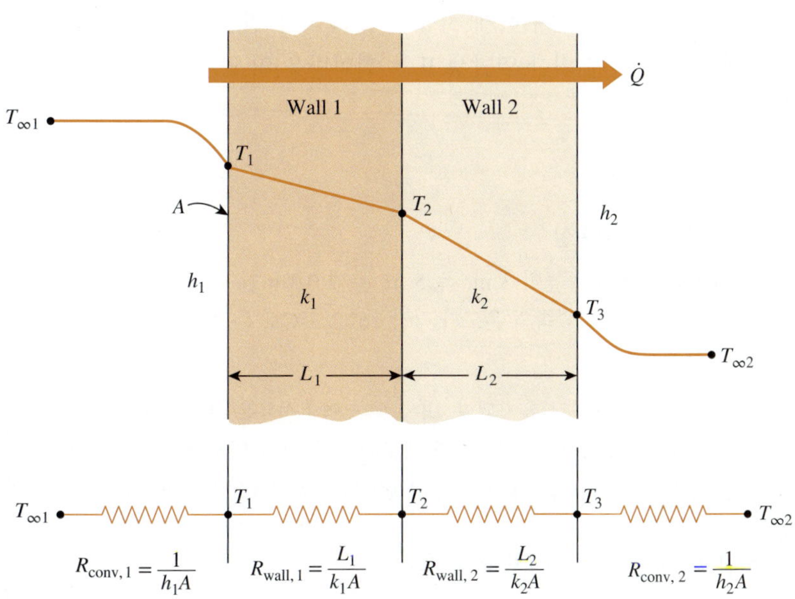

그림 3-9
두 개의 층으로 구성된 평면 벽의 양쪽 면이 대류에 노출된 경우 있는 경우의 열전달 관련 열저항 회로

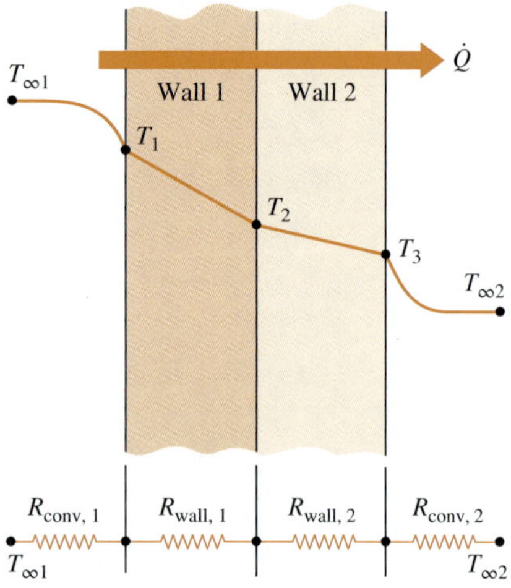

To find T_1: $\dot{Q} = \dfrac{T_{\infty 1} - T_1}{R_{conv,1}}$

To find T_2: $\dot{Q} = \dfrac{T_{\infty 1} - T_2}{R_{conv,1} + R_{wall,1}}$

To find T_3: $\dot{Q} = \dfrac{T_3 - T_{\infty 2}}{R_{conv,2}}$

그림 3-10
$T_{\infty 1}$과 $T_{\infty 2}$가 주어지고 $\dot{Q}$가 계산되었을 때의 표면과 계면의 온도 계산

R_{wall}와 연관된 하첨자 1과 2는 각각 첫 번째와 두 번째 층을 나타낸다. 다층 벽을 통한 정상 열전도도 $\dot{Q}$는 일정하고, 따라서 각 층을 통한 열전도도도 같다는 것에 주목하여, 단일 벽에 사용된 접근 방식을 사용하여도 같은 결과를 얻을 수 있다. 열저항 회로를 보면 열저항이 **직렬로** 연결되어 있으므로 **전체 열저항**은 각각의 열저항의 단순한 **산술적인 합**으로 구해진다.

두 층에 대한 위의 결과는 **추가된 층**에 대한 **저항이 추가되었을 뿐 단일층**의 경우와 유사하다. 세 층 또는 그 이상의 층으로 된 평면 벽에 대해서도 **추가되는 층**에 대한 **저항을 계속 추가**함으로써 확대 적용할 수 있다.

일단 $\dot{Q}$가 구해지면 어떤 표면 또는 접촉면 j에서의 미지의 온도 T_j는 다음 식으로부터 구할 수 있다.

$$\dot{Q} = \frac{T_i - T_j}{R_{total,\,i-j}} \tag{3-23}$$

여기서 T_i는 위치 i에서 알고 있는 온도이고, $R_{total,\,i-j}$는 위치 i와 j 사이의 총 열저항이다. 예를 들어, 그림 3-9에 보여주고 있는 두 층의 경우에 대한 유체의 온도가 $T_{\infty 1}$과 $T_{\infty 2}$이고 식 (3-21)에서 $\dot{Q}$가 계산되면 두 벽의 접촉면 온도 T_2는 다음 식으로부터 구할 수 있다(그림 3-10).

$$\dot{Q} = \frac{T_{\infty 1} - T_2}{R_{conv,1} + R_{wall,1}} = \frac{T_{\infty 1} - T_2}{\dfrac{1}{h_1 A} + \dfrac{L_1}{k_1 A}} \tag{3-24}$$

어떤 층에서의 온도 강하는 $\dot{Q}$에 그 층의 열저항을 곱하여 식 (3-17)로부터 쉽게 구할 수 있다.

열저항 개념은 직관적으로 이해하기 쉽고 다양한 열전달 문제를 해결하는 유용한 수단이므로 실제적으로 광범위하게 사용된다. 그러나 열전달률 $\dot{Q}$가 **일정한** 시스템, 즉 **열발생**(전기 저항에 의한 열발생 또는 화학반응)**이 없는 정상** 열전달의 경우에만 적용될 수 있다.

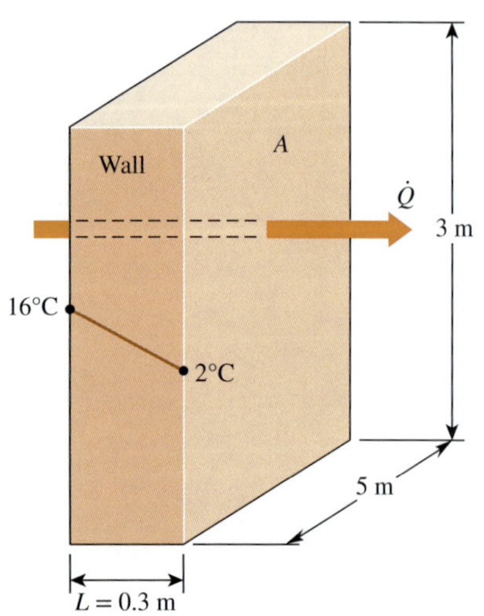

그림 3-11
예제 3-1의 개략도

예제 3-1 벽을 통한 열손실

열전도도 $k = 0.9$ W/m·K이고 높이 3 m, 폭 5 m, 두께 0.3 m인 벽을 생각하자(그림 3-11). 어느 날, 벽의 안쪽과 바깥쪽의 온도가 각각 16°C, 2°C로 측정되었다. 벽을 통한 열손실률을 구하라.

풀이 벽의 표면은 주어진 온도로 유지된다. 벽을 통한 열손실률을 구해야 한다.

가정 **1.** 표면온도가 주어진 온도로 일정하기 때문에 벽을 통한 열전달은 정상 상태이다. **2.** 중요한 온도구배가 벽의 내부에서 바깥 방향이므로 열전달은 1차원이다. **3.** 열전도도는 일정하다.

물성값 주어진 열전도도는 $k = 0.9$ W/m·K이다.

해석 벽을 통한 열전달은 전도에 의한 것이고 벽의 표면적 $A = 3\text{ m} \times 5\text{ m} = 15\text{ m}^2$를 사용하여 벽을 통한 열전달률을 식 (3-3)으로부터 구할 수 있다.

$$\dot{Q} = kA\frac{T_1 - T_2}{L} = (0.9\text{ W/m}\cdot°\text{C})(15\text{ m}^2)\frac{(16-2)°\text{C}}{0.3\text{ m}} = \mathbf{630\ W}$$

벽을 통한 정상 열전달률은 다음과 같이 열저항 개념을 사용하여 구할 수 있다.

$$\dot{Q} = \frac{\Delta T_{\text{wall}}}{R_{\text{wall}}}$$

여기서

$$R_{\text{wall}} = \frac{L}{kA} = \frac{0.3\text{ m}}{(0.9\text{ W/m}\cdot°\text{C})(15\text{ m}^2)} = 0.02222°\text{C/W}$$

이고, 이것을 대입하여 다음을 얻는다.

$$\dot{Q} = \frac{(16-2)°\text{C}}{0.02222°\text{C/W}} = 630\text{ W}$$

검토 이것은 앞에서 구한 결과와 일치한다. 주어진 표면온도에서의 평면 벽을 통한 열전도는 열저항 개념을 도입하지 않고도 구할 수 있다. 그러나 복잡한 열전달 문제에서는 열저항 개념이 유용하게 사용될 수 있는데 다음 예제에서 이를 보여주고 있다. 열전도도에 대한 단위인 W/m·°C와 W/m·K는 동일하며 바꾸어 사용할 수 있다. 온도 차이인 °C와 K에 대해서도 마찬가지이다.

예제 3-2 단일 유리창을 통한 열손실

열전도도 $k = 0.78$ W/m·K이고 높이 0.8 m, 폭 1.5 m, 두께 8 mm인 유리창을 고려하자. 바깥의 온도가 −10°C이고 방의 온도가 20°C로 유지되고 있을 때, 유리창을 통한 정상 열전달률을 구하고 유리창의 내부 표면온도를 구하라. 복사효과를 포함한 창의 내부 및 외부 열전달계수는 $h_1 = 10\text{ W/m}^2\cdot\text{K}$, $h_2 = 40\text{ W/m}^2\cdot\text{K}$이다.

풀이 창문의 유리를 통한 열손실을 고려한다. 창을 통한 열전달률과 창의 내부 표면온도를 구하여야 한다.

가정 **1.** 표면온도가 주어진 온도로 일정하기 때문에 창을 통한 열전달은 정상 상태이다. **2.** 중요한 온도구배가 벽의 내부에서 바깥 방향이므로 열전달은 1차원이다. **3.** 열전도도는 일정하다.

물성값 주어진 열전도도는 $k = 0.78$ W/m·K이다.

해석 내부 및 외부의 공기 온도가 주어진 값으로 오랫동안 일정하여 유리창을 통한 열전달이 정상 상태라고 가정한다. 또한 창의 내부에서 바깥 방향으로만 큰 온도구배가 존재하여 창을 통한 열전달은 1차원이라 가정한다. 창을 통한 전도 및 표면에서의 대류를 포함하고 있으므로 열저항 개념을 도입하고 그림 3-12와 같은 열저항 회로를 그려 이 문제를 다루는 것이 최선의 방법이다. 창의 표면 면적 $A = 0.8\text{ m} \times 1.5\text{ m} = 1.2\text{ m}^2$를 사용하여 각각의 열저항을 다음과 같이 구할 수 있다.

$$R_i = R_{\text{conv, 1}} = \frac{1}{h_1 A} = \frac{1}{(10\text{ W/m}^2\cdot\text{K})(1.2\text{ m}^2)} = 0.08333°\text{C/W}$$

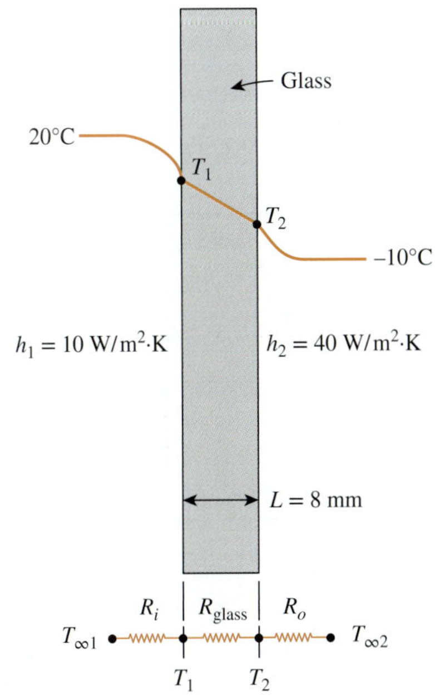

그림 3-12
예제 3-2의 개략도

$$R_{glass} = \frac{L}{kA} = \frac{0.008 \text{ m}}{(0.78 \text{ W/m·K})(1.2 \text{ m}^2)} = 0.00855°\text{C/W}$$

$$R_o = R_{conv,\,2} = \frac{1}{h_2 A} = \frac{1}{(40 \text{ W/m}^2\text{·K})(1.2 \text{ m}^2)} = 0.02083°\text{C/W}$$

세 저항이 직렬이므로 전체 열저항은 다음과 같다.

$$R_{total} = R_{conv,\,1} + R_{glass} + R_{conv,\,2} = 0.08333 + 0.00855 + 0.02083 = 0.1127°\text{C/W}$$

유리창을 통한 정상 열전달률은 다음과 같이 구해진다.

$$\dot{Q} = \frac{T_{\infty 1} - T_{\infty 2}}{R_{total}} = \frac{[20 - (-10)]°\text{C}}{0.1127°\text{C/W}} = \mathbf{266\ W}$$

열전달률을 구한 후 유리창의 내부 표면온도는 다음과 같이 구해진다.

$$\dot{Q} = \frac{T_{\infty 1} - T_1}{R_{conv,\,1}} \rightarrow T_1 = T_{\infty 1} - \dot{Q}R_{conv,\,1} = 20°\text{C} - (266 \text{ W})(0.08333°\text{C/W}) = \mathbf{-2.2°C}$$

검토 실내 온도가 20°C로 유지되고 있음에도 불구하고 유리창의 내부 표면온도는 −2.2°C이다. 그런 낮은 온도는 바람직하지 못하다. 왜냐하면 방 안의 습도가 높을 때 유리창 내부 표면에 이슬 또는 서리가 생기기 때문이다.

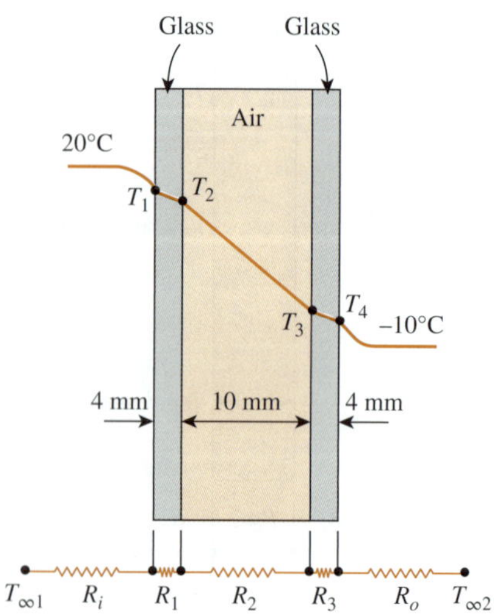

그림 3-13
예제 3-3의 개략도

예제 3-3 이중 유리창을 통한 열전달

높이 0.8 m, 폭 1.5 m, 두께 4 mm인 이중 유리창(k = 0.78 W/m·K)과 그 안의 폭 10 mm의 정체된 공기층(k = 0.026 W/m·K)을 고려하자. 바깥의 온도가 −10°C이고 실내 온도가 20°C로 유지되고 있을 때, 이중 유리창을 통한 정상 열전달률을 구하고 유리창의 내부 표면온도를 구하라. 복사효과를 포함한 창의 내부 및 외부 열전달계수는 h_1 = 10 W/m²·K, h_2 = 40 W/m²·K 이다.

풀이 이중 유리창을 고려하자. 창을 통한 열전달률과 창의 내부 표면온도를 구하여야 한다.

해석 이 예제는 8 mm 두께의 유리창 하나가 10 mm의 정체된 공기층을 포함하고 있는 두께 4 mm인 유리창 두 개로 대체된 것을 제외하고는 앞 문제와 동일하다. 따라서 이 문제의 열저항은 그림 3-13에 보여주고 있는 것처럼 두 개의 추가적인 층에 대한 열저항이 추가될 것이다. 창의 표면 면적 A = 0.8 m × 1.5 m = 1.2 m²를 사용하여 각각의 열저항을 다음과 같이 구할 수 있다.

$$R_i = R_{conv,\,1} = \frac{1}{h_1 A} = \frac{1}{(10 \text{ W/m}^2\text{·K})(1.2 \text{ m}^2)} = 0.08333°\text{C/W}$$

$$R_1 = R_3 = R_{glass} = \frac{L_1}{k_1 A} = \frac{0.004 \text{ m}}{(0.78 \text{ W/m·K})(1.2 \text{ m}^2)} = 0.00427°\text{C/W}$$

$$R_2 = R_{air} = \frac{L_2}{k_2 A} = \frac{0.01 \text{ m}}{(0.026 \text{ W/m·K})(1.2 \text{ m}^2)} = 0.3205°\text{C/W}$$

$$R_o = R_{\text{conv, 2}} = \frac{1}{h_2 A} = \frac{1}{(40\ \text{W/m}^2\cdot\text{K})(1.2\ \text{m}^2)} = 0.02083°\text{C/W}$$

모든 저항이 직렬이므로 전체 열저항은 다음과 같다.

$$\begin{aligned} R_{\text{total}} &= R_{\text{conv, 1}} + R_{\text{glass, 1}} + R_{\text{air}} + R_{\text{glass, 2}} + R_{\text{conv, 2}} \\ &= 0.08333 + 0.00427 + 0.3205 + 0.00427 + 0.02083 \\ &= 0.4332°\text{C/W} \end{aligned}$$

유리창을 통한 정상 열전달률은 다음과 같이 구해진다.

$$\dot{Q} = \frac{T_{\infty 1} - T_{\infty 2}}{R_{\text{total}}} = \frac{[20 - (-10)]°\text{C}}{0.4332°\text{C/W}} = \mathbf{69.2\ W}$$

이것은 앞의 예제에서 구한 값의 약 1/4이다. 추운 기후에서 이중창 또는 삼중창이 왜 인기 있는지를 설명해 주고 있다. 이 경우의 상당한 열전달 감소는 중간 공기층의 열저항 때문이다. 실제로는 공기층에서 일어나는 자연대류 때문에 공기의 열저항은 이보다는 작아질 것이다.

이 경우 유리창의 내부 표면온도는 다음과 같이 될 것이다.

$$T_1 = T_{\infty 1} - \dot{Q} R_{\text{conv, 1}} = 20°\text{C} - (69.2\ \text{W})(0.08333°\text{C/W}) = \mathbf{14.2°C}$$

이것은 앞의 예제에서 구한 −2.2°C보다는 훨씬 높은 값이다. 이중 또는 삼중창에서는 유리창 내부 표면에 이슬이 잘 생기지 않는다. 또한 이중창은 여름에는 열획득을 감소시켜 냉방비용을 저감시킨다.

3-2 ▪ 접촉 열저항

다층 고체를 통한 열전도 해석에서, 두 층의 접촉계면에서 "완벽한 접촉"을 가정했기 때문에 계면에서 온도 강하는 없다. 이것은 표면이 완벽하게 매끄럽고 각 지점에서 완벽하게 접촉하고 있는 경우에 유효하다. 그러나 실제의 경우 눈으로 보기에는 매끄러워 보이지만 그림 3-14와 같이 현미경으로 보면 뾰족한 봉우리와 골이 많아 거칠다. 즉 표면은 아무리 매끄럽게 보여도 **미시적으로 보면 거칠다**.

그런 두 표면이 압착될 때 봉우리 부분은 잘 접촉되지만 골짜기는 공기를 포함하는 빈 공간을 형성한다. 따라서 접촉면은 여러 가지 크기의 **공기층**을 포함하는데, 공기의 작은 열전도도 때문에 이것이 **단열재** 역할을 한다. 따라서 접촉계면은 열전달에 일종의 저항 역할을 하게 되며, 이를 **접촉 열저항**(thermal contact resistance) R_c라고 한다. R_c의 값은 그림 3-15와 같은 장치를 사용하여 실험에서 구해지는데 다양한 표면의 특성으로 인하여 데이터는 광범위하게 산재되어 있다.

서로 압착되어 있는 단면적이 A인 두 개의 금속 막대를 통한 열전달을 고려하자. 이 두 막대의 접촉면을 통한 열전달은 **고체의 접촉부분**(고체에서 고체로의 전도)과 **비접촉 부분**(열전달의 주된 부분)인 빈 공간(빈 공간을 통한 전도 또는 복사)에서의 열전달의 합이고 다음과 같이 표현된다.

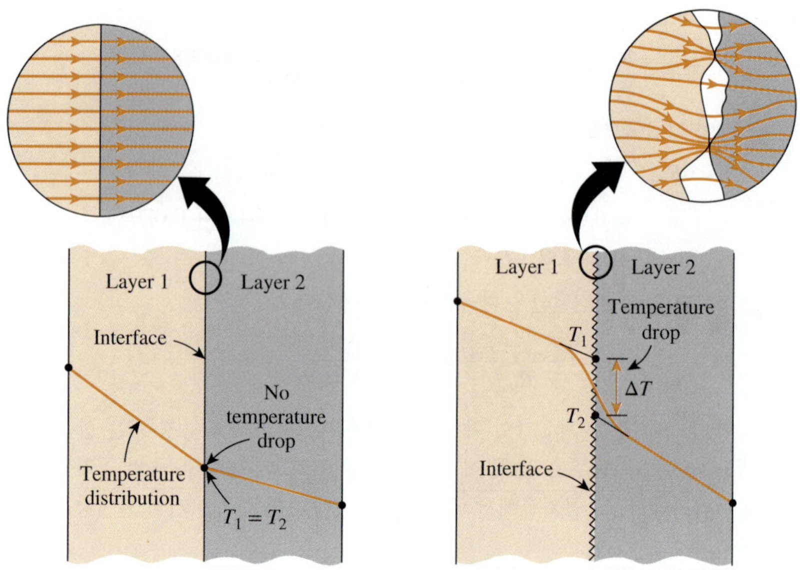

(*a*) Ideal (perfect) thermal contact (*b*) Actual (imperfect) thermal contact

그림 3-14
두 개의 고체 판이 완전히 접촉된 경우와 불완하게 접촉된 경우에 대한 접촉된 두 고체 판을 가로지르는 온도분포와 열유동선

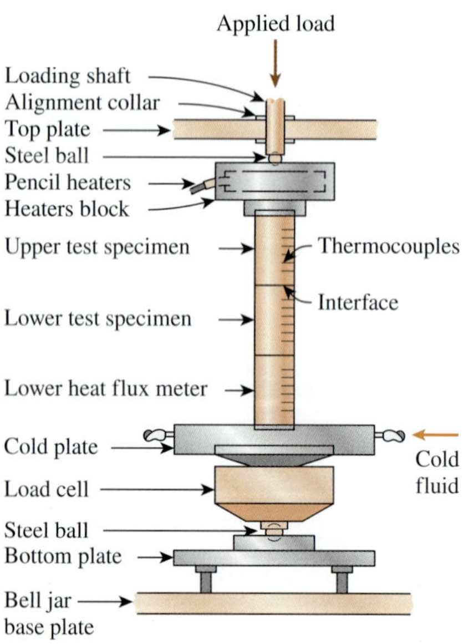

그림 3-15
접촉 열저항을 측정하기 위한 실험장치
Source: Song et al., 1993.

$$\dot{Q} = \dot{Q}_{\text{contact}} + \dot{Q}_{\text{gap}} \tag{3-25}$$

또는 Newton의 냉각법칙과 유사하게 다음과 같이 표현할 수 있다.

$$\dot{Q} = h_c A\ \Delta T_{\text{interface}} \tag{3-26}$$

여기서 A는 겉보기 접촉면적(막대의 단면적)이고 $\Delta T_{\text{interface}}$는 접촉면에서의 유효온도차이다. 대류 열전달계수에 해당되는 h_c는 **접촉 열전도도**(thermal contact conductance)라고 하며 다음과 같이 표현된다.

$$h_c = \frac{\dot{Q}/A}{\Delta T_{\text{interface}}} \qquad (\text{W/m}^2\cdot\text{K}) \tag{3-27}$$

접촉 열저항과는 다음 관계가 성립한다.

$$R_c = \frac{1}{h_c} = \frac{\Delta T_{\text{interface}}}{\dot{Q}/A} \qquad (\text{m}^2\cdot\text{K/W}) \tag{3-28}$$

즉, 접촉 열저항은 접촉 열전도도의 역이다. 보통 접촉 열전도도가 문헌에 주어지지만, 접촉 열저항의 개념이 열전달에서 접촉면의 효과를 설명하는 데 더 적합하다. R_c는 **단위면적당** 접촉 열저항임에 유의하라. 전체 접촉면에서의 열저항은 R_c를 겉보기 접촉면적 A로 나누어 구해진다.

접촉 열저항은 접촉면에서의 온도 강하를 측정하여 정상상태하에서의 열유속으로 나누어 식 (3-28)로부터 구할 수 있다. 접촉 열저항의 값은 접촉면의 비접촉 공간에 구속되어 있는 **유체 종류**와 **온도** 및 **압력**뿐 아니라 **표면거칠기**(*surface* *roughness*), **재질의 물성값** 등에 따라 달라진다. 두 평판이 볼트, 나사, 리벳 등으로 연결될 때는 접촉면에서의 압력이 균일하지 않기 때문에 더욱 더 복잡하다. 이 경우 접촉 열저항은 판의 두께, 볼트 직경, 접촉 부분의 크기 등에 따라 달라진다. **표면거칠기가 감소할수록, 접촉압력이 높을수록** 접촉 열저항은 작아진다. 실험에서 구한 대부분의 접촉 열저항은 0.000005에서 0.0005 m²·K/W 사이의 값을 가진다(접촉 열전도도는 2000에서 200,000 m²·K/W 사이임).

두 개 또는 그 이상의 여러 층으로 구성된 매질을 통한 열전달을 해석할 때, 첫 번째로 고려할 것은 접촉 열저항이 중요한지 아닌지를 아는 것이다. 이 질문에 대해서는 각 층들의 열저항의 크기와 일반적인 접촉 열저항의 크기를 비교함으로써 해결할 수 있다. 예를 들어, 1 cm 두께 단열재의 단위면적당 열저항은 다음과 같다.

$$R_{c,\text{ insulation}} = \frac{L}{k} = \frac{0.01\text{ m}}{0.04\text{ W/m}\cdot\text{K}} = 0.25\text{ m}^2\cdot\text{K/W}$$

1 cm 두께의 구리의 경우는 다음과 같다.

$$R_{c,\text{ copper}} = \frac{L}{k} = \frac{0.01\text{ m}}{386\text{ W/m}\cdot\text{K}} = 0.000026\text{ m}^2\cdot\text{K/W}$$

위의 값과 일반적인 접촉 열저항 값을 비교해 보면, 금속과 같은 열전도가 잘 되는 경우는 접촉 열저항이 중요하며 심지어 지배적인 경우도 있다. 그러나 단열재에서와 같이 열전도가 잘 안되는 경우는 접촉 열저항을 무시할 수 있다. 단열재는 접촉면에서와 마찬가지로 공기층을 많이 포함하고 있기 때문에 그렇게 놀라운 것은 아니다.

접촉 열저항은 두 표면을 서로 압착하기 전에 표면에 실리콘 오일과 같은 **열수지**(*thermal grease*)라 불리는 열전도액체를 적용함으로써 최소화할 수 있다. 이것은 파워 트랜지스터와 같은 전자 부품을 방열판(heat sinks)에 연결할 때 사용된다. 또한 표 3-1에 보여주고 있는 헬륨이나 수소 등과 같은 **접촉 열전도도가 큰 기체를** 접촉면에 채워진 공기와 대체하여 접촉 열저항을 줄일 수 있다.

접촉 열저항을 줄이는 또 다른 방법은 은, 구리, 니켈 또는 알루미늄 같은 **연한 금속박막을** 두 표면 사이에 삽입하는 것이다. 실험에 의한 연구결과는 접촉면에서의 금속박막에 의해 접촉 저항을 1/7로 줄일 수 있다는 것을 보여주고 있다. 최대의 효과를 얻기 위해서는 박막은 아주 얇아야 한다. 접촉 열전도도에 대한 금속 코팅의 효과는 다양한 금속 표면에 대하여 그림 3-16에 제시되어 있다.

문헌에서 보고된 접촉 열전도도의 데이터는 정확하지 않기 때문에 사용하는 데 주의하여야 한다. 표 3-2에 비슷한 금속 또는 상이한 금속 사이의 접촉 열전도도에 대한 실험 결과를 보여주고 있다. **높은 압력에서 연한 금속의 매끄러운 표면에서의 접촉 열전도도가 가장 크다**(즉, 접촉 열저항은 가장 작다)는 것에 주목하라.

표 3-1

표면 거칠기 10 mm이고 압력이 1 atm에서 다음 유체를 채웠을 때 알루미늄 판에서의 접촉 열전도도

Fluid at the interface	Contact conductance, h_c, W/m²·K
Air	3640
Helium	9520
Hydrogen	13,900
Silicone oil	19,000
Glycerin	37,700

Source: E. Fried. "Thermal Conduction Contribution to Heat Transfer at Contacts." Thermal Conductivity, *vol. 2, ed. R. P. Tye. London: Academic Press, 1969.*

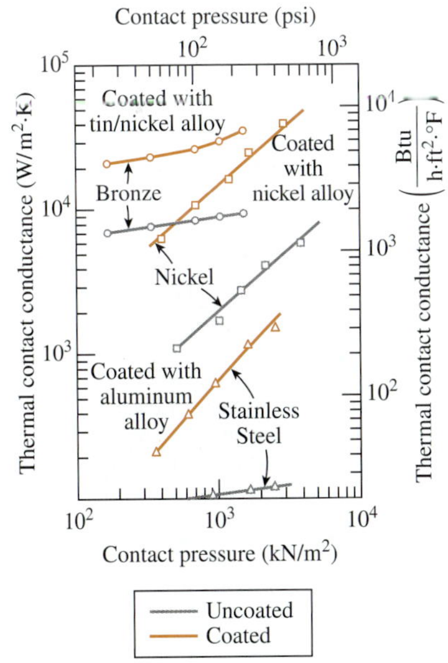

그림 3-16

접촉 열전도도에 대한 금속 코팅의 효과

Source: Peterson, 1987.

표 3-2

공기 중에서 여러 금속 표면에서의 접촉 열전도도

Material	Surface condition	Roughness, μm	Temperature, °C	Pressure, MPa	h_c,* W/m²·K
Identical metal pairs					
416 Stainless steel	Ground	2.54	90–200	0.17–2.5	3,800
304 Stainless steel	Ground	1.14	20	4–7	1,900
Aluminum	Ground	2.54	150	1.2–2.5	11,400
Copper	Ground	1.27	20	1.2–20	143,000
Copper	Milled	3.81	20	1–5	55,500
Copper (vacuum)	Milled	0.25	30	0.17–7	11,400
Dissimilar metal pairs					
Stainless steel–				10	2,900
Aluminum		20–30	20	20	3,600
Stainless steel–				10	16,400
Aluminum		1.0–2.0	20	20	20,800
Steel Ct-30–				10	50,000
Aluminum	Ground	1.4–2.0	20	15–35	59,000
Steel Ct-30–				10	4,800
Aluminum	Milled	4.5–7.2	20	30	8,300
				5	42,000
Aluminum-Copper	Ground	1.17–1.4	20	15	56,000
				10	12,000
Aluminum-Copper	Milled	4.4–4.5	20	20–35	12,000

*Divide the given values by 5.678 to convert to Btu/h·ft²·°F.

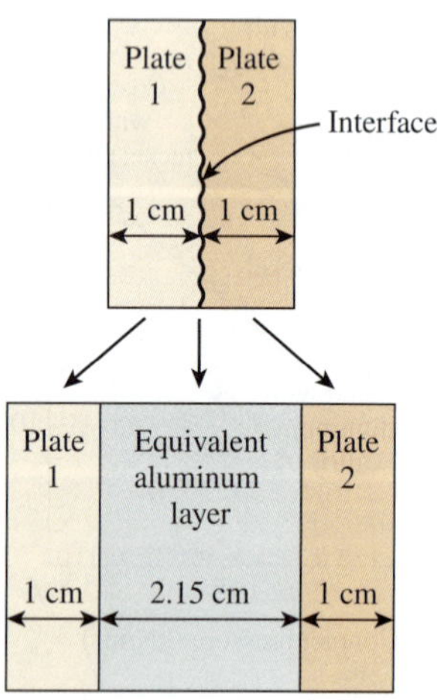

그림 3-17

예제 3-4의 개략도

예제 3-4 접촉 열저항에 대한 상당 두께

두께 1 cm인 구리 평판 두 개의 접촉 열전도도가 18,000 W/m²·K로 측정되었다. 열저항이 판 사이 계면의 열저항과 동일한 구리 판의 두께를 구하라(그림 3-17).

풀이 접촉 열저항과 같은 열저항을 가질 때의 구리판의 두께를 구하여야 한다.

물성값 상온에서의 구리의 열전도도는 237 W/m·K이다(Table A-24).

해석 접촉 열저항은 접촉 열전도도의 역수이기 때문에 접촉 열저항은 다음과 같다.

$$R_c = \frac{1}{h_c} = \frac{1}{18{,}000 \text{ W/m}^2\cdot\text{K}} = 5.556 \times 10^{-5} \text{ m}^2\cdot\text{K/W}$$

단위면적에 대해 접촉 열저항은 다음과 같다.

$$R = \frac{L}{k}$$

여기서 L은 판의 두께이고 k는 열전도도이다. $R = R_c$라고 하면 위의 관계식으로부터 상당 두께는 다음과 같다.

$$L = kR_c = (401 \text{ W/m}\cdot\text{K})(5.556 \times 10^{-5} \text{ m}^2\cdot\text{K/W}) = 0.0223 \text{ m} = \mathbf{2.23 \text{ cm}}$$

검토 두 판의 접촉면은 2.15 cm 두께의 알루미늄과 같은 열저항을 생기게 하고 있음에 주목하라. 이 예제의 경우 접촉면에서의 열저항이 두 판 전체의 열저항보다 크다.

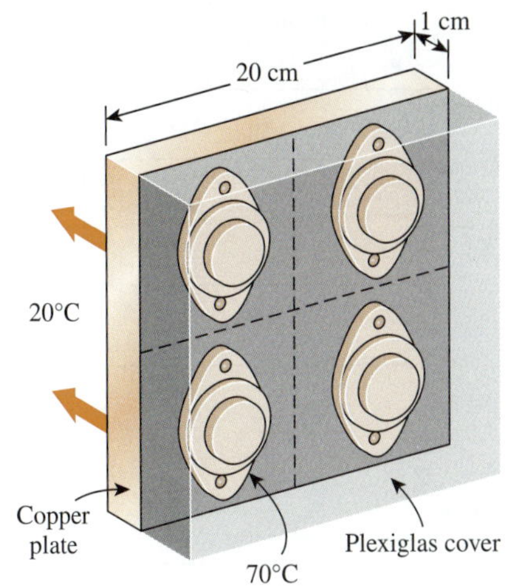

그림 3-18
예제 3-5의 개략도

예제 3-5 트랜지스터의 접촉 저항

알루미늄으로 케이싱된 네 개의 동일한 트랜지스터가 1 cm 두께의 20 cm × 20 cm의 구리판(k = 386 W/m·K)의 한쪽 면에, 나사에 의해 6 MPa의 압력으로 부착되어 있다(그림 3-18). 각 트랜지스터의 기저 면적은 8 cm^{2}이고 각각의 트랜지스터는 판의 1/4인 10 cm × 10 cm 부분의 중앙에 위치하고 있다. 접촉면의 거칠기는 1.5 mm이다. 트랜지스터 전체는 열전도도가 아주 작은 두꺼운 플렉시 유리로 덮여 있다. 따라서 트랜지스터에서 발생한 모든 열은 구리판의 뒷면을 통하여 20°C의 공기 중으로 전달된다. 대류 및 복사의 복합 열전달계수는 25 W/m^2·K이다. 트랜지스터의 케이스 온도가 70°C를 넘지 않을 때 각 트랜지스터에서 안전하게 소산될 수 있는 최대 전력을 구하고, 알루미늄 케이스와 구리판의 계면에서의 온도 상승을 구하라.

풀이 네 개의 동일한 트랜지스터가 구리판에 부착되어 있다. 케이스 온도가 최대온도인 70°C일 때 최대 전력소모와 접촉 계면에서의 온도 상승를 구하여야 한다.

가정 **1.** 정상 상태로 작동한다. **2.** 구리판의 면적이 트랜지스터 기저 면적보다 훨씬 크기 때문에 판의 일부에서 전도 열전달은 2차원이기는 하지만, 열전달을 1차원이라 가정한다. 구리의 열전도도가 매우 크기 때문에 이러한 영향은 작을 것이다. **3.** 두꺼운 플렉시 유리로 덮여 있기 때문에 트랜지스터에서 발생한 모든 열은 구리판의 뒷면을 통하여 공기 중으로 전달된다. **4.** 열전도도는 일정하다.

물성값 구리의 열전도도는 386 W/m^2·K이다. 표 3-2에서, 구리–알루미늄 접촉면에서 압력 5 MPa, 거칠기 1.17~1.4 μm일 때의 접촉 열전도도는 h_c = 42,000 W/m^2·K이다.

해석 케이스와 판의 접촉 면적은 8 cm^{2}이고 각 트랜지스터가 위치하고 있는 판의 면적은 100 cm^{2}이다. 이 예제에서의 열저항 회로는 접촉면, 판, 대류에서의 세 저항이 직렬로 이루어져 있으며 각각은 다음과 같다.

$$R_{\text{interface}} = \frac{1}{h_c A_c} = \frac{1}{(42{,}000\ \text{W/m}^2\cdot\text{K})(8 \times 10^{-4}\ \text{m}^2)} = 0.030°\text{C/W}$$

$$R_{\text{plate}} = \frac{L}{kA} = \frac{0.01\ \text{m}}{(386\ \text{W/m}\cdot\text{K})(0.01\ \text{m}^2)} = 0.0026°\text{C/W}$$

$$R_{\text{conv}} = \frac{1}{h_o A} = \frac{1}{(25\ \text{W/m}^2\cdot\text{K})(0.01\ \text{m}^2)} = 4.0°\text{C/W}$$

따라서 전체 열저항은

$$R_{\text{total}} = R_{\text{interface}} + R_{\text{plate}} + R_{\text{ambient}} = 0.030 + 0.0026 + 4.0 = 4.0326°\text{C/W}$$

이다. 구리의 열저항은 매우 작아서 무시될 수 있다. 열전달률은 다음과 같이 구해진다.

$$\dot{Q} = \frac{\Delta T}{R_{\text{total}}} = \frac{(70 - 20)°\text{C}}{4.0326°\text{C/W}} = \mathbf{12.4\ W}$$

따라서 케이스 온도가 70°C를 넘지 않으려면, 트랜지스터는 12.4 W보다 높은 동력에서 작동되어서는 안 된다.

접촉면에서의 온도 상승은

$$\Delta T_{\text{interface}} = \dot{Q} R_{\text{interface}} = (12.4\ \text{W})(0.030°\text{C/W}) = \mathbf{0.37°C}$$

와 같고 그렇게 크지 않다. 따라서 계면에서 접촉 열저항을 완전히 제거하더라도 이 경우 트랜지스터의 작동 온도를 0.4°C 미만으로 낮출 수 있을 것이다.

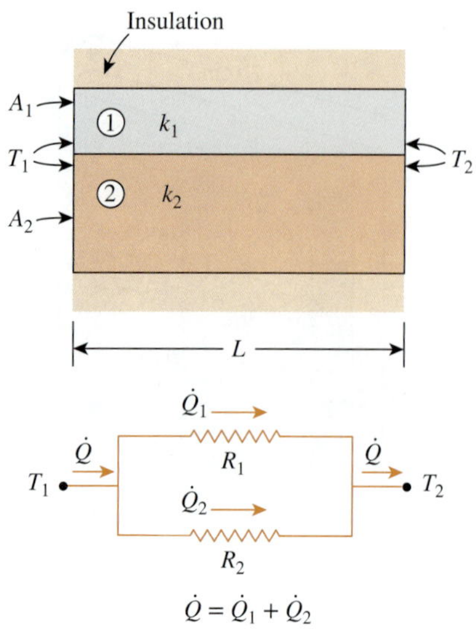

그림 3-19

평행한 두 층에 대한 열저항 회로

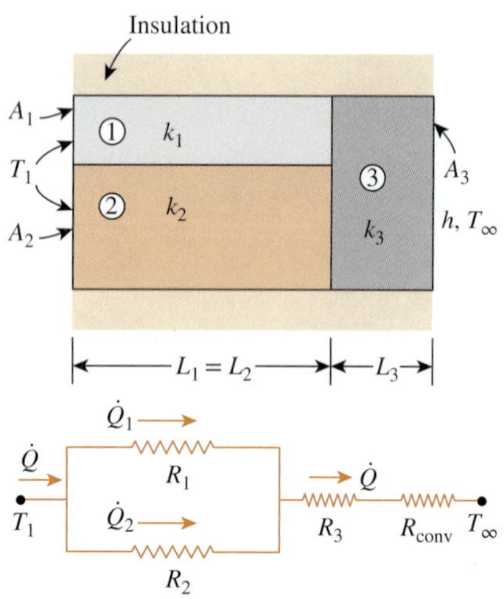

그림 3-20

직렬–병렬의 복합 배열에 대한 열저항 회로

3-3 ▪ 열저항 회로의 일반화

열저항(*thermal resistance*) 개념 또는 **전기적 유사성**(*electrical analogy*)은 병렬 배열 또는 직렬-병렬 복합 배열에 대한 정상 열전달 문제를 해석하는 데 사용할 수 있다. 그러한 문제는 종종 2차원 또는 3차원이지만, 1차원이라 가정하고 열저항 네트워크를 사용하여 근사적인 해를 구할 수 있다.

그림 3-19와 같이 평행하게 배열된 두 개의 층으로 구성된 복합 벽을 생각해 보자. 두 개의 저항이 병렬로 된 열저항 회로를 그림에서 보여주고 있다. 총 열전달은 각 층에서의 열전달의 합이므로 다음을 얻는다.

$$\dot{Q} = \dot{Q}_1 + \dot{Q}_2 = \frac{T_1 - T_2}{R_1} + \frac{T_1 - T_2}{R_2} = (T_1 - T_2)\left(\frac{1}{R_1} + \frac{1}{R_2}\right) \tag{3-29}$$

전기적 유사성을 이용하여 다음의 식을 얻는다.

$$\dot{Q} = \frac{T_1 - T_2}{R_{\text{total}}} \tag{3-30}$$

열저항이 병렬이기 때문에 식 (3-30)에서 총 열저항은 다음과 같다.

$$\frac{1}{R_{\text{total}}} = \frac{1}{R_1} + \frac{1}{R_2} \quad \rightarrow \quad R_{\text{total}} = \frac{R_1 R_2}{R_1 + R_2} \tag{3-31}$$

이제 그림 3-20에 보여주고 있는 직렬–병렬의 복합 배열을 고려하자. 복합 시스템을 통한 열전달률은 다음과 같이 표기된다.

$$\dot{Q} = \frac{T_1 - T_\infty}{R_{\text{total}}} \tag{3-32}$$

여기서

$$R_{\text{total}} = R_{12} + R_3 + R_{\text{conv}} = \frac{R_1 R_2}{R_1 + R_2} + R_3 + R_{\text{conv}} \tag{3-33}$$

그리고

$$R_1 = \frac{L_1}{k_1 A_1} \quad R_2 = \frac{L_2}{k_2 A_2} \quad R_3 = \frac{L_3}{k_3 A_3} \quad R_{\text{conv}} = \frac{1}{hA_3} \tag{3-34}$$

각각의 열저항이 계산되면 전체 열저항과 열전달률은 위의 관계식에서 쉽게 계산된다.

실제의 경우 아마도 세 번째 층의 표면은 등온이 아닐 것이고, 첫 번째, 두 번째 층 사이에서 열전달이 주로 일어나기 때문에 위의 해는 근사치일 것이다.

복잡한 다차원 열전달 문제를 열저항 회로를 사용하여 1차원(x방향이라 하자) 문제로 취급하는 데는 일반적으로 두 가지 가정이 사용될 수 있다. (1) x축에 직각인 모든 평면 벽을 **등온**(*isothermal*)이라 가정(즉, 온도가 x방향으로만 변한다고 가정)하는 것과, (2) x축에 평행한 모든 평면 벽을 **단열**(*adiabatic*)이라 가정(즉, 열전달은 x방향으로만 일어난다고 가정)하는 두 가지 방식이 있다. 이 두 가정은 서로 다른 열저항 회로를 가지게 되고 따라서 전체 열저항과 열전달이 서로 다른(그러나 보통 비슷한) 결과를 얻게 된다. 실제 결과는 그 두 값들의 사이에 존재한다. 기하학적으로 한 방향으로 대부분의 열전달이 일어나는 경우 어느 가정을 하든지 모두 만족할 만한 결과를 얻을 수 있다.

예제 3-6 복합 벽을 통한 열손실

16 cm × 22 cm의 단면을 가지는 벽돌(k = 0.72 W/m·K)과 그 사이에 두께 3 cm의 석고(k = 0.22 W/m·K)로 구성된 높이 3 m, 폭 5 m의 벽이 있다. 또한 그림 3-21에 보듯이 벽돌의 양쪽에도 각각 2 cm 두께의 석고가 있으며, 벽의 안쪽으로 3 cm 두께의 경질 폼(k = 0.026 W/m·K)이 있다. 방 안의 온도가 20°C, 바깥의 온도가 −10°C이고 내부 및 외부 열전달계수는 h_1 = 10 W/m²·K, h_2 = 25 W/m²·K이다. 복사를 무시하고 1차원 열전달을 가정하여 벽을 통한 열전달률을 구하라.

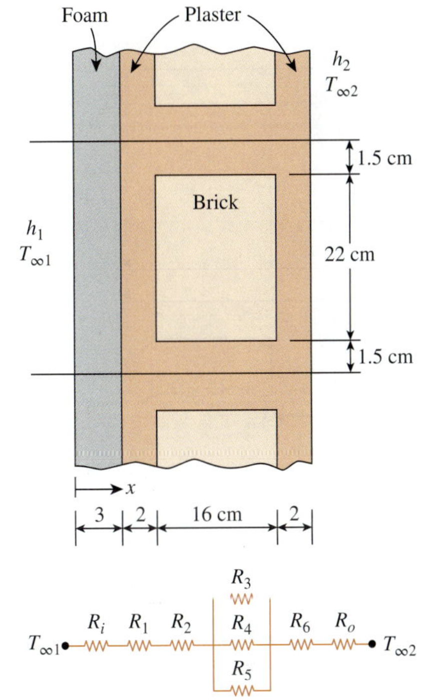

그림 3-21
예제 3-6의 개략도

풀이 복합 벽의 구성은 주어져 있고 벽을 통한 열전달률을 구하여야 한다.

가정 **1.** 시간에 따른 변화에 대한 언급이 없으므로 정상 열전달이다. **2.** 열전달의 대부분이 x방향으로 일어나므로 1차원이라 가정한다. **3.** 열전도도는 일정하다. **4.** 복사에 의한 열전달은 무시할 수 있다.

물성값 열전도도는 주어져 있으며, 벽돌은 k = 0.72 W/m·K, 석고는 k = 0.22 W/m·K, 경질 폼은 k = 0.026 W/m·K이다.

해석 이 벽은 수직 방향으로는 25 cm의 거리로 같은 모양을 반복하지만, 수평방향으로는 변화가 없다. 따라서 깊이 1 m, 높이 0.25 m의 벽을 고려한다.

x축에 직각인 모든 벽을 **등온**이라 가정하면, 열저항 회로는 그림 3-21과 같이 된다. 각각의 열저항은 다음과 같다.

$$R_i = R_{\text{conv, 1}} = \frac{1}{h_1 A} = \frac{1}{(10\ \text{W/m}^2\cdot\text{K})(0.25 \times 1\ \text{m}^2)} = 0.40°\text{C/W}$$

$$R_1 = R_{\text{foam}} = \frac{L}{kA} = \frac{0.03\ \text{m}}{(0.026\ \text{W/m}\cdot\text{K})(0.25 \times 1\ \text{m}^2)} = 4.62°\text{C/W}$$

$$R_2 = R_6 = R_{\text{plaster, side}} = \frac{L}{kA} = \frac{0.02\ \text{m}}{(0.22\ \text{W/m}\cdot\text{K})(0.25 \times 1\ \text{m}^2)}$$
$$= 0.36°\text{C/W}$$

$$R_3 = R_5 = R_{\text{plaster, center}} = \frac{L}{kA} = \frac{0.16\ \text{m}}{(0.22\ \text{W/m}\cdot\text{K})(0.015 \times 1\ \text{m}^2)}$$
$$= 48.48°\text{C/W}$$

$$R_4 = R_{\text{brick}} = \frac{L}{kA} = \frac{0.16\ \text{m}}{(0.72\ \text{W/m}\cdot\text{K})(0.22 \times 1\ \text{m}^2)} = 1.01°\text{C/W}$$

$$R_o = R_{\text{conv, 2}} = \frac{1}{h_2 A} = \frac{1}{(25\ \text{W/m}^2\cdot\text{K})(0.25 \times 1\ \text{m}^2)} = 0.16°\text{C/W}$$

중앙에 있는 3개의 열저항 R_3, R_4, R_5는 병렬이고 그것들의 상당 열저항은 다음과 같다.

$$\frac{1}{R_{mid}} = \frac{1}{R_3} + \frac{1}{R_4} + \frac{1}{R_5} = \frac{1}{48.48} + \frac{1}{1.01} + \frac{1}{48.48} = 1.03 \text{ W/°C}$$

따라서

$$R_{mid} = 0.97\text{°C/W}$$

이다. 이제 모든 열저항은 직렬이 되고 전체 열저항은 다음과 같이 된다.

$$\begin{aligned} R_{total} &= R_i + R_1 + R_2 + R_{mid} + R_6 + R_o \\ &= 0.40 + 4.62 + 0.36 + 0.97 + 0.36 + 0.16 \\ &= 6.87\text{°C/W} \end{aligned}$$

따라서 벽을 통한 정상 열전달률은

$$\dot{Q} = \frac{T_{\infty 1} - T_{\infty 2}}{R_{total}} = \frac{[20-(-10)]\text{°C}}{6.87\text{°C/W}} = 4.37 \text{ W} \quad (\text{per } 0.25 \text{ m}^2 \text{ surface area})$$

또는 4.37/0.25 = 17.5 W/m^{2}이다. 벽의 전체 표면적 A = 3 m × 5 m = 15 m^{2}이므로 전체 벽을 통한 정상 열전달률은 다음과 같다.

$$\dot{Q}_{total} = (1.75 \text{ W/m}^2)(15 \text{ m}^2) = \mathbf{263 \text{ W}}$$

벽에서의 온도가 한 방향으로만 변하고 다른 두 방향으로는 변하지 않는다고 가정하였기 때문에 그 결과는 근사적인 것이다.

검토 위의 풀이에서 x축에 직각인 모든 벽 단면을 **등온**이라 가정하였다. 또한 x축에 평행한 모든 평면 벽을 **단열**이라 가정하여 이 문제를 풀 수 있다. 이 경우의 열저항 회로를 그림 3-22에 보여주고 있다. 위와 같은 방식으로 전체 열저항을 구하면 R_{total} = 6.97°C/W이고 앞에서 구한 6.85°C/W와 거의 동일한 값이다. 실제 결과는 그 두 값의 중간에 존재한다. 이 경우 어느 가정을 하든지, 거의 동일한 결과를 얻는다. 이 예제는 두 가정 모두 실제적으로 만족할 만한 결과를 얻을 수 있다는 것을 보여주고 있다.

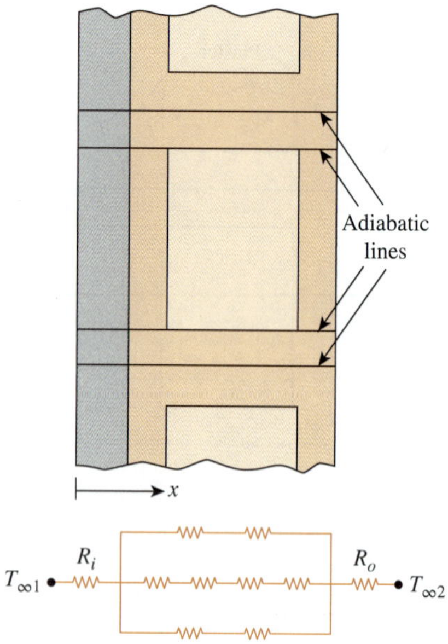

그림 3-22
열전달의 주된 방향에 평행한 표면이 단열인 경우에 대한 예제 3-6에 대한 열저항 회로

3-4 ▪ 원통과 구에서의 열전도

온수관에서의 정상 열전도를 생각해 보자. 관벽을 통하여 외부로 열이 계속 손실되고 있으며, 관을 통한 열전달은 벽 표면에 직각인 방향으로 주로 일어나고 다른 방향으로는 별로 열전달이 일어나지 않는다는 것을 우리는 직관적으로 알고 있다(그림 3-23). 서로 다른 온도의 두 유체를 분리시키고 있는 관벽은 상당히 얇아 반경방향으로의 온도구배는 비교적 크다. 또한 관의 내부 및 외부 유체의 온도가 일정하다면 관을 통한 열전달은 **정상** 상태이다. 따라서 관벽을 통한 열전달은 **1차원 정상** 상태가 된다. 이 경우의 온도는 오직 한 방향(반경 r방향)으로만 변하게 되고 $T = T(r)$로 표현된다. 온도는 축 방향 및 원주방향으로는 일정하다. 실제적으로 매우 긴 원형 관이나 구형의 탱크에서 이와 같은 가정을 사용할 수 있다.

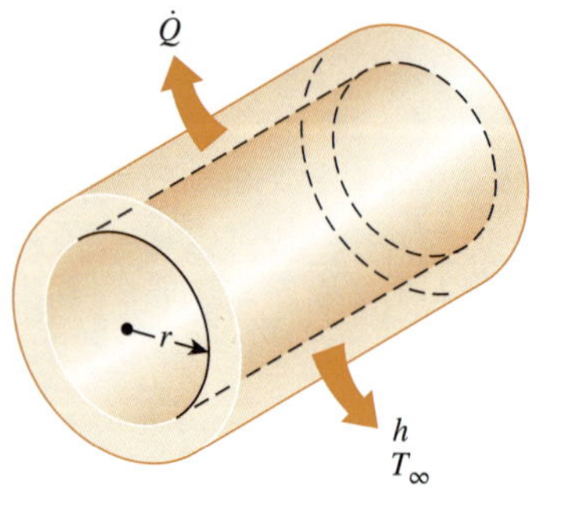

그림 3-23
온수관으로부터 주위 공기로 열은 반경방향으로 손실되어 긴 관에서의 열전달은 1차원이 된다.

정상 상태에서는 어떤 위치에서도 시간에 따른 온도 변화가 없다. 따라서 관으로 유입되는 열전달률은 관으로부터 유출되는 열전달률과 같아야 한다. 즉, 관을 통한 열전달률은 일정해야 하며, $\dot{Q}_{\text{cond, cyl}}$ = 일정이다.

열전달률 k, 내부 반경 r_1, 외부 반경 r_2, 길이 L인 매우 긴 원통형 층(예를 들면 원형관)을 고려하자(그림 3-24). 원통형 층(cylindrical layer)의 두 표면온도는 T_1과 T_2로 일정하게 유지된다. 열발생은 없고 열전도도는 일정하다. 원통형 층을 통한 1차원 열전도에 대해 온도분포는 $T(r)$이다. 원통형 층을 통한 열전달에 대한 Fourier의 열전도 법칙은 다음과 같다.

$$\dot{Q}_{\text{cond, cyl}} = -kA\frac{dT}{dr} \quad \text{(W)} \tag{3-35}$$

여기서 $A = 2\pi rL$은 위치 r에서의 열전달 면적이다. A는 r의 함수이고, 따라서 열전달 방향으로 **변화**하는 것에 주목하라. 앞 식에서 변수를 분리하고 $T(r_1) = T_1$인 r_1에서부터 $T(r_2) = T_2$인 r_2까지 적분하면 다음을 얻는다.

$$\int_{r=r_1}^{r_2} \frac{\dot{Q}_{\text{cond, cyl}}}{A} dr = -\int_{T=T_1}^{T_2} k\,dT \tag{3-36}$$

$A = 2\pi rL$을 대입하여 적분을 수행하면 다음과 같다.

$$\dot{Q}_{\text{cond, cyl}} = 2\pi Lk\frac{T_1 - T_2}{\ln(r_2/r_1)} \quad \text{(W)} \tag{3-37}$$

$\dot{Q}_{\text{cond, cyl}}$ = 일정이므로, 식은 다음과 같이 성리된다.

$$\dot{Q}_{\text{cond, cyl}} = \frac{T_1 - T_2}{R_{\text{cyl}}} \quad \text{(W)} \tag{3-38}$$

여기서

$$R_{\text{cyl}} = \frac{\ln(r_2/r_1)}{2\pi Lk} = \frac{\ln(\text{외경/내경})}{2\pi \times \text{길이} \times \text{열전도도}} \tag{3-39}$$

식 (3-39)는 열전도에 대한 원통형 층의 **열저항** 또는 단순하게 원통형 층의 **전도 저항**(*thermal resistance*)이라 한다.

구형 층(*spherical layer*)에 대해서는 식 (3-36)에 $A = 2\pi rL$을 대입하여 적분을 수행하여 위의 해석을 반복할 수 있다. 그 결과는 다음과 같다.

$$\dot{Q}_{\text{cond, sph}} = \frac{T_1 - T_2}{R_{\text{sph}}} \tag{3-40}$$

여기서

$$R_{\text{sph}} = \frac{r_2 - r_1}{4\pi r_1 r_2 k} = \frac{\text{외경} - \text{내경}}{4\pi(\text{외경})(\text{내경})(\text{열전도도})} \tag{3-41}$$

식 (3-41)은 열전도에 대한 구형 층의 **열저항** 또는 단순하게 구형 층의 **전도 저항**이라 한다.

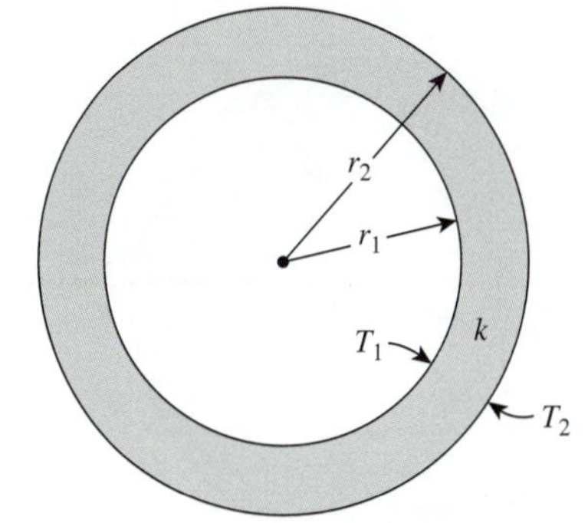

그림 3-24
T_1과 T_2의 내부 및 외부 표면온도를 가지는 매우 긴 원통형 관(또는 구형 셸)

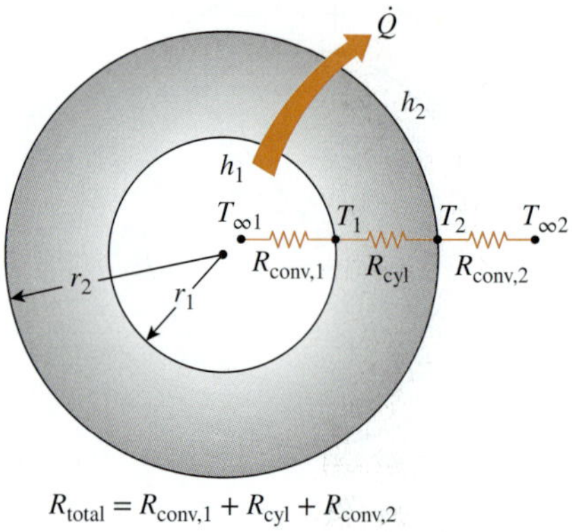

그림 3-25
내부 및 외부 양쪽에서 대류가 일어날 때의 원통형(또는 구형) 셀에 대한 열저항 회로

이제 그림 3-25에 보여주고 있는 것처럼 양쪽에 온도 $T_{\infty 1}$, $T_{\infty 2}$인 유체가 있고 그 열전달계수가 각각 h_1, h_2인 대류 열전달이 있는 경우의 원통형 또는 구형 층에 대한 1차원 정상 열전달을 고려하자. 이 경우의 열저항 회로는 평면 벽에서와 마찬가지로 하나의 전도 저항과 두 대류 저항이 직렬로 구성되고, 정상 상태에서의 열전달률은 다음과 같다.

$$\dot{Q} = \frac{T_{\infty 1} - T_{\infty 2}}{R_{total}} \tag{3-42}$$

여기서, 총 저항은 **원통형** 층에 대하여 다음과 같다.

$$\begin{aligned} R_{total} &= R_{conv,\,1} + R_{cyl} + R_{conv,\,2} \\ &= \frac{1}{(2\pi r_1 L)h_1} + \frac{\ln(r_2/r_1)}{2\pi L k} + \frac{1}{(2\pi r_2 L)h_2} \end{aligned} \tag{3-43}$$

구형 층에 대한 총 저항은 다음과 같다.

$$\begin{aligned} R_{total} &= R_{conv,\,1} + R_{sph} + R_{conv,\,2} \\ &= \frac{1}{(4\pi r_1^2)h_1} + \frac{r_2 - r_1}{4\pi r_1 r_2 k} + \frac{1}{(4\pi r_2^2)h_2} \end{aligned} \tag{3-44}$$

대류저항 $R_{conv} = 1/hA$에서의 A는 **대류가 일어나는 표면의 면적**이다. 반경 r인 원통 표면에 대해 $A = 2\pi rL$이고 구형의 표면에 대해 $A = 4\pi r^2$이다. 열저항이 직렬로 연결되어 있으므로 직렬로 연결된 전기저항과 마찬가지로 총 열저항은 각각의 열저항의 단순한 산술적인 합으로 구해진다.

다층 원통 및 구

여러 층으로 이루어진 원통형 및 구형의 셸을 통한 정상 열전달은 여러 층으로 이루어진 평면 벽에서와 마찬가지로, 직렬로 연결된 **추가된 층**에 대한 **저항을 계속 추가**함으로써 확대 적용할 수 있다. 예를 들어, 그림 3-26과 같이 양쪽에 대류가 일어날 때, 세 개의 층으로 된 길이 L의 복합 원통을 통한 정상 열전달률은 다음과 같다.

$$\dot{Q} = \frac{T_{\infty 1} - T_{\infty 2}}{R_{total}} \tag{3-45}$$

여기서 R_{total}은 다음으로 표현되는 **총 열저항**(*total thermal resistance*)이다.

$$\begin{aligned} R_{total} &= R_{conv,\,1} + R_{cyl,\,1} + R_{cyl,\,2} + R_{cyl,\,3} + R_{conv,\,2} \\ &= \frac{1}{h_1 A_1} + \frac{\ln(r_2/r_1)}{2\pi L k_1} + \frac{\ln(r_3/r_2)}{2\pi L k_2} + \frac{\ln(r_4/r_3)}{2\pi L k_3} + \frac{1}{h_2 A_4} \end{aligned} \tag{3-46}$$

여기서 $A_1 = 2\pi r_1 L$, $A_4 = 2\pi r_4 L$이다. 구에 대한 열저항을 대체하면 세 개의 층으로 이루어진 구형의 셸에 대해서도 식 (3-46)이 사용될 수 있다. 또한 열저항 회로를 보면 열저항이 직렬로 연결되어 있으므로 총 열저항은 각각의 열저항의 단순한

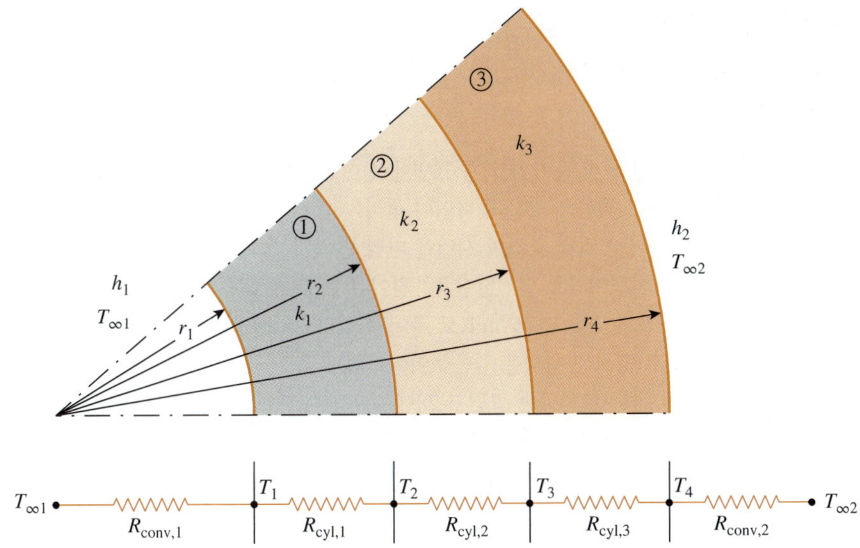

그림 3-26

내부와 외부 양쪽 면에 대류가 있는 경우 세 층으로 된 복합 원통에서의 열전달 관련 열저항 회로

산술적인 합으로 구해진다.

일단 $\dot{Q}$가 구해지고, T_i는 위치 i에서의 알고 있는 온도이고 $R_{\text{total}, i-j}$는 위치 i와 j 사이의 총 열저항이라고 할 때, 어떤 표면 또는 접촉면 j에서의 미지의 온도 T_j는 다음 관계식 $\dot{Q} = (T_i - T_j)/R_{\text{total}, i-j}$으로 구해진다(그림 3-27). 예를 들어 $\dot{Q}$가 계산되면 첫 번째와 두 번째 원통형 층 사이의 접촉면 온도 T_2는 다음 식으로부터 구할 수 있다.

$$\dot{Q} = \frac{T_{\infty 1} - T_2}{R_{\text{conv}, 1} + R_{\text{cyl}, 1}} = \frac{T_{\infty 1} - T_2}{\dfrac{1}{h_1(2\pi r_1 L)} + \dfrac{\ln(r_2/r_1)}{2\pi L k_1}} \tag{3-47}$$

또한 다음과 같이 T_2를 구할 수도 있다.

$$\dot{Q} = \frac{T_2 - T_{\infty 2}}{R_2 + R_3 + R_{\text{conv}, 2}} = \frac{T_2 - T_{\infty 2}}{\dfrac{\ln(r_3/r_2)}{2\pi L k_2} + \dfrac{\ln(r_4/r_3)}{2\pi L k_3} + \dfrac{1}{h_o(2\pi r_4 L)}} \tag{3-48}$$

비록 두 관계식 모두 같은 결과를 얻을 수 있지만 첫 번째 식이 적은 항을 포함하고 있어 계산이 적게 필요해 이것이 바람직하다.

적절한 전도 저항과 대류 저항의 표면적이 사용된다면 다른 기하학적 형상에 대해서도 역시 열저항 개념이 사용될 수 있다.

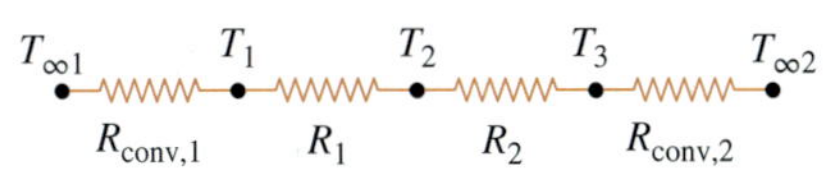

$$\begin{aligned}\dot{Q} &= \frac{T_{\infty 1} - T_1}{R_{\text{conv},1}} \\ &= \frac{T_{\infty 1} - T_2}{R_{\text{conv},1} + R_1} \\ &= \frac{T_1 - T_3}{R_1 + R_2} \\ &= \frac{T_2 - T_3}{R_2} \\ &= \frac{T_2 - T_{\infty 2}}{R_2 + R_{\text{conv},2}} \\ &= \cdots\end{aligned}$$

그림 3-27

어떤 층에서의 $\Delta T/R$은 $\dot{Q}$와 동일하고 1차원 정상 열전도에서는 일정하다.

예제 3-7 구형 용기로의 열전달

두께 2 cm의 스테인리스 강으로(k = 15 W/m·K) 만들어진 내경 3 m의 구형 탱크가 $T_{\infty 1}$ = 0°C의 얼음물을 저장하는 데 사용된다. 탱크는 $T_{\infty 2}$ = 22°C인 방 안에 위치하고 있다. 방의 벽 온도도 역시 22°C이다. 탱크의 외벽은 검은색이고, 외벽과 주위의 열

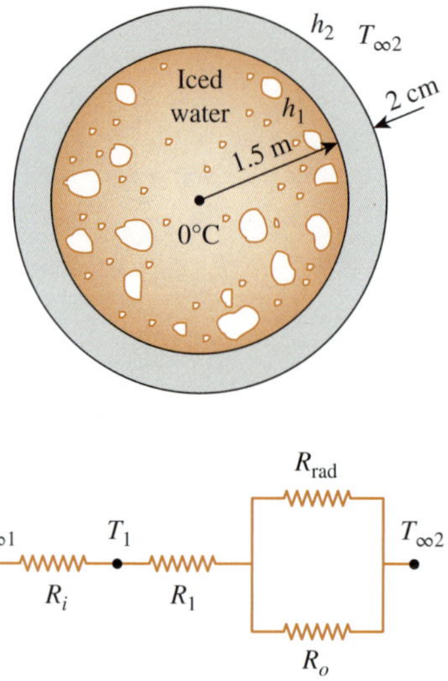

그림 3-28
예제 3-7의 개략도

전달은 자연대류와 복사로 이루어진다. 탱크 내부 및 외부 열전달계수는 h_1 = 80 W/m²·K, h_2 = 10 W/m²·K이다. (*a*) 탱크의 얼음물로의 열전달률, (*b*) 0°C에서 24시간 동안 녹는 얼음의 양을 구하라.

풀이 얼음물이 채워진 구형 용기의 외부 표면에서 대류와 복사에 의해 열이 전달된다. 열전달률과 하루에 녹는 얼음의 양을 구하여야 한다.

가정 **1.** 경계에서 주어진 열적 조건이 시간에 따라 변하지 않으므로 정상 열전달 과정이다. **2.** 중앙에 대해 대칭이므로 열전달은 1차원이다. **3.** 열전도도는 일정하다.

물성값 강의 열전도도는 k = 15 W/m·K로 주어져 있다. 대기압에서 얼음의 융해열은 h_{if} = 333.7 kJ/kg이다. 탱크의 외벽은 검은색이어서 방사율 ε = 1이다.

해석 (*a*) 이 문제에 대한 열회로는 그림 3-28에 주어진다. 탱크의 내경 D_1 = 3 m이고 외경 D_2 = 3.04 m이므로 탱크의 내부 및 외부 표면적은 다음과 같다.

$$A_1 = \pi D_1^2 = \pi(3\ \text{m})^2 = 28.2\ \text{m}^2$$
$$A_2 = \pi D_2^2 = \pi(3.04\ \text{m})^2 = 29.0\ \text{m}^2$$

복사 열전달계수는 다음으로 주어진다.

$$h_{\rm rad} = \varepsilon\sigma(T_2^2 + T_{\infty 2}^2)(T_2 + T_{\infty 2})$$

그러나 외부 표면온도 T_2를 모르기 때문에 $h_{\rm rad}$을 계산할 수 없다. 따라서 T_2를 가정하고 나중에 그 가정이 정확한지를 확인해 볼 필요가 있다. 필요하다면 새로운 T_2로 반복 계산한다.

T_2는 0°C와 22°C 사이의 값이어야 하지만 탱크의 내부 열전달계수가 훨씬 크기 때문에 0°C에 가까울 것이다. T_2 = 5°C = 278 K를 가정하면 복사 열전달계수는 다음과 같이 된다.

$$\begin{aligned} h_{\rm rad} &= (1)(5.67 \times 10^{-8}\ \text{W/m}^2\cdot\text{K}^4)\,[(295\ \text{K})^2 + (278\ \text{K})^2][(295 + 278)\ \text{K}] \\ &= 5.34\ \text{W/m}^2\cdot\text{K} = 5.34\ \text{W/m}^2\cdot{}^\circ\text{C} \end{aligned}$$

그리고 각각의 열저항은 다음과 같다.

$$R_i = R_{\rm conv,\,1} = \frac{1}{h_1 A_1} = \frac{1}{(80\ \text{W/m}^2\cdot\text{K})(28.3\ \text{m}^2)} = 0.000442^\circ\text{C/W}$$

$$\begin{aligned} R_1 = R_{\rm sphere} &= \frac{r_2 - r_1}{4\pi k r_1 r_2} = \frac{(1.52 - 1.50)\ \text{m}}{4\pi(15\ \text{W/m}\cdot\text{K})(1.52\ \text{m})(1.50\ \text{m})} \\ &= 0.000047^\circ\text{C/W} \end{aligned}$$

$$R_o = R_{\rm conv,\,2} = \frac{1}{h_2 A_2} = \frac{1}{(10\ \text{W/m}^2\cdot\text{K})(29.0\ \text{m}^2)} = 0.00345^\circ\text{C/W}$$

$$R_{\rm rad} = \frac{1}{h_{\rm rad} A_2} = \frac{1}{(5.34\ \text{W/m}^2\cdot\text{K})(29.0\ \text{m}^2)} = 0.00646^\circ\text{C/W}$$

두 개의 병렬 열저항 R_o와 $R_{\rm rad}$는 다음과 같은 상당 열저항 $R_{\rm equiv}$로 대체된다.

$$\frac{1}{R_{\rm equiv}} = \frac{1}{R_o} + \frac{1}{R_{\rm rad}} = \frac{1}{0.00345} + \frac{1}{0.00646} = 444.7\ \text{W/}^\circ\text{C}$$

즉,

$$R_{\rm equiv} = 0.00225^\circ\text{C/W}$$

이다. 이제 모든 열저항은 직렬이 되고 전체 열저항은 다음과 같이 된다.

$$R_{\text{total}} = R_i + R_1 + R_{\text{equiv}} = 0.000442 + 0.000047 + 0.00225 = 0.00274°\text{C/W}$$

얼음물로의 정상 열전달률은 다음과 같다.

$$\dot{Q} = \frac{T_{\infty 2} - T_{\infty 1}}{R_{\text{total}}} = \frac{(22-0)°\text{C}}{0.00274°\text{C/W}} = \mathbf{8029\ W} \quad (\text{또는 } \dot{Q} = 8.029\text{ kJ/s})$$

초기 가정을 확인하기 위해 다음 식으로부터 외부 표면온도를 구한다.

$$\dot{Q} = \frac{T_{\infty 2} - T_2}{R_{\text{equiv}}} \longrightarrow T_2 = T_{\infty 2} - \dot{Q}R_{\text{equiv}}$$
$$= 22°\text{C} - (8029\text{ W})(0.00225°\text{C/W}) = 4°\text{C}$$

이것은 복사 열전달계수를 정하는 데 가정한 5°C에 충분히 가깝다. 따라서 T_2 = 4°C를 사용하여 다시 반복 계산할 필요는 없다.

(*b*) 24시간 동안 전달된 전체 열량은 다음과 같다.

$$Q = \dot{Q}\,\Delta t = (8.029\text{ kJ/s})(24 \times 3600\text{ s}) = 693{,}700\text{ kJ}$$

0°C에서 1 kg의 얼음이 녹는 데 333.7 kJ의 에너지가 필요하므로 24시간 동안 녹은 얼음의 양은

$$m_{\text{ice}} = \frac{Q}{h_{if}} = \frac{693{,}700\text{ kJ}}{333.7\text{ kJ/kg}} = \mathbf{2079\ kg}$$

이다. 즉 매일 2톤의 얼음이 녹을 것이다.

검토 주위의 매개체 온도와 표면온도가 동일할 때, 어떤 표면에서의 대류와 복사가 혼합된 상황을 취급하는 쉬운 방법은 대류와 복사 열전달계수의 합을 대류 열전달계수로 취급하는 것이다. 즉 이 경우 h = 10 + 5.34 = 15.34 W/m²·K로 취한다. 이렇게 하면 복사효과가 대류 열전달계수에 포함되기 때문에 복사를 무시할 수 있다. 이 경우 외부 표면에서의 대류 저항은 다음과 같이 된다.

$$R_{\text{combined}} = \frac{1}{h_{\text{combined}}A_2} = \frac{1}{(15.34\text{ W/m}^2\cdot\text{K})(29.0\text{ m}^2)} = 0.00225°\text{C/W}$$

위의 결과는 평행한 대류 저항과 복사 저항의 상당 저항의 값과 같다.

예제 3-8 단열된 증기관을 통한 열손실

내경 D_1 = 5 cm, 외경 D_2 = 5.5 cm인 주철관(k = 80 W/m·K)에 $T_{\infty 1}$ = 320°C인 수증기가 흐르고 있다. 관은 두께 3 cm의 유리섬유(k = 0.05 W/m·K)로 단열되어 있다. $T_{\infty 2}$ = 5°C인 주위로 복합 열전달계수 h_2 = 18 W/m²·K로 자연대류와 복사에 의해 열이 손실된다. 내부 열전달계수 h_1 = 60 W/m²·K로 하여, 관의 단위길이당 수증기로부터의 열손실을 구하라. 또한 관과 단열재를 통한 온도 강하를 구하라.

풀이 유리섬유로 단열된 증기관의 표면에서 대류에 의해 열이 전달된다. 단위길이당 열전달률과 관 및 단열재에서의 온도 강하를 구하여야 한다.

가정 **1.** 시간에 따라 변한다는 언급이 없으므로 정상 열전달이다. **2.** 중심축에 대해 대

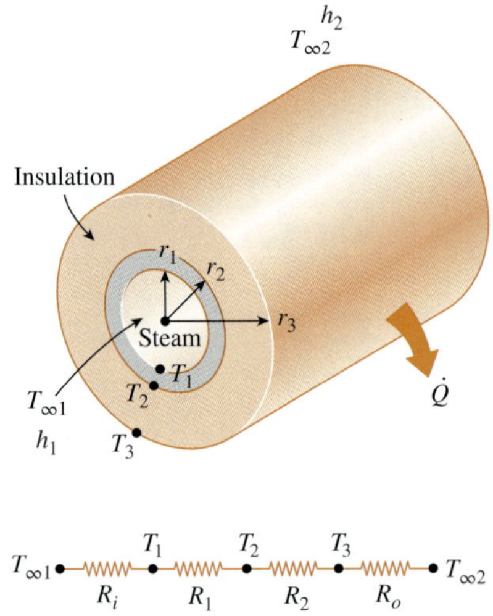

그림 3-29
예제 3-8의 개략도

칭이고 축방향으로는 변화가 없으므로 열전달은 1차원이다. **3.** 열전도도는 일정하다. **4.** 접촉면에서의 접촉 열저항은 무시할 수 있다.

물성값 열전도도는 주철관에 대해 $k = 80$ W/m·K, 유리섬유에 대해 $k = 0.05$ W/m·K로 주어져 있다.

해석 (*a*) 이 문제에 대한 열저항 회로는 그림 3-29와 같이 4개의 직렬로 된 열저항을 포함한다. $L = 1$ m로 취하면 대류에 노출된 표면의 면적은

$$A_1 = 2\pi r_1 L = 2\pi(0.025 \text{ m})(1 \text{ m}) = 0.157 \text{ m}^2$$
$$A_3 = 2\pi r_3 L = 2\pi(0.0575 \text{ m})(1 \text{ m}) = 0.361 \text{ m}^2$$

이고, 각각의 열저항은 다음과 같이 된다.

$$R_i = R_{\text{conv, 1}} = \frac{1}{h_1 A_1} = \frac{1}{(60 \text{ W/m}^2\cdot\text{K})(0.157 \text{ m}^2)} = 0.106°\text{C/W}$$

$$R_1 = R_{\text{pipe}} = \frac{\ln(r_2/r_1)}{2\pi k_1 L} = \frac{\ln(2.75/2.5)}{2\pi(80 \text{ W/m}\cdot\text{K})(1 \text{ m})} = 0.0002°\text{C/W}$$

$$R_2 = R_{\text{insulation}} = \frac{\ln(r_3/r_2)}{2\pi k_2 L} = \frac{\ln(5.75/2.75)}{2\pi(0.05 \text{ W/m}\cdot\text{K})(1 \text{ m})} = 2.35°\text{C/W}$$

$$R_o = R_{\text{conv, 2}} = \frac{1}{h_2 A_3} = \frac{1}{(18 \text{ W/m}^2\cdot\text{K})(0.361 \text{ m}^2)} = 0.154°\text{C/W}$$

모든 열저항은 직렬이므로 전체 열저항은 다음과 같이 된다.

$$R_{\text{total}} = R_i + R_1 + R_2 + R_o = 0.106 + 0.0002 + 2.35 + 0.154 = 2.61°\text{C/W}$$

수증기로부터의 정상 열손실률은 다음과 같다.

$$\dot{Q} = \frac{T_{\infty 1} - T_{\infty 2}}{R_{\text{total}}} = \frac{(320 - 5)°\text{C}}{2.61°\text{C/W}} = \mathbf{121\ W} \quad \text{(관의 단위 미터 길이당)}$$

특정한 길이에 대한 열손실은 위의 값에 관 길이 L을 곱하면 구해진다.

관과 단열재를 통한 온도 강하는 식 (3-17)로부터 구해진다.

$$\Delta T_{\text{pipe}} = \dot{Q} R_{\text{pipe}} = (121 \text{ W})(0.0002°\text{C/W}) = \mathbf{0.02°C}$$
$$\Delta T_{\text{insulation}} = \dot{Q} R_{\text{insulation}} = (121 \text{ W})(2.35°\text{C/W}) = \mathbf{284°C}$$

즉, 관의 내부 및 외부 표면 사이의 온도 차이는 0.02°C인 반면 단열재의 내부 및 외부 표면 사이의 온도 차이는 284°C이다.

검토 관의 열저항이 다른 저항에 비해 상당히 작기 때문에 무시하여도 별 오차가 없음에 주목하라. 또한 관을 통한 온도 강하가 거의 0이고 따라서 관은 등온이라고 가정할 수 있다. 단열된 관의 열전달에 대한 저항은 주로 단열에 의한 것이다.

3-5 ▪ 임계 단열반경

벽 또는 다락방에 단열재를 추가하면 열전달을 감소시킬 수 있다고 알고 있다. 평면의 단열재가 두꺼울수록 열전달률은 감소한다. 열전달 면적 A는 일정하므로, 단열재가 추가될수록 대류 저항에는 전혀 영향을 주지 않고 벽의 열저항은 증가하게 된다.

원통형 또는 구형 셸에 단열재를 추가할 때는 상황이 다르다. 추가된 단열재는 단열층의 전도 저항을 증가시키지만 대류에 접한 표면적을 증가시켜 대류 저항을 감소시킨다. 어떠한 효과가 크냐에 따라 관으로부터의 열전달은 증가 또는 감소하게 된다.

바깥 표면온도가 T_1으로 일정하게 유지되는 외부 반경 r_1의 원형 관을 고려하자(그림 3-30). 관의 외부 반경이 r_2이고, 열전도도가 k인 물질로 단열되어 있다. 관으로부터 온도 T_∞이고 대류 열전달계수 h인 주위로 열손실이 일어난다. 단열된 관으로부터 주위 공기로의 열전달은 다음과 같다(그림 3-31).

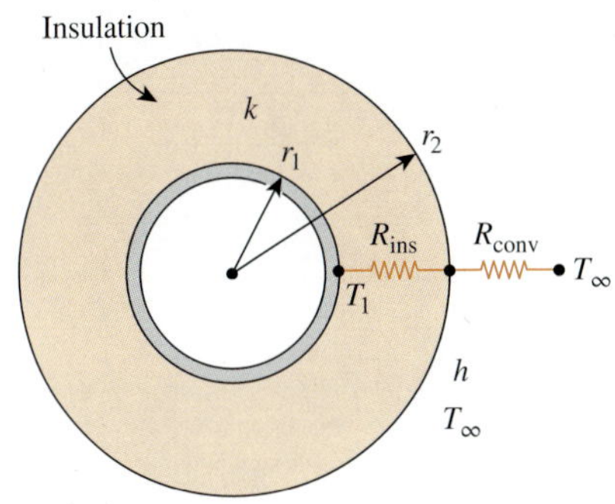

그림 3-30
외부 표면에 대류가 있을 때 단열된 원통형 관과 열저항 회로

$$\dot{Q} = \frac{T_1 - T_\infty}{R_{ins} + R_{conv}} = \frac{T_1 - T_\infty}{\dfrac{\ln(r_2/r_1)}{2\pi Lk} + \dfrac{1}{h(2\pi r_2 L)}} \tag{3-49}$$

단열재의 외부 반경 r_2에 따른 $\dot{Q}$의 변화를 그림 3-31에 나타내고 있다. $\dot{Q}$가 최대가 되는 r_2의 값은 $d\dot{Q}/dr_2 = 0$(기울기가 0)으로부터 구해진다. 미분을 하고 r_2에 대해서 풀면 원통에 대한 **임계 단열반경**(critical radius insulation)을 다음과 같이 표현할 수 있다.

$$r_{cr,\ cylinder} = \frac{k}{h} \qquad (m) \tag{3-50}$$

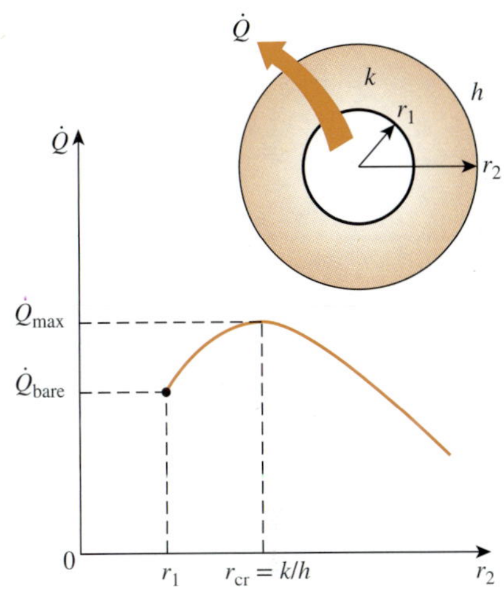

그림 3-31
$r_1 < r_{cr}$일 때 단열재의 외부 반경 r_2에 따른 열전달률의 변화

임계 단열반경은 단열재의 열전도도 k와 외부 열전달계수 h의 함수임에 유의하라. $r_2 < r_{cr}$일 때 단열재를 추가할수록 원통으로부터의 열전달은 증가하고, $r_2 = r_{cr}$에서 최대가 되고, $r_2 > r_{cr}$일 때는 감소한다. 따라서 $r_2 < r_{cr}$일 때는 관을 단열하면 관으로부터의 열전달률을 감소시키는 것이 아니라 증가시킨다.

그렇다면 온수관 또는 온수 탱크를 단열할 때 임계 단열반경에 대해 항상 고려할 필요가 있는가 하는 의문이 들 것이다. 어떤 단열재를 시공하든지 항상 단열재의 외부 반경이 임계 반경을 초과하는지 검토하고 확인해야 하는가? 다음에서 설명하지만 그렇지는 않다.

임계 단열반경 r_{cr}의 값은 k가 크고 h가 작을 때 가장 크게 된다. 실제적인 경우 접할 수 있는 가장 작은 h의 값은 공기의 자연대류에 대한 5 W/m²·K 정도이고, 일반적인 단열재의 k는 0.05 W/m²·K 정도이므로 가장 큰 임계 단열반경은 다음과 같을 것이다.

$$r_{cr,\ max} = \frac{k_{max,\ insulation}}{h_{min}} \approx \frac{0.05\ \text{W/m}\cdot\text{K}}{5\ \text{W/m}^2\cdot\text{K}} = 0.01\ \text{m} = 1\ \text{cm}$$

복사를 고려하면 이 값은 더 작아질 것이다. 강제대류에서는 h가 훨씬 크기 때문에 임계 단열반경은 훨씬 작고 보통 1 mm보다 작다. 따라서 온수관 또는 증기관을 단열할 때 열전달을 증가시킬 가능성에 대해 걱정하지 않아도 된다.

전선의 반경은 임계반경보다 작을 수 있다. 따라서 플라스틱 전기 절연재는 전선으로부터의 열전달을 실제로 증가시킬 수도 있어 정상 운전온도를 낮게 유지하여 보다 안전하게 할 수 있다.

구에 대해서도 위의 사항들이 적용될 수 있으며, 위와 같은 방법으로 구한 구형 셀에 대한 임계 단열반경은 다음과 같이 표현할 수 있다.

$$r_{\text{cr, sphere}} = \frac{2k}{h} \tag{3-51}$$

여기서 k는 단열재의 열전도도, h는 외부 표면에서의 열전달계수이다.

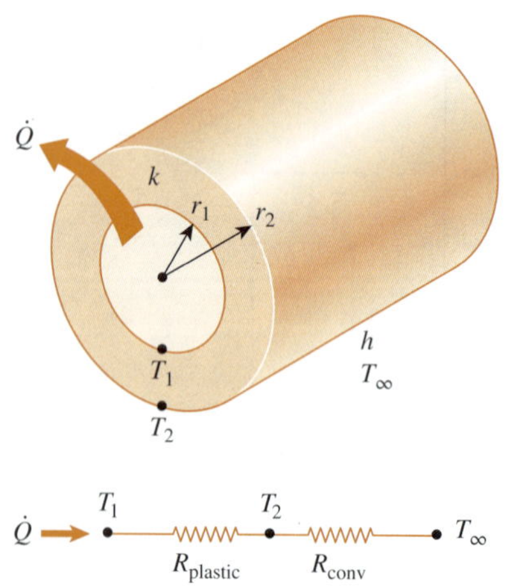

그림 3-32
예제 3-9의 개략도

예제 3-9　　단열된 전선에서의 열손실

직경 3 mm, 길이 5 m의 전선이 열전도도 k = 0.15 W/m·K인 두께 2 mm의 플라스틱으로 잘 피복되어 있다. 전선을 통하여 10 A의 전류가 흐르고 이 전선에서의 전압 강하는 8 V이다. 이 전선이 T_∞ = 30°C, 열전달계수 h = 12 W/m²·K인 주위에 노출되어 있다. 정상상태에서 전선과 플라스틱 피복과의 접촉면에서의 온도를 구하라. 또한 피복의 두께를 두 배로 하면 이 온도는 올라갈 것인지 내려갈 것인지 알아보라.

풀이　전선은 플라스틱으로 잘 피복되어 있다. 접촉면에서의 온도와 피복의 두께를 두 배로 했을 때 접촉면의 온도에 미치는 영향을 구하여야 한다.

가정　**1.** 시간에 따라 변한다는 언급이 없으므로 열전달은 정상 상태이다. **2.** 중심축에 대해 대칭이고 축 방향으로는 변화가 없으므로 열전달은 1차원이다. **3.** 열전도도는 일정하다. **4.** 접촉면에서의 접촉 열저항은 무시할 수 있다. **5.** 열전달계수는 복사 열전달까지 포함한다.

물성값　플라스틱의 열전도도는 k = 0.15 W/m·K로 주어져 있다.

해석　접촉면에서의 접촉 저항을 무시하고 복사가 있더라도 대류 열전달계수에 포함되어 있다고 가정한다. 전선에서 열이 발생하고 이로 인하여 온도가 상승하게 된다. 전선에서 열이 균일하게 발생하고 반경 방향 주위로 열이 전달된다고 가정한다. 정상 운전 상태에서 열전달률은 전선에서 발생된 열과 같다.

$$\dot{Q} = \dot{W}_e = \mathbf{V}I = (8\text{ V})(10\text{ A}) = 80\text{ W}$$

이 문제에 대한 열저항 회로는 그림 3-32와 같이 플라스틱 피복에 대한 전도 저항과 외부 표면의 대류저항이 직렬로 구성되어 있다. 두 열저항의 값은 다음과 같이 구해진다.

$$A_2 = (2\pi r_2)\,L = 2\pi(0.0035\text{ m})(5\text{ m}) = 0.110\text{ m}^2$$

$$R_{\text{conv}} = \frac{1}{hA_2} = \frac{1}{(12\text{ W/m}^2\cdot\text{K})(0.110\text{ m}^2)} = 0.76°\text{C/W}$$

$$R_{\text{plastic}} = \frac{\ln(r_2/r_1)}{2\pi kL} = \frac{\ln(3.5/1.5)}{2\pi(0.15\text{ W/m}\cdot\text{K})(5\text{ m})} = 0.18°\text{C/W}$$

그리고

$$R_{\text{total}} = R_{\text{plastic}} + R_{\text{conv}} = 0.76 + 0.18 = 0.94°\text{C/W}$$

접촉면에서의 온도는 다음과 같다.

$$\dot{Q} = \frac{T_1 - T_\infty}{R_{\text{total}}} \longrightarrow T_1 = T_\infty + \dot{Q}R_{\text{total}} = 30°\text{C} + (80\text{ W})(0.94°\text{C/W}) = \mathbf{105°C}$$

전선은 열발생만 관계될 뿐 열저항 회로에는 무관하다는 데 유의하라.

이 문제의 두 번째에 대한 답을 하기 위해서는 플라스틱 피복의 임계 단열반경을 구하여야 한다. 식 (3-50)에서 다음과 같이 구해진다.

$$r_{\text{cr}} = \frac{k}{h} = \frac{0.15\text{ W/m·K}}{12\text{ W/m}^2\text{·K}} = 0.0125\text{ m} = 12.5\text{ mm}$$

이 값은 피복의 반경보다 크다. 따라서 바깥 반경이 12.5 mm가 될 때까지 플라스틱 피복의 두께가 증가될수록 열전달은 **증가**하게 된다. 그 결과, 접촉면 온도 T_1이 일정한 경우는 열전달률 $\dot{Q}$가 **증가**하게 되고, 열전달률이 일정한 경우는 접촉면 온도가 **감소**하게 되며 후자의 경우가 이 예제에 해당된다.

검토 두께가 두 배로 된 4 mm의 플라스틱 피복에 대해서 위의 계산을 반복하면 접촉면 온도는 90.6°C로 떨어진다. 또한 같은 방법으로 피복의 반경이 임계 단열반경과 같아질 때 최소온도는 83°C가 된다는 것을 알 수 있다.

3-6 ▪ 휜을 가진 표면으로부터의 열전달

온도가 T_s인 표면으로부터 온도가 T_∞인 주위로의 열전달률은 다음과 같은 Newton의 냉각법칙으로 주어진다.

$$\dot{Q}_{\text{conv}} = hA_s(T_s - T_\infty)$$

여기서 A_s는 열전달 표면적이고 h는 대류 열전달계수이다. 대개의 경우는 설계조건에서 온도 T_s와 T_∞가 주어지는데, 이 경우 열전달률을 증가시키는 두 가지 방법이 있다. **대류 열전달계수** h를 증가시키는 방법과 **열전달 표면적** A를 증가시키는 방법이다. h를 증가시키는 데는 펌프나 송풍기를 사용하거나, 현재보다 더 큰 것으로 교체할 필요가 있다. 이러한 방법은 실용적일 수도 있고 그렇지 않을 수도 있으며, 또한 적절하지 않을 수도 있다. 또 다른 방법은 표면에 알루미늄과 같은 열전도도가 큰 재질로 이루어진 **확장표면**(*extended surface*), 즉 **휜**을 부착하여 표면적을 늘리는 방법이다. 사출, 용접 또는 얇은 금속판을 표면에 감싸는 방법을 사용하여 휜을 가진 표면을 가공할 수 있다.

약 1억 5천만 년 전, 쥐라기 시대로부터 휜의 흥미로운 응용 사례를 그림 3-33과 같이 볼 수 있다. 공룡 Stegosaurus는 이 시기 동안 살았고 뒤쪽 아래로 크고 이상한 두 줄의 등판을 가지고 있다. 오랜시간 동안 과학자들은 그 판들은 포식자들로부터 채식주의 공룡들을 보호하기 위한 갑옷의 한 종류라고 생각했다. 많은 양의 피가 판들을 통해 흐른다는 것을 알고 그것들은 자동차 방열기와 비슷하게 작동할지도 모르며 심장은 판들을 통해 피를 펌프질하고 판들은 피를 차갑게 하기 위한 냉각 휜들같이 작동한다고 생각된다.

그림 3-33
냉각용으로 추정되는 스테고사우루스 공룡의 휜
Christian Darkin/Alamy

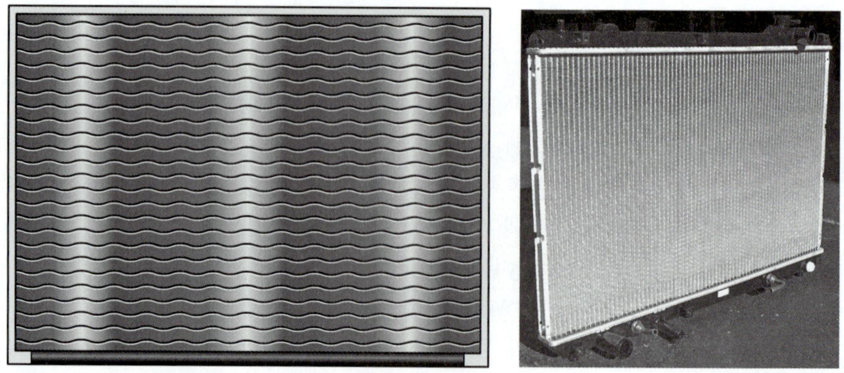

그림 3-34
자동차 라디에이터의 얇은 판형 휜은 공기로의 열전달률을 상당히 증가시킨다.
Left: Yunus Cengel
right: McGraw-Hill Education/Christopher Kerrigan

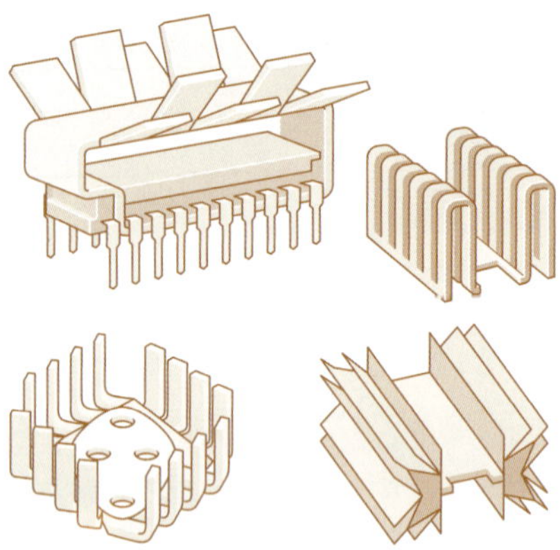

그림 3-35
창의적인 휜 디자인

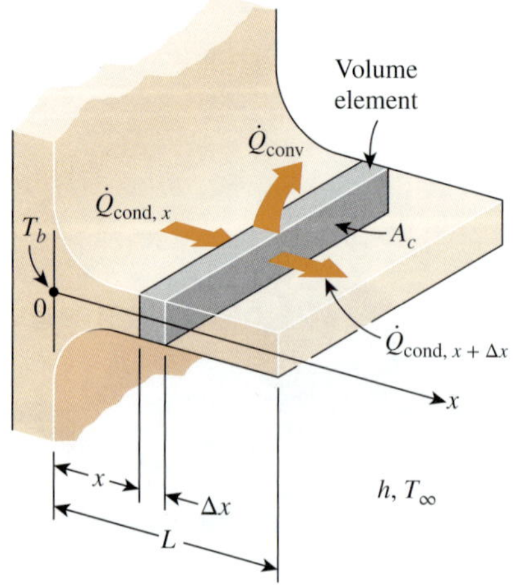

그림 3-36
길이 Δx, 단면적 A_c와 둘레 p를 가지는 위치 x에서의 휜의 체적 요소

열전달을 증가시키는 데 휜을 가진 표면이 실용적으로 사용되며, 표면으로부터의 열전달률을 보통 몇 배 증가시킨다. 그림 3-34에 보여주고 있는 자동차 라디에이터는 이러한 휜을 가진 표면의 한 예이다. 온수관에 조밀하게 부착된 얇은 금속판은 대류에 대한 표면적을 증가시켜 온수관으로부터 공기로의 열전달률을 몇 배 증가시킨다. 여러 가지 창의적인 휜을 시중에서 구할 수 있으며 상당히 독창적임을 볼 수 있다(그림 3-35).

휜의 해석에서는 휜에서 **열발생이 없고, 정상** 상태이며 재질의 열전도도 k가 일정하다고 가정한다. 또한 계산의 편의상 대류 열전달계수 h는 휜 전체에서 **균일**(*uniform*)하며 **일정**(*constant*)하다고 가정한다. 대류 열전달계수 h는 일반적으로 휜 길이 및 둘레에 따라 변하는 값이고, 한 점에서의 값은 그 점에서의 **유체 운동**의 함수이다. **휜 기저**(*fin base*)에서의 h값이 **휜 끝**(*fin tip*)에서의 값보다 훨씬 작은데, 휜 기저에서는 유체가 고체 표면에 둘러싸여 유동의 방해를 받지만, 휜 끝에서는 고체와 접하는 부분이 작아 유동의 방해를 별로 받지 않기 때문이다. 따라서 너무 많은 휜을 표면에 부착하면 h가 감소하는데, 이 감소효과가 표면의 증가로 인한 상승효과를 상쇄시키고 나면 전체 열전달계수는 감소할 수 있다.

휜 방정식

그림 3-36에 보여주고 있는 것처럼 위치 x에서 길이 Δx, 단면적 A_c와 둘레 p를 가지는 휜의 요소를 고려하자. 정상 상태에서 이 요소에 대한 에너지 평형은 다음과 같이 표현된다.

$$\begin{pmatrix} x\text{에서 요소로} \\ \text{들어가는} \\ \text{전도 열전달률} \end{pmatrix} = \begin{pmatrix} x+\Delta x\text{에서} \\ \text{요소로부터 나가는} \\ \text{전도 열전달률} \end{pmatrix} + \begin{pmatrix} \text{요소로부터의} \\ \text{대류 열전달률} \end{pmatrix}$$

또는

$$\dot{Q}_{\text{cond},\,x} = \dot{Q}_{\text{cond},\,x+\Delta x} + \dot{Q}_{\text{conv}}$$

여기서

$$\dot{Q}_{\text{conv}} = h(p\,\Delta x)(T - T_\infty)$$

대입하고 Δx로 나누면

$$\frac{\dot{Q}_{\text{cond},\,x+\Delta x} - \dot{Q}_{\text{cond},\,x}}{\Delta x} + hp(T - T_\infty) = 0 \tag{3-52}$$

$\Delta x \to 0$인 극한을 취하면 다음과 같다.

$$\frac{d\dot{Q}_{\text{cond}}}{dx} + hp(T - T_\infty) = 0 \tag{3-53}$$

Fourier의 열전도 법칙으로부터 다음과 같은 식을 얻는다.

$$\dot{Q}_{\text{cond}} = -kA_c\frac{dT}{dx} \tag{3-54}$$

여기서 A_c는 위치 x에서의 휜의 단면적이다. 이 식을 식 (3-53)에 대입하면 다음과 같은 휜에서의 열전달을 지배하는 미분방정식을 구할 수 있다.

$$\frac{d}{dx}\left(kA_c\frac{dT}{dx}\right) - hp(T - T_\infty) = 0 \tag{3-55}$$

일반적으로 단면적 A_c와 둘레 p는 x에 따라 변하기 때문에 미분방정식을 풀기가 쉽지 않다. 일정한 단면적과 일정한 열전도도를 가지는 특별한 경우 식 (3-55)는 다음과 같이 단순화된다.

$$\frac{d^2T}{dx^2} - \frac{hp}{kA_c}(T - T_\infty) = 0 \quad \text{or} \quad \frac{d^2\theta}{dx^2} - m^2\theta = 0 \tag{3-56}$$

여기서

$$m^2 = \frac{hp}{kA_c} \tag{3-57}$$

이고, $\theta = T - T_\infty$는 온도 차이이다. 휜의 기저에서는 $\theta_b = T_b - T_\infty$이다.

식 (3-56)은 일정한 상수를 가지는 선형(linear), 제차(homogeneous), 2계 미분방정식이다. 미분방정식의 기초 이론으로부터 이와 같은 방정식은 두 개의 선형적으로 독립인 해를 가지며 일반해는 두 해의 선형적인 조합으로 이루어진다는 것을 알 수 있다. 이 미분방정식을 잘 살펴보면, 함수 θ의 2계 미분에서 함수 θ에 상수를 곱한 것을 빼니까 0이 되는 형태이다. 따라서 함수 θ와 함수 θ의 2계 미분은 적당한 상수를 곱하면 서로 같아져야 한다. 함수의 미분이 원래 함수에 상수를 곱한 것과 같아지는 경우는 함수가 지수함수(*exponential functions*)(또는 sinh와 cosh처럼 지수함수의 선형적인 조합)인 경우이다. 따라서 이 미분방정식의 해는 e^{-mx} 또는 e^{mx}이거나 이것들에 상수를 곱한 것이다. 위 식에 대입하여 확인할 수 있다. 예를 들어 e^{-mx}의 2계 미분은 m^2e^{-mx}이고 이것을 식 (3-56)에 대입하면 0이 된다. 따라서 식 (3-56)의 일반해는 다음과 같다.

$$\theta(x) = C_1e^{mx} + C_2e^{-mx} \tag{3-58}$$

여기서 C_1과 C_2는 임의의 상수이고 휜의 기저와 끝에서의 경계조건에서 구한다. C_1과 C_2를 구하기 위해서는 오직 두 개의 조건이 필요하다는 것에 주목하라.

휜이 부착되어 있는 판의 온도는 보통 알려져 있다. 따라서 휜의 기저에서는 주어진 **특정 온도** 경계조건이 사용된다.

휜 기저에서의 경계조건: $$\theta(0) = \theta_b = T_b - T_\infty \tag{3-59}$$

휜의 끝에서는 온도가 주어진 경우, 열손실을 무시할 수 있는 경우(끝이 단열인 경우), 대류인 경우, 대류와 복사가 혼합된 경우 등 여러 가지가 가능하다(그림 3-37).

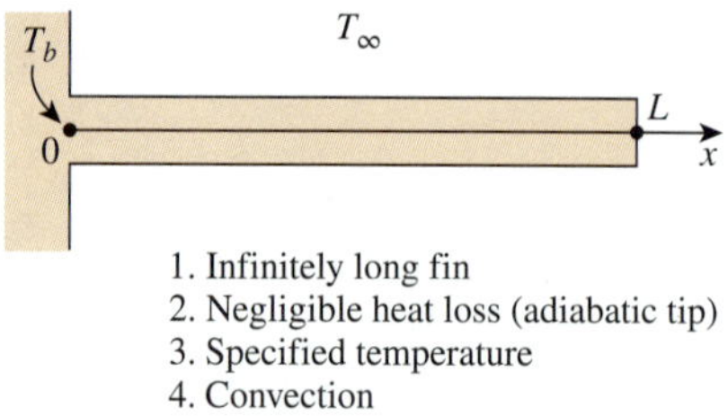

그림 3-37
휜 기저와 끝에서의 경계조건

1 무한히 긴 휜($T_{\text{fin tip}} = T_\infty$)

균일한 단면적(A_c = 일정)을 가지는 매우 긴 휜의 경우 휜의 끝에서의 온도는 T_∞에 접근하고 따라서 θ는 0에 접근한다. 즉,

휜 끝에서의 경계조건: $$\theta(L) = T(L) - T_\infty = 0 \quad \text{as} \quad L \to \infty$$

이 경계조건은 함수 e^{-mx}의 경우 만족하지만, e^{mx}의 경우 x가 커지면 무한대로 되어 만족하지 못한다. 따라서 이 경우 상수 C_1은 0이 되어야 하며, 일반해는 e^{-mx}에 상수를 곱한 형태, 즉 C_2e^{-mx}가 된다. 상수 C_2는 휜의 기저 $x = 0$에서 θ가 θ_b인 것으로부터 구해진다. $e^{-mx} = e^0 = 1$이므로 상수 C_2의 값은 θ_b가 되고 우리가 구하고자 하는 해는 $\theta(x) = \theta_b e^{-mx}$가 된다. 이 함수는 미분방정식을 만족시킬 뿐 아니라 휜의 기저에서 θ_b가 되고 휜의 끝에서 x가 커짐에 따라 0이 된다. $\theta = T - T_\infty$이고 $m = \sqrt{hp/kA_c}$이기 때문에 휜에서의 온도분포는 다음과 같이 표현할 수 있다.

매우 긴 휜: $$\frac{T(x) - T_\infty}{T_b - T_\infty} = e^{-mx} = e^{-x\sqrt{hp/kA_c}} \tag{3-60}$$

이 경우 휜에서의 온도는 그림 3-38에서 보듯이 T_b에서 T_∞까지 **기하급수적으로** 감소한다. 정상 상태에서 전체 휜의 **열전달률**은 Fourier의 열전도 법칙에서 구할 수 있다.

매우 긴 휜: $$\dot{Q}_{\text{long fin}} = -kA_c \left.\frac{dT}{dx}\right|_{x=0} = \sqrt{hpkA_c}\,(T_b - T_\infty) \tag{3-61}$$

여기서 p는 둘레(perimeter), A_c는 휜의 단면적, x는 기저로부터의 거리이다. 전체 휜의 열전달률을 구하는 또 다른 방법은 휜의 미소 부피로부터의 열전달을 고려하여 전체표면에서 적분하는 것이다.

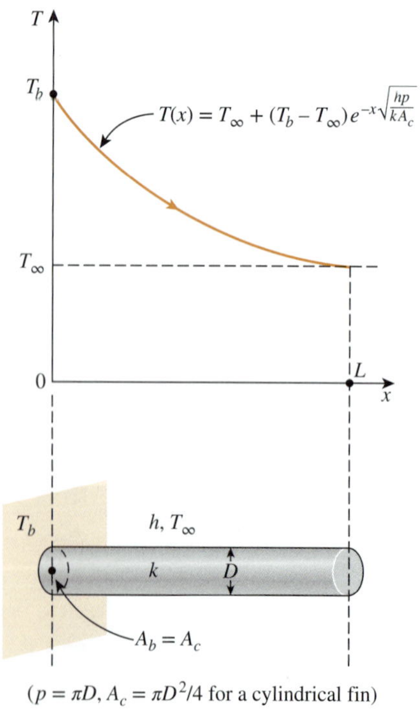

그림 3-38
일정한 단면적을 갖는 매우 긴 원형 휜에서 길이방향의 온도 변화

$$\dot{Q}_{\text{fin}} = \int_{A_{\text{fin}}} h[T(x) - T_\infty]\, dA_{\text{fin}} = \int_{A_{\text{fin}}} h\theta(x)\, dA_{\text{fin}} \quad \textbf{(3-62)}$$

위에 설명한 두 가지 방법은 정상 상태에서는 동일하여 같은 결과를 얻을 수 있으며, 휜의 노출된 표면으로부터의 열전달은 휜의 기저로 전도된 열전달과 같다는 것을 의미한다(그림 3-39).

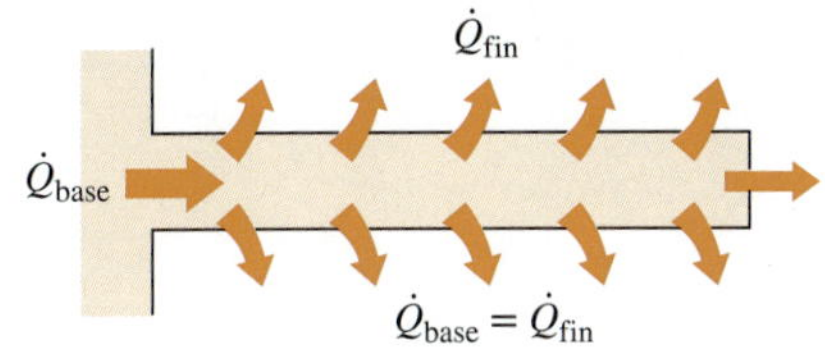

그림 3-39
정상 상태에서 휜의 노출된 표면으로부터의 열전달은 휜의 기저로 전도된 열전달과 같다.

2 휜 끝에서의 열손실을 무시할 수 있는 경우(휜 끝이 단열, $\dot{Q}_{\text{fin tip}} = 0$)

보통 휜의 끝에서의 온도가 주위 온도가 될 만큼 그렇게 길지 않다. 휜 끝에서의 열전달은 휜 끝의 면적에 비례하는데, 휜 끝의 면적은 전체 휜 면적 중 아주 작은 부분을 차지하기 때문에, 보다 현실적인 경우는 휜 끝에서의 열전달을 무시할 수 있는 경우이다. 따라서 휜의 끝은 단열로 가정하고 휜의 끝에서의 조건은 다음과 같이 표기된다.

휜 끝에서의 경계조건:
$$\left.\frac{d\theta}{dx}\right|_{x=L} = 0 \quad \textbf{(3-63)}$$

휜 기저에서의 경계조건은 식 (3-59)에 나타낸 것과 동일하다. 이 두 경계조건을 일반해[식 (3-58)]에 적용하여 정리하면 온도분포 관계식을 얻을 수 있다. 일반해 식 (3-58)에 대하여 식 (3-59)와 식 (3-63)에 주어진 경계조건에 적용하기 위해 각각 $\theta(0) = \theta_b = C_1 + C_2$와 $mC_1e^{mL} - mC_2e^{-mL} = 0$가 필요하다. C_1과 C_2는 두 식을 연립하여 풀면 $C_1 = \theta_b/(1 + e^{2mL})$과 $C_2 = \theta_b/(1 + e^{-2mL})$를 구할 수 있다. C_1, C_2에 대한 관계식을 식 (3-58)에 대입하고, 쌍곡선 cosine 함수 $\cosh x = (e^x + e^{-x})/2$의 정의를 사용함으로써 다음과 같은 온도분포의 관계식을 구할 수 있다.

단열 휜 끝:
$$\frac{T(x) - T_\infty}{T_b - T_\infty} = \frac{\cosh m(L-x)}{\cosh mL} \quad \textbf{(3-64)}$$

휜의 열전달률은 역시 Fourier의 열전도 법칙에서 구할 수 있다.

단열 휜 끝:
$$\dot{Q}_{\text{adiabatic tip}} = -kA_c\left.\frac{dT}{dx}\right|_{x=0} = \sqrt{hpkA_c}\,(T_b - T_\infty)\tanh mL \quad \textbf{(3-65)}$$

여기서 쌍곡선 탄젠트 함수의 식은 다음과 같다.

$$\tanh x = \sinh x/\cosh x = (e^x - e^{-x})/(e^x + e^{-x}).$$

매우 긴 휜과 끝이 단열된 휜의 열전달률은 오직 $\tanh mL$만큼 차이가 있고, L이 매우 커짐에 따라 계수 $\tanh mL$이 1이 되므로 서로 같아진다는 것에 유의하라.

3 특정한 온도($T_{fin,\,tip} = T_L$)

이번엔 휜 끝에서의 온도가 특정한 온도 T_L로 고정되어 있는 경우이다. 이 경우는 휜 끝이 T_∞로 고정되어 있는 무한대로 긴 휜으로 가정한다. 휜 끝에서의 경계조건은 다음과 같다.

휜 끝에서의 경계조건: $$\theta(L) = \theta_L = T_L - T_\infty \tag{3-66}$$

휜 기저 경계조건은 식 (3-59)에 주어진 것과 같다. 선형대수와 쌍곡선 사인함수 $\sinh x = (e^x - e^{-x})/2$를 사용한 후, 일반해[식 (3-58)]에 주어진 경계조건 식 (3-59)와 식 (3-66)을 적용하면 구하고자하는 온도분포는 다음과 같다.

특정한 휜 끝에서의 온도:
$$\frac{T(x) - T_\infty}{T_b - T_\infty} = \frac{[(T_L - T_\infty)/(T_b - T_\infty)] \sinh mx + \sinh m(L - x)}{\sinh mL} \tag{3-67}$$

Fourier의 열전도 법칙을 사용하여, 휜으로부터의 **열전달률**은 다음과 같다.

특정한 휜 끝에서의 온도:
$$\begin{aligned} \dot{Q}_{\text{specified temp.}} &= -kA_c \frac{dT}{dx}\bigg|_{x=0} \\ &= \sqrt{hpkA_c}(T_b - T_\infty) \frac{\cosh mL - [(T_L - T_\infty)/(T_b - T_\infty)]}{\sinh mL} \end{aligned} \tag{3-68}$$

무한히 긴 휜($L \to \infty$)에서는 식 (3-67)과 식 (3-68)은 식 (3-60)과 식 (3-61)로 되는 것에 유의하라.

4 휜 끝에서 대류(즉 대류 및 복사의 혼합)

실제의 경우 휜의 끝은 주위에 노출되어 있어 휜 끝에서의 적절한 경계조건은 복사효과를 포함한 대류이다. 휜 끝에서 대류만 일어나는 경우를 생각해 보자. 휜 끝에서의 경계조건은 휜 끝에서의 에너지 평형($\dot{Q}_{\text{cond}} = \dot{Q}_{\text{conv}}$)으로부터 구할 수 있다. 즉,

휜 끝에서의 경계조건: $$-kA_c \frac{dT}{dx}\bigg|_{x=L} = hA_c[T(L) - T_\infty] \tag{3-69}$$

휜 기저에서 경계조건은 앞에서의 세 가지 경우와 같은 식 (3-59)이다. 일반해인 식 (3-58)에 식 (3-59)와 (3-69)으로부터 주어진 두 경계조건을 대입하여, 다음과 같은 온도분포를 구할 수 있다.

휜 끝에서 대류: $$\frac{T(x) - T_\infty}{T_b - T_\infty} = \frac{\cosh m(L - x) + (h/mk) \sinh m(L - x)}{\cosh mL + (h/mk) \sinh mL} \tag{3-70}$$

휜으로부터의 **열전달률**은 식 (3-70)으로부터 구해진 휜의 기저에서의 온도구배를 Fourier의 열전도 법칙에 적용하여 다음과 같이 구할 수 있다.

휜 끝에서 대류:
$$\begin{aligned} \dot{Q}_{\text{convection}} &= -kA_c \frac{dT}{dx}\bigg|_{x=0} \\ &= \sqrt{hpkA_c}(T_b - T_\infty) \frac{\sinh mL + (h/mk) \cosh mL}{\cosh mL + (h/mk) \sinh mL} \end{aligned} \tag{3-71}$$

휜 끝에서부터 대류가 발생하는 경우에 대한 일반적인 휜 방정식의 해는 다소 복잡하다. 휜 끝에서의 열손실을 고려하는 실용적인 방법은 끝이 단열된 휜의 경우에 구한 관계식에서 휜 길이 L을 다음으로 정의되는 **수정길이**(corrected fin length)로 대체하는 것이다(그림 3-40).

수정 휜 길이: $$L_c = L + \frac{A_c}{p} \tag{3-72}$$

여기서 A_c는 휜의 단면적이고 p는 휜 끝에서의 둘레이다. 위 식에 둘레를 곱하면 $A_{corrected} = A_{fin(lateral)} + A_{tip}$이 되어, 수정 길이로 휜 면적을 구하면 휜의 측면과 끝에서의 면적을 합한 것과 같게 된다는 것을 나타낸다.

수정길이의 근사는 휜 끝 부근에서의 온도 변화가 작고($mL \geq 1$인 경우) 휜 끝에서의 열전달계수가 휜 측면에서의 열전달계수와 거의 같은 경우, 매우 좋은 결과를 얻을 수 있다. **따라서 휜 끝에서 대류에 노출되어 있는 경우에는 식 (3-64)와 식 (3-65)에서 실제 휜의 길이를 수정길이로 대체하여 끝이 단열된 것처럼 취급하면 된다.**

직사각 휜과 원형 휜에 대한 A_c와 p의 적절한 관계식을 사용하면 다음 식을 구할 수 있다.

$$L_{c,\ \text{rectangular fin}} = L + \frac{t}{2} \quad 및 \quad L_{c,\ \text{cylindrical fin}} = L + \frac{D}{4}$$

여기서 t는 직사각 휜의 두께이고 D는 원형 휜의 직경이다.

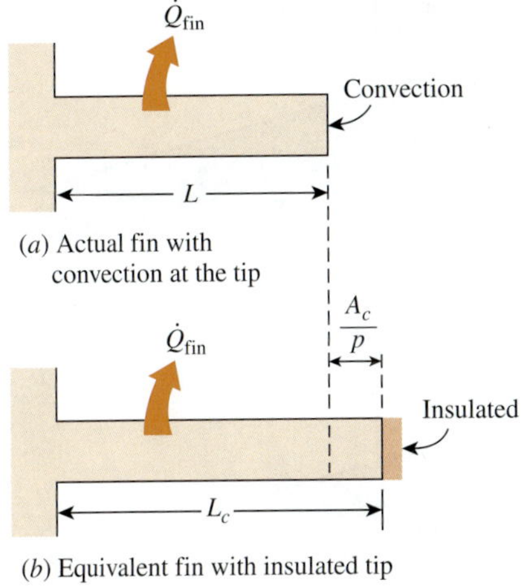

그림 3-40
수정된 휜 길이 L_c는 끝단이 단열된 길이 L_c의 휜으로부터의 열전달이 휜 끝단에서 대류가 일어나는 길이 L의 실제 휜으로부터의 열전달과 동일하도록 정의된다.

휜 효율

온도 T_b인 **평면 벽**이 표면온도 T_∞인 주위에 노출되어 있는 경우를 고려하자. 벽은 표면에서 주위로 대류열전달계수가 h인 대류에 의해 열을 빼앗긴다. 복사를 무시하거나 복사의 효과를 대류 열전달계수 h에 포함시키면 표면적 A_s로부터의 열전달률은 $\dot{Q} = hA_S(T_S - T_\infty)$로 표현된다.

이제 표면에 완전히 접촉되어 있는 길이 L이고 단면적 $A_c = A_b$로 일정한 휜을 고려하자(그림 3-41). 이번에는 표면으로부터 휜으로 **전도**에 의해 열이 전달되고, 휜으로부터 주위 유체로 동일한 대류 열전달계수 h로 **대류**에 의해 열이 전달된다. 휜의 온도는 휜의 기저에서 T_b이고 휜 끝으로 갈수록 점점 감소한다. 휜 표면에서의 대류로 인하여 한 단면에서의 온도는 중심에서 외부로 갈수록 약간 떨어진다. 그러나 휜의 단면적은 보통 매우 작으므로 임의의 단면에서 온도는 균일하다고 생각할 수 있다. 또한 실제 길이 대신 수정길이를 사용하여 휜의 끝은 단열이라도 가정할 수 있다.

열저항이 0 또는 열전도도가 무한대($k \to \infty$)인 극한의 경우, 휜의 온도는 기저 온도인 T_b로 균일할 것이다. 이 경우 휜으로부터의 열전달은 **최대**가 되고 다음으로 표현될 수 있다.

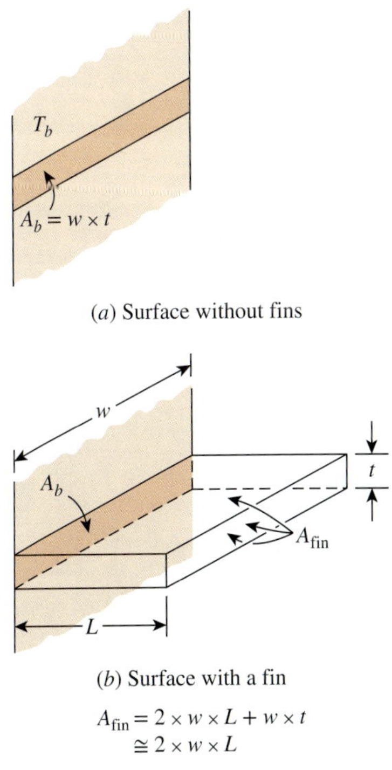

그림 3-41
휜은 표면적을 증가시켜 열전달을 향상시킨다.

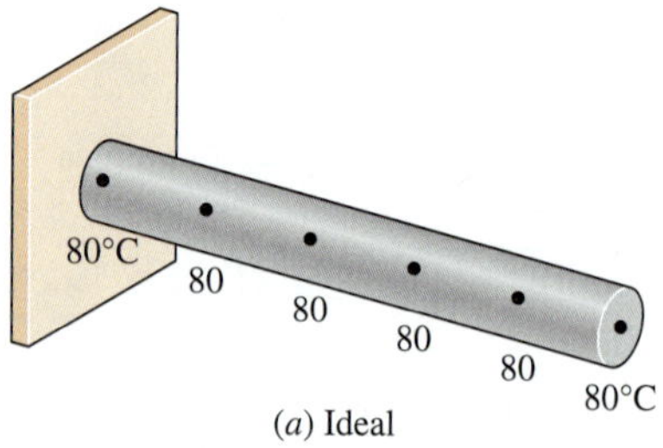

(*a*) Ideal

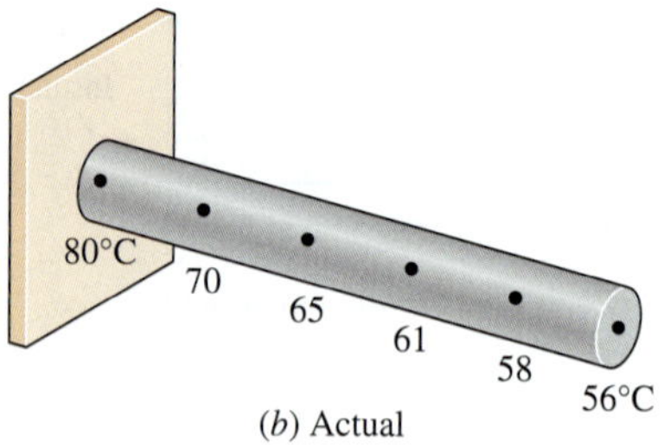

(*b*) Actual

그림 3-42
이상적인 경우와 실제의 경우에 휜의 길이 방향에 따른 온도분포

$$\dot{Q}_{\text{fin, max}} = hA_{\text{fin}}(T_b - T_\infty) \tag{3-73}$$

그러나 실제로는 그림 3-42에서 보듯이 휜의 길이에 따라 휜의 온도는 감소할 것이고, 휜 끝으로 갈수록 온도 차이 $T(x) - T_\infty$가 감소하기 때문에 휜으로부터의 열전달은 감소할 것이다. 이러한 온도 감소가 열전달에 미치는 영향을 고려하여 **휜 효율**(fin efficiency)을 다음과 같이 정의한다.

$$\eta_{\text{fin}} = \frac{\dot{Q}_{\text{fin}}}{\dot{Q}_{\text{fin, max}}} = \frac{\text{휜으로부터 실제 열전달률}}{\text{전체 휜이 기저온도라면 휜으로부터 이상적인 열전달}} \tag{3-74}$$

또는

$$\dot{Q}_{\text{fin}} = \eta_{\text{fin}}\dot{Q}_{\text{fin, max}} = \eta_{\text{fin}}hA_{\text{fin}}(T_b - T_\infty) \tag{3-75}$$

여기서 A_{fin}은 휜의 전체 표면적이다. 이 관계식은 휜 효율을 알 때 휜으로부터의 열전달을 구할 수 있다. 일정한 단면적을 가지는 휜에 대해서는 $A_{\text{fin}} = pL$이기 때문에, 단면적이 일정하고 끝이 단열된 매우 긴 휜의 효율은 다음과 같이 표현된다.

$$\eta_{\text{long fin}} = \frac{\dot{Q}_{\text{fin}}}{\dot{Q}_{\text{fin, max}}} = \frac{\sqrt{hpkA_c}(T_b - T_\infty)}{hA_{\text{fin}}(T_b - T_\infty)} = \frac{1}{L}\sqrt{\frac{kA_c}{hp}} = \frac{1}{mL} \tag{3-76}$$

$$\eta_{\text{adiabatic tip}} = \frac{\dot{Q}_{\text{fin}}}{\dot{Q}_{\text{fin, max}}} = \frac{\sqrt{hpkA_c}(T_b - T_\infty)\tanh mL}{hA_{\text{fin}}(T_b - T_\infty)} = \frac{\tanh mL}{mL} \tag{3-77}$$

식 (3-77)은 휜 길이 L을 수정길이 L_c로 대체하면 휜 끝이 대류 조건일 때도 사용할 수 있다.

균일한 단면과 비균일한 단면을 가진 여러 형상에 대한 휜 효율 관계식을 표 3-3에 나타내었다. 비균일한 형상을 가진 휜에서, 식 (3-56)은 더 이상 유효하지 않고 임의의 형상을 가진 휜에서는 열전달을 지배하는 일반적인 형태의 미분 방정식인 식 (3-55)가 이용된다. 이러한 경우, 해는 더 이상 간단한 지수 또는 쌍곡선 함수의 형태가 아니다. 이 관계식들에 나타나는 함수 I와 K는 수정 Bessel 함수이고 그 값들은 표 3-4에 제시된다. 평면 휜과 일정한 두께를 가진 원형 휜에 대한 효율을 그림 3-43과 그림 3-44에 각각 나타내었다. 실용적인 대부분의 일정한 두께를 가지는 휜에서는 휜 두께 t가 휜 길이 L에 비해 매우 작기 때문에 휜 끝의 면적을 무시할 수 있다.

삼각형 또는 포물선 형상의 단면을 가진 휜은 직사각형 형상의 단면을 가진 휜보다 더 적은 재료로 구성되고 효율은 더 좋아, 중량의 최소화가 요구되는 우주 응용분야에 적합하다.

휜을 가지는 표면의 설계에서 중요하게 고려해야 하는 점은 적절한 휜 길이 L을 선택하는 것이다. 보통 휜 길이가 길수록 열전달 면적은 증가하고, 따라서 휜으로부

표 3-3

일반적인 휜 형상에 대한 효율 및 표면적

Straight rectangular fins

$m = \sqrt{2h/kt}$

$L_c = L + t/2$

$A_{\text{fin}} = 2wL_c$

$$\eta_{\text{fin}} = \frac{\tanh mL_c}{mL_c}$$

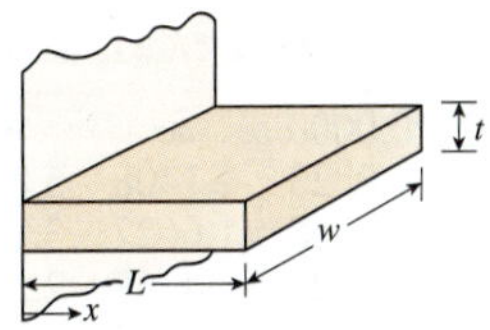

Straight triangular fins

$m = \sqrt{2h/kt}$

$A_{\text{fin}} = 2w\sqrt{L^2 + (t/2)^2}$

$$\eta_{\text{fin}} = \frac{1}{mL}\frac{I_1(2mL)}{I_0(2mL)}$$

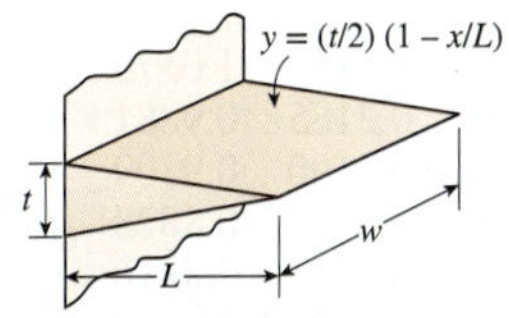

Straight parabolic fins

$m = \sqrt{2h/kt}$

$A_{\text{fin}} = wL[C_1 + (L/t)\ln(t/L + C_1)]$

$C_1 = \sqrt{1 + (t/L)^2}$

$$\eta_{\text{fin}} = \frac{2}{1 + \sqrt{(2mL)^2 + 1}}$$

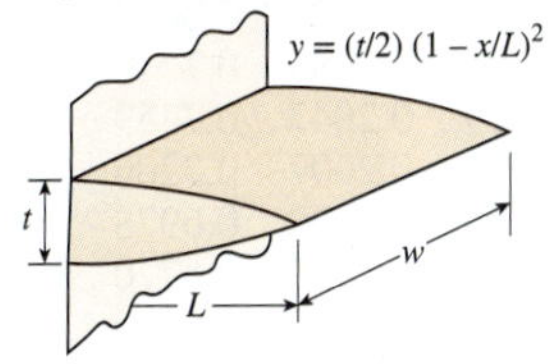

Circular fins of rectangular profile

$m = \sqrt{2h/kt}$

$r_{2c} = r_2 + t/2$

$A_{\text{fin}} = 2\pi(r_{2c}^2 - r_1^2)$

$$\eta_{\text{fin}} = C_2\frac{K_1(mr_1)I_1(mr_{2c}) - I_1(mr_1)K_1(mr_{2c})}{I_0(mr_1)K_1(mr_{2c}) + K_0(mr_1)I_1(mr_{2c})}$$

$$C_2 = \frac{2r_1/m}{r_{2c}^2 - r_1^2}$$

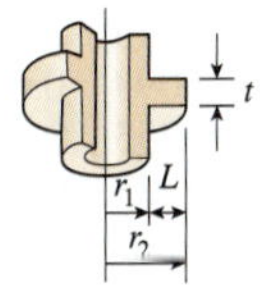

Pin fins of rectangular profile

$m = \sqrt{4h/kD}$

$L_c = L + D/4$

$A_{\text{fin}} = \pi D L_c$

$$\eta_{\text{fin}} = \frac{\tanh mL_c}{mL_c}$$

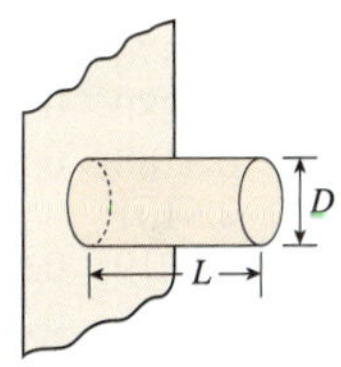

Pin fins of triangular profile

$m = \sqrt{4h/kD}$

$A_{\text{fin}} = \frac{\pi D}{2}\sqrt{L^2 + (D/2)^2}$

$$\eta_{\text{fin}} = \frac{2}{mL}\frac{I_2(2mL)}{I_1(2mL)}$$

$I_2(x) = I_0(x) - (2/x)\,I_1(x)$ where $x = 2mL$

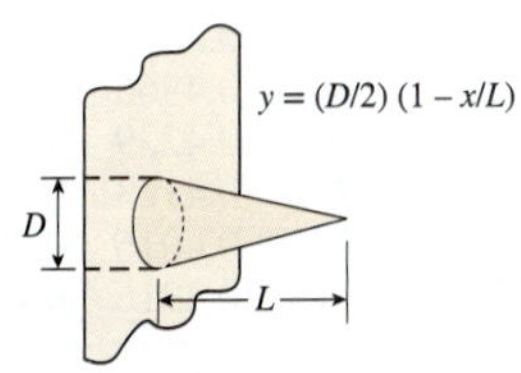

Pin fins of parabolic profile

$m = \sqrt{4h/kD}$

$A_{\text{fin}} = \frac{\pi L^3}{8D}\left[C_3C_4 - \frac{L}{2D}\ln[(2DC_4/L) + C_3]\right]$

$C_3 = 1 + 2(D/L)^2$

$C_4 = \sqrt{1 + (D/L)^2}$

$$\eta_{\text{fin}} = \frac{2}{1 + \sqrt{(2mL/3)^2 + 1}}$$

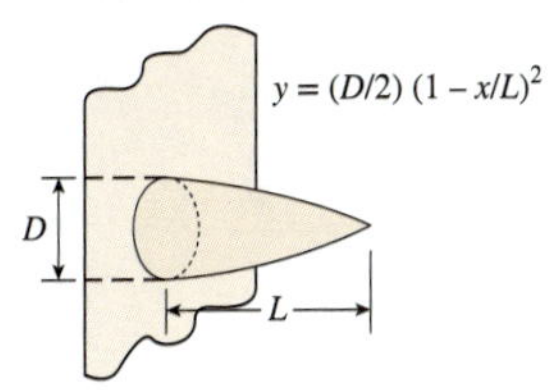

Pin fins of parabolic profile (blunt tip)

$m = \sqrt{4h/kD}$

$A_{\text{fin}} = \frac{\pi D^4}{96L^2}\{[16(L/D)^2 + 1]^{3/2} - 1\}$

$$\eta_{\text{fin}} = \frac{3}{2mL}\frac{I_1(4mL/3)}{I_0(4mL/3)}$$

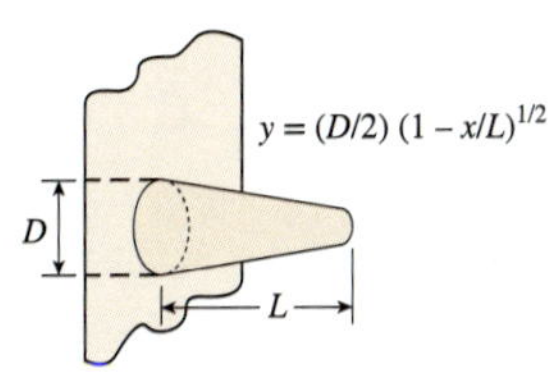

표 3-4

제1종 및 2종 수정 Bessel 함수*

x	$e^{-x}I_0(x)$	$e^{-x}I_1(x)$	$e^{-x}K_0(x)$	$e^{-x}K_1(x)$
0.0	1.0000	0.0000	∞	∞
0.2	0.8269	0.0823	2.1408	5.8334
0.4	0.6974	0.1368	1.6627	3.2587
0.6	0.5993	0.1722	1.4167	2.3739
0.8	0.5241	0.1945	1.2582	1.9179
1.0	0.4658	0.2079	1.1445	1.6362
1.2	0.4198	0.2153	1.0575	1.4429
1.4	0.3831	0.2185	0.9881	1.3011
1.6	0.3533	0.2190	0.9309	1.1919
1.8	0.3289	0.2177	0.8828	1.1048
2.0	0.3085	0.2153	0.8416	1.0335
2.2	0.2913	0.2121	0.8057	0.9738
2.4	0.2766	0.2085	0.7740	0.9229
2.6	0.2639	0.2047	0.7459	0.8790
2.8	0.2528	0.2007	0.7206	0.8405
3.0	0.2430	0.1968	0.6978	0.8066
3.2	0.2343	0.1930	0.6770	0.7763
3.4	0.2264	0.1892	0.6580	0.7491
3.6	0.2193	0.1856	0.6405	0.7245
3.8	0.2129	0.1821	0.6243	0.7021
4.0	0.2070	0.1788	0.6093	0.6816
4.2	0.2016	0.1755	0.5953	0.6627
4.4	0.1966	0.1725	0.5823	0.6454
4.6	0.1919	0.1695	0.5701	0.6292
4.8	0.1876	0.1667	0.5586	0.6143
5.0	0.1835	0.1640	0.5478	0.6003
5.2	0.1797	0.1614	0.5376	0.5872
5.4	0.1762	0.1589	0.5280	0.5749
5.6	0.1728	0.1565	0.5188	0.5634
5.8	0.1697	0.1542	0.5101	0.5525
6.0	0.1667	0.1521	0.5019	0.5422
6.5	0.1598	0.1469	0.4828	0.5187
7.0	0.1537	0.1423	0.4658	0.4981
7.5	0.1483	0.1380	0.4505	0.4797
8.0	0.1434	0.1341	0.4366	0.4631
8.5	0.1390	0.1305	0.4239	0.4482
9.0	0.1350	0.1272	0.4123	0.4346
9.5	0.1313	0.1241	0.4016	0.4222
10.0	0.1278	0.1213	0.3916	0.4108

*Evaluated from EES using the mathematical functions Bessel_I(x) and Bessel_K(x)

터의 열전달률은 증가한다. 그러나 휜이 클수록 재료가 많이 들어 가격이 비싸지고 유체의 저항도 커진다. 그러므로 길이 증가의 효과가 비용 증가의 효과보다 크지 않을 때는 휜의 길이를 어떤 값 이상으로 증가시키는 것은 타당하지 않다. 또한 휜 길이가 증가함에 따라 길이에 따른 휜의 온도가 감소하기 때문에 휜 효율도 감소한다. 휜 효율이 60% 이하로 되게 하는 휜의 길이는 보통 타당하지 않으므로 피해야 한다. 실용적인 대부분의 휜 효율은 90% 이상이다.

휜 유효도

휜은 열전달을 **증가**시키지만, 휜과 관련된 추가 비용 및 복잡함보다 열전달의 증가로 얻는 효과가 크다고 판단될 때 표면에 휜을 설치한다. 사실 표면에 휜을 설치한다고 열전달이 항상 **증가**하는 것은 아니다. 휜의 성능은 휜이 없는 경우에 비해 열전달이 얼마나 증가하였는가를 기준으로 판단해야 한다. 휜의 성능은 그림 3-45와 같이 **휜 유효도** ε_{fin}의 항으로 정의된다.

$$\varepsilon_{\text{fin}} = \frac{\dot{Q}_{\text{fin}}}{\dot{Q}_{\text{no fin}}} = \frac{\dot{Q}_{\text{fin}}}{hA_b(T_b - T_\infty)} = \frac{\text{기저면적이 } A_b\text{인 휜으로부터 열선달률}}{\text{면적이 } A_b\text{인 표면으로부터 열전달률}} \tag{3-78}$$

여기서 A_b는 휜의 기저(base) 면적이고 $\dot{Q}_{\text{no fin}}$은 표면에 휜이 없을 때의 열전달률을 나타낸다. 휜 유효도(fin effectiveness) $\varepsilon_{\text{fin}} = 1$이라는 것은 표면에 휜을 부착하여도 열전달에 전혀 영향을 미치지 않는다는 것을 의미한다. 즉 기저 면적 A_b를 통해 휜으로 전도된 열이 동일한 면적 A_b를 통해 주위 유체로 전달된 열과 같다는 것을 의미한다. 유효도가 1보다 작은 경우($\varepsilon_{\text{fin}} < 1$), 휜은 실질적으로 **단열재**로 작용하여 표면으로부터의 열전달을 감소시킨다. 아주 작은 열전도도를 가진 재질을 사용하여 휜을 만든 경우 이와 같은 현상이 발생한다. 유효도가 1보다 큰 경우($\varepsilon_{\text{fin}} > 1$), 휜은 표면으로부터의 열전달을 **증가**시키고 실제로 이렇게 되어야 한다. 그러나 ε_{fin}이 1보다 충분히 크지 않으면 휜의 사용이 정당화될 수 없다. 주어진 비용에 대한 **최대의** 유효도, 또는 원하는 유효도에 대한 **최소비용**에 기초하여 휜을 가진 표면을 설계해야 한다.

휜 효율과 휜 유효도는 휜의 성능과 관계있지만 이 둘은 서로 다른 양임을 유의하라. 둘 사이에는 다음의 관계가 성립한다.

$$\varepsilon_{\text{fin}} = \frac{\dot{Q}_{\text{fin}}}{\dot{Q}_{\text{no fin}}} = \frac{\dot{Q}_{\text{fin}}}{hA_b(T_b - T_\infty)} = \frac{\eta_{\text{fin}} hA_{\text{fin}}(T_b - T_\infty)}{hA_b(T_b - T_\infty)} = \frac{A_{\text{fin}}}{A_b}\eta_{\text{fin}} \tag{3-79}$$

그러므로 휜 유도도와 휜 효율 둘 중에 하나를 알면 다른 하나는 쉽게 구할 수 있다.

정상 상태하에 **균일한** 단면을 가지는 길이가 충분히 긴 휜에서의 열전달률은 식 (3-61)에 주어져 있다. 이 관계식을 식 (3-78)에 대입하면, $A_c = A_b$인 긴 휜에 대한 유효도는 다음과 같다.

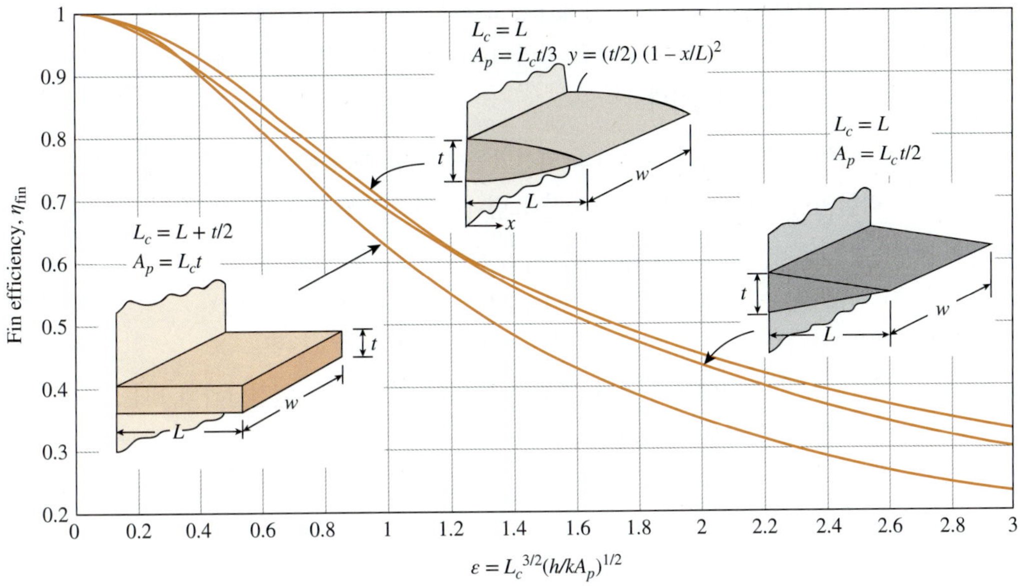

그림 3-43
직사각형, 삼각형 그리고 포물선 단면을 가지는 곧은 휜의 효율

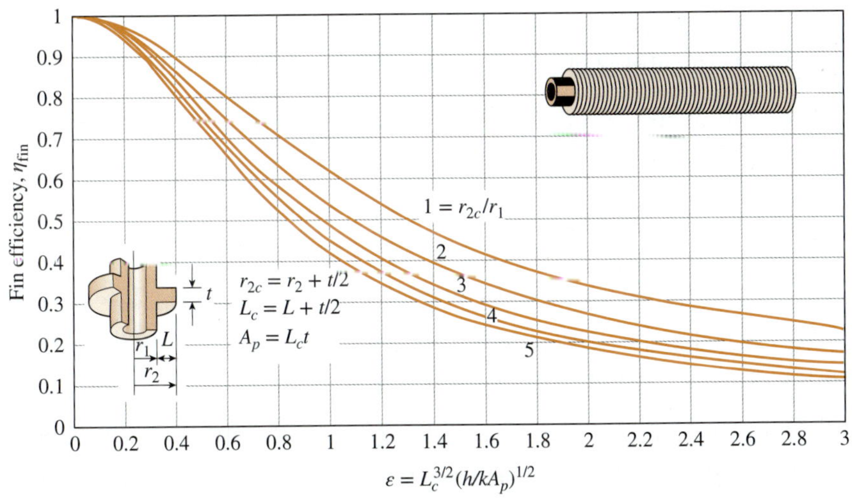

그림 3-44
일정한 두께 t를 가지는 환형 휜의 효율

$$\varepsilon_{\text{long fin}} = \frac{\dot{Q}_{\text{fin}}}{\dot{Q}_{\text{no fin}}} = \frac{\sqrt{hpkA_c}(T_b - T_\infty)}{hA_b(T_b - T_\infty)} = \sqrt{\frac{kp}{hA_c}} \tag{3-80}$$

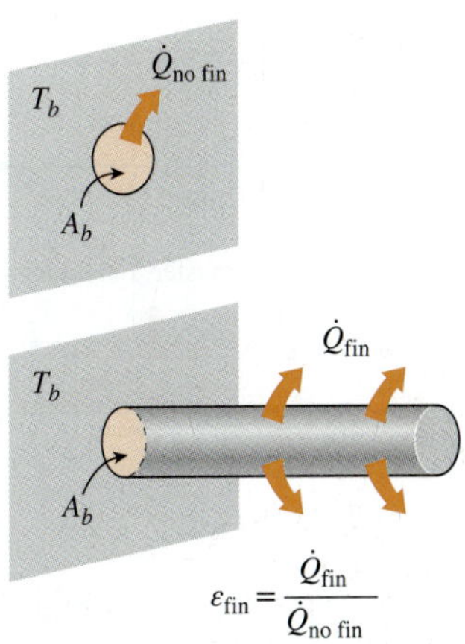

그림 3-45
휜 유효도

휜을 설계하고 선정할 때 고려하여야 할 휜 유효도의 관계식으로부터 몇 가지 중요한 결론을 내릴 수 있다.

- 휜 재질의 **열전도도** k가 가능한 한 커야 한다. 따라서 구리, 알루미늄 및 철과 같은 금속으로 휜이 만들어지는 것은 우연한 일이 아니다. 가장 널리 사용되는 것은 알루미늄인데, 싸고, 가볍고 부식에 잘 견디기 때문이다.
- 휜의 **둘레**와 **단면적**의 비 p/A_c가 가능한 한 커야 한다. **얇은** 판으로 된 휜이나 **가느다란** 휜에서 이 조건을 만족한다.
- **대류 열전달계수가 낮은** 경우에 휜의 사용이 더 **효율적**이다. 따라서 주위 유체가

액체보다 기체인 경우, 강제대류보다 자연대류인 경우에 휜의 사용이 더 정당화될 수 있다. 그러므로 자동차 라디에이터와 같은 액체-기체 열교환기에서 기체 쪽에 휜을 설치한다.

휜을 가진 표면으로부터의 열전달률을 구할 때 휜뿐 아니라 휜이 없는 부분도 고려하여야 한다. n개의 휜을 가진 표면에서의 열전달률은 다음과 같이 표기된다.

$$\begin{aligned}\dot{Q}_{\text{total, fin}} &= \dot{Q}_{\text{unfin}} + \dot{Q}_{\text{fin}} \\ &= hA_{\text{unfin}}(T_b - T_\infty) + \eta_{\text{fin}} hA_{\text{fin}}(T_b - T_\infty) \\ &= h(A_{\text{unfin}} + \eta_{\text{fin}} A_{\text{fin}})(T_b - T_\infty)\end{aligned} \tag{3-81}$$

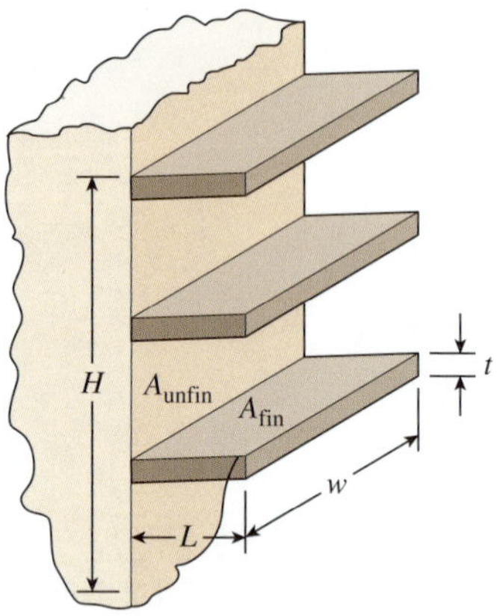

$A_{\text{no fin}} = w \times H$
$A_{\text{unfin}} = w \times H - 3 \times (t \times w)$
$A_{\text{fin}} = 2 \times L \times w + t \times w$
$\cong 2 \times L \times w$ (one fin)

그림 3-46
3개의 휜을 가진 직사각형 표면과 관련된 다양한 표면적

휜을 가진 표면에서의 전체 열전달과 휜이 없는 경우 열전달과의 비를 휜을 가진 표면의 **총 유효도**(overall effectiveness)로 정의할 수 있다.

$$\varepsilon_{\text{fin, overall}} = \frac{\dot{Q}_{\text{total, fin}}}{\dot{Q}_{\text{total, no fin}}} = \frac{h(A_{\text{unfin}} + \eta_{\text{fin}} A_{\text{fin}})(T_b - T_\infty)}{hA_{\text{no fin}}(T_b - T_\infty)} = \frac{A_{\text{unfin}} + \eta_{\text{fin}} A_{\text{fin}}}{A_{\text{no fin}}} \tag{3-82}$$

여기서 $A_{\text{no fin}}$은 휜이 없을 때의 표면적이고, A_{fin}은 표면에 있는 전체 휜의 면적, A_{unfin}은 표면에서 휜이 없는 부분의 면적이다(그림 3-46). 총 유효도는 각각의 휜 유효도뿐만 아니라 휜의 조밀도(단위길이당 휜의 수)에 영향을 받는다는 데 유의하라. 휜을 가진 표면의 성능을 판단하는 데 각각의 휜 유효도보다는 총 유효도가 더 적합하다.

휜의 적절한 길이

휜의 재질과 단면적이 정해지고 난 후, 휜을 설계하는 데 중요한 단계는 적절한 휜의 길이를 구하는 것이다. 휜의 길이가 길면 길수록 표면적이 커져 열전달률이 커질 것이라 생각하여, 최대의 열전달을 얻기 위해서는 휜은 아주 길어야 한다고 생각하기 쉽다. 그러나 온도는 휜을 따라 기하급수적으로 감소하여 특정 길이에 도달하면 주위 온도와 같아진다. 그림 3-47에서 보여주고 있듯이 그 길이 이후의 휜 부분은 온도가 주위와 같기 때문에 열전달에 전혀 기여하지 못한다. 따라서 "과도하게 긴" 휜을 설계하는 것은 의심할 여지 없이 재료낭비, 과도한 무게, 크기의 증가로 인하여 아무런 소득 없이 비용만 더 든다(실제로 과도하게 긴 휜은 유체의 유동을 억제하기 때문에 대류 열전달계수를 감소시켜 성능을 저하시킨다). 휜이 과도하게 길지는 않지만 휜의 끝에서의 온도가 주위 온도에 가까워질 만큼 긴 휜도 바람직하지 못하다. 왜냐하면 휜의 끝 부분에서 열전달을 아주 조금 증가시키는 것은 휜의 무게와 비용을 고려하면 적절하지 못하기 때문이다.

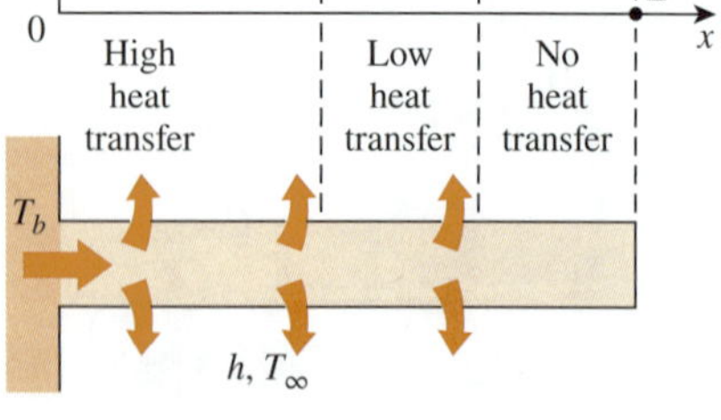

그림 3-47
휜에서의 점진적인 온도 강하로 인하여 휜 끝에서는 열전달에 약간 기여하거나 전혀 기여하지 못한다.

휜의 적당한 길이에 대한 이해를 돕기 위해 동일한 조건하의 유한한 길이의 휜과 무한히 긴 휜을 비교한다. 그 둘의 열전달의 비는 다음과 같다.

열 전달 비:
$$\frac{\dot{Q}_{\text{fin}}}{\dot{Q}_{\text{long fin}}} = \frac{\sqrt{hpkA_c}(T_b - T_\infty)\tanh mL}{\sqrt{hpkA_c}(T_b - T_\infty)} = \tanh mL \tag{3-83}$$

계산기를 사용하여 임의의 값 mL에 대한 tanh mL을 계산한 값이 표 3-5에 제시되었다. 이 표로부터 처음에는 mL이 증가함에 따라 휜으로부터의 열전달이 거의 선형적으로 증가하지만 나중에는 평평하게 되어 대략 $mL = 5$일 때 무한히 긴 휜과 같게 된다는 것을 알 수 있다. 따라서 휜의 길이가 $L = 5/m$인 휜은 무한히 긴 휜으로 간주된다. 또한 $mL = 5$인 휜으로부터 $mL = 2.5$인 휜으로 길이를 반으로 줄이면 열전달은 오직 1% 감소한다는 것을 알 수 있다. 휜에서의 열전달을 1% 줄이는 대신 휜의 크기를 50% 줄이고 따라서 휜의 비용을 줄이는 데 망설이지 않을 것이다. 실용적인 측면에서 $mL = 1$인 휜은 무한히 긴 휜이 전달할 수 있는 열의 76.2%에 전달하며 이는 열전달 성능과 휜의 크기에 있어 훌륭한 절충점이 될 수 있을 것이다.

표 3-5
무한히 긴 휜의 열전달에 대한 휜의 열전달의 비

mL	$\dfrac{\dot{Q}_{\text{fin}}}{\dot{Q}_{\text{long fin}}} = \tanh mL$
0.1	0.100
0.2	0.197
0.5	0.462
1.0	0.762
1.5	0.905
2.0	0.964
2.5	0.987
3.0	0.995
4.0	0.999
5.0	1.000

휜의 해석에 주로 사용되는 방법은 휜의 온도가 휜의 길이 방향으로만 변하고, 다른 방향으로는 변하지 않는다고 가정하는 것이다. 이 1차원 가정이 타당한가 하는 의문을 가질 수 있다. 자동차 라디에이터에 있는 휜처럼 얇은 금속판으로 되어 있는 경우는 확실히 1차원이지만 두꺼운 재질로 만들어진 경우는 확신할 수 없다. 1차원 휜 해석과 관련된 오차에 관한 연구는 다음과 같은 조건에서 1% 이하이므로 무시할 수 있음을 보여주었다.

$$\frac{h\delta}{k} < 0.2$$

여기서 δ는 휜의 특성두께이며, 직사각형 휜에서는 두께 t, 원통형 휜의 경우는 직경 D이다.

주로 전자장비의 냉각에 사용되도록 특별하게 설계된 휜 표면을 **열싱크**(*heat sinks*)라고 하며 표 3-6에 보여준 바와 같이 모두 비슷한 형태의 복잡한 모양을 가지고 있다. 보통 °C/W의 단위로 주어지는 **열저항**(R)으로 열싱크의 열전달 성능을 나타내며, 다음과 같이 정의된다.

$$\dot{Q}_{\text{fin}} = \frac{T_b - T_\infty}{R} = hA_{\text{fin}}\eta_{\text{fin}}(T_b - T_\infty) \tag{3-84}$$

작은 열저항 값은 열싱크를 통한 온도 강하가 작다는 것을 의미하고, 이는 휜 효율이 높다는 것을 의미한다.

예제 3-10 트랜지스터의 최대 전력소모

전자기기에서 주로 사용하는 파워 트랜지스터는 많은 양의 전력을 소비한다. 전자기기의 고장률은 작동온도에 따라 거의 기하급수적으로 증가한다. 일반적으로, 접합부 작동온도가 10°C 감소하면 전자지지의 고장률은 반으로 줄어든다. 따라서 파손 위험을 최소화하기 위해 전자기기의 작동온도를 안전한 값 이하로 유지하여야 한다.

접합부에 있는 파워 트랜지스터의 정교한 전자기기는 단단한 금속으로 만들어진 케

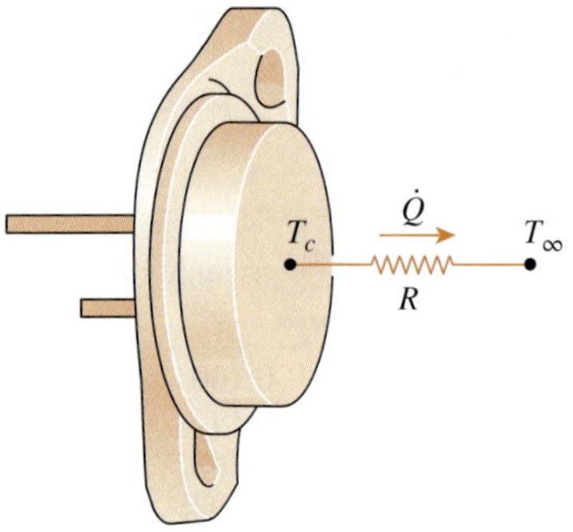

그림 3-48
예제 3-10의 개략도

이스에 의해 보호된다. 파워 트랜지스터의 열적 특성은 주로 제조회사에 의해 케이스-외부 열저항으로 주어지는데, 자연대류와 복사 열전달의 효과를 고려한 것이다.

최대 정격 전력이 10 W인 파워 트랜지스터의 케이스-주위 열저항이 20°C/W로 주어진다. 주위 온도 25°C에서 트랜지스터의 케이스 온도가 85°C를 넘지 않고 안전하게 작동할 트랜지스터의 전력을 구하라.

풀이 트랜지스터의 케이스 온도가 85°C를 넘지 않는 트랜지스터의 전력을 구하여야 한다.

가정 **1.** 정상 작동조건이 존재한다. **2.** 트랜지스터 케이스는 85°C로 등온이다.

물성값 트랜지스터의 케이스-주위 열저항이 20°C/W로 주어졌다.

해석 파워 트랜지스터와 열저항 회로를 그림 3-48이 나타내고 있다. 열저항 회로로부터 T_c = 85°C인 케이스와 T_∞ = 25°C인 주위 사이에 하나의 저항 20°C/W가 있다는 것을 알 수 있고, 따라서 열전달률은 다음과 같다.

$$\dot{Q} = \left(\frac{\Delta T}{R}\right)_{\text{case-ambient}} = \frac{T_c - T_\infty}{R_{\text{case-ambient}}} = \frac{(85-25)°\text{C}}{20°\text{C/W}} = \mathbf{3\ W}$$

따라서 케이스 온도가 85°C를 넘지 않으려면 3 W 이상의 전력을 사용해서는 안 된다.

검토 방열판를 부착하거나(다음 예제에서 다루듯이 열전달 표면적을 증가시켜 열저항을 감소시킨다), 팬을 사용하면(대류 열전달계수를 증가시켜 열저항을 감소시킨다) 이 트랜지스터를 보다 큰 전력에서 사용할 수 있다.

예제 3-11 트랜지스터에 대한 방열판 선정

25 W 파워 트랜지스터는 표 3-6에 보인 상업적으로 시판되는 방열판 중 하나에 부착하여 냉각한다. 트랜지스터의 케이스 온도가 18°C의 주변 공기에서 55°C를 초과하지 않도록 하는 방열판을 선택하라.

풀이 표 3-6으로부터 시판되는 방열판 중에 55°C 이하의 트랜지스터 케이스 온도를 유지하는 것을 선택해야 한다.

가정 **1.** 정상 조건에서 작동한다. **2.** 트랜지스터 케이스는 55°C이다. **3.** 트랜지스터와 방열판 사이의 접촉 열저항은 무시한다.

해석 최대 전력 25 W 트랜지스터로부터 열전달률은 열전달률 $\dot{Q}$ = 25 W이다. 방열판에 부착된 트랜지스터와 주위 공기 사이의 열저항은 다음과 같이 구할 수 있다.

$$\dot{Q} = \frac{\Delta T}{R} \longrightarrow R = \frac{\Delta T}{\dot{Q}} = \frac{(55-18)°\text{C}}{25\ \text{W}} = 1.5°\text{C/W}$$

따라서 방열판의 열저항은 1.5°C/W 이하여야 한다. 표 3-6을 검토해 보면, 수평 및 수직 위치 모두에서 HS 5030, 수직 위치에서 HS 6071, 수평 및 수직 위치 모두에서 HS 6115를 선택할 수 있다.

표 3-6

전자기기에 사용되는 다양한 방열판과 주위 사이의 복합 자연대류 및 복사 열저항. 모든 휜은 알루미늄 6063T-5 재질로 되어 있으며 검게 양극산화 처리하였으며 길이는 76 mm이다. (Source: Vemaline Products, Inc.)

HS 5030

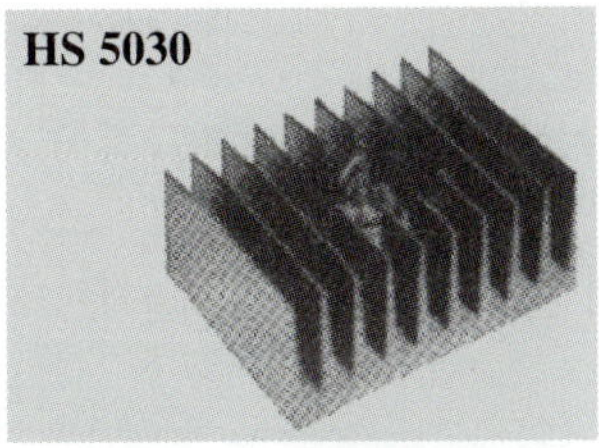

R = 0.9°C/W (vertical)
R = 1.2°C/W (horizontal)

Dimensions: 76 mm × 105 mm × 44 mm
Surface area: 677 cm^2

HS 6065

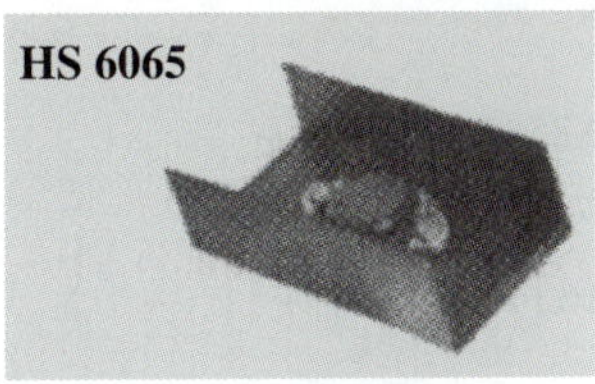

R = 5°C/W

Dimensions: 76 mm × 38 mm × 24 mm
Surface area: 387 cm^2

HS 6071

R = 1.4°C/W (vertical)
R = 1.8°C/W (horizontal)

Dimensions: 76 mm × 92 mm × 26 mm
Surface area: 968 cm^2

HS 6105

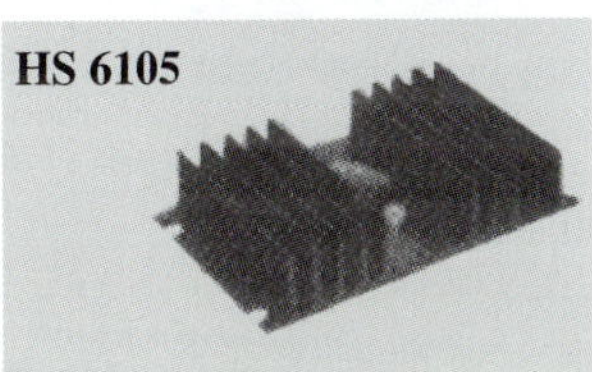

R = 1.8°C/W (vertical)
R = 2.1°C/W (horizontal)

Dimensions: 76 mm × 127 mm × 91 mm
Surface area: 677 cm^2

HS 6115

R = 1.1°C/W (vertical)
R = 1.3°C/W (horizontal)

Dimensions: 76 mm × 102 mm × 25 mm
Surface area: 929 cm^2

HS 7030

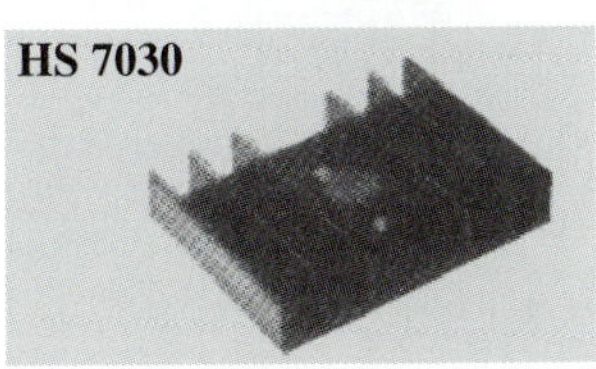

R = 2.9°C/W (vertical)
R = 3.1°C/W (horizontal)

Dimensions: 76 mm × 97 mm × 19 mm
Surface area: 290 cm^2

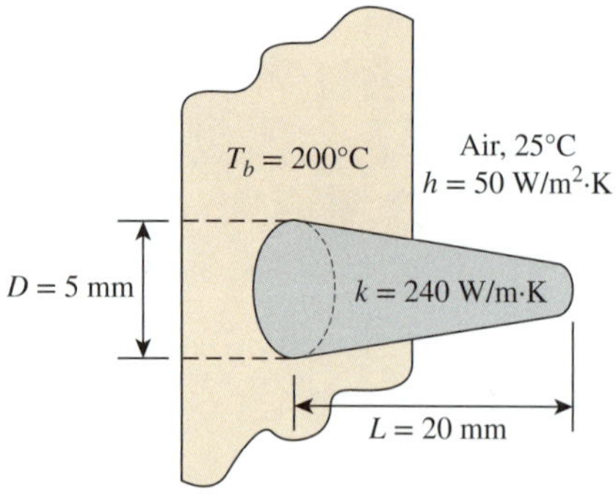

그림 3-49

예제 3-12의 개략도

예제 3-12 증기관에서의 열전달에 대한 휜의 효과

뭉툭한 끝을 가진 포물선 형상의 알루미늄 핀 휜이 표면온도가 200°C인 평면 벽에 부착되어 있다(그림 3-49). 각 휜은 길이는 20 mm, 기저반경 5 mm이다. 휜은 주위 온도 25°C에 노출되어 있고 대류 열전달계수는 50 W/m²·K이다. 휜의 열전도도가 240 W/m·K이면 휜 효율, 열전달률, 각 휜의 유효도를 구하라.

풀이 뭉툭한 끝을 가진 포물선 형상 핀 휜의 효율, 열전달률, 휜의 열유효도를 구하여야 한다.

가정 **1.** 정상 작동조건과 일차원이다. **2.** 열전달률은 전체 휜에서 균일하다. **3.** 열전도도는 일정하다. **4.** 복사열전달은 무시한다.

물성값 휜의 열전도도는 240 W/m·K로 주어져 있다.

해석 표 3-3으로부터 포물선 형상(뭉툭한 끝)의 휜들에 대하여

$$mL = \sqrt{\frac{4h}{kD}}L = \sqrt{\frac{4(50\ W/m^2·K)}{(240\ W/m·K)(0.005\ m)}}(0.020\ m) = 0.2582$$

$$A_{fin} = \frac{\pi D^4}{96L^2}\left\{\left[16\left(\frac{L}{D}\right)^2+1\right]^{3/2}-1\right\} = \frac{\pi(0.005\ m)^4}{96(0.020\ m)^2}\left\{\left[16\left(\frac{0.020\ m}{0.005\ m}\right)^2+1\right]^{3/2}-1\right\}$$
$$= 2.106\times10^{-4}\ m^2$$

$$\eta_{fin} = \frac{3}{2mL}\frac{I_1(4mL/3)}{I_0(4mL/3)} = \frac{3}{2(0.2582)}\frac{I_1[4(0.2582)/3]}{I_0[4(0.2582)/3]} = 5.8095\frac{I_1[0.3443]}{I_0[0.3443]}$$

$x = 0.3443$에 해당하는 Bessel 함수의 값은 표 3-4로부터 $I_0 = 1.0350$과 $I_1 = 0.1716$로 결정할 수 있다. 위 식에 대입하면, 휜 효율은 다음과 같다.

$$\eta_{fin} = 5.8095\frac{0.1716}{1.0350} = \mathbf{0.9632}$$

한 개 휜에 대한 열전달률은 다음과 같다.

$$\dot{Q}_{fin} = \eta_{fin} hA_{fin}(T_b - T_\infty)$$
$$= (0.9632)(50\ W/m^2·K)(2.106\times10^{-4} m^2)(200-25)°C = \mathbf{1.77\ W}$$

휜 유효도는 다음과 같다.

$$\varepsilon_{fin} = \frac{\dot{Q}_{fin}}{hA_b(T_b-T_\infty)} = \frac{\dot{Q}_{fin}}{h(\pi D^2/4)(T_b-T_\infty)}$$
$$= \frac{1.77\ W}{(50\ W/m^2·K)\,[\pi(0.005\ m)^2/4](200-25)°C}$$
$$= \mathbf{10.3}$$

즉, 이 경우에 핀 휜을 이용함으로써 10배 이상의 열전달이 증가한다.

요약 SUMMARY

단일 또는 복합체 양쪽 면의 유체 온도가 $T_{\infty 1}$과 $T_{\infty 2}$인 물체를 통한 1차원 열전달은 다음과 같이 표현된다.

$$\dot{Q} = \frac{T_{\infty 1} - T_{\infty 2}}{R_{\text{total}}}$$

여기서 R_{total}은 두 유체 사이의 총 열저항이다. 양쪽 면이 대류에 노출된 평면 벽에 대해서 총 열저항은 다음과 같다.

$$R_{\text{total}} = R_{\text{conv, 1}} + R_{\text{wall}} + R_{\text{conv, 2}} = \frac{1}{h_1 A} + \frac{L}{kA} + \frac{1}{h_2 A}$$

이 관계는 추가되는 층에 대한 저항을 더하여, 둘 또는 그 이상의 층으로 이루어진 평면 벽에 확대 적용할 수 있다. 기본적인 열저항 관계는 다음과 같다.

전도열저항(평면 벽): $R_{\text{wall}} = \dfrac{L}{kA}$

전도열저항(원통): $R_{\text{cyl}} = \dfrac{\ln(r_2/r_1)}{2\pi Lk}$

전도열저항(구): $R_{\text{sph}} = \dfrac{r_2 - r_1}{4\pi r_1 r_2 k}$

대류열저항: $R_{\text{conv}} = \dfrac{1}{hA}$

경계열저항: $R_{\text{interface}} = \dfrac{1}{h_c A} = \dfrac{R_c}{A}$

복사열저항: $R_{\text{rad}} = \dfrac{1}{h_{\text{rad}} A}$

여기서 h_c는 접촉 열전도도, R_c는 접촉 열저항, 그리고 복사 열전달계수는 다음과 같이 정의된다.

$$h_{\text{rad}} = \varepsilon\sigma(T_s^2 + T_{\text{surr}}^2)(T_s + T_{\text{surr}})$$

일단 열전달률을 알고 나면 어떤 층을 통한 온도 강하는 다음과 같이 구할 수 있다.

$$\Delta T = \dot{Q}R$$

병렬 또는 병렬-직렬의 복합 층을 가진 정상 열전달 문제에 열저항 개념을 적용할 수 있다.

원형관 또는 구형의 셸에 단열을 하는 경우, 만약 단열재의 외경이 다음으로 정의되는 임계 단열반경(*critical radius of insulation*)보다 작다면 열전달은 증가할 것이다.

$$r_{\text{cr, cylinder}} = \frac{k_{\text{ins}}}{h}$$

$$r_{\text{cr, sphere}} = \frac{2k_{\text{ins}}}{h}$$

단열의 효과는 주로 단위 표면적에 대한 재질의 열저항을 나타내는 *R-value*로 주어지며 다음과 같이 표기된다.

$$R\text{-value} = \frac{L}{k} \qquad \text{(평판단열)}$$

여기서 L은 두께이고 k는 재질의 열전도도이다.

열전달을 증가시키기 위하여 휜을 가진 표면을 사용한다. 휜은 큰 표면적을 대류에 노출시키게 하여 열전달을 증가시킨다. 매우 긴 휜과 끝에서의 열전달을 무시할 수 있는 휜의 온도분포는 다음과 같이 주어진다.

매우 긴 휜: $\dfrac{T(x) - T_\infty}{T_b - T_\infty} = e^{-x\sqrt{hp/kA_c}}$

단열 휜 끝: $\dfrac{T(x) - T_\infty}{T_b - T_\infty} = \dfrac{\cosh m(L - x)}{\cosh mL}$

휜 끝의 특정한 온도:

$$\frac{T(x) - T_\infty}{T_b - T_\infty} = \frac{[(T_L - T_\infty)/(T_b - T_\infty)]\sinh mx + \sinh m(L - x)}{\sinh mL}$$

휜 끝으로부터의 대류:

$$\frac{T(x) - T_\infty}{T_b - T_\infty} = \frac{\cosh m(L - x) + (h/mk)\sinh m(L - x)}{\cosh mL + (h/mk)\sinh mL}$$

여기서, $m = \sqrt{hp/kA_c}$, p는 둘레, A_c는 휜의 단면적이다. 이 두 형태에 대한 열전달률은 다음과 같다.

매우 긴 휜:

$$\dot{Q}_{\text{long fin}} = -kA_c \frac{dT}{dx}\bigg|_{x=0} = \sqrt{hpkA_c}(T_b - T_\infty)$$

끝이 단열된 휜:

$$\dot{Q}_{\text{adiabatic tip}} = -kA_c \frac{dT}{dx}\bigg|_{x=0} = \sqrt{hpkA_c}(T_b - T_\infty)\tanh mL$$

휜 끝의 특정한 온도:

$$\dot{Q}_{\text{specified temp.}} = \sqrt{hpkA_c}(T_b - T_\infty)\frac{\cosh mL - [(T_L - T_\infty)/(T_b - T_\infty)]}{\sinh mL}$$

휜 끝으로부터의 대류:

$$\dot{Q}_{\text{convection}} = \sqrt{hpkA_c}(T_b - T_\infty)\frac{\sinh mL + (h/mk)\cosh mL}{\cosh mL + (h/mk)\sinh mL}$$

휜의 끝에서 대류에 노출된 경우는 수정길이 $L_c = L + A_c/p$를 사용하여 끝이 단열된 휜처럼 취급하면 된다.

길이에 따라 휜의 온도는 감소하고 따라서 휜에서의 열전달은 온도 차이가 줄어들기 때문에 휜 끝으로 갈수록 감소한다. 이러한 온도 감소가 열전달에 미치는 영향을 고려하여 **휜 효율**(*fin efficiency*)을 다음과 같이 정의한다.

$$\eta_{\text{fin}} = \frac{\dot{Q}_{\text{fin}}}{\dot{Q}_{\text{fin, max}}} = \frac{\text{휜으로부터 실제 열전달률}}{\text{휜 전체가 기저온도와 같을 때 휜으로부터 이상적인 열전달률}}$$

휜의 효율을 알고 나면 휜으로부터의 열전달률을 다음 식으로 알 수 있다.

$$\dot{Q}_{\text{fin}} = \eta_{\text{fin}}\dot{Q}_{\text{fin, max}} = \eta_{\text{fin}}hA_{\text{fin}}(T_b - T_\infty)$$

휜이 없는 경우에 비해 열전달이 얼마나 증가하였는가에 따라 휜의 성능을 판단해야하며 **휜 유효도**(*fin effectiveness*) ε_{fin}은 다음과 같이 정의된다.

$$\varepsilon_{\text{fin}} = \frac{\dot{Q}_{\text{fin}}}{\dot{Q}_{\text{no fin}}} = \frac{\dot{Q}_{\text{fin}}}{hA_b(T_b - T_\infty)} = \frac{\text{기저면적이 } A_b\text{인 휜으로부터 열전달률}}{\text{면적이 } A_b\text{인 표면으로부터 열전달률}}$$

여기서 A_b는 휜의 기저면적이고 $\dot{Q}_{\text{no fin}}$은 표면에서 휜이 없는 부분의 열전달률을 나타낸다. 휜을 가진 표면에서의 전체 열전달과 휜이 없는 경우 동일한 표면에서의 열전달과의 비를 휜을 가진 표면의 **총 유효도**(*overall effectiveness*)로 정의할 수 있다.

$$\varepsilon_{\text{fin, overall}} = \frac{\dot{Q}_{\text{total, fin}}}{\dot{Q}_{\text{total, no fin}}} = \frac{h(A_{\text{unfin}} + \eta_{\text{fin}}A_{\text{fin}})(T_b - T_\infty)}{hA_{\text{no fin}}(T_b - T_\infty)}$$

휜 효율과 휜 유효도 사이에는 다음과 같은 관계가 성립한다.

$$\varepsilon_{\text{fin}} = \frac{A_{\text{fin}}}{A_b}\eta_{\text{fin}}$$

참고문헌 | REFERENCES AND SUGGESTED READINGS

1. American Society of Heating, Refrigeration, and Air Conditioning Engineers. *Handbook of Fundamentals*. Atlanta: ASHRAE, 1993.
2. R. V. Andrews. "Solving Conductive Heat Transfer Problems with Electrical-Analogue Shape Factors." *Chemical Engineering Progress* 5 (1955), p. 67.
3. L. S. Fletcher. "Recent Developments in Contact Conductance Heat Transfer." *Journal of Heat Transfer* 110, no. 4B (1988), pp. 1059-79.
4. E. Fried. "Thermal Conduction Contribution to Heat Transfer at Contacts." *Thermal Conductivity*, vol. 2, ed. R. P. Tye. London: Academic Press, 1969.
5. K. A. Gardner. "Efficiency of Extended Surfaces." *Trans. ASME* 67 (1945), pp. 621-31. Reprinted by permission of ASME International.
6. D. Q. Kern and A. D. Kraus. *Extended Surface Heat Transfer*. New York: McGraw-Hill, 1972.
7. G. P. Peterson. "Thermal Contact Resistance in Waste Heat Recovery Systems." *Proceedings of the 18th ASME/ETCE Hydrocarbon Processing Symposium*. Dallas, TX, 1987, pp. 45-51. Reprinted by permission of ASME International.
8. S. Song, M. M. Yovanovich, and F. O. Goodman. "Thermal Gap Conductance of Conforming Surfaces in Contact." *Journal of Heat Transfer* 115 (1993), p. 533.

연습문제* | PROBLEMS

평면 벽에서의 정상 열전도

3-1C 두께가 L이고 면적이 A인 벽을 통한 열전도를 고려하자. 어떤 조건에서 벽의 온도 분포가 직선이 되는가?

3-2C 평면 벽을 통한 열전도를 고려하자. 정상 열전도 상태에서 벽의 에너지량이 변하는가? 과도 열전도에서는 어떻게 되는지 설명하라.

3-3C 매질의 열저항은 무엇을 말하는가?

3-4C 단위 표면적당 대류 저항을 대류 열전달계수의 역수라고 정의해도 되는가?

3-5C 겨울에 방의 벽을 통한 정상 열전달을 고려하자. 바람 때문에 벽 외부에서의 대류 열전달계수가 벽 내부에서의 대류 열전달계수의 3배이다. 벽의 어느 쪽 표면에서의 온도가 외부 공기의 온도에 가까운가? 설명하라.

*"C"로 표시된 문제는 개념에 관한 문제들이며, 학생들은 모든 문제를 풀어보는 것을 권장한다. "E"로 표시된 문제는 영국 단위로 되어 있으며 SI 단위 사용자들은 무시할 수 있다. "[컴퓨터 아이콘]" 아이콘이 있는 문제는 그대로 풀기는 어려우며, 적절한 프로그램을 사용하여 풀어야 한다.

3-6C 복합 열전달계수는 어떻게 정의되는가? 이것이 열전달 계산에서 어떤 편의를 주는가?

3-7C 표면에서 대류 저항과 복사 저항은 왜 직렬이 아니고 병렬인가?

3-8C 주위 온도가 $T_{\infty1}$, $T_{\infty2}$이고 대류 열전달계수가 h_1, h_2인 주위에 노출된 평면 벽을 통한 1차원 정상 열전달을 고려하자. 열전달률 $\dot{Q}$를 구한 후, 각 표면온도를 어떻게 구하는지 설명하라.

3-9C 전자렌지는 음식물의 표면에서 대류저항이 0인 것에 해당하는 일반적인 오븐으로 보는 사람이 있다. 이것은 정확한 설명인가?

3-10C 차가운 두 개의 차가운 캔 음료를 고려하자. 하나는 담요로 싸여 있고 다른 하나는 같은 방 안의 테이블 위에 놓여 있다. 어떤 음료가 더 빨리 따뜻해지는가?

3-11C 대류 열전달계수와 복사 열전달계수가 각각 h_{conv}와 h_{rad}인 조건에서 면적이 A인 표면을 고려하자. (*a*) 등가 열전달계수, (*b*) 등가 열저항을 어떻게 구하는지 설명하라. 주위 매체와 표면의 온도가 동일하다고 가정하라.

3-12C 다층 매체를 통한 1차원 정상 열전달을 고려하자. 열전달률 $\dot{Q}$를 알고 있는 경우, 각각의 층을 통한 온도 강하를 어떻게 구하는지 설명하라.

3-13C 두께 4 mm 유리 두 장을 밀착하여 만든 유리창을 고려하자. 이 유리창을 통한 열전달과 두께 8 mm의 유리 한 장으로 된 유리창을 통한 열전달률을 비교하라.

3-14 높이 3 m, 폭 6 m, 그리고 두께 0.25 m, 열전도도 $k = 0.8$ W/m·K인 벽돌이 있다. 어느 날 벽의 내부와 외부 표면의 온도가 각각 14°C와 5°C로 측정되었다. 그 날 벽을 통한 열손실률을 구하라.

3-15 온도가 20°C인 방 안에 있는 표면적이 1.7 m2인 사람을 생각해 보자. 사람의 체온은 37°C이며 피부 근처 인체조직의 열전도도는 약 0.3 W/m·K이다. 신체는 자연 대류와 주변 복사에 의해 150 W의 열을 빼앗기고 있다. 피부에서 0.5 cm 아래의 온도가 37°C일 경우, 이 사람의 피부온도를 구하라. *답*: 35.5°C

3-16E 벽의 높이가 9 ft이고 두께가 1 ft인 전기 난방식 벽돌집($k = 0.4$ Btu/h·ft·°F)을 생각해 보자. 집의 4개 벽 중 두 개의 길이는 50 ft이고 다른 벽은 길이가 35 ft이다. 실외 온도가 변하는 반면, 집은 항상 70°F로 유지된다. 어느날 벽의 내부 표면 온도는 55°F로 측정된 반면, 외부 표면의 평균 온도는 낮 10시간 동안 45°F로 유지되고 밤 14시간 동안 35°F로 유지됨이 확인되었다. 그날 그 집에서 손실된 열의 양을 구하고, $0.09/kWh의 전기 가격에 대한 열 손실 비용을 구하라.

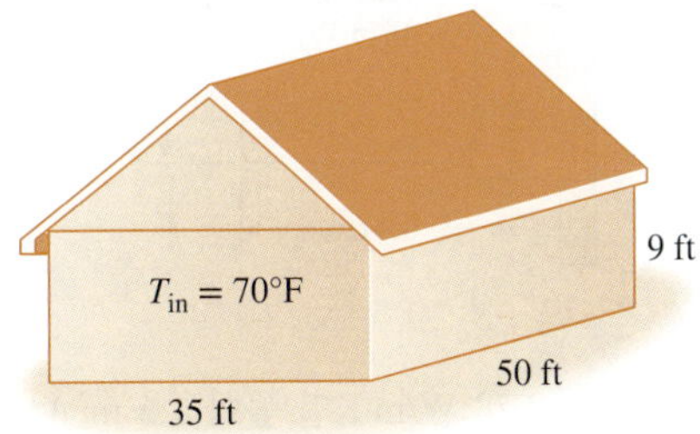

그림 P3-16E

3-17 12 cm × 18 cm 크기의 회로기판 표면에는 40°C의 주위환경에서 각각 0.06 W를 소비하는 100개의 밀접하게 배치된 논리 칩이 있다. 회로기판 뒷면에서의 열전달은 무시할 수 있다. 회로기판 표면에서의 열전달계수가 10 W/m²·K인 경우, (*a*) 회로기판에서의 열유속을 W/m² 단위로 구하고, (*b*) 칩의 표면온도를 구하고, (*c*) 회로기판과 냉각유체 사이의 열저항을 °C/W 단위로 구하라.

3-18 물이 25 cm 지름의 알루미늄($k = 237$ W/m·°C) 팬에서 95°C로 끓고 있다. 열은 0.5 cm 두께의 평면 바닥을 통해서 팬의 끓는 물에 800 W로 일정하게 전달된다. 팬 바닥의 내부 표면 온도가 108°C인 경우 (*a*) 팬 내부 표면의 끓는 열전달 계수와 (*b*) 팬 바닥의 외부 표면 온도를 구하라.

3-19 회로기판에서의 원통형 레지스터가 온도 35°C인 주위로 0.15 W의 열을 발산한다. 레지스터의 길이가 1.2 cm, 직경이 0.3 cm이다. 모든 표면에서 균일하게 열이 전달된다고 가정하여, (*a*) 24시간 동안 이 레지스터가 발산한 열량을 단위로 구하라. (*b*) 레지스터 표면에서의 열유속을 W/m² 단위로 구하라. (*c*) 대류와 복사의 혼합 열전달계수가 9 W/m²·K인 경우, 레지스터의 표면온도를 구하라.

3-20 온도가 30°C인 주위로 0.15 W의 열을 발산하는 동력 트랜지스터를 고려하자. 트랜지스터의 길이가 0.4 cm, 직경이 0.5 cm이다. 모든 표면에서 균일하게 열이 전달된다고 가정하여, (*a*) 24시간 동안 이 트랜지스터가 발산한 열량을 kWh 단위로 구하라. (*b*) 트랜지스터 표면에서의 열유속을 W/m² 단위로 구하라. (*c*) 대류와 복사의 혼합 열전달계수가 18 W/m²·K인 경우, 트랜지스터의 표면온도를 구하라.

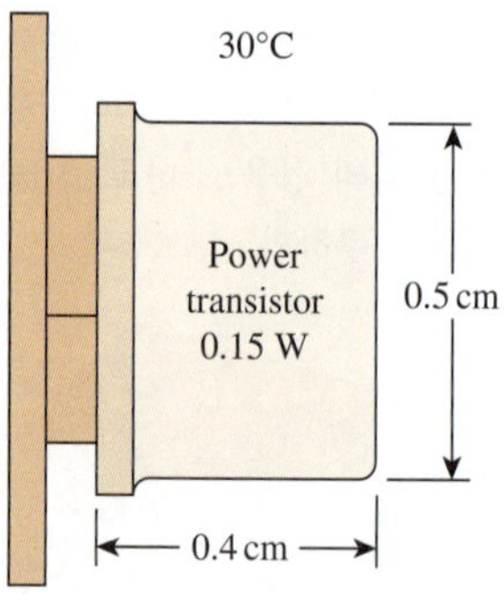

그림 P3-20

3-21 열전도도 $k = 0.78$ W/m·K인 높이 1.5 m, 너비 2.4 m, 두께 6 mm인 유리창을 고려하자. 방 안의 온도가 24°C이고 바깥의 온도가 −5°C일 때, 유리창을 통한 정상 열전달률과 내부 표면온도를 구하라. 유리창의 내부 및 외부 표면에서의 대류 열전달계수 각각 $h_1 = 10$ W/m²·K, $h_2 = 25$ W/m²·K이고, 복사는 무시하라.

3-22 두께 12 mm의 정지하고 있는 공기층($k = 0.026$ W/m·K)으로 분리되어 있는 높이 1.5 m, 너비 2.4 m, 두께 3 mm인 유리($k = 0.78$ W/m·K) 두 장으로 구성된 이중 유리창을 고려하자. 방 안의 온도가 21°C이고 바깥의 온도가 −5°C일 때, 이중 유리창을 통한 정상 열전달률과 내부 표면온도를 구하라. 유리창의 내부 및 외부 표면에서의 대류 열전달계수 $h_1 = 10$ W/m²·K, $h_2 = 25$ W/m²·K이고, 복사는 무시하라. *답: 154 W, 16.7°C*

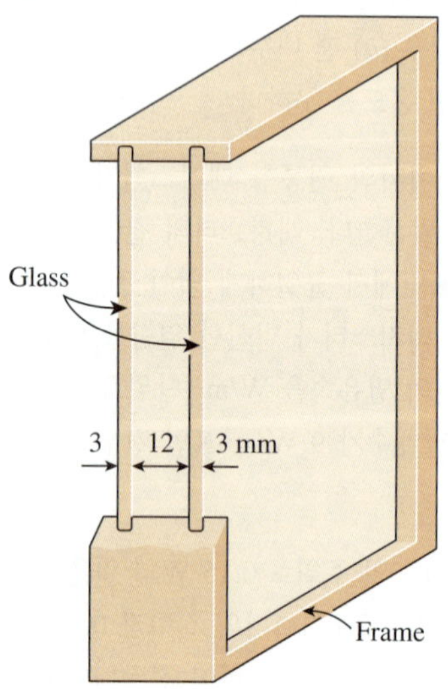

그림 P3-22

3-23 문제 3-22에서 두 유리 사이가 진공인 경우에 대해서 다시 풀어라.

3-24 문제 3-22를 다시 고려하라. EES(또는 다른 프로그램)를 사용하여 창문을 통한 열전달률을 2 mm에서 20 mm의 범위에서 공기층 두께의 함수형태로 그래프를 그려라. 결과를 논하라.

3-25E 벽은 0.6 in 두께의 얇은 판재($k = 0.1$ Btu/h·ft·°F) 두 겹으로 구성되며, 판재는 7 in 간격으로 배치된 석고 층으로 분리된 두꺼운 종이 두 겹으로 구성된 석고보드이다. 판재 사이의 공간은 유리섬유 단열재($k = 0.02$ Btu/h·ft·°F)로 채워져 있다. (*a*) 벽의 열저항 및 (*b*) 단열재의 *R*-value를 영국단위로 구하라.

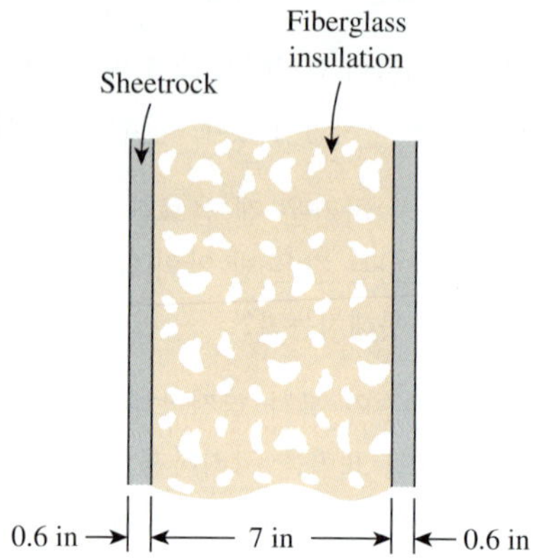

그림 P3-25E

3-26 자동차의 뒤쪽 유리창을 제상하기 위해, 매우 얇은 투명한 가열판이 유리 내부에 부착되어 있다. 1300 W/m²의 일정 열유속이 두께 5 mm의 뒤쪽 유리를 제상하기 위해 공급된다. 자동차 내부의 온도는 22°C이고 대류 열전달계수는 15 W/m²·K이다. 자동차의 외부 온도는 −5°C이고 대류 열전달계수는 100 W/m²·K이다. 만약 유리창의 열전도도가 1.2 W/m·K라면, 유리창 내부표면의 온도를 구하라.

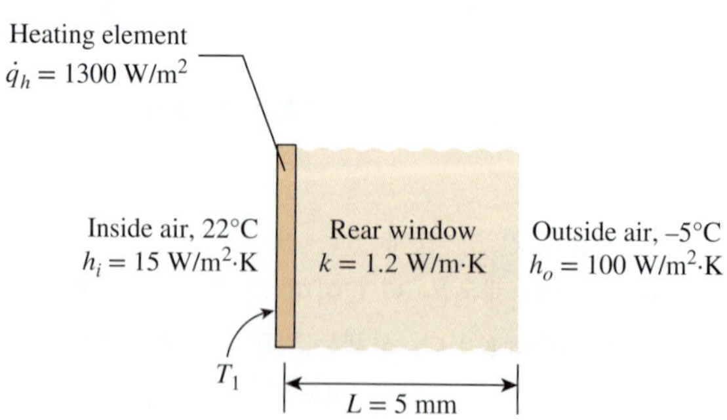

그림 P3-26

3-27 가열된 공간 내부의 고체평판의 상부 표면에 투명한 필름이 부착되어 있다. 접착제가 제대로 경화되기 위해 필름과 고체평판 사이의 접착제의 온도가 70°C로 유지되어야 한다. 투명한 필름의 두께는 1 mm이며 열전도도는 0.05 W/m²·K인 반면 고체평판은 13 mm 두께이며 열전도도는 1.2 W/m·K이다. 가열된 공간 내

부의 대류 열전달계수는 70 W/m²·K이다. 만약 고체평판의 하부 표면이 52°C로 유지된다면 가열된 공간 내부의 온도를 구하고, 투명 필름의 표면온도를 구하라. 접촉 열저항은 무시할 수 있다고 가정한다.

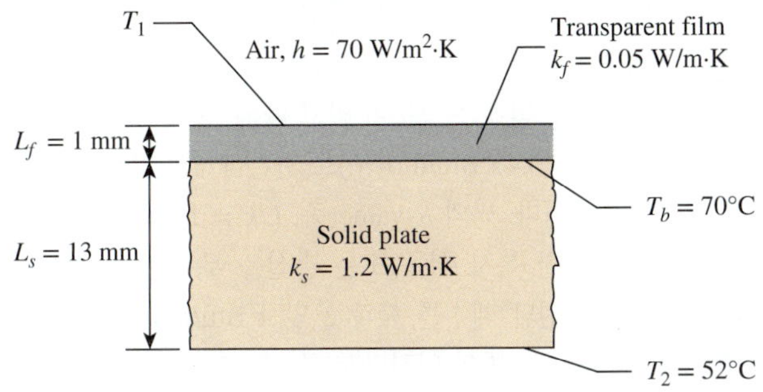

그림 P3-27

3-28 자동차 앞 유리의 외부 표면에 축적된 얼음을 제상하기 위해 따뜻한 공기가 자동차 앞유리의 내부 표면를 지나간다. 두께 5 mm의 자동차 앞 유리와 1.4 W/m·K의 열전도도를 고려하라. 자동차 내부의 온도는 25°C인 반면, 외부 의 온도는 −10°C이고 대류 열전달계수는 200 W/m²·K이다. 축적된 얼음을 녹이는 데 필요한 자동차 앞 유리의 내부 표면에 부는 따뜻한 공기의 대류 열전달계수를 구하라.

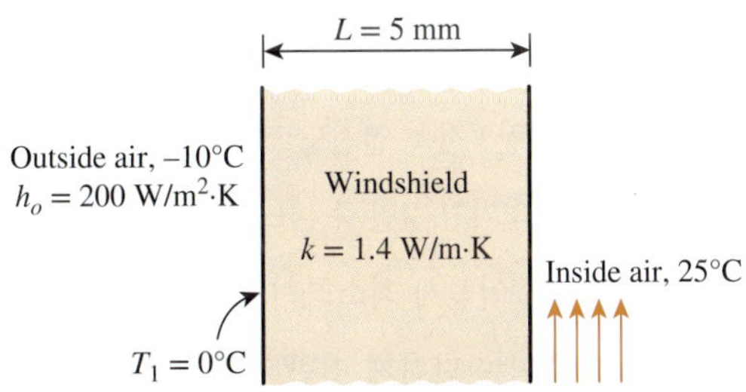

그림 P3-28

3-29 어떤 집의 지붕이 두께 15 cm, 폭 15 m, 길이 20 m의 콘크리트(k = 2 W/m·K) 슬래브(slab)로 되어 있다. 지붕의 내부 및 외부 표면에서의 대류 열전달계수가 각각 5 W/m²·K 및 12 W/m²·K이다. 어느 쾌청한 겨울밤에, 대기온도가 10°C이고 밤하늘의 온도가 100 K이다. 집 안과 벽의 내부 표면온도가 20°C로 유지된다. 콘크리트 양쪽 표면의 방사율이 0.9이다. 대류와 복사 열전달 모두를 고려하여 지붕을 통한 열전달률과 지붕 내부 표면온도를 구하라.

만약에 집이 80%의 효율로 연소하는 천연가스에 의해 난방되고, 천연가스의 가격이 $1.2/therm (1 therm = 105,500 kJ)이라면, 이날 밤 14시간 동안 지붕을 통해 손실된 비용을 구하라.

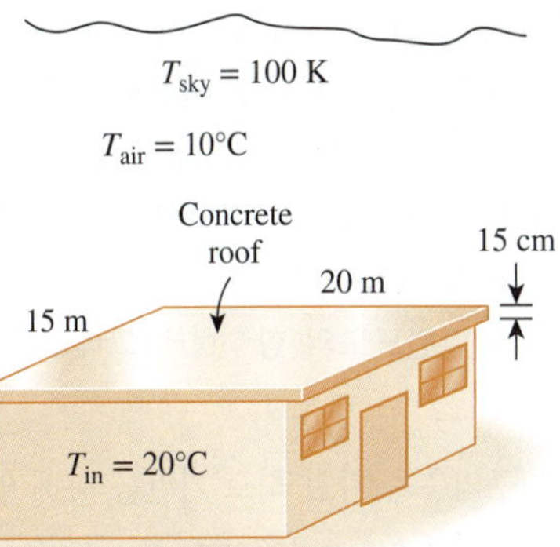

그림 P3-29

3-30 천연가스를 연소시키는 산업용 가열로 벽의 2 m × 1.5 m 부분이 단열이 되어 있지 않고, 그 부분의 외부표면 온도가 110°C로 측정되었다. 가열로 실의 온도는 32°C이고, 가열로 표면에서의 대류와 복사에 의한 혼합 열전달계수는 10 W/m²·K이다. 열손실을 90% 줄이기 위해 유리섬유(k = 0.038 W/m·K)로 가열로 벽의 단열되지 않은 부분을 단열을 하고자 한다. 외부 금속 표면의 온도가 역시 110°C로 유지된다고 가정하여 사용해야 할 단열재의 두께를 구하라. 가열로는 지속적으로 가동되며 효율은 78%이다. 천연가스의 가격이 $1.10/therm (1 therm = 105,500 kJ)이다. 만약 단열재를 시공하는 데 재료비와 인건비로 $250의 비용이 소요된다면, 단열재 시공비가 보상되는 기간은 얼마인가?

3-31 냉장고의 벽은 두께 1 mm의 얇은 금속판(k = 15.1 W/m·K) 두 장 사이에 유리섬유(k = 0.035 W/m·K)로 채워져 있다. 냉장실은 2°C이고, 벽의 내부 및 외부 표면에서의 열전달계수는 각각 4 W/m²·K 및 9 W/m²·K이다. 주방의 평균 온도는 24°C이다. 외부 표면의 온도가 20°C 이하로 떨어지면 외부 표면에서 응축이 일어나는 것이 관찰되었다. 외부 표면에서 응축이 일어나지 않게 하는 유리섬유의 최소 두께를 구하라.

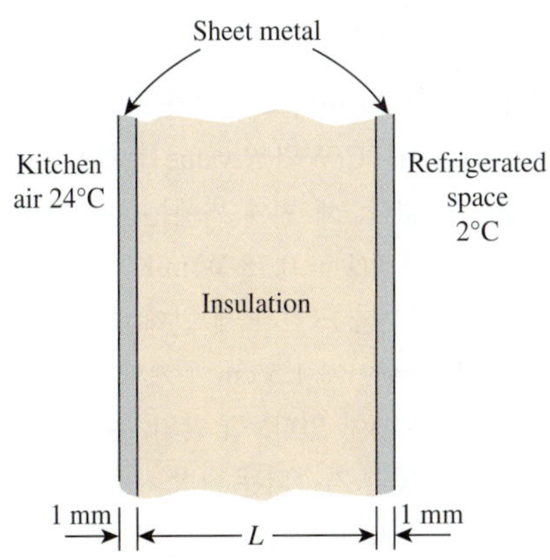

그림 P3-31

3-32 문제 3-31을 다시 고려하라. EES(또는 다른 프로그램)를 사용하여 단열재와 금속판의 열전도도가 단열 두께에 미치는 영향에 대해 조사하라. 단열재의 열전도도가 0.02 W/m·K에서 0.08 W/m·K까지 변하고, 금속판의 열전도도가 10 W/m·K에서 400 W/m·K까지 변한다고 하자. 단열재의 두께를 단열재와 금속판의 열전도도의 함수형태 그래프를 그리고, 그 결과를 논하라.

3-33 한쪽에 구리층을 가진 회로 기판을 통해 열이 전달된다. 회로 기판의 크기는 15 cm × 15 cm이고, 구리와 에폭시층의 두께는 각각 0.1 mm, 1.2 mm이다. 측면에서의 열전달을 무시하고 구리(k = 386 W/m·K) 및 에폭시(k = 0.26 W/m·K)층을 통한 전체 대비 해당층의 열전도 비(%)를 각각 구하라. 또한 이 기판의 유효 열전도도를 구하라. *답*: 0.8%, 99.2%, 29.9 W/m·K

3-34E 두께 0.05 in의 구리판(k = 223 Btu/h·ft·°F)이 두께가 의 에폭시판(k = 0.15 Btu/h·ft·°F) 사이에 끼워져 있으며 이 판들의 크기는 7 in × 9 in 이다. 9 in 길이 방향으로의 유효 열전도도를 구하라. 몇 퍼센트의 열이 구리를 통하여 진도되는가?

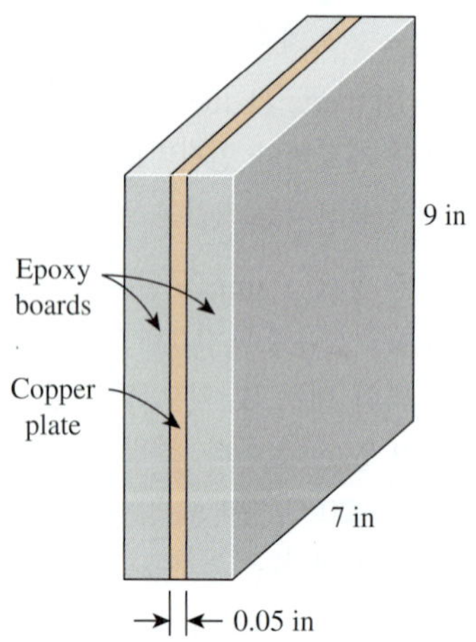

그림 P3-34E

3-35 바닥이 10 m × 20 m이고 높이가 4 m인 집을 고려하자. 이 집의 네 벽은 2.31 m²·°C/W의 R-value를 가진다. 10 m × 4 m의 두 벽에는 창문이 없다. 세 번째 벽에는 두께가 0.5 cm, 크기가 1.2 m × 1.8 m인 유리(k = 0.78 W/m·K)로 된 5개의 창이 있다. 네 번째 벽은 창문 수나 크기가 세 번째 벽과 동일하지만, 0.5 cm 두께인 2중 유리층 사이에 1.5 cm 두께의 정체된 공기로 구성된 층(k = 0.026 W/m·K)이 있다. 집 안의 온도조절기는 24°C로 설정되어 있고, 7개월 동안 지속되는 난방 시즌 동안 해당 위치 외부의 평균 온도는 8°C였다. 창문을 통한 직접적인 복사의 이득이나 손실은 무시하며, 이 집의 내부와 외부표면에서의 열전달계수는 각각 7과 18 W/m²·K이다. 각 벽을 통한 평균 열전달률을 구하여라.

만약 이 집이 전기를 이용해 난방되고 전기료가 $0.08/kWh이라면, 집주인이 단층 유리창문을 이중유리창으로 교체할 때 난방계절기간 동안 절약되는 비용을 구하여라.

3-36E 벽의 높이가 12 ft이고 길이가 40 ft인 집을 생각해 보자. 집의 4개의 벽 중 두 벽에는 창문이 없고 다른 두 벽에는 각각 0.25 in 두께의 유리(k = 0.45 Btu/h·ft·°F)로 만든 4개의 창문이 있으며 크기는 3 ft × 5 ft이다. 벽의 R-value(즉, L/k = 19 h·ft²·°F/Btu)는 19이다. 창문을 통한 복사 취득 또는 손실을 무시하고 주택 내부 및 외부 표면의 열전달 계수를 각각 2 및 4 Btu/h·ft²·°F로 취하여 창문이 있는 벽과 없는 벽의 열전달 비를 구하라.

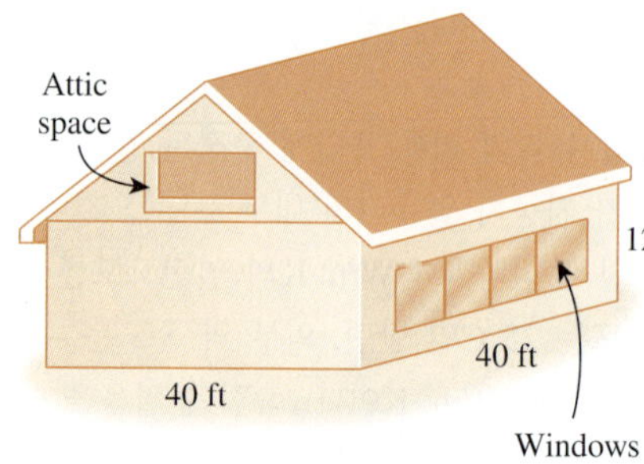

그림 P3-36E

접촉 열저항

3-37C 접촉 열저항이란? 접촉 열전도도와는 어떤 관련이 있는가?

3-38C 매끄러운 평면과 거친 평면 중 어느 것의 접촉 열저항이 큰가?

3-39C 접촉 열저항을 어떻게 최소화시킬 수 있는지 설명하라.

3-40C 단열재 두 층이 단단하게 접합된 벽이 있다. 열전달 해석에서 접촉면에서의 접촉 열저항을 고려해야 하는가? 아니면 무시할 수 있는가?

3-41C 금속판 두 층이 단단하게 접합된 판이 있다. 열전달 해석에서 접촉면에서의 접촉 열저항을 고려해야 하는가? 아니면 무시할 수 있는가?

3-42C 두 표면이 단단하게 접촉되어 있다. 접촉면에서의 공기를 빼어내 진공을 시켰다. 결과적으로 접촉 열저항은 커질 것인가 작아질 것인가?

3-43 두께 1 cm인 두 개의 알루미늄 판이 접촉면에서의 접촉 열전도도가 11,000 W/m²·K이다. 두 판 사이의 접촉 열저항과 알루미늄 판의 열저항이 같게 될 때, 알루미늄 판의 두께를 구하라.

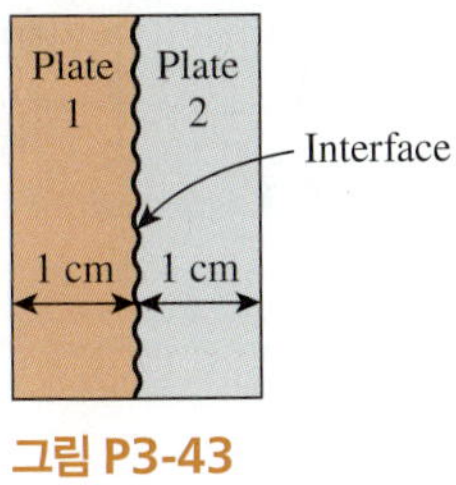

그림 P3-43

3-44 지름 5 cm, 길이 15 cm인 알루미늄 막대 2개(k = 176 W/m·K)가 20 atm의 압력으로 압착되어 한쪽은 지면에 다른 한쪽은 공기 중에 노출되어 있다. 이 막대는 단열된 슬리브에 둘러싸여 있어, 반경방향으로의 열손실은 무시할 수 있다. 두 막대로 구성된 시스템의 상부 및 하부의 온도가 각각 150°C와 20°C로 유지되고 있을 때, (*a*) 정상 상태에서 원통의 길이방향의 열전달률, (*b*) 접촉면에서의 온도강하를 구하라. *답*: (*a*) 142.4 W, (*b*) 6.4°C

3-45 두께 1 mm인 구리판(k = 401 W/m·K)이 두 개의 두께 7 mm 에폭시판(k = 0.26 W/m·K) 사이에 끼워져 있다. 판의 크기는 15 cm × 20 cm 이다. 구리판 양쪽의 접촉면에서의 접촉 열전도도가 6000 W/m·K일 때, 접촉 열저항을 무시했을 때 판의 총 열저항 계산 시 오차는 얼마인가?

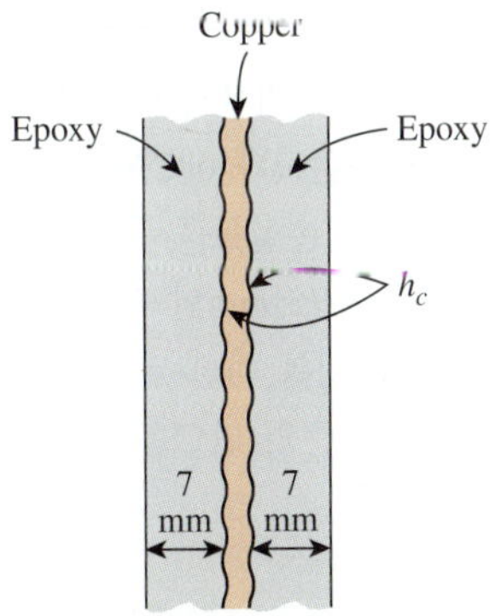

그림 P3-45

3-46 두께 30 cm인 두 개의 동일한 알루미늄 판을 평균 1 atm의 압력으로 서로 압착한다. 두 판 사이 계면에 글리세린으로 채워져 있다. 좌측 외부표면에는 50°C의 일정한 온도에서 7800 W/m^{2}의 균일한 열유속이 적용된다. 우측 외부표면의 온도는 30°C에서 일정하게 유지된다. 알루미늄 판의 열전도도가 237 W/m·K일 경우 계면에 위치한 글리세린의 접촉 열전도도를 결정하라. 접촉 열전도도의 값이 합리적인지 논하라.

3-47 이중벽은 2개의 금속판으로 만들어져 있으며, 표면 거칠기는 약 25 μm이며, 평균 10 MPa의 압력으로 압착되어 있다. 첫 번째 층은 두께 5 mm, 열전도도가 14 W/m·K인 스테인리스강 판이다. 두 번째 층은 두께 15 mm, 열전도도가 237 W/m·K의 알루미늄 판이다. 벽의 스테인리스강 측의 표면은 800 W/m^{2}의 열유속을 받는다. 벽의 알루미늄 측에서 표면은 20°C의 외부 온도에서 대류 열전달이 일어나며, 대류 계수는 12 W/m^2·K이다. 스테인리스강 판의 표면온도를 구하라.

3-48 두께 25 mm (k = 235 W/m·K) 알루미늄 판이 두께 10 mm의 구리 판에 부착된다. 구리 판은 전기적으로 가열되어 5300 W/m^{2}의 균일한 열유속을 방출한다. 알루미늄 판의 상부 표면은 대류 열전달계수가 67 W/m^2·K이고 주변 실온이 20°C인 조건에서 대류 열전달에 노출된다. 부착된 두 개의 판의 다른 표면은 열이 알루미늄 판의 상부 표면을 통해서만 방출되도록 절연되어 있다. 알루미늄 판에 부착된 구리 판의 표면 온도가 100°C일 경우 알루미늄/구리 계면의 접촉 열전도도를 구하라.

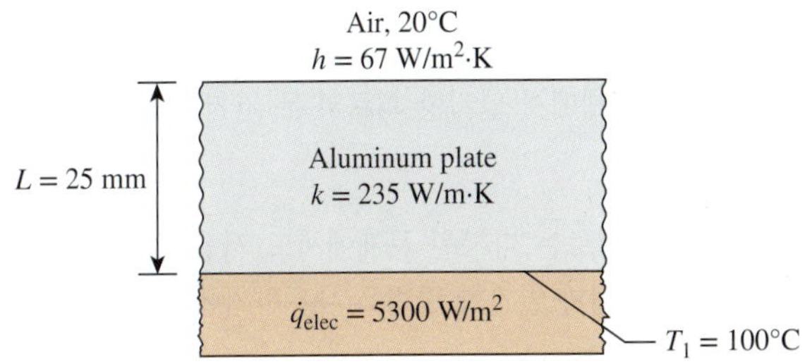

그림 P3-48

3-49 알루미늄 판과 스테인리스강 판은 평균 20 MPa의 압력으로 서로 압착된다. 두 판의 표면 거칠기는 2 μm이다. 판의 표면 거칠기가 10배 증가할 경우(20 μm) 인터페이스의 온도강하에 미치는 영향을 판단하라.

3-50 표면적이 950 cm^{2}인 얇은 전자 부품의 상단 표면에 방열판을 부착하여 냉각시킨다. 전자 부품과 방열판 사이 계면의 접촉 열전도도는 2000 W/m^2·K이다. 제조사에 따르면, 방열판의 대류 및 복사가 복합적으로 고려된 열저항은 0.3 K/W이다. 30°C의 주변 온도에서 방열판을 통해 45 W의 열을 발산하는 경우 전자 부품의 온도를 결정하라. 전자 부품과 방열판 계면의 접촉 저항이 방열에 중요한 역할을 하는가?

3-51 두 겹의 금속판으로 만들어진 엔진 덮개를 생각해 보자. 내부 층은 10 mm 두께의 스테인리스강(k_1 = 14 W/m·K)이고, 외부 층은 5 mm 두께의 알루미늄(k_2 = 237 W/m·K)이다. 두 금속판의 표면 거칠기는 약 23 μm이다. 알루미늄 판은 계면에 평균 20 MPa의 압력을 가하는 나사로 스테인리스강 판에 부착된다. 커버의 내부 스테인리스강 표면은 주변 온도 150°C에서 대류 열전달 계수가 10 W/m^2·K인 엔진 열에 노출되어 있다. 커버의 외부 알루

미늄 표면은 주변 온도 40°C에서 대류 열전달계수가 25 W/m²·K인 환경에 노출된다. 엔진 커버를 통과하는 열유속을 계산하여라.

3-52 인코넬®은 가스 터빈 블레이드와 같은 고온에서 사용되는 니켈-크롬 기반 초합금을 말한다. 가스 터빈 엔진의 성능을 더욱 향상시키기 위해 외부 블레이드 표면은 세라믹 기반의 열차폐코팅(TBC)으로 코팅되어 있다. 12 mm 두께의 납작한 인코넬® 판은 표면에 300 μm 두께의 TBC 층으로 코팅되어 있다. 인코넬®과 TBC 사이의 계면에서 접촉 열전도도는 3500 W/m²·K이다. 인코넬®과 TBC의 열전도도는 각각 25 W/m·K와 1.5 W/m·K이다. 판은 1500°C의 고온 연소 가스 주위에 노출되어 있으며 대류 열전달계수는 750 W/m²·K이다. 외부 표면 온도가 1200°C인 경우 인코넬® 판의 중앙면에서 온도를 계산하라.

열저항 회로의 일반화

3-53C 2차원 문제에서 열저항 회로의 두 가지 접근 방법은 무엇인가?

3-54C 열저항 회로는 다차원 문제에서도 사용될 수 있다. 어떤 종류의 다차원 문제가 열저항 방법을 사용하기에 적당한가?

3-55C 열전달 문제에서 열저항 회로를 그림으로 나타낼 때, 두 개의 저항이 직렬인 경우와 병렬인 경우에 대해서 설명하라.

3-56 두께 10 cm인 벽이 10 cm × 10 cm의 단면인 길이 2.5 m의 각목(k = 0.11 W/m·K)으로 구성되어 있다. 작업자가 위 각목을 다 써버리면 단면이 5 cm × 10 cm이고 길이가 2.5 m인 각목 한 쌍을 못을 박아서 사용한다. 못(k = 50 W/m·K)은 길이 10 cm, 직경 0.4 cm이다. 두 개의 각목을 연결하기 위해 총 50개의 못이 사용되는데, 못은 벽을 가로질러 박혀 있다. 벽의 내부와 외부의 표면 사이의 온도 차이는 8°C이다. 두 표면 사이의 접촉 열저항은 무시해도 좋으며, (*a*) 각목을 통과하는, (*b*) 못이 박힌 같은 길이와 넓이의 각목 쌍을 통과하는 열전달률을 구하라. (*c*) 못이 박힌 각목의 유효 열전도도를 구하라.

3-57E 두께가 0.05 in인 10 in × 12 in 에폭시 유리 적층판(k = 0.1 Btu/h·ft·°F)을 고려하자. 두께 방향으로의 내열성을 줄이기 위해 직경 0.02 in의 원통형 구리 충진재(k = 223 Btu/h·ft·°F)를 보드 전체에 심어야 하며, 중앙에서 중앙까지의 거리는 0.06 in이다. 이러한 결과로 두께 방향의 열전도에 대한 에폭시 보드의 새로운 열저항 값을 구하라. *답*: 0.000256 h·°F/Btu

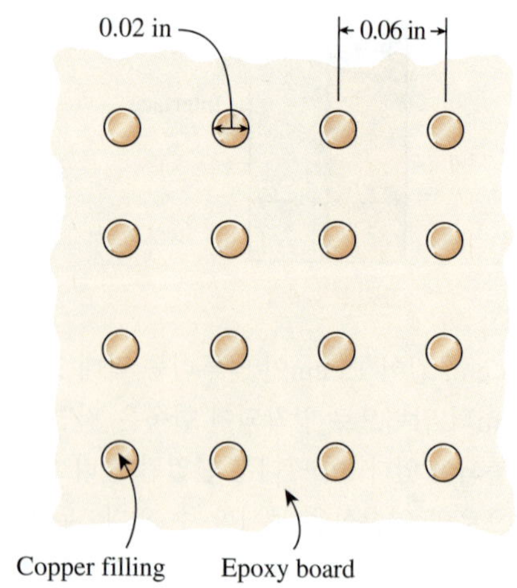

그림 P3-57E

3-58 스키복은 틈새에 공기가 들어 있는 몇 개의 얇은 천으로 만들어져 옷이 가볍고, 매우 효과적인 단열재이기 때문에 일반적으로 추운 기후에서 사용된다. 이와 같은 옷은 두껍고, 무겁고, 유행이 지나버린 코트를 대신하고 있다.

스키복이 두께 0.15 mm의 합성섬유(k = 0.013 W/m·K) 다섯 겹으로 되어있고, 각 층 사이는 두께 1.5 mm의 공기층(k = 0.026 W/m·K)으로 되어 있다. 이 스키복의 내면의 온도가 25°C이고 표면적이 1.25 m²이며, 외부온도가 0°C이고 열전달계수가 25 W/m²·K일 때 스키복을 통한 열손실률을 구하라.

만약 이 스키복의 두께 0.75 mm인 홑겹 합성섬유로 되어 있다면 답은 얼마인가? 만약 스키복 대신 두꺼운 모직 코트(k = 0.035 W/m·K)를 입고 동일한 수준의 단열을 이루려면 모직의 두께는 얼마나 되어야 하는가?

3-59 건물 벽의 단면이 그림 P3-54과 같다. 이 단면은 눈에 보이는 책의 페이지의 안과 바깥 방향으로, 그리고 단면의 수직방향으로 반복되어 연장된다. 벽을 지지하는 지지대는 철(k = 50 W/m·K)로 되어 있다. 지지대는 8 cm (t_{23}) × 0.5 cm (L_B)이다. 내부 벽의 나머지 공간은 단열재(k = 0.03 W/m·K)로 채워져 있고 치수는 8 cm (t_{23}) × 60 cm (L_A)이다. 내부 벽은 두께 1 cm (t_{12})인 석고보드(k = 0.5 W/m·K)이고 외부 벽(k = 1.0 W/m·K)은 두께 10 cm (t_{34})이다. T_1 = 20°C, T_4 = 35°C일 때 벽을 통과하는 평균 열유속은 얼마인가?

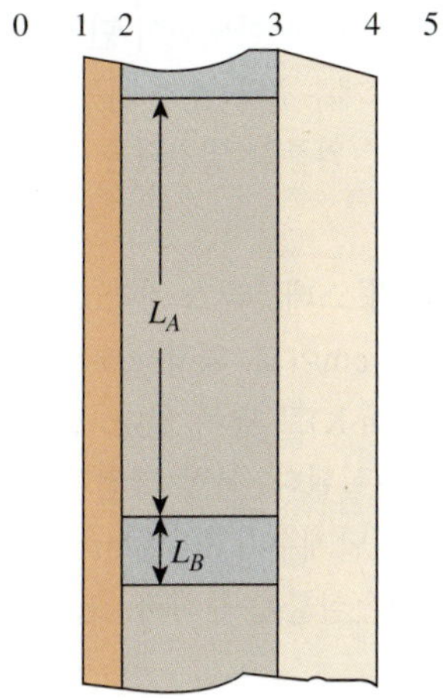

그림 P3-59

3-60 높이가 4 m, 폭이 6 m의 벽이 두께 3 cm의 석고층(k = 0.22 W/m·K)으로 분리되어 단면이 15 cm × 25 cm인 수평 벽돌(k = 0.72 W/m·K)로 구성되어 있다. 벽의 각 면은 두께 2 cm 석고층으로 되어 있고, 벽의 내부 면은 두께 2 cm 고체 포말(k = 0.026 W/m·K)로 되어 있다. 실내와 실외의 온도는 각각 22°C와 −4°C, 실내의 대류 열전달계수는 10 W/m²·K, 실외의 대류 열전달계수는 20 W/m²·K이다. 복사의 영향은 무시하고 1차원 열선날 문제로 가정하여 벽을 통과하는 열전달량을 구하라.

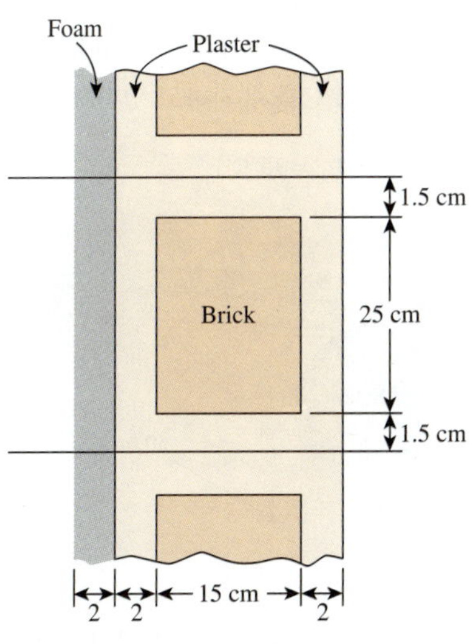

그림 P3-60

3-61 문제 3-60을 다시 생각하자. 적절한 소프트웨어를 사용하여, 1 cm에서 10 cm 범위의 고체 포말 두께의 함수로 벽을 통과하는 열전달률을 구하고, 결과를 논하라.

3-62 길이 12 m, 높이 5 m인 벽이 길이 12 cm의 각목(k = 0.11 W/m·K)이 부착된 1 cm의 얇은 두께를 가진 석판(k = 0.17 W/m·K)의 2개 층으로 구성되어 있고, 각목의 단면은 16 cm × 5 cm이다. 각목은 수직으로 60 cm 떨어져 있으며, 그 사이 공간은 유리섬유(k = 0.034 W/m·K) 단열재로 채워져 있다. 집의 온도는 20°C이고 외부 온도는 −9°C이다. 집의 실내 표면의 열전달계수는 8.3 W/m²·K이고, 실외 표면의 열전달계수는 34 W/m²·K이다. (a) 벽의 열저항, (b) 벽을 통과하는 열전달률을 구하라.

3-63E 두께 10 in, 길이 30 ft, 높이 10 ft인 벽이 단면 7 in × 7 in, 길이 9 in의 벽돌(k = 0.4 Btu/h·ft·°F)로 구성되어 있거나, 또는 벽돌과 같은 크기인 단면 1.5 in × 1.5 in, 길이 9 in인 9개의 정사각형 공기 구멍(k = 0.015 Btu/h·ft·°F)으로 만들어져 있다. 4면에서 두 인접한 벽돌 사이와 벽의 양 측면 사이에는 두께 0.5 in의 석고층(k = 0.1 Btu/h·ft·°F)이 있다. 집의 내부 온도는 80°F이고, 외부 온도는 35°F이다. 벽의 실내와 실외의 열전달계수는 각각 1.5와 6 Btu/h·ft²·°F일 때, (a) 벽돌, (b) 공기구멍으로 구성된 벽을 통한 열전달률을 구하라.

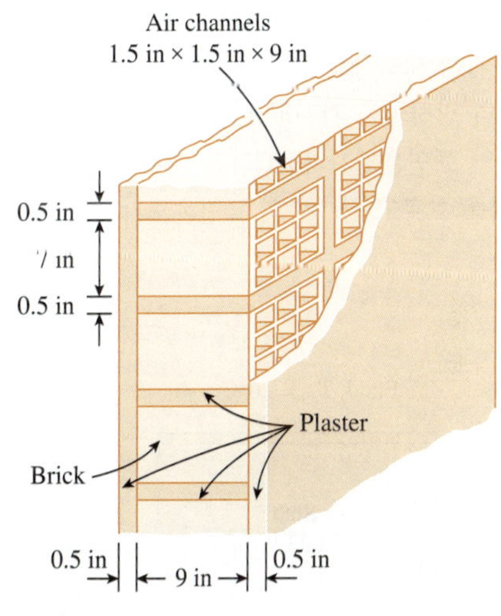

그림 P3-63E

3-64 높이 5 m, 길이 8 m, 두께 0.22 m인 벽의 단면을 그림 P3-64에 표시하였다. 열전도도는 W/m·K 단위로 $k_A = k_F = 2$, $k_B = 8$, $k_C = 20$, $k_D = 15$, $k_E = 35$이다. 벽의 왼쪽 면과 오른쪽 면의 온도가 각각 300°C, 100°C이고, 벽을 통한 열전달이 1차원이라고 가정할 때, (a) 벽을 통한 열전달률, (b) B, D, E가 만나는 점의 온도, (c) F를 가로지르는 온도 강하를 구하라. 경계면에서 접촉 저항은 무시하라.

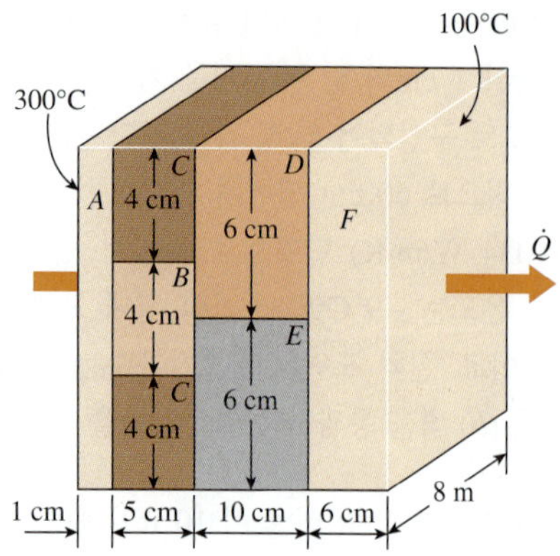

그림 P3-64

3-65 대류 열전달계수를 측정하는 실험에서, 매우 낮은 방사율(예, 매우 광택이 나는 구리)의 매우 얇은 금속박은 매우 낮은 열전도도를 가진 금속 평판의 표면에 부착되어 있다. 금속박의 다른 표면은 금속박 표면 위를 유체가 흐름으로써 대류 열전달에 노출되어 있다. 이 설치는 대류 열전달이 중요하지만 금속박에서의 복사와 평판을 통한 열전도로도 열을 감소시킨다. 금속박 위의 평판은 두께 25 mm와 0.023 W/m·K의 열전도도를 가지고 부착되어 있다. 방 온도가 20°C일 때, 금속박은 5000 W/m²의 일정한 열유속을 가지고 전기적으로 가열된다. 평판의 바닥 표면은 20°C이고 금속박이 0.02의 방사율을 가지고 있다. (*a*) 공기가 금속박 위를 흐르고 금속박의 표면온도가 15°C라면 대류 열전달계수는? (*b*) 물이 금속박 위를 흐르고 금속박의 표면온도가 30°C라면 대류 열전달계수는?

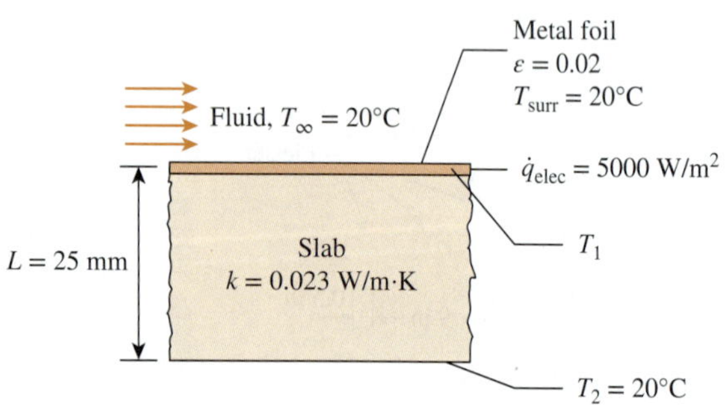

그림 P3-65

원통과 구에서의 열전도

3-66C 무한히 긴 원통은 무엇인가? 어떤 경우에 실제 원통을 무한히 긴 원통으로 다루는 것이 적절한가? 그렇지 않을 경우는 어떤 경우인가?

3-67C 열저항 개념은 정상 상태에서 원통 또는 구에 사용할 수 있는가? 설명하라.

3-68C 짧은 원통의 윗면과 아랫면이 단열되어 있다. 원통은 초기온도 T_i, 대류 열전달계수 h와 함께 원통의 옆면에서 외부 온도 T_∞로 대류가 일어난다. 원통의 열전달은 1차원인가? 2차원인가? 설명하라.

3-69 280°C의 증기가 스테인리스 강관(k = 15 W/m·K) 안에서 흐른다. 관의 내경은 5 cm이고, 외경은 5.5 cm이다. 관은 3 cm의 절연체(k = 0.038 W/m·K)로 덮여 있다. 열은 자연대류와 복사에 의해서 5°C 주위로 손실된다. 복합 열전달계수는 22 W/m²·K이다. 관 내부에서의 열전달계수가 80 W/m²·K일 때, 관에서 단위길이당 증기로부터의 열손실률을 구하라. 또 관면과 단열재 사이의 온도 강하를 구하라.

3-70 문제 3-69를 다시 고려하라. 적절한 소프트웨어를 사용하여 단열층을 통과하는 온도 강하와 증기로부터 열 손실률에 대한 단열 두께를 계산하라. 단열 두께를 1 cm~10 cm로 하자. 단열 두께의 함수로 온도 강하와 열손실률을 구하고 결과를 논하라.

3-71 외경 10 cm, 길이 50 m인 증기 파이프는 15°C인 공간을 지나간다. 파이프의 외부표면의 평균 온도는 150°C이고, 복합 열전달계수가 20 W/m²·K일 때, (*a*) 증기 파이프로부터 열손실률, (*b*) 효율 75%인 천연가스 노(furnace)에서 증기가 생산되고 천연가스 가격이 \$0.52/therm (1 therm 5 105,500 *k*J)일 때, 이 에너지의 연간 손실 비용을 구하라. (*c*) 열손실의 90%를 절감하기 위해 필요한 유리섬유 단열재(k = 0.035 W/m·K)의 두께를 구하라. 단, 파이프의 온도는 150°C를 유지하고 있다고 가정하라.

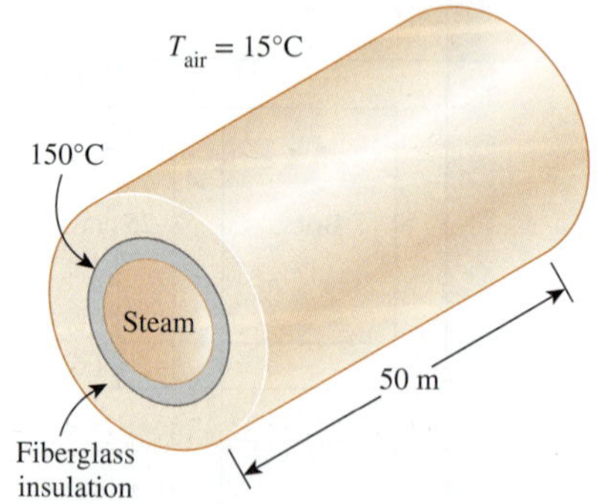

그림 P3-71

3-72 평균 온도 200°C의 과열 증기가 강관(k = 50 W/m·K, D_o = 8.0 cm, D_i = 6.0 cm, L = 20.0 m) 내에서 흐르고 있다. 이 강관은 4 cm 두께의 석고반죽으로(k = 0.5 W/m·K) 단열되어 있다. 단열된 강관은 평균 온도 10°C인 창고 안에 수평하게 위치해 있다. 증기과 공기 열전달계수는 각각 800과 200 W/m²·K로 추정된다. (*a*) 과열 증기부터의 1일 열전달률을 계산하고, (*b*) 석고반죽

단열재의 외부 표면의 온도를 구하라.

3-73E 발전소의 스팀 터빈에서 100°F로 나오는 증기는 내경 0.4 in 및 외경 0.6 in의 구리관(k = 223 Btu/h·ft·°F)을 통해 흐르는 냉각수에 의해 대형 응축기에서 70°F로 응축된다. 100°F에서 물의 기화열은 1037 Btu/lbm이다. 열전달계수는 증기쪽에서 2400 Btu/h·ft^2·°F이고 물쪽에서 35 Btu/h·ft^2·°F이다. 250 lbm/h의 유량의 증기를 응축하는 데 필요한 튜브의 길이를 구하라. *답*: 2380 ft

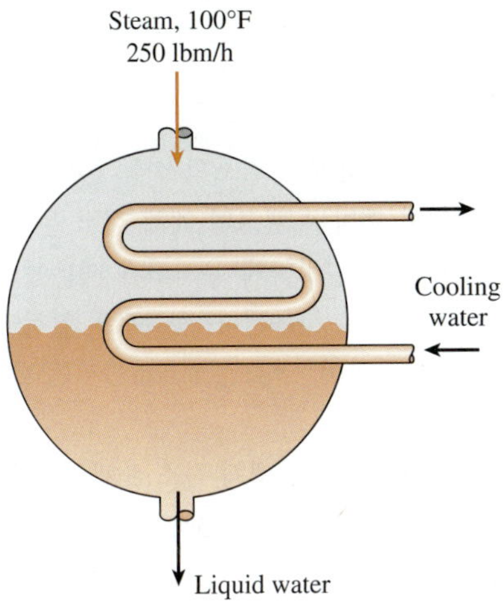

그림 P3-73E

3-74E 문제 3-73E를 0.01 in 두께의 광물 퇴적층(k = 0.5 Btu/h·ft·°F)이 관의 내부 표면에 형성되어 있다고 가정하여 다시 풀어라.

3-75E 문제 3-73E를 다시 고려해 보자. 적절한 소프트웨어를 사용하여 주어진 관 길이 대한 관 재료의 열전도도와 관 외경의 영향을 조사하라. 열전도도는 10~400 Btu/h·ft·°F, 외경은 0.5~1 in 범위에서 변한다. 관 외경과 관 열전도도의 함수로 튜브의 길이를 그래프로 표현하여 결과를 논하라.

3-76 직경 2.2 mm, 길이 10 m인 전선이 두께 1 mm, 열전도도(k = 0.15 W/m·K)인 플라스틱 커버로 덮여 있다. 전선에는 전류 13 A, 전압 8 V가 흐른다. 전선이 열전달계수(h = 24 W/m^2·K)이고, T_∞ = 30°C인 대기에 노출되어 있을 때, 정상 상태에서 전선과 플라스틱 커버의 경계면에서 온도를 구하라. 또한 플라스틱 커버의 두께를 두 배로 하면 경계면의 온도가 증가하는가? 감소하는가?

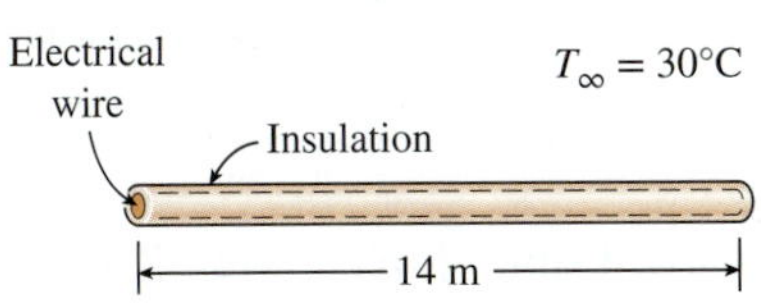

그림 P3-76

3-77 높이 1.5 m, 직경 40 cm인 전기 온수히터를 생각하자. 온수의 온도는 60°C이며, 탱크는 27°C인 방 안에 있다. 히터의 내부와 외부표면의 열전달계수는 각각 50 W/m^2·K와 12 W/m^2·K이다. 탱크는 무시할 만한 두께를 가진 또 다른 직경 46 cm인 판금 탱크 내부에 있고, 두 탱크 사이의 공간은 발포 단열재(k = 0.03 W/m·K)로 차 있다. 물탱크와 외부 금속판 사이의 열저항은 작아서 무시한다. 전기 요금은 \$0.08/kWh이고, 집주인은 온수난방 비용으로 연간 \$280를 지불한다.

이 탱크의 열손실을 에너지 비용으로 구하여 연간 온수난방 비용에 대한 비율을 구하라. 전체 탱크를 감싸기에 충분한 3 cm 두께의 유리섬유 단열재(k = 0.035 W/m·K)로 구성된 온수 탱크 단열 키트는 시장에서 약 \$30에 구입할 수 있다. 이 단열재를 집주인이 직접 물탱크에 시공한 경우, 단열 시공에 따른 추가 비용을 회수하는 데 얼마의 시간이 걸릴까? *답*: 17.5%, 21개월

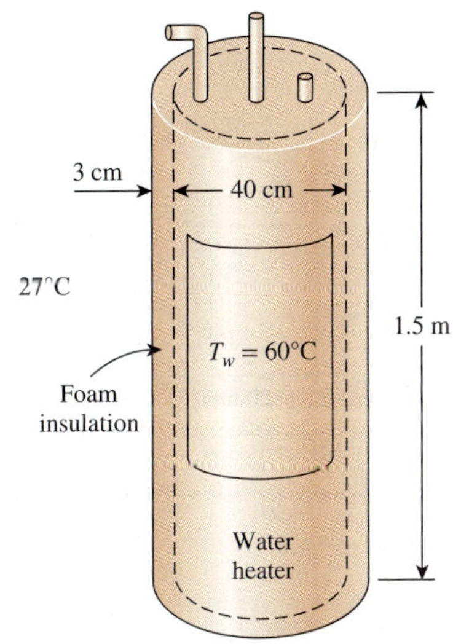

그림 P3-77

3-78 7°C로 냉각된 물이 지름 4 cm, 길이 200 m인 긴 관을 0.98 kg/s의 유량으로 들어와서 8°C로 유출된다. 관은 30°C의 외기온도에 노출되어 있고, 열전달계수는 9 W/m^2·K이다. 만약 관이 유리섬유 단열재(k = 0.05 W/m·k)로 단열되어 있다면, 물의 온도 상승을 0.25°C로 낮추기 위해 필요한 단열재의 두께를 구하라.

3-79E 450°F의 증기가 외경과 내경이 각각 3.5 in와 4 in인 강관(k = 8.7 Btu/h·ft·°F)을 통해 주위온도가 55°F인 곳으로 흐르고 있다. 그 관은 2 in 두께의 유리섬유 단열재(k = 0.02 Btu/h·ft·°F)로 단열된다. 그 관의 내부 및 외부의 열전달계수가 각각 30 및 5 Btu/h·ft^2·°F일 때, 관의 단위 길이당 증기의 열손실률을 구하여라. 계산에서 강관의 열저항을 무시할 때 오차는 얼마인가?

3-80 평균 온도가 90°C인 온수가 길이 15 m의 관(k = 52 W/m·K) 안에서 흐르고 있다. 관의 내경 및 외경이 각각 4 cm, 4.6 cm이다. 방사율이 0.7인 그 관의 외부표면에서 열전달계수 15 W/m²·K으로 10°C의 찬 공기에 노출되어 있다. 관의 내부표면의 열전달계수는 120 W/m²·K이다. 지하실 벽의 온도가 10°C일 때, 온수로부터의 열손실률을 구하라. 또한, 지하를 지나감으로써 물의 온도가 3°C 떨어졌다면 관 안에서 물의 평균속도를 구하라.

3-81 제약공장에서 내경 20 mm와 두께 2.5 mm를 가진 구리관(k_c = 400 W/m·K)은 저장탱크에 액체산소를 옮길 때 사용된다. 관 내부를 흐르는 액체산소는 평균 온도 −200°C와 대류 열전달계수 120 W/m²·K이다. 관 외부는 대류온도 20°C이고 복합 열전달계수 20 W/m²·K이다. 만약 이슬점이 10°C일 때, 외부표면의 응결을 피하기 위한 구리관 외부 단열재(k_i = 0.05 W/m·K)의 두께를 구하라. 열 접촉 저항은 무시할 수 있다.

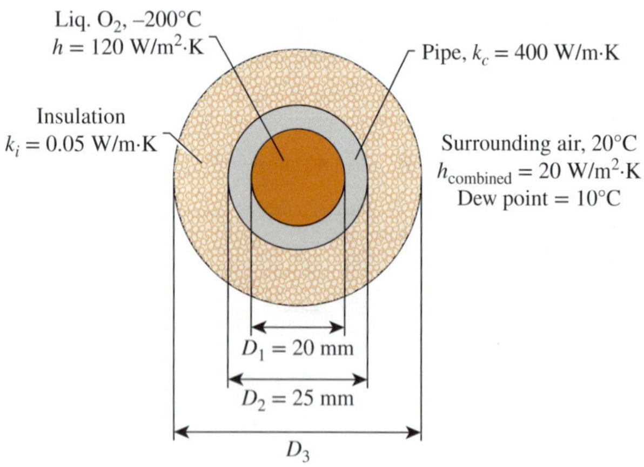

그림 P3-81

3-82 액체 수소는 단열된 관(k = 23 W/m·K, D_i = 3 cm, D_o = 4 cm 및 L = 20 m)을 통해 흐른다. 관은 평균 공기온도가 40°C 화학 공장에 위치한다. 액체 수소와 외기의 대류 열전달계수는 각각 200 W/m²·K와 50 W/m²·K이다. 단열 관의 외부표면온도가 5°C인 경우, 액체 수소가 평균 −300°C의 온도에서 계속 흐를 수 있도록 관 단열(k = 0.6 W/m·K) 두께를 구하라.

3-83 두께 1.5 cm인 스테인리스강(k = 15 W/m²·K)으로 된 내경 8 m인 구 형태인 탱크는 0°C의 얼음물을 저장하는 데 사용된다. 탱크는 25°C의 방에 놓여 있다. 방의 벽 온도 또한 25°C이다. 탱크의 외부표면은 검정색(방사도 ε = 1)이고, 탱크의 외부표면과 주위 사이의 열전달은 자연대류와 복사에 의해 일어난다. 탱크 내부와 외부표면 사이의 대류 열전달계수는 80 W/m²·K와 10 W/m²·K 이다. (a) 탱크에서 얼음물로의 열전달률, (b) 24시간 동안에 녹는 얼음의 양을 구하라. 대기압에서 물의 융해열은 h_{if} = 333.7 kJ/kg이다.

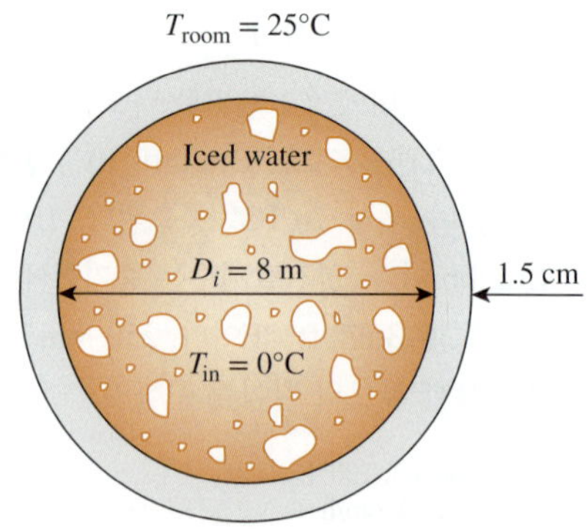

그림 P3-83

3-84 해수면의 대기압하에서 질소의 비등 온도는 −196°C이다. 따라서 대기압하에서 개방된 탱크의 액체 질소 온도가 그것이 고갈될 때까지 −196°C로 일정하게 유지되기 때문에 저온 과학 연구에서 질소가 일반적으로 사용된다. 탱크로의 열전달은 기화열이 액체 질소를 증발하게 하며, 질소는 1 atm에서 증발열은 198 kJ/kg, 밀도는 810 kg/m³이다.

초기에 1 atm, −196°C에서 액체 질소로 채워져 있는 지름 3 m의 구형 탱크를 생각하자. 탱크는 15°C인 대기압에 대류와 복사의 복합열전달계수 35 W/m²·K로 노출되어 있다. 얇은 구형 쉘 탱크의 외부표면 온도는 내부 질소의 온도와 거의 같은 것으로 측정된다. (a) 탱크가 단열되어 있지 않을 때, (b) 5 cm 두께의 섬유유리(k = 0.035 W/m·K)로 단열되어 있을 때, (c) 유효 열전도도가 0.00005 W/m·K인 2 cm 두께의 초고성능 단열재로 단열되어 있을 때의 대기로부터 열전달의 결과로서 기인되는 탱크 안의 액체 질소의 증발률을 구하라.

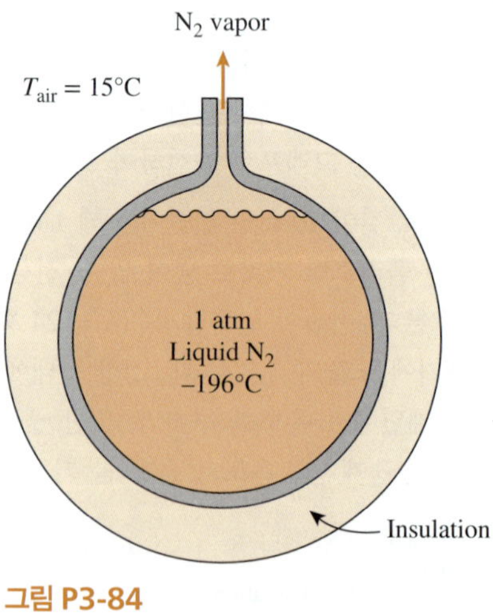

그림 P3-84

3-85 문제 3-84를 1 atm 압력에서 비등 온도 −183°C, 증발열 213 kJ/kg, 밀도 1140 kg/m³인 액체 산소에 대해 다시 풀어라.

임계 단열반경

3-86C 단열재의 임계반경이란 무엇인가? 원통형 층에서 어떻게 정의되는가?

3-87C 단열된 관이 대기에 노출되어 있다. 임계 단열반경은 바람 없는 날과 바람이 부는 날 중에 어느 쪽의 경우 더 큰가? 이유는?

3-88C 열손실을 줄이기 위해 관을 단열시켰다. 그러나 측정을 해보니 열손실률이 감소하는 대신 증가하였다. 이 측정은 합리적인가?

3-89C 반경이 임계 단열반경보다 더 큰 관이 일정한 온도하에 있다고 생각하자. 그 관에 단열재를 추가할 때, 그 관으로부터의 열손실률이 더 증가하였다. 타당한가?

3-90C 어떤 관은 단열재의 외부 반경이 임계반경보다 작게 단열되어 있다. 그 관에서 단열재를 제거했다. 동일한 관의 표면온도에 대하여 관으로부터의 열전달률은 증가하는가, 감소하는가?

3-91E 90°F에서 직경 0.083 in 전선이 0.02 in 두께의 플라스틱 절연체(k = 0.075 Btu/h·ft·°F)로 덮여 있다. 전선은 2.5 Btu/h·ft^2·°F의 결합된 대류 및 복사 열전달계수와 함께 50°F의 매질에 노출된다. 전선의 플라스틱 절연체가 전선의 열전달을 증가 또는 감소시키는지 판단하라. 답: 증가시킨다.

3-92E 전선과 절연체의 계면에서 열접촉저항을 0.01 Btu/h·ft^2·°F로 가정하여 문제 3-91E를 다시 풀어라.

3-93 50°C에서 직경 4 mm인 공이 두께 1 mm인 플라스틱 단열재(k = 0.13 W/m·K)로 싸여 있다. 공은 대류와 복사의 복합 열전달계수가 20 W/m^2·K이고, 온도가 15°C인 매체에 노출되어 있다. 공을 덮고 있는 플라스틱 단열재가 열전달에 도움이 되는가, 도움이 되지 않는가?

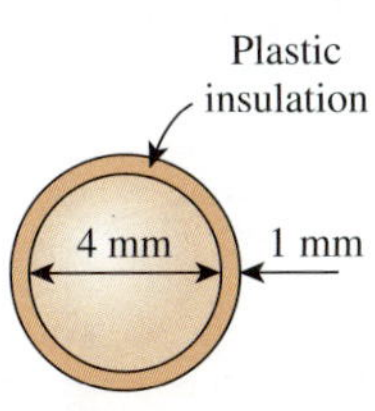

그림 P3-93

3-94 문제 3-93을 다시 생각해 보자. 적절한 소프트웨어를 이용하여 두께의 범위가 0.5~20 mm인 플라스틱 단열재의 두께 함수로 공으로부터의 열전달률을 구하고 결과를 논하라.

휜을 가진 표면으로부터의 열전달

3-95C 뜨거운 공기가 대기에 노출된 관을 통해 강제적으로 흐르게 하여 냉각된다. 열전달을 향상시키기 위해서 휜을 부착하려 한다. 휜을 관의 내부에 부착해야 되는가? 아니면 관의 외부에 부착해야 하는가? 이유는? 어떤 경우에 관의 내부와 외부 양쪽에 휜을 부착할 것인가?

3-96C 표면에 휜을 많이 사용하는 이유는 무엇인가?

3-97C 휜 유효도와 휜 효율의 차이는 무엇인가?

3-98C 표면에 부착된 휜이 0.9의 유효도를 가진다고 구해졌다. 이러한 휜을 부착한 결과로 표면으로부터의 열전달률은 증가했다고 생각하는가? 감소했다고 생각하는가?

3-99C 휜이 표면에서 어떻게 열전달을 증가시키는가 설명하라. 또한, 과도하게 부착된 휜이 표면에서 실제로 열전달을 감소시킬 수 있다는 것을 설명하라.

3-100C 휜이 부착된 표면의 총괄 유효도는 단일 휜의 유효도와 어떻게 다른가?

3-101C 뜨거운 물이 대기에 노출된 관을 통하여 흐르면서 냉각된다. 열전달을 향상시키기 위해서 휜을 부착했다. 휜을 관의 내부에 부착해야하는가? 아니면 외부에 부착해야 하는가? 이유는?

3-102C 휜이 부착된 두 표면 중에, 첫 번째 표면은 주조 또는 압축하여 휜과 표면을 일체형으로 만들고, 두 번째 표면은 휜을 표면에 나중에 용접 또는 끼워넣는 방식으로 만들었다. 어느 쪽 표면의 휜이 열전달을 더 향상시키는가 설명하라.

3-103C 휜의 열전달 표면적은 주위 매체에 노출되어 있는 휜 끝의 표면적을 포함하여 휜의 모든 표면의 합과 같다. 어떠한 조건에서 휜 끝에서의 열전달을 무시할 수 있는가?

3-104C 휜의 (*a*) 효율, (*b*) 유효도는 휜의 길이가 증가할 때 증가하는가, 감소하는가?

3-105C 두 개의 휜이 있는데, 그들 중 한 개 휜의 지름이 나머지 한 개 휜의 지름의 2배인 것을 제외하고는 동일하다. 어느 휜이 (*a*) 효율, (*b*) 유효도가 더 높은가?

3-106C 두 개의 직사각형 휜이 있는데, 그들 중 한 개의 휜이 다른 휜 두께의 2배인 것을 제외하고는 동일하다. 어느 휜이 (*a*) 효율, (*b*) 유효도가 더 높은가?

3-107C 두 개의 휜이 달려있는 한 표면에서, 그들 중 한 개 휜의 열전달계수가 다른 한 개 휜의 열전달계수의 2배인 것을 제외하고는 동일하다. 어느 휜이 (*a*) 효율, (*b*) 유효도가 더 높은가?

3-108 일정한 단면적 A_c, 둘레길이 p, 길이 L, 열전도도 k를 가진 휜이 열전달계수 h로 온도 T_∞인 매체에 노출되어 있을 때 휜 효율

의 관계식을 유도하라. 휜이 충분히 길어 휜의 끝부분의 온도가 거의 T_∞라고 가정한다. 휜 끝의 열전달을 무시하고 휜 바닥부분에서의 온도를 T_b라고 한다. (*a*) 직경 *D*의 원통형 휜과 (*b*) 두께 *t*의 직사각형 휜에 대한 관계를 간단히 정리하라.

3-109 직경 4 mm, 길이 10 cm인 알루미늄(k = 237 W/m·K) 휜이 표면에 부착되어 있다. 열전달계수가 12 W/m²·K이라면, 무한히 길다는 가정 대신에 단열 휜을 사용할 때 열전달률 오차를 계산하라.

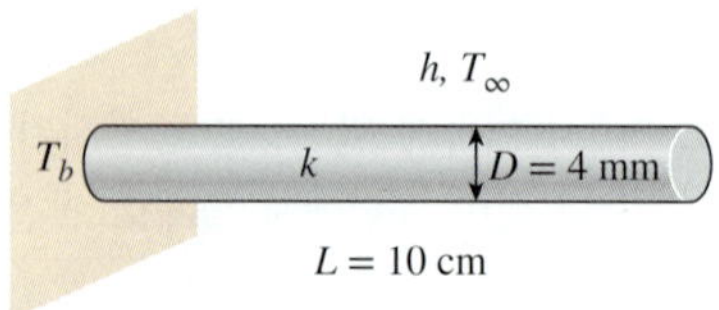

그림 P3-109

3-110 휜의 끝 온도가 주변 공기의 온도 20°C와 동일한 매우 긴 직사각형 휜이 평평한 표면에 부착되어 있다고 생각해보자. 직사각형 휜의 폭은 5.0 cm, 두께 1.0 mm, 열전도도 200 W/m·K 이고 기저부분의 온도는 40°C이고 열전달계수는 20 W/m²·K이다. 휜 기저로부터 5.0 cm 지점의 온도와 전체 휜으로부터의 열손실률을 산출하라.

3-111 매우 길고 가느다란 막대를 생각해 보자. 막대의 한쪽 끝은 T_b로 유지되는 바닥면에 부착되고 그외 막대의 표면은 400°C의 공기에 노출된다. 열전대는 바닥면에서 25 mm 및 120 mm 위치에 삽입되어 있고 각각 325°C 및 375°C의 온도로 측정된다. (*a*) 막대의 바닥면 온도를 계산하라. (*b*) 동일한 조건에서 유한 길이 휜의 열전달에 대비 매우 긴 휜의 열전달 비율이 99%인 경우에 대한 막대의 길이를 결정하라.

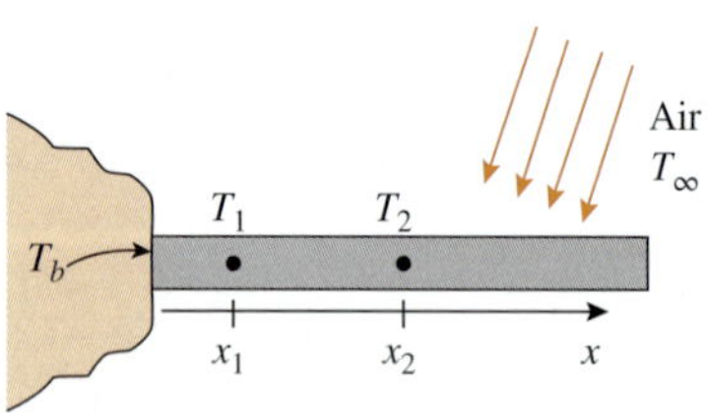

그림 P3-111

3-112 지름과 길이가 같은 매우 길고 가느다란 막대 두 개가 주어진다. 막대 1은 알루미늄으로 제작되었으며, 열전도도 k_1 = 200 W/m·K이고, 막대 2의 재질과 열전도도 k_2는 알려지지 않았다. 막대 2의 열전도도를 결정하기 위해 두 막대의 한쪽 끝이 일정한 온도 T_b로 유지되는 금속 표면에 열적으로 부착되어 있다. 두 막대 모두 대류에 의해 열이 손실되고 있으며, 대류 열전달계수 h는 T_∞에서 주변 공기로 전달된다. 각 막대의 표면 온도는 뜨거운 바닥 표면에서 다양한 거리에서 측정된다. 이 측정을 통해 바닥에서 x_1 = 40 cm만큼 떨어진 곳에서 알루미늄 막대(막대 1)의 온도가 바닥에서 x_2 = 20 cm 떨어진 곳에서 열전도도를 알 수 없는 막대(막대 2)의 온도와 동일함을 알 수 있었다. 두 번째 막대의 열전도도 k_2를 확인하여라.

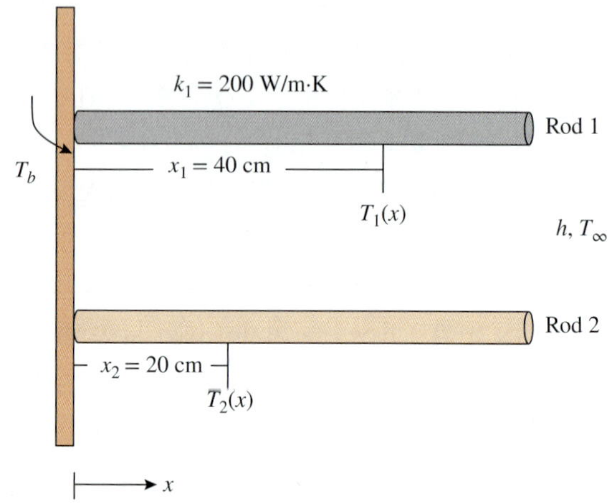

그림 P3-112

3-113 금속합금(k = 17 W/m·K)으로 만들어진 터빈 블레이드의 길이는 5.3 cm, 둘레는 11 cm, 단면적은 5.13 cm²이다. 이고, 막대 2의 재질과 열전도도 k_2는 알려지지 않았다. 터빈 블레이드는 538 W/m²·K의 대류 열전달계수로 973°C의 연소실에서 나오는 뜨거운 가스에 노출된다. 터빈 블레이드의 바닥면의 온도는 450°C로 유지하고 끝은 단열되어 있다. 터빈 블레이드로의 열전달률과 블레이드 끝의 온도를 구하라.

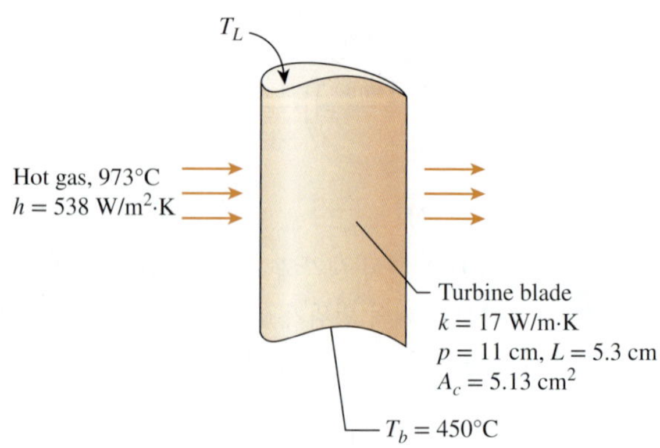

그림 P3-113

3-114E 온도가 75°F인 주방에서 200°F로 끓고 있는 물속에 부

분적으로 잠긴 스테인리스강 숟가락(k = 8.7 Btu/h·ft·°F)을 고려해 보자. 숟가락의 손잡이는 단면적이 0.08 in × 0.5 in이고 물 표면에서 밖으로 돌출한 부분의 길이는 7 in이다. 공기 중에 노출된 숟가락 손잡이의 열전달계수가 3 Btu/h·ft²·°F일 때, 숟가락 손잡이 노출면의 온도차를 구하라. 이 문제를 풀기 위한 가정을 서술하라. *답*: 124.6°F

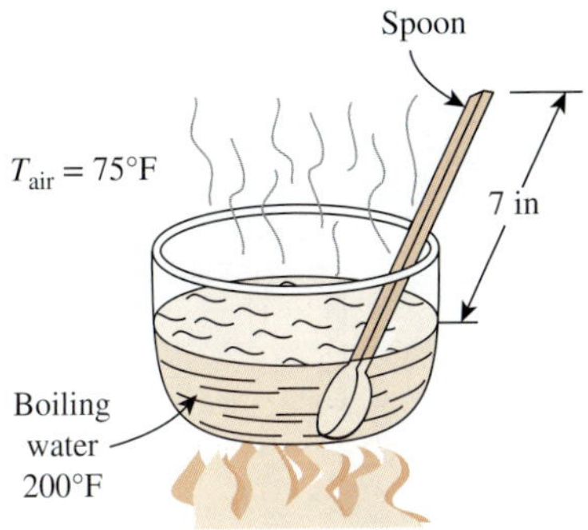

그림 P3-114E

3-115E 문제 3-114E를 적절한 소프트웨어를 이용하여 다시 고려해 보자. 숟가락 재질의 열전도도와 공기 중에 노출된 숟가락의 손잡이 연장 길이가 노출된 숟가락 표면 온도변화에 미치는 영향을 구하라. 열전도도는 5~225 Btu/h·ft²·°F이고 길이는 5~12 in 범위에서 변한다. 열전도도와 길이의 함수로 온도변화를 그래프로 그리고 결과를 논하라.

3-116 DC모터는 기계적 힘을 길이 25 cm와 지름 25 mm을 가진 회전하는 스테인리스강 축(k = 15.1 W/m·K)으로 전달한다. 외기온도 20°C와 25 W/m²·K의 대류 열전달계수를 가진 주변에서, 모터하우징의 표면적은 0.075 m²이다. 모터는 300 W의 전력을 사용하고, 그 중 55%를 스테인리스 강축을 회전시키는 기계적 동력으로 전달한다. 스테인리스강 축 끝의 온도가 22°C일 때, 모터하우징의 표면온도를 구하라. 축의 기저 온도가 모터 하우징의 표면온도와 같다고 가정하라.

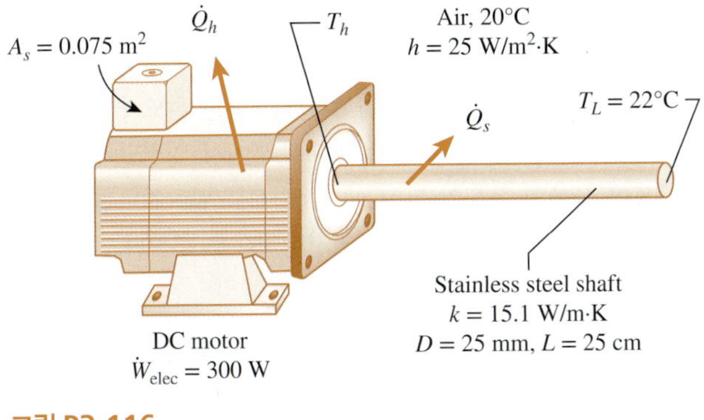

그림 P3-116

3-117 표면온도 350°C를 가진 수직 벽은 직사각형 휜(k = 235 W/m·K)이 부착되어 있다. 휜은 25°C의 외기조건에 노출되어 있고 대류 열전달계수는 154 W/m²·K이다. 각각의 휜은 길이 50 mm이고 기저가 두께 5 mm이고 넓이 100 mm이다. 휜 효율, 열전달률, 그리고 각 휜의 유효도를 (*a*) 표 3-3과 (*b*) 그림 3-43을 사용하여 구하라.

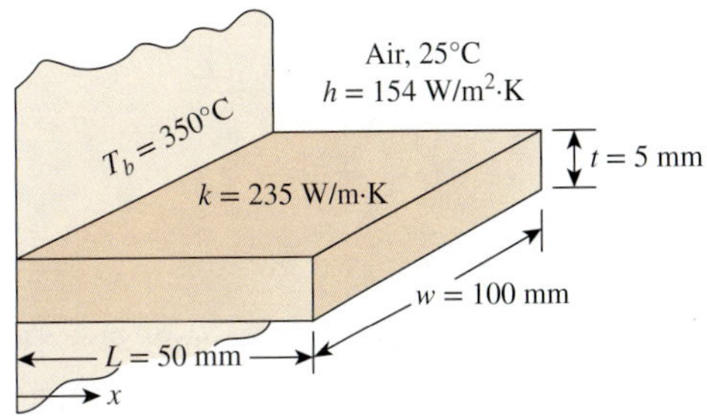

그림 P3-117

3-118 제조공장에서 내경과 외경이 각각 50 mm, 60 mm인 관을 사용하여 과열증기를 수송한다. 열전도도가 16 W/m·K인 이 관은 두께 20 mm, 외경 90 mm인 플랜지로 연결되어 있다. 관 주변의 공기 조건은 온도는 25°C, 10 W/m²·K의 대류 열전달계수 이다. 만약 관 내부표면온도가 일정하게 150°C를 유지하고 있다고 할 때, 플랜지 기저 온도(T_b)와 플랜지를 통과한 열손실을 구하라.

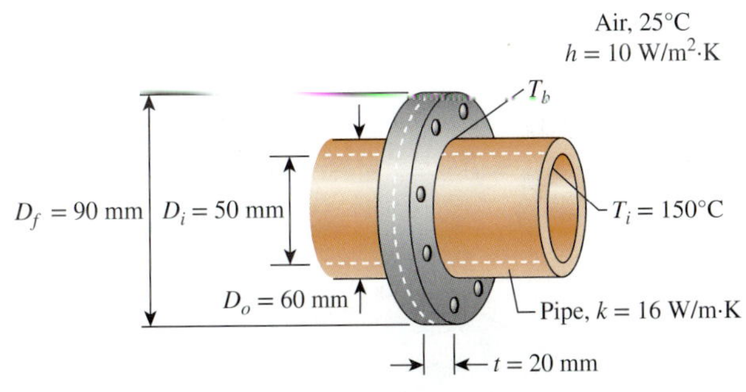

그림 P3-118

3-119 난방장치에 사용되는 증기가 직경 5 cm, 외벽의 온도가 130°C로 유지되는 관을 통해 흐른다. 이 관에는 외경 6 cm, 두께 1 mm인 원통형 알루미늄 휜(k = 186 W/m·K)이 관에 부착되어 있다. 휜 사이의 간격이 3 mm이고, 관의 1 m 당 250개의 휜이 부착되어 있다. 열전달계수 40 W/m²·K, 온도 T_∞ = 25°C인 주위로 열이 전달된다. 휜을 추가한 결과, 길이 1 m당 관으로부터의 열전달 증가를 계산하라. *답*: 1788 W

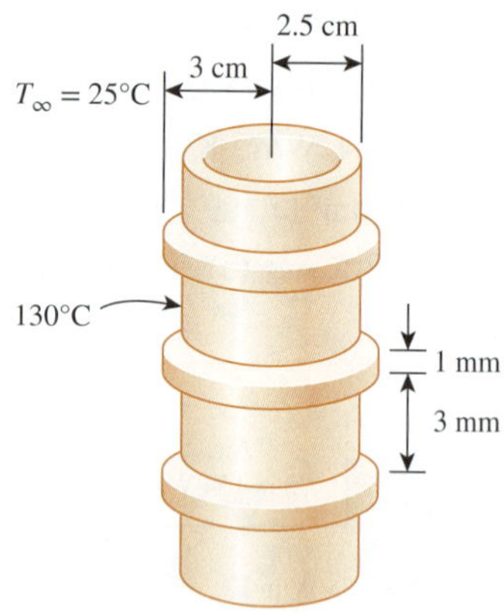

그림 P3-119

3-120 두께 0.4 cm, 높이 12 cm, 길이 18 cm인 회로기판의 한 면에 각각 0.04 W를 방출하는 칩이 80개가 붙어 있다. 회로기판의 열전도도는 30 W/m·K이다. 칩에서 발생되는 열은 회로기판을 따라 전도되며, 회로기판의 뒷면으로 열전달계수 52 W/m²·K이고 온도가 40°C인 매체로 열이 방출된다. (*a*) 회로기판의 양쪽 면에서의 온도를 구하라. (*b*) 두께 0.2 cm, 높이 12 cm, 길이 18 cm인 알루미늄판(k = 237 W/m·K)에 864개의 두께 직경 0.25 cm, 길이 2 cm인 휜이 회로기판의 뒷면에 두께 0.02 cm인 에폭시 접착제(k = 1.8 W/m·K)로 부착되어 있다. 회로기판 양쪽 면의 새로운 온도를 구하라.

3-121 100°C의 뜨거운 표면이 길이 3 cm, 직경 0.25 cm인 알루미늄 휜(k = 237 W/m·K)에 의해 냉각되고 휜은 휜끼리 중심과 중심 사이의 거리가 0.6 cm 간격으로 설치되어 있다. 주위 온도 30°C이고, 표면에서의 열전달계수는 35 W/m²·K이다. 판의 단면이 1 m × 1 m일 때, 표면으로부터 열전달률을 구하라. 또한 휜의 총괄 유효도를 구하라.

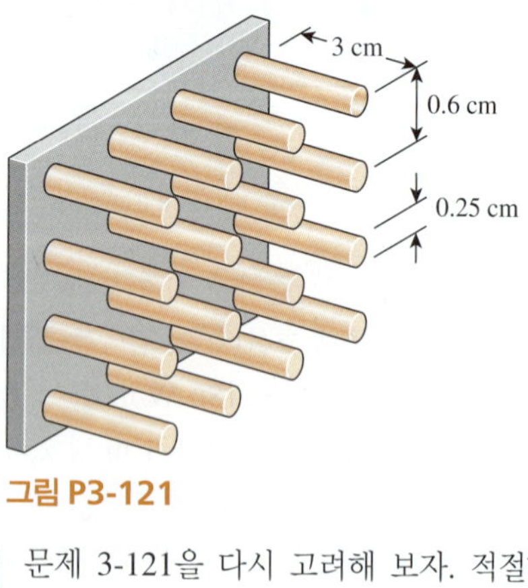

그림 P3-121

3-122 문제 3-121을 다시 고려해 보자. 적절한 소프트웨어를 이용하여 표면을 통한 열전달률에 대해 중심과 중심 사이거리의 영향과 휜의 전체적인 영향을 구하라. 중심 사이의 거리는 0.4~2.0 cm이다. 중심 사이의 거리에 대한 총괄 유효도와 열전달률을 구하고 결과를 논하라.

3-123 40 W의 파워 트랜지스터가 표 3-6에서와 같이 시판되는 방열판을 부착 부착하여 냉각시킨다. 트랜지스터의 케이스 온도가 20°C의 주변 공기에서 90°C를 초과하지 않도록 할 수 있는 방열판을 선택하라.

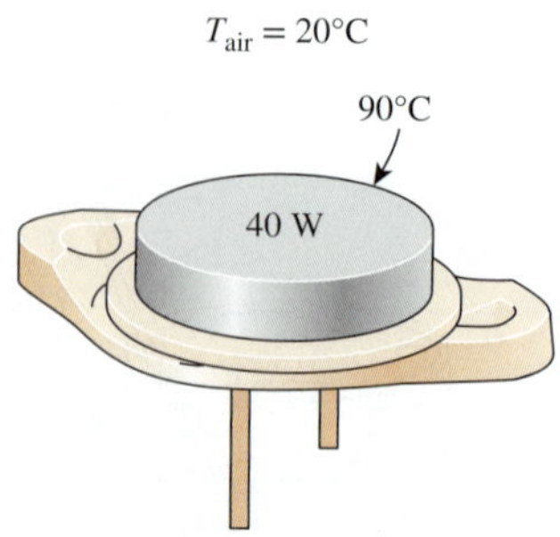

그림 P3-123

복습문제

3-124 앉아서 일하는 동안 60 W의 열을 신진대사에 의해 꾸준히 발생시키고, 대류와 땀으로 열을 배출하는 두 사람을 생각하자. 첫 번째 사람은 두께 1 mm의 가죽으로 된 옷(k = 0.159 W/m·K)으로 신체의 반을 덮고 있으며, 또 다른 사람은 두께 1 mm인 합성섬유로 만든 옷(k = 0.13 W/m·K)으로 신체 전부를 덮고 있다. 대기 온도는 30°C, 외부의 열전달계수는 15 W/m²·K, 그리고 옷의 내부 표면온도는 32°C이다. 사람의 신체를 직경 25 cm, 길이 1.7 m의 원통으로 취급할 때 땀에 의해 각 사람으로부터 손실된 열의 비율을 구하라.

3-125 12°C로 냉각된 공기가 유량 0.8 kg/s로 내부 단면 22 cm × 22 cm, 두께 1.5 cm인 사각 알루미늄 덕트(k = 237 W/m·K) 내로 흐른다. 덕트는 대류와 복사의 복합 열전달계수가 13 W/m²·K인 온도 33°C 공기에 노출되어 있다. 내부의 대류 열전달계수는 75 W/m²·K이다. 덕트 내 공기온도가 1°C 이상 증가할 수 없다면, 덕트의 최대 길이를 결정하라.

3-126 내경 3 cm와 외경 3.5 cm인 주철관(k = 52 W/m·K)를 통하여 평균속도 1.5 m/s인 온수가 흐른다. 관은 온도가 15°C인 지하에서 길이 15 m를 통과한다. 관의 내부에서 열전달계수가 400 W/m²·K이고 물의 온도가 70°C에서 67°C로 떨어진다면, 관의 외부표면에서 대류와 복사의 복합 열전달계수를 구하라. *답*: 272.5 W/m²·K

3-127 주택의 배수 시스템에서 내경 2 cm, 외경 2.4 cm의 플라스틱 관(k = 0.16 W/m·K)의 0.5 m 부분이 대기에 노출되었다. 바람이 부는 추운 밤 동안에 대기온도는 14시간 동안 약 −5°C였다.

관 외부 표면의 대류와 복사의 복합 열전달계수는 40 W/m²·K이고, 물의 융해열은 333.7 kJ/kg이다. 관에 0°C의 물이 들어 있다고 가정하고 관 내부의 물이 그날 밤에 완전히 얼게 될지를 결정하라.

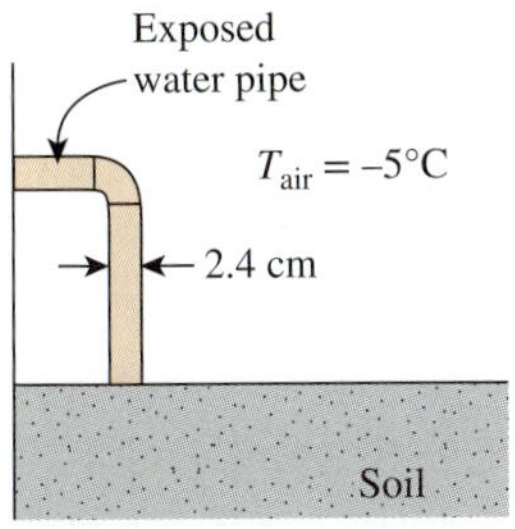

그림 P3-127

3-128 온도 260°C인 증기가 내부온도 20°C, 내경 10 cm, 외경 12 cm인 강관(k = 61 W/m·K) 속으로 흐른다. 관 내부와 외부의 열전달계수는 각각 120 W/m²·K, 14 W/m²·K이다. (*a*) 열손실을 95%까지 줄이기 위해 필요한 k = 0.038 W/m·K인 단열재 두께를 구하고 (*b*) 단열된 관이 표면온도 40°C에 노출되어 있을 때 안전을 위해 필요한 단열재 두께를 구하라.

3-129 지름 3 m인 구형 용기(벽의 두께는 무시한다)를 0°C의 액체를 저장하는 데 사용한다. 저장용기는 5 cm 두께의 단열재(k = 0.20 W/m·K)로 싸여있고 주위 공기온도는 22°C이다. 내부와 외부의 열전달계수는 각각 40 W/m²·K과 10 W/m²·K이다. (*a*) 모든 열저항(K/W), (*b*) 정상 열전달률과 (*c*) 단열층의 온도차를 구하라.

3-130 냉동창고의 한쪽 벽면이 높이 10.0 m, 폭 5.0 m이다. 벽은 1.0 cm 두께의 알루미늄(k = 200 W/m·K)과 두께 8.0 cm의 유리섬유(k = 0.038 W/m·K), 그리고 두께 3.0 cm의 석고판(k = 0.48 W/m·K)의 3개 층의 구조로 되어있다. 냉동창고의 내부와 외부의 온도는 각각 −10°C와 20°C이고, 내부와 외부의 평균 열전달계수는 40 W/m²·K이다.

(*a*) 정상상태에서의 냉동창고 벽을 통한 열전달률을 계산하라.

(*b*) 직경 2.0 cm, 길이 12.0 cm인 400개의 금속볼트(k = 43 W/m·K)가 냉동창고의 벽을 고정하기 위해 사용되었다. 이 "볼트"를 통한 열전달률을 계산하라.

(*c*) 금속 볼트로 인한 벽을 통과하는 열전달률의 백분율 변화는 얼마인가?

3-131 높이 4 m, 길이 6 m, 두께 0.8 cm인 두 개의 강판(k = 15 W/m·K)이 두께 1 cm, 폭 22 cm인 두 개의 철근으로 연결되어 있다. 두 개의 철근 사이의 간격은 99 cm이다. 두 개의 강판 사이 빈 공간은 유리섬유 단열재(k = 0.035 W/m·K)로 채워져 있다. 강판의 내부와 외부 표면의 온도차가 22°C라면, 강판을 통한 열전달률을 구하라. 열전달을 해석함에 있어 철근이 열전달 표면의 1%만을 차지한다고 해서 철근의 영향을 무시할 수 있는가?

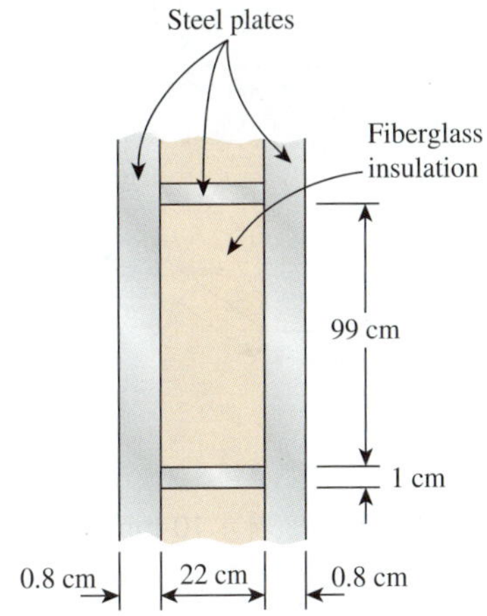

그림 P3-131

3-132 그림 P3-132는 건물 벽의 전형적인 모습을 보여준다. 이 단면은 눈에 보이는 페이지 안쪽과 바깥쪽 방향으로 확장되며 건물 벽의 세로방향으로 반복된다. 벽의 지지대는 8 cm (t_{23}) × 0.5 cm (L_B)의 강철(k = 50 W/m·K)로 이루어져 있다. 내벽 공간은 8 cm (t_{23}) × 60 cm (L_B)인 단열재(k = 0.03 W/m·K)로 채워져 있다. 내벽은 두께 1 cm (t_{12})의 석고판(k = 0.5 W/m·K), 외벽은 두께 10 cm (t_{34})의 벽돌(k = 1.0 W/m·K)로 이루어져 있다. T_1 = 20°C, T_4 = 35°C일 때, 벽돌 표면의 내부 온도는 얼마인가?

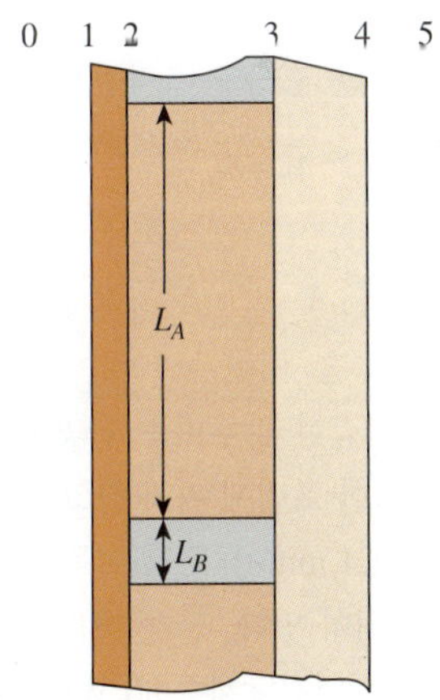

그림 P3-132

3-133 그림과 같이 정사각형 단면의 길이 12 cm 막대는 1 cm의 구리층(k = 380 W/m·K)과 두께 1 cm 에폭시 합성층(k = 0.4 W/m·K)으로 구성되어 있다. 정상 1차 열전달 방향이 (*a*) 앞에서 뒤로(즉, 길이방향으로), (*b*) 왼쪽에서 오른쪽으로, 그리고 (*c*) 위에서 아래 방향에 대하여 50°C의 열 구동력(온도강하) 조건에 대하

여 열전달률을 각각 구하라.

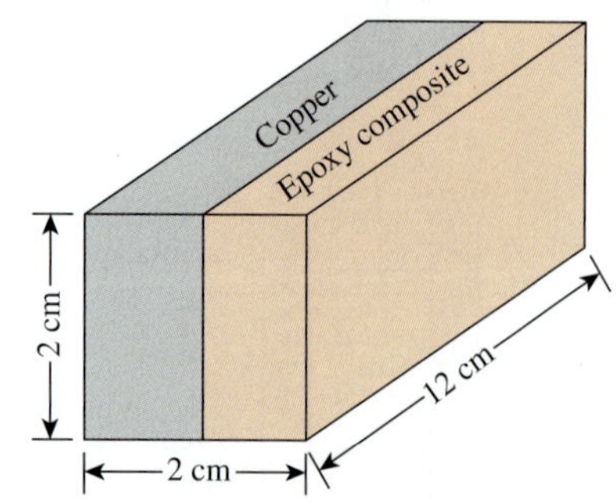

그림 P3-133

3-134 균일한 단면을 가지는 지름 10 mm, 길이 50 mm 원통형 휜이 온도가 350°C인 벽의 표면에 부착되어 있다. 휜의 열전도도는 240 W/m·K이고, 이 휜은 온도가 25°C이고 대류 열전달계수가 250 W/m²·K인 주위 공기에 노출되어 있다. 열전달률을 구하고 다음 경계조건에 대한 온도변화를 그래프로 나타내어라.

(*a*) 무한히 긴 휜
(*b*) 끝단이 단열된 휜
(*c*) 휜 끝단의 온도가 250°C
(*d*) 휜 끝단으로부터 대류

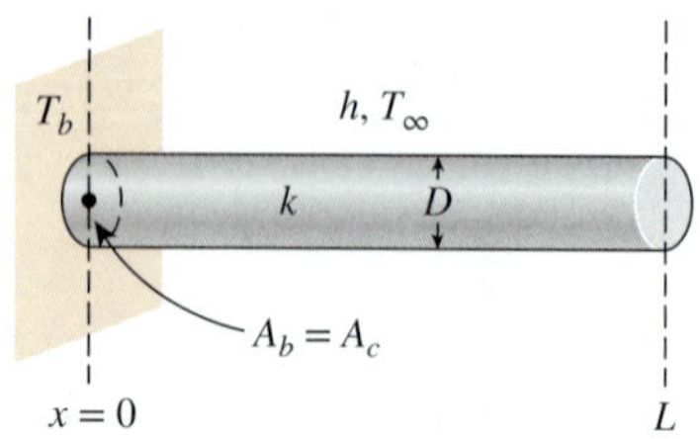

그림 P3-134

3-135 총 10개의 직사각형 알루미늄 휜(k = 203 W/m·K)들이 전기장치의 바깥쪽 평평한 표면에 자리 잡고 있다. 각 휜은 폭 100 mm, 높이 20 mm, 두께 4 mm이다. 각 휜들은 8 mm의 간격을 두고 서로 평행하게 위치되어 있다. 전기장치 바깥쪽 표면의 온도가 72°C, 대기온도가 20°C, 열전달계수 80 W/m²·K일 때 (*a*) 전기장치에서 대기 중으로의 열손실률과 (*b*) 휜 유효도를 계산하라.

3-136 온도가 300°C인 평면벽에 직선형 알루미늄 삼각형 휜(k = 236 W/m·K)이 부착되어 있다. 휜은 온도 25°C와 대류 열전달계수가 25 W/m²·K인 주위 공기에 노출되어 있다. 각의 휜의 길이는 55 mm이며 바닥 두께는 4 mm이고 폭은 110 mm이다. 표 3-3을 사용하여 휜 효율, 열전달률, 그리고 각 휜의 유효도를 구하라.

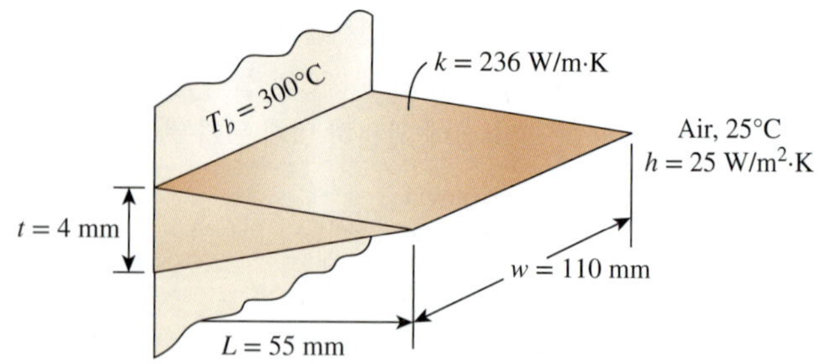

그림 P3-136

3-137 표면이 200°C인 평면벽이 끝이 무딘 포물선 모양의 알루미늄 핀 휜에 의해서 냉각되고 있다. 각 휜의 길이는 25 mm이고 기저부의 지름은 4 mm이다. 휜은 주위 공기 25°C, 열전달계수 45 W/m²·K에 노출되어 있다. 만약 휜의 열전도도가 230 W/m·K일 때, 단일 휜에서의 열전달률과 부착된 휜에 의해 증가된 단위 면적당 열전달률을 구하라. 단위 면적당 100개의 휜이 부착되어 있다고 가정한다.

3-138 난방 시스템의 증기가 외경이 3 cm이고 벽이 120°C의 온도로 유지되는 관을 통해 흐른다. 외경 6 cm, 두께 t = 2 mm 원통형의 알루미늄합금 휜(k = 180 W/m·K)이 그림 P3-138에 나와 있는 것처럼 관에 부착되어 있다. 휜들 간의 간격은 3 mm이고 튜브에 1 m당 200개의 휜이 부착되어 있다. 열은 복합 열전달계수가 60 W/m²·K이고, 25°C의 주위 공기로 전달된다. 관에 휜을 추가했을 때 길이방향으로 1 m당 열전달 증가를 구하라.

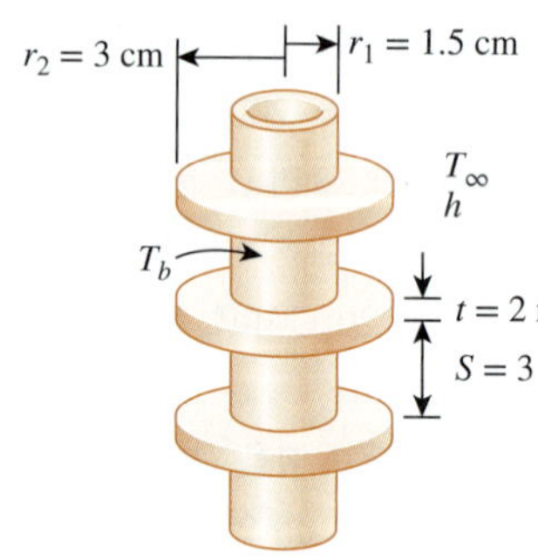

그림 P3-138

3-139 두께 0.2 cm, 높이 10 cm, 길이 15 cm인 회로판에서 균등하게 15 W의 열이 한쪽 면에서 발산한다. 회로판은 유효 열전도도 12 W/m·K인 금속재로 가득 채워져 있다. 회로판의 부품에서 나오는 열은 판의 뒤쪽 면에서 열전달계수 45 W/m²·K와 37°C인 매개체로 전달된다. (*a*) 회로판 양쪽 면의 표면온도를 구하라. (*b*) 두께 0.1 cm, 높이 10 cm, 길이 15 cm인 알루미늄 판(k = 237 W/m·K)에 두께 0.2 cm, 길이 2 cm, 폭 15 cm인 직사각형의 모양의 알루미늄 판(k = 237 W/m·K) 20개가 두께 0.03 cm인 에

폭시 접착제(k = 1.8 W/m·K)로 판의 뒷면에 부착되어 있다. 회로 판 양면에서 새로운 온도를 구하라.

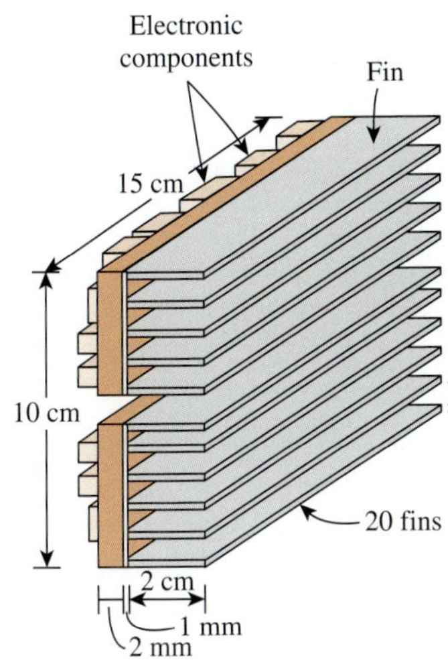

그림 P3-139

설계 및 에세이 문제

3-140 우주에서 온도는 절대온도 0에 가까우므로, 우주를 걸어 다니는 우주비행사에게는 매우 위험한 상황이다. 우주의 열 환경에 적합한 우주비행사의 옷을 설계하라. 당신의 설계에서 선택한 것들에 대해 논하라.

3-141 전자 부품의 설계에서, 열전도성이 좋은 물질 및 매우 효과적인 전기 절연체로 전기회로에 부착하는 것이 바람직하다. 비용에 상관없다면 어떤 물질이 기판의 재료로 사용되면 좋겠는가?

3-142 일반적인 항공기의 운행 외기 조건, 항공기 내부와 외부 표면의 열전달계수, 그리고 내부 열발생을 고려하여 대형 상용 항공기의 벽 구조에 대해 검토하라. 400명을 태울 수 있는 항공기에서 객실이 항상 20°C로 유지될 수 있도록 냉난방 시스템의 크기를 구하라.

3-143 문제 3-142를 승선 인원이 60명인 잠수함에 대해서 다시 풀어라.

3-144 바닥 면적이 200 m²인 집은 바닥 아래에 깔린 관를 통해 흐르는 지열수로 난방을 한다. 집의 벽은 높이 4 m이고, 벽에는 10개의 창(넓이 1.2 m, 높이 1.8 m)이 있다. 집의 벽에는 R-19 단열재로 단열되어 있고, 천장은 R-30 단열재로 단열되어 있다. 바닥의 온도가 40°C를 넘지 않는다. 이용 가능한 뜨거운 지열수의 온도는 90°C이고, 관의 내경과 외경은 각각 2.4 cm, 3.0 cm이다. 이 집에 대한 난방시스템을 디자인하라.

3-145 타이머와 온도계를 이용하여, 냉장고에서 열 획득률을 알아보기 위해 실험을 수행하라. 먼저, 정상 작동 조건이 확립되는지 확인하기 위해 적어도 몇 시간 동안 냉장고 문을 열지 말아야 한다. 냉장고가 작동을 멈출 때 타이머를 시작하고 다시 작동하는 데 걸리는 시간 Δt_1을 측정하라. 작동이 유지되는 시간 Δt_2를 측정하라. Δt_2 동안 제거된 열은 $\Delta t_1 + \Delta t_2$ 동안 획득한 열과 같다는 것에 유의하라. 냉장고가 작동하는 동안에 소비한 동력을 이용하여 냉장고의 평균 열 획득률을 W로 구하라. 만일 이것이 불가능하다면 냉장고의 COP (coefficient of performance)를 1.3으로 가정하라.

이제, 냉장고의 응축기 코일을 깨끗이 청소하고 코일을 통한 공기의 흐름을 저해하는 요소를 제거하라. 그러면 냉장고의 COP는 얼마나 향상되는가?

CHAPTER

04

비정상 열전도

TRANSIENT HEAT CONDUCTION

일반적으로 물체의 온도는 위치뿐만 아니라 시간에 따라 변한다. 직교 좌표에서 이러한 변화는 $T(x, y, z, t)$로 표시할 수 있는데 (x, y, z, t)에서 x, y, z는 방향, t는 시간에 따른 변화를 나타낸다. 앞 장에서 **정상** 상태 열전도를 고려했는데, 이 경우 물체 내부의 어디에서도 물체의 온도는 시간에 따라 변하지 않는다. 이와 같은 가정은 특히 온도가 한 방향으로 변화할 때 문제를 간단하게 하며 이를 통해 해석해를 얻을 수 있다. 이 장에서는 시간에 대한 온도 변화뿐만 아니라 한 방향 또는 여러 방향으로 **위치**에 따른 온도 변화도 고려한다.

이 장은 고체의 온도가 시간에 따라 변하지만, 어떤 시간에도 고체 내부 온도가 일정한 경우인 **집중계해석**(*lumped system analysis*)의 분석으로 시작한다. 그리고 큰 평면 벽, 긴 원통, 구, 그리고 반무한 매질과 같은 1차원 열전도 문제에서의 시간과 위치에 따른 온도 변화를 해석해를 이용해 고려한다. 마지막으로 다차원에서의 비정상 열전도를 **곱셈해**(*product solution*)를 이용해 고려한다.

학습목표

이 장의 목적은 다음과 같다.

1. 공간에 대한 온도분포가 무시할 수 있고, 온도가 시간에 대하여 거의 일정하게 변한다고 가정할 때 단순한 집중계 해석이 가능하다.
2. 직각, 원통, 구 형상에서 비정상 1차원 전도문제는 변수분리법을 사용하여 해석해를 구한다. 또한, 왜 단항 해가 대개 합리적 근사인지 이해한다.
3. 상사변수를 사용하여 큰 매질에서 비정상 열전도 문제를 풀고, 노출된 표면으로부터 시간과 거리에 따른 온도 변화를 예측한다.
4. 곱셈해법을 사용하여 다차원 비정상 열전도 문제에 대하여 해를 구한다.

(a) Copper ball

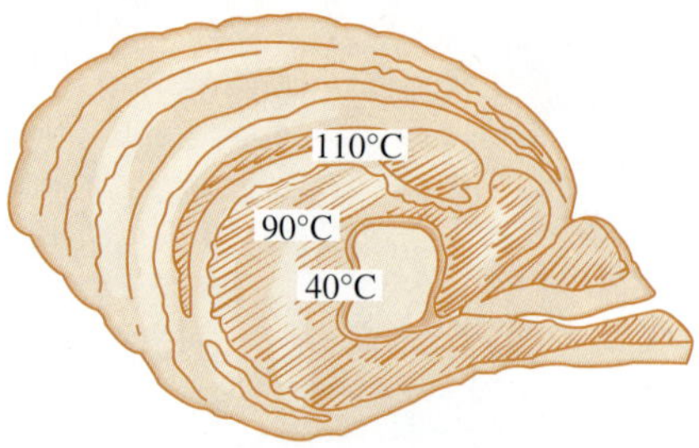

(b) Roast beef

그림 4-1
작은 구리공에는 집중계를 적용할 수 있으나 고기에는 적용할 수 없다.

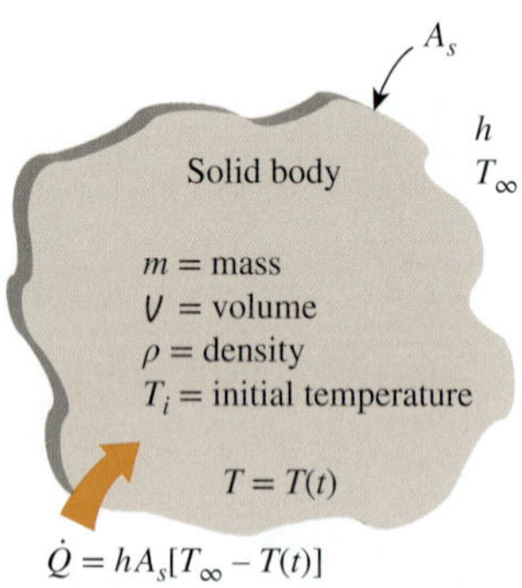

그림 4-2
집중계해석과 관련된 형상과 파라미터

4-1 ▪ 집중계해석

열전달 해석에서는 임의의 물체가 열전달 과정 중에 언제나 내부 온도가 균일한 상태인 마치 "덩어리(lump)"와 같이 거동하는 물체가 관찰되는 경우가 있다. 그 때 이러한 물체의 온도는 시간의 함수[$T(t)$]로 가정할 수 있다. 이와 같은 이상적인 가정을 기반으로 한 열전달 해석을 **집중계해석**(lumped system analysis)이라고 한다. 이 해석 방법은 열전달 문제에서 정확도를 잃지 않고 일부 종류의 문제를 간단하게 해석할 수 있다.

오븐으로부터 나온 뜨거운 구리공을 생각하자(그림 4-1*a*). 구리공의 온도는 시간에 따라 변화하고, 그 시간에서 위치에 따라서는 변하지 않는다. 따라서 볼의 온도는 일정 시간에 균일하게 유지되며 볼의 특정 위치에 상관없이 볼의 온도를 말할 수 있다.

다른 상황으로 오븐에 있는 큰 고기를 생각해보자(그림 4-1*b*). 이 고기 덩어리에 열을 가하면 고기 내의 온도분포가 일정하지 않다는 것을 알 수 있다. 이것은 고기를 완전하게 익히기 전에 오븐에서 꺼내서 반으로 나누면 쉽게 확인할 수 있다. 고기의 외부는 잘 익은 반면 중앙부는 거의 익지 않았다. 이와 같은 경우는 집중계해석 방법을 적용할 수 없다. 집중계해석을 적용할 수 있는 기준을 제시하기 전에 집중계해석의 공식을 유도해 보자.

일정온도 T_i에서 질량 m, 부피 V, 표면적 A_s, 밀도 r, 비열 c_p인 어떤 형상을 가진 물체를 생각해보자(그림 4-2). $t = 0$일 때 물체를 T_∞인 외기에 놓고 물체와 외기 간에는 열전달 계수 h에 해당하는 열전달이 일어난다. 지금 설명을 위해 $T_\infty > T_i$로 가정하지만 반대인 경우도 이 해석방법을 동일하게 적용할 수 있다. 집중계해석법은 물체 내에서 위치에 따른 온도가 일정하며 단지 온도가 시간만의 함수[$T = T(t)$]인 경우 적용할 수 있다.

미소 시간간격 dt 동안 물체 온도는 미소량 dT만큼 증가한다. 시간 dt 동안 물체의 에너지 평형은 다음과 같이 표현된다.

$$\begin{pmatrix} dt \text{ 동안} \\ \text{물체로의 열전달} \end{pmatrix} = \begin{pmatrix} dt \text{ 동안 물체의} \\ \text{에너지 증가} \end{pmatrix}$$

또는

$$hA_s(T_\infty - T)\,dt = mc_p\,dT \tag{4-1}$$

T_∞가 일정하므로 $m = \rho V$와 $dT = d(T - T_\infty)$를 이용하면 식 (4-1)은 다음과 같다.

$$\frac{d(T - T_\infty)}{T - T_\infty} = \frac{hA_s}{\rho V c_p}\,dt \tag{4-2}$$

$T = T_\infty$인 $t = 0$에서 $T = T(t)$인 t까지 적분하면

$$\ln\frac{T(t)-T_\infty}{T_i-T_\infty}=-\frac{hA_s}{\rho V c_p}t \tag{4-3}$$

와 같다.

앞의 식에서 양변에 지수를 취하고 재구성하면 다음과 같다.

$$\frac{T(t)-T_\infty}{T_i-T_\infty}=e^{-bt} \tag{4-4}$$

여기서

$$b=\frac{hA_s}{\rho V c_p} \qquad (1/\mathrm{s}) \tag{4-5}$$

는 양수로 차원은 $(\mathrm{time})^{-1}$이다. b의 역수는 시간단위이고 이를 **시상수**(time constant)라 부른다. 그림 4-3에서는 식 (4-4)에서 b를 변화시킨 경우를 나타냈다. 그림으로부터 다음 2가지 사항을 알 수 있다.

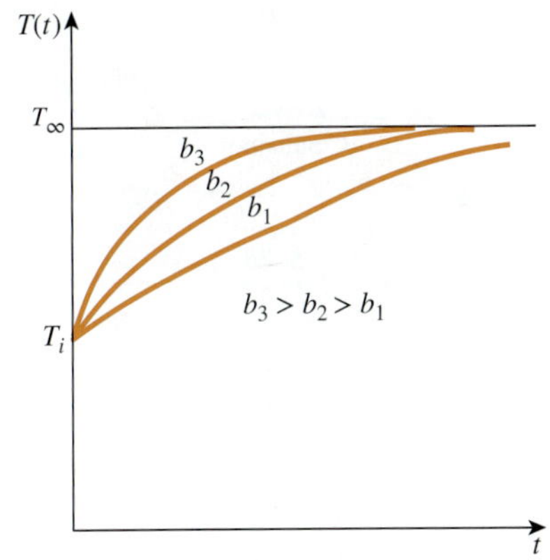

그림 4-3
집중계의 온도는 시간이 지날수록 주위 온도에 접근한다.

1. 식 (4-4)로부터 시간 t에서 물체의 온도 $T(t)$ 또는 $T(t)$에 도달하기 위한 시간을 알 수 있다.
2. 물체의 온도는 주위 온도 T_∞에 기하급수적으로 접근한다. 물체의 온도가 초기에는 빠르게 변화하지만 점차 천천히 변화한다. 큰 b값인 경우 물체가 짧은 시간 내에 주위 온도 T_∞에 도달하는 것을 의미한다. b값이 커지면 온도의 감소율은 더욱 커진다. b는 표면적에 비례하고, 물체의 질량과 비열에 반비례한다. 당연하게도 큰 질량을 가열하거나 냉각하기 위해서는 더 많은 시간이 소요되고 특히 비열이 클 때는 시간이 더욱 소요된다.

식 (4-4)로부터 시간 t에서 온도 $T(t)$를 구할 수 있기 때문에 물체와 물체 주위 사이의 **열전달률**은 Newton의 냉각법칙으로부터 다음과 같이 구할 수 있다.

$$\dot{Q}(t)=hA_s[T_\infty-T(t)] \qquad (\mathrm{W}) \tag{4-6}$$

시간 $t=0$부터 t까지 물체와 주변 사이의 **총 열전달량**은 단순히 물체의 에너지 양의 변화로

$$Q=mc_p[T(t)-T_i] \qquad (\mathrm{kJ}) \tag{4-7}$$

이며, 물체가 주위 온도 T_∞에 도달할 때 열전달량은 **최고치**가 되며 그때 열전달량은 다음 식과 같다(그림 4-4).

$$Q_{\max}=mc_p(T_\infty-T_i) \qquad (\mathrm{kJ}) \tag{4-8}$$

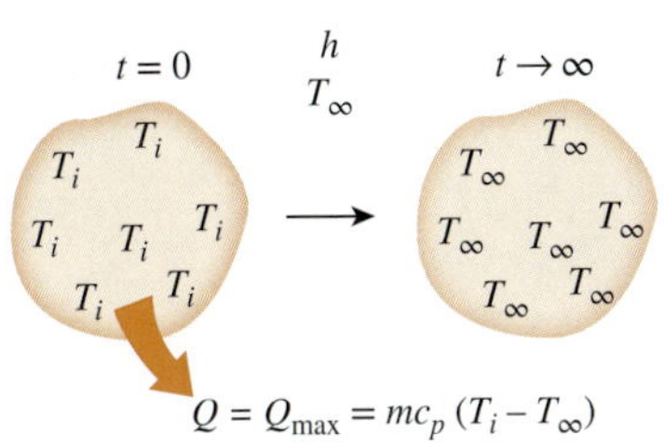

그림 4-4
열전달은 물체가 주위 온도에 도달했을 때 최대값이 된다.

위 식은 식 (4-4)의 $T(t)$ 관계를 식 (4-6)의 $\dot{Q}(t)$에 대입하고 시간 $t=0$에서 $t\to\infty$까지 적분하여 얻을 수 있다.

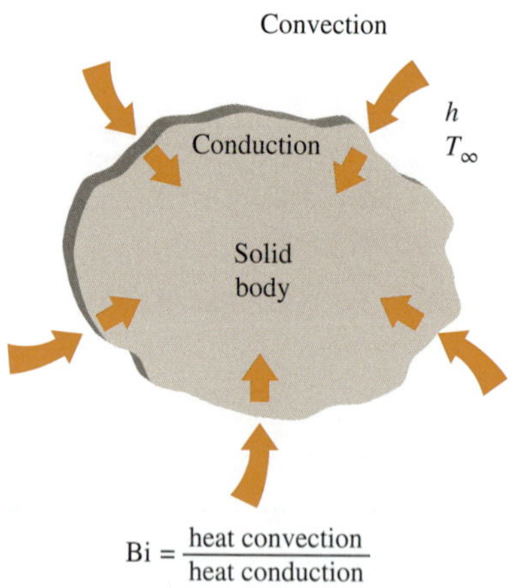

그림 4-5
Biot 수는 표면에서 대류 대 물체 내의 전도 비를 의미한다.

집중계해석에 대한 기준

집중계해석은 열전달 해석에서 대단히 유용하기 때문에, 언제 집중계해석을 적용할 수 있는지 알아보고자 한다. 집중계해석을 적용하는 데 있어 첫 번째 단계는 다음과 같이 **특성길이**(characteristic length)를 정의하는 것이다.

$$L_c = \frac{V}{A_s}$$

그리고 무차원수 **Biot 수**(Biot number)는

$$\text{Bi} = \frac{hL_c}{k} \tag{4-9}$$

와 같이 정의하며, 간단한 일차원 형상에서 일어나는 열전달, 즉 큰 평판 두께 $2L$, 긴 원통 반지름 r_o, 구 반지름 r_o에서 Biot 수에 사용되는 특성길이 L_c는 L, $r_o/2$, $r_o/3$로 된다. 식 (4-9)는 다음과 같다(그림 4-5).

$$\text{Bi} = \frac{h}{k/L_c}\frac{\Delta T}{\Delta T} = \frac{\text{물체 표면에서 대류}}{\text{물체로 전도}}$$

또는

$$\text{Bi} = \frac{L_c/k}{1/h} = \frac{\text{물체로 전도 열저항}}{\text{물체 표면에서 대류 열저항}}$$

뜨거운 주변 유체로부터 가열되는 고체 물체는(마치 오븐에서 구워지는 감자처럼) 열이 대류를 통해 물체로 **전달**되고 다음으로 물체 내로 **전도**된다. Biot 수는 **전도**(*conduction*)에 의한 물체의 내부저항 대 **대류**(*convection*)에 의한 외부저항의 비이다. 그러므로 작은 Biot 수는 전도 열저항이 작을 것을 의미하고 이는 물체 내의 온도구배가 작다는 것을 의미한다.

집중계해석은 물체 전체의 온도가 **일정**하다고 가정하는데 이는 물체 내부에서 **전도 열저항**이 0이라는 것과 같다. 그러므로 집중계해석은 Bi = 0인 경우는 해석해(*exact*)가 되고 Bi > 0이면 **근사해**(*approximate*)를 구하게 된다. 이는 Biot 수가 작으면 작을수록 집중계해석으로 더욱 정확한 값이 계산된다는 것을 의미한다. 그러면 우리가 가지는 의문은 집중계해석을 사용할 때 어느 정도의 오차를 감수해야 하는가 하는 것이다.

이 질문에 대답하기 전에 열전달계수 h에 대하여 15% 정도의 오차는 "일반적"이며 예상 범주 내의 경우로 생각한다. h를 **상수**로 **일정**하다고 가정하는 것은 근사이며 특히 복잡한 형상에 대하여 더욱 주의할 필요가 있다. 따라서 특정 형상에 대한 충분한 실험 데이터 없이는 Bi = 0인 경우에도 우리의 결과가 15% 오차보다 정확하다고 할 수 없다. 이러한 경우에는 다른 오차 요인이 문제에 개입하더라도 전체 오차에는 큰 영향을 끼치지 않을 것이다. 일반적으로 집중계해석은 다음의 조

건인 경우에 사용할 수 있다.

$$\text{Bi} \leq 0.1$$

위의 기준을 만족할 때 구 형상과 같은 형상에 대하여 주위 온도와 물체 내의 온도 차($T - T_\infty$)는 5% 내에 있다. Bi < 0.1일 때 물체 내에서의 온도 변화 폭은 미미하므로 온도가 일정하다는 가정은 상당히 타당하다.

집중계해석을 적용하는 데 있어서 첫 번째 단계는 Biot 수의 계산과 이 방법의 적용성을 평가하는 것이다. 때로 Bi < 0.1을 만족하지 않은 경우일 때도 있지만 정확도가 크게 중요하지 않은 경우는 집중계해석을 적용할 수도 있다.

Biot 수는 물체 표면에서 **대류**와 물체 내에서 **전도**의 비라고 했는데, 집중계해석을 적용하기 위해서는 이 수가 작아야 한다. 그러므로 **높은 열전도율**(*high thermal conductivity*)을 가지는 **작은 물체**는 집중계해석을 적용할 수 있는 좋은 경우이고, 특히 물체가 공기나 기체 같이 열전도율이 좋지 않은 물질 내에 정지해 있는 경우에 적용할 수 있다. 앞에서 언급한 경우와 같이 움직임이 없는 기체에 놓여 있는 조그마한 구리공은 집중계해석을 적용할 수 있는 좋은 예이다(그림 4-6).

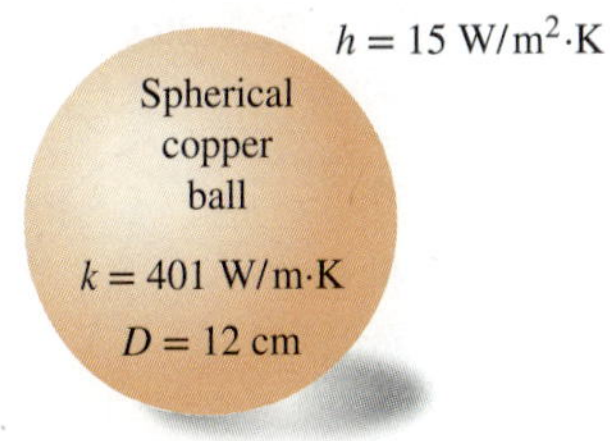

$$L_c = \frac{V}{A_s} = \frac{\frac{1}{6}\pi D^3}{\pi D^2} = \frac{1}{6}D = 0.02 \text{ m}$$

$$\text{Bi} = \frac{hL_c}{k} = \frac{15 \times 0.02}{401} = 0.00075 < 1$$

그림 4-6
큰 열전도성과 낮은 대류 열전달계수를 갖는 작은 물체는 집중계해석의 조건에 가장 적합하다.

집중계에서 열전달에 관한 부언

어떤 물체가 주위 유체에 의해 가열 또는 냉각되는 열전달 메커니즘을 이해하기 위해 그리고 집중계해석을 적용할 수 있는 기준을 이해하기 위하여 다음 상황을 생각해보자(그림 4-7). 본토의 사람들은 **보트를 이용**하여 섬으로 가고 섬의 모든 해안기는 항구라고 가정하자. 섬에 도착한 사람들은 섬에 있는 목적지까지 가기 위해 **버스를 이용**한다. 항구에서 정체되는 사람의 수는 섬으로 가는 보트의 교통량과 섬에서의 버스 교통량에 의존한다. 만약 충분한 버스가 있고, 보트의 교통량이 적다면 항구에서 정체되지 않을 것이다. 하지만 반대인 경우에는 항구에 사람이 매우 많이 정체될 것이고 항구와 섬 간의 인구차가 커질 것이다. 버스가 많고 섬이 작을수록 이러한 정체에 대한 가능성은 낮을 것이다.

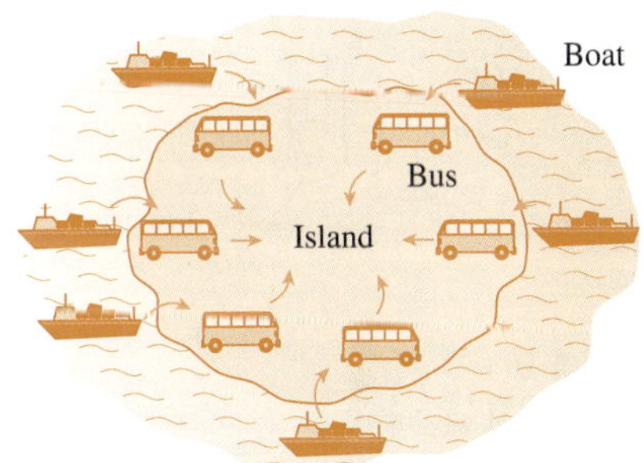

그림 4-7
고체로의 열전달은 섬의 여객운송과 유사하다.

열전달 관점에서 적은 버스 수는 물체의 작은 열전도에 해당하며 항구에서 사람이 정체되는 것은 열의 축적을 의미한다. 결국 물체 내부표면에서 온도가 상승하므로 물체 표면 근처에서 열이 축적될 때는 집중계해석을 사용할 수 없다. 이 유추 과정에서 복사 영향을 고려하지 않았다. 항구에 있는 승객과 같이 열은 물체의 표면에서 **대류**로부터 **전도**로 **운송 수단**을 변경한다. 표면에서는 두께가 없으므로 열이 저장될 수 없고 물체의 표면에 도달한 열은 전도에 의해 물체의 내부로 계속 이동한다.

뜨거운 물체에서 그 물체 주위로 일어나는 열전달을 생각해보자. 온도차의 결과로 열은 물체로부터 주위 유체로 전달된다. 그러나 에너지는 표면 근처에서 나오므로 결과적으로 표면 가까이 있는 물체의 온도는 떨어진다. 이것이 물체의 내부와

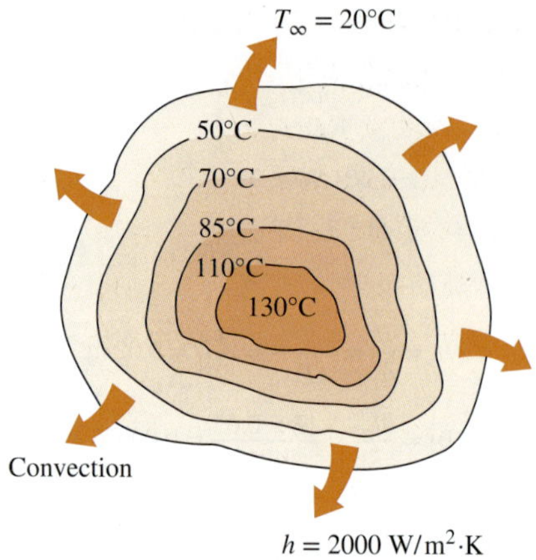

그림 4-8
대류 열전달계수 h가 크고 k가 작을 때는 큰 고체의 내부와 외부 사이의 온도차가 크다.

외부 사이의 **온도구배**(*temperature gradient*)를 만들며 결과적으로 내부로부터 외부로 전도에 의해 열이 흐르기 시작한다.

대류 열전달이 클 때, 즉 대류 열전달계수 h가 크면, 물체표면의 주위 온도는 급격하게 떨어진다(그림 4-8). 물체가 내부로부터 외부로 빨리 열을 보내지 않으면 내부와 외부 사이에 큰 온도차가 생긴다. 그러므로 물체 내의 최대 온도차의 크기는 물체의 표면방향으로 열을 전도할 수 있는 능력 대비 표면으로부터 열을 대류로 방출할 수 있는 능력에 의존한다. Biot 수는 위의 두 요소의 상대적인 값이다.

단위 표면적당 n방향으로 열전도는 $\dot{q} = -k\partial T/\partial n$이며, 여기서 $\partial T/\partial n$은 온도구배이고 k는 고체의 열전도율이다. 열전도율이 **무한한** 크기를 가질 때 물체 내의 온도는 **균일**(*uniform*)한 분포이나, 실제로 그러한 물체는 존재하지 않는다. 그러므로 온도구배 또는 온도차가 얼마나 작든 상관없이 열전도는 일어난다. 물론 고정된 열유속 조건에서 온도구배와 열전도율은 반비례한다. 따라서 열전도율이 크면 클수록 온도구배는 작아진다.

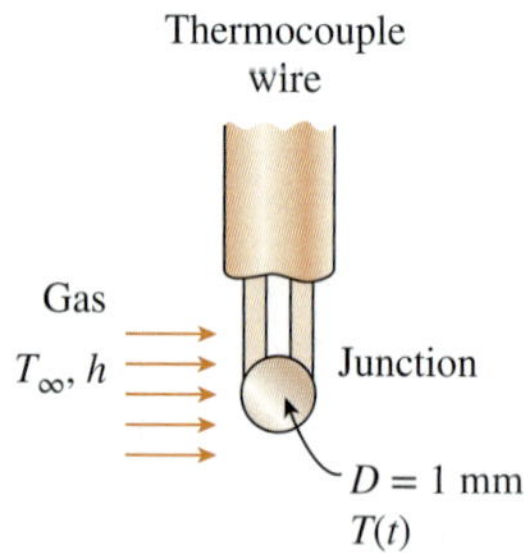

그림 4-9
예제 4-1의 계략도

예제 4-1　　열전대를 이용한 온도 측정

기체의 온도는 열전대로 측정하는데 그 접합점은 그림 4-9에서와 같이 직경 1 mm를 가진 구로 생각할 수 있다. 접합점의 물성값은 k = 35 W/m·K, ρ = 8500 kg/m³, c_p = 320 J/kg·K이며, 접합점과 기체 사이의 대류 열전달계수 h는 210 W/m²·K이다. 열전대가 초기온도와의 차이가 99%까지 도달하는 데 얼마나 걸리는가?

풀이　기체의 온도는 열전대로 구할 수 있다. 시간은 초기온도차의 99%까지 도달했을 때 결정될 수 있다.

가정　**1.** 접합점이 직경 D = 0.001 m인 구이다. **2.** 접합점의 열물과 열전달계수는 상수이다. **3.** 복사영향을 무시할 수 있다.

물성값　접합점의 물성값은 문제에 주어져 있다.

해석　접합점의 특성길이는

$$L_c = \frac{V}{A_s} = \frac{\frac{1}{6}\pi D^3}{\pi D^2} = \frac{1}{6}D = \frac{1}{6}(0.001\ \text{m}) = 1.67 \times 10^{-4}\ \text{m}$$

이며, Biot 수는

$$\text{Bi} = \frac{hL_c}{k} = \frac{(210\ \text{W/m}^2\cdot\text{K})(1.67 \times 10^{-4}\ \text{m})}{35\ \text{W/m}\cdot\text{K}} = 0.001 < 0.1$$

이다. 따라서 집중계해석을 적용할 수 있으며 그 오차는 무시할 수 있을 정도이다.

접합점과 기체 사이의 초기온도 차($T_i - T_\infty$)의 99%를 기록하기 위해서

$$\frac{T(t) - T_\infty}{T_i - T_\infty} = 0.01$$

이 된다. 예로 T_i = 0°C와 T_∞ = 100°C일 때, 열전대가 $T(t)$ = 99°C로 기록하면 온도 차의 99%로 간주한다.

지수 b 값은

$$b = \frac{hA_s}{\rho c_p V} = \frac{h}{\rho c_p L_c} = \frac{210\ \text{W/m}^2\cdot\text{K}}{(8500\ \text{kg/m}^3)\ (320\ \text{J/kg}\cdot\text{K})\ (1.67 \times 10^{-4}\ \text{m})} = 0.462\ \text{s}^{-1}$$

이다. 위의 값을 식 (4-4)에 대입하면

$$\frac{T(t) - T_\infty}{T_i - T_\infty} = e^{-bt} \quad \longrightarrow \quad 0.01 = e^{-(0.462\ \text{s}^{-1})t}$$

이며

$$t = \mathbf{10\ s}$$

가 된다. 그러므로 초기 접합점-기체 온도차가 1%보다 작기 위해서는 열전대의 접합점에서 최소 10초 기다린 후 온도를 기록해야 한다.

검토 전선을 통한 전도와 주위 표면과의 복사교환이 결과에 영향을 미칠 수 있다는 것을 주의하며 보다 세밀한 분석에서는 그것들이 고려되어야 한다.

4-2 ▪ 공간 효과가 있는 큰 평면 벽, 긴 원통, 구에서 비정상 열전도

4-1절에서 우리는 물체 내에서 온도 변화를 무시하였는데 이는 열전달 과정 동안 물체 내부가 **등온조건**이라는 것을 의미한다. 큰 전도성을 가신 삭은 물체가 이와 같은 거동을 잘 보여준다. 그러나 일반적으로 물체 내의 온도는 시간뿐만 아니라 위치에 따라 변한다. 이 절에서는 **시간**과 **위치**에 따라 온도가 변하는 큰 평면 벽, 긴 원통, 구 등의 1차원 문제를 고려해 본다.

두께 $2L$인 평면 벽, 반지름이 r_o인 원통, 반지름이 r_o인 구가 그림 4-10와 같이 **일정한** 초기온도 T_i인 상태에 있다. 시간 $t = 0$에서 각각의 형상은 주위 온도 T_∞에 놓여 있으며 이 온도는 $t > 0$에서도 일정하다. 주위와 물체사이의 열전달은 **균일**하고 **일정**한 열전달계수 h를 가지고 있는 대류에 의하여 일어난다. 세 경우 모두 기하학 및 열적으로 대칭을 이루는데 평면 벽은 **중심면**($x = 0$)에 대하여, 실린더는 중

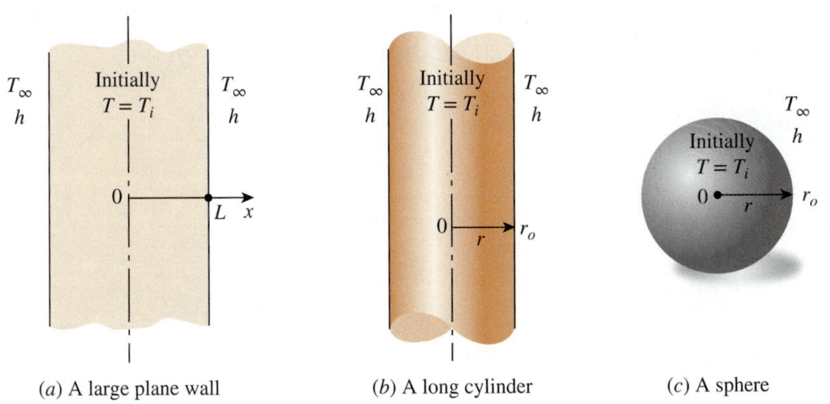

그림 4-10
1차원 열전달 형상에 대한 개략도

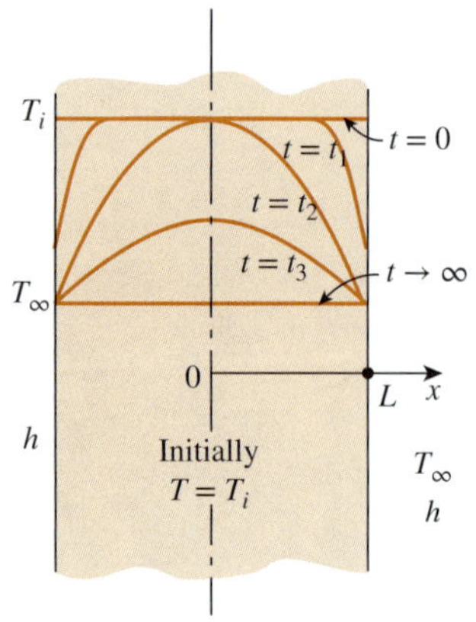

그림 4-11

$T_i > T_\infty$에 대하여 표면에서 대류로 노출된 평면 벽에서의 비정상 온도분포

심축(r = 0)에 대하여, 구는 **중심점**(r = 0)에 대하여 대칭이다. **복사**열전달은 무시하거나 대류 열전달계수에 복사의 영향을 포함한다.

평면 벽인 경우에 **시간**에 따른 온도의 변화를 그림 4-11에 나타내었다. 먼저 t = 0에서 벽 전체의 초기온도가 T_i로 주위 온도 $T_\infty < T_i$에 노출되었다. 표면 부근에서 벽의 온도는 주위로 대류 열전달이 일어나므로 떨어지기 시작한다. 즉 벽에서 **온도구배**가 생기고 벽 내부에서는 외부로 전도열전달이 시작된다. 벽 중앙에서 온도는 $t = t_2$까지 T_i로 일정하다. 벽 내부에서 온도분포는 중심면을 중심으로 항상 대칭이다. 시간이 지나면서 열전달 때문에 온도분포는 평평하게 변하다가 결국 $T = T_\infty$로 된다. 이는 벽이 주위와 **열적평형**(*thermal equilibrium*)에 도달했다는 의미이다. 이 시점에서 열전달은 멈추며 더 이상 온도차는 발생하지 않으며 이와 같은 현상은 원통과 구의 경우도 마찬가지다.

무차원화된 1차원 비정상 전도문제

평면 벽, 원통, 구에서 1차원 비정상 온도분포를 구하기 위한 열전도 문제는 일반적으로 해가 무한급수나 초월방정식 형태의 해가 되는 편미분방정식으로 된다. 하지만 해석해는 물리적인 문제에 대해서 값진 통찰력을 가지게 하고 따라서 이와 같은 단계를 거쳐 가는 것이 중요하다. 계속해서 평면 벽의 경우에 대하여 해를 구하는 절차를 알아보자.

그림 4-10*a*에서 일정온도 T_i에서 두께 $2L$인 평면 벽을 생각해보자. 시간 t = 0에서 벽은 T_∞의 유체에 잠겨 있다. 대류 열전달계수 h와 함께 양면은 대류 열전달이 일어난다. 벽의 높이와 넓이는 상대적으로 두께에 비하여 크다. 그래서 벽에서의 열전도는 1차원으로 가정할 수 있다. 또한 x = 0인 벽 중간에서는 열적 대칭을 이루고 있어 온도분포가 벽 중앙을 중심으로 대칭을 이룬다. 그러므로 임의의 시간 t에서 $-L \le x \le 0$ 내의 x에서의 온도값은 같은 시간 $0 \le x \le L$ 내의 x에서의 온도값과 같다. 이것은 $0 \le x \le L$에서의 열전도 문제를 공식화하고 해를 구한 것을 다른 반쪽에도 적용할 수 있다는 의미이다.

평면 벽의 $0 \le x \le L$ 영역에서, 열 및 물리적인 물성값이 상수인 조건하에서 열발생이 없고, 중심면에 대하여 열 대칭이며, 일정한 초기온도와 상수인 대류 열전달계수에서 1차원 비정상 열전도 문제는 다음과 같이 표현할 수 있다.

미분방정식: $$\frac{\partial^2 T}{\partial x^2} = \frac{1}{\alpha}\frac{\partial T}{\partial t} \tag{4-10a}$$

경계조건: $$\frac{\partial T(0, t)}{\partial x} = 0 \quad \text{그리고} \quad -k\frac{\partial T(L, t)}{\partial x} = h[T(L, t) - T_\infty] \tag{4-10b}$$

초기조건: $$T(x, 0) = T_i \tag{4-10c}$$

여기서 $\alpha = k/\rho c_p$는 물질의 열확산율이다.

무차원 공간변수 $X = x/L$과 무차원 온도 $\theta(x, t) = [T(x, t) - T_\infty]/[T_i - T_\infty]$를 정의하여 문제를 무차원화하는 것을 시도하자. 무차원화는 X와 θ의 범위를 0에서 1까지로 변경하기 때문에 편리하다. 하지만, 무차원 시간변수와 h/k 비에 대하여는 명확한 기준이 없으므로 이에 대한 정립이 필요하다. 무차원변수에 대한 미분항들은 다음과 같다.

$$\frac{\partial\theta}{\partial X} = \frac{\partial\theta}{\partial(x/L)} = \frac{L}{T_i - T_\infty}\frac{\partial T}{\partial x}, \quad \frac{\partial^2\theta}{\partial X^2} = \frac{L^2}{T_i - T_\infty}\frac{\partial^2 T}{\partial x^2} \quad \text{그리고} \quad \frac{\partial\theta}{\partial t} = \frac{1}{T_i - T_\infty}\frac{\partial T}{\partial t}$$

식 (4-10a), (4-10b)를 대입하고 재배열하면 다음과 같이 된다.

$$\frac{\partial^2\theta}{\partial X^2} = \frac{L^2}{\alpha}\frac{\partial\theta}{\partial t} \quad \text{그리고} \quad \frac{\partial\theta(1, t)}{\partial X} = \frac{-hL}{k}\theta(1, t) \qquad \textbf{(4-11)}$$

따라서 무차원 시간에 대한 적당한 형태는 $\tau = \alpha t/L^2$이며 **Fourier 수**(Fourier number) Fo라고 부른다. Bi $= hL/k$은 4-1절에서 정의한 것과 같이 Biot 수이다. 그리고 평면 벽에서 1차원 비정상 열전도 문제는 다음과 같은 무차원형태가 된다.

무차원 미분 방정식: $\dfrac{\partial^2\theta}{\partial X^2} = \dfrac{\partial\theta}{\partial\tau}$ **(4-12*a*)**

무차원 경계조건: $\dfrac{\partial\theta(0, \tau)}{\partial X} = 0$ 그리고 $\dfrac{\partial\theta(1, \tau)}{\partial X} = -\text{Bi}\,\theta(1, \tau)$ **(4-12*b*)**

무차원 초기조건: $\theta(X, 0) = 1$ **(4-12*c*)**

여기서

$\theta(X, \tau) = \dfrac{T(x, t) - T_\infty}{T_i - T_\infty}$ 무차원 온도

$X = \dfrac{x}{L}$ 중심에서 무차원 거리

$\text{Bi} = \dfrac{hL}{k}$ 무차원 열전달계수(Biot 수)

$\tau = \dfrac{\alpha t}{L^2} = \text{Fo}$ 무차원 시간(Biot 수)

원통과 구 좌표계에서 열전도 방정식도 비슷한 방법으로 무차원화할 수 있다. 무차원화는 독립변수의 수를 8개에서 3개로 즉 $x, L, t, k, \alpha, h, T_i, T_\infty$에서 X, Bi, Fo로 줄인다(그림 4-12).

$$\theta = f(X, \text{Bi}, \text{Fo}) \qquad \textbf{(4-13)}$$

이것은 파라미터 연구에서 매우 실용적이며 결과를 그래프로 나타낼 수 있다. 집중계해석의 경우에 공간변수 없이 $\theta = f(\text{Bi, Fo})$임을 생각하자. 이것은 식 (4-4)에서 θ, α, L_c, Bi 그리고 Fo의 정의를 사용함으로써 나타낼 수 있다. 마지막 결과는 다음과 같다.

(a) Original heat conduction problem:

$$\frac{\partial^2 T}{\partial x^2} = \frac{1}{\alpha}\frac{\partial T}{\partial t}, \quad T(x, 0) = T_i$$

$$\frac{\partial T(0, t)}{\partial x} = 0, \quad -k\frac{\partial T(L, t)}{\partial x} = h[T(L, t) - T_\infty]$$

$$T = F(x, L, t, k, \alpha, h, T_i, T_\infty)$$

(b) Nondimensionalized problem:

$$\frac{\partial^2\theta}{\partial X^2} = \frac{\partial\theta}{\partial\tau}, \quad \theta(X, 0) = 1$$

$$\frac{\partial\theta(0, \tau)}{\partial X} = 0, \quad \frac{\partial\theta(1, \tau)}{\partial X} = -\text{Bi}\,\theta(1, \tau)$$

$$\theta = f(X, \text{Bi}, \tau)$$

그림 4-12
무차원화는 1차원 비정상 문제에서 독립변수를 8개에서 3개로 줄이면서 결과를 나타낼 때 매우 편리하다.

$$\theta_n = A_n e^{-\lambda_n^2 \tau}\cos(\lambda_n X)$$
$$A_n = \frac{4 \sin \lambda_n}{2\lambda_n + \sin(2\lambda_n)}$$
$$\lambda_n \tan \lambda_n = \text{Bi}$$

For Bi = 5, $X = 1$, and $\tau = 0.2$:

n	λ_n	A_n	θ_n
1	1.3138	1.2402	0.22321
2	4.0336	−0.3442	0.00835
3	6.9096	0.1588	0.00001
4	9.8928	−0.876	0.00000

그림 4-13
비정상 열전도 문제의 급수해 항은 n과 λ_n이 증가함에 따라 급속하게 감소하는데, 이는 지수 $-\lambda_n\tau$가 급속하게 감소하기 때문이다.

$$\theta = \frac{T(t) - T_\infty}{T_i - T_\infty} = e^{-bt} = e^{-\frac{hA_s t}{\rho V c_p}} = e^{-\text{BiFo}}$$

경계조건, 초기조건과 함께 식 (4-12)에서 주어진 무차원 편미분방정식은 Laplace 또는 다른 변환법들, 변수분리법, 유한차분법, 유한요소법 등 해석적 또는 수치적인 방법으로 풀 수 있다. 변수분리법을 활용하면 세 가지 형상들에 대한 해는 무한급수로 구할 수 있고 표 4-1에 요약되어 있다. 두께가 L인 $x = 0$에서 단열, $x = L$에서는 대류에 노출된 평면 벽에 대한 해의 경우에도 적용할 수 있다.

일반적으로 비정상 전도문제의 해석해는 무한급수 형태이다. 그래서 특정 시간과 위치에서 온도를 결정하기 위해서는 각각 항에 해당하는 무한한 미지수에 대한 계산이 필요하다. 처음에는 어려워 보이나 걱정할 필요는 없다. 그림 4-13에서 합의 각 항은 n과 λ이 증가함에 따라 함수 $e^{-\lambda_n^2\tau}$가 감소하기 때문에 급속하게 감소하는데, 특히 무차원 시간 τ가 큰 값을 가질 때이다. 그러므로 일반적으로 무한급수의 첫 번째 몇 항의 값만 계산해도 무차원 온도 θ를 구하기에 충분하다.

근사적 해석해

평면 벽의 1차원 비정상 열전도에서 구한 해석해는 무한급수와 구하기 힘든 함축적인 식이 포함되어 있다. 그러므로 해석해를 단순화하고 간단한 관계를 사용하기 위하여 **표**나 그래프의 형태로 해를 표시할 필요가 있다.

평면 벽에 대한 무차원 변수에서 공간 변수 x를 r로, 두께의 절반인 L을 외부 반경 r_o로 대치하여 **원통**이나 **구**에 대해서도 적용할 수 있다. Biot 수를 정의하는 데 있어 특성길이는 평면 벽의 경우는 L이고 긴 원통이나 구인 경우는 **반경** r_o이다.

표 4-1에서 언급한 비정상 1차원 열전도 문제에서는 세 가지 형상에 대한 해석해를 구할 수 있으나 해가 무한급수 형태이므로 이용하기 어렵다. 그러나 각 항은

표 4-1
두께 $2L$인 평면 벽, 반경 r_o인 원통, 반경 r_o인 구에서 1차원 비정상 전도에 대한 해*

Geometry	Solution	λ_n's are the roots of
Plane wall	$\theta = \sum_{n=1}^{\infty} \frac{4 \sin \lambda_n}{2\lambda_n + \sin(2\lambda_n)} e^{-\lambda_n^2\tau} \cos(\lambda_n x/L)$	$\lambda_n \tan \lambda_n = \text{Bi}$
Cylinder	$\theta = \sum_{n=1}^{\infty} \frac{2}{\lambda_n} \frac{J_1(\lambda_n)}{J_0^2(\lambda_n) + J_1^2(\lambda_n)} e^{-\lambda_n^2\tau} J_0(\lambda_n r/r_o)$	$\lambda_n \frac{J_1(\lambda_n)}{J_0(\lambda_n)} = \text{Bi}$
Sphere	$\theta = \sum_{n=1}^{\infty} \frac{4(\sin \lambda_n - \lambda_n \cos \lambda_n)}{2\lambda_n - \sin(2\lambda_n)} e^{-\lambda_n^2\tau} \frac{\sin(\lambda_n r/r_o)}{\lambda_n r/r_o}$	$1 - \lambda_n \cot \lambda_n = \text{Bi}$

*Here $\theta = (T - T_\infty)/(T_i - T_\infty)$ is the dimensionless temperature, Bi $= hL/k$ or hr_o/k is the Biot number, Fo $= \tau = \alpha t/L^2$ or $\alpha t/r_o^2$ is the Fourier number, and J_0 and J_1 are the Bessel functions of the first kind whose values are given in Table 18–3. Note that the characteristic length used for each geometry in the equations for the Biot and Fourier numbers is different for the exact (analytical) solution than the one used for the lumped system analysis.

시간에 대하여 빠르게 수렴하며 $\tau > 0.2$에 대해 첫 번째 항만 계산하고 나머지 항을 무시하더라도 해의 정확도는 2% 이내에 있다. 일반적으로 $\tau > 0.2$에 대하여 다루므로 아래와 같이 **단항근사해법**(one-term approximation)을 사용하는 것이 매우 편리하다.

평면 벽: $$\theta_{\text{wall}} = \frac{T(x,t) - T_\infty}{T_i - T_\infty} = A_1 e^{-\lambda_1^2 \tau} \cos(\lambda_1 x/L) \qquad \tau > 0.2 \tag{4-14}$$

원통: $$\theta_{\text{cyl}} = \frac{T(r,t) - T_\infty}{T_i - T_\infty} = A_1 e^{-\lambda_1^2 \tau} J_0(\lambda_1 r/r_o) \qquad \tau > 0.2 \tag{4-15}$$

구: $$\theta_{\text{sph}} = \frac{T(r,t) - T_\infty}{T_i - T_\infty} = A_1 e^{-\lambda_1^2 \tau} \frac{\sin(\lambda_1 r/r_o)}{\lambda_1 r/r_o} \qquad \tau > 0.2 \tag{4-16}$$

여기서 상수 A_1, λ_1은 Bi 수의 함수이고 그 값은 세 종류의 형상에 대하여 표 4-2에 있다. 함수 J_0는 제0차 1종 Bessel 함수이며 그 값은 표 4-3에 있다. $\cos(0) = J_0(0) = 1$과 $(\sin x)/x$의 극한값이 1인 것을 이용하면 평면 벽, 원통, 구의 경우 중심에서의 값은 다음과 같이 나타낼 수 있다.

평면 벽의 중심($x = 0$): $$\theta_{0,\text{ wall}} = \frac{T_0 - T_\infty}{T_i - T_\infty} = A_1 e^{-\lambda_1^2 \tau} \tag{4-17}$$

원통의 중심($r = 0$): $$\theta_{0,\text{ cyl}} = \frac{T_0 - T_\infty}{T_i - T_\infty} = A_1 e^{-\lambda_1^2 \tau} \tag{4-18}$$

구의 중심($r = 0$): $$\theta_{0,\text{ sph}} = \frac{T_0 - T_\infty}{T_i - T_\infty} = A_1 e^{-\lambda_1^2 \tau} \tag{4-19}$$

위에서 두 세트를 비교하면 평면 벽, 원통, 구에서 무차원 온도는 중심 온도와 아래와 같이 관련이 있다.

$$\frac{\theta_{\text{wall}}}{\theta_{0,\text{ wall}}} = \cos\left(\frac{\lambda_1 x}{L}\right), \quad \frac{\theta_{\text{cyl}}}{\theta_{0,\text{ cyl}}} = J_0\left(\frac{\lambda_1 r}{r_o}\right), \quad \frac{\theta_{\text{sph}}}{\theta_{0,\text{ sph}}} = \frac{\sin(\lambda_1 r/r_o)}{\lambda_1 r/r_o} \tag{4-20}$$

위 식은 주어진 형상에 대하여 무차원 온도의 시간 의존성이 전반적으로 같다는 것을 보여준다. 특정 시간에서 무차원 중심온도 θ_0가 20% 낮아진다면 같은 시간에서 매체 내 어떤 곳의 무차원 온도 θ_0도 같이 낮아진다.

일단 Bi 수를 알고 위의 관계를 이용하면 임의의 위치에서 값을 구할 수 있다. 상수 A_1, λ_1의 값을 결정하기 위해서는 일반적으로 표 4-2의 보간이 필요하다.

Heisler는 큰 평면 벽, 긴 원통, 구에 대한 단항근사해를 1947년 차트로 발표했고, 이를 비정상 온도 차트 혹은 **Heisler 차트**라 부른다. 1961년에는 Gröber에 의해 차트가 보완되었다. 그러나 차트는 때론 읽기 어렵고 오차를 유발하기 쉬워 단항근사해법이 선호되며 이 장에서도 사용될 것이다.

표 4-2에서 Bi = ∞인 경우는 $h \to \infty$에 해당하고 이는 특정 표면 온도가 T_∞인 경우에 해당한다. 즉 h를 무한하다 가정하면 물체의 표면이 $t = 0$에서 T_∞에 노출되고 지속적으로 T_∞를 유지하는 상황을 다룰 수 있다는 것을 의미한다.

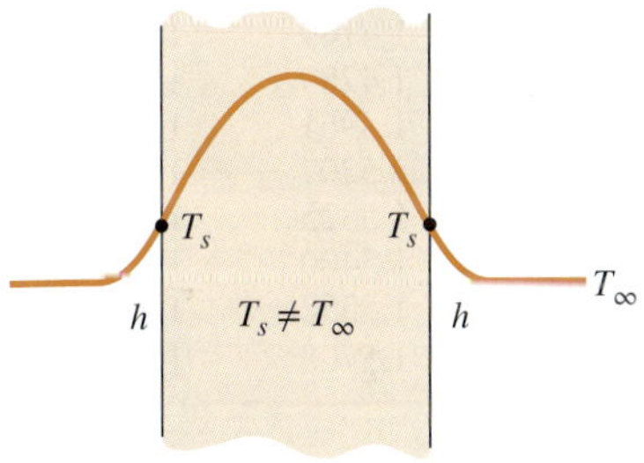

(*a*) Finite convection coefficient

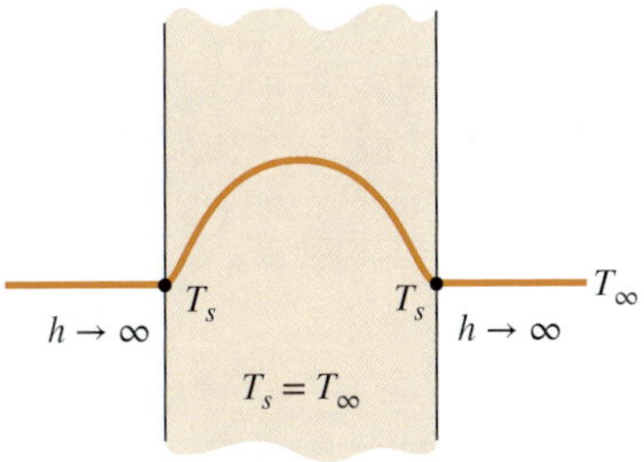

(*b*) Infinite convection coefficient

그림 4-14
열전달계수 h가 무한하며, 주위온도 T_∞에 노출된 경우에 해당하는 표면온도

표 4-2

평면 벽, 원통, 구에 대하여 비정상 1차원 열전도의 단항근사해법에서 사용된 계수(두께 $2L$인 평면 벽에 대하여는 $\text{Bi} = hL/k$, 반경 r_o인 원통과 구에 대하여는 $\text{Bi} = hr_o/k$)

	Plane wall		*Cylinder*		*Sphere*	
Bi	λ_1(rad)	A_1	λ_1(rad)	A_1	λ_1(rad)	A_1
0.01	0.0998	1.0017	0.1412	1.0025	0.1730	1.0030
0.02	0.1410	1.0033	0.1995	1.0050	0.2445	1.0060
0.04	0.1987	1.0066	0.2814	1.0099	0.3450	1.0120
0.06	0.2425	1.0098	0.3438	1.0148	0.4217	1.0179
0.08	0.2791	1.0130	0.3960	1.0197	0.4860	1.0239
0.1	0.3111	1.0161	0.4417	1.0246	0.5423	1.0298
0.2	0.4328	1.0311	0.6170	1.0483	0.7593	1.0592
0.3	0.5218	1.0450	0.7465	1.0712	0.9208	1.0880
0.4	0.5932	1.0580	0.8516	1.0931	1.0528	1.1164
0.5	0.6533	1.0701	0.9408	1.1143	1.1656	1.1441
0.6	0.7051	1.0814	1.0184	1.1345	1.2644	1.1713
0.7	0.7506	1.0918	1.0873	1.1539	1.3525	1.1978
0.8	0.7910	1.1016	1.1490	1.1724	1.4320	1.2236
0.9	0.8274	1.1107	1.2048	1.1902	1.5044	1.2488
1.0	0.8603	1.1191	1.2558	1.2071	1.5708	1.2732
2.0	1.0769	1.1785	1.5995	1.3384	2.0288	1.4793
3.0	1.1925	1.2102	1.7887	1.4191	2.2889	1.6227
4.0	1.2646	1.2287	1.9081	1.4698	2.4556	1.7202
5.0	1.3138	1.2403	1.9898	1.5029	2.5704	1.7870
6.0	1.3496	1.2479	2.0490	1.5253	2.6537	1.8338
7.0	1.3766	1.2532	2.0937	1.5411	2.7165	1.8673
8.0	1.3978	1.2570	2.1286	1.5526	2.7654	1.8920
9.0	1.4149	1.2598	2.1566	1.5611	2.8044	1.9106
10.0	1.4289	1.2620	2.1795	1.5677	2.8363	1.9249
20.0	1.4961	1.2699	2.2880	1.5919	2.9857	1.9781
30.0	1.5202	1.2717	2.3261	1.5973	3.0372	1.9898
40.0	1.5325	1.2723	2.3455	1.5993	3.0632	1.9942
50.0	1.5400	1.2727	2.3572	1.6002	3.0788	1.9962
100.0	1.5552	1.2731	2.3809	1.6015	3.1102	1.9990
∞	1.5708	1.2732	2.4048	1.6021	3.1416	2.0000

표 4-3

0차 및 1차의 1종 Bessel 함수

η	$J_0(\eta)$	$J_1(\eta)$
0.0	1.0000	0.0000
0.1	0.9975	0.0499
0.2	0.9900	0.0995
0.3	0.9776	0.1483
0.4	0.9604	0.1960
0.5	0.9385	0.2423
0.6	0.9120	0.2867
0.7	0.8812	0.3290
0.8	0.8463	0.3688
0.9	0.8075	0.4059
1.0	0.7652	0.4400
1.1	0.7196	0.4709
1.2	0.6711	0.4983
1.3	0.6201	0.5220
1.4	0.5669	0.5419
1.5	0.5118	0.5579
1.6	0.4554	0.5699
1.7	0.3980	0.5778
1.8	0.3400	0.5815
1.9	0.2818	0.5812
2.0	0.2239	0.5767
2.1	0.1666	0.5683
2.2	0.1104	0.5560
2.3	0.0555	0.5399
2.4	0.0025	0.5202
2.6	−0.0968	0.4708
2.8	−0.1850	0.4097
3.0	−0.2601	0.3391
3.2	−0.3202	0.2613

비정상 열전도 과정에서 물체의 온도는 처음부터 끝까지 초기온도 T_i부터 주위온도 T_∞까지 변한다. 따라서 물체가 얻을 수 있는($T_i > T_\infty$ 조건에서는 잃음) 최대 열량은 간단하게 물체의 **에너지량 변화**이다. 최대 열량은 아래 식으로 표현된다.

$$Q_{\max} = mc_p(T_\infty - T_i) = \rho V c_p(T_\infty - T_i) \quad \text{(kJ)} \tag{4-21}$$

여기서 m은 질량, V는 부피, r는 밀도, c_p는 비열이다. 그러므로 $Q_{\max}$는 $t \to \infty$인 경우의 열전달량을 나타낸다. 유한한 시간 t에서 열전달량은 최대열량보다 작고, 형상 전체에 대한 내부에너지 변화의 합은 다음과 같이 표현된다.

$$Q = \int_V \rho c_p [T(x, t) - T_i] dV \tag{4-22}$$

여기서 $T(x, t)$는 시간 t에서 매질 내부의 온도분포이다. 물성값이 일정하다고 가정하면 $Q/Q_{\max}$는 다음과 같다.

$$\frac{Q}{Q_{\max}} = \frac{\int_V \rho c_p [T(x,t) - T_i] dV}{\rho c_p (T_\infty - T_i) V} = \frac{1}{V}\int_V (1-\theta) dV \tag{4-23}$$

단항근사해법에 근거한 평면 벽, 원통, 구에 대한 적절한 무차원 온도관계를 사용하고 적분하면 세 가지 형상에 대한 열전달비를 아래 관계식으로부터 구할 수 있다.

평면 벽: $$\left(\frac{Q}{Q_{\max}}\right)_{\text{wall}} = 1 - \theta_{0,\text{ wall}} \frac{\sin \lambda_1}{\lambda_1} \tag{4-24}$$

원통: $$\left(\frac{Q}{Q_{\max}}\right)_{\text{cyl}} = 1 - 2\theta_{0,\text{ cyl}} \frac{J_1(\lambda_1)}{\lambda_1} \tag{4-25}$$

구: $$\left(\frac{Q}{Q_{\max}}\right)_{\text{sph}} = 1 - 3\theta_{0,\text{ sph}} \frac{\sin \lambda_1 - \lambda_1 \cos \lambda_1}{\lambda_1^3} \tag{4-26}$$

위에서 주어진 단항근사해법을 기반으로 하는 열전달비 $Q/Q_{\max}$에 $Q_{\max}$[식 (4-21)]를 곱하면 임의의 시간 t까지의 실제 열전달량을 구할 수 있다. 음의 값은 물체가 열을 **방출**했다는 것을 의미한다.

이 장의 서두에서 단항근사해법을 사용할 수 있는 특정한 조건에 대해 다음과 같이 설명하였다: 물체의 초기온도는 **일정**(*uniform*)하고, 물체 주위 온도와 열전달계수가 **일정**하며 물체 내에서 **에너지 발생**(*heat generation*)이 없다.

Biot 수의 물리적인 의미는 앞에서 언급한 바와 같이 두 열전달 메커니즘, 즉 표면에서 **대류**와 고체 내의 **전도**의 상대적인 비이다. **작은** Bi 수는 전도에 의한 내부 저항이 표면과 유체 사이의 대류에 의한 저항보다 작다는 것을 의미한다. 결과적으로 고체 내의 온도분포는 거의 일정하여 집중계해석을 적용할 수 있다. 결국 Bi < 0.1일 때 물체 내의 온도가 **균등**하다고 가정할 수 있고 이 때 오차는 거의 무시할 수 있다.

Fourier 수의 물리적인 중요성을 다음과 같이 표현하였다(그림 4-15).

$$\tau = \frac{\alpha t}{L^2} = \frac{kL^2(1/L)}{\rho c_p L^3/t}\frac{\Delta T}{\Delta T} = \frac{\text{표면적 } L^2\text{, 두께 } L\text{인 물체 (체적 } L^3\text{)의 전도열전달률}}{\text{체적 } L^3\text{인 물체에 저장되는 열에너지율}} \tag{4-27}$$

위에서 Fourier 수는 물체를 통하여 **전도되는** 열과 **저장되는** 열의 비이다. 따라서 큰 Fourier 수는 열이 물체 내로 빠르게 전도되는 것을 의미한다.

무한히 큰 평판이나 긴 원통에 대하여는 어떻게 다루어야 할까? 이 세상에는 무한한 것이 없다. 평판의 한 면이 다른 방향에 비해 상대적으로 작으면 무한히 큰 평판과 같이 생각할 수 있으나, 모서리 부근에서는 적용할 수 없다. 일반적으로 큰 물체의 경우 모서리의 영향은 무시할 정도이고 집의 벽과 같은 큰 벽은 열전달 과정에서 무한히 큰 벽으로 생각할 수 있다. 비슷하게, 길이에 비해 상대적으로 직경이 작은 원통형은 무한히 긴 원통으로 생각할 수 있다. 비정상 온도차트를 활용한 경우를 예제 4-2, 4-3, 4-4를 통하여 제시하였다.

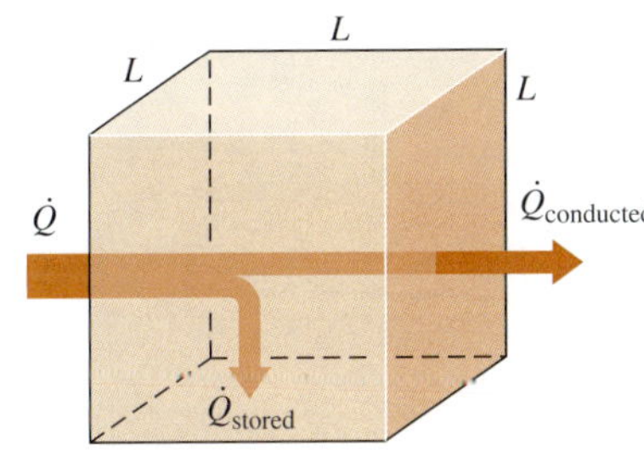

Fourier number: $\tau = \dfrac{\alpha t}{L^2} = \dfrac{\dot{Q}_{\text{conducted}}}{\dot{Q}_{\text{stored}}}$

그림 4-15

시간 t에서 Fourier 수는 전도된 열량과 그 시간에 축적된 열량의 비를 말한다.

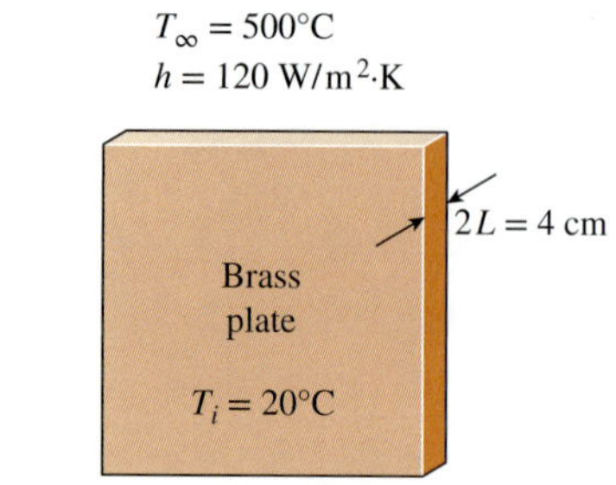

그림 4-16

예제 4-2의 계략도

예제 4-2 오븐에서 동판 가열

생산 공장에서 4 cm 두께인 큰 동판이 초기온도 20°C 상태에서 500°C인 오븐에 의하여 가열된다(그림 4-16). 동판은 오븐에서 7분 동안 있었다. 복합 열전달계수 $h = 120$ W/m²·K인 경우, 동판이 오븐에서 나올 때 동판의 표면온도는 얼마인가?

풀이 큰 동판이 오븐에서 가열되고 있다. 오븐에서 나올 때 동판의 표면온도를 구하라.

가정 **1.** 열 전도판은 두께에 비하여 크고 중심면에 대해서 열적 대칭이기 때문에 1차원으로 가정할 수 있다. **2.** 판의 열물성과 열전달계수는 상수이다. **3.** Fourier 수는 $\tau > 0.2$이므로 단항근사해법을 적용할 수 있다.

물성값 실내온도에서 동의 물성은 $k = 110$ W/m·K, $\rho = 8530$ kg/m³, $c_p = 380$ J/kg·K, $\alpha = 33.9 \times 10^{-6}$ m²/s이다(Table A-24). 보다 정확한 값은 평균 온도에서의 물성을 구하도록 한다.

해석 특정 시간과 위치의 온도는 단항근사해법으로 구할 수 있다. 두께의 반은 $L = 0.02$ m이며 Biot 수는

$$\text{Bi} = \frac{hL}{k} = \frac{(120\ \text{W/m}^2\cdot\text{K})\ (0.02\ \text{m})}{52\ \text{W/m}\cdot\text{K}} = 0.022$$

이다. 평판 벽에 대한 Bi의 계수인 λ_1과 A_1는 표 4-2에서 구하여

$$\lambda_1 = 0.1468, \quad A_1 = 1.0036$$

이다. Fourier 수는

$$\tau = \frac{\alpha t}{L^2} = \frac{(33.9 \times 10^{-6}\ \text{m}^2/\text{s})\ (7 \times 60\ \text{s})}{(0.02\ \text{m})^2} = 35.6$$

0.2보다 크기 때문에 단항근사해법을 적용하기에 적합하다.

판의 표면($x = L$)에서의 온도는 이 수식과 다른 변수들을 식 (4-14)에 대입하여 결정되고, $T(L, t)$에 대해서 풀면

$$\frac{T(x, t) - T_\infty}{T_i - T_\infty} = A_1 e^{-\lambda_1^2 \tau} \cos(\lambda_1 x/L) \rightarrow \frac{T(L, t) - T_\infty}{T_i - T_\infty} = A_1 e^{-\lambda_1^2 \tau} \cos(\lambda_1)$$

$$T(L, t) = (T_i - T_\infty)\, A_1 e^{-\lambda_1^2 \tau} \cos(\lambda_1) + T_\infty$$

이다. 따라서,

$$T(L, t) = (20 - 500)\ (1.0036) e^{-(0.1468)^2(35.6)} \cos(0.1468) - 500 = \mathbf{279°C}$$

이다. 그러므로 오븐에서 나올 때 판의 온도는 279°C이다.

검토 위의 경우 Biot 수 Bi = 0.022로 0.1보다 작은 값이다. 따라서 집중계해석을 적용할 수 있고, 이 경우에 집중계해석은 적은 노력으로 정확한 결과를 얻었다고 할 수 있다.

판의 열전달 표면은 $2A$이며 여기서 A는 판의 면적이다(열전달은 판의 양면을 통과하여 전달된다). 또한, 판의 부피는 $V = (2L)A$이며 L은 판의 두께의 반에 해당한다. 집중계해석에 사용된 지수 b는 다음과 같이 계산된다.

$$b = \frac{hA_s}{\rho c_p V} = \frac{h(2A)}{\rho c_p (2LA)} = \frac{h}{\rho c_p L}$$

$$= \frac{120\ \text{W/m}^2\cdot\text{K}}{(8530\ \text{kg/m}^3)\ (380\ \text{J/kg}\cdot\text{K})\ (0.02\ \text{m})} = 0.00185\ \text{s}^{-1}$$

그리고 t = 7분 = 420초에서의 온도는

$$\frac{T(t)-T_\infty}{T_i-T_\infty}=e^{-bt} \quad \longrightarrow \quad \frac{T(t)-500}{20-500}=e^{-(0.00185\ \text{s}^{-1})(420\ \text{s})}$$

이다. 위로부터 온도는 다음과 같다.

$$T(t)=279°\text{C}$$

위의 결과는 단항근사해법을 이용하여 얻은 결과와 같다. 그러므로 Biot 수가 충분히 작을 때는 확실하게 집중계해석을 사용할 수 있다.

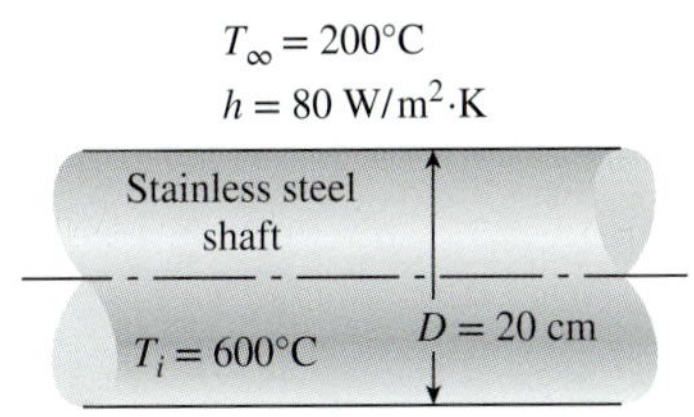

그림 4-17

예제 4-3의 개략도

예제 4-3　　원통인 스테인리스 축의 냉각

직경이 20 cm인 긴 원통 축이 스테인리스강 304로 만들어졌으며 이 축은 600°C의 오븐에서 나왔다(그림 4-17). 축은 열전달계수 h = 80 W/m²·K, 온도 200°C인 조건에서 주위로 천천히 냉각된다. 냉각되기 시작한지 45분 후에 축의 중심온도를 구하라. 또한 이 과정 동안 축의 단위길이당 열전달량을 구하라.

풀이 긴 원통형 축은 서서히 냉각되고 있다. 중심온도와 단위길이당 열전달량을 구하라.

가정 **1.** 축은 매우 길고 중심선에 대해 열적 대칭이므로 원통에서의 열전도는 1차원이다. **2.** 열전달계수와 축의 열물성은 상수이다. **3.** Fourier 수는 $\tau > 0.2$이므로 단항근사해법을 적용할 수 있다.

물성값 실내온도에서 스테인리스강 304의 물성은 k = 14.9 W/m·K, ρ = 7900 kg/m³, c_p = 477 J/kg·K, $\alpha = 3.95 \times 10^{-6}$ m²/s이다(Table A-24). 보다 정확한 값은 평균 온도에서 물성을 구하도록 한다.

분석 축 내의 온도는 시간과 반경 거리 r에 따라 변하며, 특정 시간과 위치에서 온도는 단항근사해법으로 구할 수 있다. 축의 반경은 r_o = 0.1 m이며 이 문제의 Biot 수와 Fourier 수는

$$\text{Bi}=\frac{hr_o}{k}=\frac{(80\ \text{W/m}^2\cdot\text{K})\ (0.1\ \text{m})}{14.9\ \text{W/m}\cdot\text{K}}=0.537$$

$$\tau=\frac{\alpha t}{r_o^2}=\frac{(3.95\times10^{-5}\ \text{m}^2/\text{s})\ (45\times60\ \text{s})}{(0.1\ \text{m})^2}=1.07$$

이다. 원통에 대한 Bi의 계수인 λ_1과 A_1는 표 4-2에서 구하여

$$\lambda_1=0.970,\quad A_1=1.122$$

이다. 위 값들을 식 (4-18)에 대입하면,

$$\theta_0=\frac{T_0-T_\infty}{T_i-T_\infty}=A_1e^{-\lambda_1^2\tau}=1.122e^{-(0.970)^2(1.07)}=0.41$$

이다. 그러므로 축의 중심온도는

$$T_0=T_\infty+0.41(T_i-T_\infty)=200+0.41(600-200)=\mathbf{364°C}$$

이다. 실제 열전달량을 결정하기 위해, 먼저 원통으로부터 전달되는 최대 열량(외부에

대한 원통의 현열)을 구해야 한다. $L = 1$ m일 때 아래와 같다.

$$m = \rho V = \rho \pi r_o^2 L = (7900\ \text{kg/m}^3)\pi(0.1\ \text{m})^2(1\ \text{m}) = 248.2\ \text{kg}$$

$$Q_{\max} = mc_p(T_i - T_\infty) = (248.2\ \text{kg})(0.477\ \text{kJ/kg·K})(600 - 200)°\text{C} = 47{,}350\ \text{kJ}$$

그러므로 원통에 대한 열전달비($Q/Q_{\max}$)는 식 (4-25)로부터 결정된다.

$$\frac{Q}{Q_{\max}} = 1 - 2\theta_0 \frac{J_1(\lambda_1)}{\lambda_1} = 1 - 2 \times 0.41 \frac{0.430}{0.970} = 0.636$$

여기서 $\lambda_1 = 0.970$에 대한 $J_1(\lambda_1)$의 값은 표 4-3이 0.430이 되기 위한 값이다.

결국, 45분 동안 냉각되며 원통으로부터 전달되는 총 열전달량은 아래와 같다.

$$Q = 0.636 Q_{\max} = 0.636 \times (47{,}350\ \text{kJ}) = \mathbf{30{,}120\ kJ}$$

검토 45분의 냉각시간 동안 중심온도는 236°C까지 떨어지고 동일한 기간 동안 축에서 외부로 전달된 열전달량은 축이 전달할 수 있는 최대 열전달량 대비 64%이다.

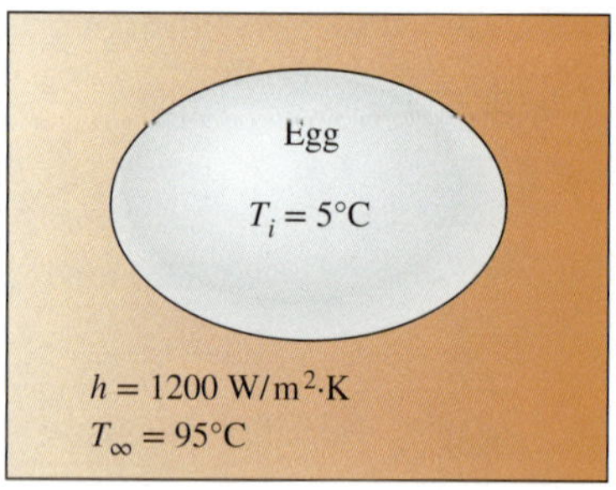

그림 4-18
예제 4-4의 개략도

예제 4-4 끓는 계란

평범한 계란을 직경 5 cm인 구로 가정할 수 있다(그림 4-18). 초기온도 5°C인 계란을 95°C의 끓는 물에 넣었다. 대류 열전달계수 h = 1200 W/m²·K인 경우, 계란의 중심온도가 70°C가 되는 데 걸리는 시간은?

풀이 계란은 끓는 물에서 조리된다. 계란의 조리시간을 구해야 한다.

가정 **1.** 계란은 반경 2.5 cm의 구 형상이다. **2.** 중심점에 대하여 열적 대칭이기 때문에 열전도는 1차원이다. **3.** 계란의 열물성과 열전달계수는 상수이다. 4. Fourier 수는 $\tau >$ 0.2이므로 단항근사해법을 적용할 수 있다.

물성값 계란의 수분 함류량은 약 74%이다. 따라서 계란의 열전도율과 열확산율을 평균온도인 (5 + 70)/2 = 37.5°C에서 구하면: k = 0.627 W/m·K, $\alpha = k/\rho c_p = 0.151 \times 10^{-6}$ m²/s이다(Table A-15).

해석 계란 흰자는 63°C에서 두꺼워지기 시작하고 65°C에서 고체로 변한다. 계란 노른자는 65°C에서 두꺼워지기 시작하고 70°C에서 고체가 된다. 계란 전체는 70°C 이상의 온도로 가정한다. 그러므로 이 경우에 계란은 끓는 고체로 가정할 수 있다. 계란 내의 온도는 시간뿐 아니라 반경 방향으로 변한다. 주어진 시간, 특정위치에서의 온도는 단항근사해법으로 구할 수 있다. 이 문제의 Biot 수는 아래와 같다.

$$\text{Bi} = \frac{hr_o}{k} = \frac{(1200\ \text{W/m}^2\text{·K})(0.025\ \text{m})}{0.627\ \text{W/m·K}} = 47.8$$

Bi가 0.1보다 크므로 집중계해석을 적용할 수 없다. 표 4-2에서 구형에 대한 이 Biot 수에 해당하는 λ_1, A_1는 다음과 같다.

$$\lambda_1 = 3.0754, \quad A_1 = 1.9958$$

위 값을 식 (4-19)에 대입하고 τ값을 구하면

$$\frac{T_0 - T_\infty}{T_i - T_\infty} = A_1 e^{-\lambda_1^2 \tau} \longrightarrow \frac{70 - 95}{5 - 95} = 1.9958 e^{-(3.0754)^2 \tau} \longrightarrow \tau = 0.209$$

이다. 위의 값은 0.2보다 크므로 2%보다 작은 오차범위 내에서 단항근사해법을 적용할 수 있다. 요리시간은 Fourier 수로부터 구할 수 있는데 다음과 같다.

$$t = \frac{\tau r_o^2}{\alpha} = \frac{(0.209)(0.025\ \text{m})^2}{0.151 \times 10^{-6}\ \text{m}^2/\text{s}} = 865\ \text{s} \approx \mathbf{14.4\ min}$$

따라서, 계란이 5°C에서 70°C로 가열되는 데 대략 15분이 걸린다.

검토 집중계해석에서 Biot 수는 $\text{Bi} = hL_c/k = h(r_o/3)/k$와 같이 다르게 정의하였다. 그러나 $\text{Bi} \approx 0.1$이지 않는다면 다른 정의를 사용해도 상관없다.

또한 요리시간은 계란의 크기, 요리 전의 온도, 물의 끓는 점(그리고 또한 고도), 열전달계수(끓는 동안 거품의 움직임 정도) 같은 많은 변수들에 대해 의존한다는 것을 주목하라. 그러므로 알맞게 요리된 끓는 계란에는 과학 혹은 경험의 상당한 부분이 기여한다.

4-3 ▪ 반무한 고체에서 비정상 열전도

반무한 고체는 하나의 평면(*single plane surface*)을 가지는 이상적인 형상이며 모든 방향으로 무한히 확장된다(그림 4-19). 이와 같은 이상적인 형상은 물체 표면 근처의 온도 변화를 예측할 때 사용된다. 예를 들어 지구 표면은 반무한 평판으로 간수할 수 있어 표면 부근에서 온도 변화를 구할 수 있다. 또한 두꺼운 벽의 경우 한쪽 표면의 온도에 관심이 있고 반대쪽이 거리가 멀다면 반무한 고체로 가정할 수 있다. 이 경우 벽의 중심영역 온도는 변하지 않는다.

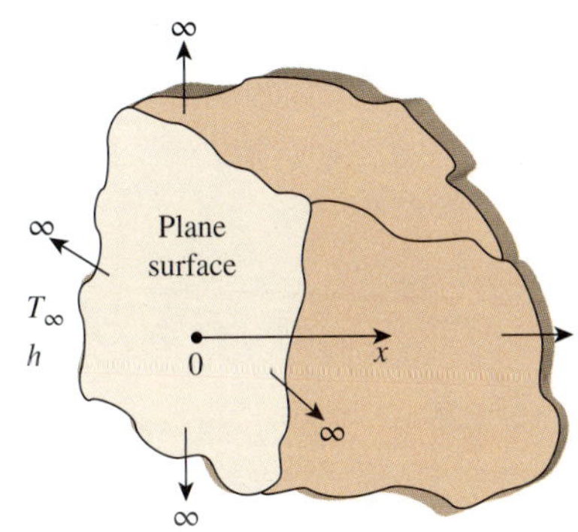

그림 4-19
반무한 물체의 개략도

짧은 기간 동안에 대부분의 물체는 물체 내부 깊이 침투할 시간이 부족하기 때문에 반무한 고체로 생각할 수 있다. 이런 경우 물체의 두께는 열전달 해석에서 고려하지 않는다. 예로, 어떤 형태의 강철조각도 표면을 강화하기 위하여 담금질할 때는 반무한 고체로 생각할 수 있다. 레이저로 가열되는 물체의 표면도 같은 방식으로 생각할 수 있다.

일정한 열물성을 가지며 내부 열발생이 없고 일정한 열 조건에 노출된 초기온도가 T_i로 일정한 반무한 고체를 생각해보자. 이 경우 열전달은 표면의 수직방향으로만 일어나는 1차원 문제이다. 여기서 미분방정식은 경계조건과 초기조건에 독립적이기 때문에 직교좌표계의 1차원 비정상 전도식 (4-10a)를 적용한다. 고체의 깊이는 열 투과깊이에 비해 매우 크다($x \to \infty$). 이 현상은 수학적으로 $T(x \to \infty, t) = T_i$와 같은 경계조건으로 표기된다.

반무한 고체의 열전도는 노출된 표면의 열 조건에 의해 결정되므로 $x = 0$에서의 경계조건에 의존한다. 아래에서 표면온도 T_s가 일정한 경우에 대해 해석해를 구해 보고, 보다 복잡한 경계조건에 대해서도 결과를 구해 보자. 표면온도가 $t = 0$에서 T_s로 변하고 항상 일정할 때 문제는 다음과 같이 표현된다.

$$\frac{\partial^2 T}{\partial x^2} = \frac{1}{\alpha}\frac{\partial T}{\partial t} \quad \text{and} \quad \eta = \frac{x}{\sqrt{4\alpha t}}$$

$$\frac{\partial T}{\partial t} = \frac{dT}{d\eta}\frac{\partial \eta}{\partial t} = \frac{-x}{2t\sqrt{4\alpha t}}\frac{dT}{d\eta}$$

$$\frac{\partial T}{\partial x} = \frac{dT}{d\eta}\frac{\partial \eta}{\partial x} = \frac{1}{\sqrt{4\alpha t}}\frac{dT}{d\eta}$$

$$\frac{\partial^2 T}{\partial x^2} = \frac{d}{d\eta}\left(\frac{\partial T}{\partial x}\right)\frac{\partial \eta}{\partial x} = \frac{1}{4\alpha t}\frac{d^2 T}{d\eta^2}$$

그림 4-20
연쇄미분법칙을 사용하여 열전도 방정식의 미분에서 변수변환

미분방정식: $$\frac{\partial^2 T}{\partial x^2} = \frac{1}{\alpha}\frac{\partial T}{\partial t} \tag{4-28a}$$

경계조건: $$T(0,\ t) = T_s \quad \text{그리고} \quad T(x \to \infty, t) = T_i \tag{4-28b}$$

초기조건: $$T(x, 0) = T_i \tag{4-28c}$$

이 경우에는 매질이 무한하기 때문에 변수분리법을 사용할 수 없다. 그러나 **상사변수**(similarity variable)를 이용하면 두 개의 독립변수 x, t가 하나의 독립변수 η로 결합되어 편미분방정식에서 상미분방정식으로 변환된다. 반무한 매질에서의 비정상 전도는 상사변수로 정의된다.

상사변수: $$\eta = \frac{x}{\sqrt{4\alpha t}} \tag{4-29}$$

$T = T(\eta)$로 가정하고 연쇄미분법칙을 활용하면 열전도 방정식의 모든 변수가 그림 4-20에 나타난 새로운 변수로 변환될 수 있다. $x = 0$에서 $\eta = 0$이고 $x \to \infty$일수록 $\eta \to \infty$가 되어 식 (4-28)에 대입하면 다음과 같이 간단해진다.

$$\frac{d^2 T}{d\eta^2} = -2\eta\frac{dT}{d\eta} \tag{4-30a}$$

$$T(0) = T_s \quad \text{그리고} \quad T(\eta \to \infty) = T_i \tag{4-30b}$$

두 번째 경계조건과 초기조건은 하나의 동일한 경계조건이 된다. 변형된 방정식과 경계조건은 η만의 함수이며 x와 t에 독립적이다. 그러므로 변형식은 성공적이고 η는 상사변수이다.

식 (4-30)의 2차 상미분방정식을 풀기 위해서 $w = dT/d\eta$와 같은 새로운 변수 w를 정의한다. 이를 통해 식 (4-30a)는 1차 상미분방정식으로 간소화되고 변수분리법을 사용하여 풀 수 있다.

$$\frac{dw}{d\eta} = -2\eta w \quad \to \quad \frac{dw}{w} = -2\eta d\eta \quad \to \quad \ln w = -\eta^2 + C_0 \to w = C_1 e^{-\eta^2}$$

여기서 $C_1 = \ln C_0$이다. 다시 $w = dT/d\eta$을 대입하고 적분하면

$$T = C_1\int_0^{\eta} e^{-u^2}du + C_2 \tag{4-31}$$

여기서 u는 임의의 적분변수이다. $\eta = 0$에서 경계조건은 $C_2 = T_s$가 되며 $\eta \to \infty$에서는 C_1은 다음과 같다.

$$T_i = C_1\int_0^{\infty} e^{-u^2}\,du + C_2 = C_1\frac{\sqrt{\pi}}{2} + T_s \to C_1 = \frac{2(T_i - T_s)}{\sqrt{\pi}} \tag{4-32}$$

C_1과 C_2를 식 (4-31)에 대입하고 재배열하면 온도의 변화는 다음과 같다.

$$\frac{T - T_s}{T_i - T_s} = \frac{2}{\sqrt{\pi}}\int_0^{\eta} e^{-u^2}du = \text{erf}(\eta) = 1 - \text{erfc}(\eta) \tag{4-33}$$

여기서 수학적인 함수는

$$\operatorname{erf}(\eta) = \frac{2}{\sqrt{\pi}}\int_0^{\eta} e^{-u^2}du \quad \text{그리고} \quad \operatorname{erfc}(\eta) = 1 - \operatorname{erf}(\eta) = 1 - \frac{2}{\sqrt{\pi}}\int_0^{\eta} e^{-u^2}du \tag{4-34}$$

이고, 이것을 **오차함수**(error function) 및 **상보오차함수**(complementary error function)라고 한다(그림 4-21). 위 식은 간단하게 보이지만 오차함수의 정의에서 적분은 해석해를 가질 수 없다. 그래서 함수 erfc(η)는 η의 변화에 따라 수치적으로 구해야 하며 결과는 표 4-4에 나와 있다.

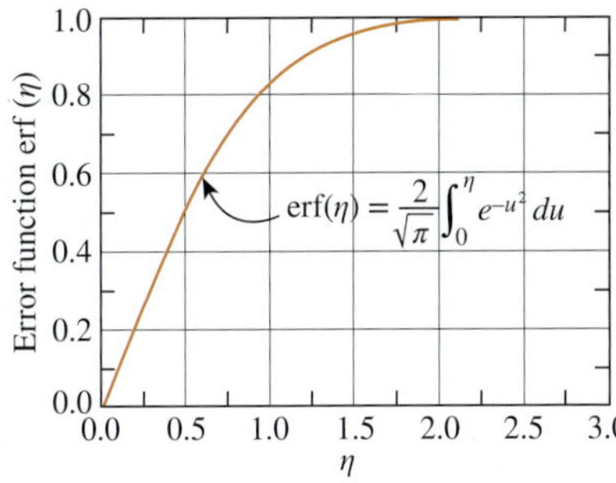

그림 4-21

오차함수는 sin과 tan 함수같이 값이 0에서 1까지 변하는 일반적인 수학적 함수이다.

온도분포를 알면 표면에서 열유속을 Fourier 법칙을 이용하여 다음과 같이 구할 수 있다.

$$\dot{q}_s = -k\frac{\partial T}{\partial x}\bigg|_{x=0} = -k\frac{dT}{d\eta}\frac{\partial \eta}{\partial x}\bigg|_{\eta=0} = -kC_1 e^{-\eta^2}\frac{1}{\sqrt{4\alpha t}}\bigg|_{\eta=0} = \frac{k(T_s - T_i)}{\sqrt{\pi\alpha t}} \tag{4-35}$$

식 (4-33)과 (4-35)의 해가 매질의 노출된 표면온도가 $t = 0$에서 T_s로 갑자기 증가(또는 감소)하고 항상 그 값으로 유지할 때의 경우에 해당한다. 실제로 응축이나 비등이 표면에서 일어날 때의 경우 매우 가깝게 근사될 수 있다. 비슷한 접근법이나 Laplace 변환법을 사용하여 표면의 다른 경계조건에 대한 해석해를 다음과 같이 구할 수 있다.

표 4-4

여오차함수

η	erfc (η)	η	erfc (η)	η	erfc (η)	η	erfc (η)	η	erfc (η)	η	erfc (η)
0.00	1.00000	0.38	0.5910	0.76	0.2825	1.14	0.1069	1.52	0.03159	1.90	0.00721
0.02	0.9774	0.40	0.5716	0.78	0.2700	1.16	0.10090	1.54	0.02941	1.92	0.00662
0.04	0.9549	0.42	0.5525	0.80	0.2579	1.18	0.09516	1.56	0.02737	1.94	0.00608
0.06	0.9324	0.44	0.5338	0.82	0.2462	1.20	0.08969	1.58	0.02545	1.96	0.00557
0.08	0.9099	0.46	0.5153	0.84	0.2349	1.22	0.08447	1.60	0.02365	1.98	0.00511
0.10	0.8875	0.48	0.4973	0.86	0.2239	1.24	0.07950	1.62	0.02196	2.00	0.00468
0.12	0.8652	0.50	0.4795	0.88	0.2133	1.26	0.07476	1.64	0.02038	2.10	0.00298
0.14	0.8431	0.52	0.4621	0.90	0.2031	1.28	0.07027	1.66	0.01890	2.20	0.00186
0.16	0.8210	0.54	0.4451	0.92	0.1932	1.30	0.06599	1.68	0.01751	2.30	0.00114
0.18	0.7991	0.56	0.4284	0.94	0.1837	1.32	0.06194	1.70	0.01612	2.40	0.00069
0.20	0.7773	0.58	0.4121	0.96	0.1746	1.34	0.05809	1.72	0.01500	2.50	0.00041
0.22	0.7557	0.60	0.3961	0.98	0.1658	1.36	0.05444	1.74	0.01387	2.60	0.00024
0.24	0.7343	0.62	0.3806	1.00	0.1573	1.38	0.05098	1.76	0.01281	2.70	0.00013
0.26	0.7131	0.64	0.3654	1.02	0.1492	1.40	0.04772	1.78	0.01183	2.80	7.5E-05
0.28	0.6921	0.66	0.3506	1.04	0.1413	1.42	0.04462	1.80	0.01091	2.90	4.1E-05
0.30	0.6714	0.68	0.3362	1.06	0.1339	1.44	0.04170	1.82	0.01006	3.00	2.2E-05
0.32	0.6509	0.70	0.3222	1.08	0.1267	1.46	0.03895	1.84	0.00926	3.20	6.0E-06
0.34	0.6306	0.72	0.3086	1.10	0.1198	1.48	0.03635	1.86	0.00853	3.40	1.5E-06
0.36	0.6107	0.74	0.2953	1.12	0.1132	1.50	0.03390	1.88	0.00784	3.60	3.6E-07

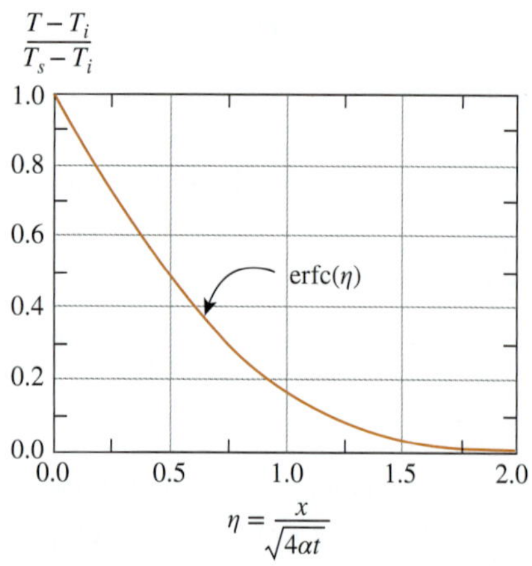

그림 4-22

표면온도가 T_s로 유지되는 반무한 고체에서 비정상 전도에 대한 무차원 온도분포

경우 1: 표면에서 일정온도, T_s = 상수(그림 4-22)

$$\frac{T(x,t)-T_i}{T_s-T_i} = \text{erfc}\left(\frac{x}{2\sqrt{\alpha t}}\right) \quad \text{and} \quad \dot{q}_s(t) = \frac{k(T_s-T_i)}{\sqrt{\pi\alpha t}} \tag{4-36}$$

경우 2: 표면에서 일정 열유속, $\dot{q}_s$ = 상수

$$T(x,t)-T_i = \frac{\dot{q}_s}{k}\left[\sqrt{\frac{4\alpha t}{\pi}}\exp\left(-\frac{x^2}{4\alpha t}\right) - x\,\text{erfc}\left(\frac{x}{2\sqrt{\alpha t}}\right)\right] \tag{4-37}$$

경우 3: 표면에서 대류, $\dot{q}_s(t) = h[T_\infty - T(0,t)]$

$$\frac{T(x,t)-T_i}{T_\infty-T_i} = \text{erfc}\left(\frac{x}{2\sqrt{\alpha t}}\right) - \exp\left(\frac{hx}{k}+\frac{h^2\alpha t}{k^2}\right)\text{erfc}\left(\frac{x}{2\sqrt{\alpha t}}+\frac{h\sqrt{\alpha t}}{k}\right) \tag{4-38}$$

경우 4: 표면에서 에너지 펄스, e_s = 상수

단위면적당 e_s의 에너지(J/m^2)가 시간 $t = 0$에서 반무한 매질로 순간적으로 가해지고(예를 들면 레이저 펄스), 표면의 열손실이 없이 모든 에너지가 매질로 들어간다는 가정에서 다음과 같이 식이 유도된다.

$$T(x,t)-T_i = \frac{e_s}{k\sqrt{\pi t/\alpha}}\exp\left(-\frac{x^2}{4\alpha t}\right) \tag{4-39}$$

경우 1과 3은 매우 밀접한 관계이다. 경우 1에서 표면 $x = 0$은 시간 $t = 0$에서 온도 T_s이고 그 값이 계속 유지된다. 경우 3에서는 표면이 열전달계수 h와 일정 온도 T_∞를 가진 유체의 대류에 노출되어 있다.

초기 온도가 0°C인 큰 주철 덩어리의 예시를 통해 그림 4-23에 모든 조건의 해가 그래프로 표현되었다. 경우 1에서 표면온도 T_s는 일정하게 유지하며, 열이 매질 깊은 곳으로 침투하면서 온도는 점차적으로 증가한다. 초기에는 표면 가까이 얇은 층만 열전달의 영향을 받는다. 또한 표면에서의 온도구배와 매질로의 열전달률은 시간이 흐름에 따라 감소한다. 경우 2에서는 열이 지속적으로 매질에 공급되어 표면을 포함한 매질 내부의 온도가 시간이 흐름에 따라 함께 증가한다. 주변 유체온도 T_∞가 매질의 최고 온도인 경우를 제외하고 경우 3은 표면에서 대류 조건이다. 경우 4는 표면에서 $t = 0$일 때 레이저 펄스와 같이 열이 갑자기 공급되고 단열이 된 조건이다. 이때 표면온도는 갑자기 상승하고 이 후 열이 매질 깊숙이 전달됨에 따라 온도는 감소한다. 나아가 온도분포는 항상 표면에 수직이라는 것을 참고하라. (왜?)

대류 열전달이 일어나는 반무한 매질에서의 위치, 시간에 따른 온도 변화가 무차원 온도와 무차원 상사변수 $\eta = x/\sqrt{4\alpha t}$를 통해 그림 4-24에 표현되었다. 그림 4-24는 해석해의 단순한 그래프이지만 이 그래프로부터의 수치는 해석 오차가 발생할 수 있어 실제 해석해와 비교하면 정확도가 제한적이다. 또한, 그림 4-24의 수직축 값은 $x = 0$과 대응되는 표면온도를 나타낸다. 곡선 $h\sqrt{\alpha t}/k = \infty$는 $h \to \infty$로

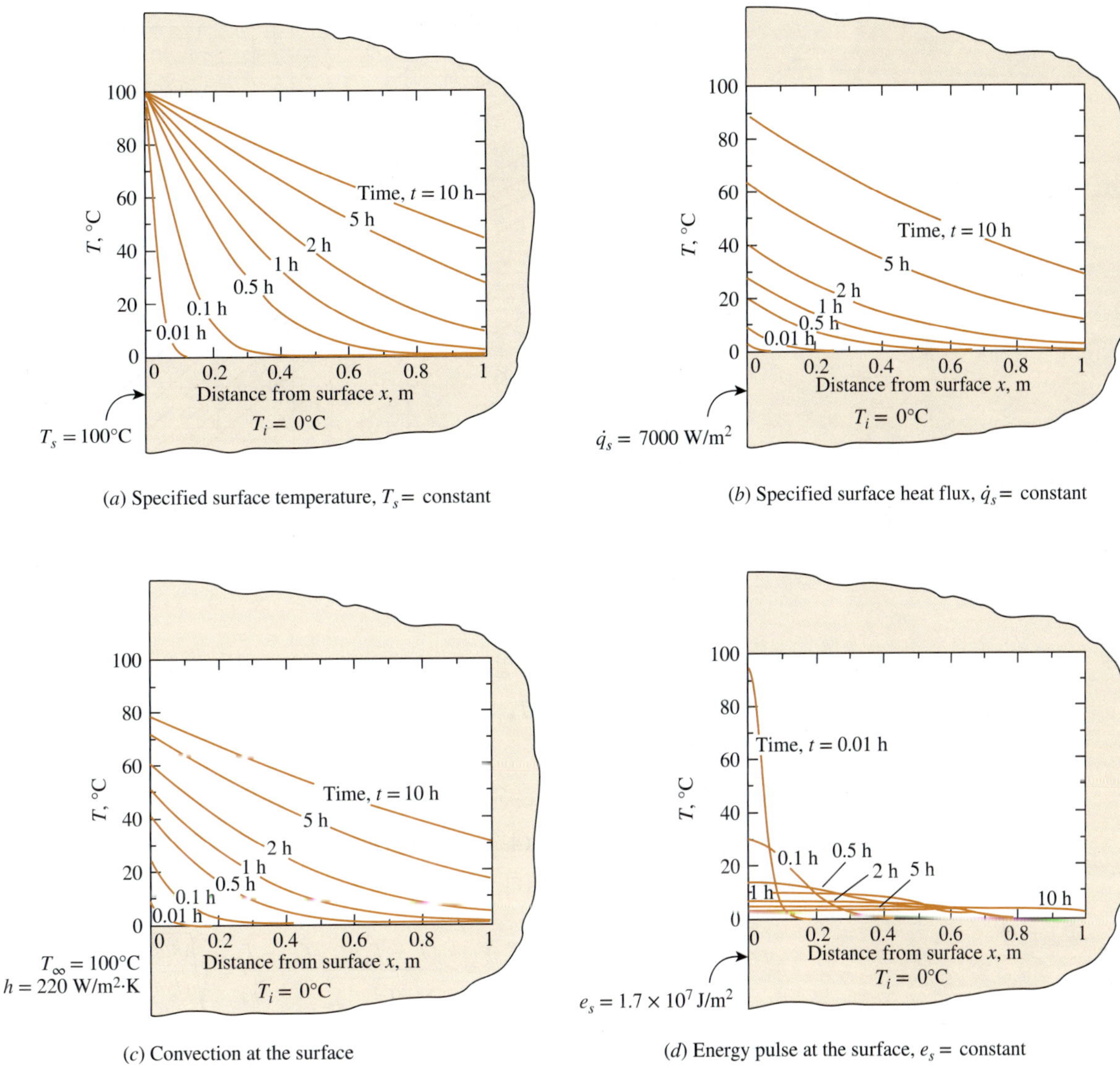

그림 4-23

초기온도 0°C인 큰 주철 블록(k = 80.2 W/m·K, α = 2.31 × 10^{-5} m²/s)에서 위치와 시간에 따른 온도 변화

대응하는데 이는 $x = 0$에서, 즉 표면온도가 **특정 온도** T_∞의 경우에 해당한다. 반무한 매질의 표면이 갑자기 $t = 0$에서 온도 T_∞이고 계속 그 값을 유지하면 h를 무한으로 취급할 수 있다. **유한한** 열전달계수 h의 경우, 시간 t가 무한히 흐르면 표면온도는 유체온도 T_∞에 접근한다.

두 반무한 고체의 접촉

각각의 초기온도가 $T_{A,i}$, $T_{B,i}$인 두 큰 물체 A, B가 서로 접촉하면, 그 순간 두 물체의 접촉면은 온도 평형을 이룬다. 온도 평형은 접촉저항을 무시할 수 있다면 전체

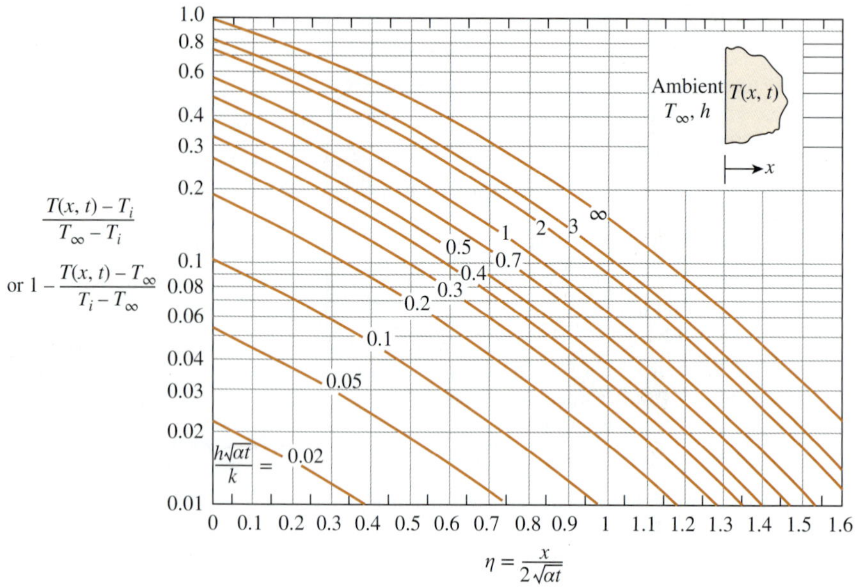

그림 4-24
초기온도 T_i인 반무한 고체가 열전달계수 h, 주위온도 T_∞인 대류 열전달에 노출되었을 때 위치와 시간에 대한 온도 변화

표면에서 이루어진다. 두 물체가 일정한 물성값을 가지고 있는 같은 물질이라면 표면 접촉온도가 산술평균 $T_s = (T_{A,i} + T_{B,i})/2$인 열적 대칭 상태가 되고 그 표면 접촉온도 값은 계속 유지된다.

물체의 물질이 다른 경우에도 온도 평형을 이룰 수 있지만 그 경우 표면온도 T_s는 산술평균과 차이가 있다. 식 (4-36)으로부터 두 반무한 고체의 접촉표면에서 에너지 평형은 다음과 같이 표현된다.

$$\dot{q}_{s,A} = \dot{q}_{s,B} \rightarrow -\frac{k_A(T_s - T_{A,i})}{\sqrt{\pi\alpha_A t}} = \frac{k_B(T_s - T_{B,i})}{\sqrt{\pi\alpha_B t}} \rightarrow \frac{T_{A,i} - T_s}{T_s - T_{B,i}} = \sqrt{\frac{(k\rho c_p)_B}{(k\rho c_p)_A}}$$

여기서 T_s는 그림 4-25와 같이 결정된다.

$$T_s = \frac{\sqrt{(k\rho c_p)_A}\,T_{A,i} + \sqrt{(k\rho c_p)_B}\,T_{B,i}}{\sqrt{(k\rho c_p)_A} + \sqrt{(k\rho c_p)_B}} \tag{4-40}$$

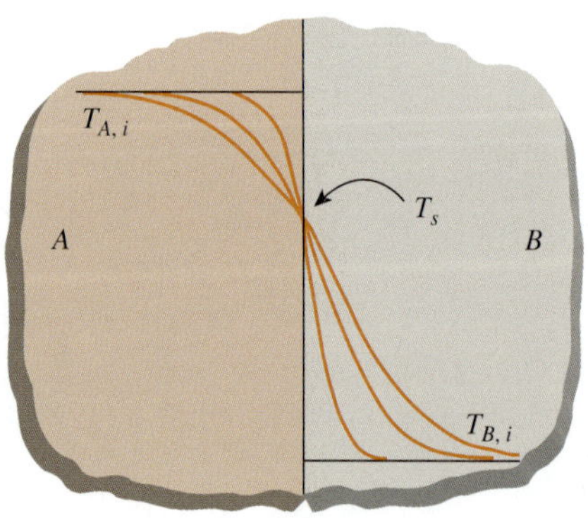

그림 4-25
초기온도가 다른 두 반무한 고체의 접촉

그러므로 접촉으로 인한 두 물체의 접촉온도는 $k\rho c_p$가 큰 물체에 의해 지배적으로 결정된다. 또한 이것은 왜 일반적으로 금속이 나무보다 차갑게 느껴지는지를 설명한다. 일반적인 온도조건에서 알루미늄인 경우는 $\sqrt{k\rho c_p}$의 값이 24 kJ/m²·K, 나무는 0.38 kJ/m²·K, 인간은 1.1 kJ/m²·K이다. 식 (4-40)를 이용하면 표면온도가 35°C인 인간이 알루미늄 블록에 손대고, 다음으로 15°C인 나무에 터치했을 때 접촉표면온도는 알루미늄의 경우는 15.9°C이고 나무는 30°C이다.

예제 4-5 **결빙을 피하기 위한 수도관의 최소 매설 깊이**

오랜 기간 동안 공기온도 0°C 이하인 지역에서는 지하 파이프에서 흐르는 물이 결빙되지 않게 하는 것은 중요한 문제이다. 다행히도 이 기간 동안 흙은 상대적으로 따뜻하게 유지되며 물이 지하에서 결빙 온도까지 도달하기는 몇 주가 걸린다. 그러므로 흙은 겨울에 낮은 대기 온도로부터 물의 결빙을 방지하는 효과적인 단열재이다.

어떤 위치의 땅은 3개월 동안 계속해서 −10°C의 눈으로 덮여 있다. 그 위치에서 흙의 평균 물성은 $k = 0.4$ W/m·K, $\alpha = 0.15 \times 10^{-6}$ m²/s이다(그림 4-26). 표면의 초기온도는 15°C로 가정하면, 물이 흐르는 파이프가 결빙되지 않을 최소 깊이는 얼마인가?

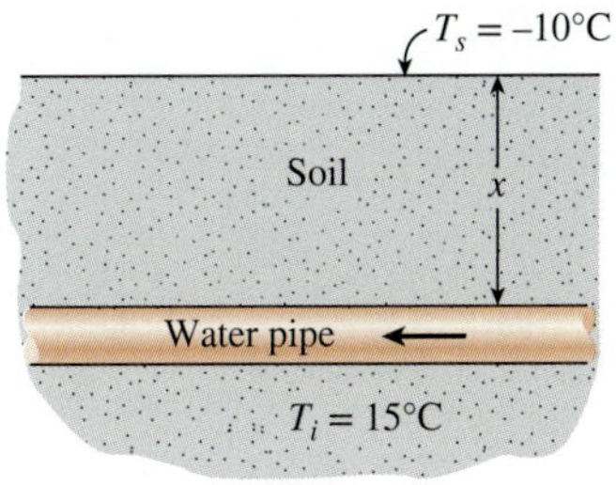

그림 4-26
예제 4-5의 개략도

풀이 수도관의 결빙을 피하기 위해서 지면 아래로 매설한다. 특정위치에서 최소 매설 깊이를 구하라.

가정 **1.** 땅의 온도는 표면의 열적 조건에 영향을 받으므로 땅을 반무한 물체로 생각할 수 있다. **2.** 흙의 열적 물성은 상수이다.

해석 3개월 후에 파이프 주위 땅의 온도가 0°C가 되는 깊이가 최소 깊이이다. 그림 4-24로부터

$$\left.\begin{aligned} &\frac{h\sqrt{\alpha t}}{k} = \infty \quad (\text{since } h \to \infty) \\ &\frac{T(x,t) - T_i}{T_\infty - T_i} = \frac{0 - 15}{-10 - 15} = 0.6 \end{aligned}\right\} \eta = \frac{x}{2\sqrt{\alpha t}} = 0.36$$

이 되며

$$t = (90 \text{ days})(24 \text{ h/day})(3600 \text{ s/h}) = 7.78 \times 10^6 \text{ s}$$

이다. 따라서

$$x = 2\eta\sqrt{\alpha t} = 2 \times 0.36\sqrt{(0.15 \times 10^{-6} \text{ m}^2/\text{s})(7.78 \times 10^6 \text{ s})} = \mathbf{0.78 \text{ m}}$$

이므로 물이 흐르는 파이프가 결빙을 피하기 위해서는 최소한 78 cm 깊이로 묻어야 한다.

다른 풀이 이 문제의 해를 식 (4-36)로부터 구할 수도 있다.

$$\frac{T(x,t) - T_i}{T_s - T_i} = \text{erfc}\left(\frac{x}{2\sqrt{\alpha t}}\right) \longrightarrow \frac{0 - 15}{-10 - 15} = \text{erfc}\left(\frac{x}{2\sqrt{\alpha t}}\right) = 0.60$$

상보 오차함수 값에 해당하는 변수는 표 4-4에서 구하면 $\eta = 0.37$이 된다.

$$x = 2\eta\sqrt{\alpha t} = 2 \times 0.37\sqrt{(0.15 \times 10^{-6} \text{ m}^2/\text{s})(7.78 \times 10^6 \text{ s})} = \mathbf{0.80 \text{ m}}$$

약간의 오차는 차트를 읽을 때 발생한다.

예제 4-6 **가열된 블록의 표면온도 상승**

20°C의 두꺼운 검은색인 나무블록이 일정 태양 열유속 1250 W/m²에 노출되어 있다(그림 4-27). 20분 후 블록의 노출 표면온도를 구하라. 만약 블록이 알루미늄으로 되어 있다면 어떻게 되겠는가?

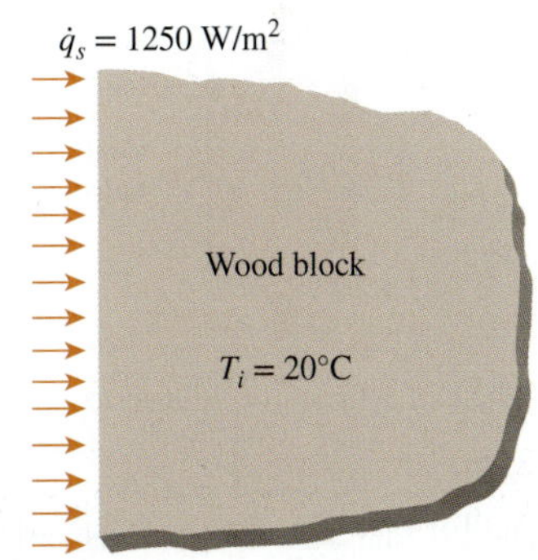

그림 4-27
예제 4-6에 대한 개략도

풀이 나무블록이 태양 열유속에 노출되어 있다. 블록의 표면온도를 구하고, 알루미늄 블록일 때와 비교하라.

가정 **1.** 블록이 태양복사를 모두 흡수한다. **2.** 블록의 열손실은 무시한다(따라서 얻어지는 결과는 최고온도이다). **3.** 블록을 반무한 고체로 가정할 만큼 두껍다. 그리고 블록의 물성은 상수이다.

물성값 실내온도에서 열전도도와 열확산율의 값은 나무인 경우는 $k = 0.159$ W/m·K, $\alpha = k/\rho c_p = 1.75 \times 10^{-7}$ m²/s이고, 알루미늄인 경우는 $k = 237$ W/m·K, $\alpha = 9.71 \times 10^{-5}$ m²/s이다.

해석 일정한 표면 열유속에 노출되어 있는 반무한 고체에서 비정상 열전도 문제이고 표면온도는 식 (4-37)으로부터 다음과 같이 된다.

$$T_s = T(0, t) = T_i + \frac{\dot{q}_s}{k}\sqrt{\frac{4\alpha t}{\pi}}$$

주어진 값을 대입하면, 나무와 알루미늄의 경우에 대한 표면온도는

$$T_{s,\,\text{wood}} = 20°\text{C} + \frac{1250\ \text{W/m}^2}{0.159\ \text{W/m·K}}\sqrt{\frac{4(1.75 \times 10^{-7}\ \text{m}^2/\text{s})(20 \times 60\ \text{s})}{\pi}} = \mathbf{149°C}$$

$$T_{s,\,\text{Al}} = 20°\text{C} + \frac{1250\ \text{W/m}^2}{237\ \text{W/m·K}}\sqrt{\frac{4(9.71 \times 10^{-5}\ \text{m}^2/\text{s})(20 \times 60\ \text{s})}{\pi}} = \mathbf{22.0°C}$$

가 된다. 나무에 공급되는 열에너지는 표면 내에서 축적되는데 이는 낮은 열전도율과 열확산율 때문이다. 그래서 표면온도가 높은 값을 가지게 된다. 반면에 금속은 높은 열전도율과 열확산율 때문에 블록 내부로 열이 전달되며 이는 표면에서 작은 열 상승을 일으킨다. 실제로는 두 온도 모두 열손실 때문에 조금 낮아진다.

검토 20분에서 나무와 알루미늄의 온도를 계산하였고 소프트웨어를 사용하여 그림 4-28에 그래프를 나타냈다. $x = 0.044$ m에서 두 블록의 온도는 21.8C이다. 0.8 m의 깊이에서는 나무는 20.0°C이고 알루미늄은 21.6°C이다. 이것을 통해 금속이 비금속에 비하여 빠르게 열이 전달하는 것을 확인할 수 있다.

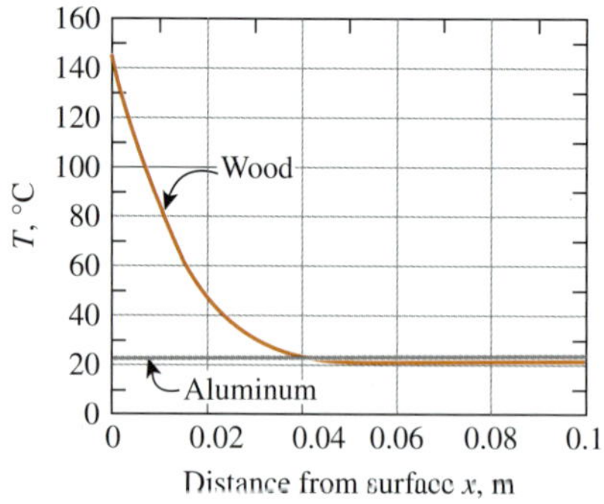

그림 4-28
t = 20분에서 나무와 알루미늄 블록 내에서의 온도 변화

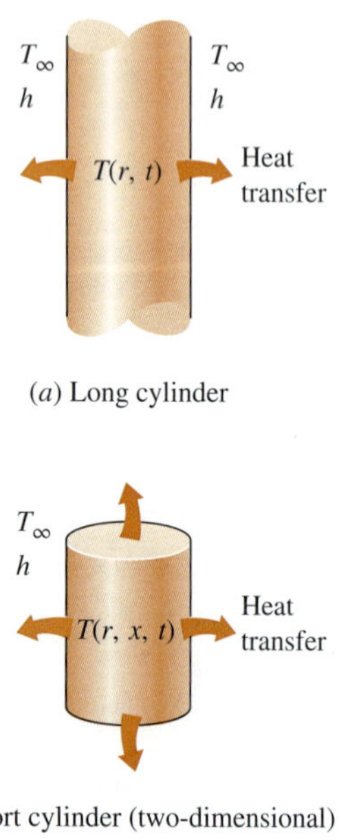

그림 4-29
모든 표면이 대류로 노출된 짧은 원통에서 온도는 축 방향과 반경 방향으로 변한다. 따라서 열은 두 방향으로 전달된다.

4-4 ▪ 다차원에서 비정상 열전도

앞에서 제시한 해석해는 큰 평면 벽, 긴 원통, 구 또는 반무한 물체와 같은 1차원 열전도 문제에서 온도분포 및 열전달을 결정하는 데 사용될 수 있다. **곱셈해**(product solution)라고 불리는 중첩 접근 방법을 사용하면 해석해는 짧은 원통, 긴 사각 막대기, 반무한 원통이나 판과 같은 2차원, 심지어는 프리즘이나 반무한 사각 막대의 형상과 같은 3차원 비정상 열전도 문제의 해를 구하는 데 사용할 수 있다(그림 4-29). 다차원 형상의 해는 1차원 형상에 대한 해의 **곱셈**으로 구한다.

초기온도가 T_i이며 높이 a, 반경 r_o인 **짧은 원통**을 생각해보자. 원통에서 열발생은 없다. 시간 $t = 0$일 때 원통의 모든 표면에서는 열전달계수가 h이며 온도가 T_∞인 외부로 대류 현상이 일어난다. 열전달이 원통의 위와 아래뿐만 아니라 옆면으로

도 일어나므로 온통 내부의 온도는 시간 t와 반경 변수 r뿐만 아니라 축방향의 변수 x에 따라서도 변한다. 즉 $T = T(r, x, t)$로 2차원 비정상 열전도 문제가 된다. 물성값을 일정하다고 가정하면 2차원 문제의 해는 다음과 같이 표기된다.

$$\left(\frac{T(r,x,t)-T_\infty}{T_i-T_\infty}\right)_{\substack{\text{short}\\\text{cylinder}}} = \left(\frac{T(x,t)-T_\infty}{T_i-T_\infty}\right)_{\substack{\text{plane}\\\text{wall}}} \left(\frac{T(r,t)-T_\infty}{T_i-T_\infty}\right)_{\substack{\text{infinite}\\\text{cylinder}}} \quad \text{(4-41)}$$

높이 a, 반경 r_o인 2차원 짧은 원통에 대한 해는 두께가 a인 1차원 평판과 반경이 r_o인 긴 원통(두 형상의 교집합이 짧은 원통이다.)에 대한 무차원 해의 곱이다(그림 4-30). 즉, 1차원 형상이 교집합되어 이루어진 다차원 형상에 대한 해는 각각의 1차원 형상 해의 곱으로 얻을 수 있다.

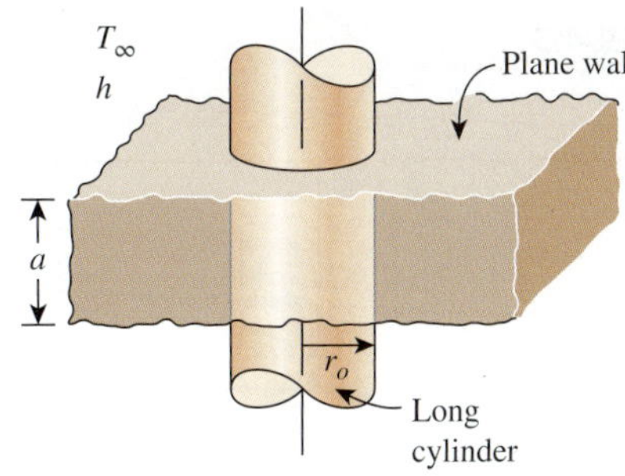

그림 4-30
반경 r_o, 높이 a인 짧은 원통은 반경 r_o인 긴 원통과 두께 a인 평면벽의 교집합이다.

일반적으로 1차원 해는 다음과 같이 나타낼 수 있다.

$$\theta_{\text{wall}}(x,t) = \left(\frac{T(x,t)-T_\infty}{T_i-T_\infty}\right)_{\substack{\text{plane}\\\text{wall}}}$$
$$\theta_{\text{cyl}}(r,t) = \left(\frac{T(r,t)-T_\infty}{T_i-T_\infty}\right)_{\substack{\text{infinite}\\\text{cylinder}}} \quad \text{(4-42)}$$
$$\theta_{\text{semi-inf}}(x,t) = \left(\frac{T(x,t)-T_\infty}{T_i-T_\infty}\right)_{\substack{\text{semi-infinite}\\\text{solid}}}$$

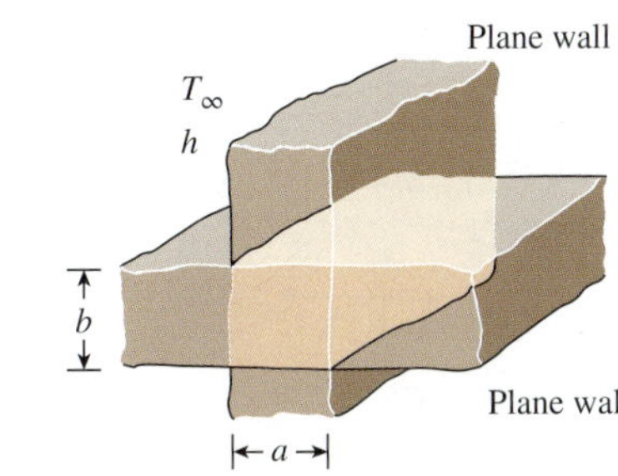

그림 4-31
직사각형 $a \times b$의 긴 고체막대는 두께가 a와 b인 두 평면벽의 교집합이다.

예로 단면적이 $a \times b$인 긴 고체 막대에 대한 해는 그림 4-31에 나타난 바와 같이 두께 a, b를 가진 두 개의 무한 평판의 해를 이용하여 구할 수 있으며, 사각형 막대에 대한 비정상 온도 분포는 다음과 같이 표기된다.

$$\left(\frac{T(x,y,t)-T_\infty}{T_i-T_\infty}\right)_{\substack{\text{rectangular}\\\text{bar}}} = \theta_{\text{wall}}(x,t)\,\theta_{\text{wall}}(y,t) \quad \text{(4-43)}$$

다른 형상에 대한 곱셈해는 표 4-5에 나와 있다. x좌표는 반무한 평판의 표면에서 시작하고, 평면 벽에서 중심면으로부터 반경방향 r좌표는 항상 중심선으로부터 시작된다.

2차원 문제의 해는 두 1차원 해의 곱이고, 3차원 문제의 해는 3개의 1차원 해의 곱이다.

수정된 형태의 곱셈해는 1982년 Langston이 보여준 1차원 값을 사용하여 다차원 형상으로부터 또는 형상으로 전달되는 비정상 열전달의 해를 구할 수 있다. 2차원 형상에 대한 비정상 열전달은 두 1차원 형상 1, 2의 교집합으로부터 구할 수 있다.

$$\left(\frac{Q}{Q_{\max}}\right)_{\text{total, 2D}} = \left(\frac{Q}{Q_{\max}}\right)_1 + \left(\frac{Q}{Q_{\max}}\right)_2 \left[1-\left(\frac{Q}{Q_{\max}}\right)_1\right] \quad \text{(4-44)}$$

3차원 형상에 대한 비정상 열전달은 3개의 1차원 물체 1, 2, 3의 곱으로 다음과 같이 주어진다.

표 4-5

초기온도가 T_i이고 모든 표면이 주위 온도 T_∞에 노출된 1차원 해의 곱으로 표현된 다차원 해

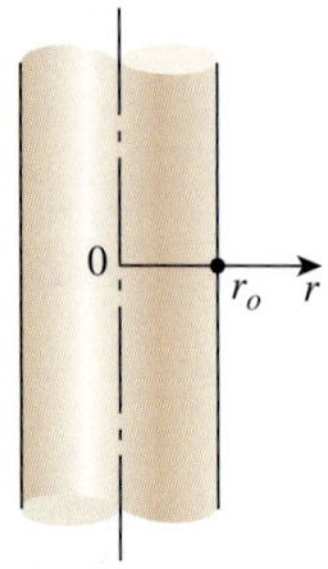

$\theta(r, t) = \theta_{cyl}(r, t)$

Infinite cylinder

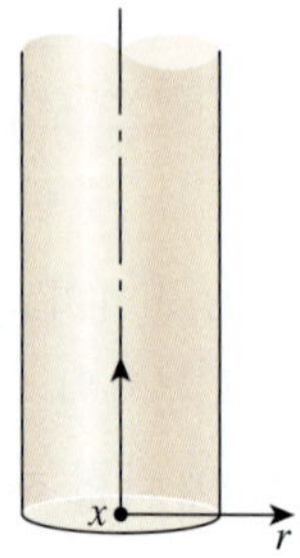

$\theta(x, r, t) = \theta_{cyl}(r, t)\,\theta_{semi\text{-}inf}(x, t)$

Semi-infinite cylinder

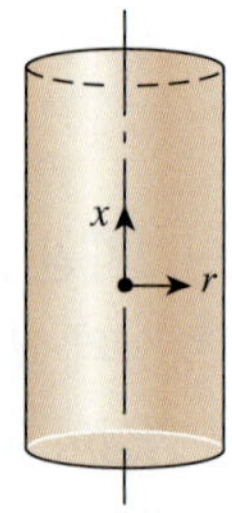

$\theta(x, r, t) = \theta_{cyl}(r, t)\,\theta_{wall}(x, t)$

Short cylinder

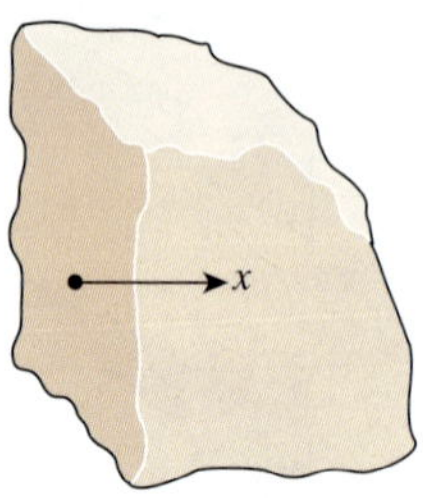

$\theta(x, t) = \theta_{semi\text{-}inf}(x, t)$

Semi-infinite medium

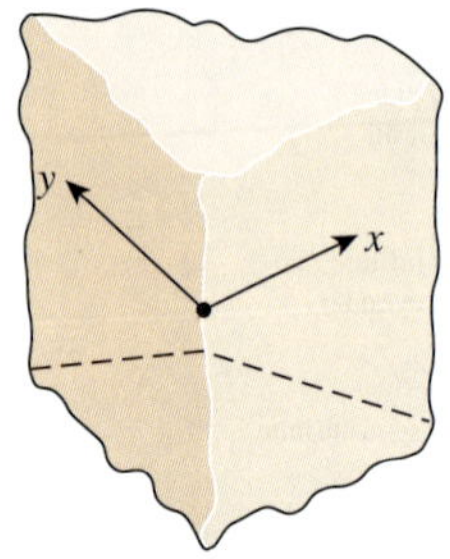

$\theta(x, y, t) = \theta_{semi\text{-}inf}(x, t)\,\theta_{semi\text{-}inf}(y, t)$

Quarter-infinite medium

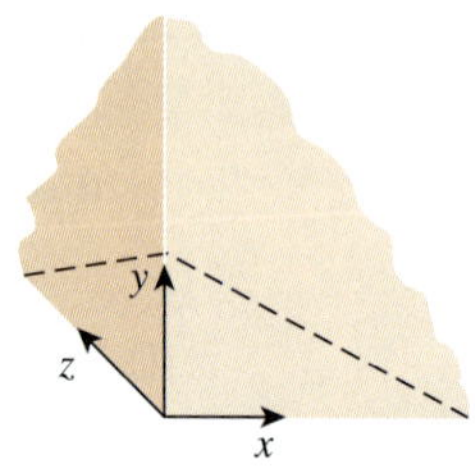

$\theta(x, y, z, t) = \theta_{semi\text{-}inf}(x, t)\,\theta_{semi\text{-}inf}(y, t)\,\theta_{semi\text{-}inf}(z, t)$

Corner region of a large medium

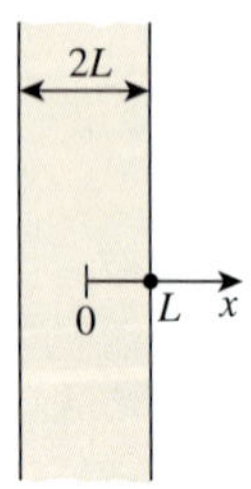

$\theta(x, t) = \theta_{wall}(x, t)$

Infinite plate (or plane wall)

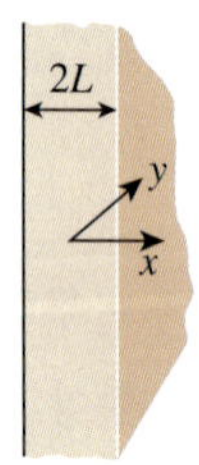

$\theta(x, y, t) = \theta_{wall}(x, t)\,\theta_{semi\text{-}inf}(y, t)$

Semi-infinite plate

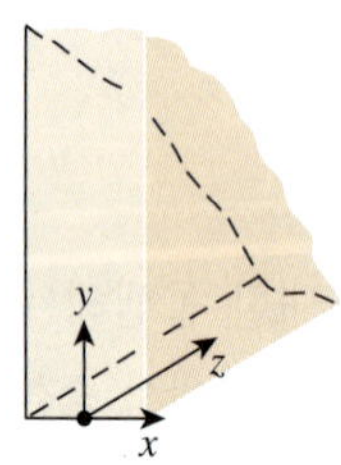

$\theta(x, y, z, t) = \theta_{wall}(x, t)\,\theta_{semi\text{-}inf}(y, t)\,\theta_{semi\text{-}inf}(z, t)$

Quarter-infinite plate

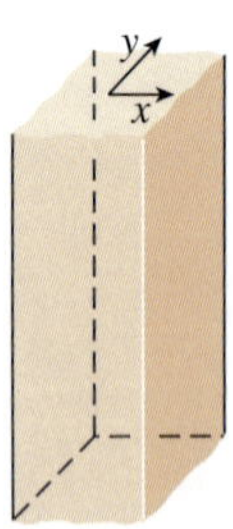

$\theta(x, y, t) = \theta_{wall}(x, t)\,\theta_{wall}(y, t)$

Infinite rectangular bar

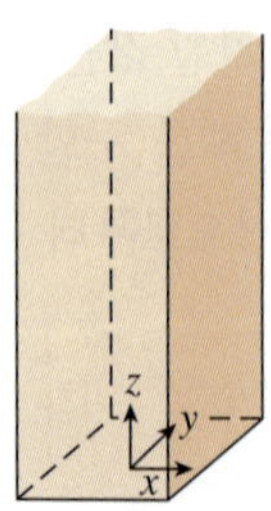

$\theta(x, y, z, t) = \theta_{wall}(x, t)\,\theta_{wall}(y, t)\,\theta_{semi\text{-}inf}(z, t)$

Semi-infinite rectangular bar

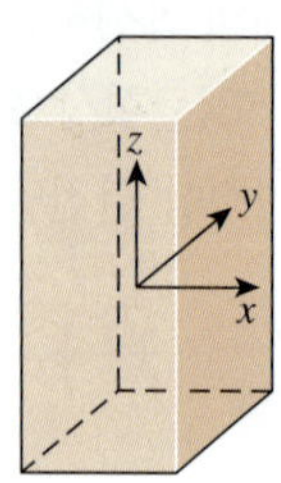

$\theta(x, y, z, t) = \theta_{wall}(x, t)\,\theta_{wall}(y, t)\,\theta_{wall}(z, t)$

Rectangular parallelepiped

$$\left(\frac{Q}{Q_{max}}\right)_{total,\,3D} = \left(\frac{Q}{Q_{max}}\right)_1 + \left(\frac{Q}{Q_{max}}\right)_2\left[1-\left(\frac{Q}{Q_{max}}\right)_1\right] + \left(\frac{Q}{Q_{max}}\right)_3\left[1-\left(\frac{Q}{Q_{max}}\right)_1\right]\left[1-\left(\frac{Q}{Q_{max}}\right)_2\right] \quad (4\text{-}45)$$

다음 예제에서는 비정상 2차원 또는 3차원 전도문제에서의 곱셈해 사용이 소개될 것이다.

예제 4-7　　짧은 황동 원통의 냉각

직경 $D = 10$ cm, 높이 $H = 12$ cm인 짧은 황동 원통의 초기온도는 $T_i = 120°C$이다. 지금 원통은 공기 온도 25°C에 놓여 있고 열전달계수 $h = 60$ W/m²·K로 대류가 일어난다. 냉각이 시작된 15분 후에 (*a*) 원통 중심, (*b*) 윗면의 중심에서 온도를 계산하라.

풀이　짧은 원통이 대기에서 냉각되고 있다. 원통의 중심과 윗면의 중심온도를 구하라.

가정　**1.** 이 문제는 2차원 비정상 전도문제에 해당되므로 시간 t와 함께 축방향 x와 반경방향 r에 따라 온도가 변한다. **2.** 원통의 열 물성과 열전달계수는 상수이다. **3.** Fourier 수는 $\tau > 0.2$이므로 단항근사해법을 적용할 수 있다.

물성값　실내온도에서 황동의 물성은 $k = 110$ W/m·K, $\alpha = 33.9 \times 10^{-6}$ m²/s이다(Table A-24). 보다 정확한 결과는 평균 온도로 물성을 구하면 얻을 수 있다.

해석　(*a*) 짧은 원통은 그림 4-32에서 반경 $r_o = 5$ cm, 평면 벽의 두께 $2L = 12$ cm인 긴 원통의 교집합에 의하여 형성된다. 평면 벽의 중심에서 무차원 온도는 식 (4-17)로부터 다음과 같다.

먼저 평면 벽에 대한 Biot 수와 Fourier 수를 구한다.

$$\text{Bi} = \frac{hL}{k} = \frac{(60\ \text{W/m}^2\cdot\text{K})\,(0.06\ \text{m})}{110\ \text{W/m}\cdot\text{K}} = 0.0327$$

$$\tau = \frac{\alpha t}{L^2} = \frac{(3.39\times10^{-5}\ \text{m}^2/\text{s})\,(15\times60\ \text{s})}{(0.06\ \text{m})^2} = 8.48$$

평면 벽에 대한 Bi = 0.0327에 해당하는 상수 λ_1와 A_1의 값은 표 4-2에서 각각 $\lambda_1 = 0.1776$과 $A_1 = 1.0054$로 구할 수 있다.

위 값과 다른 변수를 식 (4-17)에 대입하면 아래와 같다.

$$\theta_{0,\,\text{wall}} = \frac{T_0 - T_\infty}{T_i - T_\infty} = A_1 e^{-\lambda_1^2\tau} = 1.0054\, e^{-(0.1776)^2(8.48)} = 0.77$$

같은 방법으로, 원통 중심에서의 온도를 식 (4-18)의 단항근사해법으로 구한다. 먼저 원통에 대한 Biot 수와 Fourier 수를 구한다.

$$\text{Bi} = \frac{hr_o}{k} = \frac{(60\ \text{W/m}^2\cdot\text{K})\,(0.05\ \text{m})}{110\ \text{W/m}\cdot\text{K}} = 0.0273$$

$$\tau = \frac{\alpha t}{L^2} = \frac{(3.39\times10^{-5}\ \text{m}^2/\text{s})(15\times60\ \text{s})}{(0.05\ \text{m})^2} = 12.2$$

원통에 대한 Bi = 0.0273에 해당하는 상수 λ_1와 A_1의 값은 표 4-2에서 각각 $\lambda_1 = 0.2294$

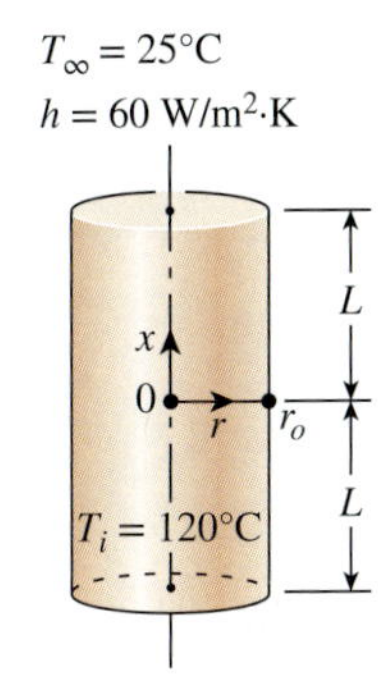

그림 4-32
예제 4-7의 개략도

과 $A_1 = 1.0068$로 구할 수 있다.

위 값과 다른 변수를 식 (4-18)에 대입하면 아래와 같다.

$$\theta_{0,\,\text{cyl}} = \frac{T_0 - T_\infty}{T_i - T_\infty} = A_1 e^{-\lambda_1^2 \tau} = 1.0068 e^{-(0.2294)^2(12.2)} = 0.53$$

따라서,

$$\left(\frac{T(0, 0, t) - T_\infty}{T_i - T_\infty}\right)_{\substack{\text{short}\\\text{cylinder}}} = \theta_{0,\,\text{wall}}(0, t) \times \theta_{0,\,\text{cyl}}(0, t) = 0.77 \times 0.53 = 0.41$$

그리고

$$T(0, 0, t) = T_\infty + 0.41(T_i - T_\infty) = 25 + 0.41(120 - 25) = \mathbf{64°C}$$

이것은 긴 원통 및 평판에서의 온도뿐만 아니라 짧은 원통 중심에서의 온도이다.

(*b*) 원통의 윗면 중심은 긴 원통($r = 0$)의 중심과 같지만 평면 벽은 외부표면($x = L$)이다. 그러므로 벽의 표면온도를 식 (4-14)의 단항근사해법을 이용하여 구할 필요가 있다. $x = L = 0.06$ m를 이용하여 Biot 수, Fourier 수, 상수 λ_1, A_1를 (*a*)에서와 같이 구할 수 있다. 이 값과 다른 변수들은 식 (4-14)에 대입하면

$$\theta_{\text{wall}} = \frac{T(x, t) - T_\infty}{T_i - T_\infty} = A_1 e^{-\lambda_1^2 \tau} \cos(\lambda_1 x/L)$$

$$\theta_{\text{wall}} = \frac{T(x, L) - T_\infty}{T_i - T_\infty} = A_1 e^{-\lambda_1^2 \tau} \cos(\lambda_1) = 1.0054 e^{-(0.1776)^2(8.48)} \cos(0.1776) = 0.757$$

그러므로

$$\left(\frac{T(L, 0, t) - T_\infty}{T_i - T_\infty}\right)_{\substack{\text{short}\\\text{cylinder}}} = \theta_{\text{wall}}(L, t)\, \theta_{0,\,\text{cyl}}(0, t) = 0.757 \times 0.53 = 0.40$$

그리고

$$T(L, 0, t) = T_\infty + 0.40(T_i - T_\infty) = 25 + 0.40(120 - 25) = \mathbf{63°C}$$

최종적으로 위 값은 원통의 윗면의 중심에서의 온도이다.

예제 4-8 짧은 원통으로부터 열전달

예제 4-7에 언급한 짧은 황동 원통($\rho = 8530$ kg/m³, $c_p = 0.380$ kJ/kg·K)의 총 열전달을 구하라.

풀이 먼저 원통으로부터 전달된 최대 열전달을 구해야 한다. 그 값은 외기에 대한 원통의 현열 에너지량이다.

$$m = \rho V = \rho \pi r_o^2 H = (8530\ \text{kg/m}^3)\pi(0.05\ \text{m})^2(0.12\ \text{m}) = 8.04\ \text{kg}$$

$$Q_{\max} = mc_p(T_i - T_\infty) = (8.04\ \text{kg})(0.380\ \text{kJ/kg·K})(120 - 25)°\text{C} = 290.2\ \text{kJ}$$

그리고 두 형상에 대하여 무차원 열전달비를 결정한다. 평면 벽인 경우는 식 (4-24)의 단항근사해법으로 결정될 수 있다.

$$\left(\frac{Q}{Q_{\max}}\right)_{\text{wall}} = 1 - \theta_{0,\,\text{wall}} \frac{\sin(\lambda_1)}{\lambda_1} = 1 - (0.77)\frac{\sin(0.1776)}{0.1776} = 0.23$$

유사하게 원통에 대하여 식 (4-25)의 단항근사해법을 사용하면 $J_1(0.2294) = 0.11385$를 표 4-3에서 구할 수 있기 때문에

$$\left(\frac{Q}{Q_{max}}\right)_{cyl} = 1 - 2\theta_{0,\,cyl}\frac{J_1(\lambda_1)}{\lambda_1} = 1 - 2(0.53)\frac{0.11385}{0.2294} = 0.47$$

이다. 식 (4-44)으로부터 짧은 원통에 대한 열전달비는 다음과 같이 된다.

$$\left(\frac{Q}{Q_{max}}\right)_{short\ cyl} = \left(\frac{Q}{Q_{max}}\right)_{plane\ wall} + \left(\frac{Q}{Q_{max}}\right)_{long\ cyl}\left[1 - \left(\frac{Q}{Q_{max}}\right)_{plane\ wall}\right]$$
$$= 0.23 + 0.47(1 - 0.23) = 0.592$$

그러므로 처음 15분 동안 냉각 후 원통의 총 열전달은

$$Q = 0.592\,Q_{max} = 0.592 \times (290.2\text{ kJ}) = \mathbf{172\ kJ}$$

이다.

요약 | SUMMARY

이 장에서는 1차원 또는 다차원에서 위치뿐만 아니라 시간과 함께 변하는 온도분포를 고려했다. 먼저, 온도가 시간에 따라 변하지만 시스템 내부에서는 균일하게 유지되는 **집중계**(*lumped system*)를 고려했다. 시간 $t = 0$에서 열전달계수 h와 매질온도 T_∞에 노출되는 임의의 형상을 가진 집중계 물체의(초기온도 T_i, 질량 m, 부피 V, 표면적 A_s, 밀도 ρ, 비열 c_p) 온도는 다음과 같이 표현된다.

$$\frac{T(t) - T_\infty}{T_i - T_\infty} = e^{-bt}$$

여기서,

$$b = \frac{hA_s}{\rho c_p V} = \frac{h}{\rho c_p L_c}$$

이며 차원은 $(\text{time})^{-1}$인 양수이다. 위 관계는 시간 t에서 물체의 온도 $T(t)$를 결정하는 데 사용할 수 있거나, 또한 특정 온도 $T(t)$에 도달하는 데 걸리는 시간 t를 구하는 데 이용된다. 시간 t에서 온도 $T(t)$를 구할 수 있다면, 물체와 주위 사이의 대류 **열전달률**은 다음과 같은 Newton의 냉각법칙으로부터 구할 수 있다.

$$\dot{Q}(t) = hA_s[T(t) - T_\infty]$$

시간간격 $t = 0$에서 t까지 물체와 주변 매질 간의 **총 열전달량**은 물체의 에너지 보유량의 변화이다.

$$Q = mc_p[T(t) - T_i]$$

물체와 주변 매질 간의 **최대 열전달**은

$$Q_{max} = mc_p(T_\infty - T_i)$$

이다. 그리고 집중계해석을 적용하는 경우 오차는 다음의 조건을 만족할 때 무시될 수 있다.

$$\text{Bi} = \frac{hL_c}{k} < 0.1$$

여기서, Bi는 Biot 수이며, $L_c = V/A$는 **특성길이**(*characteristic length*)이다.

집중계해석을 적용할 수 없을 때 시간과 위치에 따른 온도 변화는 평면 벽, 긴 원통, 구, 반무한 형상에 대하여 **단항근사해법**을 적용한다. 이 해는 위에서 언급한 1차원 형상에 대하여 1차원 열전달 문제에 적용할 수 있다. 그러므로 물체의 초기온도가 일정하며, 모든 표면이 같은 열적 조건이며, 물체에서 열발생이 없는 경우에 적용할 수 있다. 또한 단항근사해법은 임의의 시간 t까지의 물체로부터 총 열전달을 결정하는 데 사용할 수 있다.

단항근사해법(*one-term approximation*)을 사용하여 해석적으로 1차원 비정상 상태 해를 다음과 같이 표현할 수 있다.

평면벽: $$\theta_{wall} = \frac{T(x, t) - T_\infty}{T_i - T_\infty} = A_1 e^{-\lambda_1^2\tau}\cos(\lambda_1 x/L)$$

원통: $$\theta_{cyl} = \frac{T(r, t) - T_\infty}{T_i - T_\infty} = A_1 e^{-\lambda_1^2\tau} J_0(\lambda_1 r/r_o)$$

구: $$\theta_{sph} = \frac{T(r, t) - T_\infty}{T_i - T_\infty} = A_1 e^{-\lambda_1^2\tau}\frac{\sin(\lambda_1 r/r_o)}{\lambda_1 r/r_o}$$

여기서 계수 A_1과 λ_1는 Bi 수의 함수이고, 그 값은 표 4-2에 세 가지 형상에 대해 있다. 단항근사해법과 연관된 오차는 $\tau > 0.2$일 때 2%보다 작다.

단항근사해법을 사용할 때 다른 형상에 대한 부분 열전달은 다음과 같이 표현된다.

평면벽: $$\left(\frac{Q}{Q_{\max}}\right)_{\text{wall}} = 1 - \theta_{0,\,\text{wall}}\frac{\sin\lambda_1}{\lambda_1}$$

원통: $$\left(\frac{Q}{Q_{\max}}\right)_{\text{cyl}} = 1 - 2\theta_{0,\,\text{cyl}}\frac{J_1(\lambda_1)}{\lambda_1}$$

구: $$\left(\frac{Q}{Q_{\max}}\right)_{\text{sph}} = 1 - 3\theta_{0,\,\text{sph}}\frac{\sin\lambda_1 - \lambda_1\cos\lambda_1}{\lambda_1^3}$$

표면에 다양한 종류의 경계조건 하에 일정 물성을 가지는 반무한 고체에서 비정상 열전도의 해는 다음과 같다.

표면에서 일정온도, T_s = 상수

$$\frac{T(x,t)-T_i}{T_s-T_i} = \operatorname{erfc}\left(\frac{x}{2\sqrt{\alpha t}}\right) \quad \text{and} \quad \dot{q}_s(t) = \frac{k(T_s-T_i)}{\sqrt{\pi\alpha t}}$$

표면에서 일정 열유속, $\dot{q}_s$ = 상수

$$T(x,t)-T_i = \frac{\dot{q}_s}{k}\left[\sqrt{\frac{4\alpha t}{\pi}}\exp\left(-\frac{x^2}{4\alpha t}\right) - x\operatorname{erfc}\left(\frac{x}{2\sqrt{\alpha t}}\right)\right]$$

표면에서 대류, $\dot{q}_s(t) = h[T_\infty - T(0,t)]$

$$\frac{T(x,t)-T_i}{T_\infty-T_i} = \operatorname{erfc}\left(\frac{x}{2\sqrt{\alpha t}}\right) - \exp\left(\frac{hx}{k}+\frac{h^2\alpha t}{k^2}\right) \times \operatorname{erfc}\left(\frac{x}{2\sqrt{\alpha t}}+\frac{h\sqrt{\alpha t}}{k}\right)$$

표면에서 에너지 펄스, e_s = 상수

$$T(x,t)-T_i = \frac{e_s}{k\sqrt{\pi t/\alpha}}\exp\left(-\frac{x^2}{4\alpha t}\right)$$

여기서 erfc (h)는 **상보오차함수**(*complementary error function*)이다.

곱셈해(*product solution*)라고 불리는 중첩의 원리를 사용하면 단항근사해법은 짧은 원통, 긴 사각 모서리, 반무한 평판 또는 원통과 같은 형상을 가진 **2차원** 비정상 열전도 문제에 대한 해를 구하는 데 사용될 수 있다. 나아가 물체에 열발생이 없고 모든 표면이 유체온도 T_∞, 대류 열전달계수 h에 노출된 사각 프리즘, 반무한 사각 모서리 형상과 같은 **3차원** 형상에도 사용될 수 있다. 다차원 형상의 해는 다차원 형상의 교집합을 가지는 1차원 형상의 곱으로 표현할 수 있다.

다차원 형상에서 일어나는 총 열전달을 1차원 값들을 사용하여 결정할 수 있다. 2차원 형상에 대한 비정상 열전달은 교집합인 두 개의 1차원 형상 1과 2의 곱에 의하여 형성되며 식은 아래와 같다.

$$\left(\frac{Q}{Q_{\max}}\right)_{\text{total, 2D}} = \left(\frac{Q}{Q_{\max}}\right)_1 + \left(\frac{Q}{Q_{\max}}\right)_2\left[1-\left(\frac{Q}{Q_{\max}}\right)_1\right]$$

3차원 형상에 대한 비정상 열전달을 교집합인 1차원 형상 1, 2, 3의 곱에 의하여 구하면 아래와 같은 식으로 표현된다.

$$\left(\frac{Q}{Q_{\max}}\right)_{\text{total, 3D}} = \left(\frac{Q}{Q_{\max}}\right)_1 + \left(\frac{Q}{Q_{\max}}\right)_2 = \left[1-\left(\frac{Q}{Q_{\max}}\right)_1\right] + \left(\frac{Q}{Q_{\max}}\right)_3\left[1-\left(\frac{Q}{Q_{\max}}\right)_1\right]\left[1-\left(\frac{Q}{Q_{\max}}\right)_2\right]$$

참고문헌 | REFERENCES AND SUGGESTED READINGS

1. H. S. Carslaw and J. C. Jaeger. *Conduction of Heat in Solids*. 2nd ed. London: Oxford University Press, 1959.
2. Y. A. Çengel and A. J. Ghajar. *Heat and Mass Transfer: Fundamentals ans Applications*. 4th ed. New York: McGraw-Hill, 2011.
3. H. Gröber, S. Erk, and U. Grigull. *Fundamentals of Heat Transfer*. New York: McGraw-Hill, 1961.
4. M. P. Heisler. "Temperature Charts for Induction and Constant Temperature Heating." *ASME Transactions* 69 (1947), pp. 227-236.
5. L. S. Langston. "Heat Transfer from Multidimensional Objects Using One-Dimensional Solutions for Heat Loss." *International Journal of Heat and Mass Transfer* 25 (1982), pp. 149-150.
6. P. J. Schneider. *Conduction Heat Transfer*. Reading, MA: Addison-Wesley, 1955.

연습문제* | PROBLEMS

집중계해석

4-1C Biot 수의 물리적 의미가 무엇인가? Biot 수는 열전도율이 높은 고체와 낮은 고체 중 언제 Biot 수가 큰 값을 가지는가?

4-2C 집중계해석이 무엇인가? 언제 적용할 수 있는가?

4-3C 물과 공기 중 어떤 매질에서 집중계해석이 잘 적용될 수 있는가? 이유는?

4-4C 같은 크기의 실제 사과와 금으로 만들어진 사과 중 언제 집중계해석이 잘 적용될 수 있는가? 이유는?

4-5C 동일한 물질, 동일한 부피로 만든 고체 중 어떤 것이 집중계해석을 더 잘 적용할 수 있는가? 얇은 것 혹은 둥근 것. 이유는?

4-6C 뜨거운 두 개의 동일한 고체와 그 주위 사이의 열전달을 생각하라. 첫 번째 고체는 팬을 이용하여 냉각되고, 두 번째 고체는 공기에서 자연적으로 냉각된다. 어느 고체가 집중계해석을 잘 적용할 수 있겠는가? 이유는?

4-7C 뜨거운 두 개의 동일한 고체와 그 주위 사이의 열전달을 생각하라. 첫 번째 고체는 물이 가득 담긴 수조에 떨어졌고, 두 번째 고체는 공기에서 자연적으로 냉각된다. 어느 고체가 집중계해석을 잘 적용할 수 있겠는가? 이유는?

4-8C 일정온도로 유지되는 오븐에서 구워진 감자를 생각하라. 감자의 온도는 첫 1분 동안 5°C 상승하였다. 다음 1분 동안 온도 상승은 5°C와 작다, 같다, 크다 중 어느 것인가? 이유는?

4-9C 4 kg짜리 동일한 고기 두 덩어리를 생각하라. 첫 번째 고기는 전체를 굽고, 두 번째 고기는 두 조각으로 나눈 후 같은 오븐에서 구웠다. 전체로 구운 것과 나누어 구운 것의 조리시간의 차이는 있을까? 이유는?

4-10C 같은 체적을 가진 구와 원통이 구리로 만들어졌다. 초기에 구와 원통이 같은 온도에 있다. 같은 외부 온도에서 대류로 노출되어 있다. 구와 원통 중에 어느 것이 빨리 냉각될까? 이유는?

4-11 두께 $2L$인 큰 평면 벽, 직경 r_o인 매우 긴 원통, 직경 r_o인 구의 특성길이에 대한 관계식을 구하라.

4-12 초기온도 T_i와 주변온도 T_∞의 조건에서 평균 온도 $\frac{1}{2}(T_i + T_\infty)$에 도달하기 위한 집중계해석에서 요구되는 시간 관계식을 구하라.

4-13 203 × 102 × 57 mm 규모의 벽돌이 1100°C 가마에서 구워진 후 대류 열전달계수 5 W/m²·K, 외기온도 30°C의 방 안에서 공기에 의해 식고 있다. 만약 벽돌의 열물성이 ρ = 1920 kg/m³, c_p = 790 J/kg·K, k = 0.90 W/m·K이라면 외기의 온도와 5°C 차이가 날 때까지 식기 위해 필요한 시간을 구하라.

4-14 두께 0.5 cm인 알루미늄 합금(r = 2770 kg/m³, c_p = 875 J/kg·K, α = 7.3 × 10^{-5} m²/s)으로 만들어진 800 W 다리미 밑판을 생각하라. 밑판의 면적은 0.03 m²이고 초기에는 외부 온도와 같은 22°C이다. 밑판에서 열전달계수는 12 W/m²·K이고, 생성된 열의 85%가 밑판으로 전달된다고 하면, 밑판이 140°C까지 되는 데는 얼마 걸리겠는가? 밑판에서 온도는 특정 시간에 대하여 일정하다고 가정한다.

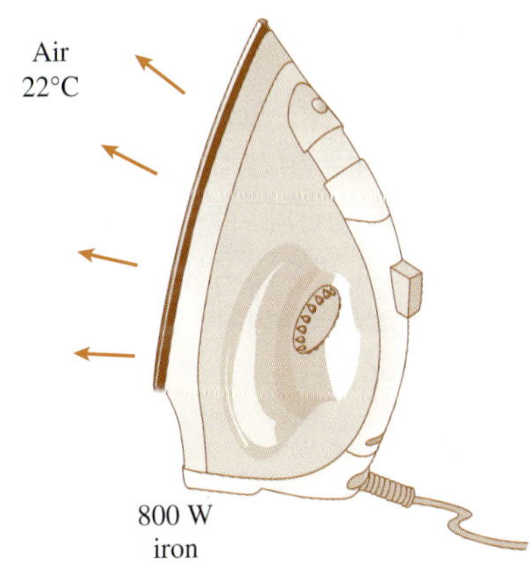

그림 P4-14

4-15 문제 4-14를 다시 고려해 보자. 적절한 소프트웨어를 사용해서, 열전달계수의 효과와 밑판이 이 온도에 도달하기까지의 시간을 계산해 보자. 열전달계수는 5 W/m²·K부터 25 W/m²·K까지 변하고, 온도는 30°C부터 200°C까지 변한다. 열전달계수와 온도 함수의 시간에 따른 그래프를 그려보고 그 결과를 논의하라.

4-16 두께가 1 cm인 금속판(k = 180 W/m·K, ρ = 2800 kg/m³, c_p = 880 J/kg·K)이 오븐에서 2분 동안 가열되었다. 오븐 안의 공기는 800°C로 유지되며 이 때 대류 열전달계수는 200 W/m²·K이다. 만약 금속판의 초기온도가 20°C라면 오븐에서 꺼냈을 때의 온도는 몇 도인가?

---

*"C"로 표시된 문제는 개념에 관한 문제들이며, 학생들은 모든 문제를 풀어보는 것을 권장한다. "E"로 표시된 문제는 영국 단위로 되어 있으며 SI 단위 사용자들은 무시할 수 있다. "💻" 아이콘이 있는 문제는 그대로 풀기는 어려우며, 적절한 프로그램을 사용하여 풀어야 한다.

4-17 5 mm 두께의 스테인리스 스틸(k = 21 W/m·K, ρ = 8000 kg/m³, c_p = 570 J/kg·K) 전선이 퍼니스를 1 cm/s 속도로 통과하며 가열되고 있다. 퍼니스 내부의 공기는 900°C로 유지되며 이 때 대류 열전달계수는 80 W/m²·K이다. 만약 퍼니스의 길이가 3 m이고 스테인리스 스틸 전선이 20°C에서 입구로 들어간다면, 퍼니스를 빠져나올 때 전선의 온도는 몇 도인가?

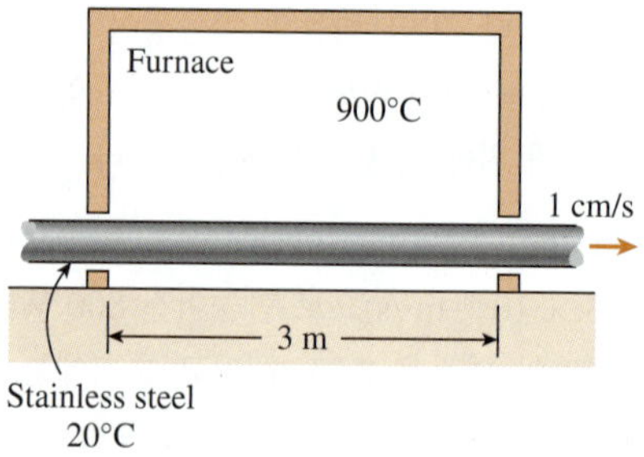

그림 P4-17

4-18 2 cm 두께의 스테인리스 스틸판(k = 21 W/m·K, ρ = 8000 kg/m³, c_p = 570 J/kg·K) 배열이 퍼니스를 통해 전달되며 가열되고 있다. 판은 18°C에서 퍼니스에 들어가고 3 m의 거리를 퍼니스 내에서 이동한다. 퍼니스 내부의 온도는 950°C로 유지되며 이 때 대류 열전달계수는 150 W/m²·K이다. 적절한 소프트웨어를 이용하여 판의 이동 속도가 퍼니스에서 배출되는 판의 최종온도에 얼마나 영향을 끼치는지 확인하라. 판의 속도를 5 mm/s에서 60 mm/s까지 변경해보고 이동 속도에 따른 판의 온도를 그래프로 표현하라.

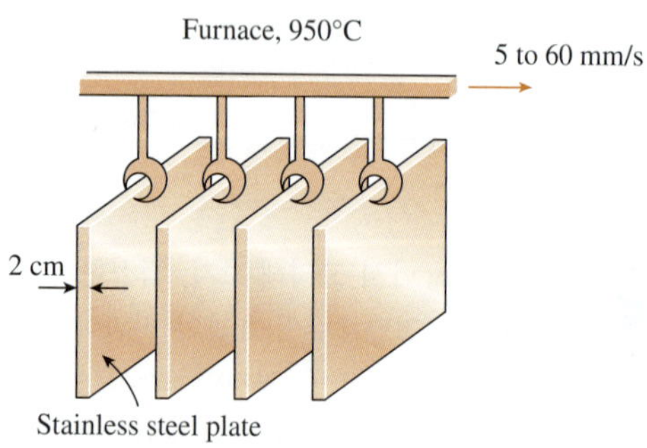

그림 P4-18

4-19 직경 2.0 cm의 구리막대의 초기온도는 100°C로 균일하다. 이 때 20°C에 대류 열전달계수가 200 W/m²·K인 외기에 구리가 막대가 노출되었을 때, 구리막대가 평균 25°C가 되기까지 얼마나 걸리는가?

4-20 자동차 현가장치의 스프링은 금속막대를 가열하여 연성을 만들고 돌돌 말아서 만들어진다. 지름 2.5 cm와 길이 1.27 m를 가진 금속막대의 물성은 ρ = 7832 kg/m³, c_p = 434 J/kg·K, k = 63.9 W/m·K이다. 금속막대는 균일한 대류 열전달계수 20 W/m²·K인 오븐에서 가열된다. 금속막대는 초기온도 20°C에서 구불구불한 코일이 되기 전의 설정온도 450°C로 가열된다. 만약 강철막대가 10분 이내에 원하는 온도로 가열된다면, 이 때 오븐 내의 온도를 구하라.

4-21 담금질 경화 과정에서, 금속 막대(ρ = 7832 kg/m³, c_p = 434 J/kg·K, k = 63.9 W/m·K)는 퍼니스에서 850°C로 가열되고, 50°C의 수조에서 40초 동안 경화 과정을 거친다. 이 때 퍼니스의 대류 열전달계수는 650 W/m²·K이다. 만약 금속 막대가 40 mm의 지름과 2 m의 길이를 가진다면, 금속 막대가 수조에서 나올 때 금속막대의 평균온도는 얼마인가?

4-22 아이를 위한 우유를 따뜻하게 하기 위하여 엄마는 직경 6 cm인 얇은 용기에 우유를 붓고 그 용기를 70°C인 물로 채워진 넓은 팬 안에 넣었다. 용기에서 우유의 높이는 7 cm이다. 우유는 지속적으로 혼합되어 항상 온도가 일정하다고 가정한다. 물과 용기 사이의 대류 열전달계수가 120 W/m²·K라면, 우유가 3°C에서 38°C가 되는 데 얼마나 걸리는가? 원통형 용기(윗면 아랫면을 포함)의 전체 표면은 뜨거운 물과 열적으로 접촉하고 있다고 가정한다. 우유의 물성값은 물의 물성값과 같다고 가정한다. 이 경우 우유를 집중계로 취급할 수 있는가? 이유는? *답*: 4.50 min

4-23 가스 스트림의 온도는 접합점의 지름이 1.2 mm인 구형 열전대로 측정한다. 접합점의 물성치는 k = 35 W/m·K, ρ = 8500 kg/m³, c_p = 320 J/kg·K 그리고 접합점과 가스 사이의 열전달계수 h = 110 W/m²·K이다. 열전대가 초기온도 차이의 99%를 읽은 것까지 얼마나 오래 걸리는지 구하라. *답*: 22.8 s

4-24 뜨거운 가스 스트림의 온도 측정 실험은 구형 접합점을 가진 열전대로 수행된다. 이 실험의 특성상 열전대의 초기온도 대비 99%의 응답속도는 5초 이내여야 한다. 열전대 접합점의 물성은 k = 35 W/m·K, ρ = 8500 kg/m³, c_p = 320 J/kg·K이다. 열전대 접합점과 가스 간의 열전달계수가 250 W/m²·K라면, 이때 필요한 접합점의 지름을 구하라.

4-25 지름이 0.5 mm인 접합점을 가진 열전대는 원형 덕트에서 뜨거운 기류의 온도를 측정하기 위해서 사용된다. 뜨거운 기류의 대류 열전달 계수(h)는 접합점의 지름(D), 기류의 평균 속도(V)와 $h = 2.2(V/D)^{0.5}$의 관계를 가진다. 열전대 접합점의 물성은 k = 35 W/m·K, ρ = 8500 kg/m³, c_p = 320 J/kg·K이다. 만약 열전대의 최대 반응 속도가 초기온도 차이의 99%를 5초에 읽는다면, 이때 열전대가 사용될 수 있는 최소 기류의 유속은 얼마인가?

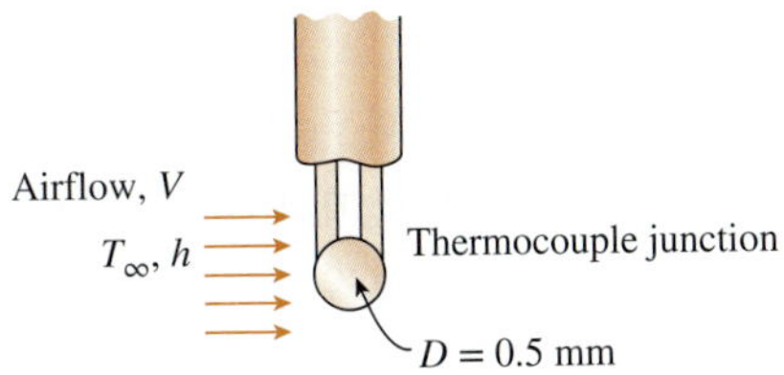

그림 P4-25

4-26 분쇄된 석탄 가루는 순산소 연소 발전소에서 전기를 생산하기 위해 사용된다. 먼저 석탄 가루가 대류 열전달계수가 100 W/m²·K인 뜨거운 공기 유동에 부유된 상태로 튜브를 통과하는 상황을 가정하자. 만약 석탄 가루의 평균 표면적과 부피가 각각 3.1 mm², 0.5 mm³라면, 초기온도 대비 석탄 가루의 온도가 2/3까지 가열되는 데 걸리는 시간은 얼마인가? 석탄의 물성은 k = 0.26 W/m·K, ρ = 1350 kg/m³, c_p = 1260 J/kg·K이다.

4-27 순산소 연소 발전소에서는 전기를 생산하는 과정에서 순수한 산소를 태우기 위해 분쇄된 석탄 가루를 연료로 사용한다. 용광로에 들어가기 전에 분쇄된 석탄 가루의 평균 지름은 300 um이고 2 m/s의 속도로 뜨거운 공기와 함께 3 m 길이의 가열된 튜브를 통과한다. 튜브 내의 공기 온도는 900°C이고 평균 대류 열전달계수는 250 W/m²·K이다. 만약 석탄 가루의 초기온도가 20°C라면, 튜브의 출구에서 석탄 가루의 온도는 얼마인가? 석탄 가루의 물성은 k = 0.26 W/m·K, ρ = 1350 kg/m³, c_p = 1260 J/kg·K이다.

4-28 플라즈마 스프레이는 물질의 훼손을 막기 위해 표면에 보호층을 코팅하는 방법이다. 플라즈마 스프레이 공정에서는 분말 형태의 보호층 재료가 플라즈마 제트로 주입된다. 주입된 분말은 가열되어 유체 방울이 되고 물질의 표면에 발라진다. 물질의 표면에 증착되면 유체 방울은 경화되고 보호층을 형성한다. 플라즈마 스프레이 공정에서 T_∞ = 15,000°C, h = 10,000 W/m²·K인 플라즈마 제트에 알루미나(k = 30 W/m·K, ρ = 3970 kg/m³, c_p = 800 J/kg·K) 분말을 사용한다고 생각하자. 알루미나 분말은 구형으로 만들어지고 평균 지름은 60 μm, 녹는 점은 2300°C이다. 분말의 초기온도가 20°C일 때, 분말이 플라즈마 제트에 투입되고 녹는 점까지 도달하기 위해 필요한 시간은 얼마인가?

4-29 외경이 4 m이고 쉘의 두께가 10 mm인 구형 쉘 인공위성이 대기로 다시 유입되는 상황을 생각하자. 쉘 인공위성은 스테인리스 스틸(k = 13.4 W/m·K, ρ = 8238 kg/m³, c_p = 468 J/kg·K)로 만들어졌다. 재진입과정에서 인공위성을 둘러싸고 있는 대기의 유효 온도는 1250°C이고 대류 열전달계수는 130 W/m²·K이다. 만약 쉘의 초기 온도가 10°C라면, 재진입과정에서 5분 후의 쉘 온도는 몇 도인가? 열전달은 위성의 쉘에서만 일어난다고 가정한다.

4-30E 생산시설에서는 지름 2 in의 황동(k = 64.1 Btu/h·ft·°F, ρ = 532 lbm/ft³, c_p = 0.092 Btu/lbm·°F) 공을 초기온도 250°F에서 담금질을 위해 120°F의 물에서 2분 동안 담가둔다. 그리고 그때 분당 120개의 공이 배출된다. 만약 대류 열전달계수가 42 Btu/h·ft²·°F라면, (*a*) 담금질 이후의 황동공의 온도는 몇 도인가? (*b*) 물의 온도를 120°F로 유지하기 위해서는 열전달률이 얼마여야 하는가?

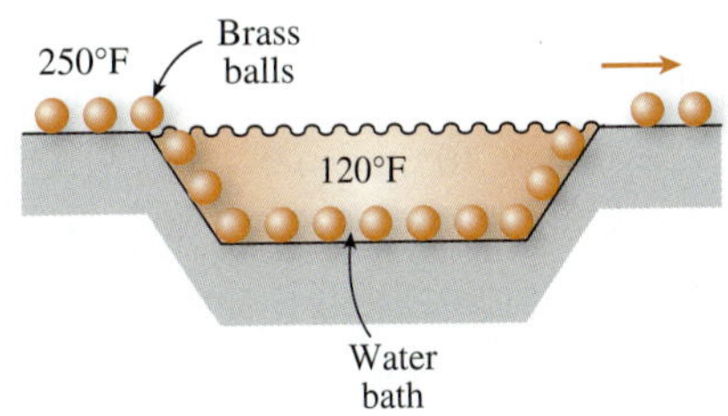

그림 P4-30E

4-31 직경 5 cm의 구, 한 면의 길이가 5 cm인 정육면체, 4 cm × 5 cm × 6 cm의 직사각형의 프리즘을 고려해 보자. 모두 초기 온도는 0°C이고, 은으로 만들어졌다(k = 429 W/m·K, ρ = 10500 kg/m³, c_p = 0.235 kJ/kg·K). 이 3가지 형상의 물체가 33°C의 대기에 노출되었을 때, 표면에서의 열전달계수가 12 W/m²·K로 주어지면 각각의 물체 온도가 25°C로 되는 데 얼마나 걸리는가?

4-32 18 W의 열소산이 일어나는 전기기구가 질량 20 g, 비열 850 J/kg·K, 표면적 4 cm²이다. 이 기구가 5분 작동 후 몇 시간 동안 작동하지 않아서 주위 온도 25°C까지 냉각되었다. 열전달계수가 12 W/m²·K이면, 5분 작동 후 이 기구의 온도는 얼마인가? 만약 이 기구에 면적 80 cm², 질량 200 g인 알루미늄 열싱크가 부착되어 있다면 답은 어떻게 되는가? 기구와 열싱크는 등온이라고 가정한다.

공간 효과가 있는 큰 평면 벽, 긴 원통, 구에서 비정상 열전도

4-33C 계란을 끓는 물속에서 어느 정도로 요리하고 싶다. 열을 가하여 물을 더 빨리 끓게 한다면 요리시간을 줄일 수 있는가?

4-34C 무한히 긴 원통은 무엇인가? 언제 무한히 긴 원통이라고 가정할 수 있는가? 예로, 원통의 아래와 윗면 부근에서 온도를 구하는 데 이 모델을 사용하는 것이 타당한가? 설명하라.

4-35C Fourier 수의 물리적인 의미는 무엇인가? 특정 열전달문제에서 시간이 2배가 될 때 Fourier 수도 2배가 되는가?

4-36C 양면이 대류로 노출된 평면 벽에 대한 단항근사해를 한쪽 면만 대류로 노출되어 있고 반대 면은 단열되어 있는 경우에도 사용할 수 있는가? 설명하라.

4-37C 주위 온도나 대류 열전달계수 대신에 형상의 표면온도가 주어졌을 때 단항근사해를 어떻게 활용할 수 있을까?

4-38C 구와 주위에서 열전달이 일어나는 동안 Biot 수는 0.02이다. 구의 중심점에서 온도를 구하는 데 집중계해석 또는 단항근사해를 사용할 수 있는가? 왜 그러한가?

4-39C 초기온도 T_i인 물체가 일정온도 T_∞에 노출되었다. 물체와 주위 사이의 최대 열전달량은 어떻게 결정하는가?

4-40 정육공장에서 초기온도 25°C인 두께 2 cm 스테이크(k = 0.45 W/m·K, α = 0.91 × 10^{-7} m²/s)가 −11°C인 냉동실에서 냉각된다. 스테이크 양면의 열전달계수는 9 W/m²·K이다. 양면이 2°C로 되기 위해서는 스테이크가 냉동실에서 얼마 동안 있어야 하는가? 단항근사해법으로 해결해보자.

4-41 10 cm 두께의 알루미늄판(α = 97.1 × 10^{-6} m²/s)은 500°C의 액체 안에서 가열된다. 알루미늄판의 초기온도는 25°C로 일정하다. 만약 알루미늄판의 표면온도가 액체 온도라고 가정하면, 15초 이후 가열된 알루미늄판의 중심 온도는 얼마인가. 단항근사해법으로 해결하라.

4-42 두께 23 cm의 판 모양 고기(k = 0.47 W/m·K, α = 0.13 × 10^{-6} m²/s)의 초기온도는 7°C로 균일하고, −30°C의 공기가 1.4 m/s로 불며 고기를 얼리는 상황을 생각하자. 이 때 고기와 공기간의 평균 열전달계수는 20 W/m²·K이다. 두께에 비해 면적이 충분히 크다고 가정하면, 중심부의 온도가 −18°C까지 떨어지는 데 얼마의 시간이 걸리는가? 또, 그때의 표면온도는 얼마인가?

4-43 두께 6 mm의 파이로세럼판(ρ = 2600 kg/m³, c_p = 808 J/kg·K, k = 3.98 W/m·K, 그리고 α = 1.89 × 10^{-6} m²/s)은 25°C, 대류 열전달계수 13.3 W/m²·K를 가진 방 안의 공기에 의해 냉각된다. 가열된 파이로세럼판은 초기온도 500°C이고 286초 동안 냉각된다. 만약 파이로세럼판의 중량이 10 kg일 때, 냉각되는 동안의 열전달량을 단항근사해법을 이용하여 구하라.

4-44 책과 함께 길고 힘든 한 주를 보내고 당신과 당신의 친구는 주말을 즐기려고 한다. 당신은 냉장고로부터 50 mm 두께의 스테이크를 가져왔다. (a) 스테이크가 해동되기까지 얼마나 기다려 하는가? 초기 스테이크의 온도는 −8°C이고 중심의 온도가 4°C에 도달했을 때 해동되었다고 판단한다. 외기 온도는 22°C, 대류 열전달계수는 10 W/m²·K이다. 녹는 과정에서 융해열은 무시한다. 스테이크는 1차원 평면 벽이라고 취급하고 물성은 다음과 같다. k = 0.625 W/m·K, ρ = 1000 kg/m³, c_p = 4472 J/kg·K. (b) 녹는 과정에서 스테이크로부터 방출되는 단위 면적당 에너지(J/m²)은 얼마인가? (c) 이 스테이크의 내부 열저항을 무시해도 해석이 가능한지를 보여라.

4-45 직경 10 cm인 긴 원통형 나무 막대(k = 0.17 W/m·K, α = 1.28 × 10^{-7} m²/s)가 25°C 초기상태에 있다. 표면은 열전달계수 13.6 W/m²·K인 벽난로에서 525°C인 뜨거운 가스에 노출되었다. 나무의 점화온도가 375°C라면 나무가 점화되기 전까지 얼마 걸리는가?

4-46E 지름이 4 in인 긴 원통형 AISI 스테인리스 스틸(k = 7.74 Btu/h·ft·°F, α = 0.135 ft³/h) 환봉이 퍼니스에서 가열되고 있다. 퍼니스의 내부 온도는 1700°F, 길이는 21 ft이고 환봉은 7 ft/min으로 이동한다. 퍼니스 내부의 열전달계수는 20 Btu/h·ft²·°F이다. 만약 환봉이 70°F에서 퍼니스에 들어간다면, 환봉이 떠날 때 환봉의 중심온도는 얼마인지 계산하라. 단항근사해법을 이용하라.

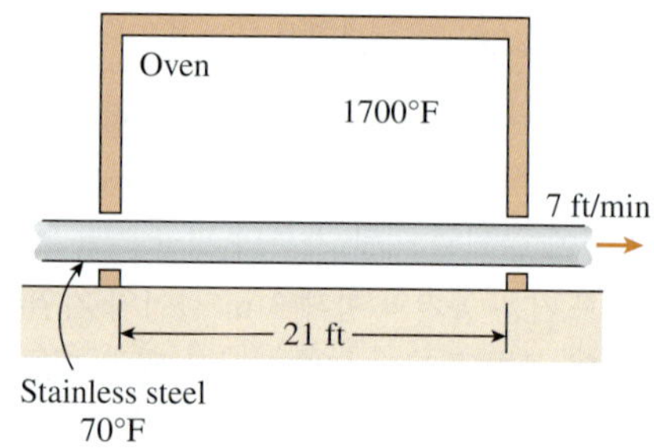

그림 P4-46E

4-47 지름 25 mm를 가진 철 원기둥(ρ = 7870 kg/m³, c_p = 447 J/kg·K, k = 80.2 W/m·K 그리고 α = 23.1 × 10^{-6} m²/s)은 초기에 온도 700°C로 가열되었다. 철 원기둥은 일정온도 50°C로 유지되고 대류 열전달계수 128 W/m²·K를 가진 큰 욕조 안의 물에 담금질된다. 철 원기둥의 표면온도가 200°C로 냉각되는 데 필요한 시간을 구하라. 단항근사해법을 이용하라.

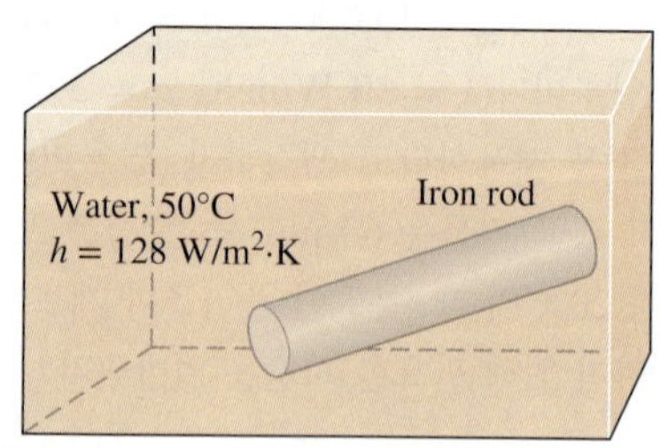

그림 P4-47

4-48 지름 2 cm의 플라스틱 원기둥 형태의 열전대가 중심온도를 측정하기 위해 삽입되어 있다. 플라스틱 원기둥(ρ = 1190 kg/m³, c_p = 1465 J/kg·K 그리고 k = 0.19 W/m·K)은 초기에 온도 70°C이고 외기온도 25°C로 냉각되었다. 1388초 후 열전대는 원기둥 중심의 온도를 30°C로 측정하였다. 이때의 대류 열전달계수

를 구하라. 단항근사해법을 이용하라.

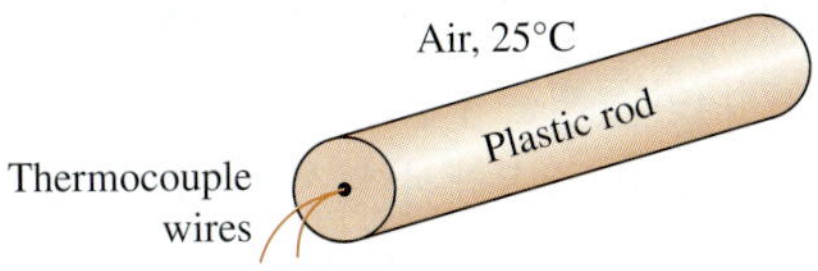

그림 P4-48

4-49 65 kg 쇠고기 덩어리(k = 0.47 W/m·K, α = 0.13 × 10^{-6} m^2/s)의 초기온도는 37°C이고 −10°C의 공기를 1.2 m/s로 불어서 냉동고에서 식히려고 한다. 덩어리와 공기간의 평균 열전달 계수는 22 W/m^2·K이다. 쇠고기 덩어리를 지름 24 cm 길이 1.4 m의 원통이라고 간주하고 윗면과 아랫면에서의 열전달은 무시한다. 쇠고기의 중심온도가 4°C까지 떨어지는 데 걸리는 시간을 구하라. 추가로 이 과정에서 쇠고기에 어는 부분이 생기는지 확인하라. 단항근사해법을 이용하라. 답: 12.2 h

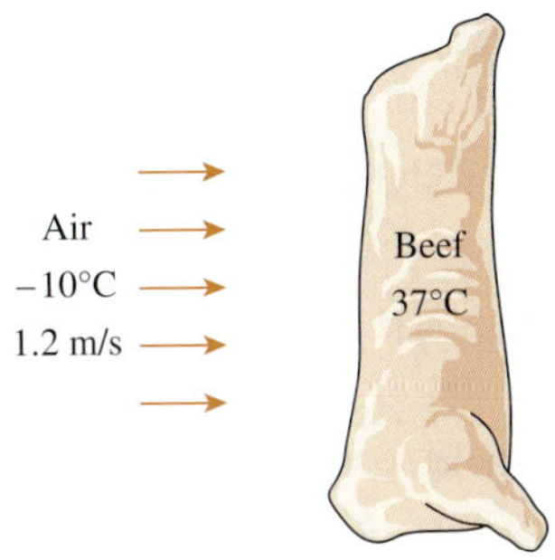

그림 P4-49

4-50 콘크리트(ρ = 1600 kg/m^3, c_p = 840 J/kg·K, k = 0.79 W/m·K)로 만들어진 지름 30 cm, 높이 4 m의 원기둥이 추운 밤에는 14°C로 차가워지고 낮에는 외기온도 28°C, 평균 대류 열전달계수 14 W/m^2·K에 노출되어 다시 따뜻해진다. 단항근사해법을 사용하여 (*a*) 원기둥의 표면온도가 27°C까지 상승하는 시간을 구하라. (*b*) 중심의 온도가 28°C에 도달할 때까지 열전달량을 구하라. (*c*) 표면온도가 27°C에 도달할 때까지 열전달량을 구하라.

4-51 긴 직경 35 cm인 원통형 스테인리스 강철축 304 (k = 14.9 W/m·K, ρ = 7900 kg/m^3, c_p = 477 J/kg·K, α = 3.95 × 10^{-6} m^2/s)가 500°C인 오븐에서 나왔다. 챔버에서는 평균 대류 열전달계수는 60 W/m^2·K, 내부온도 150°C로 서서히 냉각된다. 냉각이 시작된 20분 후 강철축의 중심에서 온도를 구하라. 그 시간 동안 단위길이당 열전달을 구하라. 단항근사해법을 이용하라. 답: 486°C, 22,270 kJ

4-52 문제 4-51을 다시 한번 고려해 보자. 적절한 소프트웨어를 사용하여 냉각시간이 강철축의 최종 중심온도와 열전달량에 미치는 영향을 조사해 보자. 냉각시간을 5분부터 60분까지 두고 시간에 따른 중심온도와 열전달량을 그래프로 표현하고 논하라.

4-53 길이 2 m와 지름 60 mm를 가진 강철 원기둥이 온도가 800°C이고 대류 열전달계수가 128 W/m^2·K인 오븐에서 꺼냈다. 강철 원기둥(ρ = 7832 kg/m^3, c_p = 434 J/kg·K, k = 63.9 W/m·K 그리고 α = 18.8 × 10^{-6} m^2/s)의 초기온도 30°C이다. 단항근사해법을 활용하여 133초의 가열 후, 강철 원기둥에 전달되는 열의 총량을 구하라.

4-54 열전달 측면에서는 계란을 직경이 5.5 cm이며 물성은 물과 같은 구로 가정할 수 있다. 계란의 초기온도는 4.3°C이고 계란을 100°C의 끓는 물에 넣었다. 계란 표면 근처의 대류 열전달계수는 800 W/m^2·K으로 추산한다. 만약 계란의 중심온도가 71°C에 도달할 때까지 익힌다고 하면, 얼마 동안 계란이 끓는 물 안에 있어야 하는지 구하라. 단항근사해법을 이용하라.

4-55 밀감은 추위에 약해서 노출되면 손상되기 쉽다. 초기온도 15°C인 직경 8 cm인 밀감을 생각해보자. 어느 날 밤 온도는 −6°C로 떨어졌고 그때 열전달계수는 15 W/m^2·K였다. 밀감의 물성값은 물과 같다고 생각하고, 밀감이 4시간 동안 노출되었을 때 그 시간 동안 밀감이 어는지 단항근사해법을 이용해 판단하라.

4-56 평균 질량이 1.7 kg이며 초기온도가 15°C로 균일한 닭고기(k = 0.45 W/m·K, α = 0.13 × 10^{-6} m^2/s)는 −7°C의 소금물에서 냉동된다. 치킨과 소금물 사이의 평균 열전달계수는 실험을 통해 440 W/m^2·K로 평가되었고, 평균 닭고기의 밀도는 0.95 g/cm^3, 그리고 닭고기를 구형으로 간주하기로 한다. 이 때 2시간 45분 후의 닭고기의 중심과 표면온도를 단항근사해법을 이용해 계산하라. 또한, 이 시간 동안 닭고기가 어는지도 확인하라.

4-57 우박은 온도가 253 K인 높은 고도에서 생성된다. 우박의 지름이 20 mm이며 15°C의 공기로 163 W/m^2·K의 대류 열전달계수를 가지며 떨어질 경우, 우박의 표면이 녹는 점에 도달하는데까지 어느 정도의 시간이 걸리는가? 구형 우박의 물성을 253 K의 얼음 물성(ρ = 922 kg/m^3, c_p = 1945 J/kg·K, k = 2.03 W/m·K)과 같다고 가정하고 단항근사해법을 이용하여 풀어라.

4-58 계란을 직경 5.5 cm인 구로 가정할 수 있다. 계란은 대략 물의 물성값인 k = 0.6 W/m·K, α = 0.14 × 10^{-6} m^2/s로 가정한다. 초기온도가 4°C인 계란을 97°C의 끓는 물에 넣었다. 대류 열전달계수가 h = 1400 W/m^2·K인 경우, 계란의 중심온도가 70°C에 도달하려면 얼마나 걸리는가? 단항근사해법을 이용하여 풀어라.

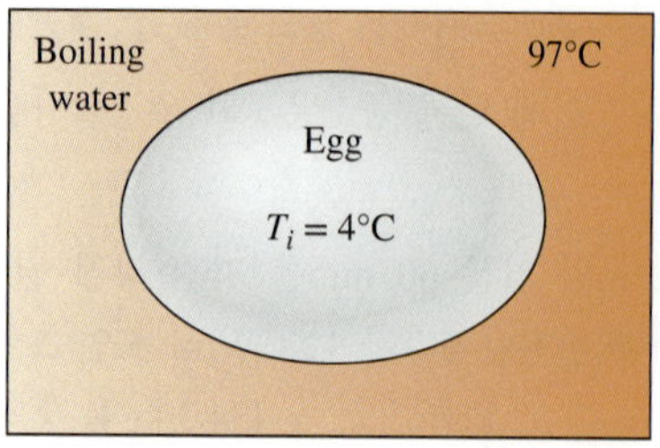

그림 P4-58

4-59 문제 4-58을 다시 한번 고려해 보자. 적절한 소프트웨어를 사용하여 계란의 최종 중심온도가 이 온도에 도달하였을 때의 영향을 조사하여 보자. 최종 중심온도가 50°C부터 95°C까지 변할 때 시간에 대한 온도 그래프를 각각 그려보고 토의해 보자.

4-60E 직경이 2.5 in인 오렌지(k = 0.26 Btu/h·ft·°F, α = 1.4 × 10^{-6} ft²/s)의 초기온도가 78°F이다. 이 오렌지를 25°F의 온도로 1 ft/s로 부는 공기로 냉각할 때 오렌지와 공기 사이의 평균 열전달계수는 4.6 Btu/h·ft²·°F라고 한다. 오렌지의 중심온도가 40°F까지 떨어지는 데 걸리는 시간을 구하라. 또한, 이 시간 동안 오렌지가 어는지도 단항근사해법을 이용하여 확인하라.

4-61 감자(k = 0.50 W/m·K, α = 0.13 × 10^{-6} m²/s)의 초기온도가 20°C로 균일하게 주어졌다. 감자의 평균 직경이 6 cm이고 2°C, 3 m/s의 공기 중에서 냉각될 때 감자와 공기 사이의 평균 열전달계수가 19 W/m²·K이면 감자의 중심부 온도가 6°C까지 내려가기까지 얼마나 걸리는가? 또, 냉각 과정 중에 손상되는 부분이 있는지를 단항근사해법을 이용하여 결정하라.

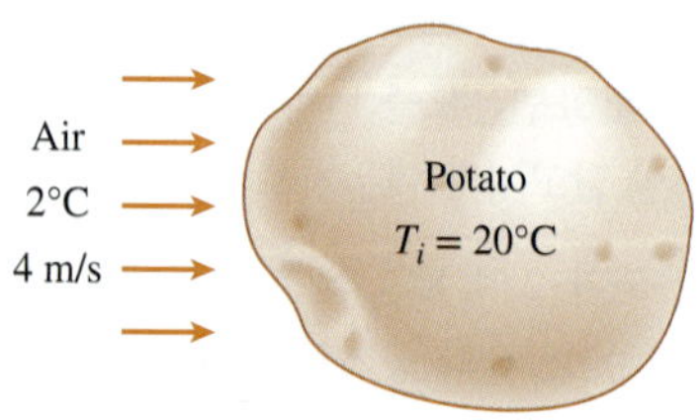

그림 P4-61

4-62 7°C의 차가운 물속에 담겨 있는 토마토의 열전달계수를 확인하는 실험을 해보자. 직경 8 cm의 구형 토마토(k = 0.59 W/m·K, α = 0.141 × 10^{-6} m²/s, ρ = 999 kg/m³, c_p = 3.99 kJ/kg·K)의 초기온도는 30°C로 균일하게 주어졌고, 2시간 후 측정한 토마토의 중심부와 표면의 온도가 각각 10.0°C와 7.1°C였다. 이때의 열전달계수를 단항근사해법을 통해 결정하고 8개의 토마토가 물속에 있을 때의 열전달량을 구하라.

4-63 초기온도 25°C에 직경 9 cm인 감자(k = 0.6 W/m·K, α = 1.4 × 10^{-7} m²/s, ρ = 1100 kg/m³, c_p = 3.99 kJ/kg·K)를 170°C 오븐에 넣어 감자의 중심온도가 70°C가 될 때까지 구워보려 한다. 그 후 감자를 꺼내어 두꺼운 수건으로 싸서 감자에서 열이 누출되지 않는다고 생각한다. 오븐에서 열전달계수가 40 W/m²·K라고 가정하고 (*a*) 감자가 오븐에서 구워지는 데 얼마 걸리는가? (*b*) 포장한 후 감자의 최종 평형온도는 얼마인가? 단항근사해법을 이용하여 결정하라.

4-64 Betty Crocker의 요리책을 보면 초기에 4.5°C인 3.2 kg의 갈비를 레어로 익히는 데 163°C 오븐에서 2시간 45분 소요된다고 한다. 요리를 모니터링하기 위해 온도계 사용이 추천되며, 갈비 중심부의 온도가 60°C로 읽혔을 때 갈비가 레어(rare)로 익혔다고 판단한다. 갈비(ρ = 1200 kg/m³, k = 0.45 W/m·K, c_p = 4.1 kJ/kg·K, α = 0.91 × 10^{-7} m²/s)가 균일한 물성을 갖는 구형이라고 가정하고 다음을 구하라. (*a*) 갈비 표면에서 열전달계수, (*b*) 요리가 완성된 후 외부 표면온도, (*c*) 갈비에 전달된 열량, (*d*) 위에서 구한 값들을 사용하여 갈비 중심의 온도가 71°C, 즉 미디움(medium) 상태가 될 때까지 얼마나 걸리겠는가? 3시간 20분 후의 결과와 비교하라.

만약 요리된 갈비를 자르기 전에 15분간 카운터에 올려놓을 것이라면, 오븐에서 꺼내진 이 후에도 계속 요리가 되기 때문에 온도계가 4°C를 가리켰을 때 오븐에서 꺼내는 것을 추천한다. 당신은 이 추천에 대하여 동의하는가? 단항근사해법을 이용하여 문제를 풀어라. *답*: (*a*) 156.9 W/m²·K, (*b*) 159.5° C, (*c*) 1629 kJ, (*d*) 3.0 h

4-65 레어(rare) 대신 웰던(well-done)으로 가정하고 문제 4-64를 풀어라. 갈비는 중심온도 77°C에 도달했을 때 익은 것으로 간주한다. 이 경우 요리하는 데 약 4시간 15분 걸린다.

반무한 고체에서 비정상 열전도

4-66C 어떤 조건에서 평면 벽은 반무한 매질로 취급될 수 있는가?

4-67C 반무한 매질은 무엇인가? 열전달 관점에서 반무한 매질로 취급될 수 있는 예를 들어라.

4-68C 초기온도가 T_i인 뜨거운 반무한 고체가 일정한 온도 T_∞인 차가운 매질에 대류로 노출되어 있다. 이 때 대류 열전달계수는 h이다. 시간 t_o까지 고체로부터 전달된 총 열전달량을 어떻게 구할지 설명하라.

4-69E 퍼니스의 벽은 1.5 ft 두께의 콘크리트(k = 0.64 Btu/h·ft·°F, α = 0.23 × 10^{-5} ft²/h)로 만들어져 있다. 초기 퍼니스와 주변

공기는 70°F로 열 평형 상태에 있다. 퍼니스가 가열을 시작하고 퍼니스의 안쪽 벽은 굉장히 큰 대류 열전달계수를 가진 1800°F의 뜨거운 공기와 맞닿는다. 이때 퍼니스의 외벽 온도가 70.1°F에 도달할 때까지 걸리는 시간을 구하라. 답: 3.0 h

4-70 두께가 30 cm인 콘크리트($\alpha = 0.23 \times 10^{-5}$ m²/s)로 만들어진 양생용 가마를 생각해보자. 초기에 가마와 가마의 벽은 주변 온도인 6°C로 열적 평형상태에 있었다. 그리고 가마의 문은 닫히고 가마는 수증기로 데워져 안쪽 벽의 온도가 42°C까지 상승하여 2.5시간 동안 유지되었다. 그 이후 양생용 가마의 문이 열리고 수증기가 꺼진 뒤 바깥 공기가 유입되었다. 만약 가마의 바깥 벽이 단열되었다면, 2.5시간 동안 양생을 위한 에너지가 절약되었을까? 아니면 변화가 없었을까? 계산을 통해 대답해보자.

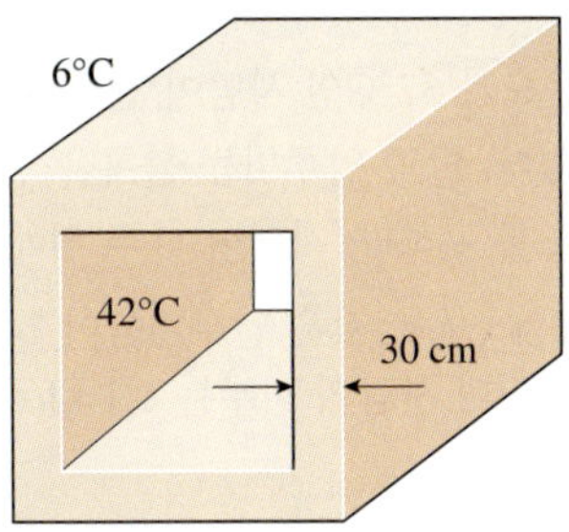

그림 P4-70

4-71 장기간 대기온도가 0°C 이하로 유지되는 지역에서는 지하 파이프의 물이 어는 것이 큰 관심사이다. 다행스럽게도 이 기간 동안 흙은 비교적 따뜻하게 유지되어 영하의 온도가 지하의 물에 도달하기까지 몇 주가 걸린다. 그러므로 흙은 겨울의 차가운 대기온도로부터 물을 보호하는 효과적인 난열재 같은 역할을 한다.

어떤 지역의 땅은 −8°C의 눈덩이로 60일 동안 연속으로 덮여 있다. 이런 지역의 흙의 평균 물성은 $k = 0.35$ W/m·K, $\alpha = 0.15 \times 10^{-6}$ m²/s이다. 초기 땅의 온도가 8°C로 균일하다고 가정하고, 수도관의 동파를 막기 위한 최소 깊이를 구하여라.

4-72 4 cm 두께의 벽으로 만들어진 대형 주철($k = 52$ W/m·K, $\alpha = 1.70 \times 10^{-5}$ m²/s) 용기는 초기에 0°C로 균일했고, 0°C의 얼음으로 채워져있었다. 지금 용기의 외벽은 큰 열전달계수를 가지는 55°C의 뜨거운 물에 노출되었다. 내부의 얼음이 녹기 시작할 때까지 걸리는 시간을 계산하라. 또한, 내벽의 열전달 계수를 250 W/m²·K으로 간주하여 정상 상태에 도달하였을 때 폭 1.2 m 높이 2 m의 벽면을 통해 얼음에 전달되는 열전달률도 계산하라. 계산 과정에서 얼음은 내벽의 온도가 0.1°C로 증가할 때부터 녹는다고 가정한다.

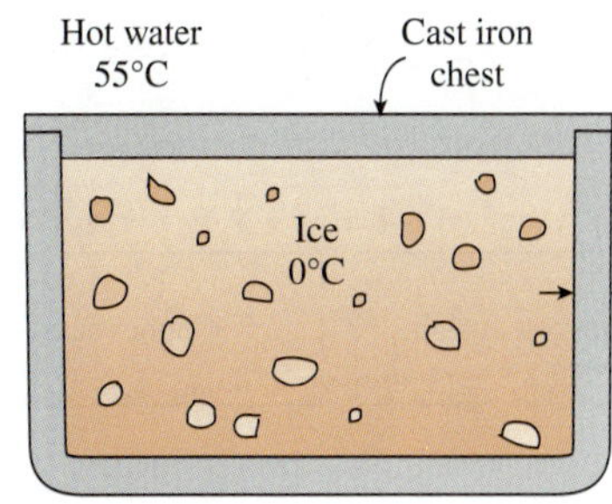

그림 P4-72

4-73 아스팔트로 만들어진 고속도로의 초기온도는 55°C로 균일하다. 갑자기, 고속도로 표면온도가 비에 의해 25°C로 감소했다. 고속도로 표면으로부터 3 cm 깊이의 온도를 구하고, 60분 후 고속도로로부터 전달되는 열유속을 구하라. 이 때 고속도로 표면온도는 25°C로 유지된다고 가정하고, 아스팔트의 물성은 $\rho = 2115$ kg/m³, $c_p = 920$ J/kg·K, $k = 0.062$ W/m·K이다. 답: 53.6°C, 98 W/m²

4-74 두꺼운 알루미늄 블록의 초기온도가 20°C이고 윗면이 단열된 전열기 표면으로 부터의 열유속이 4000 W/m²일 때 30분 후 알루미늄 블록의 표면온도는 얼마나 오르겠는가?

4-75 내화벽돌은 퍼니스의 벽을 통한 열손실을 최소화할 수 있는 낮은 열전도율을 가지고 있어서 퍼니스의 내벽으로 주로 쓰인다. 내화벽돌($k = 1.0$ W/m·K, $\alpha = 5.08 \times 10^{-7}$ m²/s)로 만들어진 두꺼운 퍼니스 벽의 초기온도가 15°C로 균일하다고 가정하자. 만약 벽에 20 kW/m²의 일정한 열유속이 가해진다면, 1시간이 흐르고 난 뒤 표면으로부터 10 cm 깊이의 온도는 얼마인가?

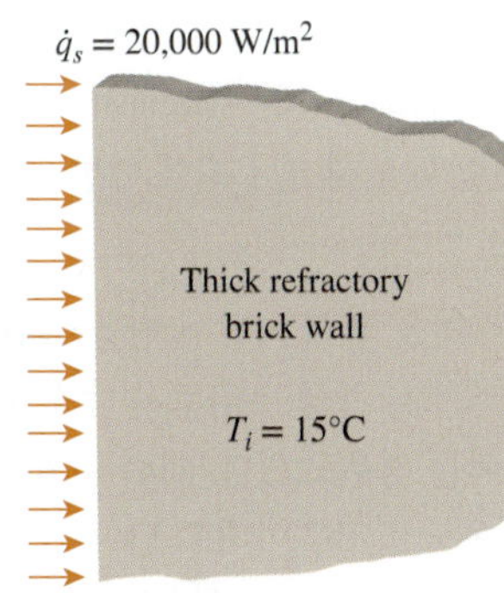

그림 P4-75

4-76 스테인리스 스틸($k = 14.9$ W/m·K, $\alpha = 3.95 \times 10^{-6}$ m²/s)와 구리($k = 401$ W/m·K, $\alpha = 117 \times 10^{-6}$ m²/s)로 만들어진 두꺼운 슬래브 위 표면에 8 kW/m²의 균일한 열유속이 가해지고 있다. 두 개의 슬래브는 20°C의 균일한 초기온도를 갖는다. 60초간 균일한 열유속이 가해진 뒤 두 슬래브의 표면에서 1 cm 깊이에서

의 온도를 구하여라.

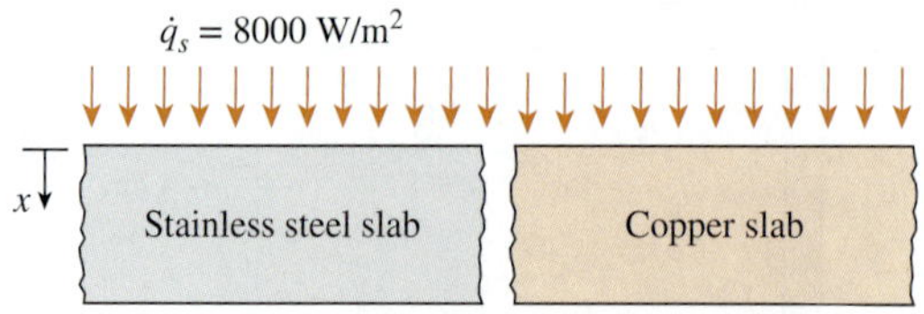

그림 P4-76

4-77 초기온도 25°C인 두꺼운 나무판(k = 0.17 W/m·K, α = 1.28 × 10^{-7} m^2/s)이 5분 동안 550°C인 뜨거운 기체에 노출되었다. 가스와 기체 사이의 열전달계수는 35 W/m^2·K이다. 만약 나무의 점화온도가 450°C라면 나무는 점화될까?

4-78 지구 상부의 흙 온도는 대기 조건에 따라 변한다. 지구의 임의의 지역에서의 겨울이 오기 전 흙의 초기온도는 15°C이다. 이 후 해당 지역에 −8°C와 40 W/m^2·K의 강력한 바람이 10시간 동안 계속되었다. 해당 지역의 흙은 물성은 k = 0.9 W/m·K, α = 1.6 × 10^{-5} m^2/s이다. 10시간 동안 추위가 계속된 이 후 표면에서 0, 10, 20, 50 cm 깊이에서의 흙은 온도를 구하라.

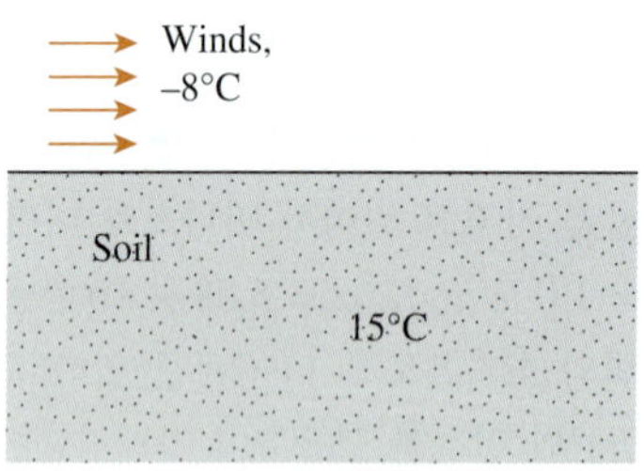

그림 P4-78

4-79 문제 4-78을 다시 한번 고려해 보자. 적절한 소프트웨어를 사용하여, 지구표면과의 거리를 함수로 하여 0 m부터 1 m까지 변할 때의 흙의 온도에 대한 그래프를 그려보고 논의하라.

4-80 우리는 종종 수박을 빨리 차갑게 만들기 위해 반으로 쪼개어 냉장고에 넣는다. 그러나 종종 우리는 수박을 넣어둔 것을 깜빡해 얼어버린 수박을 먹는 경우도 있다. 이런 문제를 해결하기 위해 어떤 사람이 수박의 온도가 3°C 아래로 떨어지면 꺼낼 수 있도록 타이머를 맞추려고 한다. 수박을 지름이 25 cm인 구형을 절반으로 자른 형상으로 가정하고 −12°C의 냉장고에 넣은 조건을 생각하자. 수박의 초기온도는 25°C로 균일하고 냉장고 안의 열전달계수는 22 W/m^2·K이다. 수박의 물성을 물과 동일하다고 가정할 경우, 잘라진 표면의 중심 온도가 3°C로 떨어질 때까지 걸리는 시간을 구하라.

4-81 스테인리스 스틸(k = 14.9 W/m·K, α = 3.95 × 10^{-6} m^2/s)와 구리(k = 401 W/m·K, α = 117 × 10^{-6} m^2/s)로 만들어진 두 꺼운 슬래브가 레이저 다이오드 배열 아래 위치하고, t = 0에 두 슬래브에 순간적으로 5 × 10^7 J/m^2의 에너지 펄스를 가한다. 두 슬래브의 초기온도는 모두 20°C로 균일하다. 레이저 다이오드로부터 에너지 펄스를 받은 지 60초 이후 두 슬래브의 표면에서 5 cm 깊이의 온도를 구하라.

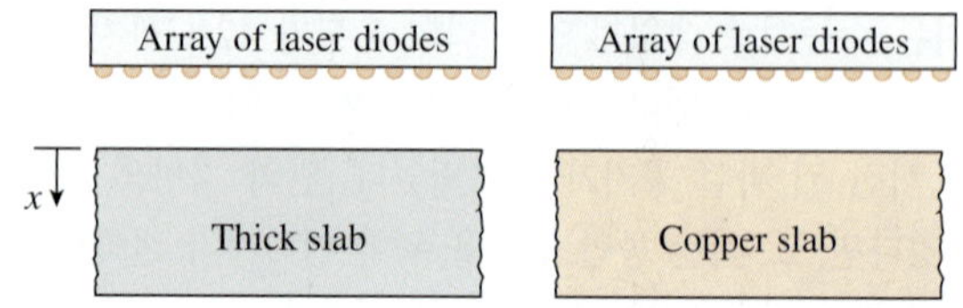

그림 P4-81

4-82 발바닥의 온도가 32°C인 사람이 맨발로 20°C의 큰 알루미늄 블록 위에 서 있다. 발과 알루미늄 블록을 반무한 고체로 간주하고 접촉면의 온도를 구하라. 사람이 나무 위에 있다면 답은 어떻게 되는가? 실온에서 $\sqrt{k\rho c_p}$값은 알루미늄이 24 kJ/m^2·°C이고 나무는 0.38 kJ/m^2·°C이며 사람의 피부는 1.1 kJ/m^2·°C이다.

다차원에서 비정상 열전도

4-83C 곱셈해법이 무엇인가? 2차원 계에서 비정상 온도분포를 결정하는 데 어떤 방법으로 사용되는가?

4-84C 3차원 계에서 시간과 위치에 따른 온도 변화를 결정하는 데 곱셈해법이 어떤 방법으로 사용되는가?

4-85C 균일한 초기온도 T_i에서 짧은 원통은 표면에서 온도 T_∞인 외부로 대류 열전달이 일어난다. 특정시간 t에서 원통의 중심온도는 어떻게 결정하는가 설명하라.

4-86C 위와 아랫면이 단열되어 있는 짧은 원통을 생각해보자. 원통의 초기온도는 T_i로 균일하고 열전달계수가 h인 온도 T_∞인 매질에 노출되어 대류 열전달이 일어난다. 짧은 원통에서 열전달은 1차원으로 일어나는가? 아니면 2차원으로 일어나는가? 설명하라.

4-87 한 변의 직경이 5 cm인 정육면체와 높이와 직경이 5 cm인 원통이 있다. 두 블록의 초기온도는 20°C이고, 화강암(k = 2.5 W/m·K, α = 1.15 × 10^{-6} m^2/s)으로 만들어져 있다. 두 블록은 퍼니스 안에서 열전달계수가 40 W/m^2·K, 온도가 500°C인 뜨거운 가스에 노출되었다. 10, 20, 60분 후 각 형상의 중심온도를 구하라. 단항근사해법을 이용하여 구하라.

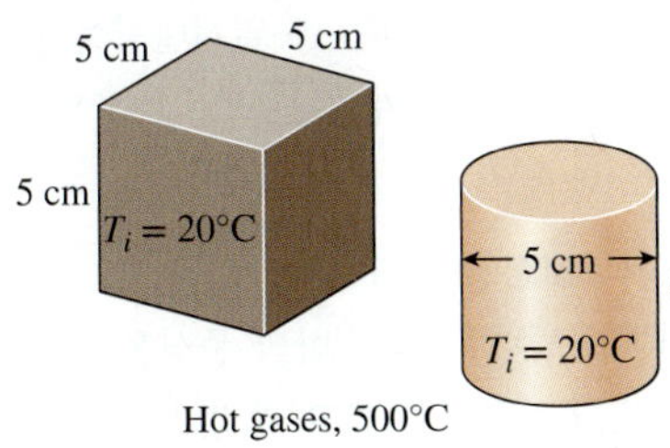

그림 P4-87

4-88 문제 4-87에서 각 형상의 위와 아래 면이 80 W/m²·K 의 대류 열전달계수에 노출된 경우에 대하여 다시 풀어라.

4-89E 핫도그(k = 0.44 Btu/h·ft·°F, ρ = 61.2 lbm/ft³, c_p = 0.93 Btu/lbm·°F, α = 0.0077 ft²/h)를 직경 0.8 in, 길이 5 in인 원통으로 가정한다. 초기온도가 40°F인 핫도그가 212°F의 끓는 물에 떨어졌다. 핫도그 표면에서의 열전달계수가 120 Btu/h·ft²·°F일 때, 5, 10, 15분 후 핫도그의 중심온도를 각 가정에 맞게 계산하라. (*a*) 핫도그를 무한한 원통으로 가정한다. (*b*) 핫도그를 유한한 원통으로 가정한다. 단항근사해법을 이용하여 구하라.

4-90 높이 2 cm인 원통형 얼음 조각(k = 2.22 W/m·K, α = 0.124 × 10⁻⁷ m²/s)이 24°C인 방에 있는 탁자 위의 직경 2 cm 바닥에 놓여 있다. 얼음 조각이 노출된 면의 열전달계수는 13 W/m²·K이고, 바닥에서 탁자로의 열전달은 무시한다. 얼음 조각이 3시간 동안 어떤 부분도 녹지 않았다면 얼음 조각의 초기온도는 얼마여야 하는가? 단항근사해법을 이용하여 구하라.

4-91 직경 D = 4 cm, 높이 H = 20 cm인 짧은 황동 원통(ρ = 8530 kg/m³, c_p = 0.389 J/kg·K, k = 110 W/m·K)의 초기온도가 150°C이다. 이제 원통이 20°C인 대기에 놓이며, 40 W/m²·K로 대류 열전달이 일어난다. (*a*) 원통 중심온도, (*b*) 원통 윗면, 아랫면의 중심온도, (*c*) 냉각이 시작된 15분 후의 원통으로부터 총 열전달량을 구하라. 단항근사해법을 이용하여 구하라.

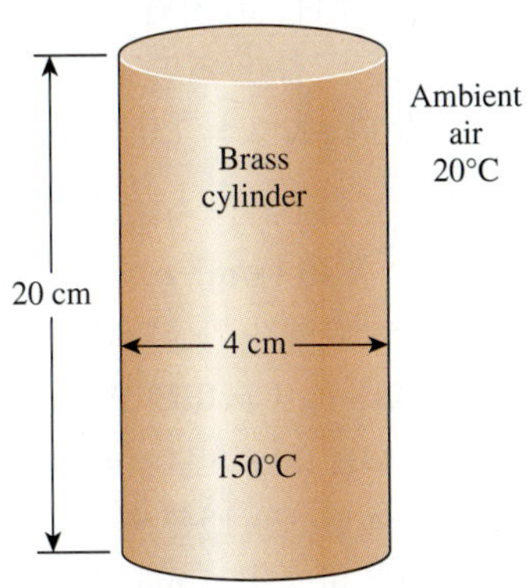

그림 P4-91

4-92 문제 4-91을 다시 한번 고려해 보자. 적절한 소프트웨어를 사용하여 냉각시간이 실린더의 중심온도와 실린더 윗면의 중심온도, 그리고 총 열전달량에 미치는 영향을 조사해 보자. 시간을 5분에서 60분으로 바꾸며 시간에 대한 실린더 중심온도, 윗면 중심부 온도, 총 열전달량을 그래프로 그려보고 그 결과를 논의하라.

4-93 직경 D = 15 cm인 반무한 알루미늄 원통(k = 237 W/m·K, α = 9.71 × 10⁻⁵ m²/s)의 초기온도는 T_i = 115°C이다. 이제 원통을 10°C 물에 놓으면, 열전달계수 h = 140 W/m²·K로 대류 열전달이 일어난다. 냉각이 시작된 8분 후 아래 면으로부터 5 cm 위치에서 원통 중앙의 온도를 구하라. 단항근사해법을 이용하여 구하라.

복습문제

4-94 1.0 cm 두께의 넓은 강철판을 30°C로 유지되는 오일 저장조에 담가 600°C에서 100°C로 식힌다. 각각 강철판 표면들의 평균 열전달계수는 400 W/m²·K이고, 강철의 평균 물성값은 k = 45 W/m·K, ρ = 7800 kg/m³, c_p = 470 J/kg·K이다. 강철판을 식히는 데 걸리는 시간을 계산하라.

4-95 넓이 2 m, 두께 0.5 cm인 마그네슘 강철판이 820°C로 화덕에서 나온 후 45°C의 오일 저장조(c_p = 2.0 kJ/kg·K)에서 냉각된다. 판은 20 m/min의 일정한 속도로 움직이고 있으며, 오일 저장조의 길이는 9 m이다. 판의 양면에서 열전달계수가 860 W/m²·K일 때, 마그네슘 강철판이 오일 저장조를 떠날 때 온도를 구하라. 또한 기름의 온도를 45°C로 유지하는 데 얼마의 열을 제거해야 하는가?

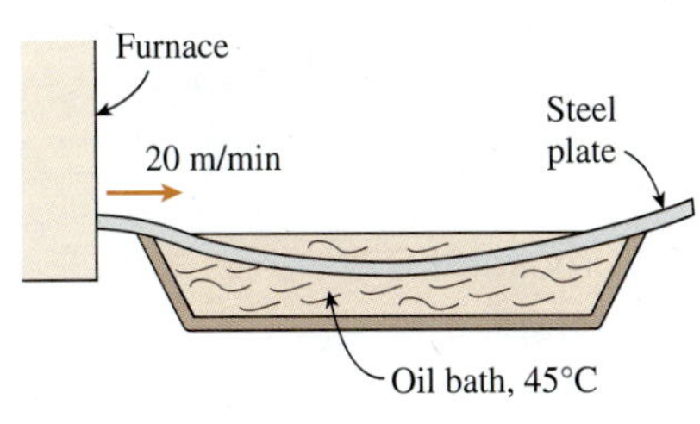

그림 P4-95

4-96 직경 4 mm의 알루미늄 선이 압출성형으로 만들어진다. 선이 압출기를 나오는 평균온도는 350°C이고 속도는 10 m/min이다. 압출 성형실을 나가기 전에 선은 25°C의 공기에 의해 50°C로 냉각되고 이 때 열전달계수는 50 W/m²·K이다. 압출 성형실에서 선 냉각 구간에 필요한 길이를 계산하라.

4-97E 외기온도가 90°F인 뜨거운 여름 피크닉에서의 음료수를 생각해보자. 5 in 높이 2.5 in 지름의 캔에 담긴 12 oz의 음료수를 냉각시키기 위해 32°F의 얼음물 통에 넣고 흔들려고 한다. 음료수의 온도는 항상 균일하다고 가정하고 캔과 얼음물 간의 열전달 계수는 30 Btu/h·ft²·°F로 가정한다. 음료수의 물성이 물과 같다면, 음료수가 40°F까지 냉각되는 데 걸리는 시간은 얼마인가? 집중계 해석을 이용하여 구하여라. 이 문제에 집중계해석을 적용할 수 있는가? 이유는?

4-98 가열냉각 과정에서 두께 50 mm인 스테인리스 스틸 판(k = 13.4 W/m·K, ρ = 8238 kg/m³, c_p = 468 J/kg·K)은 초기온도 230°C로 용광로에서 균일하게 재가열된다. 용광로 내부온도는 1000°C의 온도이고 대류 열전달계수는 215 W/m²·K이다. 만약 스테인리스판 전체가 600°C로 가열된다면, 용광로 안에서 가열이 필요한 시간을 단항근사해법을 이용하여 구하라.

4-99 초기온도가 30°C인 마른 떡갈나무(k = 0.17 W/m·K, α = 1.28 × 10^{-7} m²/s)가 산불로 인해 5시간 동안 600°C인 뜨거운 기체에 노출됐다. 나무 표면에서 열전달계수는 65 W/m²·K이고, 나무의 발화온도는 410°C이다. 나무를 20 cm의 긴 원통으로 생각할 때, 주어진 조건에서 나무가 점화되는지를 결정하라. 단항근사해법을 이용하여 구하라.

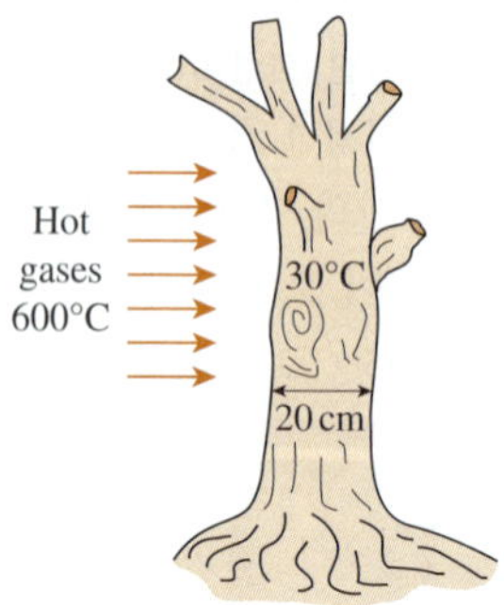

그림 P4-99

4-100E Betty Crocker의 요리책에서는 초기온도 40°F인 14 lb의 칠면조 고기를 익히기 위해 오븐의 온도를 325°F로 유지하고 5시간이 소요된다고 언급하고 있다. 또한 고기 온도계를 이용해 모니터링하며 가슴이나 허벅지 같은 가장 두꺼운 부위에서 뼈를 접촉하지 않고 185°F가 되면 익었다고 판단하는 것을 권장하고 있다. 칠면조는 균질한 구형으로 가정할 수 있고 물성은 ρ = 75 lbm/ft³, c_p = 0.98 Btu/lbm·°F, k = 0.26 Btu/h·ft·°F, α = 0.0035 ft²/h로 가정한다. 만약 온도계의 팁이 중심에서 반경 방향으로 1/3 지점에 위치한다면, (*a*) 칠면조 표면에서의 평균 열전달 계수를 결정하라 (*b*) 익었다고 판단될 때 칠면조 표면에서의 온도를 결정하라 (*c*) 오븐에서 칠면조로 전달되는 총 열전달량을 결정하라. 또한 오븐에서 꺼낸지 5분 후의 온도계의 온도는 185°F보다 높은가 혹은 낮은가?

4-101 초기온도가 35°C인 수박을 15°C의 호수에 넣어 차갑게 만든다. 4시간 40분간 넣어둔 후 수박의 중심온도는 20°C로 측정되었다. 수박은 20 cm 지름의 구라고 가정하고 물성을 k = 0.618 W/m·K, α = 0.15 × 10^{-6} m²/s, ρ = 995 kg/m³, c_p = 4.18 kJ/kg·K이라고 가정했을 때 수박 표면에서의 평균 열전달계수와 4시간 40분 후 수박 표면에서의 온도를 결정하라. 단항근사해법을 이용하여 구하라.

4-102 가마에서 나온 구형 유리 구슬은 30°C의 외기온도에서 식힌다. 지름이 10 mm이고 초기온도 400°C인 유리 구슬을 식히는 데 3분이 소요된다. 만약 대류 열전달계수가 28 W/m²·K이라면, 유리 구슬 중심에서의 온도를 단항근사해법을 이용하여 구하라. 유리 구슬의 물성은 k = 0.7 W/m·K, ρ = 2800 kg/m³, c_p = 750 J/kg·K이다.

4-103 수도 본관은 영하의 기간 동안 결빙을 피하기 위하여 충분한 매설 깊이에 있어야 한다. 초기 흙의 온도가 15°C였고 최악의 상황에서 지구 표면의 온도가 −10°C로 75일간 지속된다고 가정했을 때, 수도 본관의 최소 매설 깊이를 구하라. 흙의 물성은 k = 0.7 W/m·K, α = 1.4 × 10^{-5} m²/s이다. *답*: 7.05 m

4-104 40 cm 두께의 벽돌 벽(k = 0.72 W/m·K, α = 1.6 × 10^{-6} m²/s)이 난방장치와 낮 동안 태양 복사열에 의해서 18°C까지 가열되었다. 밤 동안 벽의 바깥 표면은 23°C의 차가운 외부 공기에 노출되며, 열전달계수는 20 W/m²·K이다. 2시간이 지난 후, 외벽에서 안쪽으로 15, 30, 40 cm 떨어진 위치의 온도를 구하여라.

4-105 화산폭발 발생 시, 1200°C의 용암이 지면 위를 흐르는 것이 발견된다. 지면의 초기온도는 15°C이고 용암류는 3500 W/m²·K의 대류 열전달계수를 가진다. (*a*) 지면 위의 온도를 구하라. (*b*) 용암류의 2초 후, 열유속을 구하라. 지면은 건조한 흙의 성질(ρ = 1500 kg/m³, c_p = 1900 J/kg·K, k = 1.0 W/m·K)을 가진 것으로 가정한다.

4-106 커다란 철판(ρ = 7870 kg/m³, c_p = 447 J/kg·K, k = 80.2 W/m·K)은 초기온도 150°C까지 가열되고 콘크리트 바닥(ρ = 1600 kg/m³, c_p = 840 J/kg·K, k = 0.79 W/m·K) 위에 놓여있다. 콘크리트 바닥의 초기온도는 30°C이다. (*a*) 철판과 콘크리트 바닥 사이의 표면온도를 구하라. (*b*) 15분 이후 표면의 온도가 일정하게 유지된다면, 콘크리트 바닥의 25 mm 깊이 부분의 온도를 구하라.

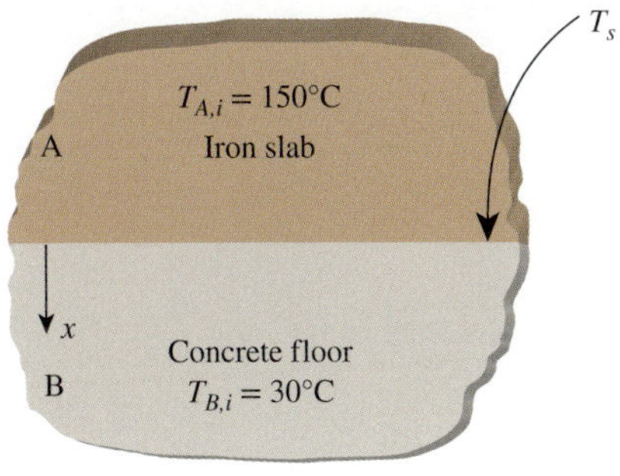

그림 P4-106

4-107 핫도그(ρ = 980 kg/m^3, c_p = 3.9 kJ/kg·K, k = 0.76 W/m·K, $\alpha = 2 \times 10^{-7}$ m^2/s)를 직경 2 cm, 길이 12 cm인 원통으로 가정한다. 초기 5°C인 핫도그를 100°C의 끓는 물에 넣었다. 핫도그 표면에서의 열전달계수는 600 W/m^2·K이다. 핫도그의 중심온도가 80°C에 도달할 때까지 얼마나 걸리는가? 단항근사해법을 이용하여 구하라.

4-108 자동차 엔진 블록은 주철(k = 52 W/m·K, $\alpha = 1.7 \times 10^{-5}$ m^2/s)로 만들었으며 면의 길이가 80 cm, 40 cm, 40 cm인 육면체로 가정한다. 엔진을 끈 후의 온도는 150°C이고, 그 후 대기온도 17°C에 노출되며 열전달계수는 6 W/m^2·K이다. (*a*) 80 cm × 40 cm인 윗면의 중심온도를 구하라. (*b*) 45분 후 모서리 온도를 구하라. 단항근사해법을 이용하여 구하라.

설계 및 에세이 문제

4-109 사과 표면에서 복합(대류 및 복사) 열전달계수를 결정하기 위한 실험을 수행해라. 사과는 공기 중에 노출되어 있고 실험을 위해서는 두 개의 온도계와 시계가 필요하다.

먼저 사과의 무게를 재고 지름을 측정해라. 사과의 부피는 물이 채워진 컵에 사과를 넣어 체적변화를 측정함으로써 측정할 수 있다. 그 다음 사과가 일정온도가 되도록 밤새 냉동시키고 아침에 부엌 공기의 온도를 측정한다. 사과를 꺼내어 온도계 하나는 사과 중심에 꽂고, 하나는 표면에 붙인다. 한 시간 동안 5분마다 온도를 측정한다. 이 두 온도를 사용하여 각 시간 구간마다 열전달계수를 계산하고 평균값을 구한다. 그 결과는 이 열전달 과정 간의 복합열전달계수이다. 실험값을 사용하여 사과의 열전도도와 열확산계수를 계산하고 위에서 주어진 값과 비교하라.

4-110 사과 대신 바나나를 이용하여 4-109 문제를 반복하라. 바나나의 열물성은 사과의 열물성과 같다고 가정한다.

4-111 음료수 캔의 시간상수를 결정하기 위해 다음 실험을 수행하라. 그리고 시간변화에 따라 온도를 예측하라. 음료수 캔을 냉장고에 밤새 보관해라. 그 다음 부엌의 공기온도를 측정하고 캔의 표면에 온도계를 부착하여 냉장고에 있는 음료수의 온도를 측정하라. 그리고 음료수를 꺼낸 5분 후에 온도를 측정하라. 그 값을 사용하여 계수 b를 계산하라. 계산된 b값을 이용하여 10, 15, 20, 30, 60분 후에서 온도를 추정하고 결과를 실제로 측정한 값과 비교하라. 이 경우에 집중계해석을 적용하는 것이 타당한가?

CHAPTER 05

강제대류

FORCED CONVECTION

지금까지 우리는 유체의 흐름이 없는 상태에서 고체 또는 유체를 통하여 열전달이 일어나는 **전도**에 대하여 생각해보았다. 이제 유체의 이동에 의하여 열이 전달되는 **대류**에 대하여 생각해보기로 하자.

대류는 유체의 이동이 어떻게 시작되었느냐에 따라 **자연**(또는 **자유**)**대류**와 **강제대류**로 분류된다. 강제대류에서 유체는 펌프나 팬 등의 외부 장치에 의하여 표면 위나 관 내부를 강제적으로 흐르게 된다. 자연대류에서 유체의 이동은, 따뜻한 유체는 상승하고 차가운 유체는 하강하는 부력효과와 같은 자연적인 방식으로 일어나게 된다. 또한, 대류는 유체가 표면 위를 흐르느냐 또는 관 내부를 흐르느냐에 따라 **외부유동**과 **내부유동**으로 분류된다.

우리는 대류 메커니즘과 열경계층에 관한 일반적으로 알려진 물리적인 설명으로부터 이 장을 시작한다. 이어서, 무차원 Prandtl 수, Nusselt 수들에 대한 설명과 물리적인 의미를 알아본다. 다음에는 평판, 원통, 그리고 구와 같은 다양한 형상 위의 층류 및 난류유동과 연관된 열전달계수 실험식을 공부한다. 마지막으로 관내유동의 특성을 논의하고 관련된 열전달 실험식을 공부한다.

학습목표

이 장의 목적은 다음과 같다.

1. 대류의 물리적 메커니즘과 그 분류를 이해한다.
2. 표면 위를 흐르는 유동에서의 열경계층의 발달을 시각화해서 이해한다.
3. 무차원 Prandtl, Nusselt 수들에 관한 실용적 지식을 습득한다.
4. 난류에서의 열전달 메커니즘을 이해한다.
5. 평판상의 층류 및 난류, 그리고 원통과 구(sphere)상의 유동과 연관된 열전달률을 계산한다.
6. 내부유동에서 입구 또는 완전히 발달된 영역과 같은 다른 유동영역의 차이를 시각적으로 이해하고 수력학적 및 열적 입구 길이를 계산한다.
7. 일정한 표면온도와 열유속 조건 하에 있는 관을 흐르는 유체의 가열과 냉각을 분석하고, 대수평균온도차(logarithmic mean temperature difference)를 적용한다.
8. 완전히 발달된 난류유동에서 실험식을 이용하여 Nusselt 수를 구하고 열전달률을 계산한다.

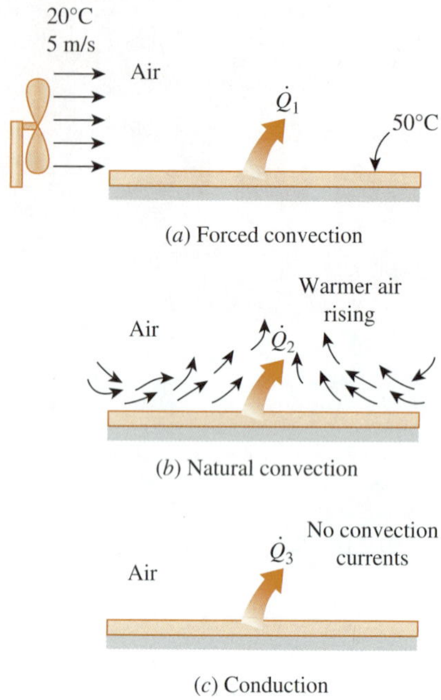

그림 5-1
뜨거운 표면에서 주변 유체로의 대류와 전도에 의한 열전달

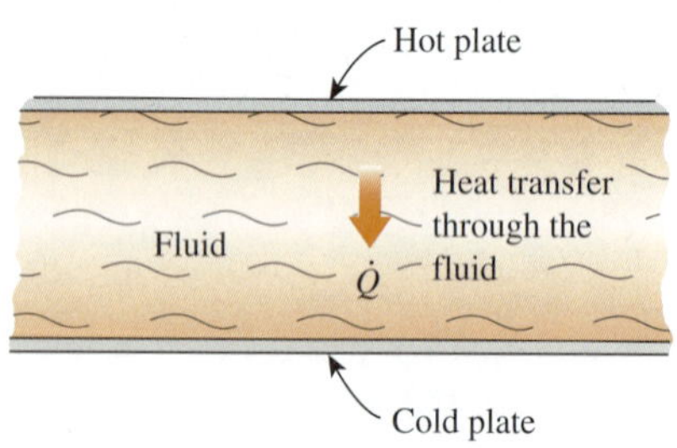

그림 5-2
두 평행판 사이의 유체를 통한 열전달

5-1 ▪ 대류의 물리적 메커니즘

1장에서 언급한 것처럼 열전달에는 전도, 대류 및 복사의 3가지 기본적인 형태가 있다. 전도와 대류는 모두 매질이 필요하다는 점에서 서로 유사하다. 하지만 대류는 유체의 이동이 반드시 필요하다는 점에서 전도와 구분이 된다.

고체를 통한 열전달은 고체의 분자가 대체로 고정된 위치에 머물러 있으므로 항상 전도에 의해 이루어진다. 하지만 액체나 기체를 통한 열전달은 유체 이동의 유무에 따라서 전도 또는 대류에 의해 일어난다. 즉 유체를 통한 열전달은 유체의 이동이 있으면 대류에 의해 일어나고, 없으면 전도에 의해 일어난다. 따라서 유체를 통한 전도는 정지한 유체에서 일어나는 열전달로서 대류의 한정된 경우라고 볼 수 있다(그림 5-1).

대류 열전달은 열전도뿐만 아니라 유체의 이동도 포함하므로 복잡하게 된다. 유체의 유동이 열전달률을 향상시킨다. 이것은 유체가 이동하면서 뜨거운 유체와 차가운 유체가 서로 접촉하게 되어 유체의 많은 부분에서 열전도율이 높아지기 때문이다. 그러므로 유체를 통한 열전달률은 전도에 의한 경우보다 대류에 의한 경우가 훨씬 더 높게 된다. 사실 유체의 속도가 빠를수록 열전달률도 높아진다.

이러한 사실을 좀 더 자세하게 알아보기 위하여 그림 5-2에서와 같이 서로 다른 온도로 유지되고 있는 두 평판 사이의 유체를 통한 열전달을 생각해보자. 온도의 연속성으로 인하여 유체와 판의 접촉점에서 온도는 같다. 유체의 이동이 없다고 가정하면 뜨거운 판 근처에 있는 뜨거운 유체 분자의 에너지는 인접한 보다 차가운 유체 분자로 전달된다. 그리고 그 에너지는 다음 층의 차가운 유체 분자로 전달되고 또 다시 이 에너지는 그 다음 층의 차가운 유체로 전달되어 결국에는 다른 쪽 판까지 전달된다. 이제 주사기를 사용하여 뜨거운 판 근처의 유체를 뽑아내어 차가운 판 옆에 반복해서 주입시켜 보자. 유체의 이동에 의해 에너지의 일부가 다른 쪽으로 옮겨갈 때 이것이 열전달 과정을 상당히 가속시키리라는 것을 상상할 수 있을 것이다.

팬에 의해 공기가 뜨거운 블록을 냉각시키는 것을 생각해보자. 뜨거운 블록으로부터 열이 주위의 차가운 공기로 전달이 되고, 결국 블록이 냉각되는 것을 알 수 있다. 만약 팬이 더 빠른 속도로 회전한다면 블록은 더욱 빠른 속도로 냉각이 될 것이다. 게다가 공기를 물로 바꾸면 대류 열전달은 더욱 잘 될 것이다.

경험적으로 대류 열전달은 **유체속도** V뿐만 아니라, 유체의 물성값인 **점성계수** μ, **열전도도** k, **밀도** ρ, **비열** c_p에 의하여 크게 좌우된다. 또한 고체표면의 형상과 거칠기, 그리고 **유체유동의 형태**(층류 또는 난류와 같은)에도 영향을 받는다. 따라서 대류 열전달의 관계식은 대류에 영향을 끼치는 많은 변수 때문에 다소 복잡할 것이라는 것을 알 수 있다. 그러므로 대류가 가장 복잡한 열전달 형태인 점은 그다지 놀랄 만한 것은 아니다.

대류의 복잡성에도 불구하고 대류 열전달률은 온도 차이에 비례하며, **Newton의 냉각법칙**에 의해서 다음과 같이 간단하게 표현할 수 있다.

$$\dot{q}_{\text{conv}} = h(T_s - T_\infty) \qquad (\text{W/m}^2) \tag{5-1}$$

또는

$$\dot{Q}_{\text{conv}} = hA_s(T_s - T_\infty) \qquad (\text{W}) \tag{5-2}$$

여기서,

h = 대류 열전달계수, W/m²·K
As = 열전달 표면적, m²
T_s = 표면온도, °C
T_∞ = 표면으로부터 충분히 떨어진 곳에서의 유체온도, °C

주어진 단위로부터 판단할 때, **대류 열전달계수** h는 **고체표면과 유체 사이의 단위 표면적당 단위온도차에 대한 열전달률**이라고 정의할 수 있다.

앞에서 언급했던 바와 같이 대류 열전달계수 h는 여러 변수에 영향을 받기 때문에 구하기가 쉽지 않다. 따라서 주어진 식의 단순한 형태에 현혹되어서는 안 된다.

종종 유체유동이 고체면에 의해 제한을 받기 때문에 고체면이 유동에 미치는 영향을 이해하는 것이 중요하다. 정지된 관 내, 혹은 유체가 침투할 수 없는 고체면 상에서의 유동을 고려해보자. 모든 실험 결과에 의하면 고체면과 접촉하는 유체는 고체면에 완전히 정지되어 유속이 0이라고 가정한다. 즉 고체와 직접적으로 접촉하는 유체는 점성에 의해서 고체면에 부착하여 미끄러짐이 없으며 이것을 **점착 조건**(no-slip condition)이라 한다.

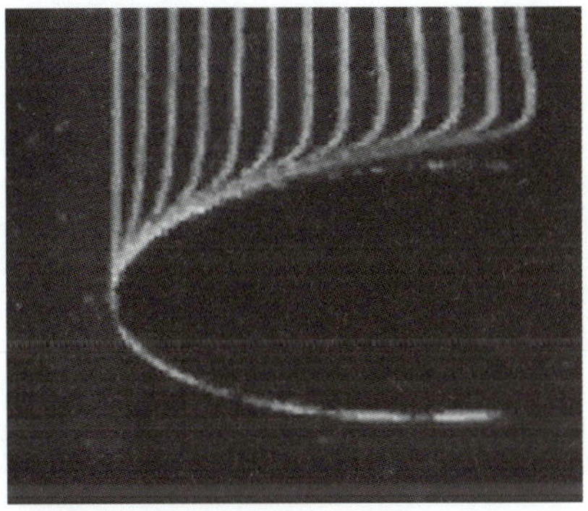

그림 5-3
점착 조건하에서 뭉툭한 물체 위를 흐르는 유체유동의 속도장 발달 모습
"Hunter Rouse: Laminar and Turbulent Flow Film." Copyright IIHR-Hydroscience & Engineering, The University of Iowa. Used by permission.

그림 5-3의 사진은 뭉툭한 코(blunt nose) 형상의 표면에 유체가 점착된 결과로서 나타나는 속도구배의 변화를 명확히 보여주고 있다. 표면에 부착된 유체층은 유체층 간의 점성력에 의하여 인접한 유체층을 감속시키며, 그 유체층은 다시 인접 유체층을 연속적으로 감속시키게 된다. 따라서 점착 조건이 속도 프로파일을 형성하게 하는 데 결정적 역할을 한다. 점성의 영향(따라서, 속도구배)이 현저한, 표면에 인접한 유체 영역을 **경계층**이라고 부른다. 점착 조건과 경계층의 발달에 관여하는 유체의 물성을 **점도**라고 한다.

움직이는 표면에 인접한 유체층은 표면과 같은 속도를 갖는다. 점착 조건의 결과는 유체와 표면이 접촉하는 지점에서 유체의 표면에 대한 상대적인 속도가 반드시 0이라는 것이다(그림 5-4). 점착 조건의 또 다른 결과는 **표면항력**으로, 이는 유체가 유동 방향으로 표면에 작용하는 힘이다.

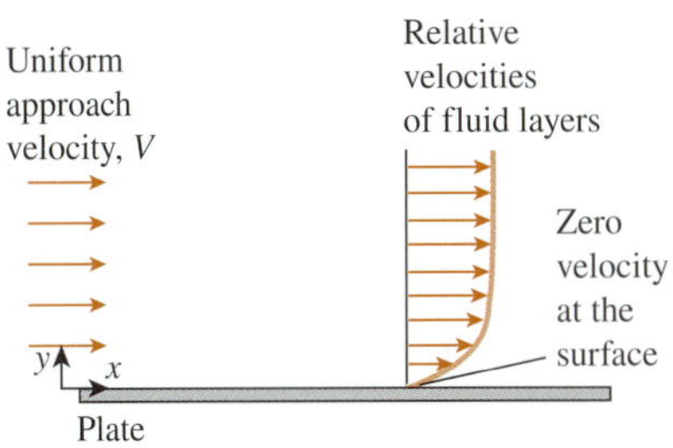

그림 5-4
고정된 표면을 흐르는 유체유동이 점착 조건에 의해 표면에서 완전 정지한 상태가 된다.

점착 조건이 내포하는 의미는 고체표면으로부터 그 표면과 접해 있는 유체층으로의 열전달은 유체층의 이동이 없으므로 **순수한 전도**에 의해서만 일어난다는 것인데, 다음과 같이 나타낼 수 있다.

$$\dot{q}_{\text{conv}} = \dot{q}_{\text{cond}} = -k_{\text{fluid}} \left.\frac{\partial T}{\partial y}\right|_{y=0} \qquad (\text{W/m}^2) \tag{5-3}$$

여기서 T는 유체에서의 온도분포를 나타내고, $(\partial T/\partial y)_{y=0}$는 표면에서의 **온도구배**를 나타낸다. 이제, 이 열은 유체 이동의 결과로 표면**으로부터 대류**에 의해서 전달되어지는 것이다. 고체표면으로부터 유체로의 대류 열전달은 단지 고체표면과 접해 있는 유체층으로의 전도 열전달임을 알아야 한다. 그러므로 식 (5-1)과 식 (5-3)을 열유속에 관하여 같게 놓으면

$$h = \frac{-k_{\text{fluid}}(\partial T/\partial y)_{y=0}}{T_s - T_\infty} \qquad (\text{W/m}^2\cdot\text{K}) \tag{5-4}$$

이고, 유체 내의 온도분포를 알 때 **대류 열전달계수**를 구할 수 있다.

일반적으로 대류 열전달계수는 유동방향(또는 x방향)에 따라 변한다. 이런 경우의 **평균** 대류 열전달계수는 **국소** 대류 열전달계수를 전체 표면 A_s 혹은 길이 L에서 적절하게 평균화하여 구한다.

Nusselt 수

대류를 공부함에 있어서, 전체 변수의 개수를 줄이기 위하여 지배방정식들을 무차원화하고 변수를 결합하여 무차원 수로 표현하는 것이 일반적이다. 또한 열전달계수 h를 Nusselt 수로 무차원화하면 다음과 같이 정의된다.

$$\text{Nu} = \frac{hL_c}{k} \tag{5-5}$$

여기서 k는 유체의 열전도도, L_c는 **특성길이**를 나타낸다. Nusselt 수는 20세기 전반기에 대류 열전달 연구에 큰 공헌을 했던 Wilhelm Nusselt의 이름을 따서 지어졌고, **무차원 대류 열전달계수**로 알려져 있다.

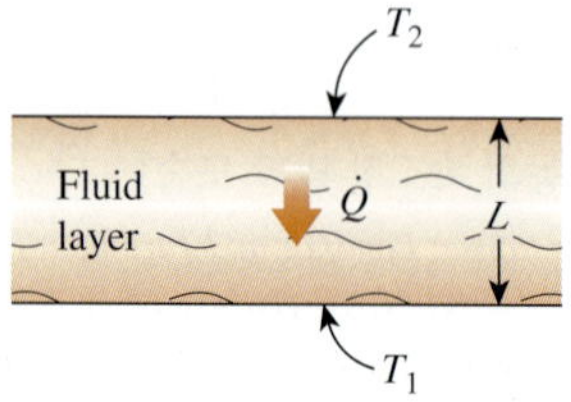

$\Delta T = T_2 - T_1$

그림 5-5
두께 L, 온도차가 ΔT인 유체층에서의 열전달

Nusselt 수의 물리적인 중요성을 이해하기 위하여 그림 5-5에서와 같이 두께가 L이고 온도차가 $\Delta T = T_2 - T_1$인 유체층을 생각해보자. 유체층을 통한 열전달은 유체가 어떤 이동을 포함할 때는 **대류**에 의하여 일어나고, 유체층의 이동이 없을 때는 **전도**에 의하여 일어난다. 두 경우의 열유속 (단위표면적당 열전달률)은

$$\dot{q}_{\text{conv}} = h\,\Delta T \tag{5-6}$$

이고,

$$\dot{q}_{\text{cond}} = k\frac{\Delta T}{L} \tag{5-7}$$

이다. 이 두 식의 비를 취하면,

$$\frac{\dot{q}_{\text{conv}}}{\dot{q}_{\text{cond}}} = \frac{h\,\Delta T}{k\,\Delta T/L} = \frac{hL}{k} = \text{Nu} \tag{5-8}$$

이고, 이것이 Nusselt 수이다. 그러므로 Nusselt 수는 어떤 유체층을 통과하는 전도에 의해 일어나는 열전달의 크기에 대하여, 같은 유체층을 통과하는 대류에 의해 일어나는 열전달의 크기의 비를 나타낸다. Nusselt 수가 커질수록 대류의 효과는 더 커진다. 어떤 유체층에서 Nu = 1은 순수 전도에 의해서 열전달이 일어남을 표시한다.

우리는 생각보다 실제 생활에서 강제대류를 많이 사용하고 있다(그림 5-6). 뜨거운 물체로부터 열전달률을 높이기를 원할 때마다 강제대류의 도움을 빌린다. 예를 들면, 무더운 여름날 우리의 몸을 좀 더 효과적으로 식히기 위하여 선풍기를 켠다. 선풍기의 속도를 빠르게 할수록 더 시원함을 느낀다. 또한 더 빨리 식히기 위하여 스프를 **젓고**, 뜨거운 피자 조각에 바람을 **분다**. 바람이 부는 겨울날의 공기는 실제보다 더 차갑게 느껴진다. 전자장치에서 열 문제를 해결하는 가장 간단한 방법은 충분한 용량의 팬을 사용하는 것이다.

그림 5-6
강제대류를 통해 열전달률을 높일 수 있다.

5-2 ▪ 열경계층

우리는 유체가 표면 위를 흐를 때 표면에 인접하여 표면속도(표면에 대한 상대속도가 0임)가 발생하는 유체층으로 인하여 속도경계층이 발달한다는 것을 알고 있다. 또한 유체속도가 0부터 $0.99V$까지 변하는 영역을 속도경계층으로 정의하였다. 마찬가지로 **열경계층**은 그림 5-7에서 보여주는 것처럼 어떤 온도의 유체가 다른 온도의 표면 위를 흐를 때 발달한다.

온도 T_s인 등온 평판에 작용하는 균일한 온도 T_∞인 유체유동을 고려해 보자. 표면에 인접한 층에서 유체입자들은 판과 열적 평형상태에 도달하고, 그때의 유체입자 온도는 T_s가 된다. 이때 이들 유체입자들은 인접한 유체층의 입자들과 에너지를 교환하고, 이러한 것은 반복적으로 일어난다. 그 결과, 유동장에서 온도분포는 표면온도 T_s로부터, 표면으로부터 충분히 떨어진 지점에서의 온도 T_∞의 범위에 걸쳐서 나타난다. 표면의 법선방향으로 온도 변화가 뚜렷하게 나타나는 유동영역이 바로 **열경계층**이다. 표면 위의 어떤 지점에서 열경계층의 **두께 δ_t는 표면으로부터 온도차 $T - T_s$가 $0.99(T_\infty - T_s)$와 같아지는 지점까지의 거리로** 정의된다. $T_s = 0$인 특별한 경우에는, 속도경계층의 경우에 $u = 0.99V$가 되는 것과 유사하게 열경계층의 바깥쪽 끝의 온도가 $T = 0.99T_\infty$가 된다고 정의한다.

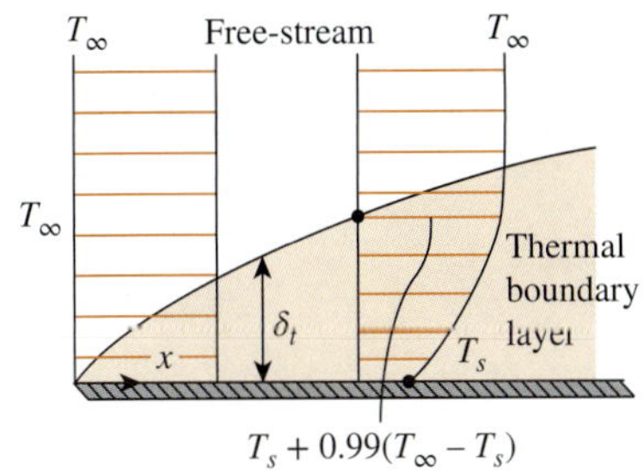

그림 5-7
평판에서의 열경계층(유체가 평판의 표면보다 뜨거운 경우)

열경계층의 두께는 열전달의 효과가 하류로 갈수록 표면에서 더 먼 지점에서도 감지되기 때문에 유동방향으로 갈수록 증가한다.

표면 위의 어떤 지점에서의 대류 열전달률은 그 지점에서의 온도구배와 직접적인 연관이 있다. 그러므로 열경계층에서 온도분포의 모양은 고체표면과 그 위를 지나가는 유체 사이의 대류 열전달을 나타낸다. 가열(또는 냉각)된 표면 위의 유동에서, 속도경계층과 열경계층은 동시에 발달한다. 유체속도는 온도분포에 큰 영향을 미치므로, 열경계층과 관계가 있는 속도경계층의 발달은 대류 열전달에 큰 영향을 미친다는 점에 주목해야 한다.

Prandtl 수

속도경계층과 열경계층의 상대적인 두께는 아래와 같이 정의된 무차원 매개변수 **Prandtl 수**에 의해 잘 정리될 수 있다.

$$\Pr = \frac{\text{운동량의 분자 확산율}}{\text{열의 분자 확산율}} = \frac{\nu}{\alpha} = \frac{\mu c_p}{k} \tag{5-9}$$

이것은 1904년에 경계층의 개념을 소개하고, 경계층 이론에 중요한 공헌을 한 Ludwig Prandtl의 이름을 따온 것이다. 유체의 Prandtl 수의 범위는 액체금속의 경우에 해당하는 0.01보다 작은 값에서부터 무거운 오일에 해당하는 100,000보다 더 큰 값에까지 이른다(표 5-1). 물의 Prandtl 수는 약 10 정도가 되는 크기라는 점을 주목하라.

표 5-1

흔히 사용하는 유체의 전형적인 Prandtl 수의 범위표

Fluid	Pr
Liquid metals	0.004–0.030
Gases	0.7–1.0
Water	1.7–13.7
Light organic fluids	5–50
Oils	50–100,000
Glycerin	2000–100,000

가스의 Prandtl 수는 약 1이고, 이것은 운동량과 열의 확산이 거의 동일한 비율로 유체를 통해 일어난다는 것을 나타낸다. 열은 운동량에 비하여 액체금속($\Pr \ll 1$)에서는 매우 빠르게 확산되고, 오일($\Pr \gg 1$)에서는 매우 느리게 확산된다. 결과적으로, 열경계층은 속도경계층에 비하여 액체금속에서는 더 두껍고, 오일에서는 더 얇다.

5-3 ▪ 평판상의 평행유동

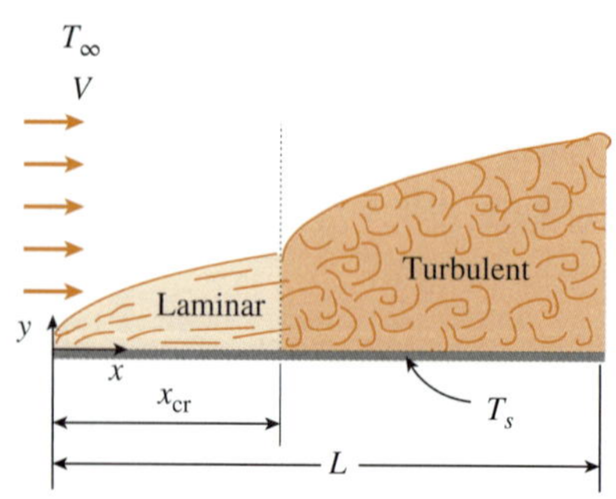

그림 5-8

평판을 지나는 층류와 난류영역에서의 경계층 발달 모습

그림 5-8에서와 같이 길이가 L인 평판 위로 평행하게 흐르는 유체의 유동을 생각해보자. X 좌표는 선단으로부터 평판의 표면을 따라 유동방향으로 측정한다. 균일한 속도 V와 균일한 온도 T_∞의 유체는 x방향으로 평판에 접근한다. 속도경계층 내의 유동은 층류로 시작되지만, 평판이 충분히 길 경우에는 유동이 선단으로부터 거리 x_{cr}에서 난류로 변한다. 여기에서 거리 x_{cr}은 Reynolds 수가 천이되는 임계값에 도달하는 거리이다.

층류에서 난류로의 천이는 표면의 형상, 표면의 거칠기, 상류의 속도, 표면의 온도, 유체의 종류 등 여러 가지에 의해서 좌우된다. 그리고 무엇보다도, Reynolds 수에 의해서 특성을 가장 잘 나타낼 수 있다. 평판의 선단으로부터의 거리 x에서 Reynolds 수는 다음과 같이 표기된다.

$$\text{Re}_x = \frac{\rho V x}{\mu} = \frac{V x}{\nu} \tag{5-10}$$

평판에서 Reynolds 수의 값은 유체가 하류로 흐름에 따라서 달라져서, 평판의 끝에서는 $\text{Re}_L = VL/\nu$가 된다.

평판 위의 유동에서 층류로부터 난류로의 천이는 대략 $\text{Re} \cong 1 \times 10^5$ 정도에서 시작되지만, Reynolds 수가 아주 큰 값(약 3×10^6)이 되기 전에는 완전한 난류가 되지는 않는다. 공학적 해석에서 일반적으로 받아들여지는 임계 Reynolds 수는 다음과 같다.

$$\mathrm{Re_{cr}} = \frac{\rho V x_{\mathrm{cr}}}{\mu} = 5 \times 10^5 \quad \text{(5-11)}$$

평판에서의 공학적 임계 Reynolds 수의 실제 값은 10^5에서 3×10^6으로 다소 변하며, 표면거칠기, 난류강도, 그리고 표면상 압력변화의 영향을 받는다.

평판 위의 층류유동에서 위치 x에서의 국소 Nusselt 수는 에너지 미분방정식을 풀어서 다음과 같이 구할 수 있다.

층류: $$\mathrm{Nu}_x = \frac{h_x x}{k} = 0.332\, \mathrm{Re}_x^{0.5}\, \mathrm{Pr}^{1/3} \qquad \mathrm{Pr} > 0.6, \quad \mathrm{Re}_x < 5 \times 10^5 \quad \text{(5-12)}$$

난류유동에 대한 관계식은 다음과 같다.

난류: $$\mathrm{Nu}_x = \frac{h_x x}{k} = 0.0296\, \mathrm{Re}_x^{0.8}\, \mathrm{Pr}^{1/3} \qquad \begin{array}{l} 0.6 \le \mathrm{Pr} \le 60 \\ 5 \times 10^5 \le \mathrm{Re}_x \le 10^7 \end{array} \quad \text{(5-13)}$$

층류유동의 경우 h_x는 $\mathrm{Re}_x^{0.5}$에 비례하며 또한 $x^{-0.5}$에 비례한다. 그러므로 h_x는 선단 $(x = 0)$에서 무한대가 될 것이고, 유동방향을 따라 $x^{-0.5}$의 비율로 감소한다. 그림 5-9는 등온 평판상의 경계층 두께 δ, 마찰계수 및 열전달계수의 변화를 보여준다. 난류에서의 국소 마찰계수와 열전달계수는 층류에서 보다 크다. 또한 h_x는 유동이 완전한 난류가 되었을 때 최댓값에 도달하며, 그리고 유동 방향으로 $x^{-0.2}$의 비율로 감소하게 되는 것을 그림에서 볼 수 있다.

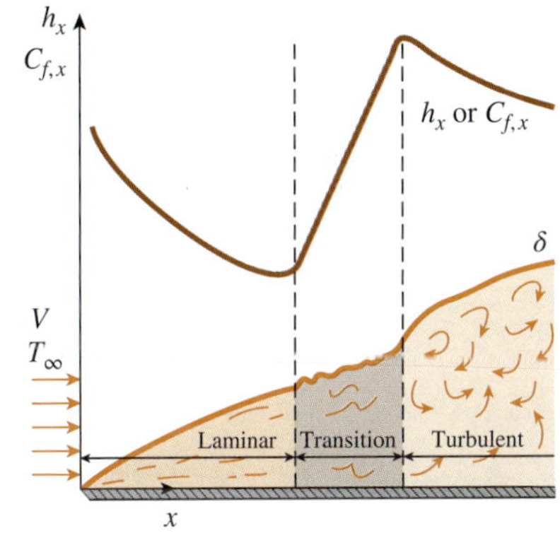

그림 5-9
평판 위를 흐르는 유동의 국소 마찰 및 열전달계수의 변화

전체 판 위의 **평균** Nusselt 수는 위 관계식을 판 전체 표면 혹은 길이에서 적절하게 평균화하여 구할 수 있다. 그 결과 다음 식을 얻을 수 있다.

층류: $$\mathrm{Nu} = \frac{hL}{k} = 0.664\, \mathrm{Re}_L^{0.5}\, \mathrm{Pr}^{1/3} \qquad \mathrm{Re}_L < 5 \times 10^5, \quad \mathrm{Pr} > 0.6 \quad \text{(5-14)}$$

난류: $$\mathrm{Nu} = \frac{hL}{k} = 0.037\, \mathrm{Re}_L^{0.8}\, \mathrm{Pr}^{1/3} \qquad \begin{array}{l} 0.6 \le \mathrm{Pr} \le 60 \\ 5 \times 10^5 \le \mathrm{Re}_L \le 10^7 \end{array} \quad \text{(5-15)}$$

첫 번째 관계식은 유동이 **전체** 판 위에서 **층류**일 때 전체 평판의 평균 열전달계수를 나타낸다. 층류유동에서 전체 평판에 대한 평균 Nusselt 수는 평판 끝판에서의 국소 Nusselt 수의 두 배임에 유의한다. 즉, $\mathrm{Nu} = 2\mathrm{Nu}_{x=L}$이며 $h = 2h_{x=L}$이다. 이 관계는 층류유동에서만 성립하며 난류유동에서는 성립하지 않는다. 두 번째 관계식은 유동이 **전체** 판 위에 걸쳐서 **난류**이거나, 또는 판의 층류유동영역이 난류유동영역에 비해 아주 작은 경우, 전체 판의 평균 열전달계수를 나타낸다.

어떤 경우에, 평판의 길이는 유동이 난류가 되기에 충분히 길지만 층류유동 영역을 무시할 만큼은 되지 않을 때가 있다. 그런 경우, 전체 판 위의 **평균** 열전달계수는 두 영역을 합쳐 적분함으로써 구할 수 있다.

$$h = \frac{1}{L}\left(\int_0^{x_{\mathrm{cr}}} h_{x,\,\mathrm{laminar}}\, dx + \int_{x_{\mathrm{cr}}}^{L} h_{x,\,\mathrm{turbulent}}\, dx\right) \quad \text{(5-16)}$$

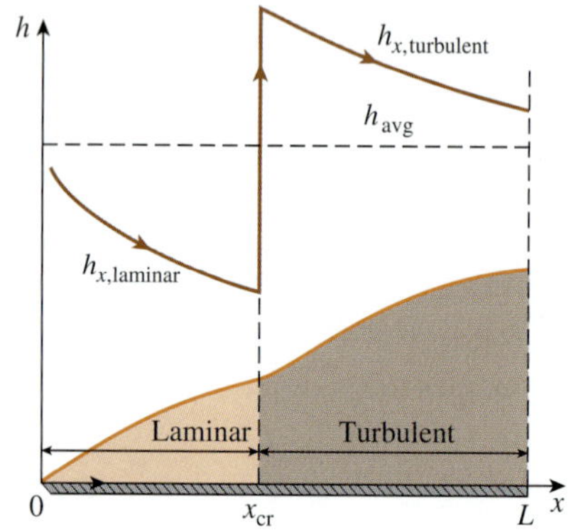

그림 5-10
층류와 난류유동이 공존하는 평판에서의 평균 열전달계수 그래프

임계 Reynolds 수가 $\mathrm{Re_{cr}} = 5 \times 10^5$인 경우에 각 항들의 값을 대입한 후에 식 (5-16)를 다시 적분하면, **전체** 판 위의 **평균** Nusselt 수를 얻을 수 있다(그림 5-10).

$$\mathrm{Nu} = \frac{hL}{k} = (0.037\,\mathrm{Re}_L^{0.8} - 871)\mathrm{Pr}^{1/3} \qquad \begin{array}{l} 0.6 \le \mathrm{Pr} \le 60 \\ 5 \times 10^5 \le \mathrm{Re}_L \le 10^7 \end{array} \tag{5-17}$$

평판 전체가 난류인 경계층($\mathrm{Re_{cr}} = 0$) 또는 아주 짧은 x_{cr}($L \gg x_{cr}$ 또는 $\mathrm{Re}_L \gg \mathrm{Re_{cr}}$) 경우는 상기 관계식이 식 (5-15)로 단순화된다. 이처럼 상기 관계식의 상수는 임계 Reynolds 수에 따라 다른 값을 가질 것이다.

수은과 같은 **액체금속**은 높은 열전도를 가지므로 높은 열전달률이 요구되는 분야에 보편적으로 사용된다. 하지만, 액체금속은 낮은 Prandtl 수를 가지므로 열경계층이 속도경계층보다 **훨씬 빨리** 발달한다. 따라서, 열경계층 내의 속도를 자유흐름의 값으로 일정하다고 가정하고 에너지방정식을 풀어서 다음을 구한다.

$$\mathrm{Nu}_x = 0.565(\mathrm{Re}_x\,\mathrm{Pr})^{1/2} = 0.565\,\mathrm{Pe}_x^{1/2} \qquad \mathrm{Pr} \le 0.05,\ \mathrm{Pe}_x \ge 100 \tag{5-18}$$

여기서 $\mathrm{Pe}_x = \mathrm{Re}_x\mathrm{Pr}$은 무차원 수인 **Peclet 수**이다.

이제, 액체금속을 포함한 **모든 유체**에 적용할 수 있는 하나의 관계식을 개발하는 것이 바람직할 것이다. Churchill과 Ozoe (1973)는 존재하는 모든 데이터를 곡선맞춤(curve-fitting)하여 **모든 Prandtl 수**에 적용 가능하며 61%의 정확도를 갖는 다음 식을 제안하였다.

$$\mathrm{Nu}_x = \frac{h_x x}{k} = \frac{0.3387\,\mathrm{Pr}^{1/3}\,\mathrm{Re}_x^{1/2}}{[1 + (0.0468/\mathrm{Pr})^{2/3}]^{1/4}} \qquad \mathrm{Re}_x\,\mathrm{Pr} \ge 100 \tag{5-19}$$

여기서 $\mathrm{Nu} = 2\mathrm{Nu}_{x=L}$이 성립한다. 표면 조건이 **일정 열유속**인 경우에는 위의 식에서 0.3387을 0.4637로, 0.0468을 0.02052로 바꿔서 적용하면 된다. 여기서도 유체 물성치는 막온도(film temperature)에서 구한다.

위의 관계식들은 **등온**표면의 경우에 대하여 얻어진 결과이지만, 표면온도가 평균값으로 일정하다고 가정할 경우 비등온표면에서도 근사적으로 사용되어질 수 있다. 또한, 표면은 **매끄럽고**, 자유흐름은 **난류가 전혀 없는** 것으로 가정한다. 물성값 변화에 의한 영향은 막온도에서의 물성값을 사용함으로써 해결할 수 있다.

비가열 시작 길이를 갖는 평판

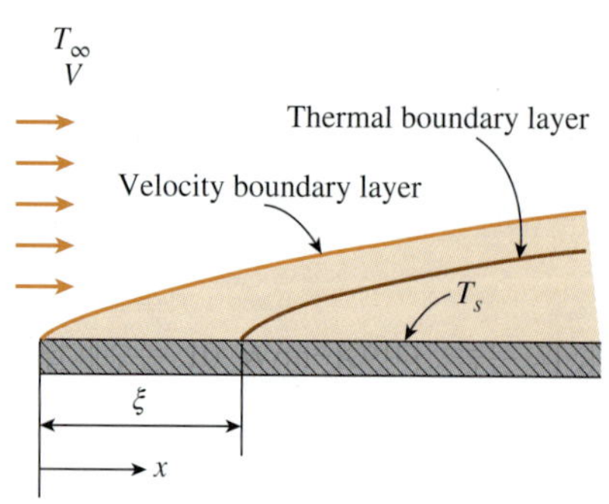

그림 5-11
가열되지 않는 구간을 갖는 평판에서의 유동

지금까지 전체 판이 선단에서부터 가열되는 경우에 대해서만 고려하였다. 하지만 실제의 많은 경우에서는 그림 5-11에 나와 있는 것과 같이 가열되지 않는 시작 길이 ξ의 구간을 포함한다. 그러므로 $0 < x < \xi$에서 열전달은 일어나지 않는다. 이 경우, 속도경계층은 선단($x = 0$)에서부터 발달되기 시작하지만, 열경계층은 가열되기 시작하는 지점($x = \xi$)에서부터 발달하기 시작한다.

평판상의 가열되는 구간이 일정한 온도($x > \xi$일 때, $T = T_s$로 일정)로 유지된다고 생각해보자. 적분해석법을 사용하여 층류유동과 난류유동에서의 국소 Nusselt 수를 $x > \xi$에서 다음과 같이 구할 수 있다.

층류: $$\mathrm{Nu}_x = \frac{\mathrm{Nu}_{x\,(\text{for }\xi=0)}}{[1-(\xi/x)^{3/4}]^{1/3}} = \frac{0.332\,\mathrm{Re}_x^{0.5}\,\mathrm{Pr}^{1/3}}{[1-(\xi/x)^{3/4}]^{1/3}} \tag{5-20}$$

난류: $$\mathrm{Nu}_x = \frac{\mathrm{Nu}_{x\,(\text{for }\xi=0)}}{[1-(\xi/x)^{9/10}]^{1/9}} = \frac{0.0296\,\mathrm{Re}_x^{0.8}\,\mathrm{Pr}^{1/3}}{[1-(\xi/x)^{9/10}]^{1/9}} \tag{5-21}$$

$\xi = 0$인 경우의 Nu_x의 관계식은, 가열되지 않는 시작 길이가 없는 평판에서의 Nusselt 수에 해당하는 $\mathrm{Nu}_{x(\text{for }\xi=0)}$로 표기한다. 분모의 중괄호 내의 항은 가열되지 않는 시작 길이가 있는 판의 보정계수로서 사용된다.

판의 가열된 구간에서의 평균 Nusselt 수는 앞의 국소 Nusselt 수 관계식을 적분하여 구할 수 있으나, 해석적인 방법으로는 구할 수 없다. 따라서 수치적으로 적분하여야 한다. 수치적 적분의 결과는 다음의 평균 대류 열전달계수 식으로 표기된다(Ameel, 1997).

층류: $$\mathrm{Nu} = \mathrm{Nu}_{(\text{for }\xi=0)}\frac{L}{L-\xi}[1-(\xi/L)^{3/4}]^{2/3} \tag{5-22}$$

난류: $$\mathrm{Nu} = \mathrm{Nu}_{(\text{for }\xi=0)}\frac{L}{L-\xi}[1-(\xi/L)^{9/10}]^{8/9} \tag{5-23}$$

여기서 $\mathrm{Nu}_{(\text{for }\xi=0)}$는 가열이 선단에서 시작될 때 길이 L의 평판에 대한 평균 Nusselt 수이다. 이 값을 구하는 관계식은 층류의 경우에는 식 (5-14)에 있으며, 평판 전체가 난류일 때는 식 (5-15)에 있다. Nusselt 수는 hL/k인데 여기서 h는 $(L - \xi)$ 길이의 가열영역만을 대상으로 하는 평균값이다. 평판에서의 총 열전달률을 구하려면 가열영역에 대한 평균 열전달계수 h에 가열영역의 면적을 곱해야 한다.

균일한 열유속

평판이 등온 상태가 아니라 **균일한 열유속**(*uniform heat flux*) 상태인 경우, 국소 Nusselt 수는 다음과 같이 주어진다.

층류: $$\mathrm{Nu}_x = 0.453\,\mathrm{Re}_x^{0.5}\,\mathrm{Pr}^{1/3} \qquad \mathrm{Pr} > 0.6, \qquad \mathrm{Re}_x < 5\times10^5 \tag{5-24}$$

난류: $$\mathrm{Nu}_x = 0.0308\,\mathrm{Re}_x^{0.8}\,\mathrm{Pr}^{1/3} \qquad 0.6 \le \mathrm{Pr} \le 60, \qquad 5\times10^5 \le \mathrm{Re}_x \le 10^7 \tag{5-25}$$

이 관계식에서 등온 평판의 경우와 비교할 때, 층류인 경우 36%, 난류인 경우는 4% 더 높은 Nusselt 수 값을 갖는다. 판이 가열되지 않은 시작 길이를 가질 경우, 등온 평판과 관련된 관계식을 그대로 사용할 수 있다. 다만, 식 (5-20)과 식 (5-21)에서 $\mathrm{Nu}_{x(\text{for }\xi=0)}$ 대신하여 식 (5-24)과 식 (5-25)를 각각 대입하여 사용하여야 한다. **균일 열유속**이 가해지는 평판에 대하여 평균 Nusselt 수를 구하려면 등온 평판을 대상으로 하는 관계식을 사용해도 충분히 정확한 결과를 얻을 수 있다. 따라서 층류의 경우는 식 (5-14)를, 난류의 경우는 식 (5-15)를 사용한다.

열유속 $\dot{q}_s$가 정해졌을 때, 판으로부터의 열전달률과 거리 x만큼 떨어진 지점에서의 표면온도는 다음 식으로 구할 수 있다.

$$\dot{Q} = \dot{q}_s A_s \tag{5-26}$$

그리고

$$\dot{q}_s = h_x[T_s(x) - T_\infty)] \rightarrow T_s(x) = T_\infty + \frac{\dot{q}_s}{h_x} \tag{5-27}$$

여기서 A_s는 열전달 표면적이다.

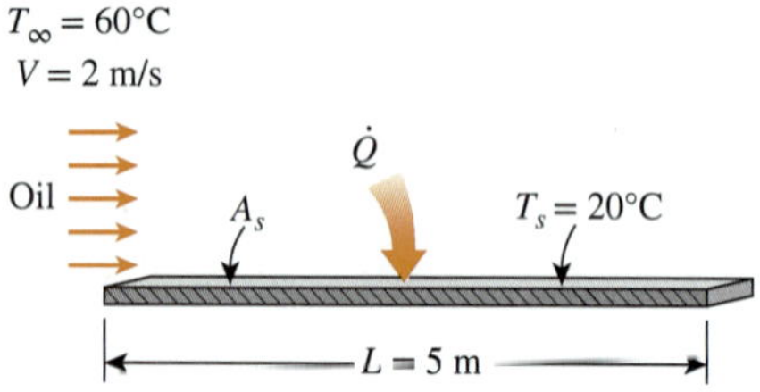

그림 5-12
예제 5-1의 개략도

예제 5-1 평판 위의 뜨거운 오일 유동

60°C의 엔진오일이 2 m/s의 속도로 길이가 5 m, 온도가 20°C인 평판 위를 흐른다(그림 5-12). 전체 평판에 대하여 단위 폭당 총 항력과 열전달률을 구하여라.

풀이 엔진오일이 평판 위를 흐른다. 평판의 단위 폭당 총 항력과 열전달률을 구한다.

가정 **1.** 유동은 정상 비압축성이다. **2.** 임계 Reynolds 수는 $\text{Re}_{cr} = 5 \times 10^5$이다.

물성값 막온도(film temperature) (20 + 60)/2 = 40°C에서 엔진오일의 물성값은 다음과 같다(Table A-19).

$$\rho = 876 \text{ kg/m}^3 \qquad \text{Pr} = 2962$$
$$k = 0.1444 \text{ W/m·K} \qquad \nu = 2.485 \times 10^{-4} \text{ m}^2/\text{s}$$

해석 $L = 5$ m이므로 판의 끝단에서 Reynolds 수는 다음과 같다.

$$\text{Re}_L = \frac{VL}{\nu} = \frac{(2 \text{ m/s})(5 \text{ m})}{2.485 \times 10^{-4} \text{ m}^2/\text{s}} = 4.024 \times 10^4$$

이 값은 임계 Reynolds 수보다 작으므로, 평판 전체에서 **층류유동**이며 평균 마찰계수는 다음과 같이 구한다.

$$C_f = 1.33 \text{ Re}_L^{-0.5} = 1.33 \times (4.024 \times 10^4)^{-0.5} = 0.00663$$

평판을 평행하게 지나는 유동에서는 압력항력이 0이므로 $C_D = C_f$이다. 따라서 평판에 작용하는 단위 폭당 항력은 다음과 같다.

$$F_D = C_f A \frac{\rho V^2}{2} = 0.00663(5 \times 1 \text{ m}^2) \frac{(876 \text{ kg/m}^3)(2 \text{ m/s})^2}{2} \left(\frac{1 \text{ N}}{1 \text{ kg·m/s}^2} \right) = \mathbf{58.1 \text{ N}}$$

여기서는 전체 평판에 작용하는 총 항력을 구할 때, 평판의 폭이 1 m라고 가정하였다.

이 힘은 약 6 kg의 질량의 무게에 해당한다. 따라서 평판이 움직이지 않을 만큼 항력 반대 방향으로 힘을 쓰는 것은 6 kg의 질량을 떨어지지 않게 들고 있는 느낌과 같을 것이다.

비슷하게 Nusselt 수는 평판의 층류유동 관계식을 이용하여 구한다.

$$\text{Nu} = \frac{hL}{k} = 0.664 \text{ Re}_L^{0.5} \text{ Pr}^{1/3} = 0.664 \times (4.024 \times 10^4)^{0.5} \times 2962^{1/3} = 1913$$

따라서

$$h = \frac{k}{L}\text{Nu} = \frac{0.144 \text{ W/m·K}}{5 \text{ m}}(1913) = 55.25 \text{ W/m}^2\text{·K}$$

그리고

$$\dot{Q} = hA_s(T_\infty - T_s) = (55.25 \text{ W/m}^2\text{·K})(5 \times 1 \text{ m}^2)(60 - 20)°\text{C} = \mathbf{11{,}050 \text{ W}}$$

검토 열전달은 항상 고온 매질에서 저온 매질로 일어남에 유의한다. 이 경우에는 오일에서 판으로 열전달이 발생한다. 위에서 구한 열전달률은 판의 폭이 1 m인 경우에 대한 값이다. 만약 판의 폭이 다른 값이라면 m 단위의 폭 값을 상기 값에 곱하여 실제 열전달률을 구할 수 있다.

예제 5-2　　강제대류에 의한 플라스틱 판의 냉각

플라스틱 공장의 성형부에서 30 ft/min 비율로 너비가 4 ft이고 두께가 0.04 in인 플라스틱 판을 연속적으로 사출한다. 주위의 공기에 노출되었을 때 플라스틱 판의 온도는 200°F이다. 그리고 그림 5-13와 같이 플라스틱 판에서 길이가 2 ft인 부분이 판의 운동 방향에 직각방향으로 판의 양쪽 면 위를 10 ft/s의 속도로 흐르는 80°F인 공기 유동 조건에 놓여 있다. (*a*) 대류와 복사에 의한 플라스틱 판에서 공기로의 열전달률, (*b*) 냉각 부분의 끝에서 플라스틱 판의 온도를 구하라. 밀도, 비열, 그리고 플라스틱 판의 방사율은 각각 75 lbm/ft^3, 0.4 Btu/lbm·°F, 0.9이다.

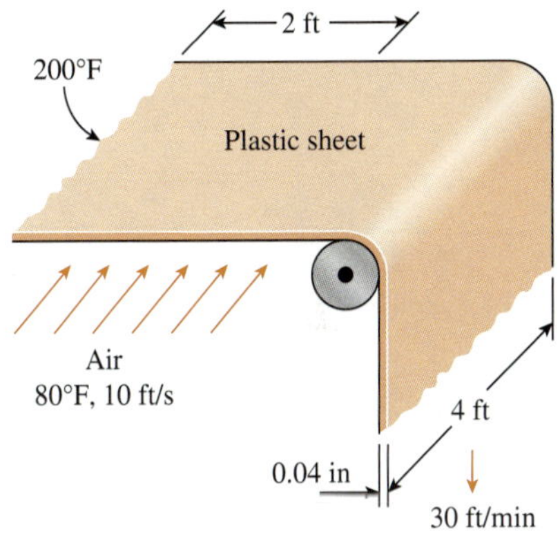

그림 5-13
예제 5-2의 개략도

풀이 플라스틱 판은 플라스틱 공장의 성형부에서 사출되어 나올 때 냉각된다. 대류와 복사에 의한 열손실률과 플라스틱 판의 출구온도를 결정한다.

가정 **1.** 정상(steady) 작동 조건, **2.** 임계 Reynolds 수는 5×10^5, **3.** 공기는 이상기체, **4.** 국소 대기압은 1기압, **5.** 판 주위의 온도는 상온

물성값 플라스틱 판의 물성값은 문제에 주어져 있다. 1기압의 압력과 막온도 (200 + 80)/2 = 140°F에서의 공기의 물성값은 다음과 같다(Table A-22E).

$$k = 0.01623 \text{ Btu/h·ft·°F} \qquad \text{Pr} = 0.7202$$
$$\nu = 0.204 \times 10^{-3} \text{ ft}^2\text{/s}$$

해석 (*a*) 길이가 2 ft인 냉각 부분을 따라 플라스틱 판이 움직일 때 판의 온도는 약간 내려갈 것이지만, 그 정도는 알 수가 없다. 그러므로, 우선 플라스틱 판의 온도가 200°F로 일정하다고 가정한다. 필요하다면 플라스틱 판의 온도강하를 고려하여 다시 계산할 것이다.

L = 4 ft일 때, 플라스틱 판을 지나는 공기유동 끝에서의 Reynolds 수는 다음과 같다.

$$\text{Re}_L = \frac{VL}{\nu} = \frac{(10 \text{ ft/s})(4 \text{ ft})}{0.204 \times 10^{-3} \text{ ft}^2\text{/s}} = 1.961 \times 10^5$$

임계 Reynolds 수보다 작으므로 전체 판 위에서 **층류유동**이라 할 수 있으며, 평판에 대한 층류유동 관계식을 이용하여 Nusselt 수를 구한다.

$$\text{Nu} = \frac{hL}{k} = 0.664 \text{ Re}_L^{0.5} \text{ Pr}^{1/3} = 0.664 \times (1.961 \times 10^5)^{0.5} \times (0.7202)^{1/3} = 263.6$$

따라서,

$$h = \frac{k}{L}\text{Nu} = \frac{0.01623\ \text{Btu/h·ft·°F}}{4\ \text{ft}}(263.6) = 1.07\ \text{Btu/h·ft}^2\text{·°F}$$

$$A_s = (2\ \text{ft})(4\ \text{ft})(2\ \text{sides}) = 16\ \text{ft}^2$$

이고

$$\begin{aligned}\dot{Q}_{\text{conv}} &= hA_s(T_s - T_\infty)\\ &= (1.07\ \text{Btu/h·ft}^2\text{·°F})(16\ \text{ft}^2)(200 - 80)\text{°F}\\ &= 2054\ \text{Btu/h}\\ \dot{Q}_{\text{rad}} &= \varepsilon\sigma A_s(T_s^4 - T_{\text{surr}}^4)\\ &= (0.9)(0.1714 \times 10^{-8}\ \text{Btu/h·ft}^2\text{·R}^4)(16\ \text{ft}^2)[(660\ \text{R})^4 - (540\ \text{R})^4]\\ &= 2585\ \text{Btu/h}\end{aligned}$$

이므로, 대류와 복사가 혼합된 플라스틱 판의 냉각률은 다음과 같다.

$$\dot{Q}_{\text{total}} = \dot{Q}_{\text{conv}} + \dot{Q}_{\text{rad}} = 2054 + 2585 = \mathbf{4639\ Btu/h}$$

(*b*) 냉각부분의 끝에서 플라스틱 판의 온도를 구하기 위해서는 단위시간당 플라스틱 판의 질량(즉, 질량유량)을 알아야 한다. 그것은 아래와 같이 구한다.

$$\dot{m} = \rho A_c V_{\text{plastic}} = (75\ \text{lbm/ft}^3)\left(\frac{4 \times 0.04}{12}\text{ft}^2\right)\left(\frac{30}{60}\text{ft/s}\right) = 0.5\ \text{lbm/s}$$

이때, 플라스틱 판의 냉각된 부분에서의 에너지 평형으로부터

$$\dot{Q} = \dot{m}c_p(T_2 - T_1) \rightarrow T_2 = T_1 + \frac{\dot{Q}}{\dot{m}c_p}$$

플라스틱 판에 대한 $\dot{Q}$는 음수(열손실)이고, 대입하면 플라스틱 판이 냉각 구간에서 나갈 때의 온도는 다음과 같이 결정된다.

$$T_2 = 200\text{°F} + \frac{-4639\ \text{Btu/h}}{(0.5\ \text{lbm/s})(0.4\ \text{Btu/lbm·°F})}\left(\frac{1\ \text{h}}{3600\ \text{s}}\right) = \mathbf{193.6°F}$$

검토 플라스틱 판이 냉각부분을 지나갈 때 플라스틱 판의 평균 온도는 대략 6.4°F 정도 떨어진다. 정확도를 높이기 위해 플라스틱 판의 평균 온도를 200°F 대신 196.8°F로 하여 다시 계산할 수도 있다. 그러나 온도 변화가 적으므로 결과 값에 대한 변화는 별 의미가 없다.

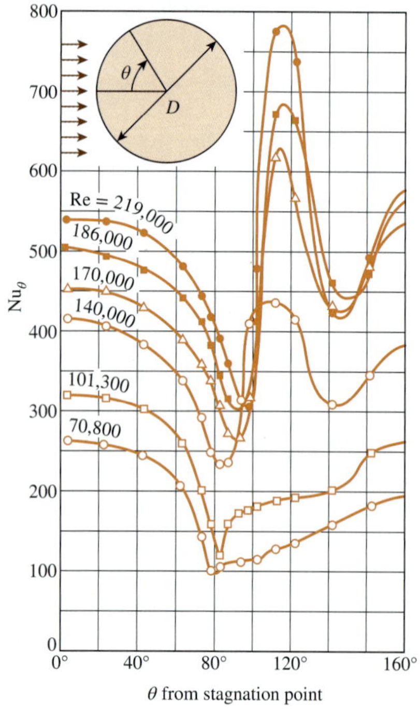

그림 5-14

원형 실린더 위의 공기의 교차유동에 의한 원주상의 국소 열전달계수의 변화

Source: Giedt, 1949.

5-4 ▪ 원통과 구를 지나는 유동

일반적으로, 원통과 구를 가로지르는 유동은 해석적으로 이해하기가 어려운 **유동 박리**(*flow separation*)와 관련이 있다. 따라서 그러한 유동은 반드시 실험적 또는 수치적으로 연구되어야만 한다. 실제로, 원통과 구를 지나는 유동은 많은 연구자들에 의해 실험적으로 연구되었고, 열전달계수에 대한 많은 경험적 관계식들이 개발되어 왔다.

원통을 지나는 복잡한 유동 형태는 열전달에 큰 영향을 미친다. 공기유동과 직교하는 원통의 원주 주위의 국소 Nusselt 수의 변화를 그림 5-14에서 보여주고 있

다. 모든 경우에, Nu_θ의 값은 정체점($\theta = 0°$)에서 비교적 높게 시작되나, θ가 증가함에 따라 층류 경계층이 두꺼워짐으로 인해 감소한다. Re = 70,800과 101,300에 해당하는 아래의 두 곡선들에서, Nu_θ는 층류유동에서의 박리점인 $\theta \approx 80°$에서 최소값에 도달한다. 그 후, Nu_θ는 박리유동영역(후류)에서의 강한 혼합으로 인하여 θ가 증가함에 따라 같이 증가한다. Re = 140,000~219,000에 해당하는 위 곡선들은 Nu_θ가 두 개의 최소값을 가진다는 점에서 처음의 두 곡선과 다르다. $\theta \approx 90°$ 부근에서 Nu_θ의 급격한 증가는 층류에서 난류로의 천이현상 때문이다. 뒷부분에서 Nu_θ의 값이 감소하는 이유는 다시 경계층이 두꺼워지기 때문이다. Nu_θ는 난류유동에서 유동 박리점인 $\theta \approx 140°$ 부근에서 두 번째 최소값에 도달하고, 난류 후류 영역에서 강한 혼합으로 인하여 θ가 증가함에 따라 같이 증가한다.

국소 열전달계수에 관해서 앞의 논의는 매우 흥미로우나, 열전달의 계산은 전체 표면에서의 **평균** 열전달계수를 요구하기 때문에 국소 열전달계수는 열전달을 계산하는 데 있어서는 그다지 큰 역할을 하지 않는다. 원통을 지나는 직교유동의 경우, 평균 Nusselt 수에 관하여 문헌에서 제시된 여러 유용한 관계식들 중에서, Churchill과 Bernstein에 의해 제안된 식(1977) 하나를 소개하고자 한다.

$$\mathrm{Nu}_{\mathrm{cyl}} = \frac{hD}{k} = 0.3 + \frac{0.62\,\mathrm{Re}^{1/2}\,\mathrm{Pr}^{1/3}}{[1 + (0.4/\mathrm{Pr})^{2/3}]^{1/4}}\left[1 + \left(\frac{\mathrm{Re}}{282{,}000}\right)^{5/8}\right]^{4/5} \qquad \textbf{(5-28)}$$

이 식은 RePr > 0.2인 경우의 유용한 데이터를 서로 연관시켰다는 점에서 매우 포괄적인 관계식이다. 유체의 물성값은 자유흐름과 표면온도의 평균인 **막온도**, $T_f = \frac{1}{2}(T_\infty + T_s)$에서의 값이 사용된다.

구를 지나는 유동의 경우, Whitaker (1972)는 다음의 포괄적인 상관식을 추천하였다.

$$\mathrm{Nu}_{\mathrm{sph}} = \frac{hD}{k} = 2 + [0.4\,\mathrm{Re}^{1/2} + 0.06\,\mathrm{Re}^{2/3}]\mathrm{Pr}^{0.4}\left(\frac{\mu_\infty}{\mu_s}\right)^{1/4} \qquad \textbf{(5-29)}$$

이 식은 $3.5 \le \mathrm{Re} \le 80{,}000$과 $0.7 \le \mathrm{Pr} \le 380$, $1.0 \le (\mu_\infty/\mu_s) \le 3.2$의 범위에서 적용된다. 이 경우에 유체의 물성값은 표면온도(T_s)에서 계산되는 μ_s를 제외하고는 자유흐름 온도(T_∞)를 가지고 계산된다. 비록, 위의 두 관계식이 매우 정확하게 고려되었다고 할지라도, 위 식으로부터 얻어지는 결과는 30% 이상의 오차를 가질 수 있다.

원통을 지나는 유동의 평균 Nusselt 수는 다음과 같이 간단하게 표현될 수 있다.

$$\mathrm{Nu}_{\mathrm{cyl}} = \frac{hD}{k} = C\,\mathrm{Re}^m\,\mathrm{Pr}^n \qquad \textbf{(5-30)}$$

여기서, $n = \frac{1}{3}$이고, 원형뿐만 아니라 다양한 비원형 원통의 경우, 실험적으로 결정된 상수 C와 m의 값이 표 5-2에 나타나 있다. 다른 형상의 경우에 Reynolds 수와

표 5-2

원형 실린더와 비원형 실린더 위를 흐르는 교차유동에 의한 평균 Nusselt 수의 실험식

Cross section of the cylinder	Fluid	Range of Re	Nusselt number
Circle 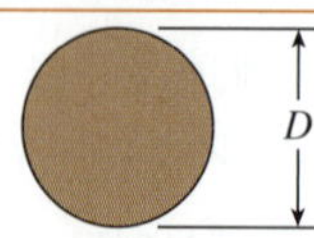	Gas or liquid	0.4–4 4–40 40–4000 4000–40,000 40,000–400,000	$Nu = 0.989\,Re^{0.330}\,Pr^{1/3}$ $Nu = 0.911\,Re^{0.385}\,Pr^{1/3}$ $Nu = 0.683\,Re^{0.466}\,Pr^{1/3}$ $Nu = 0.193\,Re^{0.618}\,Pr^{1/3}$ $Nu = 0.027\,Re^{0.805}\,Pr^{1/3}$
Square 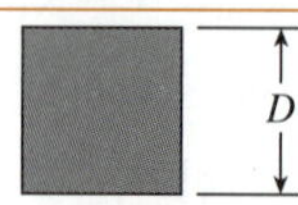	Gas	3900–79,000 32,000–1,600,000	$Nu = 0.094\,Re^{0.675}\,Pr^{1/3}$ $Nu = 0.0249\,Re^{0.811}\,Pr^{1/3}$
Square (tilted 45°) 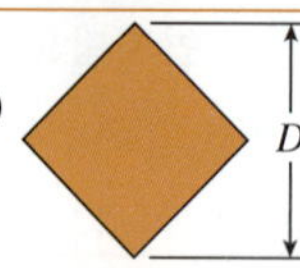	Gas	5600–111,000 46,000–2,300,000	$Nu = 0.258\,Re^{0.588}\,Pr^{1/3}$ $Nu = 0.0260\,Re^{0.839}\,Pr^{1/3}$
Hexagon 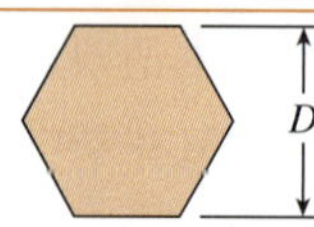	Gas	4500–90,700	$Nu = 0.148\,Re^{0.638}\,Pr^{1/3}$
Hexagon (tilted 45°) 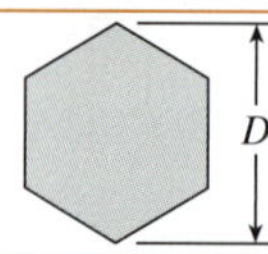	Gas	5200–20,400 20,400–105,000	$Nu = 0.162\,Re^{0.638}\,Pr^{1/3}$ $Nu = 0.039\,Re^{0.782}\,Pr^{1/3}$
Vertical plate 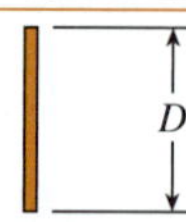	Gas	6300–23,600	$Nu = 0.257\,Re^{0.731}\,Pr^{1/3}$
Ellipse 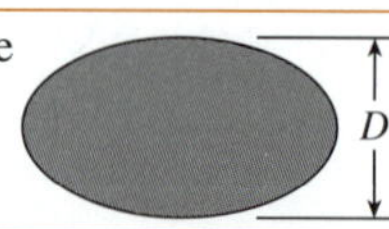	Gas	1400–8200	$Nu = 0.197\,Re^{0.612}\,Pr^{1/3}$

Source: Zukauskas, 1972, Jakob, 1949, Sparrow et al., 2004, and Tong et al., 2016.

Nusselt 수의 계산에 사용하기 위한 특성길이 D는 그림에 나타나 있다. 모든 유체의 물성값은 막온도에서의 값을 사용한다. 비원형 형상을 대상으로 표 5-2에 나오는 값은 Sparrow 등(2004)의 권고에 따라서 업데이트되었다. 여러 방향으로 놓인 사각형 또는 모따기(chamfered) 형상의 원통에 관한 관계식은 Tong 등(2016)의 논문에 정리되어 있다.

위의 원통에 관한 관계식은 하나의 원통인 경우이거나, 또는 여러 개의 원통이 있는 경우라도 유동이 다른 원통에 의하여 영향을 받지 않는 경우에 해당한다. 또한, 위 식들은 **매끈한** 표면에서 적용된다. **표면거칠기**와 **자유흐름 난류**는 항력과 열전달계수에 중요한 영향을 미친다. 원통을 지나는 유동의 경우, 식 (5-30)는 식 (5-28)보다 더욱 간단하게 표현된 대체식이다. 그러나 식 (5-28)이 더 정확하기 때문에 가능하다면 이 식을 사용해야 한다.

예제 5-3　　바람에 노출된 스팀관에서의 열손실

외부표면의 온도가 110°C이고, 직경이 10 cm인 긴 증기관이 바람막이가 없는 어떤 열린 공간에 노출되어 있다(그림 5-15). 압력이 1 atm이고, 온도가 10°C인 공기가 관을 가로질러 8 m/s의 속도로 불 때, 단위길이당 관으로부터의 열손실률을 구하라.

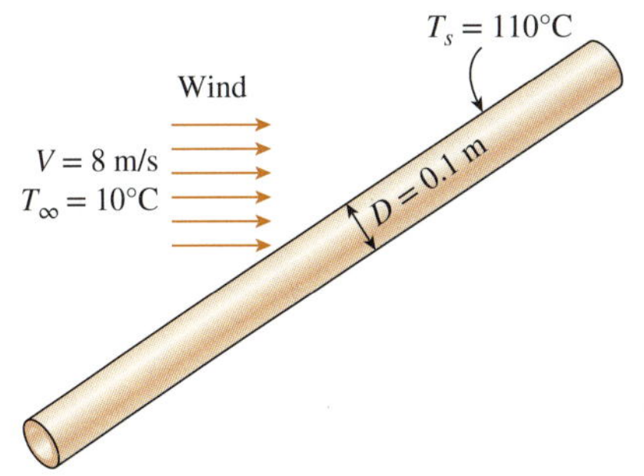

그림 5-15
예제 5-3의 개략도

풀이 증기관이 바람에 노출되어 있으며, 증기로부터 열손실률을 구한다.

가정 **1.** 정상 운전 조건, **2.** 복사 열전달 무시, **3.** 공기는 이상기체

물성값 평균 막온도 $T_f = (T_s + T_\infty)/2 = (110\ 1\ 10)/2 = 60°C$와 1 atm 압력에서 공기의 물성값은 다음과 같다(Table A-22).

$$k = 0.02808 \text{ W/m·K} \qquad \text{Pr} = 0.7202 \qquad \nu = 1.896 \times 10^{-5} \text{ m}^2\text{/s}$$

해석 Reynolds 수는 다음과 같다.

$$\text{Re} = \frac{VD}{\nu} = \frac{(8 \text{ m/s})(0.1 \text{ m})}{1.896 \times 10^{-5} \text{ m}^2\text{/s}} = 4.219 \times 10^4$$

Nusselt 수는 다음과 같이 결정될 수 있다.

$$\text{Nu} = \frac{hD}{k} = 0.3 + \frac{0.62\,\text{Re}^{1/2}\,\text{Pr}^{1/3}}{[1 + (0.4/\text{Pr})^{2/3}]^{1/4}}\left[1 + \left(\frac{\text{Re}}{282{,}000}\right)^{5/8}\right]^{4/5}$$

$$= 0.3 + \frac{0.62(4.219 \times 10^4)^{1/2}(0.7202)^{1/3}}{[1 + (0.4/0.7202)^{2/3}]^{1/4}}\left[1 + \left(\frac{4.219 \times 10^4}{282{,}000}\right)^{5/8}\right]^{4/5}$$

$$= 124$$

그리고

$$h = \frac{k}{D}\text{Nu} = \frac{0.02808 \text{ W/m·K}}{0.1 \text{ m}}(124) = 34.8 \text{ W/m}^2\text{·K}$$

단위길이당 관으로부터의 열전달률은 다음과 같다.

$$A_s = pL = \pi DL = \pi(0.1 \text{ m})(1 \text{ m}) = 0.314 \text{ m}^2$$

$$\dot{Q} = hA_s(T_s - T_\infty) = (34.8 \text{ W/m}^2\text{·K})(0.314 \text{ m}^2)(110 - 10)°\text{C} = \mathbf{1093\ W}$$

전체 관으로부터의 열손실률은 위 값에 관의 길이를 곱하여 얻을 수 있다.

검토 이 경우 표 5-2에서의 더 간단한 Nusselt 수 관계식를 사용하면 식 (5-28)을 사용하여 얻은 값보다 3% 높은 Nu = 128을 얻는다.

예제 5-4　　강제대류에 의한 금속 구의 냉각

직경이 25 cm인 스테인리스 금속 구(ρ = 8055 kg/m³, c_p = 480 J/kg·K)를 300°C의 균일한 온도의 오븐에서 꺼내었다(그림 5-16). 그런 다음, 구는 속도가 3 m/s, 압력이 1 atm과 25°C의 공기 유동에 노출된다. 결국 구의 표면온도는 200°C로 떨어진다. 이 냉각 과정 동안의 평균 대류 열전달계수를 구하고, 그 냉각 과정이 얼마나 오래 지속될 것인지를 예측하라.

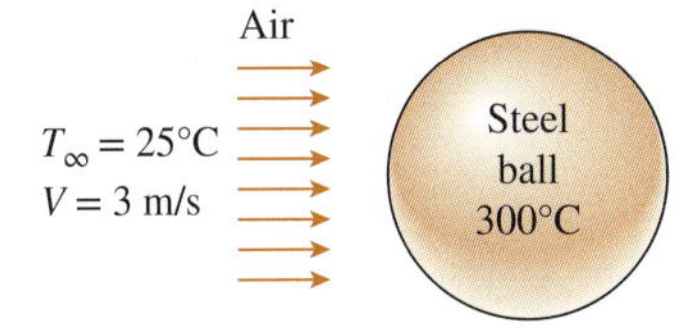

그림 5-16
예제 5-4의 개략도

풀이 뜨거운 스테인리스 구가 강제대류에 의해 냉각될 때, 평균 대류 열전달계수와 냉각시간을 구하고자 한다.

가정 **1.** 정상 운전 조건, **2.** 복사 열전달 무시, **3.** 공기는 이상기체, **4.** 구의 외부 표면온도는 항상 일정함, **5.** 냉각 도중 구의 표면온도는 변화함. 그러므로, 구와 공기 간의 대류 열전달계수 또한 바뀐다. 이러한 복잡성을 피하기 위하여 평균 온도 (300 + 200)/2 = 250°C를 구의 표면온도로 정하고 그 온도에서 열전달계수를 구하며, 전체 냉각 과정 동안 같은 값을 사용한다.

물성값 평균 표면온도에서 동점성계수는 $\mu_s = \mu_{@\ 250°C} = 2.76 \times 10^{-5}$ kg/m·s이다. 자유흐름의 온도 25°C와 1기압에서 공기의 물성값은 다음과 같다(Table A-22)

$$k = 0.02551 \text{ W/m·K} \qquad \nu = 1.562 \times 10^{-5} \text{ m}^2\text{/s}$$
$$\mu = 1.849 \times 10^{-5} \text{ kg/m·s} \qquad \text{Pr} = 0.7296$$

해석 Reynolds 수는 다음과 같다.

$$\text{Re} = \frac{VD}{\nu} = \frac{(3 \text{ m/s})(0.25 \text{ m})}{1.562 \times 10^{-5} \text{ m}^2\text{/s}} = 4.802 \times 10^4$$

Nusselt 수는

$$\begin{aligned}\text{Nu} = \frac{hD}{k} &= 2 + [0.4\,\text{Re}^{1/2} + 0.06\,\text{Re}^{2/3}]\,\text{Pr}^{0.4}\left(\frac{\mu_\infty}{\mu_s}\right)^{1/4} \\ &= 2 + [0.4\,(4.802 \times 10^4)^{1/2} + 0.06\,(4.802 \times 10^4)^{2/3}](0.7296)^{0.4} \\ &\quad \times \left(\frac{1.849 \times 10^{-5}}{2.76 \times 10^{-5}}\right)^{1/4} \\ &= 135\end{aligned}$$

평균 대류 열전달계수는 다음과 같다.

$$h = \frac{k}{D}\text{Nu} = \frac{0.02551 \text{ W/m·K}}{0.25 \text{ m}}(135) = \mathbf{13.8\ W/m^2·K}$$

구가 300°C에서 200°C로 냉각되는 시간을 구하기 위해, **평균** 표면온도에서 Newton의 냉각법칙으로부터 **평균** 열전달률을 구한다. 즉

$$A_s = \pi D^2 = \pi(0.25 \text{ m})^2 = 0.1963 \text{ m}^2$$

$$\dot{Q}_{\text{avg}} = hA_s(T_{s,\text{ avg}} - T_\infty) = (13.8 \text{ W/m}^2\text{·K})(0.1963 \text{ m}^2)(250 - 25)\text{°C} = 610 \text{ W}$$

다음으로, 300°C에서 200°C로 냉각될 때 구의 에너지 변화량인 **총** 열전달을 구한다.

$$m = \rho V = \rho \tfrac{1}{6}\pi D^3 = (8055 \text{ kg/m}^3)\,\tfrac{1}{6}\pi(0.25 \text{ m})^3 = 65.9 \text{ kg}$$

$$Q_{\text{total}} = mc_p(T_2 - T_1) = (65.9 \text{ kg})(480 \text{ J/kg·K})(300 - 200)\text{°C} = 3{,}163{,}000 \text{ J}$$

위의 계산에서, 반드시 옳다고 할 수는 없으나 전체 구의 온도를 200°C라 가정하였다. 아마도 구의 내부온도는 표면보다 더 높을 것이다. 이렇게 가정하고, 냉각시간을 다음과 같이 계산한다.

$$\Delta t \approx \frac{Q}{\dot{Q}_{\text{avg}}} = \frac{3{,}163{,}000 \text{ J}}{610 \text{ J/s}} = 5185 \text{ s} = \mathbf{1\ h\ 26\ min}$$

검토 냉각시간은 과도적(transient) 온도 도표 혹은 관계식을 이용하여 더 정확하게 구할 수도 있다. 그러나, 대략적으로 맞는 값이 필요하다면 앞의 간단한 가정이 정당화될 수 있다. 냉각시간이 정확히 1시간 26분이 될 것이라는 기대는 순진한 것이며, 공학적 판단으로는 냉각과정이 1시간에서 2시간 사이에서 일어날 것이라는 것이 현실적이다.

5-5 ▪ 일반적인 관 내부유동

파이프나 덕트를 통한 액체나 기체의 유동은 가열장치 및 냉각장치에 흔히 사용된다. 이러한 장치에서 유체는 팬이나 펌프에 의하여 강제적으로 관을 통하여 흐르게 되며, 이 관 길이가 충분히 긴 경우에 원하는 열전달이 발생하게 된다.

유체가 관을 통해 흐르면서 가열 또는 냉각이 될 때, 임의의 단면에서 유체의 온도는 그 단면 벽의 표면온도 T_s에서부터 관의 가운데에서 나타나는 어떤 최댓값(또는, 가열의 경우에는 최소)까지 변한다. 유체 유동이 있는 경우 단면에 대하여 일정한 값을 갖는 **평균 온도** T_m을 가지고 작업하는 것이 편리하다. 그러나 유체가 가열 또는 냉각되어질 때, 평균 온도 T_m은 유동방향을 따라 **변하게** 된다.

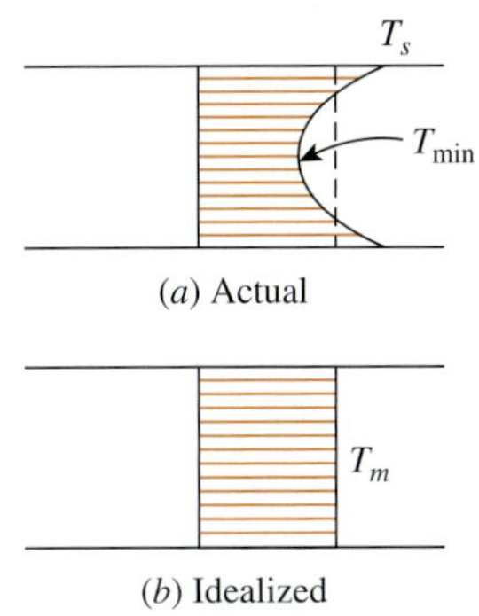

그림 5-17
관 유동에서 실제 온도장과 이상 온도장(유체를 통해 에너지가 전달된 비율은 두 경우에서 같다.)

평균 온도 T_m의 값은 **에너지 보존**의 원리를 만족해야 한다는 조건으로 결정된다. 즉 실제유동에서 단면을 통하여 유체에 의해 수송되는 에너지는 유체가 균일한 온도 T_m일 때 같은 단면을 통하여 수송되는 에너지와 같다는 것이다. 이것은 수학적으로 다음과 같이 표현된다(그림 5-17).

$$\dot{E}_{\text{fluid}} = \dot{m}c_pT_m = \int_{\dot{m}} c_pT(r)\delta\dot{m} = \int_{A_c} \rho c_pT(r)u(r)\,dA_c \tag{5-31}$$

여기서, c_p는 유체의 비열이다. 관을 따라 임의의 단면에서의 $\dot{m}c_pT_m$ 양은 주어진 단면에서 유체가 갖는 **에너지 흐름**을 나타낸다는 것에 주목해라. 그리고 비열과 밀도가 일정하고 반경이 R인 원형 파이프를 흐르는 유체의 평균 온도는 다음과 같이 나타낼 수 있다.

$$T_m = \frac{\int_{\dot{m}} c_pT(r)\delta\dot{m}}{\dot{m}c_p} = \frac{\int_0^R c_pT(r)\rho u(r)2\pi r\,dr}{\rho V_{\text{avg}}(\pi R^2)c_p} = \frac{2}{V_{\text{avg}}R^2}\int_0^R T(r)u(r)r\,dr \tag{5-32}$$

유체의 평균 온도 T_m은 가열이나 냉각되는 동안 변한다는 것에 주목해야 한다. 또한 내부유동에서 유체특성은 입구와 출구의 평균 온도의 산술평균인 **체적평균 유체 온도**(*bulk mean fluid temperature*)로 정해진다. 즉 $T_b = (T_i + T_e)/2$.

원형관 유동에서 Reynolds 수는 다음과 같이 정의된다.

$$\text{Re} = \frac{V_{\text{avg}}D}{\nu} = \frac{\rho V_{\text{avg}}D}{\mu} = \frac{\rho D}{\mu}\left(\frac{\dot{m}}{\rho\pi D^2/4}\right) = \frac{4\dot{m}}{\mu\pi D} \tag{5-33}$$

여기서 V_{avg}은 평균 유체속도이고, D는 관 직경이다. 그리고 $\nu = \mu/\rho$는 유체의 동점성계수이다.

층류, 천이, 난류유동에 딱 들어맞는 정확한 Reynolds 수가 있으면 확실히 바람직하겠지만, 실제는 그렇지 않다. 층류에서 난류유동으로의 천이는 **표면거칠기**, **파이프 진동** 그리고 **유동의 요동**(*fluctuations*) 등에 의한 유동 교란 정도에도 의존하기 때문이다. 대부분의 실제 조건에서는 관 내 유동이 Re < 2300에서는 층류, Re

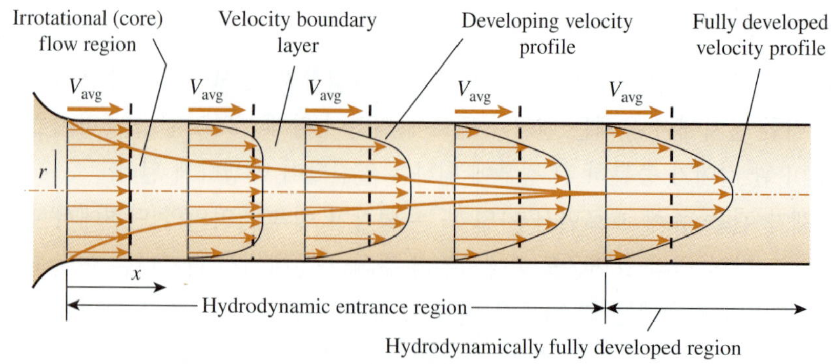

그림 5-18
튜브 내의 속도경계층의 발달[그림에서와 같이 완전히 발달된 층류 평균속도는 포물선형이나, 난류유동에서는 다소 평평하거나(flatter) 두드린 둥근 홈(fuller)과 같다.]

> 10,000에서는 완전 난류, 그리고 그 사이는 천이영역이다. 그러나 많은 경우 유동은 Re > 4000에서도 완전 난류가 될 수 있음을 명심해야 한다. 배관망(piping networks)을 설계하거나 펌프 동력을 결정할 때는 보통 보수적으로 접근하므로 Re > 4000에서의 유동을 난류라고 가정한다.

열적 입구영역

그림 5-18은 속도 경계층의 발달 양상을 보여주고 있다.

이제 균일한 온도의 유체가 다른 온도로 유지되는 원형관으로 들어가는 경우를 고려해 보자. 이때 관의 표면에 인접한 층의 유체입자 온도는 표면온도와 같을 것이다. 이로 인해 관에서 대류 열전달이 시작되고 관을 따라서 **열경계층**도 발달하기 시작한다. 이 경계층의 두께는 그림 5-19에서와 같이 경계층이 관의 가운데에 도달하고, 관 전체를 채울 때까지 유동방향으로 증가한다.

열경계층이 발달하고 관의 중심에 도달하는 데까지의 유동영역을 **열적 입구영역**이라고 하고, 이 영역의 길이를 **열적 입구 길이** L_t라고 한다. 이 입구영역에서는 온도분포가 계속 발달하고 있으므로 이 영역의 유동은 **열적으로 발달하는 유동**이라 부른다. $(T_s - T)/(T_s - T_m)$로 표현되는 무차원 온도분포가 변화 없이 계속 유지되는 열적 입구영역 이후의 영역을 열적으로 **완전히 발달된 영역**이라 부른다. 유동이 수력학적 및 열적으로 발달되어 속도와 무차원 온도분포가 변하지 않고 유지되는

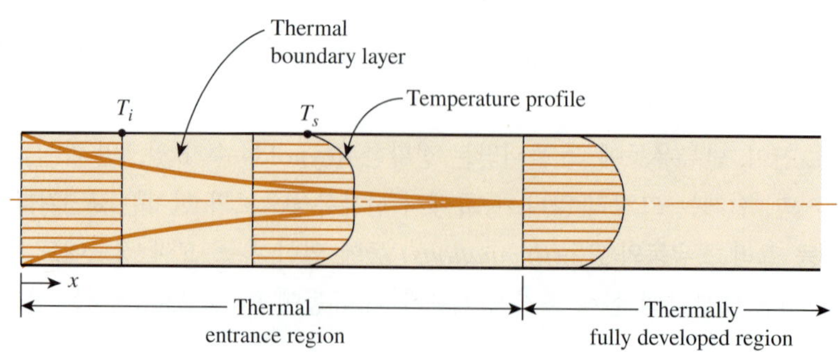

그림 5-19
튜브 내의 열적 경계층의 발달(튜브 내의 유체는 냉각된다.)

영역을 완전히 발달된 유동이라 부른다.

수력학적으로 완전히 발달된: $$\frac{\partial u(r, x)}{\partial x} = 0 \longrightarrow u = u(r) \tag{5-34}$$

열적으로 완전히 발달된: $$\frac{\partial}{\partial x}\left[\frac{T_s(x) - T(r, x)}{T_s(x) - T_m(x)}\right] = 0 \tag{5-35}$$

관 벽에서의 전단응력 τ_w는 표면에서의 속도구배와 관계가 있다. 수력학적으로 완전히 발달된 영역에서는 속도분포가 변하지 않으며, 벽면 전단응력 역시 이 영역에서 변하지 않음을 주지하여야 한다. 열적으로 완전히 발달된 영역에서 열전달계수에 대하여서도 같은 주장을 할 수 있다.

열적으로 완전히 발달된 영역에서, x에 대하여$(T_s - T)/(T_s - T_m)$ 미분에 의한 도함수는 0이고, $(T_s - T)/(T_s - T_m)$는 x에 대해 독립적이다. 그러면 r에 관한 $(T_s - T)/(T_s - T_m)$의 도함수는 x에 대해 독립적이어야만 한다.

$$\frac{\partial}{\partial r}\left(\frac{T_s - T}{T_s - T_m}\right)\bigg|_{r=R} = \frac{-(\partial T/\partial r)|_{r=R}}{T_s - T_m} \neq f(x) \tag{5-36}$$

표면 열유속은 다음과 같이 표현될 수 있다.

$$\dot{q}_s = h_x(T_s - T_m) = k\frac{\partial T}{\partial r}\bigg|_{r=R} \longrightarrow h_x = \frac{k(\partial T/\partial r)|_{r=R}}{T_s - T_m} \tag{5-37}$$

식 (5-36)로부터 이것은 x의 독립 변수이다. 이와 같이 **관의 열적으로 완전히 발달된 영역에서 국부 대류계수는 상수이다**(x의 변수가 아니다). 그러므로 **마찰(벽면 전단응력과 관계된)**계수와 대류열전달계수 모두 관 내 완전히 발달된 영역에서 상수이다.

열적으로 완전히 발달된 영역에서의 **온도분포**가 유동방향 x에 따라 변한다는 점에 주목하라. 즉 속도분포와는 달리, 온도분포는 완전히 발달된 영역에서 관의 다른 단면의 온도분포와 다를 수 있다. 그러나 무차원 온도분포는 관 표면에서의 온도나 열유속이 일정하게 유지될 때 열적으로 발달된 영역에서는 변하지 않고 일정하게 유지된다.

관 내부의 층류유동에서 무차원 Prandtl 수 Pr의 크기는 속도와 열경계층의 상대적 성장의 기준이 된다. 가스와 같이 $\text{Pr} \approx 1$인 유체의 경우에, 두 경계층은 본질적으로 서로 일치한다. 오일과 같이 $\text{Pr} \gg 1$인 유체의 경우에, 속도경계층은 열경계층보다 빨리 성장한다. 그 결과, 유체역학적 입구 길이는 열적 입구 길이보다 작다. 액체금속과 같이 $\text{Pr} \ll 1$인 유체의 경우에, 그 반대의 결과가 나타난다.

관 내부에서 가열(또는 냉각)되고 있는 유체를 고려해 보자. 그림 5-20과 같이, 마찰계수와 열전달계수는 경계층의 두께가 0인 관의 입구에서 **가장 높고**, 완전히 발달된 값으로 점차적으로 감소한다. 그러므로 압력강하와 열유속은 관의 입구에서 **가장 높고**, 입구영역의 효과는 전체 관에서 평균 마찰계수와 열전달계수를 증가

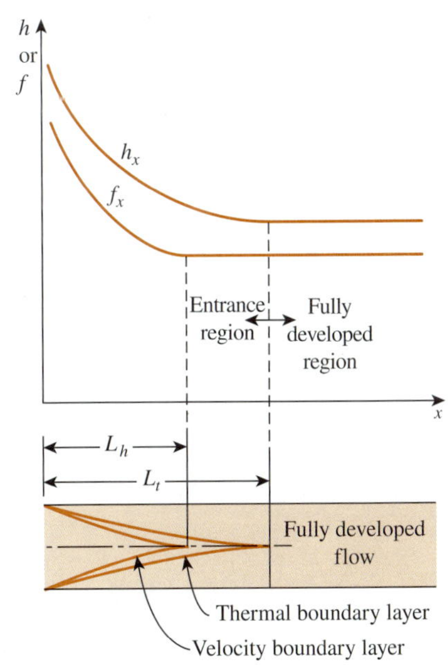

그림 5-20
튜브 내의 유동에서 유동방향으로의 마찰계수 및 대류 열전달계수의 변화(Pr > 1)

시킨다. 이러한 증가는 짧은 관에서는 중요할 수 있으나, 긴 관의 경우에는 무시할 만하다.

입구 길이

유체역학적 입구 길이는 일반적으로 벽면 전단응력이 완전히 발달된 값의 약 2% 이내에 도달하는 관입구로부터의 거리로 주어진다. **층류유동**에서 유체역학적 및 열적 입구 길이는 대략적으로 다음과 같이 주어진다. [Kays and Crawford (1993)과 Shah and Bhatti (1987)]

$$L_{h,\ \text{laminar}} \approx 0.05\ \text{Re}\ D \tag{5-38}$$

$$L_{t,\ \text{laminar}} \approx 0.05\ \text{Re}\ \text{Pr}\ D = \text{Pr}\ L_{h,\ \text{laminar}} \tag{5-39}$$

Re = 20일 때, 유체역학적 입구 길이는 대략 직경의 크기이지만, 속도와 함께 선형적으로 증가한다. Re = 2300으로 제한되어 있는 경우, 유체역학적 입구 길이는 115D이다. 유동이 수력학적, 열적으로 동시에 발달할 때는 열적 입구길이가 더 길어진다. Meyer와 Everts (2018)는 수력힉직으로 열적으로 동시에 발달하는 강제대류 층류유동에 대해서 식 (5-39)의 계수 0.05를 0.12로 대치하도록 권고하였다.

난류유동에서 불규칙적인 변동에 의한 격렬한 혼합은 일반적으로 분자 확산의 영향과는 무관하다. 그러므로 수력학적 및 열적 입구 길이는 대략 같은 크기이며 Prandtl 수의 영향을 받지 않는다.

입구 길이는 예상하는 바와 같이 난류유동에서 훨씬 짧으며, Reynolds 수의 영향은 더 작다. 많은 실제적인 관내 유동에서 입구로부터 10D 이후에는 입구의 영향은 미미하다. 그리고 수력학적 및 열적 입구 길이는 대략적으로 다음과 같이 주어진다.

$$L_{h,\ \text{turbulent}} \approx L_{t,\ \text{turbulent}} \approx 10D \tag{5-40}$$

열전달 장치에서 나타나는 Reynolds 수의 범위에 대하여 일정 표면온도와 일정 표면열유속 조건의 난류유동에서 관을 따라서 나타나는 국소 Nusselt 수의 변화가 그림 5-21에 주어져 있다. 이 그림으로부터 몇 가지 중요한 점을 볼 수 있다.

- Nusselt 수와 대류 열전달계수는 입구영역에서 매우 높다.
- Nusselt 수는 10D보다 작은 거리에서 일정한 값에 도달하며, 유동은 $x > 10D$에서 완전 발달될 것으로 추정된다.
- 일정 표면온도와 일정 표면열유속 조건에서 Nusselt 수는 완전히 발달된 영역에서 동일하며, 입구영역에서도 거의 동일하다. 그러므로 Nusselt 수는 열적 경계조건의 영향을 받지 않으며, 난류유동 관계식은 경계조건의 형태와 무관하게 사용될 수 있다.

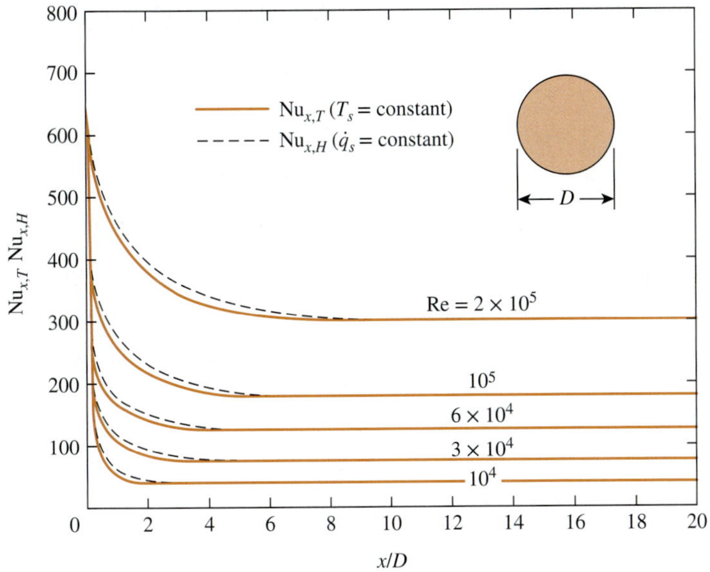

그림 5-21

일정 표면온도와 표면열유속 조건에 있는 관의 난류유동에서의 국소 Nusselt 수의 변화

Source: Deissler, 1953.

입구영역의 마찰계수와 열전달계수의 정확한 관계식은 문헌을 통하여 찾을 수 있다. 그러나 강제대류에서 실제로 사용되는 관은 입구영역 길이의 여러 배가 되는 길이를 가진다. 따라서 관을 통과하는 유동은 관의 전체 길이에서 완전히 발달된다고 가정한다. 이러한 단순한 접근법을 사용하면 긴 관의 경우에는 열전달률에 대하여 합리적인 결과가 나오며, 짧은 관의 경우에는 보수적인 결과가 나온다.

위의 관찰 결과는 난류의 경우에만 유효함을 주의한다. 층류유동에서는 Nusselt 수가 난류에서의 값보다 매우 낮으며 Nusselt 수가 일정한 값에 도달하는 거리가 보통 더 길다. 층류유동은 적용되는 열적 경계조건에 민감한 영향을 받는다.

5-6 ▪ 일반적인 열해석

어떤 일의 상호작용(전기저항 가열 같은)이 없을 때, 관에서 유체 정상유동의 경우 에너지 보존방정식은 다음과 같이 표기될 수 있다(그림 5-22).

$$\dot{Q} = \dot{m}c_p(T_e - T_i) \quad \text{(W)} \tag{5-41}$$

여기서, T_i와 T_e는 관의 입구와 출구에서 평균 유체온도이고, $\dot{Q}$는 유체로 또는 유체로부터의 열전달률이다. 관의 벽을 통한 어떠한 에너지의 상호작용이 없으면, 관을 흐르는 유체의 온도는 일정하게 유지됨을 주목하라.

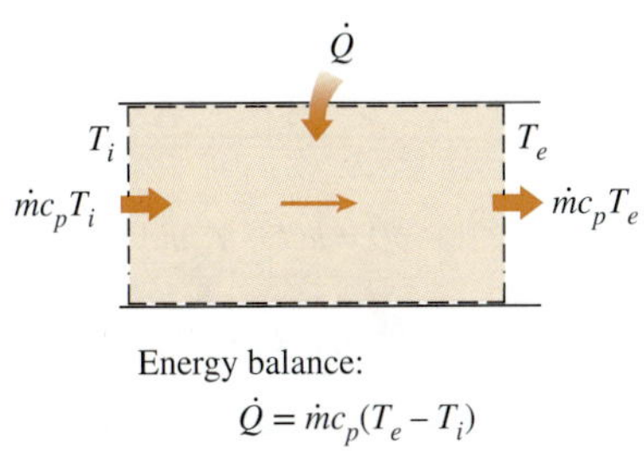

그림 5-22

관 내부를 흐르는 유체의 열전달은 유체의 에너지 증가와 같다.

관의 표면에서의 열적조건이 **일정한 표면온도 조건**(T_s = 일정)이거나 **일정한 표면 열유속 조건**($\dot{q}_s$ = 일정)으로 가정되는 것은 적절하다. 예를 들어, 일정한 표면온도 조건은 비등이나 응축과 같은 상변화 과정이 관의 바깥면에서 발생할 때 나타난다. 일정한 표면 열유속 조건은 관이 모든 방향으로부터 균일하게 복사나 전기적 저항 가열에 노출될 때 나타난다.

관의 임의의 위치에서 대류 열유속은 다음과 같이 표현될 수 있다.

$$\dot{q}_s = h_x(T_s - T_m) \qquad (\text{W/m}^2) \tag{5-42}$$

여기서, h_x는 국소 열전달계수이고, T_s와 T_m은 그 지점에서 표면온도와 평균 유체온도이다. 관에서 흐르는 유체의 평균 유체온도 T_m은 가열이나 냉각 과정 동안 반드시 변한다는 사실을 주목해야 한다. 그러므로 $h_x = h =$ 일정할 때, 표면온도 T_s는 $\dot{q}_s =$ 일정일 때 반드시 변해야만 하고, 표면 열유속 $\dot{q}_s$는 $T_s =$ 일정일 때 반드시 변해야만 한다. 따라서 관의 표면에서 $T_s =$ 일정이거나 $\dot{q}_s =$ 일정일 것이다. 그러나 두 가지 조건을 동시에 가지지는 않는다. 아래에서 자주 나타나는 이들 두 가지 경우의 대류 열전달을 고려해 보자.

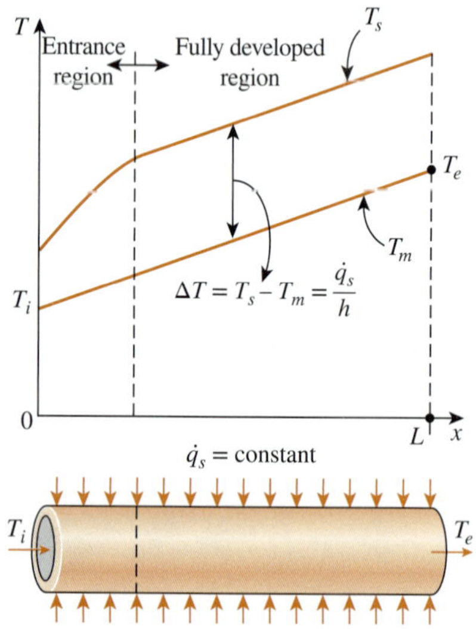

그림 5-23
등열유속 경계조건일 경우 관의 길이 방향으로의 **표면**온도와 **평균 유체**온도의 변화

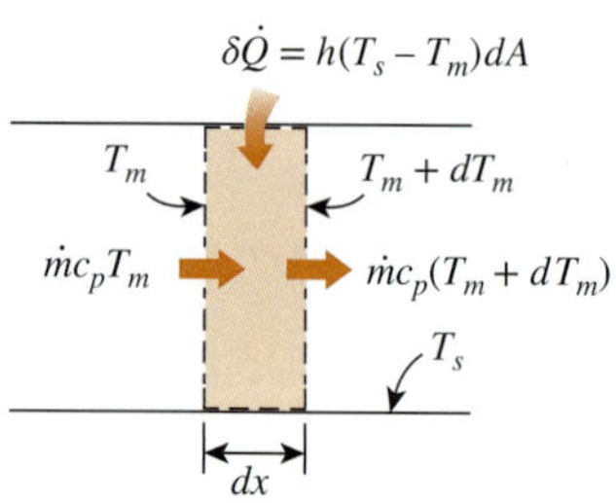

그림 5-24
관 내의 미소검사체적에서의 에너지 상호작용

일정한 표면 열유속($\dot{q}_s$ = 일정)

$\dot{q}_s =$ 일정한 경우에, 열전달률은 다음과 같이 표현될 수 있다.

$$\dot{Q} = \dot{q}_s A_s = \dot{m}c_p(T_e - T_i) \qquad (\text{W}) \tag{5-43}$$

그때, 관 출구에서의 평균 유체온도는 다음과 같다.

$$T_e = T_i + \frac{\dot{q}_s A_s}{\dot{m}c_p} \tag{5-44}$$

일정한 표면 열유속인 경우에 표면적이 유동방향으로 **선형적으로** 증가하기 때문에(A_s는 균일한 둘레와 관 길이의 곱과 같다), 평균 유체온도는 유동방향을 따라 선형적으로 증가한다.

일정한 열유속 $\dot{q}_s$인 경우에 표면의 온도는 다음과 같이 구할 수 있다.

$$\dot{q}_s = h(T_s - T_m) \quad \longrightarrow \quad T_s = T_m + \frac{\dot{q}_s}{h} \tag{5-45}$$

완전히 발달된 구간일 때 표면온도 T_s는 h가 일정하고, $T_s - T_m =$ 일정하기 때문에 유동 방향으로 선형적으로 증가한다(그림 5-23). 물론 유체의 물성값이 유동하는 동안 일정할 때의 경우에 해당한다.

T-x 선도에서 평균 온도 T_m의 기울기는 그림 5-24와 같이 관의 미소두께인 dx에서 정상유동의 에너지 평형을 적용하여 결정하면 다음과 같다.

$$\dot{m}c_p dT_m = \dot{q}_s(p\,dx) \quad \longrightarrow \quad \frac{dT_m}{dx} = \frac{\dot{q}_s p}{\dot{m}c_p} = \text{일정} \tag{5-46}$$

이때의 p는 관의 원주를 말한다.

$\dot{q}_s$와 h가 일정할 때 식 (5-45)를 x에 대하여 미분하면 다음과 같다.

$$\frac{dT_m}{dx} = \frac{dT_s}{dx} \tag{5-47}$$

또한 온도가 변하지 않는 완전히 발달된 영역에서의 무차원 온도분포가 필요하며 이는 다음과 같다.

$$\frac{\partial}{\partial x}\left(\frac{T_s - T}{T_s - T_m}\right) = 0 \longrightarrow \frac{1}{T_s - T_m}\left(\frac{\partial T_s}{\partial x} - \frac{\partial T}{\partial x}\right) = 0 \longrightarrow \frac{\partial T}{\partial x} = \frac{dT_s}{dx} \qquad \text{(5-48)}$$

$T_s - T_m =$ 일정할 때 식 (5-46)과 (5-47), (5-48)를 조합하여 다음과 같이 나타낼 수 있다.

$$\frac{\partial T}{\partial x} = \frac{dT_s}{dx} = \frac{dT_m}{dx} = \frac{\dot{q}_s p}{\dot{m} c_p} = \text{일정} \qquad \text{(5-49)}$$

일정 표면열유속 조건이 주어진 관의 완전발달유동에서 온도구배는 x에 무관하므로 온도분포의 형상은 관을 따라서 변하지 않는다고 결론을 낼 수 있다(그림 5-25).

식 (5-49)를 $x = 0$부터 적분하면 관을 따라 평균 온도가 어떻게 변화하는지에 대한 관계식을 구할 수 있다.

$$T_m = T_i + \frac{\dot{q}_s p}{\dot{m} c_p} x \qquad \text{(5-50)}$$

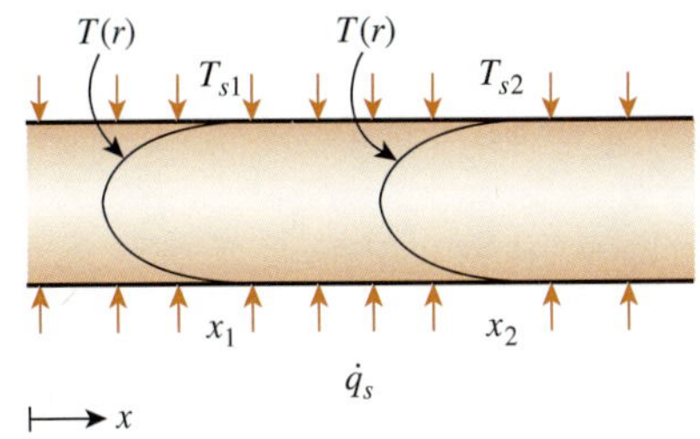

그림 5-25
등열유속 경계조건인 관의 완전 발달 구간에서 변하지 않는 온도분포의 모습

$A_s = pL$임을 생각하며 상기 식의 x에 L을 대입하면 식 (5-43)을 구할 수 있다. 식 (5-50)은 일정한 표면 열유속 조건이 주어지는 관 내에서 평균 온도가 x에 따라 선형적으로 변화함을 다시 보여준다.

원형관의 경우 $p = 2\pi R$, $\dot{m} = \rho V_{avg} A_c = \rho V_{avg}(\pi R^2)$와 같으며 식 (5-49)은 다음과 같이 쓸 수 있다.

원형관:
$$\frac{\partial T}{\partial x} = \frac{dT_s}{dx} = \frac{dT_m}{dx} = \frac{2\dot{q}_s}{\rho V_{avg} c_p R} = \text{일정} \qquad \text{(5-51)}$$

여기서 V_{avg}는 유체의 평균속도를 나타낸다.

일정한 표면온도(T_s = 일정)

Newton의 냉각법칙으로부터 관 내부를 흐르는 유체로 혹은 유체로부터의 열전달률은 다음과 같이 표현될 수 있다.

$$\dot{Q} = hA_s \Delta T_{avg} = hA_s(T_s - T_m)_{avg} \qquad \text{(W)} \qquad \text{(5-52)}$$

여기서, h는 평균 대류 열전달계수, A_s는 열전달 면적(이것은 길이가 L인 원형관에서 πDL과 같다)이고, ΔT_{avg}는 유체와 표면 사이의 어떤 적절한 **평균** 온도차를 나타낸다. 아래에서, 우리는 ΔT_{avg}를 표현하는 두 개의 적절한 방법을 토의한다.

일정 표면온도(T_s = 일정)의 경우, ΔT_{avg}는 다음과 같이 **산술평균온도차** ΔT_{am}에 의해서 근사적으로 표현될 수 있다.

$$\Delta T_{avg} \approx \Delta T_{am} = \frac{\Delta T_i + \Delta T_e}{2} = \frac{(T_s - T_i) + (T_s - T_e)}{2} = T_s - \frac{T_i + T_e}{2}$$
$$= T_s - T_b \tag{5-53}$$

여기서, $T_b = (T_i + T_e)/2$는 **체적평균 유체온도**로서, 관의 입구와 출구에서의 평균 유체온도의 **산술적인 평균**을 나타낸다.

산술평균온도차 ΔT_{am}는 관의 입구와 출구에서의 표면과 유체 사이의 **온도차의 평균**이라는 것에 주목하라. 본질적으로 이러한 정의에는 평균 유체온도가 관을 따라서 선형적으로 변화한다는 가정을 포함하고 있다. 하지만 이런 간단한 가정은 T_s가 일정할 때는 성립할 수 없는 현상이다. 이런 단순한 근사화로 가끔 괜찮은 결과가 나올 수 있기는 하지만 언제나 그런 것은 아니다. 그러므로 우리는 ΔT_{avg}를 계산하기 위한 더 좋은 방법이 필요하다.

내부 표면이 균일한 온도 T_s로 유지되고, 단면이 일정한 관의 내부를 흐르는 유체의 가열을 고려하자. 우리는 유체의 평균 온도 T_m은 열전달의 결과로 인하여 유동방향으로 증가한다는 것을 안다. 그림 5-24에서와 같이 미소검사체적에서의 에너지 평형은 다음과 같이 주어진다.

$$\dot{m}c_p\, dT_m = h(T_s - T_m)dA_s \tag{5-54}$$

다시 말해서 유체의 에너지 증가(dT_m에 의해 나타내지는 유체의 평균 온도의 증가)는 대류에 의해 관 표면으로부터 유체에 전해지는 열과 같다는 것이다. T_s가 일정하기 때문에, p가 관의 둘레일 때 미소표면적 $dA_s = pdx$이고, $dT_m = -d(T_s - T_m)$이라는 것을 사용하면 위의 관계식은 다음과 같이 다시 정리될 수 있다.

$$\frac{d(T_s - T_m)}{T_s - T_m} = -\frac{hp}{\dot{m}c_p}dx \tag{5-55}$$

$x = 0$ ($T_m = T_i$일 때의 관 입구)부터 $x = L$ ($T_m = T_e$일 때의 관 출구)까지 적분하면 다음 식을 구할 수 있다.

$$\ln\frac{T_s - T_e}{T_s - T_i} = -\frac{hA_s}{\dot{m}c_p} \tag{5-56}$$

여기서, $A_s = pL$은 관의 표면적이고, h는 일정한 평균 대류 열전달계수이다. 양변에 지수를 취하고, T_e에 관해 풀면 **관의 출구에서의 평균 유체온도**를 결정하는 데 매우 편리한 아래의 관계식을 얻을 수 있다.

$$T_e = T_s - (T_s - T_i)\exp(-hA_s/\dot{m}c_p) \tag{5-57}$$

이 관계식은 또한, $A_s = pL$을 $A_s = px$로 바꿈으로써 임의의 x에서 평균 유체온도 $T_m(x)$을 결정하기 위해 사용될 수 있다.

그림 5-26와 같이 유체와 표면 사이의 온도차는 유동방향으로 **지수적으로** 감소

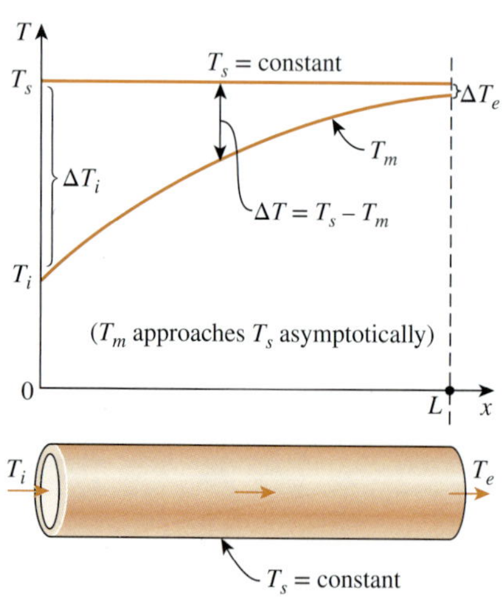

그림 5-26
등온 경계조건일 경우 관의 길이 방향으로의 평균 유체온도의 변화

하고, 감소율은 지수 $hA_s/\dot{m}c_p$의 크기에 좌우된다. 이 무차원 매개변수는 **전달단위수**(*number of transfer units*)라 불리고, NTU라 표시되는데, 이것은 열전달 시스템의 성능 척도가 된다. NTU > 5인 경우에, 유체의 출구온도는 표면온도와 거의 동일($T_e \approx T_s$)하게 된다(그림 5-27). 유체온도가 표면온도에 가까워질 수는 있으나, 그것보다 더 높을 수는 없다. NTU의 값이 5일 때에는 열전달이 한계에 이르게 되고, 그것은 관의 길이를 얼마나 많이 늘이는가에 상관없이 열전달은 더 이상 증가하지는 않는다는 것을 나타낸다. 반면에, 작은 NTU의 값에 대하여는 열전달이 더 일어날 여지가 있어서, 관의 길이를 늘임으로써 열전달도 같이 증가할 것이다. 큰 NTU와 큰 열전달 표면적(큰 관을 의미함)은 열전달의 관점에서는 바람직하나, 경제적인 면에서는 받아들여질 수 없다. 일반적으로 열전달 장비의 선택은 열전달의 성능과 비용 사이의 적절한 절충을 통하여 이루어진다.

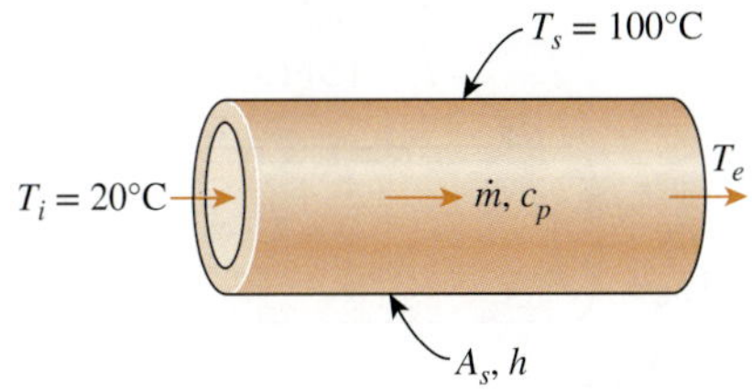

NTU = $hA_s/\dot{m}c_p$	T_e, °C
0.01	20.8
0.05	23.9
0.10	27.6
0.50	51.5
1.00	70.6
5.00	99.5
10.00	100.0

그림 5-27
NTU 값이 5보다 클 경우 관로에서의 유체온도가 입구의 온도에 관계없이 출구에서 표면온도에 도달한다.

$\dot{m}c_p$에 관하여 식 (5-56)을 풀면 다음과 같다.

$$\dot{m}c_p = -\frac{hA_s}{\ln[(T_s - T_e)/(T_s - T_i)]} \quad \textbf{(5-58)}$$

이 식을 식 (5-41)에 대입하면, 다음과 같은 식을 얻을 수 있다.

$$\dot{Q} = hA_s\Delta T_{\text{lm}} \quad \textbf{(5-59)}$$

여기서,

$$\Delta T_{\text{lm}} = \frac{T_i - T_e}{\ln[(T_s - T_e)/(T_s - T_i)]} = \frac{\Delta T_e - \Delta T_i}{\ln(\Delta T_e/\Delta T_i)} \quad \textbf{(5-60)}$$

는 **대수평균온도차**(logarithmic mean temperature difference)를 나타낸다. 각각 $\Delta T_i = T_s - T_i$와 $\Delta T_e = T_s - T_e$는 관의 입구와 출구에서 표면과 유체 사이의 온도차이다. 위 식 ΔT_{lm}은 잘못 사용된 것처럼 보이나, 이는 실제적으로 전혀 문제가 없다. 왜냐하면 분자와 분모에서 T_e의 자리에 T_i를 사용하였더라도, 부호를 바꿀 뿐이며 그 크기는 변화시키지 않기 때문이다. 또한 그것은 관 내부에서 유체의 가열($T_s > T_i, T_e$)과 냉각($T_s < T_i, T_e$)의 경우 모두에 사용될 수 있다.

대수평균온도차 ΔT_{lm}는 관을 따라 변화하는 유체의 실제 온도분포를 추적함으로써 얻어지고, 이것은 유체와 표면 사이의 **평균 온도차**에 대한 **정확한** 표현이다. 이것은 국소 온도차의 지수적인 감소를 사실적으로 나타낸다. ΔT_e와 ΔT_i의 차이가 40% 미만인 경우, 대수온도차를 이용할 때 발생하는 오차는 1% 미만이다. 하지만 ΔT_e와 ΔT_i의 차이가 클 때, 오차는 커진다. 그러므로 표면에서 일정온도 T_s를 유지하는 관에서 대류 열전달을 결정할 때에는, 항상 대수평균온도차를 사용해야만 한다.

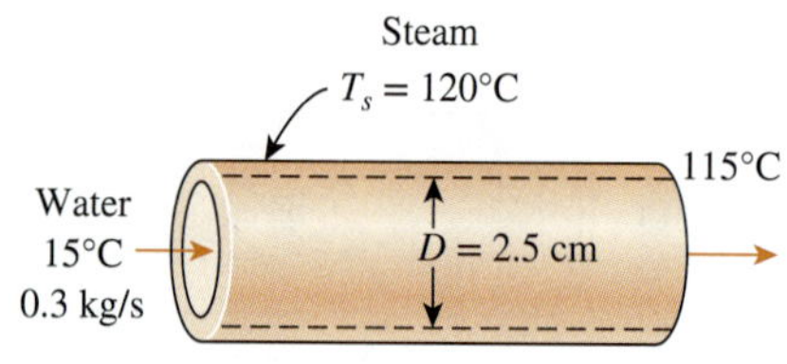

그림 5-28
예제 5-5의 개략도

예제 5-5 스팀을 이용한 튜브 내 물 가열

온도가 15°C인 내경 2.5 cm의 얇은 구리 관으로 된 열교환기로 0.3 kg/s의 유량으로 물이 들어간다. 그리고 외부 스팀 응축에 의해 120°C로 가열된다. 만약 평균 열전달률이 800 W/m²라면 물이 115°C가 되기 위해 필요한 관의 길이를 구하라(그림 5-28).

풀이 물은 스팀에 의해 원형관에서 가열된다. 물이 제시된 온도로 가열되기 위해 필요한 관의 길이가 구해져야 한다.

가정 **1.** 작동 환경이 일정하다. **2.** 유체의 물성값은 일정하다. **3.** 대류 열전달률은 일정하다. **4.** 구리관의 열전도 저항은 무시할 수 있으므로 관의 내부 표면온도는 스팀의 응축온도와 동일하다.

물성값 체적평균 유체온도 (15 + 115)/2 = 65°C일 때의 물의 비열은 4187 J/kg·K이다. 120°C일 때 스팀의 응축열은 2203 kJ/kg이다(Table A-15).

해석 물의 입구와 출구온도를 알고 있고, 열전달률은 다음과 같다.

$$\begin{aligned}\dot{Q} = \dot{m}c_p(T_e - T_i) &= (0.3\text{ kg/s})(4.187\text{ kJ/kg·K})(115°\text{C} - 15°\text{C})\\ &= 125.6\text{ kW}\end{aligned}$$

대수평균온도차는

$$\Delta T_e = T_s - T_e = 120°\text{C} - 115°\text{C} = 5°\text{C}$$

$$\Delta T_i = T_s - T_i = 120°\text{C} - 15°\text{C} = 105°\text{C}$$

$$\Delta T_{\text{lm}} = \frac{\Delta T_e - T_i}{\ln(\Delta T_e/\Delta T_i)} = \frac{5 - 105}{\ln(5/105)} = 32.85°\text{C}$$

표면에서의 열전달은

$$\dot{Q} = hA_s\Delta T_{\text{lm}} \longrightarrow A_s = \frac{\dot{Q}}{h\Delta T_{\text{lm}}} = \frac{125.6\text{ kW}}{(0.8\text{ kW/m}^2\text{·K})(32.85°\text{C})} = 4.78\text{ m}^2$$

그러므로 관의 필요 길이는 다음과 같다.

$$A_s = \pi DL \longrightarrow L = \frac{A_s}{\pi D} = \frac{4.78\text{ m}^2}{\pi(0.025\text{ m})} = \mathbf{61\text{ m}}$$

검토 이 문제의 가열 과정에서 물의 체적평균 유체온도는 65°C이므로 산술평균온도차는 ΔT_{am} = 120 − 65 = 55°C이다. ΔT_{lm} 대신 ΔT_{am}을 이용하면 L = 36 m라는 큰 오차의 결과가 나온다. 이것은 계산에 있어서 대수평균 온도의 사용이 중요하다는 것을 말해 준다.

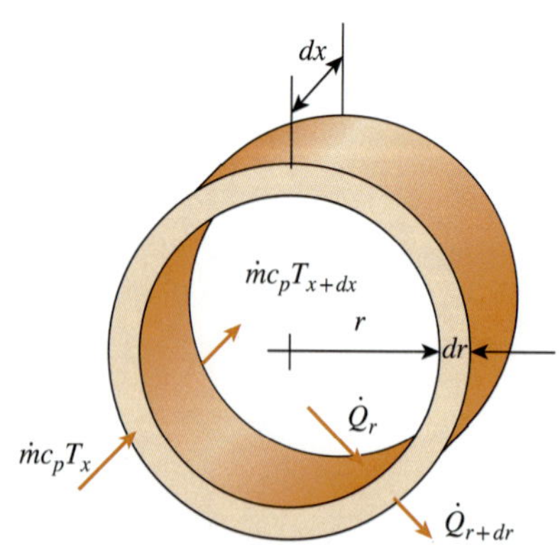

그림 5-29
에너지 평형관계를 구하는 데 사용되는 미소 부피요소

5-7 ▪ 관 내부의 층류유동

반경 R의 원형관 내의 정상 층류유동을 고려해 보자. 유체 물성값 ρ, k 및 c_p는 상수이다. 그리고 점성력에 의한 일은 무시한다. 유체는 x축 방향을 따라 속도 u로 흐른다. 유동은 완전 발달되어 속도 u는 x에 무관하다. 따라서 $u = u(r)$이 된다. 에너지가 질량에 의해 x방향으로 전달되고, r방향으로 전도되며(x방향의 열전도는 무시할 정도로 작다고 가정), 두께 dr, 길이 dx를 갖는 원통형 shell 요소에 정상−유동 에너지 평형을 그림 5-29에서와 같이 적용할 수 있다.

$$\dot{m}c_pT_x - \dot{m}c_pT_{x+dx} + \dot{Q}_r - \dot{Q}_{r+dr} = 0 \tag{5-61}$$

여기서, $\dot{m} = \rho u A_c = \rho u(2\pi r dr)$이다. 식 (5-61)에 대입하고, $2\pi r\, dr\, dx$로 나누고, 재배열하여서 다음을 구하였다.

$$\rho c_p u \frac{T_{x+dx} - T_x}{dx} = -\frac{1}{2\pi r\, dx} \frac{\dot{Q}_{r+dr} - \dot{Q}_r}{dr} \tag{5-62}$$

또는

$$u\frac{\partial T}{\partial x} = -\frac{1}{2\rho c_p \pi r\, dx} \frac{\partial \dot{Q}}{\partial r} \tag{5-63}$$

그러나 반경 방향의 Fourier 열전도 법칙에 의해

$$\frac{\partial \dot{Q}}{\partial r} = \frac{\partial}{\partial r}\left(-2\pi rk\, dx \frac{\partial T}{\partial r}\right) = -2\pi k\, dx \frac{\partial}{\partial r}\left(r\frac{\partial T}{\partial r}\right) \tag{5-64}$$

대입하고 $\alpha = k/\rho c_p$를 사용하여 다음을 구하였다.

$$u\frac{\partial T}{\partial x} = \frac{\alpha}{r}\frac{\partial}{\partial r}\left(r\frac{\partial T}{\partial r}\right) \tag{5-65}$$

식 (5-65)은 질량유량에 의한 검사체적으로의 순 에너지 전달률은 반경방향의 순 열전도도와 동일함을 보여준다.

일정한 표면 열유속

일정한 표면 열유속 경계조건하에서 원형관 내의 완전히 발달된 유동에 대하여 식 (5-51)로부터 다음의 관계식을 얻는다.

$$\frac{\partial T}{\partial x} = \frac{dT_s}{dx} = \frac{dT_m}{dx} = \frac{2\dot{q}_s}{\rho V_{\text{avg}} c_p R} = \text{일정} \tag{5-66}$$

x방향의 열전도가 식 (5-65)의 미분으로 고려된다면, 이것은 부가적인 항 $\alpha\partial^2T/\partial x^2$이 주어지고, 여기서 $\partial T/\partial x$ = 상수이므로 0이 되고, 따라서 $T = T(r)$이 된다. 그러므로, 축방향 열전도가 없다는 가정을 정확하게 만족한다.

식 (5-66)과 속도분포 관계식 $u(r) = 2V_{\text{avg}}\left(1 - \frac{r^2}{R^2}\right)1$을 식 (5-65)에 대입하여 다음을 구한다.

$$\frac{4\dot{q}_s}{kR}\left(1 - \frac{r^2}{R^2}\right) = \frac{1}{r}\frac{d}{dr}\left(r\frac{dT}{dr}\right) \tag{5-67}$$

이것은 2계 상미분방정식이다. 그 해법은 변수들을 분리하고 두 번 미분함으로써 다음의 일반해를 얻을 수 있다.

$$T = \frac{\dot{q}_s}{kR}\left(r^2 - \frac{r^4}{4R^2}\right) + C_1 \ln r + C_2 \tag{5-68}$$

이제 $r = 0$에서 $\partial T/\partial x = 0$(대칭 관계), $r = R$에서 $T = T_s$인 경계조건을 적용하여 원하는 해를 다음과 같이 얻는다.

$$T = T_s - \frac{\dot{q}_s R}{k}\left(\frac{3}{4} - \frac{r^2}{R^2} + \frac{r^4}{4R^4}\right) \tag{5-69}$$

혼합 평균 온도 T_m은 속도와 온도분포 관계식을 식 (5-32)에 대입하고 적분하여 아래와 같이 구한다.

$$T_m = T_s - \frac{11}{24}\frac{\dot{q}_s R}{k} \tag{5-70}$$

이 관계식을 $\dot{q}_s = h(T_s - T_m)$와 연관지어서 열전달계수를 구한다.

$$h = \frac{24}{11}\frac{k}{R} = \frac{48}{11}\frac{k}{D} = 4.36\frac{k}{D} \tag{5-71}$$

즉,

원형관, 층류($\dot{q}_s$ = 일정): $$\text{Nu} = \frac{hD}{k} = 4.36 \tag{5-72}$$

그러므로, 일정한 표면열유속하의 원형관 내의 완전히 발달된 층류유동의 경우, Nusselt 수는 상수가 된다. 즉 Reynolds 수와 Prandtl 수에 의존하지 않는다.

일정한 표면온도

일정한 표면온도 T_s 조건하에서 원형관 내의 완전히 발달된 층류유동에 대하여 유사한 해석을 수행할 수 있다. 이 경우 반복(iteration) 해법을 사용하여야 하므로 해법의 과정이 좀 더 복잡하나, Nusselt 수의 관계식은 일정 표면열유속의 경우처럼 간단하다. 이 문제는 반복해법을 통해 해를 구할 수 있으며, Kays와 Crawford (1993) 또는 최근의 Shokouhmand and Hooman (2003)이 보고한 엄밀해 구하는 방법을 참조한다. 그 결과로 얻어지는 Nusselt 수 관계식은 다음과 같다(그림 5-30).

원형관, 층류(일정한 표면온도): $$\text{Nu} = \frac{hD}{k} = 3.66 \tag{5-73}$$

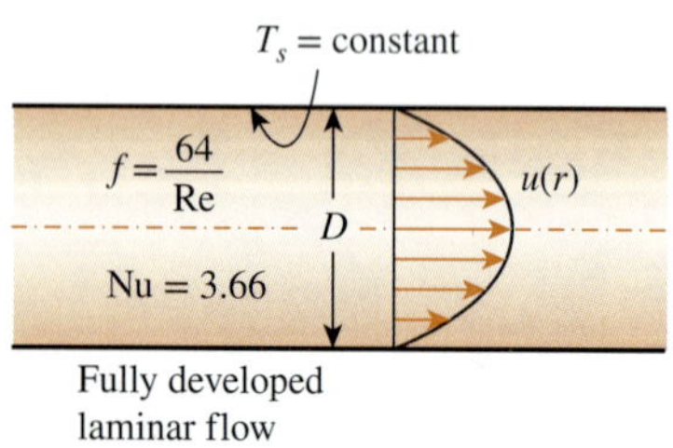

그림 5-30
일정한 표면온도의 관 내의 층류유동에서 마찰인자와 열전달계수 모두 완전히 발달된 영역에서 일정하다.

식 (5-72)와 (5-73)을 비교하면 완전발달 층류 파이프 유동에서 일정 표면열유속 조건의 Nusselt 수가 일정 표면온도 조건의 경우보다 16% 높음을 알 수 있다. 층류유동은 적용되는 표면의 열 경계조건에 민감하게 반응하는데, 더 높은 열전달률이 필요할 때 가능하다면 일정 표면 열유속 경계조건이 사용되어야 함을 보여준다. 난류유동에서는 표면의 경계조건에 민감하지 않다는 그림 5-21의 결과는 층류류동 경우와 상반된다.

위의 Nu 식에 사용된 열전도도 k는 관 입구와 출구 유체평균온도의 산술평균인 체적평균 유체온도에서 구해야 한다. 층류유동에서 **표면거칠기**가 마찰계수와 열전달계수에 미치는 영향은 무시할 만큼 작다.

표 5-3

다양한 단면 형상의 관에서 완전히 발달된 층류유동의 Nusselt 수와 마찰인자표
($D_h = 4A_c/p$, $\mathrm{Re} = V_{\mathrm{avg}}D_h/\nu$, and $\mathrm{Nu} = hD_h/k$)

		Nusselt number		
Tube geometry	a/b or θ	T_s = Const.	$\dot{q}_s$ = Const.	Friction factor f
Circle 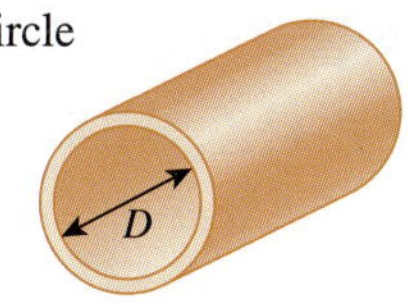	—	3.66	4.36	64.00/Re
Rectangle 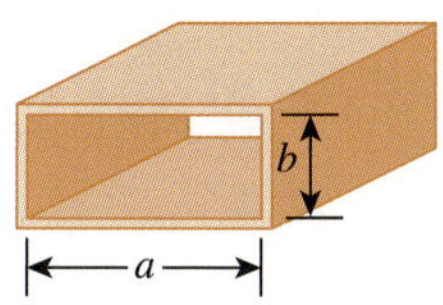	a/b			
	1	2.98	3.61	56.92/Re
	2	3.39	4.12	62.20/Re
	3	3.96	4.79	68.36/Re
	4	4.44	5.33	72.92/Re
	6	5.14	6.05	78.80/Re
	8	5.60	6.49	82.32/Re
	∞	7.54	8.24	96.00/Re
Ellipse 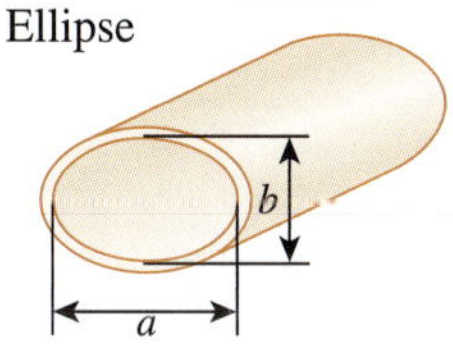	a/b			
	1	3.66	4.36	64.00/Re
	2	3.74	4.56	67.28/Re
	4	3.79	4.88	72.96/Re
	8	3.72	5.09	76.60/Re
	16	3.65	5.18	78.16/Re
Isosceles triangle 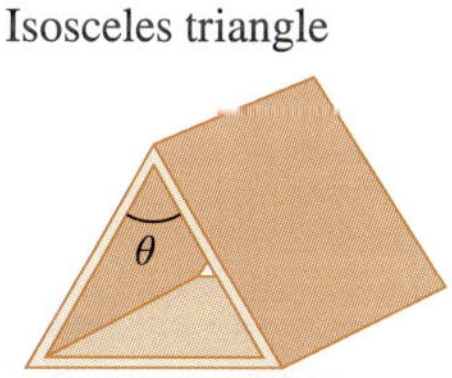	θ			
	10°	1.61	2.45	50.80/Re
	30°	2.26	2.91	52.28/Re
	60°	2.47	3.11	53.32/Re
	90°	2.34	2.98	52.60/Re
	120°	2.00	2.68	50.96/Re

비원형관에서의 층류유동

다양한 단면의 관에서 **완전히 발달된 층류유동**에 대한 마찰계수 f와 Nusselt 수의 관계가 표 5-3에 주어져 있다. 이 관내유동에서 Reynolds 수와 Nusselt 수는 다음과 같이 $D_h = 4A_c/p$로 정의되는 수력직경(hydraulic diameter)에 기준을 두며, 여기에서 A_c는 관의 단면적이고, p는 그것의 둘레이다. Nusselt 수가 얻어지면, 대류 열전달계수는 $h = k\mathrm{Nu}/D_h$로부터 구하여진다.

입구영역에서 층류유동의 발달

표면온도가 일정하게 유지되는 길이 L의 원형관에서, **열적 입구영역**의 평균 Nusselt 수는 다음의 식으로 구할 수 있다(Edwards et al., 1979).

입구영역, 층류:
$$Nu = 3.66 + \frac{0.065(D/L)\ Re\ Pr}{1 + 0.04[(D/L)\ Re\ Pr]^{2/3}} \quad (5\text{-}74)$$

예상되는 것처럼, 입구영역에서 평균 Nusselt 수는 크고, $L \to \infty$일 때, Nusselt 수는 점차적으로 완전히 발달된 값인 3.66으로 접근한다. 이 관계식은 유체가 가열되는 부분에 들어갈 때 유동은 수력학적으로 완전 발달되었다고 가정하지만, $Pr \geq 5$일 때는 유동이 수력학적으로 발달하는 유동에도 근사적으로 사용될 수 있다.

표면과 유체의 온도 차이가 클 때, 온도에 따른 점성의 변화를 고려해야 한다.

이 경우에 원형관에서 발달 중인 층류의 평균 Nusselt 수는 다음 식으로 구할 수 있다(Sieder and Tate, 1936).

입구영역, 층류:
$$Nu = 1.86\left(\frac{Re\ Pr\ D}{L}\right)^{1/3}\left(\frac{\mu_b}{\mu_s}\right)^{0.14} \quad (5\text{-}75)$$

위의 관계식은 $0.60 \leq Pr \leq 5$와 $0.0044 \leq (\mu_b/\mu_s) \leq 9.75$의 조건에서 권장된다. μ_s를 제외한 모든 물성값은 체적평균 유체온도에서 구해야 한다.

길이가 L이고 **등온의 평행한 평판** 사이 유동의 열적 입구영역에 대한 평균 Nusselt 수는 다음과 같이 표현된다(Edwards et al., 1979).

입구영역, 층류:
$$Nu = 7.54 + \frac{0.03(D_h/L)Re\ Pr}{1 + 0.016[(D_h/L)Re\ Pr]^{2/3}} \quad (5\text{-}76)$$

여기서, D_h는 평판 사이 거리의 두 배가 되는 수력직경이다. 이 관계식은 $Re \leq$ 2,800에서 사용될 수 있다.

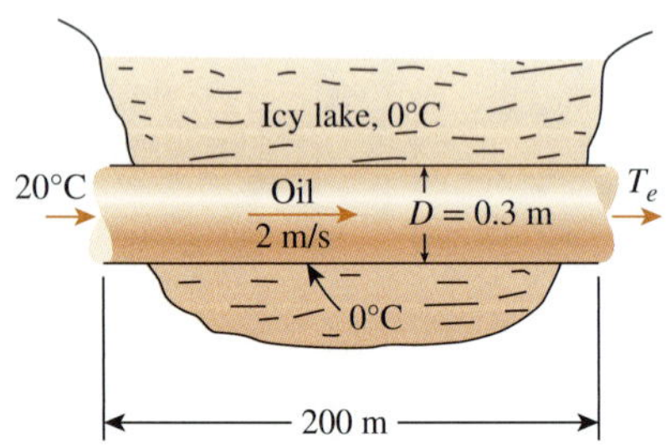

그림 5-31
예제 5-6의 개략도

예제 5-6 호수를 관통하는 송유관 내 오일유동

직경이 30 cm인 송유관 안에 평균속도가 2 m/s이고 20°C인 기름의 유동을 고려하자(그림 5-31). 길이가 200 m인 송유관이 0°C의 차가운 호수를 통과하고 있다. 측정 결과, 송유관의 표면온도는 거의 0°C이다. 관 재질의 열저항을 무시할 때 (*a*) 송유관을 호수에 두었을 때 기름의 온도, (*b*) 기름으로부터의 열전달률, (*c*) 압력손실을 극복하며 관에서 기름의 유동을 유지하기에 필요한 펌프동력을 구하라.

풀이 기름이 송유관을 통해 0°C의 차가운 호수를 통과하여 지나간다. 기름의 출구온도, 열손실률, 압력강하를 극복하기 위해 필요한 펌프동력을 결정하기 위한 문제이다.

가정 **1.** 정상 가동 상태에 있다. **2.** 관의 표면온도는 거의 0°C이다. **3.** 관의 열저항은 무시할 수 있다. **4.** 관의 내부 표면은 매끄럽다. **5.** 관이 호수에 도달할 때, 유동은 완전히 발달된다.

물성값 기름의 출구온도를 알지 못하기 때문에 물성값을 결정할 기름의 부피 평균 온도를 구할 수가 없다. 입구에서의 기름의 평균 온도는 20°C이나, 호수의 차가운 물에 의한 열손실로 약간 떨어지게 된다. 입구온도로 기름의 물성값을 결정할 수 있으나 필요하다면 계산된 평균 부피온도에서의 물성값을 이용하여 계산을 반복할 수 있다. 20°C에서 기름의 물성값은 다음과 같다(Table A-19).

$$\rho = 888.1 \text{ kg/m}^3 \qquad \nu = 9.429 \times 10^{-4} \text{ m}^2\text{/s}$$
$$k = 0.145 \text{ W/m·K} \qquad c_p = 1880 \text{ J/kg·K} \qquad \text{Pr} = 10{,}863$$

해석 (*a*) Reynolds 수를 구하면,

$$\text{Re} = \frac{V_{\text{avg}}D}{\nu} = \frac{(2 \text{ m/s})(0.3 \text{ m})}{9.429 \times 10^{-4} \text{ m}^2\text{/s}} = 636$$

인데, 임계 Reynolds 수인 2300보다 작다. 따라서, 유동은 층류이고 열적 입구 길이는 대략

$$L_t \approx 0.05 \text{ Re Pr } D = 0.05 \times 636 \times 10{,}863 \times (0.3 \text{ m}) \approx 103{,}600 \text{ m}$$

이며, 관의 전체길이보다 더 길다. 이것은 Prandtl 수가 큰 유체들의 전형적인 특징이다. 따라서 열적 발달과정의 유동으로 가정할 수 있으며 이때 Nusselt 수는 다음과 같다.

$$\text{Nu} = \frac{hD}{k} = 3.66 + \frac{0.065(D/L) \text{ Re Pr}}{1 + 0.04\,[(D/L) \text{ Re Pr}]^{2/3}}$$
$$= 3.66 + \frac{0.065(0.3/200) \times 636 \times 10{,}863}{1 + 0.04\,[(0.3/200) \times 636 \times 10{,}863]^{2/3}}$$
$$= 37.3$$

Nusselt 수는 완전히 발달된 유동의 Nusselt 수 3.66보다 훨씬 크다. 그렇다면

$$h = \frac{k}{D}\text{Nu} = \frac{0.145 \text{ W/m·K}}{0.3 \text{ m}}(37.3) = 18.0 \text{ W/m}^2\text{·K}$$

또한,

$$A_s = \pi DL = \pi(0.3 \text{ m})(200 \text{ m}) = 188.5 \text{ m}^2$$
$$\dot{m} = \rho A_c V_{\text{avg}} = (888.1 \text{ kg/m}^3)[\tfrac{1}{4}\pi(0.3 \text{ m})^2](2 \text{ m/s}) = 125.6 \text{ kg/s}$$

기름의 출구온도는 아래와 같이 계산된다.

$$T_e = T_s - (T_s - T_i)\exp(-hA_s/\dot{m}c_p)$$
$$= 0°\text{C} - [(0 - 20)°\text{C}]\exp\left[-\frac{(18.0 \text{ W/m}^2\text{·K})(188.5 \text{ m}^2)}{(125.6 \text{ kg/s})(1881 \text{ J/kg·K})}\right]$$
$$= \mathbf{19.71°C}$$

그러므로, 관이 호수에 들어가 있을 때 기름의 평균 온도는 0.29°C 정도 떨어져서, 부피의 평균 온도는 19.86°C가 되는데 이 값은 입구 평균 온도 20°C에 거의 가깝다. 따라서, 물성값을 다시 결정하여 계산을 반복할 필요가 없다.

(*b*) 기름의 대수평균온도차와 열손실은 아래와 같다.

$$\Delta T_{\text{lm}} = \frac{T_i - T_e}{\ln\dfrac{T_s - T_e}{T_s - T_i}} = \frac{20 - 19.71}{\ln\dfrac{0 - 19.71}{0 - 20}} = -19.85°\text{C}$$

$$\dot{Q} = hA_s\,\Delta T_{\text{lm}} = (18.0 \text{ W/m}^2\text{·K})(188.5 \text{ m}^2)(-19.85°\text{C}) = \mathbf{-6.75 \times 10^4\ W}$$

따라서 기름이 관을 통하여 호수의 차가운 물을 지날 때 67.5 kW의 열손실이 일어난다. $\Delta T_i \approx \Delta T_e$이므로 ΔT_{lm}은 대수평균 온도와 일치한다.

(*c*) 기름의 층류유동은 유체역학적 발달이므로 마찰계수는 다음과 같다.

$$f = \frac{64}{\text{Re}} = \frac{64}{636} = 0.1006$$

이때, 관의 압력강하와 필요한 펌프동력은 아래와 같다.

$$\Delta P = f\frac{L}{D}\frac{\rho V_{\text{avg}}^2}{2} = 0.1006\frac{200\text{ m}}{0.3\text{ m}}\frac{(888.1\text{ kg/m}^3)(2\text{ m/s})^2}{2} = 1.19 \times 10^5\text{ N/m}^2$$

$$\dot{W}_{\text{pump}} = \frac{\dot{m}\,\Delta P}{\rho} = \frac{(125.6\text{ kg/s})(1.19 \times 10^5\text{ N/m}^2)}{888.1\text{ kg/m}^3} = \mathbf{16.8\text{ kW}}$$

검토 기름이 호수를 통해 길이 200 m 관내에서 흐를 때, 마찰을 극복하기 위해서는 16.8 kW의 펌프가 필요하다.

5-8 ▪ 관에서의 난류유동

우리는 매끈한 관의 경우, Re > 10,000에서 유동은 통상적으로 완전한 난류가 된다는 것을 알고 있다. 난류유동은 그것과 관련된 높은 열전달계수 때문에 실제에서 흔히 사용된다. 대부분 이론적으로 난류유동을 다루는 데에 따르는 어려움 때문에 난류유동에서 마찰계수와 열전달계수의 관계식은 실험적 연구에 바탕을 두고 있다.

매끈한 관의 경우에 난류유동의 마찰계수는 제1 Petukhov 방정식(Petukhov, 1970)을 이용해서 구할 수 있다.

매끈한 관: $$f = (0.790 \ln \text{Re} - 1.64)^{-2} \qquad 3000 < \text{Re} < 5 \times 10^6 \qquad \text{(5-77)}$$

난류유동에서 Nusselt 수는 다음과 같이 표현된 Chilton-Colburn 상사를 통해 마찰계수와 관련된다.

$$\text{Nu} = 0.125 f \,\text{RePr}^{1/3} \qquad \text{(5-78)}$$

마찰계수를 안다면, 이 관계식은 매끄러운 관과 거친 관에서 모두 Nusselt 수를 결정하는 데 편리하게 사용될 수 있다.

매끄러운 관내의 완전히 발달된 난류유동에서, Nusselt 수에 대한 간편한 관계식은 마찰계수에 대한 간단한 거듭제곱 관계식 $f = 0.184\ \text{Re}^{-0.2}$를 식 (5-78)에 대입함으로써 다음과 같이 구할 수 있다.

$$\text{Nu} = 0.023\ \text{Re}^{0.8}\ \text{Pr}^{1/3} \qquad \begin{pmatrix} 0.7 \le \text{Pr} \le 160 \\ \text{Re} > 10{,}000 \end{pmatrix} \qquad \text{(5-79)}$$

이 식은 Colburn 방정식이라고 알려져 있다. 이 관계식의 정확도는 다음과 같이 수정함으로써 향상될 수 있다.

$$\text{Nu} = 0.023\ \text{Re}^{0.8}\,\text{Pr}^{n} \qquad \text{(5-80)}$$

여기서, 관을 통해 흘러가는 유체가 가열될 때에 $n = 0.4$, 냉각될 때에 $n = 0.3$을 사용한다. 이 관계식은 Dittus-Boelter 방정식(Dittus and Boelter, 1930)으로 알려져 있고, 이것은 Colburn 방정식보다 선호된다.

지금까지 앞에서 다룬 관계식은 유체와 벽면의 온도차이가 크지 않을 때 사용되며 이때 모든 유체의 물성치는 **체적평균 유체온도** $T_b = (T_i + T_e)/2$에서 구한다. 큰 온도차에 의해 물성값의 변화가 클 때는 Sieder와 Tate (1936)에 의한 다음의 식을 사용할 수 있다.

$$\mathrm{Nu} = 0.027\ \mathrm{Re}^{0.8}\,\mathrm{Pr}^{1/3}\left(\frac{\mu_b}{\mu_s}\right)^{0.14} \qquad \begin{pmatrix} 0.7 \le \mathrm{Pr} \le 16{,}700 \\ \mathrm{Re} \ge 10{,}000 \end{pmatrix} \tag{5-81}$$

여기서 μ_s는 T_s에서, 그 외 모든 물성값은 T_b에서 구한다.

위의 Nusselt 수에 대한 관계식은 상당히 간단하지만, 25% 정도의 오차를 발생시킬 수 있다. 더욱 복잡하지만 정확한 관계식으로, 다음에 나타나는 **제2 Petukhov 방정식**과 같은 관계식을 사용하면, 오차를 10% 이하로 상당히 크게 줄일 수 있다.

$$\mathrm{Nu} = \frac{(f/8)\mathrm{Re\,Pr}}{1.07 + 12.7(f/8)^{0.5}(\mathrm{Pr}^{2/3} - 1)} \qquad \begin{pmatrix} 0.5 \le \mathrm{Pr} \le 2000 \\ 10^4 < \mathrm{Re} < 5 \times 10^6 \end{pmatrix} \tag{5-82}$$

낮은 Reynolds 수에서의 이 관계식의 정확도는 Gnielinski (1976)가 수정하여 개선되었다.

$$\mathrm{Nu} = \frac{(f/8)(\mathrm{Re} - 1000)\mathrm{Pr}}{1 + 12.7(f/8)^{0.5}(\mathrm{Pr}^{2/3} - 1)} \qquad \begin{pmatrix} 0.5 \le \mathrm{Pr} \le 2000 \\ 3 \times 10^3 < \mathrm{Re} < 5 \times 10^6 \end{pmatrix} \tag{5-83}$$

여기서 마찰계수 f는 제1 Petukhov 방정식과 같은 관계식을 사용하여 결정될 수 있다. 위의 Gnielinski의 식으로 계산하는 것이 권장된다. 다시 한 번, 물성값은 체적평균 유체온도에서 구해야 한다.

위의 관계식은 관 표면에서의 **열적 경계조건**에 크게 민감하지 않으므로 두 가지 열적 조건, T_s = 일정과 $\dot{q}_s$ = 일정에서 모두 사용 가능하다. 이와 같은 관계식들은 간단한 형태임에도 불구하고, 대부분의 공학적인 용도에서 상당히 정확한 결과를 가져다준다. 또한, 이런 관계식들은 천이영역에서 마찰계수와 열전달계수의 대략적인 근사값을 얻는 데 사용될 수 있다.

지금까지 주어진 관계식들은 아주 작은 Pr 수를 가지는 액체금속에는 적용할 수 없다. 액체금속($0.004 < \mathrm{Pr} < 0.01$)에 대해서는, Sleicher와 Rouse (1975)에 의한 다음과 같은 관계식들을 $10^4 < \mathrm{Re} < 10^6$의 범위 내에서 사용할 수 있다.

액체금속, T_s = 일정:
$$\mathrm{Nu} = 4.8 + 0.0156\ \mathrm{Re}^{0.85}\,\mathrm{Pr}_s^{0.93} \tag{5-84}$$

액체금속, $\dot{q}_s$ = 일정:
$$\mathrm{Nu} = 6.3 + 0.0167\ \mathrm{Re}^{0.85}\,\mathrm{Pr}_s^{0.93} \tag{5-85}$$

여기서 첨자 s는 Prandtl 수가 표면온도에 대해 결정되었음을 나타낸다.

난류유동에서 벽면 거칠기는 열전달계수 h를 2배 이상 증가시키게 된다(Dipprey and Sabersky, 1963). 거친 관에서의 대류 열전달계수는 Moody 선도나 Colebrook

방정식으로부터 얻어지는 마찰계수를 이용하는 식 (5-83)에 의하여 대략적으로 구할 수 있다. 그러나 이러한 해법은 $f > 4f_{smooth}$일 경우의 f에서 h가 더 증가하지 않기 때문에 그다지 정확하지 못하다(Norris, 1970). 따라서 보다 정확한 값을 얻고자 할 때는 거친 관에 대해서 특별히 개발된 관계식을 사용하여야 한다.

입구영역에서 발달하는 난류유동

난류유동의 입구길이는 일반적으로 짧아서 관 직경의 10배 정도 된다. 따라서 관 전체를 완전히 발달된 난류유동으로 간주하고 계산한 Nusselt 수를 그대로 사용해도 대체적으로 무방하다. 이러한 단순한 접근법으로 길이가 긴 관에서의 압력강하와 열전달에 대하여 타당한 결과를 얻을 수 있으며, 짧은 관에 대해서는 보수적인 결과를 얻을 수 있다. 입구영역의 마찰계수와 열전달계수에 대한 보다 정확한 상관식은 문헌에서 찾을 수 있다.

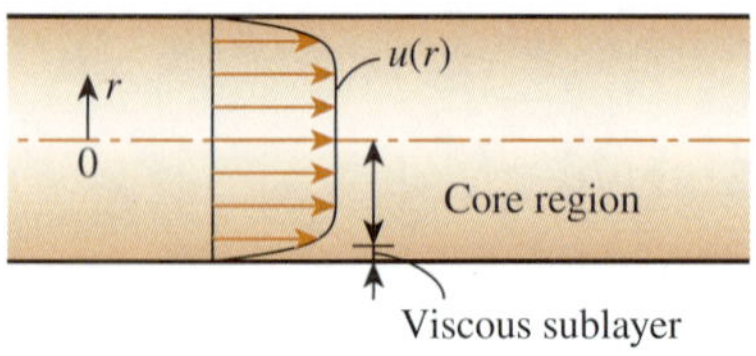

그림 5-32
난류유동의 경우 속도선은 중심부에서는 거의 일직선이며, 나머지 속도들의 기울기는 점성 중간경계층(viscous sublayer)에 의해 발생한다.

비원형관에서의 난류유동

난류유동의 속도 및 온도분포는 중심부에서는 거의 일직선이지만, 점성 경계층에서는 속도 및 온도구배가 대단히 크다(그림 5-32). 비록 점성 경계층의 두께가 파이프 직경의 1%보다도 훨씬 작으나, 이 경계층 내에서의 유동 특성은 파이프의 다른 영역에서의 유동에 지대한 영향을 주기 때문에 매우 중요하다. 따라서 난류유동의 압력강하와 열전달 특성은 벽면 가까운 매우 얇은 점성 경계층의 지배를 받게 되며, 중심부 형상의 영향은 거의 받지 않는다. 결과적으로, 위의 원형관 대상 난류유동 관계식은 Reynolds 수의 계산에서 직경 D를 수력직경 $D_h = 4A_c/p$로 대체하여 비원형관에 적용해도 상당한 정확도로 사용할 수 있다.

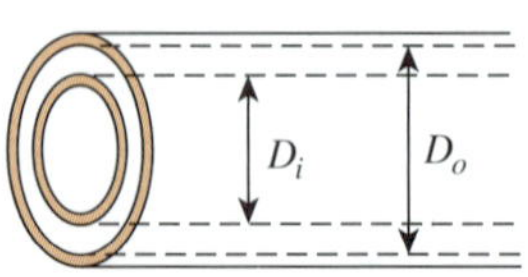

그림 5-33
중심이 같은 두 개의 관을 갖는 이중관 열교환기

환형관 내의 유동

몇몇 간단한 열전달 장치들은 그림 5-33과 같이 두 개의 동심관으로 이루어져 있고, 이러한 장치를 **이중관 열교환기**라고 한다. 이러한 장치는 하나의 유체가 관 내부를 지나는 동안 다른 유체는 관 사이의 환형 공간을 지나가게 된다. 두 유동은 동일한 미분 지배방정식을 가진다. 따라서, 환형관에서의 정상 층류유동은 적절한 경계조건을 적용하여 해석할 수 있다.

내경이 D_i이고 외경이 D_o인 동심 환형관을 고려해 보자. 환형관의 수력직경은 다음과 같다.

$$D_h = \frac{4A_c}{p} = \frac{4\pi(D_o^2 - D_i^2)/4}{\pi(D_o + D_i)} = D_o - D_i$$

환형관 유동의 경우 관의 양쪽 표면에서 열전달이 일어나므로 두 종류의 Nusselt 수, 즉 안쪽 표면의 Nu_i와 바깥 표면의 Nu_o가 관련된다. 표 5-4는 한 면이 등온이고 다른 면이 단열인 환형관에서의 완전히 발달된 층류유동의 Nusselt 수를

표 5-4

한 면이 등온이고 다른 면은 단열인 환형관에서의 완전히 발달된 층류유동의 Nusselt 수

D_i/D_o	Nu_i	Nu_o
0	—	3.66
0.05	17.46	4.06
0.10	11.56	4.11
0.25	7.37	4.23
0.50	5.74	4.43
1.00	4.86	4.86

Source: Kays and Perkins, 1972

보여주고 있다. 일단, 두 Nusselt 수를 알면 다음 식을 사용하여 내부 및 외부 면에서의 대류 열전달계수를 각각 구할 수 있다.

$$\mathrm{Nu}_i = \frac{h_i D_h}{k}, \quad \mathrm{Nu}_o = \frac{h_o D_h}{k} \tag{5-86}$$

완전히 발달된 난류유동에서 내부 및 외부 대류 열전달계수는 대체로 같으며, 환형관은 수력직경 $D_h = D_o - D_i$를 가지는 비원형의 관으로 취급할 수 있다. 이 경우 Nusselt 수는 이와 관련된 난류유동 관계식 중의 하나인 Gnielinski 방정식을 사용하여 구할 수 있다. 이렇게 구한 Nusselt 수의 정확도를 높이기 위하여, Petukhov와 Roizen (1964)은 관의 한 벽면이 단열이고 다른 벽면에는 열전달이 일어나는 조건 하에서, 다음과 같이 수정인자를 구해서 Nusselt 수에 곱한 값을 사용할 것을 추천하였다.

$$F_i = 0.86\left(\frac{D_i}{D_o}\right)^{-0.16} \text{ (바깥쪽 벽면 단열)} \tag{5-87}$$

$$F_o = 1 - 0.14\left(\frac{D_i}{D_o}\right)^{0.6} \text{ (안쪽 벽면 단열)} \tag{5-88}$$

최근 연구의 수많은 실험적 데이터를 기초로 하여 Gnielinski (2015)는 난류 환형관 유동에 대한 자신의 열전달 상관식(Gnielinski, 2009)을 개선하여 관과 동심 환형관의 난류유동에 대한 열전달계수 계산 관계식을 하나의 수식으로 종합하여 제시하였다. 여기서 마찰계수 관계식은 따로 요구되며 적절한 수력직경이 사용되어야 한다. 환형관의 직경비와 가열과 냉각에 대한 다양한 경계조건으로 인한 영향을 고려하려면 추가적 인자의 설정이 필요하다. 외벽이 단열일 때 내벽으로의 열전달과, 내벽이 단열일 때 외벽으로의 열전달에 대한 예가 여기에 포함되었다. 양쪽 벽면 모두로의 열전달에 대한 실험적 데이터는 아직 존재하지 않는다.

열전달 촉진

거친 표면을 갖는 관에서의 열전달계수는 매끈한 표면을 가지는 관보다 매우 높다는 점에 주목하라. 따라서 대류 열전달계수와 대류 열전달률을 높이기 위해서 관의 표면을 의도적으로 **거칠게 하거나, 주름을 잡거나, 휜(*fin*)을 붙이기도** 한다(그림 5-34). 관의 표면을 거칠게 함으로써 관내 난류유동에서의 열전달을 최대 400%까지 증가시킬 수 있다. 물론, 관의 표면을 거칠게 하는 것은 그만큼 마찰인자를 증가시켜 더 많은 펌프나 팬의 동력을 요구한다.

또한, 맥동 발생기를 이용하여 맥동류를 생성하거나, 비틀어진 테이프를 관 안에 삽입하여 소용돌이 유동을 발생시키거나, 혹은 관을 코일형태로 만들어 2차 유동을 일으킴으로써 대류 열전달계수를 증가시킬 수 있다.

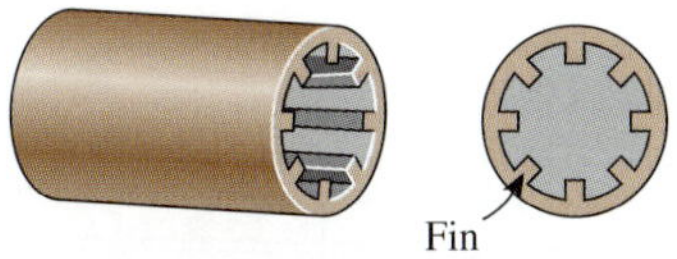

(*a*) Finned surface

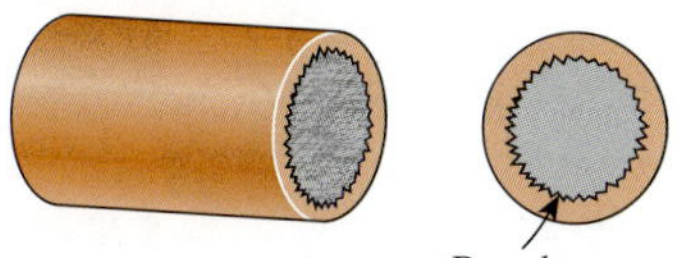

(*b*) Roughened surface

그림 5-34
대류 열전달을 증가시키기 위해 때때로 표면을 **거칠게 하거나, 주름을 잡거나, 휜을 붙**인다.

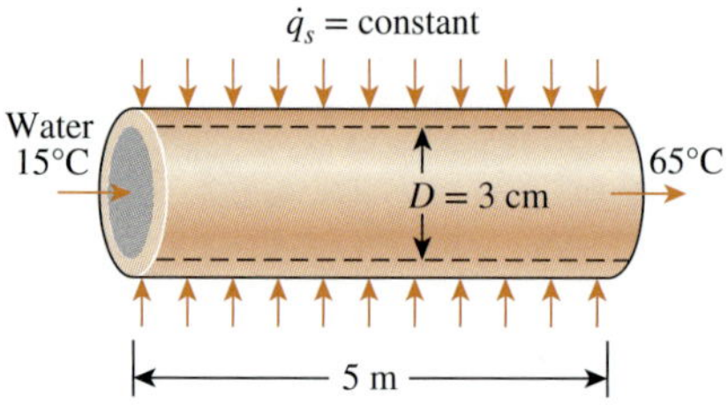

그림 5-35
예제 5-7의 개략도

예제 5-7 관에서 저항 히터에 의한 물의 가열

물은 3 cm의 내경, 5 m 길이의 관을 통과하면서 15°C에서 65°C로 데워진다. 이 관은 관의 표면을 통하여 균일한 가열을 하는 전기저항 히터에 장착되어 있다(그림 5-35). 히터의 겉 표면은 잘 단열되어 있어서, 정상적으로 작동될 때 히터에서 나오는 모든 열은 관 속의 물로 전달된다. 만약, 이 시스템이 10 L/min의 비율로 뜨거운 물을 공급한다면, 저항 히터에 요구되는 전력소비량을 구하라. 또한 출구에서 관의 내부표면의 온도를 대략적으로 계산하라.

풀이 물은 관의 표면에서 전기저항 히터에 의해 가열된다. 히터의 전력소비량과 출구에서 내부표면의 온도는 주어졌다.

가정 **1.** 유동은 정상 상태로 존재한다. **2.** 표면열유속은 균일하다. **3.** 관의 내부표면은 매끄럽다.

물성값 부피 평균 온도 $T_b = (T_i + T_e)/2 = (15 + 65)/2 = 40°\text{C}$에서 물의 물성값들은 다음과 같다(Table A-15).

$$\rho = 992.1 \text{ kg/m}^3 \qquad c_p = 4179 \text{ J/kg·K}$$

$$k = 0.631 \text{ W/m·K} \qquad \text{Pr} = 4.32$$

$$\nu = \mu/\rho = 0.658 \times 10^{-6} \text{ m}^2\text{/s}$$

해석 단면과 열전달 표면의 면적은 다음과 같다.

$$A_c = \tfrac{1}{4}\pi D^2 = \tfrac{1}{4}\pi(0.03 \text{ m})^2 = 7.069 \times 10^{-4} \text{ m}^2$$

$$A_s = \pi DL = \pi(0.03 \text{ m})(5 \text{ m}) = 0.471 \text{ m}^2$$

물의 부피유량은 $\dot{V} = 10 \text{ L/min} = 0.01 \text{ m}^3\text{/min}$이고 물의 질량유량은 다음과 같다.

$$\dot{m} = \rho\dot{V} = (992.1 \text{ kg/m}^3)(0.01 \text{ m}^3\text{/min}) = 9.921 \text{ kg/min} = 0.1654 \text{ kg/s}$$

15°C에서 65°C로 물을 가열시키기 위해서는 다음과 같은 비율로 열이 공급되어야 한다.

$$\begin{aligned}\dot{Q} &= \dot{m}c_p(T_e - T_i)\\ &= (0.1654 \text{ kg/s})(4.179 \text{ kJ/kg·K})(65 - 15)°\text{C}\\ &= 34.6 \text{ kJ/s} = 34.6 \text{ kW}\end{aligned}$$

모든 에너지는 저항 전열기로부터 나와야 된다. 따라서, 전열기의 전력은 **34.6 kW**이다.

임의의 위치에서 관의 표면온도는 다음과 같이 결정된다.

$$\dot{q}_s = h(T_s - T_m) \rightarrow T_s = T_m + \frac{\dot{q}_s}{h}$$

여기서 h는 열전달계수이고 T_m은 유체의 평균 온도이다. 이 경우에서 표면 열유속은 일정하고 다음과 같다.

$$\dot{q}_s = \frac{\dot{Q}}{A_s} = \frac{34.6 \text{ kW}}{0.471 \text{ m}^2} = 73.46 \text{ kW/m}^2$$

열전달계수를 구하기 위해 먼저 평균속도와 Reynolds 수를 구한다.

$$V_{\text{avg}} = \frac{\dot{V}}{A_c} = \frac{0.010 \text{ m}^3\text{/min}}{7.069 \times 10^{-4} \text{ m}^2} = 14.15 \text{ m/min} = 0.236 \text{ m/s}$$

$$\mathrm{Re} = \frac{V_{\mathrm{avg}} D}{\nu} = \frac{(0.236\ \mathrm{m/s})(0.03\ \mathrm{m})}{0.658 \times 10^{-6}\ \mathrm{m^2/s}} = 10{,}760$$

Reynolds 수가 10,000보다 크다. 따라서, 유동은 난류이며, 입구 길이는 대략 아래와 같다.

$$L_h \approx L_t \approx 10D = 10 \times 0.03 = 0.3\ \mathrm{m}$$

입구 길이는 관의 전체 길이보다 훨씬 짧다. 따라서, 전체 관에서 완전히 발달된 난류유동이라 가정할 수 있다. 그리고, Nusselt 수는 다음과 같다.

$$\mathrm{Nu} = \frac{hD}{k} = 0.023\ \mathrm{Re}^{0.8}\ \mathrm{Pr}^{0.4} = 0.023\,(10{,}760)^{0.8}\,(4.32)^{0.4} = 69.4$$

따라서,

$$h = \frac{k}{D}\mathrm{Nu} = \frac{0.631\ \mathrm{W/m \cdot K}}{0.03\ \mathrm{m}}(69.4) = 1460\ \mathrm{W/m^2 \cdot K}$$

그리고 출구에서 관의 표면온도는 다음과 같이 구한다.

$$T_s = T_m + \frac{\dot{q}_s}{h} = 65°\mathrm{C} + \frac{73{,}460\ \mathrm{W/m^2}}{1460\ \mathrm{W/m^2 \cdot K}} = \mathbf{115°C}$$

검토 관의 내부 표면온도는 관의 출구에서의 평균 물 온도보다 50°C 더 높다는 것에 주목하라. 물과 표면 사이의 온도차 50°C는 완전히 발달된 유동영역 전체에서 일정하게 유지될 것이다.

예제 5-8 열시스템의 덕트로부터 열손실

대기압이고 80°C의 뜨거운 공기가 단면적이 0.2 m × 0.2 m, 길이가 8 m인 난열이 안 된 사각덕트 안으로 들어간다. 그 공기는 0.15 $\mathrm{m^3/s}$의 비율로 집의 다락방을 지난다(그림 5-36). 덕트는 거의 60°C의 등온으로 관찰된다. 덕트에서 다락방 공간으로의 공기의 출구온도와 열손실률을 구하라.

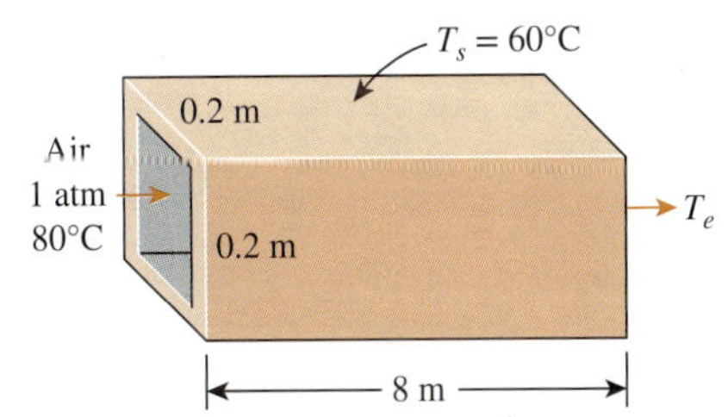

그림 5-36
예제 5-8의 개략도

풀이 다락방 안에 가열시스템에서 단열이 안 된 사각덕트로부터의 열손실을 고려한다. 출구온도와 열손실률을 구한다.

가정 **1.** 정상 상태 조건이다. **2.** 사각덕트의 내부표면은 매끄럽다. **3.** 공기는 이상기체이다.

물성값 덕트의 공기 출구온도를 모르기 때문에 물성값을 결정하는 공기의 평균 체적온도를 구할 수가 없다. 입구에서 공기의 평균 온도는 80°C이고, 이 온도는 덕트의 표면온도가 60°C로 공기의 입구온도보다 낮기 때문에 열손실로 인해 공기의 입구온도는 조금 낮아질 것이다. 80°C, 1 atm에서의 물성값은 다음과 같다(Table A-22).

$$\rho = 0.9994\ \mathrm{kg/m^3} \qquad c_p = 1008\ \mathrm{J/kg \cdot K}$$
$$k = 0.02953\ \mathrm{W/m \cdot K} \quad \mathrm{Pr} = 0.7154$$
$$\nu = 2.097 \times 10^{-5}\ \mathrm{m^2/s}$$

해석 이 경우 특성길이(즉, 수력직경), 평균속도 그리고 Reynolds 수는 각각 다음과 같다.

$$D_h = \frac{4A_c}{p} = \frac{4a^2}{4a} = a = 0.2 \text{ m}$$

$$V_{\text{avg}} = \frac{\dot{V}}{A_c} = \frac{0.15 \text{ m}^3\text{/s}}{(0.2 \text{ m})^2} = 3.75 \text{ m/s}$$

$$\text{Re} = \frac{V_{\text{avg}} D_h}{\nu} = \frac{(3.75 \text{ m/s})(0.2 \text{ m})}{2.097 \times 10^{-5} \text{ m}^2\text{/s}} = 35{,}765$$

Reynolds 수가 10,000보다 크므로, 난류유동이며 이 경우 입구 길이는 대략 아래와 같다.

$$L_h \approx L_t \approx 10D = 10 \times 0.2 \text{ m} = 2 \text{ m}$$

덕트의 전체길이에 비해 훨씬 짧다. 따라서, 전체 덕트에서 완전히 발달된 난류유동이라 가정할 수 있다. Nusselt 수는 다음과 같이 계산된다.

$$\text{Nu} = \frac{hD_h}{k} = 0.023\,\text{Re}^{0.8}\,\text{Pr}^{0.3} = 0.023\,(35{,}765)^{0.8}\,(0.7154)^{0.3} = 91.4$$

따라서,

$$h = \frac{k}{D_h}\text{Nu} = \frac{0.02953 \text{ W/m·K}}{0.2 \text{ m}}(91.4) = 13.5 \text{ W/m}^2\text{·K}$$

$$A_s = 4aL = 4 \times (0.2 \text{ m})(8 \text{ m}) = 6.4 \text{ m}^2$$

$$\dot{m} = \rho\dot{V} = (0.9994 \text{ kg/m}^3)(0.15 \text{ m}^3\text{/s}) = 0.150 \text{ kg/s}$$

다음으로, 공기의 출구온도를 구하면

$$\begin{aligned} T_e &= T_s - (T_s - T_i)\exp(-hA_s/\dot{m}c_p) \\ &= 60°\text{C} - [(60 - 80°\text{C})]\exp\left[-\frac{(13.5 \text{ W/m}^2\text{·K})(6.4 \text{ m}^2)}{(0.150 \text{ kg/s})(1008 \text{ J/kg·K})}\right] \\ &= \mathbf{71.3°C} \end{aligned}$$

이때, 공기의 대수평균온도차와 열손실률은 다음과 같이 구한다.

$$\Delta T_{\text{lm}} = \frac{T_i - T_e}{\ln\dfrac{T_s - T_e}{T_s - T_i}} = \frac{80 - 71.3}{\ln\dfrac{60 - 71.3}{60 - 80}} = -15.2°\text{C}$$

$$\dot{Q} = hA_s\,\Delta T_{\text{lm}} = (13.5 \text{ W/m}^2\text{·K})(6.4 \text{ m}^2)(-15.2°\text{C}) = \mathbf{-1313\ W}$$

그러므로, 다락방의 덕트를 통하여 공기가 흐를 때 1313 W의 열손실이 발생한다.

검토 평균 유체온도는(80 + 71.3)/2 = 75.7°C이며, 이 값은 공기의 물성값을 결정하기 위해 가정한 80°C와 거의 가까운 것을 알 수 있다. 따라서, 이 온도에서 물성값을 재결정하여 계산을 다시 하는 것은 불필요하다.

요약 SUMMARY

대류 열전달은 전도와 유체유동(bulk fluid motion)에 의한 열전달로서, 대류 열전달률은 Newton의 냉각법칙에 의해 다음과 같이 표현된다.

$$\dot{Q} = hA_s(T_s - T_\infty)$$

여기서, T_s는 표면온도, 그리고 T_∞는 자유흐름온도이다. 대체로 대류 열전달계수 h는 무차원 열전달계수 Nusselt 수, $\mathrm{Nu} = hL_c/k$로 표기한다. 여기에서, k는 유체의 열전도도이고 L_c는 **특성길이**이다. 한편, 비원형관의 특성 길이는 **수력직경**, $D_h = 4A_c/p$로 표기한다. 여기서 A_c는 관의 단면적이고 p는 관 주위의 길이를 나타낸다. 평판 위의 유동, 구 위의 유동 및 원형관 내의 유동에서 층류에서 난류로 천이가 일어나는 임계 Reynolds 수는 각각 5×10^5, 2×10^5, 그리고 2300이다.

평판 위의 유동에서 평균 Nusselt 수는 아래와 같다.

층류: $$\mathrm{Nu} = \frac{hL}{k} = 0.664\ \mathrm{Re}_L^{0.5}\ \mathrm{Pr}^{1/3} \qquad \mathrm{Re}_L < 5 \times 10^5$$

난류:

$$\mathrm{Nu} = \frac{hL}{k} = 0.037\ \mathrm{Re}_L^{0.8}\ \mathrm{Pr}^{1/3} \qquad \begin{matrix} 0.6 \le \mathrm{Pr} \le 60 \\ 5 \times 10^5 \le \mathrm{Re}_L \le 10^7 \end{matrix}$$

혼합:

$$\mathrm{Nu} = \frac{hL}{k} = (0.037\ \mathrm{Re}_L^{0.8} - 871)\ \mathrm{Pr}^{1/3} \qquad \begin{matrix} 0.6 \le \mathrm{Pr} \le 60 \\ 5 \times 10^5 \le \mathrm{Re}_L \le 10^7 \end{matrix}$$

비가열 시작길이가 ξ인 등온 평판에서의 국소 Nusselt 수와 평균 대류 열전달계수 관계식은 아래와 같다.

층류: $$\mathrm{Nu}_x = \frac{\mathrm{Nu}_{x\,(\mathrm{for}\ \xi = 0)}}{[1 - (\xi/x)^{3/4}]^{1/3}} = \frac{0.332\ \mathrm{Re}_x^{0.5}\ \mathrm{Pr}^{1/3}}{[1 - (\xi/x)^{3/4}]^{1/3}}$$

난류: $$\mathrm{Nu}_x = \frac{\mathrm{Nu}_{x\,(\mathrm{for}\ \xi = 0)}}{[1 - (\xi/x)^{9/10}]^{1/9}} = \frac{0.0296\ \mathrm{Re}_x^{0.8}\ \mathrm{Pr}^{1/3}}{[1 - (\xi/x)^{9/10}]^{1/9}}$$

층류: $$h = \frac{2[1 - (\xi/x)^{3/4}]}{1 - \xi/L} h_{x=L}$$

난류: $$h = \frac{5[1 - (\xi/x)^{9/10}]}{1 - \xi/L} h_{x=L}$$

균일한 열유속 평판의 경우 국소 Nusselt 수는 아래와 같다.

층류: $$\mathrm{Nu}_x = 0.453\ \mathrm{Re}_x^{0.5}\ \mathrm{Pr}^{1/3}$$

난류: $$\mathrm{Nu}_x = 0.0308\ \mathrm{Re}_x^{0.8}\ \mathrm{Pr}^{1/3}$$

원통 및 구 위의 교차 유동의 경우 평균 Nusselt 수는 아래와 같다.

$$\mathrm{Nu}_{\mathrm{cyl}} = \frac{hD}{k} = 0.3 + \frac{0.62\ \mathrm{Re}^{1/2}\ \mathrm{Pr}^{1/3}}{[1 + (0.4/\mathrm{Pr})^{2/3}]^{1/4}}\left[1 + \left(\frac{\mathrm{Re}}{282{,}000}\right)^{5/8}\right]^{4/5}$$

위 식은 Re Pr > 0.2의 경우에 성립한다. 그리고

$$\mathrm{Nu}_{\mathrm{sph}} = \frac{hD}{k} = 2 + [0.4\ \mathrm{Re}^{1/2} + 0.06\ \mathrm{Re}^{2/3}]\mathrm{Pr}^{0.4}\left(\frac{\mu_\infty}{\mu_s}\right)^{1/4}$$

위 식은 $3.5 \le \mathrm{Re} \le 80{,}000$과 $0.7 \le \mathrm{Pr} \le 380$의 경우에 성립한다. 유체의 물성값은 원통의 경우에는 막온도 $T_f = (T_\infty + T_s)/2$에서, 구의 경우에는 자유 유동온도 T_∞(단, 표면온도 T_s를 사용하는 μ_s는 제외)에서의 값을 사용한다.

내부유동에서의 Reynolds 수와 수력직경은 다음과 같이 나타낸다.

$$\mathrm{Re} = \frac{\rho V_{\mathrm{avg}} D}{\mu} = \frac{V_{\mathrm{avg}} D}{\nu} \quad \text{그리고} \quad D_h = \frac{4A_c}{p}$$

관내유동에서 층류는 Re < 2300일 때, 그리고 난류는 Re > 10,000일 때이다. 천이 과정은 그 사이에서 일어난다.

관의 입구에서부터 경계층이 가운데 선에서 합쳐지는 지점까지의 거리를 **수력 입구길이** L_h라고 한다. 입구길이를 지나서 속도분포가 완전히 발달된 영역이 **수력학적으로 완전히 발달된 영역**이다. 관내유동에서 열경계층이 발달되어서 관의 중심에 도달하게 되는데 걸리는 거리를 **열적 입구길이** L_t라고 한다. 수력학적, 열적으로 모두 발달된 영역을 **완전히 발달된 영역**이라고 한다. 입구길이는 다음과 같다.

$$L_{h,\,\mathrm{laminar}} \approx 0.05\ \mathrm{Re}\ D$$
$$L_{t,\,\mathrm{laminar}} \approx 0.05\ \mathrm{Re\ Pr}\ D = \mathrm{Pr}\ L_{h,\,\mathrm{laminar}}$$
$$L_{h,\,\mathrm{turbulent}} \approx L_{t,\,\mathrm{turbulent}} = 10D$$

$\dot{q}_s$가 일정할 때, 열전달률은 다음과 같이 나타낼 수 있다.

$$\dot{Q} = \dot{q}_s A_s = \dot{m} c_p (T_e - T_i)$$

T_s가 일정할 때, 아래와 같이 나타낼 수 있다.

$$\dot{Q} = hA_s \Delta T_{\ln} = \dot{m} c_p (T_e - T_i)$$
$$T_e = T_s - (T_s - T_i)\exp(-hA_s/\dot{m}c_p)$$
$$\Delta T_{\ln} = \frac{T_i - T_e}{\ln[(T_s - T_e)/(T_s - T_i)]} = \frac{\Delta T_e - \Delta T_i}{\ln(\Delta T_e/\Delta T_i)}$$

원형관 내의 완전히 발달된 층류유동에서 다음의 관계를 갖는다.

원형관, 층류($\dot{q}_s$ = 일정): $$\text{Nu} = \frac{hD}{k} = 4.36$$

원형관, 층류(T_s = 일정): $$\text{Nu} = \frac{hD}{k} = 3.66$$

발달 중인 층류유동의 입구영역에서 등온 상태인 경우는 다음과 같다.

원형관: $$\text{Nu} = 3.66 + \frac{0.065(D/L)\text{Re Pr}}{1 + 0.04[(D/L)\text{Re Pr}]^{2/3}}$$

원형관: $$\text{Nu} = 1.86\left(\frac{\text{Re Pr}\,D}{L}\right)^{1/3}\left(\frac{\mu_b}{\mu_s}\right)^{0.14}$$

평판: $$\text{Nu} = 7.54 + \frac{0.03(D_h/L)\text{Re Pr}}{1 + 0.016[(D_h/L)\text{Re Pr}]^{2/3}}$$

매끈한 표면을 가진 완전히 발달된 난류의 경우는 다음과 같다.

$$f = (0.790 \ln \text{Re} - 1.64)^{-2} \qquad 10^4 < \text{Re} < 10^6$$

$$\text{Nu} = 0.125 f\ \text{Re Pr}^{1/3}$$

$$\text{Nu} = 0.023\ \text{Re}^{0.8}\ \text{Pr}^{1/3} \quad \begin{pmatrix} 0.7 \le \text{Pr} \le 160 \\ \text{Re} > 10{,}000 \end{pmatrix}$$

$\text{Nu} = 0.023\ \text{Re}^{0.8}\text{Pr}^n$ 유체가 가열되는 경우 $n = 0.4$, 유체가 냉각되는 경우 $n = 0.3$

$$\text{Nu} = \frac{(f/8)(\text{Re} - 1000)\text{Pr}}{1 + 12.7(f/8)^{0.5}(\text{Pr}^{2/3} - 1)} \quad \begin{pmatrix} 0.5 \le \text{Pr} \le 2000 \\ 3 \times 10^3 < \text{Re} < 5 \times 10^6 \end{pmatrix}$$

유체의 물성값은 $T_b = (T_i + T_e)/2$로 정의되는 **체적평균 유체온도**(*bulk mean fluid temperature*)에서 구한다. $10^4 < \text{Re} < 10^6$인 액체금속의 경우는 다음의 상관식을 사용한다.

T_s = 일정: $$\text{Nu} = 4.8 + 0.0156\ \text{Re}^{0.85}\ \text{Pr}_s^{0.93}$$

$\dot{q}_s$ = 일정: $$\text{Nu} = 6.3 + 0.0167\ \text{Re}^{0.85}\ \text{Pr}_s^{0.93}$$

참고문헌 REFERENCES AND SUGGESTED READINGS

1. T. A. Ameel. "Average Effects of Forced Convection Over a Flat Plate with an Unheated Starting Length." *International Communications in Heat and Mass Transfer* 24, no. 8 (1997), pp. 1113-1120.
2. Y.A. Çengel and J. M. Cimbala. *Fluid Mechanics: Fundamentals and Applications*. 4nd ed. NewYork: McGraw-Hill, 2010.
3. S. W. Churchill and M. Bernstein. "A Correlating Equation for Forced Convection from Gases and Liquids to a Circular Cylinder in Cross Flow." *Journal of Heat Transfer* 99 (1977), pp. 300-306.
4. S. W. Churchill and H. Ozoe. "Correlations for Laminar Forced Convection in Flow over an Isothermal Flat Plate and in Developing and Fully Developed Flow in an Isothermal Tube." *Journal of Heat Transfer* 95 (Feb. 1973), pp. 78-84.
5. A. P. Colburn. *Transactions of the AIChE* 26 (1933), p. 174.
6. C. F. Colebrook. "Turbulent Flow in Pipes, with Particular Reference to the Transition between the Smooth and Rough Pipe Laws." *Journal of the Institute of Civil Engineers London*. 11 (1939), pp. 133-156.
7. R. G. Deissler. "Analysis of Turbulent Heat Transfer and Flow in the Entrance Regions of Smooth Passages." 1953. Referred to in *Handbook of Single-Phase Convective Heat Transfer*, ed. S. Kakaç, R. K. Shah, and W. Aung. New York:Wiley Interscience, 1987.
8. D. F. Dipprey and D. H. Sabersky. "Heat and Momentum Transfer in Smooth and Rough Tubes at Various Prandtl Numbers." *International Journal of Heat Mass Transfer* 6 (1963), pp. 329-353.
9. F. W. Dittus and L. M. K. Boelter. *University of California Publications on Engineering* 2 (1930), p. 433.
10. D. K. Edwards, V. E. Denny, and A. F. Mills. *Transfer Processes*. 2nd ed. Washington, D.C.: Hemisphere, 1979.
11. W. H. Giedt. "Investigation of Variation of Point Unit-Heat Transfer Coefficient around a Cylinder Normal to an Air Stream." *Transactions of the ASME* 71 (1949), pp. 375-381.
12. V. Gnielinski. "New Equations for Heat and Mass Transfer in Turbulent Pipe and Channel Flow." *International Chemical Engineering* 16 (1976), pp. 359-368.
13. V. Gnielinski. "Heat Transfer Coefficients for Turbulent Flow in Concentric Annular Ducts." *Heat Transfer Engineering* 30 (2009), pp. 431-436.
14. V. Gnielinski. "Turbulent Heat Transfer in Annular Spaces – A New Comprehensive Correlation." *Heat Transfer Engineering* 36 (2015), pp. 787-789.
15. S. E. Haaland. "Simple and Explicit Formulas for the Friction Factor in Turbulent Pipe Flow." *Journal of Fluids Engineering* (March 1983), pp. 89-90.
16. M. Jakob. *Heat Transfer*. Vol. 1. New York: John Wiley & Sons, 1949.
17. S. Kakaç, R. K. Shah, and W. Aung, eds. *Handbook of Single-Phase Convective Heat Transfer*. New York: Wiley Interscience, 1987.

18. W. M. Kays and M. E. Crawford. *Convective Heat and Mass Transfer*. 3rd ed. New York: McGraw-Hill, 1993.

19. W. M. Kays and H. C. Perkins. Chapter 7. In *Handbook of Heat Transfer*, eds. W. M. Rohsenow and J. P. Hartnett. New York: McGraw-Hill, 1972.

20. J. P. Meyer and M. Everts. "Single-Phase Mixed Convection of Developing and Fully Developed Flow in Smooth Horizontal Circular Tubes in the Laminar and Transitional Flow Regimes." *International Journal of Heat Mass Transfer* 117 (2018) 1251-1273.

21. M. Molki and E. M. Sparrow. "An Empirical Correlation for theAverage Heat Transfer Coefficient in Circular Tubes." *Journal of Heat Transfer* 108 (1986), pp. 482-484.

22. L. F. Moody. "Friction Factors for Pipe Flows." *Transactions of the ASME* 66 (1944), pp. 671-684.

23. R. H. Norris. "Some Simple Approximate Heat Transfer Correlations for Turbulent Flow in Ducts with Rough Surfaces." In *Augmentation of Convective Heat Transfer*, ed. A. E. Bergles and R. L.Webb. NewYork:ASME, 1970.

24. B. S. Petukhov. "Heat Transfer and Friction in Turbulent Pipe Flow with Variable Physical Properties." In *Advances in Heat Transfer*, ed. T. F. Irvine and J. P. Hartnett, Vol. 6. New York: Academic Press, 1970.

25. B. S. Petukhov and L. I. Roizen. "Generalized Relationships for Heat Transfer in a Turbulent Flow of a Gas in Tubes of Annular Section." *High Temperature* (USSR) 2 (1964), pp. 65-68.

26. H. Schlichting. *Boundary Layer Theory*. 7th ed. New York, McGraw-Hill, 1979.

27. R. K. Shah and M. S. Bhatti. "Laminar Convective Heat Transfer in Ducts." In *Handbook of Single-Phase Convective Heat Transfer*, ed. S. Kakaç, R. K. Shah, and W. Aung. New York:Wiley Interscience, 1987.

28. H. Shokouhmand and K. Hooman. "An Exact Solution for Fully Developed Temperature Distribution in Laminar Steady Forced Convection Inside Circular Tubes with Uniform Wall Temperature." *Heat Transfer Research* 34 (2003), pp. 276-285.

29. E. N. Sieder and G. E. Tate. "Heat Transfer and Pressure Drop of Liquids in Tubes." *Industrial Engineering Chemistry* 28 (1936), pp. 1429-1435.

30. C. A. Sleicher and M. W. Rouse. "A Convenient Correlation for Heat Transfer to Constant and Variable Property Fluids in Turbulent Pipe Flow." *International Journal of Heat Mass Transfer* 18 (1975), pp. 1429-1435.

31. E. M. Sparrow, J. P. Abraham, and J. C. K. Tong. "Archival Correlations for Average Heat Transfer Coefficients for Non-Circular and Circular Cylinders and for Spheres in Crossflow." *International Journal of Heat and Mass Transfer* 47 (2004), pp. 5285-5296.

32. W. C. Thomas. "Note on the Heat Transfer Equation for Forced Convection Flow over a Flat Plate with an Unheated Starting Length." *Mechanical Engineering News*, 9, no.1 (1977), p. 361.

33. J. C. K. Tong, J. P. Abraham, W. J. Minkowycz, and E. M. Sparrow. "A New Archive of Heat Transfer Coefficients from Square and Chamfered Cylinders at Angles of Attack in Crossflow." *International Journal of Thermal Sciences* 105 (2016), pp. 218-223.

34. S. Whitaker. "Forced Convection Heat Transfer Correlations for Flow in Pipes, Past Flat Plates, Single Cylinders, and for Flow in Packed Beds and Tube Bundles." *AIChE Journal* 18 (1972), pp. 361-371.

35. A. Zukauskas. "Convection Heat Transfer in Cross Flow." In *Advances in Heat Transfer*, Vol. 8. J. P. Hartnett and T. F. Irvine, Jr., eds. New York: Academic Press, 1972, pp. 93-106.

연습문제* | PROBLEMS

5-1C 강제대류란 무엇인가? 자연대류와는 어떻게 다른가? 바람에 의한 대류는 강제대류인가? 자연대류인가?

5-2C 외부 강제대류란 무엇인가? 내부 강제대류와는 어떻게 다른가? 열전달시스템이 내부와 외부 대류를 동시에 포함할 수 있는가? 예를 들어라.

5-3C 자연대류와 강제대류 중 어느 것이 일반적으로 대류 열전달계수가 더 높은가? 그 이유는 무엇인가?

5-4C 뜨겁게 구워진 감자가 있다. 감자를 방 안의 차가운 공기에 의해 자연적으로 냉각시키는 대신에 입김으로 따뜻한 공기를 감자에 불어줄 때 더 빨리 냉각이 될까, 더 천천히 냉각이 될까? 설명하라.

5-5C Nusselt 수의 물리적 의미는 무엇인가? Nusselt 수는 어떻게 정의되는가?

5-6C 유체를 통하여 열전도가 일어날 때는 언제인가? 그리고 대류에 의한 열전달은 언제 일어나는가? 어떤 경우가 열전달률이 더 높은가? 대류 열전달계수는 유체의 열전도도와 어떻게 다른가?

*"C"로 표시된 문제는 개념에 관한 문제들이며, 학생들은 모든 문제를 풀어보는 것을 권장한다. "E"로 표시된 문제는 영국 단위로 되어 있으며 SI 단위 사용자들은 무시할 수 있다. "💻" 아이콘이 있는 문제는 그대로 풀기는 어려우며, 적절한 프로그램을 사용하여 풀어야 한다.

5-7 보통 사람 몸의 표면적은 1.8 m^2이고, 피부온도가 33°C이다. 옷을 입고 정지된 공기에서 $0.5 < V < 2$ m/s의 속도로 걷는 사람의 대류 열전달계수는 $h = 8.6V^{0.53}$으로 나타낸다. 옷을 입고 있는 사람의 평균 표면온도를 30°C라 가정하고, 온도가 7°C인 정지된 공기 속을 사람이 (*a*) 0.5 m/s, (*b*) 1.0 m/s, (*c*) 1.5 m/s, (*d*) 2.0 m/s의 속도로 걸을 때 대류에 의한 열손실률을 구하라.

5-8 $0.15 < V < 1.5$ m/s 속도의 공기 속에 옷을 입고 서 있는 사람의 대류 열전달계수는 $h = 14.8V^{0.69}$로 나타낸다. 사람 몸의 표면적이 1.7 m^2이고 평균 표면온도가 29°C 라고 가정하고, 공기의 온도가 10°C 이고 속도가 (*a*) 0.5 m/s, (*b*) 1.0 m/s, (*c*) 1.5 m/s인 공기 속에 사람이 서 있을 때 대류에 의한 열손실률을 구하라.

5-9 감자를 공기로 냉각하는데, 대류, 복사 및 증발이 함께 작용하는 경우의 열전달계수를 아래 표와 같이 실험적으로 구하였다. 감자의 직경은 8 cm이고 초기 온도가 20°C이며, 열전도도가 0.49 W/m·K이다. 감자가 속도가 1 m/s인 5°C의 냉각된 공기에 의해 냉각된다. 감자의 초기 열전달률을 구하고, 감자 표면에서 온도구배의 초기 값을 구하라.

Air velocity, m/s	Heat transfer coefficient, W/m²·K
0.66	14.0
1.00	19.1
1.36	20.2
1.73	24.4

5-10 두께 50 cm인 강판(k = 237 W/m·K)의 윗면이 20°C의 물에 의하여 냉각된다. 판의 윗면과 아랫면의 온도가 각각 60°C와 120°C로 유지될 때, 물의 대류 열전달계수와 판의 윗면에서의 물의 온도구배를 구하라.

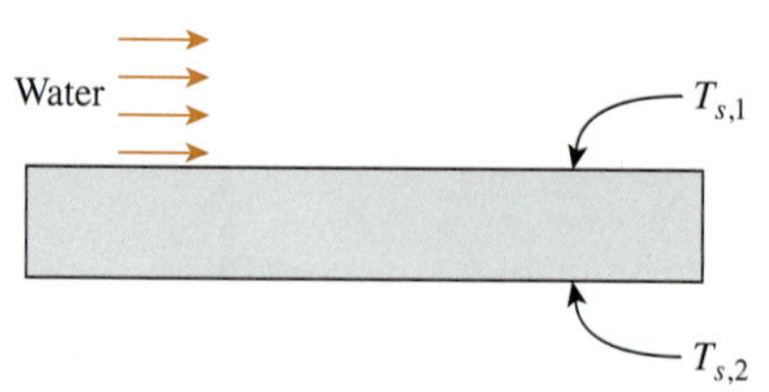

그림 P5-10

5-11 표면온도가 220°C인 평판 위를 공기가 흐른다. 공기유동의 온도 프로파일이 다음과 같이 주어진다.

$$T(y) = T_\infty - (T_\infty - T_s)\exp\left(-\frac{V}{\alpha_{\text{fluid}}}y\right)$$

1기압에서 공기의 자유흐름속도와 온도가 각각 0.08 m/s와 20°C일 때, 평판상의 열유속(heat flux)과 공기유동의 대류 열전달계수를 구하라.

5-12 오렌지, 자몽, 탄젤로를 $0.11 < V < 0.33$ m/s 속도의 공기로 냉각하는데, 대류, 복사 및 증발이 함께 작용하며, 이 경우의 열전달계수 실험식은 $h = 5.05\, k_{\text{air}}\text{Re}^{1/3}/D$로 나타낸다. 여기서 D는 특성길이이다. 속도가 0.3 m/s이고 3°C, 1 atm의 공기에 의해 오렌지를 냉각하고자 한다. (*a*) 초기온도가 15°C이고, 열전도도가 0.70 W/m·K이며, 직경 7 cm인 오렌지로부터의 열전달률을 구하고, (*b*) 오렌지 표면 안쪽의 온도구배를 구하고, (*c*) Nusselt 수 값을 구하라.

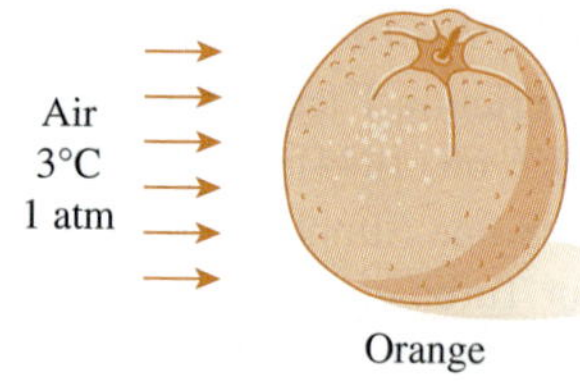

그림 P5-12

평판상의 평행유동

5-13 어떤 실험에서 평판상의 국소 열전달계수가 다음과 같이 Nusselt 수의 관계식으로 표시된다.

$$\text{Nu}_x = 0.035\text{Re}_x^{0.8}\text{Pr}^{1/3}$$

전체 평판에서의 평균 열전달계수(h)와 $x = L$에서의 국소 열전달계수(h_x)의 비를 구하라.

5-14 43.3°C의 물이 30 cm/s의 속도로 평판 위를 흐른다. 평판의 길이가 1.0 m(유동방향)이고 표면은 10°C의 일정 온도로 유지된다. 평판의 넓이당 열전달률을 계산하라.

5-15 1기압의 뜨거운 이산화탄소 배기가스가 평판에 의해서 냉각된다. 220°C의 가스가 길이 1.5 m 평판의 아래와 위 표면을 3 m/s의 속도로 평행하게 흐른다. 평판의 표면온도가 80°C라고 가정하고 다음을 구하라: (*a*) 평판의 전단(leading edge)으로부터 1 m 지점에서 국소 대류 열전달계수, (*b*) 전체 평판에서 평균 대류 열전달계수, (*c*) 평판으로의 전체 열유속전달(total heat flux transfer).

5-16 150°C의 뜨거운 엔진오일이 평판 위를 2 m/s의 속도로 평행하게 흐른다. 평판의 길이가 0.5 m이고 50°C의 등온 상태일 때, (*a*) 평판의 전단으로부터 0.2 m 지점에서 국소 대류 열전달계수와 전체 평판에서 평균 대류 열전달계수를 구하라. (*b*) Churchill and Ozoe (1973) 식을 이용하여 (*a*)를 다시 구하라.

5-17 그림에서와 같이 평행한 평판의 태양열 집열기가 지붕을

덮고 있다. 10°C의 주변공기가 2 m/s 속도로 지붕을 흐르는 동안 평판은 15°C로 유지된다. (*a*) 첫 번째 평판과 (*b*) 세 번째 평판으로부터의 대류 열손실률을 구하라.

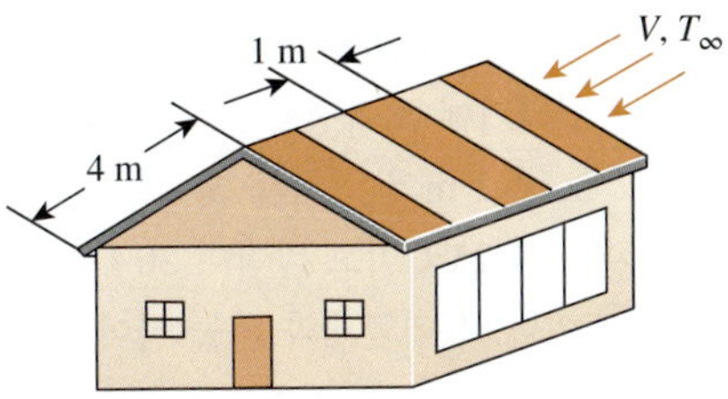

그림 P5-17

5-18 1 atm의 수소 기체가 2.5 m/s의 속도로 길이가 3 m인 평판 위쪽 표면과 아래쪽 표면 위를 평행하게 흐른다. 기체의 온도는 120°C이며 평판의 표면온도는 30°C로 유지된다. 적절한 소프트웨어를 이용하여 표면을 따라서 변하는 국소 대류열전달계수와 국소 총 대류열유속을 분석하여라. 평판 위의 위치를 $0.2 \le x \le 3$ m 범위에서 변화시키면서 국소 대류열전달계수와 국소 총 대류열유속 그래프를 x의 함수로 그려라. 층류유동을 가정한다. 이 가정이 유효한지도 확인해야 한다.

5-19 각각 5 W의 동력을 방출하는 동력트랜시스터들의 배열이 25 cm × 25 cm 정사각형의 알루미늄 판 위에 설치되어 냉각되고 있다. 팬에 의해 4 m/s의 속도로 35°C의 공기가 불어넣어지고 있다. 핀의 평균 온도는 65°C를 넘지 않는다. 판의 뒷면에서의 열전달과 복사를 무시할 수 있다고 가정할 때, 이 판에 설치할 수 있는 트랜지스터의 개수를 구하라.

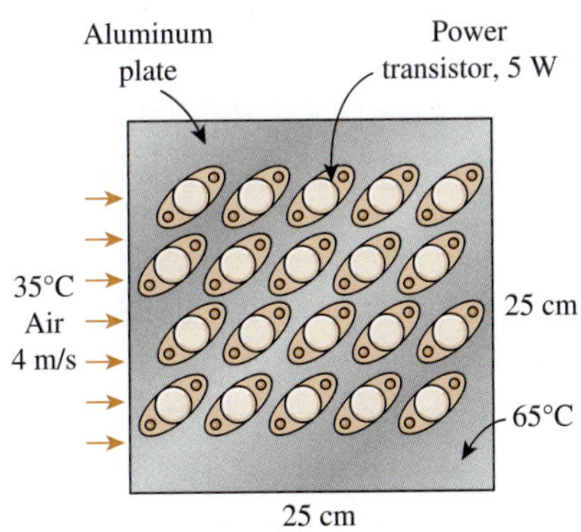

그림 P5-19

5-20 문제 5-19를 대기압이 83.4 kPa인 해발 1610 m의 위치에서 다시 구하라. *답*: 5

5-21E 공기온도가 80°F인 곳에서 70 mph의 속도로 달리는 냉동트럭을 생각해보자. 트럭의 냉동실은 폭 9 ft, 높이 7 ft, 길이 20 ft인 사각박스로 간주할 수 있다. 트럭의 냉동시스템은 3톤의 냉동능력을 가지고 있다(즉, 600 Btu/min로 열을 제거할 수 있다). 트럭의 외부표면은 낮은 방사율의 재질로 코팅되어 있어 복사열전달이 매우 작다. 만약 냉동시스템이 냉동능력의 반 정도로 작동한다고 가정할 때 냉동실 외부표면의 평균 온도를 구하라. 전체 외부표면상의 공기유동은 난류이고 앞과 뒤 표면에서의 열전달계수가 측면과 같다고 가정한다. 공기의 물성치를 구할 때, 막온도는 80°F라고 가정하라. 이것이 적절한 가정인가?

그림 P5-21E

5-22 높이 0.5 m, 폭 0.4 m, 길이 0.8 m의 사각블록 형태의 뜨거운 자동차 엔진을 생각하자. 블록의 바닥표면은 100°C, 방사율은 0.95이다. 주위의 공기온도는 20°C이고 도로표면은 25°C이다. 자동차가 80 km/h의 속도로 달릴 때 대류와 복사에 의한 엔진블록의 바닥표면에서의 열전달률을 구하라. 엔진블록이 지속적으로 흔들리므로 전체 표면에서의 유동은 난류로 가정한다.

5-23 길이 5 m의 박판 조각(strip)이 컨베이어에서 5 m/s의 속도로 이송되면서, 박판 윗면의 코팅이 적외선 램프에 의해서 건조처리된다(cured). 박판 코팅의 흡수율이 0.6, 방사율이 0.7이며 주변의 대기온도는 25°C이다. 복사열전달은 윗면에서만 발생하나, 대류 열전달은 박판의 양쪽면에서 발생한다. 적외선 램프가 5000 W/m²의 등열유속을 공급하는 것으로 가정할 때, 박판의 표면온도를 구하라. 80°C에서 공기의 물성값을 사용하여라.

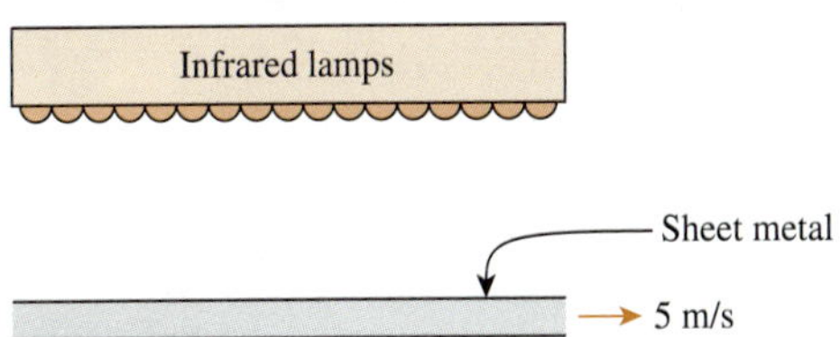

그림 P5-23

5-24 문제 5-23을 다시 생각해보자. 적절한 소프트웨어를 이용하여 금속 박판의 속도가 박판 표면온도에 미치

는 영향을 분석하여라. 박판 속도를 3 m/s에서 30 m/s까지 변화시키면서 박판 표면 온도 그래프를 박판 속도의 함수로 그려라. 박판 표면 온도가 100°C 이상으로 유지되는 조건을 만족할 박판의 최저 속도를 구하여라. 공기의 물성치는 80°C에서 구한다.

5-25 콜로라도, 덴버(해발 1610 m)에서의 국소 대기압은 83.4 kPa이다. 이 압력과 30°C인 공기가 6 m/s의 속도로 크기가 2.5 m × 8 m, 온도가 120°C인 평판 위를 흐른다. 공기가 (*a*) 8 m, (*b*) 2.5 m 길이에 평행하게 흐른다고 가정할 때 평판에서의 열전달률을 구하라.

5-26E 차량 앞유리 안쪽으로 따뜻한 공기가 흐르면서 앞유리 외부의 얼음을 제거한다. 앞유리(열전도도 0.8 Btu/h·ft·R)의 높이는 20 in, 두께는 0.2 in이다. 1기압의 외부 공기 온도는 8°F이며, 50 mph의 속도로 앞유리 표면을 따라 흐른다. 차량 객실 내 온도가 77°F라고 할 때, 앞유리 외부의 얼음을 녹이기 시작하기 위한 앞유리 내부 표면에 대한 대류 열전달 계수는 얼마가 되어야 하는가? 앞유리는 평판으로 가정한다.

5-27 95 km/h의 속도로 움직이는 객차의 상판 표면의 크기가 폭 2.8 m, 길이 8 m이다. 이때 상판의 표면이 380 W/m²의 태양복사열을 흡수하며 주위의 공기온도는 30°C이다. 객차의 상판이 완전하게 단열되어 있고 주변과의 복사열교환이 대류 열전달에 비하여 상대적으로 작다고 가정할 때 상판 표면의 평형온도를 구하라. *답: 37.5°C*

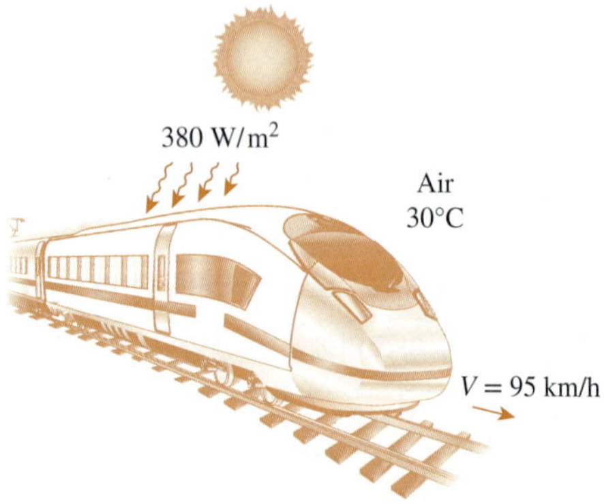

그림 P5-27

5-28  문제 5-27을 다시 생각해보자. 적절한 소프트웨어를 사용하여 바람속도와 외부 공기온도가 벽에서의 열손실률에 미치는 영향을 알아보자. 객차 속도와 태양복사 흡수율이 객차 상판의 평형온도에 미치는 영향을 조사해 보자. 객차의 속도가 10 km/h에서 120 km/h까지 변하고, 태양열 흡수율은 100 W/m²에서 500 W/m²까지 변한다고 하자. 평형온도를 객차속도와 태양복사 흡수율의 함수의 그래프로 나타내고 그 결과를 논하라.

5-29 태양복사열이 700 W/m²로 태양열 집열기의 유리덮개에 투사된다. 0.90의 방사율을 가진 이 유리는 투사되는 복사의 88%를 통과시킨다. 여름철 가족에게 필요한 뜨거운 물은 높이 1.2 m, 폭 1 m인 두 개의 집열기에 모아진다. 두 개의 집열기는 서로가 부착되어 마치 1.2 m × 2 m의 크기를 가지는 한 개의 집열기로 보인다. 주위 공기온도가 25°C이고 바람이 30 km/h로 불 때 유리덮개의 온도는 35°C이다. 유리덮개와 하늘 사이의 복사교환에 의한 유효 하늘온도는 −40°C이다. 집열기에 부착된 관으로 1 kg/min의 물이 들어간다. 집열기의 뒤 표면은 완전히 단열되어 있고 단지 유리덮개를 통한 열손실만이 일어난다고 가정한다. (*a*) 집열기로부터의 총 열손실, (*b*) 집열기로 투사되는 태양에너지에 대한 물로 전달되는 열의 비로 나타내는 집열기 효율, (*c*) 집열기를 통해 흐르는 물의 상승온도를 구하라.

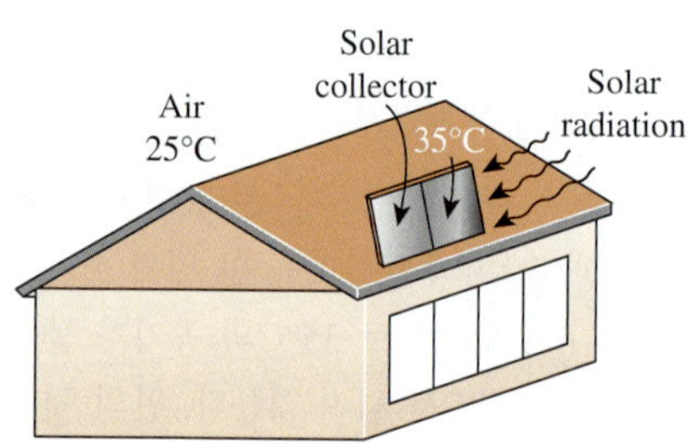

그림 P5-29

5-30 250°C의 액체 수은이 길이 0.1 m의 평판 위를 0.3 m/s의 속도로 평행하게 흐른다. 이때 평판의 표면온도는 50°C로 일정하다. (*a*) 선단에서부터 5 cm 떨어진 지점에서의 국소 대류열전달계수를 구하여라. (*b*) 평판 전체에 대한 평균 대류열전달계수를 구하여라.

5-31 250°C의 수증기가 2 m 길이의 평판 위를 5 m/s의 속도로 평행하게 흐른다. 평판에는 0.5 m의 비가열 시작길이가 있다. 평판의 가열 영역은 50°C로 일정하게 유지된다. (*a*) 평판 끝단에서 국소 대류열전달계수를 구하여라. (*b*) 가열영역에 대한 평균 대류열전달계수를 구하여라. (*c*) 가열영역의 단위 폭당 열전달률을 구하여라.

5-32 15 mm × 15 mm의 실리콘 칩이 기판(substrate) 위에 그 끝 부분들이 기판과 동일한 평면(flush)이 되도록 설치되었다. 1.4 W의 전력을 균일하게 방출하는 칩의 윗쪽 표면 위를 25 m/s로 흐르는 20°C의 공기(1기압)에 의해 냉각된다. 이때 기판의 처음 15 mm가 가열되지 않았다고 가정하고 칩의 끝단에서 표면온도를 구

하라. 이때 50°C에서 공기의 물성값을 사용하여라.

5-33 공기가 4 m 길이의 평판 위쪽 표면 위를 평행하게 흐른다. 선단을 기준으로 하여 평판 길이의 첫 번째 절반 표면은 표면 온도가 50°C로 일정하게 유지된다. 평판 길이의 두 번째 절반 표면에는 86 W/m²의 균일한 열유속이 가해진다. 공기의 자유흐름속도는 2 m/s이며 자유 흐름온도는 10°C이다. 선단에서부터 1 m와 3 m 위치의 국소 대류열전달계수를 구하여라. 문제를 간소화하기 위해서 등온인 첫 번째 절반 표면이 균일 열유속이 가해지는 두 번째 절반 표면의 경계층에 아무런 영향을 미치지 않는다고 가정한다. 공기의 물성치는 30°C의 막온도에서 구한다. 30°C의 막온도가 x = 3 m 위치에서 유효한지 확인하여라.

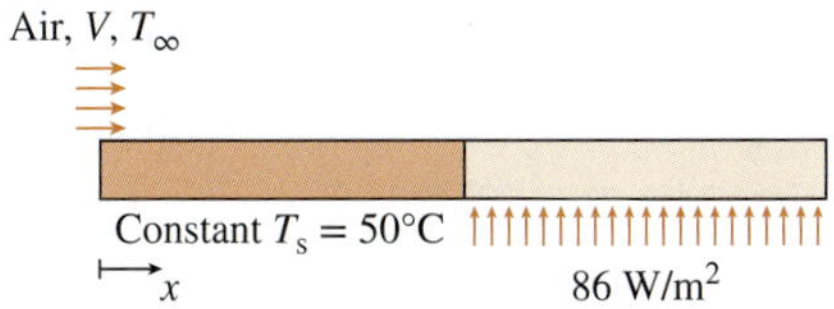

그림 P5-33

5-34 문제 5-33을 다시 생각해보자. 적절한 소프트웨어를 이용하여 금속판을 따라 변하는 국소 대류열전달계수, 국소 표면온도, 국소 막온도를 분석하여라. 평판 위치를 0.2 ≤ x ≤ 4 m 범위에서 변화시키면서 국소 대류열전달계수, 국소 표면온도, 국소 막온도 그래프를 x의 함수로 그려라.

5-35 20 W의 전력을 균일하게 방출하는 15 cm × 15 cm의 회로판이 6 m/s로 접근하는 20°C의 공기에 의해 냉각된다. 기판의 뒷면에서의 열전달을 무시할 때, 기판의 (*a*) 선단과 (*b*) 끝단에서 전기부품들의 표면온도를 구하라. 이때 전기부품에서의 유동은 난류로 가정한다.

원통과 구를 지나는 유동

5-36C 뜨거운 원통을 지나는 공기의 층류유동을 생각하자. 원통에서 열전달이 가장 큰 지점은 어디인가? 만일 유동이 난류일 경우에는 어떻게 될까?

5-37 직경이 12 cm인 기다란 스팀관의 외부 표면온도는 90°C이고 바람에 노출되어 있다. 공기가 1기압, 7°C이고 바람이 65 km/h의 속도로 관을 지날 때 단위길이당 관에서의 열손실률을 구하라.

5-38 20°C 의 공기가 10 m/s의 속도로 뜨거운 긴 원통 막대 위를 교차하며 흐른다. 막대의 직경이 5 mm이고 표면의 방사율이 0.95이다. 주변의 온도가 20°C 이고 막대로부터 방출되는 열유속은 16,000 W/m²일 때, 막대의 표면온도를 구하라. 이때 70°C에서 공기의 물성값을 사용하여라.

5-39E 어떤 사람이 54°F, 30 mph의 공기 중에 그의 팔을 펼치고 있다. 초기 팔의 피부온도는 84°F이다. 그 팔을 길이가 2 ft, 직경이 3 in인 원통으로 간주할 때 팔에서의 열손실률을 구하라.

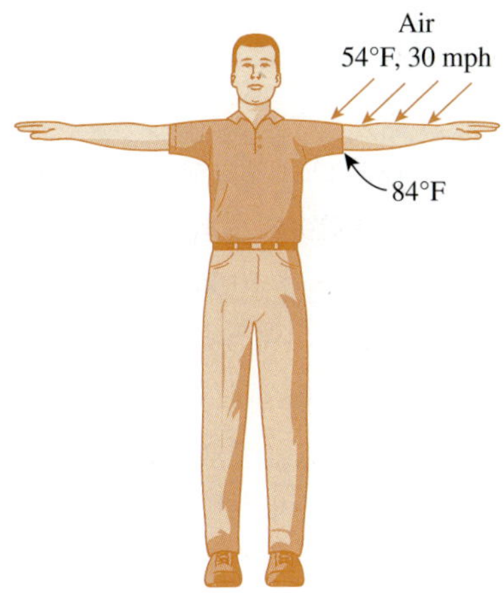

그림 P5-39E

5-40E 문제 5-39E를 다시 생각해보자. EES(또는 다른 프로그램)를 사용하여 공기온도와 바람속도가 팔에서의 열손실에 미치는 영향을 알아보자. 공기온도가 20°F에서 80°F로 변하고, 바람속도는 10 mph에서 40 mph로 변한다. 열손실률을 공기온도와 바람속도의 함수의 그래프로 나타내고 그 결과를 논하라.

5-41 지열 발전소에서 80°C의 물이 직경 15 cm, 길이 400 m의 단열되지 않은 관으로 8.5 kg/s 들어가서 70°C로 냉각되어 지면에 재분사된다. 이러한 냉각은 15°C의 바람이 관 외부를 교차하여 흐를 때 발생한다. 이때 복사열전달을 무시하고 바람의 평균속도를 km/h로 구하라.

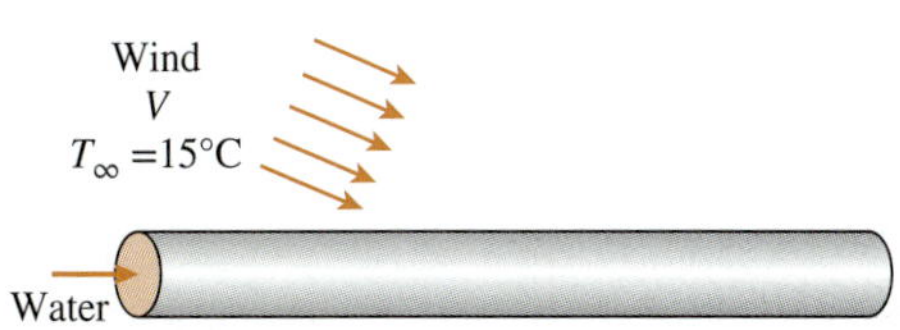

그림 P5-41

5-42 직경 5 mm의 송신선은 50 A의 전류가 흐르고 단위 미터당 0.002 ohm의 저항을 가진다. 공기의 온도가 10°C, 바람이 50 km/h의 속도로 송신선을 가로질러 불고 있을 때 송신선의 표면온도를 구하라.

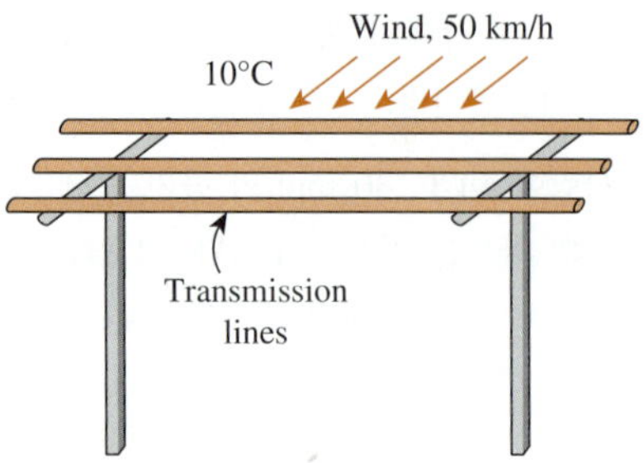

그림 P5-42

5-43 문제 5-42를 다시 생각해보자. 적절한 소프트웨어를 사용하여 바람속도가 와이어 표면온도에 미치는 영향을 조사해 보자. 바람속도가 10 km/h에서 80 km/h까지 변할 때, 표면온도를 속도 함수의 그래프로 나타내고 그 결과를 논하라.

5-44 직경이 3 mm인 기다란 알루미늄 선이 온도 280°C에서 성형된다. 20°C의 공기가 6 m/s 속도로 선을 가로지르고 있다. 선이 처음 공기에 노출될 때 단위 미터당 선으로부터 공기로의 열전달률을 구하라.

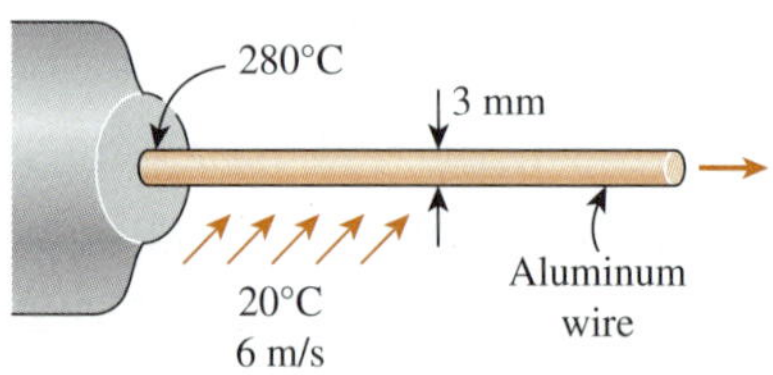

그림 P5-44

5-45E 더운 여름날 선풍기 바람으로 온 몸을 시원하게 하려는 사람을 생각해 보자. 공기 온도가 85°F, 선풍기 바람 속도가 6 ft/s 이다. 그 사람이 가벼운 일을 하며 300 Btu/h의 현열을 배출할 때, 그 사람의 표면 온도를 구하라. 사람의 몸은 1 ft 직경의 18 ft²의 표면적을 가지는 원통으로 취급한다. 복사 열전달은 무시하라. 바람 속도가 2배가 되면 답은 어떻게 바뀌게 되는가? 100°F에서의 공기 물성을 사용하라. *답*: 95.1°F, 91.6°F

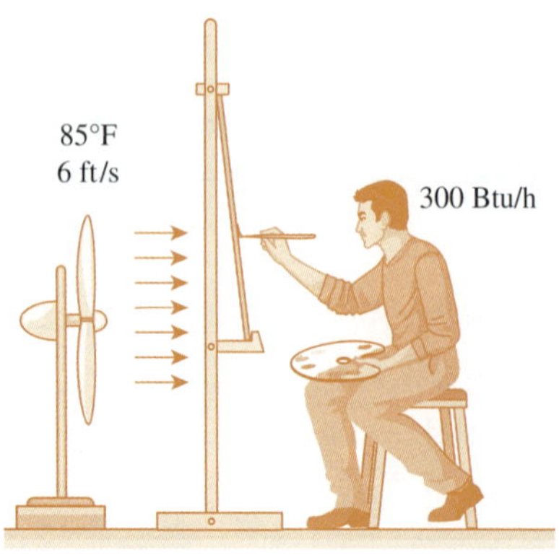

그림 P5-45E

5-46E 길이 12 ft인 1.5 kW 전기 저항선이 직경 0.1 in 스테인리스강(열전도도 8.7 Btu/h·ft·°F)으로 만들어졌다. 저항선은 85°F의 주위온도에서 작동한다. 20 ft/s의 속도로 공기를 불어주는 팬에 의해 저항선이 냉각될 때 저항선의 표면온도를 구하라. 공기 물성을 구하기 위해 막온도가 반복적인 방법으로 결정되어야 한다. 일단은 막온도가 200°F라는 가정으로 시작하라.

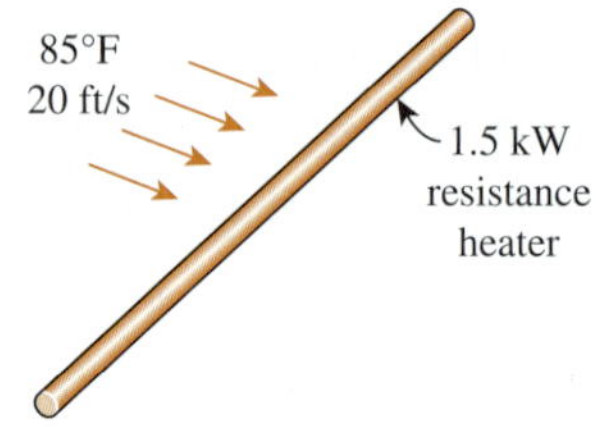

그림 P5-46E

5-47 회로판에 부착된 직경 0.3 cm, 길이 1.8 cm인 0.4 W의 원통형 전기부품이 240 m/min의 속도로 가로질러 흐르는 공기에 의해서 냉각되고 있다. 공기온도가 35°C일 때 부품의 표면온도를 구하라. 공기물성치는 50°C의 막온도를 가정하여 구한다. 이 가정이 유효한지 확인하라.

5-48 지붕 위에 직경이 50 cm, 길이가 95 cm인 뜨거운 물탱크가 있다. 탱크 속의 물은 낮 동안 평판 태양열 집열기에 의해 80°C로 가열된다. 그리고 이 탱크는 밤 동안 평균속도가 40 km/h인 18°C 의 바람에 노출된다. 탱크의 표면온도는 탱크 내부의 물 온도와 같고, 탱크 위 · 아래 면의 열전달계수는 옆면의 열전달계수와 같다고 가정하고, 45분 후에 이 탱크의 온도를 구하라. 50°C에서의 공기 물성치를 사용하라.

5-49 문제 5-48을 다시 생각해보자. 적절한 소프트웨어를 사용하여 냉각시간이 30분에서 5시간까지 변화할 때 탱크의 온도를 냉각시간의 함수의 그래프로 나타내고 그 결과를 논하라.

5-50 직경이 10 cm, 높이가 30 cm인 원통형의 병이 3°C의 차가운 물을 담고 있다. 이 병을 27°C의 바람에 45분간 노출하였을 때, 물의 온도가 11°C가 되었다. 병의 아래와 위 표면으로부터의 대류 및 복사열전달을 무시할 때, 바람의 평균속도를 구하라.

5-51 125°C의 오븐으로부터 직경 15 cm의 스테인리스 강철 구(밀도 8055 kg/m³, 비열 480 J/kg·K)를 꺼내어 6 m/s의 속도로 흐르는 공기(1기압, 30°C)에 순간적으로 노출시킨다. 그 결과 구의 표면온도는 75°C 로 떨어진다. 이러한 냉각 과정에서 평균 대류 열전달계수를 구하고, 냉각에 소요되는 시간을 구하라.

5-52 문제 5-51을 다시 생각해보자. 적절한 소프트웨어를 사용하여 공기의 속도가 평균 대류 열전달계수와 냉

각시간에 미치는 영향을 알아보자. 공기의 속도가 1 m/s에서 10 m/s까지 변할 때, 열전달계수와 냉각시간을 공기의 속도 함수의 그래프로 나타내고 그 결과를 논하라.

5-53 쉬는 동안 보통의 사람은 84 W의 열을 생성한다. 이 중 1/4이 머리에서 손실되고 복사는 무시할 수 있다고 가정한다. 10°C, 12 km/h의 바람이 불 때 머리의 평균표면온도를 구하라. 머리는 직경이 30 cm인 구로 간주한다. 표면온도를 15°C로 가정하여 μ_s를 구하는 데 이 가정이 유효한지 확인하여라. *답*: 14.9°C

5-54 백열등은 싸지만 매우 비효율적으로 전기에너지를 빛으로 바꾸는 장치이다. 이것은 전기에너지의 10%만을 빛으로 전환하고 남겨진 90%는 열로 전환하여 소모한다(형광등은 단지 전기에너지의 1/4만을 소비하면서 같은 양의 빛을 낸다. 그리고 백열등보다 10배는 더 수명이 길다). 백열등의 유리전구는 모든 열을 흡수하고 대류와 복사에 의해 열을 주위에 방출함으로써 매우 빨리 가열된다.

팬에 의해 냉각되는 직경이 10 cm인 100 W 전구를 생각하자. 이 팬은 2 m/s의 속도로 30°C의 공기를 전구에 불어넣어 준다. 주위온도 또한 30°C이고 유리의 방사율은 0.9이다. 에너지의 10%는 빛으로 유리전구를 통하여 지나가고 에너지의 나머지는 전구자체에 흡수, 그리고 발산된다고 가정한다. 유리선구의 평형온도를 구하라. 표면온도를 100°C로 가정하여 μ_s를 구하는 데 이 가정이 유효한지 확인하여라.

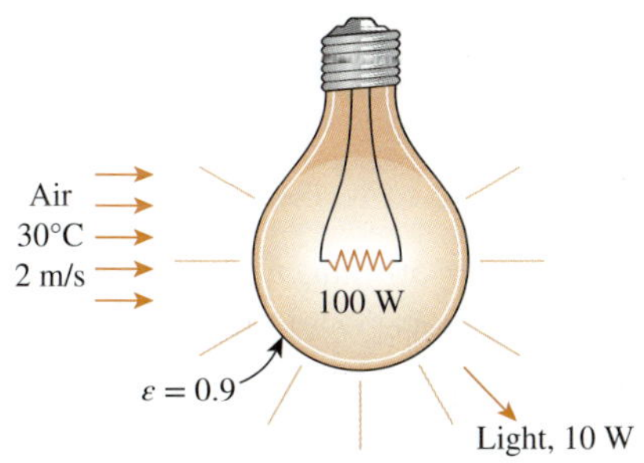

그림 P5-54

5-55 직경 0.4 m와 무시할 정도의 두께를 가진 구형 탱크가 0°C의 얼음물을 담고 있다. 25°C의 공기가 3 m/s의 속도로 탱크를 지난다. 탱크의 열전달률과 얼음의 용해율을 구하라. 0°C에서 물의 융해열은 333.7 kJ/kg이다.

관 내부유동

5-56C 관내유동에서 열적 입구 길이는 어떻게 정의되는가? 관내유동의 어떤 영역에서 유체가 완전 발달되는가?

5-57C 원형관에서의 층류 강제대류를 생각해보자. 열유속이 더 높은 곳은 관의 입구 근처인가 출구 근처인가? 왜 그런가?

5-58C 원형관에서의 난류 강제대류를 생각해보자. 열유속이 더 높은 곳은 관의 입구 근처인가 출구 근처인가? 왜 그런가?

5-59C 표면온도가 일정한 관내유동에서 대수평균온도차는 무엇을 나타내는가? 왜 우리는 산술평균 온도대신 대수평균 온도를 사용하는가?

5-60C 표면온도가 일정하게 유지되는 관 안에서의 유체유동을 생각하자. 뉴턴의 냉각법칙에서 평균 열전달계수와 함께 사용될 적절한 온도차는 얼마인가?

5-61C 전달단위수인 NTU $= hA_s/\dot{m}c_p$의 물리적 의미는 무엇인가? 열전달시스템에서 NTU가 크다, 작다는 것은 무엇을 의미하는가?

5-62 직경 18 cm, 직경 12 m인 수중관에 50°C, 1 atm의 공기가 7 m/s의 속도로 들어간다. 그리고 바깥의 물에 의해 냉각된다. 만약 평균 열전달계수가 65 W/m²·K이고 관의 온도가 물의 온도 10°C와 거의 같다고 가정할 때 공기의 출구온도와 열전달률을 구하라. 공기의 물성치는 30°C의 값을 사용하라. 이 가정은 적절한가?

5-63 내경이 5 cm인 원형관을 통해 지나는 연소가스는 대기압에서 폐수를 증발시키는 데 사용된다. 뜨거운 가스는 115 kPa와 250°C 상태로 5 m/s의 속도로 관에 들어가서 150°C로 빠져나간다. 만약 평균 열전달계수가 120 W/m²·K이고 관의 안쪽 표면온도가 110°C라 한다면 (*a*) 튜브의 길이와 (*b*) 물의 증발률을 구하라. 공기의 물성치를 연소가스의 물성치로 활용하라.

5-64 열전달계수가 40 W/m²·K일 때 문제 5-63를 다시 풀어보아라.

5-65 10°C의 물 0.15 kg/s이 길이가 5 m이고 내경이 1.2 cm인 얇은 구리관 다발 사이를 통과하면서 발전소의 응축기에서 증기를 30°C로 응축시키는 데 사용된다. 이때 10°C의 물이 4 m/s의 속도로 관으로 들어가서 24°C로 빠져나가며, 관은 거의 30°C의 등온이다. 물과 구리관 사이의 평균 열전달계수를 구하고, 응축기에서 이러한 열전달률을 성취하기 위하여 필요한 튜브의 수를 구하라.

5-66 응축되는 증기량이 0.60 kg/s일 때 문제 5-65를 다시 풀어라.

5-67 문제 5-65를 다시 생각해보자. 적절한 소프트웨어를 사용하여 냉각수의 평균속도가 응축기에서 요구되는 열전달률을 맞추는 데 필요한 관의 개수에 미치는 영향을 분석하여라. 냉각수의 평균 속도를 0.3 m/s에서 6 m/s까지 변화시켜 관의 개수 그래프를 냉각수 평균 속도의 함수로 그려라.

5-68 응축기 내부에 냉각수가 흐르는 7개 구리관의 다발이 있다. 표면온도가 68°C로 일정하게 유지되는 관 외부표면에서는 수증기가 0.6 kg/s의 시간율로 응축된다. 각 구리관의 길이는 5 m

이며 내경은 25 mm이다. 냉각수는 각 구리관을 5°C로 들어가서 60°C로 나간다. 구리관을 흐르는 냉각수의 평균 열전달계수와 응축기에서 요구되는 열전달률을 맞추는 데 필요한 냉각수의 평균속도를 구하여라.

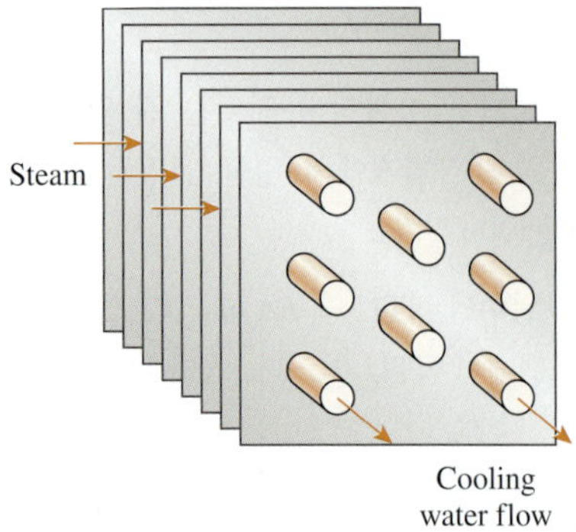

그림 P5-68

5-69 문제 5-68을 다시 생각해보자. 적절한 소프트웨어를 사용하여 냉각수의 평균속도가 응축기의 수증기 응축률에 미치는 영향을 분석하여라. 냉각수의 평균속도를 $0 < V_{avg} < 2$ m/s 범위에서 변화시켜 수증기 응축률 그래프를 냉각수 평균속도의 함수로 그려라.

5-70 가스보일러에서 물속에 잠긴 길이 5 m, 직경 5 cm의 관 내부를 흐르는 뜨거운 공기로 물이 120°C에서 증발한다. 1 atm, 300°C의 뜨거운 공기는 7 m/s의 평균속도로 관에 들어가서 150°C로 나간다. 관의 표면온도가 120°C일 때 공기의 평균 대류열전달계수와 물의 증발률을 kg/h 단위로 구하여라.

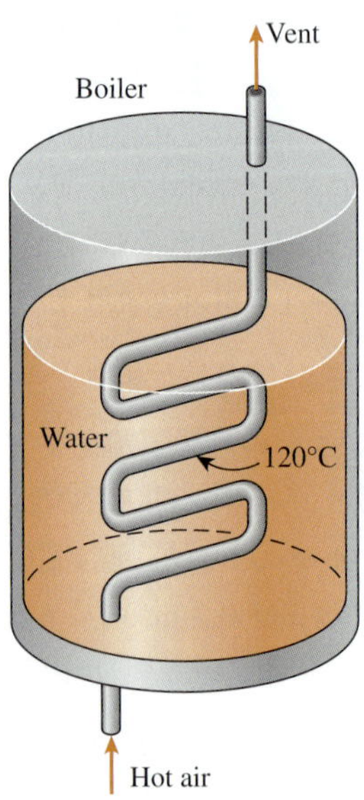

그림 P5-70

5-71 문제 5-70을 다시 생각해보자. 적절한 소프트웨어를 사용하여 관의 길이가 공기의 평균 대류열전달계수에 미치는 영향을 분석하여라. 관의 길이를 3 m에서 18 m까지 변화시켜 평균 대류열전달계수 그래프를 관 길이의 함수로 그려라.

층류와 난류

5-72 유체를 가열하기 위하여, 직경 25 mm, 길이 15 m인 매끄러운 관에 전류를 통과시켜 관의 표면에 등열유속 조건을 형성한다. 관의 입구에서 50°C의 유입된 유체가 출구에서 150°C로 가열된다. 유체의 유량이 0.01 kg/s일 때, 관의 출구에서 물, 엔진 오일, 그리고 액체 수은의 대류 열전달계수를 구하라.

5-73 직경 25 mm, 길이 15 m인 매끄러운 관의 표면이 등온 상태이다. 관의 입구에서 50°C의 유체(물, 엔진 오일, 액체 수은)가 유량 0.01 kg/s로 유입된다. 출구에서 유체의 온도를 150°C로 가열하기 위하여 필요한 관의 표면온도를 각각의 유체에 대하여 구하라.

5-74 어떤 열시스템에서 질량유량이 0.1 kg/s의 물이 직경 25 mm, 길이 23 m의 원형관에 25°C로 들어간다. 관 표면에서 물로 전해지는 열전달은 열유속 $\dot{q}_s(x) = ax$로 표현된다. 상수 a는 400 W/m³이며 x는 미터 단위로 나타낸 관 입구에서부터 축방향 거리이다. (*a*) 물의 평균온도 $T_m(x)$에 대한 관계식, (*b*) 물의 출구 평균온도, 그리고 (*c*) 출구 평균온도가 (*b*)에서 계산된 결과와 같게 나올 관 표면의 균일 열유속 값을 구하여라. 물의 물성치는 35°C에서 구한다.

5-75 길이 10 cm, a = 50 mm, b = 25 mm의 매끄러운 직사각형 관의 표면이 등온상태에 있다. 관의 입구에서 20°C의 물이 0.01 kg/s의 유량으로 관내로 유입된다. 관의 출구에서의 물의 온도가 80°C가 되기 위해서 필요한 관의 표면온도를 구하라.

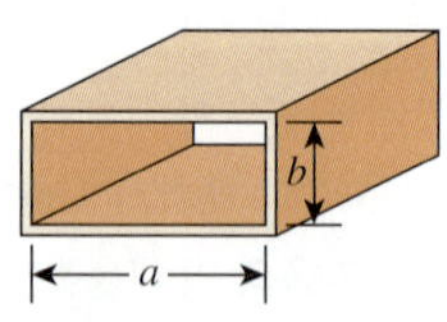

그림 P5-75

5-76 각각 12 W를 방출하는 8개의 PCB(회로판)가 포함된 컴퓨터가 팬에 의해 냉각되고 있다. PCB의 높이는 12 cm이고 길이는 15 cm이다. PCB 위 부품의 끝부분과 근접한 PCB 뒤쪽 면 사이의 간격은 0.3 cm이다. 공기는 입구에 설치된 10 W의 팬에 의해서 공급된다. 만약 컴퓨터 케이스를 통과하는 공기의 온도상승이 10°C를 넘지 않아야 할 때 (*a*) 팬에 의해 공급되는 공기의 유

량, (*b*) 팬과 팬 모터에서 발생되는 열로 인한 공기의 온도 상승 비율, (*c*) 부품의 온도가 70°C를 넘지 않도록 하기 위하여 허용되는 입구공기의 최대온도를 구하라. 완전발달된 유동으로 가정하고 25°C에서의 공기 물성값을 사용하라. 이것은 적절한 가정인가?

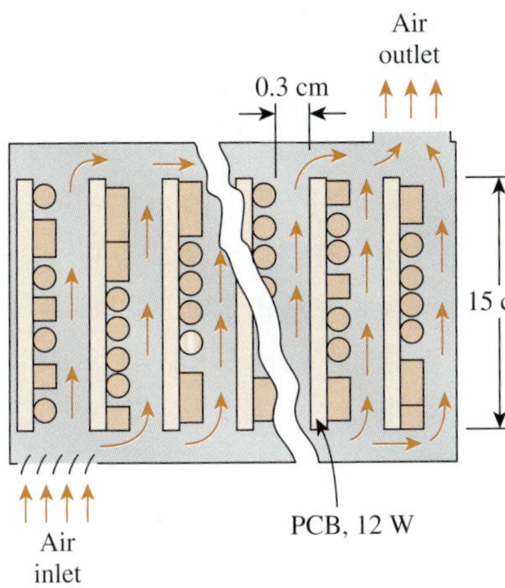

그림 P5-76

5-77 화장품을 생산하는 공장에서 글리세린을 직경 25 mm, 길이 10 m의 관을 통과하면서 가열시킨다. 25°C의 글리세린이 유량 0.5 kg/s로 관의 입구로 들어간다. 관의 표면이 140°C의 등온으로 유지될 때, 글리세린의 평균 출구온도와 관에서의 총 열전달률을 구하라. 30°C에서의 글리세린 물성값을 사용하라.

5-78 액체 글리세린이 직경 25 mm, 길이 10 m의 관을 흐른다. 20°C의 액체 글리세린이 유량 0.5 kg/s로 관의 입구로 들어간다. 액체 글리세린의 평균 출구온도가 40°C이고 관의 표면이 등온으로 유지될 때, 관의 표면온도를 구하라.

5-79 20°C (1기압)의 공기가 직경 5 mm, 길이 10 cm의 원형관을 평균속도 5 m/s로 들어간다. 관의 표면이 160°C의 등온으로 유지될 때, 대류 열전달계수와 공기의 출구 평균 온도를 구하라. 이 때 50°C인 공기의 물성값을 사용하라.

5-80 글리세린이 두 평행 평판 사이에서 흐르며 가열된다. 평판은 폭이 1 m, 길이가 10 m이며 평판 사이의 간격은 12.5 mm이다. 질량유량이 0.7 kg/s인 글리세린은 25°C로 평판 사이로 들어간다. 평판의 표면온도는 40°C로 일정하다. 글리세린의 출구 평균 온도와 총 열전달률을 구하여라. 글리세린의 물성치는 30°C의 값을 사용하고 이 가정이 유효한지 확인하라.

5-81  문제 5-80을 다시 생각해보자. 적절한 소프트웨어를 사용하여 글리세린의 질량 유량이 글리세린의 출구 평균온도를 35°C로 유지하는 데 필요한 평행 평판의 표면온도와 총 열전달률에 미치는 영향을 분석하여라. 질량 유량을 0.05에서 6 kg/s까지 변화시켜 평행 평판의 표면온도와 총 열전달률 그래프를 질량유량의 함수로 그려라.

5-82E 공기가 일정한 표면 온도를 가지는 관 내를 완전발달된 유동 조건으로 흐른다. 공기의 입구 온도는 60°F, 관 표면 온도는 120°F이다. 관 길이는 10 ft, 내경은 2 in이다. 공기 유량이 18.2 lbm/h일 때, 공기의 출구 온도와 관으로부터 공기로의 총 열전달률을 계산하라. 공기의 물성치는 80°F의 값을 사용하라. 이것이 적절한 가정인가?

5-83 물이 원형 파이프 내를 흐른다. 파이프의 내경은 2 cm이며 길이는 6 m이다. 물의 평균속도는 15 cm/s이며 물의 입구 온도는 20°C이다. 균일한 가열과 완전발달유동을 가정하여 물이 출구에 도달할 때까지 물의 온도를 1°C 상승시키는 데 필요한 열유속을 구하라. 출구에서 파이프의 표면온도도 구하라. 물의 물성치는 20°C의 값을 사용한다.

5-84 온도 20°C, 평균속도 1.25 m/s의 공기가 파이프 내를 완전발달 상태로 흐른다. 파이프의 내경은 4 cm이며 길이는 4 m이다. 파이프의 앞쪽 반에서는 표면온도가 100°C로 일정하게 유지된다. 파이프의 뒤쪽 반에는 200 W에 해당하는 균일한 열유속이 가해진다. (*a*) 2 m 길이 위치와 (*b*) 출구에서 공기의 온도를 구하라. (*c*) 공기로의 총 열전달률과 (*b*) 파이프 출구의 벽면온도를 구하라. 공기의 물성치는 80°C의 값을 사용한다.

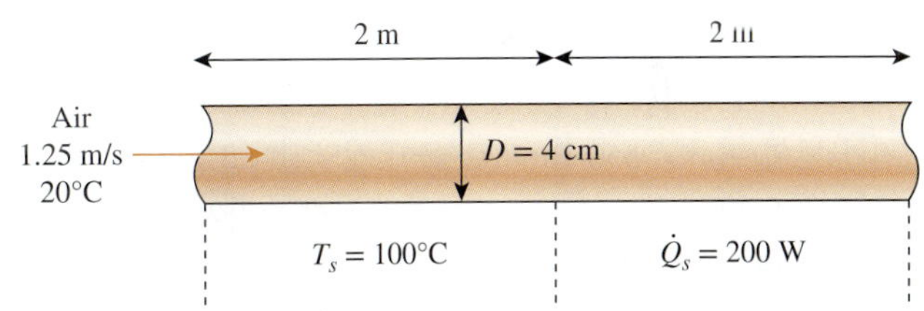

그림 P5-84

5-85E 공기가 폭 1 ft, 높이 1 in, 길이 40 ft인 사각관을 3 ft/s의 속도로 통과한다. 사각관의 종횡비가 매우 작아 사각관을 두 편판 사이의 유로로 취급할 수 있다. 사각관은 가열된 오븐을 통과하며 그 온도가 100°F로 거의 일정하다. 사각관 입구에서의 공기 온도는 50°F이다. 관 내 유동이 완전발달된 유동이라고 할 때, (*a*) 관 출구에서의 공기 온도, (*b*) 관에서부터 공기로의 열전달률, (*c*) 출구에서의 관 벽 열유속을 구하라. 공기의 물성치는 75°F의 값을 사용하라. 이것이 적절한 가정인가?

5-86 등열유속 표면경계조건을 갖는 관(내경 8 cm, 길이 10 m)을 5 m/s의 속도로 지나는 (*a*) 공기, (*b*) 물의 유동에 대하여 대류 열전달계수를 구하라. 단, 25°C에서 유체의 물성값을 사용하라.

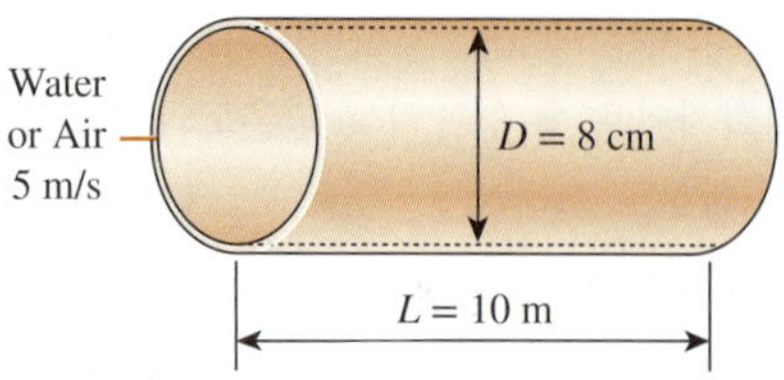

그림 P5-86

5-87 물이 내경 2 cm, 길이 13 m인 튜브를 통과하면서 10°C에서 80°C까지 가열된다. 튜브의 전기저항 난방장치를 갖추고 있으며, 이는 튜브의 외부표면 전체를 일정하게 가열하며, 히터의 바깥 표면은 전기히터로 둘러싸여 전기저항에 의해 등열유속 경계조건이 되며 히터에서 발생되는 모든 열은 튜브 내의 물로 전달된다. 만약 시스템이 5 L/min의 유량으로 따뜻한 물을 공급한다면 전기히터장치에 필요한 동력을 구하라. 또한 출구에서 튜브의 내면온도를 구하라.

5-88 Prandtl 수가 7인 유체가 매끄러운 원형관을 흐른다. Colburn, Petukhov, 그리고 Gnielinski 식을 이용하여 Reynolds 수 3500, 10^4, 그리고 5×10^5에서 Nusselt 수를 구하여 비교하고 그 결과를 논하라.

5-89E 포물선형 태양열 집열기를 이용하여 물을 55°F에서 180°F로 가열하여 가정에서 필요한 5 lbm/s의 온수를 공급한다. 이때 물은 태양열의 흡수 능력을 최대화하기 위하여 외부표면이 검정 피막으로 덮여진 직경 1.25 in의 얇은 알루미늄 관내를 흐른다. 이 관의 중심선은 집광기의 초점선과 일치하고 유리는 열손실을 최소화하기 위하여 관의 바깥쪽에 위치해 있다. 만약 태양열 에너지가 단위 미터당 350 Btu/h로 물에 전달된다고 가정할 때, 필요한 온수가 되기 위하여 요구되는 포물선형 수집기의 길이와 관의 출구 표면온도를 구하라.

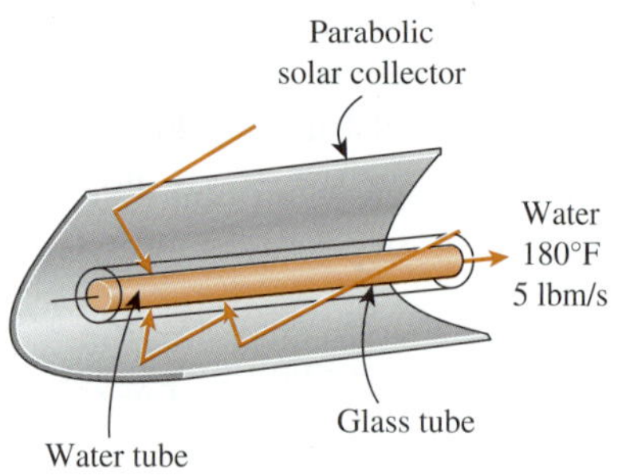

그림 P5-89E

5-90 20°C (1기압)의 공기가 직경 5 cm의 원형관을 평균속도 5 m/s로 들어간다. 관의 표면이 160°C의 등온으로 유지되고 공기의 출구 평균 온도가 80°C일 때, 관의 길이를 구하라. 이때 유동은 완전발달되었는가?

5-91 단면적이 0.2 m × 0.2 m이고 길이가 8 m이며 상대거칠기 10^{-3}인 단열되지 않은 정사각형 관이 집의 다락방을 지난다. 1기압, 80°C의 뜨거운 공기가 관에 들어가며 부피유량이 0.15 m^3/s이다. 관 표면은 거의 60°C로 등온이다. 관에서부터 다락방까지의 열손실률과 관 안쪽과 바깥쪽의 압력 차이를 구하라. 공기의 물성치는 80°C의 값을 사용하고 그 타당성을 논의하라.

5-92 집의 다락방을 통과하는 길이 10 m, 단면이 정사각형(0.15 m × 0.15 m)인 단열되지 않은 덕트 안으로 대기압에서 75°C인 뜨거운 공기가 0.2 m^3/s로 흐르고 있다. 이 덕트는 거의 70°C의 등온상태이다. 공기의 출구온도를 구하고 덕트로부터 다락방 공간으로의 열손실을 구하라. 공기의 물성치는 75°C의 값을 사용하고 그 타당성을 논의하라.

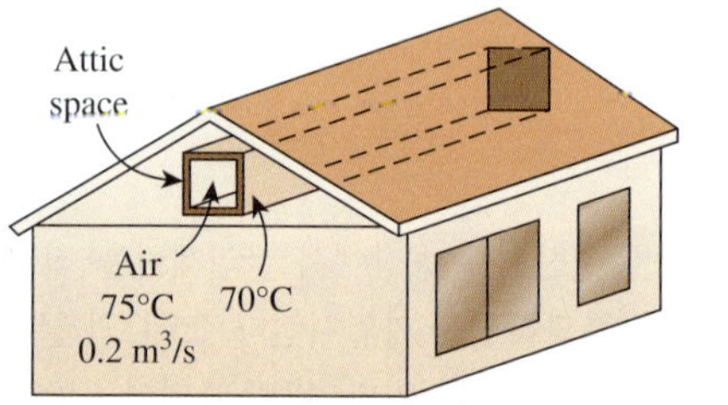

그림 P5-92

5-93 문제 5-92를 다시 풀어보자. 적절한 소프트웨어를 이용하여 공기의 부피유량이 출구온도와 열손실률에 미치는 영향을 구한다. 유량이 0.05 m^3/s에서 0.15 m^3/s까지 변화할 때, 출구온도와 열손실률을 유량의 함수의 그래프로 나타내고 그 결과를 논하라.

5-94 내경과 외경이 각각 25 mm, 100 mm인 환형관이 있다. 입구와 출구의 평균 온도가 각각 20°C, 80°C인 환형관을 물이 0.05 kg/s로 흐른다. 관의 안쪽면이 120°C의 등온이고 바깥쪽면은 단열되었다고 할 때, 환형관의 길이를 구하라. 완전발달유동을 가정하라.

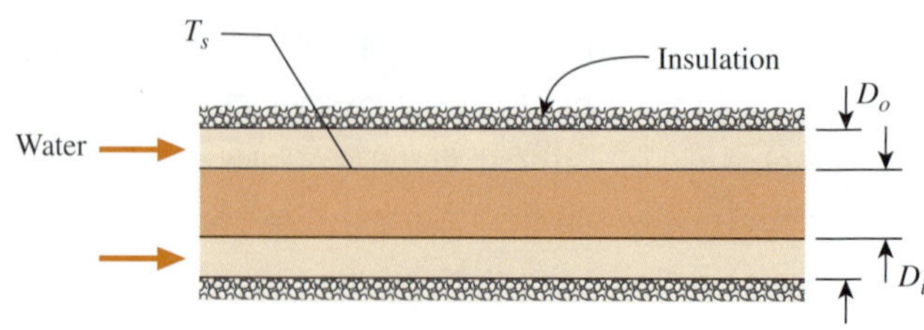

그림 P5-94

복습문제

5-95 각각 10 W를 방열하는 4개의 트랜지스터가 22 cm × 22 cm 크기의 수직 알루미늄 판에 부착되어 있다. 트랜지스터에 의해 발생된 열은 알루미늄 판(열전도도 237 W/m·K)의 양쪽 표면에 의해 20°C의 주변 공기로 전달되고, 공기는 팬에 의해 5 m/s의 속도로 판 위를 흐른다. 전체 판이 거의 등온이라고 가정하고, 트랜지스터의 노출된 표면적이 판의 바닥넓이와 같다고 할 때, 알루미늄 판의 온도를 구하라. 공기 물성치는 40°C, 1 atm의 값을 사용하라.

5-96 60°C의 오일이 20 cm/s의 속도로 길이 5.0 m, 폭 1.0 m의 평판 위를 흐른다. 평판 표면은 20°C의 일정한 온도로 유지된다. 오일의 물성치는 $\rho = 880\ \text{kg/m}^3$, $\mu = 0.005\ \text{kg/m·s}$, $k = 0.15\ \text{W/m·K}$, $c_p = 2.0\ \text{kJ/kg·K}$이다. 오일에서 평판으로의 열전달률을 구하라.

5-97E 70 mph로 달리는 승객용 미니밴은 높이 3.2 ft, 폭 6 ft, 길이 12 ft의 직사각형 상자로 간주할 수 있으며, 그것의 벽은 단열계수 *R*-3이다(즉, 벽 두께에 대한 열전도도의 비가 3 h·ft²·°F/Btu). 미니밴의 내부는 야간주행 동안에 70°F의 평균 온도를 유지하고 있고 외부 공기온도는 90°F이다.

미니밴의 내부면의 평균 열전달계수는 1.2 Btu/h·ft²·°F이다. 외부면의 공기유동은 심한 요동으로 인해 난류로 가정하고 앞면과 뒷면의 열전달계수는 윗면의 값과 같다고 한다. 복사열전달을 무시하고 대기공기로부터 미니밴으로의 열전달률을 구하라. 1기압에서의 공기 물성을 구할 때 막온도는 80°F라고 가정하라.

그림 P5-97E

5-98 22°C로 일정하게 유지되는 집을 생각해보자. 이 집의 한쪽 벽에는 높이 1.5 m, 길이 1.8 m인 단층 유리창이 3개가 있다. 유리(열전도도 0.78 W/m·K)의 두께는 0.5 cm이고, 유리 내부면의 열전달계수는 8 W/m²·K이다. 지금 바람이 35 km/h로 벽의 표면에 평행하게 불기 시작한다. 만약 외부 공기온도가 −2°C라면 이 벽의 창들을 통한 열손실률을 계산하라. 복사열전달은 무시할 수 있다고 가정한다. 공기 물성치는 5°C, 1 atm의 값을 사용하라.

5-99 높이 0.4 m, 폭 0.6 m, 길이 0.7 m인 육면체로 간주할 수 있는 자동차 엔진이 있다. 엔진바닥면의 온도는 75°C이며 방사율은 0.92이다. 대기의 온도는 5°C이고 도로면의 온도는 10°C이다. 자동차가 60 km/h로 주행할 때 대류와 복사에 의한 엔진 바닥면에서의 열전달률을 구하라. 엔진은 계속해서 요동하므로 전체 표면에서의 유동을 난류로 가정한다. 시간이 흐름에 따라 표면에 쌓인 먼지와 기름으로 인해서 두께 2 mm의 찌꺼기(열전도도 3 W/m·K)가 바닥면에 생성될 때 열전달에 어떻게 영향을 미치는가? 찌꺼기 아래의 금속온도는 여전히 75°C로 가정한다.

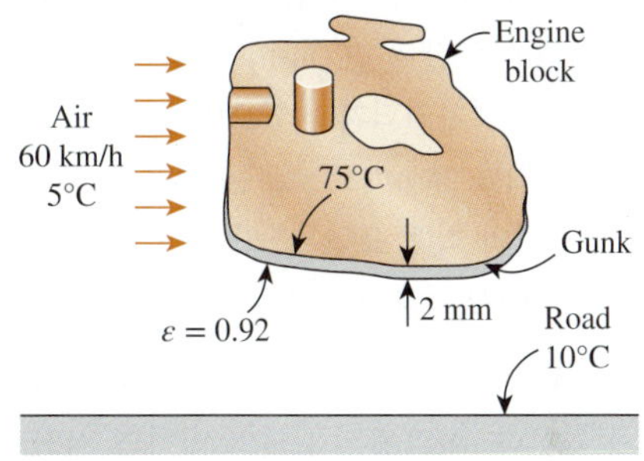

그림 P5-99

5-100 자동차의 앞유리 외부 표면에 끼는 성에를 제거하기 위해서 더운 공기를 앞유리의 내부표면에 불어준다. 높이가 0.5 m이며 두께가 5 mm인 앞유리(열전도도 1.4 W/m·K)를 고려하자. 외기(1 atm)의 온도는 −20°C이며 앞유리의 외부표면 위를 흐르는 공기의 평균 속도는 80 km/h이다. 자동차의 내부 온도는 25°C이다. 더운 공기를 앞유리의 내부표면에 불어 성에가 녹기 시작하는 데 필요한 내부표면의 대류열전달계수를 구하라. 앞유리를 평판 표면으로 가정한다.

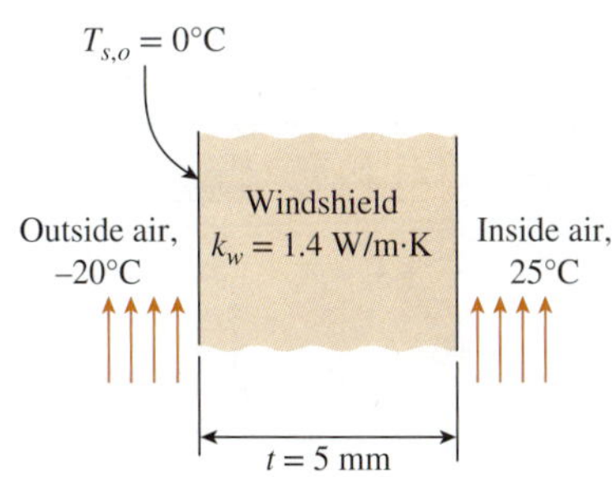

그림 P5-100

5-101 콜로라도 덴버(해발 1610 m)의 국소 대기압은 83.4 kPa이다. 이 대기압에서 20°C의 공기가 8 m/s의 속도로 1.5 m × 6 m 크기의 평판 위를 흐른다. 평판의 표면온도는 140°C이다. 공기가 (*a*) 6 m 길이 방향으로, (*b*) 1.5 m 길이 방향으로 평행하게 흐를 때 평판에서의 열전달률을 각각 구하라.

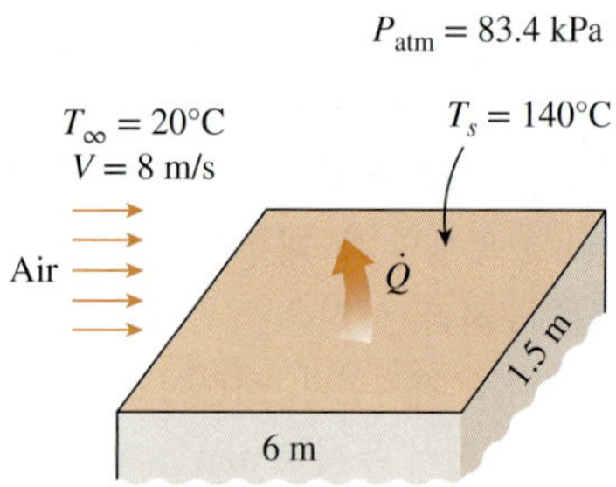

그림 P5-101

5-102 20 mm × 20 mm의 실리콘 칩이 기판(substrate) 위에 그 끝 부분들이 기판과 동일한 평면(flush)이 되도록 설치되었다. 이때 기판의 처음 20 mm가 가열되지 않았으며 turbulator의 역할을 한다. 칩의 윗쪽 표면 위를 25 m/s로 흐르는 25°C의 공기(1기압)에 의해 냉각된다. 만약 칩의 최대 표면온도가 75°C를 넘지 않는다고 가정한다면, 칩의 표면에서 방출할 수 있는 최대 허용 전력을 구하라.

5-103 1 atm의 공기 흐름이 15 m/s의 속도로 길이 3 m의 평판 위를 평행하게 흐른다. 평판에는 1 m의 비가열 시작길이가 있다. 공기 흐름의 온도는 20°C이며 평판의 가열영역은 80°C로 일정하게 유지된다. (*a*) 평판 끝단에서 국소 대류열전달계수를 구하라. (*b*) 가열영역에 대한 평균 대류열전달계수를 구하라.

5-104 온도가 120°C인 표면으로부터 열전달을 향상시키기 위하여 직경이 5 mm인 원통형의 핀(pin) 휜(열전도도 237 W/m·K)이 표면에 부착되어 있다. 20°C (1기압)의 공기가 10 m/s의 속도로 핀 휜을 교차해서 흐르고 있다. 핀 휜으로부터 최대로 가능한 열전달률을 구하라. 이때 70°C인 공기의 물성값을 사용하라.

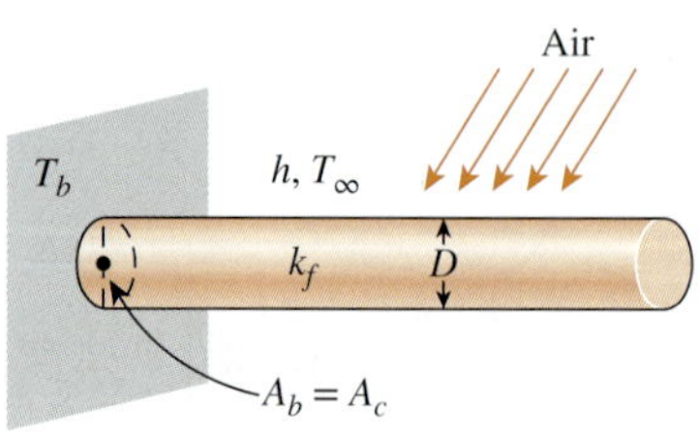

그림 P5-104

5-105 무더운 여름날에 한 사람이 몸을 노출한 채 회전팬을 이용하여 땀을 식히고 있다고 생각하자. 공기온도는 32°C이고 회전팬은 5 m/s 속도로 공기를 불어준다. 주변의 온도는 40°C이고 사람의 방사율은 0.9이다. 만약에 그 사람이 가볍게 일을 하며, 90 W로 감열을 일으키고 있다면 그 사람의 바깥표면(피부 또는 옷)의 평균 온도를 구하라. 사람의 보통 몸체는 직경 30 cm의 원통으로 생각할 수 있고 노출된 표면적은 1.7 m^{2}이다. 공기 물성치는 35°C, 1 atm의 값을 사용하라. *답*: 36.2°C

5-106E 높이 0.32 in, 직경 0.22 in인 트랜지스터가 회로기판에 부착되어 있다. 트랜지스터 위를 공기가 600 ft/min의 속도로 흐르면서 트랜지스터가 냉각된다. 공기의 온도가 120°F이고 트랜지스터 케이스의 온도가 180°F를 넘지 않을 때, 이 트랜지스터가 안전하게 방열할 수 있는 동력을 구하라.

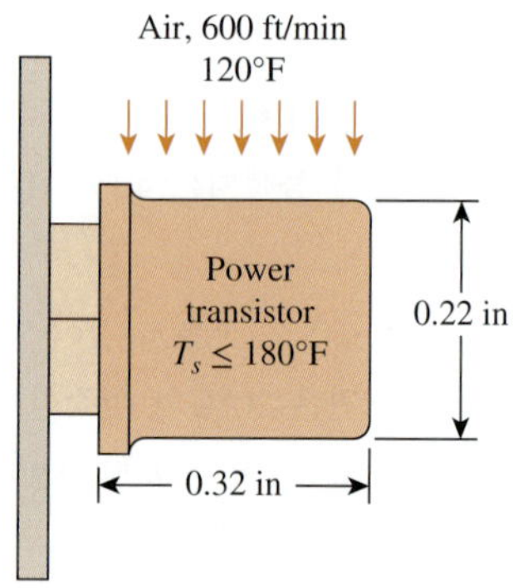

그림 P5-106E

5-107 내경 4 cm, 외경 4.6 cm인 스테인리스 강관(열전도도 15 W/m·K) 내에 250°C의 증기가 흐른다. 그 관이 두께 3.5 cm이 유리섬유 단열재(열전도도 0.038 W/m·K)로 싸여있고 단열재 표면의 방사율은 0.3이다. 대류와 복사에 의해 3°C의 주변의 공기와 표면으로 열이 손실된다. 관 내부의 열전달계수가 80 W/m^2·K이고 공기가 4 m/s로 관 외부를 교차하면서 흐를 때 관의 단위길이당 증기에서의 열손실률을 구하라. 공기 물성치는 10°C, 1 atm의 값을 사용하라.

5-108 두께 1 cm인 스테인리스강(열전도도 15 W/m·K)으로 된 내경 0.55 m인 구 형태의 탱크는 0°C의 얼음물을 저장하는 데 사용된다. 탱크는 30°C의 바깥에 놓여있고 8 km/h의 바람에 노출되어 있다. 전체 탱크의 온도가 0°C이며 탱크의 열저항을 무시한다고 가정하고 다음을 구하라: (*a*) 탱크 내의 얼음물로부터 열전달률, (*b*) 24시간 동안 0°C 에서 녹는 얼음의 양. 대기압에서 물의 융해열은 333.7 kJ/kg이다. 이때 복사에 의한 열전달은 무시한다.

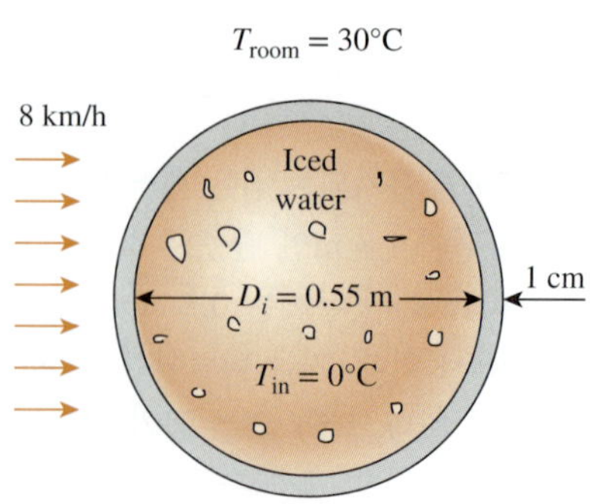

그림 P5-108

5-109 탱크의 열저항과 복사열전달을 고려하여 탱크 내면의 온도가 0°C 라고 가정하고 문제 5-108을 다시 풀어라. 복사열전달을 구하기 위해 평균 주위표면의 온도가 25°C이고, 탱크 표면의 방사율은 0.75로 가정한다. *답*: (a) 379 W, (b) 98.1 kg

5-110 어떤 유체(ρ = 1000 kg/m^3, μ = 1.4 × 10^{-3} kg/m·s, c_p = 4.2 kJ/kg·K, k = 0.58 W/m·K)가 길이 14 m, 내경 0.01 m인 관에 평균속도 0.3 m/s로 유입된다. 열유속 1,500 W/m^{2}의 열이 전체 관에 일정하게 전달된다고 가정할 때, 다음을 구하라: (*a*) 관의 출구에서 대류 열전달계수, (*b*) $T_s - T_m$, (*c*) $T_e - T_i$

5-111 22°C인 석유 원유가 32 cm/s의 평균속도로 직경 20 cm의 파이프에 들어간다. 파이프의 평균 벽면온도는 2°C이다. 원유의 물성치는 다음의 표에 주어져 있다. 원유의 출구온도가 20°C일 때 열전달률과 파이프의 길이를 계산하라.

T °C	ρ kg/m^3	k W/m·K	μ mPa·s	c_p kJ/kg·K
2.0	900	0.145	60.0	1.80
22.0	890	0.145	20.0	1.90

5-112 1기압의 공기가 직경 5 mm의 원형관에 5 m/s의 속도로 유입된다. 관이 표면은 등온상태로 유지된다. 다음을 구하라: (*a*) 길이 10 m 관의 대류 열전달계수, (*b*) 길이 50 m 관의 대류 열전달계수. 이때 50°C에서 공기의 물성값을 사용하여라.

5-113 여름에 기존의 냉방시스템을 사용하지 않고 창고를 냉방하려고 주인은 인근 호수의 물을 이용하는 대체 시스템을 설계할 엔지니어를 고용하기로 했다. 엔지니어는 직경 10 cm의 얇고 매끈한 구리관을 인근 호수에 잠기게 하여 공기를 흐르도록 하였다. 호수 안의 물은 15°C의 일정한 온도로 유지되며 대류열전달계수는 1000 W/m^2·K이다. 공기(1 atm)가 2.5 m/s의 평균속도와 30°C의 평균온도로 구리관에 들어갈 때 공기의 평균 출구온도가 20°C가 되는 데 필요한 구리관의 길이를 구하라.

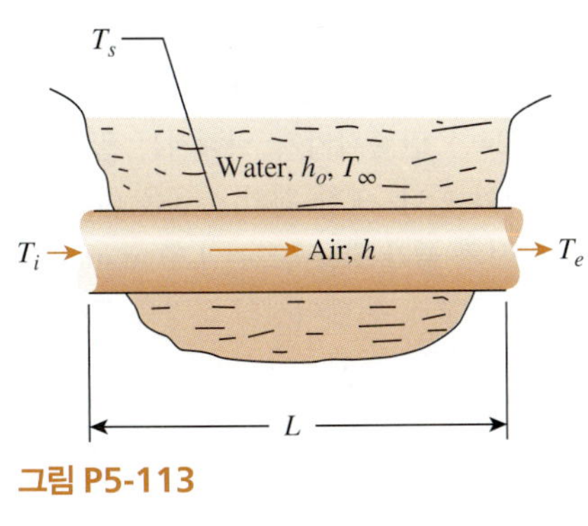

그림 P5-113

5-114 0.6 kg/s의 액체 수은이 직경 5 cm의 관을 흐른다. 이 때 관의 출구와 입구에서의 수은의 온도는 각각 100°C와 200°C이고 관 표면은 250°C를 유지하고 있다. 다음을 이용하여 관의 길이를 구하라: (*a*) 액체금속에 관한 적절한 Nusselt 수 관계식, (*b*) Dittus-Boelter 관계식. (*c*) (*a*)와 (*b*)의 결과를 비교하라.

5-115 기술자가 매끄러운 얇은 동관을 최적으로 냉각시키기 위하여 관 내로 공기를 흐르게 하거나 관 외부를 교차하면서 흐르게 하였다. 관의 직경이 5 cm이고 관의 표면은 등온 상태이다. (*a*) 혼합 평균 온도(bulk mean temperature)가 50°C인 공기가 25 m/s의 속도로 관내를 흐를 때, 대류 열전달계수를 구하라. (*b*) 막온도(film temperature)가 50°C인 공기가 25 m/s의 속도로 관 외부를 교차하면서 흐를 때, 대류 열전달계수를 구하라.

5-116 직경이 5.0 cm이고 표면온도가 60°C인 5개의 동일한 관 내로 물이 10 kg/s 유량으로 유입됨에 따라서 물이 15°C에서 35°C로 가열된다. (*a*) 정상 상태 열전달률과 (*b*) 이 과정을 수행하기 위해 필요한 관의 길이를 구하라.

5-117 문제 5-116을 유량이 20 kg/s으로 하고 다시 풀어라.

5-118 유량이 1500 kg/h이고 온도가 10°C인 물이 벽면온도가 49°C로 유지되고 있는 직경 10 mm의 매끄러운 관에 들어간다. (*a*) 물의 온도를 40°C로 가열하기 위하여 필요한 관의 길이, (*b*) 물의 평균 물성값이 (*a*)와 같다고 가정하고, 관 길이를 2배로 했을 때의 출구온도를 구하라.

5-119E 자동차 배기 가스가 길이 8 ft, 직경 3.5 in의 배기관에 온도 800°F, 압력 15.5 psia, 유량 0.05 lbm/s로 유입된다. 주위 대기 온도는 80°F이고, 배기관 외부의 대류 열전달 계수는 3 Btu/h·ft^2·°F이다. 배기 가스가 공기의 물성을 가진다고 가정하여, (*a*) 배기관 입구에서의 배기가스의 유속, (*b*) 배기관 출구에서의 배기가스의 온도를 구하라.

5-120E 집주인이 여름에 저장고를 냉각시키는데 전통적인 냉방시스템을 사용하지 않고, 근처의 호수의 물을 이용하여 냉각하는 방법을 설계하기 위하여 기술자를 고용하기로 하였다. 기술자는 직경 4 in의 얇은 동관을 호수에 잠기게 하고 그 동관 내를 공기가 흐르도록 하였다. 호수의 물은 대체로 60°F를 유지하고 있으며, 대류 열전달계수는 176 Btu/h·ft^2·R 이다. 만약 평균 온도 90°F (1기압)의 공기가 평균속도 8 ft/s로 동관으로 유입된다고 한다면, 관 출구에서의 평균 온도가 70°F가 되기 위하여 필요한 동관의 길이를 구하라.

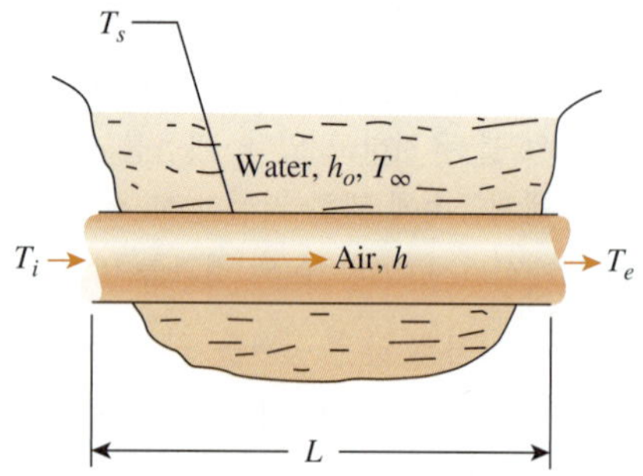

그림 P5-120E

5-121 90°C의 뜨거운 물이 내경 4 cm, 외경 4.6 cm, 길이 15 m section의 주철관(열전도도 52 W/m·K) 속으로 1.2 m/s의 속도로 들어간다. 방사율이 0.7인 관의 외부표면이 10°C 지하실의 차가운 공기에 노출되어 있으며, 이때 대류 열전달계수는 12 W/m²·K 이다. 지하실 벽의 온도 또한 10°C로 가정할 때 (*a*) 물로부터의 열손실률, (*b*) 지하실을 빠져나가는 물의 온도를 구하라.

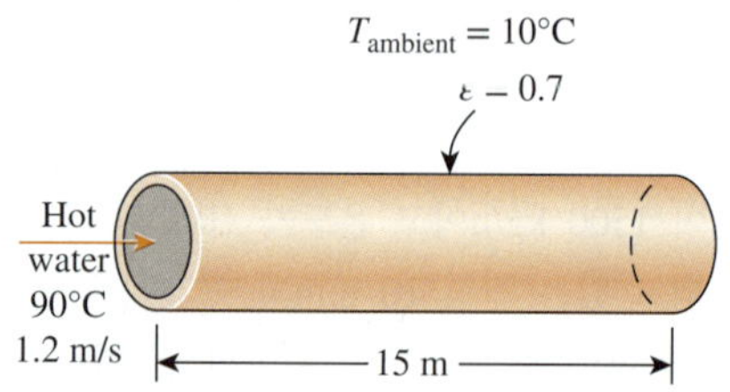

그림 P5-121

5-122 문제 5-121을 주철 대신 구리(열전도도 386 W/m·K)관에 대하여 다시 풀어라.

5-123 디젤엔진으로부터 배출된 450°C의 뜨거운 대기가스가 평균속도 7.2 m/s로 직경 15 cm의 파이프로 들어간다. 파이프의 표면온도는 180°C이다. 배기가스의 열이 열회수시스템 내의 물로 전달된 결과 파이프 출구에서 배기가스의 온도가 250°C가 되기 위해 필요한 파이프의 길이를 구하라. 이때 배기가스 대하여 공기의 물성값을 사용하라.

5-124 165°C의 지열 스팀이 관내에 물이 흐르는 각–관(shell-tube) 열교환기의 shell side에서 응축된다. 20°C의 물이 직경 4 cm, 길이 14 m인 관 내로 0.8 kg/s의 유량으로 유입된다. 관 출구에서 물의 온도를 구하고, 지열 스팀의 응축률을 계산하라.

5-125 5°C 의 차가운 공기가 직경 12 cm, 길이 20 m인 등온상태의 파이프를 2.5 m/s의 속도로 유입되고 출구에서 19°C로 가열되어 나간다. 파이프의 표면온도를 구하라.

5-126 100 kg/s의 원유가 다관식(multitube) 열교환기의 관내에서 20°C에서 40°C로 가열된다. 100 kg/s 원유가 100개의 관에 같은 양으로 나누어서 흐른다. 각각의 관의 내경이 10 mm이고 안쪽 면은 100°C의 등온을 유지하고 있을 때, 열전달률과 관의 길이를 구하라. 원유의 물성값: ρ = 950 kg/m³, c_p = 1,900 J/kg·K, k = 0.25 W/m·K, μ = 12 mPa·s, μ_w = 4 mPa·s

설계 및 에세이 문제

5-127 집이나 아파트에서 열손실계수(W/°C)를 측정하기 위하여 실험을 수행한다. 먼저 집 내부조건을 정상 상태로 하고 자동 온도조절장치로 집의 온도가 설정되도록 한다. 바깥 온도를 측정하기 위해 실외용 온도계를 설치한다. 저녁에 시계나 스톱워치를 사용하여 3시간 주기 동안 얼마나 히터를 가동할 것인가를 정하고 그 주기 동안 외기 온도의 평균을 결정한다. 그리고 히터의 정격출력을 이용하여 공급된 총 열량을 구한다. 또한 설정한 주기 동안 실내 거주 인원에 의한 발열량과 불이 켜진 등의 전체 와트 수 및 전열기구와 여타 장치에 의해 발생한 열을 모두 측정한다. 이렇게 얻은 정보를 이용하여 그 가정의 평균 열손실률과 열손실계수를 계산하라.

5-128 컴퓨터와 같은 전자제품은 일반적으로 팬으로 냉각된다. 전자제품의 강제 공기냉각과 팬의 선택에 대해 서술하라.

5-129 우유공장에서 스팀으로 우유를 저온살균하는 열교환기를 설계한다. 1 atm하에서 스팀이 관 외부에서 응축되는 동안 우유는 내경이 1.2 cm 관 다발을 통과한다. 이때 유량 15 L/s의 우유가 4°C로 관에 들어가서 72°C로 가열된다. 적당한 가정을 세워서, 관의 길이와 관의 수 그리고 열교환기 펌프에 대해 기술하라.

5-130 팬으로 데스크탑 컴퓨터를 냉각하고자 한다. 완전 부하시에 전자부품들은 80 W의 동력을 소비한다. 최대 고도 3000 m (대기압이 70.12 kPa)와 최고 온도 50°C의 환경하에서 컴퓨터를 작동시킨다. 신뢰도를 만족시키기 위해서는 공기의 출구온도가 60°C를 넘지 않아야 한다. 또한 팬의 소음을 줄이기 위해서 컴퓨터 케이스 출구에서의 공기 평균속도는 120 m/min을 넘지 않아야 한다. 설치할 팬의 유량과 팬 케이싱의 직경을 구하라.

자연대류

NATURAL CONVECTION

CHAPTER **06**

제 5장에서 우리는 펌프나 휀과 같은 외부적인 기구에 의해 유체를 강제적으로 표면 위나 관 안으로 흐르게 하는, **강제대류**(*forced convection*)에 대해 살펴보았다. 이 장에서는 부력과 같이 자연적인 방법으로 유체의 유동이 일어나는 **자연대류**(*natural convection*), 다른 이름으로는 자유대류(free convection)에 대해 고찰하고자 한다. 강제대류에서는 유체가 특정한 방향으로 움직일 수 있도록 휀이나 펌프가 유체에 충분한 운동량을 전달하기 때문에 유체의 운동이 분명하게 감지된다. 그러나 자연대류에서는 속도가 매우 낮기 때문에 유체의 운동이 잘 감지되지 않는다.

대류 열전달계수는 **속도**에 크게 의존한다. 즉, 속도가 빨라지면 대류 열전달계수가 높아진다. 자연대류에서 유체의 속도는 대체적으로 1 m/s 이하로 낮다. 따라서 일반적으로 자연대류에서 열전달계수는 강제대류의 경우보다 훨씬 낮다. 그렇지만 자연대류는 유동을 일으키는 장치가 필요 없기 때문에 여러 종류의 열전달 장치들은 강제대류 대신 자연대류 상태에서 운전되도록 설계되어 있다.

우리는 **자연대류**와 Grashof 수의 물리적인 메커니즘에 대한 설명으로 이 장을 시작하고자 한다. 그 다음 밀폐공간을 포함한 여러 가지 형상에 대한 자연대류 열전달을 구할 수 있는 관계식을 제시하고자 한다.

학습목표

이 장의 목적은 다음과 같다.

1. 자연대류의 물리적 메커니즘을 이해한다.
2. 자연대류의 지배방정식과 무차원 해석에 의한 무차원 Grashof 수를 유도한다.
3. 원통형과 구형뿐만 아니라 수직 평면, 수평 평면과 경사평면에서의 Nusselt 수를 구한다.
4. 이중창과 같은 밀폐공간에서의 자연대류를 해석한다.

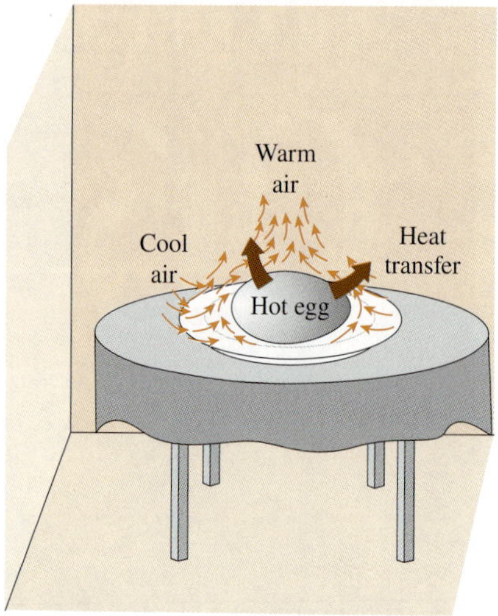

그림 6-1
차가운 주위에서 자연대류에 의한 삶은 달걀의 냉각

6-1 ▪ 자연대류의 물리적 메커니즘

많은 친숙한 열전달 장치들은 주요한 열전달 메커니즘으로 자연대류를 수반하고 있다. 동력 트랜지스터, 텔레비전, VCR과 같은 전자장치의 냉각, 전기장판이나 증기 방열기에서의 열전달, 냉각기 코일이나 전력 전송선으로부터의 열전달, 동물과 인간의 몸에서의 열전달 등이 그 예이다. 가스에서의 자연대류는 방사율이 낮은 표면을 제외하고는 일반적으로 복사와 비슷한 크기로 같이 일어난다.

우리는 뜨겁게 삶은 달걀(또는 뜨겁게 구운 감자)이 결국에는 주위 공기 온도와 동일해 질 때까지 식는다는 것을 알고 있다(그림 6-1). 달걀은 대류에 의해 주위 공기로, 복사에 의해 주위 표면으로 열을 전달하면서 식는다. 복사에 의한 열전달을 무시하면, 뜨거운 달걀(또는 어떠한 뜨거운 물체)이 보다 찬 주위환경에서 냉각되는 메커니즘은 다음과 같이 설명될 수 있다.

뜨거운 달걀이 보다 찬 공기에 노출된 즉시 달걀 껍데기의 바깥 표면온도는 약간 떨어지고, 껍질에 접해있는 공기 온도는 껍질로부터 열전도의 결과로 상승할 것이다. 결과적으로 달걀은 곧 따뜻해진 얇은 공기층에 둘러싸이게 될 것이며, 따뜻한 공기층에서 바깥공기층으로 열이 전달될 것이다. 이 경우의 냉각 과정은 달걀이 항상 따뜻한 공기에 감싸여 있고, 먼 곳의 찬 공기와 직접적인 접촉이 없으므로 다소 느릴 것이다. 우리는 달걀 주위에서 공기의 유동을 감지할 수 없을지도 모르지만, 세밀하게 측정하면 다르게 나타난다.

달걀 주위의 공기 온도가 높아지면 그 밀도는 낮아지는데, 이는 일정압력에서 가스의 밀도는 온도에 반비례하기 때문이다. 따라서 우리는 낮은 밀도의 "가벼운" 가스가 높은 밀도의 "무거운" 가스에 둘러싸여, 자연법칙에 따라 **가벼운 가스가 상승**하는 상황을 만날 수 있다. 이것은 식초와 기름으로 된 샐러드드레싱에서 기름이 위로 뜨는 것과 같은 현상이다($\rho_{oil} < \rho_{vinegar}$ 이므로). 이 현상은 "열 상승"으로 잘못 기술되고 있는데 **가열된 공기의 상승**의 의미로 이해되어야 한다. 달걀 주위의 따뜻한 공기에 의해 비워진 공간은 근처의 찬 공기로 교체되고, 달걀 주위의 찬 공기가 냉각 과정을 빠르게 한다. 따뜻한 공기의 상승과 그 자리로의 찬 공기 흐름은 달걀이 주위 공기 온도로 냉각될 때까지 계속된다. 달걀 주위의 가열된 공기가 근처의 찬 공기에 의해 계속적으로 교체되면서 생긴 운동을 **자연대류 흐름**(natural convection current)이라 하고, 이 자연대류 흐름의 결과로 촉진되는 열전달을 **자연대류 열전달**(natural convection heat transfer)이라 부른다. 자연대류 흐름이 없으면 달걀로부터 주위 공기로의 열전달은 전도에 의해서만 일어나며, 이 경우 달걀에서의 열전달률은 훨씬 낮을 것이라는 점을 주목하라.

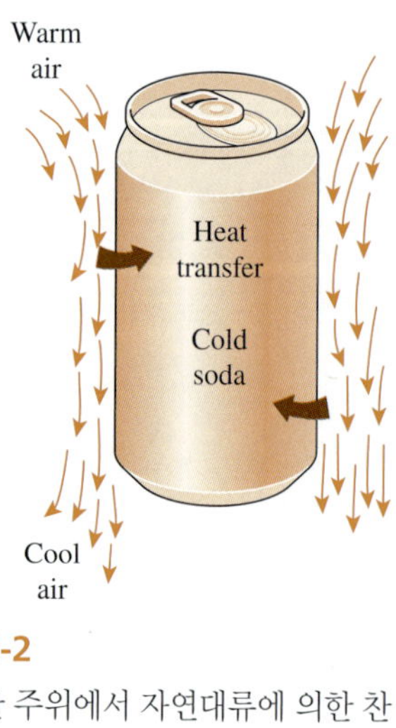

그림 6-2
따뜻한 주위에서 자연대류에 의한 찬 음료의 가열

자연대류는 차가운 주위에서 뜨거운 표면의 냉각과 마찬가지로 그림 6-2에 와 같이 뜨거운 주위에서 찬 표면의 가열에도 똑같은 효과가 있다. 이 경우에 유동 방향은 반대가 된다는 사실에 주목하라.

중력장에서는 무거운 유체 속에 놓인 가벼운 유체를 위로 밀어 올리는 정미 힘이 있다. 유체에 완전히 혹은 부분적으로 잠겨 있는 물체에 의해 위로 작용하는 힘을 **부력**(buoyancy force)이라 한다. 부력의 크기는 물체에 의해 **대체된 유체**의 무게와 같다. 즉,

$$F_{\text{buoyancy}} = \rho_{\text{fluid}}\, g V_{\text{body}} \tag{6-1}$$

여기서 ρ_{fluid}는 **유체**(물체가 아님)의 평균밀도, g는 중력가속도, 그리고 V_{body}는 유체에 잠겨 있는 물체의 부피이다(유체에 완전히 잠긴 물체의 경우는 물체의 총 부피이다). 다른 힘이 작용하지 않으면, 물체에 작용하는 정미 수직력은 물체의 무게와 부력의 차이이다. 즉,

$$\begin{aligned} F_{\text{net}} &= W - F_{\text{buoyancy}} \\ &= \rho_{\text{body}}\, g V_{\text{body}} - \rho_{\text{fluid}}\, g V_{\text{body}} \\ &= (\rho_{\text{body}} - \rho_{\text{fluid}})\, g V_{\text{body}} \end{aligned} \tag{6-2}$$

이 힘은 유체와 그 속에 잠긴 물체의 밀도차에 비례한다. 따라서 유체에 잠긴 물체는 그 물체에 의해 대체된 유체의 무게만큼 "가벼워질 것"이다. 이것이 **아르키메데스의 원리**로 알려져 있다.

부력의 효과를 보다 잘 이해하기 위해서 물속에 떨어뜨린 달걀을 생각해보자. 만약 달걀의 평균 밀도가 물의 밀도보다 크다면(신선함의 표시), 달걀은 바닥에 가라앉을 것이다. 만약 그렇지 않으면 위로 뜰 것이다. 달걀과 물의 밀도가 같을 때에는, 우주 공간에서의 "무게 없는 물체"와 같이, 물속에 완전히 잠긴 채 어딘가에 떠다닐 것이다. 이러한 현상은 달걀에 작용하는 위 방향의 부력이 아래로 작용하는 달걀의 무게와 같을 때 일어난다.

부력의 효과는 일상생활과 광범위한 관련이 있다. 일례로, 부력이 없다면 뜨거운(또는 차가운) 표면과 주위 유체와의 열전달은 **자연대류** 대신 **전도**에 의해서 일어날 것이다. 바다, 호수, 대기에서 일어나는 자연대류 흐름은 부력 에 의해 생긴다. 또한, 강철로 만들어진 큰 군함이나 가벼운 보트가 물 위에 뜨는 것도 부력 때문이다(그림 6-3). 배는 배 자체와 선적물의 전체 무게가 물속에 잠긴 배의 부피가 포함할 수 있는 물의 무게와 동일하다는 원리를 근거로 설계된다. 굴뚝을 통하여 뜨거운 연소가스를 위로 흐르게 하는 "굴뚝효과"도 역시 부력 때문이며, 굴뚝에서 가스의 상승력은 굴뚝 안의 뜨거운 가스와 밖의 찬 공기의 밀도차에 비례한다. 우주공간에는 **중력이 작용하지 않기** 때문에, 우주선이 대기로 채워져 있을지라도 우주선에서는 자연대류 열전달이 없을 것이다.

열전달을 공부하는 데 있어서 주요 변수는 **온도**이므로, 정미 부력을 온도차로 표시하는 것[식 (6-2)]이 필요하다. 그러나 이를 위해서는 밀도차를 온도차로 표현하는 것이 필요하며, **일정압력에서 온도에 따른 유체의 밀도 변화**를 나타내는 물성치에 대한 지식이 필요하다. 이러한 정보를 제공하는 물성치는 다음과 같이 정의된

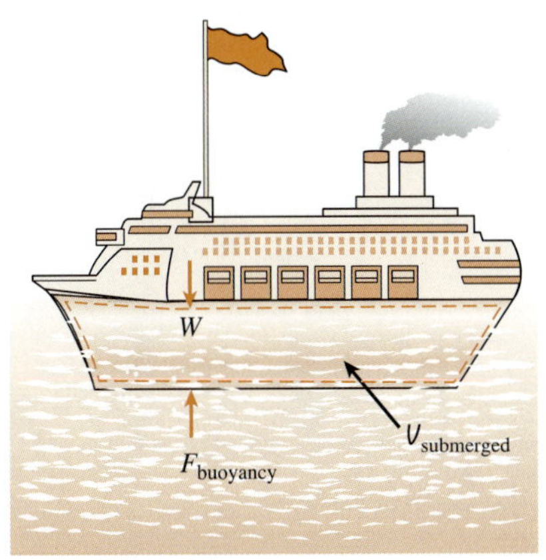

그림 6-3
물에 배가 떠 있을 수 있게 하는 것은 부력이다(떠 있는 물체에서 $W = F_{\text{buoyancy}}$).

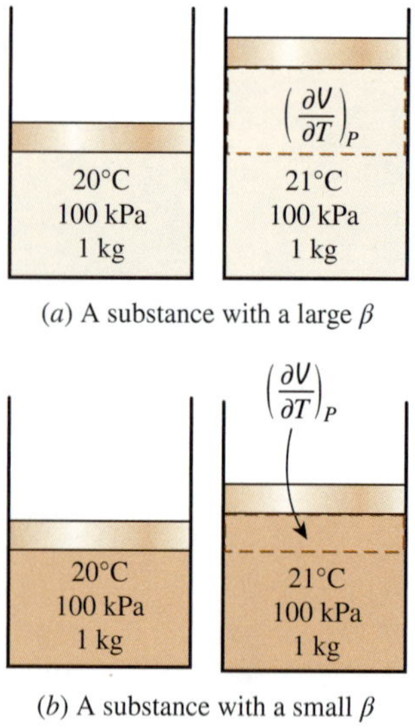

그림 6-4
체적 팽창계수는 일정압력에서 온도에 따른 물질의 부피 변화의 정도를 나타내는 척도이다.

체적팽창계수(volume expansion coefficient) β이다(그림 6-4).

$$\beta = \frac{1}{\upsilon}\left(\frac{\partial \upsilon}{\partial T}\right)_P = -\frac{1}{\rho}\left(\frac{\partial \rho}{\partial T}\right)_P \qquad (1/\text{K}) \tag{6-3}$$

자연대류를 공부하는 데 있어서 뜨거운 혹은 차가운 표면에서 충분히 멀리 떨어진 유체의 조건을 하첨자 "무한대"로 표시하며, 표면의 영향을 받지 않는 거리에서의 값을 의미한다. 이러한 경우 체적 팽창계수는 미분값들을 차분값으로 대체하여 다음과 같이 개략적으로 나타낼 수 있다.

$$\beta \approx -\frac{1}{\rho}\frac{\Delta\rho}{\Delta T} = -\frac{1}{\rho}\frac{\rho_\infty - \rho}{T_\infty - T} \quad (\text{일정한 } P\text{에서}) \tag{6-4}$$

또는

$$\rho_\infty - \rho = \rho\beta(T - T_\infty) \quad (\text{일정한 } P\text{에서}) \tag{6-5}$$

여기서 ρ_∞와 T_∞는 표면에서 떨어져 있는 정지된 유체의 밀도와 온도이다.

우리는 온도 T인 이상기체($P = \rho RT$)의 부피 팽창계수 β는 온도의 역수와 같다는 것을 쉽게 보일 수 있다.

$$\beta_{\text{ideal gas}} = \frac{1}{T} \qquad (1/\text{K}) \tag{6-6}$$

여기서 T는 열역학적 온도이다. β가 큰 유체는 온도에 따른 밀도 변화가 크다는 것을 의미하고, 따라서 $\beta\Delta T$는 일정압력에서 온도 변화 ΔT에 상응하는 유체의 부피 변화를 나타낸다는 것에 주목하라. 또한 부력은 일정압력에서 온도차에 비례하는 밀도차에 비례한다는 것에 주목하라. 따라서, 뜨거운(또는 차가운) 표면에 접해 있는 유체와 멀리 떨어져 있는 유체의 온도차가 커질수록, 부력은 커지고 자연대류 흐름이 강해지며 결과적으로 열전달률이 높아진다.

표면과 유체 사이의 자연대류 열전달의 크기는 유체의 유량과 직접적인 관계가 있다. 유량이 높아질수록 열전달률이 높아진다. 사실, 강제대류에서 열전달계수를 몇 배 증가시키는 것은 매우 높은 유동률이다. 자연대류에서는 송풍기를 사용하지 않으므로 유동률을 외부적으로 조절할 수 없다. 이 경우에 유량은 부력과 마찰력의 동적 평형에 의해 결정된다.

앞서 논의한 바와 같이, 부력은 표면에 접해 있는 가열된(또는 냉각된) 유체와 그 주위 유체 사이의 밀도차에 의한 것이며, 부력은 이 밀도차와 따뜻한 유체가 차지하고 있는 부피에 비례한다. 서로 접촉하고 있는 두 물체(고체-고체, 고체-유체 또는 유체-유체)가 서로 상대적으로 움직일 때마다 접촉 표면에 그 움직임의 반대 방향으로 마찰력이 생긴다는 것은 잘 알려진 사실이다. 이 반발력이 유체를 감속시키고, 유체의 유동률을 감소시킨다. 정상 상태에서는 이러한 두 효과가 서로 평형을 이루는 지점에서 부력에 의한 공기의 유동률이 결정된다. 고체 표면이 많아질수록 마찰력은 증가하여 유체 유동과 열전달을 크게 방해한다. 이러한 이유로, 휜이 조밀하게 배치된 열침은 자연대류 냉각에 적합하지 않다.

자연대류에서 대부분의 열전달 관계식은 실험적인 측정에 의존하고 있다. 자연대류 실험에 가장 자주 사용되는 기구는 Mach-Zehnder **간섭계**이며, 이것은 표면 근처에 있는 유체의 등온선 그림을 제공한다. 간섭계의 작동 원리는 낮은 압력에서 가스의 등온선은 등밀도선과 일치하며, 가스의 굴절률은 밀도의 함수라는 사실에 근거를 두고 있다. 따라서, 가스 안의 어떤 지점에서 빛의 굴절 각도는 그 지점에서 온도구배의 척도이다. 간섭계는 간섭무늬의 지도를 제공하며, 이 간섭 무늬는 그림 6-5에 보인 바와 같이 **등온선**으로 해석될 수 있다. (*a*)의 매끈한 평행선은 유동이 **층류**임을 나타내고, 한편 (*b*)의 소용돌이와 불규칙성은 유동이 **난류**임을 나타낸다. 표면 근처에서 선들이 밀집되어 있는 것은 **온도구배가 크다**는 것을 나타냄에 주목하라.

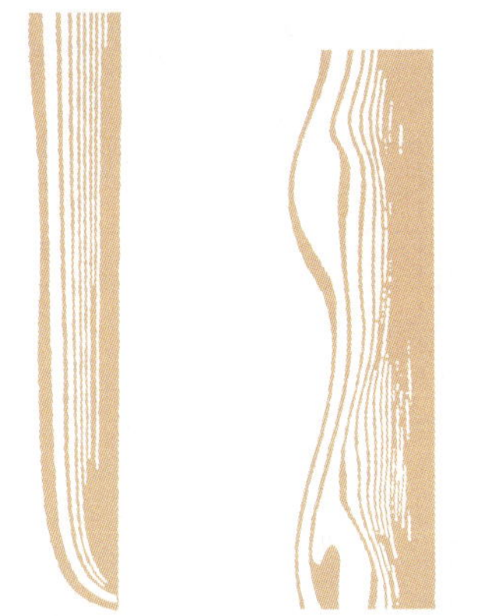

그림 6-5
공기 중에 있는 뜨거운 판 위의 자연대류에서의 등온선

6-2 ▪ 운동방정식과 Grashof 수

이 절에서는 층류 경계층에서 자연대류를 지배하는 운동방정식을 유도하려고 한다. 자연대류에는 강제대류에 적용되었던 질량보존법칙과 에너지보존법칙이 그대로 적용되지만 운동량방정식은 부력 효과를 고려하도록 수정될 필요가 있다.

유체 속에 잠긴 뜨거운 수직 평판을 고려해보자. 자연대류유동은 정상, 층류 그리고 2차원 유동이라 가정하고, 부력과 뜨는 유동을 발생하게 하는 경계층의 내부와 외부 사이의 밀도차 때문에 $\rho - \rho_\infty$를 고려하여야 하는 상황(이것을 Boussinesq 근사시라 한다) 이외에는 물성치와 밀도가 일정한 뉴턴 유체라고 가정한다. 그림 6-6에서 보듯이 평판의 위 방향을 x, 표면에 수직인 방법을 y라 한다. 그러므로 중력은 $-x$방향으로 작용한다. 유동은 정상 2차원이므로 경계층 내에서 x방향과 y방향의 속도 성분은 각각 $u = u(x, y)$, $v = v(x, y)$이다.

그림 6-6은 뜨거운 수직 평판 위에서의 자연대류에 대한 속도 분포와 온도 분포를 나타낸 것이다. 강제대류와 같이 경계층의 두께는 유동 방향에 따라 증가하지만 강제대류와 달리 평판 표면에서뿐만 아니라 속도경계층 끝에서 유체속도는 0이다. 이것은 경계층 밖에서는 유체가 정지상태이기 때문에 예견되는 것이다. 그러므로 유체속도는 표면으로부터 멀어질수록 증가하지만 최대에 이른 후 표면으로부터 충분히 먼 거리에서는 점차 감소하면서 0에 다다른다. 표면에서의 유체 온도는 그림에서 보는 바와 같이 평판 온도와 같고, 표면에서 점차 멀어질수록 주위 유체 온도로 점차 감소한다. **차가운 표면**인 경우에는 속도와 온도분포형상은 같지만 방향은 반대가 된다.

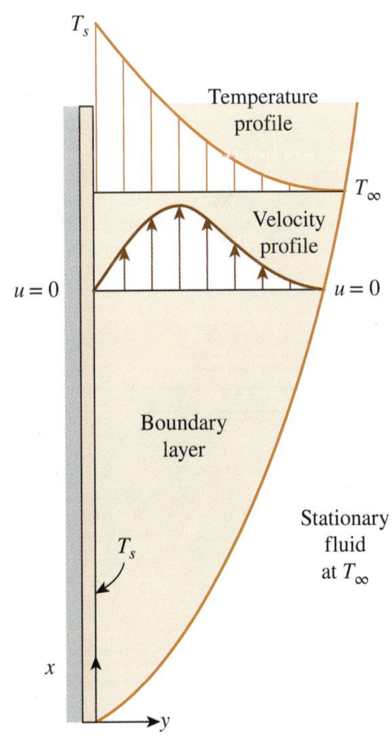

그림 6-6
온도 T_∞인 유체에 삽입된 온도 T_s인 수직방향의 뜨거운 평판에 대한 자연대류유동의 전형적인 속도 및 온도분포

해석을 위하여 높이 dx, 길이 dy, z방향은 단위 깊이인(종이와 수직한 방향) 미소 체적 요소를 고려해보자. 체적 요소에 작용하는 힘은 그림 6-7에 나타나 있다. 이 체적 요소를 뉴턴의 제2법칙으로 나타내면

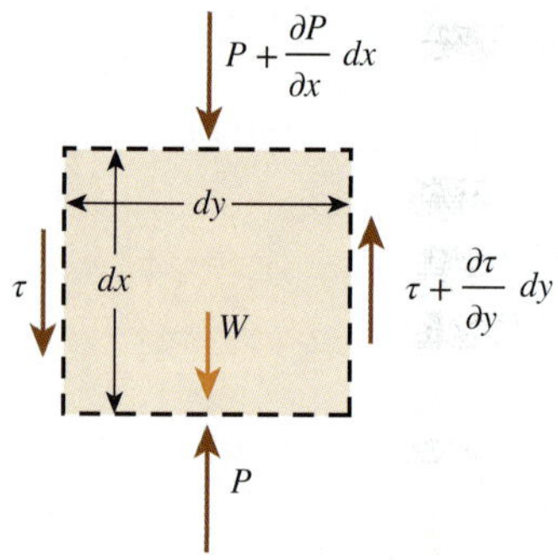

그림 6-7
수직방향 평판 위의 자연대류 경계층에서 미소 체적 요소에 작용하는 힘

$$\delta m \cdot a_x = F_x \tag{6-7}$$

여기서 $\delta m = \rho(dx \cdot dy \cdot 1)$은 체적 요소 내 유체의 질량이다. x방향의 가속도는 $u(x, y)$의 전 미분인 $du = (\partial u/\partial x)dx + (\partial u/\partial y)dy$를 dt로 나누면 다음과 같이 얻을 수 있다.

$$a_x = \frac{du}{dt} = \frac{\partial u}{\partial x}\frac{dx}{dt} + \frac{\partial u}{\partial y}\frac{dy}{dt} = u\frac{\partial u}{\partial x} + v\frac{\partial u}{\partial y} \tag{6-8}$$

미소 체적 요소에 작용하는 수직방향의 위와 아래 표면에 작용하는 압력과 측면에 작용하는 전단응력(위와 아래 표면에 작용하는 수직 응력은 작아서 무시)이다. 그러므로 x방향으로 작용하는 정미력은 다음과 같다.

$$\begin{aligned} F_x &= \left(\frac{\partial \tau}{\partial y}dy\right)(dx \cdot 1) - \left(\frac{\partial P}{\partial x}dx\right)(dy \cdot 1) - \rho g(dx \cdot dy \cdot 1) \\ &= \left(\mu\frac{\partial^2 u}{\partial y^2} - \frac{\partial P}{\partial x} - \rho g\right)(dx \cdot dy \cdot 1) \end{aligned} \tag{6-9}$$

여기서 $\tau = \mu(\partial u/\partial y)$이다. 식 (6-8)과 식 (6-9)를 식 (6-7)에 대입하고 $\rho \cdot dx \cdot dy \cdot 1$로 나누면 x방향에서의 뉴턴의 제2법칙(x방향 운동량방정식)을 다음과 같이 얻을 수 있다.

$$\rho\left(u\frac{\partial u}{\partial x} + v\frac{\partial u}{\partial y}\right) = \mu\frac{\partial^2 u}{\partial y^2} - \frac{\partial P}{\partial x} - \rho g \tag{6-10}$$

경계층 밖의 정지유체에서의 x방향 운동방정식은 위의 관계에서 $u = 0$로 놓는 특별한 경우로 얻을 수 있으며 다음과 같이 주어진다.

$$\frac{\partial P_\infty}{\partial x} = -\rho_\infty g \tag{6-11}$$

이것은 기대한 대로 정지유체에서 높이에 따른 정압변화율의 관계식을 나타내는 것이다. 또한 경계층 내에서 $v \ll u$이므로 $\partial v/\partial x \approx \partial v/\partial y \approx 0$이고 y방향에서는 체적력(중력 포함)이 없기 때문에 $\partial P/\partial y = 0$이다. 즉, 표면에 대한 수직방향의 압력은 무시할 수 있으며, x방향에 대한 경계층에서의 압력은 정지 유체의 압력과 동일하다. 그러므로 $P = P(x) = P_\infty(x)$이고 $\partial P/\partial x = \partial P_\infty/\partial x = -\rho_\infty g$이다. 이를 식 (6-10)에 대입하면,

$$\rho\left(u\frac{\partial u}{\partial x} + v\frac{\partial u}{\partial y}\right) = \mu\frac{\partial^2 u}{\partial y^2} + (\rho_\infty - \rho)g \tag{6-12}$$

마지막 항은 유체의 단위 체적당 위쪽 방향으로의 정미힘을 나타낸다(부력과 유체 무게의 차). 이 힘은 대류를 발생시키고 유지시킨다.

식 (6-5)로부터, $\rho_\infty - \rho = \rho\beta(T - T_\infty)$이다. 식의 마지막 항에 이 식을 대입하고, 양변을 ρ로 나누면 x방향의 운동량방정식을 얻을 수 있다.

$$u\frac{\partial u}{\partial x} + v\frac{\partial u}{\partial y} = \nu\frac{\partial^2 u}{\partial y^2} + g\beta(T - T_\infty) \tag{6-13}$$

이 식은 부력의 영향으로 인한 경계층 내에서의 유체 운동을 지배하는 방정식이다. 운동량방정식은 온도를 포함하고 있으며, 따라서 운동량 및 에너지 방정식은 반드시 동시에 풀어야 한다. 수직 등온판 위의 자연대류유동을 지배하는 연속, 운동량, 에너지 방정식은

연속: $$\frac{\partial u}{\partial x} + \frac{\partial v}{\partial y} = 0$$

운동량: $$u\frac{\partial u}{\partial x} + v\frac{\partial u}{\partial y} = \nu\frac{\partial^2 u}{\partial y^2} + g\beta(T - T_\infty)$$

에너지: $$u\frac{\partial T}{\partial x} + v\frac{\partial T}{\partial y} = \alpha\frac{\partial^2 T}{\partial y^2}$$

이고, 경계조건은 다음과 같다[식 (6-6) 참조].

At $y = 0$: $u(x, 0) = 0$, $v(x, 0) = 0$, $T(x, 0) = T_s$
At $y \to \infty$: $u(x, \infty) \to 0$, $T(x, \infty) \to T_\infty$
At $x = 0$: $u(0, y) = 0$, $T(0, y) = T_\infty$

Grashof 수

자연대류의 지배 방정식과 경계조건은 알맞은 상수항으로 모든 종속 및 독립 변수로 나눔으로써 무차원화할 수 있다: 특성길이 L_c에 대한 모든 길이, 임의의 기준 속도 V(레이놀즈 수 정이에 따라 $V = \mathrm{Re}_L\nu/L_c$로 나타낸다)에 대한 모든 속도, 적당한 온도차($T_s - T_\infty$)에 대한 온도로 다음과 같다.

$$x^* = \frac{x}{L_c}, \quad y^* = \frac{y}{L_c}, \quad u^* = \frac{u}{V}, \quad v^* = \frac{v}{V}, \quad \text{그리고} \quad T^* = \frac{T - T_\infty}{T_s - T_\infty}$$

여기서, 별표는 무차원 변수를 의미한다. 무차원 형식의 연속 및 에너지 방정식은 계속해서 여기에 적용된다. 그러나 무차원화된 운동량 방정식은 부력 효과 때문에 다를 것이다. 운동방정식을 앞선 매개변수로 무차원화하고[식 (6-13)] 단순화하면,

$$u^*\frac{\partial u^*}{\partial x^*} + v^*\frac{\partial u^*}{\partial y^*} = \left[\frac{g\beta(T_s - T_\infty)L_c^3}{\nu^2}\right]\frac{T^*}{\mathrm{Re}_L^2} + \frac{1}{\mathrm{Re}_L}\frac{\partial^2 u^*}{\partial y^{*2}} \tag{6-14}$$

대괄호 내의 무차원 변수는 자연대류효과를 나타내며, **Grashof 수**(Gr_L)라 부른다.

$$\mathrm{Gr}_L = \frac{g\beta(T_s - T_\infty)L_c^3}{\nu^2} \tag{6-15}$$

여기서,

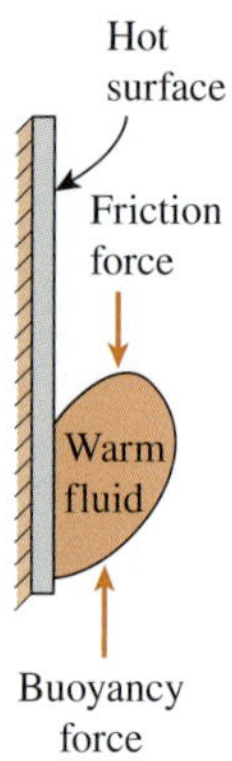

그림 6-8
Grashof 수 Gr은 **부력**과 유체에 작용하는 반대되는 **점성력**의 상대적 크기를 가늠하는 척도이다.

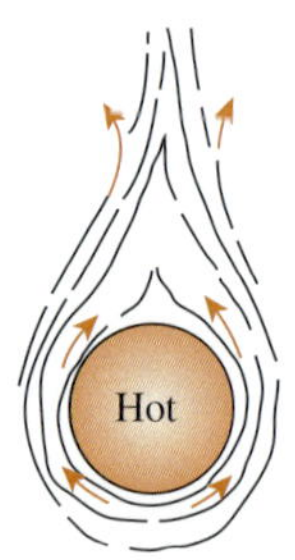

(*a*) Natural convection ($Gr_L / Re_L^2 \gg 1$)

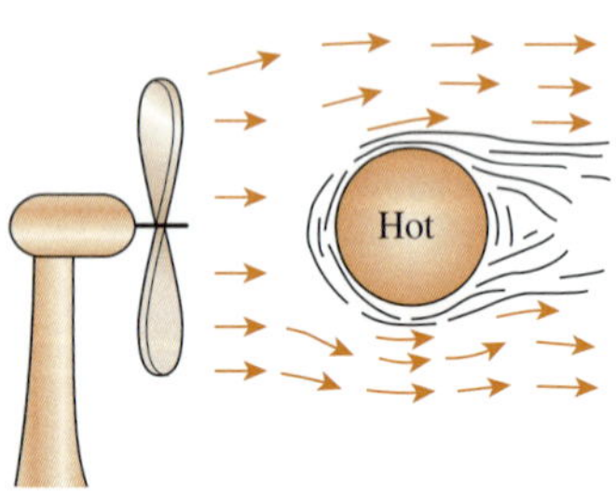

(*b*) Forced convection ($Gr_L / Re_L^2 \ll 1$)

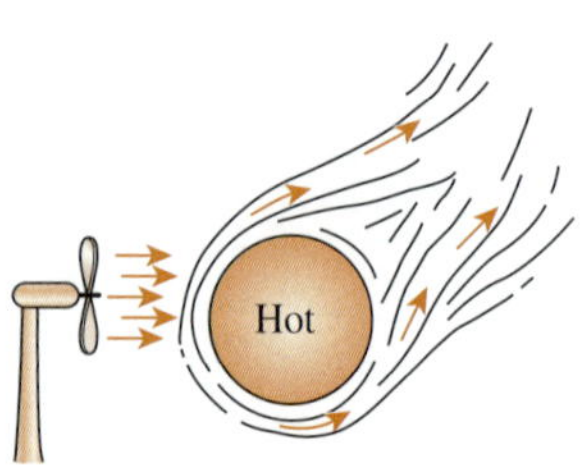

(*c*) Mixed convection ($Gr_L / Re_L^2 \approx 1$)

그림 6-9
뜨거운 구 근처 유동에서 대류 열전달 형태의 상대적인 중요성

g = 중력 가속도, m/s^2
β = 체적 팽창계수, 1/K(이상기체에서 $\beta = 1/K$)
T_s = 표면온도, °C
T_∞ = 표면으로부터 멀리 떨어진 유체 온도, °C
L_c = 형상의 특성길이, m
ν = 유체의 동점성 계수, m^2/s

앞 장에서 언급했듯이 강제대류의 유동 형태는 유체에 작용하는 점성력에 대한 관성력의 비인 무차원 **레이놀즈 수**에 의해 지배된다. 자연대류의 유동장(그림 6-8)은 유체에 작용하는 **점성력**에 대한 **부력**의 비로 표현되는 Grashof 수에 의해 지배된다.

강제대류는 레이놀즈 수에 의해 지배되고, 자연대류는 Grashof 수에 의해 지배된다. 가령, Grashof 수는 자연대류에서 층류인지 난류인지를 결정하는 주요 인자이다. 예를 들면, 수직 평판의 경우는 임계 Grashof 수가 약 10^9이다. 그러므로 수직 평판 위의 유동 형태는 10^9보다 큰 Grashof 수일 때 **난류**가 된다.

표면이 외부 유동에 의해 지배될 때 문제는 자연대류와 강제대류 모두를 수반한다. 각 모드에서의 열선달의 상대적 중요성은 식 6-14의 Gr_L/Re_L^2 계수값에 의해 결정된다(그림 6-9). 만일 $Gr_L/Re_L^2 \gg 1$이면 관성력은 무시할 수 있고 자연 대류 효과가 지배적이다. 반대로 $Gr_L/Re_L^2 \ll 1$이면 부력은 무시할 수 있고 강제대류 효과가 고려되어야 한다. $Gr_L/Re_L^2 \approx 1$인 경우는 관성력 및 부력 둘다 동등하게 나타나며 자연대류와 강제대류 효과를 모두 고려해야 한다. 이 경우에서의 유동을 **혼합대류**(mixed convection)라고 부른다.

6-3 ▪ 표면 위의 자연대류

표면에서 자연대류 열전달은 표면의 형상과 방향에 따라 좌우되며, 또한 표면에서의 온도 변화와 연관된 유체의 열 물리학적 물성치에 의존한다.

우리는 자연대류의 메커니즘에 대해 잘 이해하고 있지만, 유체 운동의 복잡성은 운동 및 에너지의 지배 방정식을 풀어서 얻을 수 있는 열전달에 관한 간단한 해석적 관계를 얻기 어렵게 만든다. 자연대류를 위한 몇가지 해석적 해법이 있지만 이러한 해법은 단순화시킨 가정하에서 단순 형상에 대해 얻기 때문에 일반화가 힘들다. 그러므로 몇몇의 단순화된 경우를 제외하고 자연대류의 열전달 특성은 실험적 연구를 기초로 한다. 문헌에서 주어진 다양한 형상을 위한 광범위한 복잡성 및 정확성을 가지는 관계들 중 우리는 여기에 가장 잘 알려지고 광범위하게 사용되는 것들을 표현하였다.

자연대류에서의 평균 Nusselt 수 Nu에 대한 단순 경험 상관식은 다음의 형태이다(그림 6-10).

$$\mathrm{Nu} = \frac{hL_c}{k} = C(\mathrm{Gr}_L\,\mathrm{Pr})^n = C\,\mathrm{Ra}_L^n \tag{6-16}$$

여기서, Ra_L는 유체 내의 부력과 점성의 관계를 나타내는 Grashof 수와 운동량 확산과 열확산의 관계를 나타내는 Prantl 수의 곱인 **Rayleigh 수**이다. 따라서 Rayleigh 수는 부력과 열 및 운동량 확산(을 곱한)의 비로 볼 수 있다.

$$\mathrm{Ra}_L = \mathrm{Gr}_L\,\mathrm{Pr} = \frac{g\beta(T_s - T_\infty)L_c^3}{\nu^2}\mathrm{Pr} = \frac{g\beta(T_s - T_\infty)L_c^3}{\nu\alpha} \tag{6-17}$$

상수 C와 n 값은 Rayleigh 수의 영역의 특성을 갖는 **표면 형상**과 **유동 형태**에 의해 지배된다. n 값은 보통 층류일 때 $\frac{1}{4}$이고, 난류유동일 때 $\frac{1}{3}$이다. 상수 C 값은 보통 1보다 작다.

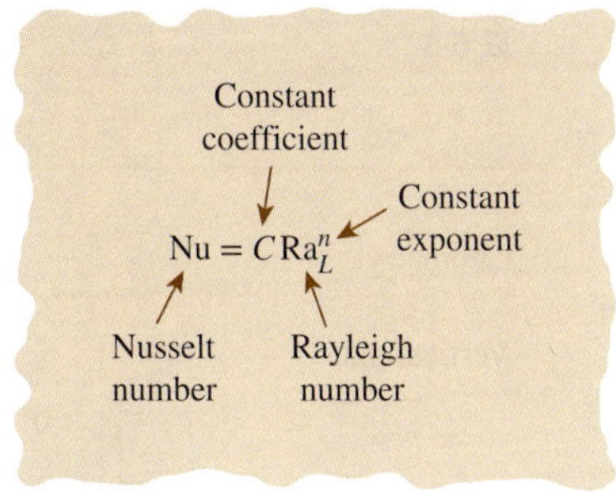

그림 6-10
자연대류 열전달 상관식은 일반적으로 Rayleigh 수의 지수 n과 다른 상수 C의 곱으로 표현되며, 두 상수는 실험적으로 결정된다.

다양한 형상에 대한 평균 Nusselt 수에 대한 단순 상관관계를 형상 스케치와 더불어 표 6-1에 나타냈다. 표에 나타낸 형상은 상관관계를 적용할 수 있는 Rayleigh 수의 범위 및 형상들의 특성길이를 보여주고 있다. 모든 유체 물성치를 막 온도 $T_f = \frac{1}{2}(T_s + T_\infty)$에서 구할 수 있다.

평균 Nusselt 수 및 이를 통해 평균 대류 열전달계수를 알 때, 균일한 온도를 갖는 표면온도 T_s부터 주변 유체로의 자연대류에 의한 열전달률은 다음과 같은 뉴턴의 냉각법칙에 의해 표현된다.

$$\dot{Q}_{\mathrm{conv}} = hA_s(T_s - T_\infty) \qquad \mathrm{(W)} \tag{6-18}$$

여기서 A_s는 열전달 면적, h는 표면의 평균 열전달계수이다.

수직 평판(T_s = 일정)

수직 평판에서 특성길이는 평판의 높이인 L이다. 표 6-1에서 등온 수직 평판의 평균 Nusselt 수에 대한 3가지 관계식을 보여주고 있다. 처음 두 관계식은 매우 간단하다. 우리는 그 복잡함에도 불구하고 Churchi와 Chu (1975b)에 의해 추천된 세 번째 식[식 (6-21)]을 사용하기를 권장하는데, 이 식이 Rayleigh 수의 전체 영역에 걸쳐 적용 가능하기 때문이다. 이 관계식은 $10^{-1} < \mathrm{Ra}_L < 10^9$의 범위에서 매우 정확하다.

수직 평판 ($\dot{q}_s$ = 일정)

일정 표면 열유속의 경우, 열전달률은 알고 있지만(단순하게 $\dot{Q} = \dot{q}_s A_s$이다), 표면온도 T_s는 알지 못한다. T_s는 평판을 따라 높이가 증가함에 따라 증가한다. 표면 일정 온도 및 일정 표면 열유속인 경우에 대한 Nusselt 수 관계식은 거의 동일하다는 것이 밝혀졌다(Churchill 및 Chu, 1975b). 따라서, 막 온도, Rayleigh 수 및 Nusselt 수를 구하기 위한 T_s를 평판의 중간지점 온도 $T_{L/2}$로 사용한다면 등온 평판의 관계식은 일정 열유속을 갖는 평판에서도 사용 가능하다. $h = \dot{q}_s/(T_{L/2} - T_\infty)$일 때

표 6-1

표면 위의 자연대류에서 평균 Nusselt 수를 구하는 실험식

Geometry	Characteristic length L_c	Range of Ra	Nu
Vertical plate 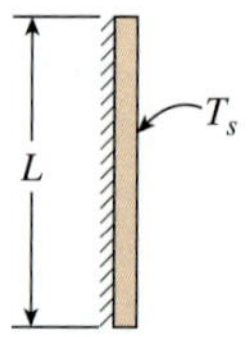	L	10^4–10^9 10^9–10^{13} Entire range	$\text{Nu} = 0.59\,\text{Ra}_L^{1/4}$ **(6–19)** $\text{Nu} = 0.1\,\text{Ra}_L^{1/3}$ **(6–20)** $\text{Nu} = \left\{0.825 + \dfrac{0.387\,\text{Ra}_L^{1/6}}{[1 + (0.492/\text{Pr})^{9/16}]^{8/27}}\right\}^2$ **(6–21)** (complex but more accurate)
Inclined plate 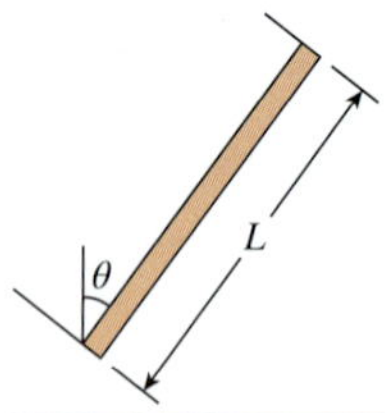	L		Use vertical plate equations for the upper surface of a cold plate and the lower surface of a hot plate Replace g with $g\cos\theta$ for $0 < \theta < 60°$
Horizontal plate (surface area A and perimeter p) (*a*) Upper surface of a hot plate (or lower surface of a cold plate) 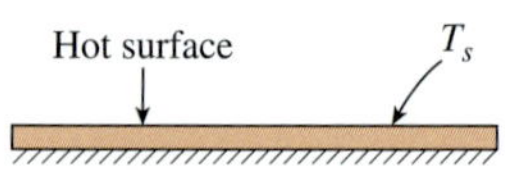 (*b*) Lower surface of a hot plate (or upper surface of a cold plate) 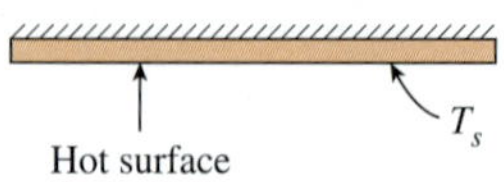	A_s/p	10^4–10^7 10^7–10^{11} 10^5–10^{11}	(a) $\text{Nu} = 0.54\,\text{Ra}_L^{1/4}$ **(6–22)** (a) $\text{Nu} = 0.15\,\text{Ra}_L^{1/3}$ **(6–23)** (b) $\text{Nu} = 0.27\,\text{Ra}_L^{1/4}$ **(6–24)**
Vertical cylinder 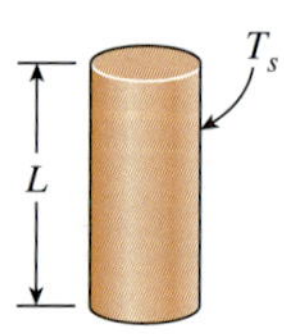	L		A vertical cylinder can be treated as a vertical plate when $D \geq \dfrac{35L}{\text{Gr}_L^{1/4}}$
Horizontal cylinder 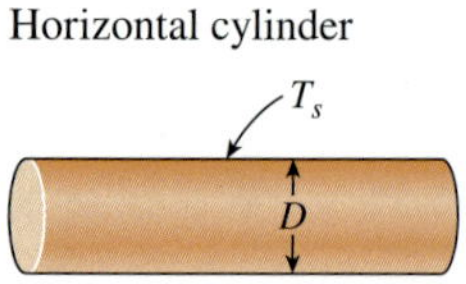	D	$\text{Ra}_D \leq 10^{12}$	$\text{Nu} = \left\{0.6 + \dfrac{0.387\,\text{Ra}_D^{1/6}}{[1 + (0.559/\text{Pr})^{9/16}]^{8/27}}\right\}^2$ **(6–25)**
Sphere 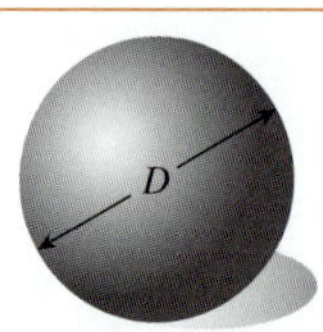	D	$\text{Ra}_D \leq 10^{11}$ ($\text{Pr} \geq 0.7$)	$\text{Nu} = 2 + \dfrac{0.589\,\text{Ra}_D^{1/4}}{[1 + (0.469/\text{Pr})^{9/16}]^{4/9}}$ **(6–26)**

평균 Nusselt 수는 아래와 같이 표현할 수 있다.

$$\mathrm{Nu} = \frac{hL}{k} = \frac{\dot{q}_s L}{k(T_{L/2} - T_\infty)} \tag{6-27}$$

중심 온도 $T_{L/2}$는 식 (6-21)과 (6-27)로부터 결정된 Nusselt 수를 일치시키기 위하여 반복 계산을 통해 구한다.

수직 원통

원통의 직경이 충분히 커서 곡률의 영향을 무시할 수 있을 때, 수직 원통의 바깥 표면은 수직 평판과 같이 다룰 수 있다. 이 조건은 다음일 때 성립한다.

$$D \geq \frac{35L}{\mathrm{Gr}_L^{1/4}} \tag{6-28}$$

이 기준이 충족되면, 수직 평판에 대한 관계식을 수직 원통에서도 사용할 수 있다. 이러한 기준을 만족하지 않는 가느다란 원통에 대한 Nusselt 수 관계식은 문헌(e.g., Cebeci, 1974)에서 확인 가능하다.

경사진 평판

그림 6-11과 같이 차가운 주변 환경에서 수직방향으로 각도 θ를 이루는 경사진 뜨거운 평판을 고려해 보자. 경계층 내 유체의 단위 체적당 작용하는 정미력 $F = g(\rho_\infty - \rho)$ (부력과 중력의 차이)는 항상 수직방향으로 작용한다. 경사진 평판의 경우, 이 힘은 두 성분으로 나눌 수 있다: $F_x = F\cos\theta$는 평판에 평행하여 평판을 따라 유체를 유도하고, $F_y = F\sin\theta$는 평판에 수직방향이다. 운동을 유도하는 힘이 감소될 때 우리는 대류 흐름은 약해지고, 열전달률은 수직 평판의 경우와 비교하여 작아짐을 예상할 수 있다.

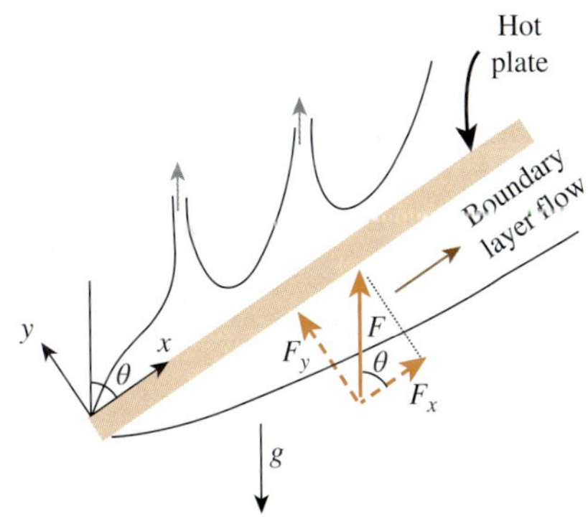

그림 6-11
경사진 뜨거운 평판의 상부와 하부 표면의 자연대류유동

뜨거운 평판의 하부 표면에서는 우리가 예상했던 바가 실험으로 확인되지만 상부 표면에서는 반대 현상이 관찰되었다. 상부 표면에서 나타나는 이러한 이상한 거동의 원인은 힘의 성분 F_y이 판을 따라 평행하는 운동뿐만 아니라 상승하는 운동을 발생시키기 때문이며, 따라서 경계층은 깨어지고 그림과 같은 유체 기둥을 형성하게 된다. 결과적으로, 경계층의 두께 및 열전달 저항이 감소되고, 열전달률은 수직방향에 비해 증가한다.

따뜻한 환경에서 차가운 평판의 경우, 예상한 것과 반대의 현상이 일어난다: 상부 표면에서 경계층은 낮은 열전달률과 약한 경계층 유동을 가지며 온전히 남아있고, 하부 표면의 경계층은 떨어져 부서지고 (차가운 유체가 하강함) 열전달은 향상된다.

경계층이 온전히 남아 있을 때(뜨거운 평판의 하부 표면 또는 차가운 평판의 상부 표면), Nusselt 수는 Rayleigh 수 관계식 내 g를 $\theta < 60°$ 조건에서 $g\cos\theta$로 바

끈다면 수직 평판 관계식으로 구할 수 있다. 다른 두 표면(뜨거운 평판의 상부 표면 또는 차가운 표면의 하부 표면)에 대한 Nusselt 수 관련성은 문헌(e.g., Fuji and Imura, 1972)에서 확인 가능하다.

수평 평판

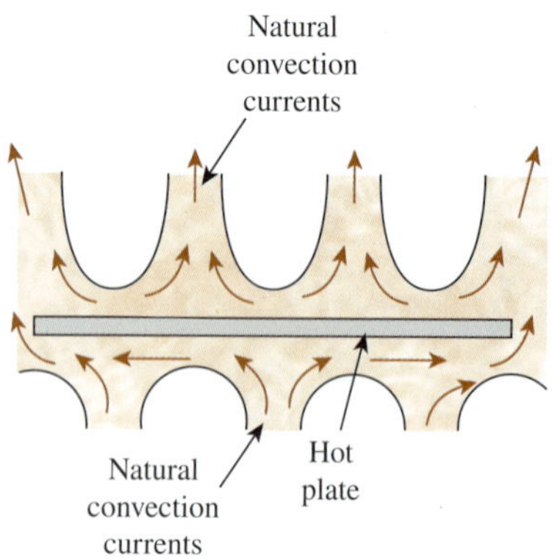

그림 6-12
수평방향의 뜨거운 평판에서 상부와 하부 표면의 자연대류유동

수평 평판에서 평판으로부터 또는 평판으로의 열전달률은 표면이 위쪽으로 또는 아래쪽으로 향하는지에 따라 결정된다. 차가운 환경에 놓인 뜨거운 표면에서 정미 힘은 위쪽으로 작용하며 가열된 유체를 상승하게 한다. 만약 뜨거운 표면이 위 방향을 향한다면 그림 6-12에서 보여지듯이 뜨거워진 유체는 자유롭게 상승하여 강한 자연대류와 높은 효율의 열전달을 발생시킨다. 그러나 뜨거운 표면이 아래 방향을 향하면, 평판은 상승하려 하는 가열된 유체를 방해하며 (모서리 부분을 제외) 열전달을 방해한다. 차가운 평판이 따듯한 환경에 있는 경우에는 반대 현상이 나타나는데, 이는 정미 힘(무게와 부력의 차)은 아래로 작용하고 평판 부근의 냉각된 유체는 내려가는 경향을 보이기 때문이다.

수평 표면에 대한 평균 Nusselt 수는 표 6-1에 주어진 간단한 지수법칙 관계로 구할 수 있다. Ra 범위에 따라 수평 평판의 뜨거운 표면이 위로 향한 경우는 식 (6-22) 또는 식 (6-23)을 사용하고 수평 평판의 뜨거운 표면이 아래로 향한 경우는 식 (6-24)를 사용하라. 다음의 식에 사용되는 수평 표면의 특성길이는 아래와 같이 계산된다.

$$L_c = \frac{A_s}{p} \tag{6-29}$$

여기서, A_s는 표면적, p는 둘레이다. 한 면의 길이가 a인 수평 정사각형의 $L_c = a/4$이고 직경 D를 가지는 수평 원형 표면에 대한 특성길이는 $D/4$이다.

수평 원통과 구

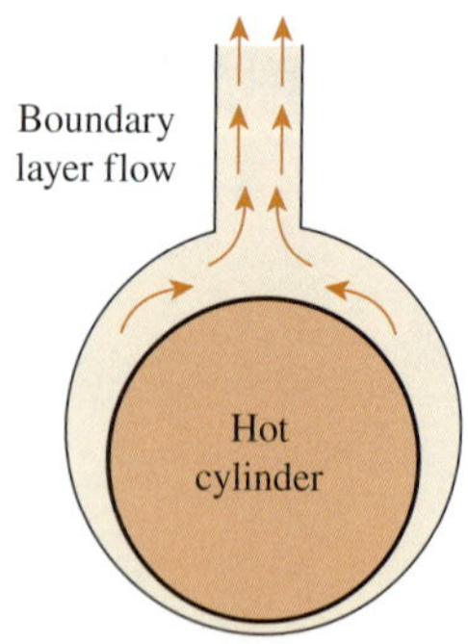

그림 6-13
수평방향의 뜨거운 원통에서 자연대류유동

뜨거운 수평 원통의 경계층은 하부에서 발달하기 시작하며, 원주 둘레를 따라 두께가 증가하고 그림 6-13와 같이 최상부에서 위쪽으로 상승하는 유체 기둥을 형성한다. 그러므로 국소 Nusselt 수는 경계층 흐름이 층류일 때 최하부에서 가장 크며, 원통의 최상부에서 가장 작다. 따뜻한 매질 안의 차가운 수평 원통의 경우에는 반대현상이 나타나며, 이러한 경우의 경계층은 원통의 최상부에서 발달하기 시작하며 하부에서 하강 유체 기둥을 형성하며 끝난다.

전체 표면에 대한 평균 Nusselt 수는 등온 수평 원통의 경우 식 (6-25) (Churchill and Chu, 1975)으로 결정되며, 등온 구에 대해서는 식 (6-26) (Churchill, 1983)으로부터 결정된다. 두 가지 모두 표 6-1에 주어져 있다.

예제 6-1 온수관으로부터의 열손실

그림 6-14에 보인 길이 6 m, 지름 8 cm인 수평 온수관이 20°C인 큰 방을 지나간다. 관의 바깥 표면온도가 70°C 일 때, 관으로부터 자연대류에 의한 열손실률을 구하여라.

풀이 수평 온수관이 큰방을 지나간다. 자연대류에 의한 관으로부터의 열손실을 구해야 한다.

가정 **1.** 정상 상태에서 작동한다. **2.** 공기는 이상기체이다. **3.** 대기압은 1기압이다.

물성치 막 온도 $T_f = (T_s + T_\infty)/2 = (70 + 20)/2 = 45°C$와 1기압에서 공기의 물성치는 다음과 같다.

$$k = 0.02699 \text{ W/m·K} \qquad \text{Pr} = 0.7241$$
$$\nu = 1.750 \times 10^{-5} \text{ m}^2/\text{s} \qquad \beta = \frac{1}{T_f} = \frac{1}{318 \text{ K}}$$

해석 이 경우의 특성길이는 관의 바깥지름으로 $L_c = D = 0.08$ m이다. 이 경우 Rayleigh 수는 다음과 같이 된다.

$$\begin{aligned}\text{Ra}_D &= \frac{g\beta(T_s - T_\infty)D^3}{\nu^2}\text{Pr} \\ &= \frac{(9.81 \text{ m/s}^2)[1/(318 \text{ K})](70 - 20 \text{ K})(0.08 \text{ m})^3}{(1.750 \times 10^{-5} \text{ m}^2/\text{s})^2}(0.7241) = 1.867 \times 10^6\end{aligned}$$

이 경우 자연대류 Nusselt 수는 식 (6-25)를 사용하여 다음과 같이 구할 수 있다.

$$\begin{aligned}\text{Nu} &= \left\{0.6 + \frac{0.387 \text{ Ra}_D^{1/6}}{[1 + (0.559/\text{Pr})^{9/16}]^{8/27}}\right\}^2 = \left\{0.6 + \frac{0.387(1.867 \times 10^6)^{1/6}}{[1 + (0.559/0.7241)^{9/16}]^{8/27}}\right\}^2 \\ &= 17.39\end{aligned}$$

그리고

$$h = \frac{k}{D}\text{Nu} = \frac{0.02699 \text{ W/m·K}}{0.08 \text{ m}}(17.39) = 5.867 \text{ W/m}^2\text{·K}$$
$$A_s = \pi DL = \pi(0.08 \text{ m})(6 \text{ m}) = 1.508 \text{ m}^2$$

이고,

$$\dot{Q} = hA_s(T_s - T_\infty) = (5.867 \text{ W/m}^2\text{·K})(1.508 \text{ m}^2)(70 - 20)°\text{C} = \mathbf{442 \text{ W}}$$

따라서 관은 자연대류에 의해 442 W의 율로 방 안 공기로 열을 잃을 것이다.

검토 관은 자연대류뿐만 아니라 복사에 의해서도 주위로 열을 잃을 것이다. 관의 바깥 표면이 흑체(방사율 $\varepsilon = 1$)이고, 방의 안쪽 벽면이 방의 온도와 같다고 가정하면, 이 경우 복사 열전달은 다음과 같이 구한다(그림 6-15).

$$\begin{aligned}\dot{Q}_{\text{rad}} &= \varepsilon A_s \sigma(T_s^4 - T_{\text{surr}}^4) \\ &= (1)(1.508 \text{ m}^2)(5.67 \times 10^{-8} \text{ W/m}^2\text{·K}^4)[(70 + 273 \text{ K})^4 - (20 + 273 \text{ K})^4] \\ &= 553 \text{ W}\end{aligned}$$

이 값은 자연대류보다 큰 값이다. 실제 표면의 방사율은 1보다 작기 때문에, 실제 표면에서의 복사 열전달은 더 작을 것이다. 그러나 자연대류에 의해 냉각되는 대부분의 시스템에서는 복사가 여전히 중요하다. 따라서 표면의 방사율이 작지 않은 한 보통 복사 해석은 자연대류 해석과 함께 해야 한다.

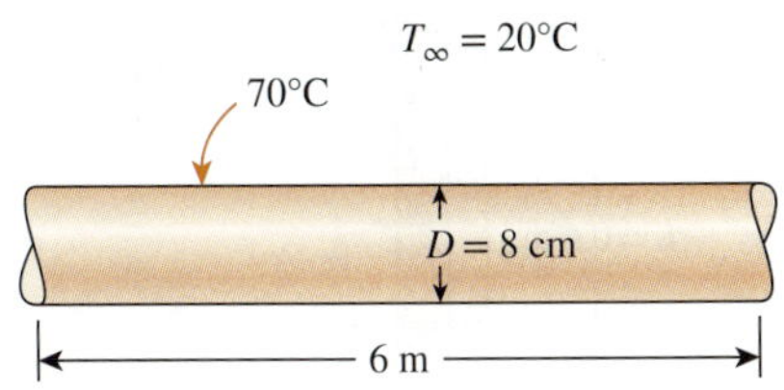

그림 6-14
예제 6-1의 개략도

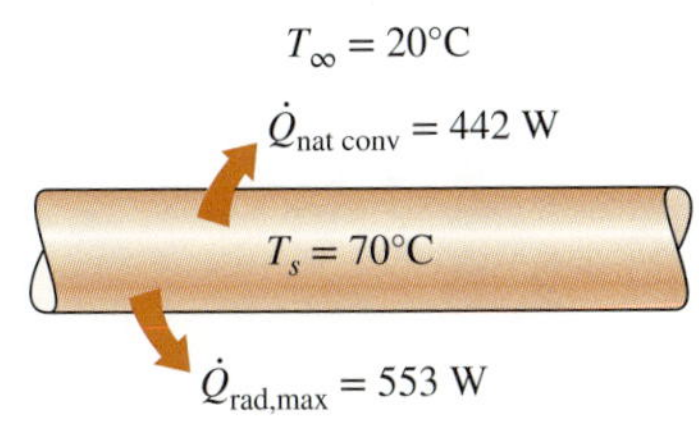

그림 6-15
복사 열전달은 일반적으로 크기가 자연대류와 비슷하고 열전달 해석 시 고려되어야 한다.

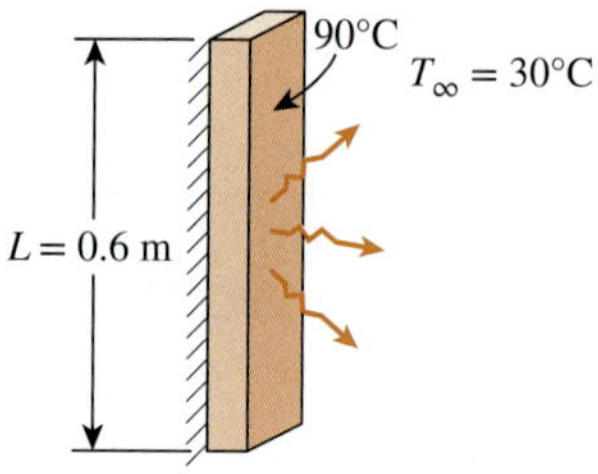

(*a*) Vertical

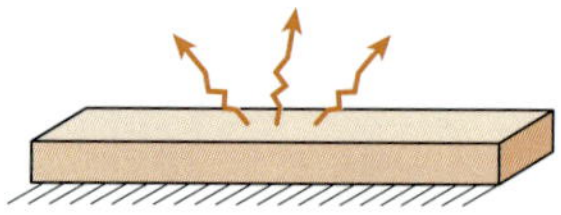
(*b*) Hot surface facing up

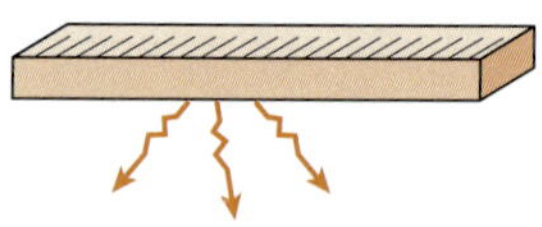
(*c*) Hot surface facing down

그림 6-16
예제 6-2의 개략도

예제 6-2 여러 방향으로 놓인 판의 냉각

30°C인 방 안에 놓여 있는 0.6 m × 0.6 m의 얇은 정사각판을 생각해보자. 그림 6-16에 보인 바와 같이 평판의 한쪽 면은 90°C로 유지되고 다른 면은 단열되어 있다. 판이 (*a*) 수직, (*b*) 뜨거운 면이 위로 향하는 수평, (*c*) 뜨거운 면이 아래로 향하는 수평으로 놓여 있을 때, 판으로부터 자연대류에 의한 열전달률을 구하여라.

풀이 뒷면이 단열된 뜨거운 판을 생각한다. 여러 방향으로 놓인 판으로부터의 자연대류에 의한 열손실률을 구해야 한다.

가정 **1.** 정상 상태에서 작동한다. **2.** 공기는 이상기체이다. **3.** 대기압은 1기압이다.

물성치 막 온도 $T_f = (T_s + T_\infty)/2 = (90 + 30)/2 = 60°C$와 1기압에서 공기의 물성치는 다음과 같다(Table A-22).

$$k = 0.02808 \text{ W/m·K} \qquad \text{Pr} = 0.7202$$
$$\nu = 1.896 \times 10^{-5} \text{ m}^2\text{/s} \qquad \beta = \frac{1}{T_f} = \frac{1}{333 \text{ K}}$$

해석 (*a*) 수직: 이 경우의 특성길이는 평판의 높이인 $L = 0.6$ m이다. Rayleigh 수는

$$\text{Ra}_L = \frac{g\beta(T_s - T_\infty)L^3}{\nu^2}\text{Pr}$$
$$= \frac{(9.81 \text{ m/s}^2)[1/(333 \text{ K})](90 - 30 \text{ K})(0.6 \text{ m})^3}{(1.896 \times 10^{-5} \text{ m}^2\text{/s})^2}(0.7202) = 7.649 \times 10^8$$

이다. 자연대류에 의한 Nusselt 수는 식 (6-21)을 사용하여 다음과 같이 구한다.

$$\text{Nu} = \left\{0.825 + \frac{0.387\,\text{Ra}_L^{1/6}}{[1 + (0.492/\text{Pr})^{9/16}]^{8/27}}\right\}^2$$
$$= \left\{0.825 + \frac{0.387(7.649 \times 10^8)^{1/6}}{[1 + (0.492/0.7202)^{9/16}]^{8/27}}\right\}^2 = 113.3$$

방정식 (6-19)의 간소화 관계식은 $\text{Nu} = 0.59\,\text{Ra}_L^{1/4} = 98.12$이며 값이 13% 낮다. 이 경우

$$h = \frac{k}{L}\text{Nu} = \frac{0.02808 \text{ W/m·K}}{0.6 \text{ m}}(113.3) = 5.302 \text{ W/m}^2\text{·K}$$
$$A_s = L^2 = (0.6 \text{ m})^2 = 0.36 \text{ m}^2$$

그리고

$$\dot{Q} = hA_s(T_s - T_\infty) = (5.302 \text{ W/m}^2\text{·K})(0.36 \text{ m}^2)(90 - 30)°\text{C} = \mathbf{115 \text{ W}}$$

(*b*) 뜨거운 면이 위로 향하는 수평: 이 경우 특성길이와 Rayleigh 수는

$$L_c = \frac{A_s}{p} = \frac{L^2}{4L} = \frac{L}{4} = \frac{0.6 \text{ m}}{4} = 0.15 \text{ m}$$
$$\text{Ra}_L = \frac{g\beta(T_s - T_\infty)L_c^3}{\nu^2}\text{Pr}$$
$$= \frac{(9.81 \text{ m/s}^2)[1/(333 \text{ K})](90 - 30 \text{ K})(0.15 \text{ m})^3}{(1.896 \times 10^{-5} \text{ m}^2\text{/s})^2}(0.7202) = 1.195 \times 10^7$$

이다. 그리고 자연대류 Nusselt 수는 식 (6-22)를 사용하여 다음과 같이 구한다.

$$\text{Nu} = 0.54\,\text{Ra}_L^{1/4} = 0.54(1.195 \times 10^7)^{1/4} = 31.75$$

따라서

$$h = \frac{k}{L_c}\text{Nu} = \frac{0.02808\ \text{W/m·K}}{0.15\ \text{m}}(31.75) = 5.944\ \text{W/m}^2\text{·K}$$

그리고

$$\dot{Q} = hA_s(T_s - T_\infty) = (5.944\ \text{W/m}^2\text{·K})(0.36\ \text{m}^2)(90 - 30)°\text{C} = \mathbf{128\ W}$$

(*b*)에서 계산된 Ra 값을 얻기 위해 표 6-1의 식 (6-23)을 이용할 수도 있다. 이 경우 결과는 약 8% 과도하게 추정되지만, 이는 표에 주어진 관계식의 정확도 내에 있다.

(*c*) **뜨거운 면이 아래로 향하는 수평**: 이 경우 특성길이와 Rayleigh 수는 (*b*)와 동일하다. 그러나 자연대류 Nusselt 수는 식 (6-24)로부터 구해진다.

$$\text{Nu} = 0.27\ \text{Ra}_L^{1/4} = 0.27(1.195 \times 10^7)^{1/4} = 15.87$$

그리고

$$h = \frac{k}{L_c}\text{Nu} = \frac{0.02808\ \text{W/m·K}}{0.15\ \text{m}}(15.87) = 2.971\ \text{W/m}^2\text{·K}$$

이고

$$\dot{Q} = hA_s(T_s - T_\infty) = (2.971\ \text{W/m}^2\text{·K})(0.36\ \text{m}^2)(90 - 30)°\text{C} = \mathbf{64.2\ W}$$

이다. 뜨거운 면이 아래로 향하는 경우에 자연대류 열전달이 가장 낮다는 것에 주목하라. 이 경우 뜨거운 공기가 평판 아래 "갇혀서" 쉽게 평판을 빠져나갈 수 없기 때문에 이상할 것이 없다. 결과적으로, 판 주위의 찬 공기가 판에 나나르기 어려울 것이며 이 때문에 열전달률이 감소된다.

검토 판은 자연대류뿐만 아니라 주위로의 복사에 의해 열을 잃을 것이다. 판 표면이 흑체(방사율 $\varepsilon = 1$)이고 방의 안쪽 벽면이 방의 온도와 같다고 가정하면, 이 경우 복사 열전달은 다음과 같이 구한다.

$$\begin{aligned}\dot{Q}_{\text{rad}} &= \varepsilon A_s\sigma(T_s^4 - T_{\text{surr}}^4)\\ &= (1)(0.36\ \text{m}^2)(5.67 \times 10^{-8}\ \text{W/m}^2\text{·K}^4)[(90 + 273\ \text{K})^4 - (30 + 273\ \text{K})^4]\\ &= 182\ \text{W}\end{aligned}$$

이 값은 각 경우의 자연대류 열전달보다 크다. 복사 열전달은 자연대류에 의해 냉각되는 표면에서는 여전히 중요하며 고려할 필요가 있다.

6-4 ▪ 밀폐공간 안에서의 자연대류

일반 주택에서는 창문을 통해 상당량의 열손실이 일어난다. 에너지를 절약하기 위해서는 가능한 한 창문을 단열하여야 할 것이다. 문제는 투명한 단열재를 찾는 것이다. 단열재의 열전도도 조사에서 **공기**는 대부분의 보통 단열재보다 **우수한 단열재**임을 보이고 있다. 게다가 공기는 투명하다. 따라서 공기층으로 창문을 단열하는 것이 합당해 보인다. 물론, 공기를 가두기 위해서 또 다른 유리판이 필요하다. 이것이 **2중 유리창**으로 알려진 **밀폐공간**이다. 밀폐공간의 다른 예로는 벽 공간, 태양열 집열기, 원통이나 구 형태로 된 극저온 통 등이 있다.

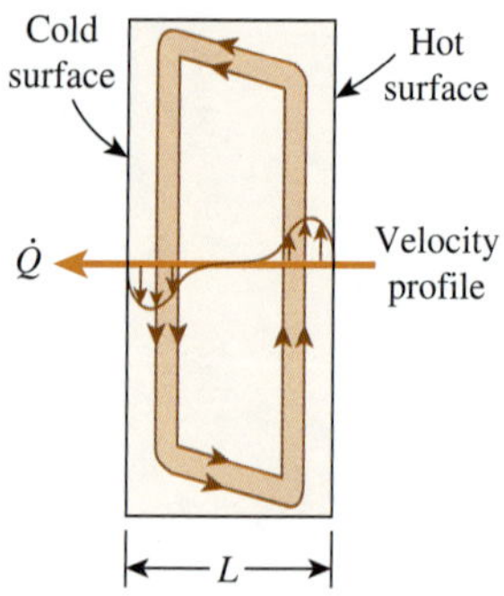

그림 6-17
수직방향의 사각 밀폐공간에서 대류 흐름

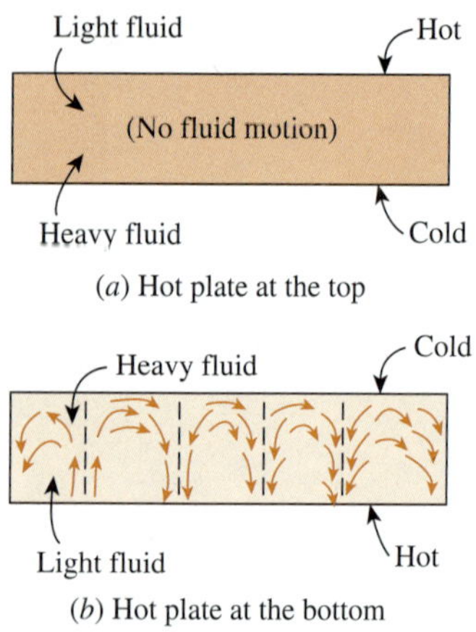

그림 6-18
(a) 상부에 뜨거운 평판과 (b) 하부에 뜨거운 평판을 갖는 수평방향의 밀폐공간에서의 대류 흐름

밀폐공간은 실제로 자주 접하기 때문에, 이것을 통한 열전달은 실용적인 관점에서 관심이 많다. 밀폐된 공간에서의 열전달은 일반적으로 유체가 밀폐공간 안에서 정지해 있지 않으므로 복잡하다. 수직 밀폐공간에서는 뜨거운 면에 접한 유체는 상승하고 찬 면에 접한 유체는 하강하여 밀폐공간 안에서 회전운동이 생기고, 이것이 밀폐공간을 통한 열전달을 촉진시킨다. 수직과 수평으로 놓인 사각 밀폐공간에서의 일반적인 유동 형태가 그림 6-17와 6-18에 나타나 있다.

수평 밀폐공간을 통한 열전달의 특성은 그림 6-18에 보인 바와 같이 뜨거운 판이 위에 있느냐 밑에 있느냐에 따라 달라진다. 뜨거운 판이 위에 있을 때는 가벼운 유체가 항상 무거운 유체의 위에 존재하기 때문에 밀폐공간에 대류 흐름이 생기지 않는다. 이 경우의 열전달은 **순수한 전도**이고 Nu = 1일 것이다. 뜨거운 판이 아래에 있을 경우, 무거운 유체가 가벼운 유체의 위에 있어서 가벼운 유체가 무거운 유체를 제치고 위로 떠오른 후 차가운 판과 접촉하여 냉각된다. 그러나 그러한 현상이 일어날 때까지의 열전달은 여전히 **순수한 전도**이며 Nu = 1이다. $Ra_L > 1{,}708$일 때, 부력이 유체 저항력을 극복하여 자연대류 흐름을 일으키고, Bénard cell이라 불리는 육각형 형태의 공간이 관찰된다. $Ra_L > 3 \times 10^5$이 되면, 공간은 파괴되고 유체 운동은 난류가 된다.

밀폐공간에서 Rayleigh 수는 다음과 같이 구한다.

$$Ra_L = \frac{g\beta(T_1 - T_2)L_c^3}{\nu^2}\,Pr \qquad \textbf{(6-30)}$$

여기서 특성길이 L_c는 뜨거운 표면과 차가운 표면 사이의 거리이고, T_1과 T_2는 각각 뜨거운 표면과 차가운 표면의 온도이다. 모든 유체의 물성치는 평균 유체온도 $T_{avg} = (T_1 + T_2)/2$에서 구한다.

유효열전도도

Nusselt 수를 알고 있을 때, 밀폐공간을 통한 열전달률은 다음으로부터 계산된다.

$$\dot{Q} = hA_s(T_1 - T_2) = k\text{Nu}A_s\frac{T_1 - T_2}{L_c} \qquad \textbf{(6-31)}$$

$h = k\text{Nu}/L$이므로, 층 두께 L_c, 면적 A_s 및 열전도도 k에 대한 정상 상태의 열전도도는 다음과 같이 표현한다.

$$\dot{Q}_{cond} = kA_s\frac{T_1 - T_2}{L_c} \qquad \textbf{(6-32)}$$

여기서 T_1과 T_2는 층 양면의 온도이다. 이 관계식과 식 (6-31)을 비교해 보면 밀폐공간에서 대류 열전달은 열전도도 k를 kNu로 바꾸면 밀폐공간에서 유체 층을 통한 열전도와 유사하다는 것을 알 수 있다. 즉, **밀폐공간에서의 유체는 대류 흐름의 결과로 열전도도가 kNu인 유체와 같이 거동한다.** 따라서 kNu을 밀폐공간에서의 **유효**

열전도도(effective thermal conductivity)라 부른다. 즉,

$$k_{\text{eff}} = k\text{Nu} \tag{6-33}$$

Nu = 1인 특별한 경우에는 밀폐공간에서의 유효열전도도가 유체의 열전도도와 같아진다는 것에 주목하라. 이 경우는 순수한 전도와 상응한다(그림 6-19).

밀폐된 공간에서의 자연대류 열전도도에 대해서는 많은 실험과 수치해석적 연구가 수행됐고, Nusselt 수에 대한 많은 관계식이 존재한다. C와 n이 상수이고 $\text{Nu} = C\text{Ra}_L^n$ 형태인 단순한 거듭제곱 관계식은 충분히 정확하지만, 보통 좁은 범위의 Prandtl, Rayleigh 수 및 형상비에서만 적용 가능하다. 좀 더 종합적인 관계식은 태생적으로 좀 더 복잡하다. 다음은 다양한 형상의 밀폐공간에 널리 사용되고 있는 몇 가지 관계식을 나타내었다.

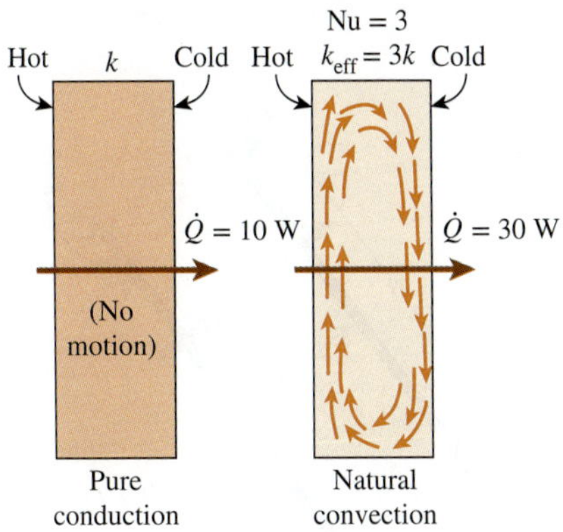

그림 6-19
밀폐공간에서 Nusselt 수 3은 밀폐공간을 통한 자연 대류열전달이 순수 전도열전달의 3배임을 의미한다.

수평방향 직사각형 밀폐공간

뜨거운 평판이 위쪽에 있는 경우, 대류 흐름이 발생하지 않고 열전달은 전도 형태로 아래 방향으로 진행되므로 (Nu = 1) 우리는 Nusselt 수 관계식이 필요하지 않다. 반면, 뜨거운 평판이 아래쪽에 있는 경우, $\text{Ra}_L > 1708$에서 강한 대류 흐름이 발생하고 열전달률은 증가한다(그림 6-20).

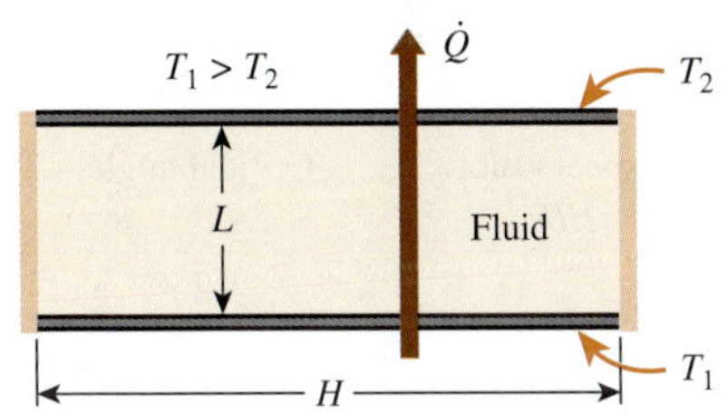

그림 6-20
등온 표면을 갖는 수평방향의 사각 밀폐공간

공기가 포함된 수평의 밀폐공간에 대하여, Jakob (1949)는 아래와 같은 단순한 관계식을 제안하였다.

$$\text{Nu} = 0.195\,\text{Ra}_L^{1/4} \qquad 10^4 < \text{Ra}_L < 4\times10^5 \tag{6-34}$$

$$\text{Nu} = 0.068\,\text{Ra}_L^{1/3} \qquad 4\times10^5 < \text{Ra}_L < 10^7 \tag{6-35}$$

이 식들은 0.5 < Pr < 2를 갖는 다른 기체에 사용할 수 있다. Globe와 Dropkin (1957)은 물, 실리콘 오일 및 수은을 이용하여 아래로부터 가열된 수평의 밀폐공간에 대한 다음의 관계식을 얻었다.

$$\text{Nu} = 0.069\,\text{Ra}_L^{1/3}\,\text{Pr}^{0.074} \qquad 3\times10^5 < \text{Ra}_L < 7\times10^9 \tag{6-36}$$

공기에 대한 실험을 바탕으로 Hollands 등(1976)은 수평 밀폐공간에 대한 다음의 관계식을 제안했다.

$$\text{Nu} = 1 + 1.44\left[1 - \frac{1708}{\text{Ra}_L}\right]^+ + \left[\frac{\text{Ra}_L^{1/3}}{18} - 1\right]^+ \qquad \text{Ra}_L < 10^8 \tag{6-37}$$

기호 [ ]+는 괄호 안의 값이 음수이면 그 값을 0으로 지정함을 의미한다. 이 관계식은 또한 $\text{Ra}_L < 10^5$에서 중간 정도의 Prandtl 수를 갖는 액체의 데이터와 잘 일치하며, 따라서 이 식은 물에서도 사용 가능하다.

경사진 직사각형 밀폐공간

평행하고 경사진 두 평판 사이의 공기 공간은 일반적으로 평판형 태양 집열판(유

리 덮개와 흡수 평판 사이의)과 경사진 지붕의 이중 채광창에서 주로 만날 수 있다. 경사진 밀폐공간을 통한 열전달은 **형상비**(aspect ratio) H/L뿐만 아니라 수평 방향으로의 경사각도 θ에도 의존한다 (그림 6-21).

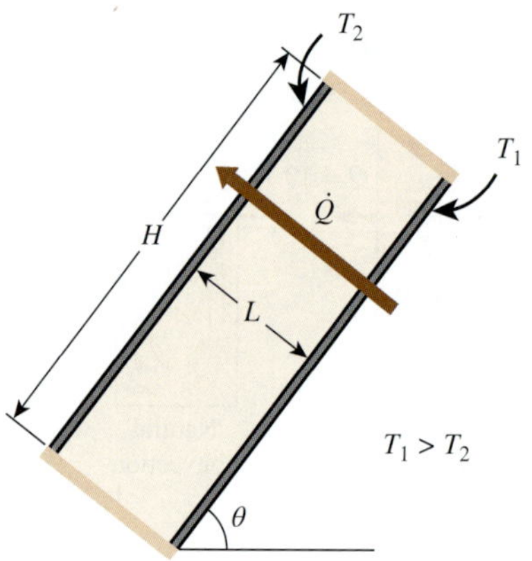

그림 6-21
등온 표면을 갖는 경사진 사각밀폐공간

형상비가 큰 경우($H/L \geq 12$), 이 식(Hollands et al., 1976)은 $\mathrm{Ra}_L < 10^5$, $0 < \theta < 70°$ 및 $H/L \geq 12$인 조건에서 경사각도가 70°일 때까지 실험 결과와 매우 잘 맞는다.

$$\mathrm{Nu} = 1 + 1.44\left[1 - \frac{1708}{\mathrm{Ra}_L \cos\theta}\right]^+ \left(1 - \frac{1708(\sin 1.8\theta)^{1.6}}{\mathrm{Ra}_L \cos\theta}\right) + \left[\frac{(\mathrm{Ra}_L \cos\theta)^{1/3}}{18} - 1\right]^+ \quad \textbf{(6-38)}$$

다시 강조하지만, 만일 $[\ ]^+$ 안의 값이 음수가 되면 $[\ ]^+$ 값을 0으로 설정해야 한다. 이것은 $\mathrm{Ra}_L \cos\theta < 1708$일 때 $\mathrm{Nu} = 1$임을 보장하기 위한 것이다. 이 관계식은 예상한 바대로, $\theta = 0°$인 수평 밀폐공간인 경우 식 (6-37)로 간소화된다.

형상비($H/L < 12$)가 작은 밀폐공간에 대하여, 다음 관계식은 경사각도가 표 6-2 (Catton, 1978)에 나타낸 임계값 θ_{cr}보다 작다면 사용할 수 있다.

표 6-2
경사진 직사각형에 대한 임계각

Aspect ratio, H/L	Critical angle, θ_{cr}
1	25°
3	53°
6	60°
12	67°
>12	70°

$$\mathrm{Nu} = \mathrm{Nu}_{\theta=0°}\left(\frac{\mathrm{Nu}_{\theta=90°}}{\mathrm{Nu}_{\theta=0°}}\right)^{\theta/\theta_{cr}} (\sin\theta_{cr})^{\theta/(4\theta_{cr})} \qquad 0° < \theta < \theta_{cr} \quad \textbf{(6-39)}$$

임계값($\theta_{cr} < \theta < 90°$)보다 큰 경사각에 대한 Nusselt 수는 수식 밀폐공긴의 Nusselt 수에 $(\sin\theta)^{1/4}$을 곱해 얻을 수 있다(Ayyaswarny and Catton, 1073).

$$\mathrm{Nu} = \mathrm{Nu}_{\theta=90°}(\sin\theta)^{1/4} \qquad \theta_{cr} < \theta < 90°,\ \text{any } H/L \quad \textbf{(6-40)}$$

90° 이상 경사진 밀폐공간에 대하여, 추천되는 관계식은[Arnold et al. (1975)]

$$\mathrm{Nu} = 1 + (\mathrm{Nu}_{\theta=90°} - 1)\sin\theta \qquad 90° < \theta < 180°,\ \text{any } H/L \quad \textbf{(6-41)}$$

더 복잡한 최신 관계식은 다음 문헌에서 확인할 수 있다(e.g. ElSherbiny et al., 1982).

수직방향 직사각형 밀폐공간

수직방향의 밀폐공간(그림 6-22)에서, Catton (1978)은 Berkovsky와 Polevikov (1977)의 연구에 따른 두 관계식을 제시하였다.

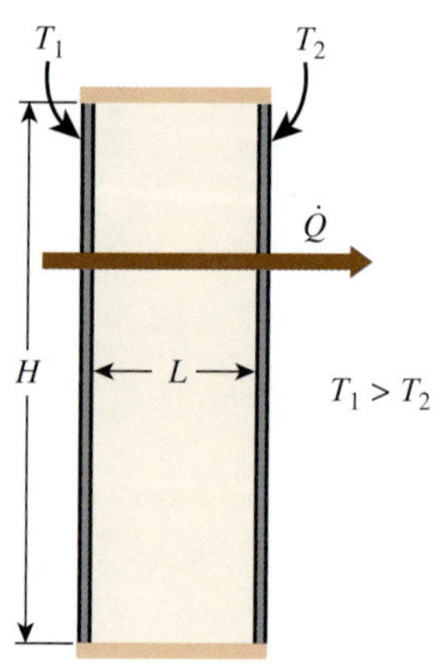

그림 6-22
등온 표면을 갖는 수직방향의 사각 밀폐공간

$$\mathrm{Nu} = 0.18\left(\frac{\mathrm{Pr}}{0.2 + \mathrm{Pr}}\mathrm{Ra}_L\right)^{0.29} \qquad \begin{array}{l} 1 < H/L < 2 \\ \text{any Prandtl number} \\ \mathrm{Ra}_L\mathrm{Pr}/(0.2 + \mathrm{Pr}) > 10^3 \end{array} \quad \textbf{(6-42)}$$

$$\mathrm{Nu} = 0.22\left(\frac{\mathrm{Pr}}{0.2 + \mathrm{Pr}}\mathrm{Ra}_L\right)^{0.28}\left(\frac{H}{L}\right)^{-1/4} \qquad \begin{array}{l} 2 < H/L < 10 \\ \text{any Prandtl number} \\ \mathrm{Ra}_L < 10^{10} \end{array} \quad \textbf{(6-43)}$$

형상비가 큰 수평방향의 밀폐공간에서, 다음의 관계식을 사용할 수 있다(MacGregor and Emery, 1969).

$$\text{Nu} = 0.42\,\text{Ra}_L^{1/4}\,\text{Pr}^{0.012}\left(\frac{H}{L}\right)^{-0.3} \qquad \begin{array}{c} 10 < H/L < 40 \\ 1 < \text{Pr} < 2\times10^4 \\ 10^4 < \text{Ra}_L < 10^7 \end{array} \tag{6-44}$$

$$\text{Nu} = 0.046\,\text{Ra}_L^{1/3} \qquad \begin{array}{c} 1 < H/L < 40 \\ 1 < \text{Pr} < 20 \\ 10^6 < \text{Ra}_L < 10^9 \end{array} \tag{6-45}$$

모든 유체의 물성치는 평균 온도 $(T_1 + T_2)/2$에서 구할 수 있다.

동심 원통

그림 6-23과 같이 T_i와 T_o의 서로 다른 온도를 균일하게 유지하고 있는 두개의 긴 수평방향의 동심 원통을 고려하자. 원통의 내경과 외경은 각각 D_i와 D_o이고, 특성 길이는 원통 사이의 간격인 $L_c = (D_o - D_i)/2$이다. 두 개의 원통 사이에 있는 고리 모양의 빈 공간을 통해 발생하는 자연대류에 의한 단위길이당 열전달률은 다음과 같이 표현할 수 있다.

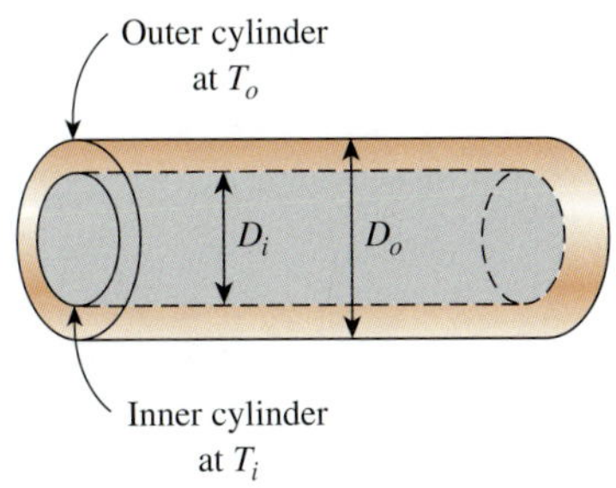

그림 6-23
등온층을 가지는 두 수평 동심 원통

$$\dot{Q} = \frac{2\pi k_{\text{eff}}}{\ln(D_o/D_i)}(T_i - T_o) \qquad \text{(W/m)} \tag{6-46}$$

유효열전도도에 대해 추천되는 관계식은(Raithby and Hollands, 1975)

$$\frac{k_{\text{eff}}}{k} = 0.386\left(\frac{\text{Pr}}{0.861 + \text{Pr}}\right)^{1/4}(F_{\text{cyl}}\text{Ra}_L)^{1/4} \tag{6-47}$$

이다. 여기서 동심 원통에 대한 기하학적 인자 F_{cyl}는 다음과 같다.

$$F_{\text{cyl}} = \frac{[\ln(D_o/D_i)]^4}{L_c^3(D_i^{-3/5} + D_o^{-3/5})^5} \tag{6-48}$$

식 (6-47)의 k_{eff} 관계식은 $0.70 \le \text{Pr} \le 6000$과 $10^2 \le F_{\text{cyl}}\text{Ra}_L \le 10^7$의 범위에서 적용 가능하다. $F_{\text{cyl}}\text{Ra}_L < 100$일 때, 자연 대류 흐름은 무시할 수 있으며 따라서 $k_{\text{eff}} = k$이다. k_{eff}는 k보다 작을 수 없고, 따라서 $k_{\text{eff}}/k < 1$일 때 $k_{\text{eff}} = k$로 놓아야 함을 명심하라. 유체 물성치는 평균 온도 $(T_1 + T_2)/2$에서 구할 수 있다.

동심 구

일정 온도를 갖는 동심 구에 대하여, 자연대류에 의한 구 사이의 간격에서의 열전달률은 다음과 같이 나타낼 수 있다(그림 6-24).

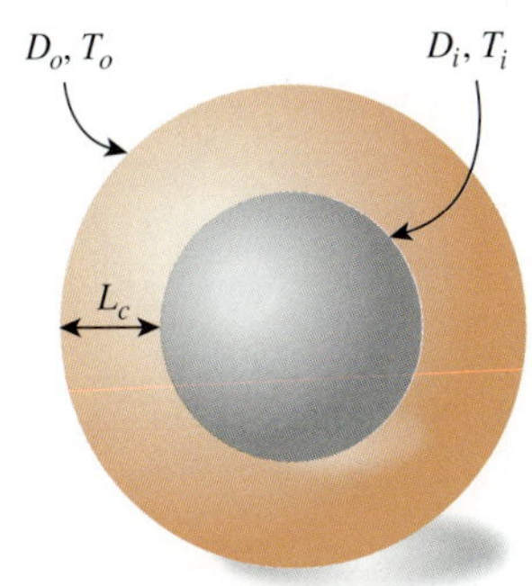

그림 6-24
두 등온 동심 구

$$\dot{Q} = k_{\text{eff}}\frac{\pi D_i D_o}{L_c}(T_i - T_o) \qquad \text{(W)} \tag{6-49}$$

여기서, $L_c = (D_o - D_i)/2$는 특성길이다. 유효열전도도에 대한 추천되는 관계식은 (Raithby and Hollonds, 1975)

$$\frac{k_{\text{eff}}}{k} = 0.74\left(\frac{\text{Pr}}{0.861 + \text{Pr}}\right)^{1/4}(F_{\text{sph}}\text{Ra}_L)^{1/4} \tag{6-50}$$

여기서, 동심 구에 대한 기하학적 계수 F_{sph}는

$$F_{\text{sph}} = \frac{L_c}{(D_i D_o)^4(D_i^{-7/5} + D_o^{-7/5})^5} \tag{6-51}$$

식 (6-50) 의 k_{eff} 관계식은 $0.70 \le \text{Pr} \le 4200$과 $10^2 \le F_{\text{sph}}\,\text{Ra}_L \le 10^4$ 범위에서 적용 가능하다. 만약 $k_{\text{eff}}/k < 1$이면, $k_{\text{eff}} = k$로 설정하여야 한다.

자연대류와 복사의 결합

가스는 복사에 거의 투명하며, 따라서 가스층을 통한 열전달은 대류(또는 기체가 정지되어 있을 경우는 전도)와 복사가 동시에 발생한다. 자연대류 열전달계수는 일반적으로 강제대류 열전달계수에 비해 매우 작다. 따라서 복사는 강제대류 문제에 있어 일반적으로 무시할 수 있지만, 기체가 포함된 자연대류 문제에서는 반드시 고려해야 한다. 이것은 특히 고방사율를 갖는 표면 문제에 대해서 그렇다. 예를 들면, 이중창문의 공기 공간을 통한 열전달의 반은 복사에 의한 것이다. 전체 열전달량은 대류와 복사 항을 합하여 계산해야 한다.

$$\dot{Q}_{\text{total}} = \dot{Q}_{\text{conv}} + \dot{Q}_{\text{rad}} \tag{6-52}$$

표면온도 T_{surr}의 주위 표면에 둘러싸여 있는 표면온도 T_s인(두 온도 모두 절대온도) 표면의 복사 열전달은 다음으로 계산된다.

$$\dot{Q}_{\text{rad}} = \varepsilon\sigma A_s(T_s^4 - T_{\text{surr}}^4) \qquad \text{(W)} \tag{6-53}$$

여기서, ε은 표면의 방사율, A_s는 표면적, $\sigma = 5.67 \times 10^{-8}$ W/m²·K⁴는 Stefan-Boltzmann 상수이다.

끝단의 영향을 무시할 때 온도 T_1과 T_2를 갖는 두 커다란 평행 평판 사이의 복사 열전달은 다음과 같이 표현한다(자세한 사항은 7장을 참조하라).

$$\dot{Q}_{\text{rad}} = \frac{\sigma A_s(T_1^4 - T_2^4)}{1/\varepsilon_1 + 1/\varepsilon_2 - 1} = \varepsilon_{\text{effective}}\,\sigma A_s(T_1^4 - T_2^4) \qquad \text{(W)} \tag{6-54}$$

여기서, ε_1과 ε_2는 평판의 방사율이고, $\varepsilon_{\text{effective}}$는 **유효 방사율**이며 다음과 같이 정의된다.

$$\varepsilon_{\text{effective}} = \frac{1}{1/\varepsilon_1 + 1/\varepsilon_2 - 1} \tag{6-55}$$

일반적인 유리 표면의 방사율은 0.84이다. 그러므로, 평행한 두 유리 표면의 유효 방사율은 0.72이다. 동심 원통과 구 사이의 복사 열전달은 다음 장에서 다룬다.

몇몇의 경우, 주변 매체의 온도가 표면온도보다 낮으면서도 ($T_\infty < T_s$) 주변 표

면의 온도가 표면온도보다 높을 수 있다($T_{surr} > T_s$)는 것을 명심하라. 이러한 경우, 대류와 복사 열전달 방향은 서로 반대이기 때문에 둘을 더하는 대신 서로를 빼야 한다. 또한, 금속 표면에 대하여, 금속 표면을 연마하여 표면 방사율을 거의 0으로 만듦으로서 복사 효과는 무시할 수 있는 수준으로 낮출 수 있다.

예제 6-3 이중 유리창을 통한 열손실

그림 6-25에 보인 높이 0.8 m, 폭 2 m인 수직으로 놓인 이중 유리창은 대기압의 공기층에 의해 2 cm만큼 떨어진 두 장의 유리로 구성되어 있다. 공기층을 향한 유리면의 온도가 12°C와 2°C일 때 유리창을 통한 열전달률을 구하라.

풀이 이중 유리창의 두 유리가 특정 온도로 유지되고 있다. 유리창을 통한 열전달률을 구해야 한다.

가정 **1.** 정상 상태에서 작동한다. **2.** 공기는 이상기체이다. **3.** 복사 열전달은 고려하지 않는다.

물성치 평균 온도 $T_{avg} = (T_1 + T_2)/2 = (12 + 2)/2 = 7$°C에서의 공기 물성치 및 1 atm 기압은 Table A-22를 참조한다.

$$k = 0.02416 \text{ W/m·K} \qquad \Pr = 0.7344$$

$$\nu = 1.400 \times 10^{-5} \text{ m}^2/\text{s} \qquad \beta = \frac{1}{T_{avg}} = \frac{1}{280 \text{ K}}$$

해석 공기로 채워진 사각 밀폐공간이 있다. 이 경우의 특성길이는 두 유리면 사이의 거리인 $L_c = L = 0.02$ m이다. 따라서 Rayleigh 수는 다음과 같다.

$$\text{Ra}_L = \frac{g\beta(T_1 - T_2)L_c^3}{\nu^2}\Pr$$

$$= \frac{(9.81 \text{ m/s}^2)[1/(280 \text{ K})](12 - 2 \text{ K})(0.02 \text{ m})^3}{(1.400 \times 10^{-5} \text{ m}^2/\text{s})^2}(0.7344) = 1.050 \times 10^4$$

형상계수는 $H/L = 0.8/0.02 = 40$이다. 그리고 이 경우의 Nusselt 수는 식 (6-44)으로부터 다음과 같이 구한다.

$$\text{Nu} = 0.42 \text{ Ra}_L^{1/4} \Pr^{0.012}\left(\frac{H}{L}\right)^{-0.3}$$

$$= 0.42(1.050 \times 10^4)^{1/4}(0.7344)^{0.012}\left(\frac{0.8}{0.02}\right)^{-0.3} = 1.40$$

그리고

$$A_s = H \times W = (0.8 \text{ m})(2 \text{ m}) = 1.6 \text{ m}^2$$

이며,

$$\dot{Q} = hA_s(T_1 - T_2) = k\text{Nu}A_s\frac{T_1 - T_2}{L}$$

$$= (0.02416 \text{ W/m·K})(1.40)(1.6 \text{ m}^2)\frac{(12 - 2)\text{°C}}{0.02 \text{ m}} = \mathbf{27.1 \text{ W}}$$

따라서, 창을 통한 열손실률은 27.1 W이다.

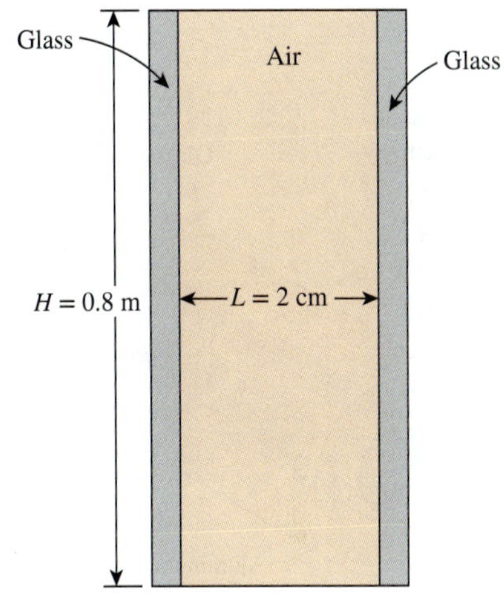

그림 6-25
예제 6-3의 개략도

검토 밀폐공간에서 Nu = 1의 Nusselt 수는 밀폐공간을 통한 순수 전도열전달에 해당된다는 것을 상기해 보자. 이 경우에 밀폐공간 안의 공기는 정지해 있으며, 밀폐공간에서 자연대류 흐름이 생기지 않는다. 이 예제에서 Nusselt 수는 1.40이며, 이것은 밀폐공간을 통한 순수 전도의 1.40배가 된다는 것을 나타낸다. 열전달이 증가한 것은 밀폐공간에 자연대류 흐름이 생겼기 때문이다.

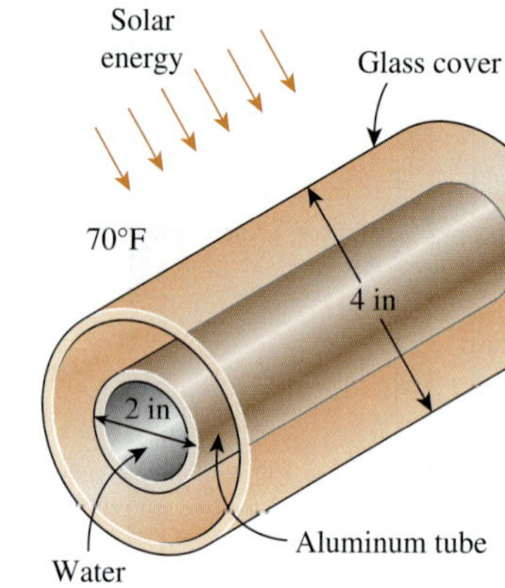

그림 6-26
예제 6-4에 대한 개략도

예제 6-4 태양 에너지를 이용한 관 내 물의 가열

태양열 집열기는 외경이 2 in인 수평 알루미늄 관을 둘러싸고 있는 4 in의 얇은 동심 유리관으로 이루어져 있다(그림 6-26). 물은 관을 흐르면서 가열되고, 알루미늄관과 유리관 사이의 고리 모양 공간은 1기압의 공기로 채워져 있다. 어느 맑은 날, 물을 순환시켜 주는 펌프가 고장이 나서 튜브 내의 물의 온도가 상승하기 시작했다. 알루미늄 관은 태양 복사를 단위 피트당 30 Btu/h의 율로 흡수하고, 주위의 외기 온도는 70°F였다. 복사에 의한 열손실을 무시하고 정상 상태에 도달했을 때 알루미늄 관의 온도를 구하라(즉, 튜브에서의 열손실률이 튜브가 얻는 태양에너지와 같을 때).

풀이 수평관과 유리 덮개로 이루어진 태양열 집열기의 순환 펌프가 고장났다. 평형상태에서의 관 온도를 구해야 한다.

가정 **1.** 정상 상태에서 작동한다. **2.** 관과 덮개는 등온이다. **3.** 공기는 이상기체이다. **4.** 복사 열전달의 영향은 무시한다.

물성치 공기의 물성치는 평균 온도에서 구해야 한다. 그러나 우리는 덕트 내 공기의 출구 온도를 모르기 때문에 유체와 유리 덮개의 온도를 구할 수 없으며, 평균 온도를 구할 수 없다. 따라서 유리 온도가 110°F라고 가정하고, 예상되는 평균 온도인 (70 + 110)/2 = 90°F 에서의 물성치를 사용한다. (Table A-22E)

$$k = 0.01505 \text{ Btu/h·ft·°F} \qquad \Pr = 0.7275$$

$$\nu = 1.753 \times 10^{-4} \text{ ft}^2\text{/s} \qquad \beta = \frac{1}{T_{avg}} = \frac{1}{550 \text{ R}}$$

해석 1기압의 공기로 채워진 수평 실린더 밀폐공간이 있다. 문제는 알루미늄 관에서 유리 덮개로의 열전달, 그리고 유리 덮개의 바깥 표면에서부터 주위 공기로의 열전달과 연관되어 있다 정상 작동조건에 도달했을 때, 이 두 개의 열전달률은 반드시 열 획득률과 같아야 한다. 이것은

$$\dot{Q}_{\text{tube-glass}} = \dot{Q}_{\text{glass-ambient}} = \dot{Q}_{\text{solar gain}} = 30 \text{ Btu/h} \qquad \text{(per foot of tube)}$$

유리 덮개의 열전달 발생 표면적은

$$A_o = A_{\text{glass}} = (\pi D_o L) = \pi(4/12 \text{ ft})(1 \text{ ft}) = 1.047 \text{ ft}^2 \qquad \text{(per foot of tube)}$$

Rayleigh 수를 구하기 위해 유리 표면의 온도가 필요하지만 이를 구할 수 없다. 따라서 해답은 시행착오법을 통해 얻어야 한다. 유리 덮개의 온도를 110°F로 가정할 때, Rayleigh 수, Nusselt 수, 대류 열전달 계수, 그리고 유리 덮개로부터 주위 공기로의 자연 대류 열전달률은 다음과 같이 구해진다.

$$\mathrm{Ra}_{D_o} = \frac{g\beta(T_s - T_\infty)D_o^3}{\nu^2}\mathrm{Pr}$$
$$= \frac{(32.2\ \mathrm{ft/s^2})[1/(550\ \mathrm{R})](110 - 70\ \mathrm{R})(4/12\ \mathrm{ft})^3}{(1.753\times 10^{-4}\ \mathrm{ft^2/s})^2}(0.7275) = 2.054\times 10^6$$

$$\mathrm{Nu} = \left\{0.6 + \frac{0.387\ \mathrm{Ra}_D^{1/6}}{[1+(0.559/\mathrm{Pr})^{9/16}]^{8/27}}\right\}^2 = \left\{0.6 + \frac{0.387(2.054\times 10^6)^{1/6}}{[1+(0.559/0.7275)^{9/16}]^{8/27}}\right\}^2$$
$$= 17.89$$

$$h_o = \frac{k}{D_o}\mathrm{Nu} = \frac{0.01505\ \mathrm{Btu/h\cdot ft\cdot {}^\circ F}}{4/12\ \mathrm{ft}}(17.89) = 0.8077\ \mathrm{Btu/h\cdot ft^2\cdot {}^\circ F}$$
$$\dot{Q}_o = h_o A_o(T_o - T_\infty) = (0.8077\ \mathrm{Btu/h\cdot ft^2\cdot {}^\circ F})(1.047\ \mathrm{ft^2})(110-70){}^\circ\mathrm{F}$$
$$= 33.8\ \mathrm{Btu/h}$$

결과는 30 Btu/h보다 크다. 따라서 유리 덮개의 온도로 가정한 110°F는 높다. 낮은 온도로 계산을 반복하면, 30 Btu/h 조건을 만족하는 유리 덮개 온도는 106°F로 구해진다.

알루미늄 관의 온도도 두 수평 동심원통의 자연대류 관계를 통해 유사하게 구할 수 있다. 이 경우 특성길이는 두 관 사이의 거리이며, 다음과 같다.

$$L_c = (D_o - D_i)/2 = (4-2)/2 = 1\ \mathrm{in} = 1/12\ \mathrm{ft}$$

계산은 관 온도를 200°F로 가정하여 시작하며, 따라서 평균 온도는 (106 + 200)/2 = 153°F = 613 R이다. 이 온도에서의 공기 물성치를 사용하여,

$$\mathrm{Ra}_L = \frac{g\beta(T_i - T_o)L_c^3}{\nu^2}\mathrm{Pr}$$
$$= \frac{(32.2\ \mathrm{ft/s^2})[1/(613\ \mathrm{R})](200-106\ \mathrm{R})(1/12\ \mathrm{ft})^3}{(2.117\times 10^{-4}\ \mathrm{ft^2/s})^2}(0.7184) = 4.580\times 10^4$$

유효 열전도도는

$$F_{\mathrm{cyl}} = \frac{[\ln(D_o/D_i)]^4}{L_c^3(D_i^{-3/5} + D_o^{-3/5})^5}$$
$$= \frac{[\ln(4/2)]^4}{(1/12\ \mathrm{ft})^3[(2/12\ \mathrm{ft})^{-3/5} + (4/12\ \mathrm{ft})^{-3/5}]^5} = 0.1466$$

$$k_{\mathrm{eff}} = 0.386k\left(\frac{\mathrm{Pr}}{0.861+\mathrm{Pr}}\right)^{1/4}(F_{\mathrm{cyl}}\mathrm{Ra}_L)^{1/4}$$
$$= 0.386(0.01653\ \mathrm{Btu/h\cdot ft\cdot {}^\circ F})\left(\frac{0.7184}{0.861+0.7184}\right)^{1/4}$$
$$\times(0.1466\times 4.580\times 10^4)^{1/4}$$
$$= 0.04743\ \mathrm{Btu/h\cdot ft\cdot {}^\circ F}$$

이 경우 실린더 사이의 열전달률은

$$\dot{Q} = \frac{2\pi k_{\mathrm{eff}}}{\ln(D_o/D_i)}(T_i - T_o)$$
$$= \frac{2\pi(0.04743\ \mathrm{Btu/h\cdot ft\cdot {}^\circ F})}{\ln(4/2)}(200-106){}^\circ\mathrm{F} = 40.4\ \mathrm{Btu/h}$$

이 값은 30 Btu/h 보다 크다. 따라서 관 온도로 가정한 200°F는 높다. 다른 값으로 계산을 수행하여 30 Btu/h를 만족하는 관 온도는 **180°F**로 구할 수 있다. 따라서, 펌프가 고장났을 때, 관 온도는 180°F의 평형 온도에 이를 것이다.

검토 계산에서 복사열전달은 고려되지 않았으므로, 구해진 관 온도는 아마 너무 높을 것이다.

요약 | SUMMARY

이 장에서는 우리는 어떤 유체의 운동이 부력과 같이 자연적으로 발생하는 대류 열전달에 대하여 살펴보았다. 재료의 체적 팽창계수는 일정 압력에서 온도에 대한 재료의 밀도 변화를 나타내며, 이상기체에서는 $\beta = 1/T$ [여기서 T는 절대온도 (K 또는 R)]로 표현되었다.

자연대류의 유동 특성은 Grashof 수라고 불리는 무차원 수에 의해 지배되며, 이 수는 유체에 작용하는 점성력에 대한 부력의 비로 다음과 같이 표현된다.

$$\text{Gr}_L = \frac{g\beta(T_s - T_\infty)L_c^3}{\nu^2}$$

여기서, L_c는 **특성길이**이며, 수직 평판에서는 높이 L, 수평 원통에서는 직경 D이다. 자연대류에서의 Nusselt 수 $\text{Nu} = hL_c/k$ 관계식은 아래와 같이 정의된 Rayleigh 수의 항으로 표현된다.

$$\text{Ra}_L = \text{Gr}_L\text{Pr} = \frac{g\beta(T_s - T_\infty)L_c^3}{\nu^2}\text{Pr}$$

다양한 표면에서의 Nusselt 수 관계식은 표 6-1에 나타나 있다. 모든 유체 물성치는 막 온도 $T_f = \frac{1}{2}(T_s + T_\infty)$에서 구할 수 있다. 곡률 효과를 무시하면 수직 원통의 바깥 표면은 수직 평판으로 간주할 수 있다. 수평 표면의 특성길이는 $L_c = A_s/p$이며, A_s는 표면적, p는 둘레길이이다.

상부에 뜨거운 평판이 있는 **수평방향 직사각형 밀폐공간**의 열전달은 순수 전도에 의한 것이며, Nu = 1이다. 뜨거운 평판이 하부에 있을 때 Nusselt 수는

$$\text{Nu} = 1 + 1.44\left[1 - \frac{1708}{\text{Ra}_L}\right]^+ + \left[\frac{\text{Ra}_L^{1/3}}{18} - 1\right]^+ \qquad \text{Ra}_L < 10^8$$

표기법 [ ]+는 괄호 내 값이 음수이면 그 값은 0으로 설정하여야 함을 나타낸다. **수직방향 직사각형 밀폐공간**에 대하여, Nusselt은 다음으로부터 결정할 수 있다.

$$\text{Nu} = 0.18\left(\frac{\text{Pr}}{0.2 + \text{Pr}}\text{Ra}_L\right)^{0.29} \qquad \begin{array}{c} 1 < H/L < 2 \\ \text{any Prandtl number} \\ \text{Ra}_L\text{Pr}/(0.2 + \text{Pr}) > 10^3 \end{array}$$

$$\text{Nu} = 0.22\left(\frac{\text{Pr}}{0.2 + \text{Pr}}\text{Ra}_L\right)^{0.28}\left(\frac{H}{L}\right)^{-1/4} \qquad \begin{array}{c} 2 < H/L < 10 \\ \text{any Prandtl number} \\ \text{Ra}_L < 10^{10} \end{array}$$

10보다 큰 형상비에 대해서는 식 (6-44)와 (6-45)를 사용해야 한다. 경사진 밀폐공간에 대해서는 식 (6-38)에서부터 (6-41)를 이용해야 한다.

동심 수평 원통에서 원통 사이의 고리 모양 간격을 통한 단위 길이당 자연대류에 의한 열전달률은 다음과 같다.

$$\dot{Q} = \frac{2\pi k_{\text{eff}}}{\ln(D_o/D_i)}(T_i - T_o)$$

이때

$$\frac{k_{\text{eff}}}{k} = 0.386\left(\frac{\text{Pr}}{0.861 + \text{Pr}}\right)^{1/4}(F_{\text{cyl}}\text{Ra}_L)^{1/4}$$

이고

$$F_{\text{cyl}} = \frac{[\ln(D_o/D_i)]^4}{L_c^3(D_i^{-3/5} + D_o^{-3/5})^5}$$

이다. **구형의 밀폐공간**에 대하여, 자연대류에 의한 구 사이 간격을 통한 열전달은 다음과 같이 표현된다.

$$\dot{Q} = k_{\text{eff}}\frac{\pi D_i D_o}{L_c}(T_i - T_o)$$

이때

$$\frac{k_{\text{eff}}}{k} = 0.74\left(\frac{\text{Pr}}{0.861 + \text{Pr}}\right)^{1/4}(F_{\text{sph}}\text{Ra}_L)^{1/4}$$

$$L_c = (D_o - D_i)/2$$

$$F_{\text{sph}} = \frac{L_c}{(D_iD_o)^4(D_i^{-7/5} + D_o^{-7/5})^5}$$

이다. 밀폐공간 내의 유체는 대류 흐름에 의해 열전도도가 kNu 인 정지된 공기처럼 작용하기 때문에, kNu는 밀폐공간의 **유효 열전도도**(*effective thermal conductivity*)라고 부른다. 유체 물성치는 평균 온도 $(T_i + T_o)/2$에서 구해진다.

참고문헌 | REFERENCES AND SUGGESTED READINGS

1. J. N Arnold, I. Catton, and D. K. Edwards, "Experimental Investigation of Natural Convection in Inclined Rectangular Region of Differing Aspects Ratio." ASME paper No. 75-HT-65, 1975.
2. L. S. Asgeirsson and A. J. Ghajar. "Prediction of Thermal Conductivity and Viscosity for Some Fluids in the Near-Critical Region." *Chemical Engineering Communications*, Vol. 43, Nos. 1-3 (1986), pp. 165-184.
3. P. S. Ayyaswamy and I. Catton. "The Boundary -Layer Regime for Natural Convection in a Differently Heated Tilted Rectangular Cavity." *Journal of Heat Transfer* 95 (1973), p. 543.
4. B. M. Berkovsky and V. K. Polevikov. "Numerical Study of Problems on High-Intensive Free Convection." In *HeatTransfer and Turbulent Buoyant Convection*, eds. D. B.Spalding and N. Afgan, pp. 443-445. Washington, D.C.: Hemisphere, 1977.
5. I. Catton. "Natural Convection in Enclosures." *Proceedings of Sixth International Heat Transfer Conference*. Toronto: Canada, 1978, Vol. 6, pp. 13-31.
6. T. Cebeci. "Laminar Free Convection Heat Transfer from the Outer Surface of a Vertical Slender Circular Cylinder." *Proceedings of Fifth International Heat Transfer Conference paper* NCI.4 (1974) pp. 15-19.
7. S. W. Churchill. "A Comprehensive Correlating Equation for Laminar Assisting Forced and Free Convection." *AIChE Journal* 23 (1977), pp. 10-16.
8. S. W. Curchill. "Free Convection around Immersed Bodies," In *Heat Exchanger Design Handbook*, e. E. U. Schlunder, Section 2.5.9. New York: Hemisphere, 1983.
9. S. W. Churchill, "Combined Free and Forced Convection around Immersed Bodies,"In *Heat Exchanger Design Handbook*, Section 2.5.9. New York: Hemisphere Publishing, 1986.
10. S. W. Churchill. "Correlating Equations for Laminar and Turbulent Free Convection from a Horizontal Cylinder." *International journal of Heat Mass transfer* 18 (1975), pp 1049.
11. S. W. Churchill and H. H. S. Chu. "Correlating Equations for Laminar and Turbulent Free Convection from a Vertical Plate." *International Journal of Heat Mass Transfer* 18 (1975), P. 1323.
12. E. R. G. Eckerd and E. Soehngen, "Studies on Heat Transfer in Laminar Free Convection with Zehnder-Mach Interferometer," USA Technical Report 5747, December 1948.
13. E. R. G. Eckerd and E. Soehngen, "Interferometer Studies on the Stability and Transition to Turbulence of a Free Convection Boundary Layer," *Proceedings of General Discussion*, Heat Transfer ASME-IME, London, 1951.
14. S. M. ElSherbiny, G. D. Rathby, and K. G. T. Hollands. "Heat transfer by Natural Convection Across Vertical and Inclined Air Layer. *Journal of Heat Transfer* 104 (1982), pp. 96-102.
15. T. Fuji and H. Imura. "Natural Convection Heat transfer from a Plate with Arbitrary Inclination." *International Journal of Heat Mass Transfer* 15 (1972), p.755.
16. A. J. Ghajar and A. Asadi, "Improved Forced Convective Heat Transfer Correlations for Liquids in the Near-Critical Region." *AIAA Journal*, Vol. 24, No. 12 (1986),pp. 2030-2037.
17. S. Ghorbani-Tari and A. J. Ghajar. "Improved Free Convective Heat Transfer Correlations in the Near-Critical Region." *AIAA Journal*, Vol. 23, No. 10 (1985),pp. 1647-1649.
18. S. Globe and D. Dropkin. "Natural Convection Heat Transfer in Liquids Confined between Two Horizontal Plates." *Journal of Heat Transfer* 81 (1959), pp. 24-28.
19. K. G. T. Hollands, T. E. Unny, G. D. Raithby, and L. Konicek. "Free Convective Heat Transfer Across Inclined Air Layers." *Journal of Heat Transfer* 98 (1976), pp. 182-193.
20. M. Jakob. Heat Transfer. New York:Wiley, 1949.
21. W. M. Kays, M. E. Crawford, and B. Weigand. *Convective Heat and Mass Transfer*. 4th ed. New York: McGraw-Hill, 2005.
22. R. K. MacGregor and A. P. Emery. "Free Convection Through Vertical Plane Layers: Moderate and High Prandtl Number Fluids." *Journal of Heat Transfer* 91 (1969), p. 391.
23. T. S. Najjar and A. J. Ghajar. "Prediction of Density and Constant Pressure Specific Heat for Several Fluids in the Near-Critical Region." AIAA paper No. 83-1476, *AIAA 18th Thermophysics Conference*, Montreal, Canada, June 1-3 (1983).
24. G. D. Raithby and K. G. T. Hollands. "A General Method of Obtaining Approximate Solutions to Laminar and Turbulent Free Convection Problems." In *Advances in Heat Transfer*, eds. F. Irvine and J. P. Hartnett, Vol. II, pp. 265-315. New York: Academic Press, 1975.
25. E. M. Sparrow and J. L. Gregg. "Laminar Free Convection from a Vertical Flat Plate." *Transactions of the ASME* 78

(1956), p. 438.

26. E. M. Sparrow and J. L. Gregg. "Laminar Free Convection Heat Transfer from the Outer Surface of a Vertical Circular Cylinder." *ASME* 78 (1956), p. 1823.

27. L. M. Tam and A. J. Ghajar. "Transitional Heat Transfer in Plain Horizontal Tubes." *Heat Transfer Engineering*, Vol. 27, No. 5 (2006), pp. 23-38.

연습문제* | PROBLEMS

자연대류의 물리적인 메커니즘

6-1C 자연대류는 무엇인가? 강제대류와 어떤 차이가 있는가? 어떤 힘이 자연대류를 유발시키는가?

6-2C 자연대류와 강제대류 중 어떤 열전달 형태에서 대류 열전달계수가 일반적으로 더 높은가? 그 이유는?

6-3C 모든 시간동안 대기 압력과 대기온도 상태의 공기로 채워진 우주선 내부에 있는 뜨거운 삶은 달걀을 생각해보자. 우주선이 지상 대신에 우주공간에 있을 때 이 달걀이 빨리 식을까 아니면 천천히 식을까? 설명하라.

6-4C 배가 순수한 물과 바닷물에서 항해할 때 어느 경우에 배의 선체가 더 깊게 가라앉겠는가? 그 이유는 무엇인가?

6-5C 부력이란 무엇인가? 다음의 매질에 잠겨 있는 물체에 작용하는 부력의 상대적인 크기를 비교하여라. (*a*) 공기, (*b*) 물, (*c*) 수은, (*d*) 진공 통

6-6C 체적 팽창계수가 큰 유체와 작은 유체를 생각해보자. 어떤 유체에서 뜨거운 표면이 더 강한 자연대류 흐름을 유발하겠는가? 그 이유는 무엇인가? 유체의 점성계수는 같다고 가정하라.

6-7C Grashof 수는 물리적으로 무엇을 의미하는가? Grashof 수는 Reynolds 수와 어떻게 다른가?

6-8 이상기체에서 체적 팽창계수는 $\beta = 1/T$임을 보여라. 여기서 T는 절대온도이다.

6-9 액체 물의 밀도는 $\rho(T) = 1000 - 0.0736T - 0.00355T^2$과 같은 상관식으로 나타내며, 여기서 ρ와 T의 단위는 각각 kg/m, 이다. 70°C에서의 부피 팽창계수를 구하라. 그리고 Table A-15의 도표화된 값과 비교하라.

6-10 10 cm × 10 cm 판이 150°C의 일정한 표면온도를 가진다. 칩이 다음과 같은 유체에 놓여 있을 때 Grashof 수를 구하라: 공기(1 atm, 30°C), 액체 상태 물(30°C), 엔진오일(10°C). 그리고 Grashof 수가 어떻게 자연대류유동에 영향을 미치는지 고찰하라.

20-11E 2 in의 직경을 가지고 표면온도가 200°F인 긴 관이 유체 수조에 잠겨 있다. 유체가 다음과 같을 때 Grashof와 Rayleigh 수를 구하라. (*a*) 40°F의 액체 상태 물, (*b*) 40°F의 액화 암모니아, (*c*) 50°F의 엔진 오일, (*d*) 40°F, 상압의 공기

표면 위의 자연대류

6-12C 뒷면이 단열된 뜨거운 수평 관에서 뜨거운 면이 위로 향하는 대신에 아래로 향할 때 빨리 식는가 아니면 늦게 식는가?

6-13C 뜨거운 수직 판에서 층류 자연대류를 생각해보자. 판의 윗면과 아랫면 중 어디에서 열유속이 더 높을까? 그 이유는?

6-14C 자연대류를 계산할 때 어떤 조건에서 수직 원통의 바깥 표면을 수직 판으로 취급할 수 있는가?

6-15 길이 0.2 m, 두께 25 mm의 수직판(k = 15 W/m·K)이 온수와 냉수를 분리하고 있다. 온수에 노출된 판의 표면온도는 100°C이고 냉수의 온도는 7°C이다. 냉수에 노출된 판의 표면온도($T_{s,c}$)를 구하라. 힌트: $T_{s,c}$는 반복 계산을 통해 얻어야 한다. $T_{s,c}$의 초기 추정 온도를 53.5°C로 하고 반복 계산을 시작하라.

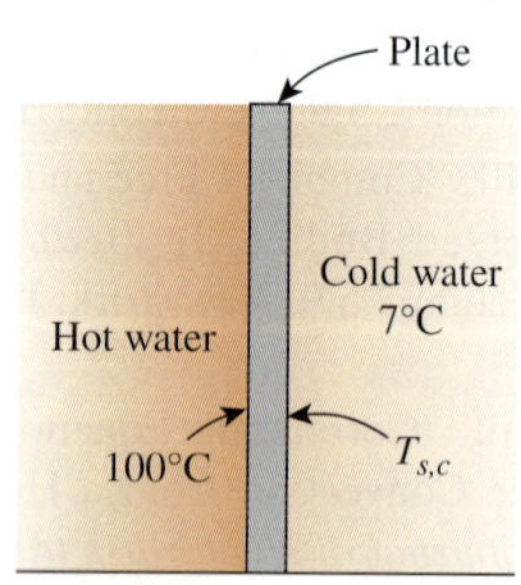

그림 P6-15

6-16 문제 6-15를 다시 고려해보자. 적절한 소프트웨어를 사용하여 판의 열전도도가 냉수에 노출된 판의 표면온도에 미치는 영향을 검토하라. 열전도도를 3에서 200 W/m·K까지 변화시키며 냉수에 노출된 판의 온도를 열전도도에 관한 함수로 그래프를 그려라.

---

*"C"로 표시된 문제는 개념에 관한 문제들이며, 학생들은 모든 문제를 풀어보는 것을 권장한다. "E"로 표시된 문제는 영국 단위로 되어 있으며 SI 단위 사용자들은 무시할 수 있다. "💻" 아이콘이 있는 문제는 그대로 풀기는 어려우며, 적절한 프로그램을 사용하여 풀어야 한다.

6-17 길이 0.2 m, 두께 25mm 의 수직판(k = 15 W/m·K)이 온수와 2°C의 차가운 공기를 분리하고 있다. 판 표면은 100°C의 온수에 노출되어 있고 다른 표면은 방사율 0.73인 차가운 공기에 노출되어 있다. 차가운 공기에 노출된 판의 표면온도($T_{s,c}$)를 구하라. 힌트: $T_{s,c}$는 반복 계산을 통해 얻어야 한다. $T_{s,c}$의 초기 추정 온도를 51°C로 하고 반복 계산을 시작하라.

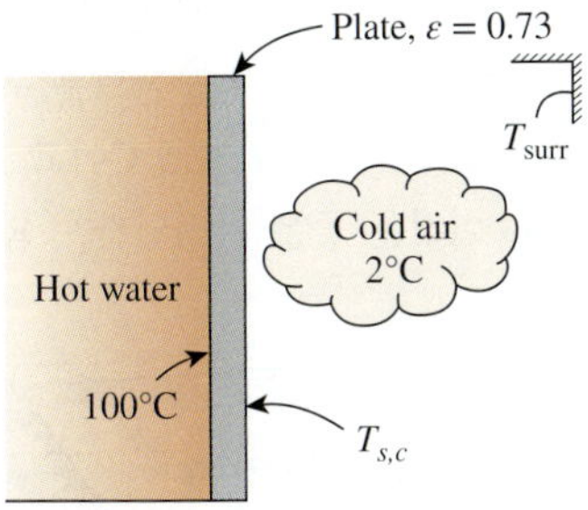

그림 P6-17

6-18 문제 6-17을 다시 고려해보자. 적절한 소프트웨어를 사용하여 냉수에 판의 두께가 차가운 공기에 노출된 판의 표면 온도에 미치는 영향을 검토하라. 판의 두께를 0.01에서 0.1 m까지 변화시키며 차가운 공기 쪽 판의 표면 온도를 판의 두께에 관한 함수로 그래프를 그려라.

6-19 길이 0.5 m의 얇은 수직판의 한쪽 표면은 일정한 열유속을 받고 있고, 다른 표면은 5°C의 차가운 공기에 노출되어 있다. 판 표면의 방사율은 0.73이고 중간지점 온도는 55°C이다. 판 표면의 열유속을 구하라.

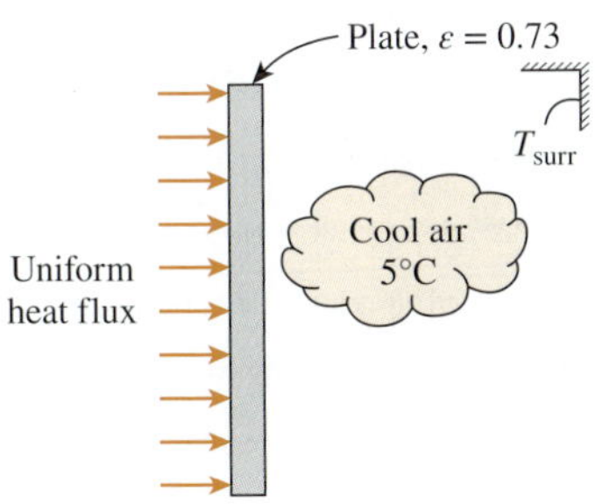

그림 P6-19

6-20 길이 0.5 m의 얇은 수직 구리판의 한쪽 표면은 1000 W/m^{2}의 일정한 열유속을 받고 있고, 다른 표면은 5°C의 공기에 노출되어 있다. 판 표면의 방사율은 0.73이고 중간지점 온도는 55°C이다. 다음의 판 조건에서 판 중간지점 온도를 구하라 (a) 세밀하게 연마된 표면, (b) 흑색 산화 표면. 힌트: 판 중간지점 온도($T_{L/2}$)는 반복 계산을 통해 얻어야 한다. 막 온도 30°C로 하고 계산을 시작하라.

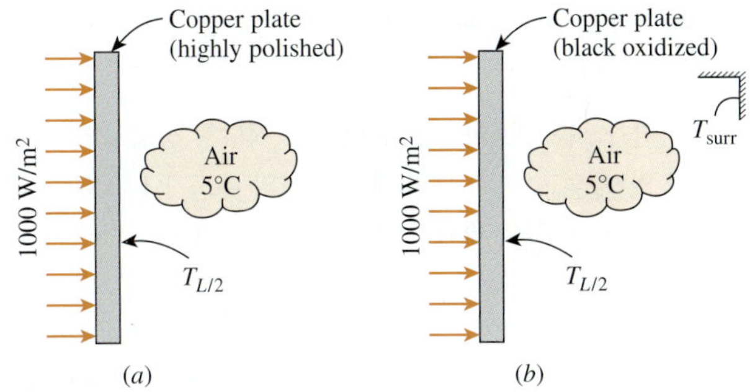

그림 P6-20

6-21 문제 6-20을 다시 고려해보자. 적절한 소프트웨어를 사용하여 균일 표면 열유속이 판의 중간지점 온도에 미치는 영향을 (a) 세밀하게 연마된 표면, (b) 흑색 산화 표면 조건에서 평가하라. 표면의 열유속을 500에서 1500 W/m^{2}까지 변화시켜 가면서 판의 중간지점 온도를 표면 열유속에 관한 함수로 그래프를 그려라.

6-22 높이 1.2 m 폭 2 m, 두께 6 mm이고 열전도도 k = 0.78 W/m·K, 방사율 ε = 0.9인 유리창을 생각해보자. 방과 창을 향하는 벽은 25°C로 유지되고, 창 안쪽 면의 평균 온도는 5°C로 측정되었다. 바깥 온도가 −5°C일 때, (a) 창 안쪽 면의 대류 열전달계수, (b) 창을 통한 총 열전달률, (c) 창 바깥 면에서 자연대류와 복사의 복합 열전달계수를 구하여라. 이 경우 유리의 열저항을 무시하는 것이 타당한가?

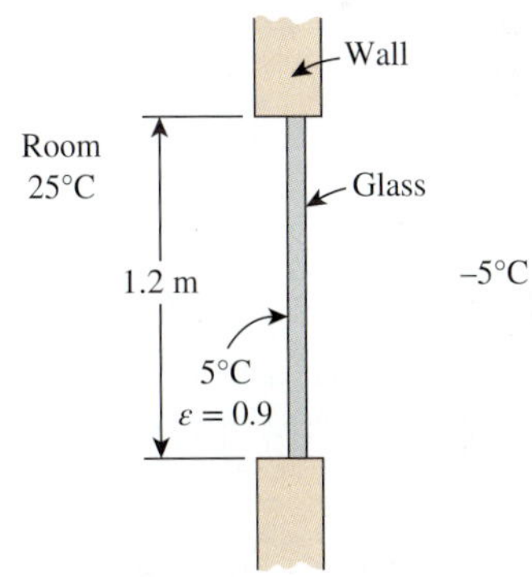

그림 P6-22

6-23E 2 ft × 2 ft의 얇은 사각 판이 75°F의 방에 놓여 있는 상황을 고려하라. 판의 한쪽 면은 130°F로 유지되어 있고, 다른 면은 단열되어 있다. 판이 다음과 같이 놓여 있는 상황에서 자연대류에 의한 열전달률을 구하라. (a) 수직, (b) 뜨거운 면이 위로 향하는 수평, (b) 뜨거운 면이 아래로 향하는 수평

6-24E 문제 6-23을 다시 고려해보자. 적절한 소프트웨어를 사용하여 판이 놓인 상황에 따라 판의 온도가 80°F

에서 180°F까지 변화할 때 자연대류 열전달률을 그래프로 그리고, 결과를 토의하라.

6-25 천연가스를 연소하는 3 m 높이의 정방형 공업로의 옆면이 단열되어 있지 않고, 이 부분의 바깥 표면의 온도가 110°C로 측정되었다. 노가 놓여 있는 방과 표면의 온도는 30°C이고, 노 바깥 표면의 방사율은 0.7이다. 열손실을 90% 줄이기 위하여 노 벽의 바깥 표면을 유리솜 단열재(k = 0.038 W/m·K)로 단열하고 반사판(ε = 0.2)으로 감싸는 방안이 제시되었다. 금속 바깥 표면의 온도가 여전히 약 110°C로 남아 있다고 가정하여 사용에 필요한 단열재의 두께를 구하라.

노는 1년 내내 연속적으로 작동하며 78%의 효율을 갖고 있다. 천연가스의 가격은 $1.10/therm (1 therm = 105,500 kJ의 에너지량)이다. 단열재를 설치하는 데 재료와 인건비로 $550의 비용이 들 때, 에너지 절약 비용으로 단열에 소요되는 비용을 지불하기 위해서는 얼마의 기간이 소요되겠는가?

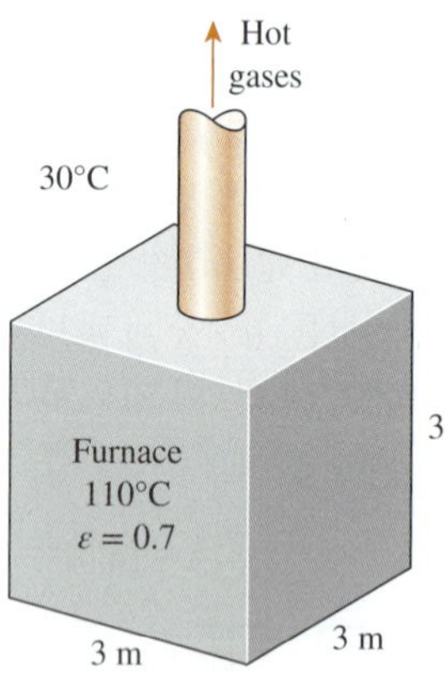

그림 P6-25

6-26 잠잠한 공기에 놓여 있는 길이 L인 수직판을 생각해보자. 막 온도가 20°C이고, 자연대류에서의 평균 Nusselt 수가 $\mathrm{Nu} = C\mathrm{Ra}_L^n$의 형태일 때 평균열전달계수가 다음과 같이 표현될 수 있음을 보여라.

$$h = 1.51(\Delta T/L)^{1/4} \qquad 10^4 < \mathrm{Ra}_L < 10^9$$
$$h = 1.19\,\Delta T^{1/3} \qquad 10^{10} < \mathrm{Ra}_L < 10^{13}$$

6-27 121개의 정사각형 칩이 한 면에 붙어 있는 50 cm × 50 cm의 회로 기판이 25°C인 방안의 수직면에 설치되어 자연대류와 복사에 의해 냉각되고 있다. 각 칩은 0.18 W의 전력을 발산하여, 칩의 표면의 방사율은 0.7이다. 회로 기판의 뒷면으로부터의 열손실을 무시할 수 있고, 주위 표면의 온도가 방 안 공기 온도와 같다고 가정할 때 칩의 표면온도를 구하라. 막 온도가 30°C이고 1atm 일 때 공기의 물성치를 구하라. 이것이 좋은 가정인가? *답*: 36.2°C

6-28 (*a*) 칩면이 위로 향하거나, (*b*) 칩면이 아래로 향하여 수평으로 놓인 회로기판을 가정하여 문제 6-27을 반복하라.

6-29 전자부품이 한쪽 면에 배열된 15 cm × 20 cm 인쇄회로기판(PCB)를 생각해보자. 이 기판이 20°C의 방 안에 놓여 있다. 기판 뒷면으로부터의 열손실은 무시한다. 회로기판이 정상 상태에서 8 W의 전력을 발산할 때, 기판이 (*a*) 수직, (*b*) 뜨거운 면이 위로 향하는 수평, (*c*) 뜨거운 면이 아래로 향하는 수평으로 놓여 있다고 가정하여, 기판 뜨거운 면의 평균 온도를 구하라. 기판 표면의 방사율을 0.8로 잡고, 막 온도가 32.5°C이고 1 atm일 때 공기의 물성치를 구하라. 이것은 좋은 가정인가? *답*: (*a*) 46.6°C, (*b*) 42.6°C, (*c*) 50.7°C

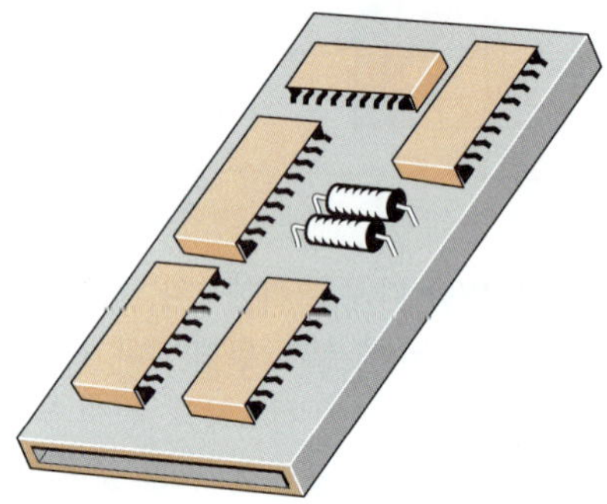

그림 P6-29

6-30 문제 6-29를 다시 고려해보자. 적절한 소프트웨어를 사용하여 기판이 놓인 상황에 대해 방 온도와 기판의 방사율이 기판의 뜨거운 표면 온도에 미치는 영향을 조사하라. 방 온도는 5°C에서 35°C까지, 방사율은 0.1에서 1.0까지 변한다고 하자. 기판이 놓인 상황에 대해 뜨거운 표면온도를 방 온도와 방사율의 함수로 그리고, 그 결과를 검토하라.

6-31 공기 20°C 안에 길이 24 cm이고 너비 20 cm인 얇은 판이 수평으로 매달려 있는 경우를 생각해보자. 판에는 20 W의 전기저항가열기가 붙어 있다. 이제 가열기가 작동되어 판의 온도가 올라간다. 정상 작동 상태에 도달했을 때 판의 온도를 구하라. 판의 방사율은 0.90이고, 주위 표면은 17°C이다. 초기 가정으로, 표면 온도를 50°C로 가정하라. 이것은 좋은 가정인가?

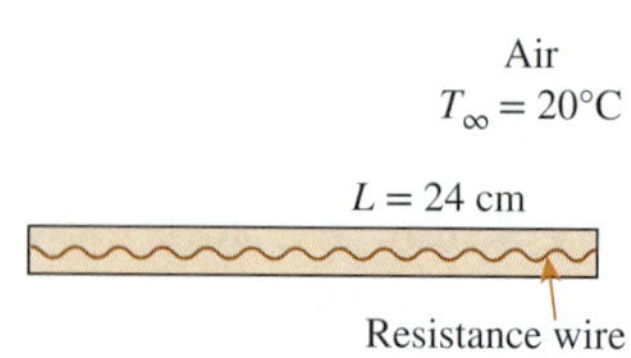

그림 P6-31

6-32 한 제조업자가 태양열 집열기에 사용될 1.2 m × 0.8 m 크

기의 흡열판을 만든다. 판의 뒷면은 단단하게 단열되어 있고, 앞면은 태양복사 에너지에 대한 흡수율이 0.87이고 방사율이 0.09인 검은색 크롬으로 코팅되어 있다. 25°C의 고요한 야외에 수평으로 놓여 있는 그러한 판을 생각해보자. 판에 입사되는 태양 복사율은 600 W/m^{2}이다. 유효하늘온도를 10°C라 할 때 흡열판의 평형온도를 구하여라. 만약 흡열판을 태양흡수율이 0.28이고 방사율이 0.07인 보통 알루미늄판으로 만들면 답은 어떻게 되겠는가? 막 온도가 70°C이고 1 atm일 때 공기의 물성치를 구하라. 이것이 좋은 가정인가?

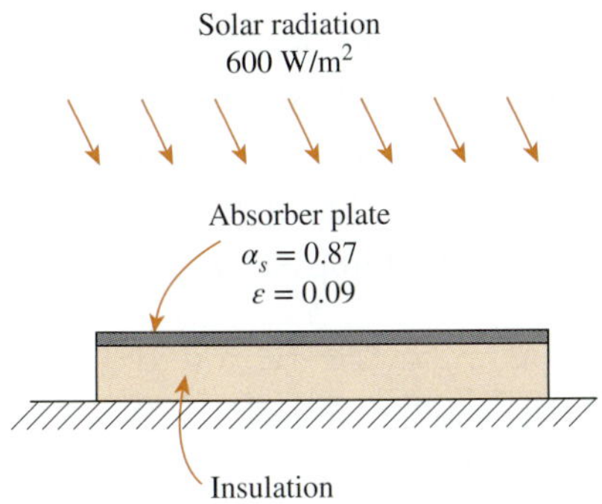

그림 P6-32

6-33 문제 6-32를 검정색 페인트를 칠한 알루미늄 판(태양 흡수율 0.98, 방사율 0.98)과 하얀 페인트를 칠한 판(태양 흡수율 0.26, 방사율 0.90)으로 문제를 다시 풀어라. 막 온도가 45°C이고 1atm일 때 공기의 물성치를 구하라. 이것이 좋은 가정인가?

6-34 직경 0.25 m의 원통형 그릴의 방사율이 0.8이다. 방 공기와 주위 온도가 30°C이고 표면온도가 150°C로 유지될 때 요구되는 전력을 구하라.

6-35 길이 150 mm, 직경 100 mm인 엔진오일 용기가 자동차 트렁크 안에 수직으로 놓여있다. 뜨거운 여름날에 트렁크의 온도는 43°C이다. 캔의 표면온도가 17°C일 때, 캔 표면으로부터의 열전달률을 구하라. 용기의 양 끝으로부터의 열전달은 무시하라.

6-36 소각로의 연소가스는 직경 0.6 m와 높이 10 m인 굴뚝을 이용하여 대기 중으로 날아간다. 기둥의 바깥쪽 표면은 40°C이며, 주변 온도는 10°C이다. (*a*) 바람이 없을 때 (*b*) 기둥이 20 km/h 바람에 노출되었을 때를 가정하여 기둥으로부터 열전달률을 계산하라.

6-37 깡통에 담긴 분무 페인트를 생산하는 공장에서 수송과 저장 중에 깡통이 55°C까지 견딜 수 있다는 것을 보증하기 위해서 선적하기 전에 60°C의 수조에서 온도 검사를 한다(그림 P6-37 참조). 컨베이어에서 옮겨온 깡통들은 깊이 0.5 m, 폭 1 m, 길이 3.5 m인 개방된 뜨거운 수조에 들어와, 뜨거운 물 속에서 다른 쪽 끝으로 서서히 이동한다. 깡통 중 일부는 시험에 실패하여 수조에서 폭발한다. 수조는 금속 박판으로 만들어 졌으며, 수조 전체는 뜨거운 물과 거의 동일한 온도에 있다. 수조 바깥 표면의 방사율은 0.7이다. 주위 공기와 표면의 온도가 20°C일 때, 수조의 네 옆면으로부터의 열손실률을 구하라(개방된 상부면은 무시하라).

물은 저항 가열기에 의해 전기적으로 가열되며, 전기요금은 \$0.085/kWh이다. 공장이 1년 365일 하루 24시간, 즉 1년에 8760시간 가동될 때, 이 시설에서 수조로부터의 열손실에 대한 연간 비용을 구하라.

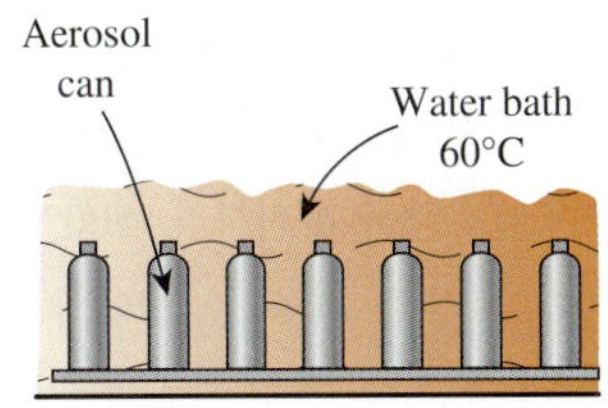

그림 P6-37

6-38 문제 6-37을 다시 생각해보자. 뜨거운 물의 가열 비용을 줄이기 위해서 수조의 옆면과 밑면을 5 cm 두께의 유리섬유 단열재(k = 0.035 W/m·K)로 단열하고, 복사에 의한 열손실을 최소화하기 위해 알루미늄 박막(ε = 0.1)으로 단열재를 감싸는 방안이 제시되었다. 지역의 단열재 시공업자로부터 재료와 인건비를 포함해서 \$350에 단열 작업을 할 수 있다는 견적을 받았다. 당신은 이 제안을 받아들이겠는가? 에너지 절약비용으로 단열에 소요되는 비용을 지불하기 위해서는 얼마의 기간이 소요되겠는가? 막 온도가 23°C이고 1 atm일 때 공기의 물성치를 구하라. 이것이 좋은 가정인가?

6-39 외경 50 cm, 높이 120 cm인 원통으로 된 석탄 난로에 의해 방이 가열된다. 방의 공기 온도가 24°C로 일정하게 유지될 때 방에서의 열손실률은 1.5 kW로 추정된다. 난로 표면의 방사율은 0.85이고 주위 벽면의 평균 온도는 14°C이다. 난로의 표면온도를 구하라. 바닥면으로부터의 열전달은 무시하고, 윗면에서의 열전달계수는 옆면에서와 같은 것으로 취급하라.

석탄의 발열량은 30,000 kJ/kg이고 연소 효율은 65%이다. 석탄 난로를 하루에 14시간 동안 가동할 때 하루에 소비하는 석탄량을 구하라. 막 온도가 77°C이고 1 atm일 때 공기의 물성치를 구하라. 이것이 좋은 가정인가?

6-40 길이 15 cm, 지름 10 m인 원통을 생각해보자. 원통의 표면온도는 43°C이고, 방 안의 공기 온도는 17°C이다. 원통을 수평으로 놓는 것과 수직으로 놓는 것 중 어떤 것이 더 높은 열전달률을 가지는지 구하라.

6-41 길이 150 mm, 직경 60 mm인 알루미늄으로 된 탄산음료 캔이 4°C로 유지되는 냉장고 수납 칸에 수평으로 놓여있다. 캔의 표면온도가 36°C일 때, 캔으로부터의 열전달률을 구하라. 단, 캔의 양 끝으로부터의 열전달은 무시하라.

6-42 직경 5 mm 길이 4 m 케이블의 전기저항에 발생하는 열 에너지는 20°C인 주변 공기로 소산된다. 정상 상태에서 전선을 통한 전압차와 전류가 각각 60 V와 1.5 A로 측정되었다. 복사를 무시할 때, 전선의 표면온도를 추정하라. 막 온도가 60°C이고 1 atm일 때 공기의 물성치를 구하라. 이것이 좋은 가정인가?

6-43 300 W의 원통형 저항 가열기가 길이 0.75 m, 직경 0.5 cm이다. 저항선은 20°C 유체에 수평방향으로 놓여져 있다. 유체가 (*a*) 공기, (*b*) 물일 때 정상 상태에서 저항선의 바깥 표면온도를 계산하라. 복사에 의한 열전달을 무시하라. 500°C 공기와 40°C 물의 물성치를 사용하라.

6-44 길이 12 m 지름 5 cm인 수평 온수관이 온도 27°C인 큰 방을 지나간다. 관 바깥 표면의 온도와 방사율이 각각 73°C와 0.8일 때, (*a*) 자연대류, (*b*) 복사에 의한 열손실률을 구하라.

6-45 아스팔트나 왁스와 같은 고점성 유체와 이들이 흐르는 관은 유체의 점성을 줄여서 펌프 동력비를 절감하기 위하여 종종 가열된다. 이러한 유체가 0°C의 고요한 대기 중에 놓인 길이 100 m, 바깥 지름 30 cm인 관을 흐르는 것을 생각해 보자. 관은 전기적으로 가열되며, 관 바깥면의 온도는 온도조절기에 의해 25°C로 일정하게 유지된다. 관 바깥 표면의 방사율은 0.8이고, 유효하늘온도는 −30°C이다. 전기저항가열기의 필요 전력 소모량을 kW로 구하라. 또한 소요되는 전기 비용을 구하라. 또한 전기료가 $0.09/kWh일 때 위 조건으로 15시간 동안 파이프를 가열하는 데 필요한 전기료를 계산하라. *답*: 29.1 kW, $39.3

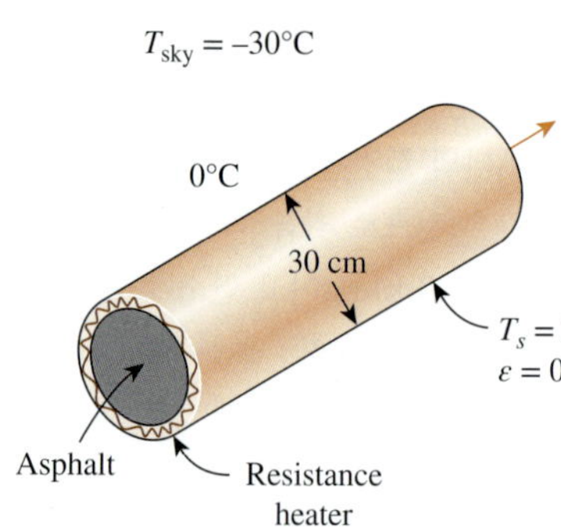

그림 P6-45

6-46 문제 6-45을 다시 생각해보자. 관의 가열 비용을 줄이기 위해, 관을 충분한 두께의 유리섬유 단열재(k = 0.035 W/m·K) 로 단열하고 알루미늄 박막(ε = 0.1)으로 감싸서 열손실을 85% 만큼 줄이는 방안이 제시되었다. 관의 온도는 25°C로 그대로 유지된다고 가정하여 필요한 단열재의 두께를 구하여라. 단열재는 15시간 동안 얼마만큼의 돈을 절약할 수 있는가? 막 온도가 5°C이고 1 atm일 때 공기의 물성치를 구하라. 이것이 좋은 가정인가? *답*: 1.3 cm, $33.4

6-47 지름 3 mm, 길이 12 m인 전선이 열전도도와 방사율이 각각 k = 0.20 W/m·K, ε = 0.9인 1.5 mm 두께의 플라스틱 덮개로 단단하게 감싸여 있다. 이 선을 통해 10 A의 전류가 흐르고, 선을 따라서 7 V의 전압강하가 생기는 것이 측정되었다. 단열된 선이 T_∞ = 30°C의 고요한 대기에 노출되어 있을 때, 정상 상태에서 선과 플라스틱 덮개의 경계에서 온도를 구하여라. 주위 평면은 공기와 같은 온도에 있다고 가정하라. 막 온도가 40°C이고 1 atm일 때 공기의 물성치를 구하라. 이것이 좋은 가정인가?

6-48 플라스틱 판 공장을 방문하는 동안 길이 45 m 호칭 규격 2 in (바깥 지름 6.03 cm)인 수증기 관이 공장의 한쪽에서 다른 쪽까지 단열되지 않고 지나가는 것이 관찰되었다. 여러 곳에서 온도를 측정해 보니, 수증기 관 노출 표면의 평균 온도가 170°C였으며 주위 공기 온도는 20°C였다. 관의 바깥 표면은 녹이 슨 것으로 보였으며, 방사율은 0.7로 취할 수 있다. 주위 표면의 온도를 20°C로 잡고 수증기 관에서의 열손실을 구하라.

수증기는 효율 84%인 가스로에서 만들어지며, 공장은 천연가스 1 therm (1 therm = 105,500 kJ)당 $1.10를 지불한다. 공장은 1년 365일 하루 24시간, 즉 1년에 8,760시간 운전된다. 이 시설에서 수증기 관의 열손실에 의한 연간 비용을 구하라.

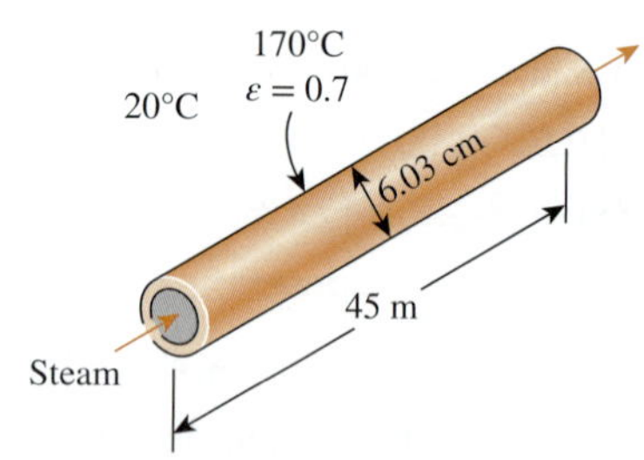

그림 P6-48

6-49 문제 6-48을 다시 고려해보자. 적절한 소프트웨어를 사용하여 이러한 열손실의 연간 비용 및 파이프로부터 열손실률에 관하여 증기 파이프의 표면 온도의 영향을 검토하라. 표면온도는 100°C부터 200°C까지 변한다고 가정하자. 열손실률과 연간 비용을 표면 온도의 함수로 그리고 그 결과를 검토하라.

6-50 지름 1.5 m, 길이 4 m인 원통형 프로판 탱크가 처음에는 밀도 581 kg/m^{3}인 액체 프로판으로 채워져 있다. 탱크가 잔잔한 날씨의 25°C 대기에 노출되어 있다. 탱크의 바깥 표면은 윤이 나도록 가공되어 복사 열전달을 무시할 수 있다. 이제, 탱크의 상부에 금이 가서 탱크 안의 압력이 1기압으로 떨어지고, 온도는 1기압에서 프로판의 비등 온도인 −42°C로 떨어졌다. 1기압에서 프로판의 기화열은 425 kJ/kg이다. 대기에서 탱크로의 열전달에 의해 프로판이 서서히 기화하고, 프로판 증기는 −42°C로 갈라진 틈을 통해 탱크를 빠져나간다. 프로판 탱크가 탱크 안의 프로판과 항상 같은 온도로 유지된다고 가정하여, 단열이 되어 있지 않을 때 탱크가 비워질 때까지 시간이 얼마나 걸리는지 구하라.

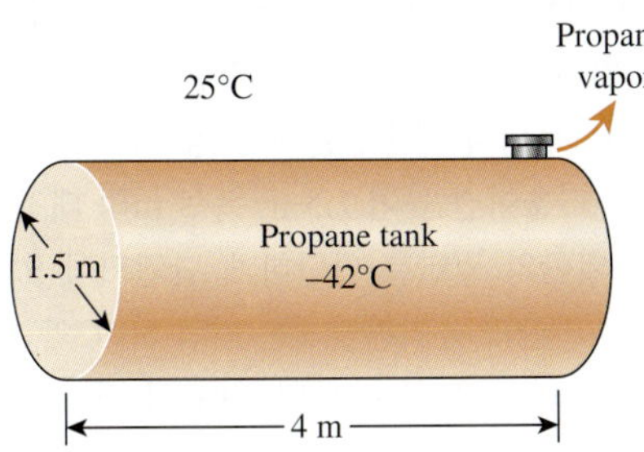

그림 P6-50

6-51 온수가 수평관(k = 0.15 W/m·K, D_i = 2.5 cm, D_o = 4.5 cm)을 통해 수송되고 있으며 관의 내부 표면온도는 100°C이다. 길이 2 m의 관 외부는 12°C의 찬 공기에 노출되어 있다. 공기의 물성치는 40°C의 1기압 조건에서 구할 수 있다고 가정할 때, 관 외부의 온도를 구하라. 40°C는 공기의 물성치를 구하기에 적절한 막 온도인가?

6-52 뜨거운 엔진오일이 벽 두께 5 mm인 수평관(k = 15 W/m·K, D_i = 5 cm)을 통해 수송되고 있다. 관은 5 mm 두께의 단열재(k = 0.15 W/m·K)에 둘러싸여 있다. 길이 2 m의 관 외부는 10°C의 찬 공기에 노출되어 있다. 관의 내부 표면온도가 90°C일 때, 외부 표면 온도를 구하라. **힌트**: 파이프 외부 표면온도는 반복 계산을 통해 얻어야 한다. 막 온도 50°C에서 계산을 시작하라.

6-53 문제 6-52를 다시 고려해보자. 적절한 소프트웨어를 사용하여 단열층 두께가 외부 표면 온도에 미치는 영향을 평가하라. 단열층의 두께를 5에서 15 mm까지 변화시켜 가면서 외부 표면 온도를 단열층의 온도의 함수로 그려라.

6-54 뜨거운 유체(k_{fluid} = 0.72W/m·K)가 내부 직경 35 mm, 두께 5 mm인 관 내부를 완전 발달된 층류로 흘러가고 있다. 관의 길이는 10 m이고 외부 표면은 10°C의 공기에 노출되어 있다. 뜨거운 유체와 관 내부 표면 온도의 평균 온도차는 ΔT_{avg} = 10°C이고 관의 내/외부 표면 온도는 일정하다. 관의 외부 표면온도를 구하라. 50°C에서 공기 물성치를 구하라. 이것은 좋은 가정인가?

6-55 뜨거운 액체(c_p = 1000 J/kg·K)가 내부 직경 45 mm, 두께 5 mm인 구리 관 내를 0.05 kg/s의 유량으로 흘러가고 있다. 관 출구에서 액체의 온도는 입구에 비해 10°C 떨어졌다. 5 m 길이의 구리관 외부 표면은 검게 산화되었으며 복사 열전달이 발생한다. 관 주변의 공기 온도는 10°C이다. 공기의 물성치는 35°C와 1 atm에서 구할 수 있다고 가정할 때, 관의 외부 표면온도를 구하라. 35°C는 공기의 물성치를 구하기에 적절한 막 온도인가?

6-56E 보통 사람이 70°F의 방 안에서 쉬고 있을 때 240 Btu/h의 율로 열이 발생한다. 이 열의 1/4이 머리에서 손실된다고 가정하고 피부의 방사율이 0.9이며, 머리에 커버가 없을 때 머리의 평균 표면온도를 구하라. 머리는 지름 12 in인 구로 근사화시킬 수 있으며, 방의 안쪽 표면은 방 온도로 유지된다고 가정할 수 있다.

6-57 백열등은 값은 싸지만 전기에너지를 빛으로 바꿀 때 매우 비효율적인 기구이다. 이것은 소비하는 전기에너지의 5%만을 빛으로 바꾸고 나머지 95%는 열로 바꾼다. 램프의 유리 전구는 이 모든 열을 흡수하므로 매우 빨리 가열되고 대류와 복사로 주위에 열을 방출한다. 25°C의 방 안에 있는 지름 8 cm, 60 W의 전구를 생각해보자. 유리의 방사율은 0.9이다. 5%의 전기에너지는 빛의 형태로 거의 흡수됨이 없이 유리 전구를 통과하고, 나머지 에너지는 전구에서 흡수되어 자연대류와 복사에 의해 발산된다고 가정할 때, 유리 전구의 평형 온도를 구하라. 방의 안쪽 표면은 방의 온도로 유지된다고 가정하라. 답: 175°C

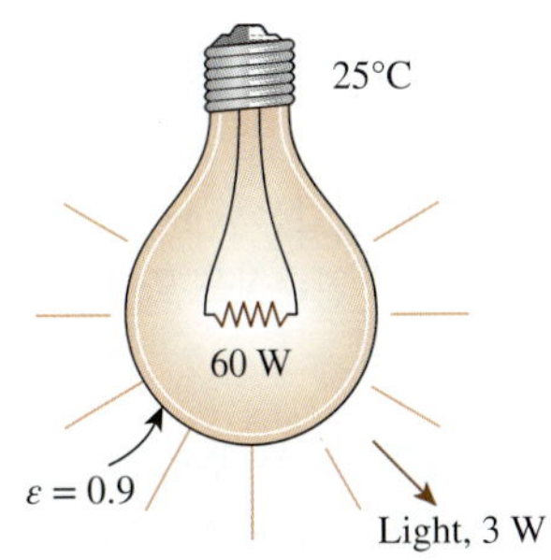

그림 P6-57

6-58 탱크 40-L 안의 물은 표면온도를 85°C로 유지하는 직경 6 cm인 구형 히터를 이용하여 15~45°C로 가열된다. 히터가 얼마 동안 켜져 있어야 하는가?

6-59 2 m 직경의 얇은 스테인리스강 구형 탱크에 반응 중인 화학물질이 담겨 있다. 반응열은 외부 표면 온도가 50°C인 탱크로 열이 방출하고, 탱크는 20°C의 공기에 노출되어 있다. 탱크의 스테인리

스강 표면의 방사율은 0.35이다. 탱크 내부의 화학반응에 의한 열 방출량을 구하라. 주어진 방사율 값이 스테인리스강 표면에 적절한가? 탱크 표면의 전체 열손실률에서 자연대류의 기여는 무엇인가?

6-60 뜨거운 액체가 내부 직경 3 m, 두께 3 cm인 구형 탱크에 부어졌다. 탱크 벽은 열전도도가 0.15 W/m·K인 물질로 만들어졌다. 뜨거운 액체로 인해 탱크 내부 표면 온도는 100°C이고, 방사율 0.35인 탱크 외부 표면은 20°C의 공기에 노출되어 있다. 탱크의 외부 표면 온도를 구하라. 공기의 물성치는 40°C와 1atm 에서 구할 수 있다고 가정한다. 이것은 좋은 가정인가?

밀폐공간 안에서의 자연대류

6-61C 잘 단열된 컨테이너의 상부와 하부의 칸이 두 장의 평행한 유리판으로 분리되어 있고, 그 사이에 공기가 채워진 공간이 있다. 한 칸은 뜨거운 유체로 채워져 있고 다른 쪽은 차가운 유체로 채워져 있다. 두 칸 사이의 열전달을 최소화하는 것이 바람직하다면 뜨거운 유체를 위 칸에 넣는 것이 좋은가 아래 칸에 넣는 것이 좋은가? 그 이유는 무엇인가?

6-62C 어떤 사람이 2중 유리창에서 공기층은 그 안에서 생기는 자연대류 흐름 때문에 집으로부터 열손실을 증가시킨다고 주장하면서, 에너지를 절약하기 위해서 2중 유리창의 두 유리 두께의 합과 같은 두께를 갖는 단일 유리판으로 2중 유리창을 대체하는 것을 추천했다. 당신은 이 주장에 동의하는가?

6-63C 1 cm 폭의 공기층으로 분리된 두 장의 유리판으로 이루어진 2중 유리창을 생각해보자. 어떤 사람이 창을 통한 자연대류 열전달을 줄이기 위해 얇은 비닐을 두 유리 사이의 중앙에 끼워 창을 두 개의 0.5 cm 폭의 칸으로 나누는 것을 제안하였다. 열전달의 관점에서 창으로부터 열손실을 줄이기 위한 이 아이디어에 찬성하는가?

6-64C 밀폐공간의 유효전도도는 무엇을 나타내는가? 열전도도에 대한 유효전도도의 비가 Nusselt 수와 어떤 관계가 있는가?

6-65 사각 밀폐공간의 열저항이 $R = L_c/(Ak\text{Nu})$로 표현되는 것을 증명하라. 여기서 k는 밀폐공간에 있는 유체의 열전도도이다.

6-66 1기압, 0.1 m의 공기층으로 분리된 두 표면으로 구성된 높이 3 m의 직사각형 밀폐공간을 생각해보자. 공기층을 마주하는 면의 표면온도가 30°C와 −10°C일 때, 수직방향에 대한 수평방향(뜨거운 표면이 바닥인)의 열전달률의 비를 구하라.

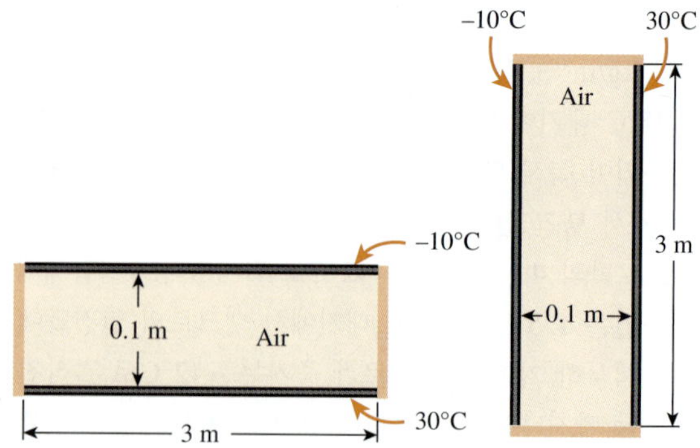

그림 P6-66

6-67 평판형 태양열 집열기는 보다 많은 양의 직접 전달되는 태양복사를 받기 위해 흔히 태양을 향해 기울어져 있다. 수평부터의 경사각은 집열기로부터의 열손실률에도 영향을 미친다. 수평으로부터 각도 θ만큼 기울어진 높이 1.5 m 폭 3 m의 태양열 집열기를 생각해 보자. 흡열판의 뒷면은 단단하게 단열되어 있다. 서로 간 2.5 cm 떨어진 흡열판과 유리판덮개는 각각 80°C와 40°C의 온도를 유지하고 있다. θ = 0°C, 30°C, 및 90°C일 때, 흡열판으로부터 자연대류에 의한 열손실률을 구하라.

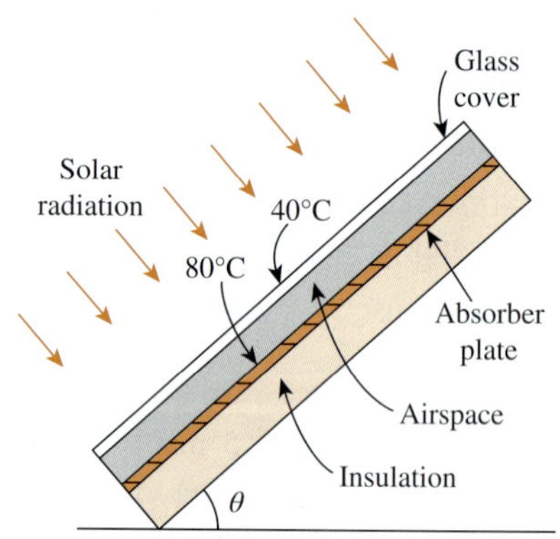

그림 P6-67

6-68 높이 1.5 m, 너비 3.0 m인 수직 밀폐공간은 대기압하에서 0.4 m 공기층으로 분리된 두 표면으로 구성되어 있다. 공기층 사이의 표면온도는 280 K와 336 K로 각각 측정되었고, 표면의 방사율은 0.15, 0.90일 때, 밀폐공간의 열전달 중 복사의 비율을 구하라. *답*: 0.30

6-69 높이 1.5 m, 너비 2.8 m의 수직 이중창은 대기압력하에서 2.0 cm 공기층에 분리된 두 개의 유리층으로 구성되어 있다. 내부 유리온도가 18°C이고 방 온도는 26°C이다. 복사 열전달을 무시하고, 바깥 유리층의 온도와, 창을 통한 자연대류 열손실률을 구하라.

6-70E 높이 4 ft, 폭 6 ft인 수직 이중창은 대기압, 1 in의 공기층으로 분리된 두 장의 유리판으로 되어 있다. 공기층 사이 유리면의

온도가 각각 65°F와 40°F로 측정되었을 때, 창을 통한 (*a*) 자연대류, (*b*) 복사에 의한 열전달률을 계산하라. 또한 *R* 값의 역수에 표면적과 유리창의 온도차를 곱한 것이 창을 통한 총 열전달률이 되도록 창 단열의 *R* 값을 구하라. 큰 두 평행 유리판 사이의 복사 계산에 사용되는 유효 방사율은 0.82로 취할 수 있다.

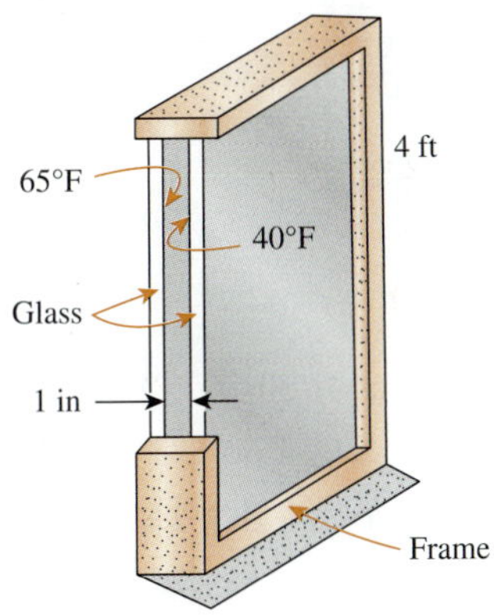

그림 P6-70E

6-71E 문제 6-70E를 다시 고려해보자. 적절한 프로그램을 사용하여 자연대류 및 복사에 의한 열전달률과 단열의 *R* 값에 대하여 공기층 두께의 영향을 조사해 보자. 공기층의 두께가 0.2 in에서 2.0 in까지 변한다고 하자. 자연대류와 복사에 의한 열전달률과 단열 *R* 값을 공기층의 두께에 관한 함수로 그리고, 결과를 검토하라.

6-72 바깥 지름 1.6 cm인 정원용 호스에 지름 5 cm의 투명한 플라스틱 관을 끼워서 간단한 태양열 집열기를 만들었다. 태양 흡수를 최대로 하기 위해서 호스는 검게 페인트칠하고, 플라스틱 링을 사용하여 호스와 투명한 플라스틱 덮개 사이의 간격을 일정하게 하였다. 어느 맑은 날 대기온도가 26°C로 측정된 반면 호스의 온도는 65°C로 측정되었다. 길이 1 m당 호스 안의 물로부터 자연대류에 의한 열손실률을 구하라. 또한 이 태양열 집열기의 성능을 어떻게 향상시킬 수 있는지 논의하라. 평균온도 50°C와 1기압에서 공기 물성치를 구하라. 이것은 좋은 가정인가? *답: 8.2 W*

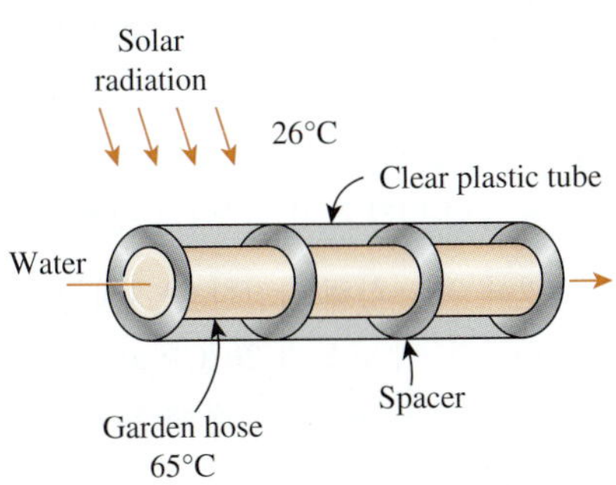

그림 P6-72

6-73 문제 6-72을 다시 고려해보자. 적절한 소프트웨어를 사용하여 주위 공기 온도가 4°C에서 40°C까지 변화할 때 자연대류에 의한 물의 열손실률을 대기 온도에 대한 함수로 그리고, 그 결과를 검토하라.

6-74 두 개의 동심 원통의 지름이 55 cm와 65 cm이고, 길이가 125 cm이다. 안쪽 및 바깥쪽 원통의 표면은 각각 54°C와 106°C로 유지되고 있다. 원통 사이의 고리 모양 공간이 (*a*) 물 (*b*) 공기로 채워져 있을 때 자연대류에 의한 원통 사이의 열전달률을 구하라.

6-75 반경 5 cm와 10 cm인 두 동심구의 표면온도가 각각 100°C와 200°C로 유지된다. 두 동심구 표면 사이의 밀폐공간은 1기압의 질소가 채워져 있다. 밀폐공간을 통한 열전달률을 구하라.

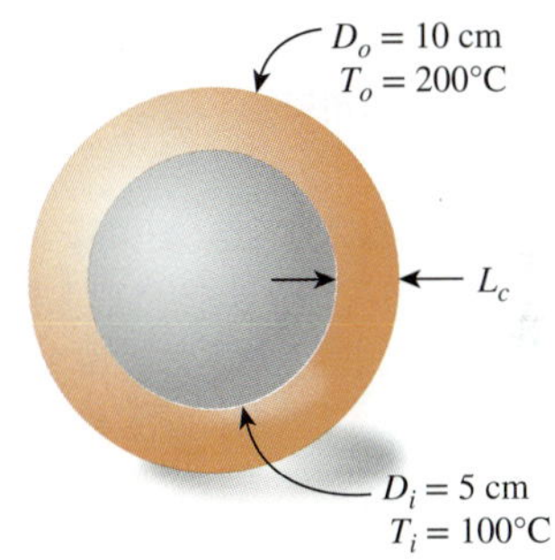

그림 P6-75

6-76 지름 15 cm와 25 cm인 두 동심구가 압력 1기압의 공기에 의해 분리되어 있다. 공기를 싸고 있는 두 구의 표면온도는 각각 T_1 = 350 K과 T_2 = 275 K이다. 안쪽 구에서 바깥쪽 구로의 자연대류에 의한 열전달률을 구하라.

6-77 문제 6-76을 다시 생각해보자. 적절한 소프트웨어를 사용하여 뜨거운 표면의 온도가 250 K에서 450 K까지 변할 때 자연대류 열전달률을 구의 뜨거운 표면 온도에 대한 함수로 그리고, 그 결과를 검토하라.

6-78 직경 D_i = 20 cm와 D_o = 30 cm인 두 동심구가 1 기압의 공기로 분리되어 있다. 공기를 둘러싸고 있는 두 구의 표면온도는 각각 T_i = 320 K이고 T_o = 280 K이다. 안쪽 구에서 바깥쪽 구로 자연대류를 통한 열전달률을 구하라.

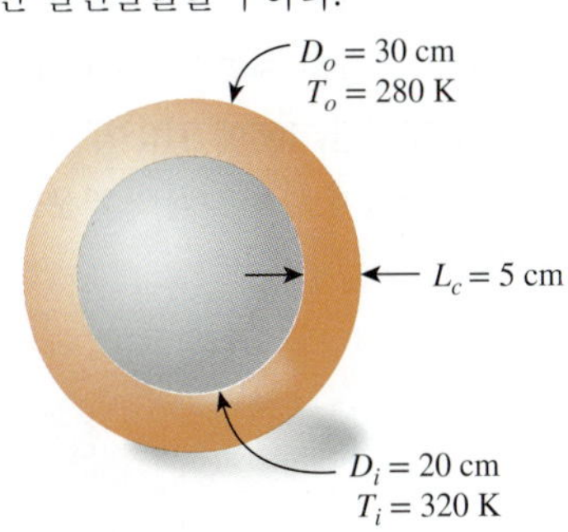

그림 P6-78

복습문제

6-79 전기저항을 이용한 공간 가열기가 45 kg의 기름이 채워진 높이 50 cm, 길이 80 cm, 폭 15 cm인 사각 상자 형상으로 설계되었다. 가열기는 벽에 기대어 놓여 있으며, 따라서 뒷면으로부터의 열전달은 무시한다. 안전을 고려하여 25°C의 방에서 가열기의 표면온도는 75°C를 넘어서는 안 된다. 윗면을 선반으로 쓰는 것을 예상하여 밑면과 윗면으로부터의 열전달을 고려하지 않을 때 가열기의 최대전력을 W로 구하라. 가열기 바깥 표면의 방사율은 0.8이고 천장과 벽면의 평균 온도는 방 안 공기 온도와 같다고 가정하라.

또한 가열기를 처음 켰을 때 정상 상태에 도달하는 데(즉, 기름의 온도가 25°C에서 75°C로 오르는 데) 시간이 얼마나 걸리겠는가? 계산에 사용된 가정을 말하라.

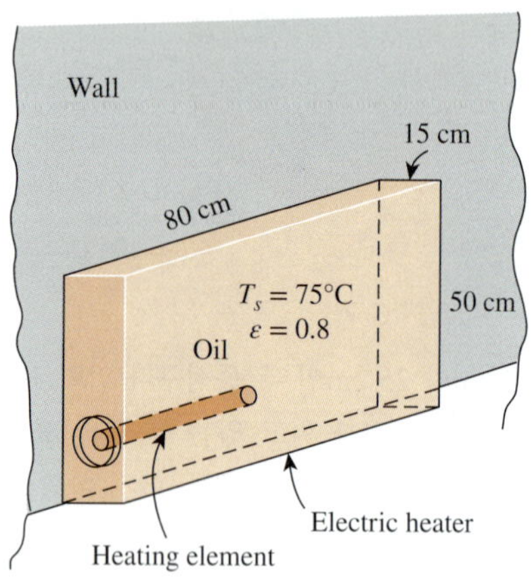

그림 P6-79

6-80 공장을 방문하는 동안, 천연가스로의 수직 전면의 높이 2 m, 폭 1 m 부분이 만질 수 없을 만큼 매우 뜨거운 것이 관찰되었다. 온도를 측정해보니 노출된 뜨거운 면의 평균 온도가 110°C이고, 주위 공기 온도는 25°C였다. 표면은 산화된 것으로 보여서 방사율을 0.6으로 잡을 수 있다. 주위 표면의 온도도 25°C라 가정할 때 노에서의 열손실률을 구하라.

노의 효율은 79%이고 공장은 천연가스 1 therm당 $1.20를 지불한다. 공장이 하루에 10시간, 1년에 310일, 따라서 1년에 3100시간 가동될 때, 노벽의 전면에 있는 수직 뜨거운 면으로부터 열손실의 연간 비용을 구하라.

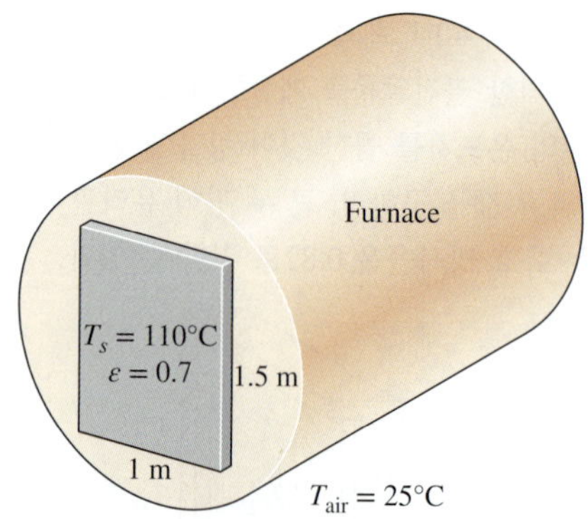

그림 P6-80

6-81 판(0.5 m × 0.5 m)이 30°로 경사져 있다. 판의 상부 표면은 잘 단열되었다. 하부 표면이 60°C로 유지되고, 주위의 잠잠한 대기는 0°C일 때 판으로부터의 열손실률을 추정하라.

6-82 각각 1.5 W를 발산하는 25개의 전력 트랜지스터가 30°C의 방 벽에 설치된 검게 산화 처리된 정사각 알루미늄판에 부착되어 냉각된다. 트랜지스터와 판 표면의 방사율은 0.9이다. 판의 뒷면으로부터의 열전달은 무시하고 주위 표면의 온도가 방 안 공기 온도와 동일하다고 가정하여, 판의 평균 표면온도가 50°C를 넘지 않을 때 판의 크기를 구하라. *답*: 43 cm × 43 cm

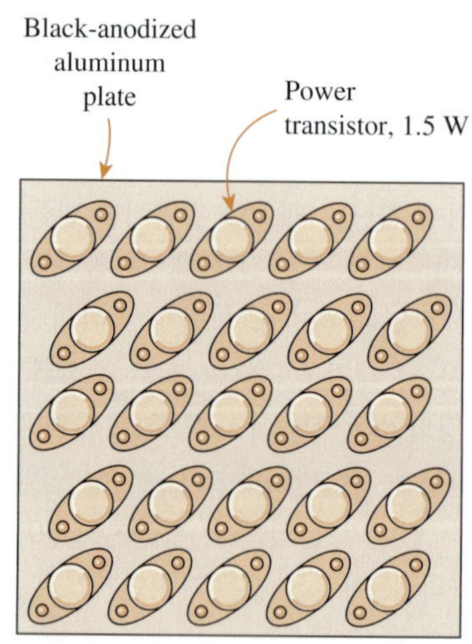

그림 P6-82

6-83 판이 (*a*) 트랜지스터가 위로 향하여, (*b*) 트랜지스터가 아래로 향하여 수평으로 놓여 있다고 가정하여 문제 6-82를 반복하라.

6-84 뜨거운 표면이 위로 향해 잠잠한 공기에 놓여 있는 $L \times L$인 수평판을 생각해보자. 막 온도가 20°C이고 자연대류에서 평균 Nusselt 수가 Nu = $C\text{Ra}_L^n$의 형태를 가질 때 평균 열전달계수는 다음과 같이 표현된다는 것을 보여라.

$$h = 1.95(\Delta T/L)^{1/4} \quad 10^4 < \mathrm{Ra}_L < 10^7$$
$$h = 1.79\Delta T^{1/3} \quad 10^7 < \mathrm{Ra}_L < 10^{11}$$

6-85 집의 평평한 지붕에 수평으로 놓여 있는 평판형 태양열집열기를 생각해보자. 집열기는 폭 1.5 m, 길이 4.5 m이고, 집열기의 노출된 표면의 평균 온도는 42°C이다. 대기온도가 8°C인 어느 잔잔한 날 자연대류에 의한 집열기로부터의 열손실을 구하라. 또한 집열기 표면의 방사율을 0.85라 하고 유효하늘온도를 −15°C라 할 때 복사에 의한 열손실을 구하라. *답*: 1314 W, 1762 W

6-86 200 W의 전력을 소비하는 전자상자가 상자 밀폐공간 안으로 공기를 불어 주는 팬에 의해 냉각된다. 전자상자의 치수는 15 cm × 50 cm × 50 cm이고, 바닥면을 제외한 상자의 모든 면이 대기에 노출되어 있다. 대기 온도와 주위 벽의 온도가 25°C일 때 상자의 평균 온도는 32°C로 측정되었다. 상자 바깥면의 방사율이 0.75일 때 전자상자 바깥면으로부터의 손실된 열의 비율을 구하라.

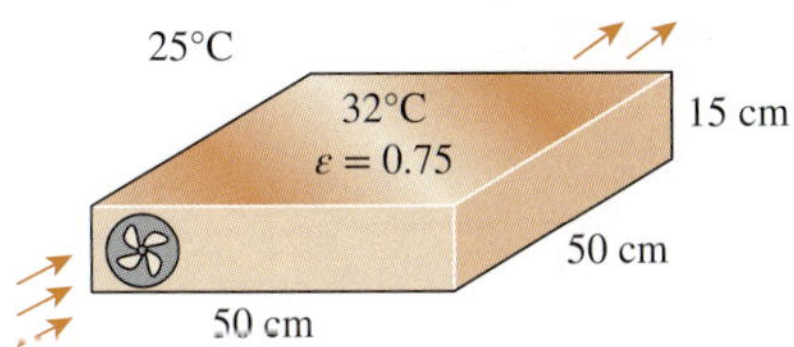

그림 P6-86

6-87E 150 W를 발산하는 전자장치의 부품들이 단면이 6 in × 6 in이고 길이가 5 ft인 수평 덕트에 설치되어 있다. 덕트 안의 부품들은 22 cfm의 유량으로 85°F로 들어가서 100°F로 나오는 강제대류 공기에 의해 냉각된다. 금속박판으로 된 덕트의 표면은 페인트칠이 되어 있지 않아서, 바깥 표면에서 복사열전달은 무시할 수 있다. 대기온도가 100°F일 때 (*a*) 덕트 바깥 표면에서 대기로 자연대류에 의한 열전달, (*b*) 덕트의 평균 온도를 구하라.

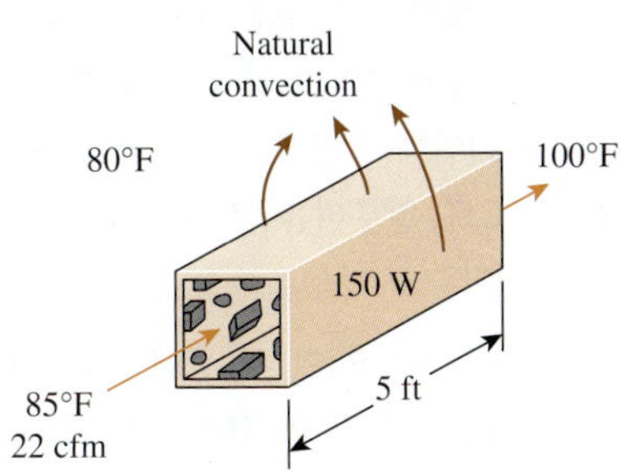

그림 P6-87E

6-88E 휜이 고장나서 덕트 안에서 발생하는 모든 열이 덕트 바깥 표면을 통한 자연대류에 의해 대기로 방출되어야 한다고 가정하여 문제 6-87을 반복하라. 막 온도 120°F, 1 기압에서 공기의 물성치를 구하라. 이것은 적절한 가정인가?

6-89E 지름 10 cm인 원형의 수평 덕트에 대해서 문제 6-87을 반복하라. 막 온도 115°F, 1 기압에서 공기의 물성치를 구하라. 이것은 적절한 가정인가?

6-90 외경 1 m인 10 m 높이의 배기 굴뚝을 통해 생산공장으로부터 배기가스가 흘러나오고 있다. 배기가스는 0.125 kg/s의 율로 흘러나오고, 배기 굴뚝의 입출구 온도차는 30°C이며, 배기가스의 정압비열은 1,600 J/kg·K이다. 특정한 고요한 날에서 주위의 잠잠한 공기의 온도는 33°C이다. 배기 굴뚝의 외부 표면에 500 W/m² 율로 태양열이 복사되고, 외부 표면의 방사율과 태양 흡수율은 모두 0.9이다. 배기 굴뚝의 외부 표면온도를 구하라. 막 온도는 60°C로 가정하라.

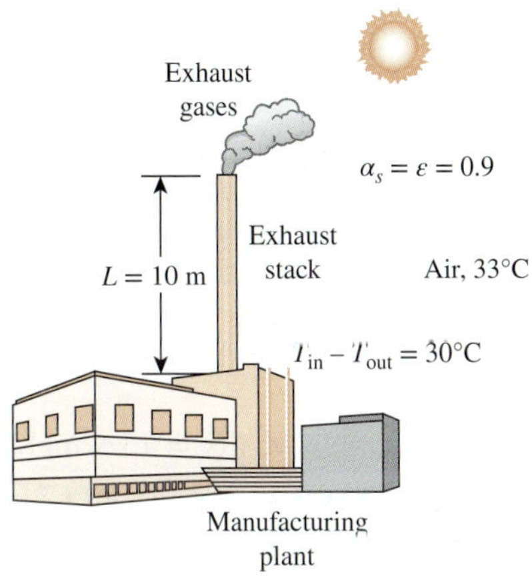

그림 P6-90

6-91 직경 40 cm, 높이 110 cm인 원통형 온수 물 탱크는 20°C로 유지되는 집의 욕실 안에 설치되어 있다. 탱크의 표면 온도는 44°C로 측정되었고 방사율은 0.4이다. 주위 표면 온도도 20°C라고 가정할 때 자연대류와 복사에 의한 탱크의 모든 표면에서의 열손실률을 구하라.

6-92 10°C의 표면온도를 가진 직경 12 cm, 길이 15 m인 원통이 40°C인 공기 중에 수평으로 놓여 있다. (*a*) 수직방향 바람으로 부는 자연 흐름 공기 속도가 10 m/s인 경우와 (*b*) 바람이 불지 않으므로 자유 흐름의 속도가 0인 경우의 열전달률을 계산하여라.

6-93E 온수가 평균속도 4 ft/s로 관의 내경과 외경이 각각 1.0 in와 1.2 in인 주철관(k = 30 Btu/h·ft·°F) 내부를 흐르고 있다. 관은 온도 60°F인 지하실의 길이 60 ft 부분을 지나간다. 관 바깥 표면의 방사율은 0.5이고, 지하실 벽의 온도도 역시 150°F이다. 물의 입구 온도가 150°F이고, 관 내면에서의 열전달계수가 30 Btu/h·ft²·°F일 때, 지하실을 지나가는 동안 물의 온도 강하를 구하라.

막 온도 105°F, 1기압에서 공기의 물성치를 구하라. 이것은 적절한 가정인가?

6-94E 길이 13 ft, 내경 8 ft인 수평방향 원통 형상의 산업로의 끝 표면은 잘 단열되어 있다. 노는 천연가스를 48 therms/h의 율로 연소시킨다. 노의 연소 효율은 82%이다. (i.e. 연료의 화학 에너지 중 18%는 불완전 연소와 높은 온도로 노를 나가는 배기가스에 의해 손실된다.) 만약 노의 바깥 표면에서 자연대류와 복사로 인해 발생하는 열손실이 내부에서 발생하는 열의 1%를 넘지 않는다면 노 표면의 가장 높은 허용 온도를 구하라. 방 안의 공기와 벽면 온도는 75°F로 가정하고 노 바깥 표면의 방사율은 0.85로 하라. 만약 천연가스의 가격이 $1.15/Therm이고, 노가 연간 2800 시간 운용된다면, 열손실에 의한 연간 비용을 구하라. 막 온도 107.5°F와 1기압에서 공기 물성치를 구하라. 이것은 적절한 가정인가?

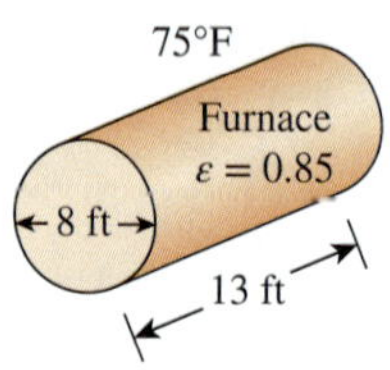

그림 P6-94E

6-95 1.5 cm 두께의 스테인리스강(k = 15 W/m·K)으로 만들어진 내경 6 m의 구형 탱크가 0°C의 얼음물을 20°C인 방 내부에 저장하는 데 사용된다. 실내 방 벽의 온도는 20°C이다. 탱크 바깥 표면은 검은색(ε = 1)이고, 탱크 바깥 면과 주위 사이에는 자연대류와 복사 형태로 열전달이 일어난다. 강철 탱크 전체가 0°C라고 가정하고, 따라서 탱크의 열저항이 무시될 때, (*a*) 탱크 안의 얼음물로의 열전달률, (*b*) 24시간 동안 녹는 0°C 얼음의 양을 구하라. 물의 융해열은 333.7 kJ/kg이다. *답*: (*a*) 15.4 kW, (*b*) 3988 kg

6-96 외경 30 cm인 구형 용기가 느린 흡열 반응의 반응기로 사용되고 있다. 용기는 30°C의 일정한 온도로 유지되는 큰 물탱크에 완전히 잠겨 있다. 용기의 외부표면온도는 20°C이다. 다음과 같은 경우의 정상 작동에서의 열전달률을 계산하라. (*a*) 탱크 안의 물이 정지상태, (*b*) 탱크 안의 물이 정지상태[(*a*)의 경우와 같이]이지만, 물의 밀도차로 인해 야기된 부력의 영향을 무시할 수 있다고 가정함, (*c*) 탱크 안의 물이 20 cm/s의 평균 속도로 순환됨.

6-97 폭 2.5 cm의 공기층으로 분리된 3 mm 두께의 두 장의 유리(k = 0.78 W/m·K)로 된 높이 1.2 m, 폭 2 m의 이중 유리창을 생각해보자. 방이 20°C로 유지되고 외기온도가 0°C인 어느 날 유리창을 통한 정상 상태 열전달률과 창 안쪽 면의 온도를 구하라. 유리창의 안쪽과 바깥쪽 면의 열전달계수는 각각 h_1 = 10 W/m²·K와 h_2 = 25 W/m²·K이고, 복사에 의한 열전달은 고려하지 않는다. 막 온도 10°C와 1기압에서 공기 물성치를 구하라. 이것은 적절한 가정인가?

6-98 태양열 집열기는 지름 9 cm의 동심의 얇은 유리관으로 둘러싸인 외경 5 cm의 수평 구리관으로 구성되어 있다. 물이 관을 통하여 흐르는 동안 가열되며, 구리관과 유리관 사이의 고리 모양 공간은 1기압의 공기로 채워져 있다. 어느 맑은 날, 관 표면과 유리 덮개의 온도가 각각 60°C와 32°C로 측정되었다. 관의 길이 1 m당 자연대류에 의한 집열기로부터의 열손실을 구하라. *답*: 17.4 W

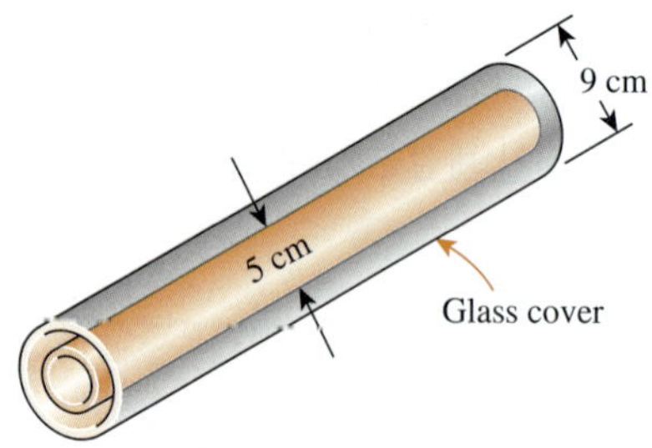

그림 P6-98

6-99 태양열 집열기가 지름 7 cm인 동심의 얇은 유리관으로 둘러싸인 외경 5 cm의 수평 알루미늄관으로 되어 있다. 물은 알루미늄관을 통하여 흐르는 동안 가열되며, 알루미늄관과 유리관 사이의 고리 모양 공간은 1기압의 공기로 채워져 있다. 어느 맑은 날, 물을 순환하는 펌프가 고장나서 관 안에 물 온도가 올라가기 시작했다. 알루미늄관이 길이 1 m당 20 W의 태양복사를 흡수하고, 외기 온도는 30°C이다. 복사 계산에서 관 표면과 유리 덮개는 흑체(방사율 ε = 1)로 가정하고, 유효하늘온도를 20°C라 생각하여 평행에 도달했을 때(즉, 대류와 복사에 의한 관으로부터의 순 열손실이 관에서 흡수된 태양에너지의 양과 같아졌을 때) 알루미늄관의 온도를 구하라. 1 기압에서 공기의 물성치를 구하기 위해 유리 덮개 표면온도는 33°C로, 알루미늄관의 온도는 45°C로 가정하라. 이것은 적절한 가정인가?

6-100 반경이 5 cm와 10 cm인 두 동심구의 표면온도가 각각 200°C, 100°C로 유지된다(그림 P6-100을 보라). 두 동심구 표면 사이의 밀폐공간은 1기압의 질소가스로 채워져 있다. 두 동심구 표면 모두 흑체(ε = 1)일 때, 안쪽 표면에서의 열전달률을 구하라.

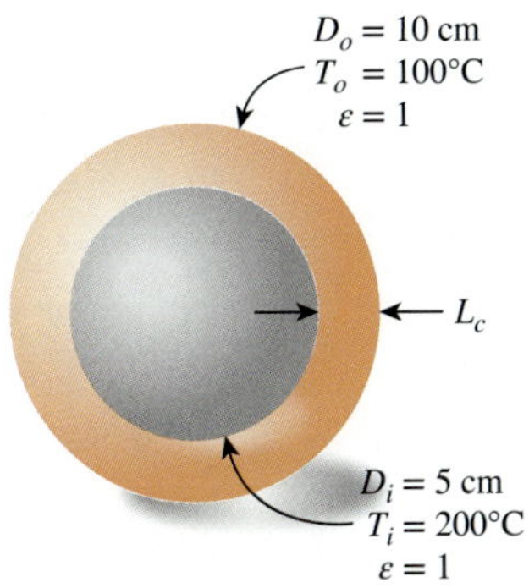

그림 P6-100

설계 및 에세이 문제

6-101 알루미늄 열침 제작자를 만나서 자연대류와 복사에 의해 전자부품을 냉각하는 데 사용되는 상품 카탈로그를 입수하라. 최대 전력 발산과 허용 표면온도가 주어져 있을 때 전자부품에 적합한 열침을 선정하는 방법에 대해 논하라.

6-102 실제적으로 모든 평판형 태양열 집열기의 윗면은 그 밑에 있는 흡열판으로부터의 열손실을 줄이기 위해 유리로 덮여 있다. 유리 덮개는 입사된 태양복사의 약 15%를 반사하거나 흡수하지만, 흡열판으로부터의 잠재적인 열손실로부터 훨씬 많이 줄일 수 있기 때문에 이것은 잘 설계된 태양열 집열기의 필수 요소로 여겨지고 있다. 어떤 사람이 2중 유리를 사용하는 것을 제안하였다. 이것이 좋은 아이디어인지 당신이 살고 있는 지역에 한해서 검토하라. 그 지역의 기상 데이터를 사용하고 열전달 해석과 경제적인 관점에서 결론을 내려라.

복사열전달

RADIATION HEAT TRANSFER

CHAPTER 07

지금까지 학습한 전도 및 대류열전달은 열전달매체의 특성이나 유체운동이 존재할 때 이와 연관된 열전달 방식이다. 이 장에서 우리는 이들 두 열전달 방식과는 성격이 전혀 다른 제3의 열전달 방식인 **복사**(*radiation*)에 대하여 다루고자 한다.

먼저 **복사열전달**(*thermal radiation*)에 있어 매우 중요한 역할을 하는 **전자기파**(*electromagnetic waves*)와 **전자기스펙트럼**(*electromagnetic spectrum*)에 대하여 학습한다. 그리고 이상적인 **흑체**(*blackbody*)와 **흑체복사**(*blackbody radiation*), **흑체복사함수**(*blackbody radiation function*) 및 **스테판-볼츠만 법칙**(*Stefan-Boltzmann law*), **플랑크의 분산법칙**(*Planck's law*), **바인의 변위법칙**(*Wien's displacement law*)에 대하여 다룬다. **방사도**(*emissive power*), **조사**(*irradiation*), **출사**(*radiosity*) 등 다양한 복사 유속에 대하여 정의하고, 파장과 온도에 따라 변하는 물질의 열복사물성치인 **방사율**(*emissivity*), **흡수율**(*absorptivity*), **반사율**(*reflectivity*) 및 **투과율**(*transmissivity*)에 대하여도 논한다. **온실효과**(*greenhouse effect*)는 파장에 의존하는 복사물성치의 특징에 의한 자연현상의 예로써 다룬다.

우리는 형상계수와 이들을 지배하는 법칙에 대하여도 논할 것이다. 대표적인 형상에 대하여는 형상계수의 식을 표로써 제시하였으며, 교차선법에 대하여도 다루었다. 최종적으로 복사회로망법을 이용하여 흑체표면들 사이의 복사열전달에 대하여 분석하고, 비흑체표면들의 문제로 확장하였다.

학습목표

이 장의 목적은 다음과 같다.

1. 전자기복사를 주파수에 따라 분류하고 열복사를 정의한다.
2. 이상적인 흑체에 대하여 이해하고, 총흑체방사도 및 분광흑체방사도를 계산한다.
3. 흑체복사함수를 이용하여 특정한 파장대에서 방사되는 열복사의 비율을 계산한다.
4. 특정 파장과 전파장 및 방향에 따른 방사율, 흡수율, 반사율 및 투과율을 명확히 이해한다.
5. 키르히호프의 법칙을 적용하여 방사율이 알려져 있는 표면의 흡수율을 결정한다.
6. 형상계수를 정의하고, 복사열전달의 계산에서 그 중요성을 인식한다.
7. 흑체표면 사이의 복사열전달을 계산한다.
8. 두 개의 큰 평행면, 긴 동심관의 두 면, 동심구의 두 면 등, 두 영역으로 에워싸인 공간 내부면들 사이의 정미복사열전달률의 관계식을 구한다.
9. 세 면으로 구성되는 공간 내부면들 사이의 복사열전달을 이해한다.

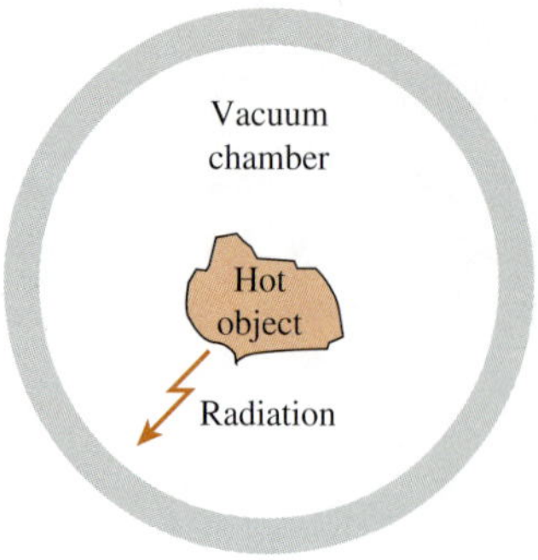

그림 7-1
진공인 용기 내 뜨거운 물체는 단지 복사에 의하여만 열을 잃는다.

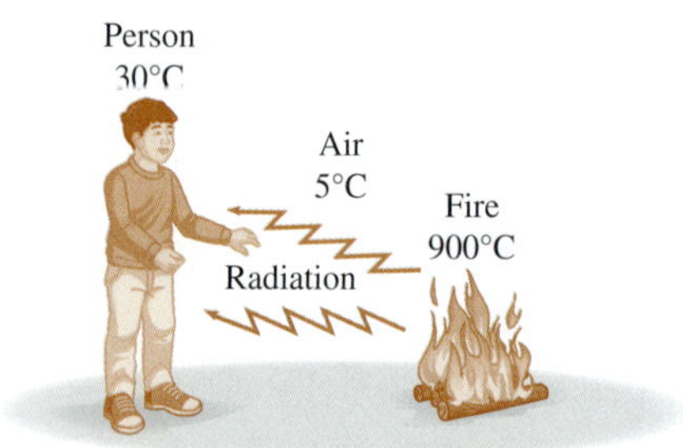

그림 7-2
전도 및 대류와는 달리 복사에 의한 열전달은 두 물체가 이들보다 더 차가운 매질에 의하여 분리되어 있을지라도 발생할 수 있다.

7–1 ▪ 서론

벽면의 온도가 상온으로 유지되는 진공 상태의 방 안에 고온의 물체가 놓여 있다고 가정하자(그림 7-1). 고온의 물체는 서서히 냉각되어 결국 주위와 열평형 상태가 될 것이다. 즉, 물체의 온도가 방 안 벽면의 온도와 같아질 때까지 열손실이 진행될 것이다. 방 안이 진공 상태이므로 방 벽면과 물체 사이의 열전달은 전도와 대류에 의한 것은 아니다. 그러므로 냉각에 관여한 열전달은 전혀 새로운 방식으로 물체 내부에너지의 방출과 관련된다. 이러한 열전달 방식을 **복사**(*radiation*)라 한다.

복사는 기존의 두 가지 열전달 방식과는 다르며, 열전달을 위한 매개 물질의 존재가 요구되지 않는다. 사실 복사에 의한 에너지 전달은 매우 빠르고(빛의 속도), **진공**에서는 에너지의 감쇠도 없다. 또한, 복사열전달은 기체와 액체에서뿐 아니라 고체 내에서도 가능하다. 대부분의 실제문제에서는 세 가지 방식의 열전달이 각각 다른 정도로서 동시에 존재한다. 그러나 진공인 공간에서는 복사열전달만 가능하며, 태양에너지가 지구에 도달하는 것은 바로 복사열전달에 의한 것이다.

전도와 대류열전달에 의하여 열은 온도가 더 낮은 쪽, 즉, 고온 매질에서 저온 매질로 전달된다는 것을 이미 알고 있다. 상호 열교환을 하고 있는 두 물체보다 온도가 더 낮은 매질을 통하여 복사열이 전달된다는 것은 매우 흥미로운 사실이다(그림 7-2). 예를 들면, 태양복사는 저온 상태인 고고도권 지구 대기를 통과하여 지표에 도달한다. 또한, 온실에서는 상대적으로 저온인 유리나 플라스틱 덮개보다 내부의 복사-흡수 표면 온도가 고온이다.

복사의 이론적 기초는 물리학자인 제임스 클럭 맥스웰(James Clerk Maxwell)에 의하여 1864년에 확립되었으며, 그는 가속된 전하 또는 변화하는 전류가 전기장과 자기장을 발생시킨다고 가정하였다. 이러한 장(field)의 빠른 움직임을 **전자기파**(electromagnetic wave) 또는 **전자기복사**(electromagnetic radiation)라 부르며, 이는 매질 내 원자나 분자의 전기적 구조변화에 따라 방출되는 에너지이다. 하인리히 헤르츠(Heinrich Hertz)에 의하여 1887년에 이와 같은 파동의 존재가 실험적으로 증명되었다. 전자기파는 다른 파동들과 마찬가지로 에너지를 수송하며, 모든 전자기파는 진공상태에서 **빛의 속도**인 $c_0 = 2.9979 \times 10^8$ m/s로 이동한다. 전자기파는 그들의 **주파수**(*frequency*) ν와 **파장**(*wavelength*) λ에 의하여 구분된다. 이들 두 값은 매질 내에서 파동의 전파속도 c와 함께 다음과 같은 관계식으로 표현된다.

$$\lambda = \frac{c}{\nu} \tag{7-1}$$

매질 내에서 파동의 전파속도는 진공상태에서 빛의 속도와 **매질의 굴절률**(*index of refraction*) n에 의하여 $c = c_0/n$으로 연관된다. 공기를 비롯한 대부분 기체의 굴절율은 1이며 유리는 약 1.5, 물은 약 1.33이다. 일반적으로 사용되는 파장의 단위는 **마이크로미터**(μm) 또는 마이크론이며, 1 μm = 10^{-6} m이다. 파장이나 파동의 전파

속도와는 달리 전자기파의 주파수는 파동의 발생원에 의해서만 결정되며, 파동이 이동하는 매질과는 무관하다. 전자기파의 **주파수**(단위 초당 진동수)는 진동원에 따라 작게는 10^7 Hz에서 10^{24} Hz, 또는 그 이상까지 다양하다. 식 (7-1)에서 볼 수 있듯이 전자기파의 파장과 주파수는 반비례한다.

Max Planck가 1900년에 제안한 **양자이론**(*quantum theory*)에 따르면 전자기파 복사는 **광량자**(photon) 또는 **양자**(quanta)라고 명명된 불연속 에너지 덩어리의 전파로 간주하며, 이러한 개념이 유용하다고 입증되었다. 이러한 관점에서 주파수가 ν인 광량자가 갖는 에너지는 플랑크상수(Planck's constant) $h = 6.626069 \times 10^{-34}$ J·s를 이용하여 다음 식으로 표현된다.

$$e = h\nu = \frac{hc}{\lambda} \tag{7-2}$$

식 (7-2)의 두 번째 식에서 h와 c가 상수이므로 광량자의 에너지는 파장에 반비례함을 알 수 있다. 그러므로 짧은 파장의 복사는 큰 광량자 에너지를 갖는다. 감마선이나 X-선과 같이 파장이 매우 짧아서 파괴력이 강한 복사를 피해야 하는 것은 지극히 당연하다.

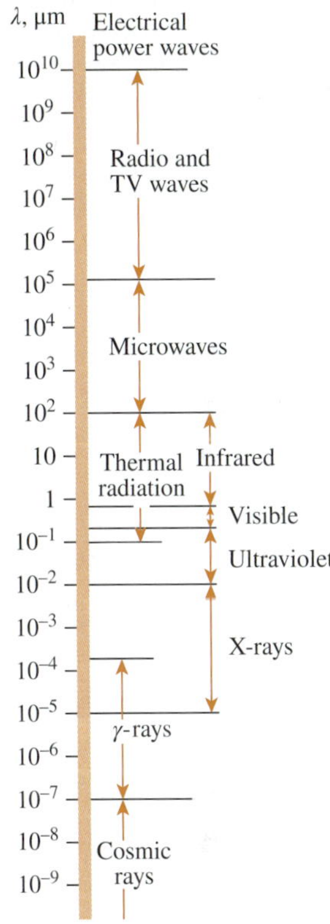

그림 7-3
전자기파의 스펙트럼

7-2 ▪ 열복사

모든 전자기파는 일반적으로 동일한 성질을 갖지만 파장에 따라 각각의 특성이 나타난다. 실생활에서 전자기복사는 파장이 10^{-10} μm인 우주선으로부터 전력파의 파장인 10^{10} μm에 이르기까지 매우 넓은 범위에 걸쳐 존재한다. 또한, **전자기스펙트럼**(electromagnetic spectrum)은 그림 7-3에 도시한 바와 같이, 감마선, X-선, 자외선복사, 가시광선, 적외선복사, 열복사, 마이크로파, 라디오파 등을 모두 포함한다.

서로 다른 전자기복사는 각각의 생성방법이 다르다. 예로서 **감마선**은 원자핵반응에서 생성되며, X-선은 고에너지전자가 금속판에 부딪칠 때 발생하고, **마이크로파**는 클라이스트론(klystron)과 마그네트론(magnetron)이라 불리는 특별한 전자관에 의하여, **라디오파**는 특정한 광석의 여기(excitation)나 전기 도체를 흐르는 교류 전류에 의하여 발생한다.

파장이 짧은 감마선이나 X-선은 원자력 엔지니어의 연구대상인 반면, 장파장인 마이크로파와 라디오파는 전기전자 엔지니어들의 연구대상이다. 열전달과 관련된 전자기복사는 물질의 분자, 원자 및 전자의 에너지 전이 결과로 방출되는 **열복사**(thermal radiation)이다. 미시적 관점에서 본다면 온도는 이와 같은 전이 활동의 강도에 대한 척도이며, 온도가 증가하면 열복사 방출량도 증가한다. 열복사는 온도가 절대온도 0 K보다 높은 모든 물체에서 지속적으로 방사된다. 즉, 우리 주위의 벽과 가구뿐 아니라 친구들로부터도 지속적으로 방사된다(그림 7-4). 물체의 온도로 인해 방사되는 복사의 파장이 0.1~100 μm 사이에 걸쳐 분포되기 때문에 열복

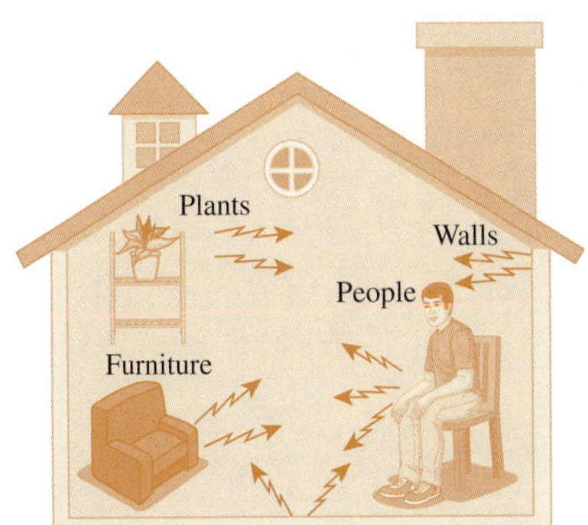

그림 7-4
우리를 둘러싼 모든 물체는 일정한 열복사를 방사한다.

표 7-1

색채별 파장 분포

Color	Wavelength band
Violet	0.40–0.44 μm
Blue	0.44–0.49 μm
Green	0.49–0.54 μm
Yellow	0.54–0.60 μm
Orange	0.60–0.67 μm
Red	0.63–0.76 μm

사를 이러한 파장을 갖는 전자기스펙트럼의 일부로 정의하기도 한다. 따라서, 열복사는 가시광선 및 적외선복사(IR) 대역 전체와 자외선복사(UV) 대역의 일부를 포함한다.

우리가 **빛**(light)이라고 부르는 것은 단순히 파장이 0.40~0.76 μm에 분포하는 전자기파의 일부로서 가시적으로 나타나는 것이다. 빛은 인간의 눈을 자극하여 인지된다는 것을 제외한다면 그 특성이 전자기복사와 다르지 않다. 빛이나 가시광선 파장은 표 7-1에 제시한 바와 같이 보라색(0.40~0.44 μm)에서 빨간색(0.63~0.76 μm)에 걸친 좁은 띠(band)로 구성된다.

가시광선 영역에 속하는 복사 일부를 방사하는 물체를 광원이라 부른다. 태양은 말할 나위 없이 우리의 가장 기본적인 광원이다. 태양에서 방사되는 전자기복사를 **태양복사**(solar radiation)라 하며 이들의 대부분은 파장이 0.3~3 μm 사이에 속한다. 태양복사의 거의 반이 빛이고(즉, 가시광선 영역) 나머지는 자외선과 적외선이다.

상온인 물체에서 방사되는 복사는 **적외선**에 속하며 그 파장이 0.76~100 μm에 걸쳐 분포한다. 물체의 온도가 800 K 이상 되어야 인지할 수 있는 정도의 가시광선 영역 복사가 방사되기 시작한다. 전구의 텅스텐 필라멘트는 온도가 2000 K 이상 가열되며 그 이하에서는 가시광선 영역의 복사를 방사하지 않는다.

자외선복사는 열복사 전파장 중 단파장 끝 부분을 차지하며 범위는 0.01~0.40 μm 정도 된다. 자외선은 미생물을 죽일 수 있는 정도로 인간과 생물에 대하여 치명적인 위험성이 내재하므로 이를 피해야 한다. 태양 복사의 약 12%가 자외선 영역에 속하며, 이러한 태양 복사가 지표면에 도달하면 파괴적일 것이다. 그러나 다행히도 대기권 상층부에 존재하는 오존(O_3)층이 방어막의 역할을 함으로써 대부분의 자외선을 흡수한다. 지표면에 도달하는 태양광에 잔존하는 자외선은 여전히 강하므로 태양숭배족이 피부를 태우기에 충분하지만 직사광선에 지속적으로 노출된다면 치명적인 피부암을 유발할 수도 있다. 최근에 발견된 오존층의 구멍은 전 세계적으로 널리 사용되는 냉매 프레온-21과 같은 화학물질에 의하여 오존이 파괴됨으로써 발생하는 것으로 판명되었으나 이러한 위험으로부터 지구를 구하기 위하여 국제기구에서는 프레온-21과 같은 화학물질의 사용을 금하는 협약을 맺었다. 자외선은 인공적인 형광등에 의하여 발생되기도 하므로 병원에서 박테리아 소독 등에 사용되거나 인공적인 선탠기구로 사용되기도 한다.

마이크로파오븐은 전자기파복사 중 마그네트론(*magnetron*)이라 불리는 마이크로파관에 의하여 발생되는 **마이크로파장** 영역을 이용한다. 마이크로파장의 범위는 10^2~10^5 μm로서, 금속표면에서는 반사되고 유리나 플라스틱류는 투과하며 음식물(특히, 수분)의 분자에 의하여 흡수되므로 음식 조리용으로 적합하다. 전기에너지는 마이크로오븐에 의하여 전자기파복사로 전환되고 최종적으로 음식물 내부에너지의 일부가 된다. 마이크로오븐을 이용한 빠르고 효율적인 조리법 때문에 주방에서는 필수적인 기기가 되었다(그림 7-5).

레이더와 무선전화기도 역시 마이크로파 영역의 전자기복사를 이용한다. 라디오와 TV방송에 사용되는 전자기파는 보통 1~1000 m인 **라디오파**(radio wave) 영역 파장을 사용한다.

열전달에서는 물체가 자신의 온도로 인하여 방사하는 에너지에 관심이 있으므로, 우리의 논의를 흔히 **복사**라 부르는 **열복사**에 한정한다. 이후 유도되는 관계식들은 열복사에 국한되며 다른 형식의 전자기복사에는 적용할 수 없다.

기체, 액체 및 고체를 구성하는 전자, 원자, 분자들은 절대온도 0 K 이상에서 지속적인 운동을 하므로 복사가 연속적으로 방사되고 매질 전체 체적을 통하여 흡수되거나 투과된다. 즉, 복사는 **부피현상**이다. 그러나 금속, 나무, 돌과 같은 불투명(비투과적)한 고체에서는 고체내부에서 방사된 복사가 표면까지 전달되지 못하며 외부에서 표면에 입사된 복사는 표면의 불과 수 마이크론 깊이에서 모두 흡수되므로 이러한 물체에서의 복사는 **표면현상**으로 간주한다(그림 7-6). 표면의 복사 특성은 물체 표면에 얇게 코팅된 층에 의하여 완전히 변할 수 있다.

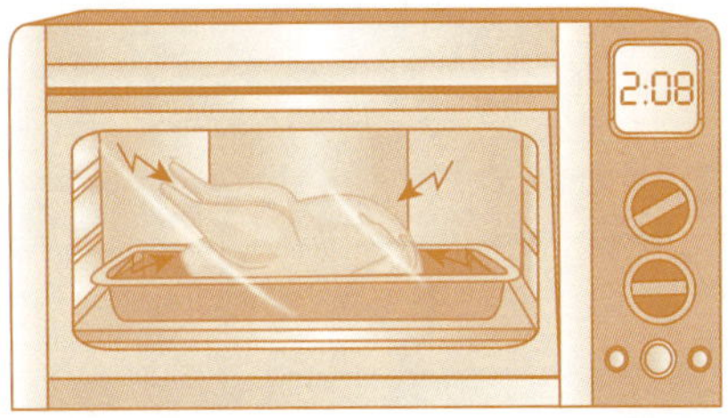

그림 7-5
마이크로오븐은 오븐 내부의 마그네트론에서 발생되는 전자기복사에너지를 흡수함으로써 음식을 가열하거나 요리한다.

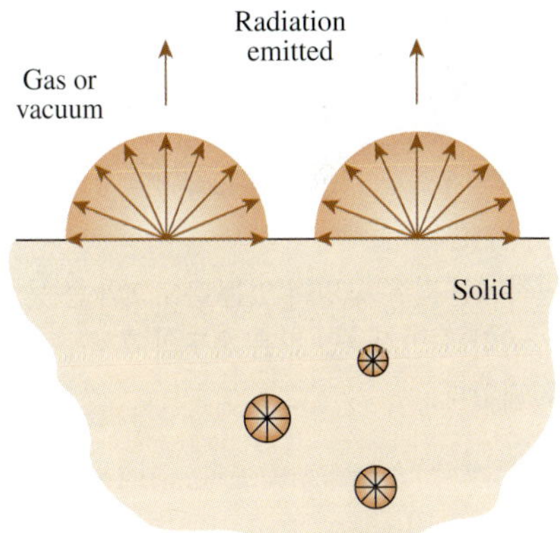

그림 7-6
불투명한 고체에서의 복사는 표면의 분자에서 방사된 복사만이 고체를 벗어날 수 있으므로 표면 현상으로 간주된다.

7-3 ▪ 흑체복사

절대온도 0 K 이상인 물체는 광범위한 파장에 걸쳐 모든 방향으로 복사를 방출한다. 표면에서 방사되는 특정 파장에 대한 복사에너지의 양은 표면 온도뿐 아니라 물체의 재료와 표면 특성에 의하여 결정된다. 그러므로 서로 다른 물체는 온도가 동일할지라도 단위면적당 각각 다른 양의 복사에너지를 방사한다. 그렇다면 일정한 표면온도에서 방사되는 최고 복사에너지가 얼마일까 하는 의문은 자연스럽게 도출된다. 이와 같은 호기심을 충족시키기 위하여 **흑체**(*blackbody*)라 부르는 이상적인 물체를 가정하며, 이는 실제 표면의 복사물성치와 비교를 위한 표준물체이다.

흑체는 복사에 대하여 **완전한 방사체이자 동시에 완전한 흡수체**이다. 주어진 온도와 파장에서 흑체보다 많은 에너지를 방사하는 물체는 없다. 흑체는 파장과 방향에 상관없이 표면에 입사되는 **모든 복사를 흡수**한다. 또한, 흑체는 모든 방향으로 균일한 복사에너지를 방사한다(그림 7-7). 이에 따라 흑체는 **확산**(*diffuse*) 방사체라 하며, 이때 **확산**은 "방향에 의존하지 않음"을 의미한다.

단위시간당, 단위표면적당 흑체로부터 방사되는 복사에너지는 요제프 스테판(Joseph Stefan)이 1879년에 실험을 통하여 다음과 같은 식으로 표현할 수 있다고 제안하였다.

$$E_b(T) = \sigma T^4 \qquad (\text{W/m}^2) \tag{7-3}$$

이 식에서 **스테판-볼츠만 상수**는 $\sigma = 5.670 \times 10^{-8}\ \text{W/m}^2\cdot\text{K}^4$이고, T는 표면의 절대온도로서 단위는 K이다. 이 관계식은 1884년, 루트비히 볼츠만(Ludwig Boltzmann)에 의하여 이론적으로 검증되었다. 식 (7-3)은 **스테판-볼츠만 법칙**

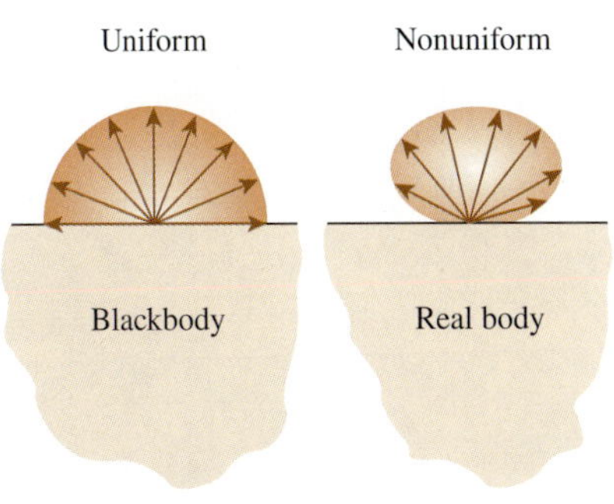

그림 7-7
흑체는 복사에너지를 모든 방향으로 균일하게 방사하므로 **확산**방사체라 한다.

(Stefan−Boltzmann law)으로 알려져 있으며, E_b는 **흑체방사도**(blackbody emissive power)이다. 열복사에너지는 절대온도의 4승에 비례함을 인지하자.

흑체가 우리 눈에 검정색으로 보일지라도 이상적인 흑체와 일반적인 흑색표면은 구분되어야 한다. 빛(복사의 가시영역)을 흡수하는 모든 표면은 우리 눈에 검게 보이며 빛을 완전히 반사하는 면은 하얗게 보인다. 가시광복사의 파장영역이 0.4~0.76 μm의 얇은 파장대임을 고려한다면 가시적인 관찰에 의하여 표면의 검기 정도를 구분한다는 것은 불가능하다. 예를 들어 눈과 흰색 페인트는 빛을 반사하므로 흰색으로 나타난다. 그러나 이들은 긴 파장의 복사에 대한 흡수성이 강하므로 적외선에 대하여는 흑체이다. 그을음 검댕이 페인트로 코팅된 표면은 이상적인 흑체와 거의 같다.

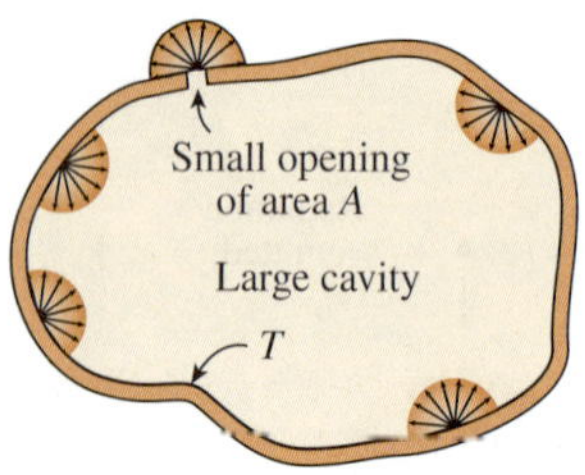

그림 7-8
면적 A인 작은 구멍이 있는 온도 T의 큰 등온 공간과 면적 A인 같은 온도의 흑체는 서로 닮았다.

흑체와 거의 흡사한 다른 형태의 물체로서 그림 7-8에 도시한 바와 같이 작은 구멍이 있는 큰 공동을 고려해 보자. 면적이 A인 작은 구멍으로 들어온 복사는 일부가 다시 구멍을 통하여 빠져나가기 전에 공동 내부표면에서 수차례의 반사를 통하여 표면에 모두 흡수된다. 또한, 공동 내부의 온도가 T로 등온이라면 표면에서 방출된 복사는 마찬가지로 나수의 표면 반사 후 구멍을 통하여 방사되므로 확산의 특성을 보일 것이다. 그러므로 이러한 공동은 완전한 흡수체이자 완전한 방사체이며 구멍은 내부표면의 복사물성치와 무관하게 면적이 A이고 온도가 T인 흑체와 유사하다.

식 (7-3)으로 나타낸 스테판−볼츠만 법칙은 모든 파장에 대한 복사에너지의 합을 의미하는 총흑체방사도(*total black body emissive power*) E_b에 관한 식이다. 필요에 따라서 절대온도 T인 표면에서 단위시간당, 단위면적당, 파장 λ 주위의 단위파장당 방사되는 복사에너지의 양인 **분광흑체방사도**(spectral blackbody emissive power)에 대하여 알아야 한다. 백열전구로 예를 든다면, 전구에서 방사되는 총복사량보다는 가시광선 영역의 복사량이 중요하다.

Max Planck는 1901년 그의 유명한 양자이론과 함께 분광흑체방사도 $E_{b\lambda}$에 관한 관계식을 유도하였다. 이 식은 **플랑크의 법칙**(Planck's law)으로 알려져 있으며, 다음과 같이 표기된다.

$$E_{b\lambda}(\lambda, T) = \frac{C_1}{\lambda^5[\exp(C_2/\lambda T) - 1]} \quad (\text{W/m}^2\cdot\mu\text{m}) \qquad \textbf{(7-4)}$$

이식에 나타나는 상수들은 다음과 같다.

$$C_1 = 2\pi hc_0^2 = 3.74177 \times 10^8 \ \text{W}\cdot\mu\text{m}^4/\text{m}^2$$
$$C_2 = hc_0/k = 1.43878 \times 10^4 \ \mu\text{m}\cdot\text{K}$$

한편, T는 표면의 절대온도이고, λ는 방사되는 복사의 파장이며, 볼츠만 상수는 k = 1.38065 × 10^{-23} J/K이다. 이러한 관계식은 진공이나 기체를 매질로 하는 표면에 대하여 적용된다. 다른 매질에 대하여는 상수 c_1을 c_1/n^2로 대체하여야 하며, n은

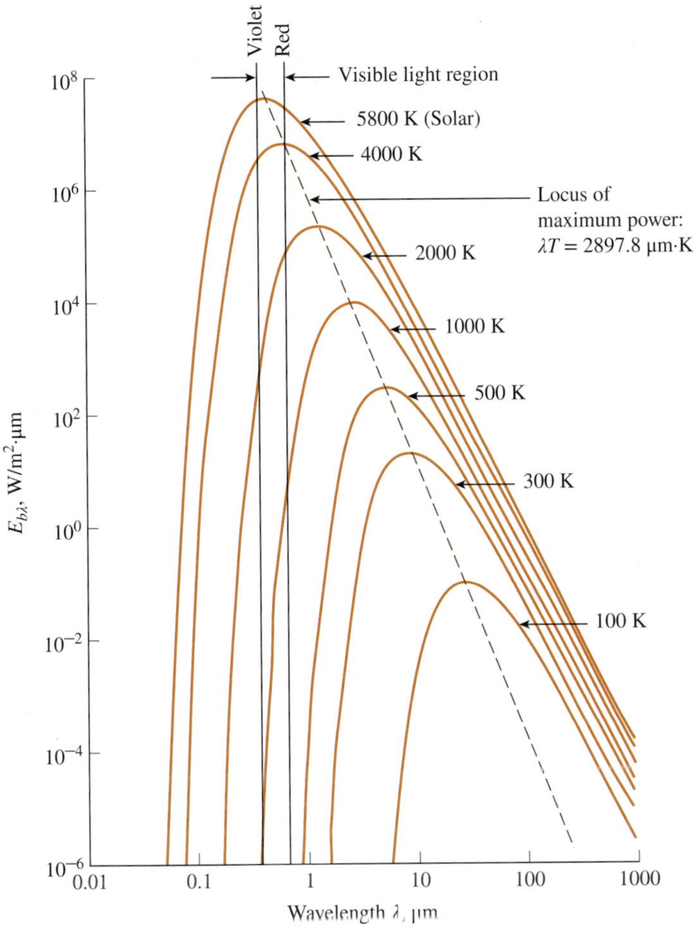

그림 7-9
다양한 온도에서 파장에 따른 흑체방사도의 변화

매질의 굴절률이다. 정의에서 **분광**(*spectral*)은 파장에 의존함을 의미한다.

몇 가지 온도에서 파장에 따른 흑체방사도의 변화를 그림 7-9에 도시하였으며, 이 그래프에 대한 분석 결과는 다음과 같다.

1. 복사방사는 **파장**에 대하여 연속함수이다. 특정한 온도에서 분광흑체방사도는 파장에 따라 증가하여 최고값이 되고, 이후 다시 감소한다.
2. 특정한 파장에서의 복사방사는 온도가 증가하면 함께 **증가**한다.
3. 온도가 증가하면 곡선은 좌측의 짧은 파장 영역으로 이동한다. 결과적으로 고온에서는 많은 양의 에너지가 **짧은 파장** 영역에서 방사된다.
4. 온도 5780 K(대략 5800 K)인 흑체로 간주할 수 있는 **태양**에서 방사되는 복사는 가시광선 영역의 파장에서 최고값을 나타내므로, 태양복사가 우리의 눈에 맞게 조절되어 있다고 볼 수 있다. 반면, 표면온도 조건이 $T \leq 800$ K이면 대부분의 복사에너지가 적외선 영역에서 방사되므로 다른 광원에서 입사된 가시광선을 반사하지 않는다면 이러한 표면은 우리 눈에 보이지 않는다.

온도가 증가하면 그림 7-9에 도시한 바와 같이 곡선의 최고값 위치가 짧은 파장 쪽으로 이동한다. 특정한 온도에 대하여 최고값에서의 파장은 **바인의 변위법칙**(Wien's displacement law)에 의하여 다음과 같이 표현된다.

$$(\lambda T)_{\text{max power}} = 2897.8\ \mu\text{m}\cdot\text{K} \tag{7-5}$$

이 관계식은 원래 윌리 바인(Willy Wien)이 1894년 고전 열역학을 이용하여 유도하였으나, 식 (7-4)를 온도 T가 일정할 때 λ에 대하여 미분하고 그 식이 0이 되도록 정리하면 동일한 식을 구할 수 있다. 복사방사 최고값의 궤적인 바인의 변위법칙 도표도 그림 7-9에 도시하였다.

예를 들어, 태양복사 최고값은 $\lambda = 2897.8/5780 = 0.5\ \mu\text{m}$에서 나타나며 이 파장은 가시광선 영역의 거의 중간에 해당한다. 상온($T = 298$ K)인 면에서 방사되는 복사의 최고값은 적외선 영역에 속하는 9.72 μm에서 나타난다.

전기저항 전열기에 전원을 공급하면 곧 복사에 의한 방열이 시작되고 전열기방향으로 손바닥을 펼치면 복사열이 방사됨을 느낄 수 있다. 이와 같은 복사에너지는 모두 적외선 영역에 속하므로 우리 눈이 감지하지 못한다. 전열기의 온도가 1000 K에 도달하면 흐릿하게 붉은색을 볼 수 있으며, 이때 비로소 우리 눈이 감지할 수 있을 정도의(약 1 W/m^2·μm) 빨간색 복사가 방사되기 때문이다. 온도가 더 증가하면 전열기는 밝은 적색으로 보이며, 이를 **적열**(*red hot*)이라고 한다. 온도가 1500 K에 도달하면 전열기는 가시광선 전체 영역에 해당하는 파장에서 충분한 복사를 방사하므로 우리 눈에 거의 **흰색**으로 보이고, 이를 **백열**(*white hot*)이라 부른다.

사람의 눈으로 직접 감지할 수는 없지만, 적외선복사는 적외선카메라를 통하여 볼 수 있다. 적외선 카메라는 밤에 대상물이 방사하는 적외선에 의한 형상을 마이크로프로세서를 이용하여 시각정보로 송출한다. **방울뱀**은 온혈동물로부터 방출되는 적외선 복사 또는 "체열"을 감지할 수 있어서 특별한 장비 없이 밤에도 볼 수 있다. 이와 비슷하게 꿀벌은 자외선 복사에 민감하다. 모든 파장의 빛을 반사하는 면은 **하얀색**으로 보이고, 입사되는 모든 빛을 흡수하는 면은 검정색으로 보인다. (그렇다면 우리는 어떻게 검정색 면을 볼 수 있을까?)

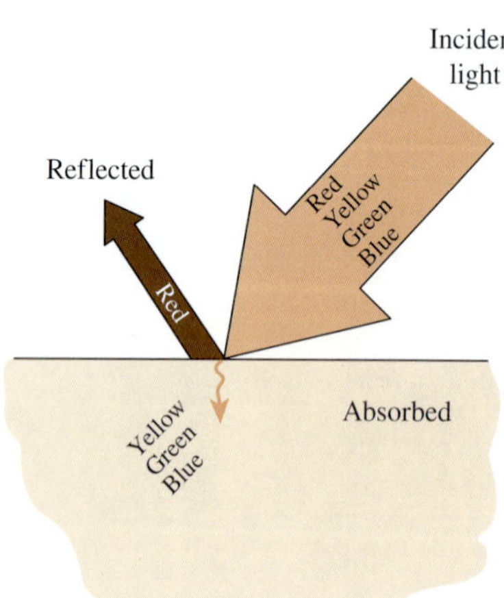

그림 7-10
입사광 중에서 빨간색은 반사하고 나머지는 흡수하는 표면이 우리 눈에는 빨간색으로 보인다.

물체표면의 온도가 1000 K 이하에서는 적외선 영역의 방사만이 가능하므로 이 온도에서 물체가 색을 나타내는 것은 물체의 방사에 의한 것이 아님을 확실히 구분하여야 한다. 표면의 색은 흡수와 반사 특성에 의존하고, 특히 태양이나 백열전구와 같은 광원에서 방출되어 입사된 가시광선 복사가 선택적으로 흡수되거나 반사되어 색으로 나타난다. 옷감에 염료를 처리하여 입사광의 빨간색을 반사하고 나머지는 흡수하도록 하면 우리 눈에 "빨간색"으로 보인다(그림 7-10). 잎사귀는 그들의 세포가 초록색을 강하게 반사하고 나머지는 흡수하는 엽록소 염료를 함유하므로 "초록색"으로 보인다.

분광흑체방사도 $E_{b\lambda}$를 전체 파장에 대하여 적분하면 다음 식과 같은 **총흑체방사**

도 E_b의 관계식을 구할 수 있으며, 연습문제에 이를 증명하도록 제시하였다.

$$E_b(T) = \int_0^\infty E_{b\lambda}(\lambda, T)\, d\lambda = \sigma T^4 \quad (\text{W/m}^2) \tag{7-6}$$

스테판–볼츠만 법칙[식 (7-3)]은 플랑크의 분산 법칙[식 (7-4)]을 총 파장에 대하여 적분함으로써 구할 수 있다. $E_{b\lambda} - \lambda$ 선도에서 $E_{b\lambda}$는 주어진 온도에서 곡선의 값이며, E_b는 주어진 온도의 곡선과 파장축에 의하여 형성되는 총면적과 같다(그림 7-11). 정의된 항에서 총은 "파장에 대한 적분"을 의미한다.

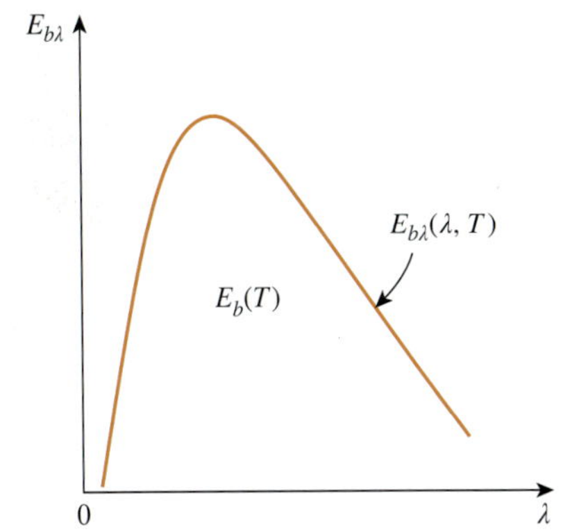

그림 7-11
$E_{b\lambda}$–λ 선도에서 주어진 온도에 해당하는 곡선의 하부면적은 그 온도에서 흑체가 방사하는 총복사에너지를 나타낸다.

예제 7-1 흑체구로부터의 복사방사

그림 7-12에 도시한 바와 같이, 직경 20 cm인 공이 800 K의 온도로 공기 중에 매달려 있다. 공이 흑체와 거의 같다고 가정할 때, 다음을 구하라. (*a*) 총 흑체방사도, (*b*) 5 min 동안 공에서 방사된 복사량, (*c*) 파장 3 μm에서 분광흑체방사도 (*d*) 구 표면온도 800 K에서 최대 분광흑체방사도가 나타나는 파장

풀이 등온의 공이 공기 중에 매달려 있다. 총흑체방사도와 5 min 동안 공에서 방사된 복사량, 파장 3 μm에서 분광흑체방사도 및 구 표면온도 800 K에서 최대 분광흑체방사도가 나타나는 파장을 결정하여야 한다.

가정 **1.** 공은 흑체로 가정한다. **2.** 표면온도는 균일하다.

해석 (*a*) 총흑체방사도는 스테판–볼츠만 법칙으로부터 다음과 같이 구한다.

$$E_b = \sigma T^4 = (5.67 \times 10^{-8}\ \text{W/m}^2\cdot\text{K}^4)(800\ \text{K})^4 = \mathbf{23.2\ kW/m^2}$$

즉, 공은 단위시간당, 단위표면적당 23.2 kJ의 에너지를 전자기파복사의 형태로 방사한다.

(*b*) 5 min 동안 공으로부터 방사된 총복사에너지는 위에서 구한 흑체방사도에 공의 총 표면적과 주어진 시간간격을 곱하여 구한다.

$$A_s = \pi D^2 = \pi(0.2\ \text{m})^2 = 0.1257\ \text{m}^2$$

$$\Delta t = (5\ \text{min})\left(\frac{60\ \text{s}}{1\ \text{min}}\right) = 300\ \text{s}$$

$$Q_{\text{rad}} = E_b A_s \Delta t = (23.2\ \text{kW/m}^2)(0.1257\ \text{m}^2)(300\ \text{s})\left(\frac{1\ \text{kJ}}{1\ \text{kW}\cdot\text{s}}\right)$$

$$= \mathbf{875\ kJ}$$

즉, 5 min 동안 공으로부터 전자기파복사 형태로 875.8 kJ의 내부에너지 손실이 있으며, 이는 물 20 kg의 온도를 0°C에서 100°C까지 상승시키기에 충분한 양이다. 공 외부로부터, 혹은 공 내부에서 화학반응이나 핵반응 등과 같은 특별한 열전달방식을 통하여 구가 주위로 잃어버린 양만큼의 에너지 공급이 없다면 공의 온도는 800 K를 유지할 수 없다.

(*c*) 파장 3 μm에서 분광흑체방사도는 플랑크의 분산법칙에 의하여 다음과 같이 구한다.

$$E_{b\lambda} = \frac{C_1}{\lambda^5\left[\exp\left(\dfrac{C_2}{\lambda T}\right) - 1\right]} = \frac{3.74177 \times 10^8\ \text{W}\cdot\mu\text{m}^4/\text{m}^2}{(3\ \mu\text{m})^5\left[\exp\left(\dfrac{1.43878 \times 10^4\ \mu\text{m}\cdot\text{K}}{(3\ \mu\text{m})(800\ \text{K})}\right) - 1\right]}$$

$$= \mathbf{3846\ W/m^2\cdot\mu m}$$

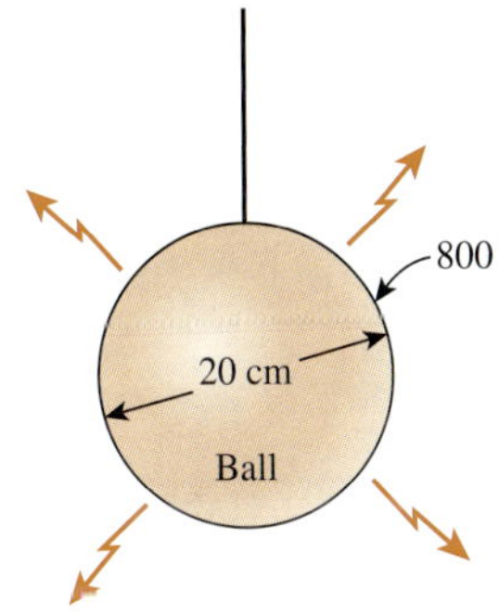

그림 7-12
예제 7-1에서 제시된 구형 공

(*d*) 구의 표면온도 800 K에서 최대 분광흑체방사도가 나타나는 파장은 바인의 변위법칙에 의하여 다음과 같이 결정된다.

$$(\lambda T)_{\text{max power}} = 2897.8\ \mu\text{m}\cdot\text{K}$$

그러므로

$$\lambda_{\text{max power}} = \frac{2897.8\ \mu\text{m}\cdot\text{K}}{800\ \text{K}} = \mathbf{3.62\ \mu m}$$

논의 분광흑체방사도의 최대값은 $\lambda_{\text{파장}} = 3.62\ \mu\text{m}$에서 4229 W/m²·μm이다. 이것은 파장 3 μm에 대하여 (*c*)에서 계산한 값보다 약 10% 더 크다.

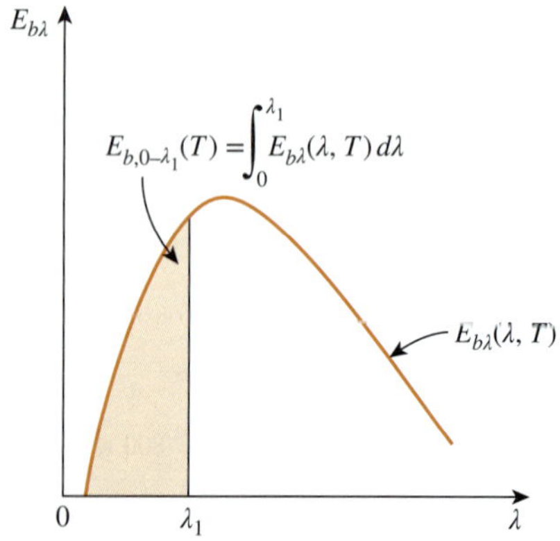

그림 7-13
$E_{b\lambda}$–λ 선도에서 $\lambda = \lambda_1$인 수직선의 왼쪽에 형성되는 곡선하부면적은 주어진 온도에서 흑체가 파장 0–λ_1대에서 방사하는 복사에너지를 나타낸다.

스테판–볼츠만 법칙, $E_b(T) = \sigma T^4$은 $\lambda = 0\sim\infty$까지 모든 파장에서 방사되는 총 흑체복사에너지를 의미한다. 그러나 때로는 **특정한 파장대**에서 방사되는 복사에너지에 대하여 고려하는 경우가 있다. 예를 들어 백열전구는 모든 파장의 에너지보다는 가시광선 영역의 에너지에 관심이 있다.

파장대 $\lambda = 0\sim\lambda$에 걸쳐 방사되는 단위면적당 흑체복사에너지는 다음과 같이 구한다(그림 7-13).

$$E_{b,\,0-\lambda}(T) = \int_0^{\lambda} E_{b\lambda}(\lambda, T)\,d\lambda \quad (\text{W/m}^2) \qquad \textbf{(7-7)}$$

식 (7-4)의 $E_{b\lambda}$ 관계식을 대입하고 적분을 수행함으로써 $E_{b,0-\lambda}$를 구할 수 있을 것처럼 보인다. 그러나 이 적분식은 단순한 닫힌 형태의 해를 갖지 않으며, 새로운 $E_{b,0-\lambda}$를 구할 때마다 매번 수치적분을 수행하여야 하므로 실용적이지 못하다. 그러므로 **흑체복사함수**(blackbody radiation function)라 칭하는 무차원량 f_λ를 다음과 같이 정의한다.

$$f_\lambda(T) = \frac{\int_0^{\lambda} E_{b\lambda}(\lambda, T)\,d\lambda}{\sigma T^4} \qquad \textbf{(7-8)}$$

함수 f_λ는 온도 T인 흑체에서 방사되는 총 복사에너지에 대하여 파장 $\lambda = 0\sim\lambda$에서 방사되는 에너지의 비이다. 그림 7-13을 참조하면 f_λ는 함수곡선으로 이루어지는 총 면적(파장 $\lambda = 0\sim\infty$ 범위에 걸쳐 흑체에서 방사되는 총복사에너지)에 대한 색칠한 부분의 면적(파장 $\lambda = 0\sim\lambda_1$ 범위에 걸쳐 흑체에서 방사되는 복사에너지) 비이다. 함수 f_λ의 값을 λT의 함수로서 표 7-2에 제시하였다. 이식에서 λ는 μm, T는 K의 단위를 사용한다.

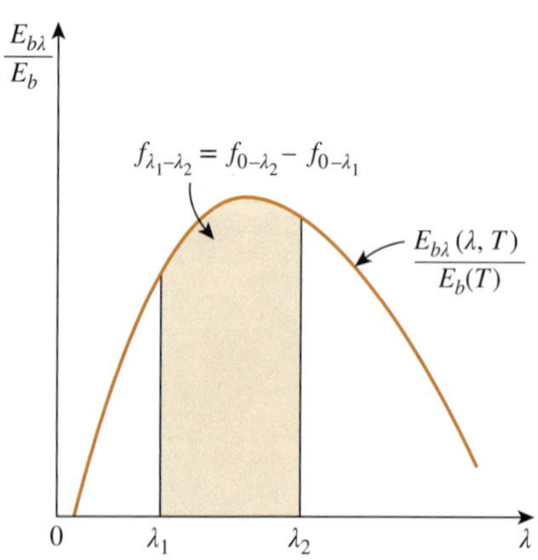

그림 7-14
파장대역 λ_1에서 λ_2에 걸쳐 방사하는 복사에너지비율의 도표상 표현

온도 T인 흑체로부터 유한한 파장대 $\lambda = \lambda_1\sim\lambda_2$에 걸쳐 방사되는 복사에너지의 비는 다음과 같이 결정한다(그림 7-14).

표 7-2

흑체복사함수

λT, μm·K	f_λ	λT, μm·K	f_λ
200	0.000000	6200	0.754140
400	0.000000	6400	0.769234
600	0.000000	6600	0.783199
800	0.000016	6800	0.796129
1000	0.000321	7000	0.808109
1200	0.002134	7200	0.819217
1400	0.007790	7400	0.829527
1600	0.019718	7600	0.839102
1800	0.039341	7800	0.848005
2000	0.066728	8000	0.856288
2200	0.100888	8500	0.874608
2400	0.140256	9000	0.890029
2600	0.183120	9500	0.903085
2800	0.227897	10,000	0.914199
3000	0.273232	10,500	0.923710
3200	0.318102	11,000	0.931890
3400	0.361735	11,500	0.939959
3600	0.403607	12,000	0.945098
3800	0.443382	13,000	0.955139
4000	0.480877	14,000	0.962898
4200	0.516014	15,000	0.969981
4400	0.548796	16,000	0.973814
4600	0.579280	18,000	0.980860
4800	0.607559	20,000	0.985602
5000	0.633747	25,000	0.992215
5200	0.658970	30,000	0.995340
5400	0.680360	40,000	0.997967
5600	0.701046	50,000	0.998953
5800	0.720158	75,000	0.999713
6000	0.737818	100,000	0.999905

$$f_{\lambda_1-\lambda_2}(T) = \frac{\int_0^{\lambda_2} E_{b\lambda}(\lambda, T)\, d\lambda - \int_0^{\lambda_1} E_{b\lambda}(\lambda, T)\, d\lambda}{\sigma T^4} = f_{\lambda_2}(T) - f_{\lambda_1}(T) \tag{7-9}$$

이 식에서 $f_{\lambda 1}(T)$와 $f_{\lambda 2}(T)$는 각각 $\lambda_1 T$와 $\lambda_2 T$에 해당하는 흑체복사함수이다.

예제 7-2 **태양 및 전구로부터 빛의 방사**

디지털 카메라에 사용되는 CCD (charged-coupled-device)는 분광영역이 다른 광원에 대하여 다르게 반응한다. 햇빛과 백열등의 빛은 유효표면온도가 각각 5800 K와 2800 K인 흑체로부터 방사된 것으로 가정할 수 있다. 각각의 광원에 대하여 파장이 0.4 μm(보라색)에서 0.76 μm(빨간색)에 걸친 가시광영역대에서 방사된 복사에너지의 비를 구하라.

풀이 주어진 흑체온도로부터 태양과 백열전등 필라멘트에서 방사되는 가시광 파장대역의 복사에너지 비율을 구한다.

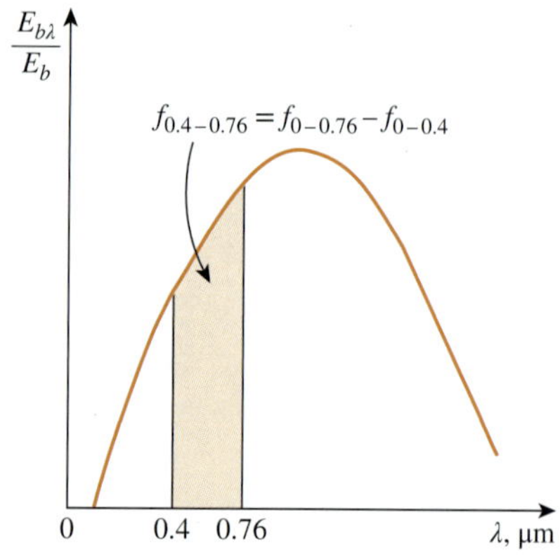

그림 7-15
예제 7-2의 가시광선대역에 걸쳐 방사하는 복사에너지비율의 도표상 표현

가정 태양과 백열전등 필라멘트는 흑체로 가정한다.

해석 가시광영역의 전자기파 파장은 $\lambda_1 = 0.4$ μm에서 $\lambda_2 = 0.76$ μm에 분포한다. $T =$ 5800 K인 태양의 경우, $\lambda_1 T$와 $\lambda_2 T$에 대한 흑체복사함수는 표 7-2로부터 다음과 같이 구한다(그림 7-15).

$$\lambda_1 T = (0.40\ \mu\text{m})(5800\ \text{K}) = 2320\ \mu\text{m·K} \rightarrow f_{\lambda_1,\ \text{daylight}} = 0.124509$$
$$\lambda_2 T = (0.76\ \mu\text{m})(5800\ \text{K}) = 4408\ \mu\text{m·K} \rightarrow f_{\lambda_2,\ \text{daylight}} = 0.550015$$

그러므로 태양의 가시광영역 복사에너지 비율은 다음과 같다.

$$f_{\lambda_1-\lambda_2,\ \text{daylight}} = 0.550015 - 0.124509 = \mathbf{0.426} \text{ 또는 } \mathbf{42.6\ percent}$$

$T = 2800$ K인 백열전등의 경우, $\lambda_1 T$와 $\lambda_2 T$에 대한 흑체복사함수는 표 7-2로부터 다음과 같이 구한다.

$$\lambda_1 T = (0.40\ \mu\text{m})(2800\ \text{K}) = 1120\ \mu\text{m·K} \rightarrow f_{\lambda_1,\ \text{incandescent}} = 0.001409$$
$$\lambda_2 T = (0.76\ \mu\text{m})(5800\ \text{K}) = 2128\ \mu\text{m·K} \rightarrow f_{\lambda_2,\ \text{incandescent}} = 0.088590$$

그러므로 백열전등의 가시광영역 복사에너지 비율은 다음과 같다.

$$f_{\lambda_1-\lambda_2,\ \text{incandescent}} = 0.088590 - 0.001409 = \mathbf{0.087} \text{ 또는 } \mathbf{8.7\ percent}$$

논의 태양복사의 거의 절반이 가시광영역임을 확인할 수 있으며, 이로부터 태양은 매우 효율적인 광원임을 알 수 있다. 그러나 백열전등의 가시광영역 복사는 10% 이하로서, 광원으로는 비효율적이다. 이에 따라 백열전등은 고효율 형광등이나 LED 조명으로 대체되고 있다.

7-4 ▪ 복사물성치

금속, 나무, 벽돌과 같이 실제 사용되는 대부분의 물체는 복사열이 **투과하지 못하며** 이러한 물체에 대하여 복사는 **표면현상**으로 간주된다. 즉, 복사 열전달은 표면의 불과 수 마이크론 정도 두께에서 방사와 흡수를 하며, 이와 같이 불투명한 물체의 **표면복사물성치**에 대하여 논하고자 한다.

유리나 물과 같은 물질은 가시광선 영역의 복사에 대하여 잘 흡수하지 않고 대부분 투과시키므로, 이러한 **반투명**한 물질을 통한 복사는 표면현상으로 간주할 수 없다. 반면 유리와 물은 모두 적외선에 대하여 불투명하다. 이와 같이 복사는 각각 파장에 대하여 다른 특성을 나타내므로 방사율(emissivity), 흡수율(absorptivity), 반사율(reflectivity) 및 투과율(transmissivity) 등 복사물성치의 파장에 대한 의존도는 매우 중요한 고려대상이다.

앞 절에서 복사에 대하여 완전 방사체이자 흡수체인 **흑체**를 정의하였다. 즉 같은 온도를 갖는 물체 중 흑체보다 더 많은 복사를 방사하는 물질은 없다. 그러므로 흑체를 실제 표면의 방사와 흡수 특성에 대한 **기준**으로서 정의하면 편리하다.

방사율(Emissivity)

물체 표면의 **방사율**은 동일한 온도의 흑체표면에서 방사되는 복사에 대한 실제표면에서 방사되는 복사의 비로 정의된다. 표면방사율은 기호 ε으로 표기하며, 0에서 1까지 변한다($0 \le \varepsilon \le 1$). 표면방사율은 실제표면이 $\varepsilon = 1$인 흑체에 얼마나 근접하는가를 가늠하는 척도이다.

실제표면의 방사율은 일정한 값이 아니며 방사되는 복사의 **파장**과 **방향**뿐 아니라 **온도**에 따라 변한다. 그러므로 하나의 표면에 대하여 대상 인자에 따라 여러 가지 방사율을 정의할 수 있다. 예를 들어 특정 파장에 대한 표면의 방사율을 **분광방사율**(*spectral emissivity*)이라 하며 기호는 ε_λ를 사용한다. 마찬가지로, 특정한 방향에 대한 방사율은 **방향방사율**(*directional emissivity*)이라 하며, 방사되는 복사의 방향과 표면의 수직한 방향에 의한 사이각 θ를 이용하여 ε_θ로 표기한다. 특정한 온도에서 표면의 가장 기본적인 방사율은 **분광방향방사율**(*spectral directional emissivity*), $\varepsilon_{\lambda,\theta}$로서 특정한 파장과 방향에 대한 방사율이다. 흑체복사는 모든 방향으로 균일함에 유의하자.

실제 복사물성치를 사용하는 데는 표면을 출발하는 모든 방향에 대하여 평균을 취한 **반구물성치**를 사용하는 것이 편리하다. **분광방사도**(*spectral emissive power*)는 전체 반구에 걸쳐 단위면적당 특정한 파장에서 방사되는 복사에너지율의 적분이고, **분광반구방사율**(spectral hemispherical emissivity)은 다음과 같은 식으로 표기할 수 있다.

$$\varepsilon_\lambda(\lambda, T) = \frac{E_\lambda(\lambda, T)}{E_{b\lambda}(\lambda, T)} \tag{7-10}$$

방사되는 복사의 분광분포가(즉, 특정 파장에서 방사되는 복사량) 온도에 의존하므로, 특정 파장에 대한 표면방사율은 온도에 따라 변한다.

총반구방사율(total hemispherical emissivity)은 전 파장과 모든 방향에 대하여 방사되는 복사에너지로서 다음 식과 같이 정의된다.

$$\varepsilon(T) = \frac{E(T)}{E_b(T)} \tag{7-11}$$

그러므로 특정한 온도에서 표면의 총반구방사율(간략히 "평균방사율"이라고도 함)은 동일한 온도에서 같은 면적의 흑체가 방사하는 복사량에 대한 실제면이 방사하는 총복사에너지의 비를 의미한다.

총흑체방사도가 $E_b = \sigma T^4$이므로, 식 $E = \int_0^\infty E_\lambda d\lambda$과 $E_\lambda(\lambda, T) = \varepsilon_\lambda(\lambda, T)E_{b\lambda}(\lambda, T)$를 적용하면 총반구방사율은 다음과 같이 나타낼 수 있다.

$$\varepsilon(T) = \frac{E(T)}{E_b(T)} = \frac{\int_0^\infty \varepsilon_\lambda(\lambda, T)E_{b\lambda}(\lambda, T)\,d\lambda}{\sigma T^4} \tag{7-12}$$

이 적분을 수행하려면 특정 온도에서 파장에 따른 분광방사율의 변화를 알아야 한다. 대체로 적분함수가 복잡해서 수치적인 방법으로 적분을 수행한다. 그러나 파장

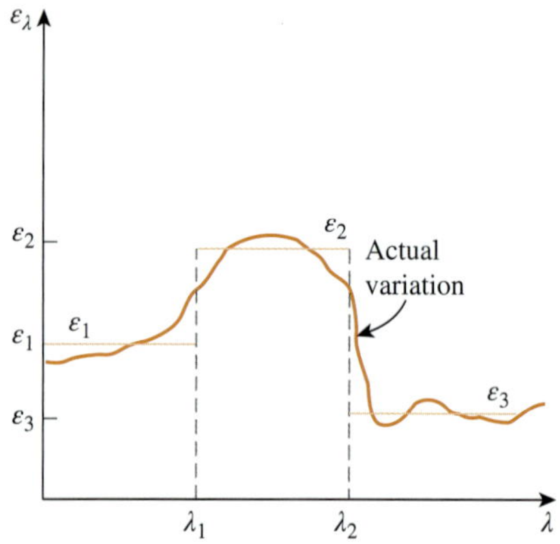

그림 7-16
파장에 따른 방사율의 실제변화와 계단함수로의 근사

Real surface:
$\varepsilon_\theta \neq$ constant
$\varepsilon_\lambda \neq$ constant

Diffuse surface:
$\varepsilon_\theta =$ constant

Gray surface:
$\varepsilon_\lambda =$ constant

Diffuse, gray surface:
$\varepsilon = \varepsilon_\lambda = \varepsilon_\theta =$ constant

그림 7-17
표면방사율에 대한 확산 및 회체 근사의 효과

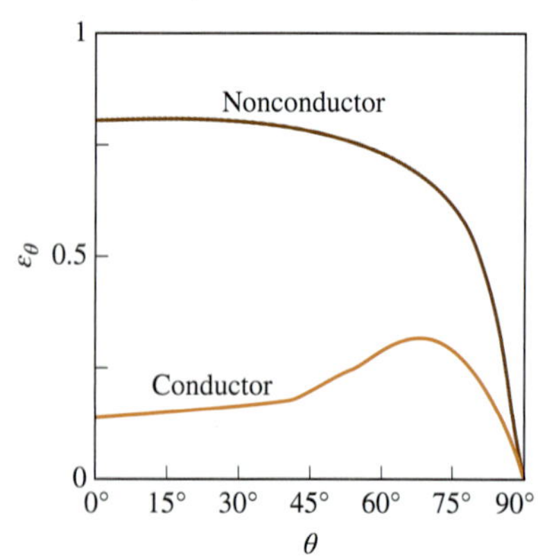

그림 7-18
전기도체와 비도체 방사율의 방향에 따른 전형적인 변화

을 충분히 많은 수의 띠로 구분하고 방사율 $\varepsilon_\lambda(\lambda, T)$가 계단함수로서 각각의 **파장대역**에 대하여 일정하다고 가정하면 적분을 쉽게 수행할 수 있다. 이러한 단순화는 적분을 흑체방사함수의 합으로 변화시켜 주며 정확도 면에서 약간의 희생을 감수한다면 매우 편리한 방법이다.

그림 7-16에 도시한 방사함수를 예로 들어보자. 이러한 함수에 대하여 다음과 같은 계단함수로 근사하는 것은 적절하다.

$$\varepsilon_\lambda = \begin{cases} \varepsilon_1 = \text{일정}, & 0 \le \lambda < \lambda_1 \\ \varepsilon_2 = \text{일정}, & \lambda_1 \le \lambda < \lambda_2 \\ \varepsilon_3 = \text{일정}, & \lambda_2 \le \lambda < \infty \end{cases} \tag{7-13}$$

그러므로 평균방사율은 식 (7-12)로부터 적분을 세 구간으로 구분하고 흑체복사함수를 사용하여 다음과 같은 식으로 결정할 수 있다.

$$\begin{aligned} \varepsilon(T) &= \frac{\varepsilon_1 \int_0^{\lambda_1} E_{b\lambda}\, d\lambda}{E_b} + \frac{\varepsilon_2 \int_{\lambda_1}^{\lambda_2} E_{b\lambda}\, d\lambda}{E_b} + \frac{\varepsilon_3 \int_{\lambda_2}^{\infty} E_{b\lambda}\, d\lambda}{E_b} \\ &= \varepsilon_1 f_{0-\lambda_1}(T) + \varepsilon_2 f_{\lambda_1-\lambda_2}(T) + \varepsilon_3 f_{\lambda_2-\infty}(T) \end{aligned} \tag{7-14}$$

복사는 그 자체로 매우 복잡한 현상이다. 충분한 자료가 존재하여도 물성치가 파장과 방향에 의존한다는 점에서 훨씬 복잡해지므로 **회색**(*gray*)과 **확산**(*diffuse*)근사는 복사의 계산에 있어 가장 일반적으로 적용되는 가정이다. 표면의 물성치가 **방향과 무관**할 때 이 표면을 **확산적**이라 하고, **파장에 무관**한 표면을 **회색**이라 한다. 그러므로 회색 및 확산적인 표면의 방사율은 방향과 파장에 무관하기 때문에 그 표면의 전반구방사율과 같다(그림 7-17).

다음은 확산근사의 타당성에 대하여 언급하고자 한다. 실제표면은 흑체와 같이 완전히 확산적으로 복사를 방사하지는 않지만 대개는 거의 근접한다. 도체와 비도체의 방향에 따른 방사율의 변화를 그림 7-18에 도시하였다. 각도 θ는 표면에 수직한 방향으로부터의 각이므로 $\theta = 0$인 복사는 표면에서 수직한 방향으로 방사되는 것이다. 금속과 같은 도체는 $\theta < 40°$에서, 플라스틱과 같은 비도체는 $\theta < 70°$에서 ε_θ가 거의 일정한 값을 갖는다. 그러므로 표면에 수직한 방향방사율이 표면의 반구방사율을 대표한다고 볼 수 있다. 복사 해석 시 실제 표면에 대한 수직($\theta = 0$) 방향방사율이 확산방사율과 같은 확산복사체로 가정하는 것이 일반적이다.

실제 표면에서 방사도와 방사율에 대한 회체근사의 영향을 그림 7-19에 도시하였다. 일반적으로 실제 표면에서의 방사는 플랑크의 분산과 다르고 방사곡선은 다수의 극대 및 극소값을 갖는다. 가정한 회색 표면은 같은 온도의 실제 표면과 동일한 양의 복사를 방사하여야 하므로 실제 표면과 회색 표면의 방사곡선과 파장축으로 이루어진 면적은 서로 같아야 한다.

전형적인 물체의 표면방사율을 부록의 Table A-26에 수록하였으며, 파장과 온도에 따른 방사율의 변화를 그림 7-20에 도시하였다. 여러 가지 물질에 대한 방사

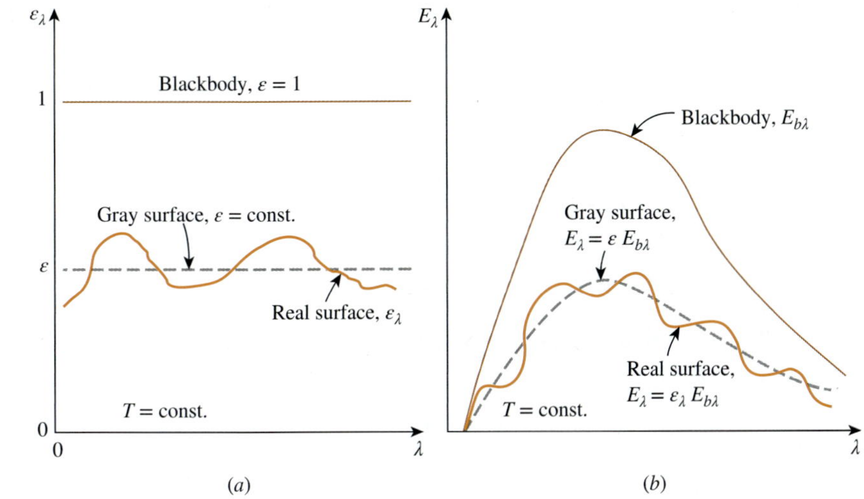

그림 7-19
동일한 온도에서 회체인 실제표면과 흑체의 (*a*) 방사율 및 (*b*) 방사도 비교

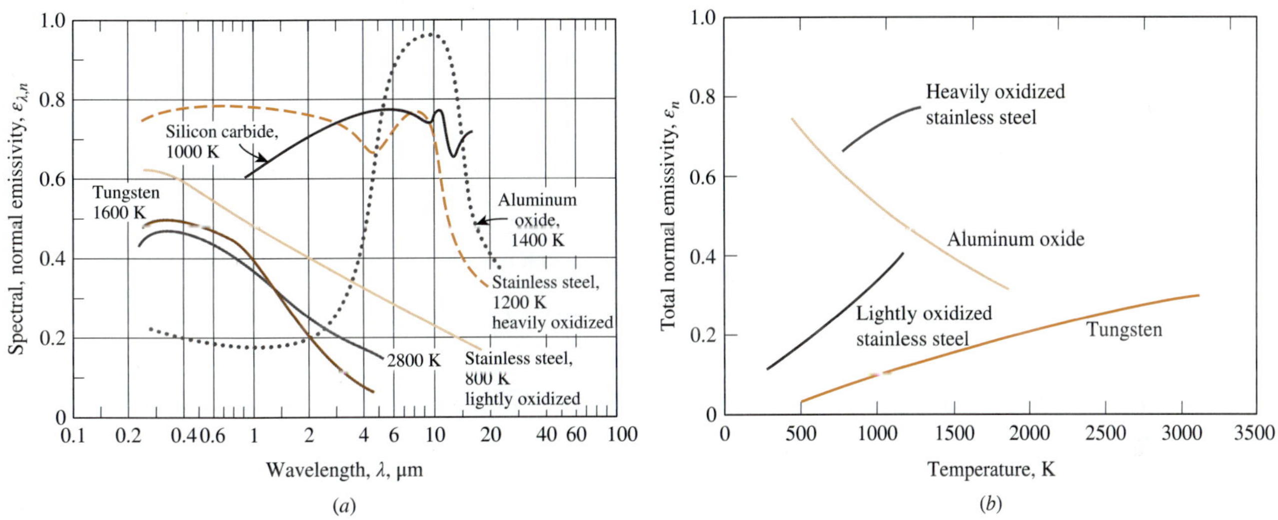

그림 7-20
다양한 물질에 대한 (*a*) 파장 및 (*b*) 온도에 따른 수직방사율의 변화

율의 대략적인 범위를 그림 7-21에 도시하였다. 금속은 방사율이 작아서 연마가공을 하면 0.02 정도의 작은 값이 되고, 비금속류인 세라믹과 유기물질 등은 일반적으로 큰 값을 갖는다. 금속의 방사율은 온도에 따라 증가하고, 표면이 산화되면 방사율도 현저히 증가한다. 심하게 산화된 금속의 방사율은 비금속의 방사율에 필적한다.

복사물성치는 산화도, 거칠기, 마감처리 및 청결도 등 표면상태에 따라 크게 좌우되므로 문헌에 제시된 복사물성치 자료의 표현과 사용에 있어 주의해야 한다. 결과적으로 제시된 자료들에는 불일치와 불확실성이 상당히 내포되어 있다. 이러한 불확실성은 대부분 표면상태를 정확하게 특성화하여 정의하는 데 따르는 어려움에 기인한다.

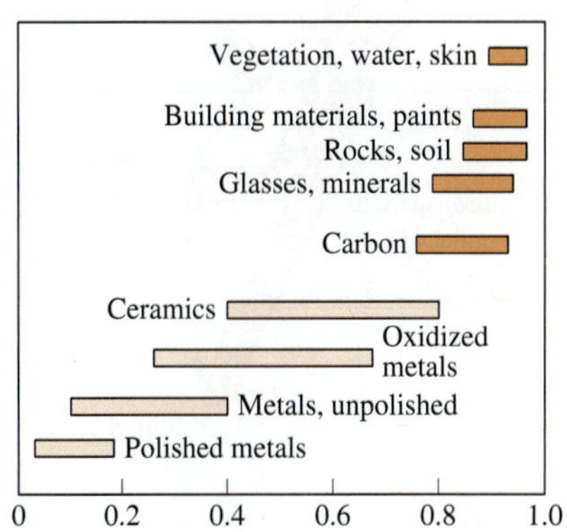

그림 7-21
다양한 물질에 대한 전형적인 방사율 범위

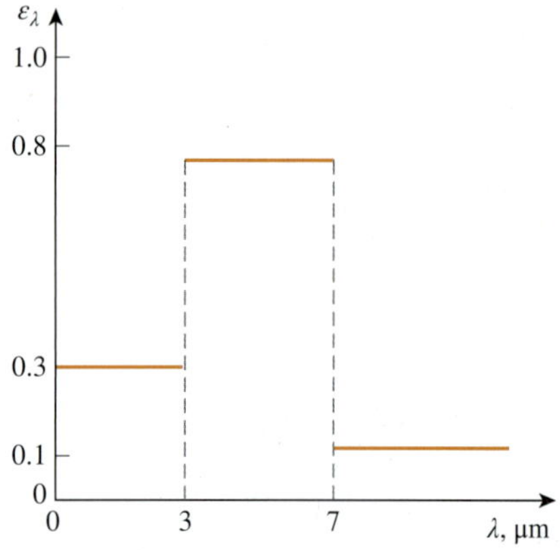

그림 7-22
예제 7-3에서 고려하는 표면의 분광방사율

예제 7-3 표면의 방사율과 방사도

특정 불투명 표면의 분광방사율이 온도 800 K에서 다음과 같은 함수로 근사된다(그림 7-22).

$$\varepsilon_\lambda = \begin{cases} \varepsilon_1 = 0.3, & 0 \le \lambda < 3\ \mu m \\ \varepsilon_2 = 0.8, & 3\ \mu m \le \lambda < 7\ \mu m \\ \varepsilon_3 = 0.1, & 7\ \mu m \le \lambda < \infty \end{cases}$$

이러한 표면의 평균방사율과 방사도를 구하라.

풀이 특정한 온도에서 표면방사율의 파장에 따른 변화가 주어진 경우, 이 표면에 대한 평균방사율과 방사도를 구하여야 한다.

해석 파장에 따른 표면방사율 변화가 계단함수로 주어졌으므로, 세 구간으로 구분하여 적분함으로써 평균방사율은 식 (7-12)를 이용하여 결정할 수 있다.

$$\begin{aligned}\varepsilon(T) &= \frac{\varepsilon_1 \int_0^{\lambda_1} E_{b\lambda}\, d\lambda}{\sigma T^4} + \frac{\varepsilon_2 \int_{\lambda_1}^{\lambda_2} E_{b\lambda}\, d\lambda}{\sigma T^4} + \frac{\varepsilon_3 \int_{\lambda_2}^{\infty} E_{b\lambda}\, d\lambda}{\sigma T^4} \\ &= \varepsilon_1 f_{0-\lambda_1}(T) + \varepsilon_2 f_{\lambda_1-\lambda_2}(T) + \varepsilon_3 f_{\lambda_2-\infty}(T) \\ &= \varepsilon_1 f_{\lambda_1} + \varepsilon_2 (f_{\lambda_2} - f_{\lambda_1}) + \varepsilon_3 (1 - f_{\lambda_2})\end{aligned}$$

이 식에서 f_{λ_1}과 f_{λ_2}는 흑체복사함수로서 표 7-2로부터 다음과 같이 계산한다.

$$\lambda_1 T = (3\ \mu m)(800\ K) = 2400\ \mu m\cdot K \rightarrow f_{\lambda_1} = 0.140256$$
$$\lambda_2 T = (7\ \mu m)(800\ K) = 5600\ \mu m\cdot K \rightarrow f_{\lambda_2} = 0.701046$$

이 식에서 $f_0 = 0$이므로 $f_{0-\lambda_1} = f_{\lambda_1} - f_0 = f_{\lambda_1}$이고, $f_\infty = 1$이므로 $f_{\lambda_2-\infty} = f_\infty - f_{\lambda_2} = 1 - f_{\lambda_2}$가 된다. 이들을 대입하면 평균방사율은 다음과 같다.

$$\begin{aligned}\varepsilon &= 0.3 \times 0.140256 + 0.8(0.701046 - 0.140256) + 0.1(1 - 0.701046) \\ &= \mathbf{0.521}\end{aligned}$$

즉, 이러한 표면은 온도 800 K에서 파장에 대하여 방사율이 $\varepsilon = 0.521$로 일정한 회체 표면의 복사와 동등한 양의 에너지를 방사한다. 이 표면의 방사도는 다음과 같다.

$$E = \varepsilon\sigma T^4 = 0.521(5.67 \times 10^{-8}\ W/m^2\cdot K^4)(800\ K)^4 = \mathbf{12{,}100\ W/m^2}$$

검토 이러한 표면은 단위면적당, 단위시간당 12.1 kJ의 복사에너지를 방사한다.

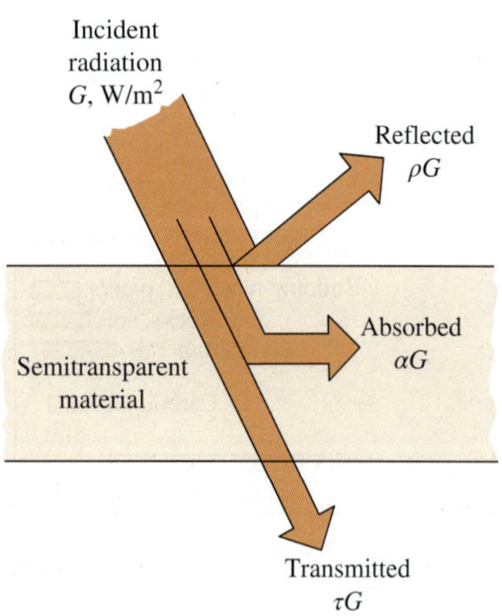

그림 7-23
반투과물질에 의하여 흡수, 반사, 투과되는 입사복사량

흡수율(Absorptivity), 반사율(Reflectivity) 및 투과율(Transmissivity)

우리 주위의 모든 물체는 지속적으로 복사를 방출하며 방사율은 이와 같은 물체의 방사 특성을 반영한다. 이는 우리를 포함한 모두가 전 파장에 걸친 모든 방향으로부터의 복사에 지속적으로 노출되고 있음을 의미한다. **물체 표면에 입사되는 복사 유속을 조사(irradiation)라 함을 상기하고 기호로는 G로 나타낸다.**

복사가 표면에 도달하면 그림 7-23에 나타낸 바와 같이 일부는 흡수되고, 일부는 반사되며, 그 나머지는 투과된다. 입사량 중 **표면에 흡수된 양의 비를 흡수율 α라 하고, 표면에서 반사된 양의 비를 반사율 ρ, 그리고 투과된 양의 비를 투과율 τ로 정**

의하면 다음과 같은 식으로 표현된다.

흡수율: $$\alpha = \frac{\text{흡수되는 복사열유속}}{\text{입사되는 복사 열유속}} = \frac{G_{\text{abs}}}{G} \qquad 0 \le \alpha \le 1 \tag{7-15}$$

반사율: $$\rho = \frac{\text{반사되는 복사열유속}}{\text{입사되는 복사열유속}} = \frac{G_{\text{ref}}}{G} \qquad 0 \le \rho \le 1 \tag{7-16}$$

투과율: $$\tau = \frac{\text{투과되는 복사열유속}}{\text{입사되는 복사열유속}} = \frac{G_{\text{tr}}}{G} \qquad 0 \le \tau \le 1 \tag{7-17}$$

이 식들에서 G는 표면에 입사된 복사유속이고, G_{abs}, G_{ref} 및 G_{tr}은 각각 흡수, 반사 및 투과된 양을 의미한다. 열역학 제1법칙에 의하여 흡수, 반사, 투과된 복사의 합은 입사된 복사와 같아야 하므로 다음과 같은 식이 성립한다.

$$G_{\text{abs}} + G_{\text{ref}} + G_{\text{tr}} = G$$

이 식의 양변을 G로 나누면 다음과 같은 관계식을 얻는다.

$$\alpha + \rho + \tau = 1 \tag{7-18}$$

이상적인 흑체는 완전흡수체로서 $\rho = 0$, $\tau = 0$이므로 식 (7-18)은 $\alpha = 1$이라는 식으로 단순하된다. 대부분의 고체나 액체와 같이 불투명한 물체의 경우 $\tau = 0$이므로 다음과 같은 식으로 간략히 표기된다.

$$\alpha + \rho = 1 \tag{7-19}$$

대부분의 기체에서는 반사가 없으므로 $\rho = 0$이고, 이 경우 식 (7-18)은 다음 식으로 간략화 된다.

$$\alpha + \tau = 1 \tag{7-20}$$

상기 두 식은 하나의 물성치 정보가 다른 하나의 물성치 정보를 내포하기 때문에 [식 (7-19)의 경우 α와 ρ, 식 (7-20)인 경우 α와 τ] 중요한 물성치 관계식이다.

위 식들에서 G는 물체 표면 전 반구 방향으로부터 전 파장에 걸쳐 입사되는 복사유속을 의미하므로, 이들은 **전 반구**(*total hemispherical*) 물성치에 대하여 정의한 것이다. 그러므로 α, ρ, τ는 모든 방향과 파장에 대한 매질의 **평균** 물성치이다. 그러나 방사율처럼 이들 물성치도 특정한 파장이나 방향에 대하여 정의할 수 있다. 예를 들면 표면의 **분광반구흡수율**(spectral hemispherical absorptivity)과 **분광반구반사율**(spectral hemispherical reflectivity)은 다음과 같이 정의된다.

$$\alpha_\lambda(\lambda) = \frac{G_{\lambda,\text{abs}}(\lambda)}{G_\lambda(\lambda)} \quad \text{그리고} \quad \rho_\lambda(\lambda) = \frac{G_{\lambda,\text{ref}}(\lambda)}{G_\lambda(\lambda)} \tag{7-21}$$

이 식에서 G_λ는 표면에 입사되는 분광조사도(단위는 $\text{W/m}^2\cdot\mu\text{m}$)이고, $G_{\lambda,\text{abs}}$와 $G_{\lambda,\text{ref}}$는 입사량 중 각각 흡수 및 반사되는 양이다.

반투명 매질의 투과율에 대하여도 유사하게 정의할 수 있다. 예를 들면 매질의 **분광반구투과율**(spectral hemispherical transmissivity)은 다음과 같은 식으로 나타낼 수 있다.

$$\tau_\lambda(\lambda) = \frac{G_{\lambda,\,\mathrm{tr}}(\lambda)}{G_\lambda(\lambda)} \qquad \textbf{(7-22)}$$

표면의 평균 흡수율, 반사율 및 투과율도 분광 적분을 도입함으로써 다음과 같이 정의할 수 있다.

$$\alpha = \frac{\int_0^\infty \alpha_\lambda G_\lambda \, d\lambda}{\int_0^\infty G_\lambda \, d\lambda} \qquad \rho = \frac{\int_0^\infty \rho_\lambda G_\lambda \, d\lambda}{\int_0^\infty G_\lambda \, d\lambda} \qquad \tau = \frac{\int_0^\infty \tau_\lambda G_\lambda \, d\lambda}{\int_0^\infty G_\lambda \, d\lambda} \qquad \textbf{(7-23)}$$

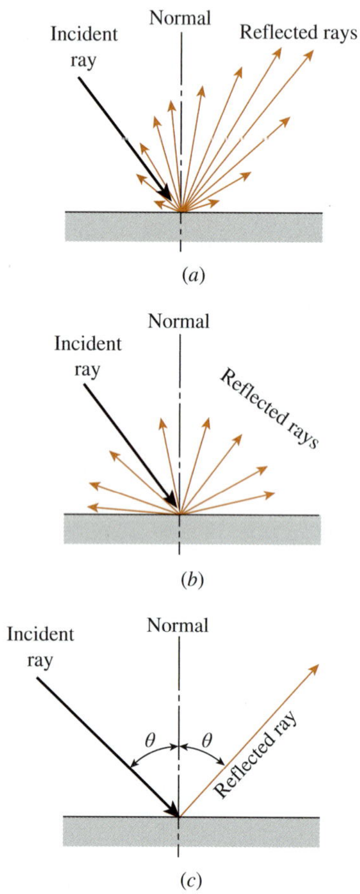

그림 7-24
표면에 대한 다양한 반사 형태: (*a*) 실제 또는 비균질한 표면, (*b*) 확산표면, (*c*) 거울반사표면

반사율은 본질적인 **양방향성**(*bidirectional*)으로 인하여 다른 물성치들과는 약간 다르게 정의된다. 즉, 반사율은 입사되는 복사의 방향뿐 아니라 반사되는 방향에 의하여도 영향을 받는다. 그러므로 특정한 방향에서 실제 표면에 입사된 후 반사된 복사선은 그림 7-24에 제시한 바와 같이 불규칙한 형태를 나타낼 것이다. 대부분의 표면에 대하여 이와 같이 상세한 반사율 자료는 존재하지 않으며, 존재할지라도 대개는 해석에 훨씬 많은 복잡성이 추가되므로 복사 계산에서 거의 가치가 없다.

실제 문제에 있어서는 단순화를 위하여 표면을 완전 **정반사**(*specular reflection*)나 **확산반사**(*diffuse reflection*) 형태로 가정한다. **정반사**(또는 거울반사)에서는 **복사선의 반사각이 입사각과 같다.** **확산반사**에서는 그림 7-24에 나타낸 바와 같이 **복사가 모든 방향으로 균일하게 반사된다.** 매끄럽게 연마된 표면은 정반사로 근사하는 반면 거친 표면에 대하여는 확산반사로 근사한다. 복사해석에 있어 표면의 매끄러운 정도는 복사 파장에 대하여 상대적으로 규정한다. 표면 거칠기가 입사된 복사의 파장에 비하여 매우 작으면 이러한 표면은 **매끄럽**다고 규정한다.

실제 문제에서 물질의 흡수율은 방사율과는 달리 표면온도에 무관하다. 그러나 입사되는 복사의 발생원 온도에 강하게 의존한다. 상온인 여러 가지 물질의 흡수율을 복사 발생원 온도의 함수로 나타낸 그림 7-25를 통하여 이러한 특성을 확인할 수 있다. 예를 들어 그림 7-26에 도시한 바와 같이 태양복사(발생원 온도 5780 K)에 대한 콘크리트 지붕의 흡수율은 약 0.6이지만 주위 건물들이나 나무 등에서 입사되는 복사(발생원 온도 300 K)에 대하여는 약 0.9이다.

일반적으로 알루미늄과 같이 금속 특성을 갖는 물체는 복사 발생원 온도의 증가에 따라 흡수율도 증가하는 경향을 나타내지만, 전기적 부도체의 흡수율은 발생원 온도에 따라 감소함에 유의하라. 이러한 감소 경향은 대부분 우리 눈에 하얗게 보이는 표면에서 뚜렷하다. 예를 들어 흰색 페인트를 칠한 표면의 흡수율은 적외선 복사에 대하여는 크지만 태양복사에 대하여는 작다.

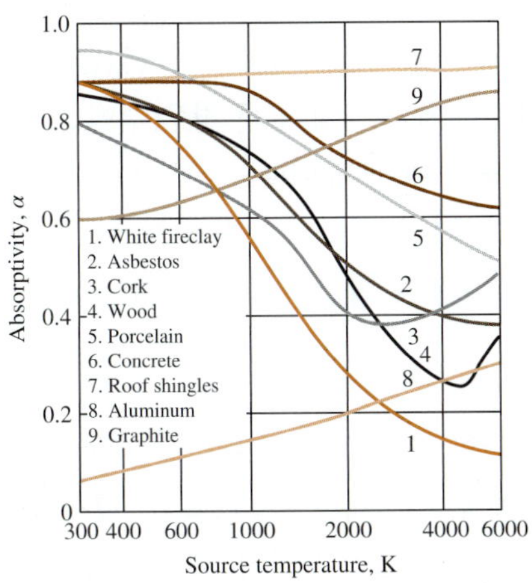

그림 7-25
상온인 다양한 물질에서 방출되는 복사에 대하여, 발생원온도에 따른 흡수율의 변화

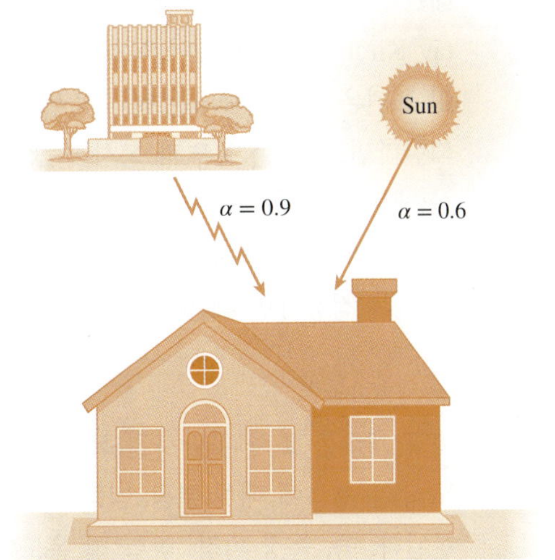

그림 7-26
물질의 흡수율은 온도가 다른 발생원에서 방출된 복사에 대하여 전혀 다른 값을 갖는다.

키르히호프 법칙(Kirchhoff's Law)

그림 7-27에 제시한 바와 같이 온도 T, 방사율 ε, 흡수율 α, 표면적 A_s인 작은 물체가 동일한 온도로 등온인 큰 공동에 놓여 있다고 가정하자. 큰 등온 공동은 내부 표면의 물성치와 무관하게 흑체 공동이 됨을 상기하자. 또한, 물체의 크기는 충분히 작아서 공동의 본질적인 흑체 특성에 영향을 미치지 않는다. 따라서 작은 물체 표면에 입사되는 복사는 어느 부위에서도 온도 T인 흑체에서 방사된 복사와 동일하다. 즉, $G = E_b(T) = \sigma T^4$이고, 작은 물체 표면에서 단위면적당 흡수된 복사는 다음과 같다.

$$G_{\text{abs}} = \alpha G = \alpha\sigma T^4$$

작은 물체로부터 방사되는 복사는 다음과 같다.

$$E_{\text{emit}} = \varepsilon\sigma T^4$$

공동과 열적평형을 이루고 있는 작은 물체에 대하여 유입되는 정미열전달률은 0이 되어야 한다. 결과적으로 물체에서 방사된 복사는 물체에 의하여 흡수된 복사와 같아야 하므로 다음과 같이 표현할 수 있다.

$$A_s\varepsilon\sigma T^4 = A_s\alpha\sigma T^4$$

이로부터 공동 내 모든 표면에 대하여 다음과 같은 결론을 도출할 수 있다.

$$\varepsilon(T) = \alpha(T) \quad \text{(7-24)}$$

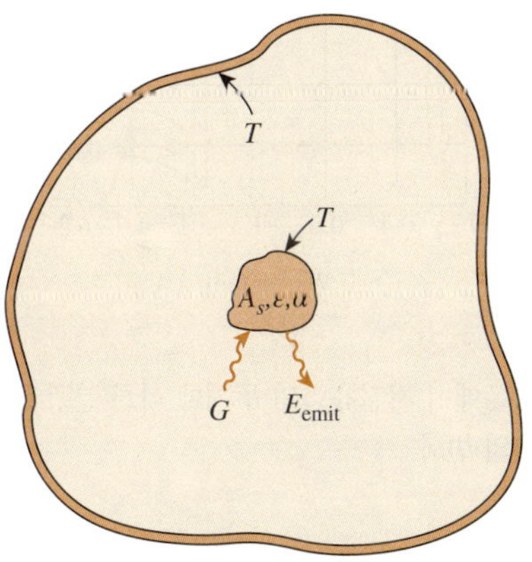

그림 7-27
키르히호프의 법칙을 유도하기 위하여 사용된 등온인 큰 밀폐공간 안에 놓인 작은 물체

즉, 표면온도가 T인 물체의 전반구방사율은 동일한 온도의 흑체로부터 입사되는 복사에

대한 전반구흡수율과 같다. 복사해석을 매우 단순화시킨 이 관계식은 1860년 Gustav Kirchhoff에 의하여 최초로 개발되었으며, **키르히호프 법칙**으로 부른다. 이 식이 표면온도가 조사되는 복사의 발생원온도와 같다는 가정하에서 유도되었음에 유의한다면, 독자는 표면과 복사 발생원 사이의 온도차가 상당히 큰 경우(수백 도 이상)에도 이 식을 적용하는 것에 대하여는 의문을 갖게 될 것이다.

특정 파장의 복사에 대하여 공동 내 어느 표면에 대하여도 위와 같은 유도 방법을 반복 적용하면 다음과 같은 분광 형태의 키르히호프 법칙을 얻을 수 있다.

$$\varepsilon_\lambda(T) = \alpha_\lambda(T) \quad \text{(7-25)}$$

이 관계식은 조사나 방사된 복사가 방향에 무관할 때 적용된다. 어떠한 제한 조건도 없는 경우에 대한 분광, 방향성 형태의 키르히호프 법칙은 $\varepsilon_{\lambda,\theta}(T) = \alpha_{\lambda,\theta}(T)$로 표현된다. 즉, 특정 파장, 방향 및 온도에서 표면방사율은 같은 파장, 방향 및 온도에서의 표면흡수율과 항상 같다.

키르히호프 법칙 $\varepsilon = \alpha$와 함께 식 $\rho = 1 - \alpha$를 이용함으로써 불투명표면에 대한 물성치 하나만 알아도 세 개의 물성치를 모두 계산할 수 있으므로, 복사해석에서 키르히호프 법칙은 매우 매력적이다. 많은 경우 식 (7-24)를 이용하여 수용할 만한 결과를 도출할 수 있지만, 표면온도와 입사되는 복사의 발생원온도 사이에 상당한 차이가 있을 때에는 적용에 주의를 기울여야 한다.

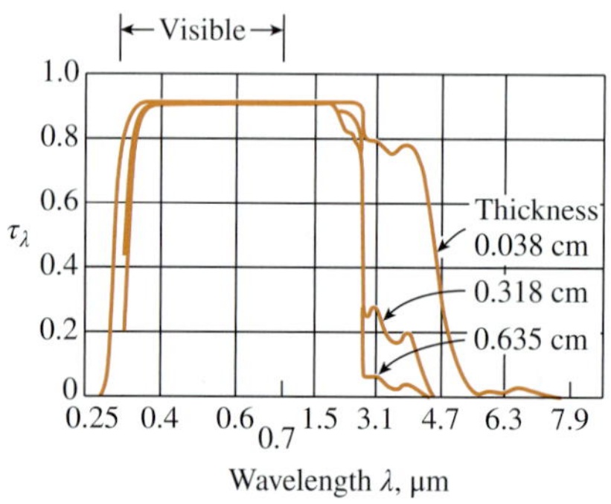

그림 7-28
상온에서 저철유리의 두께에 따른 분광흡수율의 변화

온실효과(The Greenhouse Effect)

화창한 날 직사광선 아래 주차하면 자동차 내부의 공기온도가 바깥보다 훨씬 높음을 알 수 있으며, 이와 같이 자동차 내부의 공기가 열을 포획하고 있는 이유가 궁금할 것이다. 해답은 그림 7-28에 나타난 바와 같이 유리에 대한 거꾸로 된 U자형 분광투과율 곡선에서 찾을 수 있다. 이 그림으로부터 유리가 가시광선 영역의 복사는 90% 정도 투과시키지만, 파장이 긴 적외선 영역(대략 $\lambda > 3$ μm)에 대하여는 불투명(비투과적)함을 알 수 있다. 즉, 유리는 태양복사의 90%를 차지하는 파장 0.3 μm $< \lambda <$ 3 μm 영역에 대하여는 투과적인 창을 갖고 있다. 반면 상온인 물체 표면에서 방사되는 대부분의 복사는 적외선 영역에 속한다. 결과적으로 유리는 태양복사는 투과시키지만 자동차 내부 표면으로부터의 적외선 복사는 투과를 허용하지 않는다. 이로 인하여 내부의 온도가 상승하고 에너지는 차 안에 축적된다. 유리(또는, 투명한 플라스틱)의 비회체 특성에 기인하는 가열효과를 온실에서 광범위하게 사용하므로 **온실효과**(greenhouse effect)라 한다(그림 7-29).

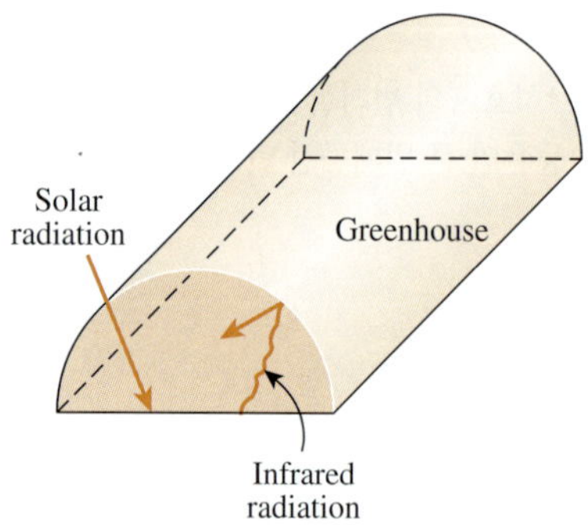

그림 7-29
온실은 태양에너지의 유입은 허용하고, 적외선의 유출을 불허함으로써 에너지를 가둔다.

온실효과는 지구와 같은 거대 스케일에서도 나타난다. 지구 표면은 낮 동안 태양복사를 흡수하므로 가열되고, 밤에는 적외선 복사로써 우주로 에너지를 방출하므로 식는다. CO_2와 수증기 등과 같은 대기 중의 연소가스는 태양복사는 대부분 투과시키지만, 지표에서 방사되는 적외선 에너지를 흡수한다. 이와 같이 지구 대기

권에 포획되는 에너지는 지구의 온난화를 유발시킴으로써 격렬한 날씨 패턴의 변화를 초래한다.

다습한 해안가 지역은 습기가 지구로부터의 적외선복사를 차폐하는 방어막 역할을 하여 밤 동안 냉각을 지연시킴으로써 낮과 밤의 기온차가 크지 않다. 사막과 같이 하늘이 맑은 지역은 이와 같은 적외선복사 차폐막이 없으므로 낮과 밤의 기온차가 크다.

7-5 ▪ 형상계수

표면들 사이의 복사열전달은 면들의 복사물성치 및 온도뿐 아니라 그림 7-30에 도시한 바와 같이 표면들 상호 간의 상대적인 **위치와 방향**에 의존한다. 예를 들어 캠핑하는 사람이 추운 밤에 모닥불을 최대한 이용하려면, 가능한 불 가까이 서서 불 앞으로 자신의 몸을 돌려 놓음으로써 모닥불에서 오는 복사를 놓치지 않고 자신에게 도달하도록 하여야 한다. 마찬가지로 태양복사를 최대한 이용하려면 서 있기보다는 엎드려 있어야 한다.

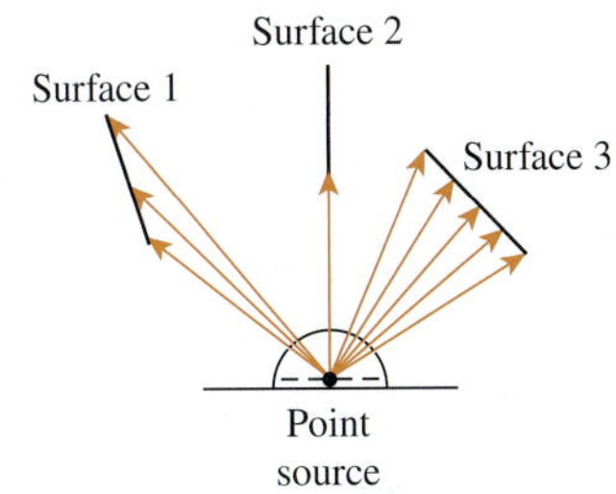

그림 7-30
표면의 복사열교환은 표면들 상호간의 상대적인 위치와 **방향**에 의존하고, 이러한 위치 및 방향에 대한 의존성을 **형상계수**라 한다.

두 표면 사이의 복사열전달에 있어 상대적 위치와 방향의 영향을 평가하기 위하여 **형상계수**(*view factor, shape factor, configuration factor, angle factor*)라는 새로운 인자를 정의하며, 형상계수는 형상에 의하여 결정될 뿐 표면의 물성치 및 온도와는 전혀 무관하다. 형상계수를 정의함에 있어 표면을 확산방사체와 확산반사체로 가정할 경우에는 **확산형상계수**(*diffuse view factor*)라 하고, 확산방사체와 정반사반사체인 경우 **정반사형상계수**(*specular view factor*)라 한다. 본서에서는 확산표면들 간의 복사교환에 대하여만 고려할 것이므로 단순히 **형상계수**라 함은 **확산형상계수**를 의미한다.

표면 i에서 표면 j로의 형상계수는 기호 $F_{i\to j}$, 또는, 간단히 F_{ij}로 나타내며 다음과 같이 정의한다.

F_{ij} = 표면 i를 출발한 복사 중 표면 j에 직접 도달한 복사의 비

표기 $F_{i\to j}$는 복사가 표면 i로부터 j로 향함을 강조하기 때문에 초보자에게 유익하지만, 문제에 따라서 기호를 여러 번 사용할 때는 번거롭다. 이러한 경우에는 간단한 F_{ij}를 사용하는 것이 편리하다.

형상계수 F_{12}는 표면 1을 출발한 복사 중 표면 2에 직접 도달한 복사의 비이고, F_{21}은 표면 2를 출발한 복사 중 표면 1에 직접 도달한 복사의 비를 나타낸다. 형상계수를 계산할 때, 특정한 표면에 도달한 복사가 그 면에서 완전히 흡수될 필요는 없으며, 또한, 다른 면에서 반사되어 도달한 복사에 대하여는 고려할 필요가 없다.

특별히 $j = i$인 경우는 다음과 같이 정의된다.

$F_{i\to i}$ = 표면 i를 출발한 복사 중 자신에 직접 도달한 복사의 비

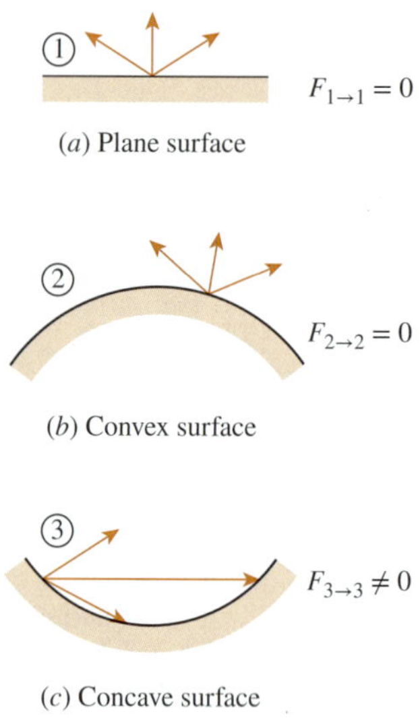

그림 7-31
특정 표면에서 자신으로의 형상계수는 해당 표면이 **평평**하거나 **볼록**할 경우 0이고, 오목하면 0이 아니다

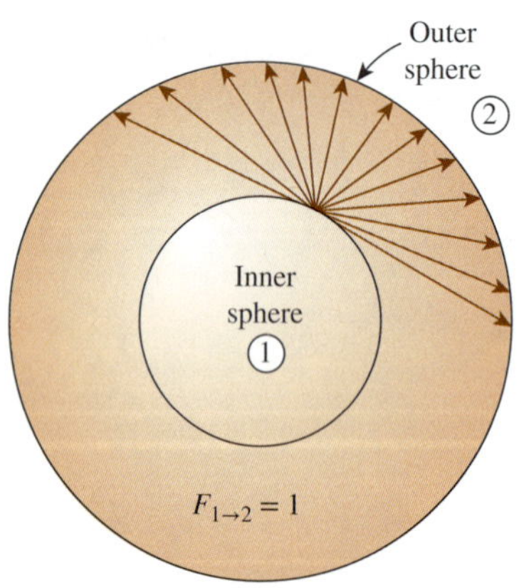

그림 7-32
두 개의 이중구로 구성된 형상에서, 작은 구를 출발하는 복사는 큰 구에 의하여 모두 차단되므로 형상계수는 $F_{1\to2} = 1$이다.

강한 전자기장이 존재하지 않는 한 복사는 직선적으로 이동하므로 스스로에 대한 형상계수는 표면이 자체를 "볼 수 있는" 경우를 제외하면 0이다. 즉, 그림 7-31에 도시한 바와 같이 **평평하거나 볼록한 표면**의 경우 $F_{i\to j} = 0$이고, **오목한 표면**의 경우 $F_{i\to j} \neq 0$이다.

형상계수의 범위는 0에서 1 사이이다. 극한 경우인 $F_{i\to j} = 0$은 두 면이 서로를 직접 볼 수 없음을 의미하므로 i면을 출발한 복사는 j면에 직접 도달할 수 없다. 또 다른 극한 경우인 $F_{i\to j} = 1$은 i면이 j면에 의하여 완전히 둘러싸인 경우로, i면을 출발한 모든 복사는 j면에 의하여 차단됨을 의미한다. 동심인 이중구를 예로 들면, 그림 7-32에 도시한 바와 같이 작은 구(표면 1)를 출발한 모든 복사는 큰 구(표면 2)에 도달하므로 $F_{1\to2} = 1$이다.

형상계수는 한 면을 출발하여 다른 면에 도달한 **복사의 비**를 면들 상호 간의 위치와 방향에 따라 표현한 값으로써, 복사해석에 있어 매우 유용한 것으로 증명된 바 있다. 이러한 과정에 대한 잠재적인 가정은 열원으로부터 표면이 받은 복사는 열원과 표면이 이루는 각에 비례함을 의미한다. 이와 같은 가정은 열원에서 방출되는 복사가 그 표면의 모든 방향에 대하여 **균일**하고 면 사이의 매질이 복사를 **흡수**, **방사**, **산란**하지 않을 때 가능하다. 즉, 표면들이 **등온**이고 **확산적** 방사/반사체이며, 표면들 사이가 진공이나 공기 등 **복사에 관여하지 않는 매질**로 찬 경우 적용된다.

두 면 A_1과 A_2 사이의 형상계수 $F_{1\to2}$를 결정하려면, 먼저 공간좌표계 변수에 의하여 표현되는 미소면적 dA_1과 dA_2 사이의 형상계수 관계식을 수립하고 필요한 적분을 수행하여야 한다. 그렇지만 단순한 형상에 대한 적분도 매우 복잡하고 적분이 어려워서 이와 같은 방법은 현실적이지 못하다.

일반적인 수백 가지 모양에 대한 형상계수가 해석적 형태로 도표나 표를 통하여 여러 문헌에 제시되어 있다. 간단한 구성에 대한 초기의 표와 도표는 Hamilton과 Morgan (1952)이 작성하였다. Siegel & Howell (2002), Modest (2003)의 책에는 상당히 광범위한 표가 제시되어 있으며, 특히, Siegel & Howell (2002)은 제시된 자료와 관련된 더 많은 형상계수의 출처 목록을 제공한다. 가장 완전한 표는 Howell (1982)에 의하여 작성되었다. 열전달 책과 표에 나타나는 일부 형상계수식은 사용하기가 매우 어렵다. Thyageswaran (2017)은 직접 마주보는 크기가 다른 두 직사각 평행면 사이의 복사교환 형상계수 계산을 단순화하기 위하여, 정확하고 수학적으로 닫힌 형태이며 사용하기 쉬운 이론식을 유도하였다.

표 7-3, 7-4에는 몇몇 형상들에 대한 형상계수를 **해석적**인 형태로 나타내었고, 그림 7-33~36에는 **그래프**를 이용하여 제시하였다. 표 7-3에 수록된 형상계수는 3차원 형상에 대한 것이다. 반면, 표 7-4에 수록된 형상계수는 형상들이 지면에 수직한 방향으로 **무한히 길어서** 결과적으로 2차원인 경우에 해당한다.

표 7-3

전형적인 몇 가지 3D 유한 형상에 대한 형상계수 식

Geometry	Relation
Aligned parallel rectangles 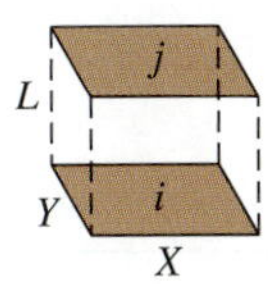	$\bar{X}=X/L$ and $\bar{Y}=Y/L$ $F_{i\to j}=\frac{2}{\pi\bar{X}\bar{Y}}\left\{\ln\left[\frac{(1+\bar{X}^2)(1+\bar{Y}^2)}{1+\bar{X}^2+\bar{Y}^2}\right]^{1/2}+\bar{X}(1+\bar{Y}^2)^{1/2}\tan^{-1}\frac{\bar{X}}{(1+\bar{Y}^2)^{1/2}}+\bar{Y}(1+\bar{X}^2)^{1/2}\tan^{-1}\frac{\bar{Y}}{(1+\bar{X}^2)^{1/2}}-\bar{X}\tan^{-1}\bar{X}-\bar{Y}\tan^{-1}\bar{Y}\right\}$
Coaxial parallel disks 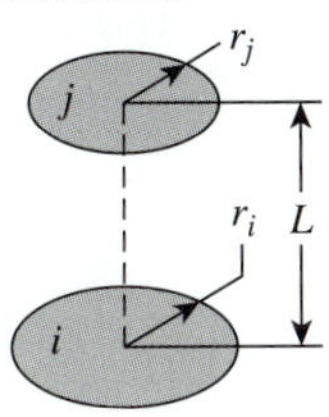	$R_i=r_i/L$ and $R_j=r_j/L$ $S=1+\frac{1+R_j^2}{R_i^2}$ $F_{i\to j}=\frac{1}{2}\left\{S-\left[S^2-4\left(\frac{r_j}{r_i}\right)^2\right]^{1/2}\right\}$ For $r_i=r_j=r$ and $R=r/L$: $F_{i\to j}=F_{j\to i}=1+\frac{1-\sqrt{4R^2+1}}{2R^2}$
Perpendicular rectangles with a common edge 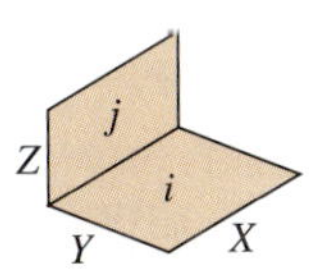	$H=Z/X$ and $W=Y/X$ $F_{i\to j}=\frac{1}{\pi W}\left(W\tan^{-1}\frac{1}{W}+H\tan^{-1}\frac{1}{H}-(H^2+W^2)^{1/2}\tan^{-1}\frac{1}{(H^2+W^2)^{1/2}}+\frac{1}{4}\ln\left\{\frac{(1+W^2)(1+H^2)}{1+W^2+H^2}\left[\frac{W^2(1+W^2+H^2)}{(1+W^2)(W^2+H^2)}\right]^{W^2}\times\left[\frac{H^2(1+H^2+W^2)}{(1+H^2)(H^2+W^2)}\right]^{H^2}\right\}\right)$

표 7-4

전형적인 몇 가지 무한히 긴 2D 형상에 대한 형상계수 식 (*계속*)

Geometry	Relation
Parallel plates with midlines connected by perpendicular line 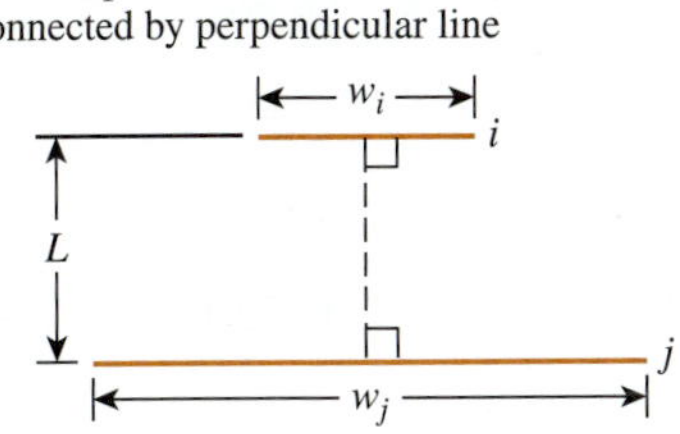	$W_i=w_i/L$ and $W_j=w_j/L$ $F_{i\to j}=\frac{[(W_i+W_j)^2+4]^{1/2}-[(W_j-W_i)^2+4]^{1/2}}{2W_i}$

표 7-4

전형적인 몇 가지 무한히 긴 2D 형상에 대한 형상계수 식 *(계속)*

Geometry	Relation
Inclined plates of equal width and with a common edge 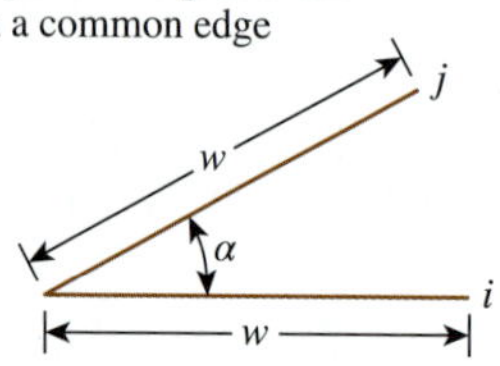	$F_{i\to j}=1-\sin\frac{1}{2}\alpha$
Perpendicular plates with a common edge 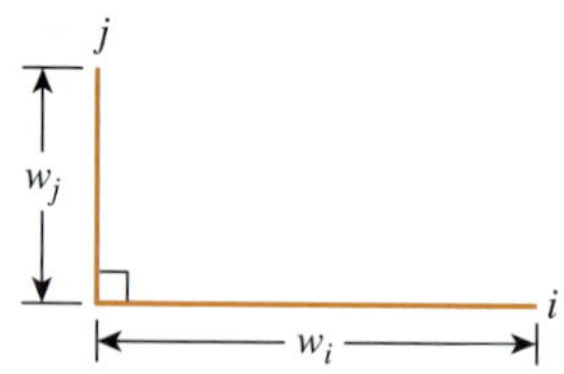	$F_{i\to j}=\frac{1}{2}\left\{1+\frac{w_j}{w_i}-\left[1+\left(\frac{w_j}{w_i}\right)^2\right]^{1/2}\right\}$
Three-sided enclosure 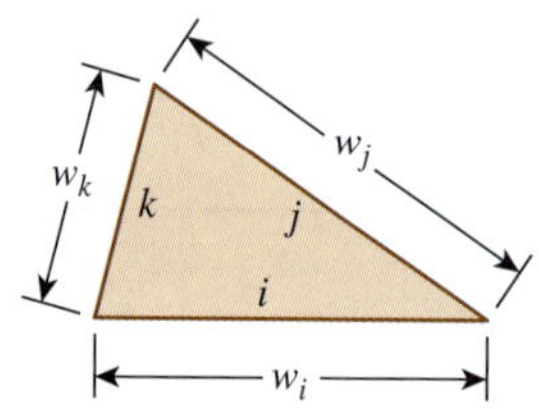	$F_{i\to j}=\frac{w_i+w_j-w_k}{2w_i}$
Infinite plane and row of cylinders 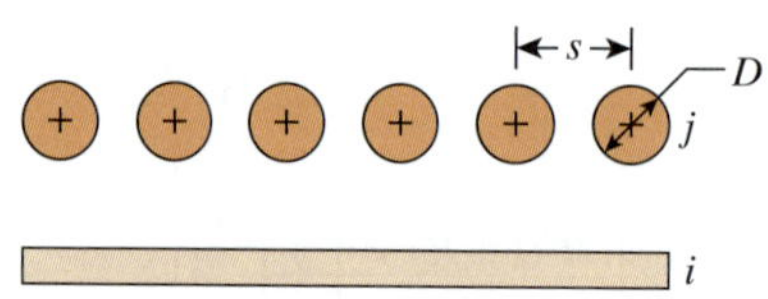	$F_{i\to j}=1-\left[1-\left(\frac{D}{s}\right)^2\right]^{1/2}+\frac{D}{s}\tan^{-1}\left(\frac{s^2-D^2}{D^2}\right)^{1/2}$

7-6 ▪ 형상계수 관계식

N개의 면으로 구성된 형상에 대한 복사해석을 하려면 N^2개의 형상계수를 구해야 하며, 이는 복사해석에서 가장 많은 계산시간을 요구하는 부분이다. 그러나 관련된 모든 형상계수를 구하는 것은 비실용적이고, 필요하지도 않다. 일단 충분한 수의 형상계수를 구하고 나면 나머지는 다음에 논의할 형상계수에 관한 기본적인 관계식을 이용하여 계산한다.

1 상호법칙(The Reciprocity Relation)

형상계수 $F_{i\to j}$와 $F_{j\to i}$는 두 표면의 면적이 같지 않는 한 서로 다르다. 즉, 다음과 같다.

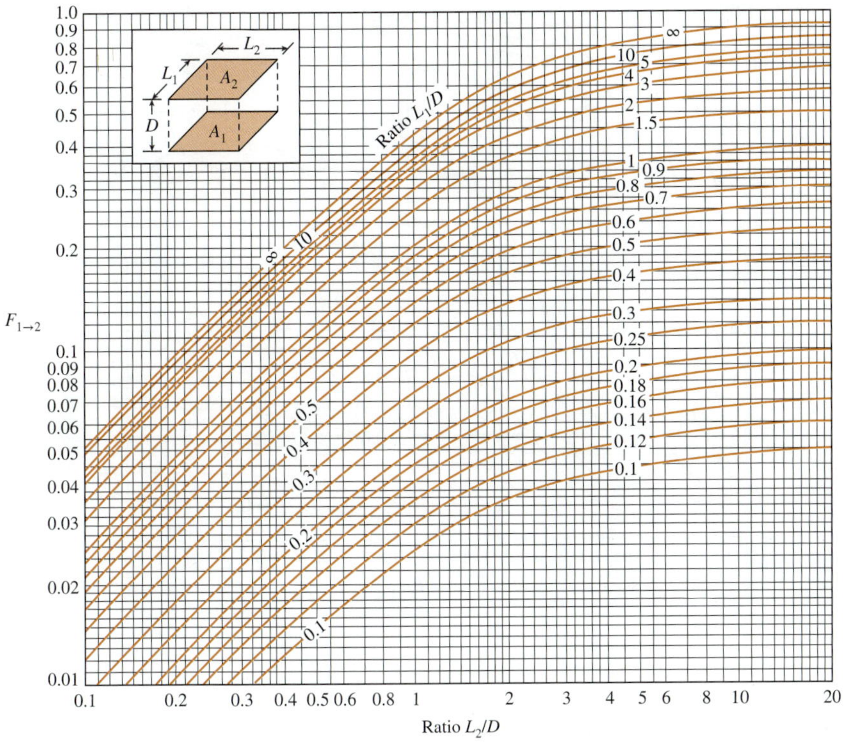

그림 7-33
평행 정렬된 동일한 크기의 두 직사각면 사이의 형상계수

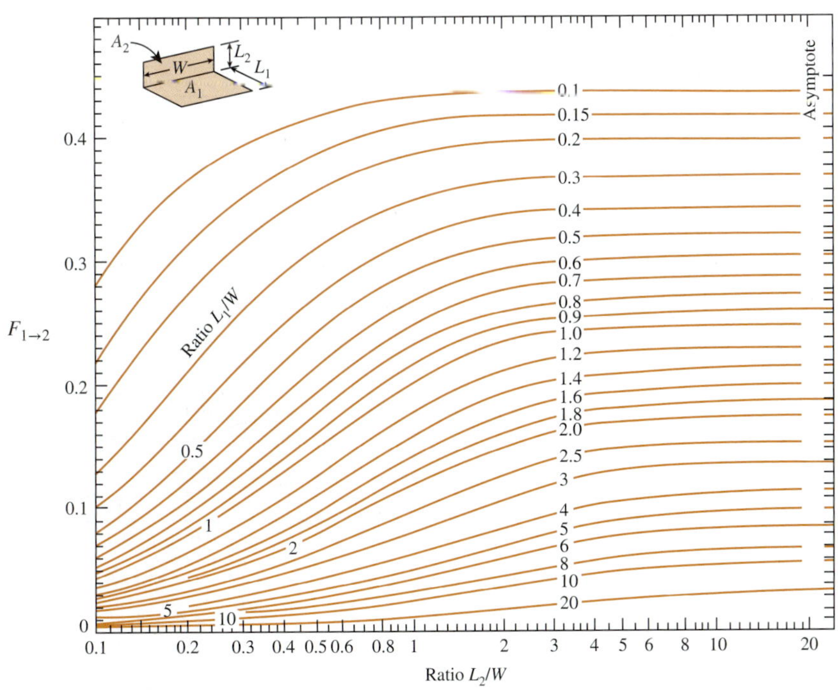

그림 7-34
모서리가 겹치는 수직한 두 직사각면 사이의 형상계수

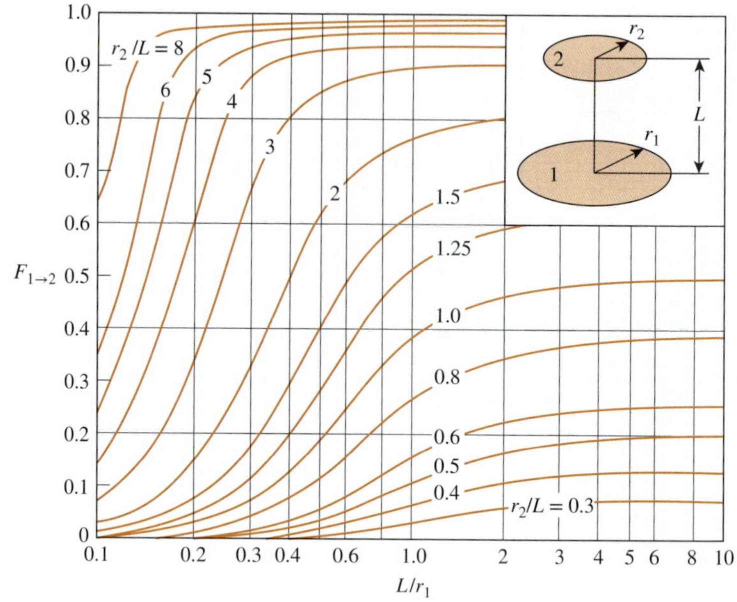

그림 7-35
동축정렬된 두 평행 원판 사이의 형상계수

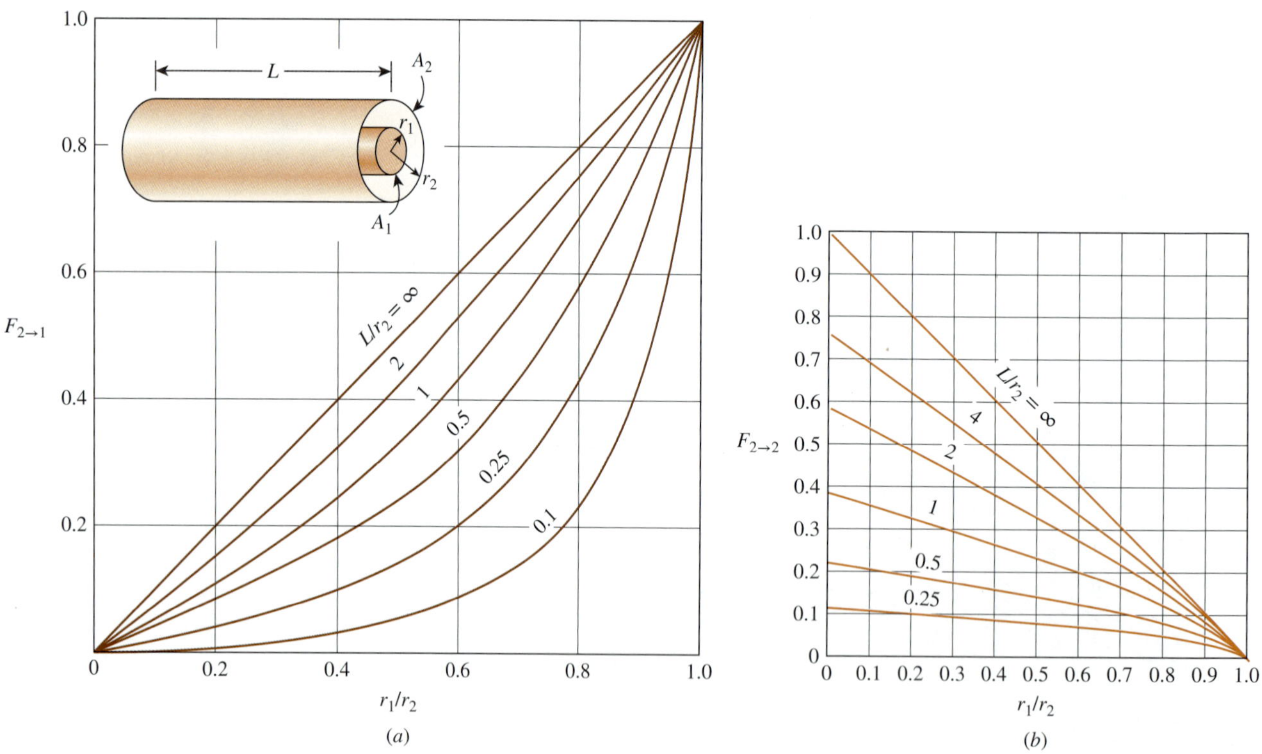

그림 7-36
유한한 길이의 두 이중원통 사이의 형상계수: (*a*) 외부원통으로부터 내부원통으로의 형상계수, (*b*) 외부원통으로부터 자체에 대한 형상계수

$$F_{j \to i} = F_{i \to j} \quad \text{이면} \quad A_i = A_j$$
$$F_{j \to i} \neq F_{i \to j} \quad \text{이면} \quad A_i \neq A_j$$

우리는 이미 형상계수 $F_{i \to j}$와 $F_{j \to i}$ 쌍 간에 다음과 같은 관계식이 성립함을 보여 주었다.

$$A_i F_{i \to j} = A_j F_{j \to i} \tag{7-26}$$

이 관계식을 **상호관계** 또는 **상호법칙**(reciprocity rule)이라 하며, 이를 이용하여 하나의 형상계수와 두 면의 면적으로부터 상대 형상계수를 결정할 수 있다. 형상계수 $F_{i \to j}$와 $F_{j \to i}$의 값을 결정하고자 할 때, 구하기 쉬운 것을 먼저 계산하고 어려운 것은 상호법칙으로 유도할 수 있을 것이다.

2 합법칙(The Summation Rule)

표면들 사이의 복사해석을 하려면 모든 방향으로 방출되거나 혹은 입사되는 복사를 고려하여야 하므로, 실제 적용에 있어 대부분의 복사문제는 **밀폐공간**을 대상으로 한다. 복사문제를 수식화할 때, 일반적으로 복사에 관여하는 면들로 공간을 구성한다. 개구부 역시 개구부와 동등한 물성치를 갖는 가상의 면으로 다룬다.

에너지보존법칙에 의하면 밀폐공간 내부표면 i를 출발한 복사는 모두 그 공간 내부의 다른 면들에 도달하여야 한다. 그러므로 **밀폐공간 내부표면 i와 그 공간 내 자신을 포함한 다른 모든 면들로 정의되는 형상계수들의 총합은 1이어야 한다.** 이것이 잘 알려진 **합법칙**으로 다음과 같은 수식으로 표현된다(그림 7-37).

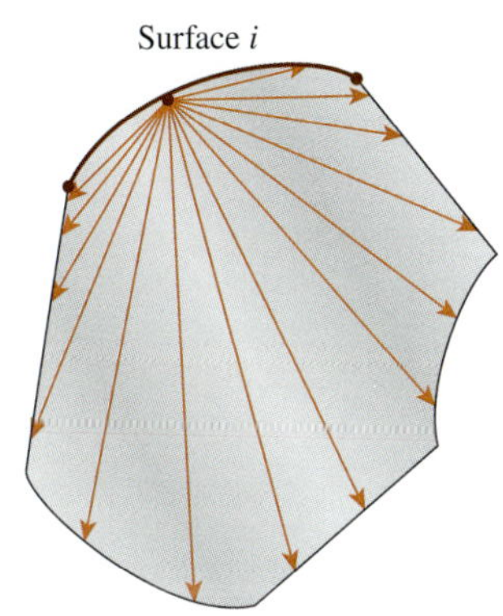

그림 7-37
밀폐공간 내 특정 면 i를 출발한 복사는 밀폐공간의 내부 면들에 의하여 완전히 차폐된다. 그러므로 면 i로부터 밀폐공간 내 각각의 면으로의 형상계수 합은 1이다.

$$\sum_{j=1}^{N} F_{i \to j} = 1 \tag{7-27}$$

이 식의 N은 밀폐공간 내부표면의 총 수이다. 예를 들어 세 개의 면으로 구성된 공간 내 면 1에 대한 합법칙은 다음과 같은 식이 된다.

$$\sum_{j=1}^{3} F_{1 \to j} = F_{1 \to 1} + F_{1 \to 2} + F_{1 \to 3} = 1$$

합법칙은 1에서 N까지 변하는 밀폐공간 내부의 모든 면에 대하여 적용된다. 그러므로 밀폐공간 내 N개의 모든 면들에 대하여 합법칙을 적용함으로써 형상계수를 결정할 수 있는 N개의 관계식을 구할 수 있다. 상호법칙도 $\frac{1}{2}N(N-1)$개의 관계식을 제공하므로, N개의 면으로 구성된 밀폐공간에서 직접 구해야 하는 형상계수의 총 수는 다음과 같다.

$$N^2 - [N + \tfrac{1}{2}N(N-1)] = \tfrac{1}{2}N(N-1)$$

예를 들어 6개의 면으로 구성된 밀폐공간의 경우, 총 $6^2 = 36$개의 형상계수 중 단지 $\frac{1}{2} \times 6(6-1) = 15$개의 형상계수만 직접 구하면 된다. 나머지 21개의 형상계수는 상호법칙과 합법칙으로부터 유도되는 21개의 수식들을 이용하여 결정할 수 있다.

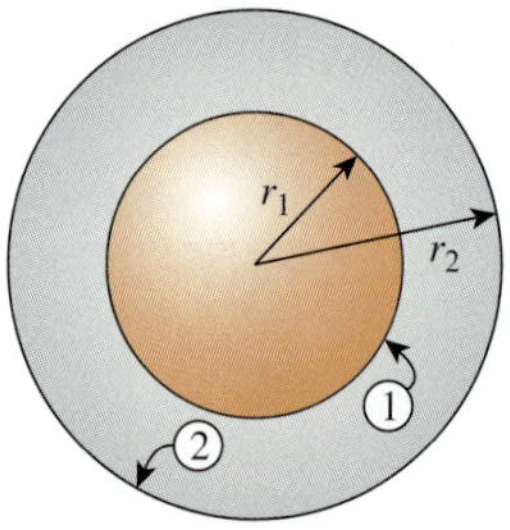

그림 7-38
예제 7-4에서 고려하는 형상

예제 7-4 두 개의 동심구와 관련된 형상계수

그림 7-38에 도시한 바와 같이, 두 개의 동심구로 이루어진 밀폐공간의 형상계수를 결정하라.

풀이 두 개의 동심구와 관련된 형상계수를 결정하여야 한다.

가정 면들은 확산적 방사 및 반사체이다.

해석 작은 구의 외부면(면 1)과 큰 구의 내부면(면 2)에 의하여 2면으로 구성된 밀폐공간이 형성한다. 그러므로 $N = 2$이고, 이 밀폐공간은 $N^2 = 2^2 = 4$개의 형상계수와 관계되며, 각각 F_{11}, F_{12}, F_{21}, F_{22}로 정의한다. 이와 같은 2면 밀폐공간에 대하여, 다음과 같이 단지 1개의 형상계수만 직접 구하면 된다.

$$\tfrac{1}{2}N(N-1) = \tfrac{1}{2} \times 2(2-1) = 1$$

나머지 3개의 형상계수는 상호법칙과 합법칙을 적용하여 결정할 수 있다. 그러나 이 경우에는 단순한 **직관**에 의하여 1개가 아닌 2개의 형상계수를 직접 결정할 수 있다.

$F_{11} = \mathbf{0}$ 변 1을 출발한 복사는 자신에게 도달할 수 없으므로

$F_{12} = \mathbf{1}$ 면 1을 출발한 모든 복사는 면 2에 도달하여야 하므로

직관에 의하여 구한 2개의 형상계수 중 단지 1개만 있어도, 면 1에 대한 합법칙 $F_{11} + F_{12} = 1$을 적용하여 나머지를 구할 수 있으므로 충분하다.

형상계수 F_{21}은 면 1과 2에 대한 상호법칙을 적용하면 다음 같다.

$$A_1 F_{12} = A_2 F_{21}$$

이 식을 정리하면 다음과 같다.

$$F_{21} = \frac{A_1}{A_2}F_{12} = \frac{4\pi r_1^2}{4\pi r_2^2} \times 1 = \left(\frac{r_1}{r_2}\right)^2$$

최종적으로 형상계수 F_{22}는 면 2에 대하여 합법칙을 적용함으로써 구한다.

$$F_{21} + F_{22} = 1$$

이 식을 정리하면 다음과 같다.

$$F_{22} = 1 - F_{21} = \mathbf{1 - \left(\frac{r_1}{r_2}\right)^2}$$

검토 외부구가 내부구보다 훨씬 크면($r_2 \gg r_1$) F_{22}는 1에 근접한 값이 된다. 이는 외부구를 출발한 복사 중 내부구 표면에 도달하는 복사의 비가 매우 작기 때문이다. 또한, 두 구의 중심이 겹칠 필요는 없지만, 동심구일 때 표면에서 복사가 가장 균일하므로, 이에 대한 복사해석의 정확도가 높다.

3 중첩법칙(The Superposition Rule)

때때로 주어진 형상에 대한 형상계수를 표준 표나 도표에서 찾을 수 없다. 이러한 경우에는 이미 알려진 특정한 형태들로 합하거나 나누어서 주어진 형상에 대한 형

상계수를 표현할 필요가 있으며, 이에 대하여 **중첩법칙**을 적용한다. **면 i에서 j로의 형상계수는 면 i로부터 면 j의 일부분에 대한 형상계수들의 합과 같다**는 것이 중첩법칙이다. 그 역은 성립하지 않는다. 즉, 면 j에서 i로의 형상계수는 면 j의 일부에서 면 i로의 형상계수들의 합과 같지 않다.

그림 7-39와 같이 지면에 수직한 방향으로 무한히 긴 형상을 고려하자. 면 1을 출발한 복사 중, 면 2와 3이 결합된 면에 도달한 복사의 비는 각각 면 2와 3에 도달한 복사합의 비와 같다. 그러므로 면 1로부터 면 2와 3이 결합된 면으로의 형상계수는 다음과 같이 표기된다.

$$F_{1 \to (2,3)} = F_{1 \to 2} + F_{1 \to 3} \tag{7-28}$$

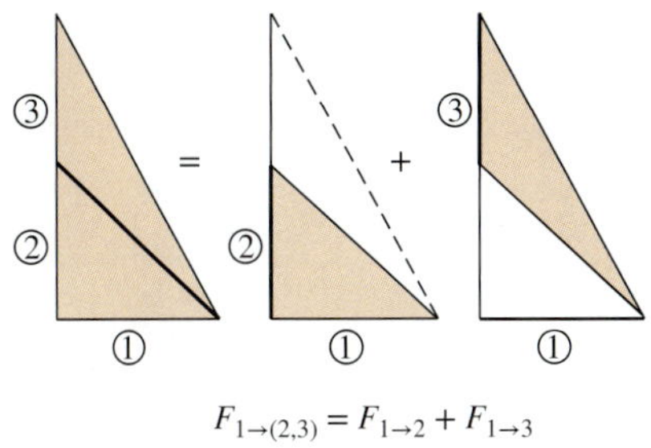

그림 7-39
특정 면으로부터 복합면으로의 형상계수는 그 면에서 복합면의 각 조각에 대한 형상계수들의 합과 같다.

우리가 구하고자 하는 형상계수가 $F_{1 \to 3}$인 경우를 고려하자. 이 절에 포함된 표나 도표를 훑어보아도 이에 대한 형상계수는 제시되어 있지 않다. 그러나 표 7-4로부터 형상계수 $F_{1 \to 3}$와 $F_{1 \to (2,3)}$을 구할 수 있으며, 식 (7-28)을 이용하면 $F_{1 \to 3}$을 계산할 수 있다. 이와 같이 구하기 어려운 형상계수는 한 면, 또는 두 면 모두를 여러 면의 합이나 차로 나타내고 중첩법칙을 적용함으로써 상대적으로 쉽게 결정할 수 있다.

형상계수 $F_{(2,3) \to 1}$에 관한 관계식을 구하기 위하여 식 (7-29)에 A_1을 곱하면 다음과 같다.

$$A_1 F_{1 \to (2,3)} = A_1 F_{1 \to 2} + A_1 F_{1 \to 3}$$

각 항에 상호법칙을 적용하면 다음과 같다.

$$(A_2 + A_3) F_{(2,3) \to 1} = A_2 F_{2 \to 1} + A_3 F_{3 \to 1}$$

결과적으로,

$$F_{(2,3) \to 1} = \frac{A_2 F_{2 \to 1} + A_3 F_{3 \to 1}}{A_2 + A_3} \tag{7-29}$$

두 개 이상의 면적에 대한 합으로 나타낼 경우도 같은 방법으로 취급한다.

예제 7-5　　개구부를 통하여 방출되는 복사의 비율

그림 7-40에 도시한 바와 같이 원통형 밀폐공간의 하부면을 출발한 복사 중 상부면의 링 모양 개구부를 통하여 방출되는 복사의 비를 구하라. 원통의 반경과 높이는 $r_1 = 10$ cm, $L = 10$ cm이고, 링 내부 및 외부 반경은 각각 $r_2 = 5$ cm, $r_3 = 8$ cm이다.

풀이　원통형 밀폐공간의 하부면을 출발한 복사 중 상부면의 링형 개구부를 통과하는 복사의 비를 결정하여야 한다.

가정　하부면은 확산적 방사 및 반사체이다.

해석　원통형 밀폐공간의 하부면을 출발한 복사 중 상부면의 링 모양 개구부를 통하여

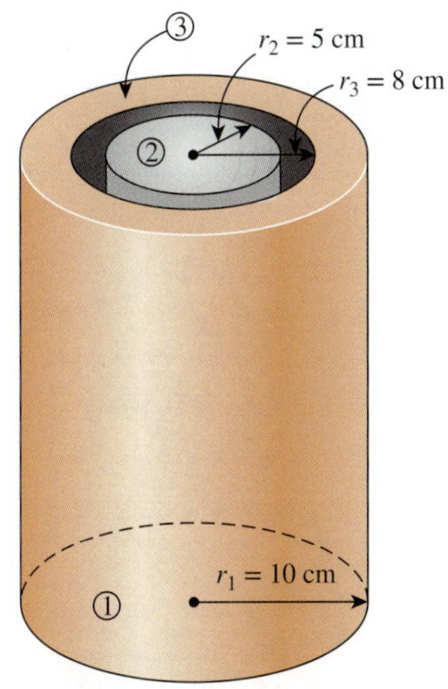

그림 7-40
예제 7-5에서 고려하는 원통형 밀폐공간

방출되는 복사의 비를 구해야 한다. 원통의 하부면을 확산적 방사 및 반사체로 가정하면, 계산하여야 할 값은 단순히 하부면에서 상부면 링으로의 형상계수 $F_{1 \to \text{ring}}$이다.

원판과 동축정렬된 링 사이의 형상계수에 대한 해석식이나 도표가 없으므로 $F_{1 \to \text{ring}}$를 직접 계산할 수 없다. 그렇지만 동축정렬된 두 평행 원판 사이의 형상계수에 대한 도표가 제시되어 있으며, 링은 원판의 일부분으로 나타낼 수 있다.

반경 r_1 = 10 cm인 하부면을 면 1로 하고, 상부의 r_2 = 5 cm인 원판을 면 2, r_3 = 8 cm인 원판을 면 3으로 지정한다. 면 3은 면 2와 링의 합이므로 중첩법칙에 의하여 면 1에서 면 3으로의 형상계수는 다음과 같이 나타낼 수 있다.

$$F_{1 \to 3} = F_{1 \to 2} + F_{1 \to \text{ring}}$$

형상계수 $F_{1 \to 2}$와 $F_{1 \to 3}$은 그림 7-35의 도표로부터 다음과 같이 구한다.

$$\frac{L}{r_1} = \frac{10 \text{ cm}}{10 \text{ cm}} = 1 \quad \text{그리고} \quad \frac{r_2}{L} = \frac{5 \text{ cm}}{10 \text{ cm}} = 0.5 \xrightarrow{\text{(Fig. 21-35)}} = 0.11$$

$$\frac{L}{r_1} = \frac{10 \text{ cm}}{10 \text{ cm}} = 1 \quad \text{그리고} \quad \frac{r_3}{L} = \frac{8 \text{ cm}}{10 \text{ cm}} = 0.8 \xrightarrow{\text{(Fig. 21-35)}} = 0.28$$

그러므로 다음과 같이 결과를 도출할 수 있다.

$$F_{1 \to \text{ring}} = F_{1 \to 3} - F_{1 \to 2} = 0.28 - 0.11 = \mathbf{0.17}$$

$F_{1 \to 2}$와 $F_{1 \to 3}$은 하부 원판 1을 출발한 복사 중 각각 원판 2와 원판 3에 도달한 복사의 비로써, 이 값들의 차는 링에 도달한 복사의 비가 된다.

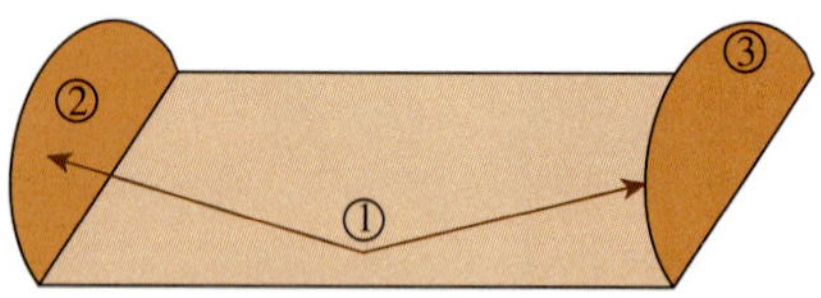

$F_{1\to2} = F_{1\to3}$
(Also, $F_{2\to1} = F_{3\to1}$)

그림 7-41
두 면이 다른 세 번째 면에 대하여 대칭인 경우, 두 면은 세 번째 면에 대하여 동일한 형상계수를 갖는다.

4 대칭법칙(The Symmetry Rule)

해결하고자 하는 문제와 관련된 형상이 특정한 대칭성을 나타내면 형상계수는 훨씬 간단히 구할 수 있다. 그러므로 형상계수를 직접 구하기 전에 그 형상에 대하여 어떤 대칭성이 있는가를 확인하는 것이 좋다. 형상계수의 정의를 되새기며 대칭성의 존재를 직관적으로 확인할 수 있다. 같은 면들이 다른 면에 대하여 동일한 방향에 위치한다면 그 면을 출발한 복사는 같은 양만큼 각각의 면에 도달한다. 그러므로 **대칭법칙**을 두(또는 그 이상) 면이 다른 제3의 면에 대하여 대칭성을 나타내면 그 면에 대한 형상계수가 동일하다고 표현할 수 있다(그림 7-41).

대칭법칙은 다음과 같이 나타낼 수도 있다. 면 j와 k가 면 i에 대하여 대칭이면, $F_{i \to j} = F_{i \to k}$이다. 이 경우 상호법칙을 이용하면 $F_{i \to j} = F_{k \to i}$이 성립한다.

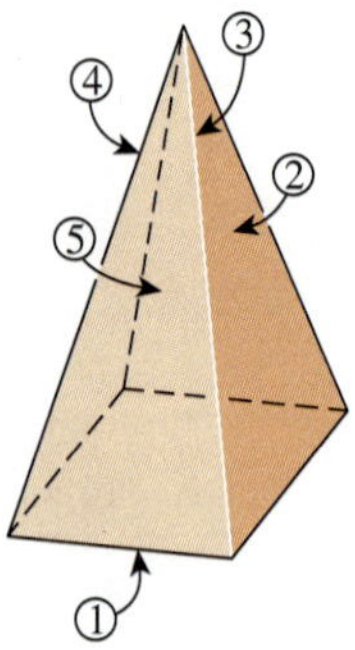

그림 7-42
예제 7-6에서 고려하는 사각뿔

예제 7-6　사각뿔과 관련된 형상계수

그림 7-42에 도시한 바와 같은 피라미드의 바닥면으로부터 4개의 측면에 대한 형상계수를 구하라. 피라미드의 바닥면은 정사각형이고, 측면은 이등변 삼각형이다.

풀이　피라미드의 정사각형 바닥면에서 4개의 측면에 대한 형상계수를 결정하여야 한다.

가정　면들은 확산적 방사 및 반사체이다.

해석 피라미드의 하바닥면(면 1)과 4개의 측면(면 2, 3, 4, 5)들은 5면-밀폐공간을 구성한다. 우선, 이 밀폐공간이 대칭임을 인지하여야 한다. 4개의 측면은 바닥면에 대하여 대칭이므로 **대칭법칙**으로부터 다음과 같은 식을 얻는다.

$$F_{12} = F_{13} = F_{14} = F_{15}$$

한편, 면 1에 대하여 **합법칙**을 적용하면 다음과 같은 식이 된다.

$$\sum_{j=1}^{5} F_{1j} = F_{11} + F_{12} + F_{13} + F_{14} + F_{15} = 1$$

그러나 바닥면이 평면이므로 $F_{11} = 0$이다. 위의 두 관계식으로부터 다음과 같은 값이 계산된다.

$$F_{12} = F_{13} = F_{14} = F_{15} = \mathbf{0.25}$$

검토 예측할 수 있는 바와 같이, 피라미드의 바닥면에서 출발한 총 복사의 1/4이 4개의 측면에 동일한 크기로 도달한다. 대칭성의 존재로 인하여 형상계수를 구하는 것이 매우 간단해진다.

예제 7-7 단면이 삼각형인 덕트의 형상계수

그림 7-43에 도시한 바와 같이 단면이 삼각형인 무한히 긴 덕트의 한 면에서 다른 면으로의 형상계수를 구하라.

풀이 단면이 삼각형인 무한히 긴 덕트와 관련된 형상계수를 결정하여야 한다.

가정 면들은 확산적 방사 및 반사체이다.

해석 삼각형 단면 한 변의 길이는 각각 L_1, L_2, L_3이고, 이에 상응하는 면의 면적은 각각 A_1, A_2, A_3이다. 덕트가 무한히 길기 때문에 한 면에서 출발한 복사가 덕트의 양 끝단을 통하여 손실되는 양은 무시한다. 그러므로 무한히 긴 덕트는 3면-밀폐공간에 대응되어 $N = 3$이다.

이와 같은 밀폐공간에 관련된 형상계수는 $N^2 = 3^2 = 9$개로, 다음과 같은 수의 형상계수를 직접 구하여야 한다.

$$\tfrac{1}{2}N(N-1) = \tfrac{1}{2} \times 3(3-1) = 3$$

다행히 3면이 평면이므로 직관에 의하여 다음과 같이 3개의 형상계수를 결정할 수 있다.

$$F_{11} = F_{22} = F_{33} = 0$$

나머지 6개의 형상계수는 합법칙과 상호법칙으로부터 결정할 수 있다.

3면에 각각에 대하여 합법칙을 적용하면 다음과 같다.

$$F_{11} + F_{12} + F_{13} = 1$$
$$F_{21} + F_{22} + F_{23} = 1$$
$$F_{31} + F_{32} + F_{33} = 1$$

$F_{11} = F_{22} = F_{33} = 0$이므로 첫 번째 식에 A_1을 곱하고 두 번째 식과 세 번째 식에 각각 A_2, A_3을 곱하면 다음과 같은 식이 된다.

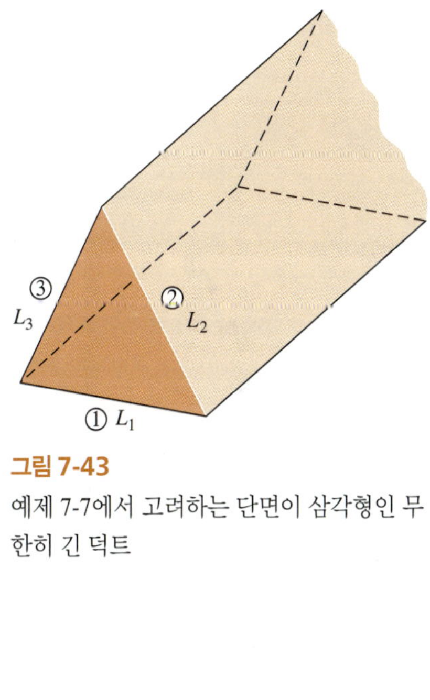

그림 7-43
예제 7-7에서 고려하는 단면이 삼각형인 무한히 긴 덕트

$$A_1F_{12} + A_1F_{13} = A_1$$
$$A_2F_{21} + A_2F_{23} = A_2$$
$$A_3F_{31} + A_3F_{32} = A_3$$

최종적으로 상호법칙에 의한 3가지 관계식 $A_1F_{12} = A_2F_{21}$, $A_1F_{13} = A_3F_{31}$, $A_2F_{23} = A_3F_{32}$를 적용하면 다음과 같다.

$$A_1F_{12} + A_1F_{13} = A_1$$
$$A_1F_{12} + A_2F_{23} = A_2$$
$$A_1F_{13} + A_2F_{23} = A_3$$

이들은 세 개의 미지수와 세 개의 대수방정식으로 구성되므로 이를 풀면 다음과 같이 형상계수를 구할 수 있다.

$$F_{12} = \frac{A_1 + A_2 - A_3}{2A_1} = \frac{L_1 + L_2 - L_3}{2L_1}$$
$$F_{13} = \frac{A_1 + A_3 - A_2}{2A_1} = \frac{L_1 + L_3 - L_2}{2L_1} \qquad \text{(7-30)}$$
$$F_{23} = \frac{A_2 + A_3 - A_1}{2A_2} = \frac{L_2 + L_3 - L_1}{2L_2}$$

검토 이 식에서 덕트 측면의 면적은 $A = Ls$가 되며, 인자 s는 분자와 분모에 모두 포함되기 때문에 삼각형 단면 각 변의 길이로써 면적을 대체하였다. 이로부터 다음과 같은 결론을 얻을 수 있다. **무한히 긴 삼각형 단면 덕트의 한 면에서 다른 면으로의 형상계수는 이들 두 면의 폭을 합하고 제3면의 폭을 뺀 값을 처음 면 폭의 두 배로 나눈 것과 같다.**

무한히 긴 면들 간의 형상계수: 교차선법(The Cross-Strings Method)

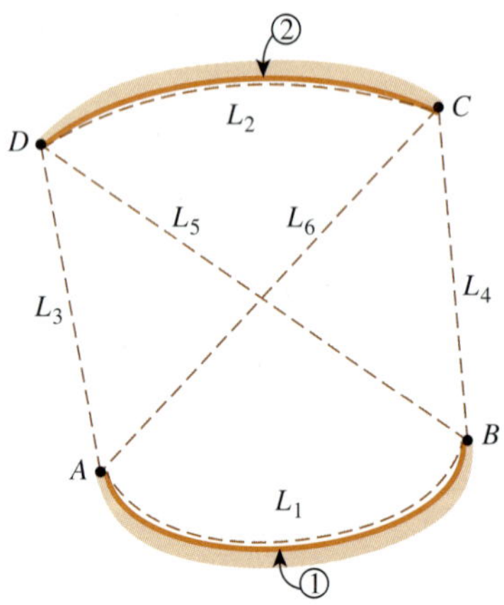

그림 7-44
교차선법을 적용한 형상계수 $F_{1\to2}$의 산출

다양한 실제 문제들 중, 채널이나 덕트와 같이 단면이 일정하고 한쪽 방향의 길이가 다른 길이들에 비하여 매우 긴 형상을 많이 접하게 된다. 이러한 형상의 경우, 양 끝단의 복사 영향을 무시할 수 있으므로 2차원으로 간주하면 편리하다. 무한히 긴 형상으로 가정하면 내부면들 간의 형상계수는 1950년대에 H. C. Hottel이 개발한 교차선법에 의하여 놀라울 만큼 간단히 구할 수 있다. 면들이 평평할 필요는 없으며 오목, 볼록, 또는 그 밖의 어떤 불규칙한 형상도 가능하다.

이 방법의 증명을 위하여 그림 7-44에 제시한 형상에 대한 면 1과 2 사이의 형상계수 $F_{1\to2}$를 구하자. 먼저, 각 면에 대한 양 끝점들을 구분하고(점 A, B, C, D), 점선으로 도시한 바와 같이 팽팽하게 긴장된 줄로 이점들을 연결한다. Hottel은 형상계수 $F_{1\to2}$를 이들 팽팽한 줄의 길이로서 다음 식으로 표현할 수 있음을 증명하였다.

$$F_{1\to2} = \frac{(L_5 + L_6) - (L_3 + L_4)}{2L_1} \qquad \text{(7-31)}$$

이 식의 $L_5 + L_6$은 교차된 선들의 길이 합이고, $L_3 + L_4$는 끝을 연결하는 교차되지 않은 선들의 길이 합이다. 그러므로 Hottel의 교차선법은 다음과 같이 구어적으로 표현할 수 있다.

$$F_{i \to j} = \frac{\sum(\text{교차된 선}) - \sum(\text{교차되지 않은 선})}{2 \times (\text{면 } i\text{의 길이})} \tag{7-32}$$

교차선법은 삼각형과 같이 두 면이 하나의 모서리를 공유할 경우에도 적용할 수 있다. 이때 공유한 모서리에 대하여는 길이가 0인 가상의 선으로 취급한다. 이 방법은 면의 일부가 다른 면에 의하여 가려질 경우에도 가리는 면을 둘러서 교차선을 도시함으로써 적용할 수 있다.

예제 7-8 형상계수에 대한 교차선법

폭이 $a = 12$ cm, $b = 5$ cm인 두 개의 무한히 긴 평행 평판이 $c = 6$ cm의 거리를 두고 그림 7-45와 같이 놓여 있다. (*a*) 교차선법을 이용하여 면 1에서 2로의 형상계수 $F_{1 \to 2}$를 구하라. (*b*) 주어진 형상의 단면에 대하여 그림과 같은 삼각형을 구성하고, 측면들 간의 형상계수에 관한 식 (7-30)을 이용하여 교차선법의 식을 유도하라.

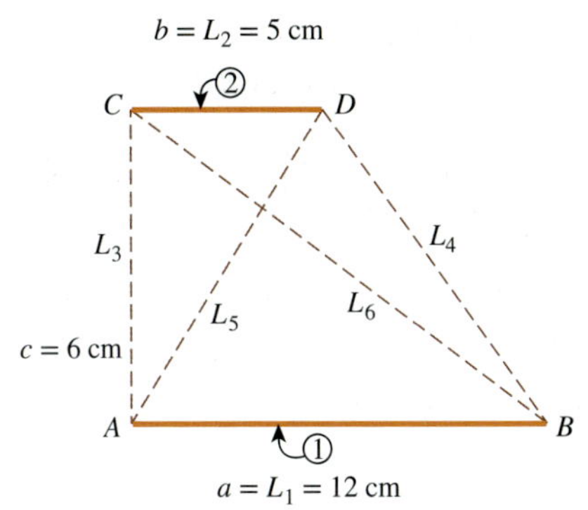

그림 7-45
예제 7-8에서 고려한 두 개의 무한히 긴 평행 평판

풀이 무한히 긴 두 평행 평판 사이의 형상계수를 교차선법을 이용하여 결정하고, 형상계수를 유도하여야 한다.

가정 면들은 확산적 방사 및 반사체이다.

해석 (*a*) 먼저, 두 면의 양 끝점들을 구분하여 부호를 부여하고, 그림 7-45와 같이 그 점들을 연결하는 점선을 그린다. 교차된 선과 교차되지 않은 선을 구분하고, 형상계수 $F_{1 \to 2}$를 구하기 위하여 교차선법[식 (7-32)]을 적용한다.

$$F_{1 \to 2} = \frac{\sum(\text{교차된 선}) - \sum(\text{교차되지 않은 선})}{2 \times (\text{면 1의 길이})} = \frac{(L_5 + L_6) - (L_3 + L_4)}{2L_1}$$

이때 길이는 각각 다음과 같다.

$$L_1 = a = 12 \text{ cm} \qquad L_4 = \sqrt{7^2 + 6^2} = 9.22 \text{ cm}$$
$$L_2 = b = 5 \text{ cm} \qquad L_5 = \sqrt{5^2 + 6^2} = 7.81 \text{ cm}$$
$$L_3 = c = 6 \text{ cm} \qquad L_6 = \sqrt{12^2 + 6^2} = 13.42 \text{ cm}$$

이들을 대입하면 형상계수는 다음과 같은 값이 된다.

$$F_{1 \to 2} = \frac{[(7.81 + 13.42) - (6 + 9.22)] \text{ cm}}{2 \times 12 \text{ cm}} = \mathbf{0.250}$$

(*b*) 지면에 수직한 방향으로 무한히 긴 형상이므로, 단면에 대하여 두 면(면 1, 2)과 두 개구부(가상면 3, 4)로 구성된 밀폐공간을 구성할 수 있다. 면 1에 대하여 합법칙을 적용하면 다음과 같다.

$$F_{11} + F_{12} + F_{13} + F_{14} = 1$$

그러나 평판에 대하여 $F_{11} = 0$이므로 다음과 같이 정리된다.

$$F_{12} = 1 - F_{13} - F_{14}$$

이때 형상계수 F_{13}과 F_{14}는 삼각형 ABC와 ABD에 대한 측면 사이의 형상계수 관계식인 식 (7-30)을 적용하여 각각 다음과 같이 구할 수 있다.

$$F_{13} = \frac{L_1 + L_3 - L_6}{2L_1}, \quad F_{14} = \frac{L_1 + L_4 - L_5}{2L_1}$$

이 식들을 대입하면 다음과 같이 원하는 결과를 얻을 수 있다.

$$F_{12} = 1 - \frac{L_1 + L_3 - L_6}{2L_1} - \frac{L_1 + L_4 - L_5}{2L_1}$$

$$= \frac{(L_5 + L_6) - (L_3 + L_4)}{2L_1}$$

이와 같은 절차로 두 개의 무한히 긴 평판에 대한 교차선법의 간접 증명을 하였다.

7-7 ▪ 복사열전달: 흑체표면

이제까지 우리는 물질의 복사물성치 및 형상계수 등 복사의 본질에 대하여 고찰하였으나, 지금부터는 표면들 사이의 복사에 의한 열전달에 대하여 논의하고자 한다. 일반적으로 표면들 사이의 복사교환에 대한 해석은 반사로 인하여 매우 복잡해진다. 표면을 출발한 복사선은 각 면들에서 부분적인 반사를 수차례 겪은 후 완전히 흡수/소멸된다. 표면을 흑체로 가정하면 반사가 사라져서 해석이 매우 간단해 진다. 이 절에서는 우선 **흑체표면**에서의 복사교환에 대하여서만 논하고 다음 절에서 반사면에 대한 해석으로 확장할 것이다.

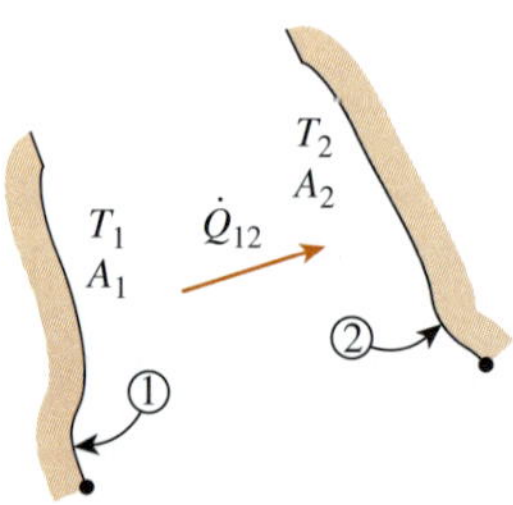

그림 7-46
온도 T_1, T_2로 균일하게 유지되는 일반화된 두 개의 흑체표면

그림 7-46에 도시한 바와 같이 형상이 불규칙한 두 면의 온도가 각각 T_1, T_2이고, 이들이 흑체인 경우를 고려하자. 흑체표면을 출발하는 단위면적당 복사방사도는 $E_b = \sigma T^4$이고, 형상계수 $F_{1\to2}$, $F_{2\to1}$은 각각 면 1을 출발하여 면 2에 도달하는 복사의 비 및 면 2를 출발하여 면 1에 도달하는 복사의 비를 의미한다. 면 1을 출발하여 면 2에 도달하는 **정미복사열전달률**은 다음과 같이 표현된다.

$$\dot{Q}_{1\to2} = \begin{pmatrix}\text{면 1을 출발해}\\ \text{면 2에 도달한}\\ \text{복사열전달률}\end{pmatrix} - \begin{pmatrix}\text{면 2를 출발해}\\ \text{면 1에 도달한}\\ \text{복사열전달률}\end{pmatrix}$$

$$= A_1 E_{b1} F_{1\to2} - A_2 E_{b2} F_{2\to1} \quad \text{(W)} \qquad \textbf{(7-33)}$$

상호법칙 $A_1F_{1\to2} = A_2F_{2\to1}$을 적용하면 다음과 같이 기대한 식이 된다.

$$\dot{Q}_{1\to2} = A_1 F_{1\to2}\sigma(T_1^4 - T_2^4) \qquad \text{(W)} \qquad \textbf{(7-34)}$$

식 (7-34)는 면 2와 상호작용의 결과로 복사가 면 1을 **출발하는 정미율**을 제공하며, 이는 면 2가 면 1과의 상호작용으로 인해 얻는 복사의 **정미율**과 같다. 열량 $\dot{Q}_{1\to2}$가 음의 값이 되는 것은 **정미복사열전달**이 면 2에서 1로 전달됨을 의미한다.

이제 특정한 온도로 유지되는 N개의 **흑체표면**으로 구성된 **밀폐공간**을 고려하자. 이 공간의 특정 표면 i로부터의 **정미복사열전달**은 표면 i로부터 밀폐공간 내 모든 면들에 대한 정미복사열전달의 합과 같다.

$$\dot{Q}_i = \sum_{j=1}^{N} \dot{Q}_{i \to j} = \sum_{j=1}^{N} A_i F_{i \to j} \sigma(T_i^4 - T_j^4) \qquad \text{(W)} \tag{7-35}$$

열량 $\dot{Q}$가 음이 되는 것 역시 정미복사열전달이 표면 i로 전달됨을 의미한다(즉, 표면 i는 복사에너지를 잃는 대신 얻는다). 또한, 자기 자신으로의 정미복사열전달은 표면의 형상에 무관하게 0이다.

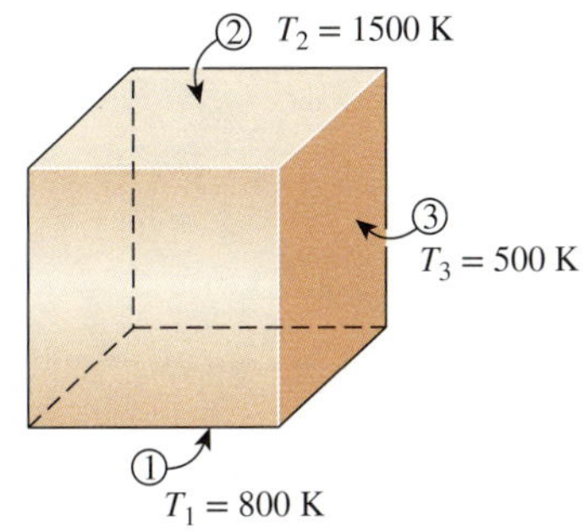

그림 7-47
예제 7-9에서 고려하는 흑체표면으로 구성된 정육면체 가열로

예제 7-9 흑체 가열로의 복사 열전달

그림 7-47에 도시한 바와 같이 모든 면을 흑체로 가정할 수 있고, 크기 5 m × 5 m × 5 m인 정육면체 가열로를 고려하자. 가열로의 하부면, 상부면 및 측면들의 온도는 각각 800 K, 1500 K, 500 K로 균일하게 유지된다. (*a*) 하부면과 측면들 사이의 정미복사열전달률과, (*b*) 하부면과 상부면 사이의 정미복사열전달률을 구하라. (*c*) 하부면으로부터의 정미복사열전달률을 구하라.

풀이 정육면체인 가열로의 모든 면이 흑체이고, 온도는 균일하게 유지된다. 하부면과 측면들 사이, 하부면과 상부면 사이, 그리고 하부면으로부터의 정미복사열전달률을 결정하여야 한다.

가정 모든 면은 흑체이고 등온이다.

해석 (*a*) 문제의 대상은 6개의 면으로 구성된 형상이므로, 가열로를 6면을 갖는 밀폐공간으로 가정한다. 그중 측면 4개의 물성치가 같으므로 복사해석에 있어 이들을 한 개의 면으로 간주한다. 편의상 하부면을 1, 상부면을 2, 측면을 3으로 구분하면, 결국 $\dot{Q}_{1 \to 3}$, $\dot{Q}_{1 \to 2}$ 및 $\dot{Q}_1$을 구하는 문제로 간결화된다.

관련된 모든 면이 흑체이므로 면 1에서 3으로의 정미복사열전달률 $\dot{Q}_{1 \to 3}$은 식 (7-34)에서 하첨자 2 대신 3을 대입함으로써 다음과 같이 구한다.

$$\dot{Q}_{1 \to 3} = A_1 F_{1 \to 3} \sigma(T_1^4 - T_3^4)$$

이 값을 결정하려면 먼저 형상계수 $F_{1 \to 3}$를 구해야 한다. 수록된 형상계수도표를 조사해 보면 이와 같은 형상계수는 직접 구할 수 없다는 것을 알 수 있다. 반면, 형상계수 $F_{1 \to 2}$는 그림 7-33으로부터 $F_{1 \to 2} = 0.2$로 직접 구할 수 있고, 면 1은 평평하므로 $F_{1 \to 1} = 0$이다. 면 1에 대하여 합법칙을 적용하면 다음과 같이 된다.

$$F_{1 \to 1} + F_{1 \to 2} + F_{1 \to 3} = 1$$

이 식으로부터 다음과 같은 값을 얻는다.

$$F_{1 \to 3} = 1 - F_{1 \to 1} - F_{1 \to 2} = 1 - 0 - 0.2 = 0.8$$

이 값을 열전달률 식에 대입하면 다음과 같은 결과를 구할 수 있다.

$$\begin{aligned} \dot{Q}_{1 \to 3} &= (25 \text{ m}^2)(0.8)(5.67 \times 10^{-8} \text{ W/m}^2 \cdot \text{K}^4)[(800 \text{ K})^4 - (500 \text{ K})^4] \\ &= \mathbf{394 \text{ kW}} \end{aligned}$$

(*b*) 면 1에서 2로의 정미복사열전달률 $\dot{Q}_{1 \to 2}$도 비슷한 방법을 적용하여 식 (7-35)로부터 다음과 같이 구한다.

$$\begin{aligned} \dot{Q}_{1 \to 2} &= A_1 F_{1 \to 2} \sigma(T_1^4 - T_2^4) \\ &= (25 \text{ m}^2)(0.2)(5.67 \times 10^{-8} \text{ W/m}^2 \cdot \text{K}^4)[(800 \text{ K})^4 - (1500 \text{ K})^4] \\ &= \mathbf{-1319 \text{ kW}} \end{aligned}$$

음의 부호는 정미복사열전달이 면 2로부터 1로 전달됨을 의미한다.

(*c*) 하부면 1로부터의 정미복사열전달률 $\dot{Q}_1$은 식 (7-35)에서 하첨자 i를 1로, N을 3으로 대체하여 다음과 같이 구한다.

$$\dot{Q}_1 = \sum_{j=1}^{3} \dot{Q}_{1\to j} = \dot{Q}_{1\to 1} + \dot{Q}_{1\to 2} + \dot{Q}_{1\to 3}$$
$$= 0 + (-1319 \text{ kW}) + (394 \text{ kW})$$
$$= \mathbf{-925 \text{ kW}}$$

음의 부호는 마찬가지로 정미복사열전달이 면 1로 향함을 의미한다. 즉, 가열로의 하부면은 대략 925 kW의 정미복사열을 받는다.

7-8 ▪ 복사열전달: 확산, 회체표면

앞서 본 바와 같이 흑체표면으로 구성된 공간에 대한 복사열전달의 해석은 상대적으로 쉽지만, 실제에서는 대부분 반사가 수차례 반복되는 비흑체표면으로 구성된 공간을 접하게 된다. 이러한 공간에 대한 복사해석은 몇 가지 단순화 가정을 적용시키지 않으면 매우 복잡해진다.

일반적으로, 단순한 복사해석이 가능하도록 공간 내부면을 **불투명한 확산/회체표면**으로 가정한다. 즉, 표면은 복사에 대한 투과성이 없고 확산 방사체이자 확산 반사면이며, 물성치는 파장에 무관하다. 또한 공간의 각 면들은 **등온**이고, 입사되거나 방출되는 복사는 모든 면에서 **균일**하다. 우선, 출사(radiosity)의 개념에 대하여 고찰해 보자.

출사(Radiosity)

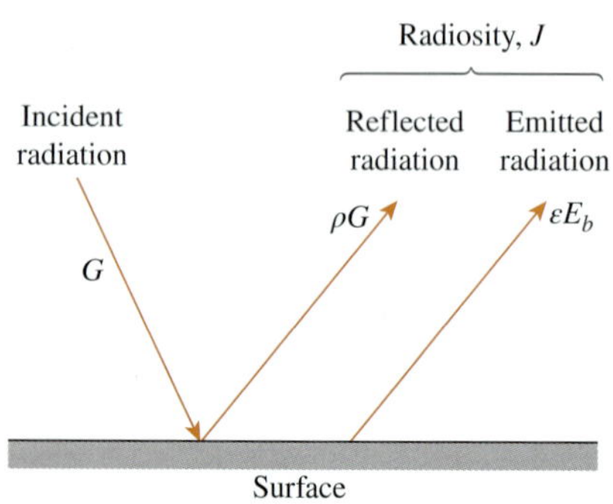

그림 7-48
출사는 표면에서 방사와 반사되는 복사에너지의 합을 나타낸다.

표면은 복사를 방사할 뿐 아니라 반사하기도 하므로 면을 출발하는 복사는 방사와 반사 등 두 가지 양으로 구성된다. 표면 사이의 복사열전달 해석은 복사의 발생원과는 상관 없이 면으로부터 방출되는 **총복사에너지** 흐름과 관련된다. **단위시간당, 단위면적당 특정 면을 출발하는 총복사에너지를 출사**라 하고 기호는 J로 나타낸다(그림 7-48).

회체이고 **불투명**한 면 $i(\varepsilon_i = \alpha_i,\ \alpha_i + \rho_i = 1)$에 대하여 출사는 다음과 같은 식으로 표현할 수 있다.

$$J_i = \begin{pmatrix}\text{표면 } i\text{에서 방사되는} \\ \text{복사에너지}\end{pmatrix} + \begin{pmatrix}\text{표면 } i\text{에서 반사되는} \\ \text{복사에너지}\end{pmatrix}$$
$$= \varepsilon_i E_{bi} + \rho_i G_i$$
$$= \varepsilon_i E_{bi} + (1 - \varepsilon_i) G_i \quad (\text{W/m}^2) \qquad \textbf{(7-36)}$$

이 식에서 면 i의 흑체방사도는 $E_{bi} = \sigma T_i^4$이고, G_i는 조사(irradiation)이다(즉, 단위시간당, 단위면적당 면 i에 입사되는 복사에너지).

표면이 **흑체**($\varepsilon_i = 1$)에 가까우면 출사 관계식은 다음과 같이 간단히 표기된다.

$$J_i = E_{bi} = \sigma T_i^4 \qquad \text{(blackbody)} \tag{7-37}$$

즉, 흑체의 출사는 흑체의 방사도와 같다. 흑체는 복사를 반사하지 않으므로 이러한 결과는 예측되는 바이며, 결국 흑체로부터의 복사는 단지 방사로만 구성된다.

표면으로 또는 표면으로부터의 정미복사열전달

복사 상호작용 동안 표면은 방사를 통하여 **에너지를 잃고**, 다른 면에서 방사된 복사를 흡수함으로써 **에너지를 얻는다**. 표면은 어떤 양이 더 큰 값인가에 따라 에너지의 순 이득 또는 순 손실을 경험한다. 면적이 A_i인 면 i로부터의 **정미복사열전달률** $\dot{Q}_i$는 다음과 같은 식으로 표현된다.

$$\begin{aligned}\dot{Q}_i &= \begin{pmatrix}\text{표면 } i\text{에서 떠나는}\\ \text{복사에너지}\end{pmatrix} - \begin{pmatrix}\text{표면 } i\text{에 입사되는}\\ \text{복사에너지}\end{pmatrix} \\ &= A_i(J_i - G_i) \quad \text{(W)}\end{aligned} \tag{7-38}$$

식 (7-37)을 G_i에 대하여 풀고, 식 (7-39)에 대입하면 다음과 같다.

$$\dot{Q}_i = A_i\left(J_i - \frac{J_i - \varepsilon_i E_{bi}}{1 - \varepsilon_i}\right) = \frac{A_i \varepsilon_i}{1 - \varepsilon_i}(E_{bi} - J_i) \qquad \text{(W)} \tag{7-39}$$

옴의 법칙(Ohm's law)과 전기적 유사성으로부터 이 식은 다음과 같이 다시 정리하여 나타낼 수 있다.

$$\dot{Q}_i = \frac{E_{bi} - J_i}{R_i} \qquad \text{(W)} \tag{7-40}$$

이 식에서 복사에 대한 **표면저항**(surface resistance)은 다음과 같다.

$$R_i = \frac{1 - \varepsilon_i}{A_i \varepsilon_i} \tag{7-41}$$

그림 7-49에 도시한 바와 같이 에너지의 차 $E_{bi} - J_i$는 **전위차**(*potential difference*)에 비견되고 정미복사열전달률은 **전류**에 대비되어 전기적 유사성을 갖는다.

정미복사열전달의 방향은 J_i(출사)와 E_{bi}(표면 온도에 따른 방사도)의 상대적인 크기에 의존한다. 정미복사열전달은 $E_{bi} > J_i$이면 **표면으로부터** 방출되고, $J_i > E_{bi}$이면 **표면으로** 입사된다. 음의 $\dot{Q}_i$는 **표면으로의 열전달**을 의미한다. 표면이 등온을 유지하려면 획득한 모든 복사에너지는 이 면의 반대쪽에서 다른 열전달 방식을 통하여 제거되어야 한다.

흑체표면에서 $\varepsilon_i = 1$이고 $J_i = E_{bi}$이므로 복사에 대한 표면저항은 0이다. 이 경우 정미복사열전달은 식 (7-38)로부터 직접 구한다.

수많은 실제 열전달 응용에 있어, 잘 처리된 면의 뒷부분을 통한 정미열전달률을 0으로 간주하여 그 면이 **단열**되어 있다고 가정한다. 앞쪽 면(열전달 면)에서 대류의 영향을 무시할 수 있는 경우, 정상상태에 도달하면 그 면은 얻은 만큼의 열을

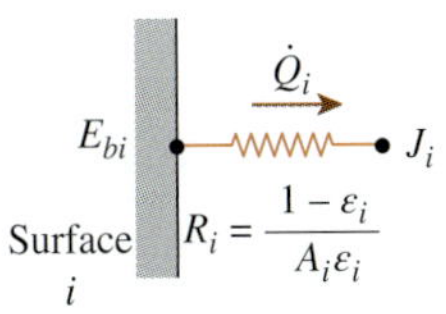

그림 7-49
복사에 대한 표면저항의 전기적 유사성

방출하여 $\dot{Q}_i = 0$이 된다. 이 경우, 면은 받은 복사에너지를 모두 **재복사**(*reradiate*)로 방출하므로 이러한 면을 **재복사표면**(reradiating surface)이라 한다. $\dot{Q}_i = 0$으로 설정하면 식 (7-40)은 다음과 같이 된다.

$$J_i = E_{bi} = \sigma T_i^4 \quad (\text{W/m}^2) \tag{7-42}$$

그러므로 정상상태에 도달한 재복사표면의 **온도는** 그 면의 출사가 알려져 있다면 식 (7-42)로부터 쉽게 결정된다. 재복사표면의 온도는 **그 면의 방사도와 무관함**에 유의하라. 복사해석에서 재복사표면의 정미열전달이 0이므로 표면저항은 무시한다(전기회로에서 전류가 흐르지 않으면 저항을 고려할 필요가 없는 것과 같다).

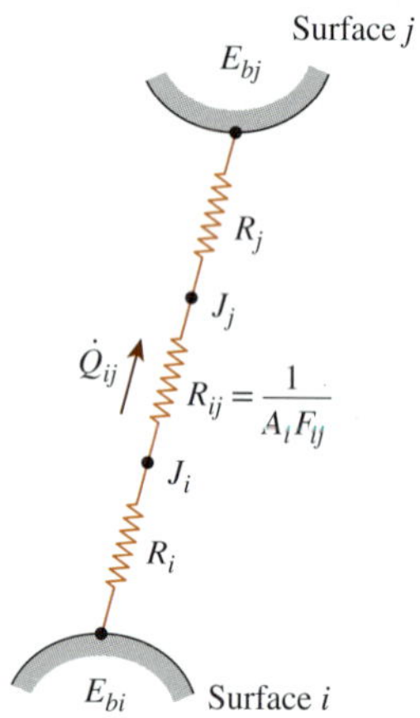

그림 7-50
복사에 대한 공간저항의 전기적 유사성

두 면 사이의 정미복사열전달

그림 7-50에 도시한 바와 같이 확산적이고 회체이며 불투명한 임의의 형상을 갖는 균일한 온도의 두 면을 고려하자. 출사 J는 단위면적당 표면에서 방출되는 복사율이고, 형상계수 $F_{i\rightarrow j}$는 면 i를 출발하여 j에 도달하는 복사의 비이다. 면 i로부터 j로의 **정미복사열전달률**은 다음과 같이 표현된다.

$$\dot{Q}_{i\rightarrow j} = \begin{pmatrix}\text{면 } i\text{을 출발해} \\ \text{면 } j\text{에 도달한} \\ \text{복사열전달률}\end{pmatrix} - \begin{pmatrix}\text{면 } j\text{를 출발해} \\ \text{면 } i\text{에 도달한} \\ \text{복사열전달률}\end{pmatrix}$$

$$= A_i J_i F_{i\rightarrow j} - A_j J_j F_{j\rightarrow i} \qquad (\text{W}) \tag{7-43}$$

상호법칙 $A_i F_{i\rightarrow j} = A_j F_{j\rightarrow i}$를 적용하면 다음과 같다.

$$\dot{Q}_{i\rightarrow j} = A_i F_{i\rightarrow j}(J_i - J_j) \qquad (\text{W}) \tag{7-44}$$

옴의 법칙과 유사성을 다시 한번 적용하면, 이 식은 다음과 같이 재정리된다.

$$\dot{Q}_{i\rightarrow j} = \frac{J_i - J_j}{R_{i\rightarrow j}} \qquad (\text{W}) \tag{7-45}$$

이 식에서 복사에 대한 **공간저항**(space resistance)은 다음과 같다.

$$R_{i\rightarrow j} = \frac{1}{A_i F_{i\rightarrow j}} \tag{7-46}$$

그림 7-50에서와 같이 전기적 유사성을 다시 적용하면, 출사의 차 $J_i - J_j$는 **전위차**에 해당하고, 두 면 사이의 정미복사열전달은 **전류**에 해당된다.

두 면 사이 정미복사열전달의 방향은 J_i와 J_j의 상대적 크기에 의존한다. 양의 값 $\dot{Q}_{i\rightarrow j}$는 면 i로부터 j로 정미열전달이 존재함을 의미하고, 음의 값은 반대가 됨을 나타낸다.

N개의 면으로 구성된 밀폐공간에 있어, 에너지보존법칙에 의하면 면 i로부터 정미열전달은 면 i에서 밀폐공간 내 모든 N개 면들로의 정미열전달의 합과 같아야

한다. 즉 다음 식과 같이 표현된다.

$$\dot{Q}_i = \sum_{j=1}^{N} \dot{Q}_{i\to j} = \sum_{j=1}^{N} A_i F_{i\to j}(J_i - J_j) = \sum_{j=1}^{N} \frac{J_i - J_j}{R_{i\to j}} \quad \text{(W)} \tag{7-47}$$

N개의 면으로 구성된 밀폐공간에서, 면 i로부터 나머지 면들로의 정미복사열전달에 대한 열회로를 그림 7-51에 도시하였다. 표면형상과 무관하게 $\dot{Q}_{i\to i}$(자기 자신에 대한 정미열전달)는 0임을 상기하자. 식 (7-40)과 식 (7-47)을 결합하면 다음과 같다.

$$\frac{E_{bi} - J_i}{R_i} = \sum_{j=1}^{N} \frac{J_i - J_j}{R_{i\to j}} \quad \text{(W)} \tag{7-48}$$

전기적 유사성으로 표현하면, **표면저항을 통한 면으로부터의 정미복사량은 그 면으로부터 다른 모든 면으로 공간저항을 통한 복사량의 합과 같음**을 의미한다.

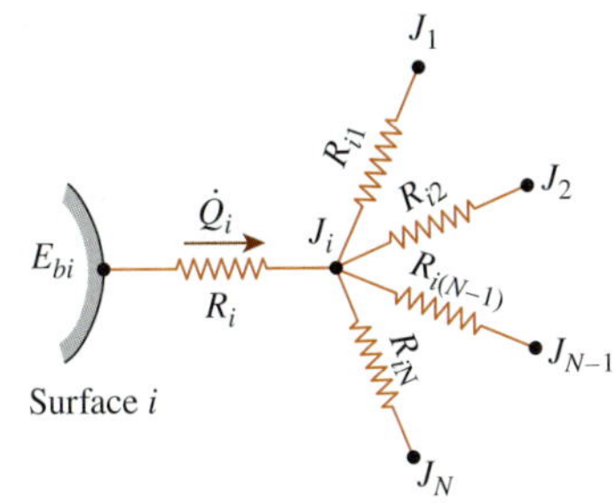

그림 7-51
N개 면으로 구성된 밀폐공간 내 특정 면 i로부터 나머지 면들로의 정미복사열전달을 나타내는 복사회로망

복사문제의 해석방법

밀폐공간의 복사해석에서 미지의 온도나 열전달률에 대한 단일해를 구하려면, 모든 면에 대하여 온도나 정미열전달률 중 하나가 반드시 정의되어 있어야 한다. 복사문제의 해석을 위하여 사용하는 방법은 일반적으로 두 가지이다. 첫 번째 방법을 위하여, 식 (7-47)(표면의 열전달률이 정의된 경우)과 식 (7-48)(표면의 온도가 정의된 경우)을 다음과 같이 간단한 식으로 정리한다.

정미열전달률 $\dot{Q}$가 정의된 표면들: $\quad \dot{Q}_i = A_i \sum_{j=1}^{N} F_{i\to j}(J_i - J_j)$ **(7-49)**

정미열전달률 T_i가 정의된 표면들: $\quad \sigma T_i^4 = J_i + \frac{1-\varepsilon_i}{\varepsilon_i} \sum_{j=1}^{N} F_{i\to j}(J_i - J_j)$ **(7-50)**

$\dot{Q}_i = 0$인 면은 단열(또는 재복사)면이고, 흑체표면에 대하여는 $\varepsilon_i = 1$ 이므로 $\sigma T_i^4 = J_i$이다. $i = j$인 경우에도 $J_i - J_j = J_i - J_i = 0$ 이므로 동일한 결과가 도출된다.

상기의 식들은, N개의 면으로 구성된 밀폐공간에서 미지의 조사 N개를 결정할 수 있는 N개의 대수방정식을 제공한다. 일단 조사 $J_1, J_2, \cdots, J_N$을 구하면 미지의 열전달률들은 식 (7-49)로 결정하고, 미지의 표면온도들은 식 (7-50)을 사용하여 구한다. 단열 또는 재복사면의 온도는 $\sigma T_i^4 = J_i$로부터 결정한다. 양의 값인 $\dot{Q}_i$는 면 i로부터의 밀폐공간 내부 다른 면들로의 정미복사열전달을, 음의 값은 면 i로의 정미복사열전달을 의미한다.

밀폐공간을 구성하는 면의 수가 많을 때, 위에 설명한 복사열전달 해석을 위하여 최근 널리 보급된 EES, Mathcad, Matlab 등과 같은 방정식해석 프로그램을 사용하는 체계적인 접근법이 적합하다. 이와 같은 방법을 **직접법**(direct method; 형식적으로는 대수해석에 의존하므로 행렬법이라 함)이라 한다. 두 번째 방법은 다음에 설명하는 바와 같이 전기회로의 해석에 기초한 **회로망법**(network method)이다.

회로망법은 1950년대에 A. K. Oppenheim에 의하여 처음 도입되었으며, 그 방법이 간단하고 물리적 중요성이 부각됨에 따라 널리 사용하게 되었다. 이 방법의 적용은 다음과 같이 직접적이다. 먼저 밀폐공간 내의 각 면에서 그 면에 해당되는 저항을 작성하여 이들을 공간저항과 연결하고, 복사열전달은 전류, 출사는 전압으로 대체된 전기회로망으로 취급하여 복사문제를 해석한다.

회로망법은 면의 수가 3, 4개 이상이면 회로가 매우 복잡해지므로 실용적이지 못하다. 본서에서는 면의 수가 2, 3개인 밀폐공간에 대하여 이 방법을 적용할 것이다.

두 면으로 구성된 밀폐공간의 복사열전달

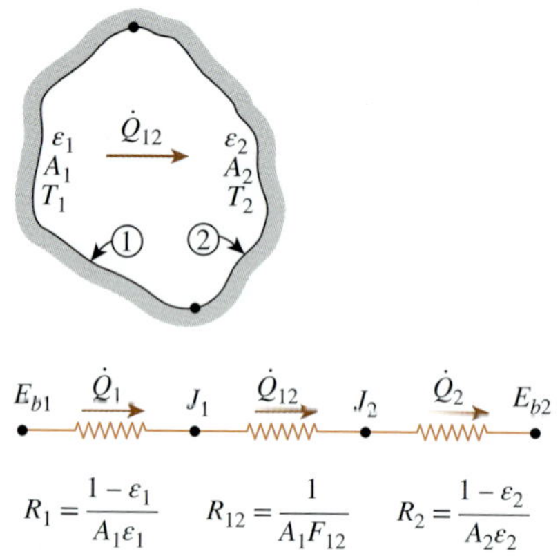

그림 7-52

2개 면으로 구성된 밀폐공간의 개략도와 이에 대한 복사회로망

그림 7-52에 도시한 바와 같이 온도가 각각 T_1, T_2인 두 개의 불투명한 면으로 구성된 밀폐공간에 대하여 회로망법을 적용함으로써 두 면 사이의 정미복사열전달을 구하고자 한다. 면 1과 2의 방사율은 ε_1, ε_2이고 면적은 A_1, A_2이며, 온도는 T_1, T_2로 균일하게 유지되고 있다. 밀폐공간은 두 개의 면만이 존재하므로 다음과 같은 식이 성립한다.

$$\dot{Q}_{12} = \dot{Q}_1 = -\dot{Q}_2$$

즉, 면 1에서 2로의 정미복사열전달은 **면 1로부터**의 정미복사열전달, 또는 **면 2로**의 정미복사열전달과 같아야 한다.

그림 7-52에 도시한 바와 같이 두 면으로 구성된 밀폐공간의 복사회로는 두 개의 표면저항과 한 개의 공간저항으로 구성된다. 전기회로에서 이와 같이 직렬로 연결된 저항을 흐르는 전류는 점 A와 B 사이의 전위차를 같은 두 점 사이의 총 저항으로 나눔으로써 구한다. 정미복사열전달률도 같은 방법으로 구하면 다음과 같이 표현된다.

$$\dot{Q}_{12} = \frac{E_{b1} - E_{b2}}{R_1 + R_{12} + R_2} = \dot{Q}_1 = -\dot{Q}_2$$

또는

$$\dot{Q}_{12} = \frac{\sigma(T_1^4 - T_2^4)}{\dfrac{1-\varepsilon_1}{A_1\varepsilon_1} + \dfrac{1}{A_1F_{12}} + \dfrac{1-\varepsilon_2}{A_2\varepsilon_2}} \qquad \text{(W)} \tag{7-51}$$

이와 같이 중요한 결과는 회체이고 확산적이며 불투명한 두 개의 면으로 구성되는 어떠한 밀폐공간에 대하여도 적용할 수 있다. 형상계수 F_{12}는 형상에 따른 값으로 가장 먼저 결정하여야 한다. 표 7-5에는 우리에게 익숙한 몇 가지 형상에 대하여 식 (7-51)의 간단히 정리된 형태를 제시하였다. 이들 몇 가지 형상에 대하여 F_{12} = 1임을 상기하자.

표 7-5

두 면으로 구성된 몇 가지 익숙한 밀폐공간에 대한 복사열전달 관계식

Configuration	Diagram	Relations	Equation	No.
Small object in a large cavity	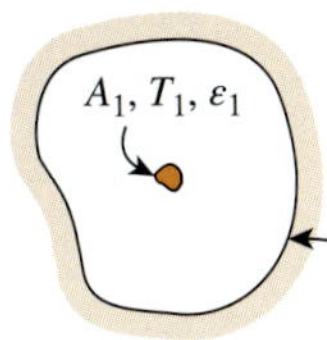	$\frac{A_1}{A_2} \approx 0$ $F_{12} = 1$	$\dot{Q}_{12} = A_1 \sigma \varepsilon_1 (T_1^4 - T_2^4)$	(7–52)
Infinitely large parallel plates	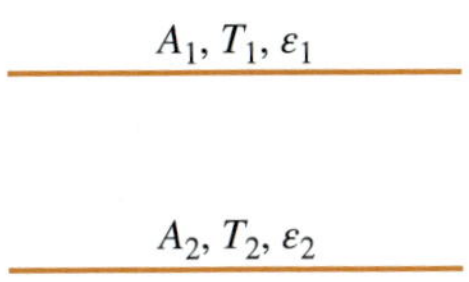	$A_1 = A_2 = A$ $F_{12} = 1$	$\dot{Q}_{12} = \dfrac{A\sigma(T_1^4 - T_2^4)}{\dfrac{1}{\varepsilon_1} + \dfrac{1}{\varepsilon_2} - 1}$	(7–53)
Infinitely long concentric cylinders	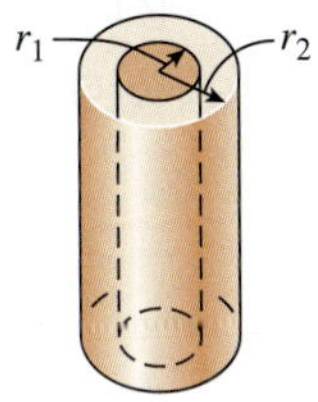	$\frac{A_1}{A_2} = \frac{r_1}{r_2}$ $F_{12} = 1$	$\dot{Q}_{12} = \dfrac{A_1\sigma(T_1^4 - T_2^4)}{\dfrac{1}{\varepsilon_1} + \dfrac{1 - \varepsilon_2}{\varepsilon_2}\left(\dfrac{r_1}{r_2}\right)}$	(7–54)
Concentric spheres	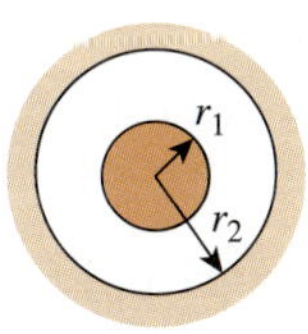	$\frac{A_1}{A_2} = \left(\frac{r_1}{r_2}\right)^2$ $F_{12} = 1$	$\dot{Q}_{12} = \dfrac{A_1\sigma(T_1^4 - T_2^4)}{\dfrac{1}{\varepsilon_1} + \dfrac{1 - \varepsilon_2}{\varepsilon_2}\left(\dfrac{r_1}{r_2}\right)^2}$	(7–55)

예제 7-10 평행 평판 사이의 복사열전달

그림 7-53에 도시한 바와 같이, 두 개의 매우 큰 평행 평판이 온도 T_1 = 800 K, T_2 = 500 K로 유지되고 있으며, 방사율은 각각 $\varepsilon_1 = 0.2$, $\varepsilon_2 = 0.7$이다. 각 평판들의 단위면적당 정미복사열전달률을 구하라.

풀이 두 개의 큰 평행 평판이 균일한 온도를 유지하고 있을 때, 두 평판 사이의 정미복사열전달률을 구하여야 한다.

가정 두 면은 모두 불투명하고, 확산적이며 회체이다.

해석 두 면 사이의 정미복사열전달률은 식 (7-53)으로부터 다음과 같이 결정할 수 있다.

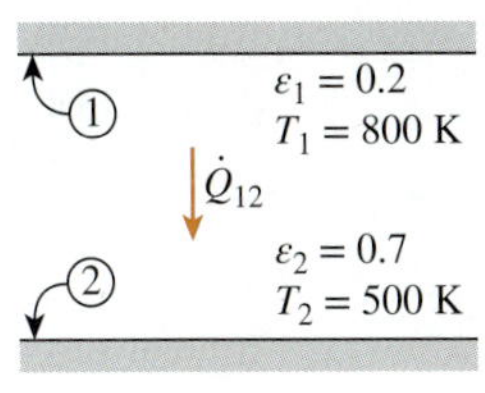

그림 7-53
예제 7-10에서 고려하는 두 개의 평행 평판

$$\dot{q}_{12} = \frac{\dot{Q}_{12}}{A} = \frac{\sigma(T_1^4 - T_2^4)}{\dfrac{1}{\varepsilon_1} + \dfrac{1}{\varepsilon_2} - 1} = \frac{(5.67 \times 10^{-8}\ \text{W/m}^2\cdot\text{K}^4)[(800\ \text{K})^4 - (500\ \text{K})^4]}{\dfrac{1}{0.2} + \dfrac{1}{0.7} - 1}$$

$$= \mathbf{3625\ W/m^2}$$

검토 면 1에서 2로의 단위면적당 정미복사열유속은 3625 W이다.

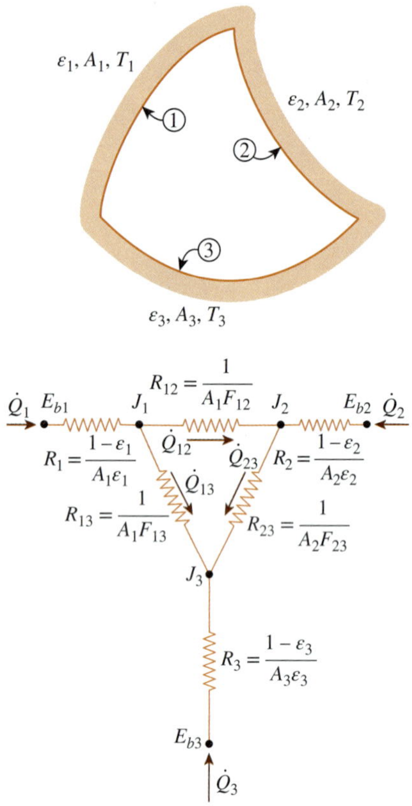

그림 7-54
3개 면으로 구성된 밀폐공간의 개략도와 이에 대한 복사회로망

세 면으로 구성된 밀폐공간의 복사열전달

이제는 그림 7-54에 도시한 바와 같이, 세 개의 불투명하고 확산적인 회체표면으로 구성된 밀폐공간에 대하여 고려하자. 면 1, 2, 3은 각각 면적이 A_1, A_2, A_3이고, 방사율이 ε_1, ε_2, ε_3이며, 온도는 T_1, T_2, T_3로 균일하다. 이 형상에 대한 복사회로망은 다음과 같은 표준절차에 따라 구성한다. 각각 세 면에 해당되는 표면저항을 작성하고, 그림에서처럼 이들 표면저항을 공간저항과 연결한다. 표면저항과 공간저항의 관계는 식 (7-41) 및 (7-46)과 같다. 세 종단점의 출사 E_{b1}, E_{b2}, E_{b3}는 표면온도를 알고 있으므로 계산할 수 있다. 그러므로 구해야 할 값은 출사 J_1, J_2, J_3가 된다. 이들 세 개의 미지수를 결정하기 위한 세 개의 방정식은 각 절점에서 전류의 대수합(정미복사열전달)은 0이 되어야 한다는 법칙으로부터 다음과 같이 구한다.

$$\begin{aligned} &\frac{E_{b1} - J_1}{R_1} + \frac{J_2 - J_1}{R_{12}} + \frac{J_3 - J_1}{R_{13}} = 0 \\ &\frac{J_1 - J_2}{R_{12}} + \frac{E_{b2} - J_2}{R_2} + \frac{J_3 - J_2}{R_{23}} = 0 \\ &\frac{J_1 - J_3}{R_{13}} + \frac{J_2 - J_3}{R_{23}} + \frac{E_{b3} - J_3}{R_3} = 0 \end{aligned} \tag{7-56}$$

일단, 출사 J_1, J_2, J_3를 구하면, 각 표면에서의 정미복사열전달은 식 (7-47)을 이용하여 결정할 수 있다.

위 방정식들은 세 면들 중 한 개 이상이 다음과 같이 "특별한 경우" 더욱 간단해진다. 예를 들어 흑체표면 또는 재복사면일 경우, $J_i = E_{bi} = \sigma T_i^4$이 된다. 또한, 재복사면에 대하여 $\dot{Q}_i = 0$이다. 마지막으로 면 i에서 온도 대신 정미복사열전달 $\dot{Q}_i$가 정의된 경우, 항 $(E_{bi} - J_i)/R_i$는 정의된 $\dot{Q}_i$로 대체되어야 한다.

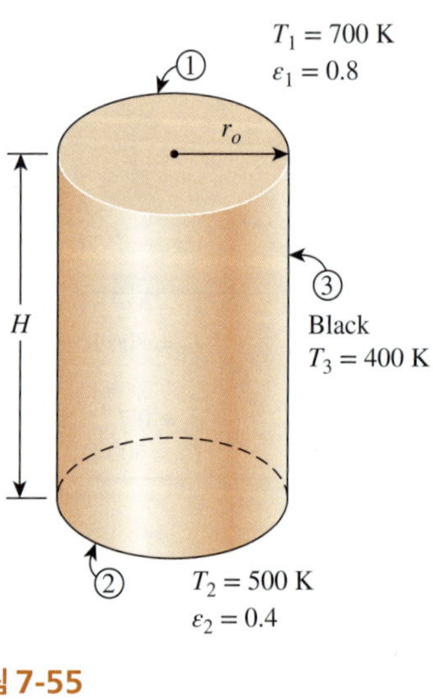

그림 7-55
예제 7-11에서 고려하는 원통형 가열로

예제 7-11 원통형 가열로의 복사 열전달

그림 7-55에 도시한 바와 같이 $r_o = H = 1$ m인 원통형 가열로를 고려하자. 가열로 상부면(표면 1)과 하부면(표면 2)의 방사율은 각각 $\varepsilon_1 = 0.8$, $\varepsilon_2 = 0.4$이고, 온도는 $T_1 = 700$ K, $T_2 = 500$ K로 균일하게 유지된다. 측면은 거의 흑체로 온도는 $T_3 = 400$ K로 유지된다. 정상상태작동 중 각 벽면들의 정미복사열전달률을 구하고, 벽면들의 온도를 유지하기 위한 방법에 대하여 설명하라.

풀이 정상상태에서 작동 중인 원통형 가열로의 벽면온도가 균일하게 유지될 때, 각 벽면들 사이의 정미복사열전달률을 구하여야 한다.

가정 **1.** 정상상태 운전조건이 존재한다. **2.** 벽면은 불투명하고 확산적이며 회체이다. **3.** 대류열전달은 무시한다.

해석 이 문제는 직접법을 사용하여 체계적으로 해석함으로써, 이 방법의 유용성을 증명하고자 한다. 원통형 가열로는 3면으로 구성된 밀폐공간으로 볼 수 있으며, 각 면의 면적은 다음과 같다.

$$A_1 = A_2 = \pi r_0^2 = \pi(1\text{ m})^2 = 3.14\text{ m}^2$$

$$A_3 = 2\pi r_o H = 2\pi(1\text{ m})(1\text{ m}) = 6.28\text{ m}^2$$

하부면에서 상부면으로의 형상계수를 그림 7-35로부터 결정하면, $F_{12} = 0.38$이다. 하부면으로부터 측면으로의 형상계수는 합법칙을 적용하고 $F_{11} = 0$임을 이용하여 다음과 같이 구한다.

$$F_{11} + F_{12} + F_{13} = 1 \rightarrow F_{13} = 1 - F_{11} - F_{12} = 1 - 0 - 0.38 = 0.62$$

상부면과 하부면은 측면에 대하여 대칭이므로 $F_{21} = F_{12} = 0.38$이고 $F_{23} = F_{13} = 0.62$이다. 형상계수 F_{31}은 상호법칙으로 부터 다음과 같이 구한다.

$$A_1F_{13} = A_3F_{31} \rightarrow F_{31} = F_{13}(A_1/A_3) = (0.62)(0.314/0.628) = 0.31$$

또한, 대칭조건에 의하여 $F_{32} = F_{31} = 0.31$이다. 이제 모든 형상계수를 구하였으므로 각 벽면에 대하여 식 (7-50)을 적용함으로써 다음과 같이 조사들을 구한다.

상부면 $(i = 1)$: $$\sigma T_1^4 = J_1 + \frac{1-\varepsilon_1}{\varepsilon_1}[F_{12}(J_1 - J_2) + F_{13}(J_1 - J_3)]$$

하부면 $(i = 2)$: $$\sigma T_2^4 = J_2 + \frac{1-\varepsilon_2}{\varepsilon_2}[F_{21}(J_2 - J_1) + F_{23}(J_2 - J_3)]$$

측면 $(i = 3)$: $\sigma T_3^4 = J_3 + 0$ (면 3은 흑체이므로 $\varepsilon_3 = 1$)

주어진 값들을 대입하면 다음과 같다.

$$(5.67 \times 10^{-8}\text{ W/m}^2\cdot\text{K}^4)(700\text{ K})^4 = J_1 + \frac{1-0.8}{0.8}[0.38(J_1 - J_2) + 0.62(J_1 - J_3)]$$

$$(5.67 \times 10^{-8}\text{ W/m}^2\cdot\text{K}^4)(500\text{ K})^4 = J_2 + \frac{1-0.4}{0.4}[0.38(J_2 - J_1) + 0.62(J_2 - J_3)]$$

$$(5.67 \times 10^{-8}\text{ W/m}^2\cdot\text{K}^4)(400\text{ K})^4 = J_3$$

이 식들을 J_1, J_2, J_3에 대하여 풀면 다음과 같다.

$$J_1 = 11{,}418\text{ W/m}^2, \quad J_2 = 4562\text{ W/m}^2, \quad \text{그리고} \quad J_3 = 1452\text{ W/m}^2$$

세 면의 정미복사열전달률은 식 (7-49)를 이용하여 다음과 같이 결정한다.

$$\begin{aligned}\dot{Q}_1 &= A_1[F_{1\rightarrow2}(J_1 - J_2) + F_{1\rightarrow3}(J_1 - J_3)]\\ &= (3.14\text{ m}^2)[0.38(11{,}418 - 4562) + 0.62(11{,}418 - 1452)]\text{ W/m}^2\\ &= \mathbf{27.6\text{ kW}}\end{aligned}$$

$$\begin{aligned}\dot{Q}_2 &= A_2[F_{2\to 1}(J_2 - J_1) + F_{2\to 3}(J_2 - J_3)]\\ &= (3.14\ \text{m}^2)[0.38(4562 - 11{,}418) + 0.62(4562 - 1452)]\ \text{W/m}^2\\ &= \mathbf{-2.13\ kW}\end{aligned}$$

$$\begin{aligned}\dot{Q}_3 &= A_3[F_{3\to 1}(J_3 - J_1) + F_{3\to 2}(J_3 - J_2)]\\ &= (6.28\ \text{m}^2)[0.31(1452 - 11{,}418) + 0.31(1452 - 4562)]\ \text{W/m}^2\\ &= \mathbf{-25.5\ kW}\end{aligned}$$

정미복사열은 상부면으로부터 하부면과 측면으로 전달되며 세 면의 정미복사열전달률의 합은 다음과 같이 0이다.

$$\dot{Q}_1 + \dot{Q}_2 + \dot{Q}_3 = 27.6 + (-2.13) + (-25.5) \cong 0$$

검토 벽면의 온도를 지정한 온도로 유지하려면 상부면에 27.6 kW의 열이 지속적으로 공급되어야 한다. 이와 같이 공급되는 열은 하부면과 측면을 통하여 각각 2.13 kW와 25.5 kW씩 제거된다.

이 문제에서 적용한 방법은 매우 직접적이며 복사열저항의 계산을 필요로 하지 않는다. 밀폐공간에 대하여는 면수가 아무리 늘어나도 이 방법을 동일하게 적용할 수 있다.

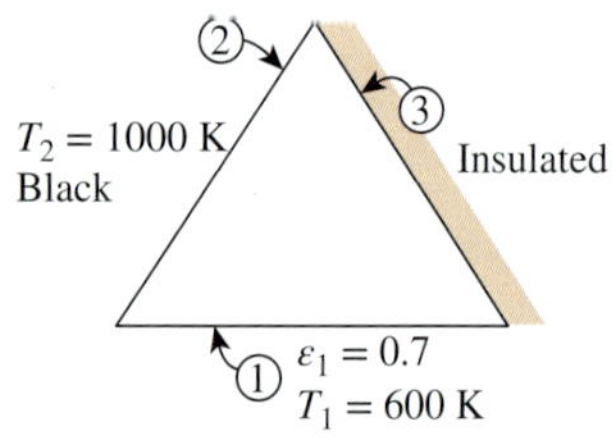

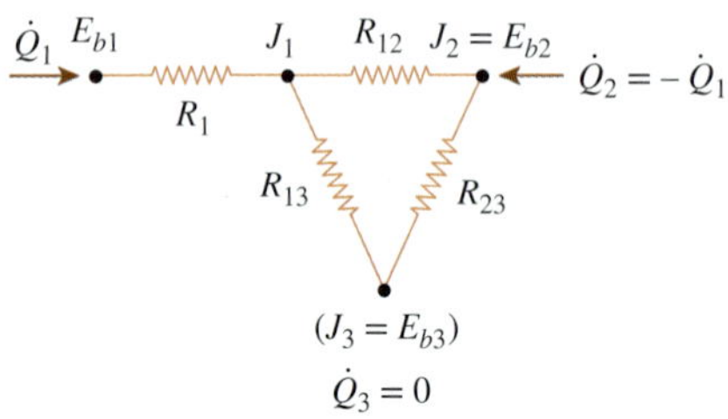

그림 7-56

예제 7-12에서 고려하는 삼각형 가열로

예제 7-12　　삼각형 가열로의 복사 열전달

가열로가 그림 7-56에 도시한 바와 같이 단면이 정삼각형인 긴 덕트 형상이다. 단면 각 변의 폭은 1 m이다. 하부면의 방사율이 0.7이고 온도는 600 K로 균일하게 유지된다. 온도 1000 K로 가열되는 좌측면은 거의 흑체이고, 우측면은 단열되어 있다. 이와 같은 운전조건을 유지하기 위하여 외부에서 가열면에 공급하여야 할 단위길이당 에너지율을 구하라.

풀이 단면이 정삼각형인 가열로의 두 면이 등온을 유지하고 다른 한 면은 단열처리가 되어있다. 정상상태 운전 동안 외부에서 가열면에 공급하여야 할 단위길이당 열전달률을 결정하여야 한다.

가정 **1.** 정상상태 운전조건이 존재한다. **2.** 표면은 불투명하고 확산적이며 회체이다. **3.** 대류열전달은 무시한다.

해석 덕트가 매우 길어서 양 끝단의 영향을 무시할 수 있으므로 가열로는 세 면으로 구성된 밀폐공간으로 간주할 수 있고, 이에 대한 복사회로망은 그림에 제시한 바와 같다. 밀폐공간 내 한 면에서 다른 면으로의 형상계수는 대칭성에 의하여 모두 0.5가 된다. 면 3은 정미복사열전달률이 0이므로 재복사면이다. 또한, 면 1에서 손실된 모든 열량이 면 2에서 획득되기 때문에 $\dot{Q}_1 = -\dot{Q}_2$가 된다. 이 경우의 복사회로는 단순한 직렬–병렬 연결형태로서, $\dot{Q}_1$은 다음과 같은 식으로부터 직접 구한다.

$$\dot{Q}_1 = \frac{E_{b1} - E_{b2}}{R_1 + \left(\dfrac{1}{R_{12}} + \dfrac{1}{R_{13} + R_{23}}\right)^{-1}} = \frac{E_{b1} - E_{b2}}{\dfrac{1 - \varepsilon_1}{A_1\varepsilon_1} + \left(A_1F_{12} + \dfrac{1}{1/A_1F_{13} + 1/A_2F_{23}}\right)^{-1}}$$

이 식에서 변수들은 다음과 같다.

$$A_1 = A_2 = A_3 = wL = 1\ \text{m} \times 1\ \text{m} = 1\ \text{m}^2 \quad \text{(per unit length of the duct)}$$

$$F_{12} = F_{13} = F_{23} = 0.5 \quad \text{(symmetry)}$$

$$E_{b1} = \sigma T_1^4 = (5.67 \times 10^{-8}\ \text{W/m}^2\cdot\text{K}^4)(600\ \text{K})^4 = 7348\ \text{W/m}^2$$

$$E_{b2} = \sigma T_2^4 = (5.67 \times 10^{-8}\ \text{W/m}^2\cdot\text{K}^4)(1000\ \text{K})^4 = 56{,}700\ \text{W/m}^2$$

이 값을 대입하면 $\dot{Q}_1$은 다음과 같다.

$$\dot{Q}_1 = \frac{(56{,}700 - 7348)\ \text{W/m}^2}{\dfrac{1-0.7}{0.7 \times 1\ \text{m}^2} + \left[(0.5 \times 1\ \text{m}^2) + \dfrac{1}{1/(0.5 \times 1\ \text{m}^2) + 1/(0.5 \times 1\ \text{m}^2)}\right]^{-1}}$$

$$= \mathbf{28.0\ kW}$$

그러므로 가열로의 정상상태 작동을 유지하려면 가열면에 단위길이당 28 kW의 에너지를 공급하여야 한다.

요약 | SUMMARY

복사는 전자기파의 형태로 전파된다. 매질에서 전자기파의 **주파수** ν와 **파장** λ 사이에는 $\lambda = c/\nu$의 관계가 성립하고, 이때 c는 매질에서 전파속도이다. 모든 물질은 각 물질을 구성하는 분자, 원자 및 전자의 진동과 회전운동의 결과로서 연속적인 **열복사**를 방출한다.

흑체는 복사에 대한 완전 방사 및 흡수체로 정의한다. 주어진 온도와 파장에서 흑체보다 더 많은 복사에너지를 방사하는 표면은 없다. 흑체는 입사되는 복사를 파장과 방향에 무관하게 **모두** 흡수한다. 단위시간당, 단위표면적당 흑체가 방사하는 복사에너지를 **흑체방사도** E_b라 하고, **스테판-볼츠만 법칙**에 의하여 다음과 같이 나타낸다.

$$E_b(T) = \sigma T^4$$

이 식에서 **스테판-볼츠만 상수** $\sigma = 5.67 \times 10^{-8}\ \text{W/m}^2\cdot\text{K}^4$이고, T는 표면의 절대온도로서 단위는 K이다. 특정한 온도에서 분광흑체방사도 $E_{b\lambda}$는 파장의 변화에 따라 증가하여 최대가 되고, 다시 감소한다. 최대값이 나타나는 파장은 특정한 온도에서 바인의 변위 법칙에 의하여 다음과 같이 구할 수 있다.

$$(\lambda T)_{\text{max power}} = 2897.8\ \mu\text{m}\cdot\text{K}$$

흑체복사함수 f_λ는 온도 T인 흑체로부터 방사되는 전 파장에 대한 복사와 파장 $\lambda = 0$에서 λ까지 복사의 비를 의미한다. 온도 T인 흑체로부터 유한한 파장 영역 $\lambda = \lambda_1$에서 λ_2에 걸쳐 방사되는 복사에너지의 비는 다음과 같은 식으로부터 결정된다.

$$f_{\lambda_1-\lambda_2}(T) = f_{\lambda_2}(T) - f_{\lambda_1}(T)$$

여기서 $f_{\lambda 1}(T)$와 $f_{\lambda 2}(T)$는 각각 $\lambda_1 T$와 $\lambda_2 T$에 대한 흑체복사함수이다.

표면의 **방사율**은 동일한 온도의 흑체와 실제표면에서 방사되는 복사에너지의 비를 의미한다. 다양한 방사율들은 다음과 같이 정의된다.

분광반구방사율:

$$\varepsilon_\lambda(\lambda, T) = \frac{E_\lambda(\lambda, T)}{E_{b\lambda}(\lambda, T)}$$

전반구방사율:

$$\varepsilon(T) = \frac{E(T)}{E_b(T)} = \frac{\int_0^\infty \varepsilon_\lambda(\lambda, T) E_{b\lambda}(\lambda, T)\, d\lambda}{\sigma T^4}$$

방사율은 충분한 수의 **파장대역**에 대하여 방사율이 일정한 값을 갖는 계단함수로 가정함으로써 다음과 같은 식으로 나타낼 수 있다.

$$\varepsilon(T) = \varepsilon_1 f_{0-\lambda_1}(T) + \varepsilon_2 f_{\lambda_1-\lambda_2}(T) + \varepsilon_3 f_{\lambda_2-\infty}(T)$$

표면의 **총반구방사율** ε은 전방향과 파장에 걸친 평균방사율이다.

복사가 표면에 입사되면 일부는 흡수되고 일부는 반사되며 나머지는 투과되기도 한다. 입사된 복사(조사 G)중, 표면에서 흡수된 에너지의 비가 **흡수율**이고, 표면에서 반사된 에너지의 비는 **반사율**이며, 투과된 에너지의 비는 **투과율**이다. 매질에 대한 다양한 흡수율, 반사율 및 투과율은 다음과 같은 식으로 표현된다.

$$\alpha_\lambda(\lambda) = \frac{G_{\lambda,\text{abs}}(\lambda)}{G_\lambda(\lambda)}, \quad \rho_\lambda(\lambda) = \frac{G_{\lambda,\text{ref}}(\lambda)}{G_\lambda(\lambda)}, \quad \tau_\lambda(\lambda) = \frac{G_{\lambda,\text{tr}}(\lambda)}{G_\lambda(\lambda)}$$

$$\alpha = \frac{G_{\text{abs}}}{G}, \quad \rho = \frac{G_{\text{ref}}}{G}, \quad \tau = \frac{G_{\text{tr}}}{G}$$

복사물성치에 대한 파장과 방향 의존성을 고려하면 복사 계산은 매우 복잡해진다. 그러므로 일반적으로 **회체** 및 **확산** 근사가 복사의 계산에 적용된다. 표면의 물성치가 방향에 의존하지 않을 경우 이러한 표면을 **확산적**이라 하고, 파장에 의존하지 않을 경우 **회체**라 한다.

표면에 조사된 복사의 흡수, 반사 및 투과된 에너지 비의 합은 다음과 같이 1이 되어야 한다.

$$\alpha + \rho + \tau = 1$$

불투명한 표면에 대하여는 $\tau = 0$이므로 상기의 식은 다음과 같이 표기된다.

$$\alpha + \rho = 1$$

일반적으로 계산을 단순화하기 위하여 표면반사를 완전한 **정반사** 또는 **확산반사**로 가정한다. **정반사**(또는 **거울반사**)의 경우, 반사각은 복사선의 입사각과 같다. **확산반사**에 있어서는 입사된 복사가 모든 방향으로 균일하게 반사된다. 매끈하고 윤이 나는 표면은 정반사 표면으로 가정하고, 거친 표면으로부터의 반사는 확산반사로 가정한다. 복사에 대한 **키르히호프의 법칙**은 다음과 같이 표현된다.

$$\varepsilon_{\lambda,\theta}(T) = \alpha_{\lambda,\theta}(T), \quad \varepsilon_\lambda(T) = \alpha_\lambda(T), \quad \varepsilon(T) = \alpha(T)$$

표면들 사이의 복사열전달은 이들 사이의 상대적인 방위에 의존한다. 복사해석에서 이러한 효과는 기하학적 변수인 **형상계수**로 결정된다. 면 i로부터 면 j로의 **형상계수**는 $F_{i\to j}$ 또는 F_{ij}로 표기하며, 면 i를 출발한 복사에너지 중 면 j에 직접 도달하는 복사의 비로 정의된다. 형상계수 $F_{i\to i}$는 면 i를 출발하여 자신에게 직접 도달하는 복사의 비를 의미한다. **평면**이나 **볼록면**에 대하여는 $F_{i\to i} = 0$ 이지만 **오목면**에 대하여는 $F_{i\to i} \neq 0$이다.

형상계수에 대하여는 다음과 같은 **상호법칙**이 적용된다.

$$A_i F_{i\to j} = A_j F_{j\to i}$$

밀폐공간의 한 면 i로부터 자신을 포함한 밀폐공간 내 모든 면에 대한 형상계수의 합은 1이 되어야 한다. 이를 밀폐공간에 대한 **합법칙**이라 한다. 면 i로부터 면 j로의 형상계수는 면 i로부터 면 j의 일부분으로의 형상계수들의 총합과 같으며, 이를 **중첩법칙**이라 한다. 면 j와 k가 면 i에 대하여 대칭이라면 $F_{j\to i} = F_{k\to i}$이며, 이를 **대칭법칙**이라 한다.

두 **흑체표면** 사이의 정미복사열전달률은 다음과 같은 식으로부터 결정된다.

$$\dot{Q}_{1\to 2} = A_1 F_{1\to 2}\sigma(T_1^4 - T_2^4)$$

흑체표면으로 구성된 밀폐공간의 특정면 i로부터 **정미복사열전달**은 면 i로부터 밀폐공간 내 모든 면으로의 정미복사열전달을 합하여 다음과 같은 식으로 구한다.

$$\dot{Q}_i = \sum_{j=1}^{N} \dot{Q}_{i\to j} = \sum_{j=1}^{N} A_i F_{i\to j}\sigma(T_i^4 - T_j^4)$$

단위시간당, 단위면적당 표면을 출발하는 총복사에너지를 **출사**라 하고, 기호로는 J로 표기한다. 면적이 A_i인 면 i로부터의 **정미복사열전달률**은 다음과 같은 식으로 표현된다.

$$\dot{Q}_i = \frac{E_{bi} - J_i}{R_i}$$

이 식에서 복사에 대한 **표면저항** R_i는 다음과 같다.

$$R_i = \frac{1 - \varepsilon_i}{A_i \varepsilon_i}$$

면 i로부터 면 j로의 **정미복사열전달률**은 다음식으로 표현된다.

$$\dot{Q}_{i\to j} = \frac{J_i - J_j}{R_{i\to j}}$$

이 식에서 복사에 대한 **공간저항** $R_{i\to j}$는 다음과 같다.

$$R_{i\to j} = \frac{1}{A_i F_{i\to j}}$$

밀폐공간의 복사문제 해석을 위하여 밀폐공간 내부 각 면에 대한 표면저항을 작성하고 이들을 공간저항과 연결한 후, **회로망법**을 적용한다. 복사열전달은 전류, 출사는 전압에 해당한다고 가정하면, 복사문제를 전기회로 문제로 취급하여 계산할 수 있다. **직접법**은 다음과 같은 두 식에 기초한 것이다.

정미열전달률 $\dot{Q}_i$가 주어진 면에 대하여:

$$\dot{Q}_i = A_i \sum_{j=1}^{N} F_{i\to j}(J_i - J_j)$$

온도 T_i가 주어진 면에 대하여:

$$\sigma T_i^4 = J_i + \frac{1 - \varepsilon_i}{\varepsilon_i} \sum_{j=1}^{N} F_{i\to j}(J_i - J_j)$$

수식의 첫 번째 및 두 번째 그룹은 N개의 면으로 구성된 밀폐공간에서 N개의 미지 출사를 결정하기 위한 N개의 선형대수방정식을 제공한다. 일단 출사 $J_1, J_2, \cdots, J_N$이 결정되면 미지의 표면온도와 복사열전달률은 상기의 방정식들로부터 구할 수 있다.

밀폐공간 내 회체이고 확산적이며 불투명한 두 면 사이의 정미 복사열전달률은 다음과 같은 식으로 구한다.

$$\dot{Q}_{12} = \frac{\sigma(T_1^4 - T_2^4)}{\dfrac{1-\varepsilon_1}{A_1\varepsilon_1} + \dfrac{1}{A_1F_{12}} + \dfrac{1-\varepsilon_2}{A_2\varepsilon_2}}$$

참고문헌 | REFERENCES AND SUGGESTED READINGS

1. American Society of Heating, Refrigeration, and Air Conditioning Engineers. *Handbook of Fundamentals*. Atlanta: ASHRAE, 1993.
2. A. G. H. Dietz. "Diathermanous Materials and Properties of Surfaces." In *Space Heating with Solar Energy*, R.W. Hamilton, ed. Cambridge, MA: MIT Press, 1954.
3. D. C. Hamilton and W. R. Morgan. "Radiation Interchange Configuration Factors." National Advisory Committee for Aeronautics, Technical Note 2836, 1952.
4. H. C. Hottel. "Radiant *Heat Transmission*." In Heat Transmission, 3rd ed., W. H. McAdams, ed. New York: McGraw-Hill, 1954.
5. J. R. Howell. *A Catalog of Radiation Configuration Factors*. New York: McGraw-Hill, 1982.
6. M. F. Modest. *Radiative Heat Transfer*. 2nd ed. New York: McGraw-Hill, 2003.
7. A. K. Oppenheim. "Radiation Analysis by the Network Method." *Transactions of the ASME* 78 (1956), pp. 725-735.
8. M. Planck. *The Theory of Heat Radiation*. New York: Dover, 1959.
9. W. Sieber. *Zeitschrift für Technische Physics* 22 (1941), pp. 130-135.
10. R. Siegel and J. R. Howell. *Thermal Radiation Heat Transfer*. 4th ed. New York: Taylor & Francis, 2002.
11. S. Thyageswaran. "Radiation View Factor for Co-Axial and Unequal Rectangles in Parallel Planes." *Heat Transfer Engineering* 38 (2017). pp. 1522-1529.
12. Y. S. Touloukian and D. P. DeWitt. "Metallic Elements and Alloys." In *Thermal Radiative Properties*, Vol. 7. New York: IFI/Plenum, 1970.
13. Y. S. Touloukian and D. P. DeWitt. "Nonmetallic Solids." In *Thermal Radiative Properties*. Vol. 8. New York: IFI/Plenum, 1970.

연습문제* | PROBLEMS

전자기 및 열복사

7-1C 전자기파란 무엇인가? 이것은 음파와는 어떻게 다른가?

7-2C 어떤 물성치가 전자기파의 특성을 결정하는가? 이들 물성치는 서로 어떤 관계가 있는가?

7-3C 열복사란 무엇인가? 이것은 다른 형태의 전자기파와 어떻게 다른가?

7-4C 마이크로웨이브를 이용한 요리법과 일반적인 요리법의 차이는 무엇인가?

7-5C 가시광선이란 무엇인가? 이것은 다른 형태의 전자기복사와는 어떻게 다른가?

7-6C 색깔이 존재하는 이유는 무엇인가? 어떤 물체는 파란색으로, 어떤 물체는 빨간색으로 보이는 이유는 무엇인가? 상온에서 물체표면의 색은 그 물체가 방사하는 복사와 관련이 있는가?

7-7C 스키를 즐기는 사람의 피부가 태양광에 쉽게 타는 이유는 무엇인가?

7-8C 자외선과 적외선복사는 어떻게 서로 다른가? 우리 몸에서 자외선복사가 방사되겠는가?

7-9 주파수 50 Hz (1 Hz = 초당 1주기)로 발전된 전기가 전력선을 통하여 전송된다. 전력선을 통과하는 전기에 의하여 발생되는 전자기파의 파장을 구하라.

7-10 진공에서 빛의 속력은 3.0×10^8 m/s이다. 공기(n = 1), 물(n = 1.33) 및 유리(n = 1.5)에서 빛의 속도를 구하라.

7-11 라디오 방송국에서 파장 150 m의 라디오파를 송출한다. 이 라디오파의 주파수를 구하라.

7-12 파장 0.5 μm의 전자파가 공기, 물, 유리 등 다양한 매체로 전파된다. 공기, 물, 유리의 굴절률이 각각 1, 1.33, 1.5일 때, 각 매질에서 전자기파의 광자 에너지(eV)를 결정하라 (1 eV = 1.6022×10^{-19} J).

*"C"로 표시된 문제는 개념에 관한 문제들이며, 학생들은 모든 문제를 풀어보는 것을 권장한다. "E"로 표시된 문제는 영국 단위로 되어 있으며 SI 단위 사용자들은 무시할 수 있다. "💻" 아이콘이 있는 문제는 그대로 풀기는 어려우며, 적절한 프로그램을 사용하여 풀어야 한다.

7-13 파장이 0.40~0.76 μm 사이인 전자기파를 가시광선이라 한다. 이 파장 내에서 보라색은 파장이 가장 짧고 빨간색은 파장이 가장 길다. 보라색(λ = 0.40 μm)과 빨간색(λ = 0.76 μm) 중 어떤 색이 더 많은 광자 에너지를 전파하는지 결정하라.

흑체복사

7-14C 흑체란 무엇인가? 흑체는 실제로 존재하는가?

7-15C 총흑체방사도와 분광흑체방사도를 정의하라. 이들은 어떤 형태로 연관되는가? 이들의 차이는 무엇인가?

7-16C 흑체복사함수를 정의하는 이유는 무엇인가? 이것이 나타내는 의미는 무엇인가? 이것은 무엇을 위하여 사용되는가?

7-17 온도 1000 K로 균일하게 유지되는 면이 있다. 이 면이 방사하는 단위면적당 최대복사열전달률(W/m^2)은 얼마인가?

7-18 성냥 불꽃은 1700 K의 유효표면온도인 흑체로 근사할 수 있는 반면, 달빛은 4000 K의 유효표면온도인 흑체로 근사할 수 있다. 두 광원(성냥 불꽃 및 달빛)에 대한 최대 분광흑체방사도를 구하라.

7-19 파장 0.7 μm에서 흑체방사도가 10^8 W/m^{3}이다. (*a*) 흑체의 온도 및 (*b*) 이 온도에서 총흑체방사도를 결정하라.

7-20 태양은 유효표면온도가 5780 K인 흑체로 가정할 수 있다. 적절한 S/W를 사용하여 파장 0.01~1000 μm까지 영역에서 태양의 분광흑체방사도 $E_{b\lambda}$를 계산하여 도표로 제시하고, 그 결과에 대하여 논하라.

7-21 스테인리스스틸 재질의 직경 3 m 구형 밀폐공간 내에 작은 물체가 놓여 있다. 밀폐공간은 진공 상태이며, 표면온도는 500 K로 일정하다. 밀폐공간 내부 표면이 (*a*) 검정색으로 처리되어 있을 때, (*b*) 잘 연마되어 있을 때, 작은 물체 표면에 입사되는 복사량을 결정하라.

7-22 공기 중에 매달려 있는 지름 25 cm의 흑체인 구형 공을 고려하자. 10 kg의 공기를 5분 동안 20°C에서 30°C로 가열하기 위해 유지되어야 하는 공의 표면온도를 구하라.

7-23 얇은 수직 동판의 한 면에 1000 W/m^{2}의 균일한 열유속이 유입되고, 다른 면은 온도 5°C인 주변환경에 노출되어 있다. 동판의 양 표면은 검정색으로 산화되어 흑체로 가정할 수 있다. 동판 표면의 자연대류 열전달계수는 5.3 W/m^2·K이다. 동판의 표면온도를 계산하라. 동판의 총열손실에 대한 정미복사열전달의 기여도에 대해 논하라.

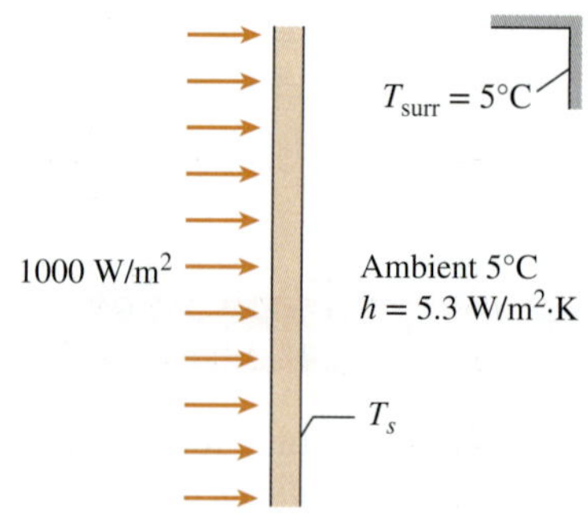

그림 P7-23

7-24 흑체로 가정할 수 있는 세라믹 원판을 전기히터로 가열하고 있다. 원판의 직경은 30 cm이고, 자연대류 열전달계수가 12 W/m^2·K인 주위온도 15°C의 환경에 노출되어 있다. 원판을 가열하는 전기히터의 효율이 80%인 경우, 히터가 원판의 표면온도를 200°C로 유지하는 데 필요한 전력량을 결정하라.

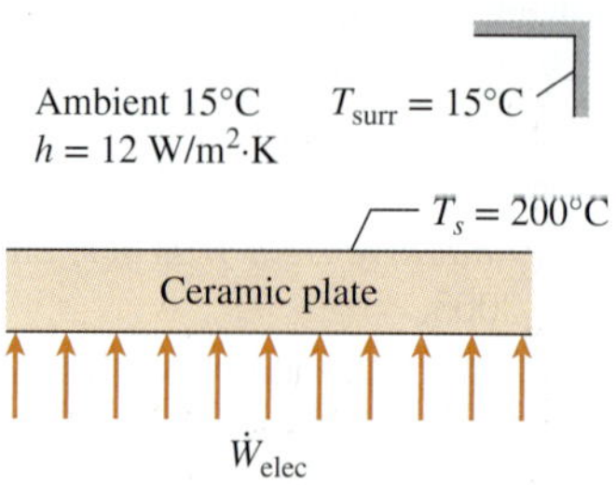

그림 P7-24

7-25 백열전구로부터 방사되는 에너지 중 적어도 15% 이상이 파장 0.8 μm보다 짧은 영역에 속하도록 하고자 한다. 백열전구 필라멘트가 가열되어야 할 최소 온도를 결정하라.

7-26 백열전구 필라멘트의 온도가 2500 K이다. 필라멘트를 흑체로 가정하여, 필라멘트에서 방사되는 에너지 중 가시광선 영역에 속하는 에너지의 비를 구하고 필라멘트에서 방사되는 복사에너지가 최대가 되는 파장을 구하라.

7-27 백열전구 필라멘트의 온도가 2800 K이다. 필라멘트를 흑체로 취급하여, 필라멘트에서 방사되는 에너지 중 가시광선 영역에 속하는 에너지의 비를 구하고 필라멘트에서 방사되는 복사에너지가 최대가 되는 파장을 구하라.

7-28 문제 7-27을 다시 고려하자. 적절한 S/W를 사용하여 표면의 온도가 1000 K에서 4000 K까지 변할 때 가시광선 영역에서 방사되는 복사에너지의 비율에 대한 온도의 영향을 분석하라. 또한, 가시광선 영역에서 방사되는 복사에너지의 비를 온도에 따라 도표로 나타내라.

7-29 광원에서 방사되는 복사에너지의 최대값이 청색(λ = 0.47 μm) 영역에 속하도록 하고자 한다. 광원의 온도를 결정하고 가시광선 영역(λ = 0.40 − 0.76 μm)에서 방사되는 복사에너지의 비를 구하라.

7-30E 태양은 유효표면온도가 10,400 R인 흑체로 가정할 수 있다. 태양에서 방출되는 적외선(λ = 0.76~100 μm) 복사에너지율을 구하라.

7-31 두께 3 mm인 유리창이 파장 λ = 0.3~3.0 μm인 복사 중 약 90%를 투과시키며 다른 파장대의 복사에 대하여는 비투과적이다. 온도 (*a*) 5800 K, (*b*) 1000 K인 흑체복사 열원으로부터 방사되어 3 m × 3 m인 유리창을 투과하는 복사에너지율을 구하라.

7-32 태양은 표면온도가 대략 5800 K인 흑체로 간주할 수 있다. 각각 (*a*) 가시광선 영역, (*b*) 가시광선 영역보다 짧은 파장대, (*c*) 가시광선 영역보다 긴 파장대에 대한 태양 복사에너지의 백분율을 계산하라.

복사물성치

7-33C 회체란 무엇인가? 이것은 흑체와 어떻게 다른가? 확산적 회체표면이란 무엇인가?

7-34C 물성치인 방사율과 흡수율을 정의하라. 이들 두 물성치가 서로 같은 값이 되는 경우는?

7-35C 물성치인 반사율과 투과율을 정의하고, 형태가 다른 두 종류의 반사에 대하여 논하라.

7-36C 온실효과란 무엇인가? 대기과학자들 사이에 이것이 중요한 문제로 대두되는 이유는 무엇인가?

7-37 크기 40 cm × 40 cm의 유리창이 부착된 가열로를 온도 1200 K인 흑체로 가정하자. 유리창의 투과율이 파장 3 μm보다 짧은 복사에 대하여 0.7이고, 3 μm보다 긴 복사에 대하여는 0일 때, 가열로에서 방사되는 복사 중 유리창을 투과하는 복사에너지의 비를 구하라.

7-38 온도 1000 K인 불투명한 표면의 분광방사율이 근사적으로 다음과 같은 함수로 표현된다.

$$\varepsilon_\lambda = \begin{cases} \varepsilon_1 = 0.4, & 0 \le \lambda < 3\ \mu\text{m} \\ \varepsilon_2 = 0.7, & 3\ \mu\text{m} \le \lambda < 6\ \mu\text{m} \\ \varepsilon_3 = 0.3, & 6\ \mu\text{m} \le \lambda < \infty \end{cases}$$

표면의 평균방사율과 표면에서 방출되는 방사복사율을 W/m^{2}의 단위로 구하라.

7-39 텅스텐 필라멘트의 방사율은 근사적으로 파장 1 μm 이하인 복사에 대하여는 0.5이고, 1 μm 이상인 복사에 대하여는 0.15이다. 온도가 각각 (*a*) 1500 K, (*b*) 2500 K일 때, 필라멘트의 평균방사율을 구하라. 또한, 이 온도에서 필라멘트의 흡수율과 반사율을 계산하라.

7-40 두 면의 분광방사율이 파장의 함수로써, 그림 P7-40에 도시한 바와 같다. 온도 3000 K일 때, 두 면의 평균방사율을 구하라. 또한, 온도 3000 K인 열원에서 방사되는 복사에 대한 평균흡수율과 반사율을 구하라. 태양복사에 대한 흡수체로 더 적합한 면은 무엇인가?

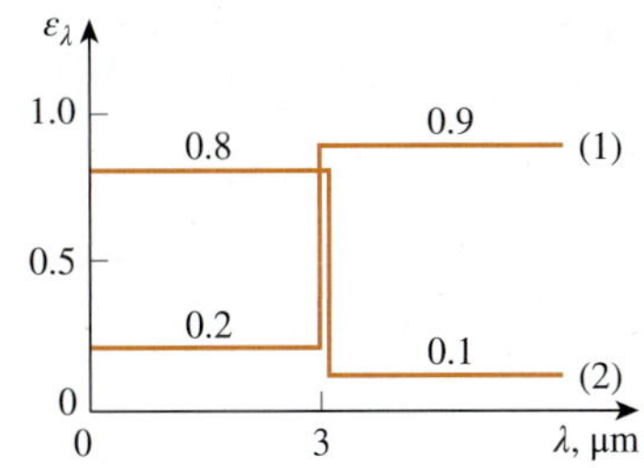

그림 P7-40

7-41 알루미늄산화물로 코팅된 표면의 방사율은 5 μm보다 짧은 파장의 복사에 대해 0.15, 5 μm보다 긴 파장의 복사에 대해 0.9로 근사될 수 있다. 표면온도가 각각 (*a*) 5800 K, (*b*) 300 K일 때, 평균방사율을 결정하라. 열원의 온도가 5800 K와 300 K에서 방출되는 복사에 대한 이 표면의 흡수율에 대해 논하라. *답*: (*a*) 0.154, (*b*) 0.89

7-42 표면의 분광흡수율 변화를 그림 P7-42에 도시하였다. 온도 2500 K인 열원에서 방출되는 복사에 대한 이 표면의 평균흡수율과 반사율을 구하라. 또한, 이 표면의 온도가 3000 K일 때 평균방사율을 구하라.

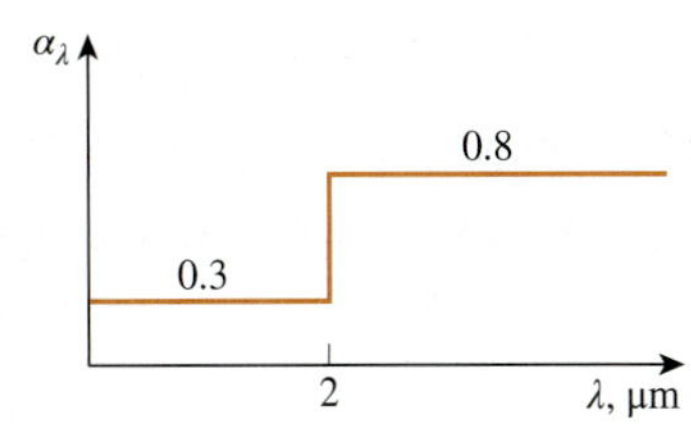

그림 P7-42

7-43 황산납으로 코팅된 알루미늄의 반사율은 파장이 3 μm 이하일 때 0.35이고, 3 μm 이상이면 0.95이다. 태양복사(5800 K)와 상온 복사열원(300 K)에 대한 이 표면의 평균반사율을 구하라. 또한, 이들 온도에서 표면의 방사율과 흡수율을 구하라. 이러한 재질을 태양광집열판으로 사용하는 것이 적절한가?

7-44 바닥면과 모서리가 잘 단열된 불투명한 평판에 3000 W/m²의 적외선 복사가 조사되고 있으며, 그 중 500 W/m²은 반사된다. 평판의 온도는 700 K로 균일하게 유지되고, 방사도는 5000 W/m²이다. 평판의 총방사율과 총흡수율을 구하라.

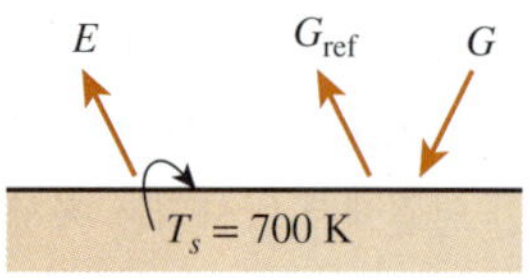

그림 P7-44

7-45 반투명 매질에 조사되는 복사가 520 W/m²이다. 조사되는 복사 중 160 W/m²이 매질에서 반사되고 130 W/m²이 매질을 투과할 때, 매질의 흡수율, 반사율, 투과율 및 방사율을 구하라.

7-46 바닥면과 모서리가 잘 단열된 불투명한 수평 평판이 있다. 복사가 평판 위로 균일하게 조사되고, 온도 T_∞ = 300 K인 공기가 표면 위로 흐르며 강제대류 열전달계수는 40 W/m²·K로 균일하다. 정상상태에서 표면의 복사 방사량은 4000 W/m²이고, 평판 온도는 350 K로 균일하게 유지된다. 평판의 총흡수율이 0.40일 때, (*a*) 평판에 조사되는 복사량, (*b*) 평판의 총반사율, (*c*) 평판의 방사도, (*d*) 평판의 총방사율을 구하라.

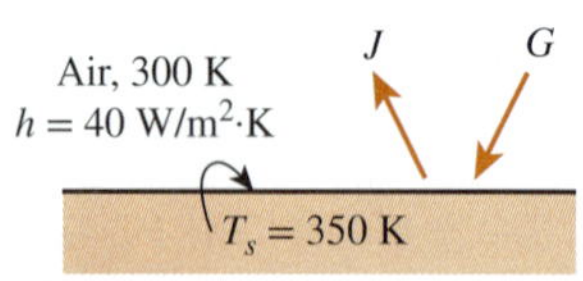

그림 P7-46

7-47 모서리가 잘 단열되어 있고, 바닥면이 전기히터로 가열되는 불투명한 평판을 고려하자. 평판의 방사율은 0.67이고, 자연대류 열전달계수가 7 W/m²·K인 주위온도 7°C 환경에 위치한다. 표면온도를 80°C로 유지하기 위하여 전기히터는 균일한 열유속 1000 W/m²를 평판에 공급한다. 이러한 조건에서 평판의 복사 방사량을 결정하라.

7-48 평행 평판의 상부와 하부면에 동일한 적외선이 조사된다. 평판 주위의 공기온도는 290 K이고, 대류열전달계수는 30 W/m²·K이다. 평판 상부와 하부면에서 출사되는 복사량은 4000 W/m²·K이고, 평판온도는 390 K로 일정하게 유지된다. 평판은 불투명하지 않고 흡수율이 0.527일 때, 평판에 조사되는 복사량과 표면방사율을 구하라.

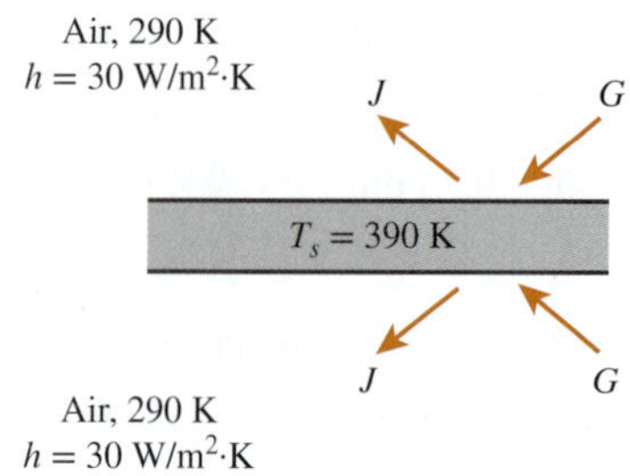

그림 P7-48

형상계수

7-49C 형상계수는 무엇을 의미하는가? 면 자신에 대한 형상계수가 0이 아닌 것은 어떤 경우인가?

7-50C 두 면 사이의 형상계수 F_{21}과 면적들을 알고 있을 때, 형상계수 F_{12}는 어떻게 결정하는가?

7-51C 형상계수에 대한 합법칙과 중첩법칙은 무엇인가?

7-52C 교차선법은 무엇인가? 교차선법의 적용이 가능한 형상은 어떤 종류인가?

7-53 직경이 D = 1 m로 동일한 두 동축정렬 평행 원판과 한 변이 1 m로 동일한 두 동축정렬 평행 정사각평판이 각각 1 m 거리로 이격되어 있다. 원판들 및 정사각평판들 사이의 형상계수 F_{12}를 결정하라. 두 형상 중 형상계수가 더 큰 것은 무엇인가?

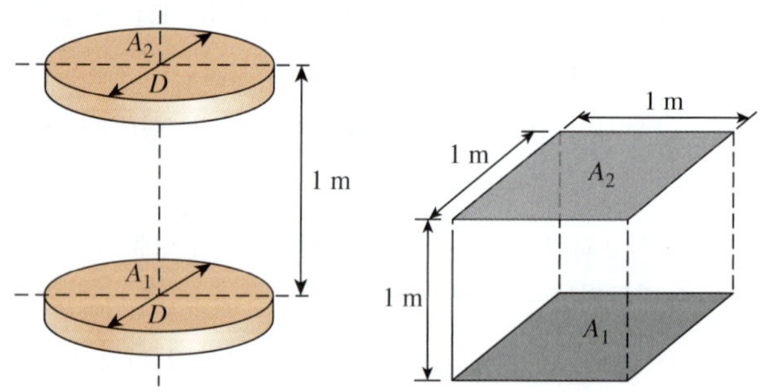

그림 P7-53

7-54 직경 D로 동일한 두 동축정렬 평행 원판이 L만큼 떨어져 있다. 형상계수가 F_{12} = 0.1일 때, 평판의 직경은 동일한 상태로 형상계수가 5배 증가하기 위한 조건을 결정하라.

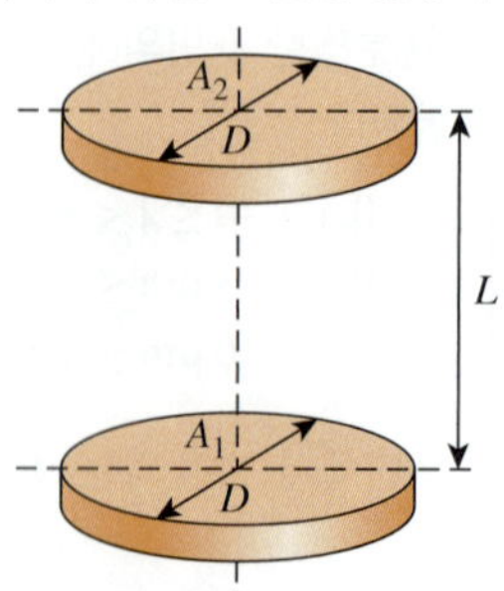

그림 P7-54

7-55 원통형 히터가 5 cm 간격으로 균등하게 이격된 채, 두 평행평판 사이에 배열되어 있다. 원통히터의 직경이 35 mm일 때, 평판과 원통히터 사이의 향상계수 F_{12}와 F_{32}를 결정하라.

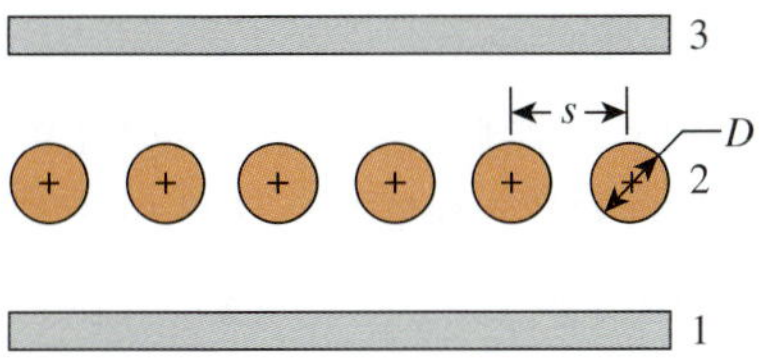

그림 P7-55

7-56 내부 면의 수가 13개인 밀폐공간을 고려하자. 이러한 형상에 대하여 몇 개의 형상계수가 관련되는가? 이들 형상계수 중 상호법칙과 합법칙을 적용하여 구할 수 있는 것은 몇 개인가?

7-57 직경 D인 평평한 원판이 하부면인 반구형 가열로를 고려하자. 가열로의 돔형 상부면으로부터 하부면으로의 형상계수를 구하라. *답*: 0.5

7-58 직경 D, 높이가 h인 원뿔형 밀폐공간을 고려하자. 원뿔의 측면으로부터 하부 원판 중심부에 존재하는 직경 d인 구멍으로의 형상계수를 구하라.

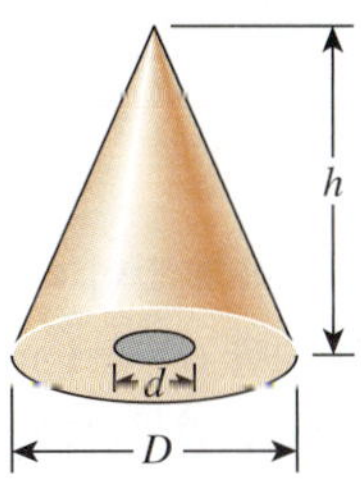

그림 P7-58

7-59 반경 r_1, r_2인 매우 긴 동심이중원통으로 구성된 밀폐공간과 관련된 4개의 형상계수를 구하라. 이때 양 끝단의 영향은 무시한다.

7-60 표나 도표를 사용하지 않고, 그림 P7-60에 도시한 바와 같이 매우 긴 세 가지 형상의 홈으로부터 주위로의 형상계수를 구하라. 이때 양 끝단의 영향은 무시한다.

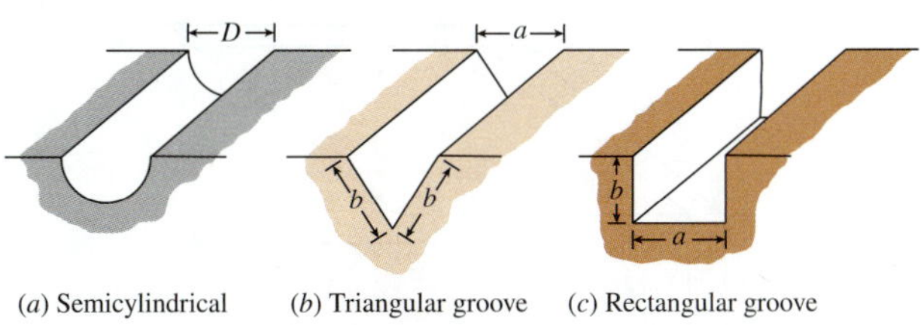

(*a*) Semicylindrical (*b*) Triangular groove (*c*) Rectangular groove

그림 P7-60

7-61 윗면, 바닥면 및 둘레의 면적이 각각 A_1, A_2, A_3인 원통 내부공간에 대한 길이–직경비 $K = L/D$를 이용하여 다음 물음에 답하라. (*a*) 바닥면과 둘레면 사이의 형상계수 F_{13}를 K를 사용하여 나타내라. (*b*) $L = D$일 때, 형상계수 F_{13}의 값을 구하라. *답*: (*a*) $F_{13} = 2K\sqrt{(K^2+1)} - 2K^2$, (*b*) 0.828

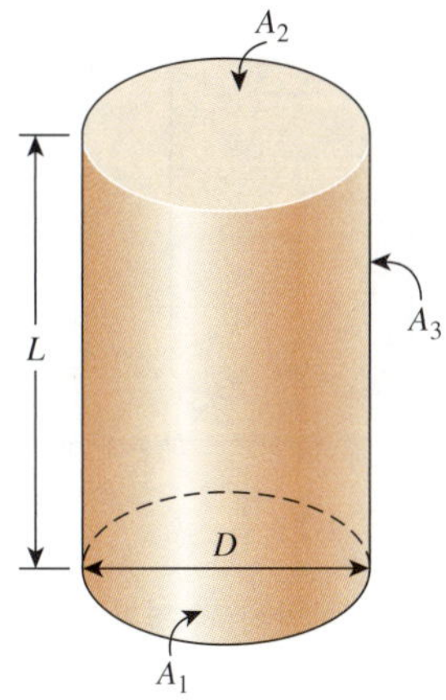

그림 P7-61

7-62 정육면체의 하부면으로부터 나머지 5면으로의 형상계수를 구하라.

7-63 그림 P7-63에 도시한 바와 같은 사각면들 사이의 형상계수 F_{13}과 F_{23}을 구하라.

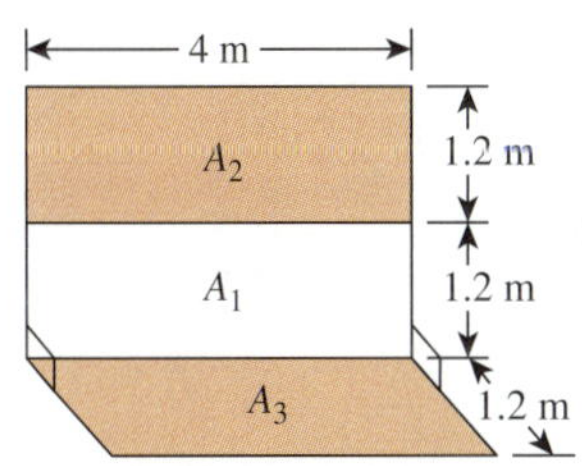

그림 P7-63

7-64 그림 P7-64에 도시한 바와 같은 사각면들 사이의 형상계수를 구하라.

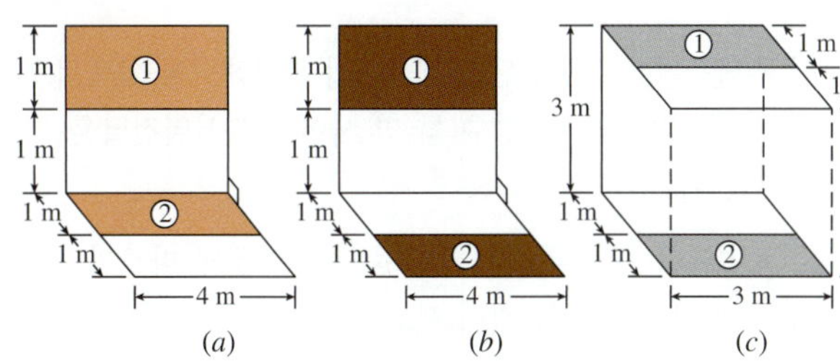

그림 P7-64

7-65 높이가 하부 원판 직경의 2배인 원통을 고려하자. 이 원통 내부 측면으로부터 하부면으로의 형상계수를 구하라.

7-66 그림 P7-66에 표시된 원통 내부 표면에 대해 F_{13} 및 F_{33}을 결정하라.

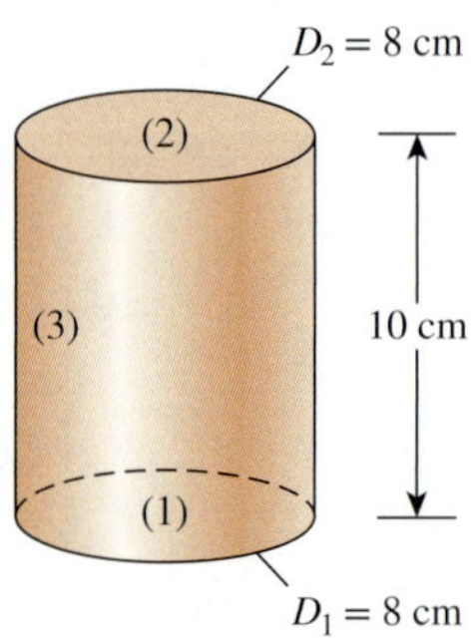

그림 P7-66

7-67 폭이 w인 두 개의 무한히 긴 평판이 거리 w를 유지하며 그림 P7-67에 도시한 바와 같이 평행하게 놓여있다. Hottel의 교차선법을 이용하여 형상계수 F_{12}를 구하라.

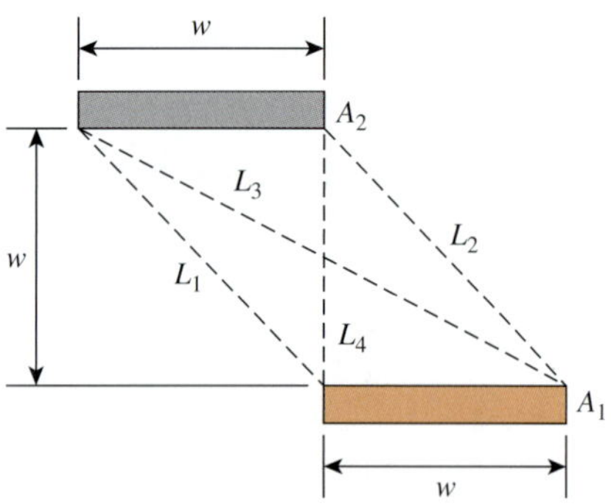

그림 P7-67

7-68 직경 D로 동일한 두 개의 무한히 긴 원통이 거리 s만큼 떨어진 채 평행하게 놓여 있다. 두 원통 사이의 형상계수 F_{12}를 구하라.

면들 사이의 복사열전달

7-69C 흑체표면으로 구성된 밀폐공간의 복사해석이 상대적으로 쉬운 이유는 무엇인가? 이 경우 두 면 사이의 복사열전달률은 어떻게 표현되는가?

7-70C 표면에서 방사된 에너지와 출사는 어떻게 다른가? 어떤 유형의 표면에 대하여 이들 값이 서로 같은가?

7-71C 복사에 대한 표면저항 및 공간저항은 무엇인가? 이들은 어떻게 표현되는가? 어떤 유형의 표면에 대하여 표면저항이 0이 되는가?

7-72C 재복사표면은 무엇인가? 복사해석에 있어 재복사표면이 제공하는 단순화는 무엇인가?

7-73C 복사해석에 사용되는 두 가지 방법은 무엇인가? 이들 두 방법은 어떻게 다른가?

7-74 어떤 사람이 외부에 노출된 표면적이 1.9 m², 방사율이 0.85, 표면온도가 30°C인 상태로 넓은 방에 있다. 방 내부 벽의 온도가 (*a*) 295 K, (*b*) 260 K일 때 이 사람으로부터 열손실률을 결정하라.

7-75 직경이 D로 동일한 두 개의 흑체 원판이 거리 L만큼 떨어져서 동축정렬되어 있다. 상부 및 하부 원판은 각각 500°C 및 520°C의 균일한 온도를 유지한다. 원판 사이의 거리가 $L = D$인 경우, 원판 사이의 복사열전달계수 h_{rad}를 결정하라.

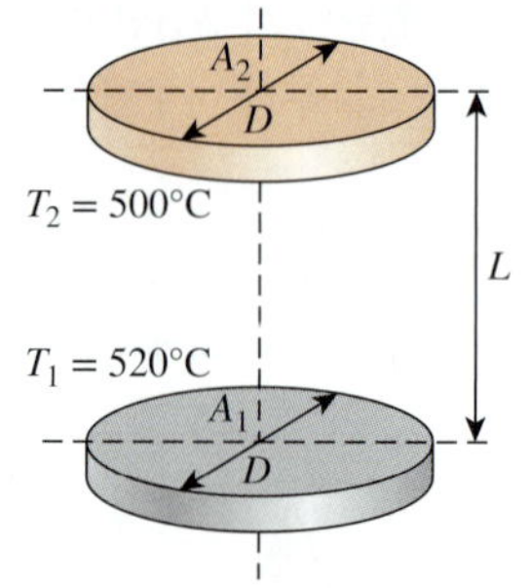

그림 P7-75

7-76 문제 7-75를 다음과 같이 다시 고려하라. 적절한 S/W를 사용하여 원판 ($D = 1$ m) 사이의 거리 L이 복사열전달계수에 미치는 영향을 평가하라. 원판 사이의 거리 L이 0.05~3 m로 변할 때, 복사열전달계수 h_{rad}를 원판 사이 거리 L의 함수로서 도표로 나타내라.

7-77E 크기가 3 ft × 5 ft인 두 흑체 직사각평판이 거리 1 ft를 유지하며 평행하게 정렬되어 있다. 두 직사각평판은 복사에 대하여 흑체이고, 상부 평판은 하부 평판으로부터 총 180,000 Btu/h의 복사열전달률을 받는다. 상부 평판의 온도가 60°F로 균일할 때 하부 평판의 온도를 구하라.

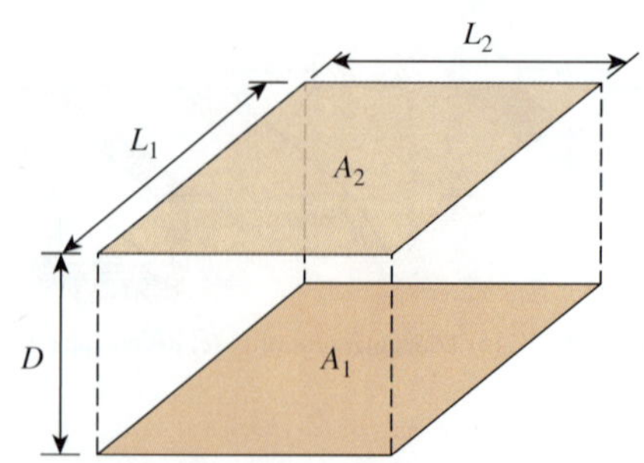

그림 P7-77E

7-78E 그림 P7-78E에 도시한 방은 너비가 20 ft × 20 ft이고 높이가 9 ft이다. 바닥은 100°F, 측면벽은 60°F, 천장은 40°F로 온도가 유지된다. 모든 벽을 흑체표면으로 가정하고, (*a*) 바닥에서 측면벽으로, (*b*) 바닥에서 천장으로의 정미복사열전달을 계산하라.

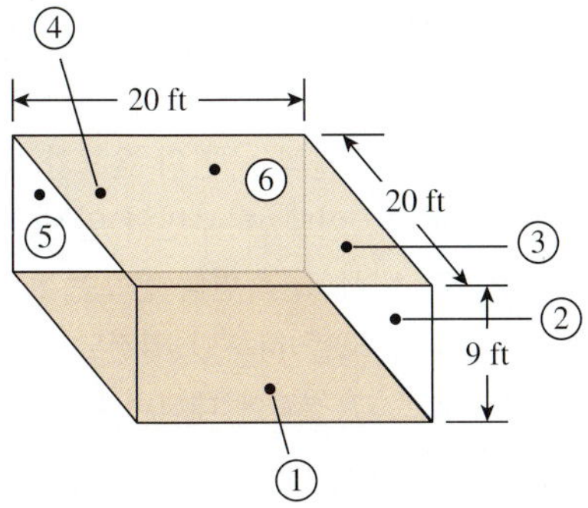

그림 P7-78E

7-79 건조기가 직경 1.5 m인 반원덕트 형상이다. 물에 젖은 물체가 하부면에 펼쳐져서 건조된다. 건조기 하부면의 온도는 370 K를 유지하고, 돔 온도는 1000 K이다. 두 면을 모두 흑체라 가정하고, 젖은 물체의 단위길이당 건조율을 구하라.

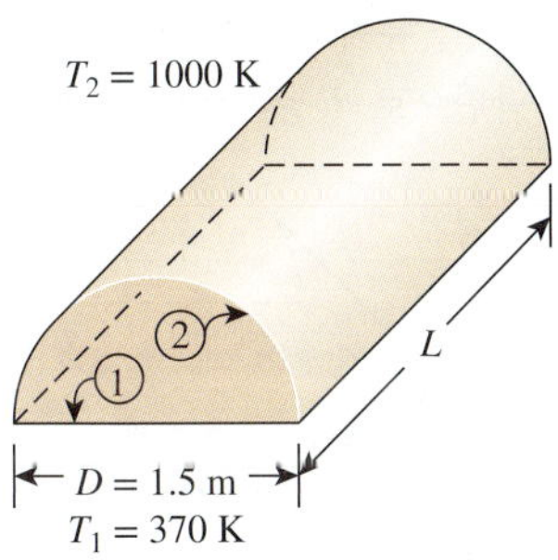

그림 P7-79

7-80 반경과 높이가 $R = H = 5$ m인 원통형 가열로를 고려하라. 가열로의 하부, 상부 및 측면이 모두 흑체이고, 온도는 각각 500, 700, 1400 K로 균일하게 유지되고 있다. 정상운전상태에서 상부면으로부터 또는 상부면으로의 정미복사열전달률을 구하라.

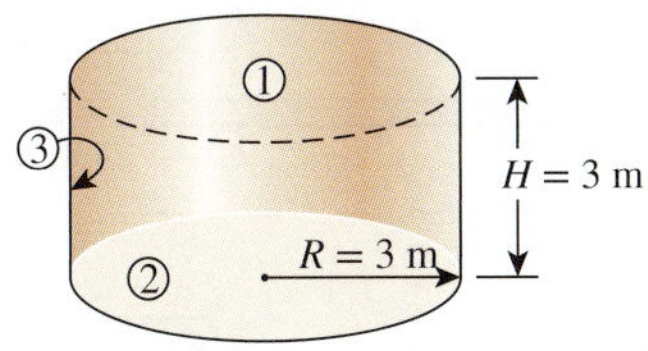

그림 P7-80

7-81 직경이 $D = 0.6$ m로 동일한 두 개의 원판이 거리 0.4 m 만큼 떨어져서 동축정렬되어 있다. 두 원판은 모두 흑체이며 온도 450 K를 유지한다. 원판의 뒷면은 단열되어 있으며, 원판이 놓여 있는 주위환경은 온도 300 K인 흑체로 간주할 수 있다. 원판으로부터 주위환경으로의 정미복사열전달률을 구하라. *답*: 781 W

7-82 그림 P7-82에 도시한 바와 같이, 직경 5 m인 평평한 원판을 바닥면으로 하는 반구형 가열로를 고려하자. 가열로의 돔형 천정이 흑체이고 바닥면의 방사율이 0.7이다. 가열로의 바닥면과 돔형 천장의 온도는 각각 400, 1000 K로 균일하게 유지된다. 정상운전상태에서 돔형 천장으로부터 바닥면으로의 정미복사열전달률을 구하라. *답*: 759 kW

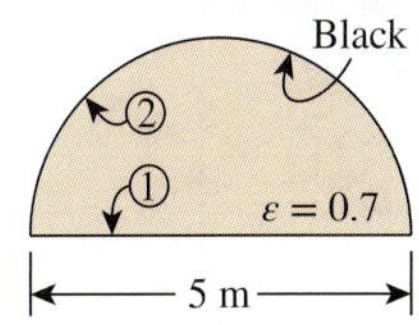

그림 P7-82

7-83 직경이 다른 두 개의 흑체 원판이 거리 0.25 m만큼 떨어져서 동축정렬되어 있고, 주위환경온도는 300 K이다. 하부 원판의 직경은 0.2 m이고 상부 원판의 직경은 0.4 m이다. 하부 원판은 온도 500 K를 유지하기 위하여 100 W의 전기히터로 가열된다. 상부 원판의 온도를 구하라.

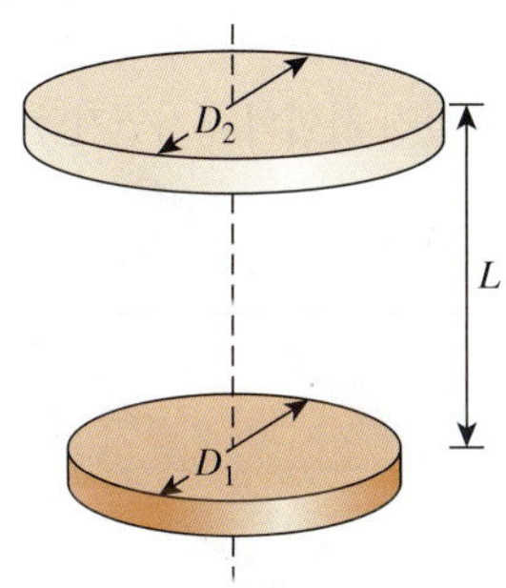

그림 P7-83

7-84E 직경이 $D = 3$ ft로 동일한 두 개의 원판이 거리 $L = 2$ ft 만큼 떨어져서 동축정렬되어 있다. 원판들은 방사율이 0.15인 복사차폐용 원판으로 분리되어 있다. 두 원판 모두 흑체이며, 각각 1350 R 및 650 R의 온도를 유지한다. 원판들 주위환경은 온도 540 R의 흑체로 간주할 수 있다. 정상상태에서 복사차폐를 통한 정미복사열전달률을 구하라.

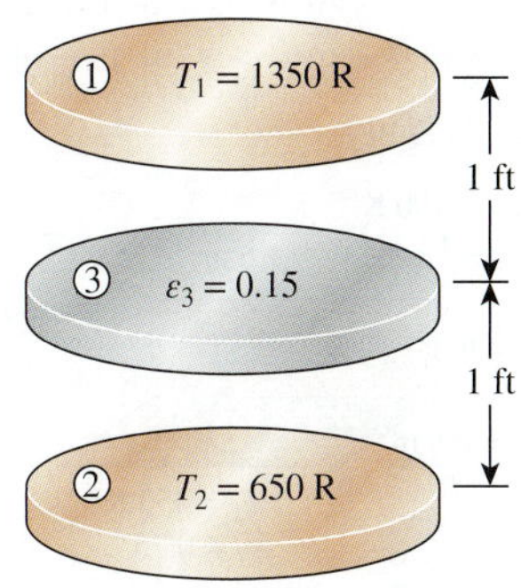

그림 P7-84E

7-85 그림 P7-85에 도시한 바와 같이, 폭 w인 두 개의 무한히 긴 평판이 거리 w를 유지하며 평행하게 위치하고 있다. 평판은 모두 흑체로 간주할 수 있으며, 면적 A_1인 평판의 온도가 700 K, 면적 A_2인 평판의 온도는 300 K일 때, 두 평판 사이의 복사열유속을 구하라.

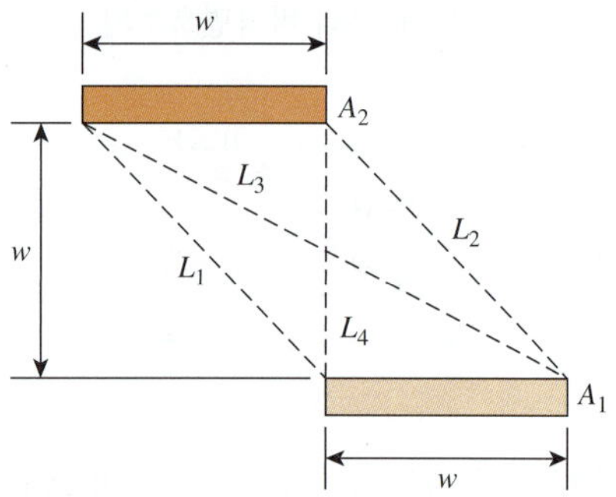

그림 P7-85

7-86 직경이 20 cm인 두 개의 긴 원통이 30 cm만큼 떨어진 채 평행하게 놓여 있다. 두 원통의 표면은 흑체이고 온도는 각각 425 K, 275 K로 유지된다. 주위환경은 온도 300 K인 흑체로 간주할 수 있다. 원통의 길이가 모두 1 m일 때, 두 원통 사이의 복사열전달률 및 고온인 원통과 주위환경 사이의 복사열전달률을 구하라.

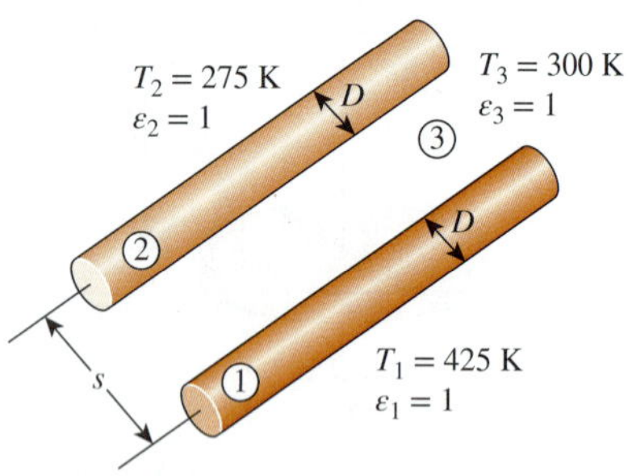

그림 P7-86

7-87 수직으로 교차하는 두 직사각면의 교차모서리 길이가 1.6 m이다. 수평면의 폭은 0.8 m이고 수직면의 높이는 1.2 m이다. 수평면의 방사율은 0.75이고 온도는 450 K를 유지한다. 수직면은 흑체로서 온도는 700 K를 유지하고 있다. 두 판의 배면은 단열되어 있다. 주위의 면 온도는 290 K이고 방사율은 0.85라 가정할 수 있다. 두 면 사이의 정미복사열전달률 및 수평면과 주위면 사이의 정미복사열전달률을 구하라.

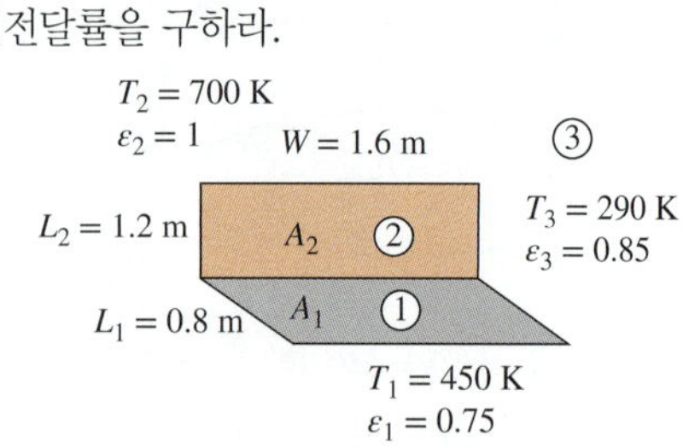

그림 P7-87

7-88 한 변의 길이가 2 m인 정삼각형 단면의 긴 덕트 형상 가열로를 고려하자. 방사율 $\varepsilon_1 = 0.8$인 하부면으로부터 800 W/m^{2}의 열이 공급되고, 방사율 0.4인 측면의 온도는 600 K로 유지된다. 양 끝단의 영향을 무시하고, 하부면의 온도를 구하라. 이와 같은 형상을 두 면으로 구성된 밀폐공간으로 취급할 수 있는가?

7-89 문제 7-88을 다시 고려하자. 적절한 S/W를 사용하여 하부면의 열전달률과 측면의 온도가 하부면의 온도에 미치는 영향을 평가하라. 이때, 하부면의 열전달률은 500 W/m^{2}에서 1000 W/m^{2}까지 변하고, 측면의 온도는 300 K에서 700 K까지 변한다. 하부면의 온도를 하부면 열전달률과 측면 온도의 함수로서 도표로 나타내고, 그 결과에 대하여 논하라.

7-90 직경이 30 cm인 반구형 밀폐공간을 고려하자. 온도 600 K로 유지되고 있는 돔으로부터 65 W의 열이 공급된다. 하부면은 방사율이 0.55이고 온도는 400 K를 유지한다. 돔 표면의 방사율을 구하라.

7-91E 직경 D = 15 ft인 반원 단면의 긴 덕트형 가열로를 고려하자. 가열로의 바다과 돔은 방사율이 0.5 및 0.9이고, 각각 550 R, 1800 R의 균일한 온도를 유지하고 있다. 정상상태 작동 중 단위길이당 돔으로부터 바닥면으로의 정미복사열전달률을 결정하라.

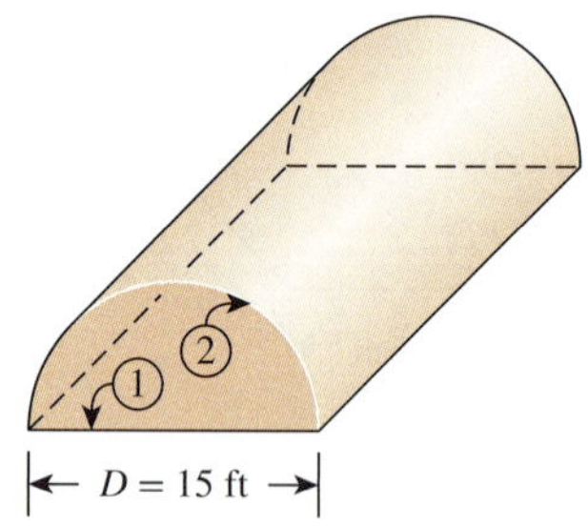

그림 P7-91E

7-92 두 개의 무한히 큰 평행 평판 사이에 공기가 흐르고 있다. 상판은 온도 500 K, 방사율 0.7이고, 하판은 온도 330 K인 흑체이다. 공기 온도가 290 K일 때, 공기와 관련된 대류열전달계수를 구하라.

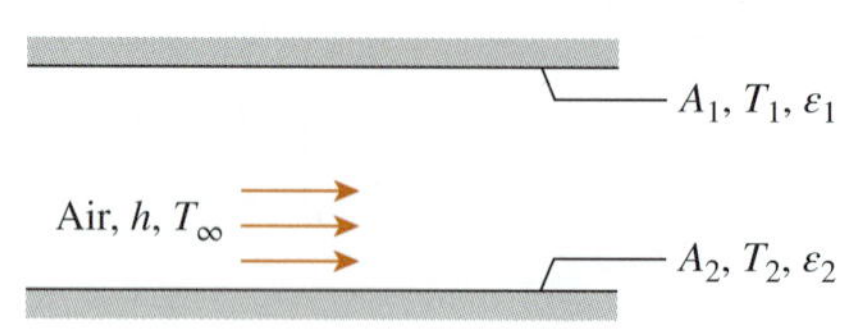

그림 P7-92

7-93 매우 긴 이중원통의 직경이 각각 $D_1 = 0.35$ m, $D_2 = 0.5$ m이고, 온도는 $T_1 = 950$ K와 $T_2 = 500$ K로 균일하게 유지되며, 방사율은 $\varepsilon_1 = 1$, $\varepsilon_2 = 0.55$이다. 단위길이당 두 원통 사이의 정미복사열전달률을 구하라.

7-94 본 실험은 특정 물질의 방사율을 결정하기 위하여 수행된다. 직경 $D_1 = 0.01$ m인 긴 원통형 막대의 표면에 새로운 물질을 코팅한 후, 직경 $D_2 = 0.1$ m이고 방사율 $\varepsilon_2 = 0.95$인 원통형 긴 밀폐공간에 코팅한 막대를 위치시킨다. 원통형 밀폐공간 내부는 진공이며, 외부는 200 K를 유지하도록 냉각된다. 막대에 전류를 통전시킴으로써 가열시킨다. 정상상태에 도달하면 막대는 단위길이당 12W의 전력을 소산하고, 표면온도는 600 K인 것으로 측정된다. 이러한 측정결과를 기반으로 새로운 코팅 물질의 방사율을 결정하라.

7-95 액체질소가 표면이 80 K로 균일하게 유지되는 직경 1 m의 구형 탱크에 저장되어 있다. 구형 탱크는 다시 273 K의 균일한 표면온도를 갖는 직경 1.6 m의 동심구로 둘러싸여 있다. 두 구의 표면방사율은 0.01로 동일하고, 내부구와 외부구 사이 공간은 진공이다. 액체질소의 기화율을 결정하라.

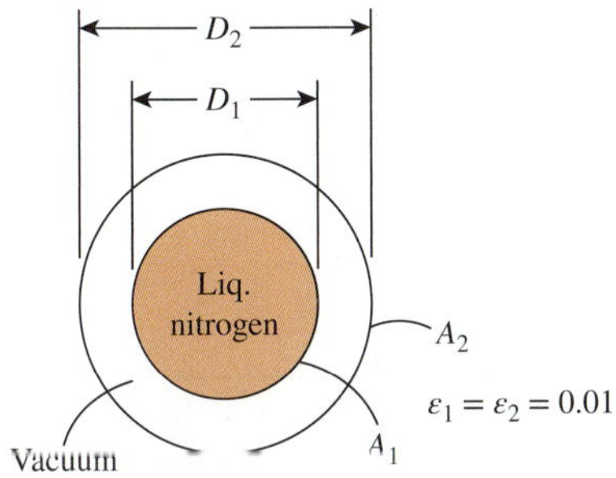

그림 P7-95

7-96 직경이 $D_1 = 0.3$ m, $D_2 = 0.4$ m인 동심이중구의 온도가 각각 $T_1 = 800$ K, $T_2 = 500$ K로 균일하고, 방사율이 $\varepsilon_1 = 0.5$, $\varepsilon_2 = 0.7$이다. 두 동심구 사이의 정미복사열전달률을 구하라. 또한, 외부구 주위의 유체 및 환경 온도가 30°C일 때, 외부구 표면의 대류열전달계수를 결정하라. 외부구의 표면방사율은 0.35로 가정한다.

7-97 온도 100 K의 액체질소로 채워진 직경 $D_2 = 2$ m의 구형 탱크가 한 변의 길이가 3 m이고 진공으로 유지되는 정육면체 용기에 놓여있다. 구형 탱크와 정육면체 용기의 방사율이 각각 $\varepsilon_1 = 0.1$, $\varepsilon_2 = 0.8$이다. 정육면체 용기의 측정 온도가 240 K일 때, 액체질소로의 정미복사열전달률을 구하라. *답: 228 W*

그림 P7-97

7-98 문제 7-97에서 정육면체 용기를 직경이 3 m인 구형 용기로 대체하여 다시 계산하라.

7-99 문제 7-97을 다시 고려하자. 적절한 S/W를 사용하여 정육면체 용기의 측면 길이와 방사율 및 구형 탱크의 방사율이 정미복사열전달률에 미치는 영향을 평가하라. 정육면체 측면 길이는 2~12 m까지 변하고, 두 용기의 방사율은 0.1~0.9까지 변한다. 정미복사열전달률을 측면 길이와 방사율의 함수로서 도표에 도시하고 그 결과에 대하여 논하라.

7-100E 바닥 면적이 10 ft × 10 ft, 높이가 9 ft인 실내를, 전기저항 히터를 사용하여 온도가 32°C로 일정하게 유지되는 천정을 통하여 난방하고 있다. 바닥의 온도는 17°C이고 방사율은 0.8이다. 측면은 잘 단열되어 있다. 천장을 흑체로 가정하고 바닥을 통한 열손실률을 구하라.

7-101 크기가 4 m × 4 m × 4 m인 정육면체형 가열로의 바닥과 천장은 흑체이고, 측면은 재복사표면이다. 가열로 바닥과 천장의 온도가 각각 550 K, 1100 K로 유지된다. 가열로 바닥과 천장 사이의 정미복사열전달률을 구하라.

7-102 직경이 0.3 m인 원통형 석쇠를 고려하자. 석쇠의 바닥은 온도가 950 K인 뜨거운 석탄 조각으로 덮여 있고, 석쇠 상부의 금속 망에는 초기온도 5°C인 고기 덩어리가 놓여 있다. 석탄 조각과 고기 덩어리 사이의 거리는 0.2 m이다. 고기와 석탄을 모두 흑체로 가정하여, 석탄으로부터 고기로의 초기 복사열전달률을 구하라. 한편, 석쇠의 측면을 재복사표면인 알루미늄포일로 둘러 쌌을 때, 고기로의 초기 복사열전달률을 구하라. *답: 928 W, 2085 W*

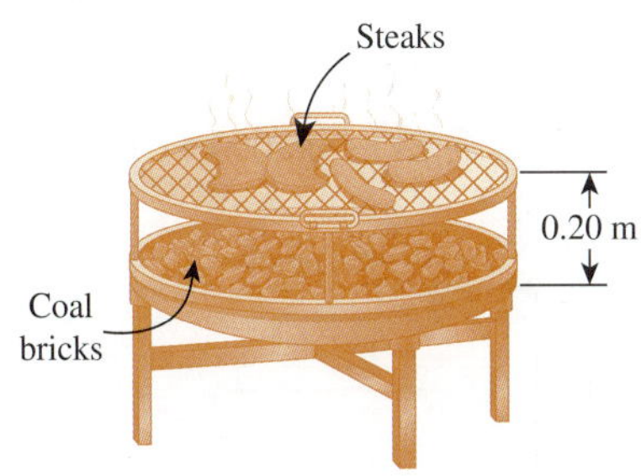

그림 P7-102

7-103E 모서리가 10 ft × 10 ft × 10 ft인 입방체로의 상부면과 측면이 거의 흑체표면에 가깝고 하부면의 방사율이 $\varepsilon = 0.4$인 가열로를 고려하라. 가열로의 하부면, 상부면 및 측면은 각각 800 R, 1600 R, 2400 R의 균일한 온도로 유지된다. 각각 (*a*) 하부면과 측면, (*b*) 하부면과 상부면 사이의 정미복사열전달률을 구하라. 또한, 하부면으로의 정미복사열전달률을 결정하라.

7-104E 문제 7-103E를 다시 고려하자. 적절한 S/W를 사용하여 하부면 방사율이 하부면과 측면 사이, 하

부면과 상부면 사이, 하부면으로의 정미복사열전달률에 미치는 영향을 평가하라. 방사율은 0.1~0.9까지 변한다. 열전달률을 방사율의 함수로서 도표로 나타내고, 결과에 대하여 논하라.

복습문제

7-105 직경 1 m인 구형 밀폐공간 내부의 온도가 600 K로 균일하다. 표면에 직경 5 mm인 구멍을 뚫었을 때, 구멍을 통한 복사에너지방출율의 최대값을 구하라. 만약, 용기의 직경이 3 m이면 이 값은 어떻게 변하겠는가?

7-106 햇빛과 촛불은 각각 유효표면온도가 5800 K 및 2800 K인 흑체로 가정할 수 있다. 두 개의 광원에 대하여 복사방사가 최대가 되는 파장을 구하라.

7-107 사람의 피부는 수직으로 입사되는 태양광에 대하여 "선택적" 흡수를 한다. 피부는 입사되는 태양복사 중 파장이 $\lambda_1 = 0.517$ μm와 $\lambda_2 = 1.552$ μm 사이인 값의 50%만을 흡수한다. 반면, λ_1보다 짧거나 λ_2보다 긴 파장에 대하여는 모두 흡수한다. 태양을 유효표면온도가 5800 K인 흑체로 가정하고, 태양복사 중 사람의 피부에 흡수되는 양의 비율을 구하라.

7-108 온도 1200 K인 불투명한 표면의 분광방사율이 근사적으로 다음과 같은 함수로 표현된다.

$$\varepsilon_1 = 0 \quad \text{for} \quad \lambda < 2\ \mu\text{m}$$
$$\varepsilon_2 = 0.85 \quad \text{for} \quad 2 \le \lambda \le 6\ \mu\text{m}$$
$$\varepsilon_3 = 0 \quad \text{for} \quad \lambda > 6\ \mu\text{m}$$

표면의 총방사율과 표면으로부터의 면적당 복사방사량을 구하라.

7-109 불투명한 표면의 분광흡수율이 그림 P7-109에 도시한 도표와 같다. 복사열원의 온도가 (*a*) 1000 K, (*b*) 3000 K일 때, 이 표면의 흡수율을 구하라.

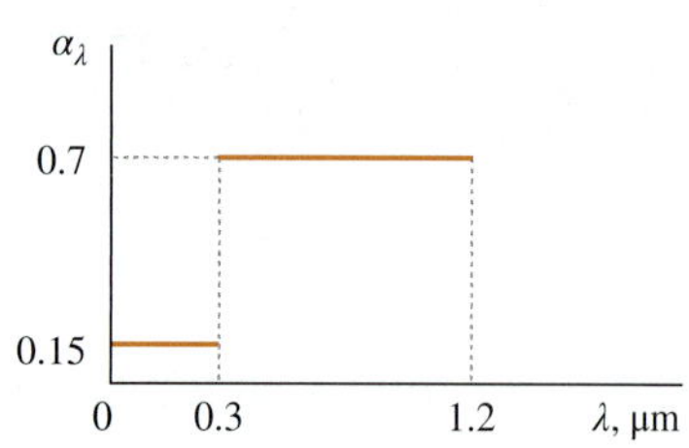

그림 P7-109

7-110 문제 7-109의 표면이 470 W/m²의 태양복사열을 흡수할 때, 태양복사에 대한 흡수율과 단위면적당 태양복사흡수량을 구하라.

7-111 태양의 직접복사가 300 W/m², 확산복사가 250 W/m²로 박판의 전면에 각각 입사된다. 직접복사는 표면의 법선과 30° 각도로 입사된다. 박판 표면의 태양흡수율은 0.63이고 방사율은 0.93이다. 공기 온도는 5°C이고, 대류열전달계수는 20 W/m²·K이다. 유효창공온도는 −33°C이고 주위환경의 표면과 박판 후면의 온도는 5°C이다. 박판의 평형온도를 계산하라.

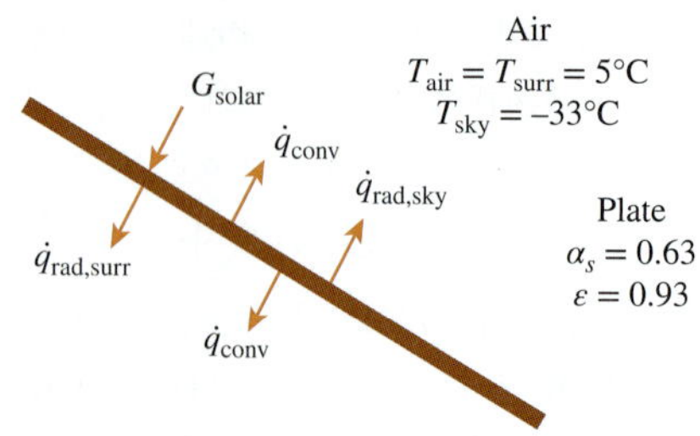

그림 P7-111

7-112 불투명한 평판의 바닥면과 모서리가 잘 단열되어 있다. 면적 5 m²인 상부면에 5000 W의 복사열이 조사된다. 평판은 4000 W의 열을 흡수하고, 표면에서 대류열전달로 500 W를 발산한다. 평판의 온도가 350 K로 유지될 때 평판의 흡수율, 반사율 및 방사율을 구하라.

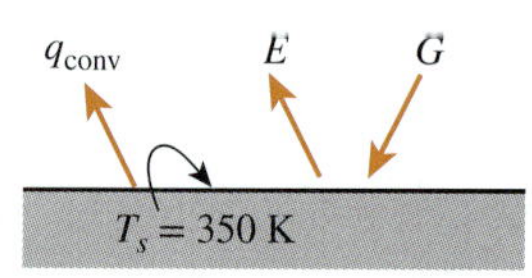

그림 P7-112

7-113 8개의 면으로 구성된 밀폐공간을 고려하라. 이 형상에 관련된 형상계수는 몇 개인가? 이들 형상계수 중 상호법칙과 합산법칙을 적용하면 몇 개를 결정할 수 있는가?

7-114 하부, 상부, 둘레의 내부 표면적이 각각 A_1, A_2, A_3인 원통형 용기에 대하여, 길이-직경비인 $K = L/D$를 이용하여 다음 물음에 답하라. (*a*) 원통 둘레 표면 자체의 형상계수 F_{33}을 K를 사용하여 나타내라. (*b*) $L = D$일 때, 형상계수 F_{33}의 값을 구하라.

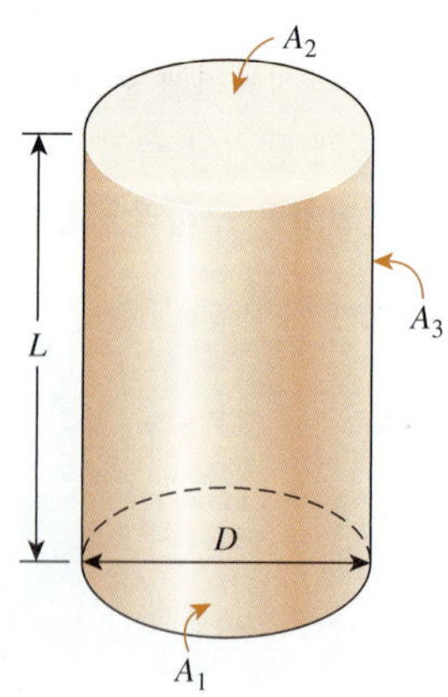

그림 P7-114

7-115 흑체인 두 개의 원판이 거리 0.25 m 떨어진 채 동축정렬되어 있다. 하부 및 상부원판의 직경은 각각 0.2 m 및 0.4 m이다. 하부원판이 20 W의 전기히터로 가열되어 온도 500 K를 유지할 때, 상부원판의 온도를 구하라.

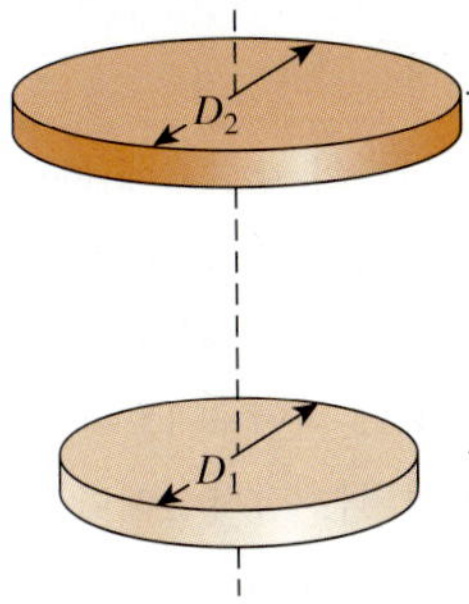

그림 P7-115

7-116 지름이 20 cm 및 40 cm인 두 개의 원판이 거리 10 cm 떨어진 채 동축정렬되어 있다. 작은 원판($\varepsilon = 0.80$)의 온도는 300°C이고, 큰 원판($\varepsilon = 0.60$)의 온도는 800°C이다.

(a) 복사에 대한 형상계수를 구하라.

(b) 두 원판 사이의 복사열교환율을 구하라.

(c) 두 원판 사이의 공간이 반사면으로 완전히 둘러싸여 있다고 가정하자. 두 원판 사이의 복사열교환율을 산정하라.

7-117 건조기가 지경 1.5 m인 반원덕트 형상이다. 물에 젖은 물체가 하부면에 펼쳐져서 건조되며, 온도는 370 K를 유지하고 표면방사율은 0.5이다. 돔 표면온도는 1000 K이고, 표면방사율이 0.8이다. 젖은 물체의 단위길이당 건조율을 구하라.

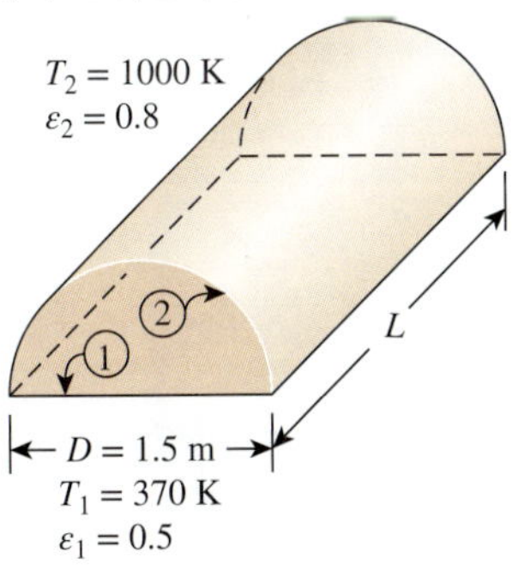

그림 P7-117

7-118 직경 D인 다수의 긴 원관이 중심 간 간격 s로 평행하게 정렬되어 있다. 모든 원관의 형상이 비슷하고 온도가 동일하기 때문에 복사열전달의 해석에 있어 이들을 모두 합하여 하나의 면(A_j)으로 간주할 수 있다. 그림 P7-118에 도시한 바와 같이, 관군(A_j)은 큰 벽(A_j)과 평행하게 놓여 있다.

(*a*) 간격 $s = 3.0$ cm, 직경 $D = 1.5$ cm일 때, 형상계수 F_{ij}와 F_{ji}를 구하라.

(*b*) 온도 $T_i = 900$°C, $T_j = 60$°C이고, 방사율 $\varepsilon_i = 0.8$, $\varepsilon_j = 0.9$일 때, 벽과 관군 사이의 정미복사열전달률을 벽의 단위면적당의 값으로 구하라.

(*c*) 원관을 통하여 흐르는 유체의 평균온도가 40°C이고, 이때 열전달계수는 2.0 kW/m²·K이다. 벽의 온도 $T_i = 900$°C, 방사율은 각각 $\varepsilon_i = 0.8$, $\varepsilon_j = 0.9$이고(상기와 동일하게), 관 벽의 두께와 관 외부에서 대류열전달을 무시할 때, 정상상태에서 원관 표면의 온도를 구하라.

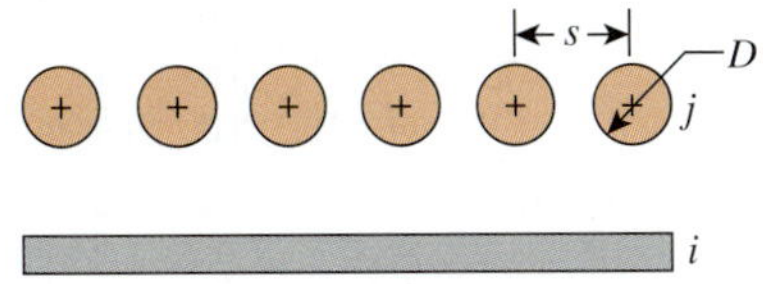

그림 P7-118

7-119 높이 2 m, 폭 5 m인 수직 이중유리창이 3 cm 두께의 공기 간극에 의하여 분리된 두 개의 유리판으로 구성되어 있다. 창문을 통한 열전달률을 줄이기 위하여, 두 유리판 사이 간극 내 공기를 0.3 atm으로 진공처리하였다. 유리 표면의 방사율은 0.9이다. 공기 간극을 가로지르는 유리 표면의 온도를 15°C와 5°C로 취하였을 때, 창문을 통한 자연대류 및 복사 열전달률을 구하라.

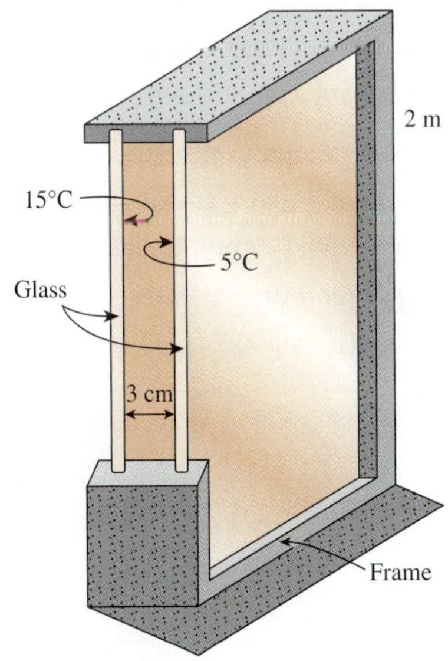

그림 P7-119

7-120 내경 2 m인 이중벽 구조의 구형 탱크를 0°C 얼음물 저장용으로 사용된다. 내벽과 외벽의 두께는 0.5 cm이고, 두 벽 사이의 공기 간극은 1.5 cm이며 열전달을 최소화하기 위하여 진공으로 유지된다. 진공처리된 부분의 표면은 광택이 나도록 가공되어서 방사율이 0.15이다. 탱크 외벽의 측정온도는 20°C이다. 강철 재질인 내벽의 온도를 0°C로 가정할 때, (*a*) 탱크 내 얼음물로의 열전

달률, (*b*) 24시간 동안 녹는 0°C 얼음의 양을 구하라.

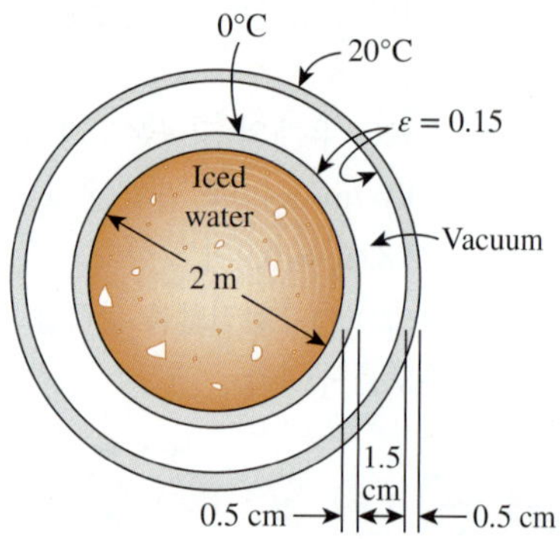

그림 P7-120

7-121 직경이 각각 $D_1 = 15$ cm, $D_2 = 25$ cm인 동심이중구 사이가 1 atm의 공기로 채워져 있다. 공기를 가두고 있는 두 구 표면 온도가 각각 $T_1 = 350$ K, $T_2 = 275$ K로 균일하고, 방사율은 0.75로 동일하다. 내부구로부터 외부구로의 (*a*) 자연대류, (*b*) 복사 열전달률을 구하라.

7-122 모서리 길이가 3 m인 성육면체 가열로 고려하자. 상부면 온도는 700 K로 유지된다. 하부면은 0.90의 방사율을 갖고 온도 950 K로 유지된다. 측면은 흑체이고 450 K로 유지된다. 하부면을 통하여 340 kW의 열이 공급된다. 상부면의 방사율과 상부면과 하부면 사이, 하부면과 측면 사이의 정미열전달률을 계산하라.

7-123 지름 1.2 m, 길이 1.2 m인 원통형 가열로를 고려하자. 상부면의 방사율은 0.60이고 450 K로 유지된다. 하부면의 방사율은 0.50이고 800 K로 유지된다. 측면의 방사율은 0.40이다. 하부면을 통하여 정미열전달률 1400 W가 공급된다. 측면의 온도 및 상부면과 하부면 사이, 하부면과 측면 사이의 정미열전달률을 계산하라.

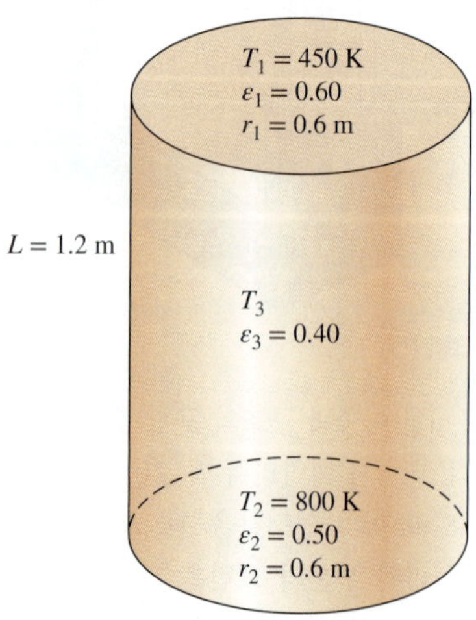

그림 P7-123

설계 및 에세이 문제

7-124 태양열 집열기의 흡열판에 사용되는 선택적 표면의 복사물성치에 대하여 논하라. 이러한 다양한 종류의 표면에 대하여 조사하고, 각 유형의 성능과 비용에 대해 논의하라. 가격대비 성능이 최적화된 표면을 추천하라.

7-125 원자력에너지위원회의 보고서에 따르면 수소폭탄은 온도 7200 K인 거대한 화염구(fireball)의 규모와 맞먹는다. 이러한 폭탄이 도시 상공 5 km에서 폭발할 때의 충격을 평가하여야 한다. 화염구의 직경이 1 km이고, 적어도 15 s 동안 폭발이 지속된다. 사람과 작물, 가옥에 피폭되는 방사선에너지의 준위를 평가하고, 폭발로 인한 부정적인 영향을 조사하라.

7-126 우주나 극저온 응용에서 초단열 설계를 위하여 일반적으로 복사차폐물을 사용한다. 초단열 설계에 대하여 조사하고 서로 다른 응용에 대하여 이들이 어떻게 사용되는가 논하라.

7-127 집 안의 열적인 쾌적함은 주위 벽과 사람 사이의 복사열전달에 있어 소위 복사효과라 불리는 것에 의하여 크게 영향을 받는다. 예를 들어 집 안의 온도조절기를 일정하게 조정해도 아침에는 벽면의 온도가 낮아서 더 춥게 느껴진다. 복사효과가 사람의 쾌적함에 미치는 영향과 공기조화에 의한 냉 · 난방에서 복사효과를 어떻게 산정하는지에 대하여 논하라.

CHAPTER 08

열교환기

HEAT EXCHANGERS

열교환기(heat exchanger)는 온도가 다른 두 유체가 서로 섞이지 않으면서 **열교환**(*exchange of heat*)을 촉진하는 장치이다. 열교환기는 가정용 냉 · 난방 관련 공조 시스템에서부터 큰 공장의 공정이나, 발전설비에 이르기까지 광범위한 응용분야에 실질적으로 많이 쓰이고 있다. 열교환기는 두 유체가 섞이도록 구성되어 있는 혼합실과는 다르다.

열교환기에서의 열전달은 보통 두가지 열전달 메커니즘(heat transfer mechanism), 즉 각 유체에서의 **대류**(*convection*) 열전달과 두 유체를 분리하는 벽에서의 **전도**(*conduction*) 열전달을 포함한다. 열교환기의 해석은 열전달에 영향을 주는 모든 요소들을 고려하여 계산하는 **총 열전달계수**(*overall heat transfer coefficient*) U로 계산하는 것이 편리하다. 열교환기의 한 위치에서 두 유체 사이의 열전달률은 그 위치에서의 온도차의 크기에 의존하는데, 그 온도차이가 열교환기의 길이 방향에 따라 변한다.

열교환기는 다양한 형태로 제조되므로 이 장은 열교환기를 **분류**하는 것으로부터 시작하기로 한다. 이어서 열교환기의 총 열전달계수 결정에 대하여 논의하고, 몇 가지 형상에 대해 **대수평균온도차**(*log mean temperature difference*, LMTD)를 구하는 것을 논의한다. 그리고 복잡한 형상인 경우 대수평균온도차로부터 평균온도차의 편차를 보정하기 위한 **수정계수**(*correction factor, F*)를 소개한다. 마지막으로 유용도-NTU (effectiveness-NTU)법에 대해 논의하는데, 이 방법은 유체의 출구온도를 모르고 있을 때 열교환기의 해석이 가능하게 해준다.

학습목표

이 장의 목적은 다음과 같다.

1. 여러 형태의 열교환기를 이해하고 열교환기를 분류한다.
2. 열전달 표면의 오염인지계수 개발과 열교환기의 총 열전달계수를 결정한다.
3. 열교환기에 대한 일반적인 에너지 해석을 수행한다.
4. LMTD 방법에 사용할 대수평균온도차의 상관관계식을 구하고 수정계수를 사용하여 다양한 형태의 열교환기에 대하여 대수평균온도차식을 변형하여 적용한다.
5. 유용도(effectiveness) 상관관계식을 개발하고 유용도-NTU법을 사용하여 출구온도를 모르는 열교환기를 해석한다.

8-1 ▪ 열교환기의 유형

열전달의 응용분야가 다르면 열전달 장치에서 다른 형식의 하드웨어와 다른 모형의 열전달 장치가 필요하게 된다. 열전달 하드웨어를 열전달에 대한 요구에 일치시키려는 시도가 수많은 혁신적인 열교환기 설계를 나오게 하였다.

가장 간단한 형식의 열교환기는 **이중관**(동심관) 열교환기(double-pipe heat exchanger)라 할 수 있는데, 이는 그림 8-1에서 보는 것처럼 직경이 서로 다른 두 동심관으로 구성된다. 이중관 열교환기에서 한 유체는 작은 관 속을 흐르고, 다른 유체는 두 관 사이의 환형 공간 속을 흐른다. 이중관 열교환기에서 유체흐름의 배치에는 두 가지가 있을 수 있는데 하나는 **평행유동**(parallel flow)으로서 고온유체와 저온유체가 열교환기의 같은 쪽에서 들어가서 같은 방향으로 흐르는 것이고, 다른 하나는 **대향유동**(counter flow)으로서 고온유체와 저온유체가 열교환기의 반대쪽으로 들어가서 서로 반대 방향으로 흐르는 것이다.

또 다른 열교환기의 형태로는 단위 부피당 열교환 면적이 특별히 크도록 설계한 것으로 **밀집형** 열교환기(compact heat exchanger)가 있다. 열교환기의 부피에 대한 열교환 면적의 비를 면적밀도(*area density*, β)라 한다. $\beta >$ (700 m^2/m^3 또는 200 ft^2/ft^3)이 되는 열교환기를 밀집형으로 분류한다. 밀집형 열교환기의 예로서 자동차 라디에이터($\beta \approx 1000$ m^2/m^3), 유리 세라믹 가스 터빈($\beta \approx 6000$ m^2/m^3),

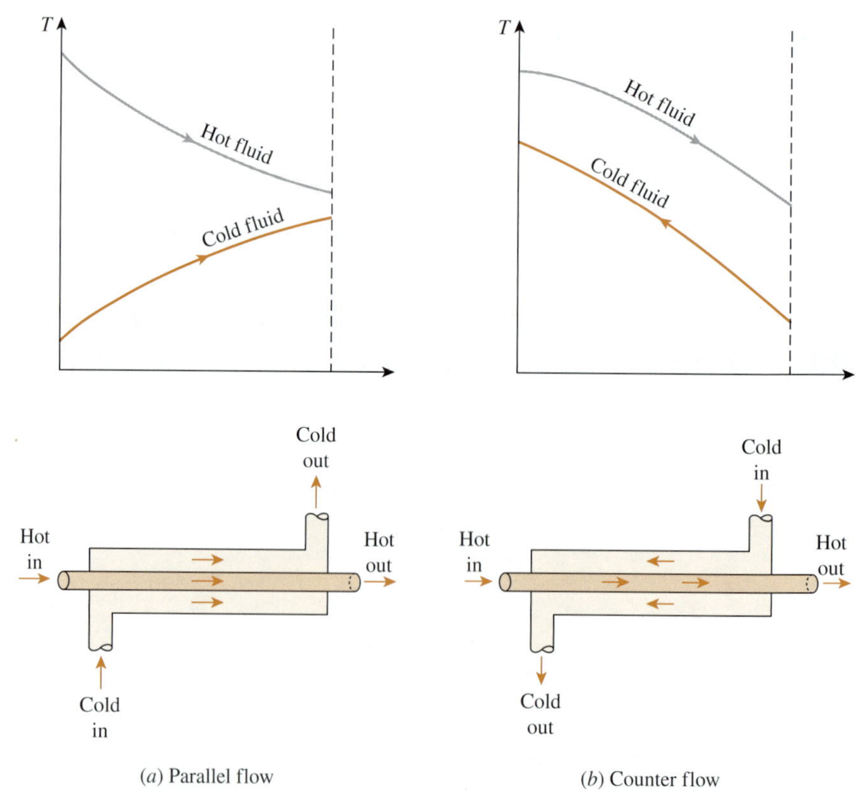

그림 8-1
이중관 열교환기의 유동 체제 및 이에 관련된 온도 구배

스털링 엔진(β = 15000 m^2/m^3), 그리고 인간의 허파(β = 20000 m^2/m^3)등이 있다. 밀집형 열교환기는 작은 부피에서 두 유체 사이에 높은 열전달이 가능하도록 해주기 때문에, 중량과 체적이 엄격히 제한되는 열교환기 응용분야에 많이 쓰인다(그림 8-2).

밀집형 열교환기에서 큰 표면적은 두 유체를 분리하는 벽들에 얇은 판이나 주름진 휜(*fin*)들을 촘촘히 붙임으로써 얻어진다. 밀집형 열교환기는 기체흐름으로 인한 작은 열전달계수를 확대된 표면적으로 만회하도록 하는 기체-기체, 기체-액체(또는 액체-기체) 열교환기에 많이 쓰인다. 예를 들어 물-공기 밀집형 열교환기인 자동차 라디에이터에서 휜이 관 표면의 공기 쪽에 부착되어 있는 것은 놀랄 만한 일이 아니다.

그림 8-2
주거용 공기조화 시스템을 위한 기체-액체 밀집형 열교환기

밀집형 열교환기의 다른 예는 오늘날의 화학 공정, 연료처리, 폐열회수, 그리고 냉동과 같은 산업 응용 분야에서 널리 사용되는 PCHE라 불리는 **인쇄회로기판형 열교환기**(printed circuit heat exchanger)이다(그림 8-3). PCHE는 이러한 열교환기의 중심을 형성하는 평평한 금속 판들이 화학적으로 1~3 mm 깊이로 식각되는 제조공정으로부터 이름을 따왔다. 화학적으로 식각된 판들은 이후에 겹겹이 쌓여지고 확산 접합(diffusion bonding)으로 결합된다. 열교환기를 평행유동형, 대향유동형, 또는 교차유동형(crossflow) 열교환기로 만드는지에 따라서 판의 식각 패턴들이 달라질 수 있다. 더욱이 Li 등(2011)은 직선 유동 채널을 가진 일반적인 열교환기와 달리 PCHE에서는 난류를 유도하고 이로 인해 열전달계수를 향상시키기 위해 유동채널을 지그재그나 S형, 또는 익형(aero foil shape)으로 만들 수 있다고 보고하였다. PCHE는 일반적으로 2500 m^2/m^3이 넘는 높은 면적밀도를 가진다. PCHE는 보통 스테인리스강이나 티타늄, 구리, 니켈이나 니켈합금으로 만들어지며, 500 bar 이상의 작동압력을 견딜 수 있다. 인쇄회로기판형 열교환기의 주요 장점은 −250°C부터 900°C에 이르는 넓은 작동온도 범위와 매우 높은 열전달계수, 그리고 일반적인 열교환기에 비해 4~6배 정도 작고 가벼운 크기이다. PCHE를 사용하는 것의 주요 단점은 매우 높은 압력강하와 매우 깨끗한 유체를 사용해야 한다는 점이다. 그렇지 않으면 정교한 채널 간격(0.5~2 mm)이 쉽게 막힐 수 있다.

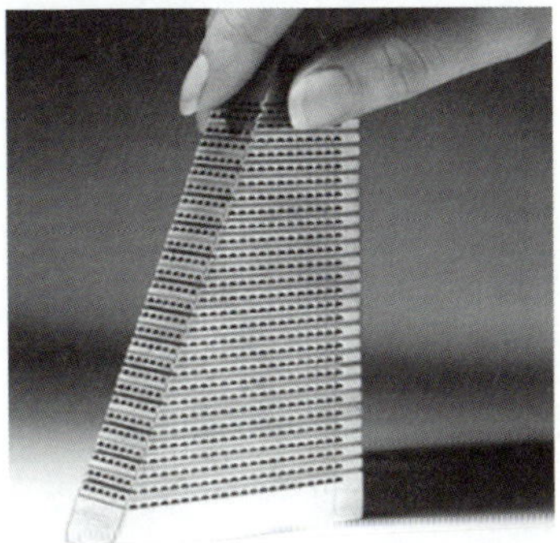

그림 8-3
인쇄회로기판형 열교환기의 주요 단면적 사진
Heatric, a Meggitt Company, Dorset, UK

밀집형 열교환기에 있어서 두 유체는 보통 서로 수직으로 흐르며, 이러한 흐름의 형태를 **직교유동**(cross flow)이라 한다. 직교유동은 그림 8-4에서 보는 바와 같이 유체의 흐름 형태에 따라 비혼합형(*unmixed*)과 혼합형(*mixed*)으로 분류된다. 그림에서 (*a*)의 직교유동은 평판 휜이 유체를 횡방향(즉 관에 평행한 방향)으로는 흐르지 못하게 하고, 휜과 휜 사이의 공간을 통해 흐르도록 하기 때문에 비혼합형이다. 그림에서 (*b*)의 직교유동은 유체가 자유롭게 횡방향으로 움직이기 때문에 혼합형이다. 자동차 라디에이터에서 두 유체는 서로 혼합되지 않는다. 유체의 혼합은 열교환기의 열전달계수에 큰 영향을 미친다.

산업용 열교환기에서 가장 많이 쓰이는 형태는 아마도 그림 8-5에서 보는 것과

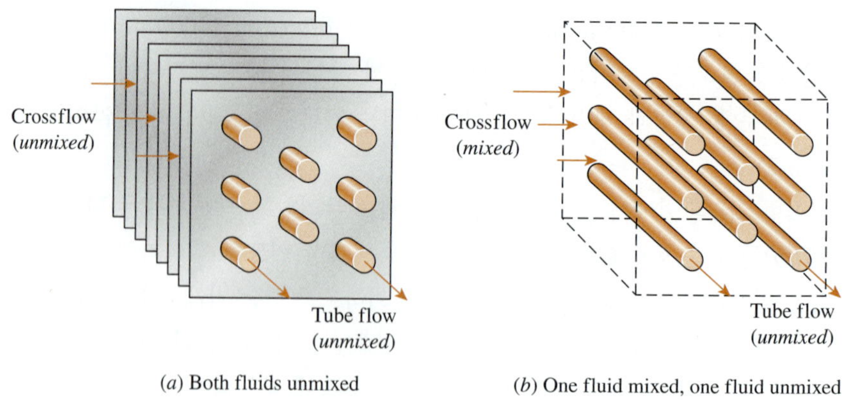

그림 8-4
직교유동 열교환기에서 서로 다른 유동형태

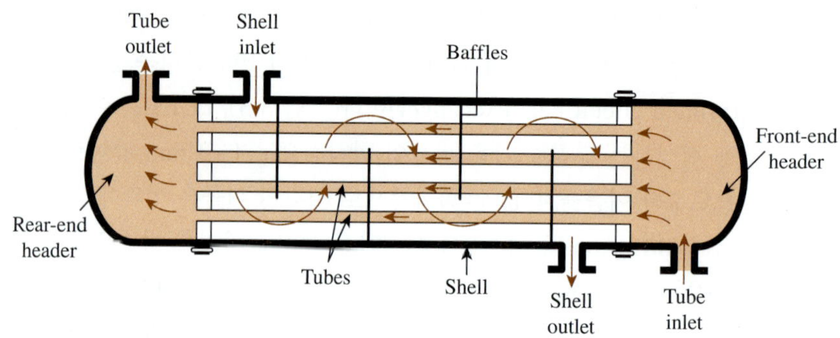

그림 8-5
각-관 열교환기의 개략도

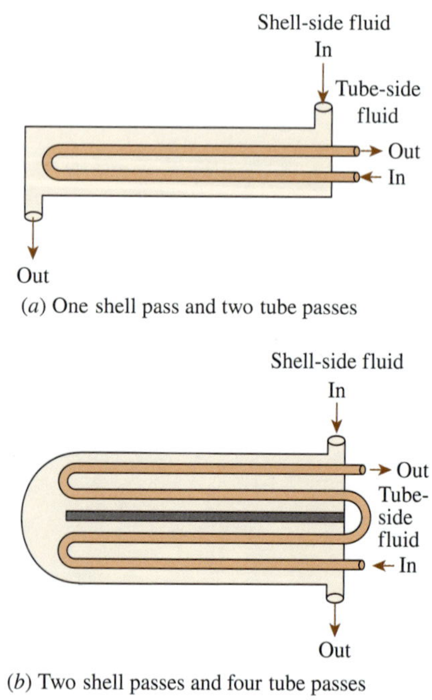

그림 8-6
각-관 열교환기의 다통로 배열

같은 **각-관** 열교환기(shell-and-tube heat exchanger)일 것이다. 각-관 열교환기에는 축이 외각통(shell) 안에 평행하게 장착된 많은 수(때때로 수백 개)의 관이 있다. 한 유체가 관내를 흐르는 동안 다른 유체는 관외 외각통 측을 흐르는 과정에서 열전달이 일어난다. 외각통 안에는 일반적으로 격벽(*baffle*)을 설치하는데 이는 유체가 외각통을 가로지르며 흐르게 하여 열전달을 촉진시키게 하고, 또 관 사이의 간격을 일정하게 유지시키기 위해서이다. 이들 각-관 열교환기는 광범위하게 사용되고 있지만, 상대적으로 큰 크기와 무게 때문에 자동차, 항공기, 선박용으로는 적당하지 않다. 각-관 열교환기의 관들은 외각통의 양단에 설치된 상당히 큰 유동 면적을 가진 헤더(*header*)에 연결되어 있는데, 그곳에서 관(tube) 쪽의 유체는 관에 들어가기 전이나 관을 나온 후에 축적된다.

각-관 열교환기는 내부에 설치된 관이나 외각통의 통로의 수에 따라 더 세부적으로 분류된다. 예를 들어 한 통 안에서 모든 관들이 한번의 U턴을 하는 열교환기를 1각-2관 통로(*one-shell pass and two-tube pass*) 열교환기라 하고, 마찬가지로 통 안에 두 개의 경로와 관에 있어서 4개의 경로를 가진 열교환기를 2각-4관 통로 열교환기라 한다(그림 8-6).

일반적으로 널리 사용되고 있는 혁신적인 열교환기 형태는 **평판형** 열교환기[plate and frame (or just plate) heat exchanger]이다. 이는 그림 8-7과 같이 물결

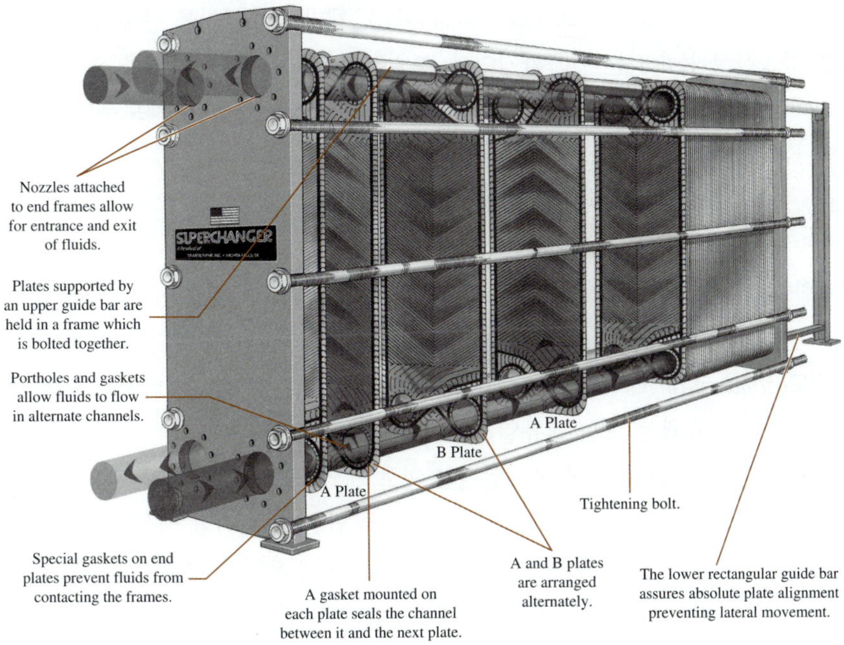

그림 8-7
평판형 액체 대 액체 열교환기

모양의 유동통로를 연속적으로 구성한 열교환기이다. 고온과 저온유체가 외각통 저온유체 통로들에 번갈아 들어가서는 두 고온 유체로 둘러싸이게 되어 매우 효과적인 열전달을 하게 된다. 또한 평판형 열교환기는 단순히 평판을 더 많이 실치함으로써 열전달을 증가시키려는 요구에 대응할 수 있다. 이러한 열교환기 형식에서 고온측과 저온측 유체 흐름의 압력이 거의 같다면 액체 대 액체 열교환기 응용분야에도 적당하다.

또 다른 열교환기 형식은 고온유체와 저온유체가 같은 유동 통로로 번갈아 흐르는 **재생** 열교환기(regenerative heat exchanger)가 있다.

정적형 재생 열교환기(static-type regenerative heat exchanger)는 기본적으로 세라믹 철망(ceramic wire mesh)처럼 큰 열저장 용량을 가진 다공성 물질이다. 이 다공성 물질에 고온유체, 저온유체가 교대로 흐르게 된다. 고온유체가 흐르는 동안 고온유체의 열이 재생 열교환기의 다공성 집합체로 열이 전달되어 저장되고, 이 다공성 집합체에 저온유체가 흐르면 다공성 집합체에 저장된 열이 저온유체로 열이 전달된다. 이와 같이 다공성 집합체가 임시 열저장 매체 역할을 한다.

동적형 재생 열교환기(dynamic-type regenerator)는 회전 드럼을 가지고 있으며 드럼의 서로 다른 부분을 통해 고온유체와 저온유체가 연속적으로 흐른다. 드럼의 각 부분은 주기적으로 고온 흐름 영역을 지나면서 열을 저장하고, 저온 영역을 지나면서 저장했던 열을 방출한다. 여기에서 드럼은 고온유체에서 저온유체로 열을 수송하는 매체로 작용한다.

열교환기는 종종 그것들이 사용되는 특정한 응용분야를 반영하는 특정한 이름

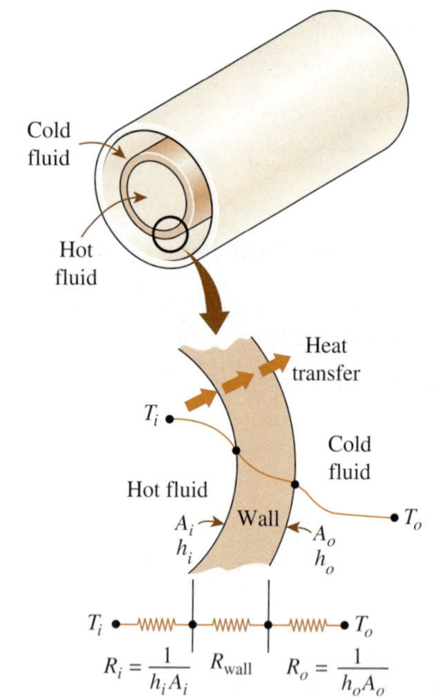

그림 8-8
이중관 열교환기에 있어서 열전달에 대한 열저항 회로

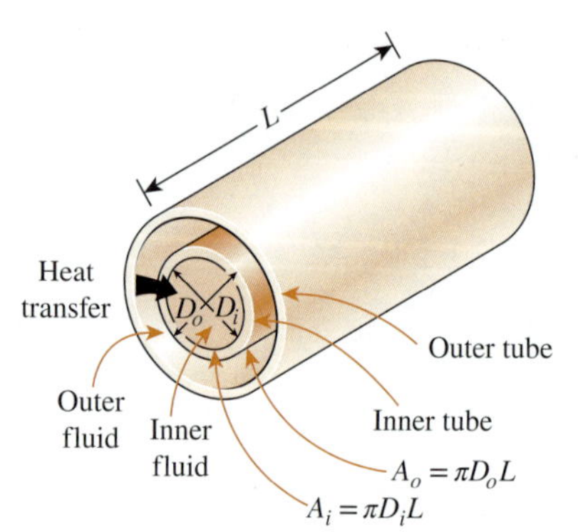

그림 8-9
이중관 열교환기와 관련된 두 열전달면적(얇은 관에서 $D_i \approx D_o$이고 그러므로 $A_i \approx A_o$이다.

이 주어진다. 예를 들어 **응축기**(*condenser*)는 유체가 열교환기를 통해 흐르는 동안 열을 방출하고 응축되는 열교환기이다. **보일러**(*boiler*)는 유체가 열을 흡수하고 증발하는 열교환기이다. **공간 라디에이터**(*space radiator*)는 고온유체로부터 주위 공간에 복사에 의해 열을 전달하는 열교환기이다.

8-2 ▪ 총 열전달계수

열교환기에는 보통 고체 벽으로 분리된 두 유동 유체를 가지고 있다. 이러한 구조에서 먼저 열은 고온유체로부터 **대류**(*convection*)에 의해 벽으로 전달되며, 벽에서는 **전도**(*conduction*)에 의해 전달되고, 벽으로부터 저온유체로는 다시 **대류**에 의해 전달된다. 복사효과는 보통 대류열전달계수에 포함된다.

이러한 열전달 과정에 대하여 열저항 회로 개념을 적용하면 그림 8-8에서 보는 바와 같이 두개의 대류와 하나의 전도 저항을 포함한다. 이러한 해석은 제3장에 제시되었던 재료에 대한 것과 아주 유사하다. 여기에서 하첨자 i와 o는 안쪽 관의 내면과 외면을 나타낸다. 이중관 열교환기에 있어서, 관벽의 **열저항**(*thermal resistance*)은

$$R_{wall} = \frac{\ln(D_o/D_i)}{2\pi kL} \tag{8-1}$$

이다. 여기서 k는 관 재료의 열전도도이고, L은 관의 길이이다. 그러면 **총 열저항**은 다음과 같이 된다.

$$R = R_{total} = R_i + R_{wall} + R_o = \frac{1}{h_i A_i} + \frac{\ln(D_o/D_i)}{2\pi kL} + \frac{1}{h_o A_o} \tag{8-2}$$

여기서 A_i는 두 유체를 분리하는 벽의 내면적이고, A_o는 그 벽의 외면적이다. 달리 말하자면 A_i와 A_o는 각각 내부 유체와 외부 유체에 의해 접촉되는 분리 벽의 면적이다. 어떤 유체가 원형관의 안쪽에서 흐르고, 다른 유체가 그 밖에서 흐를 때 $A_i = \pi D_i L$과 $A_o = \pi D_o L$이다(그림 8-9).

열교환기의 해석에 있어서는 고온유체로부터 저온유체로 열이 흐르는 경로에 있는 모든 열저항들을 하나의 저항 R로 조합하는 것이 편리하며, 두 유체 사이의 열전달률은 다음과 같이 표기할 수 있다.

$$\dot{Q} = \frac{\Delta T}{R} = UA_s \Delta T = U_i A_i \Delta T = U_o A_o \Delta T \tag{8-3}$$

여기서 A_s는 면적이고 U를 **총 열전달계수**(overall heat transfer coefficient)라 하며, 단위는 W/m²·K인데 이는 보통의 열전달계수 h의 단위와 같다. 식 (8-3)에서 ΔT를 소거하면 다음과 같이 된다.

$$\frac{1}{UA_s} = \frac{1}{U_i A_i} = \frac{1}{U_o A_o} = R = \frac{1}{h_i A_i} + R_{wall} + \frac{1}{h_o A_o} \tag{8-4}$$

아마도 여러분은 왜 열교환기에서 두 개의 총 열전달계수 U_i와 U_o를 정의하는가에 대하여 의문을 가질 것이다. 그 이유는 모든 열교환기는 일반적으로 서로 같지 않은 두 개의 열교환 면적 A_i와 A_o를 갖기 때문이다.

만일 $U_iA_i = U_oA_o$라 하더라도 $A_i = A_o$가 아니면 $U_i \neq U_o$가 된다. 그러므로 열교환기의 총 열전달계수 U는 총 열전달계수를 기초로 하는 면적이 지정되지 않으면 의미가 없다. 이는 특히 한쪽 면은 휜이 없고 다른 쪽 면은 휜이 부착되어 있을 경우에 휜 부착면의 면적이 그렇지 않은 면에 비해 몇 배나 크기 때문이다.

만일 보통의 경우처럼 관 벽의 두께가 얇고, 관 재료의 열전도도가 매우 높을 때에는 관의 열저항은 무시할 만하고($R_{\text{wall}} \approx 0$) 관의 내면적과 외면적은 거의 같다($A_i \approx A_o \approx A_s$). 그러면 총 열전달계수에 대한 식 (8-4)는 다음과 같이 간단해진다.

$$\frac{1}{U} \approx \frac{1}{h_i} + \frac{1}{h_o} \tag{8-5}$$

여기서 $U \approx U_i \approx U_o$이다. 관 내부와 외부에서 각각의 열전달계수 h_i와 h_o는 제5장의 내외·강제대류에서 논의했던 대류 관계식을 사용하여 결정한다.

식 (8-5)에서 총 열전달계수 U는 큰 수의 역수는 작기 때문에 **작은** 열전달계수에 의해 지배된다. 만일 하나의 열전달계수가 다른 하나에 비해 **대단히 작다**면(이를테면 $h_i \ll h_o$) $1/h_i \gg 1/h_o$가 되고 $U \approx h_i$가 된다. 그러므로 작은 열전달계수는 열전달의 경로에 있어서 **병목**현상을 일으키게 되며, 열전달을 현저히 방해하게 된다. 이러한 상황은 하나의 유체가 기체이고, 다른 유체는 액체인 경우 흔히 나타난다. 그런 경우에 있어서 UA를 증가시키고 열전달을 촉진시키기 위해서 기체 측에 보통 휜을 부착한다.

대표적인 총 열전달계수의 값들이 표 8-1에 보여진다. 총 열전달계수 값의 범위는 대체로 기체-기체 열교환기의 경우 10 W/m²·K로부터 상변화를 포함하는 열교환기의 경우 10,000 W/m²·K이라는 사실이 주목할 만한 결과이지만, 기체의 열전도도가 매우 낮고 상변화 과정에서는 열전달계수가 매우 높기 때문에 이런 사실은 놀랄 일도 아니다.

관의 한 면에 열전달 촉진을 위해 **휜**을 부착하였다면, 휜 부착면에서의 총 열전달면적은 다음과 같이 된다.

$$A_s = A_{\text{total}} = A_{\text{fin}} + A_{\text{unfinned}} \tag{8-6}$$

여기서 A_{fin}은 휜의 표면적이며, A_{unfinned}는 관 표면 중에서 휜이 부착되지 않은 면적이다. 높은 열전도도를 가진 짧은 휜의 경우에는 휜이 거의 등온이기 때문에 이 총면적을 대류열저항 관계식 $R_{\text{conv}} = 1/hA_s$에 사용할 수 있다. 그렇지 않은 경우에는 다음과 같이 유효면적 A_s를 구해야 한다.

$$A_s = A_{\text{unfinned}} + \eta_{\text{fin}} A_{\text{fin}} \tag{8-7}$$

표 8-1

열교환기에서 총 열전달계수의 대표적인 값

Type of heat exchanger	U, W/m^2·K*
Water-to-water	850–1700
Water-to-oil	100–350
Water-to-gasoline or kerosene	300–1000
Water-to-brine	600–1200
Feedwater heaters	1000–8500
Steam-to-light fuel oil	200–400
Steam-to-heavy fuel oil	50–200
Steam condenser	1000–6000
Freon condenser (water cooled)	300–1000
Ammonia condenser (water cooled)	800–1400
Alcohol condensers (water cooled)	250–700
Gas-to-gas	10–40
Gas-to-brine	10–250
Oil-to-oil	50–400
Organic vapors-to-water	700–1000
Organic solvents-to-organic solvents	100–300
Water-to-air in finned tubes (water in tubes)	30–60†
	400–850‡
Steam-to-air in finned tubes (steam in tubes)	30–300†
	400–4000‡

*Multiply the listed values by 0.176 to convert them to Btu/h·ft^2·°F.
†Based on air-side surface area.
‡Based on water- or steam-side surface area.

여기에서 η_{fin}은 휜 효율(fin efficiency)로 제3장에서 논의되었던 상관관계식으로부터 구할 수 있다. 이 방법으로 휜의 길이에 따라 온도가 떨어지는 현상이 고려된다. 등온 휜에서는 $\eta_{\text{fin}} = 1$이 되고, 이 경우 식 (8-7)은 식 (8-6)이 됨을 주목하라. 또한 휜이 설치된 표면의 경우, 식 (8-4)에서 상관면적(A_i 혹은 A_o)은 식 (8-7)로부터 계산되어야 한다.

오염계수

열교환기의 성능은 보통 시간이 지남에 따라 저하된다. 성능저하의 주된 원인은 열전달 표면에 **침전물**(*deposit*)이 축적되기 때문이다. 침전물의 축적층은 열전달의 **추가적인 저항**을 의미하며, 열교환기에서 열전달률을 감소시킨다. 열전달에서 이러한 축적의 효과는 **오염계수**(fouling factor) R_f로 나타내는데, 이는 오염에 의해서 야기된 **열저항**의 척도이다.

오염의 가장 보편적인 형태는 유체 안에 있는 고체 석출물이 열전달 표면에 **침전**(*precipitation*)되는 것이다. 이런 형태의 오염은 가정에서도 관찰할 수 있다. 만일 오랫동안 쓰던 차 주전자의 내면을 조사해 보면 당신은 아마도 비등이 일어나는 표면에 칼슘 계통의 침전물을 볼 수 있을 것이다. 이러한 현상은 물이 경수인 지역에서 특히 심하다. 그런 침전물의 스케일은 긁어서 떨어뜨릴 수 있으며 화학처리를 통해 세척할 수도 있다. 열교환기 안에 있는 가느다란 관의 내부 표면에 형성되는 광물성 침전물(그림 8-10)이 생겼다면, 그것이 유체의 통과면적과 열전달에 해로운 영향을 미칠 것이다. 이런 잠재적인 문제를 피하기 위해 발전소와 산업공정에서의 물은 시스템을 통해 순환시키기 전에 철저히 처리해서 물속에 함유된 고체 성분을 제거해야 한다. 공기 예열기의 표면에 축적되는 연소가스의 고체 재(ash)입자도 유사한 문제를 일으킨다.

화학 공정 산업에서 흔히 일어나는 오염의 또 다른 형태는 **부식**(*corrosion*)과 **화학적 오염**(*chemical fouling*)이다. 이 경우에 표면은 화학반응의 산물이 표면에 축적됨으로 인해 오염된다. 이 오염 형태는 유리로 금속관을 코팅하거나 금속관 대신에 플라스틱 관을 사용함으로써 피할 수 있다. 열교환기는 따뜻한 유체에서 자라는 조류에 의해서도 오염될 수 있다. 이 오염 형태는 **생물학적 오염**(*biological fouling*)이라 하고 화학처리에 의해 방지할 수 있다.

그림 8-10
과열 관 위의 재(ash) 입자에 의한 침전 오염
Babcock & Wilcox Enterprises. Reprinted by permission.

오염이 생기기 쉬운 응용분야에 있어서는 오염 문제가 열교환기 설계와 선택시에 반드시 고려되어야 한다. 그런 응용분야에서는 오염된 이후라 하더라도 열전달에 관한 요구 조건을 확실히 만족시키기 위해서 보다 크고, 보다 비싼 열교환기를 선택하여야 한다. 열교환기의 주기적인 청소와 그에 따른 작업 중단은 오염과 관련된 또 하나의 부담이다.

오염계수는 새 열교환기에 있어서는 당연히 0이지만, 시간이 지남에 따라 고체 침전물이 표면에 형성되면서 증가한다. 오염계수는 운전기간뿐만 아니라 **운전온도**와 유체의 **속도**에 따라 다르다. 오염계수는 **운전온도가 상승할수록**, 그리고 유체의 **속도가 낮아질수록** 증가한다.

앞서 제시된 총 열전달계수 관계식 (8-4) 또는 (8-5)는 깨끗한 표면에 대해 성립하며, 관의 내면과 외면의 오염에 대한 영향을 고려하기 위해서는 수정되어야 한다. 휜 없는 각-관 열교환기에서 총 열전달계수는 다음과 같이 표기할 수 있다.

$$\frac{1}{UA_s} = \frac{1}{U_iA_i} = \frac{1}{U_oA_o} = R = \frac{1}{h_iA_i} + \frac{R_{f,i}}{A_i} + \frac{\ln(D_o/D_i)}{2\pi kL} + \frac{R_{f,o}}{A_o} + \frac{1}{h_oA_o} \qquad \text{(8-8)}$$

여기서 $R_{f,i}$와 $R_{f,o}$는 내면과 외면에서의 오염계수이다.

오염계수의 대표적인 값들이 표 8-2에 주어진다. 보다 포괄적인 오염계수에 대한 표들은 오염계수 편람에서 얻을 수 있다. 여러분이 예상한 것처럼 그 값들에서는 불확실성이 커서 그 값들은 단지 오염이 열전달에 미치는 영향을 고려하여 열교환기를 선택하거나 평가하는 가이드로만 사용되어야 한다. 그 표에서 가장 큰 오염계수는 10^{-4} m²·K/W이고, 이는 단위면적당 석회암을 0.2 mm 두께로 코팅한 열저항(k = 2.9 W/m·K)에 해당된다. 그러므로 열전달 표면에 대한 특별한 오염자료가 없는 경우에는 오염효과를 계산하는 시작점으로 0.2 mm 두께의 석회암이 코팅된 표면으로 가정하여 계산할 수 있을 것이다.

표 8-2
대표적인 오염계수(오염에 의한 단위면적당 열저항

Fluid	R_f, m²·K/W
Distilled water, seawater, river water, boiler feedwater:	
Below 50°C	0.0001
Above 50°C	0.0002
Fuel oil	0.0009
Transformer, lubricating or hydraulic oil	0.0002
Quenching oil	0.0007
Vegetable oil	0.0005
Steam (oil-free)	0.0001
Steam (with oil traces)	0.0002
Organic solvent vapors, natural gas	0.0002
Engine exhaust and fuel gases	0.0018
Refrigerants (liquid)	0.0002
Refrigerants (vapor)	0.0004
Ethylene and methylene glycol (antifreeze) and amine solutions	0.00035
Alcohol vapors	0.0001
Air	0.0004

Source: Tubular Exchange Manufacturers Association.

예제 8-1 **열교환기에서 총 열전달계수**

뜨거운 기름이 이중관 대향유동 열교환기에서 냉각된다. 내관은 구리관으로 직경이 2 cm이며, 두께는 무시할 만하다. 외관(외각통)의 내경은 3 cm이다. 물은 내관에서 0.5 kg/s 율로 흐르며, 기름은 외관을 통해 0.8 kg/s로 흐른다. 물과 기름의 평균온도를 각각 45°C와 80°C로 할 때, 이 열교환기의 총 열전달계수를 구하라.

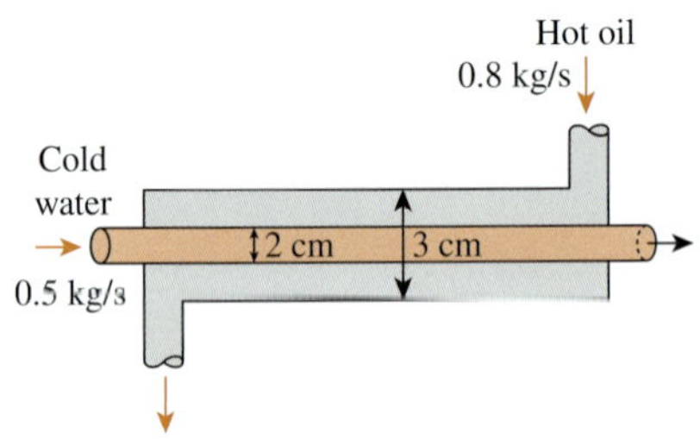

그림 8-11
예제 8-1의 개략도

풀이 뜨거운 기름이 이중관 대향유동 열교환기에 의해 냉각된다. 총 열전달계수를 결정하라.

가정 **1.** 관의 재질이 얇고 고전도체이므로 내관의 열저항을 무시한다. **2.** 기름과 물의 흐름은 완전 발달 영역으로 가정한다. **3.** 기름과 물의 물성값은 일정하다.

물성치 45°C에서 물성치(Table A-15)

$$\rho = 990.1 \text{ kg/m}^3 \qquad \text{Pr} = 3.91$$
$$k = 0.637 \text{ W/m·K} \qquad \nu = \mu/\rho = 0.602 \times 10^{-6} \text{ m}^2/\text{s}$$

80°C에서 기름의 물성치(Table A-19)

$$\rho = 852 \text{ kg/m}^3 \qquad \text{Pr} = 499.3$$
$$k = 0.138 \text{ W/m·K} \qquad \nu = 3.794 \times 10^{-5} \text{ m}^2/\text{s}$$

해석 열교환기의 개략도가 그림 8-11에 주어진다. 총 열전달계수 U는 식 (8-5)로부터 구할 수 있다.

$$\frac{1}{U} \approx \frac{1}{h_i} + \frac{1}{h_o}$$

여기에서 h_i와 h_o는 각각 관 내면과 외면에서의 열전달계수이며, 강제대류 관계식을 이용하여 구할 수 있다.

원형 관의 수력지름은 관의 직경 자체, 즉 $D_h = D = 0.02$ m이다. 관 내부에서 물의 평균속도는

$$V = \frac{\dot{m}}{\rho A_c} = \frac{\dot{m}}{\rho(\frac{1}{4}\pi D^2)} = \frac{0.5 \text{ kg/s}}{(990.1 \text{ kg/m}^3)[\frac{1}{4}\pi(0.02 \text{ m})^2]} = 1.61 \text{ m/s}$$

이고, Reynolds 수는

$$\text{Re} = \frac{VD}{\nu} = \frac{(1.61 \text{ m/s})(0.02 \text{ m})}{0.602 \times 10^{-6} \text{ m}^2/\text{s}} = 53{,}490$$

이 되는데, 이는 10,000보다 크다. 그러므로 물의 유동은 난류이다. 흐름이 완전발달되었다고 가정하면, Nusselt 수는 다음과 같이 구할 수 있다.

$$\text{Nu} = \frac{hD}{k} = 0.023 \text{ Re}^{0.8}\text{Pr}^{0.4} = 0.023(53{,}490)^{0.8}(3.91)^{0.4} = 240.6$$

그러면

$$h = \frac{k}{D}\text{Nu} = \frac{0.637 \text{ W/m·K}}{0.02 \text{ m}}(240.6) = 7663 \text{ W/m}^2\text{·K}$$

지금부터 위의 해석을 오일에 대해 다시 한다.
환형공간에 대한 수력지름은

$$D_h = D_o - D_i = 0.03 - 0.02 = 0.01 \text{ m}$$

이 경우에 있어서 평균속도는

$$V = \frac{\dot{m}}{\rho A_c} = \frac{\dot{m}}{\rho[\frac{1}{4}\pi(D_o^2 - D_i^2)]} = \frac{0.8 \text{ kg/s}}{(852 \text{ kg/m}^3)[\frac{1}{4}\pi(0.03^2 - 0.02^2)] \text{ m}^2} = 2.39 \text{ m/s}$$

이며, Reynolds 수는

$$\text{Re} = \frac{VD_h}{\nu} = \frac{(2.39 \text{ m/s})(0.01 \text{ m})}{3.794 \times 10^{-5} \text{ m}^2\text{/s}} = 630$$

이 되는데, 이는 2300보다 작다. 그러므로 오일의 유동은 층류이다. 완전발달유동을 가정하면, $D_i/D_o = 0.02/0.03 = 0.667$에 해당하는 환형공간의 관쪽 Nusselt 수 Nu_i는 표 8-3으로부터 보간법으로 다음과 같이 구할 수 있다.

$$\text{Nu} = 5.45$$

그리고

$$h_o = \frac{k}{D_h}\text{Nu} = \frac{0.138 \text{ W/m·K}}{0.01 \text{ m}}(5.45) = 75.2 \text{ W/m}^2\text{·K}$$

그러면 이 열교환기에 대한 총 열전달계수는 다음과 같이 된다.

$$U = \frac{1}{\frac{1}{h_i} + \frac{1}{h_o}} = \frac{1}{\frac{1}{7663 \text{ W/m}^2\text{·K}} + \frac{1}{75.2 \text{ W/m}^2\text{·K}}} = \mathbf{74.5 \text{ W/m}^2\text{·K}}$$

토의 이 경우에 있어서 $h_i \gg h_o$이기 때문에 $U \approx h_o$가 됨에 주목하라. 이는 앞서 열교환기에 있어서 총 열전달계수는 두 열전달계수의 차이가 크면 작은 열전달계수에 의해 지배를 받는다고 언급한 사실을 확인한다.

총 열전달계수를 개선하고, 그러므로 열교환기 내의 열전달을 향상시키기 위해서는 오일 쪽에 휜을 다는 등 열전달향상 기술을 사용해야 한다.

표 8-3

한쪽은 단열, 다른 쪽은 등온인 구형 환형공간을 흐르는 완전발달층류에서의 Nusselt 수

D_i/D_o	Nu_i	Nu_o
0.00	—	3.66
0.05	17.46	4.06
0.10	11.56	4.11
0.25	7.37	4.23
0.50	5.74	4.43
1.00	4.86	4.86

Kays and Perkins, 1972

예제 8-2 총 열전달계수에 있어서 오염의 영향

이중관(각–관) 열교환기에서 안의 스테인리스강 관(k = 15.1 W/m·K)은 내경이 D_i = 1.5 cm이고 외경이 D_o = 1.9 cm이며, 바깥 관의 내경은 3.2 cm이다. 대류열전달계수가 내면에서 h_i = 800 W/m²·K, 외면에서 h_o = 1200 W/m²·K로 주어진다. 관 측의 오염계수가 $R_{f,i}$ = 0.0004 m²·K/W이고, 각 측(shell-side)의 오염계수가 $R_{f,o}$ = 0.0001 m²·K/W 일 때 (*a*) 단위 길이당 열교환기의 열저항, (*b*) 관의 내면과 외면을 기준으로 한 총 열전달계수 U_i와 U_o를 구하라.

풀이 열교환기의 관 측과 각 측에서 열전달계수 및 오염계수가 주어졌다. 열저항과 내면적 및 외면적을 기준으로 한 총 열전달계수를 구하라.

가정 열전달계수와 오염계수는 일정하며 균일하다.

해석 (*a*) 열교환기의 개략도가 그림 8-12에 보인다. 양 표면에 휜이 없고 오염된 각-관형 열교환기의 열저항은 식 (8-8)로부터 다음과 같이 주어진다.

$$R = \frac{1}{UA_s} = \frac{1}{U_iA_i} = \frac{1}{U_oA_o} = \frac{1}{h_iA_i} + \frac{R_{f,i}}{A_i} + \frac{\ln(D_o/D_i)}{2\pi kL} + \frac{R_{f,o}}{A_o} + \frac{1}{h_oA_o}$$

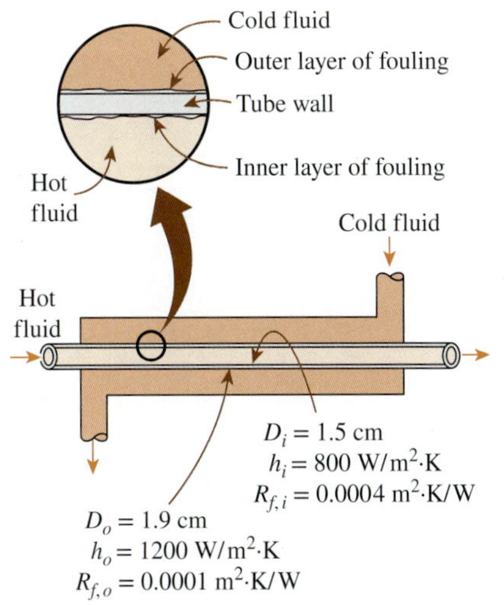

그림 8-12

예제 8-2의 개략도

여기에서

$$A_i = \pi D_i L = \pi(0.015\text{ m})(1\text{ m}) = 0.0471\text{ m}^2$$
$$A_o = \pi D_o L = \pi(0.019\text{ m})(1\text{ m}) = 0.0597\text{ m}^2$$

이를 대입하면 총 열저항은 다음과 같이 결정된다.

$$\begin{aligned} R &= \frac{1}{(800\text{ W/m}^2\cdot\text{K})(0.0471\text{ m}^2)} + \frac{0.0004\text{ m}^2\cdot\text{K/W}}{0.0471\text{ m}^2} \\ &+ \frac{\ln(0.019/0.015)}{2\pi(15.1\text{ W/m}\cdot\text{K})(1\text{ m})} \\ &+ \frac{0.0001\text{ m}^2\cdot\text{K/W}}{0.0597\text{ m}^2} + \frac{1}{(1200\text{ W/m}^2\cdot\text{K})(0.0597\text{ m}^2)} \\ &= (0.02654 + 0.00849 + 0.0025 + 0.00168 + 0.01396)\text{K/W} \\ &= \mathbf{0.0532°C/W} \end{aligned}$$

이 경우에 있어서 총 저항의 19%는 오염에 의한 것이며, 5%는 두 유체를 분리하는 강관에 의한 것이다. 나머지(76%)는 대류저항에 의한 것이다.

(*b*) 총 열저항과 열전달면적을 알면, 안의 관의 내면과 외면을 기준으로 하는 총 열전달계수는

$$U_i = \frac{1}{RA_i} = \frac{1}{(0.0532\text{ K/W})(0.0471\text{ m}^2)} = \mathbf{399\text{ W/m}^2\cdot\text{K}}$$

그리고

$$U_o = \frac{1}{RA_o} = \frac{1}{(0.0532\text{ K/W})(0.0597\text{ m}^2)} = \mathbf{315\text{ W/m}^2\cdot\text{K}}$$

토의 이 경우에 있어서는 관의 내면적과 외면적이 상당히 다르기 때문에 두 총 열전달계수도 상당히(27%) 다르다. 관의 두께가 무시할 만하면 두 총 열전달계수의 차이도 무시할 수 있을 것이다.

8-3 ▪ 열교환기의 해석

열교환기는 현장에 보편적으로 사용되고 있는 기기이기 때문에, 엔지니어들은 종종 질량유동이 알려져 있는 경우에는 **특정 온도변화**를 달성할 수 있는 **열교환기를 선택해야만** 하거나, 어떤 **열교환기**에서는 고온유체와 저온유체의 **출구온도를 예측해**야 하는 위치에 있는 자신을 발견할 것이다.

다음 절에서 우리는 열교환기의 해석에 사용되는 두 가지 방법들에 대해 논의할 것이다. 이들 중에서 **대수평균온도차법**은 앞서 얘기한 전자의 경우에 적당하며, **유용도**(*effectiveness*)**-NTU법**은 후자의 경우에 적합하다. 그러나 먼저 우리는 열교환기에서 일반적으로 고려하는 몇 가지 사항을 제시하고자 한다.

열교환기는 보통 오랜 기간 동안 작동 조건이 변하지 않고 운전된다. 그러므로 그들은 **정상상태**의 장치라 할 수 있다. 그런 경우에 질량유량은 일정하게 유지하며, 입구나 출구에서의 온도나 속도 등 유체의 성질들이 일정하게 유지된다. 일반적으

로 유체의 비열은 온도에 따라 변하지만, 지정된 온도 범위 내에서 정밀도의 손실이 거의 없이 어떤 평균값에서의 상수로 취급할 수 있다. 관을 따라 흐르는 축방향 열전도는 보통 중요하지 않고 무시할 수 있다고 생각할 수 있다. 마지막으로 열교환기의 외부표면은 **완전하게 단열**되어 있으며 두 유체 사이의 열전달이 유일한 열전달이라 가정하는 것이다.

위에서 언급한 이상화 한 상태는 실제에 있어서도 잘 맞으며, 정밀도의 큰 희생 없이 열교환기의 해석을 크게 단순화시키기 때문에 열교환기 해석에서 보편적으로 사용하고 있다. 이러한 가정하에서 **열역학 제1법칙**에 의하면 고온유체로부터의 열전달은 저온유체로의 열전달과 같다. 즉

$$\dot{Q} = \dot{m}_c c_{pc}(T_{c,\,\text{out}} - T_{c,\,\text{in}}) \tag{8-9}$$

그리고

$$\dot{Q} = \dot{m}_h c_{ph}(T_{h,\,\text{in}} - T_{h,\,\text{out}}) \tag{8-10}$$

여기서 하첨자 c와 h는 각각 **저온유체**와 **고온유체**를 의미하며, 표기의 의미는 다음과 같다.

$$\begin{aligned} \dot{m}_c, \dot{m}_h &= \text{질량유량} \\ c_{pc}, c_{ph} &= \text{비열} \\ T_{c,\,\text{out}}, T_{h,\,\text{out}} &= \text{입구온도} \\ T_{c,\,\text{in}}, T_{h,\,\text{in}} &= \text{출구온도} \end{aligned}$$

열전달률 $\dot{Q}$는 양의 값으로 취급하는 것을 주의해야 한다. $\dot{Q}$의 방향성은 열역학 제2법칙에 따라 고온에서 저온 방향인 것으로 이해한다.

열교환기 해석에 있어서 질량유동과 유체의 비열을 곱하여 하나의 양으로 조합하는 것이 때로는 편리하다. 이 양은 **열용량률**(heat capacity rate)이라 부르며, 다음과 같이 정의한다.

$$C_h = \dot{m}_h c_{ph} \quad \text{그리고} \quad C_c = \dot{m}_c c_{pc} \tag{8-11}$$

유체유동의 열용량률은 유체가 열교환기를 흐르는 동안 유체의 온도를 1°C 변화시키기 위해 필요한 열전달률은 나타낸다. 열교환기에 있어서 열용량률이 **큰** 유체는 **작은** 온도변화를 겪고, 열용량률이 **작은** 유체는 **큰** 온도변화를 겪는다. 그러므로 다른 것은 그대로 두고 질량유동만 **두 배**로 하면 그 유체의 온도변화는 **절반**이 될 것이다.

위와 같은 열용량률의 정의를 이용하면 식 (8-9)와 식 (8-10)은 다음과 같이 쓸 수 있다.

$$\dot{Q} = C_c(T_{c,\,\text{out}} - T_{c,\,\text{in}}) \tag{8-12}$$

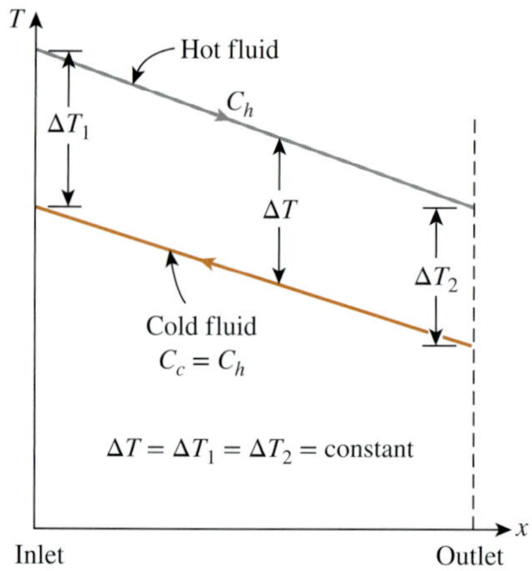

그림 8-13
동일한 용량률을 가진 두 유체 흐름은 단열이 잘 된 열교환기에서 동일한 온도변화를 갖는다.

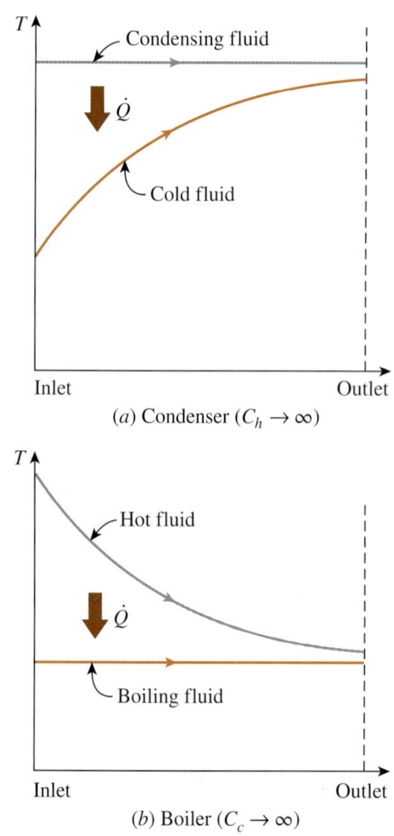

그림 8-14
하나의 유체가 응축이나 비등을 할 때 열교환기에서의 유체온도의 변화

$$\dot{Q} = C_h(T_{h,\,\text{in}} - T_{h,\,\text{out}}) \tag{8-13}$$

즉 열교환기에 있어서 열전달률은 유체의 열용량률과 그 유체의 온도변화와의 곱과 같다. **저온유체가 상승한 온도와 고온유체가 하강한 온도가 같을 수 있는 유일한 경우는 두 유체의 열용량률이 서로 같을 때이다**(그림 8-13).

실제로 많이 사용되고 있는 열교환기의 특별한 두 가지 형태는 **응축기**와 **보일러**이다. 응축기나 보일러에서는 한 유체가 열전달과정에서 상변화를 겪게 되고, 상변화에 대한 열전달률은 다음과 같이 표현된다.

$$\dot{Q} = \dot{m}h_{fg} \tag{8-14}$$

여기서 $\dot{m}$는 유체의 응축률이나 증발률이고, h_{fg}는 주어진 온도나 압력에서 유체의 증발엔탈피이다.

보통의 유체는 그림 8-14에서 보는 것처럼 상변화과정 동안 기본적으로 일정한 온도에서 많은 양의 열을 흡수하거나 방출할 수 있다. 상변화 과정 동안 유체의 열용량률은 온도변화가 실제적으로 0이기 때문에 무한대에 가까워진다. 즉 $\dot{Q} = \dot{m}c_p\Delta T$가 유한하기 위해서는, $\Delta T \to 0$일 때 $C = \dot{m}c_p \to \infty$가 되어야 한다. 그러므로 열교환기 해석에 있어서 응축하거나 비등하는 유체는 열용량률이 **무한대인 유체**로 편리하게 모델링할 수 있다.

열교환기에 있어서 열전달률은 Newton의 냉각법칙과 비슷한 방법으로 다음과 같이 쓸 수 있다.

$$\dot{Q} = UA_s\Delta T_m \tag{8-15}$$

여기에서 U는 총 열전달계수이고, A_s는 열전달면적, 그리고 ΔT_m은 두 유체 사이의 적당한 평균 온도차이다. 여기서 표면적 A_s는 열교환기의 규격을 사용하면 정확하게 구할 수 있다. 그렇지만 총 열전달계수 U와 그리고 고온유체와 저온유체 사이의 평균 온도차인 ΔT는 일반적으로 상수는 아니며 열교환기 내에서의 위치에 따라 변한다.

총 열전달계수의 평균값은 8-2절에서 기술한 바와 같이 각 유체의 평균 대류열전달계수를 이용하여 결정할 수 있다. 두 유체 사이의 평균온도차의 적절한 형태는 **대수적**(*logarithmic*)이라는 것이 밝혀졌고, 그 확정 방법은 8-4절에 제시한다. 평균 온도차(ΔT_m)는 열교환기의 유동배열과 그 구조의 형태에 달려있다는 것을 주목해야 한다.

8-4 ▪ 대수평균온도차법

앞서 우리는 고온유체와 저온유체 사이의 온도차는 열교환기에서의 위치에 따라 변하며, 다음과 같은 열전달식에서 **평균온도차**(*mean temperature difference*) ΔT_m을 사용하면 편리하다고 언급한 바 있다. $\dot{Q} = UA_s\Delta T_m$.

두 유체 사이의 등가 평균온도차에 대한 관계를 유도하기 위해서, 그림 8-15에서 보는 바와 같이 **평행유동 이중관** 열교환기(*parallel-flow double-pipe* heat exchanger)를 생각한다. 고온유체와 저온유체와의 온도차 ΔT는 열교환기의 입구에서 크고, 출구로 갈수록 지수적으로 감소한다. 예상한 대로 열교환기를 길이 방향에 따라서 고온유체의 온도는 감소하고, 저온유체의 온도는 증가하지만 아무리 열교환기가 길어진다 하더라도 저온유체의 온도는 고온유체의 온도를 결코 넘을 수 없다.

열교환기의 외부표면의 단열이 잘 되어서 열전달은 유체 사이에서만 일어난다고 가정하고 운동에너지나 위치에너지의 변화를 무시하면, 열교환기의 미소 부분에 있는 각 유체 사이의 에너지 균형은 다음과 같이 표현할 수 있다.

$$\delta\dot{Q} = -\dot{m}_h c_{ph}\, dT_h \tag{8-16}$$

그리고

$$\delta\dot{Q} = \dot{m}_c c_{pc}\, dT_c \tag{8-17}$$

즉 열교환기의 어떤 부분에 있는 고온유체의 열손실률은 그 부분에 있는 저온유체가 얻는 열전달률과 같다. 고온유체의 온도변화는 음의 값이므로, 식 (8-16)에서 열전달률은 양의 값으로 만들어주기 위해서 **음의 부호**가 추가되었다. 위의 식들을 dT_h와 dT_c에 대해 풀면 다음과 같다.

$$dT_h = -\frac{\delta\dot{Q}}{\dot{m}_h c_{ph}} \tag{8-18}$$

그리고

$$dT_c = \frac{\delta\dot{Q}}{\dot{m}_c c_{pc}} \tag{8-19}$$

이들의 차를 구하면 다음과 같아진다.

$$dT_h - dT_c = d(T_h - T_c) = -\delta\dot{Q}\left(\frac{1}{\dot{m}_h c_{ph}} + \frac{1}{\dot{m}_c c_{pc}}\right) \tag{8-20}$$

열교환기의 미소 부분에서의 열전달률은 또한 다음과 같이 쓸 수 있다.

$$\delta\dot{Q} = U(T_h - T_c)\, dA_s \tag{8-21}$$

이 식을 식 (8-20)에 대입하고 재정리하면 다음과 같다.

$$\frac{d(T_h - T_c)}{T_h - T_c} = -U\, dA_s\left(\frac{1}{\dot{m}_h c_{ph}} + \frac{1}{\dot{m}_c c_{pc}}\right) \tag{8-22}$$

열교환기의 입구부터 출구까지 적분하면 다음을 얻는다.

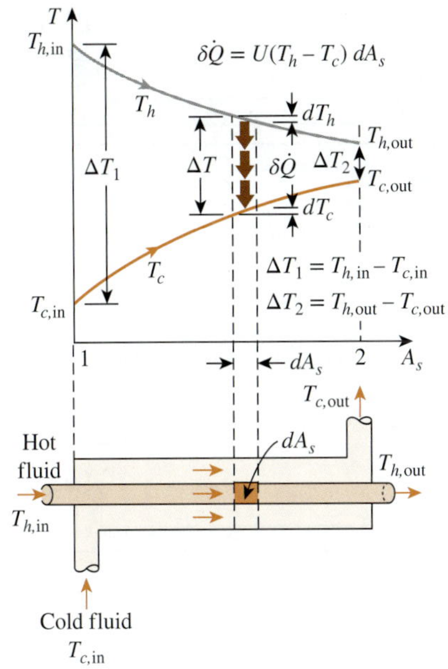

그림 8-15
평행유동 이중관 열교환기에서의 유체온도의 변화

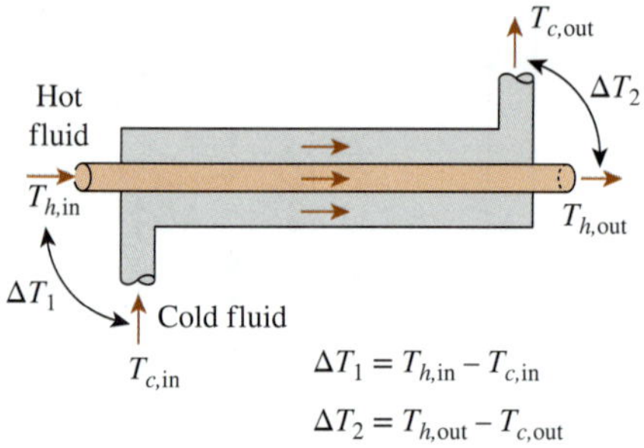

(*a*) Parallel-flow heat exchangers

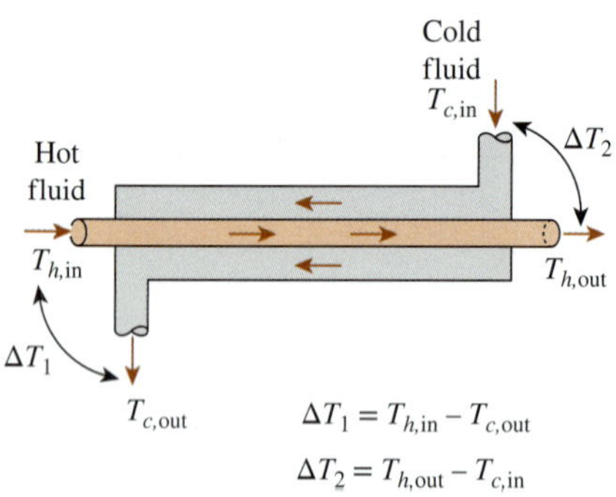

(*b*) Counterflow heat exchangers

그림 8-16
평행유동과 대향유동 열교환기에서의 ΔT_1과 ΔT_2의 표현

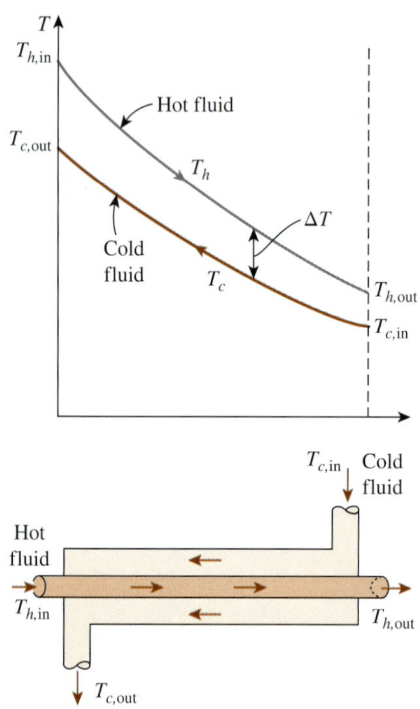

그림 8-17
대향유동 이중관 열교환기에서의 유체온도의 변화

$$\ln \frac{T_{h,\text{out}} - T_{c,\text{out}}}{T_{h,\text{in}} - T_{c,\text{in}}} = -UA_s\left(\frac{1}{\dot{m}_h c_{ph}} + \frac{1}{\dot{m}_c c_{cp}}\right) \quad \text{(8-23)}$$

마지막으로 식 (8-9)와 식 (8-10)을 $\dot{m}_c c_{ph}$와 $\dot{m}_h c_{ph}$에 대해 풀고 식 (8-23)에 대입한 다음 약간의 정리를 하면 다음과 같다.

$$\dot{Q} = UA_s \Delta T_{\text{lm}} \quad \text{(8-24)}$$

여기서

$$\Delta T_{\text{lm}} = \frac{\Delta T_1 - \Delta T_2}{\ln(\Delta T_1/\Delta T_2)} \quad \text{(8-25)}$$

ΔT_m을 **대수평균온도차**라고 하며, 열교환기의 해석에 사용되는 평균온도차로서 적당한 형태이다. 여기에서 ΔT_1과 ΔT_2는 열교환기의 양 끝(입구와 출구)에서 고온과 저온유체 사이의 온도차이다. 열교환기의 어느 쪽 끝이 입구 또는 출구냐 하는 것은 차이가 없다(그림 8-16). 식 (8-24)와 식 (8-25)는 끝점의 온도차들이 적절하게 정의된 열교환기들이라면 그 어떤 열교환기들이라도 적합한 식이라는 것에 주목할 필요가 있다. 이후 볼 수 있듯이 다통로와 직교유동 열교환기들은 대수평균온도차가 수정계수에 의해 수정된다.

두 유체 사이의 온도차는 입구에서의 ΔT_1으로부터 출구에서의 ΔT_2까지 감소한다. 그러므로 평균온도차로서 산술평균온도 $\Delta T_{\text{am}} = (\Delta T_1 + \Delta T_2)/2$를 쓸 수 있다. 대수평균온도차 ΔT_{lm}은 열교환기를 따라 유체의 실제 온도차를 추적해서 얻어진 것이고 고온과 저온유체 사이의 **평균온도차**(*average temperature difference*)에 대한 엄밀한 표현이다. 그것은 실제로 국소 온도차의 지수적인 감소를 반영한다.

ΔT_{lm}은 언제나 ΔT_{am}보다 작다는 사실에 주의해야 한다. 그러므로 ΔT_{am}을 ΔT_{lm} 대신에 사용하는 것은 열교환기 안에서 두 유체 사이의 열전달률을 과대평가하는 것이다. ΔT_1이 ΔT_2에 비해 40% 이상 차이가 나지 않으면, 산술평균온도차(arithmetic mean temperature difference)를 사용하는 것에 대한 오차는 1% 미만이다. 그러나 그 오차는 ΔT_1과 ΔT_2의 차이가 커질수록 바람직하지 못한 수준으로 증가한다. 그러므로 우리는 열교환기에서 열전달률을 결정할 때에는 언제나 **대수평균온도차**를 사용해야만 한다.

대향유동 열교환기

대향유동 열교환기에 있어서 고온유체와 저온유체의 온도변화는 그림 8-17과 같다. 고온유체와 저온유체가 서로 반대쪽 끝에서 들어가고, 이 경우에 있어서 **저온유체**의 출구온도는 **고온유체**의 출구온도를 초과할 수 있다는 사실에 주목해야 한다. 극한의 경우로 저온유체는 고온유체의 입구온도까지 가열될 수 있다. 그러나 저온유체의 출구온도는 결코 고온유체의 입구온도를 초과할 수 **없는데**, 만약 초과한다면 열역학 제2법칙을 위배하기 때문이다.

위의 대수평균온도차의 관계는 평행유동 열교환기를 사용하여 유도되었지만, 우리는 대향유동 열교환기에 사용할 수 있도록 위의 해석을 대향유동 열교환기에 대해 반복할 수 있다. 그러나 이때에 ΔT_1과 ΔT_2는 그림 8-16과 같이 표현된다.

주어진 입구온도와 출구온도에 대해 대향유동 열교환기에 대한 대수평균온도차는 평행유동 열교환기의 경우에 비해 언제나 크다. 즉 $\Delta T_{\text{lm,CF}} > \Delta T_{\text{lm,PF}}$이며, 그래서 대향유동 열교환기에 있어서 주어진 열전달을 달성하기 위해서 평행유동 열교환기보다 작은 표면적(그래서 보다 작은 열교환기)이 필요하다. 그러므로 열교환기에 있어서 대향유동 배열을 하는 것이 실용적이다.

대향유동 열교환기에 있어서 만일 두 유체의 **열용량률**(*heat capacity rate*)이 같다면, 고온유체와 저온유체의 온도차는 일정하게 유지된다(즉 $C_h = C_c$ 또는 $\dot{m}_h c_{ph} = \dot{m}_c c_{pc}$일 때 $\Delta T =$ 일정). 그러면 $\Delta T_1 = \Delta T_2$가 되고, 위의 대수평균온도차 관계는 $\Delta T_{\text{lm}} = \frac{0}{0}$이 되어 부정형이 된다. 이 경우에 있어서 l'Hôpital의 법칙을 적용하면 예상한 대로 $\Delta T_{\text{lm}} = \Delta T_1 = \Delta T_2$의 결과를 얻는다.

어떤 **응축기**(*condensor*)나 **보일러**(*boiler*)에서는 두 가지 방향의 분석 결과가 같기 때문에 평행유동 열교환기나 대향유동 열교환기의 어느 쪽으로도 생각할 수 있다.

다통로 및 직교유동 열교환기들: 수정계수의 사용

이미 유도한 대수평균온도차 ΔT_{lm}의 관계식은 평행유동과 대향유동 열교환기에 국한된다. 비슷한 관계식들이 **직교유동**이나 **다통로 각-관** 열교환기들에 대해 유도될 수 있으나, 복잡한 유동 조건 때문에 결과 식은 너무 복잡하다.

이런 경우에는 다음과 같이 대향유동에 대한 대수평균온도차에 상당하는 온도차를 정의하는 것이 편리하다.

$$\Delta T_{\text{lm}} = F\,\Delta T_{\text{lm, CF}} \tag{8-26}$$

여기서 F는 **수정계수**(correction factor)이며, 그 값은 열교환기의 **기하학적 형상**과 고온 및 저온유체의 입출구온도에 의존한다. $\Delta T_{\text{lm,CF}}$는 $\Delta T_1 = T_{\text{h,in}} - T_{\text{c,out}}$과 $\Delta T_2 = T_{\text{h,out}} - T_{\text{c,in}}$으로 취한 식 (8-25)로 결정되는 대향유동 열교환기 경우에 대한 대수평균온도차이다(그림 8-18).

이용한 열전달률의 결정 직교유동이나 다통로 각-관 열교환기에 있어서 수정계수는 1보다 작다. 즉 $F \le 1$이다. $F = 1$인 극한의 경우는 대향유동 열교환기에 해당한다. 즉 열교환기의 수정계수 F는 **대향유동의 경우에 상당하는 값 ΔT_{lm}과의 편차에 대한 척도**이다.

보통의 직교유동이나 각-관 열교환기에 대한 수정계수는 다음과 같이 정의되는 두 온도비 P와 R 관계를 사용한 그래프들에서 선정할 수 있으며, 그 그래프들을 그림 8-19에 제시하였다.

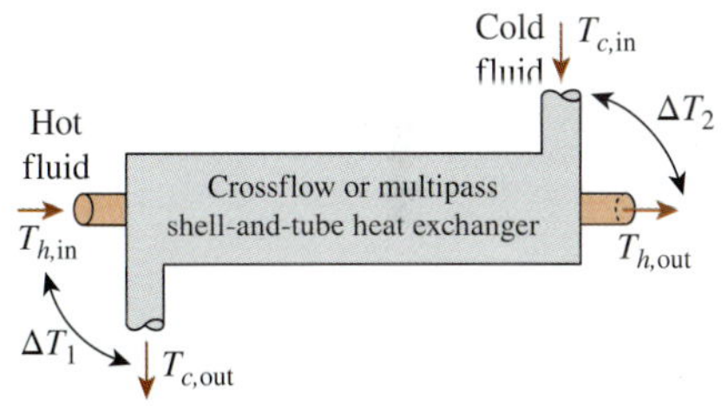

Heat transfer rate:

$$\dot{Q} = UA_sF\,\Delta T_{\text{lm,CF}}$$

where $\quad \Delta T_{\text{lm,CF}} = \dfrac{\Delta T_1 - \Delta T_2}{\ln(\Delta T_1/\Delta T_2)}$

$\Delta T_1 = T_{h,\text{in}} - T_{c,\text{out}}$

$\Delta T_2 = T_{h,\text{out}} - T_{c,\text{in}}$

and $\quad F = \ldots$ (Fig. 8–19)

그림 8-18
대향유동, 다통로 각-관 열교환기에서의 수정계수를 사용한 열전달률 측정

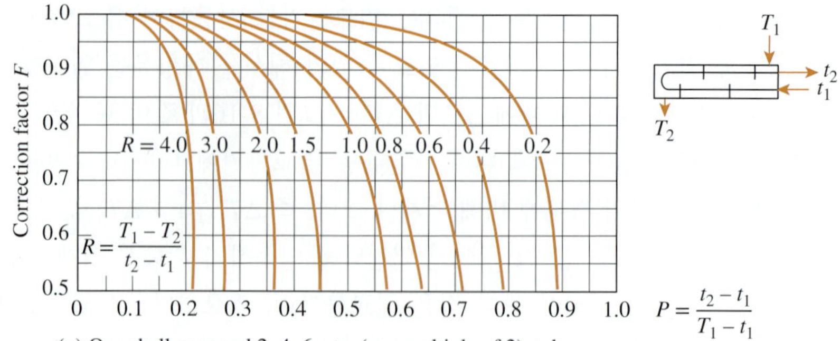

(*a*) One shell pass and 2, 4, 6, etc. (any multiple of 2), tube passes

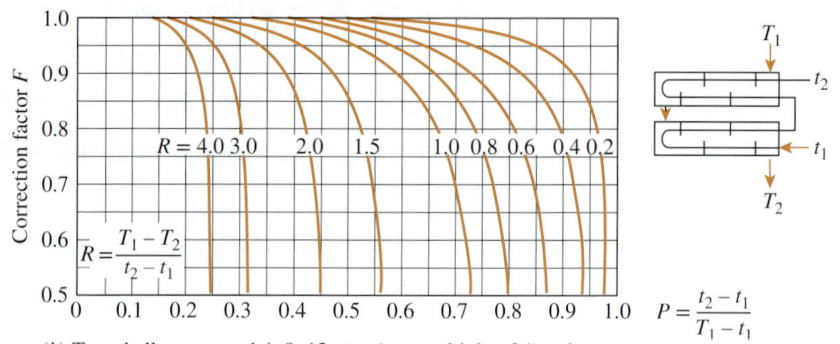

(*b*) Two shell passes and 4, 8, 12, etc. (any multiple of 4), tube passes

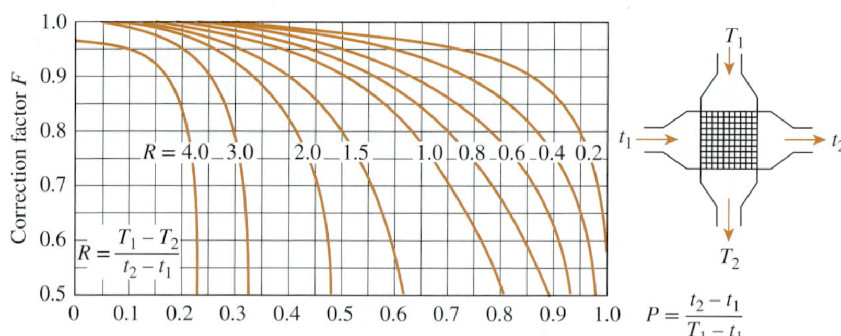

(*c*) Single-pass crossflow with both fluids *unmixed*

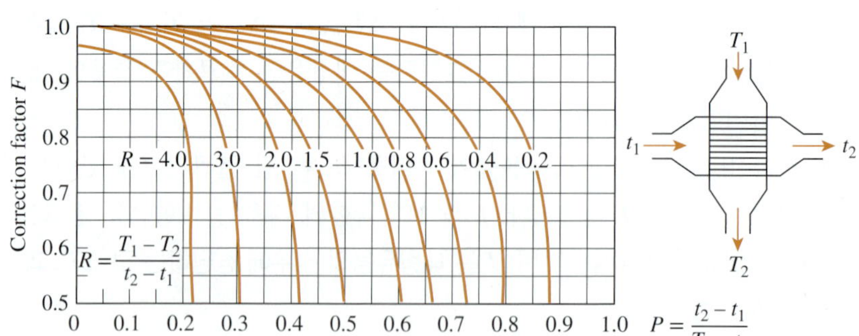

(*d*) Single-pass crossflow with one fluid *mixed* and the other *unmixed*

그림 8-19
일반적인 각-관, 대향유동 열교환기의 수정계수 F 차트
Source: Bowman, Mueller, and Nagle, 1940.

$$P = \frac{t_2 - t_1}{T_1 - t_1} \tag{8-27}$$

그리고

$$R = \frac{T_1 - T_2}{t_2 - t_1} = \frac{(\dot{m}c_p)_{\text{tube side}}}{(\dot{m}c_p)_{\text{shell side}}} \tag{8-28}$$

여기에서 하첨자 1과 2는 각각 **입구**와 **출구**를 나타낸다. 각-관 열교환기에 대해서 T와 t는 수정계수 차트에서 보인 것처럼 각각 **외각통** 측과 **관** 측의 온도를 나타낸다. 고온유체나 저온유체가 외각통 측을 흐르는가? 관측을 흐르는가? 하는 것은 차이가 없다. 수정계수 F를 결정하기 위해서는 고온유체와 저온유체의 입구 및 출구의 온도를 알아야 한다.

P 값의 범위는 0부터 1까지라는 사실에 주목하라. 이에 비해 R 값은 0부터 무한대까지인데, $R = 0$은 외각통 측의 상변화(응축이나 비등)에 해당하고, $R \to \infty$는 관측에서의 상변화에 해당한다. 이 두 극한의 경우에는 수정계수가 $F = 1$이다. 그러므로, 열교환기의 형상과 관계없이 응축기 혹은 보일러에 대한 수정계수는 $F = 1$이다.

예제 8-3 응축기에서 증기의 응축

증기 발전소의 응축기 안의 수증기는 근처 호수로부터의 냉각수로 30°C에서 응축되는데, 냉각수는 응축기의 관에 14°C로 들어와서 22°C로 나간다. 관의 표면적은 45 m^2이고 총 열전달계수는 2100 $W/m^2 \cdot K$이다. 필요한 냉각수의 질량유량을 구하고, 응축기 안에서 수증기의 응축률을 구하라.

풀이 증기는 발전기의 응축기에서 냉각수에 의해 응축된다면 냉각수의 질량유량과 응축률이 결정된다.

가정 **1.** 출구는 정상 작동 조건이다. **2.** 열교환기에서 주위의 열손실은 없다. **3.** 유동증기의 운동에너지, 위치에너지 변화는 무시한다. **4.** 오염은 없다. **5.** 유체 물성값은 일정하다.

물성값 30°C에서 물의 증발열 $h_{fg} = 2431$ kJ/kg이고, 평균온도 18°C에서 냉각수의 비열 $c_p = 4184$ J/kg·K (Table A-15)이다.

해석 그림 8-20은 응축기의 개략도이다. 응축기가 잘 단열되어 있다면 증기로부터 열전달은 냉각수로의 열전달과 같다. 응축기는 한 유체(수증기)의 온도가 일정하게 유지되기 때문에 대향유동 열교환기로 취급할 수 있다.

응축기의 양 끝에 있어서 수증기와 냉각수의 온도차는 다음과 같다.

$$\Delta T_1 = T_{h,\text{in}} - T_{c,\text{out}} = (30 - 22)°\text{C} = 8°\text{C}$$
$$\Delta T_2 = T_{h,\text{out}} - T_{c,\text{in}} = (30 - 14)°\text{C} = 16°\text{C}$$

즉 두 유체 사이의 온도차는 한 끝의 8°C에서 다른 끝의 16°C까지 변한다. 두 유체 사이의 **대수평균온도차**(산술평균이 아님)는 다음과 같이 정해진다.

$$\Delta T_{\text{lm}} = \frac{\Delta T_1 - \Delta T_2}{\ln(\Delta T_1/\Delta T_2)} = \frac{8 - 16}{\ln(8/16)} = 11.5°\text{C}$$

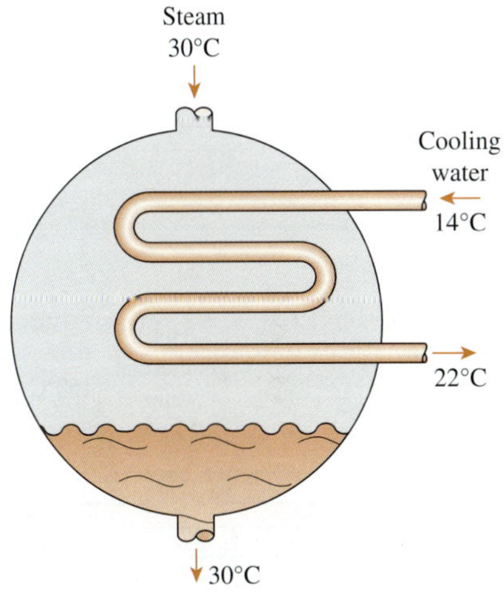

그림 8-20
예제 8-3의 개략도

산술평균온도차 $\frac{1}{2}$ (8 + 16) = 12°C보다 약간 작다. 그러면 응축기에서의 열전달은 다음과 같다.

$$\dot{Q} = UA_s \Delta T_{\text{lm}} = (2100\ \text{W/m}^2\cdot\text{K})(45\ \text{m}^2)(11.5°\text{C}) = 1.087 \times 10^6\ \text{W} = 1087\ \text{kW}$$

그러므로 수증기는 응축기를 통해 흐르면서 1087 kW의 율로 열을 잃을 것이며, 냉각수는 응축기가 단열이 잘 되어 있으므로 그 열 전부를 얻을 것이다.

냉각수의 질량유량과 수증기의 응축률은 $\dot{Q} = [\dot{m}c_p(T_{\text{out}} - T_{\text{in}})]_{\text{cooling water}} = (\dot{m}h_{fg})_{\text{steam}}$이고, 이러한 관계로부터 다음과 같이 얻을 수 있다.

$$\dot{m}_{\text{cooling water}} = \frac{\dot{Q}}{c_p(T_{\text{out}} - T_{\text{in}})} = \frac{1087\ \text{kJ/s}}{(4.184\ \text{kJ/kg}\cdot\text{K})(22 - 14)°\text{C}} = \mathbf{32.5\ kg/s}$$

그리고

$$\dot{m}_{\text{steam}} = \frac{\dot{Q}}{h_{fg}} = \frac{1087\ \text{kJ/s}}{2431\ \text{kJ/kg}} = \mathbf{0.45\ kg/s}$$

그러므로 응축 과정 동안 열을 방출시키기 위해서 응축하는 수증기 1 kg당 72 kg의 냉각수를 순환시킬 필요가 있다.

예제 8-4 대향류 열교환기에서의 물의 가열

물의 질량유동이 1.2 kg/s이고 온도가 20°C에서 80°C까지 가열되는 이중관 대향유동 열교환기가 있다. 가열수단은 질량유동이 2 kg/s이고 온도가 160°C인 지열수(geothermal water)에 의해 이루어진다. 내부관은 얇고 내경이 1.5 cm이다. 열교환기의 총 열전달계수가 640 W/m²·K이라면, 요구되는 가열 조건을 만족할 수 있는 열교환기의 길이를 결정하라.

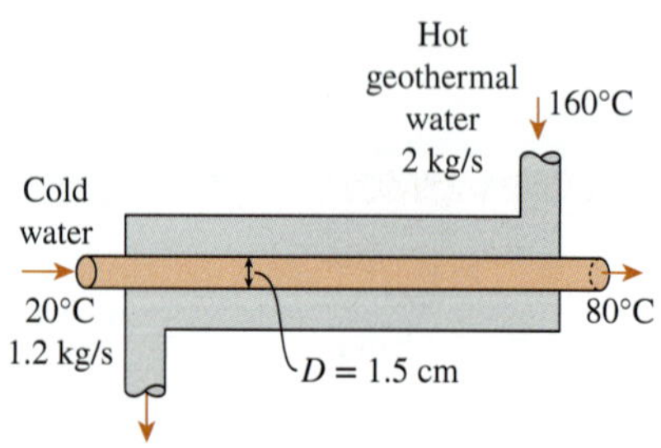

그림 8-21
예제 8-4의 개략도

풀이 대향유동 이중관 열교환기에 있는 물은 지열에 의해 가열된다. 요구하는 열교환기의 길이를 결정한다.

가정 **1.** 출구는 정상 작동 조건이다. **2.** 열교환기에서 주위로의 열손실은 없다. **3.** 유동증기의 운동에너지, 위치에너지 변화는 무시한다. **4.** 오염은 없다. **5.** 유체 물성값은 일정하다.

물성값 지열 유체의 비열: 4.31 kJ/kg·K, 물의 비열: 4.18 kJ/kg·K

해석 해석 열교환기의 개략도를 그림 8-21과 같이 제시할 수 있다. 열교환기가 잘 단열되어 있다고 가정하면 주위로의 열손실은 무시할 수 있고 지열수의 열전달량은 물로의 열전달량과 같다. 따라서 열교환기의 열전달률은 다음으로부터 구해진다.

$$\dot{Q} = [\dot{m}c_p(T_{\text{out}} - T_{\text{in}})]_{\text{water}} = (1.2\ \text{kg/s})(4.18\ \text{kJ/kg}\cdot\text{K})(80 - 20)°\text{C} = 301\ \text{kW}$$

이 열의 전부가 지열로부터 공급되었으므로 지열수의 출구온도는 다음과 같이 정해진다.

$$\dot{Q} = [\dot{m}c_p(T_{\text{in}} - T_{\text{out}})]_{\text{geothermal}}$$

$$T_{\text{out}} = T_{\text{in}} - \frac{\dot{Q}}{\dot{m}c_p}$$

$$= 160°\text{C} - \frac{301\ \text{kW}}{(2\ \text{kg/s})(4.31\ \text{kJ/kg}\cdot\text{K})}$$

$$= 125°C$$

두 유체의 입구와 출구온도를 알고 있기 때문에 이 대향유동 열교환기의 대수평균온도차는 다음과 같이 된다.

$$\Delta T_1 = T_{h,\text{in}} - T_{c,\text{out}} = (160 - 80)°C = 80°C$$
$$\Delta T_2 = T_{h,\text{out}} - T_{c,\text{in}} = (125 - 20)°C = 105°C$$

그리고

$$\Delta T_{\text{lm}} = \frac{\Delta T_1 - \Delta T_2}{\ln(\Delta T_1/\Delta T_2)} = \frac{80 - 105}{\ln(80/105)} = 91.9°C$$

그러면 열교환기 표면적은 다음과 같이 정해진다.

$$\dot{Q} = UA_s\Delta T_{\text{lm}} \longrightarrow A_s = \frac{\dot{Q}}{U\Delta T_{\text{lm}}} = \frac{301{,}000 \text{ W}}{(640 \text{ W/m}^2\cdot\text{K})(91.9°C)} = 5.12 \text{ m}^2$$

이만큼의 열전달면적을 얻기 위해서 관의 길이는 다음과 같아야만 한다.

$$A_s = \pi DL \longrightarrow L = \frac{A_s}{\pi D} = \frac{5.12 \text{ m}^2}{\pi(0.015 \text{ m})} = \mathbf{109 \text{ m}}$$

검토 이 대향유동 열교환기의 내관은 (그리고 열교환기 자체는) 원하는 열전달을 이루기 위해서 100 m가 넘게 필요한데, 이는 비실용적이다. 이와 같은 경우에는 평판형 열교환기나 다통로 각-관 열교환기의 사용이 필요하다.

예제 8-5 다중열교환기에서 글리세린 가열

2각-4관 통로 열교환기가 뜨거운 물을 이용하여 글리세린을 20°C에서 50°C로 가열시키는 데 이용되는데, 물은 직경 2 cm의 얇은 관에 80°C로 들어가서 40°C로 나온다(그림 8-22). 열교환기에 있어서 관의 총 길이는 60 m이다. 대류열전달계수는 글리세린(외각통) 측에서 25 W/m²·K이고, 물(관) 측에서 160 W/m²·K이다. 열교환기에서 (*a*) 오염이 일어나기 전과, (*b*) 관의 바깥 표면이 오염계수 0.0006 m²·K/W로 오염이 된 후에 열전달률을 구하라.

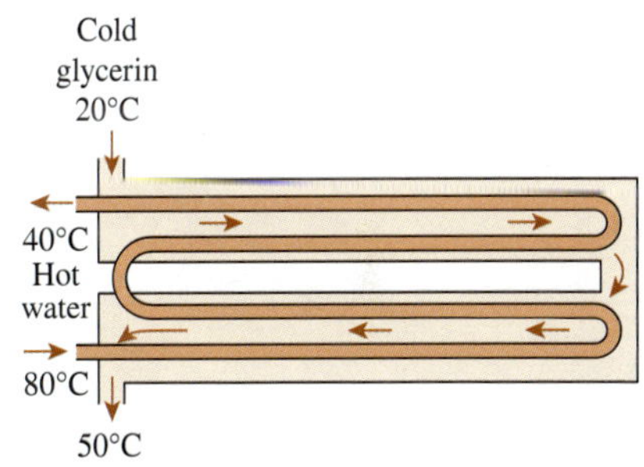

그림 8-22
예제 8-5의 개략도

풀이 글리세린(glycerin)이 2각-4관 열교환기에서 뜨거운 물에 가열된다. 오염이 있는 경우와 없는 경우에 대하여 열전달률이 결정된다.

가정 **1.** 정상작동 조건이다. **2.** 열교환기에서 주위로의 열손실은 무시한다. **3.** 유동증기의 운동 및 위치에너지 변화는 무시한다. **4.** 열전달계수와 오염계수는 일정하게 균일하다. **5.** 내부관의 열저항은 무시한다(관은 얇고, 고전도체이다).

해석 관의 두께가 얇기 때문에 관의 내부 표면의 면적과 외부표면의 면적이 같다고 하는 것이 타당하다. 그러면 이 열교환기의 열전달면적은 다음과 같이 된다.

$$A_s = \pi DL = \pi(0.02 \text{ m})(60 \text{ m}) = 3.77 \text{ m}^2$$

이 열교환기의 열전달률은 다음과 같이 구해진다.

$$\dot{Q} = UA_sF\Delta T_{\text{lm, CF}}$$

여기에서 F는 수정계수이고, $\Delta T_{\text{lm,CF}}$는 대향유동 배열에서 대수평균온도차이다. 이 두

양은 다음과 같이 결정된다.

$$\Delta T_1 = T_{h,\,\text{in}} - T_{c,\,\text{out}} = (80 - 50)°\text{C} = 30°\text{C}$$
$$\Delta T_2 = T_{h,\,\text{out}} - T_{c,\,\text{in}} = (40 - 20)°\text{C} = 20°\text{C}$$
$$\Delta T_{\text{lm, CF}} = \frac{\Delta T_1 - \Delta T_2}{\ln(\Delta T_1/\Delta T_2)} = \frac{30 - 20}{\ln(30/20)} = 24.7°\text{C}$$

그리고

$$\left.\begin{aligned} P &= \frac{t_2 - t_1}{T_1 - t_1} = \frac{40 - 80}{20 - 80} = 0.67 \\ R &= \frac{T_1 - T_2}{t_2 - t_1} = \frac{20 - 50}{40 - 80} = 0.75 \end{aligned}\right\} F = 0.91 \qquad \text{(그림 8-19}b\text{)}$$

(*a*) 오염이 안 된 경우, 총 열전달계수 U는 다음과 같이 결정된다.

$$U = \frac{1}{\dfrac{1}{h_i} + \dfrac{1}{h_o}} = \frac{1}{\dfrac{1}{160\ \text{W/m}^2\cdot\text{K}} + \dfrac{1}{25\ \text{W/m}^2\cdot\text{K}}} = 21.6\ \text{W/m}^2\cdot\text{K}$$

그러면 열전달률은 다음과 같아진다.

$$\dot{Q} = UA_sF\,\Delta T_{\text{lm, CF}} = (21.6\ \text{W/m}^2\cdot\text{K})(3.77\ \text{m}^2)(0.91)(24.7°\text{C}) = \mathbf{1830\ W}$$

(*b*) 한 표면에서 오염이 있을 때, 총 열전달계수 U는 다음과 같이 구해진다.

$$U = \frac{1}{\dfrac{1}{h_i} + \dfrac{1}{h_o} + R_f} = \frac{1}{\dfrac{1}{160\ \text{W/m}^2\cdot\text{K}} + \dfrac{1}{25\ \text{W/m}^2\cdot\text{K}} + 0.0006\ \text{m}^2\cdot\text{K/W}}$$
$$= 21.3\ \text{W/m}^2\cdot\text{K}$$

이 경우에 있어서 열전달률은 다음과 같다.

$$\dot{Q} = UA_sF\,\Delta T_{\text{lm, CF}} = (21.3\ \text{W/m}^2\cdot\text{K})(3.77\ \text{m}^2)(0.91)(24.7°\text{C}) = \mathbf{1805\ W}$$

검토 예측했던 대로 열전달률은 오염의 결과로 감소했다. 그러나 그 감소는 크지 않다. 왜냐하면 상대적으로 낮은 대류열전달계수 때문이다.

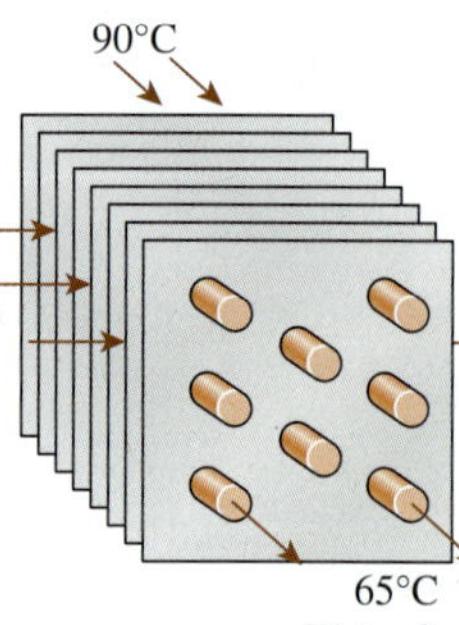

그림 8-23
예제 8-6의 개략도

예제 8-6 자동차 라디에이터에서 물의 냉각

비 혼합형 밀집형 직교유동 물-공기 열교환기인 자동차 라디에이터의 총 열전달계수를 결정하기 위한 실험을 수행한다(그림 8-23). 라디에이터는 촘촘히 배열된 판-휜 매트릭스 안에 직경 0.5 cm, 길이 65 cm인 관을 40개 가지고 있다. 관에는 뜨거운 물이 90°C, 0.6 kg/s로 들어와 65°C로 나간다. 공기는 휜 사이의 공간을 통해 라디에이터를 가로질러 흐르며, 20°C에서 40°C로 가열된다. 관의 내부 표면적을 기준으로 한 이 라디에이터의 총 열전달계수 U_i를 구하라.

풀이 자동차 라디에이터의 실험 중에 물과 공기의 출입구온도와 물의 질량유동률이 측정된다. 내부면적을 기반으로 하는 총 열전달계수를 결정한다.

가정 **1.** 정상 작동 조건이다. **2.** 유동 증기의 운동 및 위치에너지 변화는 무시한다. **3.** 유체 물성값은 일정하다.

물성값 평균온도값 $T_f = (90 + 62)/2 = 77.5°C$에서 물의 비열은 4.195 kJ/kg·K이다 (Table A-15).

해석 이 라디에이터 안에서 뜨거운 물로부터 공기로의 열전달률은 물의 흐름에서 에너지 평형을 통해 얻을 수 있다. 물의 비열을 4.195 kJ/kg·K으로 잡으면

$$\dot{Q} = [\dot{m}c_p(T_{\rm in} - T_{\rm out})]_{\rm water} = (0.6\ {\rm kg/s})(4.195\ {\rm kJ/kg{\cdot}K})(90 - 65)°{\rm C}$$
$$= 62.93\ {\rm kW}$$

관측 열전달면적은 관의 총면적이며 다음과 같이 구해진다.

$$A_i = n\pi D_i L = (40)\pi(0.005\ {\rm m})(0.65\ {\rm m}) = 0.408\ {\rm m}^2$$

열전달률과 표면적을 알고 있으므로 열교환기에서의 총 열전달계수를 다음 식으로부터 결정할 수 있다.

$$\dot{Q} = U_i A_i F \Delta T_{\rm lm,\,CF} \longrightarrow U_i = \frac{\dot{Q}}{A_i F \Delta T_{\rm lm,\,CF}}$$

여기서 F는 수정계수이고, $\Delta T_{\rm lm,CF}$는 대향유동 정렬에 대한 대수평균온도차이다. 이 두 양은 다음에서 얻을 수 있다.

$$\Delta T_1 = T_{h,\,\rm in} - T_{c,\,\rm out} = (90 - 40)°{\rm C} = 50°{\rm C}$$
$$\Delta T_2 = T_{h,\,\rm out} - T_{c,\,\rm in} = (65 - 20)°{\rm C} = 45°{\rm C}$$
$$\Delta T_{\rm lm,\,CF} = \frac{\Delta T_1 - \Delta T_2}{\ln(\Delta T_1/\Delta T_2)} = \frac{50 - 45}{\ln(50/45)} = 47.5°{\rm C}$$

그리고

$$\left.\begin{aligned} P &= \frac{t_2 - t_1}{T_1 - t_1} = \frac{65 - 90}{20 - 90} = 0.36 \\ R &= \frac{T_1 - T_2}{t_2 - t_1} = \frac{20 - 40}{65 - 90} = 0.80 \end{aligned}\right\} F = 0.97 \qquad \text{(그림 8-19c)}$$

상기 결과를 대입하면, 총 열전달계수 U_i는 다음과 같다.

$$U_i = \frac{\dot{Q}}{A_i F \Delta T_{\rm lm,\,CF}} = \frac{62{,}930\ {\rm W}}{(0.408\ {\rm m}^2)(0.97)(47.5°{\rm C})} = \mathbf{3347\ W/m^2{\cdot}K}$$

검토 공기쪽의 총 열전달계수는 이보다 훨씬 적게 나올 것이다. 그것은 공기쪽의 총 열전달계수식의 표면적이 크기 때문이다.

8-5 ▪ 유용도-NTU법

앞 절에서 논의된 대수평균온도차(LTMD)법은 냉온 유체의 입출구온도를 알고 있거나 에너지평형 방정식으로부터 결정할 수 있을 때 열교환기 해석을 위하여 이용하는 데 유용하다. $\Delta T_{\rm lm}$과 질량유동 그리고 총 열전달계수를 알면 열교환기의 표면열전달은 다음 식으로부터 결정할 수 있다.

$$\dot{Q} = UA_s \Delta T_{lm}$$

그러므로 LMTD법은 질량유량 및 고온유체와 저온유체의 입출구온도가 주어졌을 때, 주어진 출구온도들을 구현하기 위한 열교환기의 **크기**를 결정하기에 아주 적당하다.

LMTD법에 의한 과제는 규정된 열전달 요구를 만족시킬 열교환기를 **선택**하는 것이다. 선택 과정에 따르는 절차는 다음과 같다.

1. 응용분야에 알맞은 열교환기의 형식을 선택한다.
2. 에너지 균형을 이용하여 모르는 입출구온도나 열전달률을 구한다.
3. 대수평균온도차 ΔT_{lm}을 구하고, 필요시 수정계수 F를 구한다.
4. 총 열전달계수값을 구한다(선택하거나 계산한다).
5. 열전달면적 A_s를 계산한다.

이 과제는 A_s와 같거나 큰 열전달면적을 가진 열교환기를 선택함으로써 완성된다.

열교환기의 해석에 있어서 마주치는 두 번째 유형의 문제는 열교환기의 **형태**와 **크기**가 주어졌을 때, 주어진 질량유량과 입구온도에 대해서 **열전달률**과 **출구온도**를 결정하는 것이다. 이 경우에 있어서 열교환기의 열전달면적 A는 알고 있지만, **출구온도**는 모른다. 여기서 과제는 규정된 열교환기의 열전달성능을 결정하거나, 이미 보유하고 있는 열교환기가 그 일을 해낼 수 있는가를 결정하는 것이다.

LMTD법은 이런 문제에 대해서도 역시 사용할 수 있으나, 과정이 지루한 반복 계산을 필요로 하는 등 실용적이지 못하다. 그런 문제의 해를 구하는 데 있어서 반복 계산을 피하는 시도 중에, Kays와 London은 1955년에 열교환기 해석을 크게 단순화시킬 수 있는 **유용도-NTU법**이라는 새로운 방법을 개발하였다.

새로운 이 방법은 다음과 같이 정의되는 **열전달 유용도**(heat transfer effectiveness)라 부르는 무차원 계수에 기초하고 있다.

$$\varepsilon = \frac{\dot{Q}}{\dot{Q}_{max}} = \frac{\text{실제열전달률}}{\text{최대가능열전달률}} \tag{8-29}$$

열교환기에 있어서 **실제** 열전달률은 고온유체나 저온유체의 에너지 평형으로부터 결정될 수 있으며, 다음과 같이 나타낼 수 있다.

$$\dot{Q} = C_c(T_{c,\text{ out}} - T_{c,\text{ in}}) = C_h(T_{h,\text{ in}} - T_{h,\text{ out}}) \tag{8-30}$$

여기서 $C_c = m_c c_{pc}$와 $C_h = m_c c_{ph}$는 각각 저온유체와 고온유체의 열용량률이다.

열교환기에 있어서 최대 가능 열전달률을 구하기 위해서는, 우선 열교환기에 있어서 **최대 온도차**(*maximum temperature difference*)는 고온유체와 저온유체의 **입구** 온도의 차이라는 사실을 인식해야 한다. 즉,

$$\Delta T_{max} = T_{h,\text{ in}} - T_{c,\text{ in}} \tag{8-31}$$

열교환기에 있어서 열전달은 (1) 저온유체가 고온유체의 입구온도까지 가열되거나, (2) 고온유체가 저온유체의 입구온도까지 냉각될 때 그 최댓값에 도달할 것이다. 이 두 극한 조건들은 고온유체와 저온유체의 열용량률이 같지(즉 $C_c = C_h$) 않은 한, 동시에 도달할 수는 없다. 보통의 경우인 $C_c \neq C_h$일 때는, 작은 열용량의 유체가 큰 온도변화를 겪게 되고, 열전달이 멈추는 그 지점에서 최대 온도에 맨 처음 도달하게 된다. 그러므로 열교환기에 있어서 최대 가능 열전달률은 다음과 같다(그림 8-24).

$$\dot{Q}_{\max} = C_{\min}(T_{h,\text{ in}} - T_{c,\text{ in}}) \tag{8-32}$$

여기에서 $C_{\min}$은 C_h와 C_c 중에서 작은 것이다. 이는 다음 예제에서 보다 확실해질 것이다.

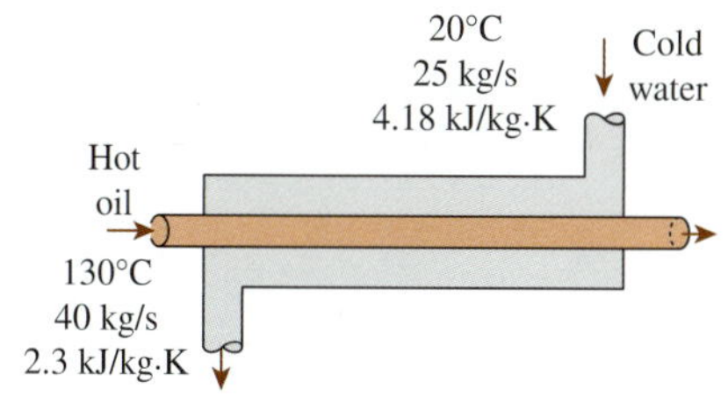

$C_c = \dot{m}_c c_{pc} = 104.5$ kW/K

$C_h = \dot{m}_h c_{ph} = 92$ kW/K

$C_{\min} = 92$ kW/K

$\Delta T_{\max} = T_{h,\text{in}} - T_{c,\text{in}} = 110°\text{C}$

$\dot{Q}_{\max} = C_{\min}\,\Delta T_{\max} = 10{,}120$ kW

그림 8-24
열교환기에서 최대 열전달률의 결정

예제 8-7 어떤 열교환기에서 열전달의 상한값

10°C의 찬물이 대향유동 열교환기에 8 kg/s 질량유량으로 들어가서 뜨거운 물에 의해 가열된다. 뜨거운 물은 70°C이고 2 kg/s의 질량유량으로 열교환기에 들어간다. 뜨거운 물의 비열 c_p = 4.18 kJ/kg·K로 일정하게 유지될 때, 이러한 한계사항에 대하여 최대 열전달률, 그리고 찬물과 뜨거운 물의 출구온도를 구하라.

풀이 지정된 온도와 유동률에서 찬물과 뜨거운 물이 열교환기에 들어간다. 열교환기에서 최대열전달률과 출구온도를 결정한다.

가정 **1.** 정상 작동 조건이다. **2.** 열교환기에서 주위로의 열손실은 없다. **3.** 유동증기의 운동 및 위치에너지 변화는 무시한다. **4.** 유체 물성값은 일정하다.

물성값 물의 비열 c_p = 4.18 kJ/kg·K

해석 열교환기의 개략도를 그림 8-25에 제시하였다. 고온유체와 저온유체의 열용량률은 다음과 같이 정해진다.

$$C_h = \dot{m}_h c_{ph} = (2 \text{ kg/s})(4.18 \text{ kJ/kg·K}) = 8.36 \text{ kW/K}$$

이고,

$$C_c = \dot{m}_c c_{pc} = (8 \text{ kg/s})(4.18 \text{ kJ/kg·K}) = 33.4 \text{ kW/K}$$

그러므로,

$$C_{\min} = C_h = 8.36 \text{ kW/K}$$

이는 두 열용량률 중에 작은 것이다. 그러면 최대 열전달률은 식 (8-32)로부터 다음과 같이 구할 수 있다.

$$\begin{aligned}\dot{Q}_{\max} &= C_{\min}(T_{h,\text{ in}} - T_{c,\text{ in}}) \\ &= (8.36 \text{ kW/K})(70 - 10)°\text{C} \\ &= \mathbf{502\ kW}\end{aligned}$$

즉, 열교환기에 최대로 가능한 열전달률은 502 kW이다. 이 값은 아주 큰 열전달표면을 가진 대향유동 열교환기에서 도달할 수 있는 것이다.

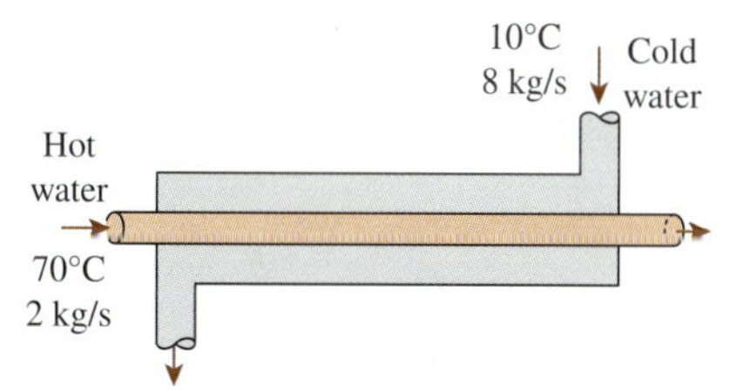

그림 8-25
예제 8-7의 개략도

이 열교환기에서 최대 온도차는 $\Delta T_{max} = T_{h,in} - T_{c,in} = (70 - 10)°C = 60°C$, 그러므로 이 열교환기에서 뜨거운 물이 60°C 이상 가열될 수 없다는 것이다(70°C까지 가열). 이러한 한계사항에서 뜨거운 물과 차가운 물의 출구온도는 다음과 같이 결정된다.

$$\dot{Q} = C_c(T_{c,\,out} - T_{c,\,in}) \longrightarrow T_{c,\,out} = T_{c,\,in} + \frac{\dot{Q}}{C_c} = 10°C + \frac{502\ kW}{33.4\ kW/K} = 25°C$$

$$\dot{Q} = C_h(T_{h,\,in} - T_{h,\,out}) \longrightarrow T_{h,\,out} = T_{h,\,in} - \frac{\dot{Q}}{C_h} = 70°C - \frac{502\ kW}{8.38\ kW/K} = 10°C$$

검토 열교환기에서 최대열전달이 일어날 때 뜨거운 물이 10°C의 한계(찬물의 입구온도)까지 냉각되지만 찬물의 경우 25°C까지 가열된다. 이는 뜨거운 물의 질량유량이 찬물에 비해서 겨우 1/4밖에 되지 않아서 뜨거운 물의 온도가 1°C씩 떨어질 때마다 찬물의 온도는 0.25°C씩 증가하기 때문으로 별로 놀라운 일은 아니다.

최대 열전달이 되는 극한의 경우에 있어서 찬물이 70°C까지 가열되어야 한다고 생각할지 모른다. 그러나 이는 뜨거운 물의 온도가 −170°C까지 떨어지는 것을 요구하는 것이기 때문에 불가능하다. 그러므로 열교환기에 있어서 열전달은 작은 열용량률(또는 두 유체가 같은 비열을 갖고 있을 때는 작은 질량유량)을 가진 유체가 최대 온도차의 변화를 겪을 때 최대값에 도달한다. 이 예제는 우리가 $\dot{Q}_{max}$의 값을 구하는 데에 있어서 왜 C_{max} 내신에 C_{min}을 사용하는시를 설명해 주고 있나.

우리는 최대 열전달의 극한 사항에 뜨거운 물과 찬물의 질량유량이 같을 때 뜨거운 물이 찬물의 입구온도로 그리고 찬물이 뜨거운 물의 입구온도로 나갈 것이라는 것을 볼 수 있다(그림 8-26). 또한, 우리는 뜨거운 물의 질량유량이 찬물에 비해 클 때에는 찬물의 출구온도가 70°C에 도달할 것이라는 것을 알 수 있다.

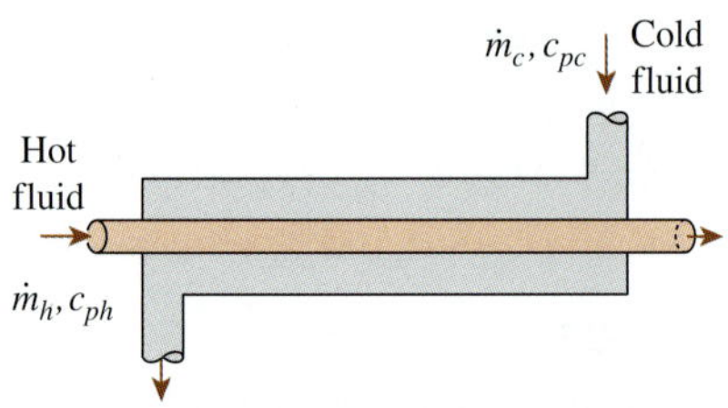

$$\dot{Q} = \dot{m}_h c_{ph} \Delta T_h = \dot{m}_c c_{pc} \Delta T_c$$

If $\dot{m}_c c_{pc} = \dot{m}_h c_{ph}$

then $\Delta T_h = \Delta T_c$

그림 8-26
열교환기에서 고온과 저온유체의 열용량률이 동일할 경우 저온 유체의 온도 상승은 고온유체의 온도 하강과 같다.

$\dot{Q}_{max}$를 결정하기 위해서는 고온과 저온유체의 **입구온도** 및 그 **질량유량**을 아는 것이 필요하며, 이것들은 보통 지정되어서 나온다. 그리하여 일단 유용도를 알게 되면 실제 열전달률 $\dot{Q}$는 다음과 같이 구할 수 있다.

$$\dot{Q} = \varepsilon \dot{Q}_{max} = \varepsilon C_{min}(T_{h,\,in} - T_{c,\,in}) \tag{8-33}$$

여기서

$C_c = C_{min}$이면: $\quad \varepsilon = \dfrac{\dot{Q}}{\dot{Q}_{max}} = \dfrac{C_c(T_{c,\,out} - T_{c,\,in})}{C_c(T_{h,\,in} - T_{c,\,in})} = \dfrac{T_{c,\,out} - T_{c,\,in}}{T_{h,\,in} - T_{c,\,in}}$

$C_h = C_{min}$이면: $\quad \varepsilon = \dfrac{\dot{Q}}{\dot{Q}_{max}} = \dfrac{C_h(T_{h,\,in} - T_{h,\,out})}{C_h(T_{h,\,in} - T_{c,\,in})} = \dfrac{T_{h,\,in} - T_{h,\,out}}{T_{h,\,in} - T_{c,\,in}}$

상기 식에서와 같이 열교환기의 유용도는 우리가 유체의 **출구온도**들을 모른다 하더라도 열전달률을 구할 수 있게 해준다.

열교환기의 유용도는 **흐름의 배열**뿐만 아니라 열교환기의 **기하학적 형상**에 의존한다. 다른 형식의 열교환기는 다른 유용도 관계식을 갖는다. 다음은 이중관 **평행유동** 열교환기에 대한 유용도(ε)의 관계를 유도하는 것을 보여준다.

평행유동 열교환기에 대해 앞 절에서 유도한 식 (8-23)은 다음과 같이 재배치할 수 있다.

$$\ln \frac{T_{h,\,\mathrm{out}} - T_{c,\,\mathrm{out}}}{T_{h,\,\mathrm{in}} - T_{c,\,\mathrm{in}}} = -\frac{UA_s}{C_c}\left(1 + \frac{C_c}{C_h}\right) \tag{8-34}$$

또한 식 (8-30)을 $T_{h,\,\mathrm{out}}$에 대해 풀면,

$$T_{h,\,\mathrm{out}} = T_{h,\,\mathrm{in}} - \frac{C_c}{C_h}(T_{c,\,\mathrm{out}} - T_{c,\,\mathrm{in}}) \tag{8-35}$$

$T_{c,\,\mathrm{in}}$을 더해 주고 빼준 다음 그 관계식을 식 (8-34)에 대입하면,

$$\ln \frac{T_{h,\,\mathrm{in}} - T_{c,\,\mathrm{in}} + T_{c,\,\mathrm{in}} - T_{c,\,\mathrm{out}} - \dfrac{C_c}{C_h}(T_{c,\,\mathrm{out}} - T_{c,\,\mathrm{in}})}{T_{h,\,\mathrm{in}} - T_{c,\,\mathrm{in}}} = -\frac{UA_s}{C_c}\left(1 + \frac{C_c}{C_h}\right)$$

가 되고, 이는 다음과 같이 간단해진다.

$$\ln\left[1 - \left(1 + \frac{C_c}{C_h}\right)\frac{T_{c,\,\mathrm{out}} - T_{c,\,\mathrm{in}}}{T_{h,\,\mathrm{in}} - T_{c,\,\mathrm{in}}}\right] = -\frac{UA_s}{C_c}\left(1 + \frac{C_c}{C_h}\right) \tag{8-36}$$

유용도의 정의를 조작하면 다음과 같은 결과를 얻는다.

$$\varepsilon = \frac{\dot{Q}}{\dot{Q}_{\max}} = \frac{C_c(T_{c,\,\mathrm{out}} - T_{c,\,\mathrm{in}})}{C_{\min}(T_{h,\,\mathrm{in}} - T_{c,\,\mathrm{in}})} \longrightarrow \frac{T_{c,\,\mathrm{out}} - T_{c,\,\mathrm{in}}}{T_{h,\,\mathrm{in}} - T_{c,\,\mathrm{in}}} - \varepsilon\frac{C_{\min}}{C_c}$$

이 결과를 식 (8-36)에 대입하고 ε에 대해 풀면 다음과 같은 평행유동 열교환기의 유용도에 대한 관계식을 얻을 수 있다.

$$\varepsilon_{\text{parallel flow}} = \frac{1 - \exp\left[-\dfrac{UA_s}{C_c}\left(1 + \dfrac{C_c}{C_h}\right)\right]}{\left(1 + \dfrac{C_c}{C_h}\right)\dfrac{C_{\min}}{C_c}} \tag{8-37}$$

C_c 또는 C_h를 $C_{\min}$으로 취하면(두 접근 방법은 모두 같은 결과를 가져온다) 위의 관계는 다음과 같이 더욱 편리하게 표현할 수 있다.

$$\varepsilon_{\text{parallel flow}} = \frac{1 - \exp\left[-\dfrac{UA_s}{C_{\min}}\left(1 + \dfrac{C_{\min}}{C_{\max}}\right)\right]}{1 + \dfrac{C_{\min}}{C_{\max}}} \tag{8-38}$$

다시 말하자면, $C_{\min}$은 작은 열용량률이고 $C_{\max}$는 큰 열용량률이며 $C_{\min}$이 고온유체의 경우나 저온유체의 경우나 차이가 없다.

열교환기의 유용도 관계식들은 전형적으로 **무차원 그룹**, $UA_s/C_{\min}$을 갖고 있다. 이양은 **열전달 단위수**(number of transfer unit, NTU)라 하며 다음과 같이 표현된다.

$$\text{NTU} = \frac{UA_s}{C_{\min}} = \frac{UA_s}{(\dot{m}c_p)_{\min}} \tag{8-39}$$

여기서 U는 총 열전달계수이고, A_s는 열교환기의 열전달표면적이다. NTU가 A_s에 비례한다는 사실에 주목해야 한다. 그러므로 U 값과 $C_{\min}$ 값이 주어지면서 NTU의 값은 **열전달면적 A_s의 척도이다**. 이와 같이 NTU가 커질수록 열교환기도 커진다.

열교환기의 해석에 있어서 **용량률**(capacity ratio), c라 부르는 또 다른 무차원 그룹을 정의하면 편리하다.

$$c = \frac{C_{\min}}{C_{\max}} \tag{8-40}$$

열교환기의 유용도는 열전달 단위수 NTU와 용량률 c의 함수라는 것을 보일 수 있다. 즉,

$$\varepsilon = \text{function } (UA_s/C_{\min}, C_{\min}/C_{\max}) = \text{function } (\text{NTU}, c)$$

이다. 유용도 관계식들은 수많은 열교환기들에 대해 유도되어 왔으며 그 결과들이 표 8-4에 주어진다. 많이 쓰이는 열교환기의 유용도들은 그림 8-27에 제시되어 있다.

보다 확장된 차트나 관계식들은 문헌에서 찾을 수 있다. 그림 8-27*f*에서 점선은 $C_{\min}$은 비혼합이고 $C_{\max}$는 혼합인 경우를 나타내며, 실선은 반대의 경우를 나타낸다. 유용도에 대한 해석적인 관계들은 차트에 비해 더 정확한 결과를 보여주는데, 이는 차트에서는 읽는 오차를 피할 수 없기 때문이다. 따라서 그 관계식들은 컴퓨터를 이용한 열교환기의 해석에 매우 적합하다.

우리는 위에서 주어진 유용도에 대한 관계식이나 차트로부터 다음과 같은 것을 관찰할 수 있다.

1. 유용도의 값은 0과 1 사이의 범위에 있다. 그것은 NTU의 값이 작을 때에는 (NTU가 약 1.5까지) NTU에 따라 급격히 증가하며, NTU의 값이 클 때에는 NTU에 따라 서서히 증가한다. 그러므로 큰 NTU 값(보통 3보다 큰)을 가진 열교환기, 즉 크기가 큰 열교환기를 사용하는 것은 경제적으로 적합하지 못한데 이런 경우에 큰 NTU 값의 변화는 작은 유용도의 변화를 가져올 뿐이기 때문이다. 그러므로 매우 높은 유용도를 가진 열교환기는 열전달 관점에서 보면 매우 바람직하지만 경제성관점에서 보면 바람직하지 못하다.
2. 주어진 NTU와 용량률 $c = C_{\min}/C_{\max}$에 대해서 **대향유동** 열교환기가 **가장 높**은 유용도를 가지며, 두 유체가 모두 비 혼합인 직교유동 열교환기가 대향유동 열교환기와 비슷한 크기의 유용도를 가진다. 예상한 대로 가장 나쁜 유용도는 평행유동 열교환기이다(그림 8-28).
3. NTU 값이 약 0.3보다 작을 때에는 열교환기의 유용도는 용량률 c와 무관하다.

표 8-4

열교환기의 유용도 관계식 $\mathrm{NTU} = UA_s/C_{\min}$과 $c = C_{\min}/C_{\max} = (\dot{m}c_p)_{\min}/(\dot{m}c_p)_{\max}$

	Heat exchanger type	Effectiveness relation
1	*Double pipe:* Parallel-flow	$\varepsilon = \dfrac{1 - \exp[-\mathrm{NTU}(1+c)]}{1+c}$
	Counterflow	$\varepsilon = \dfrac{1 - \exp[-\mathrm{NTU}(1-c)]}{1 - c\exp[-\mathrm{NTU}(1-c)]}$ (for $c < 1$) $\varepsilon = \dfrac{\mathrm{NTU}}{1+\mathrm{NTU}}$ (for $c = 1$)
2	*Shell-and-tube:* One shell pass 2, 4, . . . tube passes	$\varepsilon_1 = 2\left\{1 + c + \sqrt{1+c^2}\,\dfrac{1+\exp\left[-\mathrm{NTU}_1\sqrt{1+c^2}\right]}{1-\exp\left[-\mathrm{NTU}_1\sqrt{1+c^2}\right]}\right\}^{-1}$
	n shell passes $2n$, $4n$, . . . tube passes	$\varepsilon = \left[\left(\dfrac{1-\varepsilon_1 c}{1-\varepsilon_1}\right)^n - 1\right]\left[\left(\dfrac{1-\varepsilon_1 c}{1-\varepsilon_1}\right)^n - c\right]^{-1}$
3	Crossflow (*single-pass*) Both fluids unmixed	$\varepsilon = 1 - \exp\left\{\dfrac{\mathrm{NTU}^{0.22}}{c}\left[\exp(-c\mathrm{NTU}^{0.78}) - 1\right]\right\}$
	$C_{\max}$ mixed, $C_{\min}$ unmixed	$\varepsilon = \dfrac{1}{c}(1 - \exp\{-c[1 - \exp(-\mathrm{NTU})]\})$
	$C_{\min}$ mixed, $C_{\max}$ unmixed	$\varepsilon = 1 - \exp\left\{-\dfrac{1}{c}[1 - \exp(-c\,\mathrm{NTU})]\right\}$
4	All heat exchangers with $c = 0$	$\varepsilon = 1 - \exp(-\mathrm{NTU})$

Source: W. M. Kays and A. L. London. Compact Heat Exchangers, 3/e. McGraw-Hill, 1984.

4. 용량률 C의 값은 0부터 1까지의 범위를 갖는다. 주어진 NTU에 대해서 유용도는 $C = 0$일 때 최대가 되고 $C = 1$일 때 최소가 된다.

$C = C_{\min}/C_{\max} \rightarrow 0$인 경우는 $C_{\max} \rightarrow \infty$의 경우에 해당하고, 이는 응축기나 보일러에서 상변화 과정 동안 실현된다. 이 경우에 있어서 모든 유용도 관계식들은 열교환기의 종류와 관계없이 다음과 같은 관계식으로 간단히 된다(그림 8-29).

$$\varepsilon = \varepsilon_{\max} = 1 - \exp(-\mathrm{NTU}) \tag{8-41}$$

이 경우에 응축하거나 비등하는 유체의 온도는 일정하게 유지되는 사실에 주의하라. 유용도는 또 다른 극한의 경우인 $c = C_{\min}/C_{\max} = 1$의 경우에 가장 낮은데, 이 경우는 두 유체의 열용량률이 서로 같을 때 실현된다. 난방, 냉방 및 공조(HVAC) 산업과 관련된 온수 냉각 또는 냉수 가열과 같은 산업 응용

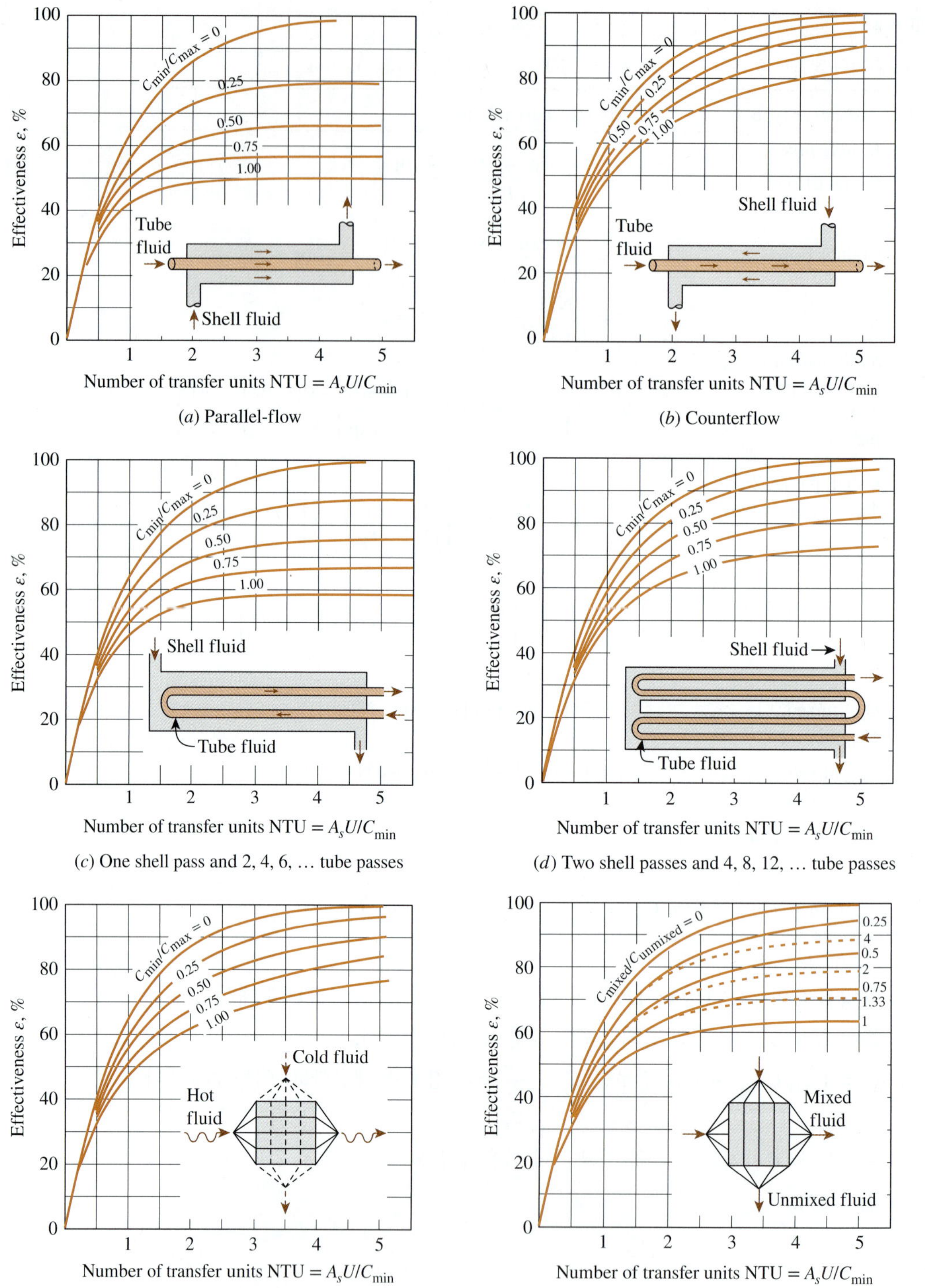

(*a*) Parallel-flow

(*b*) Counterflow

(*c*) One shell pass and 2, 4, 6, … tube passes

(*d*) Two shell passes and 4, 8, 12, … tube passes

(*e*) Crossflow with both fluids unmixed

(*f*) Crossflow with one fluid mixed and the other unmixed

그림 8-27

열교환기의 유용도

Source: W. M. Kays and A. L. London. Compact Heat Exchangers, 3/e. McGraw–Hill, 1984.

분야에서 고온 또는 저온 유체는 주변 환경에 잠겨있는 파이프를 통해 한 위치에서 다른 곳으로 전달된다. 이와 같은 흐름의 예시는 주변 공기에 노출되거나 호수와 같이 큰 액체 매질에 잠긴 유체 운반 열교환기 파이프이다. 이 경우, 주변 환경의 기준 온도의 유효 변화는 실질적으로 0이고 주변 환경의 상대 질량은 무한히 크기 때문에 최대 열용량률 C_{max}는 매우 크다. 따라서 용량률 $c = C_{min}/C_{max} \to 0$이고 식 (8-41)은 열교환기가 주변 환경과 접촉하는 경우에 적용된다.

일단 $c = C_{min}/C_{max}$와 $NTU = UA_s/C_{min}$ 양들이 구해지면, 유용도 ε은 지정된 열교환기에 대해서 차트나 유용도 관계식(더 바람직하다)을 통해 결정할 수 있다. 그러면 열전달률 $\dot{Q}$와 출구온도 $T_{h,\text{ out}}$과 $T_{c,\text{ out}}$은 식 (8-33)과 식 (8-30)으로부터 각각 결정할 수 있다. 출구온도를 모르고 열교환기의 해석을 하는 것은 유용도-NTU 법에서는 기계적인 일이 되나 LMTD법에서는 지루하게 반복 계산을 하여야 한다.

모든 입구 및 출구온도가 규정되어 있을 경우에 열교환기의 크기는 LMTD법을 사용하여 쉽게 결정할 수 있음을 이미 언급한 바 있다. 또한, 역으로 열교환기의 크기를 유용도-NTU법으로도 구할 수 있는데 이 방법에서는 식 (8-29)의 정의로부터 먼저 유용도 ε을 구하고 표 8-5의 적절한 NTU 관계식으로부터 NTU를 구한다.

표 8-5의 관계들은 표 8-4의 관계식들과 동등한 것이다. 두 관계식들은 편의를 위해 모두 주어졌다. 표 8-4의 관계식은 NTU를 알 때 유용도를 알려 주고, 표 8-5의 관계들은 유용도를 알 때 NTU 값을 알려 준다.

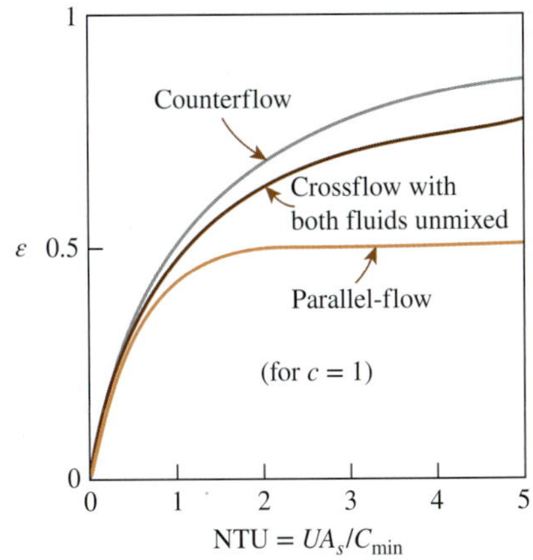

그림 8-28

규정된 NTU와 용량률 c에서 대향유동 열교환기는 가장 높은 유용도를 갖고 평행유동은 가장 낮은 유용도를 갖는다.

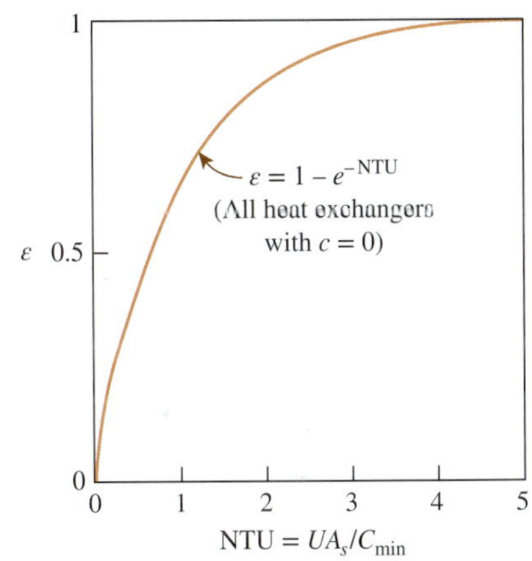

그림 8-29

유용도 관계식은 열용량률 $c = 0$일 때 모든 열교환기에서 $\varepsilon = \varepsilon_{max} = 1 - \exp(-NTU)$로 단순화된다.

표 8-5

열교환기의 NTU 관계식: $NTU = UA_s/C_{min}$과 $c = C_{min}/C_{max} = (\dot{m}c_p)_{min}/(\dot{m}c_p)_{max}$ (계속)

Heat exchanger type	NTU relation
1 *Double-pipe:*	
Parallel-flow	$NTU = -\dfrac{\ln[1-\varepsilon(1+c)]}{1+c}$
Counterflow	$NTU = \dfrac{1}{c-1}\ln\left(\dfrac{\varepsilon-1}{\varepsilon c-1}\right)$ (for $c < 1$)
	$NTU = \dfrac{\varepsilon}{1-\varepsilon}$ (for $c = 1$)
2 *Shell and tube:* One shell pass 2, 4, . . . tube passes	$NTU_1 = -\dfrac{1}{\sqrt{1+c^2}}\ln\left(\dfrac{2/\varepsilon_1 - 1 - c - \sqrt{1+c^2}}{2/\varepsilon_1 - 1 - c + \sqrt{1+c^2}}\right)$
n shell passes 2*n*, 4*n*, . . . tube passes	$NTU = n(NTU)_1$ To find effectiveness of the heat exchanger with one shell pass use, $\varepsilon_1 = \dfrac{F-1}{F-c}$ where $F = \left(\dfrac{\varepsilon c - 1}{\varepsilon - 1}\right)^{1/n}$

표 8-5

열교환기의 NTU 관계식: NTU $= UA_s/C_{min}$과 $c = C_{min}/C_{max} = (\dot{m}c_p)_{min}/(\dot{m}c_p)_{max}$ (계속)

3	*Crossflow (single-pass):*	
	C_{max} mixed, C_{min} unmixed	$\text{NTU} = -\ln\left[1 + \dfrac{\ln(1-\varepsilon c)}{c}\right]$
	C_{min} mixed, C_{max} unmixed	$\text{NTU} = -\dfrac{\ln[c\ln(1-\varepsilon)+1]}{c}$
4	All heat exchangers with $c = 0$	$\text{NTU} = -\ln(1-\varepsilon)$

Source: W. M. Kays and A. L. London. Compact Heat Exchangers, 3/e. McGraw-Hill, 1984.

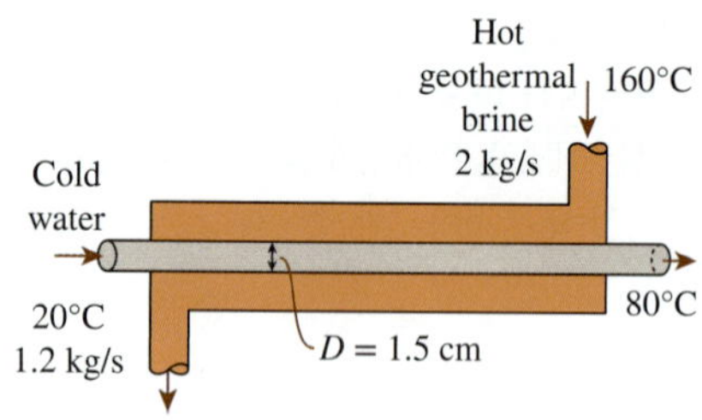

그림 8-30

예제 8-8의 개략도

예제 8-8 유용도-NTU법

질량유량이 1.2 kg/s(그림 8-30)인 대향유동 이중관 열교환기가 20°C에서 80°C로 가열된다. 열교환기 가열은 질량유량 2 kg/s인 160°C 지열에 의해 이루어진다. 내부튜브는 얇은 벽이고 직경은 1.5 cm이다. 열교환기의 총 열전달계수는 640 W/m²·K이다. 유용도-NTU법을 사용하여 요구되는 가열을 달성할 수 있는 열교환기의 길이를 결정하라.

풀이 물은 지열에 의해 대향유동 이중관 열교환기에서 가열된다. 유용도-NTU법을 사용하여 요구되는 열교환기의 길이를 결정한다.

해석 유용도-NTU법에서는 먼저 고온과 저온유체의 열용량률을 구하고 작은 것을 구별한다.

$$C_h = \dot{m}_h c_{ph} = (2 \text{ kg/s})(4.31 \text{ kJ/kg·K}) = 8.62 \text{ kW/K}$$
$$C_c = \dot{m}_c c_{pc} = (1.2 \text{ kg/s})(4.18 \text{ kJ/kg·K}) = 5.02 \text{ kW/K}$$

그러므로

$$C_{min} = C_c = 5.02 \text{ kW/K}$$

그리고,

$$c = C_{min}/C_{max} = 5.02/8.62 = 0.582$$

그러면 최대 열전달률을 식 (8-32)로부터 다음과 같이 구할 수 있다.

$$\begin{aligned}\dot{Q}_{max} &= C_{min}(T_{h,\text{ in}} - T_{c,\text{ in}}) \\ &= (5.02 \text{ kW/K})(160 - 20)°\text{C} \\ &= 702.8 \text{ kW}\end{aligned}$$

즉, 이 열교환기에 있어서 최대 가능 열전달률은 702.8 kW이다. 이 열교환기에 있어서 실제 열전달률은 다음과 같다.

$$\begin{aligned}\dot{Q} &= [\dot{m}c_p(T_{out} - T_{in})]_{water} = (1.2 \text{ kg/s})(4.18 \text{ kJ/kg·K})(80 - 20)°\text{C} \\ &= 301.0 \text{ kW}\end{aligned}$$

그리하여 이 열교환기의 유용도는 다음과 같이 된다.

$$\varepsilon = \frac{\dot{Q}}{\dot{Q}_{max}} = \frac{301.0 \text{ kW}}{702.8 \text{ kW}} = 0.428$$

유용도를 알게 되었으므로, 이 대향유동 열교환기의 NTU는 그림 8-27*b*나 표 8-5의 적당한 관계식으로부터 결정할 수 있다. 우리는 정밀도가 높은 후자를 택한다.

$$\text{NTU} = \frac{1}{c-1}\ln\left(\frac{\varepsilon-1}{\varepsilon c-1}\right) = \frac{1}{0.582-1}\ln\left(\frac{0.428-1}{0.428\times 0.582-1}\right) = 0.651$$

그러면 열전달면적은 다음과 같이 된다.

$$\text{NTU} = \frac{UA_s}{C_{\min}} \longrightarrow A_s = \frac{\text{NTU}\, C_{\min}}{U} = \frac{(0.651)(5020\text{ W/K})}{640\text{ W/m}^2\cdot\text{K}} = 5.11\text{ m}^2$$

이 값이 열전달면적이 되기 위해서는 관의 길이가 다음과 같이 되어야 한다.

$$A_s = \pi DL \longrightarrow L = \frac{A_s}{\pi D} = \frac{5.11\text{ m}^2}{\pi(0.015\text{ m})} = \mathbf{108\text{ m}}$$

검토 이 문제는 예제 8-4에서 LMTD법을 사용하여 해를 구하였다. 유용도-NTU법을 사용하여 규칙적이고 간단한 방법으로 실질적으로 동일한 결과를 구할 수 있었다는 것에 주목해야 한다.

예제 8-9 다중통로 열교환기에서 물에 의한 뜨거운 오일 냉각

뜨거운 오일을 1각-8관 통로 열교환기에서 물로 냉각한다. 관들의 두께는 얇고 구리로 만들어졌으며, 내경은 1.4 cm이다. 열교환기에서 각 관의 길이는 5 m이고, 총 열전달계수는 310 W/m²·K이다. 물은 관에 0.2 kg/s의 율로 들어가며, 기름은 외각통에 0.3 kg/s의 율로 들어간다. 물과 기름의 입구온도는 각각 20°C와 150°C이다. 열교환기에 있어서 열전달률과 물 및 기름의 출구온도를 구하라.

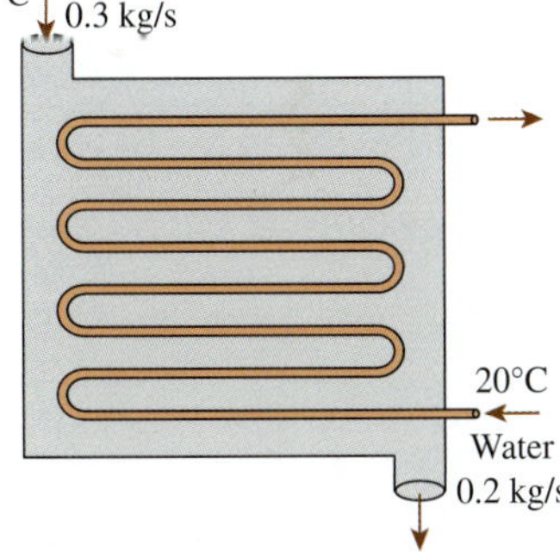

그림 8-31
예제 8-9의 개략도

풀이 뜨거운 오일이 열교환기에서 물에 의해 냉각된다. 질량유량과 입구온도가 주어지면, 열전달률과 출구온도를 결정한다.

가정 **1.** 정상 작동조건, **2.** 열교환기에서 주위로의 열전달, **3.** 관의 무게 무시, **4.** 유동 증기의 유동 및 위치에너지 변화 무시, **5.** 총 열전달계수는 일정하고 균일하다.

물성값 물과 오일의 비열은 각각 4.18과 2.13 kJ/kg·K이다.

해석 과제의 열교환기 개략도를 그림 8-31에 제시하였다. 열교환기는 단열이 잘 되어서 주위로의 열손실은 무시해도 좋으며 뜨거운 오일로부터의 열전달은 저온 물로의 열전달과 같다. 출구온도들은 규정되지 않았으며, 에너지 평형을 통해 출구온도들을 구할 수 없다. 이 경우에 LMTD법을 사용하면 지루한 반복계산을 해야 하므로 ε-NTU법을 사용한다. ε-NTU법의 첫 단계는 고온과 저온유체의 열용량률을 구하고, 작은 것을 구별하는 일이다.

$$C_h = \dot{m}_h c_{ph} = (0.3\text{ kg/s})(2.13\text{ kJ/kg}\cdot°\text{C}) = 0.639\text{ kW/K}$$
$$C_c = \dot{m}_c c_{pc} = (0.2\text{ kg/s})(4.18\text{ kJ/kg}\cdot°\text{C}) = 0.836\text{ kW/K}$$

그러므로,

$$C_{\min} = C_h = 0.639\text{ kW/K} \qquad \text{그리고} \qquad c = \frac{C_{\min}}{C_{\max}} = \frac{0.639}{0.836} = 0.764$$

그러면 최대 열전달률은 식 (8-32)로부터 다음과 같이 구할 수 있다.

$$\dot{Q}_{max} = C_{min}(T_{h,\,in} - T_{c,\,in}) = (0.639 \text{ kW/K})(150 - 20)°\text{C} = 83.1 \text{ kW}$$

즉, 이 열교환기에 있어서 최대 가능 열전달률은 83.1 kW이다. 열전달면적은 다음과 같다.

$$A_s = n(\pi DL) = 8\pi(0.014 \text{ m})(5 \text{ m}) = 1.76 \text{ m}^2$$

그러면 이 열교환기의 NTU는 다음과 같다.

$$\text{NTU} = \frac{UA_s}{C_{min}} = \frac{(310 \text{ W/m}^2\cdot\text{K})(1.76 \text{ m}^2)}{639 \text{ W/K}} = 0.854$$

c = 0.746과 NTU = 0.854에 해당하는 이 열교환기의 유용도는 그림 8-27c로부터 다음과 같이 구할 수 있다.

$$\varepsilon = 0.47$$

우리는 표 8-4의 세번째 관계식으로부터 유용도를 더 정확하게 구할 수는 있으나, 더 수고스럽다. 그러면 실제 열전달률은 다음과 같이 된다.

$$\dot{Q} = \varepsilon\dot{Q}_{max} = (0.47)(83.1 \text{ kW}) = \mathbf{39.1 \text{ kW}}$$

마지막으로 저온과 고온유체의 출구온도는 다음과 같이 정해진다.

$$\dot{Q} = C_c(T_{c,\,out} - T_{c,\,in})$$

$$T_{c,\,out} = T_{c,\,in} + \frac{\dot{Q}}{C_c}$$

$$= 20°\text{C} + \frac{39.1 \text{ kW}}{0.836 \text{ kW/K}} = \mathbf{66.8°C}$$

$$\dot{Q} = C_h(T_{h,\,in} - T_{h,\,out})$$

$$T_{h,\,out} = T_{h,\,in} - \frac{\dot{Q}}{C_h}$$

$$= 150°\text{C} - \frac{39.1 \text{ kW}}{0.639 \text{ kW/K}} = \mathbf{88.8°C}$$

그러므로 이 열교환기에 있어서 냉각수가 기름을 150°C에서 88.8°C까지 냉각하는 동안에 냉각수의 온도는 20°C부터 66.8°C까지 상승할 것이다.

요약 | SUMMARY

열교환기는 두 유체가 서로 섞이지 않게 하면서 열을 교환하도록 하는 장치이다. 열교환기는 여러 가지 유형이 있는데, 가장 간단한 형태는 **이중관** 열교환기(*double pipe* heat exchanger)이다. **평행유동형**(*parallel-flow* type)에 있어서는 고온과 저온유체가 열교환기의 같은 쪽으로 들어가서 같은 방향으로 흐르며, **대향유동형**(*counter-flow* type)에 있어서는 고온과 저온유체가 열교환기의 반대쪽으로 들어가 반대 방향으로 흐른다. 밀집형 열교환기는 두 유체가 서로 직교하며 흐르고 그런 유동의 형태를 **직교유동**(*cross flow*)이라 부른다. 산업용으로 많이 쓰이는 형태로는 **평판형** 열교환기와 **각-관** 열교환기(*shell and tube* heat exchanger)가 있다.

열교환기에 있어서 열전달은 보통 각 유체의 대류와 두 유체를 분리하고 있는 벽을 통한 전도를 포함한다. 열교환기의 해석에서는 다음과 같이 표현되는 **총 열전달계수**(*overall heat transfer coefficient*) U나 **총 열저항**(*total thermal resistance*) R을 가지고 작업하면 편리하다.

$$\frac{1}{UA_s} = \frac{1}{U_iA_i} = \frac{1}{U_oA_o} = R = \frac{1}{h_iA_i} + R_{\text{wall}} + \frac{1}{h_oA_o}$$

여기서 하첨자 i와 o는 각각 두 유체를 분리하고 있는 벽의 내부와 외부 표면적을 나타낸다. 관벽의 두께가 작고 관 재료의 열전도도가 클 때 위 관계는

$$\frac{1}{U} \approx \frac{1}{h_i} + \frac{1}{h_o}$$

와 같이 간단히 되며, 여기에서 $U \approx U_i \approx U_o$이다. 열교환기 관의 내면과 외면의 오염에 대한 영향은 다음과 같이 고려할 수 있다.

$$\frac{1}{UA_s} = \frac{1}{U_iA_i} = \frac{1}{U_oA_o} = R$$
$$= \frac{1}{h_iA_i} + \frac{R_{f,i}}{A_i} + \frac{\ln(D_o/D_i)}{2\pi kL} + \frac{R_{f,o}}{A_o} + \frac{1}{h_oA_o}$$

여기서 $A_i = \pi D_iL$과 $A_o = \pi D_oL$은 각각 내면과 외면의 면적이며, $R_{f,i}$와 $R_{f,o}$는 내·외면에서의 오염계수들이다.

단열이 잘된 열교환기에서 고온유체로부터의 열전달률은 저온유체로의 열전달률과 같다. 즉,

$$\dot{Q} = \dot{m}_c c_{pc}(T_{c,\text{out}} - T_{c,\text{in}}) = C_c(T_{c,\text{out}} - T_{c,\text{in}})$$

여기서

$$\dot{Q} = \dot{m}_h c_{ph}(T_{h,\text{in}} - T_{h,\text{out}}) = C_h(T_{h,\text{in}} - T_{h,\text{out}})$$

여기서 c와 h는 각각 저온유체와 고온유체를 의미하며, 유체의 질량유량과 비열의 곱 $\dot{m}c_p$는 **열용량률**이라고 부른다.

열교환기를 해석하는 두 방법 중에서 대수평균온도차법(또는 LMTD법)은 입출구온도가 주어졌을 때 열교환기의 크기를 결정하는 데에 적당하다. **유용도-*NTU*법**은 규정된 열교환기에서 고온과 저온유체의 출구온도를 예측하는 데에 적당하다. LMTD법에서 열전달률은 다음과 같다.

$$\dot{Q} = UA_s\Delta T_{\text{lm}}$$

여기서

$$\Delta T_{\text{lm}} = \frac{\Delta T_1 - \Delta T_2}{\ln(\Delta T_1/\Delta T_2)}$$

는 **대수평균온도차**이며, 열교환기의 해석에 있어서 사용되는 평균온도차에 적당한 형태이다. 또한 ΔT_1과 ΔT_2는 열교환기의 양 끝(입구와 출구)에서 두 유체의 온도차를 나타낸다. 직교유동이나 다통로 각-관 열교환기에서 대수평균온도차는 대향유동의 $T_{\text{lm, CF}}$와 다음과 같은 관계가 있다.

$$\Delta T_{\text{lm}} = F\,\Delta T_{\text{lm, CF}}$$

여기서 F는 **수정계수**이며 열교환기의 형상과 고온 및 저온유체의 입출구온도에 의존한다.

열교환기의 **유용도**(*effectiveness*)는 다음과 같이 정의된다.

$$\varepsilon = \frac{\dot{Q}}{\dot{Q}_{\text{max}}} = \frac{\text{실제 열전달률}}{\text{최대 가능 열전달률}}$$

여기서

$$\dot{Q}_{\text{max}} = C_{\text{min}}(T_{h,\text{in}} - T_{c,\text{in}})$$

인데, C_{min}은 $C_h = \dot{m}_hc_{ph}$와 $C_c = \dot{m}_cc_{pc}$ 중에서 작은 것이다. 열교환기의 유용도는 유용도의 관계식이나 차트로부터 결정될 수 있다.

참고문헌 | REFERENCES AND SUGGESTED READINGS

1. N. Afgan and E. U. Schlunder. *Heat Exchanger: Design and Theory Sourcebook*. Washington, D.C.: McGraw-Hill/ Scripta, 1974
2. R. A. Bowman, A. C. Mueller, and W. M. Nagle. "Mean Temperature Difference in Design." *Transactions of the ASME* 62 (1940), p. 283. Reprinted with permission of ASME International.
3. A. P. Fraas. *Heat Exchanger Design*. 2d ed. New York: John Wiley & Sons, 1989.
4. K. A. Gardner. "Variable Heat Transfer Rate Correction in Multipass Exchangers, Shell Side Film Controlling." *Transactions of the ASME* 67 (1945), pp.31-38.
5. W. M. Kays and A. L. London. *Compact Heat Exchangers*. 3rd ed. New York: McGraw-Hill, 1984.
6. W. M. Kays and H. C. Perkins. "Forced Convection, Internal Flow in Ducts." In *Handbook of Heat Transfer*, ed. W. M. Rohsenow and J. P. Hartnett. New York: McGraw-Hill, 1972, Chap. 7.
7. Q. Li, G. Flamant, X. Yuan, P. Neveu and L. Luo. "Compact Heat Exchangers: A Review and Future Applications for a New Generation of High Temperature Solar Receivers." *Renewable and Sustainable Energy Reviews* 15 (2011), pp. 4855-4875.
8. A. C. Muller. "Heat Exchangers." Chap. 18 in *Handbook of Heat Transfer*, ed. W. M. Rohsenow and J. P. Hartnett. New York: McGraw-Hill, 1972.
9. M. N. Özişik. *Heat Transfer—A Basic Approach*. New York: McGraw-Hill, 1985.

10. E. U. Schlunder. *Heat Exchanger Design Handbook*. Washington, DC: Hemisphere, 1982.
11. *Standards of Tubular Exchanger Manufacturers Association*, 9th ed. New York: Tubular Exchanger Manufacturers Association, 2007.
12. R. A. Stevens, J. Fernandes, and J. R. Woolf. "Mean Temperature Difference in One, Two, and Three Pass Crossflow Heat Exchangers." *Transactions of the ASME* 79 (1957), pp. 287-297.
13. J. Taborek, G. F. Hewitt, and N. Afgan. *Heat Exchagers: Theory and Practice*. New York: Hemisphere, 1983.
14. G. Walker. *Industrial Heat Exchagers*. Washington, DC: Hemisphere, 1982.

연습문제* | PROBLEMS

열교환기의 유형

8-1C 열교환기를 흐름 유형에 따라 분류하고 각 유형의 특성을 설명하라.

8-2C 열교환기는 어떻게 밀집형으로 분류되는가? 이중관 열교환기도 밀집형 열교환기로 분류될 수 있다고 생각하는가?

8-3C 재생 열교환기란 무엇인가? 정적 재생 열교환기는 동적인 것과 어떻게 다른가?

8-4C 각-관 열교환기에 있어서 격벽의 역할은 무엇인가? 격벽의 존재는 열전달과 펌프 소요 동력에 어떤 영향을 미치는지 설명하라.

8-5C 직교유동 열교환기는 대향유동 열교환기와 어떻게 다른가? 직교유동에 있어서 유체의 혼합형과 비혼합형의 차이는 무엇인가?

총 열전달계수

8-6C 액체 대 액체 열교환기에서 고온유체에서 저온 유체로 열전달이 형성될 때 열전달 메커니즘을 기술하라.

8-7C 열교환기에서 관의 열저항을 무시할 수 있는 조건은 무엇인가?

8-8C 길이 L의 이중관 평행유동 열교환기를 생각한다. 내관의 내경 및 외경이 각각 D_1과 D_2이고, 외관의 직경은 D_3이다. 두 열전달면적 A_i와 매를 어떻게 결정할 것인지 설명하라. $A_i = A_o = A_s$로 가정하는 것은 어느 때 타당한가?

8-9C 열교환기에서 오염에 의한 열저항은 어떻게 고려하는가? 유체의 속도와 온도는 오염에 어떤 영향을 미치는가?

8-10C 얇은 벽의 이중관 열교환기에서 근사식 $U = h_i$는 어느 경우에서 타당한가? 여기서 U는 총열전달계수이고 h_i는 관내 대류열전달계수이다.

8-11C 열교환기에서 보통 무엇이 오염을 유발하는가? 오염은 열전달과 압력강하에 어떻게 영향을 미치는가?

8-12C 어떤 조건에서 열교환기의 총 열전달계수를 $U = (1/h_i + 1/h_o)^{-1}$로 구할 수 있는가?

8-13E 2 in 내경과 3 in 외경의 관을 가지는 열교환기가 있다. 관 재료의 열전도도는 0.5 Btu/h·ft·°F이고 내경면과 외경면의 각각 열전달계수는 50 Btu/h·ft²·°F, 10 Btu/h·ft²·°F이다. 내경면을 기준으로 한 총 열전달계수를 구하라.

8-14 관과 외각통의 직경이 각각 1.0 cm와 1.5 cm인, 길고 얇은 벽을 가진 이중관 열교환기가 냉매 134a를 20°C인 물에 의해 응축시킨다. 냉매는 관을 통해 흐르며 대류열전달계수는 h_i = 4100 W/m²·K이다. 물은 외각통을 통해 0.3 kg/s로 흐른다. 이 열교환기의 총 열전달계수를 구하라.

8-15 문제 8-14를 내관의 외면에 2 mm 두께의 석회암층(k = 1.3 W/m·K)이 형성되어 있다고 가정하고 다시 풀어라.

8-16 문제 8-15를 적당한 소프트웨어를 사용하여 석회암의 두께가 1 mm에서 3mm 사이에서 변화할 때 석회암 두께와 총 열전달계수와의 상관관계를 도시하고, 그 결과에 대하여 논하라.

8-17E 평균 온도 180°F, 평균 속도 4 ft/s의 물이 얇은 벽의 지름 $\frac{3}{4}$ in인 관을 통해 흐른다. 물은 평균 온도 80°F, 12 ft/s의 속도로 관을 가로질러 흐르는 공기에 의해 냉각될 때 총 열전달계수를 결정하라.

8-18 터빈 교반기로 된 재킷 교반용기가 10°C 물줄기를 54°C로 가열하는 데 사용된다. 용기의 내벽에서 물의 평균 열전달계수는 $\text{Nu} = 0.76\,\text{Re}^{2/3}\text{Pr}^{1/3}$의 식으로부터 산출할 수 있다. 재킷에 있는 가열용 100°C 포화증기는 평균 열전달계수, $h_o = 13.1(T_g - T_w)^{-0.25}$(kW/m²·K) 조건으로 응축된다. 용기의 크기는 D_t = 0.6 m, H = 0.6 m 및 D_a = 0.2 m이고 교반속도는 60 rpm이다. 교반용기가 정상상태로 가열될 수 있도록 물의 질량유량을 계산하라.

*"C"로 표시된 문제는 개념에 관한 문제들이며, 학생들은 모든 문제를 풀어보는 것을 권장한다. "E"로 표시된 문제는 영국 단위로 되어 있으며 SI 단위 사용자들은 무시할 수 있다. "" 아이콘이 있는 문제는 그대로 풀기는 어려우며, 적절한 프로그램을 사용하여 풀어야 한다.

8-19E 어떤 대향유동 열교환기가 설계조건과 깨끗한 조건에서 운행될 때 관 외각 면적을 기반으로 하는 총 열전달계수는 50 Btu/h·ft²·F이다. 일정 기간 운행 후 오염계수값이 0.002 h·ft²·°F/Btu로 되었다. (*a*) 열교환기의 총 열전달계수를 결정하고 (*b*) 오염물이 형성된 후 총 열전달계수는 몇 %로 변화하였는가?

8-20 보일러에 장착된 7 m 스테인리스 관(k = 14.2 W/m·K)에 평균온도 110°C, 평균 유속 3.5 m/s인 물이 흐른다. 관의 내경과 외경은 각각 D_i = 1.0 cm, D_o = 1.4 cm이다. 관의 외경 표면에서 비등이 일어나고 이때 비등 열전달계수는 h_o = 7200 W/m²·K이다. 관의 내경 표면적을 기준으로 한 이 보일러의 총 열전달계수 U_i를 구하라.

8-21 문제 8-20에서 관의 내경표면의 오염계수가 $R_{f,i}$ = 0.0005 m²·K/W일 경우 총 열전달계수 U_i를 구하라.

8-22 문제 8-21을 고려하라. 적당한 소프트웨어를 사용하여 오염계수가 0.0001 m²·K/W에서 0.0008 m²·K/W 사이에서 변화할 때 오염계수를 고려한 내부표면에 대한 총 열전달계수를 도시하고, 그 결과에 대하여 논하라.

8-23 4440 W/K의 열용량률(질량유량과 비열의 곱)과 150°C의 입구온도를 가진 뜨거운 엔진오일이 이중관 열교환기를 통해 흐른다. 이중관 열교환기는 내측관의 내경이 2 cm, 외경이 2.25 cm를 가진 1.5 m 길이의 구리관(k = 250 W/m·K)으로 만들어졌다. 이중관 열교환기의 외측 관의 내경은 6 cm이다. 오일이 2 kg/s의 질량유량으로 내측관을 통해 흐르고 50°C의 온도로 열교환기를 나간다. 차가운 유체, 즉 물은 20°C로 열교환기에 들어오고 70°C로 나간다. 오일 쪽과 물 쪽의 오염계수가 각각 0.00015 W/m²·K과 0.0001 W/m²·K일 때, 구리관의 내측과 외측면에서의 총 열전달계수를 구하라.

열교환기의 해석

8-24C 열교환기의 해석에서 보통 사용하는 근사화는 무엇인가?

8-25C 어떤 조건에서 다음 식이 열교환기의 열전달 관계식으로 성립하는가?

$$\dot{Q} = \dot{m}_c c_{pc}(T_{c,\,\text{out}} - T_{c,\,\text{in}}) = \dot{m}_h c_{ph}(T_{h,\,\text{in}} - T_{h,\,\text{out}})$$

8-26C 수증기가 주어진 온도에서 냉각수에 방열을 하면서 응축되는 응축기를 생각하자. 만일 응축기 안에서의 열전달률과 냉각수의 온도상승을 안다면, 수증기의 응축률과 냉각수의 질량유량을 어떻게 구할 수 있을지 설명하라. 또한 이 경우에 있어서 응축기의 총 열저항 R을 어떻게 산출할 것인지 설명하라.

8-27C 열용량률이란 무엇인가? 만일 열교환기에서 두 유체의 용량률이 같다면, 두 유체의 온도 변화에 대해서 당신은 어떻게 말할 수 있겠는가? 열교환기에서 한 유체의 열용량이 무한대가 된다는 것은 무엇을 의미하는가?

8-28C 열교환기에서 저온유체의 온도상승이 고온유체의 온도강하와 같아지는 조건은 무엇인가?

대수평균온도차법

8-29C 열교환기의 열전달 관계식 $\dot{Q} = UA_s\,\Delta T_{\text{lm}}$에서 ΔT_{lm}은 무엇이라 부르는가? 이것은 평행유동 대향유동 열교환기에서 어떻게 정해지는가?

8-30C 열교환기에서 대수평균온도차는 산술평균온도차(arithmetic mean temperature difference, AMTD)와 어떻게 다른가? 주어진 입출구온도에 대하여 둘 중 어떤 것이 더 큰가?

8-31C 열교환기에서 고온과 저온유체의 온도차는 한 끝에서 ΔT_1, 다른 끝에서 ΔT_2로 주어진다. 이 열교환기의 대수평균온도차 T_{lm}은 ΔT_1과 ΔT_2 둘 중 어느 것이 더 클 수 있는가?

8-32C 평행유동 열교환기에 있어서 저온유체의 출구온도는 고온유체의 출구온도보다 높일 수 있는가? 대향유동 열교환기에서는 어떠한가를 설명하라.

8-33C 다통로 각-관 열교환기에서 출구온도를 포함한 모든 정보가 주어졌을 때, 열전달면적을 결정하는 데에 있어서 LMTD법을 어떻게 사용하는지 설명하라.

8-34C 열교환기에 대한 열전달 관계식 $\dot{Q} = UA_sF\,\Delta T_{\text{lm}}$에서 F는 무엇이라 하는가? 그것은 무엇을 나타내는가? F는 1보다 클 수 있는가?

8-35C 입출구온도가 규정되어 있을 때, 이중관 평행유동, 이중관 대향유동, 직교유동, 다통로 각-관 열교환기 중에서 어떤 열교환기의 ΔT_{lm}이 가장 큰가?

8-36 이중파이프 평행유동 열교환기가 뜨거운 물로 질량유량 물을 가열한다. 뜨거운 물(c_p = 4.25 kJ/kg·K)은 85°C로 질량유량 1.4 kg/s로 들어가고 50°C로 나간다. 열교환기는 단열되지 않은 상태여서 주어진 뜨거운 열의 3%를 잃고 있다. 만약 열교환기의 총 열전달계수와 단면적이 각각 1150 W/m²·K, 4 m²이면 질량유량 물로 전달되는 열전달률을 계산하고 이 열교환기의 대수평균온도차를 구하라.

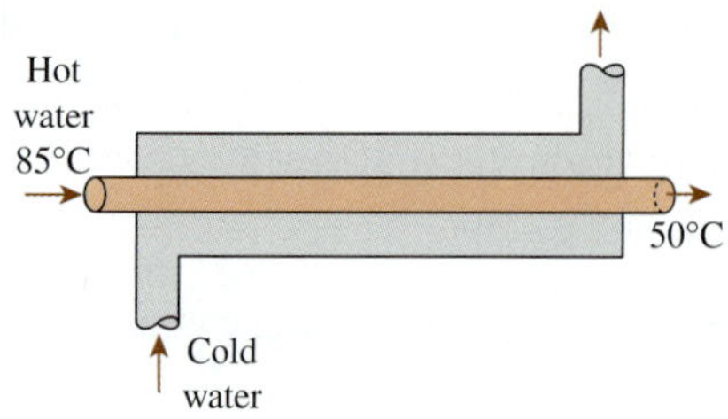

그림 P8-36

8-37 탄화수소 기류(c_p = 2.2 kJ/kg·K)가 이중관 대향류 열교환기의 관측에서 720 kg/h로 흐르면서 150°C에서 40°C로 냉각된다. 이때 냉각수(c_p = 4.18 kJ/kg·K)는 역 교환기에서 10°C, 540 kg/h로 들어간다. 내부관의 외부직경은 2.5 cm이고 길이는 6 m이다. 총 열전달계수를 구하라.

8-38 이중관 평행유동 열교환기로 질량유량이 0.2 kg/s인 물(c_p = 4180 J/kg·K)을 25°C에서 60°C까지 가열한다. 가열은 온도가 140°C이고 질량유량이 0.3 kg/s인 지열수(c_p = 4310 J/kg·K)에 의해 이루어진다. 내관은 관 벽 두께가 얇고 직경이 0.8 cm이다. 만일 총 열전달계수가 550 W/m²·K라면 원하는 열전달을 수행하기 위해서 요구되는 열교환기의 길이는 얼마인가?

8-39 문제 8-38을 적당한 프로그램을 사용하여, 관의 길이에서 지열수의 질량유량과 온도효과를 조사하라. 온도는 100°C와 200°C 사이에서 변화하고, 질량유량이 0.1 kg/s와 0.5 kg/s 사이에서 변화할 때 관의 길이와 온도 및 질량유동의 상관관계를 도시하고, 그 결과에 대하여 논하라.

8-40 질량유량이 05 kg/s인 20°C의 글리세린(c_p = 2400 J/kg·K)이 얇은 이중관 평행유동 열교환기에서 70°C의 에틸렌 글리콜(c_p = 2500 J/kg·K)에 의해 가열된다. 열교환기 출구에서 두 유체 사이의 온도차는 15°C이다. 만일 총 열전달계수가 240 W/m²·K이고, 열전달면적이 3.2 m²라면, (*a*) 열전달률 (*b*) 글리세린의 출구온도 (*c*) 에틸렌 글리콜의 질량유량을 구하라.

8-41 어떤 열교환기가 내경 23 mm, 외경 25 mm 및 길이 3.7 m인 400개의 관들로 만들어져 있다. 이 열교환기의 수정 대수평균 온도차는 23°C이다. 내측 표면 대류열전달계수는 3410 W/m²·K이고 외측 표면 대류열전달계수는 6280 W/m²·K이다. 관들의 열저항을 무시하고 할 때, 열교환기의 열전달률을 구하라.

8-42E 단일통로 열교환기를 230°F로 각측에서 응축하는 수증기에 의해 100,000 lbm의 물을 한 시간 동안에 60°F에서 100°F까지 가열하도록 설계한다. 각 관은 내경이 1.2 in이고 두께가 0.12 in이다. 내면의 열전달계수는 480 Btu/h·ft²·K이고 외면의 열전달계수는 2000 Btu/h·ft²·K이다. 만일 관 측의 물(c_{pc} = 4.18 Btu/lbm·°F, ρ = 62.3 lbm/ft³)의 입구속도가 4 ft/s라면 관의 개수와 길이를 결정하라. 관의 열저항은 무시할 수 있다.

8-43 얇은 구리관을 통해 0.3 kg/s의 질량유량으로 흐르는 엔진오일(c_p = 2048 J/kg·K)의 흐름을 고려해보자. 엔진오일은 구리관을 80°C로 들어가고 20°C로 흐르는 차가운 물(c_p = 4180 J/kg·K)에 의해 냉각된다. 우리는 엔진오일의 출구온도가 40°C가 넘지 않길 원한다. 오일과 물 쪽의 개별 대류열전달계수가 각각 750 W/m²·K과 350 W/m²·K이다. 만약 냉각수의 하류 쪽에 설치된 열전대 프로브가 32°C로 측정될 때, 이중관 평행유동 열교환기의 (*a*) 냉각수의 질량유량, (*b*) 대수평균온도차, (*c*) 열교환기의 면적을 구하라.

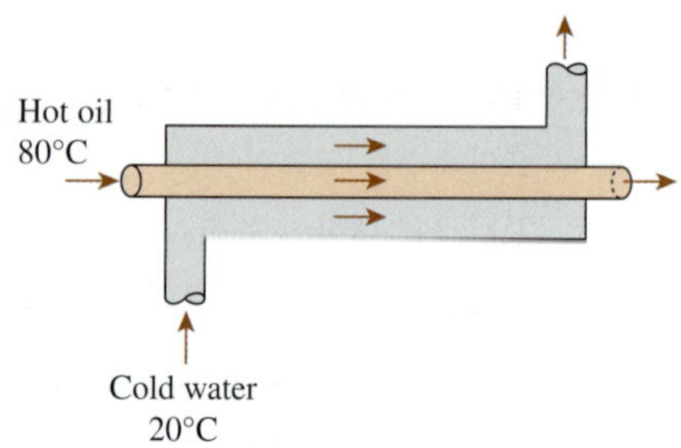

그림 P8-43

8-44 평행유동 열교환기에서 고온유체는 150°C, 3 kg/s의 질량유량으로 열교환기에 들어간다. 냉매는 30°C, 0.5 kg/s의 질량유량으로 열교환기에 들어가고 70°C로 열교환기를 떠난다. 고온 및 저온유체의 비열용량은 각각 1150 J/kg·K과 4180 J/kg·K이다. 관의 내측면 및 외측면의 대류열전달계수는 각각 300 W/m²·K과 800 W/m²·K이다. 관 측과 각 측 오염계수가 각각 0.0003 W/m²·K과 0.0001 W/m²·K일 때 (*a*) 총 열전달계수, (*b*) 고온유체의 출구온도, 그리고 (*c*) 열교환기의 면적을 구하라.

8-45 관의 내경과 외경이 각각 D_i = 2.0 cm, D_o = 2.5 cm인 수평 구리관(k = 386 W/m²·K)에서 1.5 kg/s로 흐르는 에틸렌글리콜이 외경면의 포화증기에 의해 25°C에서 40°C로 가열된다. 이때 외부표면에서 포화증기(T_g = 110°C)는 응축이 발생하고 응축열전달계수는 $9.2/(T_g - T_w)^{0.25}$ (kW/m²·K)이며 T_w는 관 외경 표면에서의 평균온도이다. 이와 같은 조건을 만족하기 위해서는 관의 길이를 얼마로 하여야 하는가? 여기서 에틸렌글리콜의 물성치는 ρ = 1109 kg/m³, c_p = 2428 J/kg·K, k = 0.253 W/m·K, μ = 0.01545 kg/m·s, Pr = 148.5이다.

8-46 어떤 대향류 열교환기가 설계 조건과 깨끗한 조건에서 운행할 때 총 열전달계수는 284 W/m²·K이다. 관 측에서 고온유체가 93°C로 들어가서 71°C로 나오고, 동시에 각 측에서 저온유체가 27°C로 들어가서 38°C로 나온다. 일정기간 운행 후 오염물이 형성되어 오염계수값이 0.0004 m²·K/W로 되었다. 열전달면적이 93 m²일 때 (*a*) 열교환기의 열전달률을 결정하고 (*b*) 고온 측과 저온 측의 유체의 질량유량을 구하라. 고온 측과 저온 측의 비열은 모두 (c_p = 4.2 kJ/kg·K)로 가정하라.

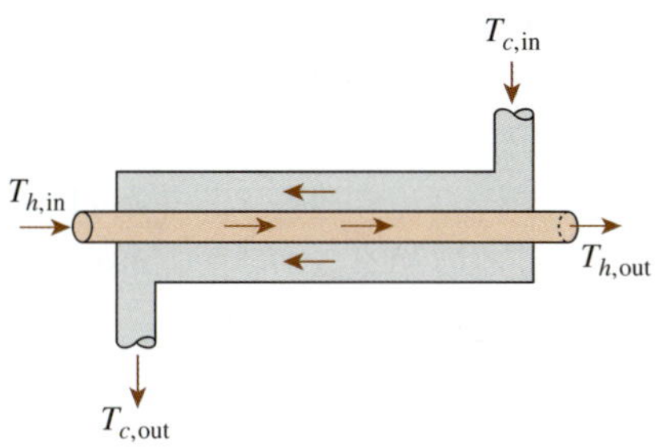

그림 P8-46

8-47 얇은 관을 가진 이중관 대향유동 열교환기에서 질량유량이 2.5 kg/s인 기름(c_p = 2200 J/kg·K)을 150°C에서 50°C까지 물(c_p = 4180 J/kg·K)에 의해 냉각시킨다. 물은 관에 22°C인 질량유량 1.5 kg/s로 들어간다. 관의 직경은 2.5 cm이고, 관의 길이는 6 m이다. 이 열교환기의 총 열전달계수를 구하라.

8-48 문제 8-47을 적당한 소프트웨어를 사용하여 이 열교환기에서 오일의 출구온도와 물의 입구온도가 총 열전달계수에 미치는 영향을 조사하라. 출구온도가 30°C에서 70°C로 변화하고 물의 입구온도가 5°C에서 25°C로 변화할 때 두 온도를 함수로 총 열전달계수를 도시하고 그 결과에 대하여 논의하라.

8-49 샤워기로 가는 차가운 물(c_p = 4180 J/kg·K)이 얇은 관의 이중관 대향유동 열교환기에 15°C, 1.25 kg/s로 들어가서, 100°C, 4 kg/s로 들어오는 뜨거운 물(c_p = 4190 J/kg·K)에 의해 60°C로 가열된다. 만일 총 열전달계수가 880 W/m²·K라면, 이 열교환기의 열전달률과 열전달면적을 구하라.

8-50E 관통로당 60개의 관이 있는 1각-8관 통로 열교환기에서 수증기가 외각통 측에서 90°F (h_{fg} = 1043 Btu/lbm)에서 응축된다. 냉각수(c_p = 1.0 Btu/lbm·°F)는 관에 55°F로 들어가서 70°F로 나온다. 관들은 얇고, 직경이 3/4 in이며, 길이는 통로당 5 ft이다. 만일 총 열전달계수가 600 Btu/h·ft²·°F라면, (*a*) 열전달률과 (*b*) 수증기의 응축률과 (*c*) 냉각수의 질량유량을 구하라.

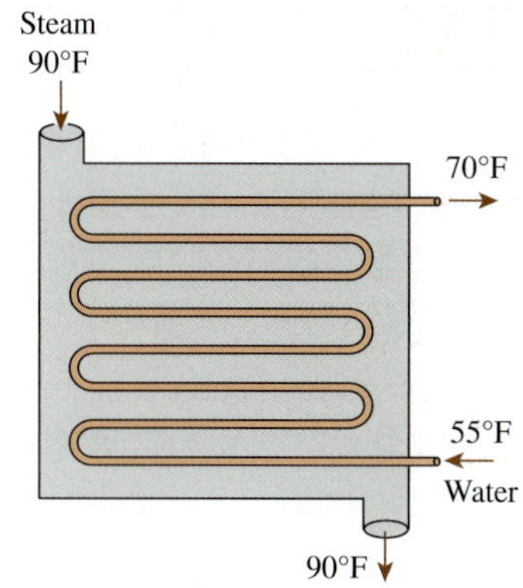

그림 P8-50E

8-51E 문제 8-50E를 적당한 소프트웨어를 사용하여 응축 증기 온도가 열전달률, 증기 응축률과 냉각수의 질량유량에 미치는 영향을 조사하라. 증기 온도는 80°F에서 120°F에서 변화한다. 증기 온도를 함수로 하는 열전달률, 증기의 응축률 및 냉각수의 질량유량의 상관관계를 도시하고, 그 결과에 대하여 논하라.

8-52 디젤엔진의 뜨거운 배기가스로 증발기의 증기를 생산하기 위해 사용한다. 물이 포화액체로 들어가 200°C에서 증발(h_{fg} = 1941 kJ/kg)하는 동안 배기가스(c_p = 1051 J/kg·K)가 550°C로 질량유량 0.25 kg/s로 열교환기로 들어간다. 물 측면에서 열교환기의 열전달면적은 0.5 m²이고 총 열전달계수는 1780 W/m²·K이다. 열전달률과 배기가스의 출구온도 그리고 물의 증발률을 구하라.

8-53 문제 8-52를 적당한 소프트웨어를 사용하여 열전달률에서 배기가스 입구온도의 효과, 배기가스의 출구온도 효과, 물의 증발률을 구하고, 배기가스 온도가 300°C에서 600°C 사이에서 변화할 때 열전달률, 배기가스의 출구온도 그리고 물의 증발률을 배기가스 온도의 함수로 도시하고, 그 결과에 대하여 논하라.

8-54 방직공장의 80°C의 염색폐기물(c_p = 4295 J/kg·K)이 이중관 대향류 열교환기에서 같은 유동률로 흐르는 신선한 물(c_p = 4180 J/kg·K)을 예열하는 데 사용된다. 열교환기의 열전달면적은 1.65 m²이고 총 열전달계수는 625 W/m²·K이다. 열교환기에서 열전달률이 35 kW라면, 출구온도와 각 유동기류의 질량유량을 구하라.

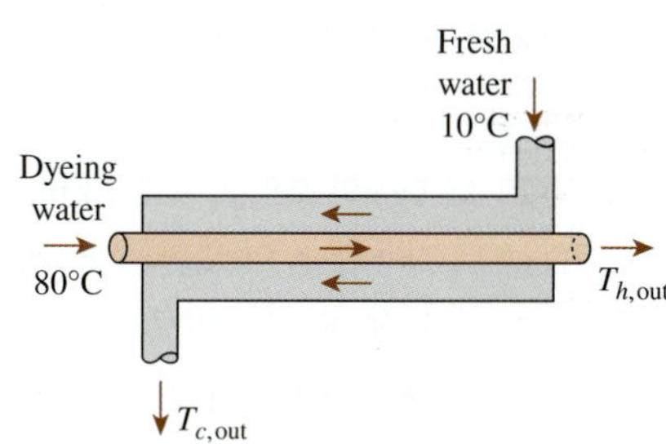

그림 P8-54

8-55 엔진오일과 물이 각각 2.5 kg/s와 1.75 kg/s의 질량유량으로 흐르는 이중관 대향유동 열교환기의 성능시험을 하고 있다. 열교환기가 오랫동안 작동 중이었기 때문에, 총 열전달계수에 영향을 미칠 수 있는 오염이 열교환기 내부에 생겼을지도 모른다. 수행된 시험은 총 열전달계수 450 W/m²·K, 표면적 7.5 m²의 설계값에 대해 수행되어야 하고, 오일은 위에서 말한 유량으로 흐르는 100°C의 뜨거운 물(c_p = 4206 J/kg·K)에 의해 25°C에서 55°C까지 가열되어야 한다. 오염이 총 열전달계수에 영향을 미쳤는지 구하라. 만약 그렇다면 오염저항의 크기는 얼마인가?

8-56 산업시설에서 대향류 이중관 열교환기가 30°C의 급수(feadwater)를 가열하기 위해 250°C의 과열증기를 사용한다. 과열증기는 열교환기를 나갈 때 70°C의 온도하강을 경험한다. 물은 무시할 수 있는 두께를 가진 열교환기 관을 3.47 kg/s의 일정한 질량유량으로 흐르면서 가열된다. 과열증기와 물 쪽의 대류열전달계수는 각각 850 W/m²·K과 1250 W/m²·K이다. 급수에 존재할 수도 있는 화학적 불순물로 인한 오염을 고려하기 위해 물 쪽에 적절한 오염계수를 사용하라. (*a*) 물의 출구온도를 최소 70°C로 유지하기 위해 필요한 열교환기면적을 구하라. (*b*) 평행유동 배치일 경우 필요한 열교환기 면적은 무엇인가?

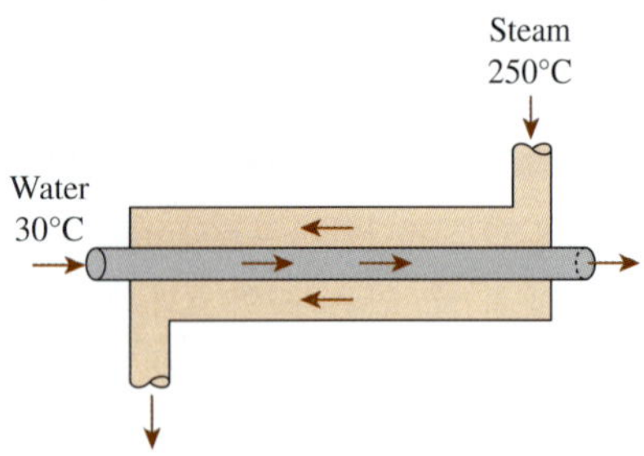

그림 P8-56

8-57 내경이 1.2 cm, 길이 2 m인 관이 24개가 설치되어 있는 기름–물– 각–관 열교환기로 총 열전달계수를 결정하기 위한 시험을 한다. 질량유량이 3 kg/s인 찬물(c_p = 4180 J/kg·K)이 관에 20°C로 들어가 55°C로 관을 나온다. 기름(c_p = 2150 J/kg·K)은 외각통 측을 흐르며 120°C에서 45°C로 냉각된다. 관 내면을 기준으로 한 이 열교환기의 총 열전달계수를 구하라. *답*: 8.31 kW/m²·K

8-58 각–관 열교환기 14 kg/s의 오일(c_p = 2.0 kJ/kg·K)을 20°C에서 46°C로 가열하는 데 사용한다. 이 열교환기 1개의 각과 6개 관으로 구성되어 있다. 물을 각 쪽에서 80°C로 들어가서 60°C로 나온다. 총 열전달계수는 1000 W/m²·K이다. 열전달률과 열전달 면적을 구하라.

8-59E 1각-8관 통로 열교환기가 온수(c_p = 1.0 Btu/lbm·°F)를 이용하여 글리세린(c_p = 0.60 Btu/lbm·°F)을 80°F에서 140°F까지 가열하는 데 사용된다. 온수는 지름이 0.5 in인 얇은 관에 175°F로 들어가서 120°F로 나온다. 열교환기에서 관의 총 길이는 400 ft이다. 대류열전달계수는 글리세린 측(외각통 측)에서 4 Btu/h·ft²·°F이며, 물 측(관측)에서 50 Btu/h·ft²·°F이다. 열교환기에서 (*a*) 오염이 일어나기 전과, (*b*) 관의 외면에 오염계수 0.002 h·ft²·°F/Btu로 오염이 되었을 때 열전달률을 구하라.

8-60 2각-12관 통로 각–관 열교환기가 에틸렌 글리콜(c_p = 2680 J/kg·K)을 이용하여 물(c_p = 4180 J/kg·K)을 가열하는 데 사용된다. 물은 관에서 온도 22°C, 질량 유량 0.8 kg/s로 들어가서 70°C로 나온다. 에틸렌 글리콜은 외각통에 110°C로 들어가서 60°C로 나온다. 만일 관측 면적을 기준으로 하여 총 열전달계수가 280 W/m²·K이라면, 열전달률과 관측 면적을 기준으로 한 열전달면적을 구하라

8-61 문제 8-60을 적당한 소프트웨어를 사용하여 열전달률에 물이 질량유량 효과와 관 표면적을 조사하고, 질량유량이 0.4 kg/s에서 2.2 kg/s 사이에서 변화할 때 질량유량의 함수로 표면적 및 열전달률과의 상관관계를 도시하고 그 결과에 대하여 논하라.

8-62 2각-12관 통으로 구성된 각-관 열교환기의 관측에서 질량유량이 4.5 kg/s인 물(c_p = 4180 J/kg·K)을 20°C에서 70°C까지 가열한다. 가열하는 열은 외각통 측에 10 kg/s로 들어가는 170°C인 뜨거운 기름(c_p = 2300 J/kg·K)에 의해 공급된다. 관측의 총 열전달계수가 350 W/m²·K일 때 관측의 열전달면적을 구하라. *답*: 25.7 m²

8-63 문제 8-62를 질량유량 3 kg/s에 대하여 해를 구하라.

8-64 2각-8관 통로 각–관 열교환기의 관측에서 질량유량이 2.1 kg/s인 에틸알코올(c_p = 2670 J/kg·K)을 25°C에서 70°C까지 가열한다. 열은 외각통 측에 95°C로 들어가서 45°C로 나오는 물(c_p = 4190 J/kg·K)에 의해 공급된다. 만일 총 열전달계수가 950 W/m²·K이라면, 이 열교환기의 열전달면적을 구하라.

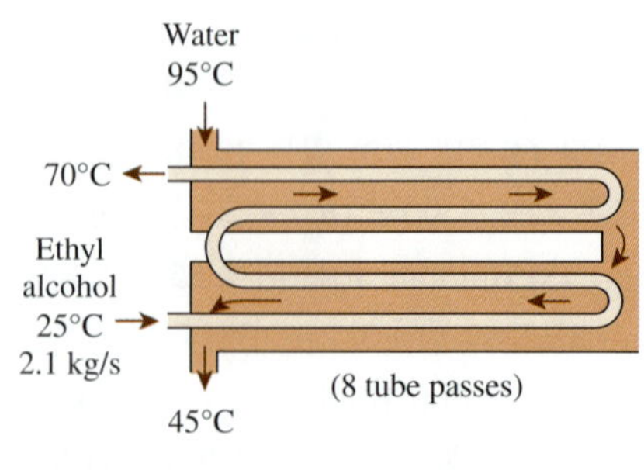

그림 P8-64

8-65E 하나의 통로로 구성된 어떤 직교유동 열교환기가 디젤엔진의 물(c_p = 1.0 Btu/lbm·°F) 냉각기로 사용된다. 공기와 물이 혼합되지 않은 상태에서 입구온도가 90°F인 공기(c_p = 0.245 Btu/lbm·°F)로 190°F의 디젤엔진을 90°F로 냉각시킨다. 물의 질량유량이 92,000 lbm/h, 공기의 질량유량이 400,000 lbm/h일 때, 열교환기의 대수평균온도차를 결정하라.

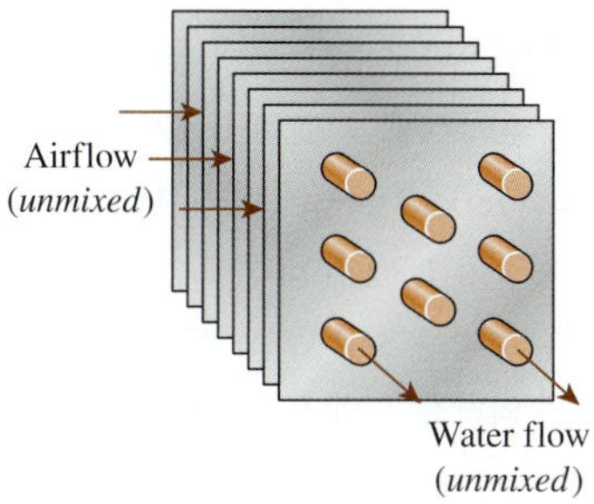

그림 P8-65E

유용도-NTU법

8-66C 열교환기에서 유용도는 무엇을 나타내는가? 유용도는 1보다 클 수 있는가? 유용도는 열교환기의 어떤 인자들에게 좌우되는가?

8-67C 유체의 종류, 입구온도, 질량유량이 규정되어 있을 때, 이중관 평행유동, 이중관 대향유동, 직교유동, 다통로 각-관 열교환기 중 어떤 종류의 열교환기의 유용도가 가장 높은가?

8-68C 열교환기에서 유용도가 결정되면, 고온과 저온유체의 출구온도를 어떻게 결정할 것인지 설명하라.

8-69C 열교환기에서 고온유체의 온도가 어떤 위치에서라도 저온유체의 입구온도보다 낮아질 수 있는지 설명하라.

8-70C 유체의 비열은 같지만 질량유량이 다른 열교환기를 생각해보자. 질량유량이 낮은 유체와 높은 유체 중 어떤 것이 큰 온도 변화를 겪게 되는가?

8-71C 어떤 조건에서 대향유동 열교환기의 유용도가 1이 되는가? 평행유동 열교환기에 대해서는 어떻게 되겠는가?

8-72C 이중관 대향유동 열교환기를 생각해보자. 열전달을 촉진하기 위해서 열교환기의 길이를 두 배로 하였다. 당신이 생각하기에 유용도도 역시 두 배로 될 것 같은가?

8-73C 뜨거운 물 및 차가운 물의 기류에 대해 동일한 질량 유량을 가지는 각-관 물-물 열교환기를 생각해보자. 차가운 물의 질량 유량이 절반으로 줄어들면 이 열교환기의 효과가 증가, 감소 또는 유지되는지 설명하라. 전체 열전달계수와 입구온도가 동일하게 유지된다고 가정한다.

8-74C 두 개의 이중관 대향유동 열교환기에서 하나가 다른 것보다 두 배 더 긴 것을 제외하고는 모든 것이 똑같다면, 어떤 열교환기의 유용도가 높을 것 같은가?

8-75C 열교환기에서 NTU는 어떻게 정의되는가? 그것은 무엇을 나타내는가? NTU가 큰(이를테면 10) 열교환기를 구입하면 좋겠는가?

8-76C NTU가 4인 열교환기를 생각해보자. 어떤 사람이 열교환기의 유용도를 증가시키고 또 에너지를 절약하기 위해서, 열교환기의 크기를 두 배로 해서 NTU를 두 배인 8로 만드는 것을 제안했다. 당신은 이 제안에 동의하는가?

8-77C NTU가 0.1인 열교환기를 생각해보자. 어떤 사람이 열교환기의 유용도를 증가시키고 또 에너지를 절약하기 위해서, 열교환기의 크기를 세 배로 해서 NTU를 세 배인 0.3으로 만드는 것을 제안했다. 당신은 이 제안에 동의하는가?

8-78 자동차 라디에이터는 엔진 냉각 유체(c_p = 4.0 kJ/kg·K)를 냉각하기 위해 공기(c_p = 1.0 kJ/kg·K)를 사용하는 직교유동 열교환기(UA_s = 10 kW/K)이다. 냉각펌프가 엔진 냉각수를 5 kg/s로 순환시킬 동안에 엔진팬은 이 라디에이터에 22°C, 8 kg/s의 공기를 통과시킨다. 이러한 조건에서 냉각수는 라디에이터에 80°C로 들어간다. 라디에이터의 유용도는 0.4이다. (*a*) 공기의 출구온도와 (*b*) 유체 사이의 열전달률을 구하라.

8-79 흐름 배열이 알려지지 않은 기름-기름 이중관 열교환기를 생각해보자. 온도측정 결과, 찬 기름은 15°C로 들어가서 55°C로 나오며, 뜨거운 기름은 80°C로 들어가서 40°C로 나온다. 당신은 이것이 평행유동 열교환기라 생각하는가 아니면 대향유동 열교환기라 생각하는가? 왜 그런가? 두 유체의 질량유량이 같다고 가정하고, 이 열교환기의 유용도를 구하라.

8-80E 이중관 대향유동 물-기름 열교환기에서 온수는 190°F로 들어가서 100°F로 나온다. 기름은 70°F로 들어가서 130°F로 나온다. 어느 유체가 열용량이 작은지 정하고, 이 열교환기의 유용도를 계산하라.

8-81 얇은 이중관 평행유동 열교환기에서 20°C, 질량유량 0.5 kg/s의 글리세린(c_p = 2400 J/kg·K)이 60°C, 질량유량 0.5 kg/s의 에틸렌 글리콜에 의해 가열된다. 만일 총 열전달계수가 380 W/m²·K이고 열전달면적이 6.5 m²일 때, (*a*) 열전달률과 (*b*) 두 유체의 출구온도를 결정하라.

8-82 이중관 대향유동 열교환기 안에서 물(c_p = 4180 J/kg·K)이 태양열로 가열된 뜨거운 공기(c_p = 1010 J/kg·K)에 의해 가열된다. 공기는 열교환기에 90°C, 0.3 kg/s로 들어가고, 물은 22°C, 0.1 kg/s로 들어간다. 관의 내경 측을 기준으로 내경은 1.2 cm이고 길이는 12 m이다. 물과 공기의 출구온도를 구하라.

8-83 문제 8-82를 다시 고려하라. 적당한 소프트웨어를 사용하여 물의 질량유량과 공기와 물의 출구온도에서 관의 길이 효과를 조사하고, 질량유량이 0.05 kg/s에서 1.0 kg/s 사이에서 변화하고 관의 길이가 5 m에서 25 m 사이에서 변화할 때 질량유량과 관의 길이에 대하여 공기와 물의 출구온도에 대한 상관관계를 도시하고, 그 결과에 대하여 논하라.

8-84 샤워기로 가는 냉수(c_p = 4180 J/kg·K)가 얇은 이중관 대향유동 열교환기에 15°C, 0.25 kg/s로 들어가서, 100°C, 3 kg/s로 들어오는 온수(c_p = 4190 J/kg·K)에 의해 45°C로 가열된다. 만일 총 열전달계수가 950 W/m²·K이라면, 이 열교환기의 열전달률과 열전달면적을 ε-NTU법을 이용하여 구하라. *답*: 31.35 kW, 0.482 m²

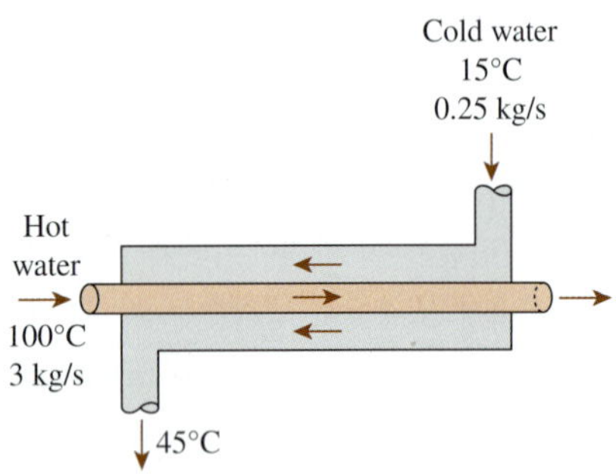

그림 P8-84

8-85 문제 8-84를 적당한 소프트웨어를 사용하여, 뜨거운 물의 입구온도와 열전달률과 표면적에서 열전달계수의 효과를 조사하라. 입구온도가 60°C에서 120°C 사이에서 변화하고 총 열전달계수가 750 W/m²·K에서 1250 W/m²·K 사이에서 변화할 때 입구온도와 열전달계수를 요소로 하는 열전달률 및 열전달면적과의 상관관계를 도시하고 그 결과에 대하여 논하라.

8-86E 얇은 이중관 대향유동 열교환기에서 기름(c_p = 0.525 Btu/lbm·°F)이 70°F, 3 lbm/s로 들어오는 물에 의해 300°F에서 105°F로 냉각된다. 관의 직경은 5 in이고 길이는 200 ft이다. 이 열교환기의 총 열전달계수를 (*a*) LMTD법, (*b*) ε-NTU법을 이용하여 구하라.

8-87E 총 열전달계수가 300 Btu/h·ft²·°F인 1각-2관 열교환기가 있다. 외각통 측 유체의 열용량률은 20,000 Btu/h·°F이고 관 측 유체의 열용량률은 40,000 Btu/h·°F이다. 외각통과 관에서 입구온도는 각각 200°F, 90°F이다. 만일 전체 열전달면적이 100 ft²일 때, 이 열교환기의 (*a*) 열전달 유용도와 (*b*) 실제 열전달률을 구하라.

8-88 1각-2관 열교환기에서 입구온도가 20°C인 저온 물이 80°C에서 공급되는 고온 물에 의해 가열된다. 저온 물과 고온 물의 질량유량은 각각 5000 kg/h, 10,000 kg/h이다. 이 열교환기의 UA_s 값이 11,600 W/K일 때 저온 물과 고온 물의 출구온도를 구하라(c_{pc} = 4178 J/kg·K, c_{ph} = 4188 J/kg·K이다).

8-89 2각-12관 통로 각–관 열교환기에서 뜨거운 기름(c_p = 2200 J/kg·K)이 물(c_p = 4180 J/kg·K)에 의해 냉각된다. 관은 얇고 구리로 만들어졌으며 내경이 1.8 cm이다. 열교환기의 관 통로당 길이는 3 m이고, 총 열전달계수는 340 W/m²·K이다. 물은 관 측에 0.1 kg/s로 흐르고, 기름은 외각통 측에 0.2 kg/s로 흐른다. 물과 기름의 입구온도는 각각 18°C, 160°C이다. 이 열교환기의 열전달률과 물 및 기름의 출구온도를 구하라. *답*: 36.2 kW, 104.6°C, 77.7°C

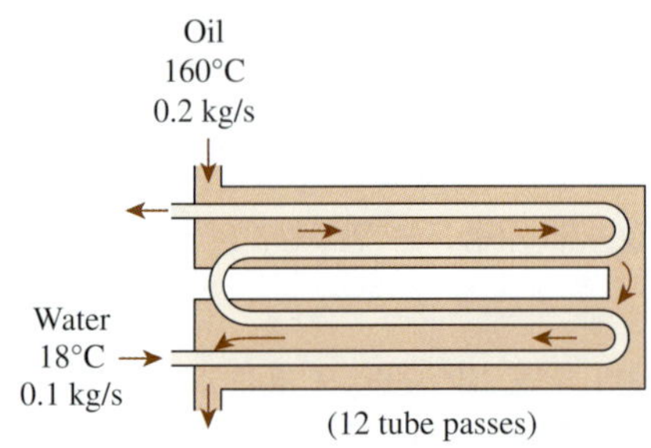

그림 P8-89

8-90E 총 열전달계수가 40 Btu/h·ft²·°F인 1각-2관 열교환기에서 기름이 180°F에서 120°F로 냉각된다. 질량유량 20,000 lbm/h의 물(c_{pc} = 1.0 Btu/lbm·°F)은 80°F로 들어오고 100°F로 나간다. 이 열교환기의 (*a*) NTU 값과 (*b*) 표면적을 구하라.

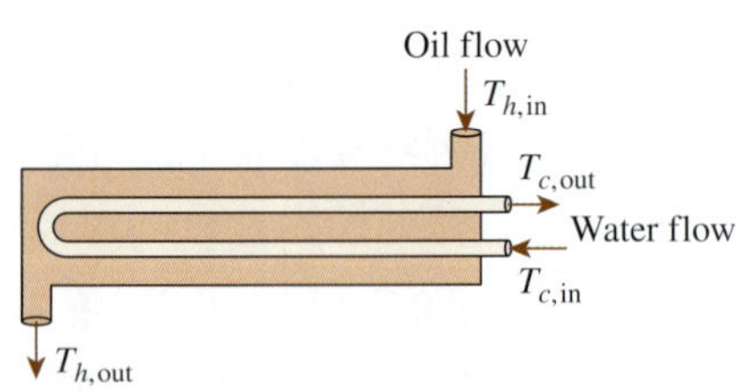

그림 P8-90E

8-91 2각-8관으로 구성된 각–관 열교환기에서 에틸 알코올(c_p = 2670 J/kg·K)이 관 안에서 25°C에서 70°C까지 2.1 kg/s로 가열된다. 가열은 95°C로 들어가서 60°C로 나오는 물(c_p = 4190 J/kg·K)에 의해 행해진다. 만일 총 열전달계수가 800 W/m²·K이라면, 이 열교환기의 열전달면적을 (*a*) LMTD법과, (*b*) ε-NTU법을 이용하여 구하라. *답*: (*a*) 11.4 m²

8-92 14°C, 질량유량 3 kg/s의 차가운 물(c_p = 4180 J/kg·K)이 2각-23관 통로 각−관 열교환기의 관으로 들어가고, 뜨거운 기름(c_p = 2200 J/kg·K)은 200°C, 동일 질량유량으로 외각통으로 들어간다. 관 외경 표면에서 총 열전달계수는 300 W/m²·K이며, 열전달면적은 20 m²이다. 열전달률을 (*a*) LMTD법과 (*b*) ε-NTU법을 이용하여 구하라.

8-93E 1각-8관 통로 열교환기에서 질량유량 50,000 lbm/h로 흐르는 물의 온도는 70°F에서 150°F로 증가한다. 뜨거운 공기(c_p = 0.25 Btu/lbm·°F)는 열교환기의 관으로 600°F로 들어가고 300°F로 나온다. 만일 관의 외경 표면에서 대류열전달계수가 30 Btu/h·ft²·°F일 때, LMTD법과 ε-NTU법을 이용하여 열교환기의 표면적을 구하라. 물과 공기에서 각각 0.0015, 0,001 h·ft²·°F의 오염계수를 가지는 것이 가능하지 설명하라.

8-94 직교유동 열교환기에서 20°C, 질량유량 3 kg/s의 공기(c_p = 4190 J/kg·K)가 들어가고, 70°C, 질량유량 1 kg/s로 들어가는 뜨거운 물(c_p = 4180 J/kg·K)의 기류에 의해 가열된다. 최대 열전달률과 두 유체의 출구 온도를 구하라.

8-95 두 유체가 섞이지 않는 직교유동 열교환기의 총 열전달계수가 200 W/m²·K이고, 열전달면적은 400 m²이다. 고온유체의 열용량은 40,000 W/K이고, 저온유체의 열용량은 80,000 W/K이다. 고온 측과 저온 측 유체의 입구온도가 각각 80°C, 20°C일 때 저온 측 유체의 출구온도를 결정하라.

8-96 유용도가 0.65인 직교유동 공기−물 열교환기가 뜨거운 공기(c_p = 1010 J/kg·K)로 물(c_p = 4180 J/kg·K)을 가열하는 데 쓰인다. 물이 20°C로 열교환기에서 4 kg/s로 들어가고, 공기는 100°C로 9 kg/s 질량유량으로 흘러 들어간다. 만일 물 측 면적을 기준으로 한 총 열전달계수가 260 W/m²·K이라면, 물 측의 열교환기의 열전달면적을 구하라. 두 유체는 비혼합이라 가정한다. *답*: 52.4 m²

8-97 직교 열교환기에서 질량유량 0.35 kg/s의 저온 물(c_p = 4.18 kJ/kg·K)이 14°C로 들어가면서 가열된다. 가열 유체(c_p = 1.0 kJ/kg·K)는 질량유량 0.8 kg/s인 65°C로 들어가서 25°C로 나온다. 저온 물의 최대 출구온도를 구하고, 이 열교환기의 유용도를 구하라.

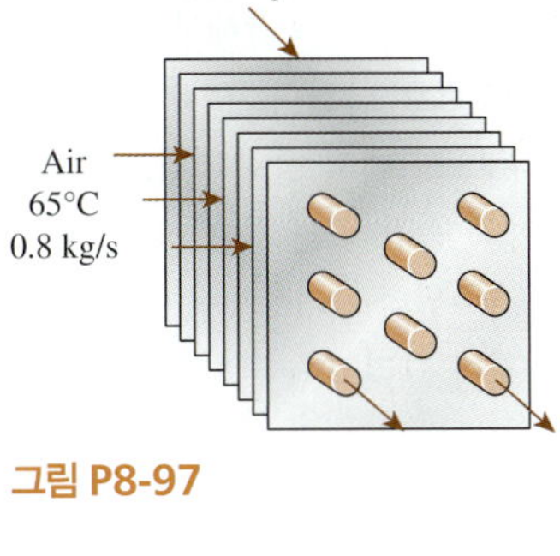

그림 P8-97

8-98 엔진오일이 직교유동 열교환기에 의해 냉각된다. 열교환기에서 두 유체는 섞이지 않으며, 유량 0.026 kg/s인 오일(c_{ph} = 2047 J/kg·K) 75°C에서 열교환기로 들어가고, 반면 공기(c_{pc} = 1007 J/kg·K)는 유량 0.21 kg/s로 30°C에서 들어간다. 총 열전달계수가 53 W/m²·K이고 총 표면적이 1m²이라면 (*a*) 열전달 유용도와 (*b*) 오일 출구온도를 결정한다.

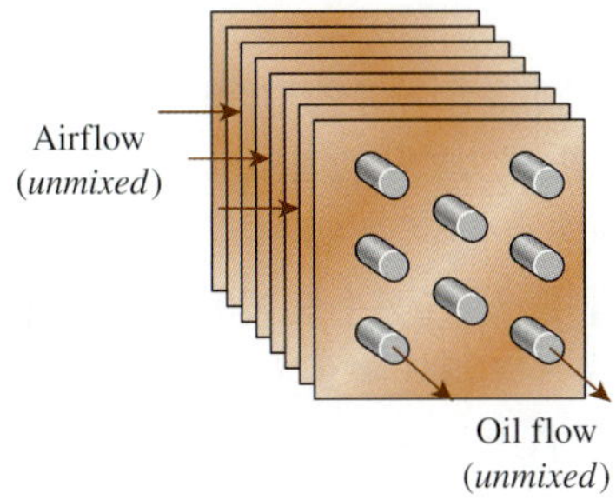

그림 P8-98

8-99 7.5 kg/s와 500°C의 배기가스를 운반하는 가스터빈 시스템에 사용되는 회생 교차유동 열교환기를 생각해보자. 초기 공기는 30°C, 15 kg/s의 질량유량으로 회생기 내부에서 가열된다. 배기가스와 공기 쪽 대류열전달계수는 각각 750 W/m²·K과 300 W/m²·K이다. 장기적인 가스터빈의 사용으로 인해 회생 열교환기는 가스와 공기 쪽 모두 오염되어 각 0.0004 m²·K/W의 저항을 제공한다. 배기가스의 물성치는 공기(c_p = 1069 J/kg·K)와 같다고 하라. 만일 배기가스의 출구온도가 320°C일 때, (*a*) 공기가 150°C로 가열될 수 있는지와 (*b*) 열교환기의 면적을 구하여라. (*c*) 만약 (*a*)번의 답이 안 된다면, 원하는 150°C의 출구온도를 달성하기 위해 필요한 공기의 질량유량을 구하고, (*d*) 다른 모든 조건이 동일하게 유지된다는 가정하에 공기의 질량유량과 함께 75°C부터 300°C까지의 공기의 출구온도 변화를 그려라.

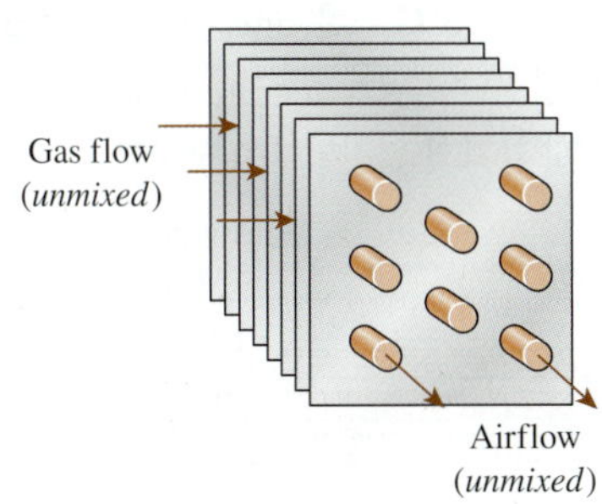

그림 P8-99

8-100 물(c_p = 4193 J/kg·K)(혼합)과 메탄올(c_p = 2577 J/kg·K)(비혼합)을 가진 단일통로 교차유동 열교환기의 동작을 고려해보자. 열교환기에 각각 90°C로 들어가고 60°C로 나가는 물이 초기

에 10°C인 메탄올을 가열하기 위해 사용된다. 총 열전달계수와 총 열전달률이 각각 650 W/m²·K와 250 kW로 추정된다. 최소 0.5의 유용도를 달성하기 위한, (*a*) 물의 질량유량과 열전달면적은 얼마인가? (*b*) 만약 물의 질량유량이 (*a*)에서 구한 값의 ±30% 내로 변하고 표면적(A_s)은 동일하다면 열전달률의 변화, 메탄올의 출구온도, 총 열전달계수, 그리고 열교환기의 유용도를 물의 유용도를 물의 유량 변화에 따라 그려라.

8-101 이중관 대향유동 열교환기에서 물(c_p = 4180 J/kg·K)이 내경 2.5 cm인 관에 20°C, 2.2 kg/s로 들어간다. 물은 각측에서 120°C(h_{fg} = 2203 kJ/kg)에서 응축하는 수증기에 의해 가열된다. 만일 열교환기의 총 열전달계수가 700 W/m²·K이라고 하면 물을 80°C까지 가열하기 위해서 필요한 관의 길이를 (*a*) LMTD법을 이용하여, (*b*) ε-NTU법을 이용하여 구하라.

8-102 이중관 대향유동 열교환기에서 115°C로 들어오는 뜨거운 기름(c_p = 2200 J/kg·K)에 의해 에탄올이 78°C (h_{fg} = 846 kJ/kg)에서 0.04 kg/s의 비율로 증발된다. 만일 열전달면적과 총 열전달계수가 각각 6.2 m²과 320 W/m²·K이라면, 기름의 출구온도와 질량유량을 (*a*) LMTD법, (*b*) ε-NTU법을 이용하여 구하라.

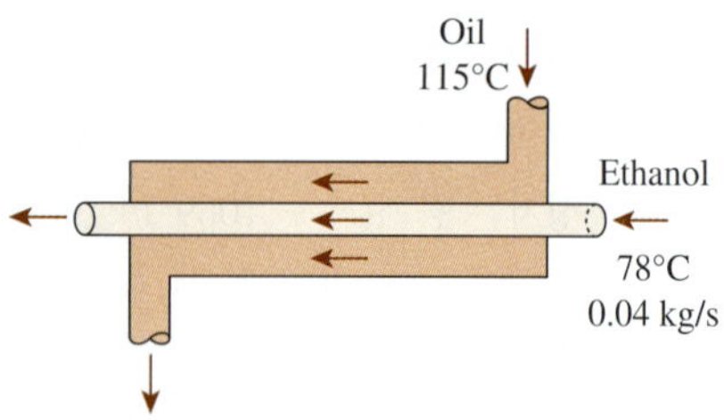

그림 P8-102

8-103 100°C 포화증기가 표면적 0.5 m², 총 열전달계수가 2000 W/m²·K인 1각-2관 열교환기에서 응축된다. 이 열교환기에 0.5 kg/s 질량유량을 갖는 15°C 저온 물(c_p = 4179 J/kg·K)이 관 측으로 들어간다. (*a*) 열전달 유용도를 구하라. (*b*) 저온 물의 출구온도를 구하라. (*c*) 열교환기의 열전달률을 구하라.

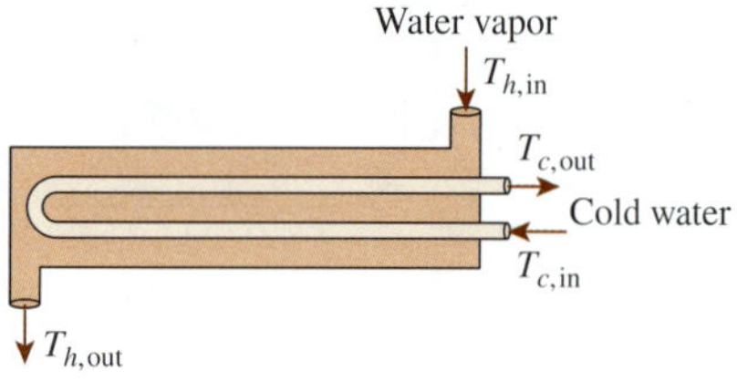

그림 P8-103

8-104 관통로당 50개의 관이 있는 1각-8관 통로 열교환기에서 수증기가 외각통 측에서 30°C (h_{fg} = 2431 kJ/kg)에서 응축된다. 냉각수(c_p = 4180 J/kg·K)는 관에 18°C, 2200 kg/h로 들어간다. 관들은 얇고 직경이 1.5 cm이며, 길이는 통로당 2 m이다. 만일 총 열전달계수가 3000 W/m²·K이라면, (*a*) 열전달률과, (*b*) 수증기의 응축률을 구하라.

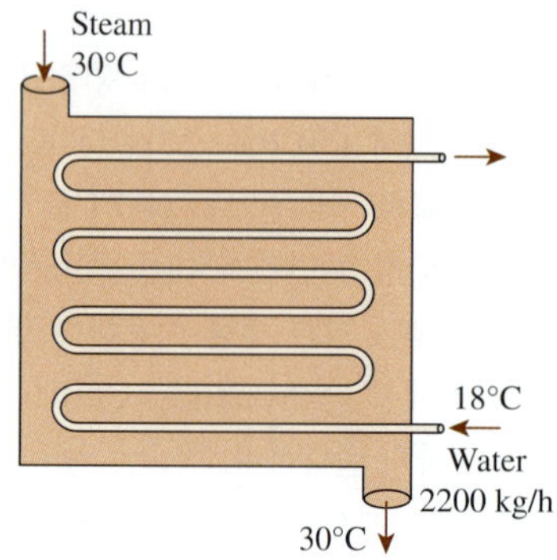

그림 P8-104

8-105  문제 8-104를 적당한 소프트웨어를 사용하여 응축증기 온도와 열전달률과 증기의 응축률에서 관의 직경효과에 대하여 조사하고, 증기온도가 20°C에서 70°C 사이에서 변화하고 관의 직경이 1.0 cm에서 2.0 cm 사이에서 변화할 때 증기온도와 관의 직경을 함수로 하는 열전달률 및 응축률과의 상관관계를 도시하고, 그 결과에 대하여 논하라.

8-106E 초기온도 100°F의 응축면의 배출수(c_p = 1 Btu/lbm·°F 그리고 ρ = 62.4 lbm/ft³)를 운반하는 폐회로 열교환기를 생각해보자. 물은 큰 호수에 잠긴 1 in의 내경과 500 ft 길이를 가진 스테인리스강 관을 통해 흐른다. 열교환기 주위에 있는 호수의 물의 온도는 45°F이다. 열교환기의 총 열전달계수는 250 Btu/h·ft²·°F로 추정된다. 만일 물이 관에서 평균 9 ft/s로 흐를 때, 호수에 잠긴 열교환기 출구에서의 물의 온도는 얼마인가? ε-NTU법을 이용하여 해석하라.

8-107 물이 직경 1.25 cm, 0.25 kg/s의 질량유량으로 네 개의 관을 통해 흐를 때 각-관형 열교환기의 각을 통해 흐르는 270 kPa의 압력의 포화증기의 흐름을 생각해보자. 물은 열교환기의 관에 20°C로 들어가고 60°C로 나간다. 열교환기의 차가운 유체 때문에, 증기는 관의 외부표면에서 응축된다. 증기쪽 대류열전달계수는 1500 W/m²·K이고 증기 쪽과 물 쪽의 오염 저항은 0.00015와 0.001 m²·K/W로 간주된다. NTU법을 사용하여 (*a*) 열교환기의 유용도와 (*b*) 관의 길이 그리고 (*c*) 증기의 응축률을 구하라.

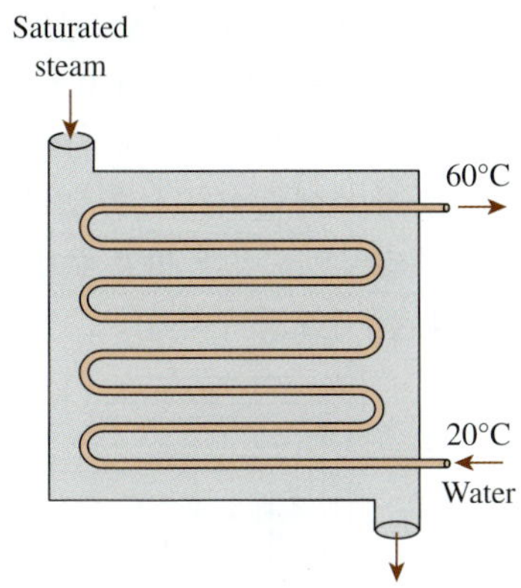

그림 P8-107

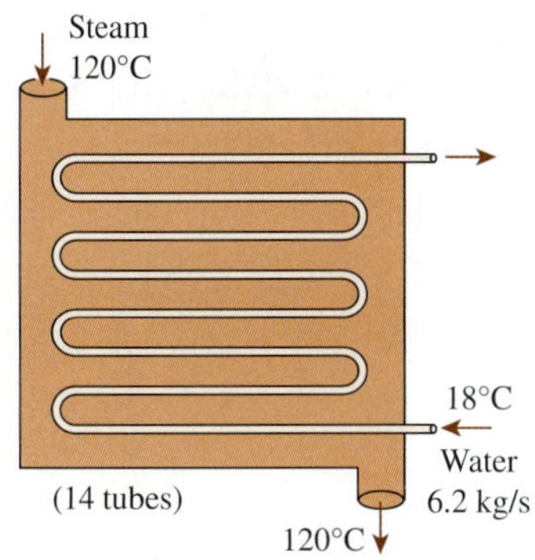

그림 P8-111

복습문제

8-108 흐름의 배열이 알려지지 않은 물–물 이중관 열교환기를 생각해보자. 온도 측정으로 냉수는 20°C로 들어가서 50°C로 나오고, 온수는 80°C로 들어가서 45°C로 나오는 사실을 알았다. 당신은 이 열교환기가 평행유동으로 생각하는가 아니면 대향유동으로 생각하는가? 설명하라.

8-109 $\Delta T_2 \rightarrow \Delta T_1$의 극한을 취하여, 열교환기에서 $\Delta T_1 = \Delta T_2$일 때 ΔT_{lm}의 관계식은 $\Delta T_{lm} = \Delta T_1 + \Delta T_2$가 됨을 설명하라.

8-110E 이중관 대향유동 열교환기에서 물(c_p = 1.0 Btu/lbm·°F)이 태양열로 가열된 뜨거운 공기(c_p = 0.24 Btu/lbm·°F)에 의해 가열된다. 공기는 열교환기에 190°F, 0.7 lbm/s로 들어가고 135°F로 나온다. 물은 70°F, 0.35 lbm/s로 들어간다. 관 내경의 총 열전달계수가 20 Btu/h·ft²·°F이다. 내경이 0.5 in인 관에 소요되는 길이를 구하라.

8-111 1각 통로(1-shell passes)와 14관 통로(14-tube passes)로 된 각–관 열교환기가 관들에 의해 지열 기류로 물을 가열하는 데 사용된다. 이때 지열기류는 외각통 측에서 120°C(h_{fg} = 2203 kJ/kg) 상태로 응축된다. 각 통로들은 얇은 벽면으로 되어 있고 직경은 2.4 cm, 길이는 3.2 m이다. 물(c_p = 4180 J/kg·K)이 18°C에서 6.2 kg/s로 관으로 들어가고, 출구에서 두 유체의 온도차가 46°C라면 (*a*) 열전달률, (*b*) 증기의 응축률, (*c*) 총 열전달계수를 각각 구하라.

8-112 60°C의 뜨거운 물이 1각-2관 열교환기의 관 측을 통해 36°C로 냉각된다. 냉각 유체도 역시 물이며, 입구 및 출구온도가 각각 7°C 및 31°C이다. 총 열전달계수와 열전달면적은 각각 950 W/m²·K 및 15 m²이다. 정상 운전 상태에서 고온수와 저온수의 질량유량을 구하라.

8-113 2각-20관 통로 각–관 열교환기에서 냉수(c_p = 4180 J/kg·K)가 관에 15°C, 4 kg/s로 들어가며, 뜨거운 오일(c_p = 2200 J/kg·K)은 각에 130°C 같은 질량유량으로 들어가서 60°C로 나온다. 만일 관의 외부 면적을 기준으로 한 총 열전달계수가 220 W/m²·K이라면 (*a*) 열전달률과, (*b*) 관의 외면에서의 열전달면적을 구하라.

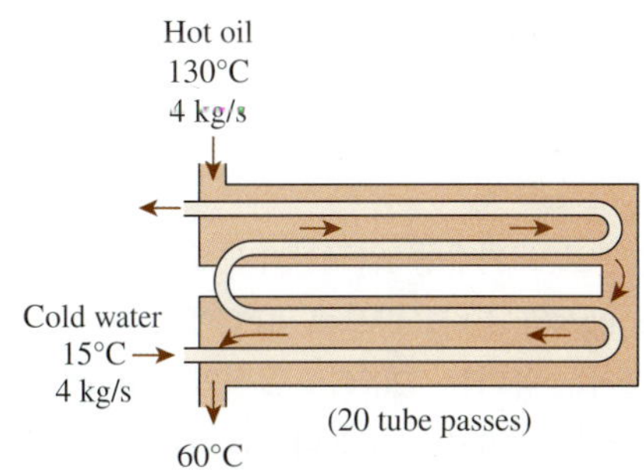

그림 P8-113

8-114 각–관 열교환기를 통해 관측에서 공정 유체를 47 kg/s의 질량유량으로 160°C에서 100°C로 냉각한다. 이 열교환기에는 관 두께를 무시할 수 있는 내경 2.5 cm인 100개의 동일한 관이 있다. 공정유체의 평균 물성치들은 ρ = 950 kg/m³, k = 0.50 W/m·K, c_p = 3.5 kJ/kg·K, 그리고 μ = 0.002 kg/m·s이다. 저온 유체는 물(c_p = 4.18 kJ/kg·K)로서 66 kg/s의 질량유량과 10°C의 입구온도로 들어오며, 각측의 열전달계수는 4.0 W/m²·K이다. 열교환기가 (*a*) 1각-1관, (*b*) 1각-4관 구조일 때 열교환기의 관 길이를 구하라.

8-115 2각-4관 열교환기가 정상 조건에서 탄화수소(c_p = 2.0 kJ/kg·K)를 20°C에서 50°C로 가열하는 데 쓰인다. 물이 각측에 80°C로 들어가 40°C로 나온다. 열교환기에는 직경 2.0 cm, 길이 1.5 m인 두께가 얇은 관 160개가 있다. 관측과 각측의 열전달계수는 각각 1.6 W/m²·K 및 2.5 W/m²·K이다. (*a*) 열전달과 물 및 탄화수소 흐름의 질량유량을 구하라. (*b*) 사용에 다라 관 벽의 침전으로 인해 탄화수소의 출구온도가 5°C 떨어졌다. 오염계수의 크기를 예측하라.

8-116 2각-4관 열교환기는 125°C에서 55°C로 오일(c_p = 2.0 kJ/kg·K)을 냉각하는 데 사용된다. 냉각수 물이고, 이는 각 측에 25°C로 들어가 46°C로 나온다. 총 열전달계수가 900 W/m²·K이다. 오일의 질량유량이 10 kg/s에서, 냉각수의 질량유량과 열전달면적을 계산하라.

8-117 표면적이 0.5 m²이고 총 열전달계수가 2000 W/m²·K인 1각-2관 열교환기의 각 측에서 100°C의 포화 수증기가 응축된다. 관 측에는 냉수(c_p = 4179 J/kg·K)가 0.5 kg/s의 질량유량과 15°C로 들어올 때 냉각수의 출구온도와 열교환기의 열전달률을 구하라.

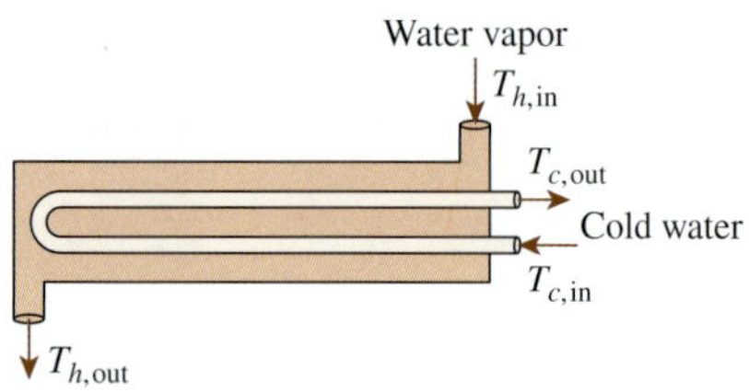

그림 P8-117

8-118 단일통로 교차유동 열교환기가 뜨거운 공기(혼합)로 물(비혼합)을 3 kg/s의 질량유량으로 30°C에서 80°C까지 가열하는 데 쓰인다. 뜨거운 공기는 220°C로 들어와서 100°C로 나간다. 만일 총 열전달계수가 200 W/m²·K이라면, 필요한 열전달면적을 구하라.

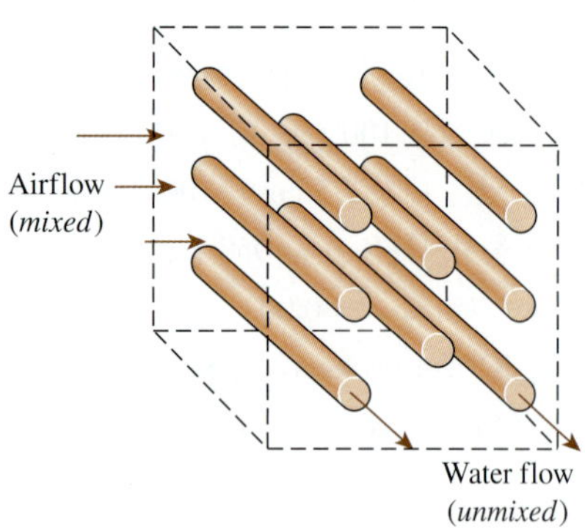

그림 P8-118

8-119 엔진오일이 비혼합 교차유동 열교환기에서 공기에 의해 냉각된다. 오일(c_{ph} = 2047 J/kg·K)은 0.026 kg/s의 질량유량과 75°C로 관측에 들어가고 공기(c_{pc} = 1007 J/kg·K)는 0.21 kg/s의 질량유량과 30°C로 각 측에 들어간다. 총 열전달계수는 53 W/m²·K이고 총 열전달면적은 1 m²이다. 만일 수정계수가 F = 0.96이라면 오일과 공기의 출구온도를 구하라.

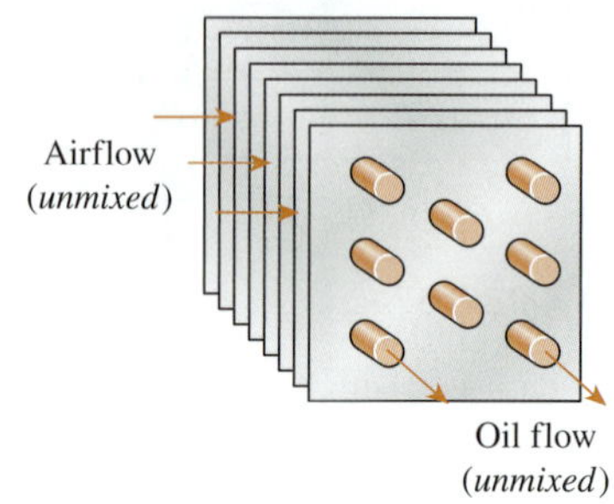

그림 P8-119

8-120 아래와 같은 사양을 가진 물–물 대향유동 열교환기를 생각해보자. 온수는 90°C로 들어가며 냉수는 20°C로 들어간다. 온수의 출구온도가 냉수의 경우보다 15°C만큼 높고, 온수의 질량유량이 냉수보다 50% 많다. 열전달면적과 총 열전달계수의 곱은 2200 W/K이다. 냉수와 온수의 비열이 둘 다 c_p = 4180 J/kg·K일 때 (*a*) 냉수의 출구온도, (*b*) 열교환기의 유용도, (*c*) 냉수의 질량유량, (*d*) 열전달률을 구하라.

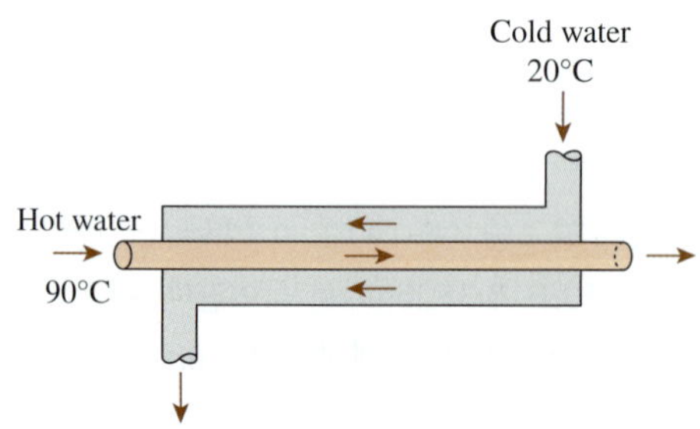

그림 P8-120

8-121 이중관 열교환기를 이용하여 75°C의 지열수(c_p = 4250 J/kg·K)로 17°C의 물(c_p = 4180 J/kg·K)을 1.2 kg/s의 질량유량으로 가열한다. 열전달면적은 25 m², 총 열전달계수는 480 W/m²·K이며, 지열수의 질량유량은 물의 질량유량보다 크다. 만일 열교환기의 유용도가 0.823일 때, 지열수의 질량유량과 각 유체의 입구온도를 구하라.

8-122 두 유체가 모두 비혼합인 교차유동 열교환기에서 총 열전달계수가 200 W/m²·K이고 열전달면적이 400m²이다. 고온유체의 열용량은 40,000 W/K이고 저온유체의 열용량은 80,000 W/K이다. 만일 고온유체와 저온유체의 입구온도가 각각 80°C 및 20°C

라면 (*a*) 고온 유체의 출구온도, (*b*) 이 열교환기의 열전달률을 구하라.

8-123 화학 공장에서 한 화학물질이 천연가스 로(furnace)에 의해 공급되는 온수에 의해 가열된다. 온수(c_p = 4180 J/kg·K)는 60°C, 8 kg/min의 질량유량으로 충전된다. 그 공장은 하루에 8시간, 일주일에 5일, 1년에 52주 운전된다. 로의 효율은 78%이고, 천연가스의 가격은 섬(therm)당 $1.00이다(1 therm = 105,000 kJ). 연중 로에 들어가는 냉수의 평균온도는 14°C이다. 에너지를 절약하기 위해서 온수를 뽑아내어 들어오는 냉수를 예열하는 물-물 열교환기를 설치하자고 제안되었다. 열교환기는 온수로부터 72%의 열을 회수한다고 가정할 때 구입할 열교환기의 열전달률을 결정하고, 적당한 열교환기 형식을 제시하라. 또한 이 열교환기가 천연가스를 절약함으로써 회사가 매년 절약할 수 있는 금액을 구하라.

8-124 단일통로 교차유동 열교환기에서 물은 16°C로 들어가서 33°C로 나가고, 오일(c_p = 1.93 kJ/kg·K와 ρ = 870 kg/m^3)은 0.19 m^3/min의 율로 38°C로 들어가서 29°C로 나간다. 열교환기의 표면적이 20 m^{2}이라면, (*a*) NTU 값과 (*b*) 총 열전달계수 값을 구하라.

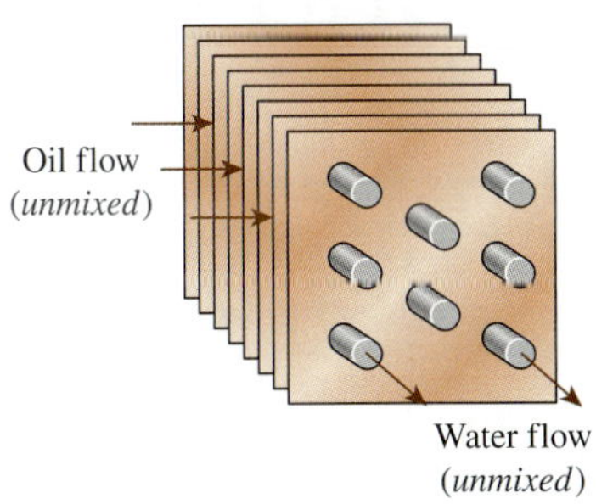

그림 P8-124

8-125 공기는 혼합되고 기름은 혼합되지 않는 교차유동 열교환기에서 18°C의 공기(c_p = 1006 J/kg·K)가 80°C의 기름(c_p = 2150 J/kg·K)로 58°C까지 가열된다. 열전달면적과 총 열전달계수의 곱은 750 W/K이고 공기의 질량유량은 기름의 두 배이다. (*a*) 열교환기의 유용도, (*b*) 공기의 질량유량, (*c*) 열전달률을 구하라.

8-126 이중관 평행유동 열교환기에서 관측의 질량유량, 비열 및 입구온도는 각각 3200 kg/h, 2.0 kJ/kg·K 및 120°C이며, 환형 측의 질량유량, 비열 및 입구온도는 각각 2000 kg/h, 4.2 kJ/kg · K 및 20°C이다. 열전달면적과 총 열전달계수가 각각 0.50 m^2 및 2.0 W/m^2·K이다. 정상운전 조건에서 (*a*) LMTD법으로, (*b*) 유용도법으로 두 유체의 출구온도를 구하라.

설계 및 에세이 문제

8-127 물이 샤워기 헤드를 통하여 정상상태로 8 kg/min으로 흐른다. 물은 전기가열에 의해 15°C에서 45°C로 가열된다. 에너지 절약을 위한 시도로 샤워기로 들어오는 차가운 물을 열교환기에 의해 버려지는 38°C 물로 예열하는 방법이 제안되었다. 이러한 제안에 적합한 열교환기를 설계하고 당신의 분야에서 에너지와 경비를 절약할 잠재성에 대해 논의하라.

8-128 다음의 조건에서 야채와 과일을 30°C에서 5°C로 20,000 kg/h를 냉각할 수 있는 수소 냉각장치를 설계하라. 설계조건:

야채, 과일이 물이 담겨있는 채널로 이동하면서 냉각될 수 있는 유동형태의 장치이다. 야채, 과일은 물의 채워진 한쪽 끝에서 채널에 낙하하고 채널의 다른 쪽 끝에서 픽업할 수 있는 구조이다. 채널의 폭은 3 m, 높이는 90 cm이다. 물이 순환되는 구조이고 냉동시스템의 증발기 부분에 의해 냉각된다. 냉각기 코일내의 냉매온도는 −2°C이고, 물의 온도는 1°C이하로 내려가지 않으며 6°C 이상을 초과하지 않는다.

야채, 과일의 평균밀도, 평균비열, 평균 공극률(박스에서 공기 체적 분율)에 대한 타당성 있는 값들을 추정함으로써 아래와 같은 사항에 대하여 수소 냉각장치의 열적 관점들에 관련된 양들에 대한 타당성 있는 값들을 제시하라.

(*a*) 과일, 채소 채널에서 얼마만큼 머물러야 하는가?
(*b*) 채널의 길이는 얼마인가?
(*c*) 채널을 통과하는 물의 속도는?
(*d*) 콘베이어의 속도와 동시에 채널을 통과하는 과일, 채소는?
(*e*) 냉동시스템의 냉동능력은?
(*f*) 증발기와 물 측의 표면적을 고려한 열교환기 형태는?

8-129 어떤 회사가 냉동능력이 200톤인 냉동시스템을 구입하였다(1냉동톤 = 211 kJ/min). 다음 조건에서 직경이 7 cm를 초과하지 않은 과일들을 냉각하는 강제 공냉시스템을 설계하고자 한다.

과일들은 28°C로부터 평균 8°C로 냉각하고자 한다. 공기의 온도는 −2°C 이상 10°C 이하로 항상 유지되도록 한다. 그리고 과일에 도달하는 공기속도는 2 m/s로 유지한다. 냉각공간은 폭 3.5 m, 높이 2 m로 한다.

과일의 평균밀도, 평균비열, 평균 공극률(박스에서의 공기체적분량)에 대한 합리적인 값들을 가정함으로써 강제 공냉장치에서 열적 관점에서 관련된 다음 양들에 대한 타당성 있는 값들을 제시하라. (*a*) 과일들이 냉각공간에 얼마나 머물러야 하는가? (*b*) 냉각공간의 길이는? (*c*) 냉각공간에 도달하는 공기속도는? (*d*) 시스템의 냉각능력(kg·fruit/h)은? (*e*) 공기부피 유량은? (*f*) 공기측의 표면적과 증발기에 대하여 어떤 열교환기가 적합한가?

APPENDIX 1

PROPERTY TABLES AND CHARTS (SI UNITS)

TABLE A–1

Molar mass, gas constant, and critical-point properties

Substance	Formula	Molar mass, M kg/kmol	Gas constant, R kJ/kg·K*	Critical-point properties: Temperature, K	Pressure, MPa	Volume, m^3/kmol
Air	—	28.97	0.2870	132.5	3.77	0.0883
Ammonia	NH_3	17.03	0.4882	405.5	11.28	0.0724
Argon	Ar	39.948	0.2081	151	4.86	0.0749
Benzene	C_6H_6	78.115	0.1064	562	4.92	0.2603
Bromine	Br_2	159.808	0.0520	584	10.34	0.1355
n-Butane	C_4H_{10}	58.124	0.1430	425.2	3.80	0.2547
Carbon dioxide	CO_2	44.01	0.1889	304.2	7.39	0.0943
Carbon monoxide	CO	28.011	0.2968	133	3.50	0.0930
Carbon tetrachloride	CCl_4	153.82	0.05405	556.4	4.56	0.2759
Chlorine	Cl_2	70.906	0.1173	417	7.71	0.1242
Chloroform	$CHCl_3$	119.38	0.06964	536.6	5.47	0.2403
Dichlorodifluoromethane (R–12)	CCl_2F_2	120.91	0.06876	384.7	4.01	0.2179
Dichlorofluoromethane (R–21)	$CHCl_2F$	102.92	0.08078	451.7	5.17	0.1973
Ethane	C_2H_6	30.070	0.2765	305.5	4.48	0.1480
Ethyl alcohol	C_2H_5OH	46.07	0.1805	516	6.38	0.1673
Ethylene	C_2H_4	28.054	0.2964	282.4	5.12	0.1242
Helium	He	4.003	2.0769	5.3	0.23	0.0578
n-Hexane	C_6H_{14}	86.179	0.09647	507.9	3.03	0.3677
Hydrogen (normal)	H_2	2.016	4.1240	33.3	1.30	0.0649
Krypton	Kr	83.80	0.09921	209.4	5.50	0.0924
Methane	CH_4	16.043	0.5182	191.1	4.64	0.0993
Methyl alcohol	CH_3OH	32.042	0.2595	513.2	7.95	0.1180
Methyl chloride	CH_3Cl	50.488	0.1647	416.3	6.68	0.1430
Neon	Ne	20.183	0.4119	44.5	2.73	0.0417
Nitrogen	N_2	28.013	0.2968	126.2	3.39	0.0899
Nitrous oxide	N_2O	44.013	0.1889	309.7	7.27	0.0961
Oxygen	O_2	31.999	0.2598	154.8	5.08	0.0780
Propane	C_3H_8	44.097	0.1885	370	4.26	0.1998
Propylene	C_3H_6	42.081	0.1976	365	4.62	0.1810
Sulfur dioxide	SO_2	64.063	0.1298	430.7	7.88	0.1217
Tetrafluoroethane (R–134a)	CF_3CH_2F	102.03	0.08149	374.2	4.059	0.1993
Trichlorofluoromethane (R–11)	CCl_3F	137.37	0.06052	471.2	4.38	0.2478
Water	H_2O	18.015	0.4615	647.1	22.06	0.0560
Xenon	Xe	131.30	0.06332	289.8	5.88	0.1186

*The unit kJ/kg·K is equivalent to kPa·m^3/kg·K. The gas constant is calculated from $R = R_u/M$, where R_u = 8.31447 kJ/kmol·K and M is the molar mass.

Source of Data: K. A. Kobe and R. E. Lynn, Jr., *Chemical Review* 52 (1953), pp. 117–236; and ASHRAE, *Handbook of Fundamentals* (Atlanta, GA: American Society of Heating, Refrigerating and Air-Conditioning Engineers, Inc., 1993), pp. 16.4 and 36.1.

TABLE A–2

Ideal-gas specific heats of various common gases

(*a*) At 300 K

Gas	Formula	Gas constant, R kJ/kg·K	c_p kJ/kg·K	c_v kJ/kg·K	k
Air	—	0.2870	1.005	0.718	1.400
Argon	Ar	0.2081	0.5203	0.3122	1.667
Butane	C_4H_{10}	0.1433	1.7164	1.5734	1.091
Carbon dioxide	CO_2	0.1889	0.846	0.657	1.289
Carbon monoxide	CO	0.2968	1.040	0.744	1.400
Ethane	C_2H_6	0.2765	1.7662	1.4897	1.186
Ethylene	C_2H_4	0.2964	1.5482	1.2518	1.237
Helium	He	2.0769	5.1926	3.1156	1.667
Hydrogen	H_2	4.1240	14.307	10.183	1.405
Methane	CH_4	0.5182	2.2537	1.7354	1.299
Neon	Ne	0.4119	1.0299	0.6179	1.667
Nitrogen	N_2	0.2968	1.039	0.743	1.400
Octane	C_8H_{18}	0.0729	1.7113	1.6385	1.044
Oxygen	O_2	0.2598	0.918	0.658	1.395
Propane	C_3H_8	0.1885	1.6794	1.4909	1.126
Steam	H_2O	0.4615	1.8723	1.4108	1.327

Note: The unit kJ/kg·K is equivalent to kJ/kg·°C.

Source of Data: B. G. Kyle, *Chemical and Process Thermodynamics,* 3rd ed. (Upper Saddle River, NJ: Prentice Hall, 2000).

TABLE A–2

Ideal-gas specific heats of various common gases (*Continued*)

(*b*) At various temperatures

Temperature, K	c_p kJ/kg·K	c_v kJ/kg·K	k	c_p kJ/kg·K	c_v kJ/kg·K	k	c_p kJ/kg·K	c_v kJ/kg·K	k
	Air			*Carbon dioxide,* CO_2			*Carbon monoxide, CO*		
250	1.003	0.716	1.401	0.791	0.602	1.314	1.039	0.743	1.400
300	1.005	0.718	1.400	0.846	0.657	1.288	1.040	0.744	1.399
350	1.008	0.721	1.398	0.895	0.706	1.268	1.043	0.746	1.398
400	1.013	0.726	1.395	0.939	0.750	1.252	1.047	0.751	1.395
450	1.020	0.733	1.391	0.978	0.790	1.239	1.054	0.757	1.392
500	1.029	0.742	1.387	1.014	0.825	1.229	1.063	0.767	1.387
550	1.040	0.753	1.381	1.046	0.857	1.220	1.075	0.778	1.382
600	1.051	0.764	1.376	1.075	0.886	1.213	1.087	0.790	1.376
650	1.063	0.776	1.370	1.102	0.913	1.207	1.100	0.803	1.370
700	1.075	0.788	1.364	1.126	0.937	1.202	1.113	0.816	1.364
750	1.087	0.800	1.359	1.148	0.959	1.197	1.126	0.829	1.358
800	1.099	0.812	1.354	1.169	0.980	1.193	1.139	0.842	1.353
900	1.121	0.834	1.344	1.204	1.015	1.186	1.163	0.866	1.343
1000	1.142	0.855	1.336	1.234	1.045	1.181	1.185	0.888	1.335
	Hydrogen, H_2			*Nitrogen,* N_2			*Oxygen,* O_2		
250	14.051	9.927	1.416	1.039	0.742	1.400	0.913	0.653	1.398
300	14.307	10.183	1.405	1.039	0.743	1.400	0.918	0.658	1.395
350	14.427	10.302	1.400	1.041	0.744	1.399	0.928	0.668	1.389
400	14.476	10.352	1.398	1.044	0.747	1.397	0.941	0.681	1.382
450	14.501	10.377	1.398	1.049	0.752	1.395	0.956	0.696	1.373
500	14.513	10.389	1.397	1.056	0.759	1.391	0.972	0.712	1.365
550	14.530	10.405	1.396	1.065	0.768	1.387	0.988	0.728	1.358
600	14.546	10.422	1.396	1.075	0.778	1.382	1.003	0.743	1.350
650	14.571	10.447	1.395	1.086	0.789	1.376	1.017	0.758	1.343
700	14.604	10.480	1.394	1.098	0.801	1.371	1.031	0.771	1.337
750	14.645	10.521	1.392	1.110	0.813	1.365	1.043	0.783	1.332
800	14.695	10.570	1.390	1.121	0.825	1.360	1.054	0.794	1.327
900	14.822	10.698	1.385	1.145	0.849	1.349	1.074	0.814	1.319
1000	14.983	10.859	1.380	1.167	0.870	1.341	1.090	0.830	1.313

Source of Data: Kenneth Wark, *Thermodynamics,* 4th ed. (New York: McGraw-Hill, 1983), p. 783, Table A–4M. Originally published in *Tables of Thermal Properties of Gases,* NBS Circular 564, 1955.

TABLE A–2

Ideal-gas specific heats of various common gases (*Concluded*)

(*c*) As a function of temperature

$$\bar{c}_p = a + bT + cT^2 + dT^3$$
$$(T \text{ in K, } c_p \text{ in kJ/kmol·K})$$

Substance	Formula	*a*	*b*	*c*	*d*	Temperature range, K	% error Max.	% error Avg.
Nitrogen	N_2	28.90	-0.1571×10^{-2}	0.8081×10^{-5}	-2.873×10^{-9}	273–1800	0.59	0.34
Oxygen	O_2	25.48	1.520×10^{-2}	-0.7155×10^{-5}	1.312×10^{-9}	273–1800	1.19	0.28
Air	—	28.11	0.1967×10^{-2}	0.4802×10^{-5}	-1.966×10^{-9}	273–1800	0.72	0.33
Hydrogen	H_2	29.11	-0.1916×10^{-2}	0.4003×10^{-5}	-0.8704×10^{-9}	273–1800	1.01	0.26
Carbon monoxide	CO	28.16	0.1675×10^{-2}	0.5372×10^{-5}	-2.222×10^{-9}	273–1800	0.89	0.37
Carbon dioxide	CO_2	22.26	5.981×10^{-2}	-3.501×10^{-5}	7.469×10^{-9}	273–1800	0.67	0.22
Water vapor	H_2O	32.24	0.1923×10^{-2}	1.055×10^{-5}	-3.595×10^{-9}	273–1800	0.53	0.24
Nitric oxide	NO	29.34	-0.09395×10^{-2}	0.9747×10^{-5}	-4.187×10^{-9}	273–1500	0.97	0.36
Nitrous oxide	N_2O	24.11	5.8632×10^{-2}	-3.562×10^{-5}	10.58×10^{-9}	273–1500	0.59	0.26
Nitrogen dioxide	NO_2	22.9	5.715×10^{-2}	-3.52×10^{-5}	7.87×10^{-9}	273–1500	0.46	0.18
Ammonia	NH_3	27.568	2.5630×10^{-2}	0.99072×10^{-5}	-6.6909×10^{-9}	273–1500	0.91	0.36
Sulfur	S	27.21	2.218×10^{-2}	-1.628×10^{-5}	3.986×10^{-9}	273–1800	0.99	0.38
Sulfur dioxide	SO_2	25.78	5.795×10^{-2}	-3.812×10^{-5}	8.612×10^{-9}	273–1800	0.45	0.24
Sulfur trioxide	SO_3	16.40	14.58×10^{-2}	-11.20×10^{-5}	32.42×10^{-9}	273–1300	0.29	0.13
Acetylene	C_2H_2	21.8	9.2143×10^{-2}	-6.527×10^{-5}	18.21×10^{-9}	273–1500	1.46	0.59
Benzene	C_6H_6	−36.22	48.475×10^{-2}	-31.57×10^{-5}	77.62×10^{-9}	273–1500	0.34	0.20
Methanol	CH_4O	19.0	9.152×10^{-2}	-1.22×10^{-5}	-8.039×10^{-9}	273–1000	0.18	0.08
Ethanol	C_2H_6O	19.9	20.96×10^{-2}	-10.38×10^{-5}	20.05×10^{-9}	273–1500	0.40	0.22
Hydrogen chloride	HCl	30.33	-0.7620×10^{-2}	1.327×10^{-5}	-4.338×10^{-9}	273–1500	0.22	0.08
Methane	CH_4	19.89	5.024×10^{-2}	1.269×10^{-5}	-11.01×10^{-9}	273–1500	1.33	0.57
Ethane	C_2H_6	6.900	17.27×10^{-2}	-6.406×10^{-5}	7.285×10^{-9}	273–1500	0.83	0.28
Propane	C_3H_8	−4.04	30.48×10^{-2}	-15.72×10^{-5}	31.74×10^{-9}	273–1500	0.40	0.12
n-Butane	C_4H_{10}	3.96	37.15×10^{-2}	-18.34×10^{-5}	35.00×10^{-9}	273–1500	0.54	0.24
i-Butane	C_4H_{10}	−7.913	41.60×10^{-2}	-23.01×10^{-5}	49.91×10^{-9}	273–1500	0.25	0.13
n-Pentane	C_5H_{12}	6.774	45.43×10^{-2}	-22.46×10^{-5}	42.29×10^{-9}	273–1500	0.56	0.21
n-Hexane	C_6H_{14}	6.938	55.22×10^{-2}	-28.65×10^{-5}	57.69×10^{-9}	273–1500	0.72	0.20
Ethylene	C_2H_4	3.95	15.64×10^{-2}	-8.344×10^{-5}	17.67×10^{-9}	273–1500	0.54	0.13
Propylene	C_3H_6	3.15	23.83×10^{-2}	-12.18×10^{-5}	24.62×10^{-9}	273–1500	0.73	0.17

Source of Data: B. G. Kyle, *Chemical and Process Thermodynamics* (Englewood Cliffs, NJ: Prentice–Hall, 1984).

TABLE A–3

Properties of common liquids, solids, and foods

(*a*) Liquids

	Boiling data at 1 atm		*Freezing data*		*Liquid properties*		
Substance	Normal boiling point, °C	Latent heat of vaporization h_{fg}, kJ/kg	Freezing point, °C	Latent heat of fusion h_{if}, kJ/kg	Temperature, °C	Density ρ, kg/m^3	Specific heat c_p, kJ/kg·K
Ammonia	−33.3	1357	−77.7	322.4	−33.3	682	4.43
					−20	665	4.52
					0	639	4.60
					25	602	4.80
Argon	−185.9	161.6	−189.3	28	−185.6	1394	1.14
Benzene	80.2	394	5.5	126	20	879	1.72
Brine (20% sodium chloride by mass)	103.9	—	−17.4	—	20	1150	3.11
n-Butane	−0.5	385.2	−138.5	80.3	−0.5	601	2.31
Carbon dioxide	−78.4*	230.5 (at 0°C)	−56.6		0	298	0.59
Ethanol	78.2	838.3	−114.2	109	25	783	2.46
Ethyl alcohol	78.6	855	−156	108	20	789	2.84
Ethylene glycol	198.1	800.1	−10.8	181.1	20	1109	2.84
Glycerine	179.9	974	18.9	200.6	20	1261	2.32
Helium	−268.9	22.8	—	—	−268.9	146.2	22.8
Hydrogen	−252.8	445.7	−259.2	59.5	−252.8	70.7	10.0
Isobutane	−11.7	367.1	−160	105.7	−11.7	593.8	2.28
Kerosene	204–293	251	−24.9	—	20	820	2.00
Mercury	356.7	294.7	−38.9	11.4	25	13,560	0.139
Methane	−161.5	510.4	−182.2	58.4	−161.5	423	3.49
					−100	301	5.79
Methanol	64.5	1100	−97.7	99.2	25	787	2.55
Nitrogen	−195.8	198.6	−210	25.3	−195.8	809	2.06
					−160	596	2.97
Octane	124.8	306.3	−57.5	180.7	20	703	2.10
Oil (light)					25	910	1.80
Oxygen	−183	212.7	−218.8	13.7	−183	1141	1.71
Petroleum	—	230–384			20	640	2.0
Propane	−42.1	427.8	−187.7	80.0	−42.1	581	2.25
					0	529	2.53
					50	449	3.13
Refrigerant-134a	−26.1	217.0	−96.6	—	−50	1443	1.23
					−26.1	1374	1.27
					0	1295	1.34
					25	1207	1.43
Water	100	2257	0.0	333.7	0	1000	4.22
					25	997	4.18
					50	988	4.18
					75	975	4.19
					100	958	4.22

*Sublimation temperature. (At pressures below the triple-point pressure of 518 kPa, carbon dioxide exists as a solid or gas. Also, the freezing-point temperature of carbon dioxide is the triple-point temperature of −56.5°C.)

TABLE A–3

Properties of common liquids, solids, and foods (*Concluded*)

(*b*) Solids (values are for room temperature unless indicated otherwise)

Substance	Density, ρ kg/m^3	Specific heat, c_p kJ/kg·K
Metals		
Aluminum		
200 K		0.797
250 K		0.859
300 K	2,700	0.902
350 K		0.929
400 K		0.949
450 K		0.973
500 K		0.997
Bronze (76% Cu, 2% Zn, 2% Al)	8,280	0.400
Brass, yellow (65% Cu, 35% Zn)	8,310	0.400
Copper		
−173°C		0.254
−100°C		0.342
−50°C		0.367
0°C		0.381
27°C	8,900	0.386
100°C		0.393
200°C		0.403
Iron	7,840	0.45
Lead	11,310	0.128
Magnesium	1,730	1.000
Nickel	8,890	0.440
Silver	10,470	0.235
Steel, mild	7,830	0.500
Tungsten	19,400	0.130

Substance	Density, ρ kg/m^3	Specific heat, c_p kJ/kg·K
Nonmetals		
Asphalt	2110	0.920
Brick, common	1922	0.79
Brick, fireclay (500°C)	2300	0.960
Concrete	2300	0.653
Clay	1000	0.920
Diamond	2420	0.616
Glass, window	2700	0.800
Glass, pyrex	2230	0.840
Graphite	2500	0.711
Granite	2700	1.017
Gypsum or plaster board	800	1.09
Ice		
200 K		1.56
220 K		1.71
240 K		1.86
260 K		2.01
273 K	921	2.11
Limestone	1650	0.909
Marble	2600	0.880
Plywood (Douglas Fir)	545	1.21
Rubber (soft)	1100	1.840
Rubber (hard)	1150	2.009
Sand	1520	0.800
Stone	1500	0.800
Woods, hard (maple, oak, etc.)	721	1.26
Woods, soft (fir, pine, etc.)	513	1.38

(*c*) Foods

Food	Water content, % (mass)	Freezing point, °C	*Specific heat, kJ/kg·K* Above freezing	Below freezing	Latent heat of fusion, kJ/kg
Apples	84	−1.1	3.65	1.90	281
Bananas	75	−0.8	3.35	1.78	251
Beef round	67	—	3.08	1.68	224
Broccoli	90	−0.6	3.86	1.97	301
Butter	16	—	—	1.04	53
Cheese, swiss	39	−10.0	2.15	1.33	130
Cherries	80	−1.8	3.52	1.85	267
Chicken	74	−2.8	3.32	1.77	247
Corn, sweet	74	−0.6	3.32	1.77	247
Eggs, whole	74	−0.6	3.32	1.77	247
Ice cream	63	−5.6	2.95	1.63	210

Food	Water content, % (mass)	Freezing point, °C	*Specific heat, kJ/kg·K* Above freezing	Below freezing	Latent heat of fusion, kJ/kg
Lettuce	95	−0.2	4.02	2.04	317
Milk, whole	88	−0.6	3.79	1.95	294
Oranges	87	−0.8	3.75	1.94	291
Potatoes	78	−0.6	3.45	1.82	261
Salmon fish	64	−2.2	2.98	1.65	214
Shrimp	83	−2.2	3.62	1.89	277
Spinach	93	−0.3	3.96	2.01	311
Strawberries	90	−0.8	3.86	1.97	301
Tomatoes, ripe	94	−0.5	3.99	2.02	314
Turkey	64	—	2.98	1.65	214
Watermelon	93	−0.4	3.96	2.01	311

Source of Data: Values are obtained from various handbooks and other sources or are calculated. Water content and freezing-point data of foods are from *ASHRAE, Handbook of Fundamentals,* SI version (Atlanta, GA: American Society of Heating, Refrigerating and Air-Conditioning Engineers, Inc., 1993), Chapter 30, Table1. Freezing point is the temperature at which freezing starts for fruits and vegetables, and the average freezing temperature for other foods.

TABLE A-4

Saturated water—Temperature table

		Specific volume, m^3/kg		*Internal energy,* kJ/kg			*Enthalpy,* kJ/kg			*Entropy,* kJ/kg·K		
Temp., T °C	Sat. press., P_{sat} kPa	Sat. liquid, v_f	Sat. vapor, v_g	Sat. liquid, u_f	Evap., u_{fg}	Sat. vapor, u_g	Sat. liquid, h_f	Evap., h_{fg}	Sat. vapor, h_g	Sat. liquid, s_f	Evap., s_{fg}	Sat. vapor, s_g
0.01	0.6117	0.001000	206.00	0.000	2374.9	2374.9	0.001	2500.9	2500.9	0.0000	9.1556	9.1556
5	0.8725	0.001000	147.03	21.019	2360.8	2381.8	21.020	2489.1	2510.1	0.0763	8.9487	9.0249
10	1.2281	0.001000	106.32	42.020	2346.6	2388.7	42.022	2477.2	2519.2	0.1511	8.7488	8.8999
15	1.7057	0.001001	77.885	62.980	2332.5	2395.5	62.982	2465.4	2528.3	0.2245	8.5559	8.7803
20	2.3392	0.001002	57.762	83.913	2318.4	2402.3	83.915	2453.5	2537.4	0.2965	8.3696	8.6661
25	3.1698	0.001003	43.340	104.83	2304.3	2409.1	104.83	2441.7	2546.5	0.3672	8.1895	8.5567
30	4.2469	0.001004	32.879	125.73	2290.2	2415.9	125.74	2429.8	2555.6	0.4368	8.0152	8.4520
35	5.6291	0.001006	25.205	146.63	2276.0	2422.7	146.64	2417.9	2564.6	0.5051	7.8466	8.3517
40	7.3851	0.001008	19.515	167.53	2261.9	2429.4	167.53	2406.0	2573.5	0.5724	7.6832	8.2556
45	9.5953	0.001010	15.251	188.43	2247.7	2436.1	188.44	2394.0	2582.4	0.6386	7.5247	8.1633
50	12.352	0.001012	12.026	209.33	2233.4	2442.7	209.34	2382.0	2591.3	0.7038	7.3710	8.0748
55	15.763	0.001015	9.5639	230.24	2219.1	2449.3	230.26	2369.8	2600.1	0.7680	7.2218	7.9898
60	19.947	0.001017	7.6670	251.16	2204.7	2455.9	251.18	2357.7	2608.8	0.8313	7.0769	7.9082
65	25.043	0.001020	6.1935	272.09	2190.3	2462.4	272.12	2345.4	2617.5	0.8937	6.9360	7.8296
70	31.202	0.001023	5.0396	293.04	2175.8	2468.9	293.07	2333.0	2626.1	0.9551	6.7989	7.7540
75	38.597	0.001026	4.1291	313.99	2161.3	2475.3	314.03	2320.6	2634.6	1.0158	6.6655	7.6812
80	47.416	0.001029	3.4053	334.97	2146.6	2481.6	335.02	2308.0	2643.0	1.0756	6.5355	7.6111
85	57.868	0.001032	2.8261	355.96	2131.9	2487.8	356.02	2295.3	2651.4	1.1346	6.4089	7.5435
90	70.183	0.001036	2.3593	376.97	2117.0	2494.0	377.04	2282.5	2659.6	1.1929	6.2853	7.4782
95	84.609	0.001040	1.9808	398.00	2102.0	2500.1	398.09	2269.6	2667.6	1.2504	6.1647	7.4151
100	101.42	0.001043	1.6720	419.06	2087.0	2506.0	419.17	2256.4	2675.6	1.3072	6.0470	7.3542
105	120.90	0.001047	1.4186	440.15	2071.8	2511.9	440.28	2243.1	2683.4	1.3634	5.9319	7.2952
110	143.38	0.001052	1.2094	461.27	2056.4	2517.7	461.42	2229.7	2691.1	1.4188	5.8193	7.2382
115	169.18	0.001056	1.0360	482.42	2040.9	2523.3	482.59	2216.0	2698.6	1.4737	5.7092	7.1829
120	198.67	0.001060	0.89133	503.60	2025.3	2528.9	503.81	2202.1	2706.0	1.5279	5.6013	7.1292
125	232.23	0.001065	0.77012	524.83	2009.5	2534.3	525.07	2188.1	2713.1	1.5816	5.4956	7.0771
130	270.28	0.001070	0.66808	546.10	1993.4	2539.5	546.38	2173.7	2720.1	1.6346	5.3919	7.0265
135	313.22	0.001075	0.58179	567.41	1977.3	2544.7	567.75	2159.1	2726.9	1.6872	5.2901	6.9773
140	361.53	0.001080	0.50850	588.77	1960.9	2549.6	589.16	2144.3	2733.5	1.7392	5.1901	6.9294
145	415.68	0.001085	0.44600	610.19	1944.2	2554.4	610.64	2129.2	2739.8	1.7908	5.0919	6.8827
150	476.16	0.001091	0.39248	631.66	1927.4	2559.1	632.18	2113.8	2745.9	1.8418	4.9953	6.8371
155	543.49	0.001096	0.34648	653.19	1910.3	2563.5	653.79	2098.0	2751.8	1.8924	4.9002	6.7927
160	618.23	0.001102	0.30680	674.79	1893.0	2567.8	675.47	2082.0	2757.5	1.9426	4.8066	6.7492
165	700.93	0.001108	0.27244	696.46	1875.4	2571.9	697.24	2065.6	2762.8	1.9923	4.7143	6.7067
170	792.18	0.001114	0.24260	718.20	1857.5	2575.7	719.08	2048.8	2767.9	2.0417	4.6233	6.6650
175	892.60	0.001121	0.21659	740.02	1839.4	2579.4	741.02	2031.7	2772.7	2.0906	4.5335	6.6242
180	1002.8	0.001127	0.19384	761.92	1820.9	2582.8	763.05	2014.2	2777.2	2.1392	4.4448	6.5841
185	1123.5	0.001134	0.17390	783.91	1802.1	2586.0	785.19	1996.2	2781.4	2.1875	4.3572	6.5447
190	1255.2	0.001141	0.15636	806.00	1783.0	2589.0	807.43	1977.9	2785.3	2.2355	4.2705	6.5059
195	1398.8	0.001149	0.14089	828.18	1763.6	2591.7	829.78	1959.0	2788.8	2.2831	4.1847	6.4678
200	1554.9	0.001157	0.12721	850.46	1743.7	2594.2	852.26	1939.8	2792.0	2.3305	4.0997	6.4302

TABLE A–4

Saturated water—Temperature table *(Concluded)*

		Specific volume, m³/kg		*Internal energy,* kJ/kg			*Enthalpy,* kJ/kg			*Entropy,* kJ/kg·K		
Temp., T °C	Sat. press., P_{sat} kPa	Sat. liquid, v_f	Sat. vapor, v_g	Sat. liquid, u_f	Evap., u_{fg}	Sat. vapor, u_g	Sat. liquid, h_f	Evap., h_{fg}	Sat. vapor, h_g	Sat. liquid, s_f	Evap., s_{fg}	Sat. vapor, s_g
205	1724.3	0.001164	0.11508	872.86	1723.5	2596.4	874.87	1920.0	2794.8	2.3776	4.0154	6.3930
210	1907.7	0.001173	0.10429	895.38	1702.9	2598.3	897.61	1899.7	2797.3	2.4245	3.9318	6.3563
215	2105.9	0.001181	0.094680	918.02	1681.9	2599.9	920.50	1878.8	2799.3	2.4712	3.8489	6.3200
220	2319.6	0.001190	0.086094	940.79	1660.5	2601.3	943.55	1857.4	2801.0	2.5176	3.7664	6.2840
225	2549.7	0.001199	0.078405	963.70	1638.6	2602.3	966.76	1835.4	2802.2	2.5639	3.6844	6.2483
230	2797.1	0.001209	0.071505	986.76	1616.1	2602.9	990.14	1812.8	2802.9	2.6100	3.6028	6.2128
235	3062.6	0.001219	0.065300	1010.0	1593.2	2603.2	1013.7	1789.5	2803.2	2.6560	3.5216	6.1775
240	3347.0	0.001229	0.059707	1033.4	1569.8	2603.1	1037.5	1765.5	2803.0	2.7018	3.4405	6.1424
245	3651.2	0.001240	0.054656	1056.9	1545.7	2602.7	1061.5	1740.8	2802.2	2.7476	3.3596	6.1072
250	3976.2	0.001252	0.050085	1080.7	1521.1	2601.8	1085.7	1715.3	2801.0	2.7933	3.2788	6.0721
255	4322.9	0.001263	0.045941	1104.7	1495.8	2600.5	1110.1	1689.0	2799.1	2.8390	3.1979	6.0369
260	4692.3	0.001276	0.042175	1128.8	1469.9	2598.7	1134.8	1661.8	2796.6	2.8847	3.1169	6.0017
265	5085.3	0.001289	0.038748	1153.3	1443.2	2596.5	1159.8	1633.7	2793.5	2.9304	3.0358	5.9662
270	5503.0	0.001303	0.035622	1177.9	1415.7	2593.7	1185.1	1604.6	2789.7	2.9762	2.9542	5.9305
275	5946.4	0.001317	0.032767	1202.9	1387.4	2590.3	1210.7	1574.5	2785.2	3.0221	2.8723	5.8944
280	6416.6	0.001333	0.030153	1228.2	1358.2	2586.4	1236.7	1543.2	2779.9	3.0681	2.7898	5.8579
285	6914.6	0.001349	0.027756	1253.7	1328.1	2581.8	1263.1	1510.7	2773.7	3.1144	2.7066	5.8210
290	7441.8	0.001366	0.025554	1279.7	1296.9	2576.5	1289.8	1476.9	2766.7	3.1608	2.6225	5.7834
295	7999.0	0.001384	0.023528	1306.0	1264.5	2570.5	1317.1	1441.6	2758.7	3.2076	2.5374	5.7450
300	8587.9	0.001404	0.021659	1332.7	1230.9	2563.6	1344.8	1404.8	2749.6	3.2548	2.4511	5.7059
305	9209.4	0.001425	0.019932	1360.0	1195.9	2555.8	1373.1	1366.3	2739.4	3.3024	2.3633	5.6657
310	9865.0	0.001447	0.018333	1387.7	1159.3	2547.1	1402.0	1325.9	2727.9	3.3506	2.2737	5.6243
315	10,556	0.001472	0.016849	1416.1	1121.1	2537.2	1431.6	1283.4	2715.0	3.3994	2.1821	5.5816
320	11,284	0.001499	0.015470	1445.1	1080.9	2526.0	1462.0	1238.5	2700.6	3.4491	2.0881	5.5372
325	12,051	0.001528	0.014183	1475.0	1038.5	2513.4	1493.4	1191.0	2684.3	3.4998	1.9911	5.4908
330	12,858	0.001560	0.012979	1505.7	993.5	2499.2	1525.8	1140.3	2666.0	3.5516	1.8906	5.4422
335	13,707	0.001597	0.011848	1537.5	945.5	2483.0	1559.4	1086.0	2645.4	3.6050	1.7857	5.3907
340	14,601	0.001638	0.010783	1570.7	893.8	2464.5	1594.6	1027.4	2622.0	3.6602	1.6756	5.3358
345	15,541	0.001685	0.009772	1605.5	837.7	2443.2	1631.7	963.4	2595.1	3.7179	1.5585	5.2765
350	16,529	0.001741	0.008806	1642.4	775.9	2418.3	1671.2	892.7	2563.9	3.7788	1.4326	5.2114
355	17,570	0.001808	0.007872	1682.2	706.4	2388.6	1714.0	812.9	2526.9	3.8442	1.2942	5.1384
360	18,666	0.001895	0.006950	1726.2	625.7	2351.9	1761.5	720.1	2481.6	3.9165	1.1373	5.0537
365	19,822	0.002015	0.006009	1777.2	526.4	2303.6	1817.2	605.5	2422.7	4.0004	0.9489	4.9493
370	21,044	0.002217	0.004953	1844.5	385.6	2230.1	1891.2	443.1	2334.3	4.1119	0.6890	4.8009
373.95	22,064	0.003106	0.003106	2015.7	0	2015.7	2084.3	0	2084.3	4.4070	0	4.4070

Source of Data: Tables A–4 through A–8 are generated using the Engineering Equation Solver (EES) software developed by S. A. Klein and F. L. Alvarado. The routine used in calculations is the highly accurate Steam_IAPWS, which incorporates the 1995 Formulation for the Thermodynamic Properties of Ordinary Water Substance for General and Scientific Use, issued by The International Association for the Properties of Water and Steam (IAPWS). This formulation replaces the 1984 formulation of Haar, Gallagher, and Kell (*NBS/NRC Steam Tables,* Hemisphere Publishing Co., 1984), which is also available in EES as the routine STEAM. The new formulation is based on the correlations of Saul and Wagner (*J. Phys. Chem. Ref. Data,* 16, 893, 1987) with modifications to adjust to the International Temperature Scale of 1990. The modifications are described by Wagner and Pruss (*J. Phys. Chem. Ref. Data,* 22, 783, 1993). The properties of ice are based on Hyland and Wexler, "Formulations for the Thermodynamic Properties of the Saturated Phases of H_2O from 173.15 K to 473.15 K," *ASHRAE Trans.*, Part 2A, Paper 2793, 1983.

TABLE A–5

Saturated water—Pressure table

		Specific volume, m³/kg		*Internal energy,* kJ/kg			*Enthalpy,* kJ/kg			*Entropy,* kJ/kg·K		
Press., P kPa	Sat. temp., T_{sat} °C	Sat. liquid, v_f	Sat. vapor, v_g	Sat. liquid, u_f	Evap., u_{fg}	Sat. vapor, u_g	Sat. liquid, h_f	Evap., h_{fg}	Sat. vapor, h_g	Sat. liquid, s_f	Evap., s_{fg}	Sat. vapor, s_g
1.0	6.97	0.001000	129.19	29.302	2355.2	2384.5	29.303	2484.4	2513.7	0.1059	8.8690	8.9749
1.5	13.02	0.001001	87.964	54.686	2338.1	2392.8	54.688	2470.1	2524.7	0.1956	8.6314	8.8270
2.0	17.50	0.001001	66.990	73.431	2325.5	2398.9	73.433	2459.5	2532.9	0.2606	8.4621	8.7227
2.5	21.08	0.001002	54.242	88.422	2315.4	2403.8	88.424	2451.0	2539.4	0.3118	8.3302	8.6421
3.0	24.08	0.001003	45.654	100.98	2306.9	2407.9	100.98	2443.9	2544.8	0.3543	8.2222	8.5765
4.0	28.96	0.001004	34.791	121.39	2293.1	2414.5	121.39	2432.3	2553.7	0.4224	8.0510	8.4734
5.0	32.87	0.001005	28.185	137.75	2282.1	2419.8	137.75	2423.0	2560.7	0.4762	7.9176	8.3938
7.5	40.29	0.001008	19.233	168.74	2261.1	2429.8	168.75	2405.3	2574.0	0.5763	7.6738	8.2501
10	45.81	0.001010	14.670	191.79	2245.4	2437.2	191.81	2392.1	2583.9	0.6492	7.4996	8.1488
15	53.97	0.001014	10.020	225.93	2222.1	2448.0	225.94	2372.3	2598.3	0.7549	7.2522	8.0071
20	60.06	0.001017	7.6481	251.40	2204.6	2456.0	251.42	2357.5	2608.9	0.8320	7.0752	7.9073
25	64.96	0.001020	6.2034	271.93	2190.4	2462.4	271.96	2345.5	2617.5	0.8932	6.9370	7.8302
30	69.09	0.001022	5.2287	289.24	2178.5	2467.7	289.27	2335.3	2624.6	0.9441	6.8234	7.7675
40	75.86	0.001026	3.9933	317.58	2158.8	2476.3	317.62	2318.4	2636.1	1.0261	6.6430	7.6691
50	81.32	0.001030	3.2403	340.49	2142.7	2483.2	340.54	2304.7	2645.2	1.0912	6.5019	7.5931
75	91.76	0.001037	2.2172	384.36	2111.8	2496.1	384.44	2278.0	2662.4	1.2132	6.2426	7.4558
100	99.61	0.001043	1.6941	417.40	2088.2	2505.6	417.51	2257.5	2675.0	1.3028	6.0562	7.3589
101.325	99.97	0.001043	1.6734	418.95	2087.0	2506.0	419.06	2256.5	2675.6	1.3069	6.0476	7.3545
125	105.97	0.001048	1.3750	444.23	2068.8	2513.0	444.36	2240.6	2684.9	1.3741	5.9100	7.2841
150	111.35	0.001053	1.1594	466.97	2052.3	2519.2	467.13	2226.0	2693.1	1.4337	5.7894	7.2231
175	116.04	0.001057	1.0037	486.82	2037.7	2524.5	487.01	2213.1	2700.2	1.4850	5.6865	7.1716
200	120.21	0.001061	0.88578	504.50	2024.6	2529.1	504.71	2201.6	2706.3	1.5302	5.5968	7.1270
225	123.97	0.001064	0.79329	520.47	2012.7	2533.2	520.71	2191.0	2711.7	1.5706	5.5171	7.0877
250	127.41	0.001067	0.71873	535.08	2001.8	2536.8	535.35	2181.2	2716.5	1.6072	5.4453	7.0525
275	130.58	0.001070	0.65732	548.57	1991.6	2540.1	548.86	2172.0	2720.9	1.6408	5.3800	7.0207
300	133.52	0.001073	0.60582	561.11	1982.1	2543.2	561.43	2163.5	2724.9	1.6717	5.3200	6.9917
325	136.27	0.001076	0.56199	572.84	1973.1	2545.9	573.19	2155.4	2728.6	1.7005	5.2645	6.9650
350	138.86	0.001079	0.52422	583.89	1964.6	2548.5	584.26	2147.7	2732.0	1.7274	5.2128	6.9402
375	141.30	0.001081	0.49133	594.32	1956.6	2550.9	594.73	2140.4	2735.1	1.7526	5.1645	6.9171
400	143.61	0.001084	0.46242	604.22	1948.9	2553.1	604.66	2133.4	2738.1	1.7765	5.1191	6.8955
450	147.90	0.001088	0.41392	622.65	1934.5	2557.1	623.14	2120.3	2743.4	1.8205	5.0356	6.8561
500	151.83	0.001093	0.37483	639.54	1921.2	2560.7	640.09	2108.0	2748.1	1.8604	4.9603	6.8207
550	155.46	0.001097	0.34261	655.16	1908.8	2563.9	655.77	2096.6	2752.4	1.8970	4.8916	6.7886
600	158.83	0.001101	0.31560	669.72	1897.1	2566.8	670.38	2085.8	2756.2	1.9308	4.8285	6.7593
650	161.98	0.001104	0.29260	683.37	1886.1	2569.4	684.08	2075.5	2759.6	1.9623	4.7699	6.7322
700	164.95	0.001108	0.27278	696.23	1875.6	2571.8	697.00	2065.8	2762.8	1.9918	4.7153	6.7071
750	167.75	0.001111	0.25552	708.40	1865.6	2574.0	709.24	2056.4	2765.7	2.0195	4.6642	6.6837

TABLE A–5

Saturated water—Pressure table *(Concluded)*

		Specific volume, m³/kg		*Internal energy,* kJ/kg			*Enthalpy,* kJ/kg			*Entropy,* kJ/kg·K		
Press., P kPa	Sat. temp., T_{sat} °C	Sat. liquid, v_f	Sat. vapor, v_g	Sat. liquid, u_f	Evap., u_{fg}	Sat. vapor, u_g	Sat. liquid, h_f	Evap., h_{fg}	Sat. vapor, h_g	Sat. liquid, s_f	Evap., s_{fg}	Sat. vapor, s_g
800	170.41	0.001115	0.24035	719.97	1856.1	2576.0	720.87	2047.5	2768.3	2.0457	4.6160	6.6616
850	172.94	0.001118	0.22690	731.00	1846.9	2577.9	731.95	2038.8	2770.8	2.0705	4.5705	6.6409
900	175.35	0.001121	0.21489	741.55	1838.1	2579.6	742.56	2030.5	2773.0	2.0941	4.5273	6.6213
950	177.66	0.001124	0.20411	751.67	1829.6	2581.3	752.74	2022.4	2775.2	2.1166	4.4862	6.6027
1000	179.88	0.001127	0.19436	761.39	1821.4	2582.8	762.51	2014.6	2777.1	2.1381	4.4470	6.5850
1100	184.06	0.001133	0.17745	779.78	1805.7	2585.5	781.03	1999.6	2780.7	2.1785	4.3735	6.5520
1200	187.96	0.001138	0.16326	796.96	1790.9	2587.8	798.33	1985.4	2783.8	2.2159	4.3058	6.5217
1300	191.60	0.001144	0.15119	813.10	1776.8	2589.9	814.59	1971.9	2786.5	2.2508	4.2428	6.4936
1400	195.04	0.001149	0.14078	828.35	1763.4	2591.8	829.96	1958.9	2788.9	2.2835	4.1840	6.4675
1500	198.29	0.001154	0.13171	842.82	1750.6	2593.4	844.55	1946.4	2791.0	2.3143	4.1287	6.4430
1750	205.72	0.001166	0.11344	876.12	1720.6	2596.7	878.16	1917.1	2795.2	2.3844	4.0033	6.3877
2000	212.38	0.001177	0.099587	906.12	1693.0	2599.1	908.47	1889.8	2798.3	2.4467	3.8923	6.3390
2250	218.41	0.001187	0.088717	933.54	1667.3	2600.9	936.21	1864.3	2800.5	2.5029	3.7926	6.2954
2500	223.95	0.001197	0.079952	958.87	1643.2	2602.1	961.87	1840.1	2801.9	2.5542	3.7016	6.2558
3000	233.85	0.001217	0.066667	1004.6	1598.5	2603.2	1008.3	1794.9	2803.2	2.6454	3.5402	6.1856
3500	242.56	0.001235	0.057061	1045.4	1557.6	2603.0	1049.7	1753.0	2802.7	2.7253	3.3991	6.1244
4000	250.35	0.001252	0.049779	1082.4	1519.3	2601.7	1087.4	1713.5	2800.8	2.7966	3.2731	6.0696
5000	263.94	0.001286	0.039448	1148.1	1448.9	2597.0	1154.5	1639.7	2794.2	2.9207	3.0530	5.9737
6000	275.59	0.001319	0.032449	1205.8	1384.1	2589.9	1213.8	1570.9	2784.6	3.0275	2.8627	5.8902
7000	285.83	0.001352	0.027378	1258.0	1323.0	2581.0	1267.5	1505.2	2772.6	3.1220	2.6927	5.8148
8000	295.01	0.001384	0.023525	1306.0	1264.5	2570.5	1317.1	1441.6	2758.7	3.2077	2.5373	5.7450
9000	303.35	0.001418	0.020489	1350.9	1207.6	2558.5	1363.7	1379.3	2742.9	3.2866	2.3925	5.6791
10,000	311.00	0.001452	0.018028	1393.3	1151.8	2545.2	1407.8	1317.6	2725.5	3.3603	2.2556	5.6159
11,000	318.08	0.001488	0.015988	1433.9	1096.6	2530.4	1450.2	1256.1	2706.3	3.4299	2.1245	5.5544
12,000	324.68	0.001526	0.014264	1473.0	1041.3	2514.3	1491.3	1194.1	2685.4	3.4964	1.9975	5.4939
13,000	330.85	0.001566	0.012781	1511.0	985.5	2496.6	1531.4	1131.3	2662.7	3.5606	1.8730	5.4336
14,000	336.67	0.001610	0.011487	1548.4	928.7	2477.1	1571.0	1067.0	2637.9	3.6232	1.7497	5.3728
15,000	342.16	0.001657	0.010341	1585.5	870.3	2455.7	1610.3	1000.5	2610.8	3.6848	1.6261	5.3108
16,000	347.36	0.001710	0.009312	1622.6	809.4	2432.0	1649.9	931.1	2581.0	3.7461	1.5005	5.2466
17,000	352.29	0.001770	0.008374	1660.2	745.1	2405.4	1690.3	857.4	2547.7	3.8082	1.3709	5.1791
18,000	356.99	0.001840	0.007504	1699.1	675.9	2375.0	1732.2	777.8	2510.0	3.8720	1.2343	5.1064
19,000	361.47	0.001926	0.006677	1740.3	598.9	2339.2	1776.8	689.2	2466.0	3.9396	1.0860	5.0256
20,000	365.75	0.002038	0.005862	1785.8	509.0	2294.8	1826.6	585.5	2412.1	4.0146	0.9164	4.9310
21,000	369.83	0.002207	0.004994	1841.6	391.9	2233.5	1888.0	450.4	2338.4	4.1071	0.7005	4.8076
22,000	373.71	0.002703	0.003644	1951.7	140.8	2092.4	2011.1	161.5	2172.6	4.2942	0.2496	4.5439
22,064	373.95	0.003106	0.003106	2015.7	0	2015.7	2084.3	0	2084.3	4.4070	0	4.4070

TABLE A–6

Superheated water

T °C	*v* m³/kg	*u* kJ/kg	*h* kJ/kg	*s* kJ/kg·K	*v* m³/kg	*u* kJ/kg	*h* kJ/kg	*s* kJ/kg·K	*v* m³/kg	*u* kJ/kg	*h* kJ/kg	*s* kJ/kg·K
	P = 0.01 MPa (45.81°C)*				P = 0.05 MPa (81.32°C)				P = 0.10 MPa (99.61°C)			
Sat.†	14.670	2437.2	2583.9	8.1488	3.2403	2483.2	2645.2	7.5931	1.6941	2505.6	2675.0	7.3589
50	14.867	2443.3	2592.0	8.1741								
100	17.196	2515.5	2687.5	8.4489	3.4187	2511.5	2682.4	7.6953	1.6959	2506.2	2675.8	7.3611
150	19.513	2587.9	2783.0	8.6893	3.8897	2585.7	2780.2	7.9413	1.9367	2582.9	2776.6	7.6148
200	21.826	2661.4	2879.6	8.9049	4.3562	2660.0	2877.8	8.1592	2.1724	2658.2	2875.5	7.8356
250	24.136	2736.1	2977.5	9.1015	4.8206	2735.1	2976.2	8.3568	2.4062	2733.9	2974.5	8.0346
300	26.446	2812.3	3076.7	9.2827	5.2841	2811.6	3075.8	8.5387	2.6389	2810.7	3074.5	8.2172
400	31.063	2969.3	3280.0	9.6094	6.2094	2968.9	3279.3	8.8659	3.1027	2968.3	3278.6	8.5452
500	35.680	3132.9	3489.7	9.8998	7.1338	3132.6	3489.3	9.1566	3.5655	3132.2	3488.7	8.8362
600	40.296	3303.3	3706.3	10.1631	8.0577	3303.1	3706.0	9.4201	4.0279	3302.8	3705.6	9.0999
700	44.911	3480.8	3929.9	10.4056	8.9813	3480.6	3929.7	9.6626	4.4900	3480.4	3929.4	9.3424
800	49.527	3665.4	4160.6	10.6312	9.9047	3665.2	4160.4	9.8883	4.9519	3665.0	4160.2	9.5682
900	54.143	3856.9	4398.3	10.8429	10.8280	3856.8	4398.2	10.1000	5.4137	3856.7	4398.0	9.7800
1000	58.758	4055.3	4642.8	11.0429	11.7513	4055.2	4642.7	10.3000	5.8755	4055.0	4642.6	9.9800
1100	63.373	4260.0	4893.8	11.2326	12.6745	4259.9	4893.7	10.4897	6.3372	4259.8	4893.6	10.1698
1200	67.989	4470.9	5150.8	11.4132	13.5977	4470.8	5150.7	10.6704	6.7988	4470.7	5150.6	10.3504
1300	72.604	4687.4	5413.4	11.5857	14.5209	4687.3	5413.3	10.8429	7.2605	4687.2	5413.3	10.5229
	P = 0.20 MPa (120.21°C)				P = 0.30 MPa (133.52°C)				P = 0.40 MPa (143.61°C)			
Sat.	0.88578	2529.1	2706.3	7.1270	0.60582	2543.2	2724.9	6.9917	0.46242	2553.1	2738.1	6.8955
150	0.95986	2577.1	2769.1	7.2810	0.63402	2571.0	2761.2	7.0792	0.47088	2564.4	2752.8	6.9306
200	1.08049	2654.6	2870.7	7.5081	0.71643	2651.0	2865.9	7.3132	0.53434	2647.2	2860.9	7.1723
250	1.19890	2731.4	2971.2	7.7100	0.79645	2728.9	2967.9	7.5180	0.59520	2726.4	2964.5	7.3804
300	1.31623	2808.8	3072.1	7.8941	0.87535	2807.0	3069.6	7.7037	0.65489	2805.1	3067.1	7.5677
400	1.54934	2967.2	3277.0	8.2236	1.03155	2966.0	3275.5	8.0347	0.77265	2964.9	3273.9	7.9003
500	1.78142	3131.4	3487.7	8.5153	1.18672	3130.6	3486.6	8.3271	0.88936	3129.8	3485.5	8.1933
600	2.01302	3302.2	3704.8	8.7793	1.34139	3301.6	3704.0	8.5915	1.00558	3301.0	3703.3	8.4580
700	2.24434	3479.9	3928.8	9.0221	1.49580	3479.5	3928.2	8.8345	1.12152	3479.0	3927.6	8.7012
800	2.47550	3664.7	4159.8	9.2479	1.65004	3664.3	4159.3	9.0605	1.23730	3663.9	4158.9	8.9274
900	2.70656	3856.3	4397.7	9.4598	1.80417	3856.0	4397.3	9.2725	1.35298	3855.7	4396.9	9.1394
1000	2.93755	4054.8	4642.3	9.6599	1.95824	4054.5	4642.0	9.4726	1.46859	4054.3	4641.7	9.3396
1100	3.16848	4259.6	4893.3	9.8497	2.11226	4259.4	4893.1	9.6624	1.58414	4259.2	4892.9	9.5295
1200	3.39938	4470.5	5150.4	10.0304	2.26624	4470.3	5150.2	9.8431	1.69966	4470.2	5150.0	9.7102
1300	3.63026	4687.1	5413.1	10.2029	2.42019	4686.9	5413.0	10.0157	1.81516	4686.7	5412.8	9.8828
	P = 0.50 MPa (151.83°C)				P = 0.60 MPa (158.83°C)				P = 0.80 MPa (170.41°C)			
Sat.	0.37483	2560.7	2748.1	6.8207	0.31560	2566.8	2756.2	6.7593	0.24035	2576.0	2768.3	6.6616
200	0.42503	2643.3	2855.8	7.0610	0.35212	2639.4	2850.6	6.9683	0.26088	2631.1	2839.8	6.8177
250	0.47443	2723.8	2961.0	7.2725	0.39390	2721.2	2957.6	7.1833	0.29321	2715.9	2950.4	7.0402
300	0.52261	2803.3	3064.6	7.4614	0.43442	2801.4	3062.0	7.3740	0.32416	2797.5	3056.9	7.2345
350	0.57015	2883.0	3168.1	7.6346	0.47428	2881.6	3166.1	7.5481	0.35442	2878.6	3162.2	7.4107
400	0.61731	2963.7	3272.4	7.7956	0.51374	2962.5	3270.8	7.7097	0.38429	2960.2	3267.7	7.5735
500	0.71095	3129.0	3484.5	8.0893	0.59200	3128.2	3483.4	8.0041	0.44332	3126.6	3481.3	7.8692
600	0.80409	3300.4	3702.5	8.3544	0.66976	3299.8	3701.7	8.2695	0.50186	3298.7	3700.1	8.1354
700	0.89696	3478.6	3927.0	8.5978	0.74725	3478.1	3926.4	8.5132	0.56011	3477.2	3925.3	8.3794
800	0.98966	3663.6	4158.4	8.8240	0.82457	3663.2	4157.9	8.7395	0.61820	3662.5	4157.0	8.6061
900	1.08227	3855.4	4396.6	9.0362	0.90179	3855.1	4396.2	8.9518	0.67619	3854.5	4395.5	8.8185
1000	1.17480	4054.0	4641.4	9.2364	0.97893	4053.8	4641.1	9.1521	0.73411	4053.3	4640.5	9.0189
1100	1.26728	4259.0	4892.6	9.4263	1.05603	4258.8	4892.4	9.3420	0.79197	4258.3	4891.9	9.2090
1200	1.35972	4470.0	5149.8	9.6071	1.13309	4469.8	5149.6	9.5229	0.84980	4469.4	5149.3	9.3898
1300	1.45214	4686.6	5412.6	9.7797	1.21012	4686.4	5412.5	9.6955	0.90761	4686.1	5412.2	9.5625

*The temperature in parentheses is the saturation temperature at the specified pressure.

† Properties of saturated vapor at the specified pressure.

TABLE A-6

Superheated water *(Continued)*

T °C	*v* m³/kg	*u* kJ/kg	*h* kJ/kg	*s* kJ/kg·K	*v* m³/kg	*u* kJ/kg	*h* kJ/kg	*s* kJ/kg·K	*v* m³/kg	*u* kJ/kg	*h* kJ/kg	*s* kJ/kg·K
	P = 1.00 MPa (179.88°C)				*P* = 1.20 MPa (187.96°C)				*P* = 1.40 MPa (195.04°C)			
Sat.	0.19437	2582.8	2777.1	6.5850	0.16326	2587.8	2783.8	6.5217	0.14078	2591.8	2788.9	6.4675
200	0.20602	2622.3	2828.3	6.6956	0.16934	2612.9	2816.1	6.5909	0.14303	2602.7	2803.0	6.4975
250	0.23275	2710.4	2943.1	6.9265	0.19241	2704.7	2935.6	6.8313	0.16356	2698.9	2927.9	6.7488
300	0.25799	2793.7	3051.6	7.1246	0.21386	2789.7	3046.3	7.0335	0.18233	2785.7	3040.9	6.9553
350	0.28250	2875.7	3158.2	7.3029	0.23455	2872.7	3154.2	7.2139	0.20029	2869.7	3150.1	7.1379
400	0.30661	2957.9	3264.5	7.4670	0.25482	2955.5	3261.3	7.3793	0.21782	2953.1	3258.1	7.3046
500	0.35411	3125.0	3479.1	7.7642	0.29464	3123.4	3477.0	7.6779	0.25216	3121.8	3474.8	7.6047
600	0.40111	3297.5	3698.6	8.0311	0.33395	3296.3	3697.0	7.9456	0.28597	3295.1	3695.5	7.8730
700	0.44783	3476.3	3924.1	8.2755	0.37297	3475.3	3922.9	8.1904	0.31951	3474.4	3921.7	8.1183
800	0.49438	3661.7	4156.1	8.5024	0.41184	3661.0	4155.2	8.4176	0.35288	3660.3	4154.3	8.3458
900	0.54083	3853.9	4394.8	8.7150	0.45059	3853.3	4394.0	8.6303	0.38614	3852.7	4393.3	8.5587
1000	0.58721	4052.7	4640.0	8.9155	0.48928	4052.2	4639.4	8.8310	0.41933	4051.7	4638.8	8.7595
1100	0.63354	4257.9	4891.4	9.1057	0.52792	4257.5	4891.0	9.0212	0.45247	4257.0	4890.5	8.9497
1200	0.67983	4469.0	5148.9	9.2866	0.56652	4468.7	5148.5	9.2022	0.48558	4468.3	5148.1	9.1308
1300	0.72610	4685.8	5411.9	9.4593	0.60509	4685.5	5411.6	9.3750	0.51866	4685.1	5411.3	9.3036
	P = 1.60 MPa (201.37°C)				*P* = 1.80 MPa (207.11°C)				*P* = 2.00 MPa (212.38°C)			
Sat.	0.12374	2594.8	2792.8	6.4200	0.11037	2597.3	2795.9	6.3775	0.09959	2599.1	2798.3	6.3390
225	0.13293	2645.1	2857.8	6.5537	0.11678	2637.0	2847.2	6.4825	0.10381	2628.5	2836.1	6.4160
250	0.14190	2692.9	2919.9	6.6753	0.12502	2686.7	2911.7	6.6088	0.11150	2680.3	2903.3	6.5475
300	0.15866	2781.6	3035.4	6.8864	0.14025	2777.4	3029.9	6.8246	0.12551	2773.2	3024.2	6.7684
350	0.17459	2866.6	3146.0	7.0713	0.15460	2863.6	3141.9	7.0120	0.13860	2860.5	3137.7	6.9583
400	0.19007	2950.8	3254.9	7.2394	0.16849	2948.3	3251.6	7.1814	0.15122	2945.9	3248.4	7.1292
500	0.22029	3120.1	3472.6	7.5410	0.19551	3118.5	3470.4	7.4845	0.17568	3116.9	3468.3	7.4337
600	0.24999	3293.9	3693.9	7.8101	0.22200	3292.7	3692.3	7.7543	0.19962	3291.5	3690.7	7.7043
700	0.27941	3473.5	3920.5	8.0558	0.24822	3472.6	3919.4	8.0005	0.22326	3471.7	3918.2	7.9509
800	0.30865	3659.5	4153.4	8.2834	0.27426	3658.8	4152.4	8.2284	0.24674	3658.0	4151.5	8.1791
900	0.33780	3852.1	4392.6	8.4965	0.30020	3851.5	4391.9	8.4417	0.27012	3850.9	4391.1	8.3925
1000	0.36687	4051.2	4638.2	8.6974	0.32606	4050.7	4637.6	8.6427	0.29342	4050.2	4637.1	8.5936
1100	0.39589	4256.6	4890.0	8.8878	0.35188	4256.2	4889.6	8.8331	0.31667	4255.7	4889.1	8.7842
1200	0.42488	4467.9	5147.7	9.0689	0.37766	4467.6	5147.3	9.0143	0.33989	4467.2	5147.0	8.9654
1300	0.45383	4684.8	5410.9	9.2418	0.40341	4684.5	5410.6	9.1872	0.36308	4684.2	5410.3	9.1384
	P = 2.50 MPa (223.95°C)				*P* = 3.00 MPa (233.85°C)				*P* = 3.50 MPa (242.56°C)			
Sat.	0.07995	2602.1	2801.9	6.2558	0.06667	2603.2	2803.2	6.1856	0.05706	2603.0	2802.7	6.1244
225	0.08026	2604.8	2805.5	6.2629								
250	0.08705	2663.3	2880.9	6.4107	0.07063	2644.7	2856.5	6.2893	0.05876	2624.0	2829.7	6.1764
300	0.09894	2762.2	3009.6	6.6459	0.08118	2750.8	2994.3	6.5412	0.06845	2738.8	2978.4	6.4484
350	0.10979	2852.5	3127.0	6.8424	0.09056	2844.4	3116.1	6.7450	0.07680	2836.0	3104.9	6.6601
400	0.12012	2939.8	3240.1	7.0170	0.09938	2933.6	3231.7	6.9235	0.08456	2927.2	3223.2	6.8428
450	0.13015	3026.2	3351.6	7.1768	0.10789	3021.2	3344.9	7.0856	0.09198	3016.1	3338.1	7.0074
500	0.13999	3112.8	3462.8	7.3254	0.11620	3108.6	3457.2	7.2359	0.09919	3104.5	3451.7	7.1593
600	0.15931	3288.5	3686.8	7.5979	0.13245	3285.5	3682.8	7.5103	0.11325	3282.5	3678.9	7.4357
700	0.17835	3469.3	3915.2	7.8455	0.14841	3467.0	3912.2	7.7590	0.12702	3464.7	3909.3	7.6855
800	0.19722	3656.2	4149.2	8.0744	0.16420	3654.3	4146.9	7.9885	0.14061	3652.5	4144.6	7.9156
900	0.21597	3849.4	4389.3	8.2882	0.17988	3847.9	4387.5	8.2028	0.15410	3846.4	4385.7	8.1304
1000	0.23466	4049.0	4635.6	8.4897	0.19549	4047.7	4634.2	8.4045	0.16751	4046.4	4632.7	8.3324
1100	0.25330	4254.7	4887.9	8.6804	0.21105	4253.6	4886.7	8.5955	0.18087	4252.5	4885.6	8.5236
1200	0.27190	4466.3	5146.0	8.8618	0.22658	4465.3	5145.1	8.7771	0.19420	4464.4	5144.1	8.7053
1300	0.29048	4683.4	5409.5	9.0349	0.24207	4682.6	5408.8	8.9502	0.20750	4681.8	5408.0	8.8786

TABLE A-6

Superheated water *(Continued)*

T °C	v m³/kg	u kJ/kg	h kJ/kg	s kJ/kg·K	v m³/kg	u kJ/kg	h kJ/kg	s kJ/kg·K	v m³/kg	u kJ/kg	h kJ/kg	s kJ/kg·K
	P = 4.0 MPa (250.35°C)				P = 4.5 MPa (257.44°C)				P = 5.0 MPa (263.94°C)			
Sat.	0.04978	2601.7	2800.8	6.0696	0.04406	2599.7	2798.0	6.0198	0.03945	2597.0	2794.2	5.9737
275	0.05461	2668.9	2887.3	6.2312	0.04733	2651.4	2864.4	6.1429	0.04144	2632.3	2839.5	6.0571
300	0.05887	2726.2	2961.7	6.3639	0.05138	2713.0	2944.2	6.2854	0.04535	2699.0	2925.7	6.2111
350	0.06647	2827.4	3093.3	6.5843	0.05842	2818.6	3081.5	6.5153	0.05197	2809.5	3069.3	6.4516
400	0.07343	2920.8	3214.5	6.7714	0.06477	2914.2	3205.7	6.7071	0.05784	2907.5	3196.7	6.6483
450	0.08004	3011.0	3331.2	6.9386	0.07076	3005.8	3324.2	6.8770	0.06332	3000.6	3317.2	6.8210
500	0.08644	3100.3	3446.0	7.0922	0.07652	3096.0	3440.4	7.0323	0.06858	3091.8	3434.7	6.9781
600	0.09886	3279.4	3674.9	7.3706	0.08766	3276.4	3670.9	7.3127	0.07870	3273.3	3666.9	7.2605
700	0.11098	3462.4	3906.3	7.6214	0.09850	3460.0	3903.3	7.5647	0.08852	3457.7	3900.3	7.5136
800	0.12292	3650.6	4142.3	7.8523	0.10916	3648.8	4140.0	7.7962	0.09816	3646.9	4137.7	7.7458
900	0.13476	3844.8	4383.9	8.0675	0.11972	3843.3	4382.1	8.0118	0.10769	3841.8	4380.2	7.9619
1000	0.14653	4045.1	4631.2	8.2698	0.13020	4043.9	4629.8	8.2144	0.11715	4042.6	4628.3	8.1648
1100	0.15824	4251.4	4884.4	8.4612	0.14064	4250.4	4883.2	8.4060	0.12655	4249.3	4882.1	8.3566
1200	0.16992	4463.5	5143.2	8.6430	0.15103	4462.6	5142.2	8.5880	0.13592	4461.6	5141.3	8.5388
1300	0.18157	4680.9	5407.2	8.8164	0.16140	4680.1	5406.5	8.7616	0.14527	4679.3	5405.7	8.7124
	P = 6.0 MPa (275.59°C)				P = 7.0 MPa (285.83°C)				P = 8.0 MPa (295.01°C)			
Sat.	0.03245	2589.9	2784.6	5.8902	0.027378	2581.0	2772.6	5.8148	0.023525	2570.5	2758.7	5.7450
300	0.03619	2668.4	2885.6	6.0703	0.029492	2633.5	2839.9	5.9337	0.024279	2592.3	2786.5	5.7937
350	0.04225	2790.4	3043.9	6.3357	0.035262	2770.1	3016.9	6.2305	0.029975	2748.3	2988.1	6.1321
400	0.04742	2893.7	3178.3	6.5432	0.039958	2879.5	3159.2	6.4502	0.034344	2864.6	3139.4	6.3658
450	0.05217	2989.9	3302.9	6.7219	0.044187	2979.0	3288.3	6.6353	0.038194	2967.8	3273.3	6.5579
500	0.05667	3083.1	3423.1	6.8826	0.048157	3074.3	3411.4	6.8000	0.041767	3065.4	3399.5	6.7266
550	0.06102	3175.2	3541.3	7.0308	0.051966	3167.9	3531.6	6.9507	0.045172	3160.5	3521.8	6.8800
600	0.06527	3267.2	3658.8	7.1693	0.055665	3261.0	3650.6	7.0910	0.048463	3254.7	3642.4	7.0221
700	0.07355	3453.0	3894.3	7.4247	0.062850	3448.3	3888.3	7.3487	0.054829	3443.6	3882.2	7.2822
800	0.08165	3643.2	4133.1	7.6582	0.069856	3639.5	4128.5	7.5836	0.061011	3635.7	4123.8	7.5185
900	0.08964	3838.8	4376.6	7.8751	0.076750	3835.7	4373.0	7.8014	0.067082	3832.7	4369.3	7.7372
1000	0.09756	4040.1	4625.4	8.0786	0.083571	4037.5	4622.5	8.0055	0.073079	4035.0	4619.6	7.9419
1100	0.10543	4247.1	4879.7	8.2709	0.090341	4245.0	4877.4	8.1982	0.079025	4242.8	4875.0	8.1350
1200	0.11326	4459.8	5139.4	8.4534	0.097075	4457.9	5137.4	8.3810	0.084934	4456.1	5135.5	8.3181
1300	0.12107	4677.7	5404.1	8.6273	0.103781	4676.1	5402.6	8.5551	0.090817	4674.5	5401.0	8.4925
	P = 9.0 MPa (303.35°C)				P = 10.0 MPa (311.00°C)				P = 12.5 MPa (327.81°C)			
Sat.	0.020489	2558.5	2742.9	5.6791	0.018028	2545.2	2725.5	5.6159	0.013496	2505.6	2674.3	5.4638
325	0.023284	2647.6	2857.1	5.8738	0.019877	2611.6	2810.3	5.7596				
350	0.025816	2725.0	2957.3	6.0380	0.022440	2699.6	2924.0	5.9460	0.016138	2624.9	2826.6	5.7130
400	0.029960	2849.2	3118.8	6.2876	0.026436	2833.1	3097.5	6.2141	0.020030	2789.6	3040.0	6.0433
450	0.033524	2956.3	3258.0	6.4872	0.029782	2944.5	3242.4	6.4219	0.023019	2913.7	3201.5	6.2749
500	0.036793	3056.3	3387.4	6.6603	0.032811	3047.0	3375.1	6.5995	0.025630	3023.2	3343.6	6.4651
550	0.039885	3153.0	3512.0	6.8164	0.035655	3145.4	3502.0	6.7585	0.028033	3126.1	3476.5	6.6317
600	0.042861	3248.4	3634.1	6.9605	0.038378	3242.0	3625.8	6.9045	0.030306	3225.8	3604.6	6.7828
650	0.045755	3343.4	3755.2	7.0954	0.041018	3338.0	3748.1	7.0408	0.032491	3324.1	3730.2	6.9227
700	0.048589	3438.8	3876.1	7.2229	0.043597	3434.0	3870.0	7.1693	0.034612	3422.0	3854.6	7.0540
800	0.054132	3632.0	4119.2	7.4606	0.048629	3628.2	4114.5	7.4085	0.038724	3618.8	4102.8	7.2967
900	0.059562	3829.6	4365.7	7.6802	0.053547	3826.5	4362.0	7.6290	0.042720	3818.9	4352.9	7.5195
1000	0.064919	4032.4	4616.7	7.8855	0.058391	4029.9	4613.8	7.8349	0.046641	4023.5	4606.5	7.7269
1100	0.070224	4240.7	4872.7	8.0791	0.063183	4238.5	4870.3	8.0289	0.050510	4233.1	4864.5	7.9220
1200	0.075492	4454.2	5133.6	8.2625	0.067938	4452.4	5131.7	8.2126	0.054342	4447.7	5127.0	8.1065
1300	0.080733	4672.9	5399.5	8.4371	0.072667	4671.3	5398.0	8.3874	0.058147	4667.3	5394.1	8.2819

TABLE A–6

Superheated water *(Concluded)*

T °C	v m³/kg	u kJ/kg	h kJ/kg	s kJ/kg·K	v m³/kg	u kJ/kg	h kJ/kg	s kJ/kg·K	v m³/kg	u kJ/kg	h kJ/kg	s kJ/kg·K
	P = 15.0 MPa (342.16°C)				P = 17.5 MPa (354.67°C)				P = 20.0 MPa (365.75°C)			
Sat.	0.010341	2455.7	2610.8	5.3108	0.007932	2390.7	2529.5	5.1435	0.005862	2294.8	2412.1	4.9310
350	0.011481	2520.9	2693.1	5.4438								
400	0.015671	2740.6	2975.7	5.8819	0.012463	2684.3	2902.4	5.7211	0.009950	2617.9	2816.9	5.5526
450	0.018477	2880.8	3157.9	6.1434	0.015204	2845.4	3111.4	6.0212	0.012721	2807.3	3061.7	5.9043
500	0.020828	2998.4	3310.8	6.3480	0.017385	2972.4	3276.7	6.2424	0.014793	2945.3	3241.2	6.1446
550	0.022945	3106.2	3450.4	6.5230	0.019305	3085.8	3423.6	6.4266	0.016571	3064.7	3396.2	6.3390
600	0.024921	3209.3	3583.1	6.6796	0.021073	3192.5	3561.3	6.5890	0.018185	3175.3	3539.0	6.5075
650	0.026804	3310.1	3712.1	6.8233	0.022742	3295.8	3693.8	6.7366	0.019695	3281.4	3675.3	6.6593
700	0.028621	3409.8	3839.1	6.9573	0.024342	3397.5	3823.5	6.8735	0.021134	3385.1	3807.8	6.7991
800	0.032121	3609.3	4091.1	7.2037	0.027405	3599.7	4079.3	7.1237	0.023870	3590.1	4067.5	7.0531
900	0.035503	3811.2	4343.7	7.4288	0.030348	3803.5	4334.6	7.3511	0.026484	3795.7	4325.4	7.2829
1000	0.038808	4017.1	4599.2	7.6378	0.033215	4010.7	4592.0	7.5616	0.029020	4004.3	4584.7	7.4950
1100	0.042062	4227.7	4858.6	7.8339	0.036029	4222.3	4852.8	7.7588	0.031504	4216.9	4847.0	7.6933
1200	0.045279	4443.1	5122.3	8.0192	0.038806	4438.5	5117.6	7.9449	0.033952	4433.8	5112.9	7.8802
1300	0.048469	4663.3	5390.3	8.1952	0.041556	4659.2	5386.5	8.1215	0.036371	4655.2	5382.7	8.0574
	P = 25.0 MPa				P = 30.0 MPa				P = 35.0 MPa			
375	0.001978	1799.9	1849.4	4.0345	0.001792	1738.1	1791.9	3.9313	0.001701	1702.8	1762.4	3.8724
400	0.006005	2428.5	2578.7	5.1400	0.002798	2068.9	2152.8	4.4758	0.002105	1914.9	1988.6	4.2144
425	0.007886	2607.8	2805.0	5.4708	0.005299	2452.9	2611.8	5.1473	0.003434	2253.3	2373.5	4.7751
450	0.009176	2721.2	2950.6	5.6759	0.006737	2618.9	2821.0	5.4422	0.004957	2497.5	2671.0	5.1946
500	0.011143	2887.3	3165.9	5.9643	0.008691	2824.0	3084.8	5.7956	0.006933	2755.3	2997.9	5.6331
550	0.012736	3020.8	3339.2	6.1816	0.010175	2974.5	3279.7	6.0403	0.008348	2925.8	3218.0	5.9093
600	0.014140	3140.0	3493.5	6.3637	0.011445	3103.4	3446.8	6.2373	0.009523	3065.6	3399.0	6.1229
650	0.015430	3251.9	3637.7	6.5243	0.012590	3221.7	3599.4	6.4074	0.010565	3190.9	3560.7	6.3030
700	0.016643	3359.9	3776.0	6.6702	0.013654	3334.3	3743.9	6.5599	0.011523	3308.3	3711.6	6.4623
800	0.018922	3570.7	4043.8	6.9322	0.015628	3551.2	4020.0	6.8301	0.013278	3531.6	3996.3	6.7409
900	0.021075	3780.2	4307.1	7.1668	0.017473	3764.6	4288.8	7.0695	0.014904	3749.0	4270.6	6.9853
1000	0.023150	3991.5	4570.2	7.3821	0.019240	3978.6	4555.8	7.2880	0.016450	3965.8	4541.5	7.2069
1100	0.025172	4206.1	4835.4	7.5825	0.020954	4195.2	4823.9	7.4906	0.017942	4184.4	4812.4	7.4118
1200	0.027157	4424.6	5103.5	7.7710	0.022630	4415.3	5094.2	7.6807	0.019398	4406.1	5085.0	7.6034
1300	0.029115	4647.2	5375.1	7.9494	0.024279	4639.2	5367.6	7.8602	0.020827	4631.2	5360.2	7.7841
	P = 40.0 MPa				P = 50.0 MPa				P = 60.0 MPa			
375	0.001641	1677.0	1742.6	3.8290	0.001560	1638.6	1716.6	3.7642	0.001503	1609.7	1699.9	3.7149
400	0.001911	1855.0	1931.4	4.1145	0.001731	1787.8	1874.4	4.0029	0.001633	1745.2	1843.2	3.9317
425	0.002538	2097.5	2199.0	4.5044	0.002009	1960.3	2060.7	4.2746	0.001816	1892.9	2001.8	4.1630
450	0.003692	2364.2	2511.8	4.9449	0.002487	2160.3	2284.7	4.5896	0.002086	2055.1	2180.2	4.4140
500	0.005623	2681.6	2906.5	5.4744	0.003890	2528.1	2722.6	5.1762	0.002952	2393.2	2570.3	4.9356
550	0.006985	2875.1	3154.4	5.7857	0.005118	2769.5	3025.4	5.5563	0.003955	2664.6	2901.9	5.3517
600	0.008089	3026.8	3350.4	6.0170	0.006108	2947.1	3252.6	5.8245	0.004833	2866.8	3156.8	5.6527
650	0.009053	3159.5	3521.6	6.2078	0.006957	3095.6	3443.5	6.0373	0.005591	3031.3	3366.8	5.8867
700	0.009930	3282.0	3679.2	6.3740	0.007717	3228.7	3614.6	6.2179	0.006265	3175.4	3551.3	6.0814
800	0.011521	3511.8	3972.6	6.6613	0.009073	3472.2	3925.8	6.5225	0.007456	3432.6	3880.0	6.4033
900	0.012980	3733.3	4252.5	6.9107	0.010296	3702.0	4216.8	6.7819	0.008519	3670.9	4182.1	6.6725
1000	0.014360	3952.9	4527.3	7.1355	0.011441	3927.4	4499.4	7.0131	0.009504	3902.0	4472.2	6.9099
1100	0.015686	4173.7	4801.1	7.3425	0.012534	4152.2	4778.9	7.2244	0.010439	4130.9	4757.3	7.1255
1200	0.016976	4396.9	5075.9	7.5357	0.013590	4378.6	5058.1	7.4207	0.011339	4360.5	5040.8	7.3248
1300	0.018239	4623.3	5352.8	7.7175	0.014620	4607.5	5338.5	7.6048	0.012213	4591.8	5324.5	7.5111

TABLE A-7

Compressed liquid water

T °C	v m³/kg	u kJ/kg	h kJ/kg	s kJ/kg·K	v m³/kg	u kJ/kg	h kJ/kg	s kJ/kg·K	v m³/kg	u kJ/kg	h kJ/kg	s kJ/kg·K
	P = 5 MPa (263.94°C)				P = 10 MPa (311.00°C)				P = 15 MPa (342.16°C)			
Sat.	0.0012862	1148.1	1154.5	2.9207	0.0014522	1393.3	1407.9	3.3603	0.0016572	1585.5	1610.3	3.6848
0	0.0009977	0.04	5.03	0.0001	0.0009952	0.12	10.07	0.0003	0.0009928	0.18	15.07	0.0004
20	0.0009996	83.61	88.61	0.2954	0.0009973	83.31	93.28	0.2943	0.0009951	83.01	97.93	0.2932
40	0.0010057	166.92	171.95	0.5705	0.0010035	166.33	176.37	0.5685	0.0010013	165.75	180.77	0.5666
60	0.0010149	250.29	255.36	0.8287	0.0010127	249.43	259.55	0.8260	0.0010105	248.58	263.74	0.8234
80	0.0010267	333.82	338.96	1.0723	0.0010244	332.69	342.94	1.0691	0.0010221	331.59	346.92	1.0659
100	0.0010410	417.65	422.85	1.3034	0.0010385	416.23	426.62	1.2996	0.0010361	414.85	430.39	1.2958
120	0.0010576	501.91	507.19	1.5236	0.0010549	500.18	510.73	1.5191	0.0010522	498.50	514.28	1.5148
140	0.0010769	586.80	592.18	1.7344	0.0010738	584.72	595.45	1.7293	0.0010708	582.69	598.75	1.7243
160	0.0010988	672.55	678.04	1.9374	0.0010954	670.06	681.01	1.9316	0.0010920	667.63	684.01	1.9259
180	0.0011240	759.47	765.09	2.1338	0.0011200	756.48	767.68	2.1271	0.0011160	753.58	770.32	2.1206
200	0.0011531	847.92	853.68	2.3251	0.0011482	844.32	855.80	2.3174	0.0011435	840.84	858.00	2.3100
220	0.0011868	938.39	944.32	2.5127	0.0011809	934.01	945.82	2.5037	0.0011752	929.81	947.43	2.4951
240	0.0012268	1031.6	1037.7	2.6983	0.0012192	1026.2	1038.3	2.6876	0.0012121	1021.0	1039.2	2.6774
260	0.0012755	1128.5	1134.9	2.8841	0.0012653	1121.6	1134.3	2.8710	0.0012560	1115.1	1134.0	2.8586
280					0.0013226	1221.8	1235.0	3.0565	0.0013096	1213.4	1233.0	3.0410
300					0.0013980	1329.4	1343.3	3.2488	0.0013783	1317.6	1338.3	3.2279
320									0.0014733	1431.9	1454.0	3.4263
340									0.0016311	1567.9	1592.4	3.6555
	P = 20 MPa (365.75°C)				P = 30 MPa				P = 50 MPa			
Sat.	0.0020378	1785.8	1826.6	4.0146								
0	0.0009904	0.23	20.03	0.0005	0.0009857	0.29	29.86	0.0003	0.0009767	0.29	49.13	−0.0010
20	0.0009929	82.71	102.57	0.2921	0.0009886	82.11	111.77	0.2897	0.0009805	80.93	129.95	0.2845
40	0.0009992	165.17	185.16	0.5646	0.0009951	164.05	193.90	0.5607	0.0009872	161.90	211.25	0.5528
60	0.0010084	247.75	267.92	0.8208	0.0010042	246.14	276.26	0.8156	0.0009962	243.08	292.88	0.8055
80	0.0010199	330.50	350.90	1.0627	0.0010155	328.40	358.86	1.0564	0.0010072	324.42	374.78	1.0442
100	0.0010337	413.50	434.17	1.2920	0.0010290	410.87	441.74	1.2847	0.0010201	405.94	456.94	1.2705
120	0.0010496	496.85	517.84	1.5105	0.0010445	493.66	525.00	1.5020	0.0010349	487.69	539.43	1.4859
140	0.0010679	580.71	602.07	1.7194	0.0010623	576.90	608.76	1.7098	0.0010517	569.77	622.36	1.6916
160	0.0010886	665.28	687.05	1.9203	0.0010823	660.74	693.21	1.9094	0.0010704	652.33	705.85	1.8889
180	0.0011122	750.78	773.02	2.1143	0.0011049	745.40	778.55	2.1020	0.0010914	735.49	790.06	2.0790
200	0.0011390	837.49	860.27	2.3027	0.0011304	831.11	865.02	2.2888	0.0011149	819.45	875.19	2.2628
220	0.0011697	925.77	949.16	2.4867	0.0011595	918.15	952.93	2.4707	0.0011412	904.39	961.45	2.4414
240	0.0012053	1016.1	1040.2	2.6676	0.0011927	1006.9	1042.7	2.6491	0.0011708	990.55	1049.1	2.6156
260	0.0012472	1109.0	1134.0	2.8469	0.0012314	1097.8	1134.7	2.8250	0.0012044	1078.2	1138.4	2.7864
280	0.0012978	1205.6	1231.5	3.0265	0.0012770	1191.5	1229.8	3.0001	0.0012430	1167.7	1229.9	2.9547
300	0.0013611	1307.2	1334.4	3.2091	0.0013322	1288.9	1328.9	3.1761	0.0012879	1259.6	1324.0	3.1218
320	0.0014450	1416.6	1445.5	3.3996	0.0014014	1391.7	1433.7	3.3558	0.0013409	1354.3	1421.4	3.2888
340	0.0015693	1540.2	1571.6	3.6086	0.0014932	1502.4	1547.1	3.5438	0.0014049	1452.9	1523.1	3.4575
360	0.0018248	1703.6	1740.1	3.8787	0.0016276	1626.8	1675.6	3.7499	0.0014848	1556.5	1630.7	3.6301
380					0.0018729	1782.0	1838.2	4.0026	0.0015884	1667.1	1746.5	3.8102

TABLE A-8

Saturated ice–water vapor

		Specific volume, m³/kg		Internal energy, kJ/kg			Enthalpy, kJ/kg			Entropy, kJ/kg·K		
Temp., T °C	Sat. press., P_{sat} kPa	Sat. ice, v_i	Sat. vapor, v_g	Sat. ice, u_i	Subl., u_{ig}	Sat. vapor, u_g	Sat. ice, h_i	Subl., h_{ig}	Sat. vapor, h_g	Sat. ice, s_i	Subl., s_{ig}	Sat. vapor, s_g
0.01	0.61169	0.001091	205.99	−333.40	2707.9	2374.5	−333.40	2833.9	2500.5	−1.2202	10.374	9.154
0	0.61115	0.001091	206.17	−333.43	2707.9	2374.5	−333.43	2833.9	2500.5	−1.2204	10.375	9.154
−2	0.51772	0.001091	241.62	−337.63	2709.4	2371.8	−337.63	2834.5	2496.8	−1.2358	10.453	9.218
−4	0.43748	0.001090	283.84	−341.80	2710.8	2369.0	−341.80	2835.0	2493.2	−1.2513	10.533	9.282
−6	0.36873	0.001090	334.27	−345.94	2712.2	2366.2	−345.93	2835.4	2489.5	−1.2667	10.613	9.347
−8	0.30998	0.001090	394.66	−350.04	2713.5	2363.5	−350.04	2835.8	2485.8	−1.2821	10.695	9.413
−10	0.25990	0.001089	467.17	−354.12	2714.8	2360.7	−354.12	2836.2	2482.1	−1.2976	10.778	9.480
−12	0.21732	0.001089	554.47	−358.17	2716.1	2357.9	−358.17	2836.6	2478.4	−1.3130	10.862	9.549
−14	0.18121	0.001088	659.88	−362.18	2717.3	2355.2	−362.18	2836.9	2474.7	−1.3284	10.947	9.618
−16	0.15068	0.001088	787.51	−366.17	2718.6	2352.4	−366.17	2837.2	2471.0	−1.3439	11.033	9.689
−18	0.12492	0.001088	942.51	−370.13	2719.7	2349.6	−370.13	2837.5	2467.3	−1.3593	11.121	9.761
−20	0.10326	0.001087	1131.3	−374.06	2720.9	2346.8	−374.06	2837.7	2463.6	−1.3748	11.209	9.835
−22	0.08510	0.001087	1362.0	−377.95	2722.0	2344.1	−377.95	2837.9	2459.9	−1.3903	11.300	9.909
−24	0.06991	0.001087	1644.7	−381.82	2723.1	2341.3	−381.82	2838.1	2456.2	−1.4057	11.391	9.985
−26	0.05725	0.001087	1992.2	−385.66	2724.2	2338.5	−385.66	2838.2	2452.5	−1.4212	11.484	10.063
−28	0.04673	0.001086	2421.0	−389.47	2725.2	2335.7	−389.47	2838.3	2448.8	−1.4367	11.578	10.141
−30	0.03802	0.001086	2951.7	−393.25	2726.2	2332.9	−393.25	2838.4	2445.1	−1.4521	11.673	10.221
−32	0.03082	0.001086	3610.9	−397.00	2727.2	2330.2	−397.00	2838.4	2441.4	−1.4676	11.770	10.303
−34	0.02490	0.001085	4432.4	−400.72	2728.1	2327.4	−400.72	2838.5	2437.7	−1.4831	11.869	10.386
−36	0.02004	0.001085	5460.1	−404.40	2729.0	2324.6	−404.40	2838.4	2434.0	−1.4986	11.969	10.470
−38	0.01608	0.001085	6750.5	−408.07	2729.9	2321.8	−408.07	2838.4	2430.3	−1.5141	12.071	10.557
−40	0.01285	0.001084	8376.7	−411.70	2730.7	2319.0	−411.70	2838.3	2426.6	−1.5296	12.174	10.644

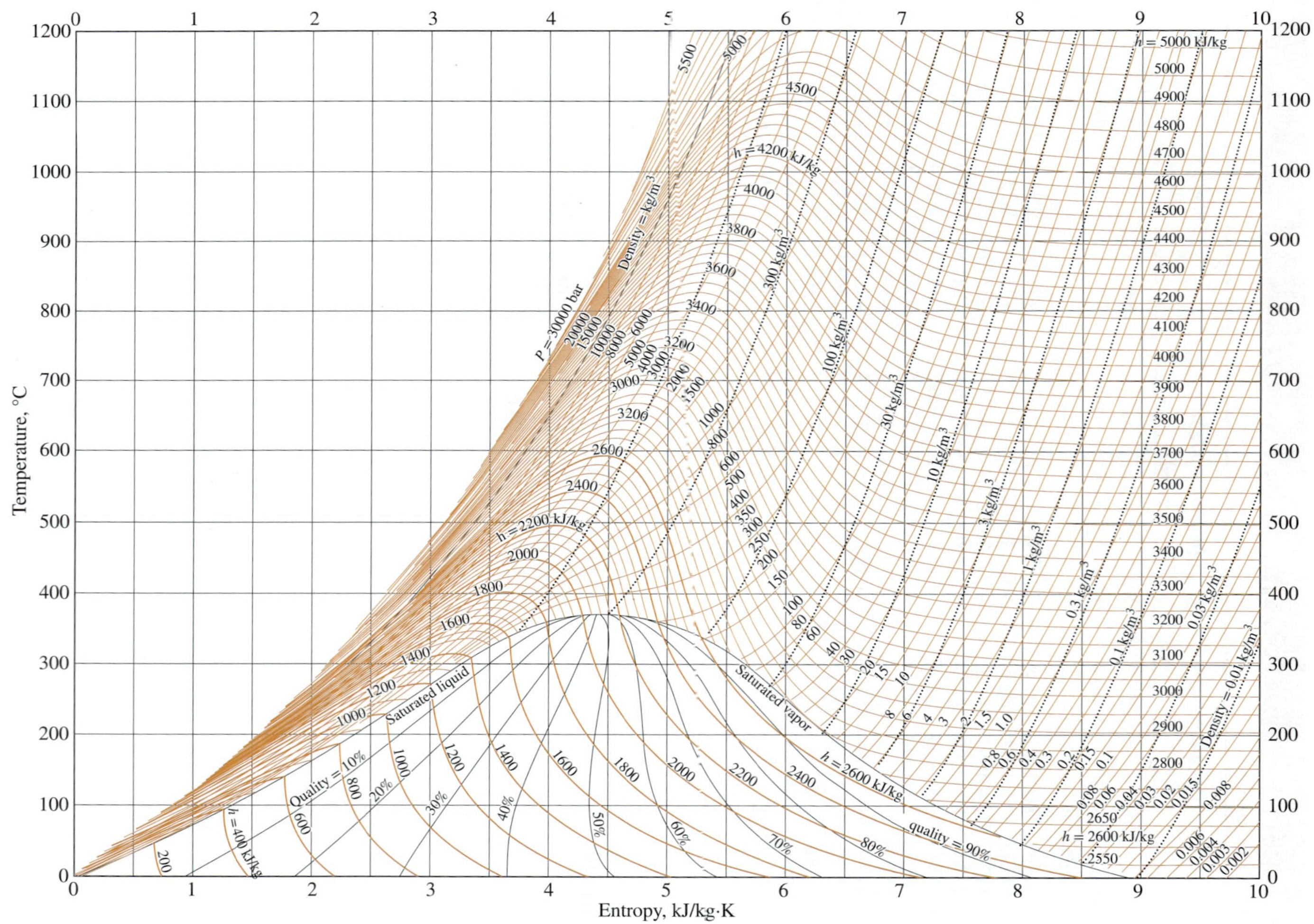

FIGURE A–9
T-s diagram for water.

Source of Data: From NBS/NRC Steam Tables/1 *by Lester Haar, John S. Gallagher, and George S. Kell. Routledge/Taylor & Francis Books, Inc.*, 1984.

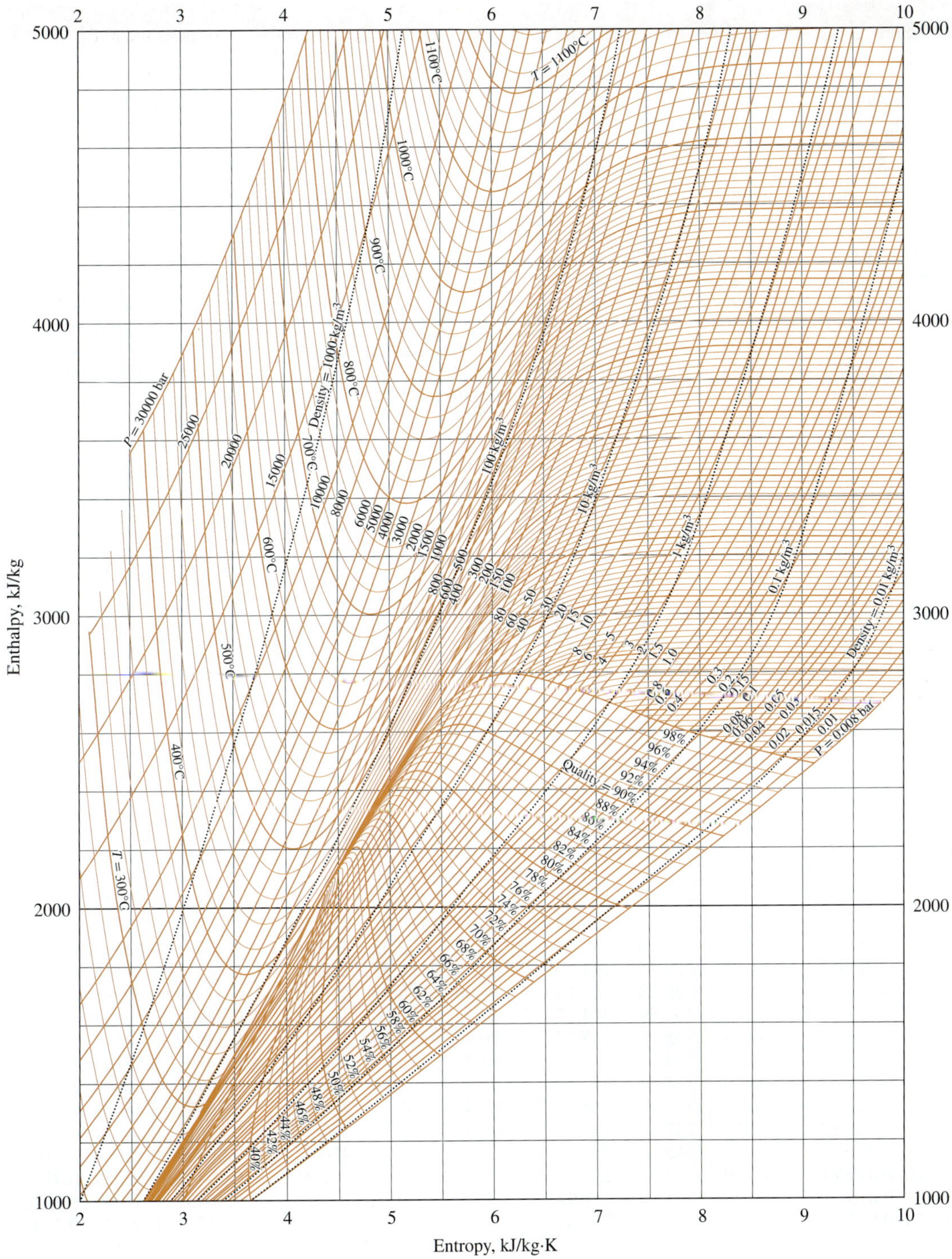

FIGURE A–10
Mollier diagram for water.

Source of Data: From NBS/NRC Steam Tables/1 *by Lester Haar, John S. Gallagher, and George S. Kell. Routledge/Taylor & Francis Books, Inc.,* 1984.

TABLE A–11

Saturated refrigerant-134a—Temperature table

		Specific volume, m³/kg		*Internal energy,* kJ/kg			*Enthalpy,* kJ/kg			*Entropy,* kJ/kg·K		
Temp., T °C	Sat. press., P_{sat} kPa	Sat. liquid, v_f	Sat. vapor, v_g	Sat. liquid, u_f	Evap., u_{fg}	Sat. vapor, u_g	Sat. liquid, h_f	Evap., h_{fg}	Sat. vapor, h_g	Sat. liquid, s_f	Evap., s_{fg}	Sat. vapor, s_g
−40	51.25	0.0007053	0.36064	−0.036	207.42	207.38	0.00	225.86	225.86	0.00000	0.96869	0.96869
−38	56.86	0.0007082	0.32718	2.472	206.06	208.53	2.512	224.62	227.13	0.01071	0.95516	0.96588
−36	62.95	0.0007111	0.29740	4.987	204.69	209.68	5.032	223.37	228.40	0.02137	0.94182	0.96319
−34	69.56	0.0007141	0.27082	7.509	203.32	210.83	7.559	222.10	229.66	0.03196	0.92867	0.96063
−32	76.71	0.0007171	0.24706	10.04	201.94	211.97	10.09	220.83	230.93	0.04249	0.91569	0.95819
−30	84.43	0.0007201	0.22577	12.58	200.55	213.12	12.64	219.55	232.19	0.05297	0.90289	0.95586
−28	92.76	0.0007232	0.20666	15.12	199.15	214.27	15.19	218.25	233.44	0.06339	0.89024	0.95364
−26	101.73	0.0007264	0.18947	17.67	197.75	215.42	17.75	216.95	234.70	0.07376	0.87776	0.95152
−24	111.37	0.0007296	0.17398	20.23	196.34	216.57	20.31	215.63	235.94	0.08408	0.86542	0.94950
−22	121.72	0.0007328	0.15999	22.80	194.92	217.71	22.89	214.30	237.19	0.09435	0.85323	0.94758
−20	132.82	0.0007361	0.14735	25.37	193.49	218.86	25.47	212.96	238.43	0.10456	0.84119	0.94575
−18	144.69	0.0007394	0.13589	27.96	192.05	220.00	28.07	211.60	239.67	0.11473	0.82927	0.94401
−16	157.38	0.0007428	0.12550	30.55	190.60	221.15	30.67	210.23	240.90	0.12486	0.81749	0.94234
−14	170.93	0.0007463	0.11605	33.15	189.14	222.29	33.28	208.84	242.12	0.13493	0.80583	0.94076
−12	185.37	0.0007498	0.10744	35.76	187.66	223.42	35.90	207.44	243.34	0.14497	0.79429	0.93925
−10	200.74	0.0007533	0.099600	38.38	186.18	224.56	38.53	206.02	244.55	0.15496	0.78286	0.93782
−8	217.08	0.0007570	0.092438	41.01	184.69	225.69	41.17	204.59	245.76	0.16491	0.77154	0.93645
−6	234.44	0.0007607	0.085888	43.64	183.18	226.82	43.82	203.14	246.95	0.17482	0.76033	0.93514
−4	252.85	0.0007644	0.079889	46.29	181.66	227.94	46.48	201.66	248.14	0.18469	0.74921	0.93390
−2	272.36	0.0007683	0.074388	48.94	180.12	229.07	49.15	200.17	249.33	0.19452	0.73819	0.93271
0	293.01	0.0007722	0.069335	51.61	178.58	230.18	51.83	198.67	250.50	0.20432	0.72726	0.93158
2	314.84	0.0007761	0.064690	54.28	177.01	231.30	54.53	197.14	251.66	0.21408	0.71641	0.93050
4	337.90	0.0007802	0.060412	56.97	175.44	232.40	57.23	195.58	252.82	0.22381	0.70565	0.92946
6	362.23	0.0007843	0.056469	59.66	173.84	233.51	59.95	194.01	253.96	0.23351	0.69496	0.92847
8	387.88	0.0007886	0.052829	62.37	172.23	234.60	62.68	192.42	255.09	0.24318	0.68435	0.92752
10	414.89	0.0007929	0.049466	65.09	170.61	235.69	65.42	190.80	256.22	0.25282	0.67380	0.92661
12	443.31	0.0007973	0.046354	67.82	168.96	236.78	68.17	189.16	257.33	0.26243	0.66331	0.92574
14	473.19	0.0008018	0.043471	70.56	167.30	237.86	70.94	187.49	258.43	0.27201	0.65289	0.92490
16	504.58	0.0008064	0.040798	73.31	165.62	238.93	73.72	185.80	259.51	0.28157	0.64252	0.92409
18	537.52	0.0008112	0.038317	76.07	163.92	239.99	76.51	184.08	260.59	0.29111	0.63219	0.92330
20	572.07	0.0008160	0.036012	78.85	162.19	241.04	79.32	182.33	261.64	0.30062	0.62192	0.92254
22	608.27	0.0008209	0.033867	81.64	160.45	242.09	82.14	180.55	262.69	0.31012	0.61168	0.92180
24	646.18	0.0008260	0.031869	84.44	158.68	243.13	84.98	178.74	263.72	0.31959	0.60148	0.92107
26	685.84	0.0008312	0.030008	87.26	156.89	244.15	87.83	176.90	264.73	0.32905	0.59131	0.92036
28	727.31	0.0008366	0.028271	90.09	155.08	245.17	90.70	175.03	265.73	0.33849	0.58117	0.91967
30	770.64	0.0008421	0.026648	92.93	153.24	246.17	93.58	173.13	266.71	0.34792	0.57105	0.91897
32	815.89	0.0008477	0.025131	95.79	151.37	247.17	96.49	171.19	267.67	0.35734	0.56095	0.91829
34	863.11	0.0008535	0.023712	98.67	149.48	248.15	99.41	169.21	268.61	0.36675	0.55086	0.91760
36	912.35	0.0008595	0.022383	101.56	147.55	249.11	102.34	167.19	269.53	0.37615	0.54077	0.91692
38	963.68	0.0008657	0.021137	104.47	145.60	250.07	105.30	165.13	270.44	0.38554	0.53068	0.91622
40	1017.1	0.0008720	0.019968	107.39	143.61	251.00	108.28	163.03	271.31	0.39493	0.52059	0.91552
42	1072.8	0.0008786	0.018870	110.34	141.59	251.92	111.28	160.89	272.17	0.40432	0.51048	0.91480
44	1130.7	0.0008854	0.017837	113.30	139.53	252.83	114.30	158.70	273.00	0.41371	0.50036	0.91407

TABLE A–11

Saturated refrigerant-134a—Temperature table *(Concluded)*

		Specific volume, m^3/kg		*Internal energy,* kJ/kg			*Enthalpy,* kJ/kg			*Entropy,* kJ/kg·K		
Temp., T °C	Sat. press., P_{sat} kPa	Sat. liquid, v_f	Sat. vapor, v_g	Sat. liquid, u_f	Evap., u_{fg}	Sat. vapor, u_g	Sat. liquid, h_f	Evap., h_{fg}	Sat. vapor, h_g	Sat. liquid, s_f	Evap., s_{fg}	Sat. vapor, s_g
46	1191.0	0.0008924	0.016866	116.28	137.43	253.71	117.34	156.46	273.80	0.42311	0.49020	0.91331
48	1253.6	0.0008997	0.015951	119.28	135.30	254.58	120.41	154.17	274.57	0.43251	0.48001	0.91252
52	1386.2	0.0009151	0.014276	125.35	130.89	256.24	126.62	149.41	276.03	0.45136	0.45948	0.91084
56	1529.1	0.0009317	0.012782	131.52	126.29	257.81	132.94	144.41	277.35	0.47028	0.43870	0.90898
60	1682.8	0.0009498	0.011434	137.79	121.45	259.23	139.38	139.09	278.47	0.48930	0.41746	0.90676
65	1891.0	0.0009751	0.009959	145.80	115.06	260.86	147.64	132.05	279.69	0.51330	0.39048	0.90379
70	2118.2	0.0010037	0.008650	154.03	108.17	262.20	156.15	124.37	280.52	0.53763	0.36239	0.90002
75	2365.8	0.0010373	0.007486	162.55	100.62	263.17	165.01	115.87	280.88	0.56252	0.33279	0.89531
80	2635.3	0.0010774	0.006439	171.43	92.22	263.66	174.27	106.35	280.63	0.58812	0.30113	0.88925
85	2928.2	0.0011273	0.005484	180.81	82.64	263.45	184.11	95.39	279.51	0.61487	0.26632	0.88120
90	3246.9	0.0011938	0.004591	190.94	71.19	262.13	194.82	82.22	277.04	0.64354	0.22638	0.86991
95	3594.1	0.0012945	0.003713	202.49	56.25	258.73	207.14	64.94	272.08	0.67605	0.17638	0.85243
100	3975.1	0.0015269	0.002657	218.73	29.72	248.46	224.80	34.22	259.02	0.72224	0.09169	0.81393

Source of Data: Tables A–11 through A–13 are generated using the Engineering Equation Solver (EES) software developed by S. A. Klein and F. L. Alvarado. The routine used in calculations is the R134a, which is based on the fundamental equation of state developed by R. Tillner–Roth and H.D. Baehr, "An International Standard Formulation for the Thermodynamic Properties of 1,1,1,2-Tetrafluoroethane (HFC-134a) for temperatures from 170 K to 455 K and pressures up to 70 MPa," *J. Phys. Chem, Ref. Data,* Vol. 23, No. 5, 1994. The enthalpy and entropy values of saturated liquid are set to zero at −40°C (and −40°F).

TABLE A–12

Saturated refrigerant-134a—Pressure table

		Specific volume, m³/kg		*Internal energy,* kJ/kg			*Enthalpy,* kJ/kg			*Entropy,* kJ/kg·K		
Press., P kPa	Sat. temp., T_{sat} °C	Sat. liquid, v_f	Sat. vapor, v_g	Sat. liquid, u_f	Evap., u_{fg}	Sat. vapor, u_g	Sat. liquid, h_f	Evap., h_{fg}	Sat. vapor, h_g	Sat. liquid, s_f	Evap., s_{fg}	Sat. vapor, s_g
60	−36.95	0.0007097	0.31108	3.795	205.34	209.13	3.837	223.96	227.80	0.01633	0.94812	0.96445
70	−33.87	0.0007143	0.26921	7.672	203.23	210.90	7.722	222.02	229.74	0.03264	0.92783	0.96047
80	−31.13	0.0007184	0.23749	11.14	201.33	212.48	11.20	220.27	231.47	0.04707	0.91009	0.95716
90	−28.65	0.0007222	0.21261	14.30	199.60	213.90	14.36	218.67	233.04	0.06003	0.89431	0.95434
100	−26.37	0.0007258	0.19255	17.19	198.01	215.21	17.27	217.19	234.46	0.07182	0.88008	0.95191
120	−22.32	0.0007323	0.16216	22.38	195.15	217.53	22.47	214.52	236.99	0.09269	0.85520	0.94789
140	−18.77	0.0007381	0.14020	26.96	192.60	219.56	27.06	212.13	239.19	0.11080	0.83387	0.94467
160	−15.60	0.0007435	0.12355	31.06	190.31	221.37	31.18	209.96	241.14	0.12686	0.81517	0.94202
180	−12.73	0.0007485	0.11049	34.81	188.20	223.01	34.94	207.95	242.90	0.14131	0.79848	0.93979
200	−10.09	0.0007532	0.099951	38.26	186.25	224.51	38.41	206.09	244.50	0.15449	0.78339	0.93788
240	−5.38	0.0007618	0.083983	44.46	182.71	227.17	44.64	202.68	247.32	0.17786	0.75689	0.93475
280	−1.25	0.0007697	0.072434	49.95	179.54	229.49	50.16	199.61	249.77	0.19822	0.73406	0.93228
320	2.46	0.0007771	0.063681	54.90	176.65	231.55	55.14	196.78	251.93	0.21631	0.71395	0.93026
360	5.82	0.0007840	0.056809	59.42	173.99	233.41	59.70	194.15	253.86	0.23265	0.69591	0.92856
400	8.91	0.0007905	0.051266	63.61	171.49	235.10	63.92	191.68	255.61	0.24757	0.67954	0.92711
450	12.46	0.0007983	0.045677	68.44	168.58	237.03	68.80	188.78	257.58	0.26462	0.66093	0.92555
500	15.71	0.0008058	0.041168	72.92	165.86	238.77	73.32	186.04	259.36	0.28021	0.64399	0.92420
550	18.73	0.0008129	0.037452	77.09	163.29	240.38	77.54	183.44	260.98	0.29460	0.62842	0.92302
600	21.55	0.0008198	0.034335	81.01	160.84	241.86	81.50	180.95	262.46	0.30799	0.61398	0.92196
650	24.20	0.0008265	0.031680	84.72	158.51	243.23	85.26	178.56	263.82	0.32052	0.60048	0.92100
700	26.69	0.0008331	0.029392	88.24	156.27	244.51	88.82	176.26	265.08	0.33232	0.58780	0.92012
750	29.06	0.0008395	0.027398	91.59	154.11	245.70	92.22	174.03	266.25	0.34348	0.57582	0.91930
800	31.31	0.0008457	0.025645	94.80	152.02	246.82	95.48	171.86	267.34	0.35408	0.56445	0.91853
850	33.45	0.0008519	0.024091	97.88	150.00	247.88	98.61	169.75	268.36	0.36417	0.55362	0.91779
900	35.51	0.0008580	0.022703	100.84	148.03	248.88	101.62	167.69	269.31	0.37383	0.54326	0.91709
950	37.48	0.0008640	0.021456	103.70	146.11	249.82	104.52	165.68	270.20	0.38307	0.53333	0.91641
1000	39.37	0.0008700	0.020329	106.47	144.24	250.71	107.34	163.70	271.04	0.39196	0.52378	0.91574
1200	46.29	0.0008935	0.016728	116.72	137.12	253.84	117.79	156.12	273.92	0.42449	0.48870	0.91320
1400	52.40	0.0009167	0.014119	125.96	130.44	256.40	127.25	148.92	276.17	0.45325	0.45742	0.91067
1600	57.88	0.0009400	0.012134	134.45	124.05	258.50	135.96	141.96	277.92	0.47921	0.42881	0.90802
1800	62.87	0.0009639	0.010568	142.36	117.85	260.21	144.09	135.14	279.23	0.50304	0.40213	0.90517
2000	67.45	0.0009887	0.009297	149.81	111.75	261.56	151.78	128.36	280.15	0.52519	0.37684	0.90204
2500	77.54	0.0010567	0.006941	167.02	96.47	263.49	169.66	111.18	280.84	0.57542	0.31701	0.89243
3000	86.16	0.0011410	0.005272	183.09	80.17	263.26	186.51	92.57	279.08	0.62133	0.25759	0.87893

TABLE A–13

Superheated refrigerant-134a

T °C	v m³/kg	u kJ/kg	h kJ/kg	s kJ/kg·K	v m³/kg	u kJ/kg	h kJ/kg	s kJ/kg·K	v m³/kg	u kJ/kg	h kJ/kg	s kJ/kg·K
	P = 0.06 MPa (T_{sat} = −36.95°C)				P = 0.10 MPa (T_{sat} = −26.37°C)				P = 0.14 MPa (T_{sat} = −18.77°C)			
Sat.	0.31108	209.13	227.80	0.9645	0.19255	215.21	234.46	0.9519	0.14020	219.56	239.19	0.9447
−20	0.33608	220.62	240.78	1.0175	0.19841	219.68	239.52	0.9721				
−10	0.35048	227.57	248.60	1.0478	0.20743	226.77	247.51	1.0031	0.14605	225.93	246.37	0.9724
0	0.36476	234.67	256.56	1.0775	0.21630	233.97	255.60	1.0333	0.15263	233.25	254.61	1.0032
10	0.37893	241.94	264.68	1.1067	0.22506	241.32	263.82	1.0628	0.15908	240.68	262.95	1.0331
20	0.39302	249.37	272.95	1.1354	0.23373	248.81	272.18	1.0919	0.16544	248.24	271.40	1.0625
30	0.40705	256.97	281.39	1.1637	0.24233	256.46	280.69	1.1204	0.17172	255.95	279.99	1.0913
40	0.42102	264.73	289.99	1.1916	0.25088	264.27	289.36	1.1485	0.17794	263.80	288.72	1.1196
50	0.43495	272.66	298.75	1.2192	0.25937	272.24	298.17	1.1762	0.18412	271.81	297.59	1.1475
60	0.44883	280.75	307.68	1.2464	0.26783	280.36	307.15	1.2036	0.19025	279.97	306.61	1.1750
70	0.46269	289.01	316.77	1.2732	0.27626	288.65	316.28	1.2306	0.19635	288.29	315.78	1.2021
80	0.47651	297.43	326.02	1.2998	0.28465	297.10	325.57	1.2573	0.20242	296.77	325.11	1.2289
90	0.49032	306.02	335.43	1.3261	0.29303	305.71	335.01	1.2836	0.20847	305.40	334.59	1.2554
100	0.50410	314.76	345.01	1.3521	0.30138	314.48	344.61	1.3097	0.21449	314.19	344.22	1.2815

T °C	v m³/kg	u kJ/kg	h kJ/kg	s kJ/kg·K	v m³/kg	u kJ/kg	h kJ/kg	s kJ/kg·K	v m³/kg	u kJ/kg	h kJ/kg	s kJ/kg·K
	P = 0.18 MPa (T_{sat} = −12.73°C)				P = 0.20 MPa (T_{sat} = −10.09°C)				P = 0.24 MPa (T_{sat} = −5.38°C)			
Sat.	0.11049	223.01	242.90	0.9398	0.09995	224.51	244.50	0.9379	0.08398	227.17	247.32	0.9348
−10	0.11189	225.04	245.18	0.9485	0.09991	224.57	244.56	0.9381				
0	0.11722	232.49	253.59	0.9799	0.10481	232.11	253.07	0.9699	0.08617	231.30	251.98	0.9520
10	0.12240	240.02	262.05	1.0103	0.10955	239.69	261.60	1.0005	0.09026	239.00	260.66	0.9832
20	0.12748	247.66	270.60	1.0400	0.11418	247.36	270.20	1.0304	0.09423	246.76	269.38	1.0134
30	0.13248	255.43	279.27	1.0691	0.11874	255.16	278.91	1.0596	0.09812	254.63	278.17	1.0429
40	0.13741	263.33	288.07	1.0976	0.12322	263.09	287.74	1.0882	0.10193	262.61	287.07	1.0718
50	0.14230	271.38	297.00	1.1257	0.12766	271.16	296.70	1.1164	0.10570	270.73	296.09	1.1002
60	0.14715	279.58	306.07	1.1533	0.13206	279.38	305.79	1.1441	0.10942	278.98	305.24	1.1281
70	0.15196	287.93	315.28	1.1806	0.13641	287.75	315.03	1.1714	0.11310	287.38	314.53	1.1555
80	0.15673	296.43	324.65	1.2075	0.14074	296.27	324.41	1.1984	0.11675	295.93	323.95	1.1826
90	0.16149	305.09	334.16	1.2340	0.14504	304.93	333.94	1.2250	0.12038	304.62	333.51	1.2093
100	0.16622	313.90	343.82	1.2603	0.14933	313.75	343.62	1.2513	0.12398	313.46	343.22	1.2356

T °C	v m³/kg	u kJ/kg	h kJ/kg	s kJ/kg·K	v m³/kg	u kJ/kg	h kJ/kg	s kJ/kg·K	v m³/kg	u kJ/kg	h kJ/kg	s kJ/kg·K
	P = 0.28 MPa (T_{sat} = −1.25°C)				P = 0.32 MPa (T_{sat} = 2.46°C)				P = 0.40 MPa (T_{sat} = 8.91°C)			
Sat.	0.07243	229.49	249.77	0.9323	0.06368	231.55	251.93	0.9303	0.051266	235.10	255.61	0.9271
0	0.07282	230.46	250.85	0.9362								
10	0.07646	238.29	259.70	0.9681	0.06609	237.56	258.70	0.9545	0.051506	235.99	256.59	0.9306
20	0.07997	246.15	268.54	0.9987	0.06925	245.51	267.67	0.9856	0.054213	244.19	265.88	0.9628
30	0.08338	254.08	277.42	1.0285	0.07231	253.52	276.66	1.0158	0.056796	252.37	275.09	0.9937
40	0.08672	262.12	286.40	1.0577	0.07530	261.62	285.72	1.0452	0.059292	260.60	284.32	1.0237
50	0.09000	270.28	295.48	1.0862	0.07823	269.83	294.87	1.0739	0.061724	268.92	293.61	1.0529
60	0.09324	278.58	304.69	1.1143	0.08111	278.17	304.12	1.1022	0.064104	277.34	302.98	1.0814
70	0.09644	287.01	314.01	1.1419	0.08395	286.64	313.50	1.1299	0.066443	285.88	312.45	1.1095
80	0.09961	295.59	323.48	1.1690	0.08675	295.24	323.00	1.1572	0.068747	294.54	322.04	1.1370
90	0.10275	304.30	333.07	1.1958	0.08953	303.99	332.64	1.1841	0.071023	303.34	331.75	1.1641
100	0.10587	313.17	342.81	1.2223	0.09229	312.87	342.41	1.2106	0.073274	312.28	341.59	1.1908
110	0.10897	322.18	352.69	1.2484	0.09503	321.91	352.31	1.2368	0.075504	321.35	351.55	1.2172
120	0.11205	331.34	362.72	1.2742	0.09775	331.08	362.36	1.2627	0.077717	330.56	361.65	1.2432
130	0.11512	340.65	372.88	1.2998	0.10045	340.41	372.55	1.2883	0.079913	339.92	371.89	1.2689
140	0.11818	350.11	383.20	1.3251	0.10314	349.88	382.89	1.3136	0.082096	349.42	382.26	1.2943

TABLE A-13

Superheated refrigerant-134a *(Concluded)*

T °C	v m³/kg	u kJ/kg	h kJ/kg	s kJ/kg·K	v m³/kg	u kJ/kg	h kJ/kg	s kJ/kg·K	v m³/kg	u kJ/kg	h kJ/kg	s kJ/kg·K
	P = 0.50 MPa (T_{sat} = 15.71°C)				P = 0.60 MPa (T_{sat} = 21.55°C)				P = 0.70 MPa (T_{sat} = 26.69°C)			
Sat.	0.041168	238.77	259.36	0.9242	0.034335	241.86	262.46	0.9220	0.029392	244.51	265.08	0.9201
20	0.042115	242.42	263.48	0.9384								
30	0.044338	250.86	273.03	0.9704	0.035984	249.24	270.83	0.9500	0.029966	247.49	268.47	0.9314
40	0.046456	259.27	282.50	1.0011	0.037865	257.88	280.60	0.9817	0.031696	256.41	278.59	0.9642
50	0.048499	267.73	291.98	1.0309	0.039659	266.50	290.30	1.0122	0.033322	265.22	288.54	0.9955
60	0.050485	276.27	301.51	1.0600	0.041389	275.17	300.00	1.0417	0.034875	274.03	298.44	1.0257
70	0.052427	284.91	311.12	1.0884	0.043069	283.91	309.75	1.0706	0.036373	282.88	308.34	1.0550
80	0.054331	293.65	320.82	1.1163	0.044710	292.74	319.57	1.0988	0.037829	291.81	318.29	1.0835
90	0.056205	302.52	330.63	1.1436	0.046318	301.69	329.48	1.1265	0.039250	300.84	328.31	1.1115
100	0.058053	311.52	340.55	1.1706	0.047900	310.75	339.49	1.1536	0.040642	309.96	338.41	1.1389
110	0.059880	320.65	350.59	1.1971	0.049458	319.93	349.61	1.1804	0.042010	319.21	348.61	1.1659
120	0.061687	329.91	360.75	1.2233	0.050997	329.24	359.84	1.2068	0.043358	328.57	358.92	1.1925
130	0.063479	339.31	371.05	1.2492	0.052519	338.69	370.20	1.2328	0.044688	338.06	369.34	1.2186
140	0.065256	348.85	381.47	1.2747	0.054027	348.26	380.68	1.2585	0.046004	347.67	379.88	1.2445
150	0.067021	358.52	392.04	1.3000	0.055522	357.98	391.29	1.2838	0.047306	357.42	390.54	1.2700
160	0.068775	368.34	402.73	1.3250	0.057006	367.83	402.03	1.3089	0.048597	367.31	401.32	1.2952
	P = 0.80 MPa (T_{sat} = 31.31°C)				P = 0.90 MPa (T_{sat} = 35.51°C)				P = 1.00 MPa (T_{sat} = 39.37°C)			
Sat.	0.025645	246.82	267.34	0.9185	0.022686	248.82	269.25	0.9169	0.020319	250.71	271.04	0.9157
40	0.027035	254.84	276.46	0.9481	0.023375	253.15	274.19	0.9328	0.020406	251.32	271.73	0.9180
50	0.028547	263.87	286.71	0.9803	0.024809	262.46	284.79	0.9661	0.021796	260.96	282.76	0.9526
60	0.029973	272.85	296.82	1.0111	0.026146	271.62	295.15	0.9977	0.023068	270.33	293.40	0.9851
70	0.031340	281.83	306.90	1.0409	0.027413	280.74	305.41	1.0280	0.024261	279.61	303.87	1.0160
80	0.032659	290.86	316.99	1.0699	0.028630	289.88	315.65	1.0574	0.025398	288.87	314.27	1.0459
90	0.033941	299.97	327.12	1.0982	0.029806	299.08	325.90	1.0861	0.026492	298.17	324.66	1.0749
100	0.035193	309.17	337.32	1.1259	0.030951	308.35	336.21	1.1141	0.027552	307.52	335.08	1.1032
110	0.036420	318.47	347.61	1.1531	0.032068	317.72	346.58	1.1415	0.028584	316.96	345.54	1.1309
120	0.037625	327.89	357.99	1.1798	0.033164	327.19	357.04	1.1684	0.029592	326.49	356.08	1.1580
130	0.038813	337.42	368.47	1.2062	0.034241	336.78	367.59	1.1949	0.030581	336.12	366.70	1.1847
140	0.039985	347.08	379.07	1.2321	0.035302	346.48	378.25	1.2211	0.031554	345.87	377.42	1.2110
150	0.041143	356.86	389.78	1.2577	0.036349	356.30	389.01	1.2468	0.032512	355.73	388.24	1.2369
160	0.042290	366.78	400.61	1.2830	0.037384	366.25	399.89	1.2722	0.033457	365.71	399.17	1.2624
170	0.043427	376.83	411.57	1.3081	0.038408	376.33	410.89	1.2973	0.034392	375.82	410.22	1.2876
180	0.044554	387.01	422.65	1.3328	0.039423	386.54	422.02	1.3221	0.035317	386.06	421.38	1.3125
	P = 1.20 MPa (T_{sat} = 46.29°C)				P = 1.40 MPa (T_{sat} = 52.40°C)				P = 1.60 MPa (T_{sat} = 57.88°C)			
Sat.	0.016728	253.84	273.92	0.9132	0.014119	256.40	276.17	0.9107	0.012134	258.50	277.92	0.9080
50	0.017201	257.64	278.28	0.9268								
60	0.018404	267.57	289.66	0.9615	0.015005	264.46	285.47	0.9389	0.012372	260.91	280.71	0.9164
70	0.019502	277.23	300.63	0.9939	0.016060	274.62	297.10	0.9733	0.013430	271.78	293.27	0.9536
80	0.020529	286.77	311.40	1.0249	0.017023	284.51	308.34	1.0056	0.014362	282.11	305.09	0.9875
90	0.021506	296.28	322.09	1.0547	0.017923	294.28	319.37	1.0364	0.015215	292.19	316.53	1.0195
100	0.022442	305.81	332.74	1.0836	0.018778	304.01	330.30	1.0661	0.016014	302.16	327.78	1.0501
110	0.023348	315.40	343.41	1.1119	0.019597	313.76	341.19	1.0949	0.016773	312.09	338.93	1.0795
120	0.024228	325.05	354.12	1.1395	0.020388	323.55	352.09	1.1230	0.017500	322.03	350.03	1.1081
130	0.025086	334.79	364.90	1.1665	0.021155	333.41	363.02	1.1504	0.018201	332.02	361.14	1.1360
140	0.025927	344.63	375.74	1.1931	0.021904	343.34	374.01	1.1773	0.018882	342.06	372.27	1.1633
150	0.026753	354.57	386.68	1.2192	0.022636	353.37	385.07	1.2038	0.019545	352.19	383.46	1.1901
160	0.027566	364.63	397.71	1.2450	0.023355	363.51	396.20	1.2298	0.020194	362.40	394.71	1.2164
170	0.028367	374.80	408.84	1.2704	0.024061	373.75	407.43	1.2554	0.020830	372.71	406.04	1.2422
180	0.029158	385.10	420.09	1.2955	0.024757	384.12	418.78	1.2808	0.021456	383.13	417.46	1.2677

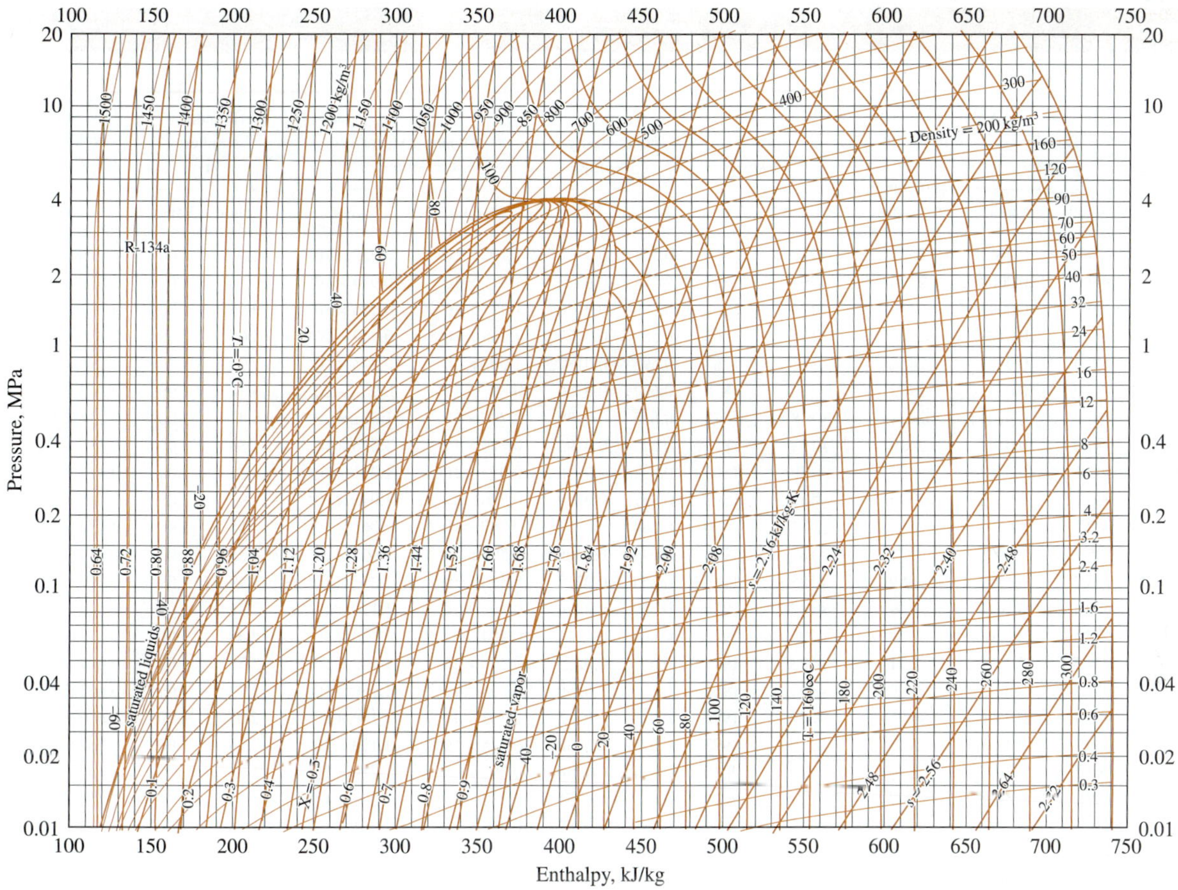

FIGURE A–14

P-h diagram for refrigerant-134a.

Note: The reference point used for the chart is different than that used in the R-134a tables. Therefore, problems should be solved using all property data either from the tables or from the chart, but not from both.

Source of Data: American Society of Heating, Refrigerating, and Air-Conditioning Engineers, Inc., Atlanta, GA.

TABLE A-15

Properties of saturated water

Temp. T, °C	Saturation pressure P_{sat}, kPa	Density ρ, kg/m³		Enthalpy of vaporization h_{fg}, kJ/kg	Specific heat c_p, J/kg·K		Thermal conductivity k, W/m·K		Dynamic viscosity μ, kg/m·s		Prandtl number Pr		Volume expansion coefficient β, 1/K
		Liquid	Vapor		Liquid	Vapor	Liquid	Vapor	Liquid	Vapor	Liquid	Vapor	Liquid
0.01	0.6113	999.8	0.0048	2501	4217	1854	0.561	0.0171	1.792×10^{-3}	0.922×10^{-5}	13.5	1.00	-0.068×10^{-3}
5	0.8721	999.9	0.0068	2490	4205	1857	0.571	0.0173	1.519×10^{-3}	0.934×10^{-5}	11.2	1.00	0.015×10^{-3}
10	1.2276	999.7	0.0094	2478	4194	1862	0.580	0.0176	1.307×10^{-3}	0.946×10^{-5}	9.45	1.00	0.733×10^{-3}
15	1.7051	999.1	0.0128	2466	4185	1863	0.589	0.0179	1.138×10^{-3}	0.959×10^{-5}	8.09	1.00	0.138×10^{-3}
20	2.339	998.0	0.0173	2454	4182	1867	0.598	0.0182	1.002×10^{-3}	0.973×10^{-5}	7.01	1.00	0.195×10^{-3}
25	3.169	997.0	0.0231	2442	4180	1870	0.607	0.0186	0.891×10^{-3}	0.987×10^{-5}	6.14	1.00	0.247×10^{-3}
30	4.246	996.0	0.0304	2431	4178	1875	0.615	0.0189	0.798×10^{-3}	1.001×10^{-5}	5.42	1.00	0.294×10^{-3}
35	5.628	994.0	0.0397	2419	4178	1880	0.623	0.0192	0.720×10^{-3}	1.016×10^{-5}	4.83	1.00	0.337×10^{-3}
40	7.384	992.1	0.0512	2407	4179	1885	0.631	0.0196	0.653×10^{-3}	1.031×10^{-5}	4.32	1.00	0.377×10^{-3}
45	9.593	990.1	0.0655	2395	4180	1892	0.637	0.0200	0.596×10^{-3}	1.046×10^{-5}	3.91	1.00	0.415×10^{-3}
50	12.35	988.1	0.0831	2383	4181	1900	0.644	0.0204	0.547×10^{-3}	1.062×10^{-5}	3.55	1.00	0.451×10^{-3}
55	15.76	985.2	0.1045	2371	4183	1908	0.649	0.0208	0.504×10^{-3}	1.077×10^{-5}	3.25	1.00	0.484×10^{-3}
60	19.94	983.3	0.1304	2359	4185	1916	0.654	0.0212	0.467×10^{-3}	1.093×10^{-5}	2.99	1.00	0.517×10^{-3}
65	25.03	980.4	0.1614	2346	4187	1926	0.659	0.0216	0.433×10^{-3}	1.110×10^{-5}	2.75	1.00	0.548×10^{-3}
70	31.19	977.5	0.1983	2334	4190	1936	0.663	0.0221	0.404×10^{-3}	1.126×10^{-5}	2.55	1.00	0.578×10^{-3}
75	38.58	974.7	0.2421	2321	4193	1948	0.667	0.0225	0.378×10^{-3}	1.142×10^{-5}	2.38	1.00	0.607×10^{-3}
80	47.39	971.8	0.2935	2309	4197	1962	0.670	0.0230	0.355×10^{-3}	1.159×10^{-5}	2.22	1.00	0.653×10^{-3}
85	57.83	968.1	0.3536	2296	4201	1977	0.673	0.0235	0.333×10^{-3}	1.176×10^{-5}	2.08	1.00	0.670×10^{-3}
90	70.14	965.3	0.4235	2283	4206	1993	0.675	0.0240	0.315×10^{-3}	1.193×10^{-5}	1.96	1.00	0.702×10^{-3}
95	84.55	961.5	0.5045	2270	4212	2010	0.677	0.0246	0.297×10^{-3}	1.210×10^{-5}	1.85	1.00	0.716×10^{-3}
100	101.33	957.9	0.5978	2257	4217	2029	0.679	0.0251	0.282×10^{-3}	1.227×10^{-5}	1.75	1.00	0.750×10^{-3}
110	143.27	950.6	0.8263	2230	4229	2071	0.682	0.0262	0.255×10^{-3}	1.261×10^{-5}	1.58	1.00	0.798×10^{-3}
120	198.53	943.4	1.121	2203	4244	2120	0.683	0.0275	0.232×10^{-3}	1.296×10^{-5}	1.44	1.00	0.858×10^{-3}
130	270.1	934.6	1.496	2174	4263	2177	0.684	0.0288	0.213×10^{-3}	1.330×10^{-5}	1.33	1.01	0.913×10^{-3}
140	361.3	921.7	1.965	2145	4286	2244	0.683	0.0301	0.197×10^{-3}	1.365×10^{-5}	1.24	1.02	0.970×10^{-3}
150	475.8	916.6	2.546	2114	4311	2314	0.682	0.0316	0.183×10^{-3}	1.399×10^{-5}	1.16	1.02	1.025×10^{-3}
160	617.8	907.4	3.256	2083	4340	2420	0.680	0.0331	0.170×10^{-3}	1.434×10^{-5}	1.09	1.05	1.145×10^{-3}
170	791.7	897.7	4.119	2050	4370	2490	0.677	0.0347	0.160×10^{-3}	1.468×10^{-5}	1.03	1.05	1.178×10^{-3}
180	1,002.1	887.3	5.153	2015	4410	2590	0.673	0.0364	0.150×10^{-3}	1.502×10^{-5}	0.983	1.07	1.210×10^{-3}
190	1,254.4	876.4	6.388	1979	4460	2710	0.669	0.0382	0.142×10^{-3}	1.537×10^{-5}	0.947	1.09	1.280×10^{-3}
200	1,553.8	864.3	7.852	1941	4500	2840	0.663	0.0401	0.134×10^{-3}	1.571×10^{-5}	0.910	1.11	1.350×10^{-3}
220	2,318	840.3	11.60	1859	4610	3110	0.650	0.0442	0.122×10^{-3}	1.641×10^{-5}	0.865	1.15	1.520×10^{-3}
240	3,344	813.7	16.73	1767	4760	3520	0.632	0.0487	0.111×10^{-3}	1.712×10^{-5}	0.836	1.24	1.720×10^{-3}
260	4,688	783.7	23.69	1663	4970	4070	0.609	0.0540	0.102×10^{-3}	1.788×10^{-5}	0.832	1.35	2.000×10^{-3}
280	6,412	750.8	33.15	1544	5280	4835	0.581	0.0605	0.094×10^{-3}	1.870×10^{-5}	0.854	1.49	2.380×10^{-3}
300	8,581	713.8	46.15	1405	5750	5980	0.548	0.0695	0.086×10^{-3}	1.965×10^{-5}	0.902	1.69	2.950×10^{-3}
320	11,274	667.1	64.57	1239	6540	7900	0.509	0.0836	0.078×10^{-3}	2.084×10^{-5}	1.00	1.97	
340	14,586	610.5	92.62	1028	8240	11,870	0.469	0.110	0.070×10^{-3}	2.255×10^{-5}	1.23	2.43	
360	18,651	528.3	144.0	720	14,690	25,800	0.427	0.178	0.060×10^{-3}	2.571×10^{-5}	2.06	3.73	
374.14	22,090	317.0	317.0	0	—	—	—	—	0.043×10^{-3}	4.313×10^{-5}			

Note 1: Kinematic viscosity ν and thermal diffusivity α can be calculated from their definitions, $\nu = \mu/\rho$ and $\alpha = k/\rho c_p = \nu/\text{Pr}$. The temperatures 0.01°C, 100°C, and 374.14°C are the triple-, boiling-, and critical-point temperatures of water, respectively. The properties listed above (except the vapor density) can be used at any pressure with negligible error except at temperatures near the critical-point value.

Note 2: The unit kJ/kg·°C for specific heat is equivalent to kJ/kg·K, and the unit W/m·°C for thermal conductivity is equivalent to W/m·K.

Source: Viscosity and thermal conductivity data are from J. V. Sengers and J. T. R. Watson, *Journal of Physical and Chemical Reference Data* 15 (1986), pp. 1291–1322. Other data are obtained from various sources or calculated.

TABLE A-16

Properties of saturated refrigerant-134a

Temp. T, °C	Saturation pressure P, kPa	Density ρ, kg/m³		Enthalpy of vaporization h_{fg}, kJ/kg	Specific heat c_p, J/kg·K		Thermal conductivity k, W/m·K		Dynamic viscosity μ, kg/m·s		Prandtl number Pr		Volume expansion coefficient β, 1/K	Surface tension, N/m
		Liquid	Vapor		Liquid	Vapor	Liquid	Vapor	Liquid	Vapor	Liquid	Vapor	Liquid	
−40	51.2	1418	2.773	225.9	1254	748.6	0.1101	0.00811	4.878×10^{-4}	2.550×10^{-6}	5.558	0.235	0.00205	0.01760
−35	66.2	1403	3.524	222.7	1264	764.1	0.1084	0.00862	4.509×10^{-4}	3.003×10^{-6}	5.257	0.266	0.00209	0.01682
−30	84.4	1389	4.429	219.5	1273	780.2	0.1066	0.00913	4.178×10^{-4}	3.504×10^{-6}	4.992	0.299	0.00215	0.01604
−25	106.5	1374	5.509	216.3	1283	797.2	0.1047	0.00963	3.882×10^{-4}	4.054×10^{-6}	4.757	0.335	0.00220	0.01527
−20	132.8	1359	6.787	213.0	1294	814.9	0.1028	0.01013	3.614×10^{-4}	4.651×10^{-6}	4.548	0.374	0.00227	0.01451
−15	164.0	1343	8.288	209.5	1306	833.5	0.1009	0.01063	3.371×10^{-4}	5.295×10^{-6}	4.363	0.415	0.00233	0.01376
−10	200.7	1327	10.04	206.0	1318	853.1	0.0989	0.01112	3.150×10^{-4}	5.982×10^{-6}	4.198	0.459	0.00241	0.01302
−5	243.5	1311	12.07	202.4	1330	873.8	0.0968	0.01161	2.947×10^{-4}	6.709×10^{-6}	4.051	0.505	0.00249	0.01229
0	293.0	1295	14.42	198.7	1344	895.6	0.0947	0.01210	2.761×10^{-4}	7.471×10^{-6}	3.919	0.553	0.00258	0.01156
5	349.9	1278	17.12	194.8	1358	918.7	0.0925	0.01259	2.589×10^{-4}	8.264×10^{-6}	3.802	0.603	0.00269	0.01084
10	414.9	1261	20.22	190.8	1374	943.2	0.0903	0.01308	2.430×10^{-4}	9.081×10^{-6}	3.697	0.655	0.00280	0.01014
15	488.7	1244	23.75	186.6	1390	969.4	0.0880	0.01357	2.281×10^{-4}	9.915×10^{-6}	3.604	0.708	0.00293	0.00944
20	572.1	1226	27.77	182.3	1408	997.6	0.0856	0.01406	2.142×10^{-4}	1.075×10^{-5}	3.521	0.763	0.00307	0.00876
25	665.8	1207	32.34	177.8	1427	1028	0.0833	0.01456	2.012×10^{-4}	1.160×10^{-5}	3.448	0.819	0.00324	0.00808
30	770.6	1188	37.53	173.1	1448	1061	0.0808	0.01507	1.888×10^{-4}	1.244×10^{-5}	3.383	0.877	0.00342	0.00742
35	887.5	1168	43.41	168.2	1471	1098	0.0783	0.01558	1.772×10^{-4}	1.327×10^{-5}	3.328	0.935	0.00364	0.00677
40	1017.1	1147	50.08	163.0	1498	1138	0.0757	0.01610	1.660×10^{-4}	1.408×10^{-5}	3.285	0.995	0.00390	0.00613
45	1160.5	1125	57.66	157.6	1529	1184	0.0731	0.01664	1.554×10^{-4}	1.486×10^{-5}	3.253	1.058	0.00420	0.00550
50	1318.6	1102	66.27	151.8	1566	1237	0.0704	0.01720	1.453×10^{-4}	1.562×10^{-5}	3.231	1.123	0.00455	0.00489
55	1492.3	1078	76.11	145.7	1608	1298	0.0676	0.01777	1.355×10^{-4}	1.634×10^{-5}	3.223	1.193	0.00500	0.00429
60	1682.8	1053	87.38	139.1	1659	1372	0.0647	0.01838	1.260×10^{-4}	1.704×10^{-5}	3.229	1.272	0.00554	0.00372
65	1891.0	1026	100.4	132.1	1722	1462	0.0618	0.01902	1.167×10^{-4}	1.771×10^{-5}	3.255	1.362	0.00624	0.00315
70	2118.2	996.2	115.6	124.4	1801	1577	0.0587	0.01972	1.077×10^{-4}	1.839×10^{-5}	3.307	1.471	0.00716	0.00261
75	2365.8	964	133.6	115.9	1907	1731	0.0555	0.02048	9.891×10^{-5}	1.908×10^{-5}	3.400	1.612	0.00843	0.00209
80	2635.2	928.2	155.3	106.4	2056	1948	0.0521	0.02133	9.011×10^{-5}	1.982×10^{-5}	3.558	1.810	0.01031	0.00160
85	2928.2	887.1	182.3	95.4	2287	2281	0.0484	0.02233	8.124×10^{-5}	2.071×10^{-5}	3.837	2.116	0.01336	0.00114
90	3246.9	837.7	217.8	82.2	2701	2865	0.0444	0.02357	7.203×10^{-5}	2.187×10^{-5}	4.385	2.658	0.01911	0.00071
95	3594.1	772.5	269.3	64.9	3675	4144	0.0396	0.02544	6.190×10^{-5}	2.370×10^{-5}	5.746	3.862	0.03343	0.00033
100	3975.1	651.7	376.3	33.9	7959	8785	0.0322	0.02989	4.765×10^{-5}	2.833×10^{-5}	11.77	8.326	0.10047	0.00004

Note 1: Kinematic viscosity ν and thermal diffusivity α can be calculated from their definitions, $\nu = \mu/\rho$ and $\alpha = k/\rho c_p = \nu/\mathrm{Pr}$. The properties listed here (except the vapor density) can be used at any pressures with negligible error except at temperatures near the critical-point value.

Note 2: The unit kJ/kg·°C for specific heat is equivalent to kJ/kg·K, and the unit W/m·°C for thermal conductivity is equivalent to W/m·K.

Source: Data generated from the EES software developed by S. A. Klein and F. L. Alvarado. Original sources: R. Tillner-Roth and H. D. Baehr, "An International Standard Formulation for the Thermodynamic Properties of 1,1,1,2-Tetrafluoroethane (HFC-134a) for Temperatures from 170 K to 455 K and Pressures up to 70 MPa," *J. Phys. Chem, Ref. Data,* Vol. 23, No. 5, 1994; M.J. Assael, N. K. Dalaouti, A. A. Griva, and J. H. Dymond, "Viscosity and Thermal Conductivity of Halogenated Methane and Ethane Refrigerants," *IJR,* Vol. 22, pp. 525–535, 1999; NIST REFPROP 6 program (M. O. McLinden, S. A. Klein, E. W. Lemmon, and A. P. Peskin, Physical and Chemical Properties Division, National Institute of Standards and Technology, Boulder, CO 80303, 1995).

TABLE A–17

Properties of saturated ammonia

Temp. T, °C	Saturation pressure P, kPa	Density ρ, kg/m³ Liquid	Density ρ, kg/m³ Vapor	Enthalpy of vaporization h_{fg}, kJ/kg	Specific heat c_p, J/kg·K Liquid	Specific heat c_p, J/kg·K Vapor	Thermal conductivity k, W/m·K Liquid	Thermal conductivity k, W/m·K Vapor	Dynamic viscosity μ, kg/m·s Liquid	Dynamic viscosity μ, kg/m·s Vapor	Prandtl number Pr Liquid	Prandtl number Pr Vapor	Volume expansion coefficient β, 1/K Liquid	Surface tension, N/m
−40	71.66	690.2	0.6435	1389	4414	2242	—	0.01792	2.926×10^{-4}	7.957×10^{-6}	—	0.9955	0.00176	0.03565
−30	119.4	677.8	1.037	1360	4465	2322	—	0.01898	2.630×10^{-4}	8.311×10^{-6}	—	1.017	0.00185	0.03341
−25	151.5	671.5	1.296	1345	4489	2369	0.5968	0.01957	2.492×10^{-4}	8.490×10^{-6}	1.875	1.028	0.00190	0.03229
−20	190.1	665.1	1.603	1329	4514	2420	0.5853	0.02015	2.361×10^{-4}	8.669×10^{-6}	1.821	1.041	0.00194	0.03118
−15	236.2	658.6	1.966	1313	4538	2476	0.5737	0.02075	2.236×10^{-4}	8.851×10^{-6}	1.769	1.056	0.00199	0.03007
−10	290.8	652.1	2.391	1297	4564	2536	0.5621	0.02138	2.117×10^{-4}	9.034×10^{-6}	1.718	1.072	0.00205	0.02896
−5	354.9	645.4	2.886	1280	4589	2601	0.5505	0.02203	2.003×10^{-4}	9.218×10^{-6}	1.670	1.089	0.00210	0.02786
0	429.6	638.6	3.458	1262	4617	2672	0.5390	0.02270	1.896×10^{-4}	9.405×10^{-6}	1.624	1.107	0.00216	0.02676
5	516	631.7	4.116	1244	4645	2749	0.5274	0.02341	1.794×10^{-4}	9.593×10^{-6}	1.580	1.126	0.00223	0.02566
10	615.3	624.6	4.870	1226	4676	2831	0.5158	0.02415	1.697×10^{-4}	9.784×10^{-6}	1.539	1.147	0.00230	0.02457
15	728.8	617.5	5.729	1206	4709	2920	0.5042	0.02492	1.606×10^{-4}	9.978×10^{-6}	1.500	1.169	0.00237	0.02348
20	857.8	610.2	6.705	1186	4745	3016	0.4927	0.02573	1.519×10^{-4}	1.017×10^{-5}	1.463	1.193	0.00245	0.02240
25	1003	602.8	7.809	1166	4784	3120	0.4811	0.02658	1.438×10^{-4}	1.037×10^{-5}	1.430	1.218	0.00254	0.02132
30	1167	595.2	9.055	1144	4828	3232	0.4695	0.02748	1.361×10^{-4}	1.057×10^{-5}	1.399	1.244	0.00264	0.02024
35	1351	587.4	10.46	1122	4877	3354	0.4579	0.02843	1.288×10^{-4}	1.078×10^{-5}	1.372	1.272	0.00275	0.01917
40	1555	579.4	12.03	1099	4932	3486	0.4464	0.02943	1.219×10^{-4}	1.099×10^{-5}	1.347	1.303	0.00287	0.01810
45	1782	571.3	13.8	1075	4993	3631	0.4348	0.03049	1.155×10^{-4}	1.121×10^{-5}	1.327	1.335	0.00301	0.01704
50	2033	562.9	15.78	1051	5063	3790	0.4232	0.03162	1.094×10^{-4}	1.143×10^{-5}	1.310	1.371	0.00316	0.01598
55	2310	554.2	18.00	1025	5143	3967	0.4116	0.03283	1.037×10^{-4}	1.166×10^{-5}	1.297	1.409	0.00334	0.01493
60	2614	545.2	20.48	997.4	5234	4163	0.4001	0.03412	9.846×10^{-5}	1.189×10^{-5}	1.288	1.452	0.00354	0.01389
65	2948	536.0	23.26	968.9	5340	4384	0.3885	0.03550	9.347×10^{-5}	1.213×10^{-5}	1.285	1.499	0.00377	0.01285
70	3312	526.3	26.39	939.0	5463	4634	0.3769	0.03700	8.879×10^{-5}	1.238×10^{-5}	1.287	1.551	0.00404	0.01181
75	3709	516.2	29.90	907.5	5608	4923	0.3653	0.03862	8.440×10^{-5}	1.264×10^{-5}	1.296	1.612	0.00436	0.01079
80	4141	505.7	33.87	874.1	5780	5260	0.3538	0.04038	8.030×10^{-5}	1.292×10^{-5}	1.312	1.683	0.00474	0.00977
85	4609	494.5	38.36	838.6	5988	5659	0.3422	0.04232	7.646×10^{-5}	1.322×10^{-5}	1.338	1.768	0.00521	0.00876
90	5116	482.8	43.48	800.6	6242	6142	0.3306	0.04447	7.284×10^{-5}	1.354×10^{-5}	1.375	1.871	0.00579	0.00776
95	5665	470.2	49.35	759.8	6561	6740	0.3190	0.04687	6.946×10^{-5}	1.389×10^{-5}	1.429	1.999	0.00652	0.00677
100	6257	456.6	56.15	715.5	6972	7503	0.3075	0.04958	6.628×10^{-5}	1.429×10^{-5}	1.503	2.163	0.00749	0.00579

Note 1: Kinematic viscosity ν and thermal diffusivity α can be calculated from their definitions, $\nu = \mu/\rho$ and $\alpha = k/\rho c_p = \nu/\mathrm{Pr}$. The properties listed here (except the vapor density) can be used at any pressures with negligible error except at temperatures near the critical-point value.

Note 2: The unit kJ/kg·°C for specific heat is equivalent to kJ/kg·K, and the unit W/m·°C for thermal conductivity is equivalent to W/m·K.

Source: Data generated from the EES software developed by S. A. Klein and F. L. Alvarado. Original sources: Tillner-Roth, Harms-Watzenberg, and Baehr, "Eine neue Fundamentalgleichung fur Ammoniak," *DKV-Tagungsbericht* 20:167–181, 1993; Liley and Desai, "Thermophysical Properties of Refrigerants," *ASHRAE,* 1993, ISBN 1-1883413-10-9.

TABLE A–18

Properties of saturated propane

Temp. T, °C	Saturation pressure P, kPa	Density ρ, kg/m³ Liquid	Density ρ, kg/m³ Vapor	Enthalpy of vaporization h_{fg}, kJ/kg	Specific heat c_p, J/kg·K Liquid	Specific heat c_p, J/kg·K Vapor	Thermal conductivity k, W/m·K Liquid	Thermal conductivity k, W/m·K Vapor	Dynamic viscosity μ, kg/m·s Liquid	Dynamic viscosity μ, kg/m·s Vapor	Prandtl number Pr Liquid	Prandtl number Pr Vapor	Volume expansion coefficient β, 1/K Liquid	Surface tension, N/m
−120	0.4053	664.7	0.01408	498.3	2003	1115	0.1802	0.00589	6.136×10^{-4}	4.372×10^{-6}	6.820	0.827	0.00153	0.02630
−110	1.157	654.5	0.03776	489.3	2021	1148	0.1738	0.00645	5.054×10^{-4}	4.625×10^{-6}	5.878	0.822	0.00157	0.02486
−100	2.881	644.2	0.08872	480.4	2044	1183	0.1672	0.00705	4.252×10^{-4}	4.881×10^{-6}	5.195	0.819	0.00161	0.02344
−90	6.406	633.8	0.1870	471.5	2070	1221	0.1606	0.00769	3.635×10^{-4}	5.143×10^{-6}	4.686	0.817	0.00166	0.02202
−80	12.97	623.2	0.3602	462.4	2100	1263	0.1539	0.00836	3.149×10^{-4}	5.409×10^{-6}	4.297	0.817	0.00171	0.02062
−70	24.26	612.5	0.6439	453.1	2134	1308	0.1472	0.00908	2.755×10^{-4}	5.680×10^{-6}	3.994	0.818	0.00177	0.01923
−60	42.46	601.5	1.081	443.5	2173	1358	0.1407	0.00985	2.430×10^{-4}	5.956×10^{-6}	3.755	0.821	0.00184	0.01785
−50	70.24	590.3	1.724	433.6	2217	1412	0.1343	0.01067	2.158×10^{-4}	6.239×10^{-6}	3.563	0.825	0.00192	0.01649
−40	110.7	578.8	2.629	423.1	2258	1471	0.1281	0.01155	1.926×10^{-4}	6.529×10^{-6}	3.395	0.831	0.00201	0.01515
−30	167.3	567.0	3.864	412.1	2310	1535	0.1221	0.01250	1.726×10^{-4}	6.827×10^{-6}	3.266	0.839	0.00213	0.01382
−20	243.8	554.7	5.503	400.3	2368	1605	0.1163	0.01351	1.551×10^{-4}	7.136×10^{-6}	3.158	0.848	0.00226	0.01251
−10	344.4	542.0	7.635	387.8	2433	1682	0.1107	0.01459	1.397×10^{-4}	7.457×10^{-6}	3.069	0.860	0.00242	0.01122
0	473.3	528.7	10.36	374.2	2507	1768	0.1054	0.01576	1.259×10^{-4}	7.794×10^{-6}	2.996	0.875	0.00262	0.00996
5	549.8	521.8	11.99	367.0	2547	1814	0.1028	0.01637	1.195×10^{-4}	7.970×10^{-6}	2.964	0.883	0.00273	0.00934
10	635.1	514.7	13.81	359.5	2590	1864	0.1002	0.01701	1.135×10^{-4}	8.151×10^{-6}	2.935	0.893	0.00286	0.00872
15	729.8	507.5	15.85	351.7	2637	1917	0.0977	0.01767	1.077×10^{-4}	8.339×10^{-6}	2.909	0.905	0.00301	0.00811
20	834.4	500.0	18.13	343.4	2688	1974	0.0952	0.01836	1.022×10^{-4}	8.534×10^{-6}	2.886	0.918	0.00318	0.00751
25	949.7	492.2	20.68	334.8	2742	2036	0.0928	0.01908	9.702×10^{-5}	8.738×10^{-6}	2.866	0.933	0.00337	0.00691
30	1076	484.2	23.53	325.8	2802	2104	0.0904	0.01982	9.197×10^{-5}	8.952×10^{-6}	2.850	0.950	0.00358	0.00633
35	1215	475.8	26.72	316.2	2869	2179	0.0881	0.02061	8.710×10^{-5}	9.178×10^{-6}	2.837	0.971	0.00384	0.00575
40	1366	467.1	30.29	306.1	2943	2264	0.0857	0.02142	8.240×10^{-5}	9.417×10^{-6}	2.828	0.995	0.00413	0.00518
45	1530	458.0	34.29	295.3	3026	2361	0.0834	0.02228	7.785×10^{-5}	9.674×10^{-6}	2.824	1.025	0.00448	0.00463
50	1708	448.5	38.79	283.9	3122	2473	0.0811	0.02319	7.343×10^{-5}	9.950×10^{-5}	2.826	1.061	0.00491	0.00408
60	2110	427.5	49.66	258.4	3283	2769	0.0765	0.02517	6.487×10^{-5}	1.058×10^{-5}	2.784	1.164	0.00609	0.00303
70	2580	403.2	64.02	228.0	3595	3241	0.0717	0.02746	5.649×10^{-5}	1.138×10^{-5}	2.834	1.343	0.00811	0.00204
80	3127	373.0	84.28	189.7	4501	4173	0.0663	0.03029	4.790×10^{-5}	1.249×10^{-5}	3.251	1.722	0.01248	0.00114
90	3769	329.1	118.6	133.2	6977	7239	0.0595	0.03441	3.807×10^{-5}	1.448×10^{-5}	4.465	3.047	0.02847	0.00037

Note 1: Kinematic viscosity ν and thermal diffusivity α can be calculated from their definitions, $\nu = \mu/\rho$ and $\alpha = k/\rho c_p = \nu/\text{Pr}$. The properties listed here (except the vapor density) can be used at any pressures with negligible error except at temperatures near the critical-point value.

Note 2: The unit kJ/kg·°C for specific heat is equivalent to kJ/kg·K, and the unit W/m·°C for thermal conductivity is equivalent to W/m·K.

Source: Data generated from the EES software developed by S. A. Klein and F. L. Alvarado. Original sources: Reiner Tillner-Roth, "Fundamental Equations of State," Shaker, Verlag, Aachan, 1998; B. A. Younglove and J. F. Ely, "Thermophysical Properties of Fluids. II Methane, Ethane, Propane, Isobutane, and Normal Butane," *J. Phys. Chem. Ref. Data,* Vol. 16, No. 4, 1987; G.R. Somayajulu, "A Generalized Equation for Surface Tension from the Triple-Point to the Critical-Point," *International Journal of Thermophysics,* Vol. 9, No. 4, 1988.

TABLE A–19

Properties of liquids

Temp. T, °C	Density ρ, kg/m³	Specific heat c_p, J/kg·K	Thermal conductivity k, W/m·K	Thermal diffusivity α, m²/s	Dynamic viscosity μ, kg/m·s	Kinematic viscosity ν, m²/s	Prandtl number Pr	Volume expansion coeff. β, 1/K
				Methane [CH_4]				
−160	420.2	3492	0.1863	1.270×10^{-7}	1.133×10^{-4}	2.699×10^{-7}	2.126	0.00352
−150	405.0	3580	0.1703	1.174×10^{-7}	9.169×10^{-5}	2.264×10^{-7}	1.927	0.00391
−140	388.8	3700	0.1550	1.077×10^{-7}	7.551×10^{-5}	1.942×10^{-7}	1.803	0.00444
−130	371.1	3875	0.1402	9.749×10^{-8}	6.288×10^{-5}	1.694×10^{-7}	1.738	0.00520
−120	351.4	4146	0.1258	8.634×10^{-8}	5.257×10^{-5}	1.496×10^{-7}	1.732	0.00637
−110	328.8	4611	0.1115	7.356×10^{-8}	4.377×10^{-5}	1.331×10^{-7}	1.810	0.00841
−100	301.0	5578	0.0967	5.761×10^{-8}	3.577×10^{-5}	1.188×10^{-7}	2.063	0.01282
−90	261.7	8902	0.0797	3.423×10^{-8}	2.761×10^{-5}	1.055×10^{-7}	3.082	0.02922
				Methanol [$CH_3(OH)$]				
20	788.4	2515	0.1987	1.002×10^{-7}	5.857×10^{-4}	7.429×10^{-7}	7.414	0.00118
30	779.1	2577	0.1980	9.862×10^{-8}	5.088×10^{-4}	6.531×10^{-7}	6.622	0.00120
40	769.6	2644	0.1972	9.690×10^{-8}	4.460×10^{-4}	5.795×10^{-7}	5.980	0.00123
50	760.1	2718	0.1965	9.509×10^{-8}	3.942×10^{-4}	5.185×10^{-7}	5.453	0.00127
60	750.4	2798	0.1957	9.320×10^{-8}	3.510×10^{-4}	4.677×10^{-7}	5.018	0.00132
70	740.4	2885	0.1950	9.128×10^{-8}	3.146×10^{-4}	4.250×10^{-7}	4.655	0.00137
				Isobutane (R600a)				
−100	683.8	1881	0.1383	1.075×10^{-7}	9.305×10^{-4}	1.360×10^{-6}	12.65	0.00142
−75	659.3	1970	0.1357	1.044×10^{-7}	5.624×10^{-4}	8.531×10^{-7}	8.167	0.00150
−50	634.3	2069	0.1283	9.773×10^{-8}	3.769×10^{-4}	5.942×10^{-7}	6.079	0.00161
−25	608.2	2180	0.1181	8.906×10^{-8}	2.688×10^{-4}	4.420×10^{-7}	4.963	0.00177
0	580.6	2306	0.1068	7.974×10^{-8}	1.993×10^{-4}	3.432×10^{-7}	4.304	0.00199
25	550.7	2455	0.0956	7.069×10^{-8}	1.510×10^{-4}	2.743×10^{-7}	3.880	0.00232
50	517.3	2640	0.0851	6.233×10^{-8}	1.155×10^{-4}	2.233×10^{-7}	3.582	0.00286
75	478.5	2896	0.0757	5.460×10^{-8}	8.785×10^{-5}	1.836×10^{-7}	3.363	0.00385
100	429.6	3361	0.0669	4.634×10^{-8}	6.483×10^{-5}	1.509×10^{-7}	3.256	0.00628
				Glycerin				
0	1276	2262	0.2820	9.773×10^{-8}	10.49	8.219×10^{-3}	84,101	
5	1273	2288	0.2835	9.732×10^{-8}	6.730	5.287×10^{-3}	54,327	
10	1270	2320	0.2846	9.662×10^{-8}	4.241	3.339×10^{-3}	34,561	
15	1267	2354	0.2856	9.576×10^{-8}	2.496	1.970×10^{-3}	20,570	
20	1264	2386	0.2860	9.484×10^{-8}	1.519	1.201×10^{-3}	12,671	
25	1261	2416	0.2860	9.388×10^{-8}	0.9934	7.878×10^{-4}	8,392	
30	1258	2447	0.2860	9.291×10^{-8}	0.6582	5.232×10^{-4}	5,631	
35	1255	2478	0.2860	9.195×10^{-8}	0.4347	3.464×10^{-4}	3,767	
40	1252	2513	0.2863	9.101×10^{-8}	0.3073	2.455×10^{-4}	2,697	
				Engine oil (unused)				
0	899.0	1797	0.1469	9.097×10^{-8}	3.814	4.242×10^{-3}	46,636	0.00070
20	888.1	1881	0.1450	8.680×10^{-8}	0.8374	9.429×10^{-4}	10,863	0.00070
40	876.0	1964	0.1444	8.391×10^{-8}	0.2177	2.485×10^{-4}	2,962	0.00070
60	863.9	2048	0.1404	7.934×10^{-8}	0.07399	8.565×10^{-5}	1,080	0.00070
80	852.0	2132	0.1380	7.599×10^{-8}	0.03232	3.794×10^{-5}	499.3	0.00070
100	840.0	2220	0.1367	7.330×10^{-8}	0.01718	2.046×10^{-5}	279.1	0.00070
120	828.9	2308	0.1347	7.042×10^{-8}	0.01029	1.241×10^{-5}	176.3	0.00070
140	816.8	2395	0.1330	6.798×10^{-8}	0.006558	8.029×10^{-6}	118.1	0.00070
150	810.3	2441	0.1327	6.708×10^{-8}	0.005344	6.595×10^{-6}	98.31	0.00070

Source: Data generated from the EES software developed by S. A. Klein and F. L. Alvarado. Originally based on various sources.

TABLE A-20

Properties of liquid metals

Temp. T, °C	Density ρ, kg/m^3	Specific heat c_p, J/kg·K	Thermal conductivity k, W/m·K	Thermal diffusivity α, m^2/s	Dynamic viscosity μ, kg/m·s	Kinematic viscosity ν, m^2/s	Prandtl number Pr	Volume expansion coeff. β, 1/K
				Mercury (Hg) melting point: −39°C				
0	13595	140.4	8.18200	4.287×10^{-6}	1.687×10^{-3}	1.241×10^{-7}	0.0289	1.810×10^{-4}
25	13534	139.4	8.51533	4.514×10^{-6}	1.534×10^{-3}	1.133×10^{-7}	0.0251	1.810×10^{-4}
50	13473	138.6	8.83632	4.734×10^{-6}	1.423×10^{-3}	1.056×10^{-7}	0.0223	1.810×10^{-4}
75	13412	137.8	9.15632	4.956×10^{-6}	1.316×10^{-3}	9.819×10^{-8}	0.0198	1.810×10^{-4}
100	13351	137.1	9.46706	5.170×10^{-6}	1.245×10^{-3}	9.326×10^{-8}	0.0180	1.810×10^{-4}
150	13231	136.1	10.07780	5.595×10^{-6}	1.126×10^{-3}	8.514×10^{-8}	0.0152	1.810×10^{-4}
200	13112	135.5	10.65465	5.996×10^{-6}	1.043×10^{-3}	7.959×10^{-8}	0.0133	1.815×10^{-4}
250	12993	135.3	11.18150	6.363×10^{-6}	9.820×10^{-4}	7.558×10^{-8}	0.0119	1.829×10^{-4}
300	12873	135.3	11.68150	6.705×10^{-6}	9.336×10^{-4}	7.252×10^{-8}	0.0108	1.854×10^{-4}
				Bismuth (Bi) melting point: 271°C				
350	9969	146.0	16.28	1.118×10^{-5}	1.540×10^{-3}	1.545×10^{-7}	0.01381	
400	9908	148.2	16.10	1.096×10^{-5}	1.422×10^{-3}	1.436×10^{-7}	0.01310	
500	9785	152.8	15.74	1.052×10^{-5}	1.188×10^{-3}	1.215×10^{-7}	0.01154	
600	9663	157.3	15.60	1.026×10^{-5}	1.013×10^{-3}	1.048×10^{-7}	0.01022	
700	9540	161.8	15.60	1.010×10^{-5}	8.736×10^{-4}	9.157×10^{-8}	0.00906	
				Lead (Pb) melting point: 327°C				
400	10506	158	15.97	9.623×10^{-6}	2.277×10^{-3}	2.167×10^{-7}	0.02252	
450	10449	156	15.74	9.649×10^{-6}	2.065×10^{-3}	1.976×10^{-7}	0.02048	
500	10390	155	15.54	9.651×10^{-6}	1.884×10^{-3}	1.814×10^{-7}	0.01879	
550	10329	155	15.39	9.610×10^{-6}	1.758×10^{-3}	1.702×10^{-7}	0.01771	
600	10267	155	15.23	9.568×10^{-6}	1.632×10^{-3}	1.589×10^{-7}	0.01661	
650	10206	155	15.07	9.526×10^{-6}	1.505×10^{-3}	1.475×10^{-7}	0.01549	
700	10145	155	14.91	9.483×10^{-6}	1.379×10^{-3}	1.360×10^{-7}	0.01434	
				Sodium (Na) melting point: 98°C				
100	927.3	1378	85.84	6.718×10^{-5}	6.892×10^{-4}	7.432×10^{-7}	0.01106	
200	902.5	1349	80.84	6.639×10^{-5}	5.385×10^{-4}	5.967×10^{-7}	0.008987	
300	877.8	1320	75.84	6.544×10^{-5}	3.878×10^{-4}	4.418×10^{-7}	0.006751	
400	853.0	1296	71.20	6.437×10^{-5}	2.720×10^{-4}	3.188×10^{-7}	0.004953	
500	828.5	1284	67.41	6.335×10^{-5}	2.411×10^{-4}	2.909×10^{-7}	0.004593	
600	804.0	1272	63.63	6.220×10^{-5}	2.101×10^{-4}	2.614×10^{-7}	0.004202	
				Potassium (K) melting point: 64°C				
200	795.2	790.8	43.99	6.995×10^{-5}	3.350×10^{-4}	4.213×10^{-7}	0.006023	
300	771.6	772.8	42.01	7.045×10^{-5}	2.667×10^{-4}	3.456×10^{-7}	0.004906	
400	748.0	754.8	40.03	7.090×10^{-5}	1.984×10^{-4}	2.652×10^{-7}	0.00374	
500	723.9	750.0	37.81	6.964×10^{-5}	1.668×10^{-4}	2.304×10^{-7}	0.003309	
600	699.6	750.0	35.50	6.765×10^{-5}	1.487×10^{-4}	2.126×10^{-7}	0.003143	
				Sodium-potassium (%22Na-%78K) melting point: −11°C				
100	847.3	944.4	25.64	3.205×10^{-5}	5.707×10^{-4}	6.736×10^{-7}	0.02102	
200	823.2	922.5	26.27	3.459×10^{-5}	4.587×10^{-4}	5.572×10^{-7}	0.01611	
300	799.1	900.6	26.89	3.736×10^{-5}	3.467×10^{-4}	4.339×10^{-7}	0.01161	
400	775.0	879.0	27.50	4.037×10^{-5}	2.357×10^{-4}	3.041×10^{-7}	0.00753	
500	751.5	880.1	27.89	4.217×10^{-5}	2.108×10^{-4}	2.805×10^{-7}	0.00665	
600	728.0	881.2	28.28	4.408×10^{-5}	1.859×10^{-4}	2.553×10^{-7}	0.00579	

Source: Data generated from the EES software developed by S. A. Klein and F. L. Alvarado. Originally based on various sources.

TABLE A–21

Ideal-gas properties of air

T K	h kJ/kg	P_r	u kJ/kg	v_r	s° kJ/kg·K
200	199.97	0.3363	142.56	1707.0	1.29559
210	209.97	0.3987	149.69	1512.0	1.34444
220	219.97	0.4690	156.82	1346.0	1.39105
230	230.02	0.5477	164.00	1205.0	1.43557
240	240.02	0.6355	171.13	1084.0	1.47824
250	250.05	0.7329	178.28	979.0	1.51917
260	260.09	0.8405	185.45	887.8	1.55848
270	270.11	0.9590	192.60	808.0	1.59634
280	280.13	1.0889	199.75	738.0	1.63279
285	285.14	1.1584	203.33	706.1	1.65055
290	290.16	1.2311	206.91	676.1	1.66802
295	295.17	1.3068	210.49	647.9	1.68515
298	298.18	1.3543	212.64	631.9	1.69528
300	300.19	1.3860	214.07	621.2	1.70203
305	305.22	1.4686	217.67	596.0	1.71865
310	310.24	1.5546	221.25	572.3	1.73498
315	315.27	1.6442	224.85	549.8	1.75106
320	320.29	1.7375	228.42	528.6	1.76690
325	325.31	1.8345	232.02	508.4	1.78249
330	330.34	1.9352	235.61	489.4	1.79783
340	340.42	2.149	242.82	454.1	1.82790
350	350.49	2.379	250.02	422.2	1.85708
360	360.58	2.626	257.24	393.4	1.88543
370	370.67	2.892	264.46	367.2	1.91313
380	380.77	3.176	271.69	343.4	1.94001
390	390.88	3.481	278.93	321.5	1.96633
400	400.98	3.806	286.16	301.6	1.99194
410	411.12	4.153	293.43	283.3	2.01699
420	421.26	4.522	300.69	266.6	2.04142
430	431.43	4.915	307.99	251.1	2.06533
440	441.61	5.332	315.30	236.8	2.08870
450	451.80	5.775	322.62	223.6	2.11161
460	462.02	6.245	329.97	211.4	2.13407
470	472.24	6.742	337.32	200.1	2.15604
480	482.49	7.268	344.70	189.5	2.17760
490	492.74	7.824	352.08	179.7	2.19876
500	503.02	8.411	359.49	170.6	2.21952
510	513.32	9.031	366.92	162.1	2.23993
520	523.63	9.684	374.36	154.1	2.25997
530	533.98	10.37	381.84	146.7	2.27967
540	544.35	11.10	389.34	139.7	2.29906
550	554.74	11.86	396.86	133.1	2.31809
560	565.17	12.66	404.42	127.0	2.33685
570	575.59	13.50	411.97	121.2	2.35531

T K	h kJ/kg	P_r	u kJ/kg	v_r	s° kJ/kg·K
580	586.04	14.38	419.55	115.7	2.37348
590	596.52	15.31	427.15	110.6	2.39140
600	607.02	16.28	434.78	105.8	2.40902
610	617.53	17.30	442.42	101.2	2.42644
620	628.07	18.36	450.09	96.92	2.44356
630	638.63	19.84	457.78	92.84	2.46048
640	649.22	20.64	465.50	88.99	2.47716
650	659.84	21.86	473.25	85.34	2.49364
660	670.47	23.13	481.01	81.89	2.50985
670	681.14	24.46	488.81	78.61	2.52589
680	691.82	25.85	496.62	75.50	2.54175
690	702.52	27.29	504.45	72.56	2.55731
700	713.27	28.80	512.33	69.76	2.57277
710	724.04	30.38	520.23	67.07	2.58810
720	734.82	32.02	528.14	64.53	2.60319
730	745.62	33.72	536.07	62.13	2.61803
740	756.44	35.50	544.02	59.82	2.63280
750	767.29	37.35	551.99	57.63	2.64737
760	778.18	39.27	560.01	55.54	2.66176
780	800.03	43.35	576.12	51.64	2.69013
800	821.95	47.75	592.30	48.08	2.71787
820	843.98	52.59	608.59	44.84	2.74504
840	866.08	57.60	624.95	41.85	2.77170
860	888.27	63.09	641.40	39.12	2.79783
880	910.56	68.98	657.95	36.61	2.82344
900	932.93	75.29	674.58	34.31	2.84856
920	955.38	82.05	691.28	32.18	2.87324
940	977.92	89.28	708.08	30.22	2.89748
960	1000.55	97.00	725.02	28.40	2.92128
980	1023.25	105.2	741.98	26.73	2.94468
1000	1046.04	114.0	758.94	25.17	2.96770
1020	1068.89	123.4	776.10	23.72	2.99034
1040	1091.85	133.3	793.36	23.29	3.01260
1060	1114.86	143.9	810.62	21.14	3.03449
1080	1137.89	155.2	827.88	19.98	3.05608
1100	1161.07	167.1	845.33	18.896	3.07732
1120	1184.28	179.7	862.79	17.886	3.09825
1140	1207.57	193.1	880.35	16.946	3.11883
1160	1230.92	207.2	897.91	16.064	3.13916
1180	1254.34	222.2	915.57	15.241	3.15916
1200	1277.79	238.0	933.33	14.470	3.17888
1220	1301.31	254.7	951.09	13.747	3.19834
1240	1324.93	272.3	968.95	13.069	3.21751

TABLE A–21

Ideal-gas properties of air *(Concluded)*

T K	h kJ/kg	P_r	u kJ/kg	v_r	$s°$ kJ/kg·K	T K	h kJ/kg	P_r	u kJ/kg	v_r	$s°$ kJ/kg·K
1260	1348.55	290.8	986.90	12.435	3.23638	1600	1757.57	791.2	1298.30	5.804	3.52364
1280	1372.24	310.4	1004.76	11.835	3.25510	1620	1782.00	834.1	1316.96	5.574	3.53879
1300	1395.97	330.9	1022.82	11.275	3.27345	1640	1806.46	878.9	1335.72	5.355	3.55381
1320	1419.76	352.5	1040.88	10.747	3.29160	1660	1830.96	925.6	1354.48	5.147	3.56867
1340	1443.60	375.3	1058.94	10.247	3.30959	1680	1855.50	974.2	1373.24	4.949	3.58335
1360	1467.49	399.1	1077.10	9.780	3.32724	1700	1880.1	1025	1392.7	4.761	3.5979
1380	1491.44	424.2	1095.26	9.337	3.34474	1750	1941.6	1161	1439.8	4.328	3.6336
1400	1515.42	450.5	1113.52	8.919	3.36200	1800	2003.3	1310	1487.2	3.994	3.6684
1420	1539.44	478.0	1131.77	8.526	3.37901	1850	2065.3	1475	1534.9	3.601	3.7023
1440	1563.51	506.9	1150.13	8.153	3.39586	1900	2127.4	1655	1582.6	3.295	3.7354
1460	1587.63	537.1	1168.49	7.801	3.41247	1950	2189.7	1852	1630.6	3.022	3.7677
1480	1611.79	568.8	1186.95	7.468	3.42892	2000	2252.1	2068	1678.7	2.776	3.7994
1500	1635.97	601.9	1205.41	7.152	3.44516	2050	2314.6	2303	1726.8	2.555	3.8303
1520	1660.23	636.5	1223.87	6.854	3.46120	2100	2377.7	2559	1775.3	2.356	3.8605
1540	1684.51	672.8	1242.43	6.569	3.47712	2150	2440.3	2837	1823.8	2.175	3.8901
1560	1708.82	710.5	1260.99	6.301	3.49276	2200	2503.2	3138	1872.4	2.012	3.9191
1580	1733.17	750.0	1279.65	6.046	3.50829	2250	2566.4	3464	1921.3	1.864	3.9474

Note: The properties P_r (relative pressure) and v_r (relative specific volume) are dimensionless quantities used in the analysis of isentropic processes and should not be confused with the properties pressure and specific volume.

Source of Data: Kenneth Wark, *Thermodynamics,* 4th ed. (New York: McGraw-Hill, 1983), pp. 785–86, Table A–5. Originally published in J. H. Keenan and J. Kaye, *Gas Tables* (New York: John Wiley & Sons, 1948).

TABLE A–22

Properties of air at 1 atm pressure

Temp. T, °C	Density ρ, kg/m^3	Specific heat c_p, J/kg·K	Thermal conductivity k, W/m·K	Thermal diffusivity α, m^2/s	Dynamic viscosity μ, kg/m·s	Kinematic viscosity ν, m^2/s	Prandtl number Pr
−150	2.866	983	0.01171	4.158×10^{-6}	8.636×10^{-6}	3.013×10^{-6}	0.7246
−100	2.038	966	0.01582	8.036×10^{-6}	1.189×10^{-5}	5.837×10^{-6}	0.7263
−50	1.582	999	0.01979	1.252×10^{-5}	1.474×10^{-5}	9.319×10^{-6}	0.7440
−40	1.514	1002	0.02057	1.356×10^{-5}	1.527×10^{-5}	1.008×10^{-5}	0.7436
−30	1.451	1004	0.02134	1.465×10^{-5}	1.579×10^{-5}	1.087×10^{-5}	0.7425
−20	1.394	1005	0.02211	1.578×10^{-5}	1.630×10^{-5}	1.169×10^{-5}	0.7408
−10	1.341	1006	0.02288	1.696×10^{-5}	1.680×10^{-5}	1.252×10^{-5}	0.7387
0	1.292	1006	0.02364	1.818×10^{-5}	1.729×10^{-5}	1.338×10^{-5}	0.7362
5	1.269	1006	0.02401	1.880×10^{-5}	1.754×10^{-5}	1.382×10^{-5}	0.7350
10	1.246	1006	0.02439	1.944×10^{-5}	1.778×10^{-5}	1.426×10^{-5}	0.7336
15	1.225	1007	0.02476	2.009×10^{-5}	1.802×10^{-5}	1.470×10^{-5}	0.7323
20	1.204	1007	0.02514	2.074×10^{-5}	1.825×10^{-5}	1.516×10^{-5}	0.7309
25	1.184	1007	0.02551	2.141×10^{-5}	1.849×10^{-5}	1.562×10^{-5}	0.7296
30	1.164	1007	0.02588	2.208×10^{-5}	1.872×10^{-5}	1.608×10^{-5}	0.7282
35	1.145	1007	0.02625	2.277×10^{-5}	1.895×10^{-5}	1.655×10^{-5}	0.7268
40	1.127	1007	0.02662	2.346×10^{-5}	1.918×10^{-5}	1.702×10^{-5}	0.7255
45	1.109	1007	0.02699	2.416×10^{-5}	1.941×10^{-5}	1.750×10^{-5}	0.7241
50	1.092	1007	0.02735	2.487×10^{-5}	1.963×10^{-5}	1.798×10^{-5}	0.7228
60	1.059	1007	0.02808	2.632×10^{-5}	2.008×10^{-5}	1.896×10^{-5}	0.7202
70	1.028	1007	0.02881	2.780×10^{-5}	2.052×10^{-5}	1.995×10^{-5}	0.7177
80	0.9994	1008	0.02953	2.931×10^{-5}	2.096×10^{-5}	2.097×10^{-5}	0.7154
90	0.9718	1008	0.03024	3.086×10^{-5}	2.139×10^{-5}	2.201×10^{-5}	0.7132
100	0.9458	1009	0.03095	3.243×10^{-5}	2.181×10^{-5}	2.306×10^{-5}	0.7111
120	0.8977	1011	0.03235	3.565×10^{-5}	2.264×10^{-5}	2.522×10^{-5}	0.7073
140	0.8542	1013	0.03374	3.898×10^{-5}	2.345×10^{-5}	2.745×10^{-5}	0.7041
160	0.8148	1016	0.03511	4.241×10^{-5}	2.420×10^{-5}	2.975×10^{-5}	0.7014
180	0.7788	1019	0.03646	4.593×10^{-5}	2.504×10^{-5}	3.212×10^{-5}	0.6992
200	0.7459	1023	0.03779	4.954×10^{-5}	2.577×10^{-5}	3.455×10^{-5}	0.6974
250	0.6746	1033	0.04104	5.890×10^{-5}	2.760×10^{-5}	4.091×10^{-5}	0.6946
300	0.6158	1044	0.04418	6.871×10^{-5}	2.934×10^{-5}	4.765×10^{-5}	0.6935
350	0.5664	1056	0.04721	7.892×10^{-5}	3.101×10^{-5}	5.475×10^{-5}	0.6937
400	0.5243	1069	0.05015	8.951×10^{-5}	3.261×10^{-5}	6.219×10^{-5}	0.6948
450	0.4880	1081	0.05298	1.004×10^{-4}	3.415×10^{-5}	6.997×10^{-5}	0.6965
500	0.4565	1093	0.05572	1.117×10^{-4}	3.563×10^{-5}	7.806×10^{-5}	0.6986
600	0.4042	1115	0.06093	1.352×10^{-4}	3.846×10^{-5}	9.515×10^{-5}	0.7037
700	0.3627	1135	0.06581	1.598×10^{-4}	4.111×10^{-5}	1.133×10^{-4}	0.7092
800	0.3289	1153	0.07037	1.855×10^{-4}	4.362×10^{-5}	1.326×10^{-4}	0.7149
900	0.3008	1169	0.07465	2.122×10^{-4}	4.600×10^{-5}	1.529×10^{-4}	0.7206
1000	0.2772	1184	0.07868	2.398×10^{-4}	4.826×10^{-5}	1.741×10^{-4}	0.7260
1500	0.1990	1234	0.09599	3.908×10^{-4}	5.817×10^{-5}	2.922×10^{-4}	0.7478
2000	0.1553	1264	0.11113	5.664×10^{-4}	6.630×10^{-5}	4.270×10^{-4}	0.7539

Note: For ideal gases, the properties c_p, k, μ, and Pr are independent of pressure. The properties ρ, ν, and α at a pressure P (in atm) other than 1 atm are determined by multiplying the values of P at the given temperature by ρ and by dividing ν and α by P.

Source: Data generated from the EES software developed by S. A. Klein and F. L. Alvarado. Original sources: Keenan, Chao, Keyes, *Gas Tables*, Wiley, 1984; and *Thermophysical Properties of Matter*. Vol. 3: *Thermal Conductivity*, Y. S. Touloukian, P. E. Liley, S. C. Saxena, Vol. 11: *Viscosity*, Y. S. Touloukian, S. C. Saxena, and P. Hestermans, IFI/Plenun, NY, 1970, ISBN 0-306067020-8.

TABLE A-23

Properties of gases at 1 atm pressure

Temp. T, °C	Density ρ, kg/m^3	Specific heat c_p, J/kg·K	Thermal conductivity k, W/m·K	Thermal diffusivity α, m^2/s	Dynamic viscosity μ, kg/m·s	Kinematic viscosity ν, m^2/s	Prandtl number Pr
				Carbon dioxide, CO_2			
−50	2.4035	746	0.01051	5.860×10^{-6}	1.129×10^{-5}	4.699×10^{-6}	0.8019
0	1.9635	811	0.01456	9.141×10^{-6}	1.375×10^{-5}	7.003×10^{-6}	0.7661
50	1.6597	866.6	0.01858	1.291×10^{-5}	1.612×10^{-5}	9.714×10^{-6}	0.7520
100	1.4373	914.8	0.02257	1.716×10^{-5}	1.841×10^{-5}	1.281×10^{-5}	0.7464
150	1.2675	957.4	0.02652	2.186×10^{-5}	2.063×10^{-5}	1.627×10^{-5}	0.7445
200	1.1336	995.2	0.03044	2.698×10^{-5}	2.276×10^{-5}	2.008×10^{-5}	0.7442
300	0.9358	1060	0.03814	3.847×10^{-5}	2.682×10^{-5}	2.866×10^{-5}	0.7450
400	0.7968	1112	0.04565	5.151×10^{-5}	3.061×10^{-5}	3.842×10^{-5}	0.7458
500	0.6937	1156	0.05293	6.600×10^{-5}	3.416×10^{-5}	4.924×10^{-5}	0.7460
1000	0.4213	1292	0.08491	1.560×10^{-4}	4.898×10^{-5}	1.162×10^{-4}	0.7455
1500	0.3025	1356	0.10688	2.606×10^{-4}	6.106×10^{-5}	2.019×10^{-4}	0.7745
2000	0.2359	1387	0.11522	3.521×10^{-4}	7.322×10^{-5}	3.103×10^{-4}	0.8815
				Carbon monoxide, CO			
−50	1.5297	1081	0.01901	1.149×10^{-5}	1.378×10^{-5}	9.012×10^{-6}	0.7840
0	1.2497	1048	0.02278	1.739×10^{-5}	1.629×10^{-5}	1.303×10^{-5}	0.7499
50	1.0563	1039	0.02641	2.407×10^{-5}	1.863×10^{-5}	1.764×10^{-5}	0.7328
100	0.9148	1041	0.02992	3.142×10^{-5}	2.080×10^{-5}	2.274×10^{-5}	0.7239
150	0.8067	1049	0.03330	3.936×10^{-5}	2.283×10^{-5}	2.830×10^{-5}	0.7191
200	0.7214	1060	0.03656	4.782×10^{-5}	2.472×10^{-5}	3.426×10^{-5}	0.7164
300	0.5956	1085	0.04277	6.619×10^{-5}	2.812×10^{-5}	4.722×10^{-5}	0.7134
400	0.5071	1111	0.04860	8.628×10^{-5}	3.111×10^{-5}	6.136×10^{-5}	0.7111
500	0.4415	1135	0.05412	1.079×10^{-4}	3.379×10^{-5}	7.653×10^{-5}	0.7087
1000	0.2681	1226	0.07894	2.401×10^{-4}	4.557×10^{-5}	1.700×10^{-4}	0.7080
1500	0.1925	1279	0.10458	4.246×10^{-4}	6.321×10^{-5}	3.284×10^{-4}	0.7733
2000	0.1502	1309	0.13833	7.034×10^{-4}	9.826×10^{-5}	6.543×10^{-4}	0.9302
				Methane, CH_4			
−50	0.8761	2243	0.02367	1.204×10^{-5}	8.564×10^{-6}	9.774×10^{-6}	0.8116
0	0.7158	2217	0.03042	1.917×10^{-5}	1.028×10^{-5}	1.436×10^{-5}	0.7494
50	0.6050	2302	0.03766	2.704×10^{-5}	1.191×10^{-5}	1.969×10^{-5}	0.7282
100	0.5240	2443	0.04534	3.543×10^{-5}	1.345×10^{-5}	2.567×10^{-5}	0.7247
150	0.4620	2611	0.05344	4.431×10^{-5}	1.491×10^{-5}	3.227×10^{-5}	0.7284
200	0.4132	2791	0.06194	5.370×10^{-5}	1.630×10^{-5}	3.944×10^{-5}	0.7344
300	0.3411	3158	0.07996	7.422×10^{-5}	1.886×10^{-5}	5.529×10^{-5}	0.7450
400	0.2904	3510	0.09918	9.727×10^{-5}	2.119×10^{-5}	7.297×10^{-5}	0.7501
500	0.2529	3836	0.11933	1.230×10^{-4}	2.334×10^{-5}	9.228×10^{-5}	0.7502
1000	0.1536	5042	0.22562	2.914×10^{-4}	3.281×10^{-5}	2.136×10^{-4}	0.7331
1500	0.1103	5701	0.31857	5.068×10^{-4}	4.434×10^{-5}	4.022×10^{-4}	0.7936
2000	0.0860	6001	0.36750	7.120×10^{-4}	6.360×10^{-5}	7.395×10^{-4}	1.0386
				Hydrogen, H_2			
−50	0.11010	12635	0.1404	1.009×10^{-4}	7.293×10^{-6}	6.624×10^{-5}	0.6562
0	0.08995	13920	0.1652	1.319×10^{-4}	8.391×10^{-6}	9.329×10^{-5}	0.7071
50	0.07603	14349	0.1881	1.724×10^{-4}	9.427×10^{-6}	1.240×10^{-4}	0.7191
100	0.06584	14473	0.2095	2.199×10^{-4}	1.041×10^{-5}	1.582×10^{-4}	0.7196
150	0.05806	14492	0.2296	2.729×10^{-4}	1.136×10^{-5}	1.957×10^{-4}	0.7174
200	0.05193	14482	0.2486	3.306×10^{-4}	1.228×10^{-5}	2.365×10^{-4}	0.7155

TABLE A-23

Properties of gases at 1 atm pressure (*Concluded*)

Temp. T, °C	Density ρ, kg/m^3	Specific heat c_p, J/kg·K	Thermal conductivity k, W/m·K	Thermal diffusivity α, m^2/s	Dynamic viscosity μ, kg/m·s	Kinematic viscosity ν, m^2/s	Prandtl number Pr
300	0.04287	14481	0.2843	4.580×10^{-4}	1.403×10^{-5}	3.274×10^{-4}	0.7149
400	0.03650	14540	0.3180	5.992×10^{-4}	1.570×10^{-5}	4.302×10^{-4}	0.7179
500	0.03178	14653	0.3509	7.535×10^{-4}	1.730×10^{-5}	5.443×10^{-4}	0.7224
1000	0.01930	15577	0.5206	1.732×10^{-3}	2.455×10^{-5}	1.272×10^{-3}	0.7345
1500	0.01386	16553	0.6581	2.869×10^{-3}	3.099×10^{-5}	2.237×10^{-3}	0.7795
2000	0.01081	17400	0.5480	2.914×10^{-3}	3.690×10^{-5}	3.414×10^{-3}	1.1717
			Nitrogen, N_2				
−50	1.5299	957.3	0.02001	1.366×10^{-5}	1.390×10^{-5}	9.091×10^{-6}	0.6655
0	1.2498	1035	0.02384	1.843×10^{-5}	1.640×10^{-5}	1.312×10^{-5}	0.7121
50	1.0564	1042	0.02746	2.494×10^{-5}	1.874×10^{-5}	1.774×10^{-5}	0.7114
100	0.9149	1041	0.03090	3.244×10^{-5}	2.094×10^{-5}	2.289×10^{-5}	0.7056
150	0.8068	1043	0.03416	4.058×10^{-5}	2.300×10^{-5}	2.851×10^{-5}	0.7025
200	0.7215	1050	0.03727	4.921×10^{-5}	2.494×10^{-5}	3.457×10^{-5}	0.7025
300	0.5956	1070	0.04309	6.758×10^{-5}	2.849×10^{-5}	4.783×10^{-5}	0.7078
400	0.5072	1095	0.04848	8.727×10^{-5}	3.166×10^{-5}	6.242×10^{-5}	0.7153
500	0.4416	1120	0.05358	1.083×10^{-4}	3.451×10^{-5}	7.816×10^{-5}	0.7215
1000	0.2681	1213	0.07938	2.440×10^{-4}	4.594×10^{-5}	1.713×10^{-4}	0.7022
1500	0.1925	1266	0.11793	4.839×10^{-4}	5.562×10^{-5}	2.889×10^{-4}	0.5969
2000	0.1502	1297	0.18590	9.543×10^{-4}	6.426×10^{-5}	4.278×10^{-4}	0.4483
			Oxygen, O_2				
−50	1.7475	984.4	0.02067	1.201×10^{-5}	1.616×10^{-5}	9.246×10^{-6}	0.7694
0	1.4277	928.7	0.02472	1.865×10^{-5}	1.916×10^{-5}	1.342×10^{-5}	0.7198
50	1.2068	921.7	0.02867	2.577×10^{-5}	2.194×10^{-5}	1.818×10^{-5}	0.7053
100	1.0451	931.8	0.03254	3.342×10^{-5}	2.451×10^{-5}	2.346×10^{-5}	0.7019
150	0.9216	947.6	0.03637	4.164×10^{-5}	2.694×10^{-5}	2.923×10^{-5}	0.7019
200	0.8242	964.7	0.04014	5.048×10^{-5}	2.923×10^{-5}	3.546×10^{-5}	0.7025
300	0.6804	997.1	0.04751	7.003×10^{-5}	3.350×10^{-5}	4.923×10^{-5}	0.7030
400	0.5793	1025	0.05463	9.204×10^{-5}	3.744×10^{-5}	6.463×10^{-5}	0.7023
500	0.5044	1048	0.06148	1.163×10^{-4}	4.114×10^{-5}	8.156×10^{-5}	0.7010
1000	0.3063	1121	0.09198	2.678×10^{-4}	5.732×10^{-5}	1.871×10^{-4}	0.6986
1500	0.2199	1165	0.11901	4.643×10^{-4}	7.133×10^{-5}	3.243×10^{-4}	0.6985
2000	0.1716	1201	0.14705	7.139×10^{-4}	8.417×10^{-5}	4.907×10^{-4}	0.6873
			Water vapor, H_2O				
−50	0.9839	1892	0.01353	7.271×10^{-6}	7.187×10^{-6}	7.305×10^{-6}	1.0047
0	0.8038	1874	0.01673	1.110×10^{-5}	8.956×10^{-6}	1.114×10^{-5}	1.0033
50	0.6794	1874	0.02032	1.596×10^{-5}	1.078×10^{-5}	1.587×10^{-5}	0.9944
100	0.5884	1887	0.02429	2.187×10^{-5}	1.265×10^{-5}	2.150×10^{-5}	0.9830
150	0.5189	1908	0.02861	2.890×10^{-5}	1.456×10^{-5}	2.806×10^{-5}	0.9712
200	0.4640	1935	0.03326	3.705×10^{-5}	1.650×10^{-5}	3.556×10^{-5}	0.9599
300	0.3831	1997	0.04345	5.680×10^{-5}	2.045×10^{-5}	5.340×10^{-5}	0.9401
400	0.3262	2066	0.05467	8.114×10^{-5}	2.446×10^{-5}	7.498×10^{-5}	0.9240
500	0.2840	2137	0.06677	1.100×10^{-4}	2.847×10^{-5}	1.002×10^{-4}	0.9108
1000	0.1725	2471	0.13623	3.196×10^{-4}	4.762×10^{-5}	2.761×10^{-4}	0.8639
1500	0.1238	2736	0.21301	6.288×10^{-4}	6.411×10^{-5}	5.177×10^{-4}	0.8233
2000	0.0966	2928	0.29183	1.032×10^{-3}	7.808×10^{-5}	8.084×10^{-4}	0.7833

Note: For ideal gases, the properties c_p, k, μ, and Pr are independent of pressure. The properties ρ, ν, and α at a pressure P (in atm) other than 1 atm are determined by multiplying the values of P at the given temperature by ρ and by dividing ν and α by P.

Source: Data generated from the EES software developed by S. A. Klein and F. L. Alvarado. Originally based on various sources.

TABLE A–24

Properties of solid metals

Composition	Melting point, K	*Properties at 300 K* ρ kg/m³	c_p J/kg·K	k W/m·K	$\alpha \times 10^6$ m²/s	*Properties at various temperatures* (K), k(W/m·K)/c_p(J/kg·K) 100	200	400	600	800	1000
Aluminum:											
Pure	933	2702	903	237	97.1	302	237	240	231	218	
						482	798	949	1033	1146	
Alloy 2024-T6 (4.5% Cu, 1.5% Mg, 0.6% Mn)	775	2770	875	177	73.0	65	163	186	186		
						473	787	925	1042		
Alloy 195, Cast (4.5% Cu)		2790	883	168	68.2			174	185		
Beryllium	1550	1850	1825	200	59.2	990	301	161	126	106	90.8
						203	1114	2191	2604	2823	3018
Bismuth	545	9780	122	7.86	6.59	16.5	9.69	7.04			
						112	120	127			
Boron	2573	2500	1107	27.0	9.76	190	55.5	16.8	10.6	9.60	9.85
						128	600	1463	1892	2160	2338
Cadmium	594	8650	231	96.8	48.4	203	99.3	94.7			
							198	222	242		
Chromium	2118	7160	449	93.7	29.1	159	111	90.9	80.7	71.3	65.4
						192	384	484	542	581	616
Cobalt	1769	8862	421	99.2	26.6	167	122	85.4	67.4	58.2	52.1
						236	379	450	503	550	628
Copper:											
Pure	1358	8933	385	401	117	482	413	393	379	366	352
						252	356	397	417	433	451
Commercial bronze (90% Cu, 10% Al)	1293	8800	420	52	14		42	52	59		
							785	160	545		
Phosphor gear bronze (89% Cu, 11% Sn)	1104	8780	355	54	17		41	65	74		
								—	—		
Cartridge brass (70% Cu, 30% Zn)	1188	8530	380	110	33.9	75	95	137	149		
							360	395	425		
Constantan (55% Cu, 45% Ni)	1493	8920	384	23	6.71	17	19				
						237	362				
Germanium	1211	5360	322	59.9	34.7	232	96.8	43.2	27.3	19.8	17.4
						190	290	337	348	357	375
Gold	1336	19,300	129	317	127	327	323	311	298	284	270
						109	124	131	135	140	145
Iridium	2720	22,500	130	147	50.3	172	153	144	138	132	126
						90	122	133	138	144	153
Iron:											
Pure	1810	7870	447	80.2	23.1	134	94.0	69.5	54.7	43.3	32.8
						216	384	490	574	680	975
Armco (99.75% pure)		7870	447	72.7	20.7	95.6	80.6	65.7	53.1	42.2	32.3
						215	384	490	574	680	975
Carbon steels:											
Plain carbon (Mn ≤ 1% Si ≤ 0.1%)		7854	434	60.5	17.7			56.7	48.0	39.2	30.0
								487	559	685	1169
AISI 1010		7832	434	63.9	18.8			58.7	48.8	39.2	31.3
								487	559	685	1168
Carbon-silicon (Mn ≤ 1% 0.1% < Si ≤ 0.6%)		7817	446	51.9	14.9			49.8	44.0	37.4	29.3
								501	582	699	971

TABLE A–24

Properties of solid metals (*Continued*)

Composition	Melting point, K	*Properties at 300 K*				*Properties at various temperatures* (K), k(W/m·K)/c_p(J/kg·K)					
		ρ kg/m³	c_p J/kg·K	k W/m·K	$\alpha \times 10^6$ m²/s	100	200	400	600	800	1000
Carbon–manganese–silicon (1% < Mn < 1.65% 0.1% < Si < 0.6%)		8131	434	41.0	11.6			42.2	39.7	35.0	27.6
								487	559	685	1090
Chromium (low) steels:											
$\frac{1}{2}$Cr–$\frac{1}{4}$ Mo–Si (0.18% C, 0.65% Cr, 0.23% Mo, 0.6% Si)		7822	444	37.7	10.9			38.2	36.7	33.3	26.9
								492	575	688	969
1 Cr–$\frac{1}{2}$ Mo (0.16% C, 1% Cr, 0.54% Mo, 0.39% Si)		7858	442	42.3	12.2			42.0	39.1	34.5	27.4
								492	575	688	969
1 Cr–V (0.2% C, 1.02% Cr, 0.15% V)		7836	443	48.9	14.1			46.8	42.1	36.3	28.2
								492	575	688	969
Stainless steels:											
AISI 302		8055	480	15.1	3.91			17.3	20.0	22.8	25.4
								512	559	585	606
AISI 304	1670	7900	477	14.9	3.95	9.2	12.6	16.6	19.8	22.6	25.4
						272	402	515	557	582	611
AISI 316		8238	468	13.4	3.48			15.2	18.3	21.3	24.2
								504	550	576	602
AISI 347		7978	480	14.2	3.71			15.8	18.9	21.9	24.7
								513	559	585	606
Lead	601	11,340	129	35.3	24.1	39.7	36.7	34.0	31.4		
								118	125	132	142
Magnesium	923	1740	1024	156	87.6	169	159	153	149	146	
							649	934	1074	1170	1267
Molybdenum	2894	10,240	251	138	53.7	179	143	134	126	118	112
						141	224	261	275	285	295
Nickel:											
Pure	1728	8900	444	90.7	23.0	164	107	80.2	65.6	67.6	71.8
						232	383	485	592	530	562
Nichrome (80% Ni, 20% Cr)	1672	8400	420	12	3.4			14	16	21	
								480	525	545	
Inconel X-750 (73% Ni, 15% Cr, 6.7% Fe)	1665	8510	439	11.7	3.1	8.7	10.3	13.5	17.0	20.5	24.0
						—	372	473	510	546	626
Niobium	2741	8570	265	53.7	23.6	55.2	52.6	55.2	58.2	61.3	64.4
						188	249	274	283	292	301
Palladium	1827	12,020	244	71.8	24.5	76.5	71.6	73.6	79.7	86.9	94.2
						168	227	251	261	271	281
Platinum: Pure	2045	21,450	133	71.6	25.1	77.5	72.6	71.8	73.2	75.6	78.7
						100	125	136	141	146	152
Alloy 60Pt–40Rh (60% Pt, 40% Rh)	1800	16,630	162	47	17.4			52	59	65	69
								—	—	—	—
Rhenium	3453	21,100	136	47.9	16.7	58.9	51.0	46.1	44.2	44.1	44.6
						97	127	139	145	151	156
Rhodium	2236	12,450	243	150	49.6	186	154	146	136	127	121
						147	220	253	274	293	311

TABLE A–24

Properties of solid metals *(Concluded)*

Composition	Melting point, K	Properties at 300 K: ρ kg/m³	c_p J/kg·K	k W/m·K	$\alpha \times 10^6$ m²/s	Properties at various temperatures (K), k(W/m·K)/c_p(J/kg·K): 100	200	400	600	800	1000
Silicon	1685	2330	712	148	89.2	884 259	264 556	98.9 790	61.9 867	42.4 913	31.2 946
Silver	1235	10,500	235	429	174	444 187	430 225	425 239	412 250	396 262	379 277
Tantalum	3269	16,600	140	57.5	24.7	59.2 110	57.5 133	57.8 144	58.6 146	59.4 149	60.2 152
Thorium	2023	11,700	118	54.0	39.1	59.8 99	54.6 112	54.5 124	55.8 134	56.9 145	56.9 156
Tin	505	7310	227	66.6	40.1	85.2 188	73.3 215	62.2 243			
Titanium	1953	4500	522	21.9	9.32	30.5 300	24.5 465	20.4 551	19.4 591	19.7 633	20.7 675
Tungsten	3660	19,300	132	174	68.3	208 87	186 122	159 137	137 142	125 146	118 148
Uranium	1406	19,070	116	27.6	12.5	21.7 94	25.1 108	29.6 125	34.0 146	38.8 176	43.9 180
Vanadium	2192	6100	489	30.7	10.3	35.8 258	31.3 430	31.3 515	33.3 540	35.7 563	38.2 597
Zinc	693	7140	389	116	41.8	117 297	118 367	111 402	103 436		
Zirconium	2125	6570	278	22.7	12.4	33.2 205	25.2 264	21.6 300	20.7 332	21.6 342	23.7 362

Source: Frank P. Incropera and David P. DeWitt, *Fundamentals of Heat and Mass Transfer,* 3rd ed., 1990.

TABLE A–25

Properties of solid nonmetals

		Properties at 300 K				Properties at various temperatures (K), k(W/m·K)/c_p(J/kg·K)					
Composition	Melting point, K	ρ kg/m³	c_p J/kg·K	k W/m·K	$\alpha \times 10^6$ m²/s	100	200	400	600	800	1000
Aluminum oxide,	2323	3970	765	46	15.1	450	82	32.4	18.9	13.0	10.5
sapphire						—	—	940	1110	1180	1225
Aluminum oxide,	2323	3970	765	36.0	11.9	133	55	26.4	15.8	10.4	7.85
polycrystalline						—	—	940	1110	1180	1225
Beryllium oxide	2725	3000	1030	272	88.0			196	111	70	47
								1350	1690	1865	1975
Boron	2573	2500	1105	27.6	9.99	190	52.5	18.7	11.3	8.1	6.3
						—	—	1490	1880	2135	2350
Boron fiber epoxy	590	2080									
(30% vol.) composite											
k, ∥ to fibers				2.29		2.10	2.23	2.28			
k, ⊥ to fibers				0.59		0.37	0.49	0.60			
c_p			1122			364	757	1431			
Carbon,											
amorphous	1500	1950	—	1.60	–	0.67	1.18	1.89	21.9	2.37	2.53
						—	—	—	—	—	—
Diamond,	—	3500	509	2300		10,000	4000	1540			
type lla						21	194	853			
insulator											
Graphite, pyrolytic	2273	2210									
k, ∥ to layers				1950		4970	3230	1390	892	667	534
k, ⊥ to layers				5.70		16.8	9.23	4.09	2.68	2.01	1.60
c_p			709			136	411	992	1406	1650	1793
Graphite fiber	450	1400									
epoxy (25% vol.)											
composite											
k, heat flow ∥ to fibers				11.1		5.7	8.7	13.0			
k, heat flow ⊥ to fibers			0.87		0.46	0.68	1.1				
c_p			935			337	642	1216			
Pyroceram,	1623	2600	808	3.98	1.89	5.25	4.78	3.64	3.28	3.08	2.96
Corning 9606						—	—	908	1038	1122	1197
Silicon carbide	3100	3160	675	490	230			—	—	—	87
								880	1050	1135	1195
Silicon dioxide,	1883	2650									
crystalline (quartz)											
k, ∥ to c-axis				10.4		39	16.4	7.6	5.0	4.2	
k, ⊥ to c-axis				6.21		20.8	9.5	4.70	3.4	3.1	
c_p			745			—	—	885	1075	1250	
Silicon dioxide,											
polycrystalline	1883	2220	745	1.38	0.834	0.69	1.14	1.51	1.75	2.17	2.87
(fused silica)						—	—	905	1040	1105	1155
Silicon nitride	2173	2400	691	16.0	9.65	—	—	13.9	11.3	9.88	8.76
						—	578	778	937	1063	1155
Sulfur	392	2070	708	0.206	0.141	0.165	0.185				
							403	606			
Thorium dioxide	3573	9110	235	13	6.1			10.2	6.6	4.7	3.68
								255	274	285	295
Titanium dioxide,	2133	4157	710	8.4	2.8			7.01	5.02	8.94	3.46
polycrystalline								805	880	910	930

TABLE A–26

Emissivities of surfaces

(*a*) Metals

Material	Temperature, K	Emissivity, ε
Aluminum		
Polished	300–900	0.04–0.06
Commercial sheet	400	0.09
Heavily oxidized	400–800	0.20–0.33
Anodized	300	0.8
Bismuth, bright	350	0.34
Brass		
Highly polished	500–650	0.03–0.04
Polished	350	0.09
Dull plate	300–600	0.22
Oxidized	450–800	0.6
Chromium, polished	300–1400	0.08–0.40
Copper		
Highly polished	300	0.02
Polished	300–500	0.04–0.05
Commercial sheet	300	0.15
Oxidized	600–1000	0.5–0.8
Black oxidized	300	0.78
Gold		
Highly polished	300–1000	0.03–0.06
Bright foil	300	0.07
Iron		
Highly polished	300–500	0.05–0.07
Case iron	300	0.44
Wrought iron	300–500	0.28
Rusted	300	0.61
Oxidized	500–900	0.64–0.78
Lead		
Polished	300–500	0.06–0.08
Unoxidized, rough	300	0.43
Oxidized	300	0.63
Magnesium, polished	300–500	0.07–0.13
Mercury	300–400	0.09–0.12
Molybdenum		
Polished	300–2000	0.05–0.21
Oxidized	600–800	0.80–0.82
Nickel		
Polished	500–1200	0.07–0.17
Oxidized	450–1000	0.37–0.57
Platinum, polished	500–1500	0.06–0.18
Silver, polished	300–1000	0.02–0.07
Stainless steel		
Polished	300–1000	0.17–0.30
Lightly oxidized	600–1000	0.30–0.40
Highly oxidized	600–1000	0.70–0.80
Steel		
Polished sheet	300–500	0.08–0.14
Commercial sheet	500–1200	0.20–0.32
Heavily oxidized	300	0.81
Tin, polished	300	0.05
Tungsten		
Polished	300–2500	0.03–0.29
Filament	3500	0.39
Zinc		
Polished	300–800	0.02–0.05
Oxidized	300	0.25

TABLE A-26

Emissivities of surfaces
(*b*) Nonmetals (*Concluded*)

Material	Temperature, K	Emissivity, ε	Material	Temperature, K	Emissivity, ε
Alumina	800–1400	0.65–0.45	Paper, white	300	0.90
Aluminum oxide	600–1500	0.69–0.41	Plaster, white	300	0.93
Asbestos	300	0.96	Porcelain, glazed	300	0.92
Asphalt pavement	300	0.85–0.93	Quartz, rough, fused	300	0.93
Brick			Rubber		
Common	300	0.93–0.96	Hard	300	0.93
Fireclay	1200	0.75	Soft	300	0.86
Carbon filament	2000	0.53	Sand	300	0.90
Cloth	300	0.75–0.90	Silicon carbide	600–1500	0.87–0.85
Concrete	300	0.88–0.94	Skin, human	300	0.95
Glass			Snow	273	0.80–0.90
Window	300	0.90–0.95	Soil, earth	300	0.93–0.96
Pyrex	300–1200	0.82–0.62	Soot	300–500	0.95
Pyroceram	300–1500	0.85–0.57	Teflon	300–500	0.85–0.92
Ice	273	0.95–0.99	Water, deep	273–373	0.95–0.96
Magnesium oxide	400–800	0.69–0.55	Wood		
Masonry	300	0.80	Beech	300	0.94
Paints			Oak	300	0.90
Aluminum	300	0.40–0.50			
Black, lacquer, shiny	300	0.88			
Oils, all colors	300	0.92–0.96			
Red primer	300	0.93			
White acrylic	300	0.90			
White enamel	300	0.90			

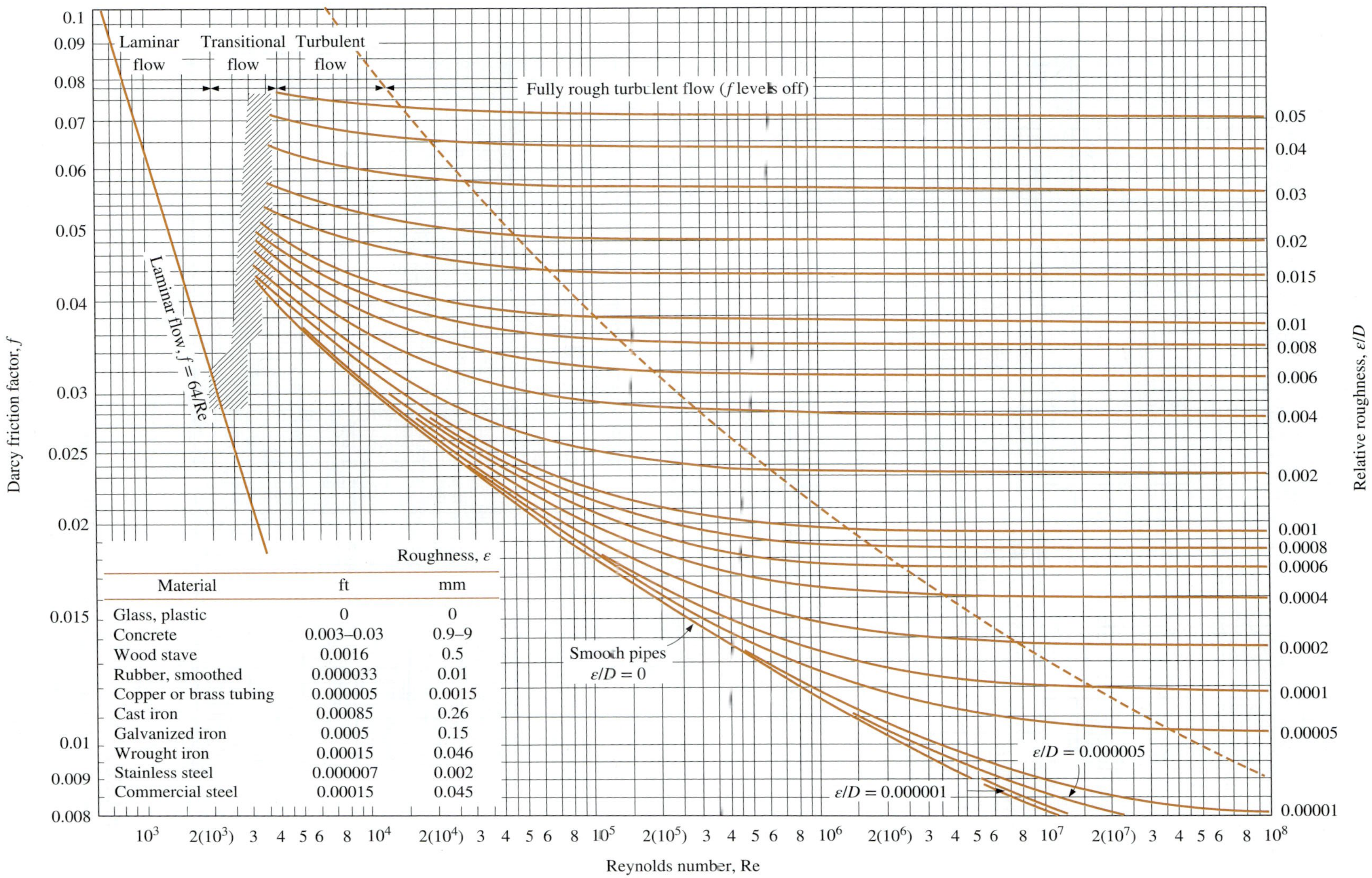

Material	Roughness, ε (ft)	Roughness, ε (mm)
Glass, plastic	0	0
Concrete	0.003–0.03	0.9–9
Wood stave	0.0016	0.5
Rubber, smoothed	0.000033	0.01
Copper or brass tubing	0.000005	0.0015
Cast iron	0.00085	0.26
Galvanized iron	0.0005	0.15
Wrought iron	0.00015	0.046
Stainless steel	0.000007	0.002
Commercial steel	0.00015	0.045

FIGURE A–27

The Moody chart for the friction factor for fully developed flow in circular pipes for use in the head loss relation $\Delta P_L = f\frac{L}{D}\frac{\rho V^2}{2}$. Friction factors in the turbulent flow are evaluated from the Colebrook equation $\frac{1}{\sqrt{f}} = -2\log_{10}\left(\frac{\varepsilon/D}{3.7} + \frac{2.51}{\text{Re}\sqrt{f}}\right)$.

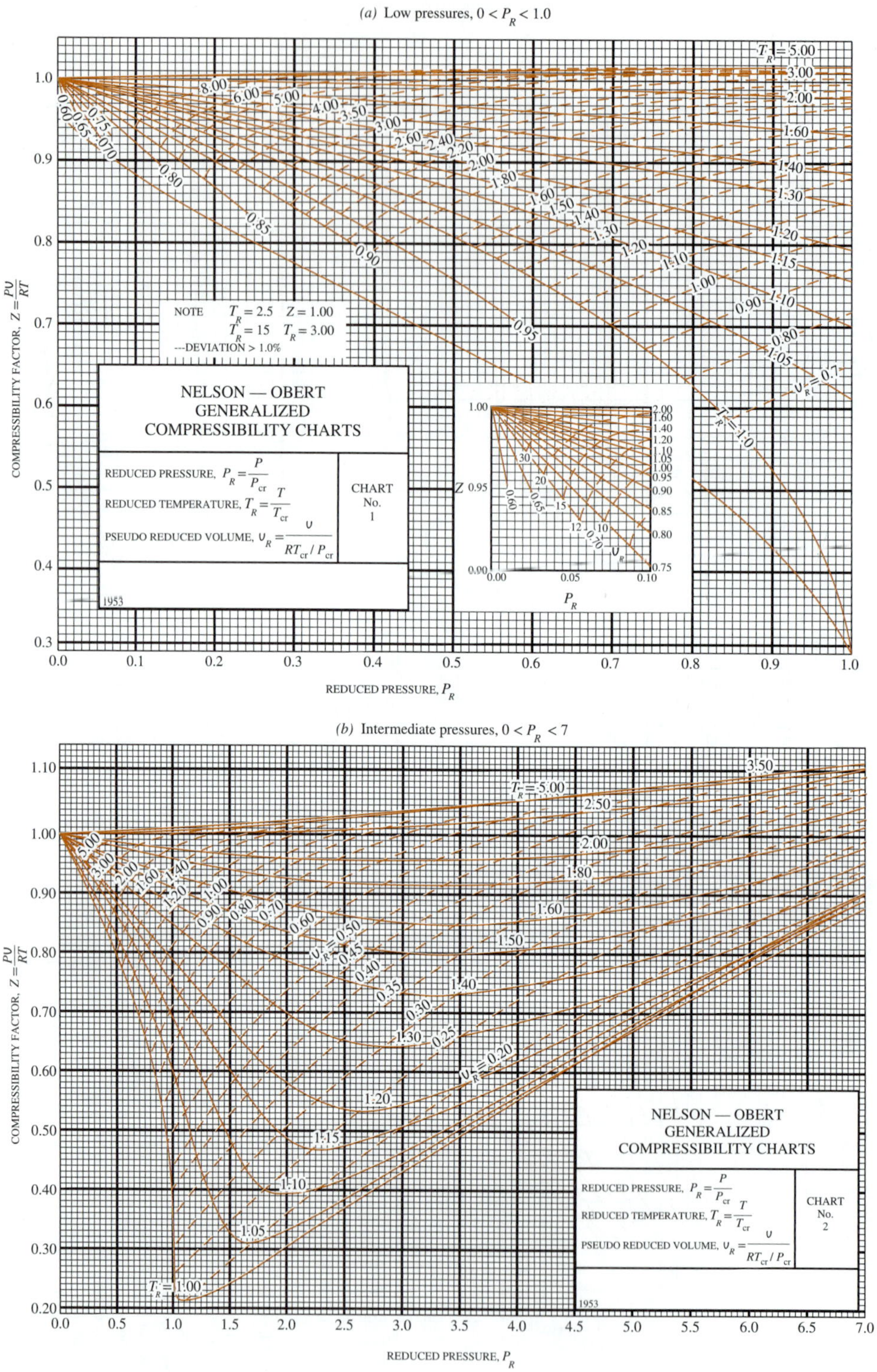

FIGURE A–28

Nelson–Obert generalized compressibility chart.

Used with permission of Dr. Edward E. Obert, University of Wisconsin.

APPENDIX 2

PROPERTY TABLES AND CHARTS (ENGLISH UNITS)

TABLE A–1E

Molar mass, gas constant, and critical-point properties

Substance	Formula	Molar mass, M lbm/lbmol	Gas constant, R^* Btu/lbm·R	Gas constant, R^* psia·ft³/lbm·R	Critical-point properties Temperature, R	Critical-point properties Pressure, psia	Critical-point properties Volume, ft³/lbmol
Air	—	28.97	0.06855	0.3704	238.5	547	1.41
Ammonia	NH_3	17.03	0.1166	0.6301	729.8	1636	1.16
Argon	Ar	39.948	0.04971	0.2686	272	705	1.20
Benzene	C_6H_6	78.115	0.02542	0.1374	1012	714	4.17
Bromine	Br_2	159.808	0.01243	0.06714	1052	1500	2.17
n-Butane	C_4H_{10}	58.124	0.03417	0.1846	765.2	551	4.08
Carbon dioxide	CO_2	44.01	0.04513	0.2438	547.5	1071	1.51
Carbon monoxide	CO	28.011	0.07090	0.3831	240	507	1.49
Carbon tetrachloride	CCl_4	153.82	0.01291	0.06976	1001.5	661	4.42
Chlorine	Cl_2	70.906	0.02801	0.1517	751	1120	1.99
Chloroform	$CHCl_3$	119.38	0.01664	0.08988	965.8	794	3.85
Dichlorodifluoromethane (R-12)	CCl_2F_2	120.91	0.01643	0.08874	692.4	582	3.49
Dichlorofluoromethane (R-21)	$CHCl_2F$	102.92	0.01930	0.1043	813.0	749	3.16
Ethane	C_2H_6	30.020	0.06616	0.3574	549.8	708	2.37
Ethyl alcohol	C_2H_5OH	46.07	0.04311	0.2329	929.0	926	2.68
Ethylene	C_2H_4	28.054	0.07079	0.3825	508.3	742	1.99
Helium	He	4.003	0.4961	2.6809	9.5	33.2	0.926
n-Hexane	C_6H_{14}	86.178	0.02305	0.1245	914.2	439	5.89
Hydrogen (normal)	H_2	2.016	0.9851	5.3224	59.9	188.1	1.04
Krypton	Kr	83.80	0.02370	0.1280	376.9	798	1.48
Methane	CH_4	16.043	0.1238	0.6688	343.9	673	1.59
Methyl alcohol	CH_3OH	32.042	0.06198	0.3349	923.7	1154	1.89
Methyl chloride	CH_3Cl	50.488	0.03934	0.2125	749.3	968	2.29
Neon	Ne	20.183	0.09840	0.5316	80.1	395	0.668
Nitrogen	N_2	28.013	0.07090	0.3830	227.1	492	1.44
Nitrous oxide	N_2O	44.013	0.04512	0.2438	557.4	1054	1.54
Oxygen	O_2	31.999	0.06206	0.3353	278.6	736	1.25
Propane	C_3H_8	44.097	0.04504	0.2433	665.9	617	3.20
Propylene	C_3H_6	42.081	0.04719	0.2550	656.9	670	2.90
Sulfur dioxide	SO_2	64.063	0.03100	1.1675	775.2	1143	1.95
Tetrafluoroethane (R-134a)	CF_3CH_2F	102.03	0.01946	0.1052	673.6	588.7	3.19
Trichlorofluoromethane (R-11)	CCl_3F	137.37	0.01446	0.07811	848.1	635	3.97
Water	H_2O	18.015	0.1102	0.5956	1164.8	3200	0.90
Xenon	Xe	131.30	0.01513	0.08172	521.55	852	1.90

*Calculated from $R = R_u/M$, where R_u = 1.98588 Btu/lbmol·R = 10.7316 psia·ft³/lbmol·R and M is the molar mass.

Source of Data: K. A. Kobe and R. E. Lynn, Jr., *Chemical Review* 52 (1953), pp. 117–236, and ASHRAE, *Handbook of Fundamentals* (Atlanta, GA: American Society of Heating, Refrigerating, and Air-Conditioning Engineers, Inc., 1993), pp. 16.4 and 36.1.

TABLE A–2E

Ideal-gas specific heats of various common gases
(*a*) At 80°F

Gas	Formula	Gas constant, R Btu/lbm·R	c_p Btu/lbm·R	c_v Btu/lbm·R	k
Air	—	0.06855	0.240	0.171	1.400
Argon	Ar	0.04971	0.1253	0.0756	1.667
Butane	C_4H_{10}	0.03424	0.415	0.381	1.09
Carbon dioxide	CO_2	0.04513	0.203	0.158	1.285
Carbon monoxide	CO	0.07090	0.249	0.178	1.399
Ethane	C_2H_6	0.06616	0.427	0.361	1.183
Ethylene	C_2H_4	0.07079	0.411	0.340	1.208
Helium	He	0.4961	1.25	0.753	1.667
Hydrogen	H_2	0.9851	3.43	2.44	1.404
Methane	CH_4	0.1238	0.532	0.403	1.32
Neon	Ne	0.09840	0.246	0.1477	1.667
Nitrogen	N_2	0.07090	0.248	0.177	1.400
Octane	C_8H_{18}	0.01742	0.409	0.392	1.044
Oxygen	O_2	0.06206	0.219	0.157	1.395
Propane	C_3H_8	0.04504	0.407	0.362	1.124
Steam	H_2O	0.1102	0.445	0.335	1.329

Source of Data: Gordon J. Van Wylen and Richard E. Sonntag, *Fundamentals of Classical Thermodynamics,* English/SI Version, 3rd ed. (New York: John Wiley & Sons, 1986), p. 687, Table A–8E.

TABLE A–2E

Ideal-gas specific heats of various common gases (*Continued*)
(*b*) At various temperatures

Temp., °F	c_p Btu/lbm·R	c_v Btu/lbm·R	k	c_p Btu/lbm·R	c_v Btu/lbm·R	k	c_p Btu/lbm·R	c_v Btu/lbm·R	k
	Air			*Carbon dioxide, CO_2*			*Carbon monoxide, CO*		
40	0.240	0.171	1.401	0.195	0.150	1.300	0.248	0.177	1.400
100	0.240	0.172	1.400	0.205	0.160	1.283	0.249	0.178	1.399
200	0.241	0.173	1.397	0.217	0.172	1.262	0.249	0.179	1.397
300	0.243	0.174	1.394	0.229	0.184	1.246	0.251	0.180	1.394
400	0.245	0.176	1.389	0.239	0.193	1.233	0.253	0.182	1.389
500	0.248	0.179	1.383	0.247	0.202	1.223	0.256	0.185	1.384
600	0.250	0.182	1.377	0.255	0.210	1.215	0.259	0.188	1.377
700	0.254	0.185	1.371	0.262	0.217	1.208	0.262	0.191	1.371
800	0.257	0.188	1.365	0.269	0.224	1.202	0.266	0.195	1.364
900	0.259	0.191	1.358	0.275	0.230	1.197	0.269	0.198	1.357
1000	0.263	0.195	1.353	0.280	0.235	1.192	0.273	0.202	1.351
1500	0.276	0.208	1.330	0.298	0.253	1.178	0.287	0.216	1.328
2000	0.286	0.217	1.312	0.312	0.267	1.169	0.297	0.226	1.314
	Hydrogen, H_2			*Nitrogen, N_2*			*Oxygen, O_2*		
40	3.397	2.412	1.409	0.248	0.177	1.400	0.219	0.156	1.397
100	3.426	2.441	1.404	0.248	0.178	1.399	0.220	0.158	1.394
200	3.451	2.466	1.399	0.249	0.178	1.398	0.223	0.161	1.387
300	3.461	2.476	1.398	0.250	0.179	1.396	0.226	0.164	1.378
400	3.466	2.480	1.397	0.251	0.180	1.393	0.230	0.168	1.368
500	3.469	2.484	1.397	0.254	0.183	1.388	0.235	0.173	1.360
600	3.473	2.488	1.396	0.256	0.185	1.383	0.239	0.177	1.352
700	3.477	2.492	1.395	0.260	0.189	1.377	0.242	0.181	1.344
800	3.494	2.509	1.393	0.262	0.191	1.371	0.246	0.184	1.337
900	3.502	2.519	1.392	0.265	0.194	1.364	0.249	0.187	1.331
1000	3.513	2.528	1.390	0.269	0.198	1.359	0.252	0.190	1.326
1500	3.618	2.633	1.374	0.283	0.212	1.334	0.263	0.201	1.309
2000	3.758	2.773	1.355	0.293	0.222	1.319	0.270	0.208	1.298

Note: The unit Btu/lbm·R is equivalent to Btu/lbm·°F.

Source of Data: Kenneth Wark, *Thermodynamics,* 4th ed. (New York: McGraw-Hill, 1983), p. 830, Table A–4. Originally published in *Tables of Properties of Gases,* NBS Circular 564, 1955.

TABLE A–2E

Ideal-gas specific heats of various common gases (*Concluded*)
(*c*) As a function of temperature

$$\bar{c}_p = a + bT + cT^2 + dT^3$$
$$(T \text{ in R}, c_p \text{ in Btu/lbmol·R})$$

Substance	Formula	a	b	c	d	Temperature range, R	% error Max.	% error Avg.
Nitrogen	N_2	6.903	-0.02085×10^{-2}	0.05957×10^{-5}	-0.1176×10^{-9}	491–3240	0.59	0.34
Oxygen	O_2	6.085	0.2017×10^{-2}	-0.05275×10^{-5}	0.05372×10^{-9}	491–3240	1.19	0.28
Air	—	6.713	0.02609×10^{-2}	0.03540×10^{-5}	-0.08052×10^{-9}	491–3240	0.72	0.33
Hydrogen	H_2	6.952	-0.02542×10^{-2}	0.02952×10^{-5}	-0.03565×10^{-9}	491–3240	1.02	0.26
Carbon monoxide	CO	6.726	0.02222×10^{-2}	0.03960×10^{-5}	-0.09100×10^{-9}	491–3240	0.89	0.37
Carbon dioxide	CO_2	5.316	0.79361×10^{-2}	-0.2581×10^{-5}	0.3059×10^{-9}	491–3240	0.67	0.22
Water vapor	H_2O	7.700	0.02552×10^{-2}	0.07781×10^{-5}	-0.1472×10^{-9}	491–3240	0.53	0.24
Nitric oxide	NO	7.008	-0.01247×10^{-2}	0.07185×10^{-5}	-0.1715×10^{-9}	491–2700	0.97	0.36
Nitrous oxide	N_2O	5.758	0.7780×10^{-2}	-0.2596×10^{-5}	0.4331×10^{-9}	491–2700	0.59	0.26
Nitrogen dioxide	NO_2	5.48	0.7583×10^{-2}	-0.260×10^{-5}	0.322×10^{-9}	491–2700	0.46	0.18
Ammonia	NH_3	6.5846	0.34028×10^{-2}	0.073034×10^{-5}	-0.27402×10^{-9}	491–2700	0.91	0.36
Sulfur	S	6.499	0.2943×10^{-2}	-0.1200×10^{-5}	0.1632×10^{-9}	491–3240	0.99	0.38
Sulfur dioxide	SO_2	6.157	0.7689×10^{-2}	-0.2810×10^{-5}	0.3527×10^{-9}	491–3240	0.45	0.24
Sulfur trioxide	SO_3	3.918	1.935×10^{-2}	-0.8256×10^{-5}	1.328×10^{-9}	491–2340	0.29	0.13
Acetylene	C_2H_2	5.21	1.2227×10^{-2}	-0.4812×10^{-5}	0.7457×10^{-9}	491–2700	1.46	0.59
Benzene	C_6H_6	−8.650	6.4322×10^{-2}	-2.327×10^{-5}	3.179×10^{-9}	491–2700	0.34	0.20
Methanol	CH_4O	4.55	1.214×10^{-2}	-0.0898×10^{-5}	-0.329×10^{-9}	491–1800	0.18	0.08
Ethanol	C_2H_6O	4.75	2.781×10^{-2}	-0.7651×10^{-5}	0.821×10^{-9}	491–2700	0.40	0.22
Hydrogen chloride	HCl	7.244	-0.1011×10^{-2}	0.09783×10^{-5}	-0.1776×10^{-9}	491–2740	0.22	0.08
Methane	CH_4	4.750	0.6666×10^{-2}	0.09352×10^{-5}	-0.4510×10^{-9}	491–2740	1.33	0.57
Ethane	C_2H_6	1.648	2.291×10^{-2}	-0.4722×10^{-5}	0.2984×10^{-9}	491–2740	0.83	0.28
Propane	C_3H_8	−0.966	4.044×10^{-2}	-1.159×10^{-5}	1.300×10^{-9}	491–2740	0.40	0.12
n-Butane	C_4H_{10}	0.945	4.929×10^{-2}	-1.352×10^{-5}	1.433×10^{-9}	491–2740	0.54	0.24
i-Butane	C_4H_{10}	−1.890	5.520×10^{-2}	-1.696×10^{-5}	2.044×10^{-9}	491–2740	0.25	0.13
n-Pentane	C_5H_{12}	1.618	6.028×10^{-2}	-1.656×10^{-5}	1.732×10^{-9}	491–2740	0.56	0.21
n-Hexane	C_6H_{14}	1.657	7.328×10^{-2}	-2.112×10^{-5}	2.363×10^{-9}	491–2740	0.72	0.20
Ethylene	C_2H_4	0.944	2.075×10^{-2}	-0.6151×10^{-5}	0.7326×10^{-9}	491–2740	0.54	0.13
Propylene	C_3H_6	0.753	3.162×10^{-2}	-0.8981×10^{-5}	1.008×10^{-9}	491–2740	0.73	0.17

Source of Data: B. G. Kyle, *Chemical and Process Thermodynamics,* 3rd ed. (Upper Saddle River, NJ: Prentice Hall, 2000).

TABLE A-3E

Properties of common liquids, solids, and foods

(*a*) Liquids

	Boiling data at 1 atm		*Freezing data*		*Liquid properties*		
Substance	Normal boiling point, °F	Latent heat of vaporization, h_{fg} Btu/lbm	Freezing point, °F	Latent heat of fusion, h_{if} Btu/lbm	Temperature, °F	Density, ρ lbm/ft³	Specific heat, c_p Btu/lbm·R
Ammonia	−27.9	24.54	−107.9	138.6	−27.9	42.6	1.06
					0	41.3	1.083
					40	39.5	1.103
					80	37.5	1.135
Argon	−302.6	69.5	−308.7	12.0	−302.6	87.0	0.272
Benzene	176.4	169.4	41.9	54.2	68	54.9	0.411
Brine (20% sodium chloride by mass)	219.0	—	0.7	—	68	71.8	0.743
n-Butane	31.1	165.6	−217.3	34.5	31.1	37.5	0.552
Carbon dioxide	−109.2*	99.6 (at 32°F)	−69.8	—	32	57.8	0.583
Ethanol	172.8	360.5	−173.6	46.9	77	48.9	0.588
Ethyl alcohol	173.5	368	−248.8	46.4	68	49.3	0.678
Ethylene glycol	388.6	344.0	12.6	77.9	68	69.2	0.678
Glycerine	355.8	419	66.0	86.3	68	78.7	0.554
Helium	−452.1	9.80	—	—	−452.1	9.13	5.45
Hydrogen	−423.0	191.7	−434.5	25.6	−423.0	4.41	2.39
Isobutane	10.9	157.8	−255.5	45.5	10.9	37.1	0.545
Kerosene	399–559	108	−12.8	—	68	51.2	0.478
Mercury	674.1	126.7	−38.0	4.90	77	847	0.033
Methane	−258.7	219.6	296.0	25.1	−258.7	26.4	0.834
					−160	20.0	1.074
Methanol	148.1	473	−143.9	42.7	77	49.1	0.609
Nitrogen	−320.4	85.4	−346.0	10.9	−320.4	50.5	0.492
					−260	38.2	0.643
Octane	256.6	131.7	−71.5	77.9	68	43.9	0.502
Oil (light)	—	—			77	56.8	0.430
Oxygen	−297.3	91.5	−361.8	5.9	−297.3	71.2	0.408
Petroleum	—	99–165			68	40.0	0.478
Propane	−43.7	184.0	−305.8	34.4	−43.7	36.3	0.538
					32	33.0	0.604
					100	29.4	0.673
Refrigerant-134a	−15.0	93.3	−141.9	—	−40	88.5	0.283
					−15	86.0	0.294
					32	80.9	0.318
					90	73.6	0.348
Water	212	970.1	32	143.5	32	62.4	1.01
					90	62.1	1.00
					150	61.2	1.00
					212	59.8	1.01

*Sublimation temperature. (At pressures below the triple-point pressure of 75.1 psia, carbon dioxide exists as a solid or gas. Also, the freezing-point temperature of carbon dioxide is the triple-point temperature of −69.8°F.)

TABLE A–3E

Properties of common liquids, solids, and foods (*Concluded*)

(*b*) Solids (values are for room temperature unless indicated otherwise)

Substance	Density, ρ lbm/ft^3	Specific heat, c_p Btu/lbm·R
Metals		
Aluminum		
−100°F		0.192
32°F		0.212
100°F	170	0.218
200°F		0.224
300°F		0.229
400°F		0.235
500°F		0.240
Bronze (76% Cu, 2% Zn, 2% Al)	517	0.0955
Brass, yellow (65% Cu, 35% Zn)	519	0.0955
Copper		
−60°F		0.0862
0°F		0.0893
100°F	555	0.0925
200°F		0.0938
390°F		0.0963
Iron	490	0.107
Lead	705	0.030
Magnesium	108	0.239
Nickel	555	0.105
Silver	655	0.056
Steel, mild	489	0.119
Tungsten	1211	0.031

Substance	Density, ρ lbm/ft^3	Specific heat, c_p Btu/lbm·R
Nonmetals		
Asphalt	132	0.220
Brick, common	120	0.189
Brick, fireclay (500°C)	144	0.229
Concrete	144	0.156
Clay	62.4	0.220
Diamond	151	0.147
Glass, window	169	0.191
Glass, pyrex	139	0.200
Graphite	156	0.170
Granite	169	0.243
Gypsum or plaster board		
Ice	50	0.260
−50°F		0.424
0°F		0.471
20°F		0.491
32°F	57.5	0.502
Limestone	103	0.217
Marble 162	0.210	
Plywood (Douglas fir)	34.0	
Rubber (hard)	68.7	
Rubber (soft)	71.8	
Sand	94.9	
Stone	93.6	
Woods, hard (maple, oak, etc.)	45.0	
Woods, soft (fir, pine, etc.)	32.0	

(*c*) Foods

Food	Water content, % (mass)	Freezing point, °F	*Specific heat,* Btu/lbm·R Above freezing	Below freezing	Latent heat of fusion, Btu/lbm
Apples	84	30	0.873	0.453	121
Bananas	75	31	0.801	0.426	108
Beef round	67	—	0.737	0.402	96
Broccoli	90	31	0.921	0.471	129
Butter	16	—	—	0.249	23
Cheese, Swiss	39	14	0.513	0.318	56
Cherries	80	29	0.841	0.441	115
Chicken	74	27	0.793	0.423	106
Corn, sweet	74	31	0.793	0.423	106
Eggs, whole	74	31	0.793	0.423	106
Ice cream	63	22	0.705	0.390	90

Food	Water content, % (mass)	Freezing point, °F	*Specific heat,* Btu/lbm·R Above freezing	Below freezing	Latent heat of fusion, Btu/lbm
Lettuce	95	32	0.961	0.487	136
Milk, whole	88	31	0.905	0.465	126
Oranges	87	31	0.897	0.462	125
Potatoes	78	31	0.825	0.435	112
Salmon fish	64	28	0.713	0.393	92
Shrimp	83	28	0.865	0.450	119
Spinach	93	31	0.945	0.481	134
Strawberries	90	31	0.921	0.471	129
Tomatoes, ripe	94	31	0.953	0.484	135
Turkey	64	—	0.713	0.393	92
Watermelon	93	31	0.945	0.481	134

Source of Data: Values are obtained from various handbooks and other sources or are calculated. Water content and freezing-point data of foods are from ASHRAE, *Handbook of Fundamentals,* I-P version (Atlanta, GA: American Society of Heating, Refrigerating, and Air-Conditioning Engineers, Inc., 1993), Chap. 30, Table 1.

Freezing point is the temperature at which freezing starts for fruits and vegetables, and the average freezing temperature for other foods.

TABLE A–4E

Saturated water—Temperature table

		Specific volume, ft³/lbm		Internal energy, Btu/lbm			Enthalpy, Btu/lbm			Entropy, Btu/lbm·R		
Temp., T °F	Sat. press., P_{sat} psia	Sat. liquid, v_f	Sat. vapor, v_g	Sat. liquid, u_f	Evap., u_{fg}	Sat. vapor, u_g	Sat. liquid, h_f	Evap., h_{fg}	Sat. vapor, h_g	Sat. liquid, s_f	Evap., s_{fg}	Sat. vapor, s_g
32.018	0.08871	0.01602	3299.9	0.000	1021.0	1021.0	0.000	1075.2	1075.2	0.00000	2.18672	2.1867
35	0.09998	0.01602	2945.7	3.004	1019.0	1022.0	3.004	1073.5	1076.5	0.00609	2.17011	2.1762
40	0.12173	0.01602	2443.6	8.032	1015.6	1023.7	8.032	1070.7	1078.7	0.01620	2.14271	2.1589
45	0.14756	0.01602	2035.8	13.05	1012.2	1025.3	13.05	1067.8	1080.9	0.02620	2.11587	2.1421
50	0.17812	0.01602	1703.1	18.07	1008.9	1026.9	18.07	1065.0	1083.1	0.03609	2.08956	2.1256
55	0.21413	0.01603	1430.4	23.07	1005.5	1028.6	23.07	1062.2	1085.3	0.04586	2.06377	2.1096
60	0.25638	0.01604	1206.1	28.08	1002.1	1030.2	28.08	1059.4	1087.4	0.05554	2.03847	2.0940
65	0.30578	0.01604	1020.8	33.08	998.76	1031.8	33.08	1056.5	1089.6	0.06511	2.01366	2.0788
70	0.36334	0.01605	867.18	38.08	995.39	1033.5	38.08	1053.7	1091.8	0.07459	1.98931	2.0639
75	0.43016	0.01606	739.27	43.07	992.02	1035.1	43.07	1050.9	1093.9	0.08398	1.96541	2.0494
80	0.50745	0.01607	632.41	48.06	988.65	1036.7	48.07	1048.0	1096.1	0.09328	1.94196	2.0352
85	0.59659	0.01609	542.80	53.06	985.28	1038.3	53.06	1045.2	1098.3	0.10248	1.91892	2.0214
90	0.69904	0.01610	467.40	58.05	981.90	1040.0	58.05	1042.4	1100.4	0.11161	1.89630	2.0079
95	0.81643	0.01612	403.74	63.04	978.52	1041.6	63.04	1039.5	1102.6	0.12065	1.87408	1.9947
100	0.95052	0.01613	349.83	68.03	975.14	1043.2	68.03	1036.7	1104.7	0.12961	1.85225	1.9819
110	1.2767	0.01617	264.96	78.01	968.36	1046.4	78.02	1031.0	1109.0	0.14728	1.80970	1.9570
120	1.6951	0.01620	202.94	88.00	961.56	1049.6	88.00	1025.2	1113.2	0.16466	1.76856	1.9332
130	2.2260	0.01625	157.09	97.99	954.73	1052.7	97.99	1019.4	1117.4	0.18174	1.72877	1.9105
140	2.8931	0.01629	122.81	107.98	947.87	1055.9	107.99	1013.6	1121.6	0.19855	1.69024	1.8888
150	3.7234	0.01634	96.929	117.98	940.98	1059.0	117.99	1007.8	1125.7	0.21508	1.65291	1.8680
160	4.7474	0.01639	77.185	127.98	934.05	1062.0	128.00	1001.8	1129.8	0.23136	1.61670	1.8481
170	5.9999	0.01645	61.982	138.00	927.08	1065.1	138.02	995.88	1133.9	0.24739	1.58155	1.8289
180	7.5197	0.01651	50.172	148.02	920.06	1068.1	148.04	989.85	1137.9	0.26318	1.54741	1.8106
190	9.3497	0.01657	40.920	158.05	912.99	1071.0	158.08	983.76	1141.8	0.27874	1.51421	1.7930
200	11.538	0.01663	33.613	168.10	905.87	1074.0	168.13	977.60	1145.7	0.29409	1.48191	1.7760
210	14.136	0.01670	27.798	178.15	898.68	1076.8	178.20	971.35	1149.5	0.30922	1.45046	1.7597
212	14.709	0.01671	26.782	180.16	897.24	1077.4	180.21	970.09	1150.3	0.31222	1.44427	1.7565
220	17.201	0.01677	23.136	188.22	891.43	1079.6	188.28	965.02	1153.3	0.32414	1.41980	1.7439
230	20.795	0.01684	19.374	198.31	884.10	1082.4	198.37	958.59	1157.0	0.33887	1.38989	1.7288
240	24.985	0.01692	16.316	208.41	876.70	1085.1	208.49	952.06	1160.5	0.35342	1.36069	1.7141
250	29.844	0.01700	13.816	218.54	869.21	1087.7	218.63	945.41	1164.0	0.36779	1.33216	1.6999
260	35.447	0.01708	11.760	228.68	861.62	1090.3	228.79	938.65	1167.4	0.38198	1.30425	1.6862
270	41.877	0.01717	10.059	238.85	853.94	1092.8	238.98	931.76	1170.7	0.39601	1.27694	1.6730
280	49.222	0.01726	8.6439	249.04	846.16	1095.2	249.20	924.74	1173.9	0.40989	1.25018	1.6601
290	57.573	0.01735	7.4607	259.26	838.27	1097.5	259.45	917.57	1177.0	0.42361	1.22393	1.6475
300	67.028	0.01745	6.4663	269.51	830.25	1099.8	269.73	910.24	1180.0	0.43720	1.19818	1.6354
310	77.691	0.01755	5.6266	279.79	822.11	1101.9	280.05	902.75	1182.8	0.45065	1.17289	1.6235
320	89.667	0.01765	4.9144	290.11	813.84	1104.0	290.40	895.09	1185.5	0.46396	1.14802	1.6120
330	103.07	0.01776	4.3076	300.46	805.43	1105.9	300.80	887.25	1188.1	0.47716	1.12355	1.6007
340	118.02	0.01787	3.7885	310.85	796.87	1107.7	311.24	879.22	1190.5	0.49024	1.09945	1.5897
350	134.63	0.01799	3.3425	321.29	788.16	1109.4	321.73	870.98	1192.7	0.50321	1.07570	1.5789
360	153.03	0.01811	2.9580	331.76	779.28	1111.0	332.28	862.53	1194.8	0.51607	1.05227	1.5683
370	173.36	0.01823	2.6252	342.29	770.23	1112.5	342.88	853.86	1196.7	0.52884	1.02914	1.5580
380	195.74	0.01836	2.3361	352.87	761.00	1113.9	353.53	844.96	1198.5	0.54152	1.00628	1.5478
390	220.33	0.01850	2.0842	363.50	751.58	1115.1	364.25	835.81	1200.1	0.55411	0.98366	1.5378

TABLE A-4E

Saturated water—Temperature table *(Concluded)*

		Specific volume, ft³/lbm		*Internal energy,* Btu/lbm			*Enthalpy,* Btu/lbm			*Entropy,* Btu/lbm·R		
Temp., T °F	Sat. press., P_{sat} psia	Sat. liquid, v_f	Sat. vapor, v_g	Sat. liquid, u_f	Evap., u_{fg}	Sat. vapor, u_g	Sat. liquid, h_f	Evap., h_{fg}	Sat. vapor, h_g	Sat. liquid, s_f	Evap., s_{fg}	Sat. vapor, s_g
400	247.26	0.01864	1.8639	374.19	741.97	1116.2	375.04	826.39	1201.4	0.56663	0.96127	1.5279
410	276.69	0.01878	1.6706	384.94	732.14	1117.1	385.90	816.71	1202.6	0.57907	0.93908	1.5182
420	308.76	0.01894	1.5006	395.76	722.08	1117.8	396.84	806.74	1203.6	0.59145	0.91707	1.5085
430	343.64	0.01910	1.3505	406.65	711.80	1118.4	407.86	796.46	1204.3	0.60377	0.89522	1.4990
440	381.49	0.01926	1.2178	417.61	701.26	1118.9	418.97	785.87	1204.8	0.61603	0.87349	1.4895
450	422.47	0.01944	1.0999	428.66	690.47	1119.1	430.18	774.94	1205.1	0.62826	0.85187	1.4801
460	466.75	0.01962	0.99510	439.79	679.39	1119.2	441.48	763.65	1205.1	0.64044	0.83033	1.4708
470	514.52	0.01981	0.90158	451.01	668.02	1119.0	452.90	751.98	1204.9	0.65260	0.80885	1.4615
480	565.96	0.02001	0.81794	462.34	656.34	1118.7	464.43	739.91	1204.3	0.66474	0.78739	1.4521
490	621.24	0.02022	0.74296	473.77	644.32	1118.1	476.09	727.40	1203.5	0.67686	0.76594	1.4428
500	680.56	0.02044	0.67558	485.32	631.94	1117.3	487.89	714.44	1202.3	0.68899	0.74445	1.4334
510	744.11	0.02067	0.61489	496.99	619.17	1116.2	499.84	700.99	1200.8	0.70112	0.72290	1.4240
520	812.11	0.02092	0.56009	508.80	605.99	1114.8	511.94	687.01	1199.0	0.71327	0.70126	1.4145
530	884.74	0.02118	0.51051	520.76	592.35	1113.1	524.23	672.47	1196.7	0.72546	0.67947	1.4049
540	962.24	0.02146	0.46553	532.88	578.23	1111.1	536.70	657.31	1194.0	0.73770	0.65751	1.3952
550	1044.8	0.02176	0.42465	545.18	563.58	1108.8	549.39	641.47	1190.9	0.75000	0.63532	1.3853
560	1132.7	0.02207	0.38740	557.68	548.33	1106.0	562.31	624.91	1187.2	0.76238	0.61284	1.3752
570	1226.2	0.02242	0.35339	570.40	532.45	1102.8	575.49	607.55	1183.0	0.77486	0.59003	1.3649
580	1325.5	0.02279	0.32225	583.37	515.84	1099.2	588.95	589.29	1178.2	0.78748	0.56679	1.3543
590	1430.8	0.02319	0.29367	596.61	498.43	1095.0	602.75	570.04	1172.8	0.80026	0.54306	1.3433
600	1542.5	0.02362	0.26737	610.18	480.10	1090.3	616.92	549.67	1166.6	0.81323	0.51871	1.3319
610	1660.9	0.02411	0.24309	624.11	460.73	1084.8	631.52	528.03	1159.5	0.82645	0.49363	1.3201
620	1786.2	0.02464	0.22061	638.47	440.14	1078.6	646.62	504.92	1151.5	0.83998	0.46765	1.3076
630	1918.9	0.02524	0.19972	653.35	418.12	1071.5	662.32	480.07	1142.4	0.85389	0.44056	1.2944
640	2059.3	0.02593	0.18019	668.86	394.36	1063.2	678.74	453.14	1131.9	0.86828	0.41206	1.2803
650	2207.8	0.02673	0.16184	685.16	368.44	1053.6	696.08	423.65	1119.7	0.88332	0.38177	1.2651
660	2364.9	0.02767	0.14444	702.48	339.74	1042.2	714.59	390.84	1105.4	0.89922	0.34906	1.2483
670	2531.2	0.02884	0.12774	721.23	307.22	1028.5	734.74	353.54	1088.3	0.91636	0.31296	1.2293
680	2707.3	0.03035	0.11134	742.11	269.00	1011.1	757.32	309.57	1066.9	0.93541	0.27163	1.2070
690	2894.1	0.03255	0.09451	766.81	220.77	987.6	784.24	253.96	1038.2	0.95797	0.22089	1.1789
700	3093.0	0.03670	0.07482	801.75	146.50	948.3	822.76	168.32	991.1	0.99023	0.14514	1.1354
705.10	3200.1	0.04975	0.04975	866.61	0	866.6	896.07	0	896.1	1.05257	0	1.0526

Source of Data: Tables A–4E through A–8E are generated using the Engineering Equation Solver (EES) software developed by S. A. Klein and F. L. Alvarado. The routine used in calculations is the highly accurate Steam_IAPWS, which incorporates the 1995 Formulation for the Thermodynamic Properties of Ordinary Water Substance for General and Scientific Use, issued by The International Association for the Properties of Water and Steam (IAPWS). This formulation replaces the 1984 formulation of Haar, Gallagher, and Kell *(NBS/NRC Steam Tables,* Hemisphere Publishing Co., 1984), which is also available in EES as the routine STEAM. The new formulation is based on the correlations of Saul and Wagner (*J. Phys. Chem. Ref. Data,* 16, 893, 1987) with modifications to adjust to the International Temperature Scale of 1990. The modifications are described by Wagner and Pruss (*J. Phys. Chem. Ref. Data,* 22, 783, 1993). The properties of ice are based on Hyland and Wexler, "Formulations for the Thermodynamic Properties of the Saturated Phases of H_2O from 173.15 K to 473.15 K," *ASHRAE Trans.*, Part 2A, Paper 2793, 1983.

TABLE A-5E

Saturated water—Pressure table

		Specific volume, ft^3/lbm		Internal energy, Btu/lbm			Enthalpy, Btu/lbm			Entropy, Btu/lbm·R		
Press., P psia	Sat. temp., T_{sat} °F	Sat. liquid, v_f	Sat. vapor, v_g	Sat. liquid, u_f	Evap., u_{fg}	Sat. vapor, u_g	Sat. liquid, h_f	Evap., h_{fg}	Sat. vapor, h_g	Sat. liquid, s_f	Evap., s_{fg}	Sat. vapor, s_g
1	101.69	0.01614	333.49	69.72	973.99	1043.7	69.72	1035.7	1105.4	0.13262	1.84495	1.9776
2	126.02	0.01623	173.71	94.02	957.45	1051.5	94.02	1021.7	1115.8	0.17499	1.74444	1.9194
3	141.41	0.01630	118.70	109.39	946.90	1056.3	109.40	1012.8	1122.2	0.20090	1.68489	1.8858
4	152.91	0.01636	90.629	120.89	938.97	1059.9	120.90	1006.0	1126.9	0.21985	1.64225	1.8621
5	162.18	0.01641	73.525	130.17	932.53	1062.7	130.18	1000.5	1130.7	0.23488	1.60894	1.8438
6	170.00	0.01645	61.982	138.00	927.08	1065.1	138.02	995.88	1133.9	0.24739	1.58155	1.8289
8	182.81	0.01652	47.347	150.83	918.08	1068.9	150.86	988.15	1139.0	0.26757	1.53800	1.8056
10	193.16	0.01659	38.425	161.22	910.75	1072.0	161.25	981.82	1143.1	0.28362	1.50391	1.7875
14.696	211.95	0.01671	26.805	180.12	897.27	1077.4	180.16	970.12	1150.3	0.31215	1.44441	1.7566
15	212.99	0.01672	26.297	181.16	896.52	1077.7	181.21	969.47	1150.7	0.31370	1.44441	1.7549
20	227.92	0.01683	20.093	196.21	885.63	1081.8	196.27	959.93	1156.2	0.33582	1.39606	1.7319
25	240.03	0.01692	16.307	208.45	876.67	1085.1	208.52	952.03	1160.6	0.35347	1.36060	1.7141
30	250.30	0.01700	13.749	218.84	868.98	1087.8	218.93	945.21	1164.1	0.36821	1.33132	1.6995
35	259.25	0.01708	11.901	227.92	862.19	1090.1	228.03	939.16	1167.2	0.38093	1.30632	1.6872
40	267.22	0.01715	10.501	236.02	856.09	1092.1	236.14	933.69	1169.8	0.39213	1.28448	1.6766
45	274.41	0.01721	9.4028	243.34	850.52	1093.9	243.49	928.68	1172.2	0.40216	1.26506	1.6672
50	280.99	0.01727	8.5175	250.05	845.39	1095.4	250.21	924.03	1174.2	0.41125	1.24756	1.6588
55	287.05	0.01732	7.7882	256.25	840.61	1096.9	256.42	919.70	1176.1	0.41958	1.23162	1.6512
60	292.69	0.01738	7.1766	262.01	836.13	1098.1	262.20	915.61	1177.8	0.42728	1.21697	1.6442
65	297.95	0.01743	6.6560	267.41	831.90	1099.3	267.62	911.75	1179.4	0.43443	1.20341	1.6378
70	302.91	0.01748	6.2075	272.50	827.90	1100.4	272.72	908.08	1180.8	0.44112	1.19078	1.6319
75	307.59	0.01752	5.8167	277.31	824.09	1101.4	277.55	904.58	1182.1	0.44741	1.17895	1.6264
80	312.02	0.01757	5.4733	281.87	820.45	1102.3	282.13	901.22	1183.4	0.45335	1.16783	1.6212
85	316.24	0.01761	5.1689	286.22	816.97	1103.2	286.50	898.00	1184.5	0.45897	1.15732	1.6163
90	320.26	0.01765	4.8972	290.38	813.62	1104.0	290.67	894.89	1185.6	0.46431	1.14737	1.6117
95	324.11	0.01770	4.6532	294.36	810.40	1104.8	294.67	891.89	1186.6	0.46941	1.13791	1.6073
100	327.81	0.01774	4.4327	298.19	807.29	1105.5	298.51	888.99	1187.5	0.47427	1.12888	1.6032
110	334.77	0.01781	4.0410	305.41	801.37	1106.8	305.78	883.44	1189.2	0.48341	1.11201	1.5954
120	341.25	0.01789	3.7289	312.16	795.79	1107.9	312.55	878.20	1190.8	0.49187	1.09646	1.5883
130	347.32	0.01796	3.4557	318.48	790.51	1109.0	318.92	873.21	1192.1	0.49974	1.08204	1.5818
140	353.03	0.01802	3.2202	324.45	785.49	1109.9	324.92	868.45	1193.4	0.50711	1.06858	1.5757
150	358.42	0.01809	3.0150	330.11	780.69	1110.8	330.61	863.88	1194.5	0.51405	1.05595	1.5700
160	363.54	0.01815	2.8347	335.49	776.10	1111.6	336.02	859.49	1195.5	0.52061	1.04405	1.5647
170	368.41	0.01821	2.6749	340.62	771.68	1112.3	341.19	855.25	1196.4	0.52682	1.03279	1.5596
180	373.07	0.01827	2.5322	345.53	767.42	1113.0	346.14	851.16	1197.3	0.53274	1.02210	1.5548
190	377.52	0.01833	2.4040	350.24	763.31	1113.6	350.89	847.19	1198.1	0.53839	1.01191	1.5503
200	381.80	0.01839	2.2882	354.78	759.32	1114.1	355.46	843.33	1198.8	0.54379	1.00219	1.5460
250	400.97	0.01865	1.8440	375.23	741.02	1116.3	376.09	825.47	1201.6	0.56784	0.95912	1.5270
300	417.35	0.01890	1.5435	392.89	724.77	1117.7	393.94	809.41	1203.3	0.58818	0.92289	1.5111
350	431.74	0.01912	1.3263	408.55	709.98	1118.5	409.79	794.65	1204.4	0.60590	0.89143	1.4973
400	444.62	0.01934	1.1617	422.70	696.31	1119.0	424.13	780.87	1205.0	0.62168	0.86350	1.4852
450	456.31	0.01955	1.0324	435.67	683.52	1119.2	437.30	767.86	1205.2	0.63595	0.83828	1.4742
500	467.04	0.01975	0.92819	447.68	671.42	1119.1	449.51	755.48	1205.0	0.64900	0.81521	1.4642
550	476.97	0.01995	0.84228	458.90	659.91	1118.8	460.93	743.60	1204.5	0.66107	0.79388	1.4550
600	486.24	0.02014	0.77020	469.46	648.88	1118.3	471.70	732.15	1203.9	0.67231	0.77400	1.4463

TABLE A-5E

Saturated water—Pressure table *(Concluded)*

		Specific volume, ft³/lbm		*Internal energy,* Btu/lbm			*Enthalpy,* Btu/lbm			*Entropy,* Btu/lbm·R		
Press., P psia	Sat. temp., T_{sat} °F	Sat. liquid, v_f	Sat. vapor, v_g	Sat. liquid, u_f	Evap., u_{fg}	Sat. vapor, u_g	Sat. liquid, h_f	Evap., h_{fg}	Sat. vapor, h_g	Sat. liquid, s_f	Evap., s_{fg}	Sat. vapor, s_g
700	503.13	0.02051	0.65589	488.96	627.98	1116.9	491.62	710.29	1201.9	0.69279	0.73771	1.4305
800	518.27	0.02087	0.56920	506.74	608.30	1115.0	509.83	689.48	1199.3	0.71117	0.70502	1.4162
900	532.02	0.02124	0.50107	523.19	589.54	1112.7	526.73	669.46	1196.2	0.72793	0.67505	1.4030
1000	544.65	0.02159	0.44604	538.58	571.49	1110.1	542.57	650.03	1192.6	0.74341	0.64722	1.3906
1200	567.26	0.02232	0.36241	566.89	536.87	1103.8	571.85	612.39	1184.2	0.77143	0.59632	1.3677
1400	587.14	0.02307	0.30161	592.79	503.50	1096.3	598.76	575.66	1174.4	0.79658	0.54991	1.3465
1600	604.93	0.02386	0.25516	616.99	470.69	1087.7	624.06	539.18	1163.2	0.81972	0.50645	1.3262
1800	621.07	0.02470	0.21831	640.03	437.86	1077.9	648.26	502.35	1150.6	0.84144	0.46482	1.3063
2000	635.85	0.02563	0.18815	662.33	404.46	1066.8	671.82	464.60	1136.4	0.86224	0.42409	1.2863
2500	668.17	0.02860	0.13076	717.67	313.53	1031.2	730.90	360.79	1091.7	0.91311	0.31988	1.2330
3000	695.41	0.03433	0.08460	783.39	186.41	969.8	802.45	214.32	1016.8	0.97321	0.18554	1.1587
3200.1	705.10	0.04975	0.04975	866.61	0	866.6	896.07	0	896.1	1.05257	0	1.0526

TABLE A-6E

Superheated water

T °F	v ft^3/lbm	u Btu/lbm	h Btu/lbm	s Btu/lbm·R	v ft^3/lbm	u Btu/lbm	h Btu/lbm	s Btu/lbm·R	v ft^3/lbm	u Btu/lbm	h Btu/lbm	s Btu/lbm·R
	P = 1.0 psia (101.69°F)*				P = 5.0 psia (162.18°F)				P = 10 psia (193.16°F)			
Sat.†	333.49	1043.7	1105.4	1.9776	73.525	1062.7	1130.7	1.8438	38.425	1072.0	1143.1	1.7875
200	392.53	1077.5	1150.1	2.0509	78.153	1076.2	1148.5	1.8716	38.849	1074.5	1146.4	1.7926
240	416.44	1091.2	1168.3	2.0777	83.009	1090.3	1167.1	1.8989	41.326	1089.1	1165.5	1.8207
280	440.33	1105.0	1186.5	2.1030	87.838	1104.3	1185.6	1.9246	43.774	1103.4	1184.4	1.8469
320	464.20	1118.9	1204.8	2.1271	92.650	1118.4	1204.1	1.9490	46.205	1117.6	1203.1	1.8716
360	488.07	1132.9	1223.3	2.1502	97.452	1132.5	1222.6	1.9722	48.624	1131.9	1221.8	1.8950
400	511.92	1147.1	1241.8	2.1722	102.25	1146.7	1241.3	1.9944	51.035	1146.2	1240.6	1.9174
440	535.77	1161.3	1260.4	2.1934	107.03	1160.9	1260.0	2.0156	53.441	1160.5	1259.4	1.9388
500	571.54	1182.8	1288.6	2.2237	114.21	1182.6	1288.2	2.0461	57.041	1182.2	1287.8	1.9693
600	631.14	1219.4	1336.2	2.2709	126.15	1219.2	1335.9	2.0933	63.029	1219.0	1335.6	2.0167
700	690.73	1256.8	1384.6	2.3146	138.09	1256.7	1384.4	2.1371	69.007	1256.5	1384.2	2.0605
800	750.31	1295.1	1433.9	2.3553	150.02	1294.9	1433.7	2.1778	74.980	1294.8	1433.5	2.1013
1000	869.47	1374.2	1535.1	2.4299	173.86	1374.2	1535.0	2.2524	86.913	1374.1	1534.9	2.1760
1200	988.62	1457.1	1640.0	2.4972	197.70	1457.0	1640.0	2.3198	98.840	1457.0	1639.9	2.2433
1400	1107.8	1543.7	1748.7	2.5590	221.54	1543.7	1748.7	2.3816	110.762	1543.6	1748.6	2.3052
	P = 15 psia (212.99°F)				P = 20 psia (227.92°F)				P = 40 psia (267.22°F)			
Sat.	26.297	1077.7	1150.7	1.7549	20.093	1081.8	1156.2	1.7319	10.501	1092.1	1169.8	1.6766
240	27.429	1087.8	1163.9	1.7742	20.478	1086.5	1162.3	1.7406				
280	29.085	1102.4	1183.2	1.8010	21.739	1101.4	1181.9	1.7679	10.713	1097.3	1176.6	1.6858
320	30.722	1116.9	1202.2	1.8260	22.980	1116.1	1201.2	1.7933	11.363	1112.9	1197.1	1.7128
360	32.348	1131.3	1221.1	1.8496	24.209	1130.7	1220.2	1.8171	11.999	1128.1	1216.9	1.7376
400	33.965	1145.7	1239.9	1.8721	25.429	1145.1	1239.3	1.8398	12.625	1143.1	1236.5	1.7610
440	35.576	1160.1	1258.8	1.8936	26.644	1159.7	1258.3	1.8614	13.244	1157.9	1256.0	1.7831
500	37.986	1181.9	1287.3	1.9243	28.458	1181.6	1286.9	1.8922	14.165	1180.2	1285.0	1.8143
600	41.988	1218.7	1335.3	1.9718	31.467	1218.5	1334.9	1.9398	15.686	1217.5	1333.6	1.8625
700	45.981	1256.3	1383.9	2.0156	34.467	1256.1	1383.7	1.9837	17.197	1255.3	1382.6	1.9067
800	49.967	1294.6	1433.3	2.0565	37.461	1294.5	1433.1	2.0247	18.702	1293.9	1432.3	1.9478
1000	57.930	1374.0	1534.8	2.1312	43.438	1373.8	1534.6	2.0994	21.700	1373.4	1534.1	2.0227
1200	65.885	1456.9	1639.8	2.1986	49.407	1456.8	1639.7	2.1668	24.691	1456.5	1639.3	2.0902
1400	73.836	1543.6	1748.5	2.2604	55.373	1543.5	1748.4	2.2287	27.678	1543.3	1748.1	2.1522
1600	81.784	1634.0	1861.0	2.3178	61.335	1633.9	1860.9	2.2861	30.662	1633.7	1860.7	2.2096
	P = 60 psia (292.69°F)				P = 80 psia (312.02°F)				P = 100 psia (327.81°F)			
Sat.	7.1766	1098.1	1177.8	1.6442	5.4733	1102.3	1183.4	1.6212	4.4327	1105.5	1187.5	1.6032
320	7.4863	1109.6	1192.7	1.6636	5.5440	1105.9	1187.9	1.6271				
360	7.9259	1125.5	1213.5	1.6897	5.8876	1122.7	1209.9	1.6545	4.6628	1119.8	1206.1	1.6263
400	8.3548	1140.9	1233.7	1.7138	6.2187	1138.7	1230.8	1.6794	4.9359	1136.4	1227.8	1.6521
440	8.7766	1156.1	1253.6	1.7364	6.5420	1154.3	1251.2	1.7026	5.2006	1152.4	1248.7	1.6759
500	9.4005	1178.8	1283.1	1.7682	7.0177	1177.3	1281.2	1.7350	5.5876	1175.9	1279.3	1.7088
600	10.4256	1216.5	1332.2	1.8168	7.7951	1215.4	1330.8	1.7841	6.2167	1214.4	1329.4	1.7586
700	11.4401	1254.5	1381.6	1.8613	8.5616	1253.8	1380.5	1.8289	6.8344	1253.0	1379.5	1.8037
800	12.4484	1293.3	1431.5	1.9026	9.3218	1292.6	1430.6	1.8704	7.4457	1292.0	1429.8	1.8453
1000	14.4543	1373.0	1533.5	1.9777	10.8313	1372.6	1532.9	1.9457	8.6575	1372.2	1532.4	1.9208
1200	16.4525	1456.2	1638.9	2.0454	12.3331	1455.9	1638.5	2.0135	9.8615	1455.6	1638.1	1.9887
1400	18.4464	1543.0	1747.8	2.1073	13.8306	1542.8	1747.5	2.0755	11.0612	1542.6	1747.2	2.0508
1600	20.438	1633.5	1860.5	2.1648	15.3257	1633.3	1860.2	2.1330	12.2584	1633.2	1860.0	2.1083
1800	22.428	1727.6	1976.6	2.2187	16.8192	1727.5	1976.5	2.1869	13.4541	1727.3	1976.3	2.1622
2000	24.417	1825.2	2096.3	2.2694	18.3117	1825.0	2096.1	2.2376	14.6487	1824.9	2096.0	2.2130

*The temperature in parentheses is the saturation temperature at the specified pressure.

†Properties of saturated vapor at the specified pressure.

TABLE A-6E

Superheated water *(Continued)*

T °F	v ft³/lbm	u Btu/lbm	h Btu/lbm	s Btu/lbm·R	v ft³/lbm	u Btu/lbm	h Btu/lbm	s Btu/lbm·R	v ft³/lbm	u Btu/lbm	h Btu/lbm	s Btu/lbm·R
	P = 120 psia (341.25°F)				P = 140 psia (353.03°F)				P = 160 psia (363.54°F)			
Sat.	3.7289	1107.9	1190.8	1.5883	3.2202	1109.9	1193.4	1.5757	2.8347	1111.6	1195.5	1.5647
360	3.8446	1116.7	1202.1	1.6023	3.2584	1113.4	1197.8	1.5811				
400	4.0799	1134.0	1224.6	1.6292	3.4676	1131.5	1221.4	1.6092	3.0076	1129.0	1218.0	1.5914
450	4.3613	1154.5	1251.4	1.6594	3.7147	1152.6	1248.9	1.6403	3.2293	1150.7	1246.3	1.6234
500	4.6340	1174.4	1277.3	1.6872	3.9525	1172.9	1275.3	1.6686	3.4412	1171.4	1273.2	1.6522
550	4.9010	1193.9	1302.8	1.7131	4.1845	1192.7	1301.1	1.6948	3.6469	1191.4	1299.4	1.6788
600	5.1642	1213.4	1328.0	1.7375	4.4124	1212.3	1326.6	1.7195	3.8484	1211.3	1325.2	1.7037
700	5.6829	1252.2	1378.4	1.7829	4.8604	1251.4	1377.3	1.7652	4.2434	1250.6	1376.3	1.7498
800	6.1950	1291.4	1429.0	1.8247	5.3017	1290.8	1428.1	1.8072	4.6316	1290.2	1427.3	1.7920
1000	7.2083	1371.7	1531.8	1.9005	6.1732	1371.3	1531.3	1.8832	5.3968	1370.9	1530.7	1.8682
1200	8.2137	1455.3	1637.7	1.9684	7.0367	1455.0	1637.3	1.9512	6.1540	1454.7	1636.9	1.9363
1400	9.2149	1542.3	1746.9	2.0305	7.8961	1542.1	1746.6	2.0134	6.9070	1541.8	1746.3	1.9986
1600	10.2135	1633.0	1859.8	2.0881	8.7529	1632.8	1859.5	2.0711	7.6574	1632.6	1859.3	2.0563
1800	11.2106	1727.2	1976.1	2.1420	9.6082	1727.0	1975.9	2.1250	8.4063	1726.9	1975.7	2.1102
2000	12.2067	1824.8	2095.8	2.1928	10.4624	1824.6	2095.7	2.1758	9.1542	1824.5	2095.5	2.1610
	P = 180 psia (373.07°F)				P = 200 psia (381.80°F)				P = 225 psia (391.80°F)			
Sat.	2.5322	1113.0	1197.3	1.5548	2.2882	1114.1	1198.8	1.5460	2.0423	1115.3	1200.3	1.5360
400	2.6490	1126.3	1214.5	1.5752	2.3615	1123.5	1210.9	1.5602	2.0728	1119.7	1206.0	1.5427
450	2.8514	1148.7	1243.7	1.6082	2.5488	1146.7	1241.0	1.5943	2.2457	1144.1	1237.6	1.5783
500	3.0433	1169.8	1271.2	1.6376	2.7247	1168.2	1269.0	1.6243	2.4059	1166.2	1266.3	1.6091
550	3.2286	1190.2	1297.7	1.6646	2.8939	1188.9	1296.0	1.6516	2.5590	1187.2	1293.8	1.6370
600	3.4097	1210.2	1323.8	1.6897	3.0586	1209.1	1322.3	1.6771	2.7075	1207.7	1320.5	1.6628
700	3.7635	1249.8	1375.2	1.7361	3.3796	1249.0	1374.1	1.7238	2.9956	1248.0	1372.7	1.7099
800	4.1104	1289.5	1426.5	1.7785	3.6934	1288.9	1425.6	1.7664	3.2765	1288.1	1424.5	1.7528
900	4.4531	1329.7	1478.0	1.8179	4.0031	1329.2	1477.3	1.8059	3.5530	1328.5	1476.5	1.7925
1000	4.7929	1370.5	1530.1	1.8549	4.3099	1370.1	1529.6	1.8430	3.8268	1369.5	1528.9	1.8296
1200	5.4674	1454.3	1636.5	1.9231	4.9182	1454.0	1636.1	1.9113	4.3689	1453.6	1635.6	1.8981
1400	6.1377	1541.6	1746.0	1.9855	5.5222	1541.4	1745.7	1.9737	4.9068	1541.1	1745.4	1.9606
1600	6.8054	1632.4	1859.1	2.0432	6.1238	1632.2	1858.8	2.0315	5.4422	1632.0	1858.6	2.0184
1800	7.4716	1726.7	1975.6	2.0971	6.7238	1726.5	1975.4	2.0855	5.9760	1726.4	1975.2	2.0724
2000	8.1367	1824.4	2095.4	2.1479	7.3227	1824.3	2095.3	2.1363	6.5087	1824.1	2095.1	2.1232
	P = 250 psia (400.97°F)				P = 275 psia (409.45°F)				P = 300 psia (417.35°F)			
Sat.	1.8440	1116.3	1201.6	1.5270	1.6806	1117.0	1202.6	1.5187	1.5435	1117.7	1203.3	1.5111
450	2.0027	1141.3	1234.0	1.5636	1.8034	1138.5	1230.3	1.5499	1.6369	1135.6	1226.4	1.5369
500	2.1506	1164.1	1263.6	1.5953	1.9415	1162.0	1260.8	1.5825	1.7670	1159.8	1257.9	1.5706
550	2.2910	1185.6	1291.5	1.6237	2.0715	1183.9	1289.3	1.6115	1.8885	1182.1	1287.0	1.6001
600	2.4264	1206.3	1318.6	1.6499	2.1964	1204.9	1316.7	1.6380	2.0046	1203.5	1314.8	1.6270
650	2.5586	1226.8	1345.1	1.6743	2.3179	1225.6	1343.5	1.6627	2.1172	1224.4	1341.9	1.6520
700	2.6883	1247.0	1371.4	1.6974	2.4369	1246.0	1370.0	1.6860	2.2273	1244.9	1368.6	1.6755
800	2.9429	1287.3	1423.5	1.7406	2.6699	1286.5	1422.4	1.7294	2.4424	1285.7	1421.3	1.7192
900	3.1930	1327.9	1475.6	1.7804	2.8984	1327.3	1474.8	1.7694	2.6529	1326.6	1473.9	1.7593
1000	3.4403	1369.0	1528.2	1.8177	3.1241	1368.5	1527.4	1.8068	2.8605	1367.9	1526.7	1.7968
1200	3.9295	1453.3	1635.0	1.8863	3.5700	1452.9	1634.5	1.8755	3.2704	1452.5	1634.0	1.8657
1400	4.4144	1540.8	1745.0	1.9488	4.0116	1540.5	1744.6	1.9381	3.6759	1540.2	1744.2	1.9284
1600	4.8969	1631.7	1858.3	2.0066	4.4507	1631.5	1858.0	1.9960	4.0789	1631.3	1857.7	1.9863
1800	5.3777	1726.2	1974.9	2.0607	4.8882	1726.0	1974.7	2.0501	4.4803	1725.8	1974.5	2.0404
2000	5.8575	1823.9	2094.9	2.1116	5.3247	1823.8	2094.7	2.1010	4.8807	1823.6	2094.6	2.0913

TABLE A-6E

Superheated water *(Continued)*

T °F	*v* ft^3/lbm	*u* Btu/lbm	*h* Btu/lbm	*s* Btu/lbm·R	*v* ft^3/lbm	*u* Btu/lbm	*h* Btu/lbm	*s* Btu/lbm·R	*v* ft^3/lbm	*u* Btu/lbm	*h* Btu/lbm	*s* Btu/lbm·R
	P = 350 psia (431.74°F)				*P* = 400 psia (444.62°F)				*P* = 450 psia (456.31°F)			
Sat.	1.3263	1118.5	1204.4	1.4973	1.1617	1119.0	1205.0	1.4852	1.0324	1119.2	1205.2	1.4742
450	1.3739	1129.3	1218.3	1.5128	1.1747	1122.5	1209.4	1.4901				
500	1.4921	1155.2	1251.9	1.5487	1.2851	1150.4	1245.6	1.5288	1.1233	1145.4	1238.9	1.5103
550	1.6004	1178.6	1282.2	1.5795	1.3840	1174.9	1277.3	1.5610	1.2152	1171.1	1272.3	1.5441
600	1.7030	1200.6	1310.9	1.6073	1.4765	1197.6	1306.9	1.5897	1.3001	1194.6	1302.8	1.5737
650	1.8018	1221.9	1338.6	1.6328	1.5650	1219.4	1335.3	1.6158	1.3807	1216.9	1331.9	1.6005
700	1.8979	1242.8	1365.8	1.6567	1.6507	1240.7	1362.9	1.6401	1.4584	1238.5	1360.0	1.6253
800	2.0848	1284.1	1419.1	1.7009	1.8166	1282.5	1417.0	1.6849	1.6080	1280.8	1414.7	1.6706
900	2.2671	1325.3	1472.2	1.7414	1.9777	1324.0	1470.4	1.7257	1.7526	1322.7	1468.6	1.7117
1000	2.4464	1366.9	1525.3	1.7791	2.1358	1365.8	1523.9	1.7636	1.8942	1364.7	1522.4	1.7499
1200	2.7996	1451.7	1633.0	1.8483	2.4465	1450.9	1632.0	1.8331	2.1718	1450.1	1631.0	1.8196
1400	3.1484	1539.6	1743.5	1.9111	2.7527	1539.0	1742.7	1.8960	2.4450	1538.4	1742.0	1.8827
1600	3.4947	1630.8	1857.1	1.9691	3.0565	1630.3	1856.5	1.9541	2.7157	1629.8	1856.0	1.9409
1800	3.8394	1725.4	1974.0	2.0233	3.3586	1725.0	1973.6	2.0084	2.9847	1724.6	1973.2	1.9952
2000	4.1830	1823.3	2094.2	2.0742	3.6597	1823.0	2093.9	2.0594	3.2527	1822.6	2093.5	2.0462
	P = 500 psia (467.04°F)				*P* = 600 psia (486.24°F)				*P* = 700 psia (503.13°F)			
Sat.	0.92815	1119.1	1205.0	1.4642	0.77020	1118.3	1203.9	1.4463	0.65589	1116.9	1201.9	1.4305
500	0.99304	1140.1	1231.9	1.4928	0.79526	1128.2	1216.5	1.4596				
550	1.07974	1167.1	1267.0	1.5284	0.87542	1158.7	1255.9	1.4996	0.72799	1149.5	1243.8	1.4730
600	1.15876	1191.4	1298.6	1.5590	0.94605	1184.9	1289.9	1.5325	0.79332	1177.9	1280.7	1.5087
650	1.23312	1214.3	1328.4	1.5865	1.01133	1209.0	1321.3	1.5614	0.85242	1203.4	1313.8	1.5393
700	1.30440	1236.4	1357.0	1.6117	1.07316	1231.9	1351.0	1.5877	0.90769	1227.2	1344.8	1.5666
800	1.44097	1279.2	1412.5	1.6576	1.19038	1275.8	1408.0	1.6348	1.01125	1272.4	1403.4	1.6150
900	1.57252	1321.4	1466.9	1.6992	1.30230	1318.7	1463.3	1.6771	1.10921	1316.0	1459.7	1.6581
1000	1.70094	1363.6	1521.0	1.7376	1.41097	1361.4	1518.1	1.7160	1.20381	1359.2	1515.2	1.6974
1100	1.82726	1406.2	1575.3	1.7735	1.51749	1404.4	1572.9	1.7522	1.29621	1402.5	1570.4	1.7341
1200	1.95211	1449.4	1630.0	1.8075	1.62252	1447.8	1627.9	1.7865	1.38709	1446.2	1625.9	1.7685
1400	2.1988	1537.8	1741.2	1.8708	1.82957	1536.6	1739.7	1.8501	1.56580	1535.4	1738.2	1.8324
1600	2.4430	1629.4	1855.4	1.9291	2.0340	1628.4	1854.2	1.9085	1.74192	1627.5	1853.1	1.8911
1800	2.6856	1724.2	1972.7	1.9834	2.2369	1723.4	1971.8	1.9630	1.91643	1722.7	1970.9	1.9457
2000	2.9271	1822.3	2093.1	2.0345	2.4387	1821.7	2092.4	2.0141	2.08987	1821.0	2091.7	1.9969
	P = 800 psia (518.27°F)				*P* = 1000 psia (544.65°F)				*P* = 1250 psia (572.45°F)			
Sat.	0.56920	1115.0	1199.3	1.4162	0.44604	1110.1	1192.6	1.3906	0.34549	1102.0	1181.9	1.3623
550	0.61586	1139.4	1230.5	1.4476	0.45375	1115.2	1199.2	1.3972				
600	0.67799	1170.5	1270.9	1.4866	0.51431	1154.1	1249.3	1.4457	0.37894	1129.5	1217.2	1.3961
650	0.73279	1197.6	1306.0	1.5191	0.56411	1185.1	1289.5	1.4827	0.42703	1167.5	1266.3	1.4414
700	0.78330	1222.4	1338.4	1.5476	0.60844	1212.4	1325.0	1.5140	0.46735	1198.7	1306.8	1.4771
750	0.83102	1246.0	1369.1	1.5735	0.64944	1237.6	1357.8	1.5418	0.50344	1226.4	1342.9	1.5076
800	0.87678	1268.9	1398.7	1.5975	0.68821	1261.7	1389.0	1.5670	0.53687	1252.2	1376.4	1.5347
900	0.96434	1313.3	1456.0	1.6413	0.76136	1307.7	1448.6	1.6126	0.59876	1300.5	1439.0	1.5826
1000	1.04841	1357.0	1512.2	1.6812	0.83078	1352.5	1506.2	1.6535	0.65656	1346.7	1498.6	1.6249
1100	1.13024	1400.7	1568.0	1.7181	0.89783	1396.9	1563.1	1.6911	0.71184	1392.2	1556.8	1.6635
1200	1.21051	1444.6	1623.8	1.7528	0.96327	1441.4	1619.7	1.7263	0.76545	1437.4	1614.5	1.6993
1400	1.36797	1534.2	1736.7	1.8170	1.09101	1531.8	1733.7	1.7911	0.86944	1528.7	1729.8	1.7649
1600	1.52283	1626.5	1851.9	1.8759	1.21610	1624.6	1849.6	1.8504	0.97072	1622.2	1846.7	1.8246
1800	1.67606	1721.9	1970.0	1.9306	1.33956	1720.3	1968.2	1.9053	1.07036	1718.4	1966.0	1.8799
2000	1.82823	1820.4	2091.0	1.9819	1.46194	1819.1	2089.6	1.9568	1.16892	1817.5	2087.9	1.9315

TABLE A–6E

Superheated water *(Concluded)*

T °F	*v* ft³/lbm	*u* Btu/lbm	*h* Btu/lbm	*s* Btu/lbm·R	*v* ft³/lbm	*u* Btu/lbm	*h* Btu/lbm	*s* Btu/lbm·R	*v* ft³/lbm	*u* Btu/lbm	*h* Btu/lbm	*s* Btu/lbm·R
	P = 1500 psia (596.26°F)				*P* = 1750 psia (617.17°F)				*P* = 2000 psia (635.85°F)			
Sat.	0.27695	1092.1	1169.0	1.3362	0.22681	1080.5	1153.9	1.3112	0.18815	1066.8	1136.4	1.2863
600	0.28189	1097.2	1175.4	1.3423								
650	0.33310	1147.2	1239.7	1.4016	0.26292	1122.8	1207.9	1.3607	0.20586	1091.4	1167.6	1.3146
700	0.37198	1183.6	1286.9	1.4433	0.30252	1166.8	1264.7	1.4108	0.24894	1147.6	1239.8	1.3783
750	0.40535	1214.4	1326.9	1.4771	0.33455	1201.5	1309.8	1.4489	0.28074	1187.4	1291.3	1.4218
800	0.43550	1242.2	1363.1	1.5064	0.36266	1231.7	1349.1	1.4807	0.30763	1220.5	1334.3	1.4567
850	0.46356	1268.2	1396.9	1.5328	0.38835	1259.3	1385.1	1.5088	0.33169	1250.0	1372.8	1.4867
900	0.49015	1293.1	1429.2	1.5569	0.41238	1285.4	1419.0	1.5341	0.35390	1277.5	1408.5	1.5134
1000	0.54031	1340.9	1490.8	1.6007	0.45719	1334.9	1482.9	1.5796	0.39479	1328.7	1474.9	1.5606
1100	0.58781	1387.3	1550.5	1.6402	0.49917	1382.4	1544.1	1.6201	0.43266	1377.5	1537.6	1.6021
1200	0.63355	1433.3	1609.2	1.6767	0.53932	1429.2	1603.9	1.6572	0.46864	1425.1	1598.5	1.6400
1400	0.72172	1525.7	1726.0	1.7432	0.61621	1522.6	1722.1	1.7245	0.53708	1519.5	1718.3	1.7081
1600	0.80714	1619.8	1843.8	1.8033	0.69031	1617.4	1840.9	1.7852	0.60269	1615.0	1838.0	1.7693
1800	0.89090	1716.4	1963.7	1.8589	0.76273	1714.5	1961.5	1.8410	0.66660	1712.5	1959.2	1.8255
2000	0.97358	1815.9	2086.1	1.9108	0.83406	1814.2	2084.3	1.8931	0.72942	1812.6	2082.6	1.8778
	P = 2500 psia (668.17°F)				*P* = 3000 psia (695.41°F)				*P* = 3500 psia			
Sat.	0.13076	1031.2	1091.7	1.2330	0.08460	969.8	1016.8	1.1587				
650									0.02492	663.7	679.9	0.8632
700	0.16849	1098.4	1176.3	1.3072	0.09838	1005.3	1059.9	1.1960	0.03065	760.0	779.9	0.9511
750	0.20327	1154.9	1249.0	1.3686	0.14840	1114.1	1196.5	1.3118	0.10460	1057.6	1125.4	1.2434
800	0.22949	1195.9	1302.0	1.4116	0.17601	1167.5	1265.3	1.3676	0.13639	1134.3	1222.6	1.3224
850	0.25174	1230.1	1346.6	1.4463	0.19771	1208.2	1317.9	1.4086	0.15847	1183.8	1286.5	1.3721
900	0.27165	1260.7	1386.4	1.4761	0.21640	1242.8	1362.9	1.4423	0.17659	1223.4	1337.8	1.4106
950	0.29001	1289.1	1423.3	1.5028	0.23321	1273.9	1403.3	1.4716	0.19245	1257.8	1382.4	1.4428
1000	0.30726	1316.1	1458.2	1.5271	0.24876	1302.8	1440.9	1.4978	0.20687	1289.0	1423.0	1.4711
1100	0.33949	1367.3	1524.4	1.5710	0.27732	1356.8	1510.8	1.5441	0.23289	1346.1	1496.9	1.5201
1200	0.36966	1416.6	1587.6	1.6103	0.30367	1408.0	1576.6	1.5850	0.25654	1399.3	1565.4	1.5627
1400	0.42631	1513.3	1710.5	1.6802	0.35249	1507.0	1702.7	1.6567	0.29978	1500.7	1694.8	1.6364
1600	0.48004	1610.1	1832.2	1.7424	0.39830	1605.3	1826.4	1.7199	0.33994	1600.4	1820.5	1.7006
1800	0.53205	1708.6	1954.8	1.7991	0.44237	1704.7	1950.3	1.7773	0.37833	1700.8	1945.8	1.7586
2000	0.58295	1809.4	2079.1	1.8518	0.48532	1806.1	2075.6	1.8304	0.41561	1802.9	2072.1	1.8121
	P = 4000 psia				*P* = 5000 psia				*P* = 6000 psia			
650	0.02448	657.9	676.1	0.8577	0.02379	648.3	670.3	0.8485	0.02325	640.3	666.1	0.8408
700	0.02871	742.3	763.6	0.9347	0.02678	721.8	746.6	0.9156	0.02564	708.1	736.5	0.9028
750	0.06370	962.1	1009.2	1.1410	0.03373	821.8	853.0	1.0054	0.02981	788.7	821.8	0.9747
800	0.10520	1094.2	1172.1	1.2734	0.05937	986.9	1041.8	1.1581	0.03949	897.1	941.0	1.0711
850	0.12848	1156.7	1251.8	1.3355	0.08551	1092.4	1171.5	1.2593	0.05815	1018.6	1083.1	1.1819
900	0.14647	1202.5	1310.9	1.3799	0.10390	1155.9	1252.1	1.3198	0.07584	1103.5	1187.7	1.2603
950	0.16176	1240.7	1360.5	1.4157	0.11863	1203.9	1313.6	1.3643	0.09010	1163.7	1263.7	1.3153
1000	0.17538	1274.6	1404.4	1.4463	0.13128	1244.0	1365.5	1.4004	0.10208	1211.4	1324.7	1.3578
1100	0.19957	1335.1	1482.8	1.4983	0.15298	1312.2	1453.8	1.4590	0.12211	1288.4	1424.0	1.4237
1200	0.22121	1390.3	1554.1	1.5426	0.17185	1372.1	1531.1	1.5070	0.13911	1353.4	1507.8	1.4758
1300	0.24128	1443.0	1621.6	1.5821	0.18902	1427.8	1602.7	1.5490	0.15434	1412.5	1583.8	1.5203
1400	0.26028	1494.3	1687.0	1.6182	0.20508	1481.4	1671.1	1.5868	0.16841	1468.4	1655.4	1.5598
1600	0.29620	1595.5	1814.7	1.6835	0.23505	1585.6	1803.1	1.6542	0.19438	1575.7	1791.5	1.6294
1800	0.33033	1696.8	1941.4	1.7422	0.26320	1689.0	1932.5	1.7142	0.21853	1681.1	1923.7	1.6907
2000	0.36335	1799.7	2068.6	1.7961	0.29023	1793.2	2061.7	1.7689	0.24155	1786.7	2054.9	1.7463

TABLE A–7E

Compressed liquid water

T °F	v ft³/lbm	u Btu/lbm	h Btu/lbm	s Btu/lbm·R	v ft³/lbm	u Btu/lbm	h Btu/lbm	s Btu/lbm·R	v ft³/lbm	u Btu/lbm	h Btu/lbm	s Btu/lbm·R
	P = 500 psia (467.04°F)				P = 1000 psia (544.65°F)				P = 1500 psia (596.26°F)			
Sat.	0.019750	447.68	449.51	0.64900	0.021595	538.58	542.57	0.74341	0.023456	605.07	611.58	0.80836
32	0.015994	0.01	1.49	0.00001	0.015966	0.03	2.99	0.00005	0.015939	0.05	4.48	0.00008
50	0.015998	18.03	19.51	0.03601	0.015972	17.99	20.95	0.03593	0.015946	17.95	22.38	0.03584
100	0.016107	67.86	69.35	0.12930	0.016083	67.69	70.67	0.12899	0.016059	67.53	71.98	0.12869
150	0.016317	117.70	119.21	0.21462	0.016292	117.42	120.43	0.21416	0.016267	117.14	121.66	0.21369
200	0.016607	167.70	169.24	0.29349	0.016580	167.31	170.38	0.29289	0.016553	166.92	171.52	0.29229
250	0.016972	218.04	219.61	0.36708	0.016941	217.51	220.65	0.36634	0.016911	217.00	221.69	0.36560
300	0.017417	268.92	270.53	0.43641	0.017380	268.24	271.46	0.43551	0.017345	267.57	272.39	0.43463
350	0.017954	320.64	322.30	0.50240	0.017910	319.77	323.08	0.50132	0.017866	318.91	323.87	0.50025
400	0.018609	373.61	375.33	0.56595	0.018552	372.48	375.91	0.56463	0.018496	371.37	376.51	0.56333
450	0.019425	428.44	430.24	0.62802	0.019347	426.93	430.51	0.62635	0.019271	425.47	430.82	0.62472
500					0.020368	484.03	487.80	0.68764	0.020258	482.01	487.63	0.68550
550									0.021595	542.50	548.50	0.74731

T °F	v ft³/lbm	u Btu/lbm	h Btu/lbm	s Btu/lbm·R	v ft³/lbm	u Btu/lbm	h Btu/lbm	s Btu/lbm·R	v ft³/lbm	u Btu/lbm	h Btu/lbm	s Btu/lbm·R
	P = 2000 psia (635.85°F)				P = 3000 psia (695.41°F)				P = 5000 psia			
Sat.	0.025634	662.33	671.82	0.86224	0.034335	783.39	802.45	0.97321				
32	0.015912	0.07	5.96	0.00010	0.015859	0.10	8.90	0.00011	0.015756	0.13	14.71	0.00002
50	0.015921	17.91	23.80	0.03574	0.015870	17.83	26.64	0.03554	0.015773	17.65	32.25	0.03505
100	0.016035	67.36	73.30	0.12838	0.015988	67.04	75.91	0.12776	0.015897	66.41	81.12	0.12652
200	0.016527	166.54	172.66	0.29170	0.016475	165.79	174.94	0.29053	0.016375	164.36	179.51	0.28824
300	0.017310	266.92	273.33	0.43376	0.017242	265.65	275.22	0.43204	0.017112	263.24	279.07	0.42874
400	0.018442	370.30	377.12	0.56205	0.018338	368.22	378.41	0.55959	0.018145	364.35	381.14	0.55492
450	0.019199	424.06	431.16	0.62314	0.019062	421.36	431.94	0.62010	0.018812	416.40	433.80	0.61445
500	0.020154	480.08	487.54	0.68346	0.019960	476.45	487.53	0.67958	0.019620	469.94	488.10	0.67254
560	0.021739	552.21	560.26	0.75692	0.021405	546.59	558.47	0.75126	0.020862	537.08	556.38	0.74154
600	0.023317	605.77	614.40	0.80898	0.022759	597.42	610.06	0.80086	0.021943	584.42	604.72	0.78803
640					0.024765	654.52	668.27	0.85476	0.023358	634.95	656.56	0.83603
680					0.028821	728.63	744.64	0.92288	0.025366	690.67	714.14	0.88745
700									0.026777	721.78	746.56	0.91564

TABLE A–8E

Saturated ice–water vapor

Temp., T °F	Sat. press., P_{sat} psia	Specific volume, ft³/lbm: Sat. ice, v_i	Sat. vapor, v_g	Internal energy, Btu/lbm: Sat. ice, u_i	Subl., u_{ig}	Sat. vapor, u_g	Enthalpy, Btu/lbm: Sat. ice, h_i	Subl., h_{ig}	Sat. vapor, h_g	Entropy, Btu/lbm·R: Sat. ice, s_i	Subl., s_{ig}	Sat. vapor, s_g
32.018	0.08871	0.01747	3299.6	−143.34	1164.2	1020.9	−143.34	1218.3	1075.0	−0.29146	2.4779	2.1864
32	0.08864	0.01747	3302.6	−143.35	1164.2	1020.9	−143.35	1218.4	1075.0	−0.29148	2.4779	2.1865
30	0.08086	0.01747	3605.8	−144.35	1164.6	1020.2	−144.35	1218.5	1074.2	−0.29353	2.4883	2.1948
25	0.06405	0.01746	4505.8	−146.85	1165.4	1018.6	−146.85	1218.8	1072.0	−0.29865	2.5146	2.2160
20	0.05049	0.01746	5657.6	−149.32	1166.2	1016.9	−149.32	1219.1	1069.8	−0.30377	2.5414	2.2376
15	0.03960	0.01745	7138.9	−151.76	1167.0	1015.2	−151.76	1219.3	1067.6	−0.30889	2.5687	2.2598
10	0.03089	0.01744	9054.0	−154.18	1167.8	1013.6	−154.18	1219.5	1065.4	−0.31401	2.5965	2.2825
5	0.02397	0.01743	11,543	−156.57	1168.5	1011.9	−156.57	1219.7	1063.1	−0.31913	2.6248	2.3057
0	0.01850	0.01743	14,797	−158.94	1169.2	1010.3	−158.94	1219.9	1060.9	−0.32426	2.6537	2.3295
−5	0.01420	0.01742	19,075	−161.28	1169.9	1008.6	−161.28	1220.0	1058.7	−0.32938	2.6832	2.3538
−10	0.01083	0.01741	24,731	−163.60	1170.6	1007.0	−163.60	1220.1	1056.5	−0.33451	2.7133	2.3788
−15	0.00821	0.01740	32,257	−165.90	1171.2	1005.3	−165.90	1220.2	1054.3	−0.33964	2.7440	2.4044
−20	0.00619	0.01740	42,335	−168.16	1171.8	1003.6	−168.16	1220.3	1052.1	−0.34478	2.7754	2.4306
−25	0.00463	0.01739	55,917	−170.41	1172.4	1002.0	−170.41	1220.3	1049.9	−0.34991	2.8074	2.4575
−30	0.00344	0.01738	74,345	−172.63	1173.0	1000.3	−172.63	1220.3	1047.7	−0.35505	2.8401	2.4850
−35	0.00254	0.01738	99,526	−174.83	1173.5	998.7	−174.83	1220.3	1045.5	−0.36019	2.8735	2.5133
−40	0.00186	0.01737	134,182	−177.00	1174.0	997.0	−177.00	1220.3	1043.3	−0.36534	2.9076	2.5423

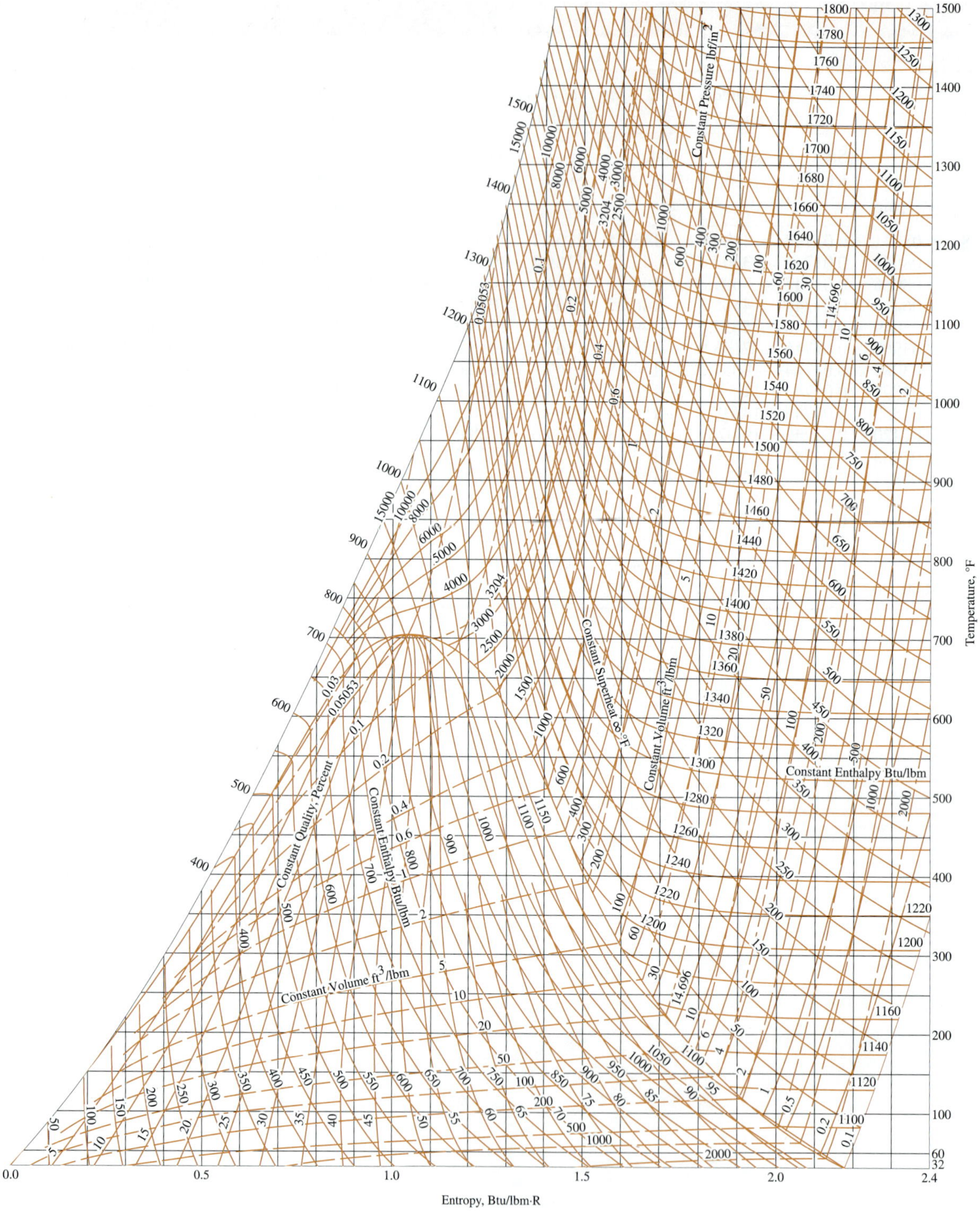

FIGURE A–9E

T-s diagram for water.

Source of Data: Joseph H. Keenan, Frederick G. Keyes, Philip G. Hill, and Joan G. Moore. Steam Tables (*New York: John Wiley & Sons, 1969*).

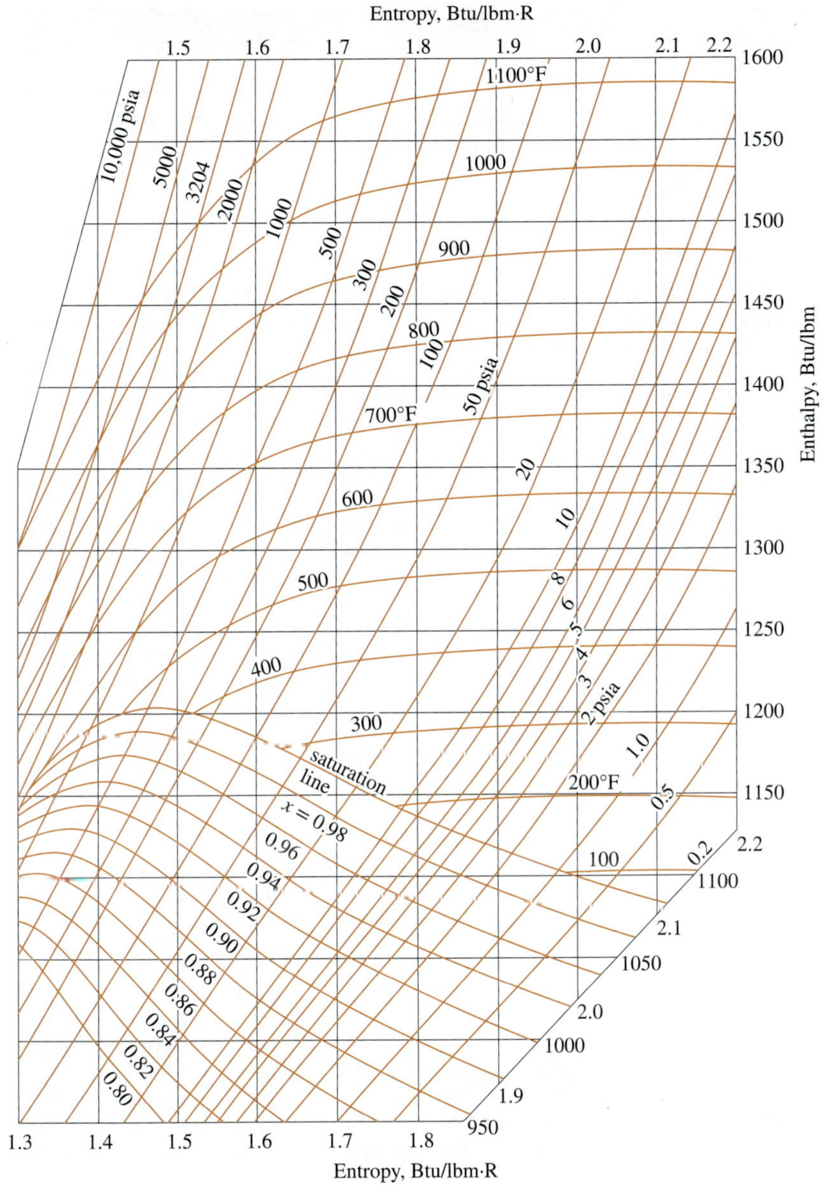

FIGURE A–10E
Mollier diagram for water.

Source of Data: Joseph H. Keenan, Frederick G. Keyes, Philip G. Hill, and Joan G. Moore. Steam Tables (*New York: John Wiley & Sons, 1969*).

TABLE A–11E

Saturated refrigerant-134a–Temperature table

		Specific volume, ft³/lbm		*Internal energy,* Btu/lbm			*Enthalpy,* Btu/lbm			*Entropy,* Btu/lbm·R		
Temp., T °F	Sat. press., P_{sat} psia	Sat. liquid, v_f	Sat. vapor, v_g	Sat. liquid, u_f	Evap., u_{fg}	Sat. vapor, u_g	Sat. liquid, h_f	Evap., h_{fg}	Sat. vapor, h_g	Sat. liquid, s_f	Evap., s_{fg}	Sat. vapor, s_g
−40	7.432	0.01130	5.7769	−0.016	89.174	89.16	0.000	97.104	97.10	0.00000	0.23136	0.23136
−35	8.581	0.01136	5.0489	1.483	88.360	89.84	1.501	96.360	97.86	0.00355	0.22689	0.23044
−30	9.869	0.01143	4.4286	2.987	87.542	90.53	3.008	95.608	98.62	0.00707	0.22250	0.22957
−25	11.306	0.01149	3.8980	4.497	86.717	91.21	4.522	94.849	99.37	0.01057	0.21819	0.22876
−20	12.906	0.01156	3.4424	6.014	85.887	91.90	6.041	94.080	100.12	0.01404	0.21396	0.22800
−15	14.680	0.01163	3.0495	7.536	85.050	92.59	7.568	93.303	100.87	0.01748	0.20981	0.22729
−10	16.642	0.01170	2.7097	9.065	84.206	93.27	9.102	92.515	101.62	0.02090	0.20572	0.22662
−5	18.806	0.01178	2.4146	10.601	83.355	93.96	10.642	91.717	102.36	0.02430	0.20171	0.22600
0	21.185	0.01185	2.1575	12.143	82.496	94.64	12.190	90.907	103.10	0.02767	0.19775	0.22542
5	23.793	0.01193	1.9328	13.693	81.628	95.32	13.745	90.085	103.83	0.03103	0.19385	0.22488
10	26.646	0.01200	1.7358	15.249	80.751	96.00	15.308	89.251	104.56	0.03436	0.19001	0.22437
15	29.759	0.01208	1.5625	16.813	79.865	96.68	16.879	88.403	105.28	0.03767	0.18623	0.22390
20	33.147	0.01216	1.4097	18.384	78.969	97.35	18.459	87.541	106.00	0.04097	0.18249	0.22345
25	36.826	0.01225	1.2746	19.963	78.062	98.03	20.047	86.665	106.71	0.04424	0.17880	0.22304
30	40.813	0.01233	1.1548	21.550	77.144	98.69	21.643	85.772	107.42	0.04750	0.17515	0.22265
35	45.124	0.01242	1.0482	23.145	76.214	99.36	23.249	84.863	108.11	0.05074	0.17154	0.22228
40	49.776	0.01251	0.95323	24.749	75.272	100.02	24.864	83.937	108.80	0.05397	0.16797	0.22194
45	54.787	0.01261	0.86837	26.361	74.317	100.68	26.489	82.993	109.48	0.05718	0.16443	0.22162
50	60.175	0.01270	0.79236	27.983	73.347	101.33	28.124	82.029	110.15	0.06038	0.16093	0.22131
55	65.957	0.01280	0.72414	29.614	72.363	101.98	29.770	81.046	110.82	0.06357	0.15746	0.22103
60	72.152	0.01290	0.66277	31.254	71.364	102.62	31.426	80.041	111.47	0.06674	0.15401	0.22075
65	78.780	0.01301	0.60744	32.904	70.348	103.25	33.094	79.014	112.11	0.06991	0.15058	0.22049
70	85.858	0.01311	0.55746	34.565	69.315	103.88	34.773	77.964	112.74	0.07306	0.14718	0.22024
75	93.408	0.01323	0.51222	36.237	68.264	104.50	36.465	76.889	113.35	0.07621	0.14379	0.22000
80	101.45	0.01334	0.47119	37.920	67.193	105.11	38.170	75.788	113.96	0.07934	0.14042	0.21976
85	110.00	0.01346	0.43391	39.614	66.102	105.72	39.888	74.660	114.55	0.08247	0.13706	0.21953
90	119.08	0.01359	0.39997	41.321	64.989	106.31	41.620	73.503	115.12	0.08560	0.13371	0.21931
95	128.72	0.01372	0.36902	43.041	63.852	106.89	43.367	72.315	115.68	0.08872	0.13036	0.21908
100	138.93	0.01386	0.34074	44.774	62.690	107.46	45.130	71.094	116.22	0.09183	0.12702	0.21885
105	149.73	0.01400	0.31486	46.521	61.501	108.02	46.909	69.838	116.75	0.09495	0.12367	0.21862
110	161.16	0.01415	0.29113	48.284	60.284	108.57	48.706	68.544	117.25	0.09806	0.12031	0.21838
115	173.23	0.01430	0.26933	50.063	59.035	109.10	50.521	67.210	117.73	0.10118	0.11694	0.21813
120	185.96	0.01446	0.24928	51.858	57.753	109.61	52.356	65.833	118.19	0.10430	0.11356	0.21786
130	213.53	0.01482	0.21373	55.505	55.075	110.58	56.091	62.935	119.03	0.11056	0.10672	0.21728
140	244.06	0.01522	0.18331	59.237	52.221	111.46	59.925	59.813	119.74	0.11686	0.09973	0.21660
150	277.79	0.01567	0.15707	63.070	49.151	112.22	63.875	56.419	120.29	0.12324	0.09253	0.21577
160	314.94	0.01619	0.13423	67.022	45.811	112.83	67.965	52.690	120.66	0.12971	0.08502	0.21473
170	355.80	0.01682	0.11413	71.139	42.101	113.24	72.246	48.509	120.75	0.13637	0.07703	0.21340
180	400.66	0.01759	0.09619	75.464	37.893	113.36	76.768	43.721	120.49	0.14327	0.06834	0.21161
190	449.90	0.01861	0.07982	80.093	32.929	113.02	81.642	38.025	119.67	0.15057	0.05852	0.20909
200	504.00	0.02010	0.06441	85.297	26.629	111.93	87.172	30.761	117.93	0.15872	0.04662	0.20534
210	563.76	0.02309	0.04722	91.993	16.498	108.49	94.402	19.015	113.42	0.16924	0.02839	0.19763

Source of Data: Tables A-11E through A-13E are generated using the Engineering Equation Solver (EES) software developed by S. A. Klein and F. L. Alvarado. The routine used in calculations is the R134a, which is based on the fundamental equation of state developed by R. Tillner-Roth and H. D. Baehr, "An International Standard Formulation for the Thermodynamic Properties of 1,1,1,2-Tetrafluoroethane (HFC-134a) for temperatures from 170 K to 455 K and pressures up to 70 MPa," *J. Phys. Chem, Ref. Data,* Vol. 23, No. 5, 1994. The enthalpy and entropy values of saturated liquid are set to zero at −40°C (and −40°F).

TABLE A–12E

Saturated refrigerant-134a–Pressure table

		Specific volume, ft³/lbm		Internal energy, Btu/lbm			Enthalpy, Btu/lbm			Entropy, Btu/lbm·R		
Press., P psia	Sat. temp., T_{sat} °F	Sat. liquid, v_f	Sat. vapor, v_g	Sat. liquid, u_f	Evap., u_{fg}	Sat. vapor, u_g	Sat. liquid, h_f	Evap., h_{fg}	Sat. vapor, h_g	Sat. liquid, s_f	Evap., s_{fg}	Sat. vapor, s_g
5	−53.09	0.01113	8.3740	−3.914	91.283	87.37	−3.903	99.021	95.12	−0.00944	0.24353	0.23409
10	−29.52	0.01143	4.3740	3.132	87.463	90.59	3.153	95.536	98.69	0.00741	0.22208	0.22949
15	−14.15	0.01164	2.9882	7.796	84.907	92.70	7.828	93.170	101.00	0.01806	0.20911	0.22717
20	−2.43	0.01181	2.2781	11.393	82.915	94.31	11.436	91.302	102.74	0.02603	0.19967	0.22570
25	7.17	0.01196	1.8442	14.367	81.249	95.62	14.422	89.725	104.15	0.03247	0.19218	0.22465
30	15.37	0.01209	1.5506	16.929	79.799	96.73	16.996	88.340	105.34	0.03792	0.18595	0.22386
35	22.57	0.01221	1.3382	19.195	78.504	97.70	19.274	87.093	106.37	0.04265	0.18058	0.22324
40	29.01	0.01232	1.1773	21.236	77.326	98.56	21.327	85.950	107.28	0.04686	0.17586	0.22272
45	34.86	0.01242	1.0510	23.101	76.240	99.34	23.205	84.889	108.09	0.05065	0.17164	0.22229
50	40.23	0.01252	0.94909	24.824	75.228	100.05	24.939	83.894	108.83	0.05412	0.16780	0.22192
55	45.20	0.01261	0.86509	26.428	74.277	100.70	26.556	82.954	109.51	0.05732	0.16429	0.22160
60	49.84	0.01270	0.79462	27.932	73.378	101.31	28.073	82.060	110.13	0.06028	0.16104	0.22132
65	54.20	0.01278	0.73462	29.351	72.523	101.87	29.505	81.205	110.71	0.06306	0.15801	0.22107
70	58.30	0.01287	0.68290	30.696	71.705	102.40	30.862	80.385	111.25	0.06567	0.15518	0.22084
75	62.19	0.01295	0.63784	31.975	70.921	102.90	32.155	79.594	111.75	0.06813	0.15251	0.22064
80	65.89	0.01303	0.59822	33.198	70.167	103.36	33.391	78.830	112.22	0.07047	0.14998	0.22045
85	69.41	0.01310	0.56309	34.369	69.438	103.81	34.575	78.089	112.66	0.07269	0.14758	0.22027
90	72.78	0.01318	0.53173	35.494	68.733	104.23	35.713	77.369	113.08	0.07481	0.14529	0.22011
95	76.02	0.01325	0.50356	36.577	68.048	104.63	36.810	76.668	113.48	0.07684	0.14311	0.21995
100	79.12	0.01332	0.47811	37.623	67.383	105.01	37.870	75.984	113.85	0.07879	0.14101	0.21981
110	85.00	0.01346	0.43390	39.614	66.102	105.72	39.888	74.660	114.55	0.08247	0.13706	0.21953
120	90.49	0.01360	0.39681	41.489	64.878	106.37	41.791	73.388	115.18	0.08590	0.13338	0.21928
130	95.64	0.01374	0.36523	43.263	63.704	106.97	43.594	72.159	115.75	0.08912	0.12993	0.21905
140	100.51	0.01387	0.33800	44.951	62.570	107.52	45.311	70.967	116.28	0.09215	0.12668	0.21883
150	105.12	0.01400	0.31426	46.563	61.473	108.04	46.952	69.807	116.76	0.09502	0.12359	0.21861
160	109.50	0.01413	0.29339	48.109	60.406	108.51	48.527	68.674	117.20	0.09776	0.12064	0.21840
170	113.69	0.01426	0.27487	49.595	59.366	108.96	50.043	67.564	117.61	0.10036	0.11783	0.21819
180	117.69	0.01439	0.25833	51.027	58.349	109.38	51.507	66.475	117.98	0.10286	0.11513	0.21799
190	121.53	0.01452	0.24346	52.412	57.353	109.76	52.922	65.402	118.32	0.10526	0.11252	0.21778
200	125.22	0.01464	0.23001	53.753	56.375	110.13	54.295	64.345	118.64	0.10757	0.11000	0.21757
220	132.21	0.01490	0.20662	56.321	54.462	110.78	56.927	62.267	119.19	0.11195	0.10519	0.21714
240	138.73	0.01516	0.18694	58.757	52.596	111.35	59.430	60.225	119.65	0.11606	0.10063	0.21669
260	144.85	0.01543	0.17012	61.082	50.763	111.84	61.824	58.205	120.03	0.11994	0.09627	0.21622
280	150.62	0.01570	0.15555	63.313	48.951	112.26	64.126	56.197	120.32	0.12364	0.09207	0.21571
300	156.09	0.01598	0.14279	65.460	47.154	112.61	66.347	54.195	120.54	0.12717	0.08800	0.21517
350	168.64	0.01672	0.11673	70.567	42.632	113.20	71.651	49.109	120.76	0.13545	0.07815	0.21360
400	179.86	0.01758	0.09643	75.401	37.957	113.36	76.702	43.794	120.50	0.14317	0.06847	0.21164
450	190.02	0.01860	0.07979	80.112	32.909	113.02	81.662	38.003	119.67	0.15060	0.05849	0.20909
500	199.29	0.01997	0.06533	84.900	27.096	112.00	86.748	31.292	118.04	0.15810	0.04748	0.20558

TABLE A–13E

Superheated refrigerant-134a

T °F	v ft³/lbm	u Btu/lbm	h Btu/lbm	s Btu/lbm·R	v ft³/lbm	u Btu/lbm	h Btu/lbm	s Btu/lbm·R	v ft³/lbm	u Btu/lbm	h Btu/lbm	s Btu/lbm·R
	P = 10 psia (T_{sat} = −29.52°F)				P = 15 psia (T_{sat} = −14.15°F)				P = 20 psia (T_{sat} = −2.43°F)			
Sat.	4.3740	90.59	98.69	0.22949	2.9882	92.70	101.00	0.22717	2.2781	94.31	102.74	0.22570
−20	4.4856	92.14	100.44	0.23351								
0	4.7135	95.42	104.14	0.24175	3.1001	95.08	103.69	0.23312	2.2922	94.73	103.21	0.22673
20	4.9380	98.77	107.91	0.24978	3.2551	98.49	107.52	0.24129	2.4130	98.19	107.12	0.23506
40	5.1600	102.21	111.76	0.25763	3.4074	101.96	111.42	0.24924	2.5306	101.71	111.07	0.24313
60	5.3802	105.73	115.68	0.26533	3.5577	105.51	115.38	0.25702	2.6461	105.29	115.08	0.25099
80	5.5989	109.33	119.69	0.27290	3.7064	109.14	119.42	0.26465	2.7600	108.94	119.15	0.25868
100	5.8165	113.02	123.78	0.28035	3.8540	112.85	123.54	0.27214	2.8726	112.67	123.30	0.26623
120	6.0331	116.80	127.96	0.28768	4.0006	116.64	127.75	0.27952	2.9842	116.48	127.53	0.27364
140	6.2490	120.66	132.23	0.29492	4.1464	120.52	132.03	0.28678	3.0950	120.38	131.83	0.28094
160	6.4642	124.62	136.58	0.30205	4.2915	124.49	136.40	0.29395	3.2051	124.35	136.22	0.28814
180	6.6789	128.66	141.01	0.30910	4.4361	128.53	140.85	0.30102	3.3146	128.41	140.68	0.29523
200	6.8930	132.78	145.54	0.31606	4.5802	132.67	145.38	0.30800	3.4237	132.56	145.23	0.30223
220	7.1068	136.99	150.14	0.32293	4.7239	136.89	150.00	0.31489	3.5324	136.78	149.86	0.30914
	P = 30 psia (T_{sat} = 15.37°F)				P = 40 psia (T_{sat} = 29.01°F)				P = 50 psia (T_{sat} = 40.23°F)			
Sat.	1.5506	96.73	105.34	0.22386	1.1773	98.56	107.28	0.22272	0.9491	100.05	108.83	0.22192
20	1.5691	97.56	106.27	0.22583								
40	1.6528	101.18	110.35	0.23416	1.2126	100.61	109.59	0.22740				
60	1.7338	104.83	114.45	0.24220	1.2768	104.35	113.80	0.23567	1.0019	103.85	113.12	0.23033
80	1.8130	108.54	118.60	0.25003	1.3389	108.12	118.03	0.24365	1.0540	107.69	117.44	0.23849
100	1.8908	112.31	122.81	0.25769	1.3995	111.94	122.30	0.25142	1.1043	111.56	121.78	0.24639
120	1.9675	116.16	127.08	0.26519	1.4588	115.83	126.63	0.25902	1.1534	115.49	126.16	0.25408
140	2.0434	120.08	131.43	0.27256	1.5173	119.79	131.02	0.26646	1.2015	119.48	130.60	0.26160
160	2.1185	124.09	135.85	0.27981	1.5750	123.82	135.47	0.27377	1.2488	123.54	135.09	0.26898
180	2.1931	128.17	140.34	0.28695	1.6321	127.92	140.00	0.28096	1.2955	127.67	139.66	0.27622
200	2.2671	132.33	144.92	0.29399	1.6887	132.10	144.60	0.28805	1.3416	131.87	144.29	0.28335
220	2.3408	136.58	149.57	0.30094	1.7449	136.37	149.28	0.29503	1.3873	136.15	148.99	0.29037
240	2.4141	140.90	154.30	0.30780	1.8007	140.70	154.03	0.30192	1.4326	140.51	153.76	0.29730
260	2.4871	145.30	159.11	0.31458	1.8562	145.12	158.86	0.30873	1.4776	144.94	158.61	0.30413
280	2.5598	149.79	164.00	0.32128	1.9114	149.62	163.77	0.31545	1.5223	149.45	163.53	0.31087
	P = 60 psia (T_{sat} = 49.84°F)				P = 70 psia (T_{sat} = 58.30°F)				P = 80 psia (T_{sat} = 65.89°F)			
Sat.	0.7946	101.31	110.13	0.22132	0.6829	102.40	111.25	0.22084	0.5982	103.36	112.22	0.22045
60	0.8179	103.31	112.39	0.22572	0.6857	102.74	111.62	0.22157				
80	0.8636	107.24	116.82	0.23408	0.7271	106.77	116.18	0.23018	0.6243	106.27	115.51	0.22663
100	0.9072	111.17	121.24	0.24212	0.7662	110.77	120.69	0.23838	0.6601	110.35	120.12	0.23501
120	0.9495	115.14	125.69	0.24992	0.8037	114.79	125.20	0.24630	0.6941	114.43	124.70	0.24305
140	0.9908	119.17	130.17	0.25753	0.8401	118.86	129.74	0.25399	0.7270	118.53	129.29	0.25084
160	1.0312	123.26	134.71	0.26497	0.8756	122.98	134.32	0.26151	0.7589	122.69	133.92	0.25843
180	1.0709	127.42	139.31	0.27227	0.9105	127.16	138.95	0.26886	0.7900	126.89	138.59	0.26585
200	1.1101	131.64	143.97	0.27945	0.9447	131.40	143.64	0.27608	0.8206	131.17	143.31	0.27312
220	1.1489	135.94	148.69	0.28651	0.9785	135.72	148.40	0.28318	0.8507	135.50	148.09	0.28026
240	1.1872	140.31	153.49	0.29346	1.0118	140.11	153.22	0.29017	0.8803	139.91	152.94	0.28728
260	1.2252	144.76	158.36	0.30032	1.0449	144.57	158.10	0.29706	0.9096	144.38	157.85	0.29420
280	1.2629	149.28	163.30	0.30709	1.0776	149.10	163.06	0.30386	0.9386	148.93	162.82	0.30102
300	1.3004	153.88	168.31	0.31378	1.1101	153.71	168.09	0.31057	0.9674	153.55	167.87	0.30775
320	1.3377	158.55	173.40	0.32039	1.1424	158.40	173.20	0.31720	0.9959	158.25	172.99	0.31440

TABLE A–13E

Superheated refrigerant-134a *(Concluded)*

T °F	v ft³/lbm	u Btu/lbm	h Btu/lbm	s Btu/lbm·R	v ft³/lbm	u Btu/lbm	h Btu/lbm	s Btu/lbm·R	v ft³/lbm	u Btu/lbm	h Btu/lbm	s Btu/lbm·R
	P = 90 psia (T_{sat} = 72.78°F)				P = 100 psia (T_{sat} = 79.12°F)				P = 120 psia (T_{sat} = 90.49°F)			
Sat.	0.53173	104.23	113.08	0.22011	0.47811	105.01	113.85	0.21981	0.39681	106.37	115.18	0.21928
80	0.54388	105.75	114.81	0.22332	0.47906	105.19	114.06	0.22018				
100	0.57729	109.91	119.53	0.23191	0.51076	109.46	118.91	0.22902	0.41013	108.49	117.59	0.22364
120	0.60874	114.05	124.19	0.24009	0.54022	113.66	123.66	0.23735	0.43692	112.85	122.55	0.23234
140	0.63885	118.20	128.84	0.24799	0.56821	117.86	128.38	0.24535	0.46190	117.16	127.42	0.24059
160	0.66796	122.39	133.51	0.25565	0.59513	122.09	133.10	0.25310	0.48563	121.47	132.25	0.24853
180	0.69629	126.63	138.22	0.26313	0.62122	126.36	137.85	0.26065	0.50844	125.80	137.09	0.25621
200	0.72399	130.92	142.98	0.27045	0.64667	130.68	142.64	0.26802	0.53054	130.18	141.96	0.26370
220	0.75119	135.28	147.79	0.27763	0.67158	135.05	147.48	0.27525	0.55206	134.60	146.86	0.27102
240	0.77796	139.70	152.66	0.28469	0.69605	139.50	152.38	0.28234	0.57312	139.08	151.80	0.27819
260	0.80437	144.19	157.59	0.29164	0.72016	144.00	157.33	0.28932	0.59379	143.62	156.80	0.28523
280	0.83048	148.75	162.58	0.29849	0.74396	148.58	162.34	0.29620	0.61413	148.22	161.86	0.29216
300	0.85633	153.39	167.65	0.30524	0.76749	153.22	167.42	0.30297	0.63420	152.89	166.97	0.29898
320	0.88195	158.09	172.78	0.31191	0.79079	157.94	172.57	0.30966	0.65402	157.62	172.15	0.30571
	P = 140 psia (T_{sat} = 100.51°F)				P = 160 psia (T_{sat} = 109.50°F)				P = 180 psia (T_{sat} = 117.69°F)			
Sat.	0.33800	107.52	116.28	0.21883	0.29339	108.51	117.20	0.21840	0.25833	109.38	117.98	0.21799
120	0.36243	111.97	121.36	0.22775	0.30578	111.01	120.07	0.22339	0.26083	109.95	118.64	0.21912
140	0.38551	116.42	126.40	0.23630	0.32774	115.63	125.33	0.23232	0.28231	114.78	124.18	0.22852
160	0.40711	120.82	131.37	0.24444	0.34790	120.14	130.44	0.24070	0.30154	119.43	129.47	0.23720
180	0.42766	125.23	136.31	0.25229	0.36686	124.63	135.49	0.24872	0.31936	124.01	134.65	0.24542
200	0.44743	129.66	141.25	0.25990	0.38494	129.13	140.52	0.25647	0.33619	128.58	139.77	0.25332
220	0.46657	134.13	146.22	0.26731	0.40234	133.65	145.56	0.26399	0.35228	133.16	144.89	0.26095
240	0.48522	138.65	151.22	0.27457	0.41921	138.21	150.62	0.27133	0.36779	137.76	150.01	0.26838
260	0.50345	143.22	156.26	0.28168	0.43564	142.82	155.72	0.27851	0.38284	142.41	155.16	0.27564
280	0.52134	147.85	161.36	0.28866	0.45171	147.48	160.86	0.28555	0.39751	147.11	160.35	0.28275
300	0.53895	152.55	166.51	0.29553	0.46748	152.21	166.05	0.29248	0.41186	151.86	165.58	0.28972
320	0.55630	157.31	171.72	0.30230	0.48299	156.99	171.29	0.29929	0.42594	156.67	170.85	0.29658
340	0.57345	162.14	176.99	0.30898	0.49828	161.84	176.59	0.30600	0.43980	161.53	176.18	0.30333
360	0.59041	167.03	182.33	0.31557	0.51338	166.75	181.95	0.31262	0.45347	166.47	181.57	0.30998
	P = 200 psia (T_{sat} = 125.22°F)				P = 300 psia (T_{sat} = 156.09°F)				P = 400 psia (T_{sat} = 179.86°F)			
Sat.	0.23001	110.13	118.64	0.21757	0.14279	112.61	120.54	0.21517	0.09643	113.36	120.50	0.21164
140	0.24541	113.86	122.94	0.22483								
160	0.26412	118.67	128.44	0.23386	0.14656	113.82	121.96	0.21747				
180	0.28115	123.36	133.77	0.24231	0.16355	119.53	128.61	0.22803	0.09658	113.42	120.56	0.21174
200	0.29704	128.01	139.00	0.25037	0.17776	124.79	134.66	0.23734	0.11440	120.53	128.99	0.22473
220	0.31212	132.65	144.20	0.25813	0.19044	129.86	140.43	0.24596	0.12746	126.45	135.88	0.23502
240	0.32658	137.31	149.39	0.26566	0.20211	134.83	146.05	0.25412	0.13853	131.96	142.21	0.24420
260	0.34054	141.99	154.60	0.27300	0.21306	139.77	151.60	0.26193	0.14844	137.27	148.26	0.25272
280	0.35410	146.73	159.83	0.28017	0.22347	144.71	157.11	0.26949	0.15756	142.48	154.15	0.26079
300	0.36733	151.50	165.10	0.28720	0.23346	149.66	162.62	0.27683	0.16611	147.65	159.95	0.26853
320	0.38029	156.34	170.41	0.29410	0.24310	154.63	168.13	0.28399	0.17423	152.81	165.71	0.27601
340	0.39300	161.23	175.77	0.30089	0.25246	159.65	173.66	0.29100	0.18201	157.97	171.45	0.28328
360	0.40552	166.18	181.19	0.30758	0.26159	164.71	179.23	0.29788	0.18951	163.16	177.19	0.29037

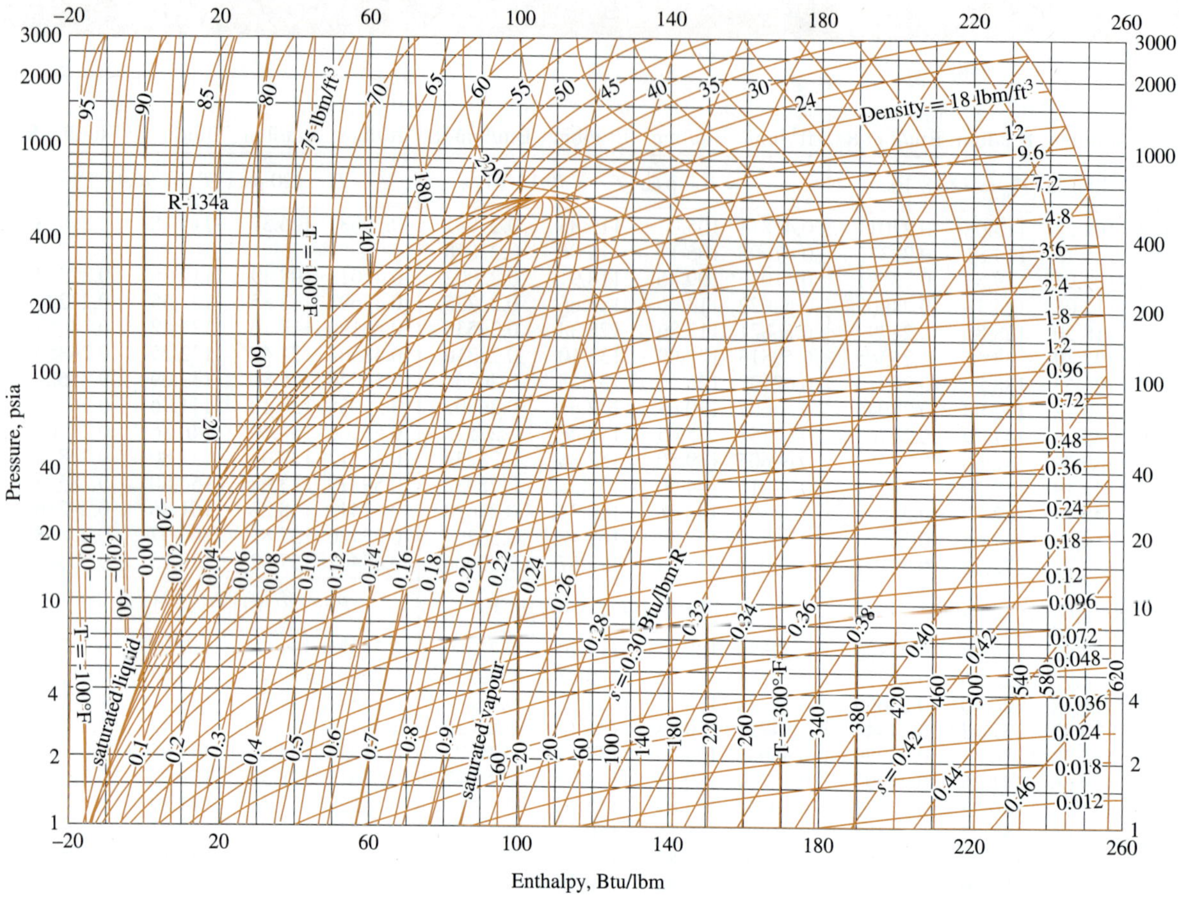

FIGURE A–14E

P-h diagram for refrigerant-134a.

Reprinted by permission of American Society of Heating, Refrigerating, and Air-Conditioning Engineers, Inc., Atlanta, GA.

TABLE A-15E

Properties of saturated water

Temp. T, °F	Saturation pressure P_{sat}, psia	Density ρ, lbm/ft³		Enthalpy of vaporization h_{fg}, Btu/lbm	Specific heat c_p, Btu/lbm·R		Thermal conductivity k, Btu/h·ft·R		Dynamic viscosity μ, lbm/ft·s		Prandtl number Pr		Volume expansion coefficient β, 1/R
		Liquid	Vapor		Liquid	Vapor	Liquid	Vapor	Liquid	Vapor	Liquid	Vapor	Liquid
32.02	0.0887	62.41	0.00030	1075	1.010	0.446	0.324	0.0099	1.204×10^{-3}	6.194×10^{-6}	13.5	1.00	-0.038×10^{-3}
40	0.1217	62.42	0.00034	1071	1.004	0.447	0.329	0.0100	1.308×10^{-3}	6.278×10^{-6}	11.4	1.01	0.003×10^{-3}
50	0.1780	62.41	0.00059	1065	1.000	0.448	0.335	0.0102	8.781×10^{-4}	6.361×10^{-6}	9.44	1.01	0.047×10^{-3}
60	0.2563	62.36	0.00083	1060	0.999	0.449	0.341	0.0104	7.536×10^{-4}	6.444×10^{-6}	7.95	1.00	0.080×10^{-3}
70	0.3632	62.30	0.00115	1054	0.999	0.450	0.347	0.0106	6.556×10^{-4}	6.556×10^{-6}	6.79	1.00	0.115×10^{-3}
80	0.5073	62.22	0.00158	1048	0.999	0.451	0.352	0.0108	5.764×10^{-4}	6.667×10^{-6}	5.89	1.00	0.145×10^{-3}
90	0.6988	62.12	0.00214	1043	0.999	0.453	0.358	0.0110	5.117×10^{-4}	6.778×10^{-6}	5.14	1.00	0.174×10^{-3}
100	0.9503	62.00	0.00286	1037	0.999	0.454	0.363	0.0112	4.578×10^{-4}	6.889×10^{-6}	4.54	1.01	0.200×10^{-3}
110	1.2763	61.86	0.00377	1031	0.999	0.456	0.367	0.0115	4.128×10^{-4}	7.000×10^{-6}	4.05	1.00	0.224×10^{-3}
120	1.6945	61.71	0.00493	1026	0.999	0.458	0.371	0.0117	3.744×10^{-4}	7.111×10^{-6}	3.63	1.00	0246×10^{-3}
130	2.225	61.55	0.00636	1020	0.999	0.460	0.375	0.0120	3.417×10^{-4}	7.222×10^{-6}	3.28	1.00	0.267×10^{-3}
140	2.892	61.38	0.00814	1014	0.999	0.463	0.378	0.0122	3.136×10^{-4}	7.333×10^{-6}	2.98	1.00	0.287×10^{-3}
150	3.722	61.19	0.0103	1008	1.000	0.465	0.381	0.0125	2.889×10^{-4}	7.472×10^{-6}	2.73	1.00	0.306×10^{-3}
160	4.745	60.99	0.0129	1002	1.000	0.468	0.384	0.0128	2.675×10^{-4}	7.583×10^{-6}	2.51	1.00	0.325×10^{-3}
170	5.996	60.79	0.0161	996	1.001	0.472	0.386	0.0131	2.483×10^{-4}	7.722×10^{-6}	2.90	1.00	0.346×10^{-3}
180	7.515	60.57	0.0199	990	1.002	0.475	0.388	0.0134	2.317×10^{-4}	7.833×10^{-6}	2.15	1.00	0.367×10^{-3}
190	9.343	60.35	0.0244	984	1.004	0.479	0.390	0.0137	2.169×10^{-4}	7.972×10^{-6}	2.01	1.00	0.382×10^{-3}
200	11.53	60.12	0.0297	978	1.005	0.483	0.391	0.0141	2.036×10^{-4}	8.083×10^{-6}	1.88	1.00	0.395×10^{-3}
210	14.125	59.87	0.0359	972	1.007	0.487	0.392	0.0144	1.917×10^{-4}	8.222×10^{-6}	1.77	1.00	0.412×10^{-3}
212	14.698	59.82	0.0373	970	1.007	0.488	0.392	0.0145	1.894×10^{-4}	8.250×10^{-6}	1.75	1.00	0.417×10^{-3}
220	17.19	59.62	0.0432	965	1.009	0.492	0.393	0.0148	1808×10^{-4}	8.333×10^{-6}	1.67	1.00	0.429×10^{-3}
230	20.78	59.36	0.0516	959	1.011	0.497	0.394	0.0152	1.711×10^{-4}	8.472×10^{-6}	1.58	1.00	0.443×10^{-3}
240	24.97	59.09	0.0612	952	1.013	0.503	0.394	0.0156	1.625×10^{-4}	8.611×10^{-6}	1.50	1.00	0.462×10^{-3}
250	29.82	58.82	0.0723	946	1.015	0.509	0.395	0.0160	1.544×10^{-4}	8.611×10^{-6}	1.43	1.00	0.480×10^{-3}
260	35.42	58.53	0.0850	939	1.018	0.516	0.395	0.0164	1.472×10^{-4}	8.861×10^{-6}	1.37	1.00	0.497×10^{-3}
270	41.85	58.24	0.0993	932	1.020	0.523	0.395	0.0168	1.406×10^{-4}	9.000×10^{-6}	1.31	1.01	0.514×10^{-3}
280	49.18	57.94	0.1156	926	1.023	0.530	0.395	0.0172	1.344×10^{-4}	9.111×10^{-6}	1.25	1.01	0.532×10^{-3}
290	57–53	57.63	0.3390	918	1.026	0.538	0.395	0.0177	1.289×10^{-4}	9.250×10^{-6}	1.21	1.01	0.549×10^{-3}
300	66.98	57.31	0.1545	910	1.029	0.547	0.394	0.0182	1.236×10^{-4}	9.389×10^{-6}	1.16	1.02	0.566×10^{-3}
320	89.60	56.65	0.2033	895	1.036	0.567	0.393	0.0191	1.144×10^{-4}	9.639×10^{-6}	1.09	1.03	0.636×10^{-3}
340	117.93	55.95	0.2637	880	1.044	0.590	0.391	0.0202	1.063×10^{-4}	9.889×10^{-6}	1.02	1.04	0.656×10^{-3}
360	152.92	56.22	0.3377	863	1.054	0.617	0.389	0.0213	9.972×10^{-5}	1.013×10^{-5}	0.973	1.06	0.681×10^{-3}
380	195.60	54.46	0.4275	845	1.065	0.647	0.385	0.0224	9.361×10^{-5}	1.041×10^{-5}	0.932	1.08	0.720×10^{-3}
400	241.1	53.65	0.5359	827	1.078	0.683	0.382	0.0237	8.833×10^{-5}	1.066×10^{-5}	0.893	1.11	0.771×10^{-3}
450	422.1	51.46	0.9082	775	1.121	0.799	0.370	0.0271	7.722×10^{-5}	1.130×10^{-5}	0.842	1.20	0.912×10^{-3}
500	680.0	48.95	1.479	715	1.188	0.972	0.352	0.0312	6.833×10^{-5}	1.200×10^{-5}	0.830	1.35	1.111×10^{-3}
550	1046.7	45.96	4.268	641	1.298	1.247	0.329	0.0368	6.083×10^{-5}	1.280×10^{-5}	0.864	1.56	1.445×10^{-3}
600	1541	42.32	3.736	550	1.509	1.759	0.299	0.0461	5.389×10^{-5}	1.380×10^{-5}	0.979	1.90	1.883×10^{-3}
650	2210	37.31	6.152	422	2.086	3.103	0.267	0.0677	4.639×10^{-5}	1.542×10^{-5}	1.30	2.54	
700	3090	27.28	13.44	168	13.80	25.90	0.254	0.1964	3.417×10^{-5}	2.044×10^{-5}	6.68	9.71	
705.44	3204	19.79	19.79	0	∞	∞	∞	∞	2.897×10^{-5}	2.897×10^{-5}			

Note 1: Kinematic viscosity ν and thermal diffusivity α can be calculated from their definitions, $\nu = \mu/\rho$ and $\alpha = k/\rho c_p = \nu/\text{Pr}$. The temperatures 32.02°F, 212°F, and 705.44°F are the triple-, boiling-, and critical-point temperatures of water, respectively. All properties listed above (except the vapor density) can be used at any pressures with negligible error except at temperatures near the critical-point value.

Note 2: The unit Btu/lbm·°F for specific heat is equivalent to Btu/lbm·R, and the unit Btu/h·ft·°F for thermal conductivity is equivalent to Btu/h·ft·R.

Source: Viscosity and thermal conductivity data are from J. V. Sengers and J. T. T. Watson, *Journal of Physical and Chemical Reference Data* 15 (1986), pp. 1291–1322. Other data are obtained from various sources or calculated.

TABLE A-16E

Properties of saturated refrigerant-134a

Temp. T, °F	Saturation pressure P_{sat}, psia	Density ρ, lbm/ft³ Liquid	Density Vapor	Enthalpy of vaporization h_{fg}, Btu/lbm	Specific heat c_p, Btu/lbm·R Liquid	Specific heat Vapor	Thermal conductivity k, Btu/h·ft·R Liquid	Thermal conductivity Vapor	Dynamic viscosity μ, lbm/ft·s Liquid	Dynamic viscosity Vapor	Prandtl number Pr Liquid	Prandtl number Vapor	Volume expansion coefficient β, 1/R Liquid	Surface tension lbf/ft
−40	7.4	88.51	0.1731	97.1	0.2996	0.1788	0.0636	0.00466	3.278×10^{-4}	1.714×10^{-6}	5.558	0.237	0.00114	0.001206
−30	9.9	87.5	0.2258	95.6	0.3021	0.1829	0.0626	0.00497	3.004×10^{-4}	2.053×10^{-6}	5.226	0.272	0.00117	0.001146
−20	12.9	86.48	0.2905	94.1	0.3046	0.1872	0.0613	0.00529	2.762×10^{-4}	2.433×10^{-6}	4.937	0.310	0.00120	0.001087
−10	16.6	85.44	0.3691	92.5	0.3074	0.1918	0.0602	0.00559	2.546×10^{-4}	2.856×10^{-6}	4.684	0.352	0.00124	0.001029
0	21.2	84.38	0.4635	90.9	0.3103	0.1966	0.0589	0.00589	2.345×10^{-4}	3.314×10^{-6}	4.463	0.398	0.00128	0.000972
10	26.6	83.31	0.5761	89.3	0.3134	0.2017	0.0576	0.00619	2.181×10^{-4}	3.811×10^{-4}	4.269	0.447	0.00132	0.000915
20	33.1	82.2	0.7094	87.5	0.3167	0.2070	0.0563	0.00648	2.024×10^{-4}	4.342×10^{-6}	4.098	0.500	0.00132	0.000859
30	40.8	81.08	0.866	85.8	0.3203	0.2127	0.0550	0.00676	1.883×10^{-4}	4.906×10^{-6}	3.947	0.555	0.00142	0.000803
40	49.8	79.92	1.049	83.9	0.3240	0.2188	0.0536	0.00704	1.752×10^{-4}	5.494×10^{-6}	3.814	0.614	0.00149	0.000749
50	60.2	78.73	1.262	82.0	0.3281	0.2253	0.0522	0.00732	1.633×10^{-4}	6.103×10^{-6}	3.697	0.677	0.00156	0.000695
60	72.2	77.51	1.509	80.0	0.3325	0.2323	0.0507	0.00758	1.522×10^{-4}	6.725×10^{-6}	3.594	0.742	0.00163	0.000642
70	85.9	76.25	1.794	78.0	0.3372	0.2398	0.0492	0.00785	1.420×10^{-4}	7.356×10^{-6}	3.504	0.810	0.00173	0.000590
80	101.4	74.94	2.122	75.8	0.3424	0.2481	0.0476	0.00810	1.324×10^{-4}	7.986×10^{-6}	3.425	0.880	0.00183	0.000538
90	119.1	73.59	2.5	73.5	0.3481	0.2572	0.0460	0.00835	1.234×10^{-4}	8.611×10^{-6}	3.357	0.955	0.00195	0.000488
100	138.9	72.17	2.935	71.1	0.3548	0.2674	0.0444	0.00860	1.149×10^{-4}	9.222×10^{-6}	3.303	1.032	0.00210	0.000439
110	161.2	70.69	3.435	68.5	0.3627	0.2790	0.0427	0.00884	1.068×10^{-4}	9.814×10^{-6}	3.262	1.115	0.00227	0.000391
120	186.0	69.13	4.012	65.8	0.3719	0.2925	0.0410	0.00908	9.911×10^{-5}	1.038×10^{-5}	3.235	1.204	0.00248	0.000344
130	213.5	67.48	4.679	62.9	0.3829	0.3083	0.0392	0.00931	9.175×10^{-5}	1.092×10^{-5}	3.223	1.303	0.00275	0.000299
140	244.1	65.72	5.455	59.8	0.3963	0.3276	0.0374	0.00954	8.464×10^{-5}	1.144×10^{-5}	3.229	1.416	0.00308	0.000255
150	277.8	63.83	6.367	56.1	0.4131	0.3520	0.0355	0.00976	7.778×10^{-5}	1.195×10^{-5}	3.259	1.551	0.00351	0.000212
160	314.9	61.76	7.45	52.7	0.4352	0.3839	0.0335	0.00998	7.108×10^{-5}	1.245×10^{-5}	3.324	1.725	0.00411	0.000171
170	355.8	59.47	8.762	48.5	0.4659	0.4286	0.0314	0.01020	6.450×10^{-5}	1.298×10^{-5}	3.443	1.963	0.00498	0.000132
180	400.7	56.85	10.4	43.7	0.5123	0.4960	0.0292	0.01041	5.792×10^{-5}	1.366×10^{-5}	3.661	2.327	0.00637	0.000095
190	449.9	53.75	12.53	38.0	0.5929	0.6112	0.0267	0.01063	5.119×10^{-5}	1.431×10^{-5}	4.090	2.964	0.00891	0.000061
200	504.0	49.75	15.57	30.7	0.7717	0.8544	0.0239	0.01085	4.397×10^{-5}	1.544×10^{-5}	5.119	4.376	0.01490	0.000031
210	563.8	43.19	21.18	18.9	1.4786	1.6683	0.0199	0.01110	3.483×10^{-5}	1.787×10^{-5}	9.311	9.669	0.04021	0.000006

Note 1: Kinematic viscosity ν and thermal diffusivity α can be calculated from their definitions, $\nu = \mu/\rho$ and $\alpha = k/\rho c_p = \nu/\text{Pr}$. The properties listed here (except the vapor density) can be used at any pressures with negligible error except at temperatures near the critical-point value.

Note 2: The unit Btu/lbm·°F for specific heat is equivalent to Btu/lbm·R, and the unit Btu/h·ft·°F for thermal conductivity is equivalent to Btu/h·ft·R.

Source: Data generated from the EES software developed by S. A. Klein and F. L. Alvarado. Original sources: R. Tilner-Roth and H. D. Baehr, "An International Standard Formulation for the Thermodynamic Properties of 1,1,1,2-Tetrafluorethane (HFC-134a) for Temperatures from 170 K to 455 K and Pressures up to 70 Mpa," *J. Phys. Chem. Ref. Data,* Vol. 23, No.5, 1994: M. J. Assael, N. K. Dalaouti, A. A. Griva, and J. H. Dymond, "Viscosity and Thermal Conductivity of Halogenated Methane and Ethane Refrigerants," *IJR,* Vol. 22, pp. 525–535, 1999: NIST REPROP 6 program (M. O. McLinden, S. A. Klein, E. W. Lemmon, and A. P. Peskin, Physicial and Chemical Properties Division, National Institute of Standards and Technology, Boulder, CO 80303. 1995).

TABLE A-17E

Properties of saturated ammonia

Temp. T, °F	Saturation pressure P_{sat}, psia	Density ρ, lbm/ft³ Liquid	Density Vapor	Enthalpy of vaporization h_{fg}, Btu/lbm	Specific heat c_p, Btu/lbm·R Liquid	Specific heat Vapor	Thermal conductivity k, Btu/h·ft·R Liquid	Thermal conductivity Vapor	Dynamic viscosity μ, lbm/ft·s Liquid	Dynamic viscosity Vapor	Prandtl number Pr Liquid	Prandtl number Vapor	Volume expansion coefficient β, 1/R Liquid	Surface tension lbf/ft
−40	10.4	43.08	0.0402	597.0	1.0542	0.5354	–	0.01026	1.966×10^{-4}	5.342×10^{-6}	–	1.003	0.00098	0.002443
−30	13.9	42.66	0.0527	590.2	1.0610	0.5457	–	0.01057	1.853×10^{-4}	5.472×10^{-6}	–	1.017	0.00101	0.002357
−20	18.3	42.33	0.0681	583.2	1.0677	0.5571	0.3501	0.01089	1.746×10^{-4}	5.600×10^{-6}	1.917	1.031	0.00103	0.002272
−10	23.7	41.79	0.0869	575.9	1.0742	0.5698	0.3426	0.01121	1.645×10^{-4}	5.731×10^{-6}	1.856	1.048	0.00106	0.002187
0	30–4	41.34	0.1097	568.4	1.0807	0.5838	0.3352	0.01154	1.549×10^{-4}	5.861×10^{-6}	1.797	1.068	0.00109	0.002103
10	38.5	40.89	0.1370	560.7	1.0873	0.5992	0.3278	0.01187	1.458×10^{-4}	5.994×10^{-6}	1.740	1.089	0.00112	0.002018
20	48.2	40.43	0.1694	552.6	1.0941	0.6160	0.3203	0.01220	1.371×10^{-4}	6.125×10^{-6}	1.686	1.113	0.00116	0.001934
30	59.8	39.96	0.2075	544.4	1.1012	0.6344	0.3129	0.01254	1290×10^{-4}	6.256×10^{-6}	1.634	1.140	0.00119	0.001850
40	73.4	39.48	0.2521	535.8	1.1087	0.6544	0.3055	0.01288	1.213×10^{-4}	6.389×10^{-6}	1.585	1.168	0.00123	0.001767
50	89.2	38.99	0.3040	526.9	1.1168	0.6762	0.2980	0.01323	1.140×10^{-4}	6.522×10^{-6}	1.539	1.200	0.00128	0.001684
60	107.7	38.50	0.3641	517.7	1.1256	0.6999	0.2906	0.01358	1.072×10^{-4}	6.656×10^{-6}	1.495	1.234	0.00132	0.001601
70	128.9	37.99	0.4332	508.1	1.1353	0.7257	0.2832	0.01394	1.008×10^{-4}	6.786×10^{-6}	1.456	1.272	0.00137	0.001518
80	153.2	37.47	0.5124	498.2	1.1461	0.7539	0.2757	0.01431	9.486×10^{-5}	6.922×10^{-6}	1.419	1.313	0.00143	0.001436
90	180.8	36.94	0.6029	487.8	1.1582	0.7846	0.2683	0.01468	8.922×10^{-5}	7.056×10^{-6}	1.387	1.358	0.00149	0.001354
100	212.0	36.40	0.7060	477.0	1.1719	0.8183	0.2609	0.01505	8.397×10^{-5}	7.189×10^{-6}	1.358	1.407	0.00156	0.001273
110	247.2	35.83	0.8233	465.8	1.1875	0.8554	0.2535	0.01543	7.903×10^{-5}	7.325×10^{-6}	1.333	1.461	0.00164	0.001192
120	286.5	35.26	0.9564	454.1	1.2054	0.8965	0.2460	0.01582	7.444×10^{-5}	7.458×10^{-6}	1.313	1.522	0.00174	0.001111
130	330.4	34.66	1.1074	441.7	1.2261	0.9425	0.2386	0.01621	7.017×10^{-5}	7.594×10^{-6}	1.298	1.589	0.00184	0.001031
140	379.4	34.04	1.2786	428.8	1.2502	0.9943	0.2312	0.01661	6.617×10^{-5}	7.731×10^{-6}	1.288	1.666	0.00196	0.000951
150	433.2	33.39	1.4730	415.2	1.2785	1.0533	0.2237	0.01702	6.244×10^{-5}	7.867×10^{-4}	1.285	1.753	0.00211	0.000872
160	492.7	32.72	1.6940	400.8	1.3120	1.1214	0.2163	0.01744	5.900×10^{-5}	8.006×10^{-6}	1.288	1.853	0.00228	0.000794
170	558.2	32.01	1.9460	385.4	1.3523	1.2012	0.2089	0.01786	5.578×10^{-5}	8.142×10^{-6}	1.300	1.971	0.00249	0.000716
180	630.1	31.26	2.2346	369.1	1.4015	1.2965	0.2014	0.01829	5.278×10^{-5}	8.281×10^{-6}	1.322	2.113	0.00274	0.000638
190	708.5	30.47	2.5670	351.6	1.4624	1.4128	0.1940	0.01874	5.000×10^{-5}	8.419×10^{-6}	1.357	2.286	0.00306	0.000562
200	794.4	29.62	2.9527	332.7	1.5397	1.5586	0.1866	0.01919	4.742×10^{-5}	8.561×10^{-6}	1.409	2.503	0.00348	0.000486
210	887.9	28.70	3.4053	312.0	1.6411	1.7473	0.1791	0.01966	4.500×10^{-5}	8.703×10^{-6}	1.484	2.784	0.00403	0.000411
220	989.5	27.69	3.9440	289.2	1.7798	2.0022	0.1717	0.02015	4.275×10^{-5}	8.844×10^{-6}	1.595	3.164	0.00480	0.000338
230	1099.0	25.57	4.5987	263.5	1.9824	2.3659	0.1643	0.02065	4.064×10^{-5}	8.989×10^{-6}	1.765	3.707	0.00594	0.000265
240	1219.4	25.28	5.4197	234.0	2.3100	2.9264	0.1568	0.02119	3.864×10^{-5}	9.136×10^{-6}	2.049	4.542	0.00784	0.000194

Note 1: Kinematic viscosity ν and thermal diffusivity α can be calculated from their definitions, $\nu = \mu/\rho$ and $\alpha = k/\rho c_p = \nu/\text{Pr}$. The properties listed here (except the vapor density) can be used at any pressures with negligible error except at temperatures near the critical-point value.

Note 2: The unit Btu/lbm·°F for specific heat is equivalent to Btu/lbm·R, and the unit Btu/lbm·°F, for thermal conductivity is equivalent to Btu/h·ft·R.

Source: Data generated from the EES software developed by S. A. Klein and F. L. Alvarado. Orginal sources: Tillner-Roth, Harms-Watzenterg, and Baehr, "Eine neue Fundamentalgleichung fur Ammoniak," *DKV-Tagungsbericht* 20: 167–181, 1993; Liley and Desai, "Thermophysical Properties of Refrigerants," *ASHRAE,* 1993, ISBN 1-1883413-10-9.

TABLE A-18E

Properties of saturated propane

Temp. T, °F	Saturation pressure P_{sat}, psia	Density ρ, lbm/ft^3 Liquid	Density Vapor	Enthalpy of vaporization h_{fg}, Btu/lbm	Specific heat c_p, Btu/lbm·R Liquid	Specific heat Vapor	Thermal conductivity k, Btu/h·ft·R Liquid	Thermal conductivity Vapor	Dynamic viscosity μ, lbm/ft·s Liquid	Dynamic viscosity Vapor	Prandtl number Pr Liquid	Prandtl number Vapor	Volume expansion coefficient β, 1/R Liquid	Surface tension lbf/ft
−200	0.0201	42.06	0.0003	217.7	0.4750	0.2595	0.1073	0.00313	5.012×10^{-4}	2.789×10^{-6}	7.991	0.833	0.00083	0.001890
−180	0.0752	41.36	0.0011	213.4	0.4793	0.2680	0.1033	0.00347	3.941×10^{-4}	2.975×10^{-6}	6.582	0.826	0.00086	0.001780
−160	0.2307	40.65	0.0032	209.1	0.4845	0.2769	0.0992	0.00384	3.199×10^{-4}	3.164×10^{-6}	5.626	0.821	0.00088	0.001671
−140	0.6037	39.93	0.0078	204.8	0.4907	0.2866	0.0949	0.00423	2.660×10^{-4}	3.358×10^{-6}	4.951	0.818	0.00091	0.001563
−120	1.389	39.20	0.0170	200.5	0.4982	0.2971	0.0906	0.00465	2.252×10^{-4}	3.556×10^{-6}	4.457	0.817	0.00094	0.001455
−100	2.878	38.46	0.0334	196.1	0.5069	0.3087	0.0863	0.00511	1.934×10^{-4}	3.756×10^{-6}	4.087	0.817	0.00097	0.001349
−90	4.006	38.08	0.0453	193.9	0.5117	0.3150	0.0842	0.00534	1.799×10^{-4}	3.858×10^{-6}	3.936	0.819	0.00099	0.001297
−80	5.467	37.70	0.0605	191.6	0.5169	0.3215	0.0821	0.00559	1.678×10^{-4}	3.961×10^{-6}	3.803	0.820	0.00101	0.001244
−70	7.327	37.32	0.0793	189.3	0.5224	0.3284	0.0800	0.00585	1.569×10^{-4}	4.067×10^{-6}	3.686	0.822	0.00104	0.001192
−60	9.657	36.93	0.1024	186.9	0.5283	0.3357	0.0780	0.00611	1.469×10^{-4}	4.172×10^{-6}	3.582	0.825	0.00106	0.001140
−50	12.54	36.54	0.1305	184.4	0.5345	0.3433	0.0760	0.00639	1.378×10^{-4}	4.278×10^{-6}	3.490	0.828	0.00109	0.001089
−40	16.05	36.13	0.1641	181.9	0.5392	0.3513	0.0740	0.00568	1.294×10^{-4}	4.386×10^{-6}	3.395	0.831	0.00112	0.001038
−30	20.29	35.73	0.2041	179.3	0.5460	0.3596	0.0721	0.00697	1.217×10^{-4}	4.497×10^{-6}	3.320	0.835	0.00115	0.000987
−20	25.34	35.31	0.2512	176.6	0.5531	0.3684	0.0702	0.00728	1.146×10^{-4}	4.611×10^{-6}	3.253	0.840	0.00119	0.000937
−10	31.3	34.89	0.3063	173.8	0.5607	0.3776	0.0683	0.00761	1.079×10^{-4}	4.725×10^{-6}	3.192	0.845	0.00123	0.000887
0	38.28	34.46	0.3703	170.9	0.5689	0.3874	0.0665	0.00794	1.018×10^{-4}	4.842×10^{-6}	3.137	0.850	0.00127	0.000838
10	46.38	34.02	0.4441	167.9	0.5775	0.3976	0.0647	0.00829	9.606×10^{-5}	4.961×10^{-6}	3.088	0.857	0.00132	0.000789
20	55.7	33.56	0.5289	164.8	0.5867	0.4084	0.0629	0.00865	9.067×10^{-5}	5.086×10^{-6}	3.043	0.864	0.00138	0.000740
30	66.35	33.10	0.6259	161.6	0.5966	0.4199	0.0512	0.00903	8.561×10^{-5}	5.211×10^{-6}	3.003	0.873	0.00144	0.000692
40	78.45	32.62	0.7365	158.1	0.6072	0.4321	0.0595	0.00942	8.081×10^{-5}	5.342×10^{-6}	2.967	0.882	0.00151	0.000644
50	92.12	32.13	0.8621	154.6	0.6187	0.4452	0.0579	0.00983	7.631×10^{-5}	5.478×10^{-6}	2.935	0.893	0.00159	0.000597
60	107.5	31.63	1.0046	150.8	0.6311	0.4593	0.0563	0.01025	7.200×10^{-5}	5.617×10^{-6}	2.906	0.906	0.00168	0.000551
70	124.6	31.11	1.1659	146.8	0.6447	0.4746	0.0547	0.01070	6.794×10^{-5}	5.764×10^{-6}	2.881	0.921	0.00179	0.000505
80	143.7	30.56	1.3484	142.7	0.6596	0.4915	0.0532	0.01116	6.406×10^{-5}	5.919×10^{-6}	2.860	0.938	0.00191	0.000460
90	164.8	30.00	1.5549	138.2	0.6762	0.5103	0.0517	0.01165	6.033×10^{-5}	6.081×10^{-6}	2.843	0.959	0.00205	0.000416
100	188.1	29.41	1.7887	133.6	0.6947	0.5315	0.0501	0.01217	5.675×10^{-5}	6.256×10^{-6}	2.831	0.984	0.00222	0.000372
120	241.8	28.13	2.3562	123.2	0.7403	0.5844	0.0472	0.01328	5.000×10^{-6}	6.644×10^{-6}	2.825	1.052	0.00267	0.000288
140	306.1	26.69	3.1003	111.1	0.7841	0.6613	0.0442	0.01454	4.358×10^{-5}	7.111×10^{-6}	2.784	1.164	0.00338	0.000208
160	382.4	24.98	4.1145	96.4	0.8696	0.7911	0.0411	0.01603	3.733×10^{-5}	7.719×10^{-6}	2.845	1.371	0.00459	0.000133
180	472.9	22.79	5.6265	77.1	1.1436	1.0813	0.0376	0.01793	3.083×10^{-5}	8.617×10^{-6}	3.380	1.870	0.00791	0.000065

Note 1: Kinematic viscosity ν and thermal diffusivity α can be calculated from their definitions, $\nu = \mu/\rho$ and $\alpha = k/\rho c_p = \nu/\mathrm{Pr}$. The properties listed here (except the vapor density) can be used at any pressures with negligible error at temperatures near the critical-point value.

Note 2: The unit Btu/lbm·°F for specific heat is equivalent to Btu/lbm·°R, and the unit Btu/h·ft·°F for thermal conductivity is equivalent to Btu/h·ft·R.

Source: Data generated from the EES software developed by S. A. Klein and F. L. Alvarado. Original sources: Reiner Tillner-Roth, "Fundamental Equations of State," Shaker, Verlag, Aachan, 1998; B. A. Younglove and J. F. Ely. "Thermophysical Properties of Fluids. II Methane, Ethane, Propane, Isobutane, and Normal Butane," *J. Phys. Chem. Ref. Data,* Vol. 16, No. 4, 1987; G. R. Somayajulu, "A Generalized Equation for Surface Tension from the Triple-Point to the Critical-Point," *International Journal of Thermophysics,* Vol. 9, No. 4, 1988.

TABLE A-19E

Properties of liquids

Temp. T, °F	Density ρ, lbm/ft^3	Specific heat c_p, Btu/lbm·R	Thermal conductivity k, Btu/h·ft·R	Thermal diffusivity α, ft^2/s	Dynamic viscosity μ, lbm/ft·s	Kinematic viscosity ν, ft^2/s	Prandtl number Pr	Volume expansion coeff. β, 1/R
				Methane (CH_4)				
−280	27.41	0.8152	0.1205	1.497×10^{-6}	1.057×10^{-4}	3.857×10^{-6}	2.575	0.00175
−260	26.43	0.8301	0.1097	1.389×10^{-6}	8.014×10^{-5}	3.032×10^{-6}	2.183	0.00192
−240	25.39	0.8523	0.0994	1.276×10^{-6}	6.303×10^{-5}	2.482×10^{-6}	1.945	0.00215
−220	24.27	0.8838	0.0896	1.159×10^{-6}	5.075×10^{-5}	2.091×10^{-6}	1.803	0.00247
−200	23.04	0.9314	0.0801	1.036×10^{-6}	4.142×10^{-5}	1.798×10^{-6}	1.734	0.00295
−180	21.64	1.010	0.0709	9.008×10^{-7}	3.394×10^{-5}	1.568×10^{-6}	1.741	0.00374
−160	19.99	1.158	0.0616	7.397×10^{-7}	2.758×10^{-5}	1.379×10^{-6}	1.865	0.00526
−140	17.84	1.542	0.0518	5.234×10^{-7}	2.168×10^{-5}	1.215×10^{-6}	2.322	0.00943
				Methanol [$CH_3(OH)$]				
70	49.15	0.6024	0.1148	1.076×10^{-6}	3.872×10^{-4}	7.879×10^{-3}	7.317	0.000656
90	48.50	0.6189	0.1143	1.057×10^{-6}	3.317×10^{-4}	6.840×10^{-6}	6.468	0.000671
110	47.85	0.6373	0.1138	1.036×10^{-6}	2.872×10^{-4}	6.005×10^{-6}	5.793	0.000691
130	47.18	0.6576	0.1133	1.014×10^{-6}	2.513×10^{-4}	5.326×10^{-6}	5.250	0.000716
150	46.50	0.6796	0.1128	9.918×10^{-7}	2.218×10^{-4}	4.769×10^{-6}	4.808	0.000749
170	45.80	0.7035	0.1124	9.687×10^{-7}	1.973×10^{-4}	4.308×10^{-6}	4.447	0.000789
				Isobutane (R600a)				
−150	42.75	0.4483	0.0799	1.157×10^{-6}	6.417×10^{-4}	1.500×10^{-5}	12.96	0.000785
−100	41.06	0.4721	0.0782	1.120×10^{-3}	3.669×10^{-4}	8.939×10^{-6}	7.977	0.000836
−50	39.31	0.4986	0.0731	1.036×10^{-6}	2.376×10^{-4}	6.043×10^{-6}	5.830	0.000908
0	37.48	0.5289	0.0664	9.299×10^{-7}	1.651×10^{-4}	4.406×10^{-6}	4.738	0.001012
50	35.52	0.5643	0.0591	8.187×10^{-7}	1.196×10^{-4}	3.368×10^{-6}	4.114	0.001169
100	33.35	0.6075	0.0521	7.139×10^{-7}	8.847×10^{-5}	2.653×10^{-3}	3.716	0.001421
150	30.84	0.6656	0.0457	6.188×10^{-7}	6.558×10^{-5}	2.127×10^{-6}	3.437	0.001883
200	27.73	0.7635	0.0400	5.249×10^{-7}	4.750×10^{-5}	1.713×10^{-6}	3.264	0.002970
				Glycerin				
32	79.65	0.5402	0.163	1.052×10^{-6}	7.047	0.08847	84101	
40	79.49	0.5458	0.1637	1.048×10^{-3}	4.803	0.06042	57655	
50	79.28	0.5541	0.1645	1.040×10^{-6}	2.850	0.03594	34561	
60	79.07	0.5632	0.1651	1.029×10^{-6}	1.547	0.01956	18995	
70	78.86	0.5715	0.1652	1.018×10^{-6}	0.9422	0.01195	11730	
80	78.66	0.5794	0.1652	1.007×10^{-6}	0.5497	0.00699	6941	
90	78.45	0.5878	0.1652	9.955×10^{-7}	0.3756	0.004787	4809	
100	78.24	0.5964	0.1653	9.841×10^{-7}	0.2277	0.00291	2957	
				Engine oil (unused)				
32	56.12	0.4291	0.0849	9.792×10^{-7}	2.563	4.566×10^{-2}	46636	0.000389
50	55.79	0.4395	0.08338	9.448×10^{-7}	1.210	2.169×10^{-2}	22963	0.000389
75	55.3	0.4531	0.08378	9.288×10^{-7}	0.4286	7.751×10^{-3}	8345	0.000389
100	54.77	0.4669	0.08367	9.089×10^{-7}	0.1630	2.977×10^{-3}	3275	0.000389
125	54.24	0.4809	0.08207	8.740×10^{-7}	7.617×10^{-2}	1.404×10^{-3}	1607	0.000389
150	53.73	0.4946	0.08046	8.411×10^{-7}	3.833×10^{-2}	7.135×10^{-4}	848.3	0.000389
200	52.68	0.5231	0.07936	7.999×10^{-7}	1.405×10^{-2}	2.668×10^{-4}	333.6	0.000389
250	51.71	0.5523	0.07776	7.563×10^{-7}	6.744×10^{-3}	1.304×10^{-4}	172.5	0.000389
300	50.63	0.5818	0.07673	7.236×10^{-7}	3.661×10^{-3}	7.232×10^{-5}	99.94	0.000389

Source: Data generated from the EES software developed by S. A. Klein and F. L. Alvarado. Originally based on various sources.

TABLE A-20E

Properties of liquid metals

Temp. T, °F	Density ρ, lbm/ft^3	Specific heat c_p, Btu/lbm·R	Thermal conductivity k, Btu/h·ft·R	Thermal diffusivity α, ft^2/s	Dynamic viscosity μ, lbm/ft·s	Kinematic viscosity ν, ft^2/s	Prandtl number Pr	Volume expansion coeff. β, 1/R
Mercury (Hg) melting point: −38°F								
32	848.7	0.03353	4.727	4.614×10^{-5}	1.133×10^{-3}	1.335×10^{-6}	0.02895	1.005×10^{-4}
50	847.2	0.03344	4.805	4.712×10^{-5}	1.092×10^{-3}	1.289×10^{-6}	0.02737	1.005×10^{-4}
100	842.9	0.03319	5.015	4.980×10^{-5}	9.919×10^{-4}	1.176×10^{-6}	0.02363	1.005×10^{-4}
150	838.7	0.03298	5.221	5.244×10^{-5}	9.122×10^{-4}	1.087×10^{-6}	0.02074	1.005×10^{-4}
200	834.5	0.03279	5.422	5.504×10^{-5}	8.492×10^{-4}	1.017×10^{-6}	0.01849	1.005×10^{-4}
300	826.2	0.03252	5.815	6.013×10^{-5}	7.583×10^{-4}	9.180×10^{-7}	0.01527	1.005×10^{-4}
400	817.9	0.03236	6.184	6.491×10^{-5}	6.972×10^{-4}	8.524×10^{-7}	0.01313	1.008×10^{-4}
500	809.6	0.03230	6.518	6.924×10^{-5}	6.525×10^{-4}	8.061×10^{-7}	0.01164	1.018×10^{-4}
600	801.3	0.03235	6.839	7.329×10^{-5}	6.186×10^{-4}	7.719×10^{-7}	0.01053	1.035×10^{-4}
Bismuth (Bi) melting point: 520°F								
700	620.7	0.03509	9.361	1.193×10^{-4}	1.001×10^{-3}	1.614×10^{-6}	0.01352	
800	616.5	0.03569	9.245	1.167×10^{-4}	9.142×10^{-4}	1.482×10^{-6}	0.01271	
900	612.2	0.0363	9.129	1.141×10^{-4}	8.267×10^{-4}	1.350×10^{-6}	0.01183	
1000	608.0	0.0369	9.014	1.116×10^{-4}	7.392×10^{-4}	1.215×10^{-6}	0.0109	
1100	603.7	0.0375	9.014	1.105×10^{-4}	6.872×10^{-4}	1.138×10^{-6}	0.01029	
Lead (Pb) melting point: 621°F								
700	658	0.03797	9.302	1.034×10^{-4}	1.612×10^{-3}	2.450×10^{-6}	0.02369	
800	654	0.03750	9.157	1.037×10^{-4}	1.453×10^{-3}	2.223×10^{-6}	0.02143	
900	650	0.03702	9.013	1.040×10^{-4}	1.296×10^{-3}	1.994×10^{-6}	0.01917	
1000	645.7	0.03702	8.912	1.035×10^{-4}	1.202×10^{-3}	1.862×10^{-6}	0.01798	
1100	641.5	0.03702	8.810	1.030×10^{-4}	1.108×10^{-3}	1.727×10^{-6}	0.01676	
1200	637.2	0.03702	8.709	1.025×10^{-4}	1.013×10^{-3}	1.590×10^{-6}	0.01551	
Sodium (Na) melting point: 280°F								
300	57.13	0.3258	48.19	7.192×10^{-4}	4.136×10^{-4}	7.239×10^{-6}	0.01007	
400	56.28	0.3219	46.58	7.142×10^{-4}	3.572×10^{-4}	6.350×10^{-6}	0.008891	
500	55.42	0.3181	44.98	7.087×10^{-4}	3.011×10^{-4}	5.433×10^{-6}	0.007667	
600	54.56	0.3143	43.37	7.026×10^{-4}	2.448×10^{-4}	4.488×10^{-6}	0.006387	
800	52.85	0.3089	40.55	6.901×10^{-4}	1.772×10^{-4}	3.354×10^{-6}	0.004860	
1000	51.14	0.3057	38.12	6.773×10^{-4}	1.541×10^{-4}	3.014×10^{-6}	0.004449	
Potassium (K) melting point: 147°F								
300	50.40	0.1911	26.00	7.500×10^{-4}	2.486×10^{-4}	4.933×10^{-6}	0.006577	
400	49.58	0.1887	25.37	7.532×10^{-4}	2.231×10^{-4}	4.500×10^{-6}	0.005975	
500	48.76	0.1863	24.73	7.562×10^{-4}	1.976×10^{-4}	4.052×10^{-6}	0.005359	
600	47.94	0.1839	24.09	7.591×10^{-4}	1.721×10^{-4}	3.589×10^{-6}	0.004728	
800	46.31	0.1791	22.82	7.643×10^{-4}	1.210×10^{-4}	2.614×10^{-6}	0.003420	
1000	44.62	0.1791	21.34	7.417×10^{-4}	1.075×10^{-4}	2.409×10^{-6}	0.003248	
Sodium-potassium (%22Na-%78K) melting point: 12°F								
200	52.99	0.2259	14.79	3.432×10^{-4}	3.886×10^{-4}	7.331×10^{-6}	0.02136	
300	52.16	0.2230	14.99	3.580×10^{-4}	3.467×10^{-4}	6.647×10^{-6}	0.01857	
400	51.32	0.2201	15.19	3.735×10^{-4}	3.050×10^{-4}	5.940×10^{-6}	0.0159	
600	49.65	0.2143	15.59	4.070×10^{-4}	2.213×10^{-4}	4.456×10^{-6}	0.01095	
800	47.99	0.2100	15.95	4.396×10^{-4}	1.539×10^{-4}	3.207×10^{-6}	0.007296	
1000	46.36	0.2103	16.20	4.615×10^{-4}	1.353×10^{-4}	2.919×10^{-6}	0.006324	

Source: Data generated from the EES software developed by S. A. Klein and F. L. Alvarado. Originally based on various sources.

TABLE A–21E

Ideal-gas properties of air

T R	h Btu/lbm	P_r	u Btu/lbm	v_r	$s°$ Btu/lbm·R
360	85.97	0.3363	61.29	396.6	0.50369
380	90.75	0.4061	64.70	346.6	0.51663
400	95.53	0.4858	68.11	305.0	0.52890
420	100.32	0.5760	71.52	270.1	0.54058
440	105.11	0.6776	74.93	240.6	0.55172
460	109.90	0.7913	78.36	215.33	0.56235
480	114.69	0.9182	81.77	193.65	0.57255
500	119.48	1.0590	85.20	174.90	0.58233
520	124.27	1.2147	88.62	158.58	0.59173
537	128.10	1.3593	91.53	146.34	0.59945
540	129.06	1.3860	92.04	144.32	0.60078
560	133.86	1.5742	95.47	131.78	0.60950
580	138.66	1.7800	98.90	120.70	0.61793
600	143.47	2.005	102.34	110.88	0.62607
620	148.28	2.249	105.78	102.12	0.63395
640	153.09	2.514	109.21	94.30	0.64159
660	157.92	2.801	112.67	87.27	0.64902
680	162.73	3.111	116.12	80.96	0.65621
700	167.56	3.446	119.58	75.25	0.66321
720	172.39	3.806	123.04	70.07	0.67002
740	177.23	4.193	126.51	65.38	0.67665
760	182.08	4.607	129.99	61.10	0.68312
780	186.94	5.051	133.47	57.20	0.68942
800	191.81	5.526	136.97	53.63	0.69558
820	196.69	6.033	140.47	50.35	0.70160
840	201.56	6.573	143.98	47.34	0.70747
860	206.46	7.149	147.50	44.57	0.71323
880	211.35	7.761	151.02	42.01	0.71886
900	216.26	8.411	154.57	39.64	0.72438
920	221.18	9.102	158.12	37.44	0.72979
940	226.11	9.834	161.68	35.41	0.73509
960	231.06	10.61	165.26	33.52	0.74030
980	236.02	11.43	168.83	31.76	0.74540
1000	240.98	12.30	172.43	30.12	0.75042
1040	250.95	14.18	179.66	27.17	0.76019
1080	260.97	16.28	186.93	24.58	0.76964
1120	271.03	18.60	194.25	22.30	0.77880
1160	281.14	21.18	201.63	20.29	0.78767
1200	291.30	24.01	209.05	18.51	0.79628
1240	301.52	27.13	216.53	16.93	0.80466
1280	311.79	30.55	224.05	15.52	0.81280
1320	322.11	34.31	231.63	14.25	0.82075
1360	332.48	38.41	239.25	13.12	0.82848
1400	342.90	42.88	246.93	12.10	0.83604
1440	353.37	47.75	254.66	11.17	0.84341
1480	363.89	53.04	262.44	10.34	0.85062
1520	374.47	58.78	270.26	9.578	0.85767
1560	385.08	65.00	278.13	8.890	0.86456
1600	395.74	71.13	286.06	8.263	0.87130
1650	409.13	80.89	296.03	7.556	0.87954
1700	422.59	90.95	306.06	6.924	0.88758
1750	436.12	101.98	316.16	6.357	0.89542
1800	449.71	114.0	326.32	5.847	0.90308
1850	463.37	127.2	336.55	5.388	0.91056
1900	477.09	141.5	346.85	4.974	0.91788
1950	490.88	157.1	357.20	4.598	0.92504
2000	504.71	174.0	367.61	4.258	0.93205
2050	518.71	192.3	378.08	3.949	0.93891
2100	532.55	212.1	388.60	3.667	0.94564
2150	546.54	223.5	399.17	3.410	0.95222
2200	560.59	256.6	409.78	3.176	0.95919
2250	574.69	281.4	420.46	2.961	0.96501
2300	588.82	308.1	431.16	2.765	0.97123
2350	603.00	336.8	441.91	2.585	0.97732
2400	617.22	367.6	452.70	2.419	0.98331
2450	631.48	400.5	463.54	2.266	0.98919
2500	645.78	435.7	474.40	2.125	0.99497
2550	660.12	473.3	485.31	1.996	1.00064
2600	674.49	513.5	496.26	1.876	1.00623
2650	688.90	556.3	507.25	1.765	1.01172
2700	703.35	601.9	518.26	1.662	1.01712
2750	717.83	650.4	529.31	1.566	1.02244
2800	732.33	702.0	540.40	1.478	1.02767
2850	746.88	756.7	551.52	1.395	1.03282
2900	761.45	814.8	562.66	1.318	1.03788
2950	776.05	876.4	573.84	1.247	1.04288
3000	790.68	941.4	585.04	1.180	1.04779
3050	805.34	1011	596.28	1.118	1.05264
3100	820.03	1083	607.53	1.060	1.05741
3150	834.75	1161	618.82	1.006	1.06212
3200	849.48	1242	630.12	0.955	1.06676
3250	864.24	1328	641.46	0.907	1.07134
3300	879.02	1418	652.81	0.8621	1.07585
3350	893.83	1513	664.20	0.8202	1.08031
3400	908.66	1613	675.60	0.7807	1.08470
3450	923.52	1719	687.04	0.7436	1.08904
3500	938.40	1829	698.48	0.7087	1.09332
3550	953.30	1946	709.95	0.6759	1.09755
3600	968.21	2068	721.44	0.6449	1.10172
3650	983.15	2196	732.95	0.6157	1.10584
3700	998.11	2330	744.48	0.5882	1.10991
3750	1013.1	2471	756.04	0.5621	1.11393
3800	1028.1	2618	767.60	0.5376	1.11791
3850	1043.1	2773	779.19	0.5143	1.12183
3900	1058.1	2934	790.80	0.4923	1.12571
3950	1073.2	3103	802.43	0.4715	1.12955

TABLE A–21E

Ideal-gas properties of air *(Concluded)*

T R	h Btu/lbm	P_r	u Btu/lbm	v_r	$s°$ Btu/lbm·R	T R	h Btu/lbm	P_r	u Btu/lbm	v_r	$s°$ Btu/lbm·R
4000	1088.3	3280	814.06	0.4518	1.13334	4600	1270.4	6089	955.04	0.2799	1.17575
4050	1103.4	3464	825.72	0.4331	1.13709	4700	1300.9	6701	978.73	0.2598	1.18232
4100	1118.5	3656	837.40	0.4154	1.14079	4800	1331.5	7362	1002.5	0.2415	1.18876
4150	1133.6	3858	849.09	0.3985	1.14446	4900	1362.2	8073	1026.3	0.2248	1.19508
4200	1148.7	4067	860.81	0.3826	1.14809	5000	1392.9	8837	1050.1	0.2096	1.20129
4300	1179.0	4513	884.28	0.3529	1.15522	5100	1423.6	9658	1074.0	0.1956	1.20738
4400	1209.4	4997	907.81	0.3262	1.16221	5200	1454.4	10,539	1098.0	0.1828	1.21336
4500	1239.9	5521	931.39	0.3019	1.16905	5300	1485.3	11,481	1122.0	0.1710	1.2192

Note: The properties P_r (relative pressure) and v_r (relative specific volume) are dimensionless quantities used in the analysis of isentropic processes and should not be confused with the properties pressure and specific volume.

Source of Data: Kenneth Wark, *Thermodynamics,* 4th ed. (New York: McGraw-Hill, 1983), pp. 832–33, Table A–5. Originally published in J. H. Keenan and J. Kaye, *Gas Tables* (New York: John Wiley & Sons, 1948).

TABLE A-22E

Properties of air at 1 atm pressure

Temp. T, °F	Density ρ, lbm/ft^3	Specific heat c_p, Btu/lbm·R	Thermal conductivity k, Btu/h·ft·R	Thermal diffusivity α, ft^2/s	Dynamic viscosity μ, lbm/ft·s	Kinematic viscosity ν, ft^2/s	Prandtl number Pr
−300	0.24844	0.5072	0.00508	1.119×10^{-5}	4.039×10^{-6}	1.625×10^{-5}	1.4501
−200	0.15276	0.2247	0.00778	6.294×10^{-5}	6.772×10^{-6}	4.433×10^{-5}	0.7042
−100	0.11029	0.2360	0.01037	1.106×10^{-4}	9.042×10^{-6}	8.197×10^{-5}	0.7404
−50	0.09683	0.2389	0.01164	1.397×10^{-4}	1.006×10^{-5}	1.039×10^{-4}	0.7439
0	0.08630	0.2401	0.01288	1.726×10^{-4}	1.102×10^{-5}	1.278×10^{-4}	0.7403
10	0.08446	0.2402	0.01312	1.797×10^{-4}	1.121×10^{-5}	1.328×10^{-4}	0.7391
20	0.08270	0.2403	0.01336	1.868×10^{-4}	1.140×10^{-5}	1.379×10^{-4}	0.7378
30	0.08101	0.2403	0.01361	1.942×10^{-4}	1.158×10^{-5}	1.430×10^{-4}	0.7365
40	0.07939	0.2404	0.01385	2.016×10^{-4}	1.176×10^{-5}	1.482×10^{-4}	0.7350
50	0.07783	0.2404	0.01409	2.092×10^{-4}	1.194×10^{-5}	1.535×10^{-4}	0.7336
60	0.07633	0.2404	0.01433	2.169×10^{-4}	1.212×10^{-5}	1.588×10^{-4}	0.7321
70	0.07489	0.2404	0.01457	2.248×10^{-4}	1.230×10^{-5}	1.643×10^{-4}	0.7306
80	0.07350	0.2404	0.01481	2.328×10^{-4}	1.247×10^{-5}	1.697×10^{-4}	0.7290
90	0.07217	0.2404	0.01505	2.409×10^{-4}	1.265×10^{-5}	1.753×10^{-4}	0.7275
100	0.07088	0.2405	0.01529	2.491×10^{-4}	1.281×10^{-5}	1.809×10^{-4}	0.7260
110	0.06963	0.2405	0.01552	2.575×10^{-4}	1.299×10^{-5}	1.866×10^{-4}	0.7245
120	0.06843	0.2405	0.01576	2.660×10^{-4}	1.316×10^{-5}	1.923×10^{-4}	0.7230
130	0.06727	0.2405	0.01599	2.746×10^{-4}	1.332×10^{-5}	1.981×10^{-4}	0.7216
140	0.06615	0.2406	0.01623	2.833×10^{-4}	1.349×10^{-5}	2.040×10^{-4}	0.7202
150	0.06507	0.2406	0.01646	2.921×10^{-4}	1.365×10^{-5}	2.099×10^{-4}	0.7188
160	0.06402	0.2406	0.01669	3.010×10^{-4}	1.382×10^{-5}	2.159×10^{-4}	0.7174
170	0.06300	0.2407	0.01692	3.100×10^{-4}	1.398×10^{-5}	2.220×10^{-4}	0.7161
180	0.06201	0.2408	0.01715	3.191×10^{-4}	1.414×10^{-5}	2.281×10^{-4}	0.7148
190	0.06106	0.2408	0.01738	3.284×10^{-4}	1.430×10^{-5}	2.343×10^{-4}	0.7136
200	0.06013	0.2409	0.01761	3.377×10^{-4}	1.446×10^{-5}	2.406×10^{-4}	0.7124
250	0.05590	0.2415	0.01874	3.857×10^{-4}	1.524×10^{-5}	2.727×10^{-4}	0.7071
300	0.05222	0.2423	0.01985	4.358×10^{-4}	1.599×10^{-5}	3.063×10^{-4}	0.7028
350	0.04899	0.2433	0.02094	4.879×10^{-4}	1.672×10^{-5}	3.413×10^{-4}	0.6995
400	0.04614	0.2445	0.02200	5.419×10^{-4}	1.743×10^{-5}	3.777×10^{-4}	0.6971
450	0.04361	0.2458	0.02305	5.974×10^{-4}	1.812×10^{-5}	4.154×10^{-4}	0.6953
500	0.04134	0.2472	0.02408	6.546×10^{-4}	1.878×10^{-5}	4.544×10^{-4}	0.6942
600	0.03743	0.2503	0.02608	7.732×10^{-4}	2.007×10^{-5}	5.361×10^{-4}	0.6934
700	0.03421	0.2535	0.02800	8.970×10^{-4}	2.129×10^{-5}	6.225×10^{-4}	0.6940
800	0.03149	0.2568	0.02986	1.025×10^{-3}	2.247×10^{-5}	7.134×10^{-4}	0.6956
900	0.02917	0.2599	0.03164	1.158×10^{-3}	2.359×10^{-5}	8.087×10^{-4}	0.6978
1000	0.02718	0.2630	0.03336	1.296×10^{-3}	2.467×10^{-5}	9.080×10^{-4}	0.7004
1500	0.02024	0.2761	0.04106	2.041×10^{-3}	2.957×10^{-5}	1.460×10^{-3}	0.7158
2000	0.01613	0.2855	0.04752	2.867×10^{-3}	3.379×10^{-5}	2.095×10^{-3}	0.7308
2500	0.01340	0.2922	0.05309	3.765×10^{-3}	3.750×10^{-5}	2.798×10^{-3}	0.7432
3000	0.01147	0.2972	0.05811	4.737×10^{-3}	4.082×10^{-5}	3.560×10^{-3}	0.7516
3500	0.01002	0.3010	0.06293	5.797×10^{-3}	4.381×10^{-5}	4.373×10^{-3}	0.7543
4000	0.00889	0.3040	0.06789	6.975×10^{-3}	4.651×10^{-5}	5.229×10^{-3}	0.7497

Note: For ideal gases, the properties c_p, k, μ, and Pr are independent of pressure. The properties ρ, ν, and α at a pressure P (in atm) other than 1 atm are determined by multiplying the values of ρ at the given temperature by P and by dividing ν and α by P.

Source: Data generated from the EES software developed by S. A. Klein and F. L. Alvarado. Original sources: Keenan, Chao, Keyes, Gas Tables, Wiley, 1984; and *Thermophysical Properties of Matter,* Vol. 3: *Thermal Conductivity,* Y. S. Touloukian, P. E. Liley, S. C. Saxena, Vol. 11: *Viscosity,* Y. S. Touloukian, S. C. Saxena, and P. Hestermans, IFI/Plenun, NY, 1970, ISBN 0-306067020-8.

TABLE A-23E

Properties of gases at 1 atm pressure

Temp. T, °F	Density ρ, lbm/ft^3	Specific heat c_p, Btu/lbm·R	Thermal conductivity k, Btu/h·ft·R	Thermal diffusivity α, ft^2/s	Dynamic viscosity μ, lbm/ft·s	Kinematic viscosity ν, ft^2/s	Prandtl number Pr
				Carbon dioxide, CO_2			
−50	0.14712	0.1797	0.00628	6.600×10^{-5}	7.739×10^{-6}	5.261×10^{-5}	0.7970
0	0.13111	0.1885	0.00758	8.522×10^{-5}	8.661×10^{-6}	6.606×10^{-5}	0.7751
50	0.11825	0.1965	0.00888	1.061×10^{-4}	9.564×10^{-6}	8.086×10^{-5}	0.7621
100	0.10769	0.2039	0.01017	1.286×10^{-4}	1.045×10^{-5}	9.703×10^{-5}	0.7543
200	0.09136	0.2171	0.01273	1.784×10^{-4}	1.217×10^{-5}	1.332×10^{-4}	0.7469
300	0.07934	0.2284	0.01528	2.341×10^{-4}	1.382×10^{-5}	1.743×10^{-4}	0.7445
500	0.06280	0.2473	0.02027	3.626×10^{-4}	1.696×10^{-5}	2.700×10^{-4}	0.7446
1000	0.04129	0.2796	0.03213	7.733×10^{-4}	2.381×10^{-5}	5.767×10^{-4}	0.7458
1500	0.03075	0.2995	0.04281	1.290×10^{-3}	2.956×10^{-5}	9.610×10^{-4}	0.7445
2000	0.02450	0.3124	0.05193	1.885×10^{-3}	3.451×10^{-5}	1.408×10^{-3}	0.7474
				Carbon monoxide, CO			
−50	0.09363	0.2571	0.01118	1.290×10^{-4}	9.419×10^{-6}	1.005×10^{-4}	0.7798
0	0.08345	0.2523	0.01240	1.636×10^{-4}	1.036×10^{-5}	1.242×10^{-4}	0.7593
50	0.07526	0.2496	0.01359	2.009×10^{-4}	1.127×10^{-5}	1.498×10^{-4}	0.7454
100	0.06854	0.2484	0.01476	2.408×10^{-4}	1.214×10^{-5}	1.772×10^{-4}	0.7359
200	0.05815	0.2485	0.01702	3.273×10^{-4}	1.379×10^{-5}	2.372×10^{-4}	0.7247
300	0.05049	0.2505	0.01920	4.217×10^{-4}	1.531×10^{-5}	3.032×10^{-4}	0.7191
500	0.03997	0.2567	0.02331	6.311×10^{-4}	1.802×10^{-5}	4.508×10^{-4}	0.7143
1000	0.02628	0.2732	0.03243	1.254×10^{-3}	2.334×10^{-5}	8.881×10^{-4}	0.7078
1500	0.01957	0.2862	0.04049	2.008×10^{-3}	2.766×10^{-5}	1.413×10^{-3}	0.7038
2000	0.01559	0.2958	0.04822	2.903×10^{-3}	3.231×10^{-5}	2.072×10^{-3}	0.7136
				Methane, CH_4			
−50	0.05363	0.5335	0.01401	1.360×10^{-4}	5.861×10^{-6}	1.092×10^{-4}	0.8033
0	0.04779	0.5277	0.01616	1.780×10^{-4}	6.506×10^{-6}	1.361×10^{-4}	0.7649
50	0.04311	0.5320	0.01839	2.228×10^{-4}	7.133×10^{-6}	1.655×10^{-4}	0.7428
100	0.03925	0.5433	0.02071	2.698×10^{-4}	7.742×10^{-6}	1.972×10^{-4}	0.7311
200	0.03330	0.5784	0.02559	3.690×10^{-4}	8.906×10^{-6}	2.674×10^{-4}	0.7245
300	0.02892	0.6226	0.03077	4.748×10^{-4}	1.000×10^{-5}	3.457×10^{-4}	0.7283
500	0.02289	0.7194	0.04195	7.075×10^{-4}	1.200×10^{-5}	5.244×10^{-4}	0.7412
1000	0.01505	0.9438	0.07346	1.436×10^{-3}	1.620×10^{-5}	1.076×10^{-3}	0.7491
1500	0.01121	1.1162	0.10766	2.390×10^{-3}	1.974×10^{-5}	1.760×10^{-3}	0.7366
2000	0.00893	1.2419	0.14151	3.544×10^{-3}	2.327×10^{-5}	2.605×10^{-3}	0.7353
				Hydrogen, H_2			
−50	0.00674	3.0603	0.08246	1.110×10^{-3}	4.969×10^{-6}	7.373×10^{-4}	0.6638
0	0.00601	3.2508	0.09049	1.287×10^{-3}	5.381×10^{-6}	8.960×10^{-4}	0.6960
50	0.00542	3.3553	0.09818	1.500×10^{-3}	5.781×10^{-6}	1.067×10^{-3}	0.7112
100	0.00493	3.4118	0.10555	1.742×10^{-3}	6.167×10^{-6}	1.250×10^{-3}	0.7177
200	0.00419	3.4549	0.11946	2.295×10^{-3}	6.911×10^{-6}	1.652×10^{-3}	0.7197
300	0.00363	3.4613	0.13241	2.924×10^{-3}	7.622×10^{-6}	2.098×10^{-3}	0.7174
500	0.00288	3.4572	0.15620	4.363×10^{-3}	8.967×10^{-6}	3.117×10^{-3}	0.7146
1000	0.00189	3.5127	0.20989	8.776×10^{-3}	1.201×10^{-5}	6.354×10^{-3}	0.7241
1500	0.00141	3.6317	0.26381	1.432×10^{-2}	1.477×10^{-5}	1.048×10^{-2}	0.7323
2000	0.00112	3.7656	0.31923	2.098×10^{-2}	1.734×10^{-5}	1.544×10^{-2}	0.7362
				Nitrogen, N_2			
−50	0.09364	0.2320	0.01176	1.504×10^{-4}	9.500×10^{-6}	1.014×10^{-4}	0.6746
0	0.08346	0.2441	0.01300	1.773×10^{-4}	1.043×10^{-5}	1.251×10^{-4}	0.7056
50	0.07527	0.2480	0.01420	2.113×10^{-4}	1.134×10^{-5}	1.507×10^{-4}	0.7133

TABLE A–23E

Properties of gases at 1 atm pressure (*Concluded*)

Temp. T, °F	Density ρ, lbm/ft^3	Specific heat c_p, Btu/lbm·R	Thermal conductivity k, Btu/h·ft·R	Thermal diffusivity α, ft^2/s	Dynamic viscosity μ, lbm/ft·s	Kinematic viscosity ν, ft^2/s	Prandtl number Pr
100	0.06854	0.2489	0.01537	2.502×10^{-4}	1.221×10^{-5}	1.783×10^{-4}	0.7126
200	0.05815	0.2487	0.01760	3.379×10^{-4}	1.388×10^{-5}	2.387×10^{-4}	0.7062
300	0.05050	0.2492	0.01970	4.349×10^{-4}	1.543×10^{-5}	3.055×10^{-4}	0.7025
500	0.03997	0.2535	0.02359	6.466×10^{-4}	1.823×10^{-5}	4.559×10^{-4}	0.7051
1000	0.02628	0.2697	0.03204	1.255×10^{-3}	2.387×10^{-5}	9.083×10^{-4}	0.7232
1500	0.01958	0.2831	0.04002	2.006×10^{-3}	2.829×10^{-5}	1.445×10^{-3}	0.7202
2000	0.01560	0.2927	0.04918	2.992×10^{-3}	3.212×10^{-5}	2.059×10^{-3}	0.6882
			Oxygen, O_2				
−50	0.10697	0.2331	0.01216	1.355×10^{-4}	1.104×10^{-5}	1.032×10^{-4}	0.7622
0	0.09533	0.2245	0.01346	1.747×10^{-4}	1.218×10^{-5}	1.277×10^{-4}	0.7312
50	0.08598	0.2209	0.01475	2.157×10^{-4}	1.326×10^{-5}	1.543×10^{-4}	0.7152
100	0.07830	0.2200	0.01601	2.582×10^{-4}	1.429×10^{-5}	1.826×10^{-4}	0.7072
200	0.06643	0.2221	0.01851	3.484×10^{-4}	1.625×10^{-5}	2.446×10^{-4}	0.7020
300	0.05768	0.2262	0.02096	4.463×10^{-4}	1.806×10^{-5}	3.132×10^{-4}	0.7018
500	0.04566	0.2352	0.02577	6.665×10^{-4}	2.139×10^{-5}	4.685×10^{-4}	0.7029
1000	0.03002	0.2520	0.03698	1.357×10^{-3}	2.855×10^{-5}	9.509×10^{-4}	0.7005
1500	0.02236	0.2626	0.04701	2.224×10^{-3}	3.474×10^{-5}	1.553×10^{-3}	0.6985
2000	0.01782	0.2701	0.05614	3.241×10^{-3}	4.035×10^{-5}	2.265×10^{-3}	0.6988
			Water vapor, H_2O				
−50	0.06022	0.4512	0.00797	8.153×10^{-5}	4.933×10^{-6}	8.192×10^{-5}	1.0050
0	0.05367	0.4484	0.00898	1.036×10^{-4}	5.592×10^{-6}	1.041×10^{-4}	1.0049
50	0.04841	0.4472	0.01006	1.291×10^{-4}	6.261×10^{-6}	1.293×10^{-4}	1.0018
100	0.04408	0.4473	0.01121	1.579×10^{-4}	6.942×10^{-6}	1.574×10^{-4}	0.9969
200	0.03740	0.4503	0.01372	2.263×10^{-4}	8.333×10^{-6}	2.228×10^{-4}	0.9845
300	0.03248	0.4557	0.01648	3.093×10^{-4}	9.756×10^{-6}	3.004×10^{-4}	0.9713
500	0.02571	0.4707	0.02267	5.204×10^{-4}	1.267×10^{-5}	4.931×10^{-4}	0.9475
1000	0.01690	0.5167	0.04134	1.314×10^{-3}	2.014×10^{-5}	1.191×10^{-3}	0.9063
1500	0.01259	0.5625	0.06315	2.477×10^{-3}	2.742×10^{-5}	2.178×10^{-3}	0.8793
2000	0.01003	0.6034	0.08681	3.984×10^{-3}	3.422×10^{-5}	3.411×10^{-3}	0.8563

Note: For ideal gases, the properties c_p, k, μ, and Pr are independent of pressure. The properties ρ, ν, and α at a pressure P (in atm) other than 1 atm are determined by multiplying the values of ρ at the given temperature by P and by dividing ν and α by P.

Source: Data generated from the EES software developed by S. A. Klein and F. L. Alvarado. Originally based on various sources.

TABLE A-24E

Properties of solid metals

Composition	Melting point, R	Properties at 540 R: ρ lbm/ft^3	c_p(Btu/lbm·R)	k(Btu/h·ft·R)	$\alpha \times 10^6$ ft^2/s	Properties at various temperatures (R), k(Btu/h·ft·R)/c_p(Btu/lbm·R): 180	360	720	1080	1440	1800
Aluminum	1679	168	0.216	137	1045	174.5	137	138.6	133.4	126	
Pure						0.115	0.191	0.226	0.246	0.273	
Alloy 2024-T6	1395	173	0.209	102.3	785.8	37.6	94.2	107.5	107.5		
(4.5% Cu, 1.5% Mg, 0.6% Mn)						0.113	0.188	0.22	0.249		
Alloy 195, cast (4.5% Cu)		174.2	0.211	97	734		100.5	106.9			
Beryllium	2790	115.5	0.436	115.6	637.2	572	174	93	72.8	61.3	52.5
						0.048	0.266	0.523	0.621	0.624	0.72
Bismuth	981	610.5	0.029	4.6	71	9.5	5.6	4.06			
						0.026	0.028	0.03			
Boron	4631	156	0.264	15.6	105	109.7	32.06	9.7	6.1	5.5	5.7
						0.03	0.143	0.349	0.451	0.515	0.558
Cadmium	1069	540	0.055	55.6	521	117.3	57.4	54.7			
						0.047	0.053	0.057			
Chromium	3812	447	0.107	54.1	313.2	91.9	64.1	52.5	46.6	41.2	37.8
						0.045	0.091	0.115	0.129	0.138	0.147
Cobalt	3184	553.2	0.101	57.3	286.3	96.5	70.5	49.3	39	33.6	80.1
						0.056	0.09	0.107	0.12	0.131	0.145
Copper	2445	559	0.092	231.7	1259.3	278.5	238.6	227.07	219	212	203.4
Pure						0.06	0.085	0.094	0.01	0.103	0.107
Commercial bronze	2328	550	0.1	30	150.7	24.3	30	34			
(90% Cu, 10% Al)						0.187	0.109	0.130			
Phosphor gear bronze	1987	548.1	0.084	31.2	183	23.7	37.6	42.8			
(89% Cu, 11% Sn)						—	—	—			
Cartridge brass	2139	532.5	0.09	63.6	364.9	43.3	54.9	79.2	86.0		
(70% Cu, 30% Zn)						0.09	0.09	0.101			
Constantan	2687	557	0.092	13.3	72.3	9.8	1.1				
(55% Cu, 45% Ni)						0.06	0.09				
Germanium	2180	334.6	0.08	34.6	373.5	134	56	25	15.7	11.4	10.05
						0.045	0.069	0.08	0.083	0.085	0.089
Gold	2405	1205	0.03	183.2	1367	189	186.6	179.7	172.2	164.09	156
						0.026	0.029	0.031	0.032	0.033	0.034
Iridium	4896	1404.6	0.031	85	541.4	99.4	88.4	83.2	79.7	76.3	72.8
						0.021	0.029	0.031	0.032	0.034	0.036
Iron:	3258	491.3	0.106	46.4	248.6	77.4	54.3	40.2	31.6	25.01	19
Pure						0.051	0.091	0.117	0.137	0.162	0.232
Armco		491.3	0.106	42	222.8	55.2	46.6	38	30.7	24.4	18.7
(99.75% pure)						0.051	0.091	0.117	0.137	0.162	0.233
Carbon steels		490.3	0.103	35	190.6			32.8	27.7	22.7	17.4
Plain carbon ($Mn \leq 1\%$,											
$Si \leq 0.1\%$)								0.116	0.113	0.163	0.279
AISI 1010		489	0.103	37	202.4			33.9	28.2	22.7	18
								0.116	0.133	0.163	0.278
Carbon-silicon		488	0.106	30	160.4			28.8	25.4	21.6	17
($Mn \leq 1\%$,											
$0.1\% < Si \leq 0.6\%$)								0.119	0.139	0.166	0.231
Carbon-manganese-silicon		508	0.104	23.7	125			24.4	23	20.2	16
($1\% < Mn \leq 1.65\%$,											
$0.1\% < Si \leq 0.6\%$)								0.116	0.133	0.163	0.260
Chromium (low) steels:		488.3	0.106	21.8	117.4			22	21.2	19.3	15.6
$\frac{1}{2}$ Cr–$\frac{1}{4}$ Mo–Si								0.117	0.137	0.164	0.23
(0.18% C, 0.65% Cr,											
0.23% Mo, 0.6% Si)											
1 Cr –$\frac{1}{2}$Mo (0.16% C,		490.6	0.106	24.5	131.3			24.3	22.6	20	15.8
1% Cr, 0.54% Mo, 0.39% Si)								0.117	0.137	0.164	0.231
1 Cr–V		489.2	0.106	28.3	151.8			27.0	24.3	21	16.3
(0.2% C, 1.02% Cr, 0.15% V)								0.117	0.137	0.164	0.231

TABLE A–24E

Properties of solid metals *(Concluded)*

Composition	Melting point, R	Properties at 540 R: ρ lbm/ft³	c_p(Btu/lbm·R)	k(Btu/h·ft·R)	$\alpha \times 10^6$ ft²/s	Properties at various temperatures (R), k(Btu/h·ft·R)/c_p(Btu/lbm·R): 180	360	720	1080	1440	1800
Stainless steels: AISI 302		503	0.114	8.7	42			10 0.122	11.6 0.133	13.2 0.140	14.7 0.144
AISI 304	3006	493.2	0.114	8.6	42.5	5.31 0.064	7.3 0.096	9.6 0.123	11.5 0.133	13 0.139	14.7 0.145
AISI 316		514.3	0.111	7.8	37.5	 0.12	 0.131	8.8 0.137	10.6 0.143	12.3	14
AISI 347		498	0.114	8.2	40			9.1 0.122	1.1 0.133	12.7 0.14	14.3 0.144
Lead	1082	708	0.03	20.4	259.4	23 0.028	21.2 0.029	19.7 0.031	18.1 0.034		
Magnesium	1661	109	0.245	90.2	943	87.9 0.155	91.9 0.223	88.4 0.256	86.0 0.279	84.4 0.302	
Molybdenum	5209	639.3	0.06	79.7	578	1034 0.038	82.6 0.053	77.4 0.062	72.8 0.065	68.2 0.068	64.7 0.070
Nickel: Pure	3110	555.6	0.106	52.4	247.6	94.8 0.055	61.8 0.091	46.3 0.115	37.9 0.141	39 0.126	41.4 0.134
Nichrome (80% Ni, 20% Cr)	3010	524.4	0.1	6.9	36.6		 0.114	8.0 0.125	9.3 0.130	12.2	
Inconel X-750 (73% Ni, 15% Cr, 6.7% Fe)	2997	531.3	0.104	6.8	33.4	5 —	5.9 0.088	7.8 0.112	9.8 0.121	11.8 0.13	13.9 0.149
Niobium	4934	535	0.063	31	254	31.9 0.044	30.4 0.059	32 0.065	33.6 0.067	35.4 0.069	32.2 0.071
Palladium	3289	750.4	0.058	41.5	263.7	44.2 0.04	41.4 0.054	42.5 0.059	46 0.062	50 0.064	54.4 0.067
Platinum: Pure	3681	1339	0.031	41.4	270	44.7 0.024	42 0.03	41.5 0.032	42.3 0.034	43.7 0.035	45.5 0.036
Alloy 60Pt-40Rh (60% Pt, 40% Rh)	3240	1038.2	0.038	27.2	187.3			30 —	34 —	37.5 —	40
Rhenium	6215	1317.2	0.032	27.7	180	34 0.023	30 0.03	26.6 0.033	25.5 0.034	25.4 0.036	25.8 0.037
Rhodium	4025	777.2	0.058	86.7	534	107.5 0.035	89 0.052	84.3 0.06	78.5 0.065	73.4 0.069	70 0.074
Silicon	3033	145.5	0.17	85.5	960.2	510.8 0.061	152.5 0.132	57.2 0.189	35.8 0.207	24.4 0.218	18.0 0.226
Silver	2223	656	0.056	248	1873	257 0.044	248.4 0.053	245.5 0.057	238 0.059	228.8 0.062	219 0.066
Tantalum	5884	1036.3	0.033	33.2	266	34.2 0.026	33.2 0.031	33.4 0.034	34 0.035	34.3 0.036	34.8 0.036
Thorium	3641	730.4	0.028	31.2	420.9	34.6 0.024	31.5 0.027	31.4 0.029	32.2 0.032	32.9 0.035	32.9 0.037
Tin	909	456.3	0.054	38.5	431.6	49.2 0.044	42.4 0.051	35.9 0.058			
Titanium	3515	281	0.013	12.7	100.3	17.6 0.071	14.2 0.111	11.8 0.131	11.2 0.141	11.4 0.151	12 0.161
Tungsten	6588	1204.9	0.031	100.5	735.2	120.2 0.020	107.5 0.029	92 0.032	79.2 0.033	72.2 0.034	68.2 0.035
Uranium	2531	1190.5	0.027	16	134.5	12.5 0.022	14.5 0.026	17.1 0.029	19.6 0.035	22.4 0.042	25.4 0.043
Vanadium	3946	381	0.117	17.7	110.9	20.7 0.061	18 0.102	18 0.123	19.3 0.128	20.6 0.134	22.0 0.142
Zinc	1247	445.7	0.093	67	450	67.6 0.07	68.2 0.087	64.1 0.096	59.5 0.104		
Zirconium	3825	410.2	0.067	13.1	133.5	19.2 0.049	14.6 0.063	12.5 0.072	12 0.77	12.5 0.082	13.7 0.087

Source: Tables A–24E and A–25E are obtained from the respective tables in SI units in Appendix 1 using proper conversion factors.

TABLE A–25E

Properties of solid nonmentals

Composition	Melting point, R	Properties at 540 R ρ lbm/ft^3	c_p(Btu/lbm·R)	k(Btu/h·ft·R)	$\alpha \times 10^6$ ft^2/s	Properties at various temperatures (R), k(Btu/h·ft·R)/c_p(Btu/lbm·R) 180	360	720	1080	1440	1800
Aluminum oxide,											
sapphire	4181	247.8	0.182	26.6	162.5	260	47.4	18.7	11	7.5	6
Aluminum oxide						—	—	0.224	0.265	0.281	0.293
polycrystalline	4181	247.8	0.182	20.8	128	76.8	31.7	15.3	9.3	6	4.5
								0.244	0.265	0.281	0.293
Beryllium oxide	4905	187.3	0.246	157.2	947.3			113.2	64.2	40.4	27.2
								0.322	0.40	0.44	0.459
Boron	4631	156	0.264	16	107.5	109.8	30.3	10.8	6.5	4.6	3.6
								0.355	0.445	0.509	0.561
Boron fiber epoxy	1062	130									
(30% vol.) composite											
k, ∥ to fibers				1.3		1.2	1.3	1.31			
k, ⊥ to fibers				0.34		0.21	0.28	0.34			
c_p			0.268			0.086	0.18	0.34			
Carbon, amorphous	2700	121.7	—	0.92	—	0.38	0.68	1.09	1.26	1.36	1.46
Diamond,	—	219	0.121	1329	—	5778	2311.2	889.8			
type lla							0.005	0.046	0.203		
insulator	4091	138									
Graphite, pyrolytic				1126.7		2871.6	1866.3	803.2	515.4	385.4	308.5
k, ∥ to layers				3.3		9.7	5.3	2.4	1.5	1.16	0.92
k, ⊥ to layers											
c_p			0.169			0.32	0.098	0.236	0.335	0.394	0.428
Graphite fiber epoxy	810	87.4									
(25% vol.) composite				6.4		3.3	5.0	7.5			
k, heat flow ∥ to fibers				0.5	5	0.4	0.63				
k, heat flow ⊥ to fibers			0.223			0.08	0.153	0.29			
c_p	2921	162.3	0.193	2.3	20.3	3.0	2.3	2.1	1.9	1.7	1.7
Pyroceram, Corning 9606	5580	197.3	0.161	283.1	2475.7			—	—	—	50.3
Silicon carbide											
								0.210	0.25	0.27	0.285
Silicon dioxide,											
crystalline (quartz)	3389	165.4									
k, ∥ to c-axis				6		22.5	9.5	4.4	2.9	2.4	
k, ⊥ to c-axis				3.6		12.0	5.9	2.7	2	1.8	
c_p			0.177					0.211	0.256	0.298	
Silicon dioxide,	3389	138.6	0.177	0.79	9	0.4	0.65	0.87	1.01	1.25	1.65
polycrystalline (fused silica)					—	—	—	0.216	0.248	0.264	0.276
Silicon nitride	3911	150	0.165	9.2	104	—	—	8.0	6.5	5.7	5.0
						—	0.138	0.185	0.223	0.253	0.275
Sulfur	706	130	0.169	0.1	1.51	0.095	0.1				
						0.962	0.144				
Thorium dioxide	6431	568.7	0.561	7.5	65.7			5.9	3.8	2.7	2.12
								0.609	0.654	0.680	0.704
Titanium dioxide,	3840	259.5	0.170	4.9	30.1			4.0	2.9	2.3	2
polycrystalline								0.192	0.210	0.217	0.222

Source: Tables A–24E and A–25E are obtained from the respective tables in SI units in Appendix 1 using proper conversion factors.

찾아보기

INDEX

한글 찾아보기

영문 찾아보기

I

K

L

M

N

O

P

Q

R

기타

CONVERSION FACTORS

Dimension	Metric	Metric/English
Acceleration	$1\ m/s^2 = 100\ cm/s^2$	$1\ m/s^2 = 3.2808\ ft/s^2$ $1\ ft/s^2 = 0.3048^*\ m/s^2$
Area	$1\ m^2 = 10^4\ cm^2 = 10^6\ mm^2 = 10^{-6}\ km^2$	$1\ m^2 = 1550\ in^2 = 10.764\ ft^2$ $1\ ft^2 = 144\ in^2 = 0.09290304^*\ m^2$
Density	$1\ g/cm^3 = 1\ kg/L = 1000\ kg/m^3$	$1\ g/cm^3 = 62.428\ lbm/ft^3 = 0.036127\ lbm/in^3$ $1\ lbm/in^3 = 1728\ lbm/ft^3$ $1\ kg/m^3 = 0.062428\ lbm/ft^3$
Energy, heat, work, and specific energy	$1\ kJ = 1000\ J = 1000\ N\cdot m = 1\ kPa\cdot m^3$ $1\ kJ/kg = 1000\ m^2/s^2$ $1\ kWh = 3600\ kJ$	$1\ kJ = 0.94782\ Btu$ $1\ Btu = 1.055056\ kJ$ $= 5.40395\ psia\cdot ft^3 = 778.169\ lbf\cdot ft$ $1\ Btu/lbm = 25{,}037\ ft^2/s^2 = 2.326^*\ kJ/kg$ $1\ kWh = 3412.14\ Btu$
Force	$1\ N = 1\ kg\cdot m/s^2 = 10^5\ dyne$ $1\ kgf = 9.80665\ N$	$1\ N = 0.22481\ lbf$ $1\ lbf = 32.174\ lbm\cdot ft/s^2 = 4.44822\ N$ $1\ lbf = 1\ slug\cdot ft/s^2$
Length	$1\ m = 100\ cm = 1000\ mm = 10^6\ \mu m$ $1\ km = 1000\ m$	$1\ m = 39.370\ in = 3.2808\ ft = 1.0926\ yd$ $1\ ft = 12\ in = 0.3048^*\ m$ $1\ mile = 5280\ ft = 1.6093\ km$ $1\ in = 2.54^*\ cm$
Mass	$1\ kg = 1000\ g$ 1 metric ton = 1000 kg	$1\ kg = 2.2046226\ lbm$ $1\ lbm = 0.45359237^*\ kg$ 1 ounce = 28.3495 g 1 slug = 32.174 lbm = 14.5939 kg 1 short ton = 2000 lbm = 907.1847 kg
Power	$1\ W = 1\ J/s$ $1\ kW = 1000\ W = 1\ kJ/s$ $1\ hp^‡ = 745.7\ W$	$1\ kW = 3412.14\ Btu/h = 1.341\ hp$ $= 737.56\ lbf\cdot ft/s$ $1\ hp = 550\ lbf\cdot ft/s = 0.7068\ Btu/s$ $= 42.41\ Btu/min = 2544.5\ Btu/h$ $= 0.74570\ kW$ $1\ Btu/h = 1.055056\ kJ/h$
Pressure or stress, and pressure expressed as a head	$1\ Pa = 1\ N/m^2$ $1\ kPa = 10^3\ Pa = 10^{-3}\ MPa$ $1\ atm = 101.325\ kPa = 1.01325\ bar$ $= 760\ mm\ Hg$ at 0°C $= 1.03323\ kgf/cm^2$ $1\ mm\ Hg = 0.1333\ kPa$	$1\ Pa = 1.4504 \times 10^{-4}\ psi$ $= 0.020886\ lbf/ft^2$ $1\ psi = 144\ lbf/ft^2 = 6.894757\ kPa$ $1\ atm = 14.696\ psi$ $= 29.92$ inches Hg at 30°F 1 inch Hg = 13.60 inches H_2O = 3.387 kPa
Specific heat	$1\ kJ/kg\cdot °C = 1\ kJ/kg\cdot K$ $= 1\ J/g\cdot °C$	$1\ Btu/lbm\cdot °F = 4.1868\ kJ/kg\cdot °C$ $1\ Btu/lbmol\cdot R = 4.1868\ kJ/kmol\cdot K$ $1\ kJ/kg\cdot °C = 0.23885\ Btu/lbm\cdot °F$ $= 0.23885\ Btu/lbm\cdot R$
Specific volume	$1\ m^3/kg = 1000\ L/kg$ $= 1000\ cm^3/g$	$1\ m^3/kg = 16.02\ ft^3/lbm$ $1\ ft^3/lbm = 0.062428\ m^3/kg$
Temperature	$T(K) = T(°C) + 273.15$ $\Delta T(K) = \Delta T(°C)$	$T(R) = T(°F) + 459.67 = 1.8T(K)$ $T(°F) = 1.8\ T(°C) + 32$ $\Delta T(°F) = \Delta T(R) = 1.8\Delta T(K)$
Velocity	$1\ m/s = 3.60\ km/h$	$1\ m/s = 3.2808\ ft/s = 2.237\ mi/h$ $1\ mi/h = 1.46667\ ft/s$ $1\ mi/h = 1.6093\ km/h$
Viscosity, dynamic	$1\ kg/m\cdot s = 1\ N\cdot s/m^2 = 1\ Pa\cdot s = 10\ poise$	$1\ kg/m\cdot s = 2419.1\ lbm/ft\cdot h$ $= 0.020886\ lbf\cdot s/ft^2$ $= 0.67197\ lbm/ft\cdot s$

*Exact conversion factor between metric and English units.

‡Mechanical horsepower. The electrical horsepower is taken to be exactly 746 W.

Dimension	Metric	Metric/English
Viscosity, kinematic	$1\ m^2/s = 10^4\ cm^2/s$ $1\ stoke = 1\ cm^2/s = 10^{-4}\ m^2/s$	$1\ m^2/s = 10.764\ ft^2/s = 3.875 \times 10^4\ ft^2/h$ $1\ m^2/s = 10.764\ ft^2/s$
Volume	$1\ m^3 = 1000\ L = 10^6\ cm^3$ (cc)	$1\ m^3 = 6.1024 \times 10^4\ in^3 = 35.315\ ft^3$ $= 264.17$ gal (U.S.) 1 U.S. gallon = $231\ in^3 = 3.7854$ L 1 fl ounce = $29.5735\ cm^3 = 0.0295735$ L 1 U.S. gallon = 128 fl ounces
Volume flow rate	$1\ m^3/s = 60{,}000\ L/min = 10^6\ cm^3/s$	$1\ m^3/s = 15{,}850$ gal/min $= 35.315\ ft^3/s$ $= 2118.9\ ft^3/min$ (CFM)

Some physical constants

Physical Constant	Metric	English
Standard acceleration of gravity	$g = 9.80665\ m/s^2$	$g = 32.174\ ft/s^2$
Standard atmospheric pressure	$P_{atm} = 1$ atm $= 101.325$ kPa $= 1.01325$ bar $= 760$ mm Hg (0°C) $= 10.3323$ m H_2O (4°C)	$P_{atm} = 1$ atm $= 14.696$ psia $= 2116.2\ lbf/ft^2$ $= 29.9213$ inches Hg (32°F) $= 406.78$ inches H_2O (39.2°F)
Universal gas constant	$R_u = 8.31447$ kJ/kmol·K $= 8.31447$ kN·m/kmol·K	$R_u = 1.9859$ Btu/lbmol·R $= 1545.37$ ft·lbf/lbmol·R

Commonly used properties

Property	Metric	English
Air at 20°C (68°F) and 1 atm		
Specific gas constant*	$R_{air} = 0.2870$ kJ/kg·K $= 287.0\ m^2/s^2 \cdot K$	$R_{air} = 0.06855$ Btu/lbm·R $= 53.34$ ft·lbf/lbm·R $= 1716\ ft^2/s^2 \cdot R$
Specific heat ratio	$k = c_p/c_v = 1.40$	$k = c_p/c_v = 1.40$
Specific heats	$c_p = 1.005$ kJ/kg·K $= 1005\ m^2/s^2 \cdot K$ $c_v = 0.718$ kJ/kg·K $= 718\ m^2/s^2 \cdot K$	$c_p = 0.240$ Btu/lbm·R $= 187$ ft·lbf/lbm·R $= 6009\ ft^2/s^2 \cdot R$ $c_v = 0.171$ Btu/lbm·R $= 133$ ft·lbf/lbm·R $= 4281\ ft^2/s^2 \cdot R$
Speed of sound	$c = 343.2$ m/s $= 1236$ km/h	$c = 1126$ ft/s $= 767.7$ mi/h
Density	$\rho = 1.204\ kg/m^3$	$\rho = 0.07518\ lbm/ft^3$
Viscosity	$\mu = 1.825 \times 10^{-5}$ kg/m·s	$\mu = 1.227 \times 10^{-5}$ lbm/ft·s
Kinematic viscosity	$\nu = 1.516 \times 10^{-5}\ m^2/s$	$\nu = 1.632 \times 10^{-4}\ ft^2/s$
Liquid water at 20°C (68°F) and 1 atm		
Specific heat ($c = c_p = c_v$)	$c = 4.182$ kJ/kg·K $= 4182\ m^2/s^2 \cdot K$	$c = 0.9989$ Btu/lbm·R $= 777.3$ ft·lbf/lbm·R $= 25{,}009\ ft^2/s^2 \cdot R$
Density	$\rho = 998.0\ kg/m^3$	$\rho = 62.30\ lbm/ft^3$
Viscosity	$\mu = 1.002 \times 10^{-3}$ kg/m·s	$\mu = 6.733 \times 10^{-4}$ lbm/ft·s
Kinematic viscosity	$\nu = 1.004 \times 10^{-6}\ m^2/s$	$\nu = 1.081 \times 10^{-5}\ ft^2/s$

*Independent of pressure or temperature

NOMENC LATURE

a	Acceleration, m/s^2
A_s	Surface area, m^2
A_c	Cross-sectional area, m^2
Bi	Biot number
c	Speed of sound, m/s
c	Specific heat, kJ/kg·K
C_c, C_h	Heat capacity rate, W/°C
C_D	Drag coefficient
C_f	Fanning friction factor or friction coefficient
C_L	Lift coefficient
c_p	Constant-pressure specific heat, kJ/kg·K
c_v	Constant-volume specific heat, kJ/kg·K
COP	Coefficient of performance
COP_{HP}	Coefficient of performance of a heat pump
COP_R	Coefficient of performance of a refrigerator
d, D	Diameter, m
D_h	Hydraulic diameter, m
e	Specific total energy, kJ/kg
erfc	Complementary error function
E	Total energy, kJ
E_b	Blackbody emissive flux, W/m^2
EER	Energy efficiency rating
f	Darcy friction factor
f_λ	Blackbody radiation function
F	Force, N
F_D	Drag force, N
F_{ij}, $F_{i\to j}$	View factor
F_L	Lift force, N
Fo	Fourier number
g	Gravitational acceleration, m/s^2
G	Incident radiation, W/m^2
Gr	Grashof number
h	Convection heat transfer coefficient, W/m^2·°C
h	Specific enthalpy, $u + Pv$, kJ/kg
h_c	Thermal contact conductance, W/m^2·°C
h_{fg}	Enthalpy of vaporization, kJ/kg
h_{if}	Latent heat of fusion, kJ/kg
h_L	Head loss, m
H	Total enthalpy, $U + PV$, kJ
I	Electric current, A; Bessel function
J	Radiosity, W/m^2; Bessel function
k	Specific heat ratio, c_p/c_v
k	Thermal conductivity, W/m·°C
k_{eff}	Effective thermal conductivity, W/m·°C
k_s	Spring constant
ke	Specific kinetic energy, $V^2/2$, kJ/kg
K_L	Minor loss coefficient
KE	Total kinetic energy, $mV^2/2$, kJ
L	Length; half thickness of a plane wall
L_c	Characteristic or corrected length
L_h	Hydrodynamic entry length
L_t	Thermal entry length
m	Mass, kg
$\dot{m}$	Mass flow rate, kg/s
M	Molar mass, kg/kmol
M	Moment of force, N·m
Ma	Mach number
n	Polytropic exponent
N	Number of moles, kmol

NTU	Number of transfer units
Nu	Nusselt number
p	Perimeter or wetted perimeter, m
pe	Specific potential energy, gz, kJ/kg
P	Pressure, kPa
P_{cr}	Critical pressure, kPa
P_r	Relative pressure
P_R	Reduced pressure
P_v	Vapor pressure, kPa
PE	Total potential energy, mgz, kJ
Pr	Prandtl number
q	Heat transfer per unit mass, kJ/kg
$\dot{q}$	Heat flux, W/m^2
Q	Total heat transfer, kJ
$\dot{Q}$	Heat transfer rate, kW
Q_H	Heat transfer with high-temperature body, kJ
Q_L	Heat transfer with low-temperature body, kJ
r_{cr}	Critical radius of insulation, m
R	Gas constant, kJ/kg·K
R	Radius, m; Thermal resistance, °C/W
R_c	Thermal contact resistance, m^2·°C/W
R_f	Fouling factor, m^2·°C/W
R_u	Universal gas constant, kJ/kmol·K
R-value	R-value of insulation
Ra	Rayleigh number
Re	Reynolds number
s	Specific entropy, kJ/kg·K
s_{gen}	Specific entropy generation, kJ/kg·K
S	Total entropy, kJ/K
S_{gen}	Total entropy generation, kJ/K
t	Time, s; Thickness, m
T	Temperature, °C or K
T	Torque, N·m
T_b	Bulk fluid temperature, °C
T_{cr}	Critical temperature, K
T_f	Film temperature, °C
T_H	Temperature of high-temperature body, K
T_i	Initial temperature, °C
T_∞	Free stream or surrounding medium temperature, °C
T_L	Temperature of low-temperature body, K
T_R	Reduced temperature
T_s	Surface temperature, °C or K
T_{sat}	Saturation temperature, °C
u	Specific internal energy, kJ/kg
u, v	x- and y-components of velocity, m/s
U	Total internal energy, kJ
U	Overall heat transfer coefficient, W/m^2·°C
υ	Specific volume, m^3/kg
υ_{cr}	Critical specific volume, m^3/kg
υ_r	Relative specific volume
V	Total volume, m^3
$\dot{V}$	Volume flow rate, m^3/s
V	Velocity, m/s
V_m	Mean velocity, m/s
V_∞	Free-stream velocity, m/s
w	Work per unit mass, kJ/kg
W	Total work, kJ
$\dot{W}$	Power, kW
W_{in}	Work input, kJ
W_{out}	Work output, kJ
x	Quality
z	Elevation, m
Z	Compressibility factor

Greek Letters

α	Absorptivity
α	Thermal diffusivity, m^2/s
α_s	Solar absorptivity
β	Volume expansivity, 1/K
δ	Velocity boundary layer thickness, m
δ_t	Thermal boundary layer thickness, m
ΔP	Pressure drop, Pa
ΔT_{lm}	Log mean temperature difference, °C
ε	Emissivity; heat exchanger or fin effectiveness
ε	Mean surface roughness, m
ζ	Vorticity, 1/s
η_{fin}	Fin efficiency
η_{th}	Thermal efficiency
θ	Dimensionless temperature
μ	Dynamic viscosity, kg/m·s or $N{\cdot}s/m^2$
ν	Kinematic viscosity = μ/ρ, m^2/s; frequency, 1/s
ρ	Density, kg/m^3
σ	Stefan–Boltzmann constant
σ_n	Normal stress, N/m^2
σ_s	Surface tension, N/m
τ	Shear stress, N/m^2
τ	Transmissivity; Fourier number
τ_w	Wall shear stress, N/m^2

Subscripts

a	Air
abs	Absolute
act	Actual
atm	Atmospheric
b	Boundary; bulk fluid
cond	Conduction
conv	Convection
cr	Critical point
CV	Control volume
e	Exit conditions
f	Saturated liquid; film
fg	Difference in property between saturated liquid and saturated vapor
g	Saturated vapor
H	High temperature as in T_H and Q_H
i	Inlet, initial, or indoor conditions
L	Low temperature as in T_L and Q_L
o	Outlet or outdoor conditions
r	Relative
rad	Radiation
s	Surface
surr	Surrounding surfaces
sat	Saturated
sys	System
v	Water vapor
1	Initial or inlet state
2	Final or exit state
∞	Property of a far field; free-flow conditions

Superscripts

˙ (over dot)	Quantity per unit time
¯ (over bar)	Quantity per unit mole
° (circle)	Standard reference state